U0209909

中国科学院科学出版基金资助出版

三江特提斯复合造山与成矿作用

邓　军等　著

国家重点基础研究计划973项目（2009CB421000和2015CB452600）资助

科学出版社
北　京

内 容 简 介

本书是国家重点基础研究计划973项目（三江特提斯复合造山与成矿作用；2009CB421000和2015CB452600）的研究成果。全书分为上、中、下三篇。上篇有5章，系统阐述三江特提斯晚古生代—中生代增生造山、新生代大陆碰撞造山及其构造体制转换与复合叠加三大关键地质作用过程；中篇有4章，系统剖析斑岩型铜矿、VMS型铅锌铜矿、造山型金矿、热卤水型银铅锌矿和叠加复合型锡矿五种主要成矿类型，创建三江特提斯复合造山与成矿理论，阐明其复合造山背景下的成矿物质巨量集聚过程和赋存规律；下篇有2章，系统论述成矿预测系统和集成技术组合，预测急缺矿种的战略新区，实现复合造山成矿系统理论和找矿实践的结合。

本书可供构造地质学、矿床学及相关专业的生产、教学、科研人员和研究生参考。

图书在版编目(CIP)数据

三江特提斯复合造山与成矿作用／邓军等著．—北京：科学出版社，2016

ISBN 978-7-03-047825-2

Ⅰ.①三…　Ⅱ.①邓…　Ⅲ.①造山运动-成矿作用-研究-西南地区
Ⅳ.①P611

中国版本图书馆CIP数据核字（2016）第056150号

责任编辑：韦　沁　王　运　韩　鹏／责任校对：张小霞　何艳萍
责任印制：肖　兴／封面设计：耕者设计工作室

科学出版社 出版
北京东黄城根北街16号
邮政编码：100717
http://www.sciencep.com

北京利丰雅高长城印刷有限公司 印刷
科学出版社发行　各地新华书店经销
*
2016年6月第　一　版　开本：787×1092　1/16
2016年6月第一次印刷　印张：40
字数：948 000

定价：498.00元

（如有印装质量问题，我社负责调换）

著者名单

邓　军	李文昌	莫宣学	许继峰	王立全	
杨天南	孙晓明	毕献武	王长明	杨立强	
王庆飞	董国臣	刘俊来	史晓颖	颜丹平	等
袁万明	刘家军	赵志丹	卢映祥	薛春纪	
朱弟成	陈建林	梁华英	王保弟	张　静	
陶　琰	杨志明	宋玉财	尹光侯	周道卿	

前　　言

矿产资源短缺已成为中国国民经济发展的重要瓶颈和制约。依靠科技进步，加速发现新的矿产资源基地，提高资源保障程度，是一项迫在眉睫的重大战略任务。然而，中国大陆异常复杂的多旋回式演化决定了其矿种繁多、类型多样、多源复成和破坏再生，显示出十分鲜明的中国成矿特色，迫切需要建立和研发与之适应的自主创新的成矿理论与勘查技术，以促进找矿勘查的重大突破。

三江特提斯域是中国大陆地质复杂演化的典型缩影，是全球特提斯构造在中国的最佳发育区以及斜向碰撞的最佳构造体制转换域。它经历晚古生代-中生代特提斯构造演化和新生代大陆碰撞造山的叠加转换，发生多幕式的大规模成矿作用和巨量规模的金属工业聚积，形成了高山峡谷、三江并流的全球独特地貌景观，保存了中国最重要的多金属富集区和全球罕见的多金属成矿省，完好记录了超级大陆裂解→增生→碰撞的完整演化历史，而且现在仍处于活跃状态。这些均明显不同于中国东部陆内环境、北方增生造山环境和青藏高原主体碰撞造山环境，是建立大陆动力学与成矿新理论新模型的关键地带。三江特提斯域成矿作用凸现出长时期、多幕式、大规模、多类型以及复合叠加、破坏再生、多源复成、大器晚成特征，其独特的成矿地质环境和成矿作用过程、巨量的金属工业堆积和复杂的壳幔金属共生组合，显著区别于世界范围已知成矿系统，不能被基于其他地区研究得出的成矿模型所涵盖，迫切需要建立新的成矿理论模型，指导新的找矿突破。因此，立足当今大陆成矿研究的国际前缘，发挥三江独特地域优势，深入研究复合造山成矿作用，将为大陆成矿理论体系的建立和完善作出实质性贡献，更重要的是将为该区实现找矿新突破提供有力指导。为此，科技部于 2009 年启动了“三江特提斯复合造山与成矿作用”国家重点基础研究计划（973）项目。

一、项目概况介绍

本书研究项目聚焦三江特提斯域，瞄准国家急缺的铜、富铅锌、银、金等矿种，围绕复合造山成矿系统形成机制这一科学主题，针对增生造山及大陆碰撞造山与金属超量富集的耦合-互馈机制、构造体制转换与叠加复合及巨型矿床演化赋存规律两个关键科学问题；以复合造山带成矿系统研究为核心，在准确认识三江特提斯构造演化和大陆动力学过程基础上，抓住晚古生代-中生代增生造山、新生代大陆碰撞造山、构造体制转换与复合叠加三大关键地质作用过程及相应的成矿系统，深入剖析斑岩型铜矿、VMS 型铅锌铜矿、造山型金矿、热卤水型银铅锌矿和叠加复合型锡矿 5 种主要成矿类型；创建三江特提斯复合造山与成矿理论，阐明其复合造山背景下的成矿物质巨量集聚过程和演化与赋存规律，形成相应的成矿预测系统和集成技术组合；预测急缺矿种的战略新区，实现复合造山成矿系统理论和找矿方法的创新及其资源勘查关键技术的进步。

围绕总体研究目标，项目共设置了8个相互关联的研究课题：① 三江特提斯复合造山作用与成矿构造背景；② 三江岩浆作用与壳幔交换成矿制约；③ 特提斯演化过程中的VMS型铜铅锌成矿作用；④ 增生与碰撞造山过程中的斑岩铜钼金成矿作用；⑤ 碰撞造山过程中的铅锌铜银成矿作用；⑥ 碰撞造山过程中的金成矿作用；⑦ 巨型矿床形成保存及资源潜力；⑧ 三江特提斯构造演化与成矿作用综合研究。

项目完善增生与碰撞造山成矿理论，揭示复合造山不同阶段的构造背景和成矿环境，揭示造山过程与成矿耦合-互馈关系；查明成矿系统的时空结构与矿床类型，阐明成矿系统的形成机制和大型矿床的赋存规律，研究构造转换、叠加复合及其壳幔作用过程对成矿系统形成演变和巨量金属聚集成矿的约束机制，创新复合造山成矿理论；开展三江区域资源潜力评价，优选战略靶区。项目基于成矿理论和大量勘查实践，综合应用地质、物探、化探、遥感方法和新技术，提出适合三江地区高山深切割地貌、植被掩盖区的斑岩铜（金、钼）矿床等五类矿床的勘查技术方法集成，实现了建立特殊地貌景观中不同类型矿床勘查评价技术的目标。理论指导实践，找矿取得重大突破。

项目共资助发表论文500余篇；被SCI收录论文300余篇。项目资助出版专著3部。项目培养了大批高层次人才，包括国家杰出青年基金3人次、长江学者特聘教授1人次、中科院百人计划1人次、中组部千人计划2人次、何梁何利基金科学与技术进步奖1人次、李四光教师奖1人次、全国高等学校教学名师1人次、教育部新世纪人才3人次。项目培养了博士后10名，研究生168名。项目成员作国际特邀报告27次，国际一般报告52次，国内特邀报告57次。项目成员在国内外学术组织中担任多个重要职务。

二、研究成果和进展

特提斯大洋是晚古生代以来分割地球南北两个古陆的大洋，现仅残存在欧洲的地中海、里海和黑海。特提斯构造成矿域是全球三大成矿域之一。青藏高原为印度-欧亚大陆碰撞造山的产物，其构造演化与成矿作用是全球地质学者研究的热点与难点。三江地区位于特提斯构造域的东段以及青藏高原的东南侧，构造演化先后经历了特提斯增生造山以及青藏高原碰撞造山两个阶段，构造演化独特。复合造山是大洋闭合-大陆拼贴过程的必然演化结果，地质历史时期普遍存在的地质过程，全球板块运动研究的薄弱区以及地球动力学研究的新热点。三江特提斯复合造山与成矿过程的研究对于揭示特提斯大洋演化和欧亚大陆形成过程、碰撞造山及其周缘的大陆挤出-俯冲机制、增生造山与碰撞造山叠加效应、巨型矿床成因-分布有重要意义。项目针对三江特提斯构造成矿带，开展了特提斯洋演化模式、特色大型矿床成矿模式、成矿系统演化动力学、复合造山成矿理论、复合造山找矿技术等多方面深入研究，研究成果的水平与创新性体现在以下三个方面。

（1）建立增生与碰撞造山演化模式，揭示复合造山与构造体制转换过程。

发现并证实三江地区原特提斯洋的存在；系统开展地层、蛇绿岩套、弧岩浆岩和碰撞型岩浆岩等多方面综合研究阐释了增生造山期原—古—中—新特提斯旋回的时空演化历程。提出青藏高原陆陆侧向碰撞带四期构造变形史，即挤压褶皱期（>45Ma）、拆沉伸展期（44～32Ma）、挤压走滑期（31～13Ma）和伸展旋扭期（12～0Ma）。系统研究了印度-欧亚陆陆碰撞造山作用对三江特提斯增生造山构造格架的叠加与改造作用，查明复合造山具体过程。

提出复合造山具有不同属性板块聚合、多条蛇绿岩套与岛弧带并列、构造格架反复继承与改造、物质活化与循环运动以及构造体制转换突出的特征。深部存在多期大洋板片俯冲–断离与岩石圈地幔富集–活化，板块拼贴、流体交代、岩浆作用与构造挤压导致岩石圈物质组成与结构复杂。浅表盆地经历了剥蚀沉积–流体汇集–物质继承的演化。地质演化复杂多样，包括大洋–大陆裂解、大洋俯冲–物质循环、板块拼接–大陆增生、板内变形–盆地沉降和板块逃逸–构造走滑–地形隆升。

构造环境以大洋俯冲向陆陆碰撞转换和大洋俯冲向大陆俯冲过渡为主。构造动力体制转换作用突出，三江构造体制转换受控于区域复合造山形成岩石圈结构和周缘多个造山带演化，体现为构造环境、岩浆类型、构造应力场和构造变形特征的转变；构造体制转换类型多样，包括四期：① 古特提斯大洋俯冲→大洋闭合（260 ~ 230Ma）：随着古特提斯昌宁–孟连、龙木错–双湖、金沙江、哀牢山以及甘孜–理塘大洋在晚二叠纪—中三叠纪（260 ~ 230Ma）的逐次关闭，滇缅泰马、印支、华南、羌塘等微陆块碰撞，形成三江多陆块拼接体，代表构造环境从以大洋演化转换为大陆演化；构造体制中古特提斯洋片从俯冲–撕裂转换为洋壳断离–地壳伸展，岩浆类型从弧岩浆岩为主过渡到板内 S 型岩浆岩为主；② 岩石圈挤压褶皱→拆沉伸展（ ~44Ma）：受到印度–欧亚大陆造山带构造转换的制约，新特提斯洋壳断离，三江地区从挤压褶皱期（>45Ma）过渡到拆沉伸展期（44 ~ 32Ma），古特提斯洋片俯冲形成的交代岩石圈地幔拆沉重熔，区域从弧岩浆岩以及 S 型岩浆岩为主过渡为以钾质和超钾质岩浆岩为主；③ 拆沉伸展→挤压走滑（ ~30Ma）：承接于岩石圈拆沉，扬子陆块和印度陆块先后分别俯冲于拉萨陆块与扬子陆块之下，在多边陆陆碰撞挤压作用下，印度板块逃逸，大规模剪切活动发生，大量淡色花岗岩沿剪切带分布，盆地内部流体循环十分活跃；④ 挤压走滑→伸展旋扭（ ~13Ma）：受到印度大洋与洋脊的北东向俯冲以及太平洋板块北西向俯冲的影响，区域伸展盆地发育，似弧岩浆岩以及似洋岛玄武岩等多种类型火山岩形成。

（2）揭示多类型矿床成矿机制，建立复合造山成矿系统演化动力学模型。

提出复合造山成矿具有矿床种类多样、矿床类型独特、构造转换控矿、叠加成矿显著、保存条件良好、成矿大器晚成、超大型矿床多和矿床集约度高等特征。经过长期演化，三江地区形成了洋岛型、弧后盆地型、上叠裂谷型和陆内裂谷型四类 VMS 多金属矿床，俯冲型和碰撞型两类斑岩，金顶式、脉状铜矿和脉状铅锌矿三类盆地容矿型矿床。建立了金顶式铅锌矿、陆陆碰撞造山型金矿和大陆碰撞型铜矿等大型矿床成矿模式，阐明了复合造山背景下成矿作用。相比于国内外典型的增生造山型金矿，三江碰撞造山型金矿整体上具有矿石矿物组合复杂、成矿时代新、成矿流体幔源组分多盐度高和壳幔相互作用明显的特征。提出了碰撞造山环境斑岩铜矿的成矿模型，认为碰撞斑岩铜矿成矿斑岩为强烈挤压构造背景下形成的埃达克岩，成矿金属的深部富集是因岩浆高氧逸度所致，岩浆房的流体出溶是引发矿床大规模蚀变与矿化的根源。

三江地区经历了增生造山与碰撞造山两大构造事件，不同构造体制转换控制了区域成矿作用的类型与时空分布：① 古特提斯大洋俯冲→大洋闭合（260 ~ 230Ma）：成矿类型由上叠式 VMS 型、俯冲斑岩型矿床为主过渡至与板内过铝质岩浆有关的锡钨矿、陆内裂谷

VMS 型为主；② 挤压褶皱→拆沉伸展（～44Ma）：区域成矿从热液型锡钨矿为主过渡至与钾质斑岩有关的铜钼金巨型成矿带以及盆地内部与岩浆热液有关的脉状铜矿的形成；③ 拆沉伸展→挤压走滑（～30Ma）：由于大型构造走滑作用形成断裂，促进流体循环并沟通深浅矿源层，形成了哀牢山造山型金矿、盆地热卤水型金顶式铅锌矿和脉状铅锌矿。

不同构造体制下的成矿作用于同一空间先后发生，导致不同时代与成因矿体同位叠加，是矿床规模提升、共伴生矿种增多和资源潜力扩大的重要因素，叠加成矿作用可划分为火山成因块状硫化物-岩浆热液叠加、沉积-热液叠加和多期热液叠加等。建立了增生造山原—古—中—新特提斯成矿系统和碰撞造山成矿系统的时空构架与演化，查明了复合造山过程中多种矿床的时空分布规律。

（3）建立复合造山带内矿床勘查集成模式，理论指导实践找矿取得重大突破。

依据复合造山带构造体制转换成矿与叠加复合成矿等特征，选定义敦弧、昌宁-孟连缝合带、保山地块、兰坪-思茅盆地、新生代金沙江-哀牢山金铜成矿带等为重要远景区，开展了不同成因类型矿床勘查集成模式与隐伏矿体定位预测研究。依据不同规模、矿种、类型矿床的成矿模式以及勘查过程，对适用的勘查技术手段与类型（组合）的实施效果进行对比、判别、排序，建立了适合三江高山深切割地貌、植被掩盖区的 5 套勘查技术集成技术，包括：① 斑岩型铜（金、钼）矿床（如普朗铜矿床），斑岩矿床模型+高光谱+便携式短波红外光谱分析仪+高精度磁测+激电；② 火山成因块状硫化物矿床（如老厂铅锌矿床），成矿模式+层位+瞬变电磁法+激发激化法+高精度磁法；③ 造山带型金矿床（如长安金矿床），韧性剪切带+化探异常；④ 盆地容矿脉型多金属矿床（如白秧坪铅锌矿床），构造圈闭+热液循环中心+多种电法技术；⑤ 夕卡岩、斑岩型矿床（如芦子园铅锌铁多金属矿床），成矿模式+重+磁+多种电法。

区域资源潜力评价和找矿勘查技术创新成果在 VMS 和夕卡岩叠加型矿床、俯冲型斑岩矿床、碰撞型斑岩矿床和造山型矿床等不同构造背景、多个构造单元、多种矿床类型勘查中起到了重要作用，经地质勘查单位验证，新增了金、铜、钼、铅锌等资源储量，实践取得重大突破。

三、专著撰写情况

全书分为上、中、下三篇。绪论由邓军执笔；第一章由杨天南、邓军、刘俊来、史晓颖、颜丹平、王立全、许继峰、王庆飞、朱弟成、王保弟等执笔；第二章由邓军、莫宣学、杨天南、颜丹平、刘俊来、史晓颖、王庆飞等执笔；第三章由莫宣学、董国臣、赵志丹、朱弟成、周道卿等执笔；第四章由邓军、周道卿、杨立强、王庆飞、王长明等执笔；第五章由邓军、王庆飞、杨立强、刘欢、王长明等执笔；第六章由王立全、许继峰、李文昌、杨立强、王长明、刘家军、顾雪祥、王保弟、董国臣等执笔；第七章由许继峰、孙晓明、毕献武、邓军、杨立强、杨志明、梁华英、王长明、王庆飞、陶琰、陈建林、薛春纪、祁进平、袁万明、宋玉财等执笔；第八章由邓军、王立全、李文昌、王长明、王保弟、张静等执笔；第九章由邓军、李文昌、杨立强、王长明、卢映祥、张静等执笔；第十章由李文昌、卢映祥、尹光侯、王庆飞等执笔；第十一章由李文昌、邓军、卢映祥、杨立强、尹光侯、周道卿等执笔。全书最后由邓军统撰定稿。

除上述主要章节执笔人外，项目研究人员李楚思教授、牛耀龄教授、成秋明教授、张招崇教授、丁林研究员、朱维光研究员、叶霖研究员、张万平研究员、彭建堂研究员、温汉捷研究员、王彦斌研究员、杨竹森研究员、陈文研究员、龚庆杰教授、赵志芳教授、施光海教授、田世洪研究员、葛良胜高级工程师、郭晓东高级工程师、祁进平副研究员、冯彩霞副研究员、周肃副教授、石贵勇副教授、李振清副研究员、刘正庚高级工程师、潘小菲副研究员、孙祥副教授、刘琰副研究员、刘学飞副教授、余海军工程师等学者为本项目提供了大量创新性研究成果并作出了重要的学术贡献。李龚健、刘欢、肖昌浩、江彪、马楠、孟建寅、蒋成竹、刘江涛、赵凯、和文言、张闯、杨喜安、贾丽琼、黄行凯、黄文婷、王静、刘英超、张燕、韦慧晓、孙诺、夏锐、侯林、刘云飞、邱昆峰、卢宜冠、杨镇、禹丽、乔龙、黄钰涵、贺昕宇、欧阳学财、梁坤、陈思尧、李强、陈福川、吴彬、吕亮、黄明、李坡、熊伊曲、闫寒、杜达洋、张广宁、邢延路、高学泉、魏超、杨立飞、杜斌等研究生参与了野外地质调查、室内测试以及对书稿做了大量图表制作工作。

在项目研究过程中，科技部973项目顾问组陈毓川院士、科技部973项目咨询专家马福臣研究员、赵振华研究员、许东禹研究员、顾连兴教授和丁悌平研究员以及项目专家翟裕生院士、滕吉文院士、莫宣学院士、柴育成研究员、潘桂棠研究员、侯增谦研究员始终给予悉心指导和全力帮助，使项目按整体科学目标顺利实施。

在项目实施和书稿撰写过程中，得到科技部基础研究司彭以祺巡视员、沈建磊处长，科技部基础研究管理中心张延军副主任、张峰处长；教育部科学技术司王延觉司长、雷朝滋副司长、高润生副司长、李渝红处长、明炬处长、邹晖副处长；国土资源部国际合作与科技司姜建军司长、高平副司长、白星碧副司长、马岩处长；中国科学院资环局范蔚茗局长；国家自然科学基金委员会地球科学部郭进义处长、姚玉鹏处长；中国地质大学（北京）、中山大学、中国地质科学院地质研究所、中国地质科学院矿产资源研究所、中国科学院地球化学研究所、中国科学院广州地球化学研究所、成都地质矿产研究所和云南省地调局等项目承担单位的领导和同仁们的帮助、指导和大力支持，在此一并表示衷心感谢。

目　　录

上篇：复合造山篇

中篇：成矿系统篇

下篇：资源评价篇

上篇：复合造山篇

三江复合造山带历来为中外地质学家所瞩目。20 世纪 70 年代，国外学者从全球构造角度明确提出了三江古特提斯的存在（Hsü and Bernoulli，1978；Sengör，1979，1981；Sengör and Hsu，1984）。李春昱和黄汲清先生在 20 世纪 80 年代对三江特提斯进行了论述（Li，1982；黄汲清等，1984）。随后，以刘增乾、钟大赉和潘桂棠为代表的中国地质学家开展了系统研究，取得了重大研究进展（刘增乾等，1993；钟大赉等，1998；潘桂棠等，2003）。初步查明了三江特提斯的构造格局和地质演化，获得了重要的新发现和新认识：提出三江古特提斯具有多岛洋构造格局，由一系列相对稳定的地块和洋岛及其间的洋盆和支洋盆组成（钟大赉等，1998）；识别出以 5 条蛇绿混杂岩带为标志的洋盆和支洋盆、4 套大洋消减形成的弧盆系统以及亲冈瓦纳地块群和亲扬子地块群（钟大赉等，1998；潘桂棠等，2003）；提出三江古生代蛇绿混杂岩带所代表的盆地原型多数为弧后洋盆、弧间盆地或边缘海盆地。一系列共存的多条弧链（前锋弧、岛弧、火山弧等）和相间分布的弧后、弧间、边缘海盆地及微陆块，在古生代时期构成复杂的多岛弧盆构造系统。以弧后盆地消减和洋壳俯冲为动力，通过弧-弧碰撞、弧-陆碰撞、陆-陆碰撞等多岛造山过程，在中生代实现类似“东南亚”式造山过程（潘桂棠等，2003）；按照多岛弧盆系构造思想，解剖和研究了三江地区 3 条弧盆系、2 个赋矿盆地和 2 个微陆块的时空结构及其构造演化；提出三江特提斯在新生代遭受印度-亚洲大陆碰撞造山叠加改造，经历了陆内走滑汇聚造山过程；在三江复合造山带识别出 6 条不同规模和不同类型的造山带，提出了“横断山”式造山带的时空结构与造山模式。

基于洋-陆系统研究而建立的板块构造理论引发了地球科学的一场革命，导致了成矿理论研究的一次飞跃，促进了对板块边缘成矿体系和成矿机制认识的深刻变革。具有划时代意义的两部专著《矿床与全球构造环境》（Mitchell and Garson，1981）和《金属矿床与板块构造》（Sawkins，1984）的面世，全面反映了矿床学家对板块构造与成矿关系的理解，较好地阐释了显生宙以来的矿床类型及其成矿理论。然而，就像板块构造“难以登陆”一样（张国伟等，2002），传统板块构造的成矿理论在解释大陆成矿方面也遇到了一系列重大难题和挑战。因此，伴随着 20 世纪 90 年代美国大陆动力学计划的制订与实施，西方国家相继实施了大陆动力学与成矿关系研究计划。澳大利亚实施了大陆动力学与成矿作用研究计划，欧洲科学基金会设立了由 14 个国家参与的地球动力学与矿床演化重大项目，美国地调局则把地壳成像与成矿关系研究列为重大研究计划。这些重大计划，多以大陆形成演化与成矿物质供给→传输→集聚过程为研究核心，从壳幔相互作用和物质-能量交换传递新视角研究大陆成矿作用过程。进入新世纪后，中国相继设立若干相应的重大基础研究计划，旨在通过增进对大陆形成演化过程与成矿作用的理解，建立大陆成矿理论体系，提高成矿预测水平，增强发现大型矿床能力。

纵观十多年来大陆动力学与成矿作用的研究现状和发展趋向，以下5个方面的研究颇具代表性和方向性，已经成为矿床学界的研究焦点，并取得长足进展。

超大陆旋回是板块构造理论的拓展，其概念产生于20世纪90年代。地质学家发现2700Ma以来，超大陆发生了多次旋回性聚合与离散，一个旋回的时间尺度在200～500Ma（Murphy and Nance，1992）。超大陆裂解或者由地幔柱活动引起，或者与高角动量有关。超大陆汇聚有两种方式，即内会聚（陆-陆碰撞）和外会聚（大陆增生）。矿床学家发现太古宙以来，许多不同类型的矿床周期性或旋回性地出现于超大陆演化的不同阶段，并与超大陆旋回中陆块的旋回性会聚与裂解事件有关（Barley and Groves，1992）。与非造山岩浆作用有关的矿床，如Olympic Dam铁氧化物-铜-金-铀矿床（IOCG）和砂岩型铜-铅矿床（SST），形成于超大陆裂解初期而与会聚构造有关的矿床，如造山型金矿床、斑岩型铜-金矿床、低温热液金矿床和火山型贱金属硫化物矿床，则形成于会聚边缘俯冲期和超大陆会聚期（Kerrich *et al.*，2000）。研究发现在超大陆旋回演化中，不同类型金属矿床的形成与发育受几个关键性地质要素控制：① 地幔岩石圈的性质（White，1988）；② 地幔的热衰减过程；③ 俯冲带的消减速率、俯冲角度和热结构（Sillitoe，1988，2003）；④ 汇聚方式（增生与碰撞）；⑤ 保存条件与过程（翟裕生等，2004）。澳大利亚Patrice等（2014）在*Nature*发表文章研究初始大陆块体与相邻的大洋地壳接触边界上随着时间演化发生的各种可能的动力学过程，预测同时发生的大陆内部从地球深部逐渐传递到浅地表的镁铁质岩浆作用和岛弧岩浆作用过程。目前，超大陆旋回与成矿演化研究作为矿床学的一个全新的重大研究方向正在推动全球和区域成矿学的发展。

大陆增生是大陆边缘增生造山过程的重要结果，其与成矿作用的关系是现今矿床学研究的热点。大陆的侧向增生是通过大陆边缘的增生完成。与碰撞造山带相比，增生型造山带更多地记录了多岛洋、多岛弧、并有微陆块加入的造山过程。有关增生造山的构造学说基本构建了大多数矿床形成的宏观构造框架，但众多矿床形成的机理与地球动力学过程的关系，目前仍存在激烈的争论。增生造山型矿床指的是随着板块俯冲作用的持续进行至洋陆板块缝合期间于会聚板块边缘的岩浆弧及与其相关的弧前盆地、弧内盆地、弧后盆地、弧间盆地等板块增生构造环境中形成的矿床。中亚造山带被认为是典型的增生造山带，伴随着增生造山和地壳生长而发生的流体活动与成矿作用，研究已取得了重要进展（王京彬、徐新，2006）。Deng等（2014）对三江特提斯构造演化做了系统论述，揭示了原—古—中—新特提斯洋开启、俯冲和闭合的历程及其岩石学记录，并系统阐释了特提斯演化对多种类型成矿作用的控制作用。

碰撞造山作为形成超大陆最有效的方式和造山类型，其成矿作用近年来得到高度重视。目前，欧洲学者的研究热点聚焦于劳亚大陆（Laurasia）与冈瓦纳大陆（Gondwana）碰撞形成的海西期碰撞造山带，已有大型国际会议召开和代表性专著*Metallogeny of Collisional Orogens*面世。虽然已经建立起6种类型矿床的成矿模型（Seltmann and Faragher，1994），但因其成矿时代较老、矿床保存较差、矿床类型单一且规模较小，尚难以勾画出碰撞造山成矿的整体轮廓。中国学者近年则聚焦于秦岭大陆碰撞造山带和青藏高原碰撞造山带。秦岭碰撞造山带发现并识别出具有特色的造山型金矿、铅锌银矿和斑岩型钼矿等，已建立起碰撞造山带流体系统与成矿模式（陈衍景，1996，2006）。青藏高原碰撞造山带发现大陆碰撞造山经历主碰撞、晚碰撞、后碰撞三阶段连续演化历程，提出大陆碰撞带发育三大碰撞成矿作用，即主碰撞汇聚成矿作用、晚碰撞转换成矿作用和后碰撞伸展成矿作用（侯增谦等，2006a，2006b，2006c）。

陆内伸展与成矿作用经历了增生造山和碰撞造山而进入陆内演化阶段的中国大陆，发生了强烈的大规模伸展、岩石圈拆沉、岩浆底侵、地幔柱活动等重要地质过程，并伴随着大规模成矿作用，成为矿床学研究的新热点。研究发现，陆内伸展环境是形成大型-超大型矿床和矿集区的有利环境（邓军等，2008）。北美科迪勒拉造山带东侧发育大量世界级的卡林型金矿、MVT 型铅锌矿和浅成低温热液金-银矿，成矿年龄均集中于 30 ~ 42Ma，成矿环境为造山后伸展盆地（Hofstra and Cline，2000）。中国东部成矿作用以中生代大爆发为特色，集中分布于 170 ~ 150Ma、140 ~ 125Ma 和 110 ~ 80Ma（毛景文等，2004），大致与华南陆内岩石圈伸展期的 5 次花岗岩侵位事件（164 ~ 153Ma、146 ~ 136Ma、129 ~ 122Ma、109 ~ 101Ma 和 97 ~ 87Ma；Li，2000）相对应，形成于具有盆岭系统特征的伸展环境（胡瑞忠等，2004），与中生代岩石圈拆沉减薄和幔源岩浆底侵作用有关。中国西南地区大面积低温成矿域的空间分布、矿化特征和成矿年龄研究证明，大陆板块内部大规模伸展对成矿物质的活化、迁移、聚集具有重要意义（胡瑞忠等，2007）。峨眉山地幔柱活动，作为镁铁质岩浆短时限、超巨量堆积形成大火成岩省的重要机制（He *et al.*，2003），伴随着丰富多彩的成矿作用，V-Ti-Fe、Cu-Ni、PGE、Cu、Nb、Ta、Zr 矿床（点）星罗棋布，显示矿床类型的多样性，在全球大火成岩省中独一无二；V-Ti-Fe 大规模成矿更是全球其他大火成岩省中少见（宋谢炎等，2005）。无疑，随着陆内地质过程与成矿作用研究的不断深入，必将大大增进对陆内成矿作用的认识和理解。

构造体制转换与叠加成矿作用。中国小陆块、多旋回的大地构造演化特征决定了其成矿的复杂性和多样性，叠加成矿系统发育构成了中国区域成矿的特色之一。近年来，通过对 Au、Pb、Zn、Fe、Cu、Sn、U、Sb 等矿床的改造成矿和叠加成矿的研究与探索，已发现多处成矿系统叠加的实例（如大厂、白牛厂、大宝山、铜陵、白云鄂博等）。研究表明（翟裕生等，2004），叠加成矿常造成复杂的矿床物质组成和结构，也是形成大矿、富矿的重要因素，从地球动力学演化的角度来看，大型-超大型矿床和矿集区的形成无一不叠加着多期成矿事件的烙印。尤其是最近的研究表明（翟裕生等，2002；Deng *et al.*，2004；邓军等，2012），构造动力体制转换无论从空间上还是时间上是一个普遍发生的地质现象，在控制成矿过程的多种参数中提出了叠加改造成矿的普遍性和复杂性观点，阐明了叠加成矿的控制因素、作用过程和效应，初步建立了中国叠加成矿作用的时空框架。

本篇第 1 章研究增生造山时空结构与构造演化；第 2 章研究碰撞造山时空结构与构造演化以及复合造山与构造体制转换；第 3 章研究岩浆活动与壳幔相互作用；第 4 章研究地球物理探测与壳幔结构；第 5 章研究地球化学单元分布规律。这些研究为建立三江特提斯复合造山成矿理论体系奠定了坚实的基础。

第1章　增生造山时空结构与构造演化

三江特提斯构造域系横贯欧亚大陆之巨型特提斯造山带由东西向转为南北向的枢纽部位，涵盖滇西、川西与藏东地区。多个微地块于此汇聚，展现出中腰拢合、两侧散开的独特构造格局（图1.1）。

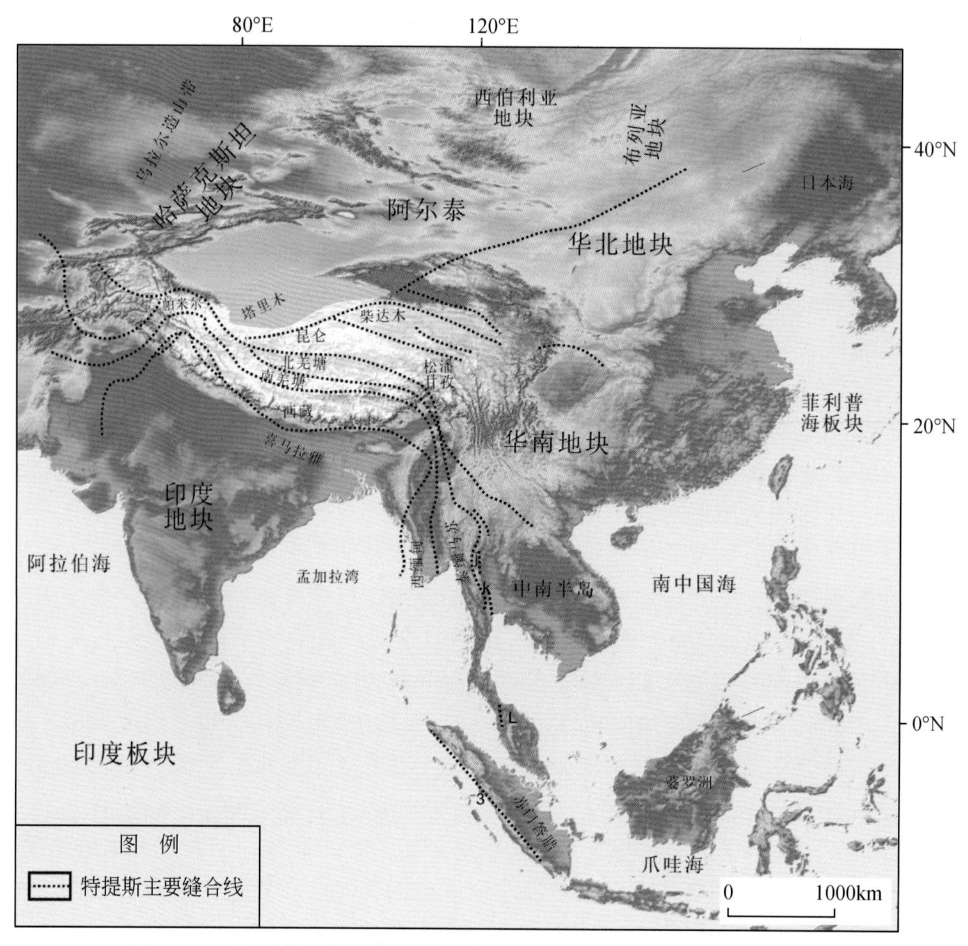

图1.1　三江及临区特提斯域构造格架图（据 Wang C. M. *et al.*，2014）

作为全球壳幔结构复杂、包含造山带类型较多的构造域，经历了完整的多旋回演化历程，从晚元古代早—古生代泛大陆解体与原特提斯洋形成，经原—古—中—新特提斯旋回微地块-岛弧系发育，古生代—中生代增生造山和盆山转换，到新生代印度-欧亚陆陆碰撞造山的动力学过程，构筑了增生造山期微地块-缝合带条块相间构造格架和碰撞造山期巨型侧向活动变形带（黄汲清、陈炳蔚，1987；刘增乾等，1993；莫宣学等，1993；钟大赉，

1998；潘桂棠等，2003；邓军等，2010，2011，2012a，2012b，2013，2014；Yang *et al.*，2015）。

1.1　增生造山空间结构

三江地区的构造格架分为北段和南段两个不同的构造域。北段包括拉萨、西羌塘、东羌塘和中咱4个微地块，东临松潘-甘孜褶皱系，依次由班公湖-怒江、龙木错-双湖、金沙江和甘孜-理塘四条缝合带分隔；南段包括腾冲-保山和思茅两个微地块，东临扬子地块，依次由昌宁-孟连和哀牢山两条缝合带分隔（图1.2）。其中，龙木错-双湖和昌宁-孟连缝合带以及金沙江和哀牢山缝合带是南北贯通的缝合带。岩浆集中发育于7个带中（Wang *et al.*，2013；Deng *et al.*，2014a）。

1.1.1　微地块

1. 扬子地块

扬子地块西缘由太古宙—元古宙的变质褶皱基底和元古宙的沉积盖层组成，并且出露有元古宙的变质核杂岩，例如，哀牢山、石鼓和点苍山杂岩。哀牢山的岩性为片麻岩（1571～1737Ma，锆石U-Pb年龄；Wang *et al.*，2000）、角闪岩（1367±46Ma，Sm-Nd全岩等时线年龄；钟大赉，1998）、大理岩及少量的麻粒岩。元古代和古生代盖层由海相沉积岩和～260Ma的峨眉山大陆溢流玄武岩组成。三叠纪灰岩、细粒碎屑岩和白垩纪红沙岩层出露于中生代楚雄盆地。

2. 中咱地块

中咱地块具有较典型的基底与盖层的二元结构，基底变质岩系在地块南段为石鼓岩群羊坡岩组，岩性为一套高绿片岩相-角闪岩相变质岩，与扬子地台基底时代相当。盖层时代涵盖早古生代、晚古生代和早中生代，古生代地块内部和东西侧的沉积环境有所差异，而三叠系表现为一套滨浅海相碎屑岩夹碳酸盐岩组合，不整合于古生代地层之上。

3. 思茅地块

思茅板块系印支板块的北西延伸部分。思茅板块的基底由中—新元古代的变质沉积和变质火山岩组成，其中混合岩锆石U-Pb年龄为833～843Ma（刘德利等，2008）。下奥陶统沉积岩为地块出露的最老沉积岩，其上不整合覆盖有中泥盆统至三叠系的浅海、近海和大陆序列沉积岩，再向上为中生代的红沙岩层。泥盆纪和石炭纪的沉积岩形成于浅海沉积环境（Metcalfe，2006）。

4. 腾冲-保山地块

腾冲-保山地块是滇缅泰马地块北向延伸部分，其间由新生代高黎贡剪切带和早二叠世潞西裂谷带分隔。腾冲地块的变质基底由中元古代高黎贡山群片岩、片麻岩、混合岩、

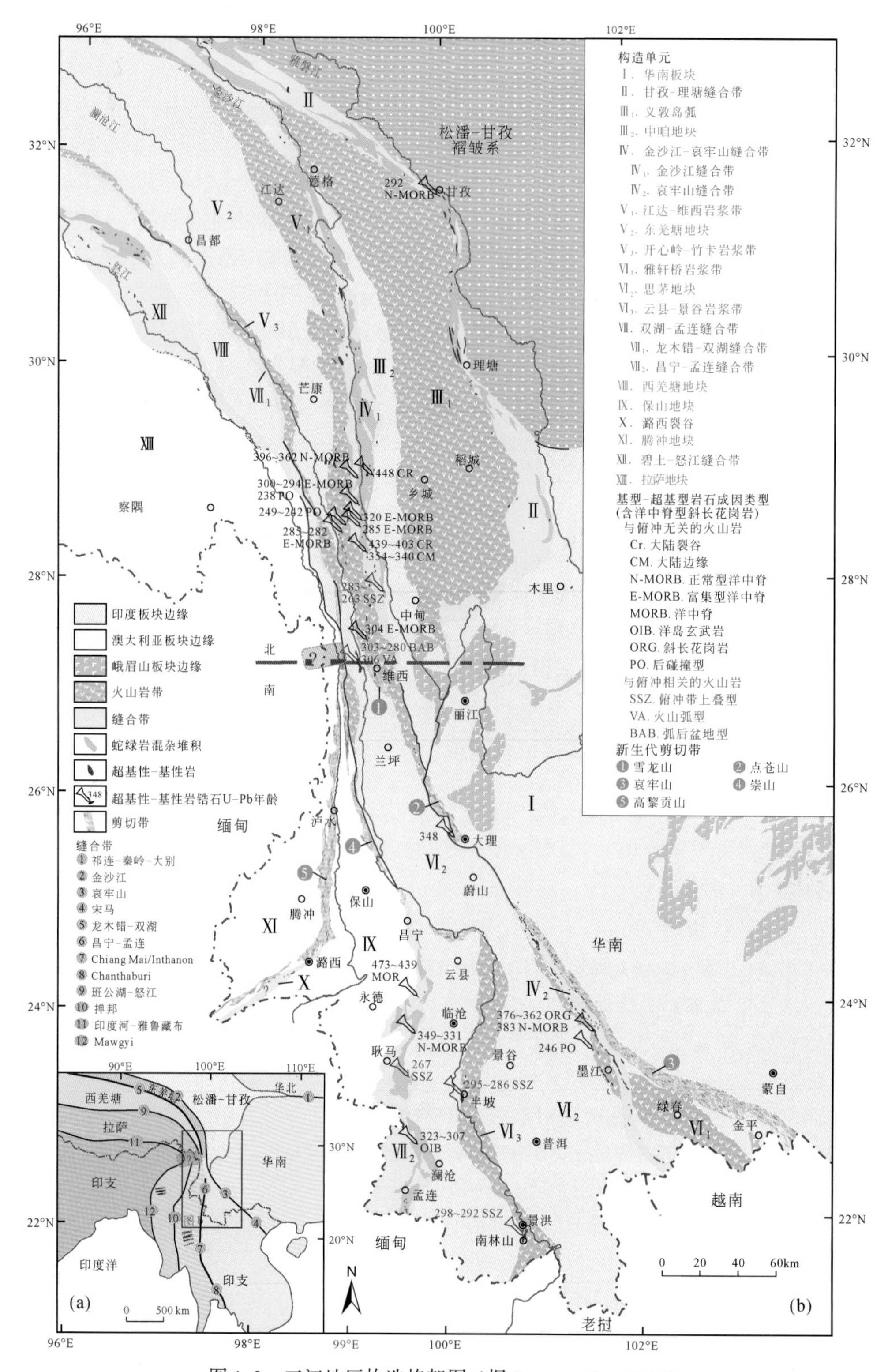

图 1.2　三江地区构造格架图（据 Deng *et al.*, 2014）

角闪岩和大理岩组成，副片麻岩样品和正片麻岩样品中锆石的U-Pb年龄分别为1053～635Ma和490～470Ma（Song *et al.*，2010）；上覆盖层包括晚古生代的碎屑沉积岩和碳酸盐，中生代—新生代似花岗岩和火山岩-沉积岩序列。保山地块的变质基底为新元古代—寒武纪公羊河组，沉积盖层由古生代和中生代的碎屑岩、碳酸盐和二叠纪火山岩组成。

1.1.2　微地块缝合带

1. 甘孜-理塘缝合带

缝合带北起甘孜西部，横穿理塘中部南达木里，绵延上千公里。蛇绿岩混杂岩由洋中脊玄武岩、基性-超基性侵入岩和席状岩墙组成（莫宣学等，1993），其上部放射虫硅质岩时限为中泥盆世—中三叠世（Feng *et al.*，2002）。甘孜地区N-MORB型辉长岩锆石SHRIMP U-Pb年龄为292±4Ma（Yan *et al.*，2005）。

2. 金沙江缝合带

缝合带南至维西，向北西延伸至拉萨地块西侧。蛇绿岩杂岩延伸百余公里，包含蛇纹石化橄榄岩、辉长岩和夹杂在灰岩和放射虫硅质岩中的枕状玄武岩等基型火山岩。放射虫硅质岩断续记录了中泥盆世—中二叠世时段。蛇绿岩套基性-超基性岩年龄跨度很大，从晚奥陶世至中二叠世均有分布，晚奥陶世—早泥盆世（448～403Ma）蛇绿岩套系大陆裂谷成因，为大洋开启之前裂谷活动的产物，晚泥盆世—早二叠世（396～285Ma）蛇绿岩套属于非俯冲型（陆缘型与洋中脊型），早—中二叠世（283～263Ma）蛇绿岩套属于俯冲型（SSZ型）。

3. 哀牢山缝合带

哀牢山缝合带为华南地块和印支地块的缝合界线，位于哀牢山缝合带以西20～50km（Wang Q. F. *et al.*，2014）。代表性的双沟蛇绿混杂岩由N-MORB型橄榄岩、辉长岩、辉绿岩和斜长岩组成。放射虫硅质岩记录时段相对较窄，为中泥盆世—早石炭世早期。蛇绿岩套基性岩时代集中于中泥盆世晚期—早石炭早期（383～362Ma，非俯冲型）。

4. 昌宁-孟连缝合带

缝合带北起昌宁，南至孟连。北部被崇山剪切带所截，向南穿越缅甸延伸至泰国北部。深海放射虫硅质岩断续记录了中泥盆世—中三叠世时段，中泥盆世早期放射虫硅质岩显示出初始洋盆特征。蛇绿岩套基性岩包括石炭世（349～307Ma）非俯冲型和中二叠世（267Ma）俯冲型两类。在南汀河地区揭示出早古生代（锆石U-Pb年龄为473～439Ma；Wang *et al.*，2013）MORB型蛇绿岩套。此外，缝合带东侧高压变质带内蓝闪石、多硅白云母和钠角闪石Ar-Ar年龄为294～279Ma。

1.1.3　缝合带空间分布

晚二叠世哀牢山洋的消减导致扬子板块和位于印支板块北部的思茅地块的聚合，然而两个板块之间古生代缝合线的位置存在争论（图 1.3）。传统观点认为，新生代哀牢山剪切带是古生代的缝合线位置，因为剪切带北部和被视为哀牢山洋残片的 388 ~ 376Ma 蛇绿岩带重合（Leloup *et al.*, 1995；Jian *et al.*, 2009a, 2009b）。然而，Chung 等（1997）根据 ~260Ma 的峨眉山玄武岩的分布，建议缝合带位于哀牢山剪切带以西 100km 的位置。为此，位于两个假定的缝合线之间的哀牢山-墨江地块的构造属性一直不明确。在 Chung 等（1997）的模式中，哀牢山-墨江地块属于扬子地块，但是在其他模式中却并不归属于扬子地块。基于哀牢山-墨江地块的老王寨地区早古生地层碎屑锆石与晚二叠世岩体继承锆石的研究，重新厘定了哀牢山缝合带的位置。

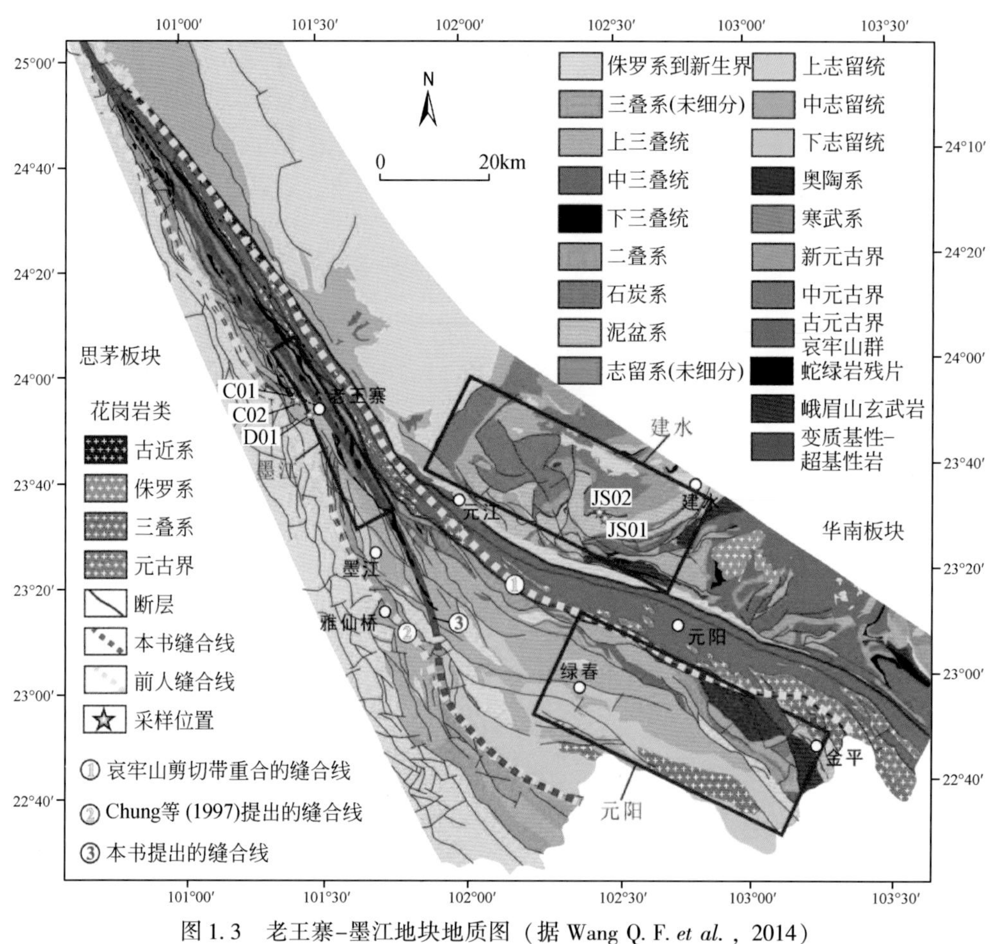

图 1.3　老王寨-墨江地块地质图（据 Wang Q. F. *et al.*, 2014）

老王寨样品的年龄频谱与印支板块和扬子板块样品的对比结果显示老王寨与印支板块比较相似［图 1.4（a）~（e）］。扬子板块西缘前寒武纪的变质沉积岩的碎屑锆石和采自建水的古生代样品的碎屑锆石年龄频谱值显示，约 800Ma 的峰值很明显，而在老王寨的样品中这个峰值并不明显。印支板块中流经安南山脉古生代地层的现代河流沉积物的碎屑锆石年龄有两个明显的峰值 450Ma 和 1000Ma；两个峰值在老王寨样品中也很明显，表明老王寨古生代地层更多是显示思茅-印支地块的构造属性。

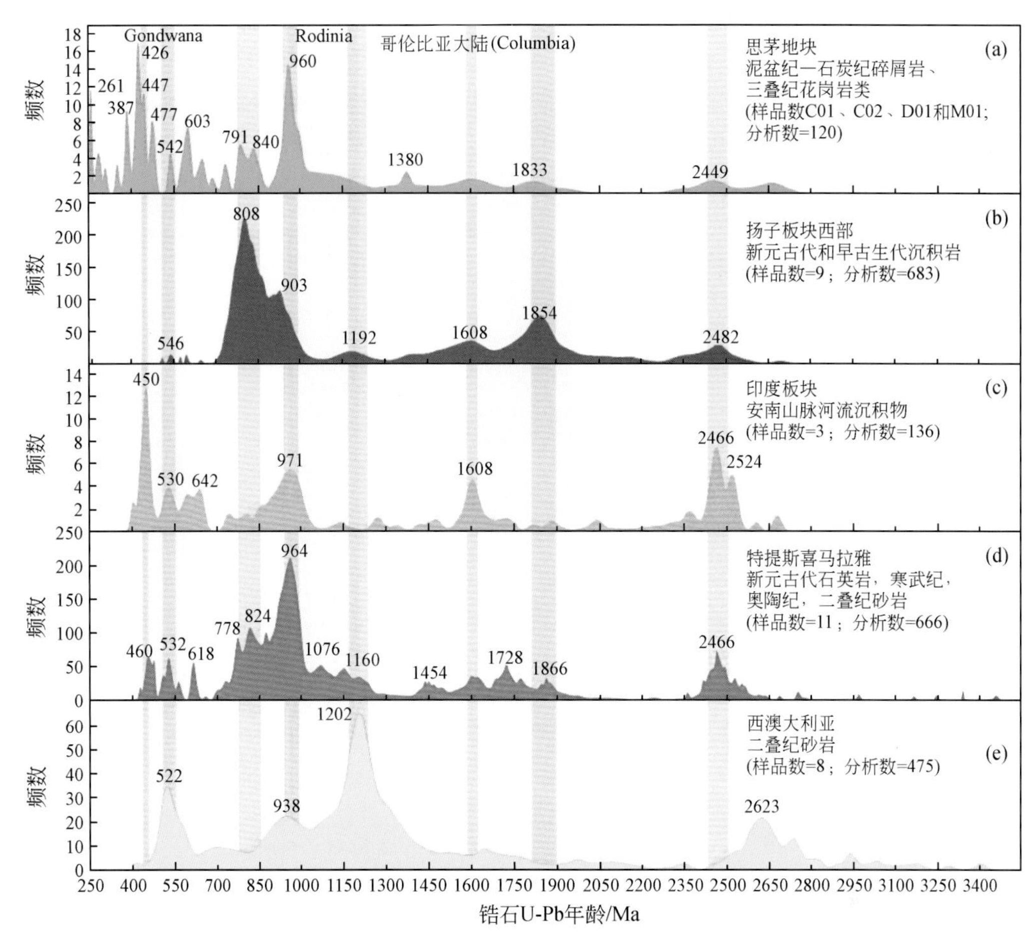

图1.4 老王寨碎屑锆石和其他地块碎屑锆石年龄频谱图(据 Wang Q. F. *et al.*, 2014)

锆石 U-Pb 年龄-$\varepsilon_{\mathrm{Hf}}(t)$ 双变图中,扬子板块西缘和印支板块的范围不一样。年龄800~1000Ma碎屑锆石的 $\varepsilon_{\mathrm{Hf}}(t)$ 值投点扬子板块西缘的比印支板块偏高。在 T_{DM2} 模式年龄直方图中,扬子板块显示出明显的800~1200Ma 峰值,与之对应的印支板块的年龄峰值并不明显。两个类型的模式年龄图显示出明显的不同,指示了两个板块经历了不同的演化过程。

研究表明,老王寨地区含蛇绿岩套残片的古生代地层属于思茅-印支地块。因此,在老王寨地块东边界沿着哀牢山蛇绿岩套的分布新拟定了一条缝合线[图1.4(a)~(e)]。由于该缝合带从墨江市向南延伸,提议缝合线的位置沿着古生代地层的西界向南与马江缝合带相连。新缝合带的位置由西边的雅轩桥火山弧与东边的金平峨眉山玄武岩所限定。

1.2 增生造山演化过程

针对三江特提斯增生造山原特提斯(晚元古代—早古生代)、古特提斯(早泥盆世—中三叠世)、中特提斯(晚石炭世—早白垩世)和新特提斯(中三叠世—新生代)4个连续造山旋回进行了系统的解析。

研究方法如下：① 统计蛇绿岩套中岩浆岩锆石 U-Pb 年龄和放射虫硅质岩年龄确定特提斯洋开启与存在的时限；② 俯冲型岩浆岩（包括弧岩浆岩和俯冲型洋壳）锆石 U-Pb 年龄与高压变质岩 Ar-Ar 年龄确定大洋消减时限；③ 陆陆碰撞型岩浆岩锆石 U-Pb 年龄与地层不整合时代限定大洋闭合时限（图 1.5）。

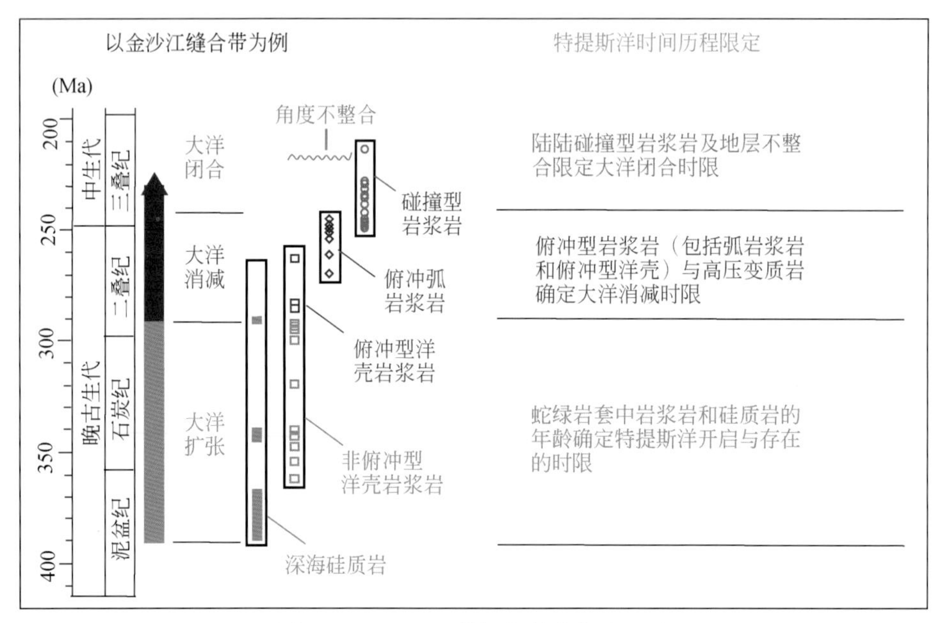

图 1.5　三江地区特提斯洋演化过程图

1.2.1　原特提斯旋回

确立了三江地区原特提斯洋的存在，证据包括 3 个方面：① 昌宁–孟连缝合带北部南汀河地区发现奥陶纪（473 ~ 439Ma）蛇绿岩套；② 缝合带西侧发育奥陶纪（502 ~ 455Ma）弧岩浆岩；③ 缝合带东侧发现志留纪（421 ~ 419Ma）弧火山岩。

1. 南汀河蛇绿岩

对南汀河地区均质辉长岩和堆晶辉长岩进行了锆石 U-Pb 定年和地球化学研究。蛇绿岩在结合带中呈残块产出，岩石类型以斜长角闪岩、绿泥绿帘阳起石岩、钠长绿泥绿帘片岩、蛇纹石化橄榄辉石岩、蛇纹石化辉橄岩、堆晶辉长岩、变辉长岩和变玄武岩为主，超基性岩块多呈层状、似层状、囊状和团块状产出。恢复的蛇绿岩基本层序不完整，为变质橄榄岩、堆晶杂岩、变辉长岩和基性熔岩单元组成（图 1.6），各单元之间皆为断层接触。

辉长岩样品（11NTH-4）16 个锆石分析点 $^{206}Pb/^{238}U$ 年龄加权平均值为 439.0±2.4Ma（MSWD=0.64）[图 1.7（a）]。堆晶辉长岩样品（11NTH-6）锆石年龄分为两群［图 1.7（b）]，第一群 11 个分析点 $^{206}Pb/^{238}U$ 年龄加权平均值为 473.0±3.8Ma（MSWD=0.7）

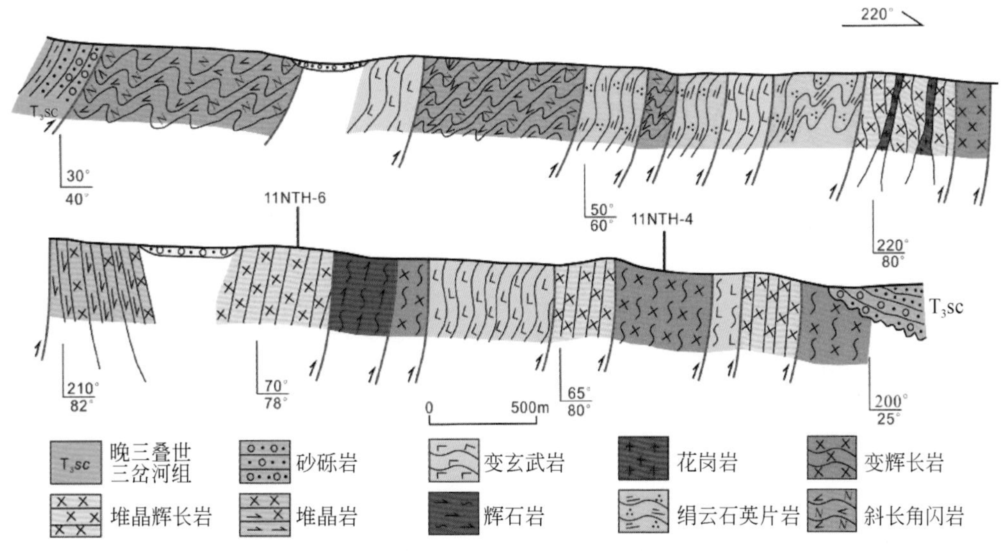

图1.6　昌宁-孟连地区南汀河蛇绿岩剖面图（据 Wang *et al.*，2013）

[图1.7（c）]，第二群9个分析点 $^{206}Pb/^{238}U$ 年龄加权平均值为443.6±4.0Ma（MSWD=0.6）[图1.7（d）]。

辉长岩和堆晶辉长岩微量元素特征指示其成因，Zr/TiO_2-Nb/Y显示玄武岩的特征。稀土元素总量略偏高（67.92×10^{6}～91.63×10^{6}），球粒陨石标准化曲线明显具有两种分布形态，一种是轻稀土微弱亏损，具有与N-MORB相似的分配型式；另一种是轻稀土富集，曲线右倾。微量元素蛛网图中样品有两种不同的分布型式，一种与N-MORB相似的曲线，另一种高场强元素Zr、Hf、Ti具有明显的负异常，表明岩石可能受到俯冲作用的影响，蛇绿岩很可能为SSZ型蛇绿岩。

依据昌宁-孟连带新识别出的奥陶纪（444～439Ma）N-MORB堆晶岩，经与龙木错-双湖缝合带寒武纪—奥陶纪（505～431Ma）N-MORB堆晶岩对比研究，提出龙木错-双湖-怒江-昌宁-孟连对接带是古特提斯大洋最终消亡的巨型缝合带，构筑了泛华夏大陆与冈瓦纳大陆的分界，形成时代可以追溯到寒武纪—奥陶纪，亦即特提斯洋初始扩张承接于罗迪尼亚超大陆裂解。在全球特提斯构造域中，昌宁-孟连对接带向西可与北帕米尔、卡拉卡亚、北土耳其等缝合带相接，向东可与清迈、文冬-劳勿等缝合带相连，构筑了原—古特提斯与中—新特提斯构造域的重要界线。

2. 平河花岗岩

平河花岗岩体位于保山地块西南部，岩石类型为花岗岩和二长花岗岩，其次有少量的花岗闪长岩。岩体锆石U-Pb年龄为480～486Ma，属早古生代早奥陶世。研究表明，花岗岩的 SiO_2 含量为69.29%～75.32%，平均72.18%，Al_2O_3 含量为12.67%～15.10%，平均14.01%，K_2O/Na_2O 值均大于1，铝饱和指数A/CNK为1.07～1.13，平均1.11，绝大部分大于1.10，为高钾钙碱性过铝质花岗岩。

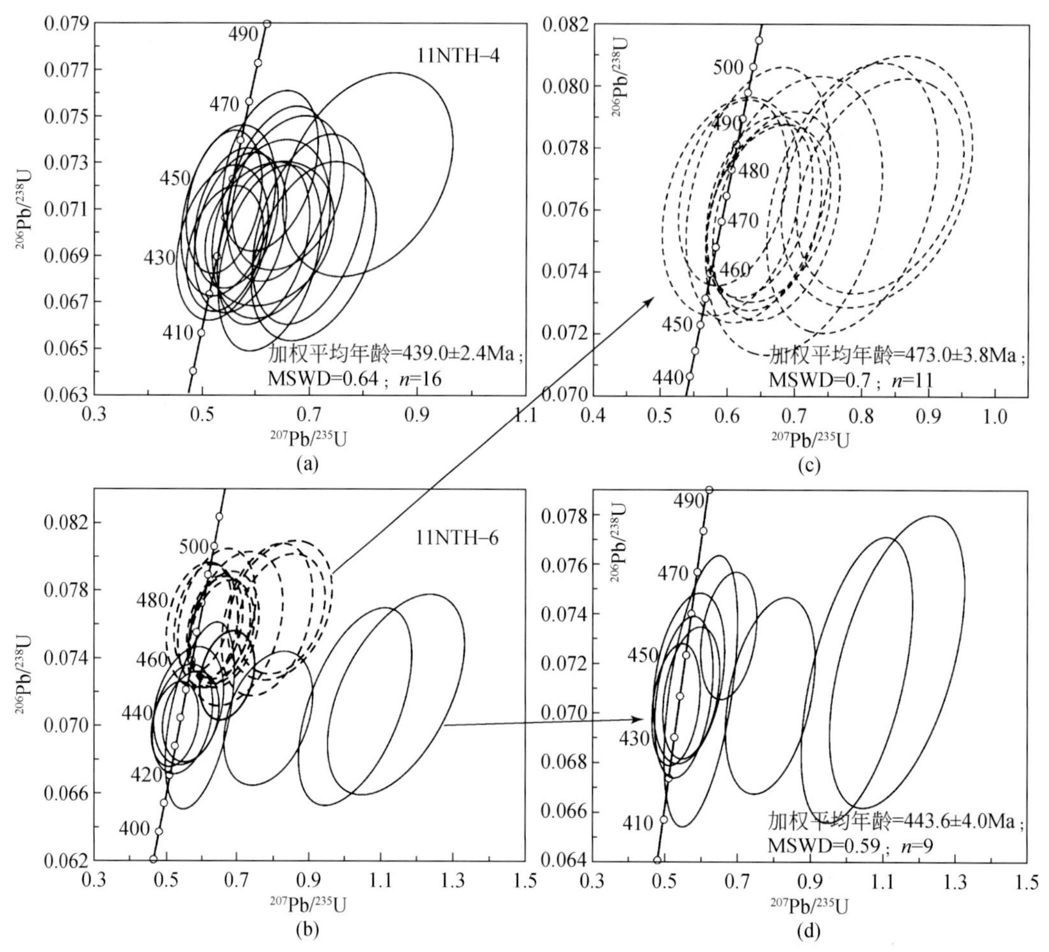

图 1.7　昌宁-孟连地区南汀河蛇绿岩辉长岩、堆晶辉长岩锆石谐和图（据 Wang *et al.*, 2013）

(a) 11NTH-4 样品；(b) 11NTH-6 样品；(c) 11NTH-6 样品年龄 473.0±3.8Ma；

(d) 11NTH-6 样品年龄 443.6±4.0Ma

岩石总体上富集大离子亲石元素和 Pb，明显亏损高场强元素。稀土总量 116.4×10^{-6} ~ 200.2×10^{-6}，具有明显的轻稀土富集和重稀土亏损的特征，$(La/Yb)_N$ 为 4.33 ~ 7.05，平均 5.56，δEu 为 0.25 ~ 0.48，平均 0.37，球粒陨石标准化配分模式显示明显的负 Eu 异常。地球化学特征指示平河花岗岩具有 S 型花岗岩特征，其物质来源于砂屑岩，且岩体北部较南部黏土含量高。锆石 Hf 同位素组成差异较大，$\varepsilon_{Hf}(t)$ 均为负值（集中于-6 ~ -3），Hf 地壳模式年龄集中于 1.9 ~ 1.7Ga，推断其为古老地壳部分熔融的产物（Dong *et al.*, 2013；Wang *et al.*, 2015a）。

保山地块花岗岩类研究表明拉萨地块寒武纪末期火山岩、贡山-保山-腾冲等地的寒武纪末期—奥陶纪早期岩浆作用可能代表了古地理上位于澳大利亚大陆北缘活动大陆边缘的一部分［图 1.8(a) ~ (c)］，其侵位机制可能与微地块增生引起的板片断离有关（Dong *et al.*, 2013；Li *et al.*, 2015）。

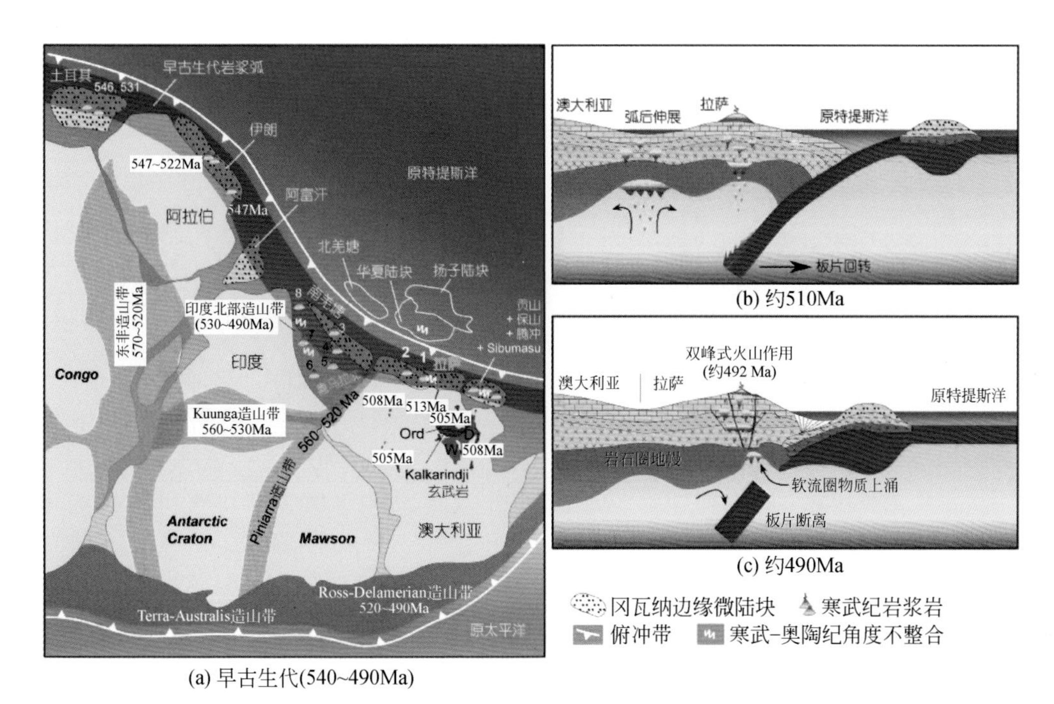

(a) 早古生代(540~490Ma)

图1.8　保山地块寒武纪双峰式岩浆成因模式和原特提斯早古生代岩浆弧构造图（据 Zhu *et al.*，2008）

1. 申扎（501Ma）；2. 尼玛控错（492Ma）；3. 都古尔山（474Ma）；4. 安多（532Ma、491Ma）；5. 康马（506Ma）；6. 亚东（499Ma）；7. 吉隆（499Ma）；8. Mandi（496Ma）；Ord. Ord 盆地；W. Wiso 盆地；D. Daly 盆地

3. 大中河弧火山岩

云县-景谷岩浆带大中河地区发育一套火山岩系，岩石类型有块状玄武安山岩、安山岩、安山质晶屑凝灰熔岩、英安质-流纹质凝灰岩、英安质晶屑凝灰岩、流纹质晶屑岩屑凝灰岩和凝灰质砂岩（图1.9）。

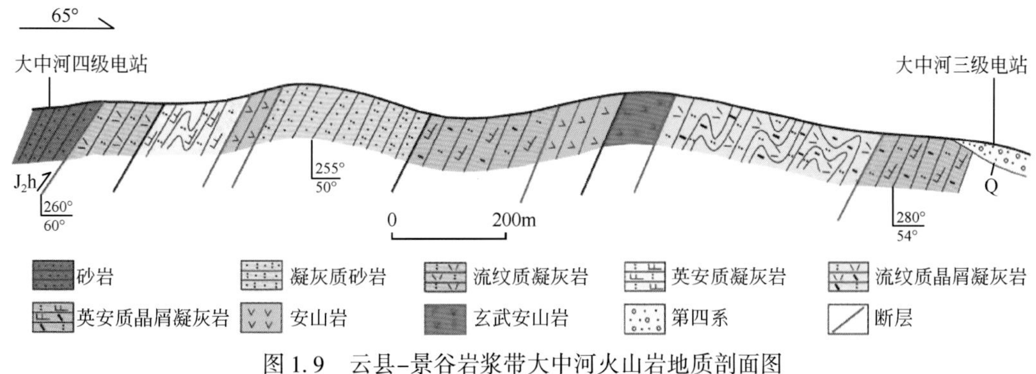

图1.9　云县-景谷岩浆带大中河火山岩地质剖面图

对安山质凝灰熔岩样品进行锆石 U-Pb 年代学分析，一件样品19个分析点$^{206}Pb/^{238}U$

加权平均年龄值为 421.3±2.3Ma（MSWD=0.46），另一件样品 11 个分析点$^{206}Pb/^{238}U$ 加权平均年龄为 418.8±3.5Ma（MSWD=0.55）[图 1.10（a）、（b）]。

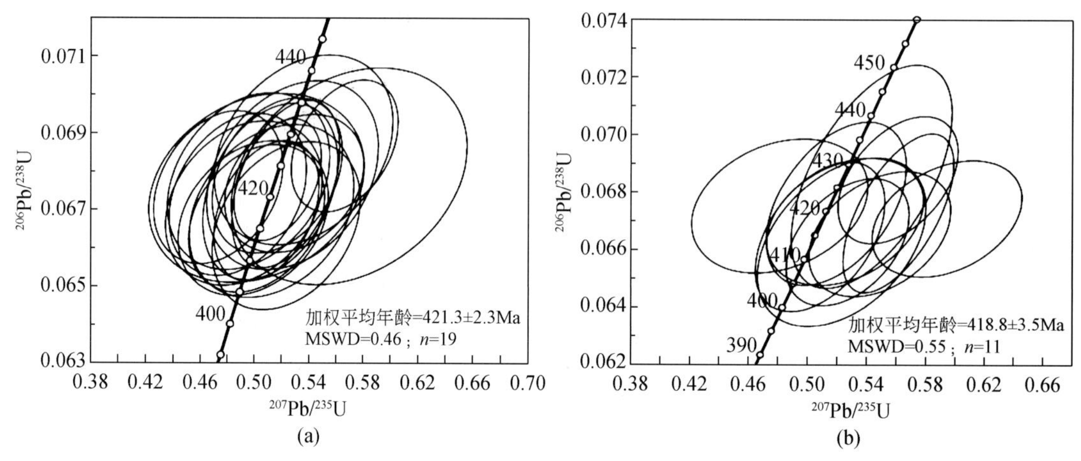

图 1.10　云县-景谷岩浆带大中河火山岩锆石 U-Pb 年龄谐和图（据毛晓长等，2012）

（a）样品年龄 421.0±2.3Ma；（b）样品年龄 418.8±3.5Ma

从以上岩石化学特征来看，大中河火山岩系具有富铝、钠，中等钛、磷的特征，显示其钙碱性系列玄武安山岩-安山岩组合，具有与岛弧火山岩相似的岩石系列。安山岩类火山岩在 Th/Ta-Yb 图中 [图 1.11（a）]，所有样品全部落入活动大陆边缘区，并且在 Hf-Th-Ta 图中 [图 1.11（b）]，所有样品也都落入钙碱性弧火山岩区，表明大中河地区火山岩系形成于活动大陆边缘岛弧环境。

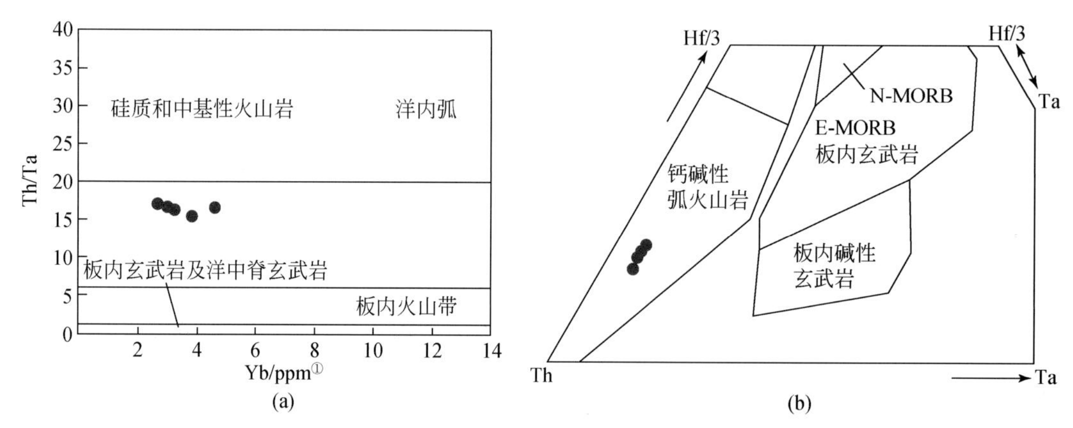

图 1.11　云县-景谷岩浆带大中河火山岩 Th/Ta-Yb（a）和 Hf-Th-Ta（b）构造环境图（据毛晓长等，2012）

① $1ppm=1\times10^{-6}$

基于云县-景谷岩浆带识别出大中河晚志留世中基性-中酸性火山岩组合（锆石 U-Pb 年龄为±420Ma），结合区域同期岛弧型花岗闪长岩（±418Ma）和澜沧岩群（蓝闪石、硬玉等）高压变质岩系（±410Ma），确立了早古生代晚期特提斯大洋向东俯冲作用导致了三江弧盆系构造格局的发育，开启了晚古生代多岛弧盆系形成演化的序幕（图1.12），有别于原特提斯洋关闭与志留纪末造山、晚古生代被动大陆边缘裂离的认识。

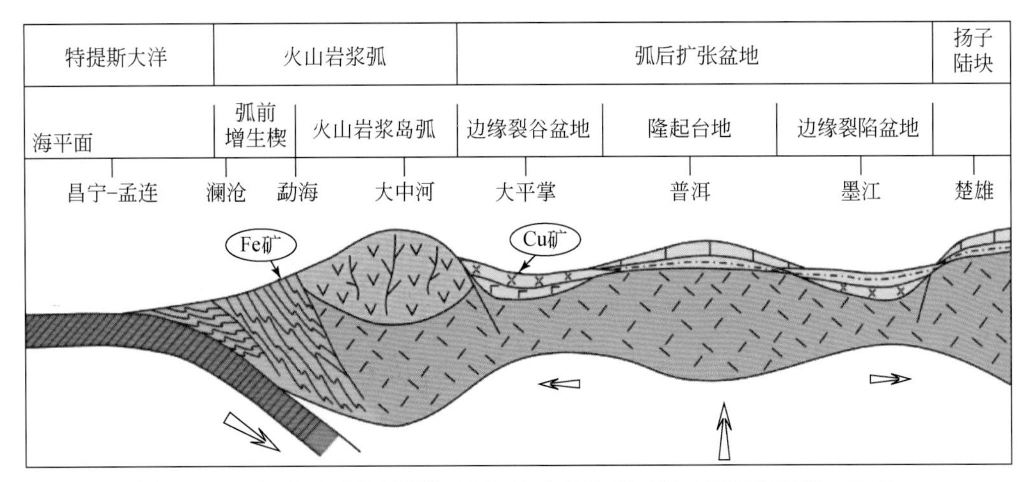

图1.12　三江地区原特提斯洋志留纪东向俯冲模式图（据毛晓长等，2012）

4. 微地块格架古地理再造

早古生代末期，三江地区各微地块齐聚于冈瓦纳大陆西北缘。对各地块地层碎屑锆石U-Pb年龄进行了系统的测试与收集，根据各微地块地层碎屑锆石年龄谱特征的对比，对微地块早古生代属性进行制约［图1.13（a）~（j）］。依据为印度大陆边缘型地块发育960Ma和2450Ma碎屑锆石年龄峰，澳大利亚大陆边缘型地块发育1150Ma碎屑锆石年龄峰与2650Ma次峰。

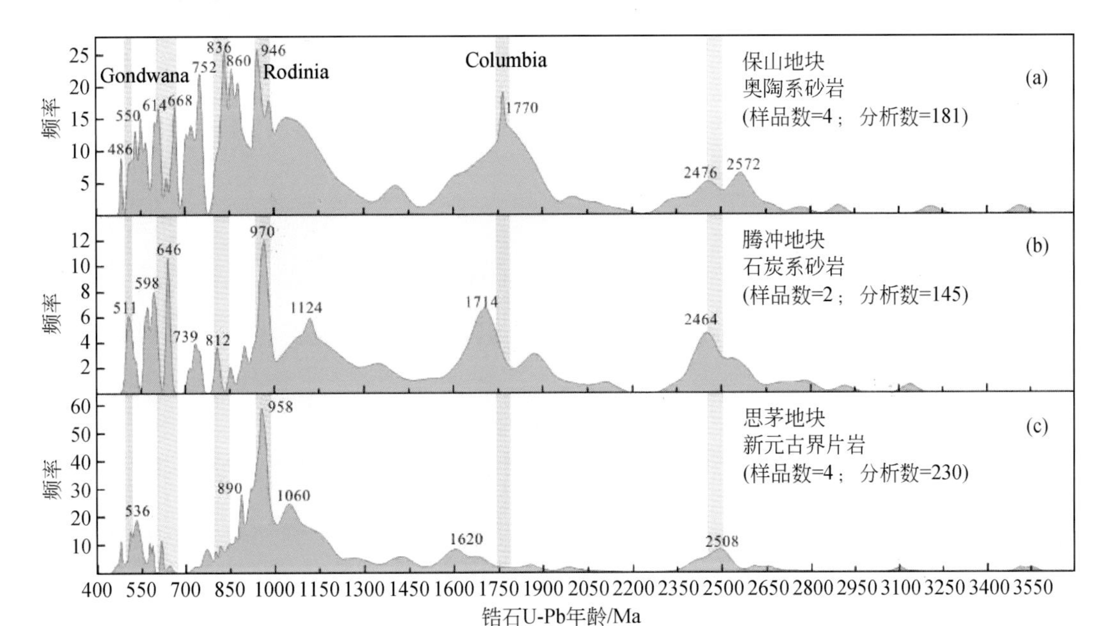

图1.13　三江地区微地块碎屑锆石年龄谱特征对比图（据Wang Q. F. *et al.*，2014）

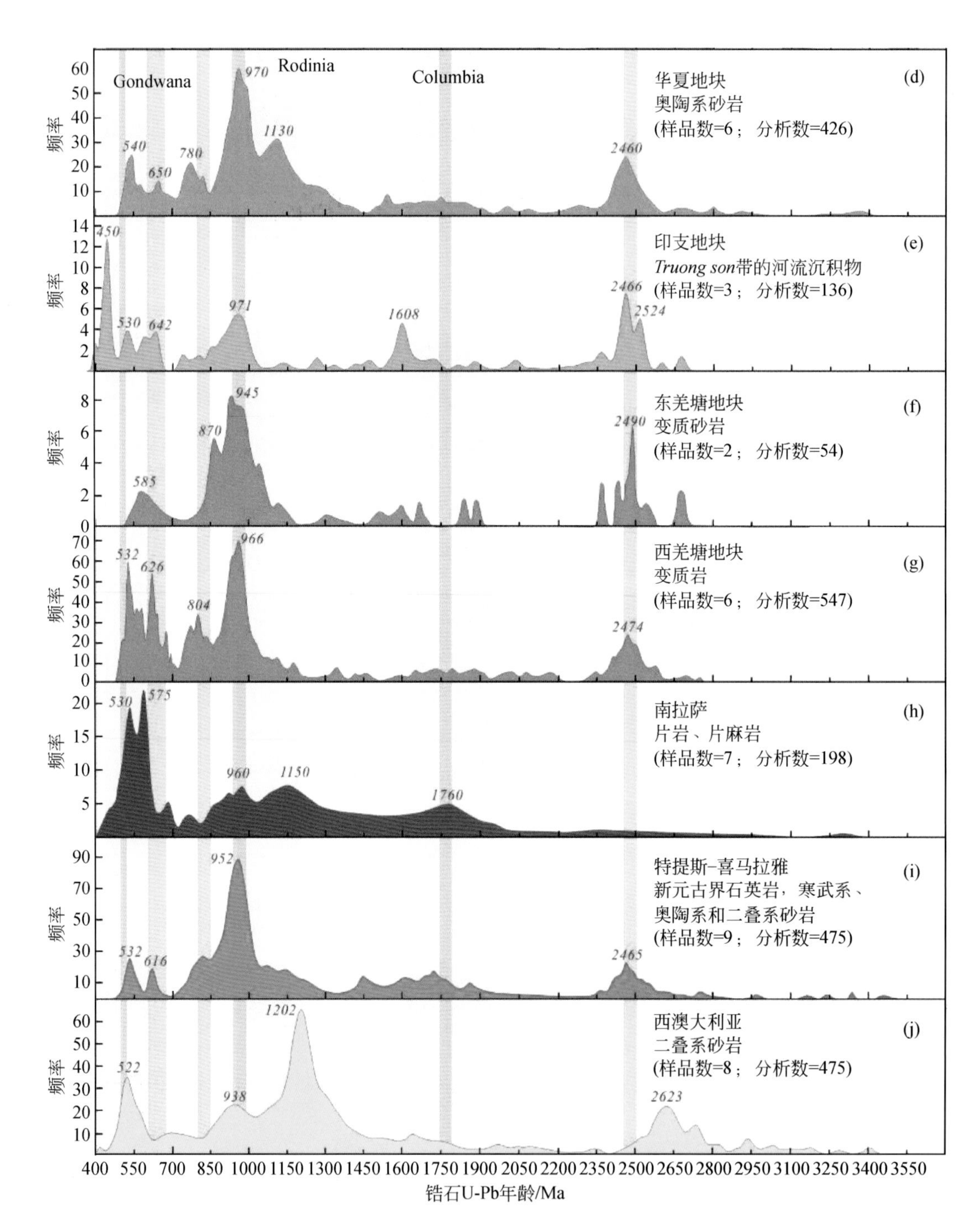

图 1.13　三江地区微地块碎屑锆石年龄谱特征对比图（据 Wang Q. F. *et al.*，2014）（续）

结论如下：① 印度陆缘型地块：华南地块、印支地块、西羌塘地块和东羌塘地块；② 澳大利亚陆缘型地块：拉萨地块、滇缅泰马地块等。基于该认识并结合前人（Metcalfe，2011）的古地理格架图，重新构建了三江特提斯早古生代微地块分布格架（图 1.14）。

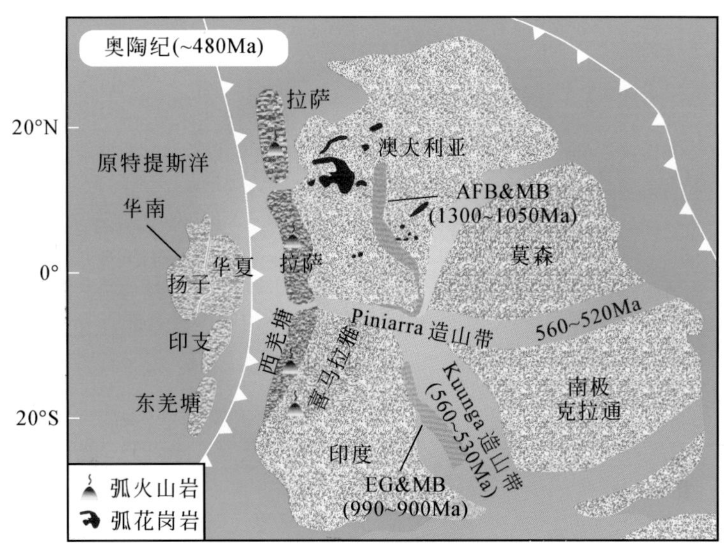

图1.14　原特提斯旋回早古生代古地理格架图（据Zhu *et al.*，2013）

1.2.2　古特提斯旋回

1. 洋盆开启

古特提斯洋开启于早—中泥盆世，存在两个方面的证据：① 古地磁学。根据微地块古纬度，志留纪—泥盆纪时，华南、思茅地块与保山、喜马拉雅、拉萨地块相分离（图1.15）；② 蛇绿岩套。放射虫硅质岩年龄和基性-超基性岩锆石U-Pb年龄所记录的最早时间（图1.16）。

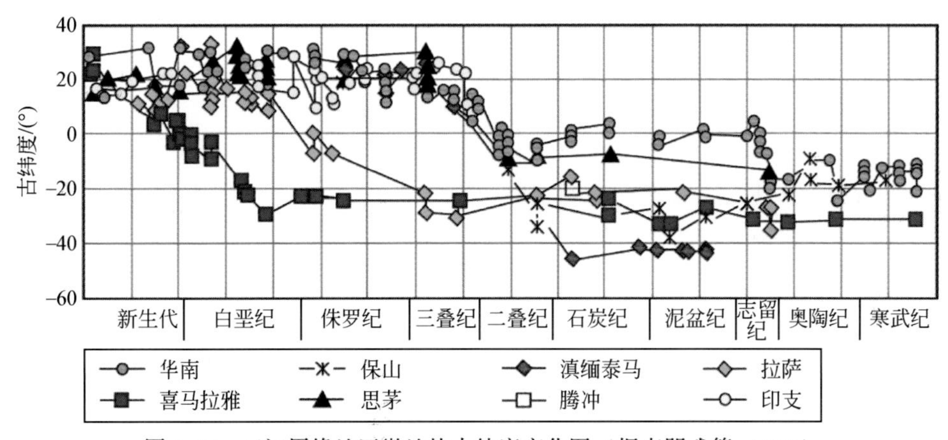

图1.15　三江周缘地区微地块古纬度变化图（据李朋武等，2003）

2. 洋盆消减

1）南林山和半坡早二叠世侵入体

南林山和半坡镁铁质-超镁铁质侵入体为思茅地块西部云县-景谷岩浆带的一部分（Li

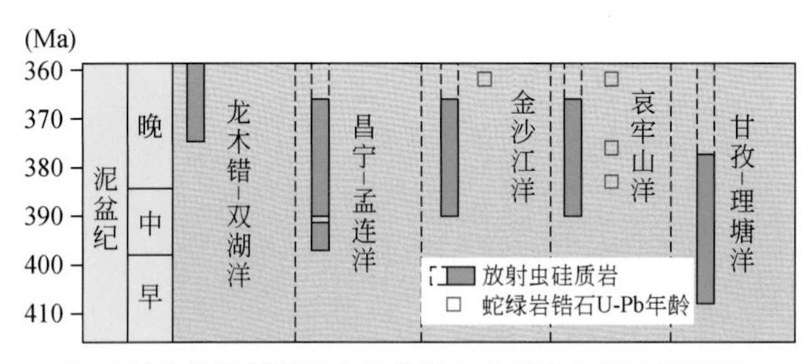

图 1.16　三江地区古特提斯洋开启的放射虫硅质岩和蛇录岩锆石 U-Pb 年龄图

G. Z. *et al.*, 2012)（图 1.17）。

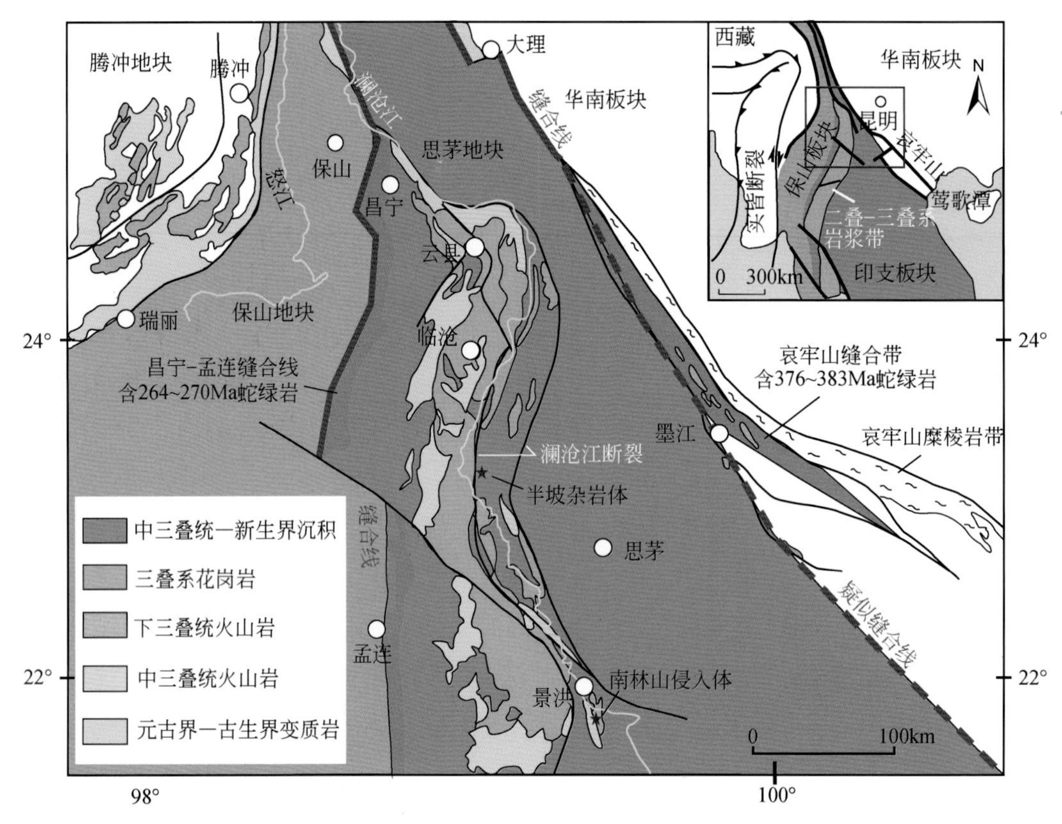

图 1.17　三江地区中南段地质图（据 Li G. Z. *et al.*, 2012，修改）

南林山侵入体位于云县-景谷岩浆岩带的东南角，平行于弧缘南北走向展布，面积为 $1493km^2$（图 1.18）。辉长岩和闪长岩为侵入体重要的岩石类型，侵入其西缘。东部与三叠世火山岩断层接触，其他地方覆盖着三叠世火山岩和第四纪沉积物。由于出露较少，辉长岩和闪长岩单元之间的接触性质是侵入接触还是渐变接触尚不清楚。中粒辉长岩由 55%～60% 斜长石、15%～25% 单斜辉石、5%～10% 角闪石和少量铁钛氧化物及黑云母组成。闪长岩由 65%～70% 斜长石、20%～25% 角闪石和少量铁钛氧化物、云母及石英组成。部分单斜辉石和斜长石分别变质为阳起石和钠长石。

半坡杂岩体发育于云县-景谷岩浆岩带的中心，为南北走向的细长体（1193.5km），并平行于弧缘（图1.18）。晚期不同大小的石英钠长斑岩脉在许多地方侵入于半坡杂岩体，半坡杂岩体分为镁铁质单元和富橄榄石单元。镁铁质单元由中等粒度的辉长岩、辉长闪长岩和闪长岩组成。橄榄石单元由中粒至粗粒的纯橄岩、异剥橄榄岩、橄榄辉石岩、橄榄辉长苏长岩和橄榄辉长岩组成。大多数样品中的单斜辉石已部分转变为次生的角闪石，如透闪石或阳起石加绿泥石。所有样品中的斜长石已经部分或完全演变为绿帘石、绢云母和更多富钠的种类。

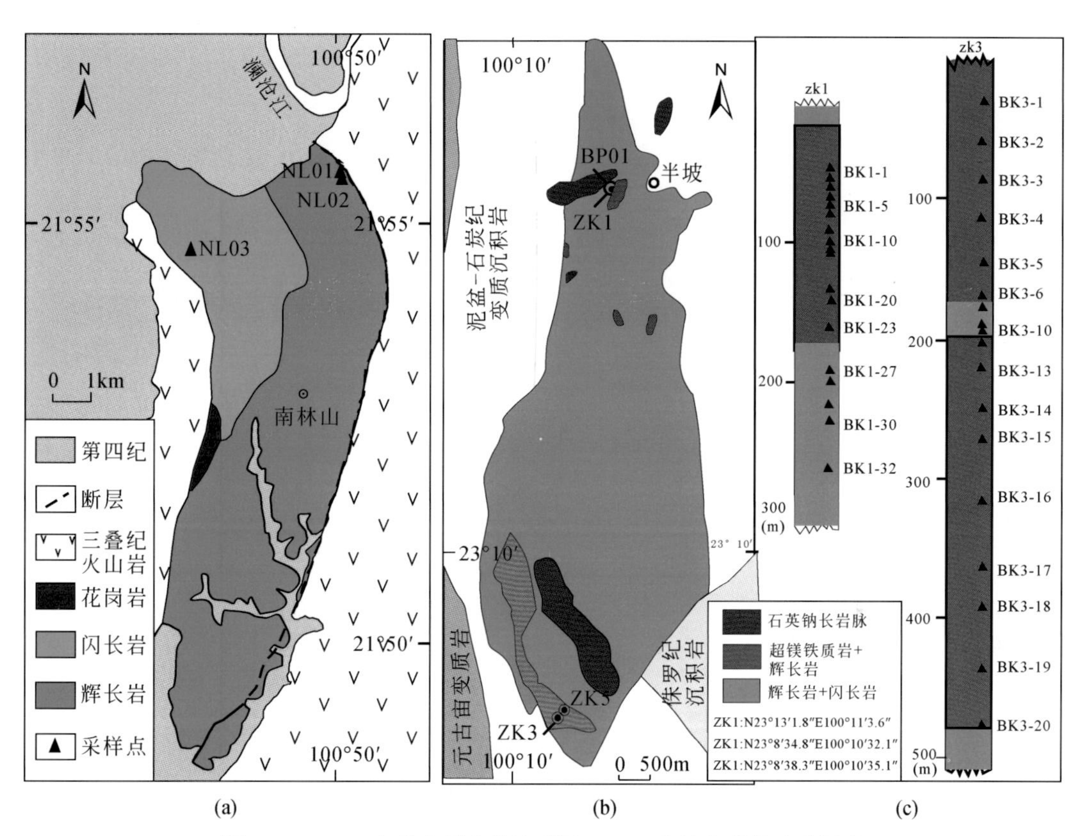

图1.18　(a) 南林山侵入体地质图、(b) 半坡杂岩体地质图和 (c) 钻孔采样位置图（据 Li G. Z. *et al.*, 2012）

南林山基性岩体闪长岩和半坡杂岩体辉长闪长岩 ID-TIMS 锆石 U-Pb 谐和年龄分别为298Ma 和295Ma（早二叠世早期）。

图1.19 (a) ~ (f) 展示了半坡和南林山侵入体的样品的球粒陨石标准化稀土元素（REE）和原始地幔标准化耐蚀变微量元素模式。半坡杂岩体的单斜辉石中轻稀土元素相对于重稀土元素明显亏损［图1.19 (a)］，并且相对于 La 和 Nb 出现严重的负异常，相对于 Nd 和 Zr-Hf 也出现适当的负异常［图1.19 (b)］。这与来自阿留申岛弧和马里亚纳岛弧捕虏体中的单斜辉石组成非常相似。单斜辉石相平衡的熔体的微量元素的丰度，熔体中相对适度富集轻稀土元素。Nb 和 Zr-Hf 在熔体和全岩及单斜辉石中为负异常［图1.19 (b)］。橄榄辉长岩的标准化微量元素模式类似于橄榄辉石岩［图1.19 (a)、(b)］。闪长岩的不相容

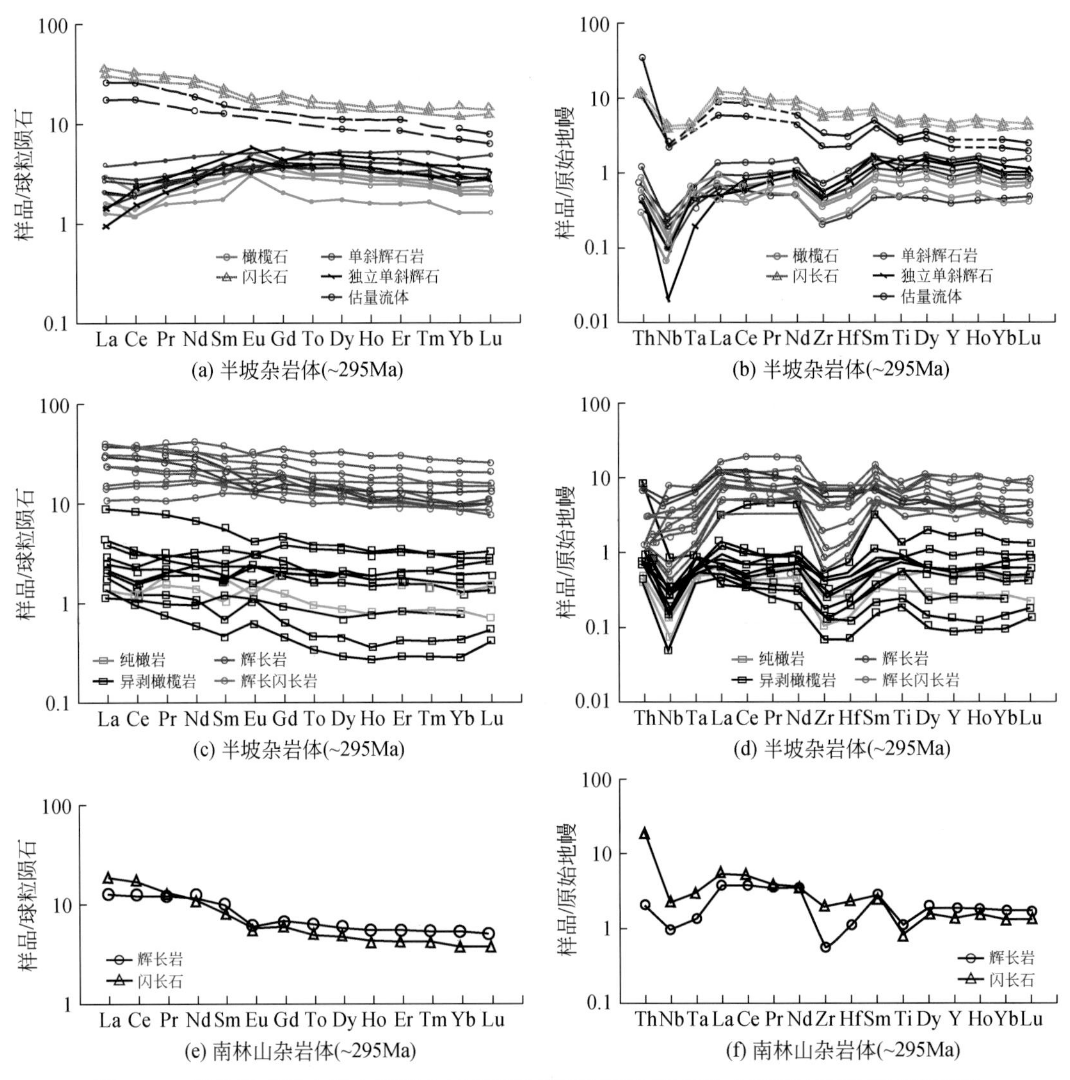

图 1.19　半坡和南林山侵入岩稀土元素球粒陨石标准化配分型式和耐蚀变微量元素原始地幔标准化配分型式图（据 Li G. Z. *et al.*，2012）

元素的丰度明显高于橄榄辉长岩和橄榄辉石岩［图 1.19（a）、（b）］。闪长岩的标准化微量元素模式与橄榄辉石岩的捕虏体包裹液非常相似，表明不同岩石是彼此相关的，通过高度分馏的岩浆分级结晶而成。相对于闪长岩，辉长岩具有更为显著的 Nb、Zr 和 Hf 负异常［图 1.19（d）］。辉长闪长岩不显示轻稀土富集［图 1.19（c）］。这些差异可以解释为单斜辉石的分级结晶和晶体的堆积。半坡杂岩体的纯橄岩和异剥橄榄岩中的不相容元素丰度比相应的辉长岩和闪长岩低一个数量级［图 1.19（a）~（d）］。南林山侵入体的辉长岩和闪长岩的微量元素标准化模式［图 1.19（e）、（f）］与半坡杂岩体相同类型的岩石类似，存在小的差异，包括在南林山样品中更低的微量元素丰度，明显的 Eu 负异常和 Nb 与 Ta 组合的负异常［图 1.19（e）、（f）］。

半坡杂岩体中 3 种不同类型的岩石（异剥橄榄岩、橄榄辉石岩和辉石岩）的单斜辉石晶体具有相似的组分，其硅灰石组分在46%～51%变化，顽火辉石成分在45%～49%变化，铁辉石组分小于6%。除了少数例外，它们都属于透辉石。如图1.20所示，半坡杂岩体的单斜辉石表现出一个趋势，代表弧堆晶岩的特点，包括Duke岛杂岩体和阿拉斯加南部的阿拉斯加型杂岩体。

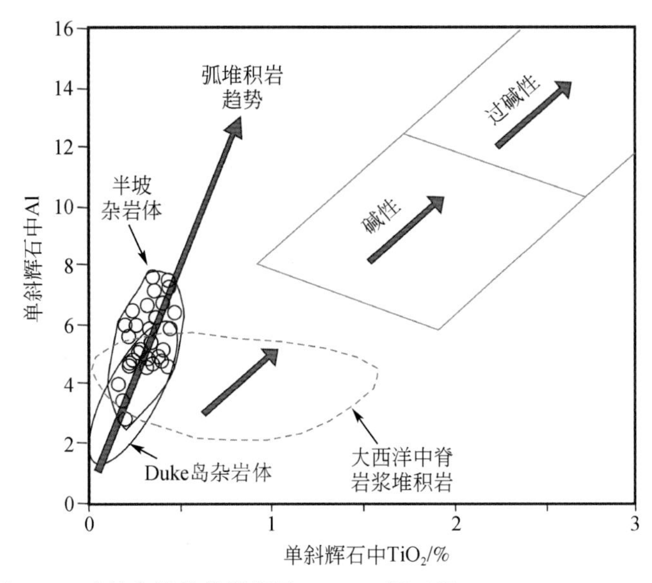

图1.20　半坡杂岩体单斜辉石 TiO_2-Al图（据Li G. Z. *et al.*，2012）

以上给出了半坡和南林山侵入体的年龄和地球化学数据，结合其他研究者给出的更年轻的弧状火山岩的地球化学数据（Peng *et al.*，2006，2008；Hennig *et al.*，2009；Wang Y. J. *et al.*，2010b），表明云县-景谷岩浆带是弧岩浆持续活动的产物。最早开始于298Ma以前。普遍认为云县-景谷弧系统在约283Ma后发展成一个成熟的大陆弧（Peng *et al.*，2008；Sone and Metcalfe，2008；Hennig *et al.*，2009；Wang *et al.*，2010b）。然而，约283Ma以前的弧系统的性质尚没有确定。Sone和Metcalfe（2008）和Hennig等（2009）指出约283Ma以前在西部出现一个弧后断陷盆地。并指出半坡和南林山侵入体是证据之一。这些基岩体的地球化学特征也符合岛弧堆晶岩。基岩体可能形成于岛弧环境，然后在思茅地块的边缘增生（Li *et al.*，2011，2012）。

研究显示：① 南林山和半坡镁铁质-超镁铁质侵入体具有相似的锆石U-Pb年龄，分别为298Ma和295Ma，他们是云县-景谷岩浆带最老火成岩；② 超镁铁质岩和橄榄辉长岩是由相对应的原始岩浆中结晶的橄榄石、斜长石和辉石堆积而成，而相关的辉长岩和闪长岩是流体多次分馏的产物；③南林山和半坡镁铁质-超镁铁质岩的正 ε_{Nd} 值和Nb与Zr-Hf负异常组合表明它们是与俯冲相关的玄武岩岩浆的产物；④ 昌宁-孟连古特提斯洋向思茅地块下方俯冲开始于早二叠世，而不是中二叠世；⑤ 表明思茅地块和北部的藏北羌塘地块是冈瓦纳衍生的大陆碎块。

2）东羌塘晚二叠世—早三叠世弧火山岩

通过详细的野外填图和地球化学分析，在东羌塘地块南缘鉴别出一套晚二叠纪陆缘弧

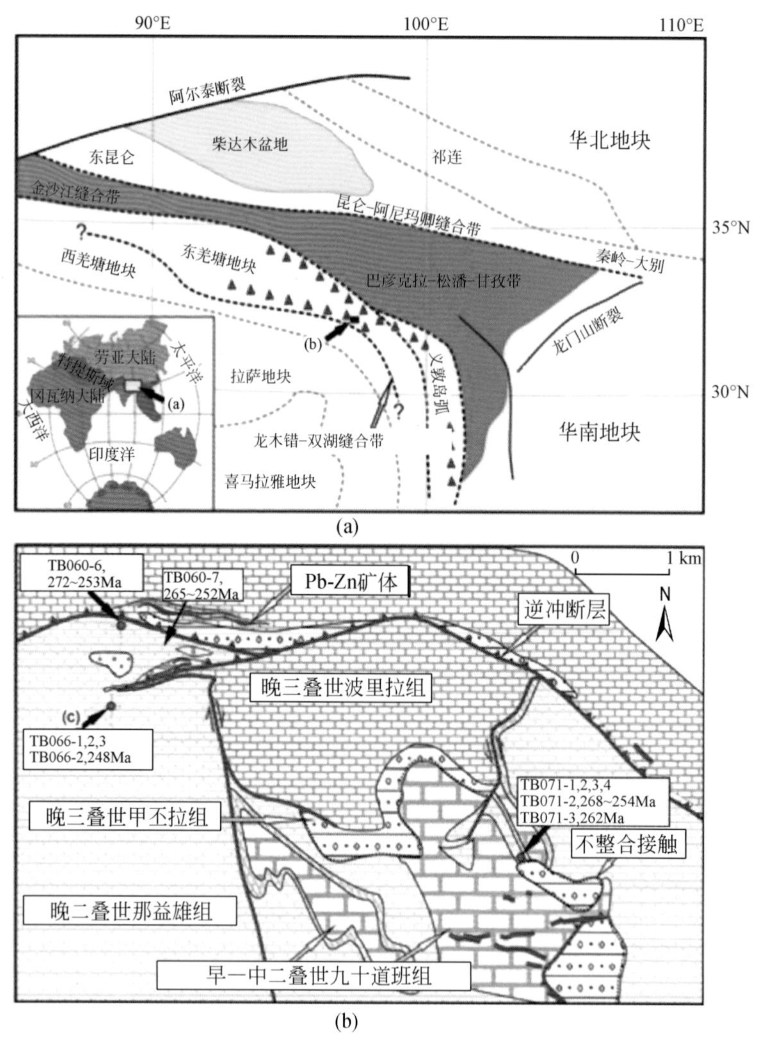

图 1.21　东羌塘地块南缘二叠纪火山岩分布图

火山岩，由玄武安山岩、玄武岩和流纹岩组成［图 1.21（a）、（b）］。5 个锆石 SHRIMP U-Pb年龄、3 个 LA-ICP-MS U-Pb 年龄结果表明，火山岩形成时代为 272 ~ 248Ma。全岩地球化学和锆石 Hf 同位素结果表明［图 1.22（a）~（d）］，其形成于亏损地幔的局部熔融，地幔局部熔融开始时间为 ~ 275Ma。南、北羌塘地块之间的蓝闪石片岩形成时代与局部熔融开始时间一致，而岩浆喷发时间与榴辉岩形成时代一致。因而，弧火山岩与北羌塘地块以南的高压–超高压变质带一起限定东西羌塘地块之间的古特提斯主洋盆（龙木错–双湖洋）北向俯冲极性［图 1.23（a）、（b）］。

3）昌都微地块中二叠世火山岩

区内二叠纪火山岩分布在芒康–盐井地区的宗西乡、加色顶和说农等地（图 1.24），呈南北向零星分布。通过对芒康–海通一带玄武质安山岩进行详细的锆石 U-Pb 年代学研

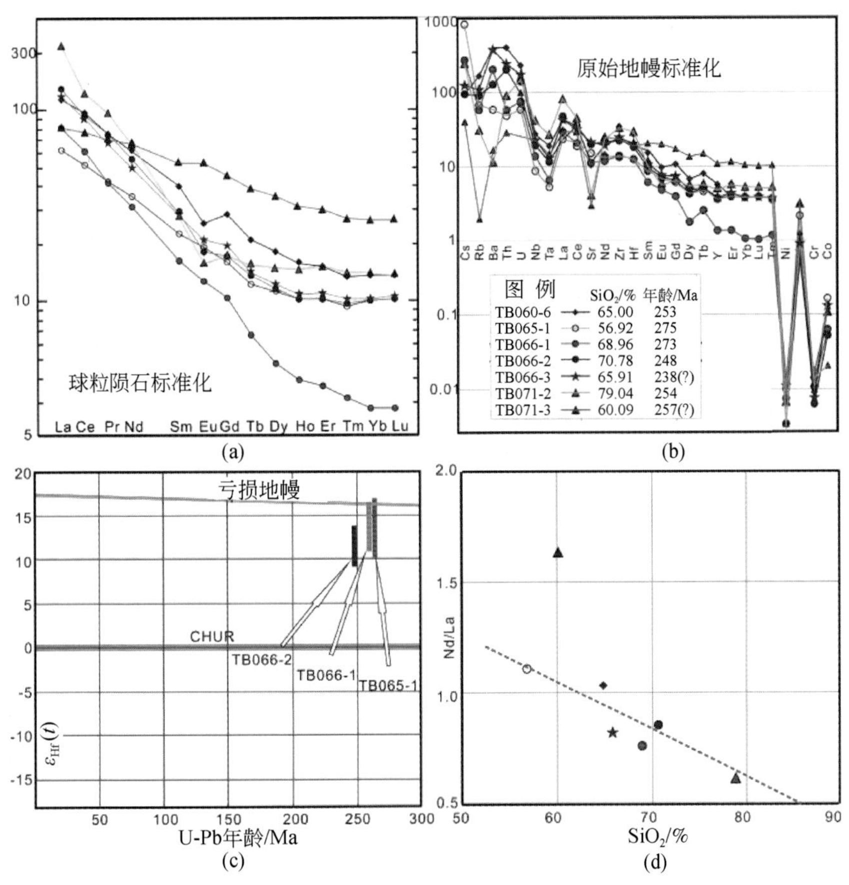

图1.22　东羌塘地块南缘二叠纪火山岩地球化学和Hf同位素图

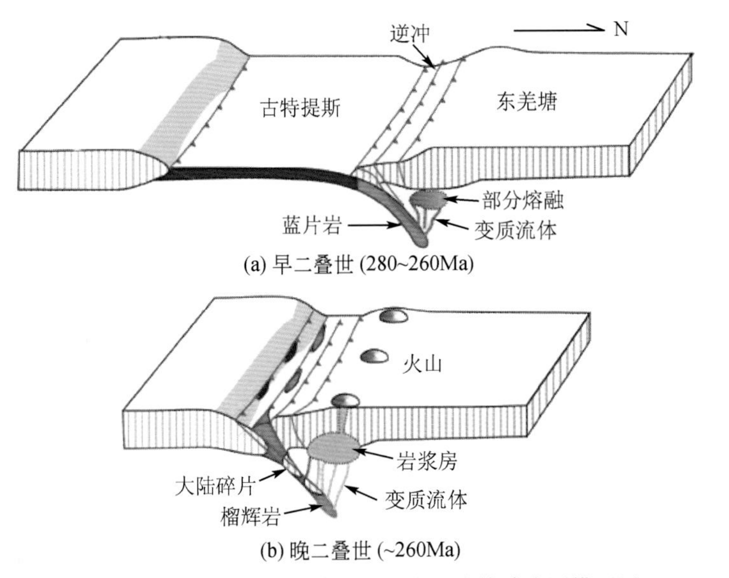

图1.23　东羌塘地块南缘二叠纪火山岩俯冲成因模型图

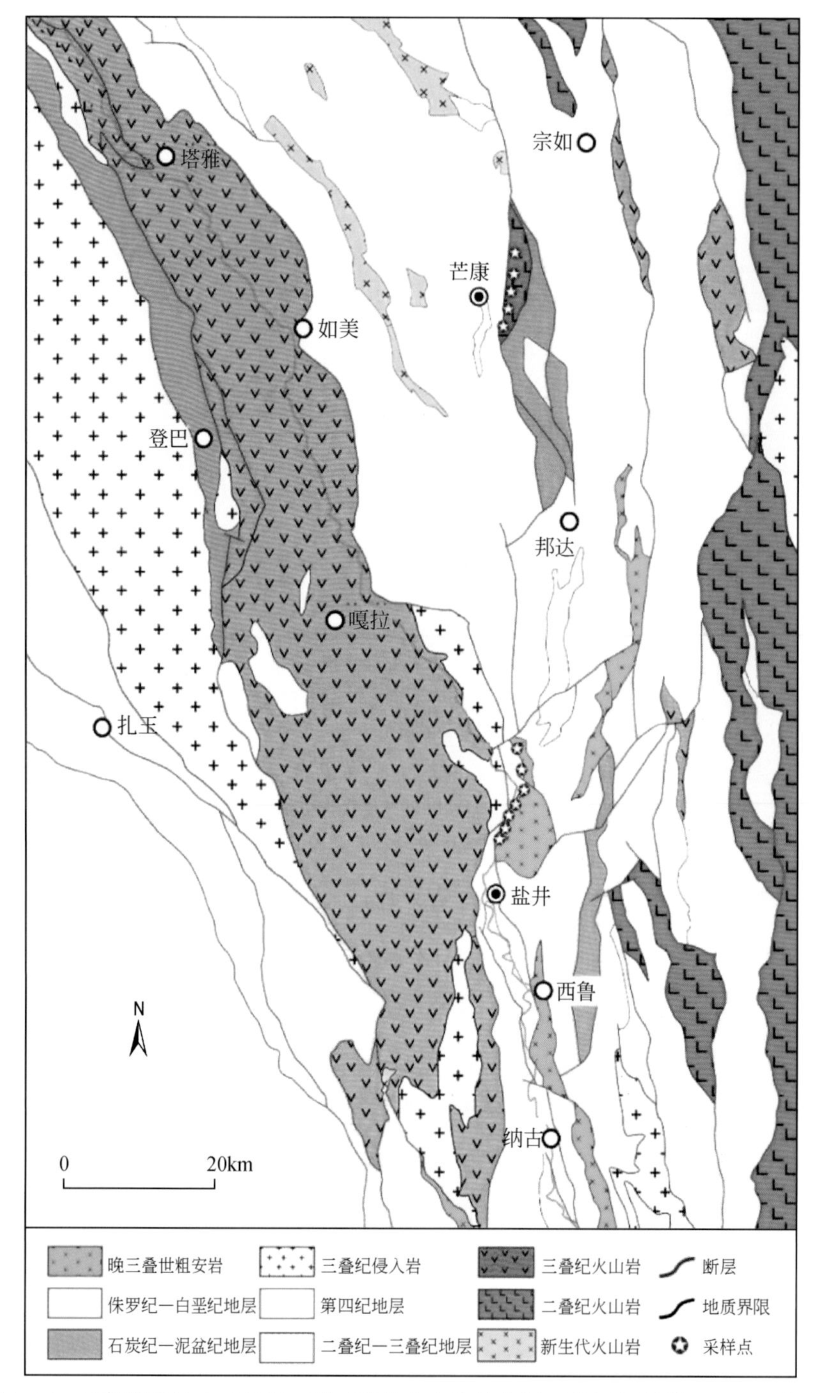

图 1.24 昌都微地块中二叠世—晚三叠世火山岩分布图（据于峻川等，2014，修改）

究，获得锆石 U-Pb 谐和年龄为 269.4～270.7Ma（图 1.25），表明其形成时代为中二叠世。

地球化学分析样品均采自于盐井地区，区内火山岩厚度约 520m，含有紫红色砾岩、砂岩夹层，岩性以粗安岩为主。岩石由斜长石、辉石、黑云母和磁铁矿等矿物构成，具有

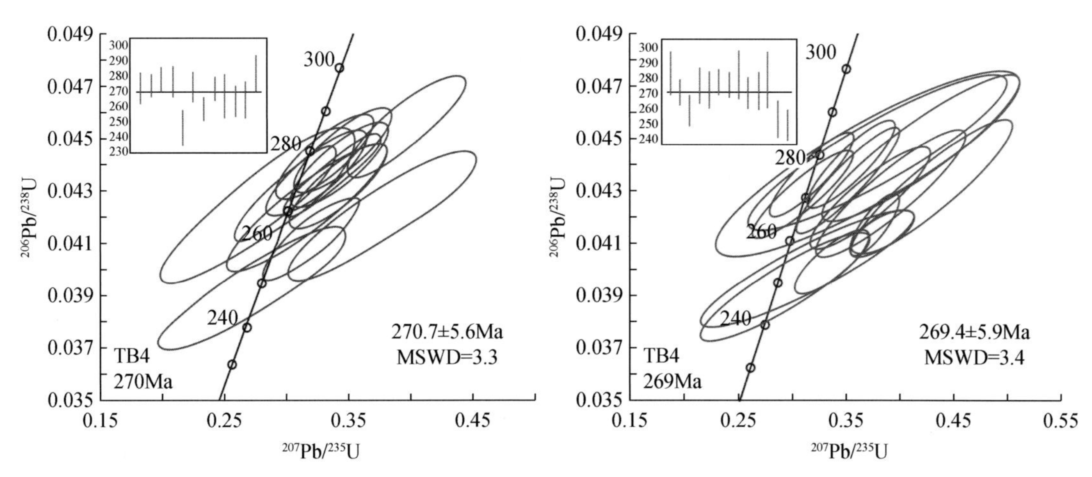

图1.25　昌都微地块二叠纪玄武质安山岩U-Pb年龄谐和图

斑状结构，斑晶为普通辉石（5%）和斜长石（30%），基质中细小的斜长石无规则排列，其间填充有碱性长石、普通辉石、黑云母和磁铁矿颗粒。此外，样品中可见绿泥石化、绿帘石化等蚀变现象。

岩石具有较高的初始Sr同位素比值（$^{87}Sr/^{86}Sr)_t$为0.7100～0.7121，初始Nd同位素（$^{147}Nd/^{144}Nd)_t$为0.51198～0.51204，$\varepsilon_{Nd}(t)$为-4.9～-6.2，表现出明显的高Sr低Nd特征，结合Pb同位素的特征可以判断火山岩的源区含有EMⅡ型富集地幔端元组分的加入。结合岩石中微量元素具有明显的轻重稀土分馏，亏损Nb、Ta、Ti等特征，可以判断岩石的源区具有富集地幔的特征。目前对于源区中混入壳源物质从而造成岩石具有以上地球化学特征有多种解释：一种解释是岩石受地壳混染的影响，或者古老地壳的部分熔融；另一种解释是其源区受控于俯冲带流体的交代作用。

岩石在形成过程中基本未受地壳混染影响，且岩石的$Mg^{\#}$值和SiO_2的含量也明显高于地壳部分熔融形成的岩石的相应数值，因此产生于古老地壳的部分熔融的可能也相对较小。结合岩石的年代学研究，认为岩石与古特提斯洋的俯冲相关，这与Th/Ta-Yb［图1.26（a）］（Gorton and Schandl，2000）和Ba/Nb-La/Nb图［图1.26（b）］所反映的情况相一致。

在板块俯冲过程中富含大离子亲石元素和LREE，亏损高场强元素的流体或熔体产生，交代上覆地幔楔，使之发生部分熔融从而产生岛弧岩浆。前人研究显示，俯冲流体的加入通常携带较多的LILE（Rb、Ba、Sr）和U、Pb等易变元素，而沉积物的加入通常会造成岩浆富集LREE和Th。岩石具有较高的Ba/Nb（34～114）、Sr/Th（41～60）和Ba/Th（46～88）值，而Th含量（4.29～5.11）和Th/Ce值较低（0.15～0.22）。此外，在Th/Yb-Ba/La［图1.27（a）］和Sr/La-La/Yb图［图1.27（b）］中，所有样品的投点显示出受流体控制的趋势，以上证据均表明岩浆产生于俯冲流体的交代。

结合芒康–盐井地区火山岩的中二叠世（269.4～270.7Ma）成岩年龄和弧岩浆岩地球化学特征，可以推断其为金沙江古特提斯洋西向俯冲作用的产物。

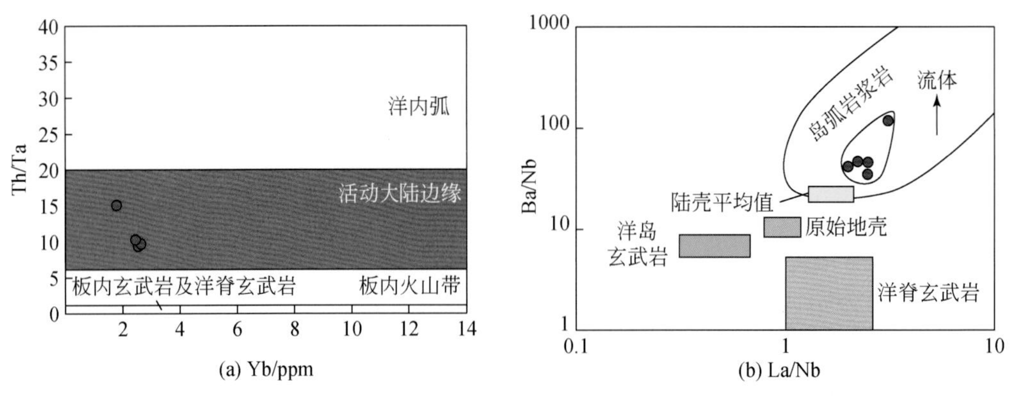

图 1.26　(a) 昌都地块二叠纪火山岩 Th/Ta-Yb 和 (b) Ba/Nb-La/Nb 图

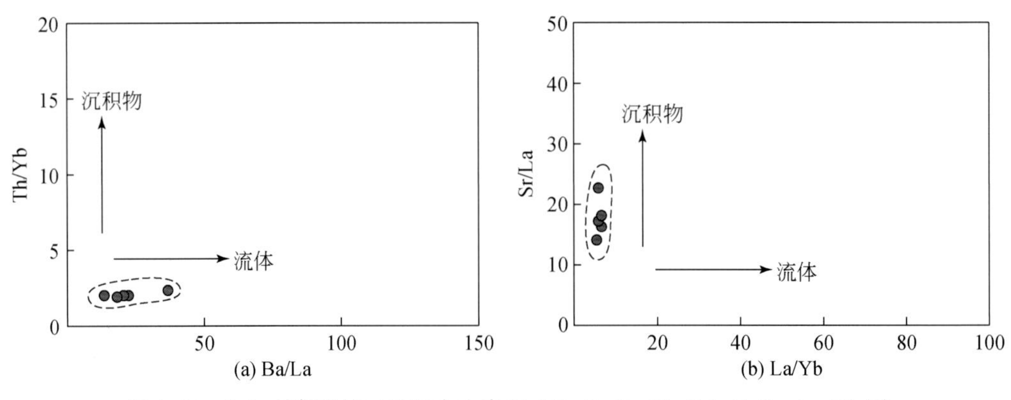

图 1.27　(a) 昌都地块二叠纪火山岩 Th/Yb-Ba/La 和 (b) Sr/La-La/Yb 图

4) 义敦弧岩浆岩

义敦弧位于三江特提斯域北东部，传统模式认为义敦弧（包括南部中甸弧）是甘孜-理塘洋三叠纪西向俯冲形成的，并导致中甸地区晚三叠纪斑岩活动与相应的铜多金属矿集区的形成（图 1.28、图 1.29）。然而，三叠纪义敦弧南段（中甸）俯冲消减的构造-岩浆-成矿过程仍不清楚，对区域岛弧岩浆缺乏清晰的认识。

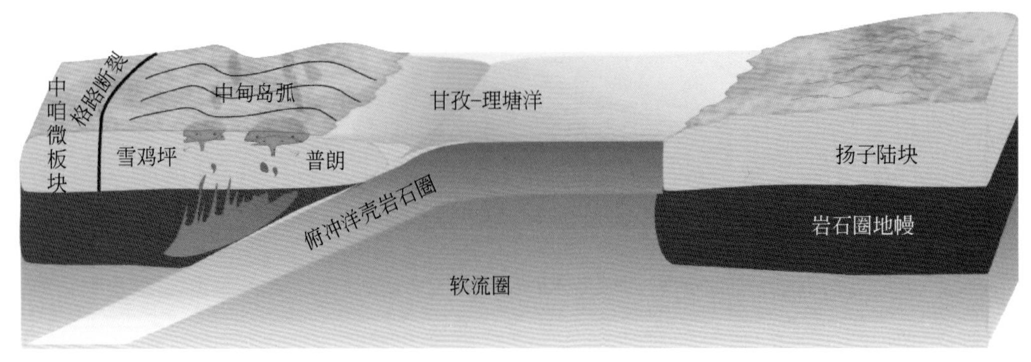

图 1.28　义敦弧岩浆岩与成矿作用的洋壳俯冲模型图

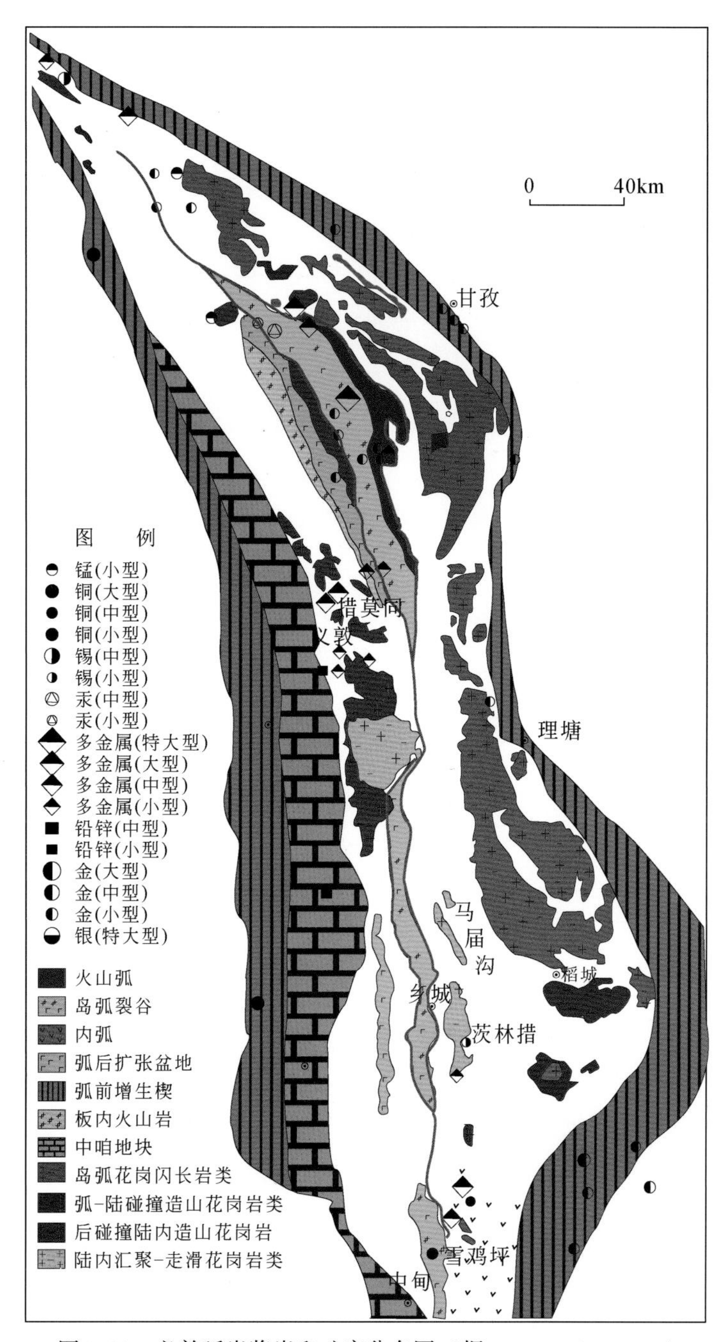

图1.29 义敦弧岩浆岩和矿床分布图（据 Peng *et al.*，2014）

对义敦弧（中甸）南段的三叠纪火山岩和俯冲型成矿斑岩矿床展开了系统研究，取得以下进展和认识：

（1）高精度的锆石 U-Pb 定年获得图穆沟组的安山岩 213Ma 的喷发年龄，获得地区火山岩可靠的年代学数据，证明火山岩形成于晚三叠世；同时俯冲型成矿斑岩的成岩年龄形成于 213 ~ 207Ma 期间（图 1.30），安山岩与成矿斑岩是同时期形成，区域上喷发的火山岩与成矿斑岩具有成因联系。

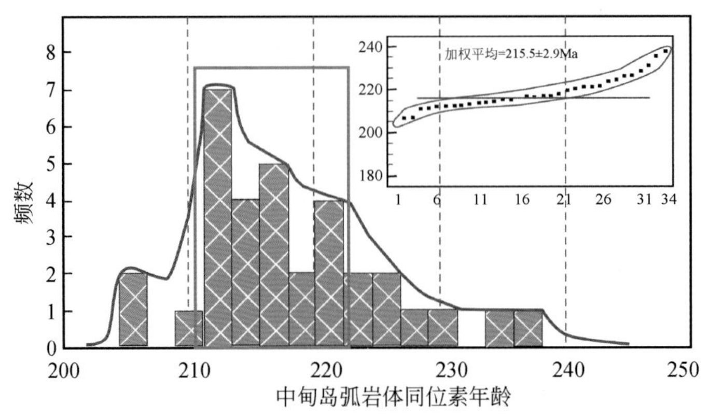

图 1.30　义敦弧晚三叠世岩浆岩体锆石 U-Pb 年龄图

（2）对区域上喷发安山岩的 Sr-Nd 同位素地球化学研究（图 1.31），指示其形成于岛弧环境，确定成矿斑岩是同时期岛弧岩浆作用的产物，暗示斑岩的成矿作用可能与俯冲消减过程有关。

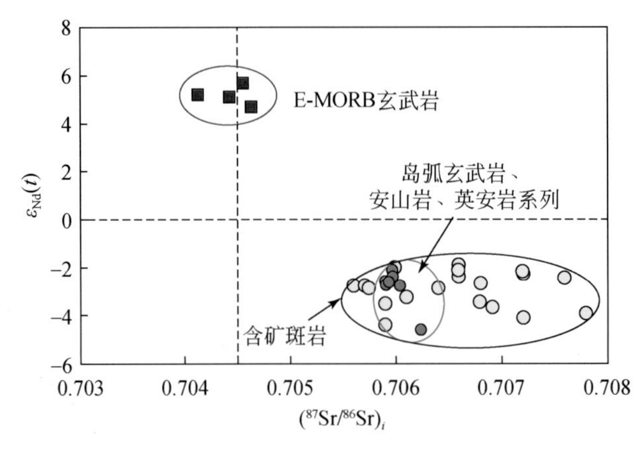

图 1.31　义敦弧晚三叠世岩浆岩 Sr-Nd 同位素组成图

（3）识别出来源于软流圈地幔的 E-MORB 型玄武岩，锆石 U-Pb 年龄 216.1±2.8Ma（MSWD=1.7，n=7），其 $\varepsilon_{Nd}(t)$ 在 4 ~ 6（图 1.31）而并不出现 Nb、Ta 等高场强元素亏损［图 1.32（a）、（b）］，指示为软流圈地幔源区，表明晚三叠世中甸地区软流圈对岩浆作用和斑岩成矿的贡献。据此提出中甸地区晚三叠世构造–岩浆–成矿模型：甘孜–理塘洋西向俯冲到中甸岛弧之下，在晚三叠世发生俯冲板片的撕裂或断离，造成热的软流圈地幔上涌到下地壳之下，交代地幔楔发生熔融，诱发了正常的岛弧火山岩和成矿斑岩的形成和短时间、大规模的喷发和侵入，从而形成了中甸地区晚三叠世广泛发育的斑岩铜矿床；软流圈物质上涌形成 E-MORB 玄武岩（图 1.33）。

模式解释了晚三叠世斑岩活动与成矿作用的集中爆发是在中甸地区之下的俯冲板片发

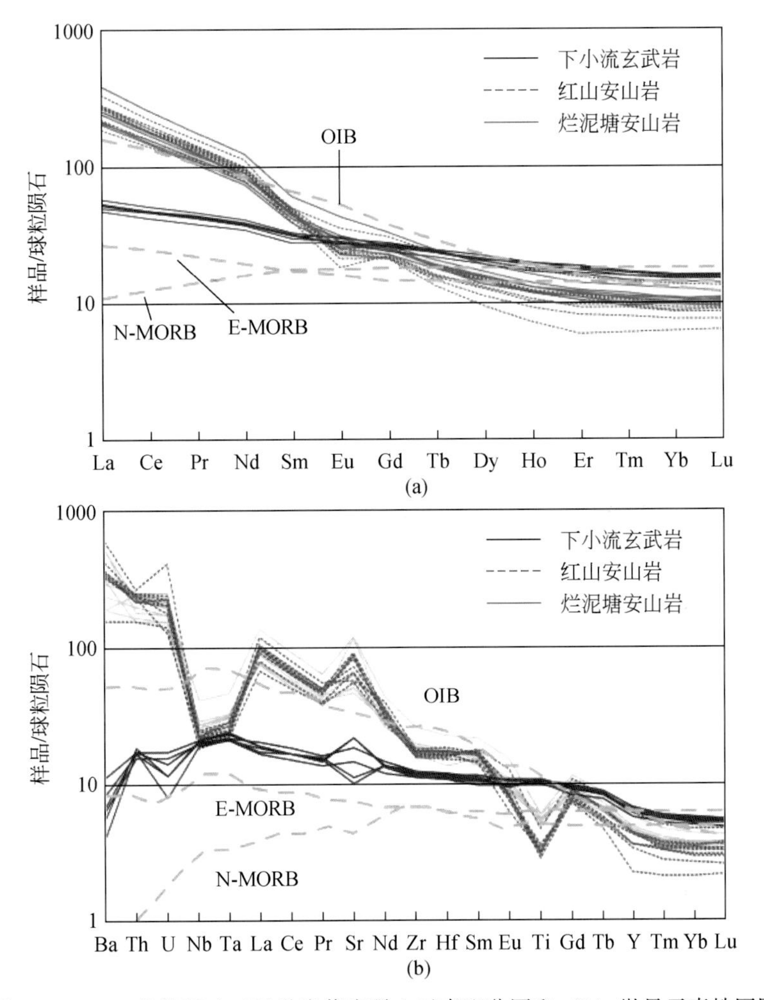

图 1.32　(a) 义敦弧晚三叠世岩浆岩稀土元素配分图和 (b) 微量元素蛛网图

生撕裂或断离导致的软流圈上涌，造成区域大规模斑岩活动在晚三叠世相对短时间产生，而义敦弧其他地区不发育这种构造-岩浆条件，因此未出现同时期的斑岩活动。

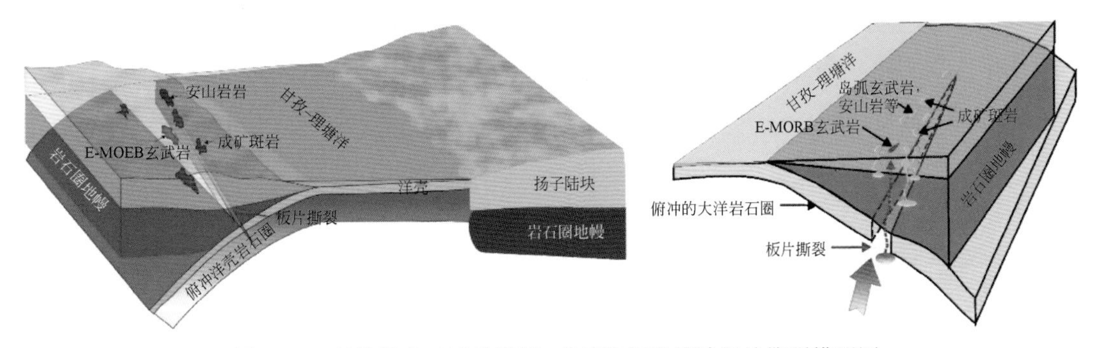

图 1.33　义敦弧晚三叠世岩浆-成矿作用的俯冲板片撕裂模型图

5）玉树弧火山岩带

玉树弧火山岩覆盖在晚三叠世碎屑灰岩之上，由安山岩、流纹岩、英安岩和少量玄武岩组成，被大量花岗闪长岩和花岗岩侵入（图 1.34）。火山岩和花岗岩锆石 SHRIMP U-Pb 结果表明，侵入岩与火山岩近同时形成（~213Ma）。全岩地球化学数据表明其均具有弧火山岩特点［图 1.35（a）、（b）］。

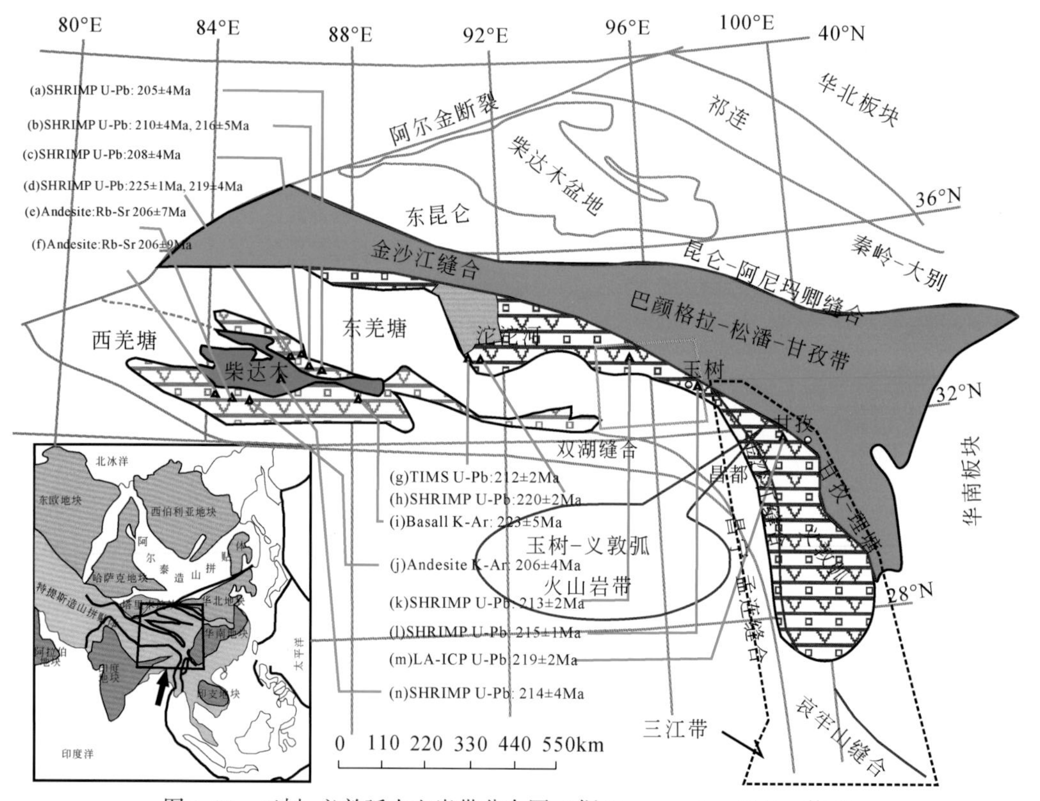

图 1.34　玉树-义敦弧火山岩带分布图（据 Yang *et al.*，2014，修改）

结合西金沙江-甘孜-理塘缝合带及以北浊积岩带，将玉树以西地区的晚三叠纪火山岩与义敦地区晚三叠纪火山岩视为一个完整的弧火山岩带，称为玉树-义敦弧火山岩带。它们共系金沙江-甘孜-理塘洋西向俯冲作用的产物（图 1.36）。

3. 洋盆闭合

1）南澜沧江带晚三叠世岩浆岩

南澜沧江带广泛发育三叠纪花岗岩类和火山岩（图 1.37），基本上沿澜沧江河谷分布。

火山岩以三叠纪为主，由老至新依次为：中三叠世（忙怀组）碰撞型英安岩-流纹岩组合→晚三叠世（小定西组）碰撞后钾玄岩-安粗岩组合（北段，云县）→玄武岩-安山岩-英安岩-流纹岩组合（南段）→晚三叠世（芒汇河组）碰撞后拉张型钾质粗面玄武岩-

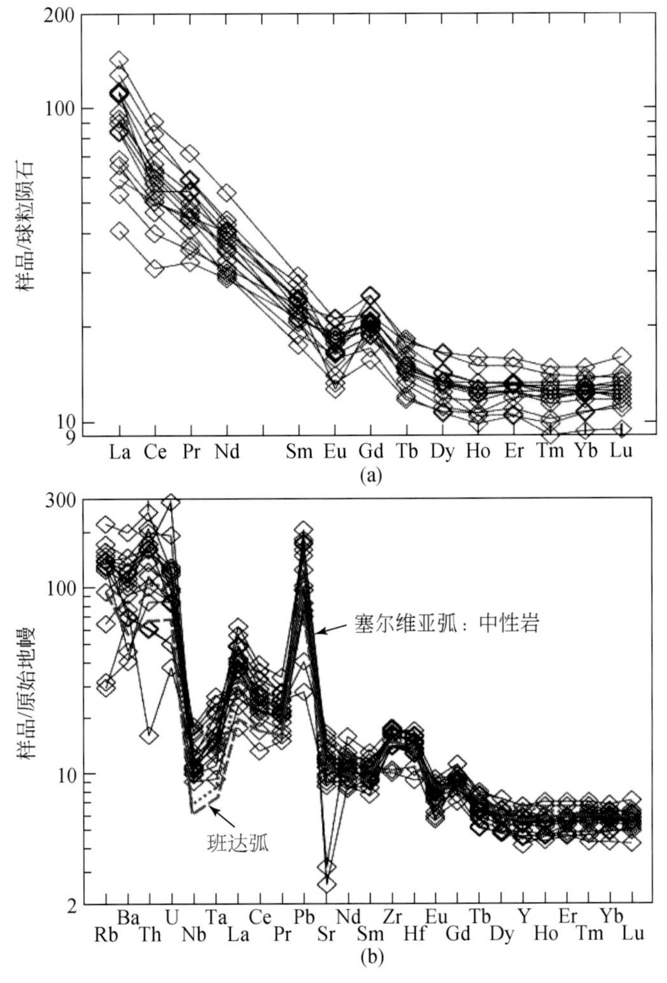

图1.35　(a) 玉树弧晚三叠世岩浆岩稀土元素配分图和 (b) 微量元素蛛网图

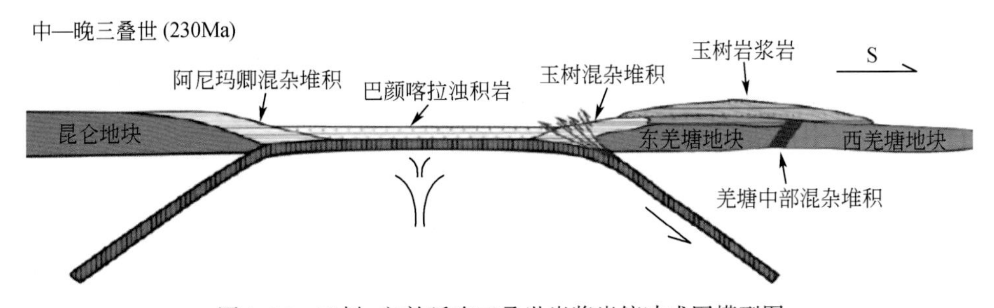

图1.36　玉树-义敦弧晚三叠世岩浆岩俯冲成因模型图

流纹岩双峰式组合（王硕等，2012）。锆石U-Pb定年结果显示其年变化于210～235Ma。

玄武岩-安山岩-英安岩-流纹岩组合分布于景谷岔河、茂密河等地。火山岩时代为晚三叠世，系安山岩-英安岩-流纹岩与粗安岩杂色火山岩系，呈亚碱性与碱性系列；稀土总量变化大，为64.38×10^{-6}～277.09×10^{-6}，其模式为轻稀土富集右倾型［图1.38（a）］；微量元素模式呈锯齿状，明显亏损Sr、P、Ti等元素［图1.38（b）］，反映其形成于大陆

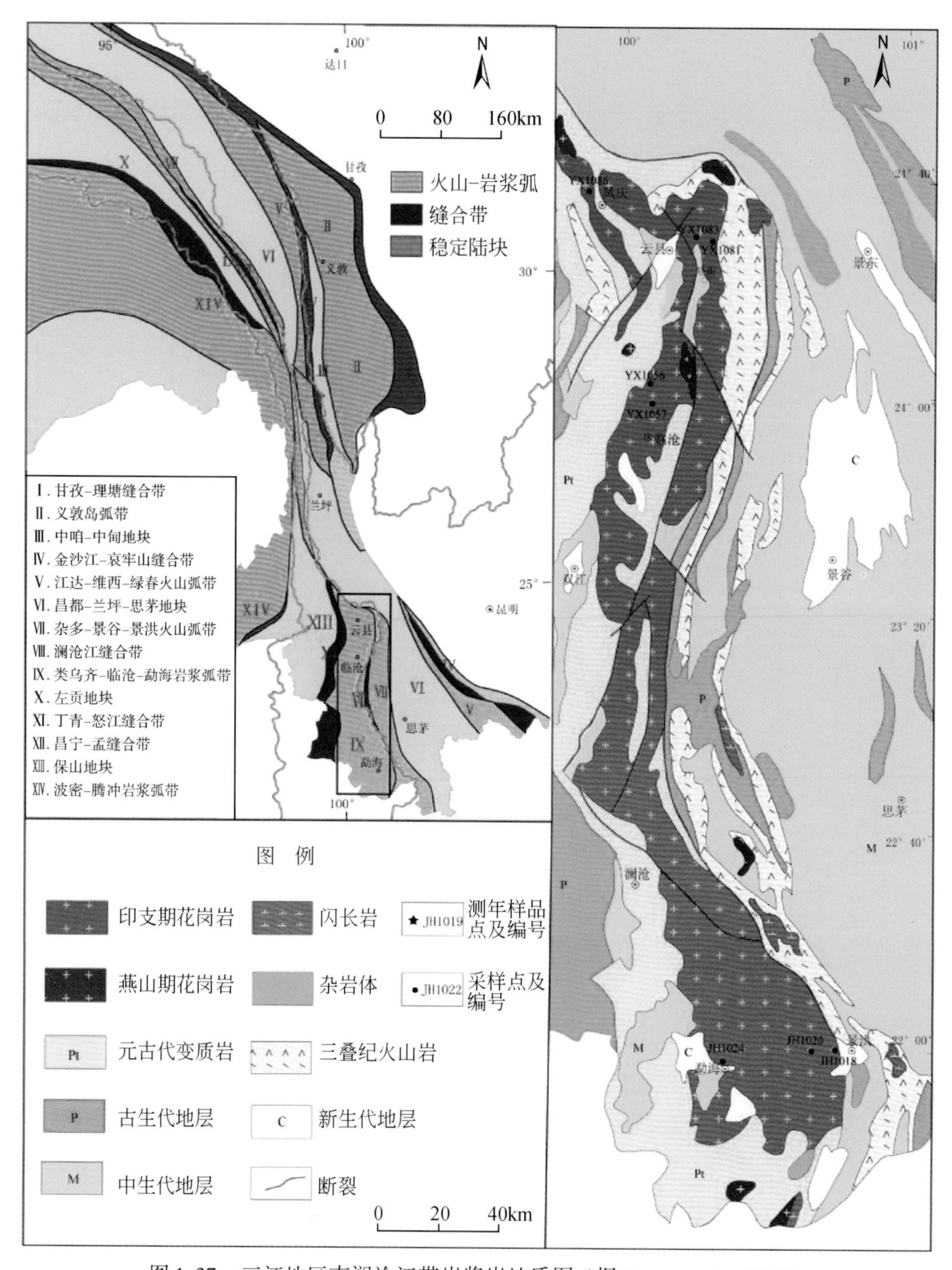

图 1.37　三江地区南澜沧江带岩浆岩地质图（据 Dong *et al.*，2013）

弧构造环境。碰撞后拉张钾玄岩-流纹岩在云县小定西较典型；玄武岩为钾玄岩系列，流纹岩为高钾流纹岩，稀土元素和微量元素模式为典型的大陆型。三叠纪火山岩具有弧火山岩与大陆板内火山岩的双重属性，表明澜沧江洋在中三叠世发育碰撞-后碰撞构造环境产物，晚三叠世则进入具有俯冲带弧后应力松弛状态的过渡型构造环境，暗示到晚三叠世末期澜沧江洋关闭。

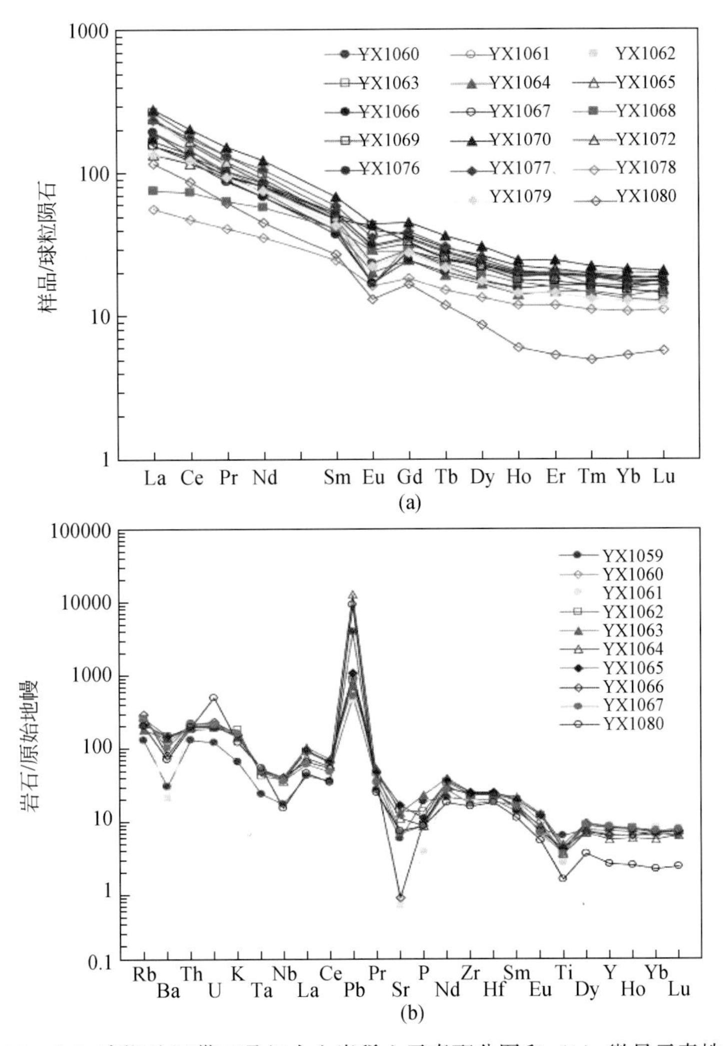

图1.38 （a）南澜沧江带三叠纪火山岩稀土元素配分图和（b）微量元素蛛网图

临沧花岗岩为南澜沧江带南段典型的花岗岩侵入体，其南北长达350余公里，东西宽15～45km，平均22.5km，出露面积达7400km^2，向南与泰国、马来西亚的花岗岩体相连，构成巨大的花岗岩带。岩石类型为黑云母二长花岗岩。研究表明，花岗岩的SiO_2含量为66.84%～73.99%，K_2O/Na_2O值为1.42～30.10，Al_2O_3含量为12.94%～15.23%，铝饱和指数A/CNK为1.06～8.59，大部分大于1.1，为高钾钙碱性过铝-强过铝花岗岩。岩石总体上富集大离子亲石元素和Pb，明显亏损高场强元素。稀土总量198.22×10^{-6}～359.16×10^{-6}，具有明显的轻稀土富集重稀土亏损的特征，$(La/Yb)_N$为7.87～17.62，δEu为0.34～0.57，平均0.48，球粒陨石标准化配分模式显示明显的负Eu异常，显示其成因类型属于S型花岗岩，具有大陆碰撞阶段花岗岩类特征。花岗岩的锆石U-Pb年龄为210～230Ma，锆石Hf同位素组成比较均一，$\varepsilon_{Hf}(t)$均为负值（集中于-14～-10）［图1.39（a）］，Hf地壳模式年龄集中于1.95～2.15Ga［图1.39（b）］，推断其为古老地壳部分熔融的产物。临沧花岗

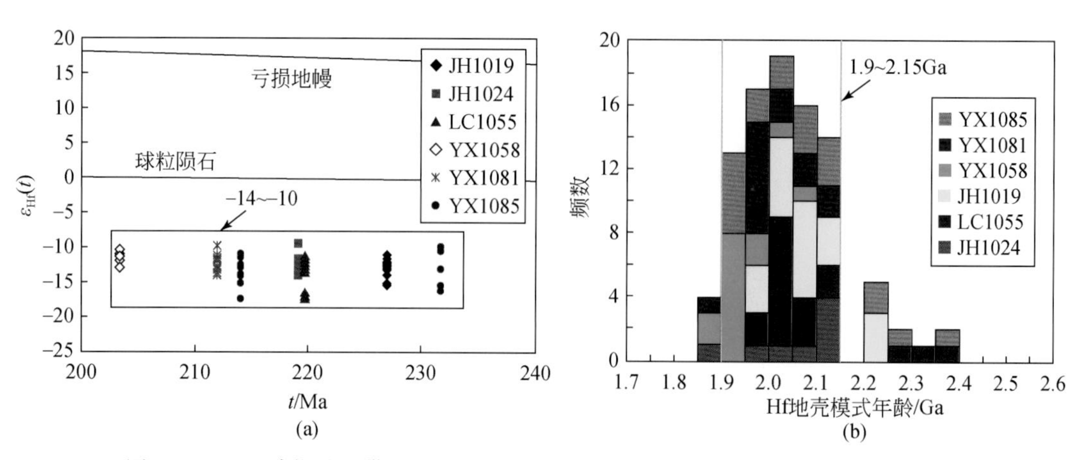

图 1.39　(a) 南澜沧江带临沧岩基 $\varepsilon_{Hf}(t)$ 组成图和 (b) Hf 地壳模式年龄分布图

岩应属晚三叠世挤压向伸展转换的后碰撞阶段产物，形成于缅泰马地块与思茅地块陆陆碰撞造山过程的后碰撞时期，暗示晚三叠世古特提斯洋闭合过程（Wang *et al.*，2015b）。

2）老王寨晚二叠世花岗岩

镇沅县老王寨地区位于哀牢山缝合带中北部［图 1.40（a）］，花岗质岩体呈透镜状、不

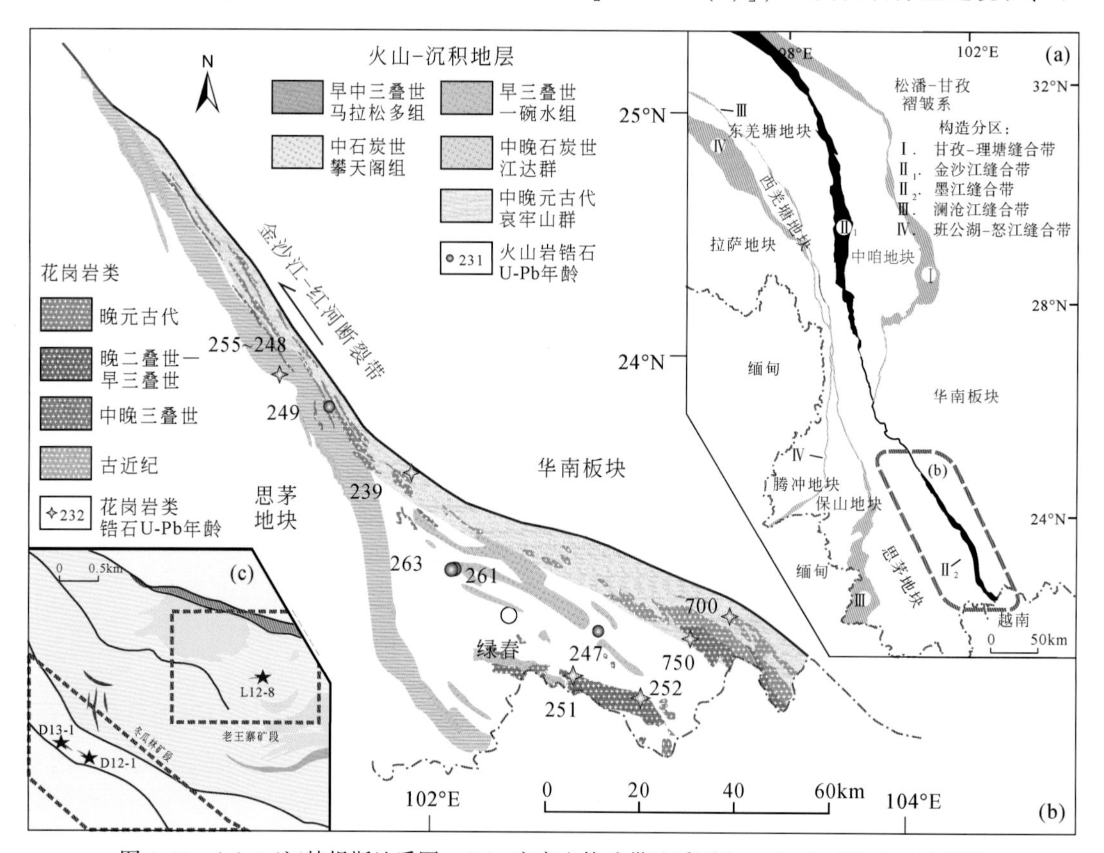

图 1.40　(a) 三江特提斯地质图、(b) 哀牢山构造带地质图和 (c) 老王寨地区地质图

规则岩脉和岩枝状侵位于晚古生界（泥盆系南澜沧江带石炭系）砂板岩、变质杂砂岩和大理岩中。矿床主要包括冬瓜林和老王寨两个矿段，在冬瓜林矿段采集花岗斑岩样品两件（编号D12-1、D13-1），老王寨矿段采集石英斑岩样品一件（编号L12-8）[图1.40（b）]。

锆石U-Pb定年结果显示，冬瓜林矿段两件花岗斑岩 $^{206}Pb/^{238}U$ 加权平均年龄为247.7±1.8Ma与255.0～251.7Ma，老王寨矿段一件石英斑岩 $^{206}Pb/^{238}U$ 加权平均年龄为255.1±3.4Ma［图1.41（a）～（d）］。

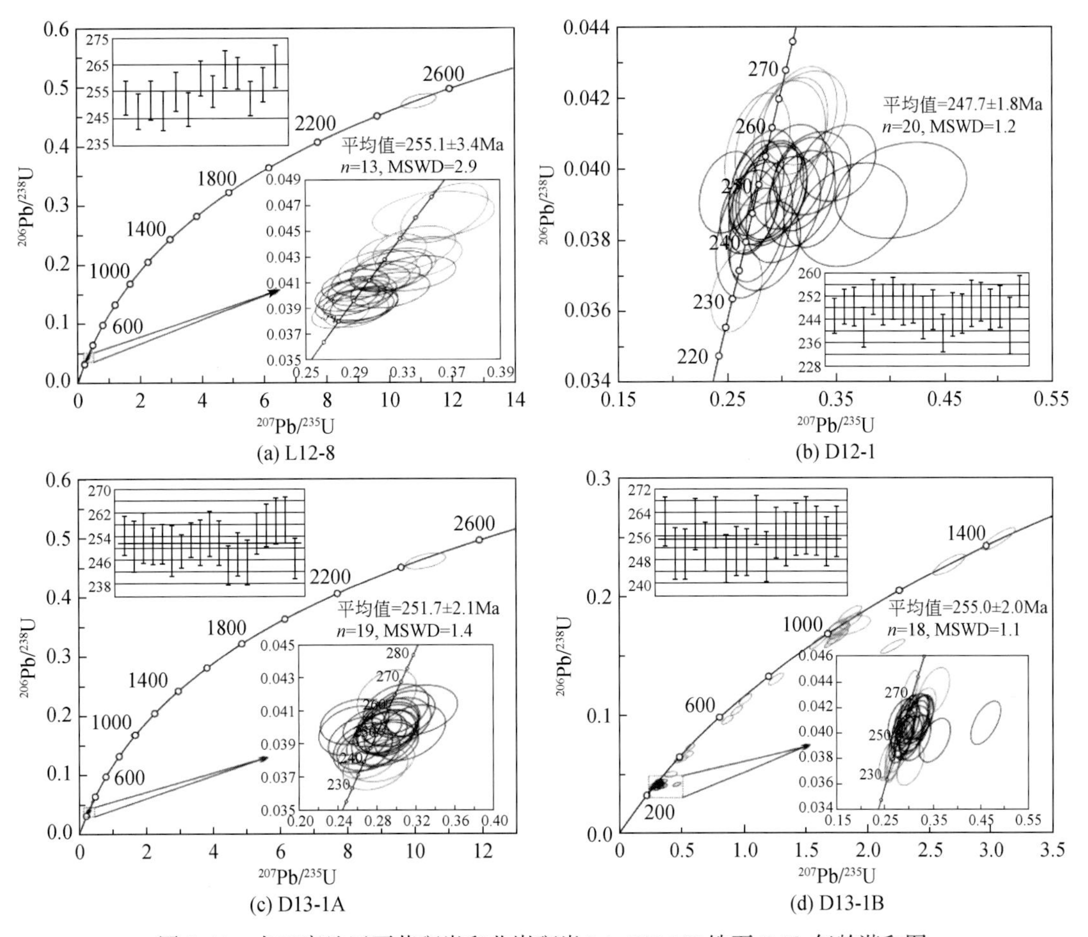

图1.41　老王寨地区石英斑岩和花岗斑岩LA-ICP-MS锆石U-Pb年龄谐和图

花岗岩类主量元素结果显示出高钾钙碱性和过铝质特征（张君郎等，2003）。结合本次花岗岩类微量元素原始地幔标准化配分图中类似于地壳平均值的特征，清晰的K、Rb、U、Th、Pb正异常和Ba、Sr、Ti、Nb负异常以及强烈的轻重稀土分异（LREE/HREE＝7.2～18.2）和负Eu异常（0.22～0.24）［图1.42（a）、（b）］，表明老王寨地区花岗质岩类源区主体为富铝的沉积岩。

花岗斑岩较石英斑岩具有全岩轻重稀土分异程度低、锆石重稀土分异程度高以及锆石Ti温度计结果偏高的特征。花岗斑岩 $\varepsilon_{Hf}(t)$ 总体表现为微弱的正值（0.8～3.3），但也具有少量明显的正值（7.2）和负值（-5.1和-2.9）；石英斑岩 $\varepsilon_{Hf}(t)$ 值分布很窄，结果均

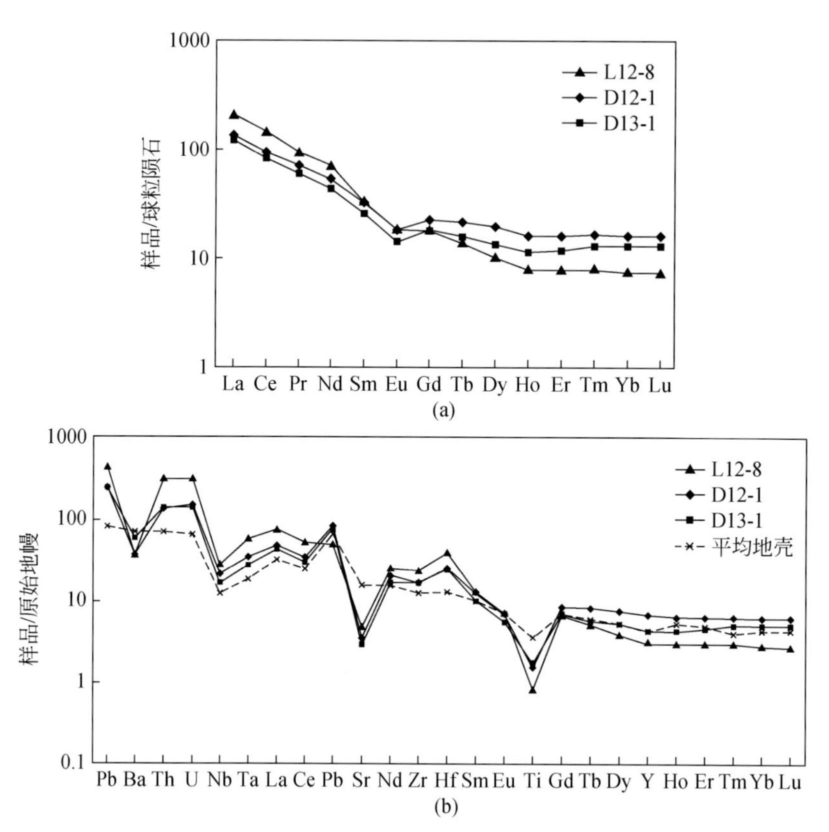

图 1.42　老王寨地区石英斑岩与花岗斑岩稀土元素球粒陨石标准化配分曲线图和微量元素原始地幔标准化蛛网图

为负值（-5.5～-2.3，集中于-2.6～-4.1）（图 1.43）。全岩微量元素组成、锆石稀土元素组成、Ti 温度计和 $\varepsilon_{Hf}(t)$ 的特征解释为：花岗斑岩源区为亏损地幔岩浆与地壳物源（沉积物源区特征明显）的混合，石英斑岩可能系下地壳先存弧岩浆岩区部分熔融的产物。

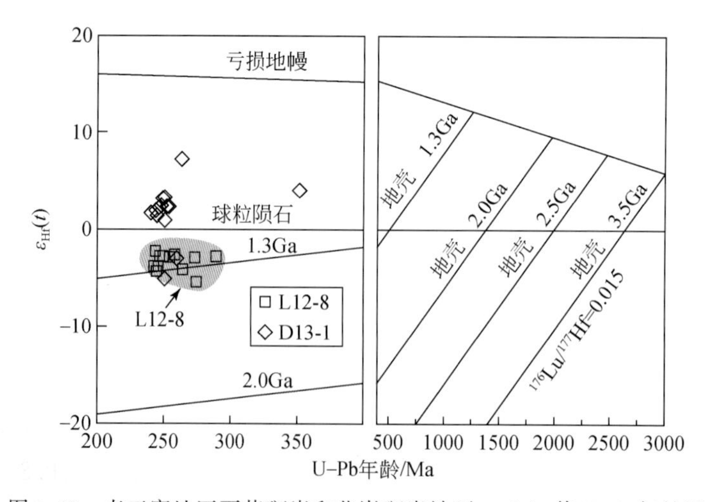

图 1.43　老王寨地区石英斑岩和花岗斑岩锆石 $\varepsilon_{Hf}(t)$ 值 U-Pb 年龄图

从老王寨花岗岩类岩石主体表现为起源于沉积源岩的过铝质花岗岩的特征上看，岩浆活动应发生于加厚地壳的构造背景下。花岗岩所需要的加厚地壳条件可能为哀牢山洋闭合造山作用的产物。

老王寨花岗斑岩中有幔源物质的加入，反映其形成于后碰撞伸展转换作用背景下。初步建立了岩浆岩成因模型：后碰撞减压作用引发地幔物质部分熔融，由此产生的岩浆底侵至下地壳底部（壳幔转换带），加热导致地壳物质（可能为先存弧岩浆岩）发生部分熔融作用，形成石英斑岩母岩浆；底侵至壳幔转换带的幔源岩浆同时与下地壳物质（沉积物源区）不断发生作用，形成混合岩浆，即花岗斑岩的母岩浆。两类岩浆上升侵位至地壳浅部，分别发生结晶分异作用，最终形成了花岗斑岩和石英斑岩。

结合前人数据与本项研究成果，认为哀牢山洋的闭合时限伊始于晚二叠世（～260Ma）（图1.44），而随后的造山作用可能一直持续至中三叠世。

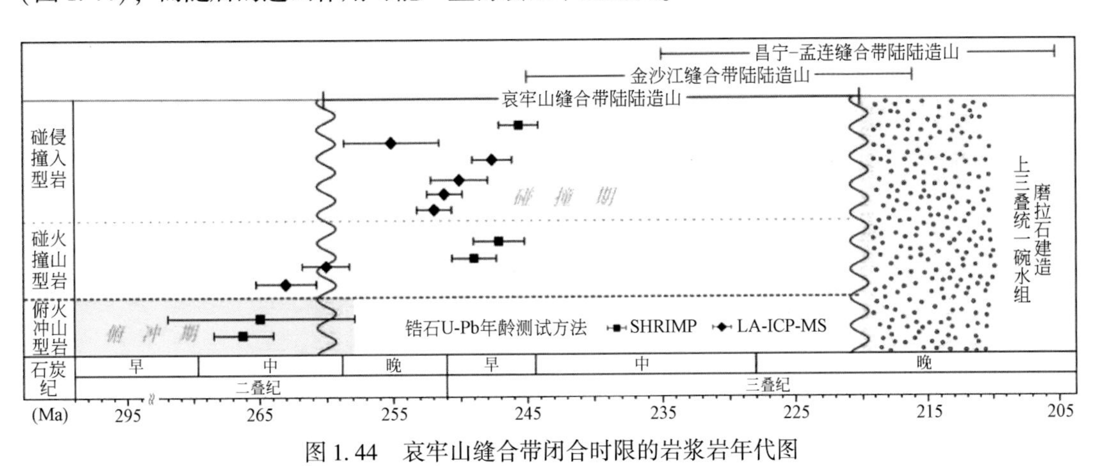

图1.44　哀牢山缝合带闭合时限的岩浆岩年代图

3）剑川晚三叠世苦橄质次火山岩

金沙江缝合带西侧发育窄的线性晚三叠世—早侏罗世岩浆活动带。剑川地区位于岩浆岩带南端（图1.45），发育特征的苦橄质次火山岩石，其由橄榄石、单斜辉石和斜长石组成，其中橄榄石为贵橄榄石，$Mg^{\#}$最高可达88.8，尖晶石属于富铬尖晶石，$Cr^{\#}$最高可达69.0，其岩浆应为高温高压（$T\approx1470$℃，$P\approx2.7$GPa）条件下石榴子石相橄榄岩低度部分熔融（4%～7%）的产物。

利用斜长石^{40}Ar-^{39}Ar同位素测年获得了较好的坪年龄和等时线年龄［图1.46（a）～（f）］，3个斜长石样品的坪年龄分别为197.3±1.5Ma、190.6±1.4Ma和201.7±1.1Ma，其等时线年龄分别为199.1±5.6Ma、193.5±4.5Ma和205.5±4.2Ma，指示剑川苦橄玢岩形成于晚三叠世早期—早侏罗世早期。从而厘定了剑川苦橄玢岩中斜长石的^{40}Ar-^{39}Ar坪年龄为201.7～190.6Ma，并具有相似的地球化学特征，这为表明剑川苦橄玢岩起源于软流圈地幔提供了较为可靠的同位素地球化学证据，再根据研究区晚三叠世—早侏罗世期间岩浆的分布等特征，认为研究区在二叠纪—三叠纪进入碰撞阶段后，又进入后碰撞拉伸环境。

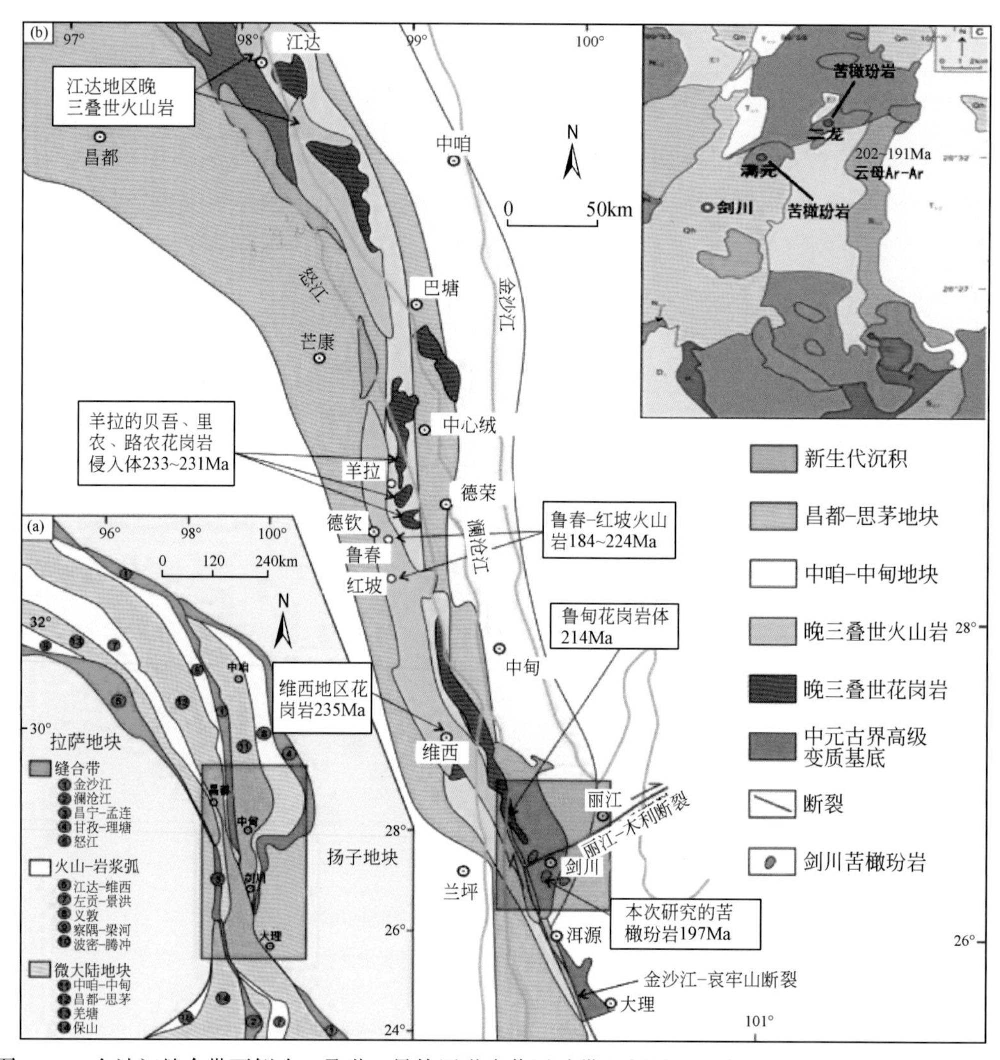

图 1.45　金沙江缝合带西侧晚三叠世—早侏罗世岩浆活动带和剑川地区位置图（据寇彩化等，2011）

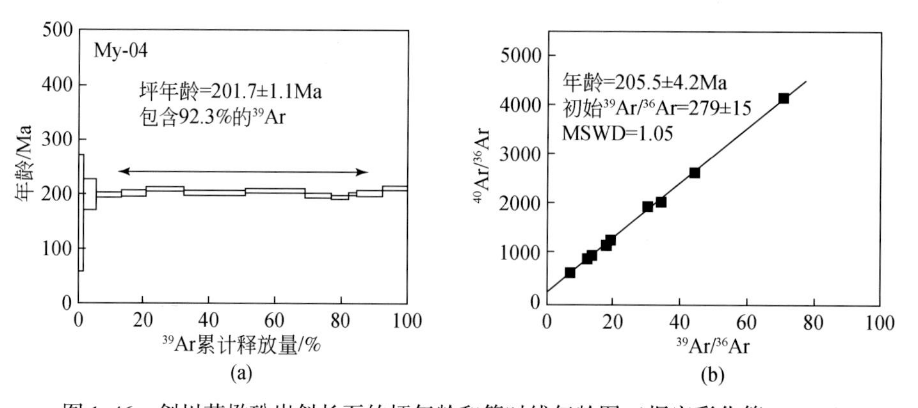

图 1.46　剑川苦橄玢岩斜长石的坪年龄和等时线年龄图（据寇彩化等，2011）

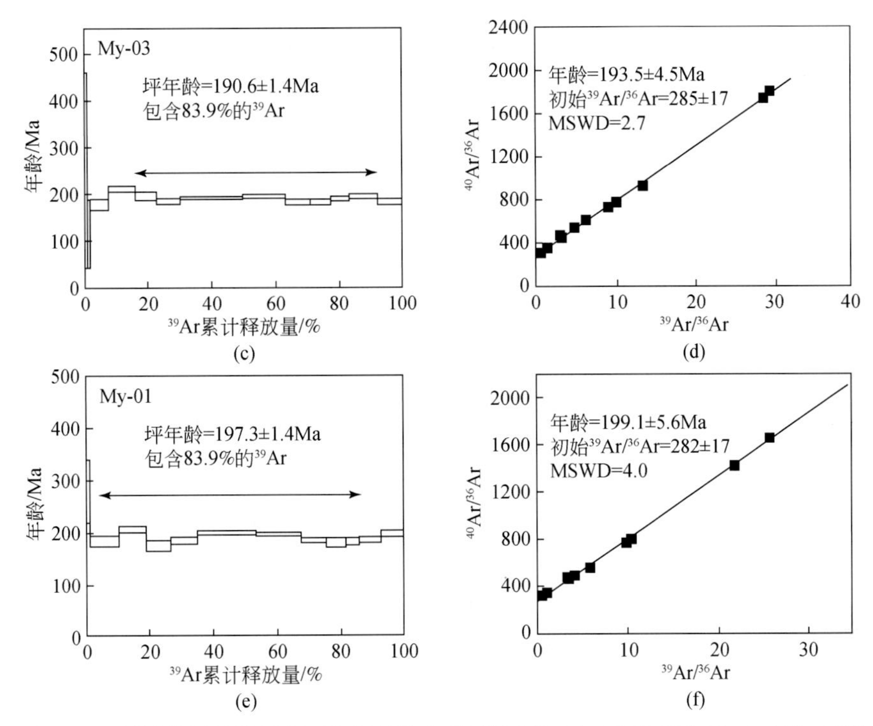

图1.46　剑川苦橄玢岩斜长石的坪年龄和等时线年龄图（据寇彩化等，2011）（续）

另外，Sr-Nd-Pb同位素研究取得了较好的成果。所有样品具有相似的Sr-Nd-Pb同位素组成，具有较高的（$^{87}Sr/^{86}Sr$）$_i$ 值（0.705253 ~ 0.705640）和（$^{143}Nd/^{144}Nd$）$_i$ 值（0.5123189 ~ 0.5122977），$\varepsilon_{Nd}(t)$ 较低为 −1.28 ~ −1.69 [图1.47（a）]。铅同位素初始比值变化也较小，（$^{206}Pb/^{204}Pb$）$_t$、（$^{207}Pb/^{204}Pb$）$_t$ 和（$^{208}Pb/^{204}Pb$）$_t$ 分别为18.165 ~ 18.343、15.558 ~ 15.523和38.741 ~ 38.547，都落入OIB范围内 [图1.47（b）~（d）]，为剑川苦橄玢岩起源于软流圈地幔提供了证据。

综上所述，后碰撞拉伸背景的机制为板片断离，古特提斯洋盆最终闭合和新特提斯洋盆的开启则是板片断离构造事件的响应（图1.48）。

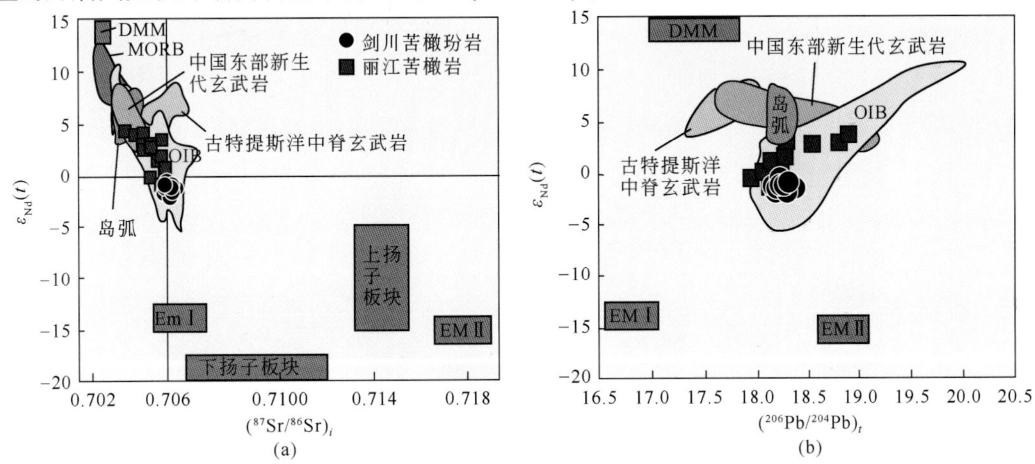

图1.47　剑川苦橄玢岩Sr-Nd-Pb同位素图（据寇彩化等，2011）

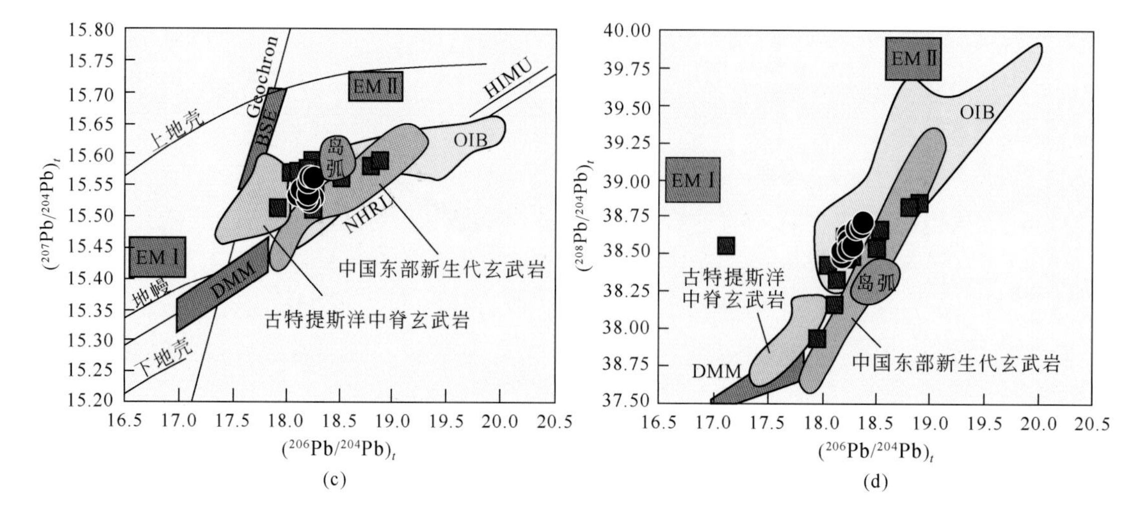

图 1.47　剑川苦橄玢岩 Sr-Nd-Pb 同位素图（据寇彩化等，2011）（续）

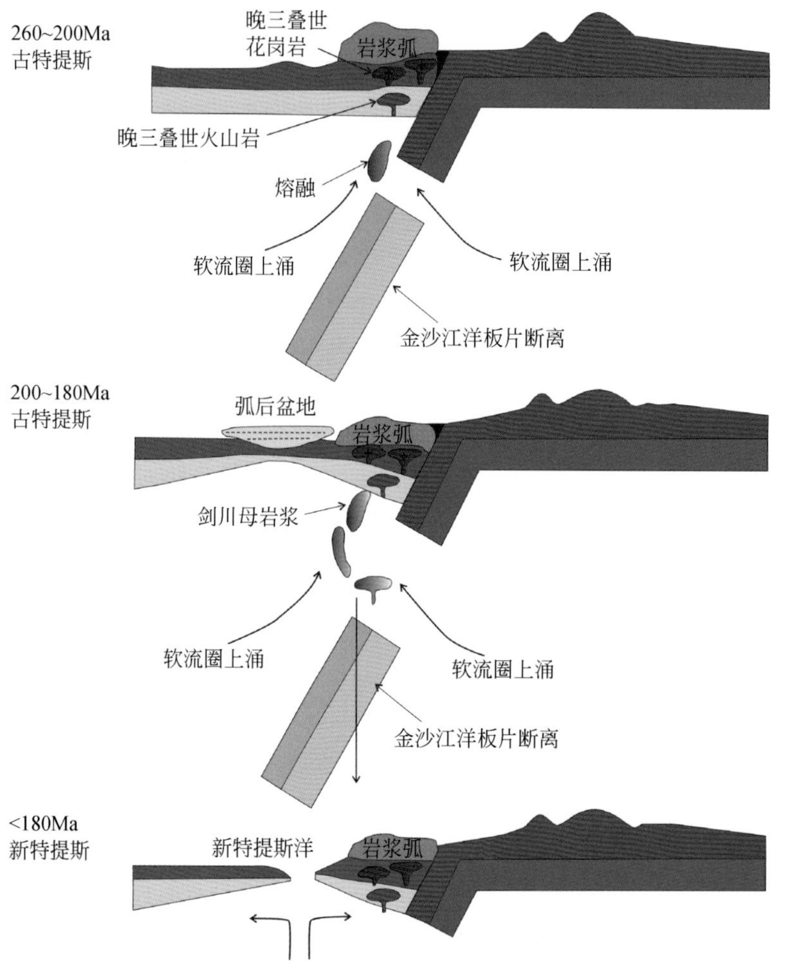

图 1.48　金沙江缝合带古特提斯向新特提斯转换（板片断离机制）示意图

4）构造-地层学证据

北羌塘地块内部发现鉴别出晚三叠世地层与早三叠世地层间的角度不整合关系，不整合面之上为约 100m 厚的底砾岩，渐变为碎屑灰岩，其上覆盖晚三叠世弧火山岩。不整合面之下为晚二叠世、早三叠世火山、沉积岩，发生褶皱构造。

玉树地区构造解剖（图 1.49）结果显示，玉树混杂岩经历两期变形叠加［图 1.50（a）~（f）］，而玉树弧火山岩仅经历一期南北向挤压变形。两期变形具有相同的最大主压应力方向为近南北向。巴颜喀拉浊积岩带经历两期变形，主应力方向和变形样式等都没有变化，形成极紧闭褶皱且地层被强烈置换。早期构造运动方向为上盘从南往北，形成 L 型糜棱岩，同时形成定向排列多硅白云母；晚期变形方式为近南北向挤压，形成褶皱和 S 型糜棱岩。

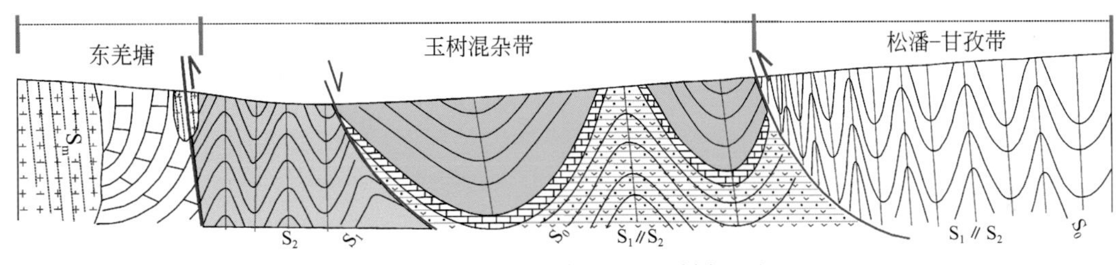

图 1.49　歇武-玉树地区地质剖面图

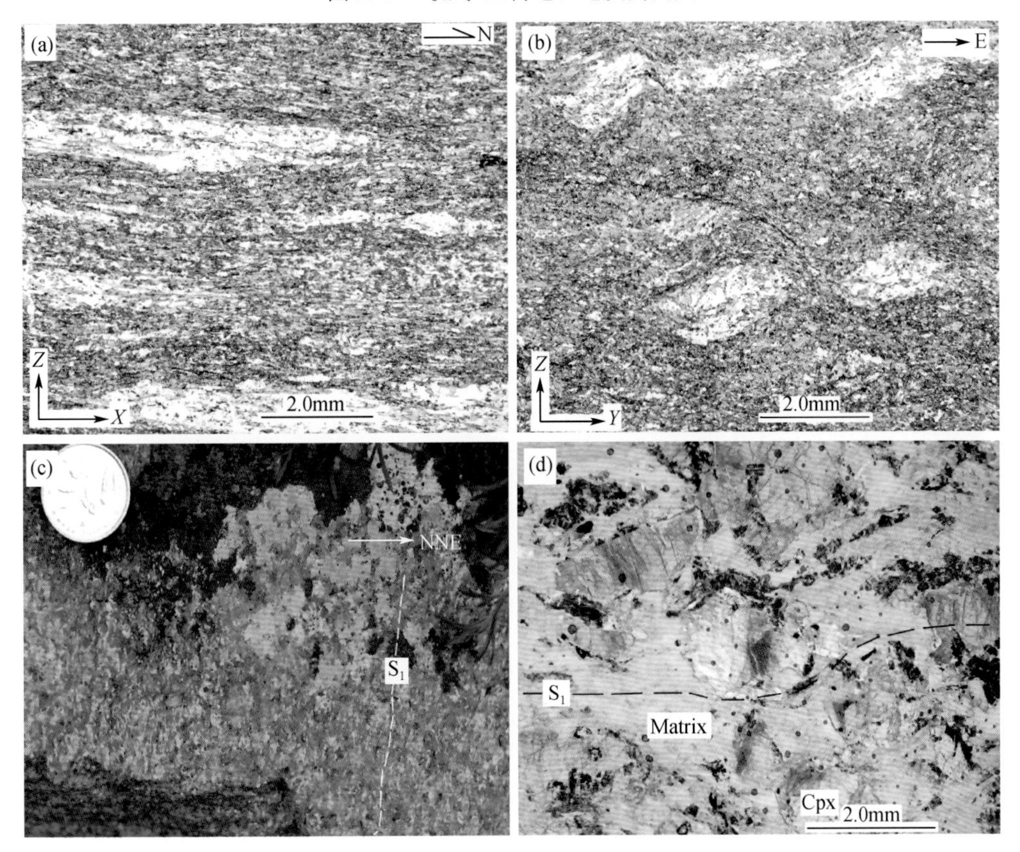

图 1.50　玉树混杂岩相关岩石显微照片

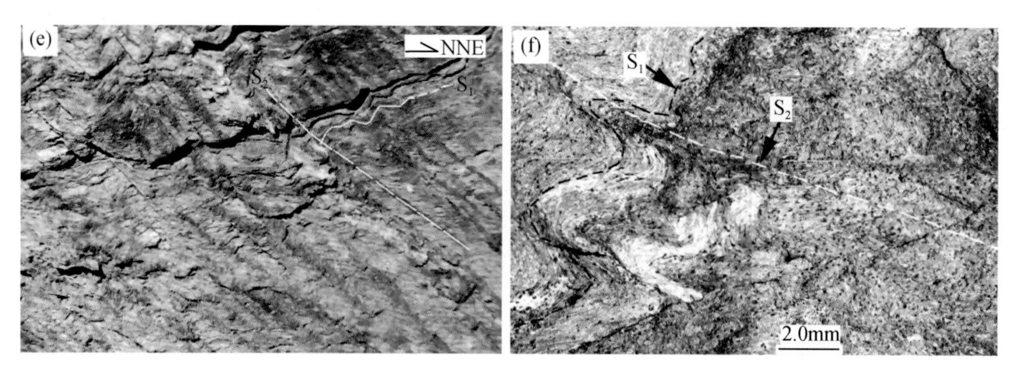

图 1.50　玉树混杂岩相关岩石显微照片（续）

白云母 Ar-Ar 结果显示，早期变形时代为 ~230Ma，晚期变形时代为 ~195Ma［图 1.51（a）~（f）］。前述洋壳俯冲形成的弧火山岩具有 ~230Ma 的同位素时代，其发生褶皱

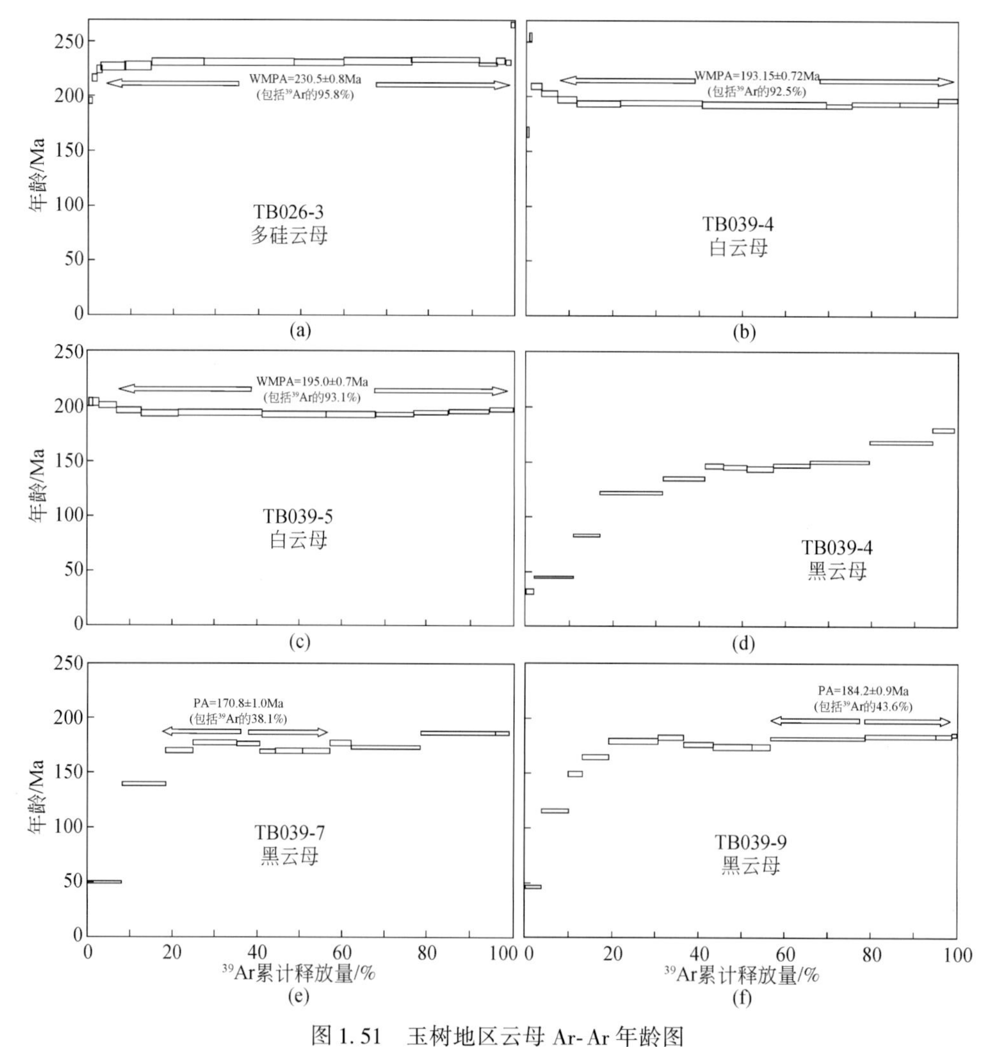

图 1.51　玉树地区云母 Ar-Ar 年龄图

（a）玉树混杂岩中的多硅白云母；（b）~（f）变形玉树弧火山岩中的白云母、黑云母

变形，并被晚三叠世弧火山岩角度不整合覆盖，表明早期俯冲后的地块碰撞发生在 230 ~ 225Ma，而晚期俯冲后的碰撞作用开始于 ~195Ma（图 1.52）。

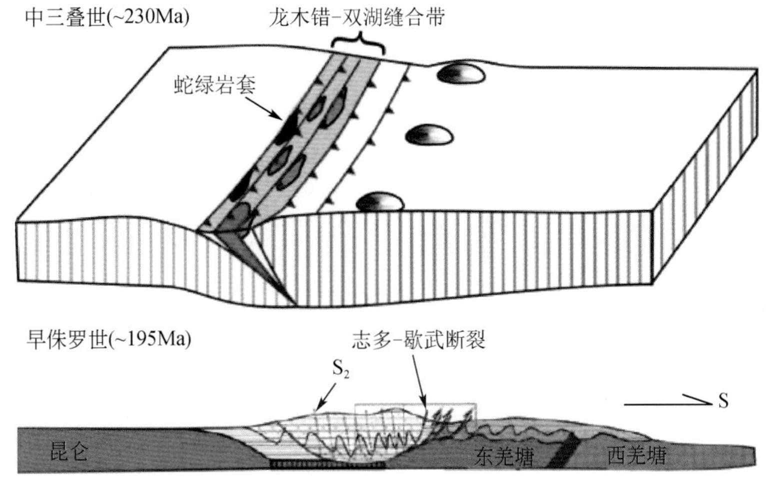

图 1.52　古特提特旋回两阶段陆陆碰撞示意图

5）两阶段俯冲-碰撞构造模型

一方面，东羌塘地块维西弧火山岩带和东羌塘-中咱地块玉树-义敦弧火山岩带两个弧火山岩带的确立为重建三江复合构造成矿带古特提斯阶段洋壳俯冲过程奠定了基础。另一方面，三江造山带及周缘地区大地构造时空配置关系［图 1.53（a）~（c）］则直接促成了古特提斯阶段构造演化模型：① 沿着西金乌兰-玉树-甘孜-理塘构造带，其两侧地质体分属不同的大地构造岩相，因而是一个重要的大地构造界线；结合构造变形和构造热年代学

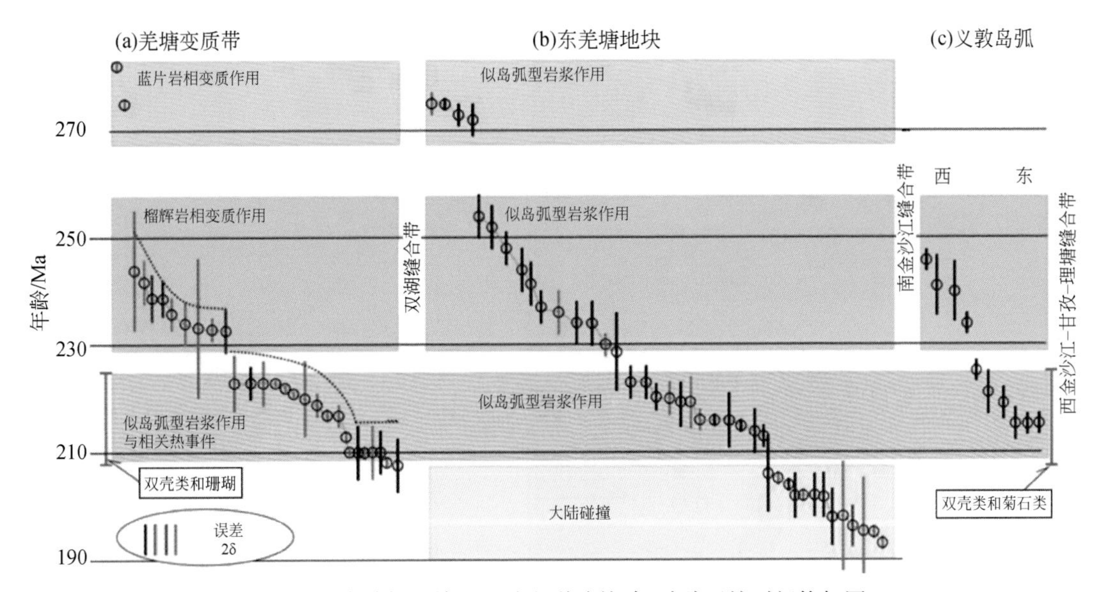

图 1.53　古特提斯旋回两阶段洋陆俯冲-陆陆碰撞时间构架图

资料，提出沿西金乌兰-玉树-甘孜-理塘一线曾经存在一个古洋盆，其往南俯冲形成玉树-义敦弧火山岩带；②龙木错-双湖-昌宁-孟连缝合带两侧地质体具有完全不同的大地构造归属，显然为另一个重要的构造分界线；沿龙木错-双湖缝合带出露的高压变质岩变质时代与江达-维西-云县弧火山岩活动时代接近一致，表明弧火山岩带由龙木错-双湖-昌宁-孟连缝合带所代表的古洋盆向东、北东俯冲形成。

上述两阶段俯冲、相关陆缘弧火山岩带形成过程造就了古特提斯阶段两个缝合带夹持一个复合陆缘弧火山岩带的基本构造格局。通过详细的路线构造解析和构造热年代学研究，揭示出两次俯冲过程之后均发生陆陆碰撞，由此构建了古特提斯二阶段俯冲-碰撞造山全过程（图 1.54）：

（1）二叠纪中期［图 1.54（a）］：古特提斯主洋盆洋壳向北东、东方向俯冲于扬子地块及具扬子亲缘性地块之下，形成江达-维西-云县陆缘弧。

（2）中三叠世［图 1.54（b）］：西羌塘地块与东羌塘地块碰撞，主特提斯洋盆西段消失；而南段仍然沿昌宁-孟连缝合带向东俯冲，形成云县弧火山岩带。

（3）晚三叠世［图 1.54（c）］：松潘-甘孜洋壳向南俯冲于羌塘地块之下，形成叠覆于江达-维西弧火山岩带之上的玉树-义敦弧火山岩带。而古特提斯主洋盆南段仍持续向东

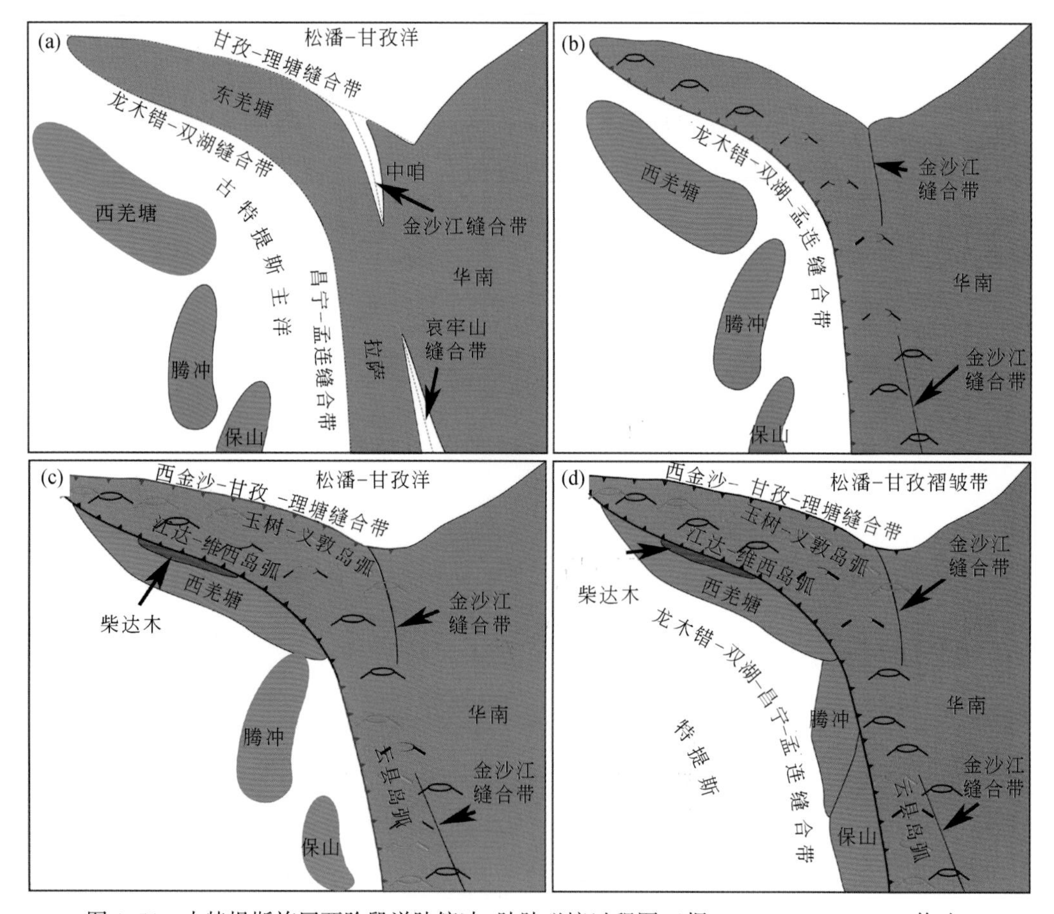

图 1.54　古特提斯旋回两阶段洋陆俯冲-陆陆碰撞过程图（据 Yang *et al.*，2014，修改）

俯冲，形成的弧火山岩最终塑造为江达-维西-云县弧火山岩带。

（4）三叠纪末［图1.54（d）］：古特提斯洋盆消失，进入陆陆碰撞阶段。碰撞作用导致两阶段弧火山岩带发生强烈变形，造成火山岩位移、重复等，形成多个火山岩带的假象。

1.2.3　中特提斯旋回

中特提斯旋回对三江地区的影响程度与范围远不如古特提斯旋回明显，记录包括洋盆开启时期板内玄武岩和洋盆闭合时期后碰撞型花岗岩。

1. 洋盆开启

保山微地块中南部广泛发育晚石炭世卧牛寺组玄武岩，其被怒江和柯街两条断裂所挟持，沿保山-永德-镇康一带呈近南北向分布。火山岩以大面积溢流的玄武岩熔岩形式产出，并伴有少量凝灰岩和火山碎屑岩，出露面积达300km²，以保山金鸡一带最为发育，最大厚度可达约770m（图1.55）。云南省区调队在保山幅1：20万区调报告中将其定为上石炭统卧牛寺组，与下伏丁家寨组呈喷发不整合，时代为晚石炭世早期。从图中可见，以保山—施甸一线为界限，晚石炭世火山岩自东向西明显分为东西两个岩带：东带沿保山-柯街一带延伸达180km，宽约10～30km；西带沿六库—施甸—镇康一线展布，宽约10～40km，延伸约300km。西岩带以施甸由旺地区玄武岩系最为典型，其岩层厚度达430m，可划分出4个喷发旋回。可见明显的红顶现象，表明带为陆相喷发环境。而东岩带以金鸡一带玄武岩系最为典型，可观察到多个喷发旋回，岩浆活动具脉动式喷溢的特点，可在每个旋回中观察到有明显的喷发韵律，自下而上为致密块状玄武岩-气孔杏仁玄武岩。东岩带地层中可见海相沉积层，但缺乏典型枕状玄武岩，且部分地区可观察到红顶现象，表明岩带玄武岩的喷发环境既有水相也有陆相。

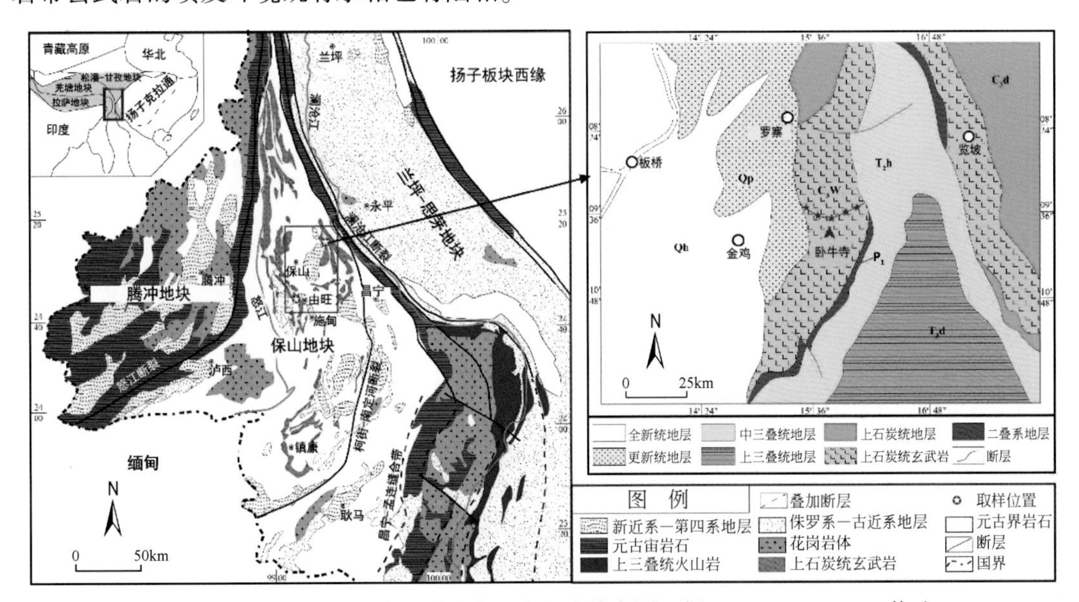

图1.55　保山地块晚石炭世卧牛寺组火山岩分布图（据Xu *et al.*，2015，修改）

岩石类型较为单一，由致密块状玄武岩、杏仁玄武岩和凝灰岩组成。玄武岩风化面呈褐色，新鲜面呈灰色。镜下可见呈间粒或间隐结构的玄武岩，由束状斜长石颗粒和细小的辉石颗粒构成，其中斜长石占50%以上，辉石约30%，可见绿泥石、方解石、伊丁石等蚀变矿物。具斑状结构的玄武岩，斑晶为斜长石（10%～20%）和少量单斜辉石（5%）、橄榄石（<5%）构成，基质由斜长石、单斜辉石、磁铁矿和火山玻璃组成，可见黝帘石化和绢云母化现象。

岩石的初始钕同位素比值（^{143}Nd/^{144}Nd)$_t$变化范围为0.51201～0.51228。大部分样品的$\varepsilon_{Nd}(t)$为负值为-4.7～0.8，通常认为$\varepsilon_{Nd}(t)<0$，一方面是受地壳混染的影响，另一方面也指示了样品来源于交代岩石圈地幔。在Sr-Nd-Pb同位素的相关图中，样品表现出具有DM与EMⅡ混合的趋势，在Th/Yb-Ta/Yb图中（图1.56)，样品落在OIB与EM之间区域，暗示其源区可能受这两个端元的控制。岩石经历了地壳混染，在一定程度上造成岩石富集LREE和LILE，但单纯的地壳混染并不能解释样品所表现出来的地球化学特征，虽然样品具有Nb、Ta负异常，但其负异常的程度远低于地壳物质。此外，样品整体的REE含量也高于地壳平均值，样品的Zr/Hf值平均为37.67，略高于原始地幔（36.25）和大陆地壳的对应值（33.33)。因此，样品相对于地壳来讲，所具有的富集LILE、HFSE和LREE是OIB型地幔源区混入岩石圈物质的表现。

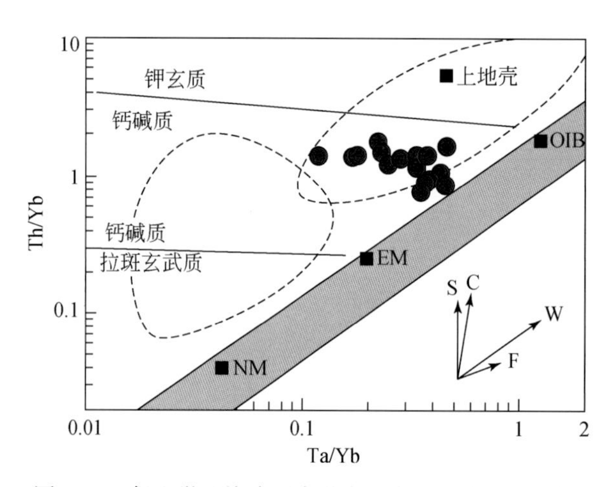

图1.56 保山微地块晚石炭世火山岩Th/Yb-Ta/Yb图

从岩性地层上看，晚古生代发育稳定型沉积建造，区域未见大的构造活动，各时代地层呈现整合或平行不整合接触关系，岩浆活动匮乏，表明火山岩在晚石炭世处于板内构造环境。利用Zr/Y-Zr图［图1.57（a)］和Th/Hf-Ta/Hf图［图1.57（b)］对火山岩进行构造环境分析。在Th/Hf-Ta/Hf图中，投点落入陆内裂谷碱性玄武岩区和初始裂谷玄武岩区。在Zr/Y-Zr图中，大部分投点落入板内玄武岩区域，部分样品落入MORB区域。结合岩石的地球化学特征，认为保山—施甸一线晚石炭世火山岩是典型大陆裂谷岩浆活动的产物，其与中特提斯洋开启时间同步。

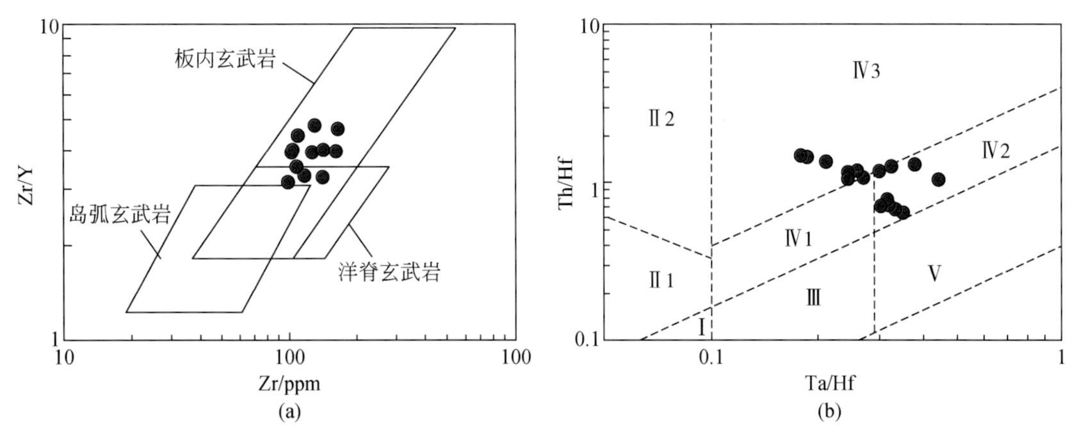

图1.57　(a) 保山微地块晚石炭世火山岩Zr/Y-Zr图和 (b) Th/Hf-Ta/Hf图

Ⅰ. 板块发散边缘N-MORB区；Ⅱ. 板块汇聚边缘 (Ⅱ1. 大洋岛弧玄武岩区；Ⅱ2. 陆缘岛弧及陆缘火山弧玄武岩区)；Ⅲ. 大洋板内洋岛、海山玄武岩区及T-MORB、E-MORB区；Ⅳ. 大陆板内 [Ⅳ1. 陆内裂谷及陆缘裂谷拉斑玄武岩区；Ⅳ2. 陆内裂谷碱性玄武岩区；Ⅳ3. 大陆拉张带 (或初始裂谷) 玄武岩区]；Ⅴ. 地幔热柱玄武岩区

2. 洋盆闭合

西藏八宿-波密一带构造上紧邻班公湖-怒江缝合带 [图1.58 (a)、(b)]。区内出露有大面积花岗岩类，包括花岗闪长岩和黑云母二长花岗岩，侵位于朱村组火山岩中。

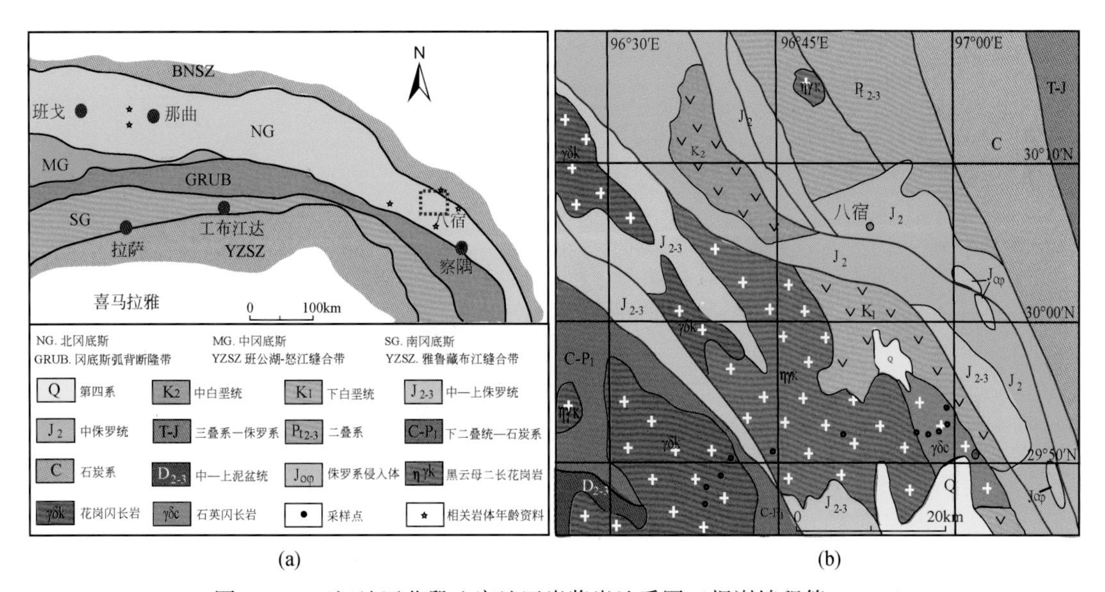

图1.58　三江地区北段八宿地区岩浆岩地质图 (据谢锦程等，2013)

LA-ICP-MS锆石U-Pb年龄研究获得花岗岩类形成时代为113～120Ma [图1.59 (a)]，锆石$\varepsilon_{Hf}(t)$值为-13.42～-7.00，对应的地壳模式年龄为1624～1841Ma。花岗岩类SiO_2为64.42%～66.63%，K_2O+Na_2O为6.36%～7.54%，全碱含量较高，属于高钾钙碱系列。稀土元素最高含量为80.8×10^{-6}，最低含量为0.33×10^{-6}，稀土元素分配曲线均呈

右倾趋势。另外，A/CNK 为 0.91～0.98，波密岩体有高 K、高 Si、低 P 的特点，大离子亲石元素（Rb、Th、K）富集，高场强元素（Nb、Ta、P、Ti）亏损，属于偏铝质 I 型花岗岩。地球化学特征反映壳源部分熔融成因，有地幔物质和热流参与。岩体北东侧的朱村组火山岩所获得的角闪英安岩锆石 SHRIMP U-Pb 年龄为 128±2Ma［图 1.59（b）］，较岩体早 9Ma，属于同一岩浆事件产物。

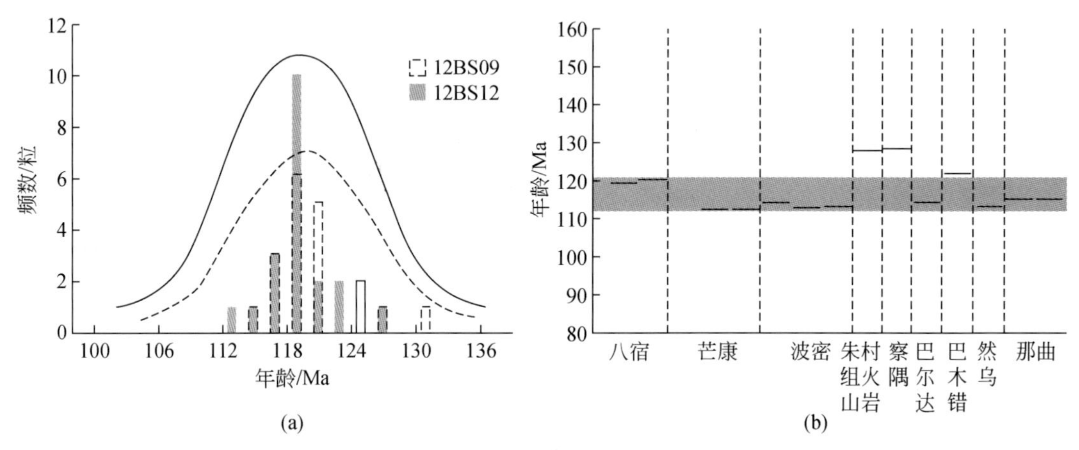

图 1.59 （a）三江地区北段八宿地区岩浆岩锆石 U-Pb 年龄图和（b）区域年龄图

因此，八宿-波密一带花岗岩和火山岩属于伯舒拉岭岩浆带的一部分，与冈底斯带申扎地区 115Ma 火山岩同期活动，系怒江洋闭合后，南向俯冲的洋板片断离引发的岩浆活动（图 1.60），暗示着类花岗岩体为中冈底斯早白垩世带状岩浆大爆发事件在东部的延续。

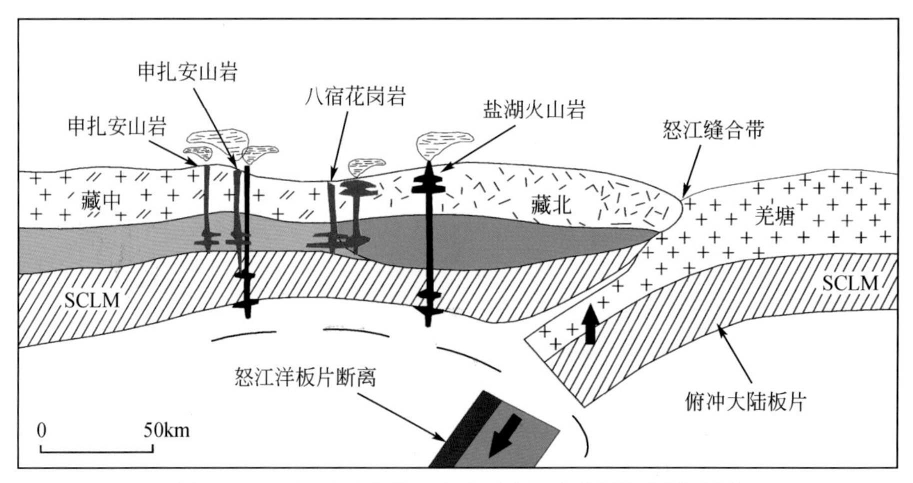

图 1.60 三江地区北段八宿地区岩浆岩成因机制模式图

1.2.4 新特提斯旋回

腾冲地区晚白垩世（76～66Ma）岩浆活动为新特提斯洋俯冲作用产物（Xu *et al.*, 2012）。本次研究在保山西南部发现了晚白垩世—古新世（85～60Ma）岩浆岩，同时在义敦弧新揭示出强烈的晚白垩世（~80Ma）岩浆活动。

1）保山地块晚白垩世-古新世岩浆岩

保山地块西南缘形成了蚌渺和桦桃林岩体等，复合于平河花岗岩基中（图1.61）。蚌渺岩体岩石类型为石英二长岩和二长花岗岩，锆石U-Pb年龄为83~85Ma；桦桃林岩体为二云母花岗岩，锆石U-Pb年龄为60~66Ma。表明在晚白垩世和古新世发生了不同的岩浆作用。锆石$\varepsilon_{Hf}(t)$值变化大，介于-16~0（集中于-4~-2）[图1.62（b）]，对应的地壳模式年龄为2.2~1.2Ga（集中于1.3~1.4Ga）[图1.62（a）]，反映岩体主体来源于中晚元古代地壳物质的重熔，有一部分地幔物质的加入。保山地块白垩纪—古新世岩浆岩与西侧腾冲地区同时代岩浆岩性质相近，共系新特提斯洋俯冲作用产物。

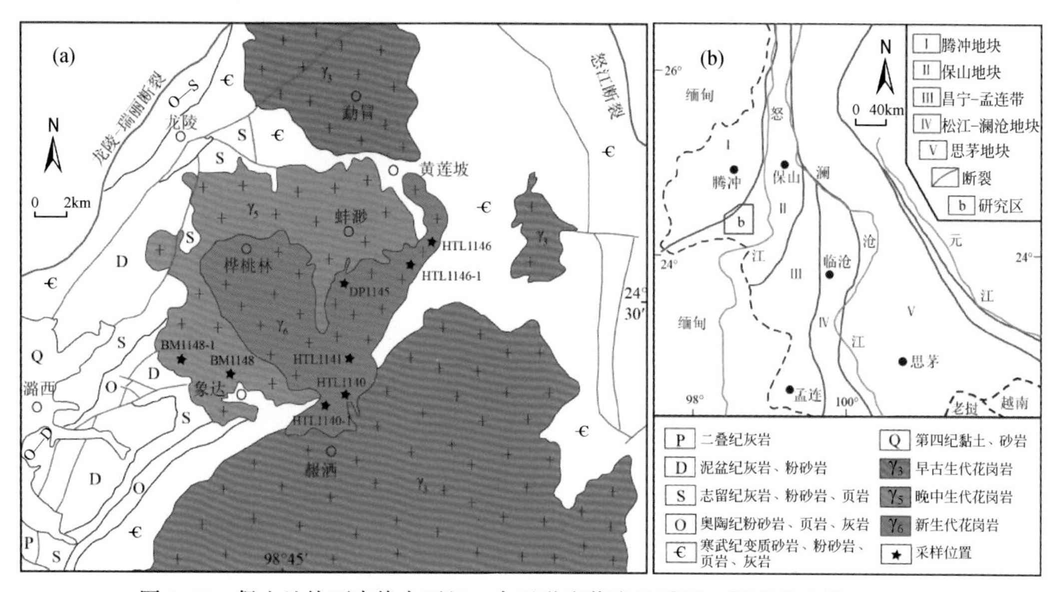

图1.61　保山地块西南缘白垩纪—古近世岩浆岩地质图（据董美玲等，2013）

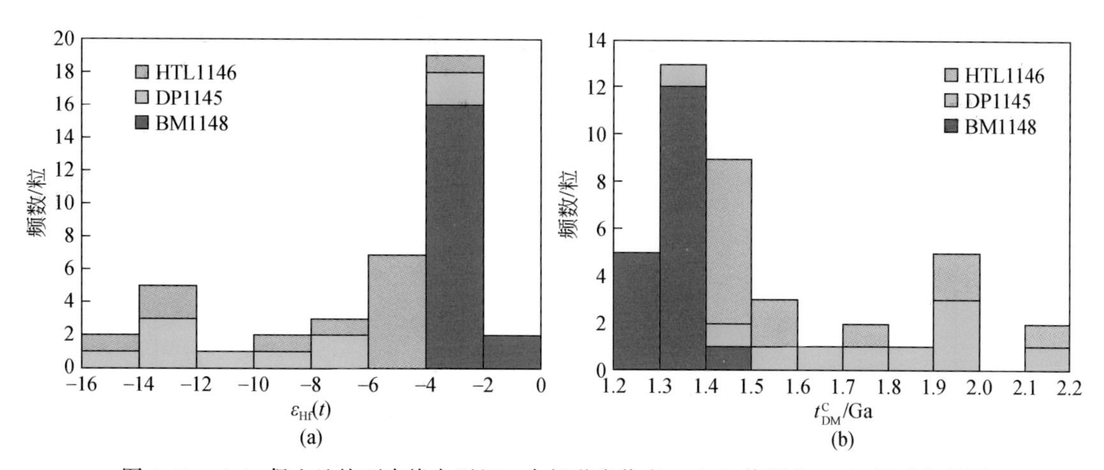

图1.62（a）保山地块西南缘白垩纪—古新世岩浆岩$\varepsilon_{Hf}(t)$值图和（b）模式年龄图

2）义敦弧晚白垩世岩浆岩

义敦弧南部中甸地区新揭示出燕山期花岗质斑岩活动，从北部休瓦促，经红山至南部铜厂沟地区（图1.63）。

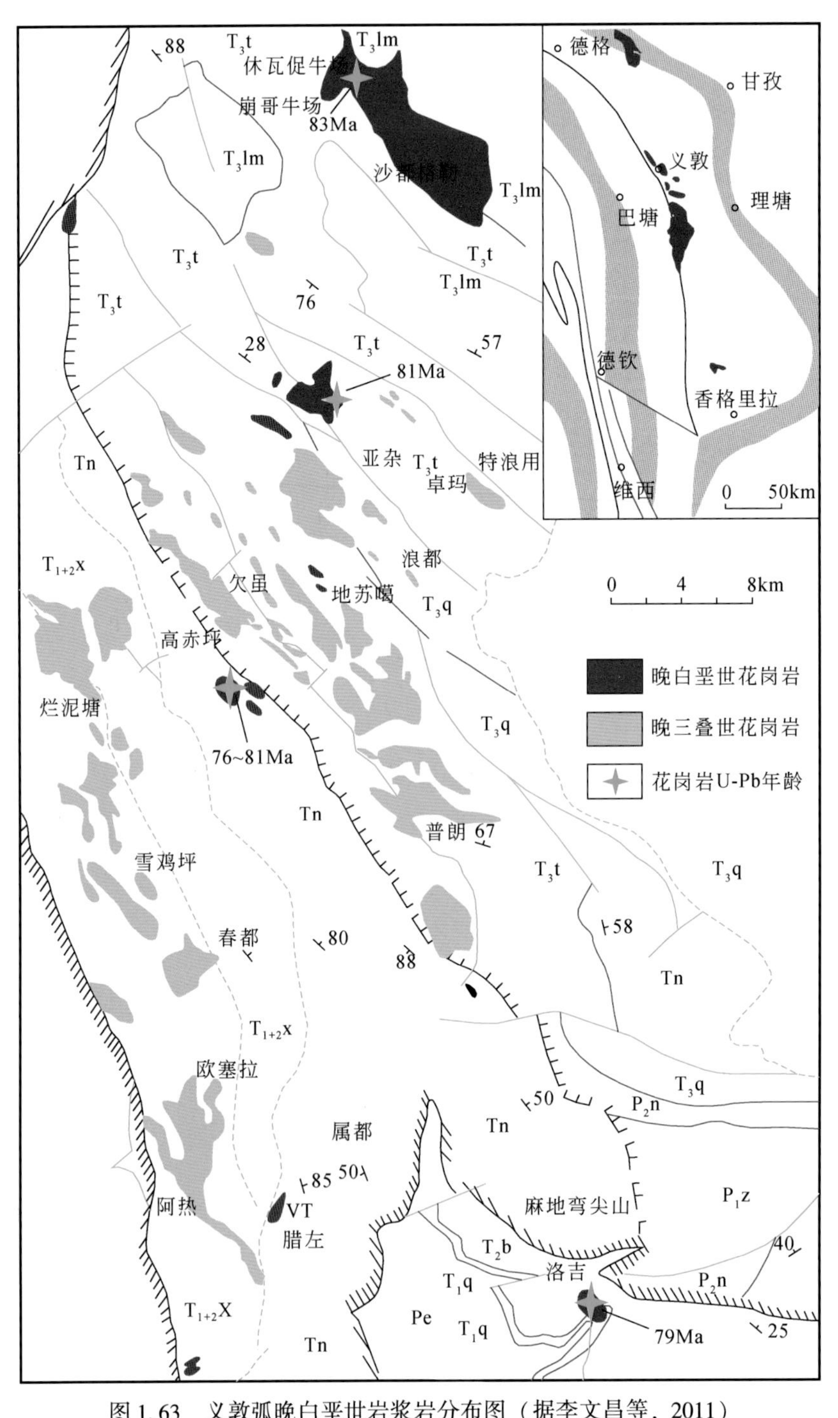

图1.63　义敦弧晚白垩世岩浆岩分布图（据李文昌等，2011）

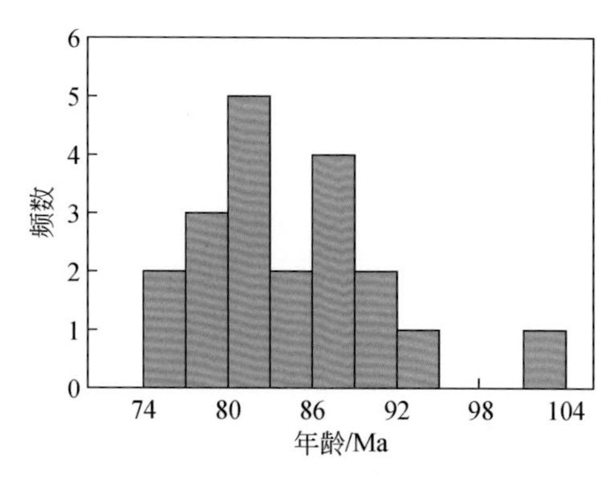

图 1.64　义敦弧晚白垩世岩浆岩锆石 U-Pb 年龄图

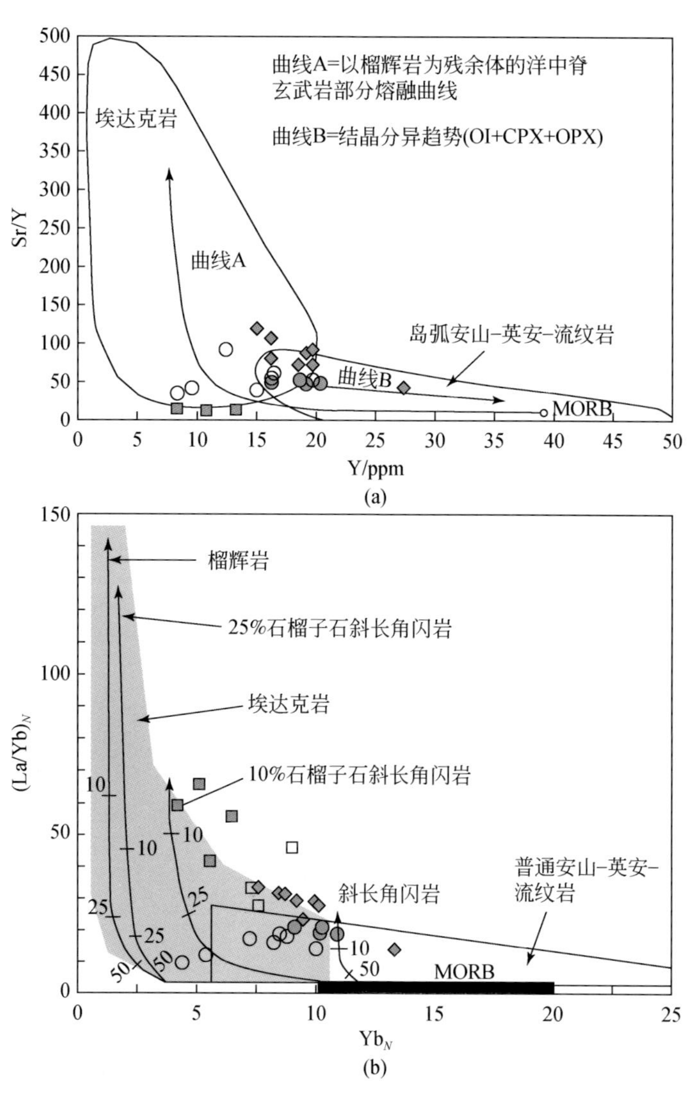

图 1.65　(a) 义敦弧晚白垩世岩浆岩 Sr/Y-Y 图和 (b) $(La/Yb)_N$-Yb_N图

花岗岩体锆石 U-Pb 年龄集中于 74～92Ma，峰值为～80Ma（图 1.64）。在 A/CNK-A/NK 图解投点于过铝质区域，反映了岩石主体系壳源沉积岩区熔融成因。红山花岗斑岩具有低 Sr 含量（平均为 149×10^{-6}）和更低的 Y（平均为 10.8×10^{-6}）、Yb（平均为 0.9×10^{-6}）含量，轻重稀土强烈分异［$(La/Yb)_N$平均为 56.0；图 1.65（a）、（b）］，明显区别于义敦弧弧后区的高贡-措莫隆 A 型花岗岩，前者很可能是红山中-下地壳部分熔融的产物。红山矿区的燕山期花岗斑岩发育斑岩钼矿系统，结合中甸岛弧其他地区发现了燕山晚期的斑岩型钼矿床，认为该地区发育于燕山晚期的中酸性岩浆作用形成于新特提洋俯冲背景下的加厚地壳减压熔融作用。

1.3 增生造山演化模型

1.3.1 特提斯洋演化与板块增生

综合 4 条缝合带放射虫硅质岩年代学、蛇绿岩套基性-超基性岩锆石 U-Pb 年代学与岩石地球化学、微地块与相应火山-岩浆弧带岩浆岩（裂谷型、俯冲型、同碰撞与后碰撞型）锆石 U-Pb 年代学与岩石地球化学、高压变质带变质岩 Ar-Ar 年代学数据，以洋盆开启、俯冲和闭合的时间历程为依据，对三江地区原、古、中、新特提斯缝合带进行划分与归并（图 1.66）。

（1）原特提斯洋：呈现一个主洋，包括北段龙木错-双湖洋和南段昌宁-孟连洋。洋壳早古生代（500～450Ma）西向俯冲于冈瓦纳地块之下，430～410Ma 可能东向俯冲于印支地块（Wang *et al.*，2015b）。

（2）古特提斯洋：包括一个主支（龙木错-双湖-昌宁-孟连洋）和两个分支（金沙江-哀牢山洋和甘孜-理塘洋）。古特提斯洋开启于早—中泥盆世（400～380Ma）；洋片俯冲于早二叠世—中三叠世（300～230Ma），并且呈现出双向俯冲的格局，即龙木错-双湖-昌宁-孟连洋东向俯冲，而金沙江-哀牢山洋和甘孜-理塘洋西向俯冲。至中三叠世，大多数洋盆均已关闭（除甘孜-理塘洋盆于晚三叠世末关闭外），发生板块增生拼贴作用（Wang *et al.*，2015a）。

（3）中特提斯洋：包括一个主支（怒江洋）和一个陆内裂谷盆地（潞西-三台山裂谷）。中特提斯洋开启于晚石炭世末期（～300Ma），晚二叠世—早白垩世（260～130Ma）西向俯冲于冈底斯地块之下，中三叠世—中侏罗世（230～160Ma）可能东向俯冲于西羌塘地块之下，早白垩世（～130Ma）洋盆消失。

特提斯洋演化过程呈现出了极富规律的耦合现象。古特提斯洋自中泥盆世开启并逐渐扩张成大洋，石炭纪时洋盆规模达到顶峰，晚石炭世—早二叠世开始明显俯冲消减。古特提斯俯冲伊始时间与中特提斯（怒江洋）开启时间（早二叠世）基本一致。古特提斯洋（昌宁-孟连洋）的俯冲也导致了晚石炭世—晚二叠世弧后盆地的形成。古特提斯洋于中三叠世闭合，开始陆陆碰撞造山作用，其与中特提斯俯冲伊始时间以及新特提斯洋开启时间很好的吻合。中特提斯洋闭合于晚白垩世，与新特提斯洋俯冲高峰期的时代基本一致，反映大洋俯冲消减为三江地区微地块运动的驱动机制。

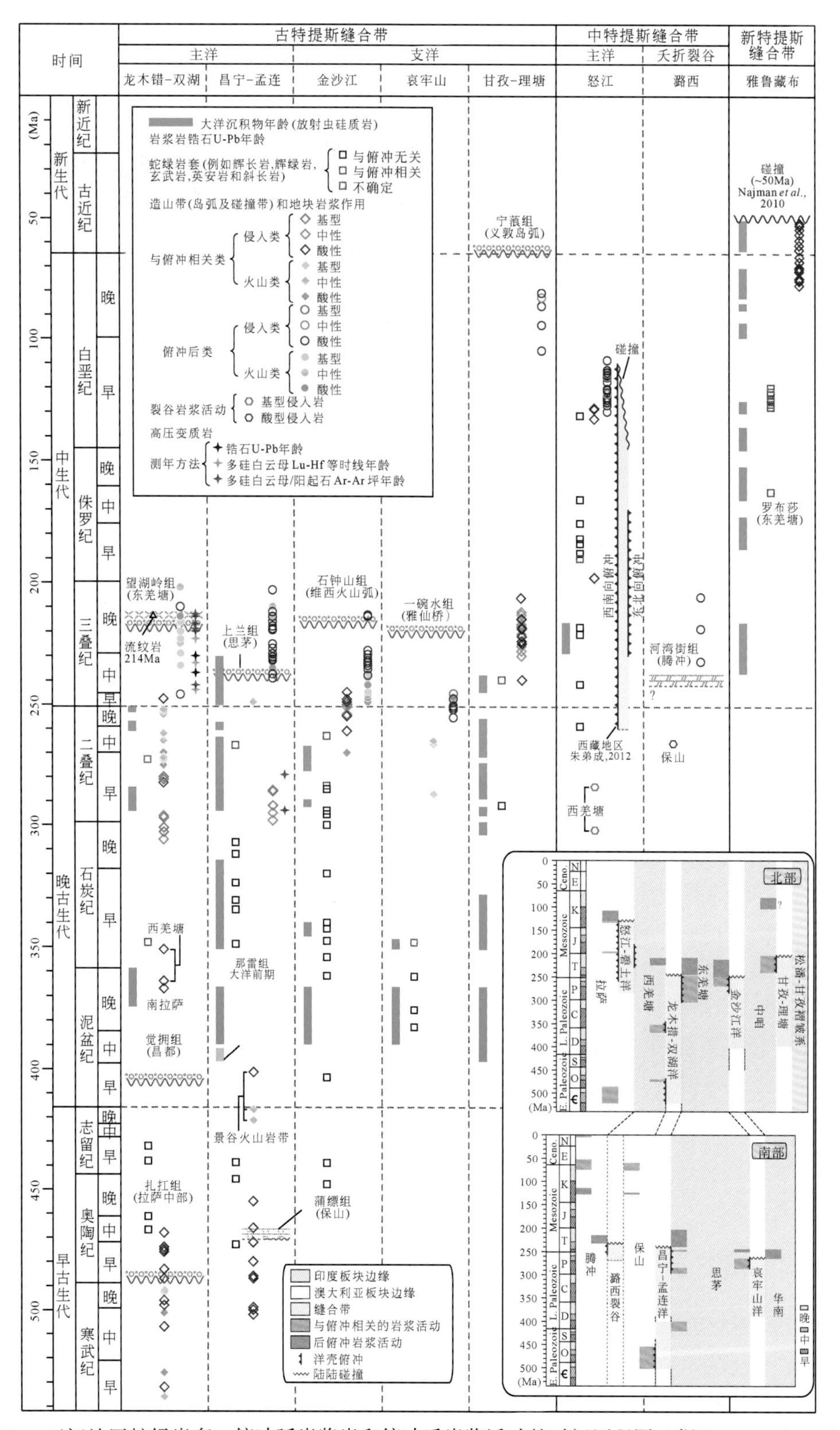

图1.66 三江地区蛇绿岩套、俯冲弧岩浆岩和俯冲后岩浆活动的时间历程图（据 Deng *et al.*，2014a）

根据特提斯洋盆时间演化历程，结合前人古地磁资料（Li *et al.*，2004），总结了三江地区微地块裂解、漂移过程（图 1.67）。

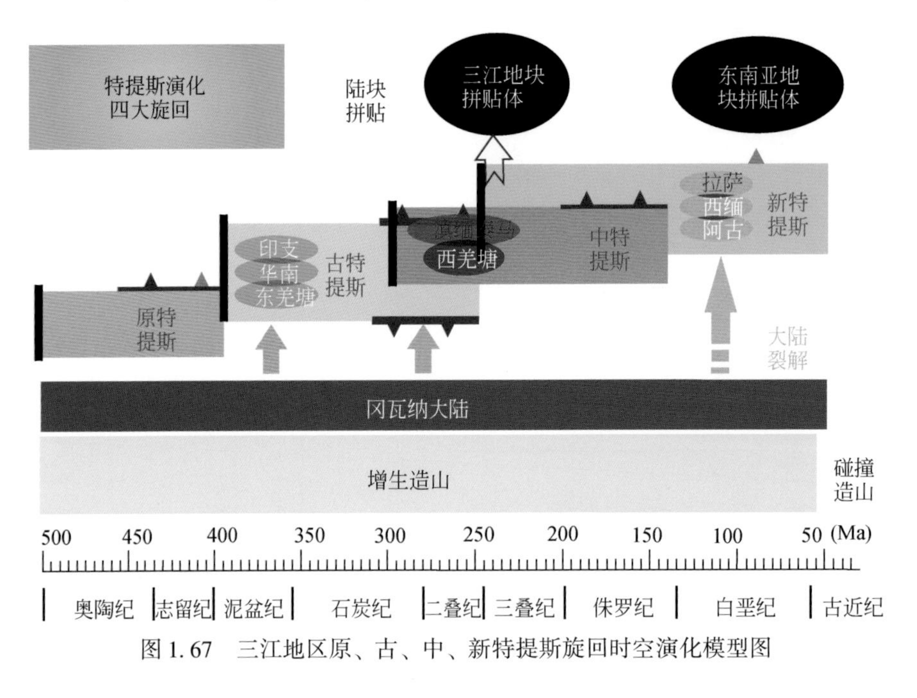

图 1.67　三江地区原、古、中、新特提斯旋回时空演化模型图

（1）原-古特提斯旋回：早古生带末期，原特提斯洋（龙木错-双湖-昌宁-孟连洋）基本闭合后，可能发生过大洋的顺次俯冲作用［图 1.68（a）］。早—中泥盆世，承接于可能的原特提斯残留洋，昌宁-孟连洋开始扩张，金沙江-墨江洋与甘孜-理塘洋开启，昌都-思茅地块、中咱地块和华南板块几乎同时从印度-冈瓦纳大陆北缘漂移出来［图 1.68（b）、（c）］；晚石炭世末，大洋消减伊始，昌宁-孟连洋东向俯冲，金沙江-墨江洋西向俯冲［图 1.68（d）］；中三叠世，昌宁-孟连洋和金沙江-墨江洋闭合，保山地块、思茅地块与华南地块拼合，同时甘孜-理塘洋开始西向俯冲，最终于晚三叠世末期闭合，中咱地块与松潘-甘孜带拼合。

（2）中特提斯旋回：怒江洋于晚石炭世末期开启，西羌塘地块和腾冲-保山地块从冈瓦纳大陆北缘漂移出来，西羌塘地块源于印度大陆边缘，而腾冲-保山地块源于澳大利亚大陆边缘，中三叠世西向与东向俯冲，于早白垩世关闭，拉萨地块与西羌塘拼合。

（3）新特提斯旋回：印度河-雅鲁藏布洋于中三叠世开启，拉萨地块从澳大利亚大陆西北缘漂移出来，早白垩世北向俯冲，于古近纪关闭，印度大陆与欧亚大陆拼合。

1.3.2　增生造山演化模型

综合三江地区独特的构造-岩浆-成矿作用背景，系统建立了增生造山原、古、中、新特提斯成矿系统的时空构架与演化模式。

（1）早古生代（530～470Ma）：原特提斯洋（龙木错-双湖-昌宁-孟连洋）板片南向俯冲于冈瓦纳大陆之下，产生岩浆活动，如拉萨、腾冲-保山地块早古生代花岗岩（图 1.69）。

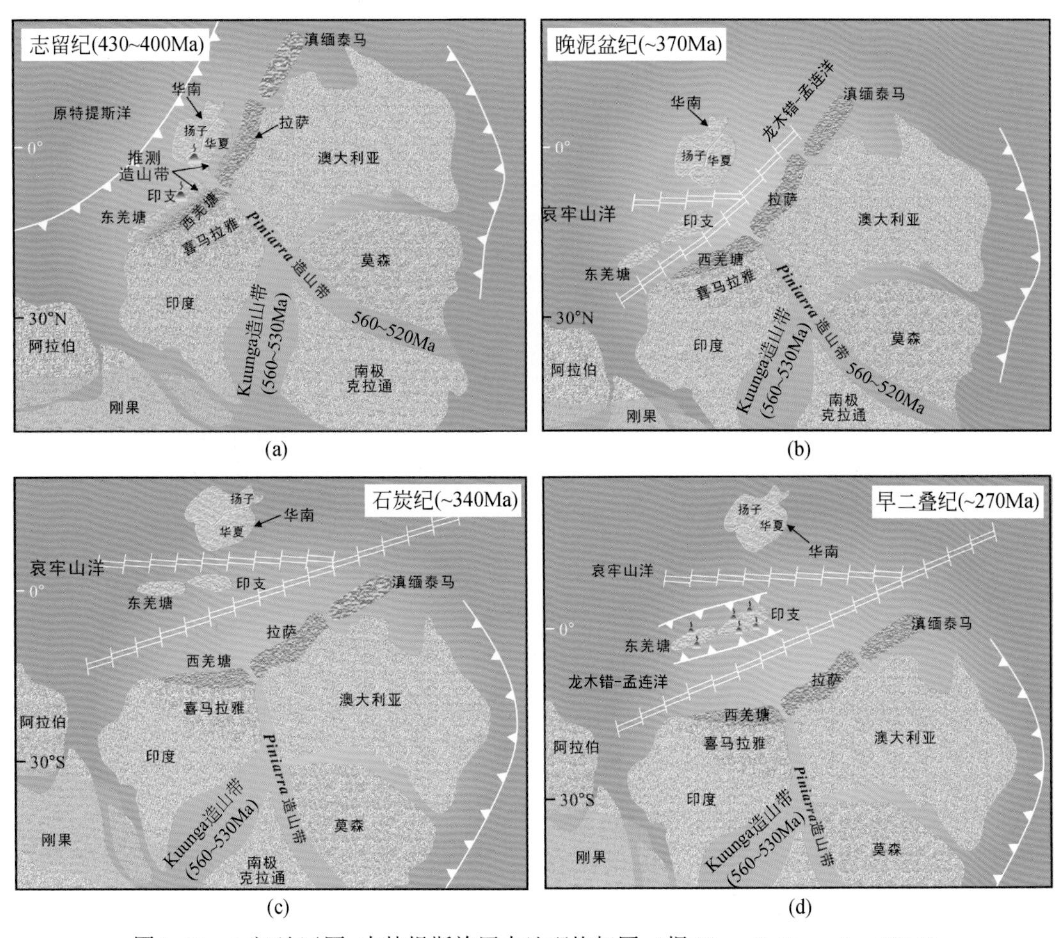

图1.68　三江地区原-古特提斯旋回古地理格架图（据 Wang Q. F. *et al.*，2014）

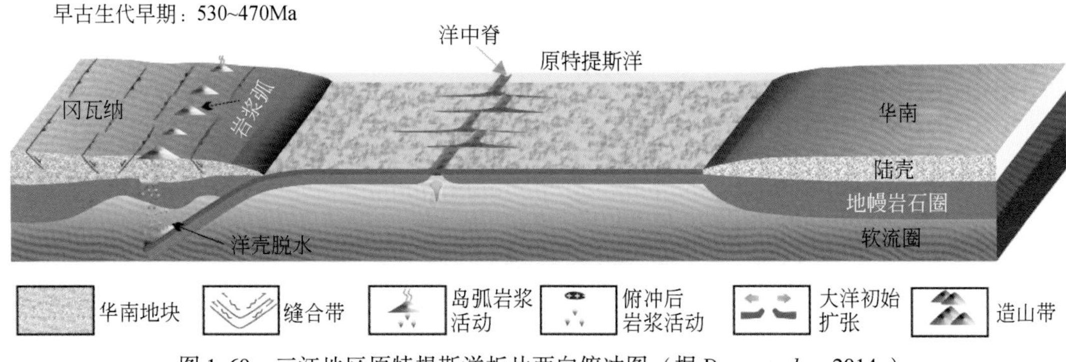

图1.69　三江地区原特提斯洋板片西向俯冲图（据 Deng *et al.*，2014a）

（2）早—中泥盆世（390～370Ma）：古特提斯洋开启，北部龙木错-双湖洋、金沙江洋和甘孜-理塘洋，南部昌宁-孟连洋、哀牢山洋，几乎同时打开（图1.70）。

（3）晚石炭世末期（～305Ma）：古特提斯洋（龙木错-双湖-昌宁-孟连洋、金沙江-

哀牢山洋）消减伊始，同时中特提斯洋（怒江洋）开启（图 1. 71）。

（4）晚二叠世（~265Ma）：古特提斯洋（龙木错-双湖-昌宁-孟连洋、金沙江-哀牢山洋）依然消减，同时中特提斯洋（怒江洋）持续扩张（图 1. 72）。

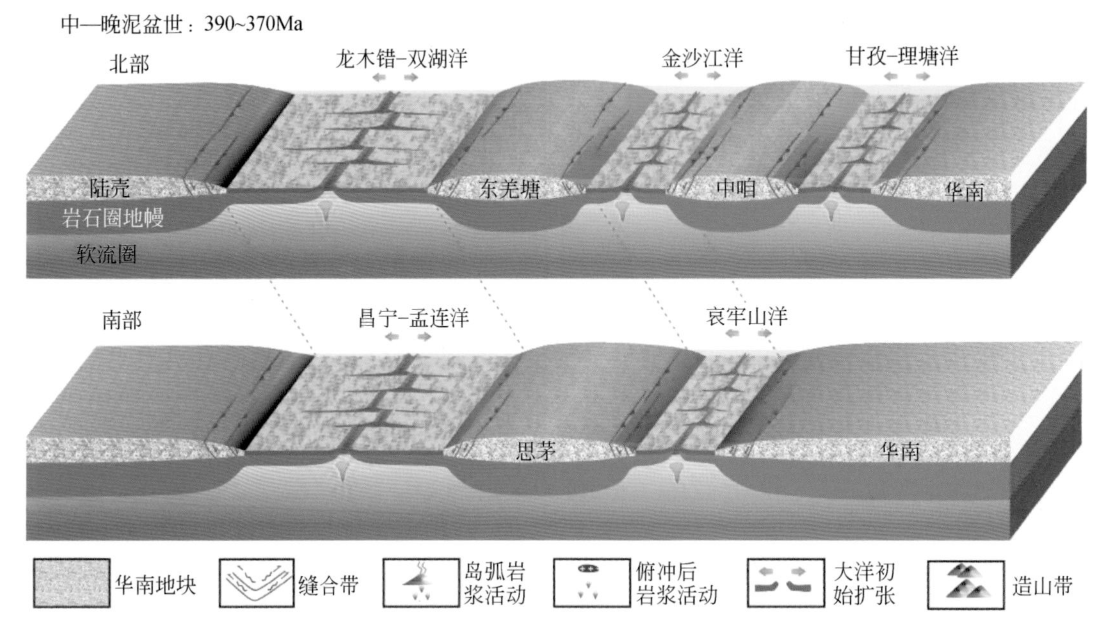

图 1. 70　三江地区古特提斯洋开启和南北支洋近同时活动图（据 Deng *et al.*，2014a）

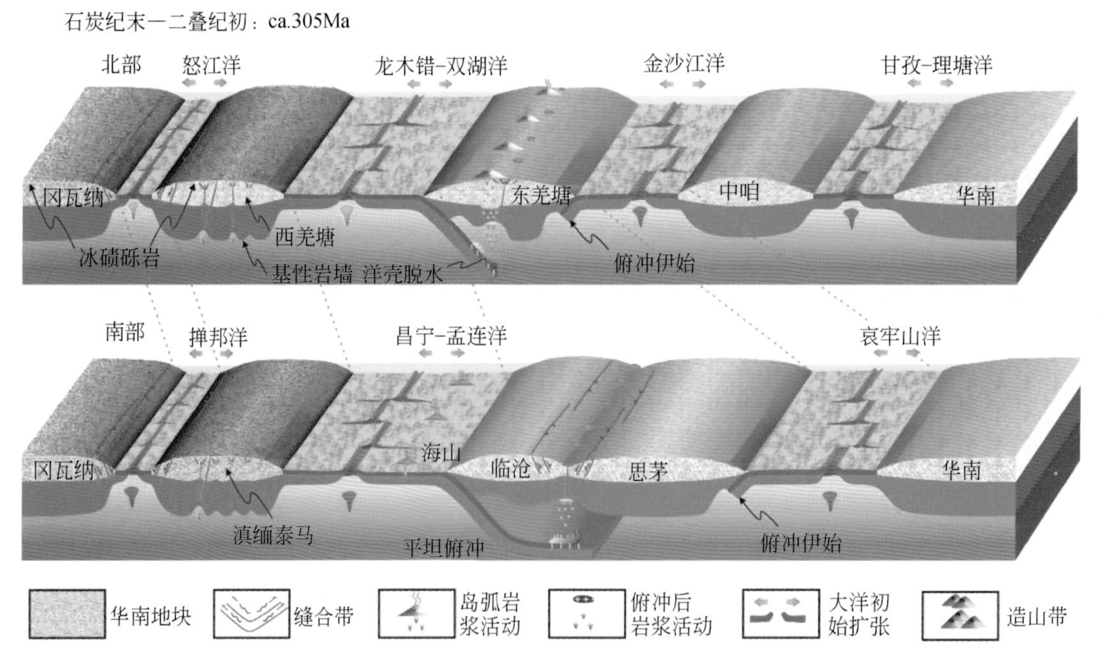

图 1. 71　三江地区古特提斯洋板片俯冲伊始和中特提斯洋开启图（据 Deng *et al.*，2014a）

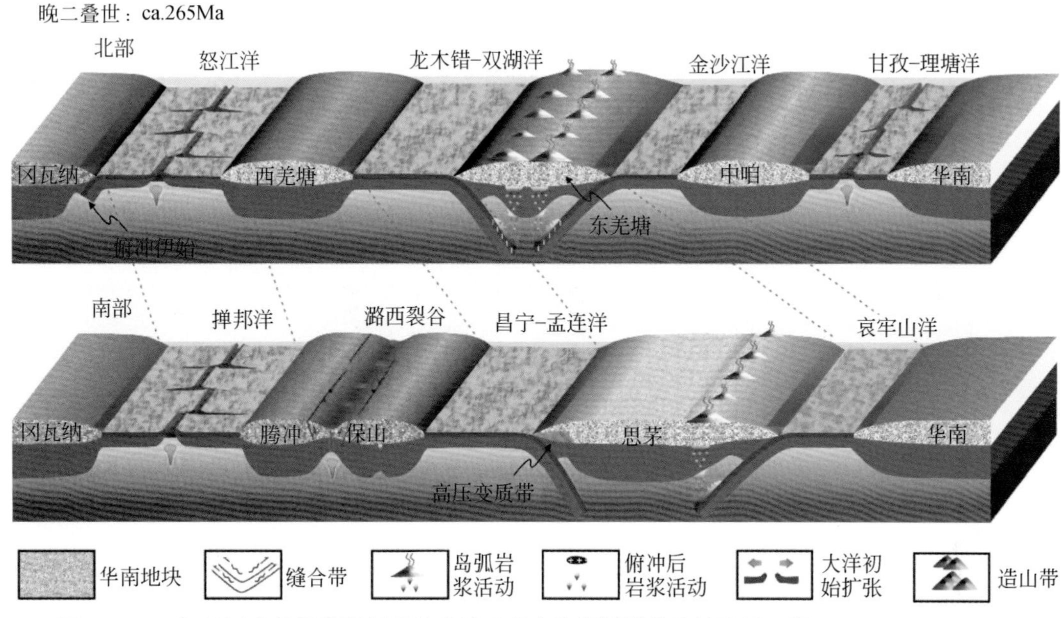

图1.72　三江地区古特提斯洋板片依然俯冲和中特提斯洋持续扩张图（据 Deng *et al.*，2014a）

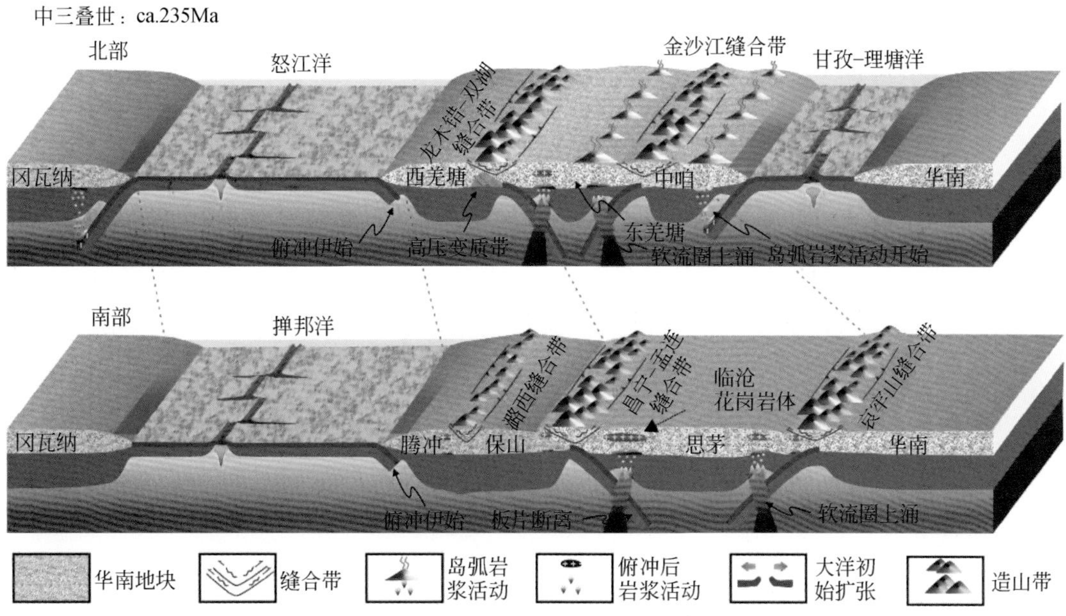

图1.73　三江地区古特提斯洋闭合（除甘孜-理塘洋消减伊始外）和
中特提斯洋板片开始俯冲图（据 Deng *et al.*，2014a）

（5）中三叠世（~235Ma）：古特提斯洋（龙木错-双湖-昌宁-孟连洋、金沙江-哀牢山洋）闭合，甘孜-理塘洋和中特提斯洋（怒江洋）伊始俯冲（图1.73）。

（6）晚三叠世末期（~200Ma）：甘孜-理塘洋闭合，中特提斯洋（怒江洋）板片持续俯冲（图 1.74）。

（7）早白垩世（~120Ma）：中特提斯洋（怒江洋）闭合，新特提斯洋（印度河–雅鲁藏布洋）板片俯冲伊始（图 1.75）。

（8）晚白垩世（~80Ma）：新特提斯洋（印度河–雅鲁藏布洋）板片持续俯冲（图 1.76）。

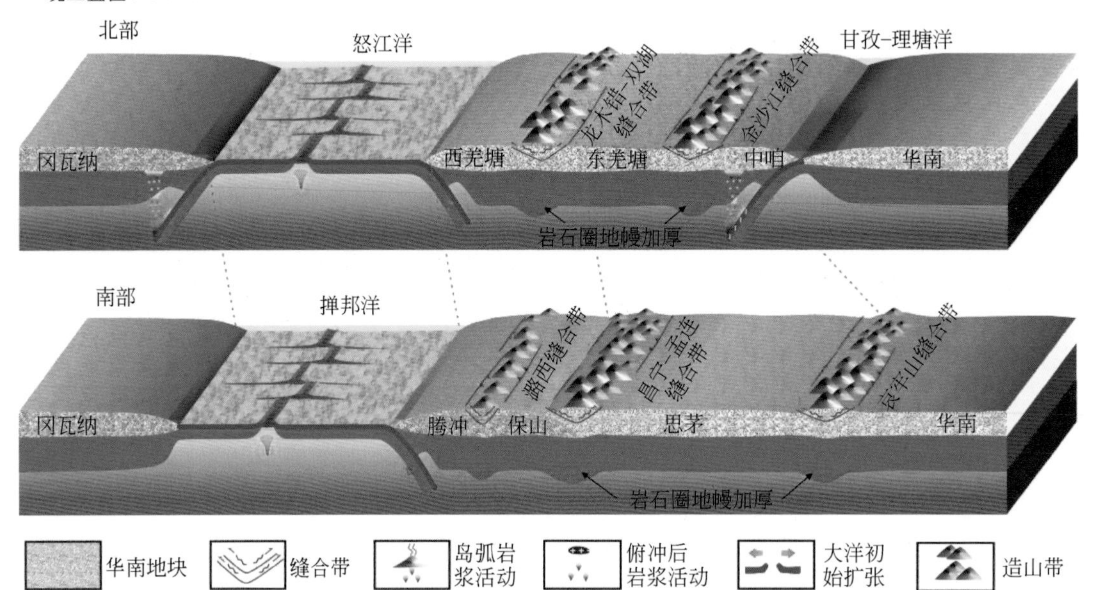

图 1.74　三江地区甘孜理塘洋板片俯冲结束和中特提斯洋板片持续俯冲图（据 Deng *et al.*，2014a）

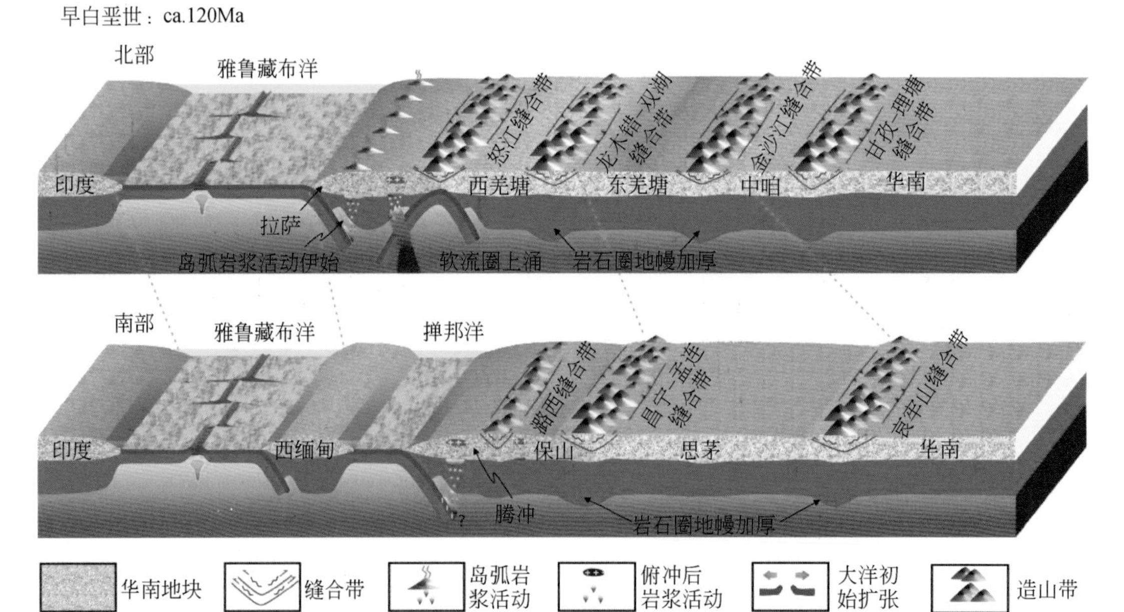

图 1.75　三江地区中特提斯怒江洋关闭和掸邦洋板片持续俯冲及新特提斯洋板片俯冲伊始图（据 Deng *et al.*，2014a）

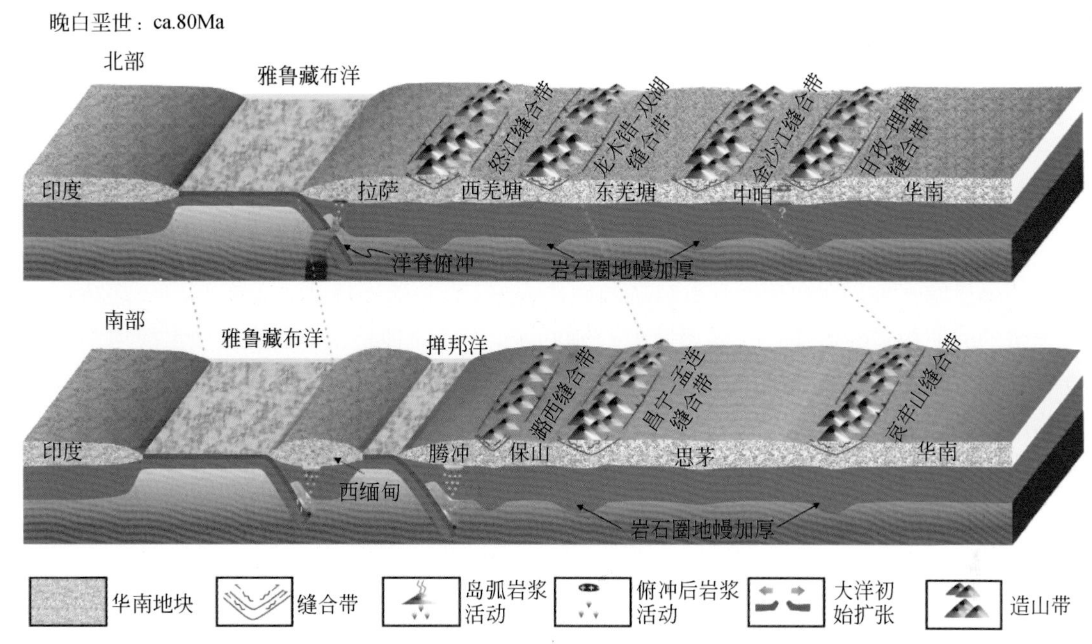

图1.76　三江地区新特提斯洋（雅江洋）板片持续俯冲和残留掸邦洋板片依然东向俯冲图（据 Deng *et al.*，2014a）

第 2 章　碰撞造山时空结构与构造演化

印度-亚洲陆陆碰撞造山作用对三江特提斯构造格架进行了强烈的改造，作为陆陆碰撞侧向物质调整带，三江地区具有独特的构造变形-岩浆活动样式。青藏高原的陆陆正向碰撞带的三期构造变形样式（侯增谦等，2006c），即主碰撞挤压期、晚碰撞走滑期和后碰撞伸展期。作者对三江地区构造-岩浆-成矿事件进行了系统的解析［图 2.1（a）~（f）］，认为陆陆侧向碰撞带的四期构造变形样式，即挤压褶皱期（>45Ma）、拆沉伸展期（44 ~ 32Ma）、挤压走滑期（31 ~ 13Ma）和伸展旋扭期（12 ~ 0Ma）。

2.1　碰撞造山空间结构

古近纪初（~55Ma）以来，印度-欧亚陆陆碰撞作用使三江地区进入全面陆内挤压汇聚环境。强烈的挤压与周围刚性块体的阻挡，使地层发生变质，地壳加厚与陆壳深熔，壳幔作用与幔源岩浆活动，并形成了大规模褶皱与逆冲推覆为特征的褶断构造系，如兰坪-思茅盆地褶断系。由于边界条件的限制，三江和青藏高原内部的岩石圈缩短尚不能抵消强大的挤压应力。强烈的挤压碰撞作用过后，一部分物质和块体向东南挤出，随之产生了一系列大型走滑断裂系，三大剪切带，即哀牢山剪切带、崇山剪切带和高黎贡剪切带同时（~32Ma）开始活动，如红河-哀牢山剪切带 27 ~ 20Ma 发生了 ~600km 的左行走滑运动。大规模走滑运动后，三江地区地壳开始逐渐伸展旋扭，出现了系列新生代断陷盆地、走滑拉分盆地和拉伸盆地。

2.2　碰撞造山演化过程

2.2.1　挤压褶皱期

印度-欧亚陆陆碰撞承接新特提洋的俯冲而发生，三江地区遭受强烈的挤压作用而发生逆冲和褶皱。根据重力场分布特征（陈建平等，2008），对三江地区莫霍（Moho）面深部进行重力法反演，结果表明整体地壳增厚较显著，尤其是北部靠近青藏高原地段，而向南地壳逐渐变薄至正常地壳厚度（图 2.2）。挤压褶皱期的典型特征是形成了一个盆地褶皱断裂系统，即兰坪-思茅盆地褶断系。此外，腾冲地区古近纪持续活动的弧岩浆岩（61 ~ 53Ma）与冈底斯岩浆带系统一的整体，与新特斯洋盆闭合后的洋板片的回撤作用相关（Xu *et al.*，2012）。

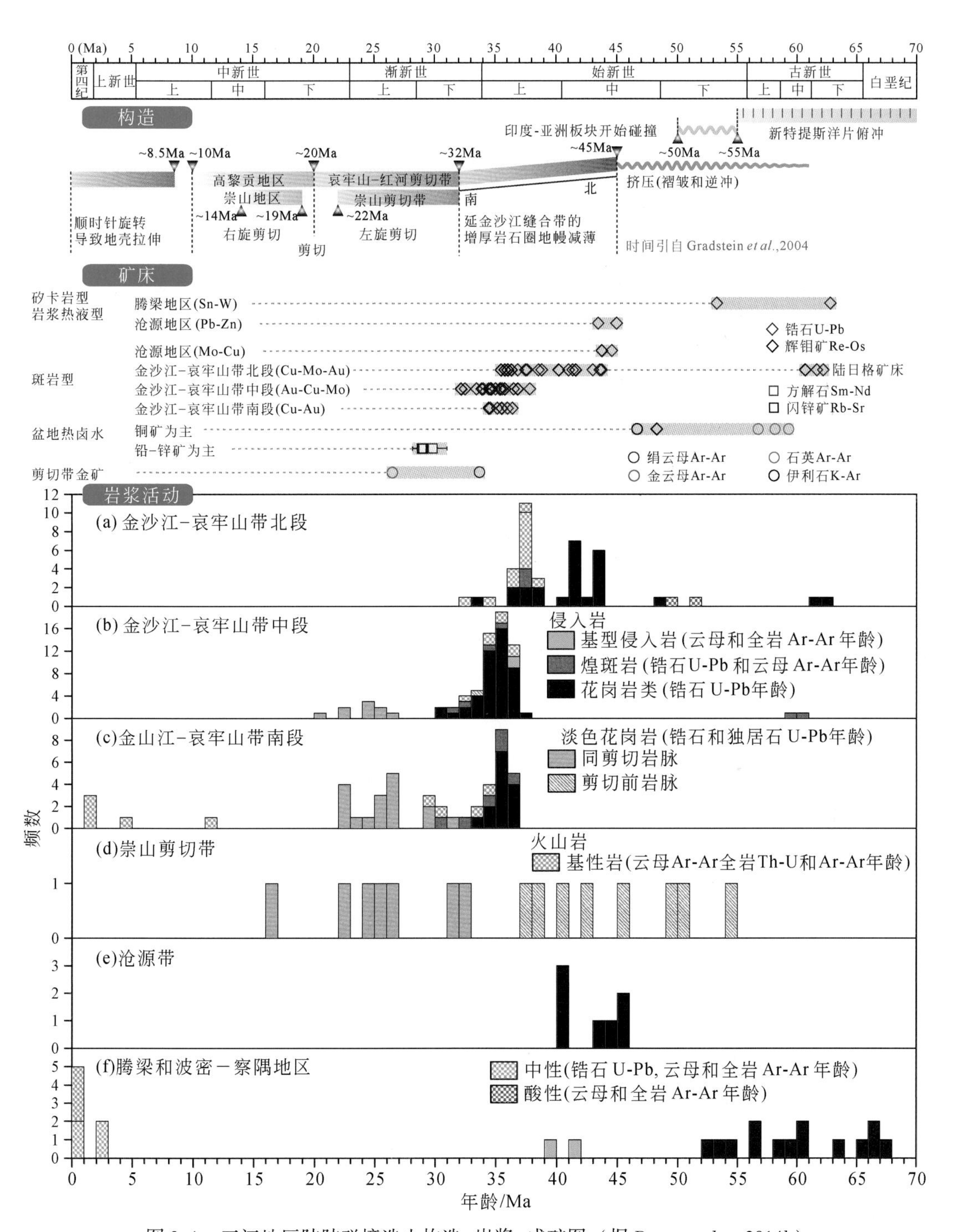

图2.1 三江地区陆陆碰撞造山构造-岩浆-成矿图（据 Deng *et al.*，2014b）

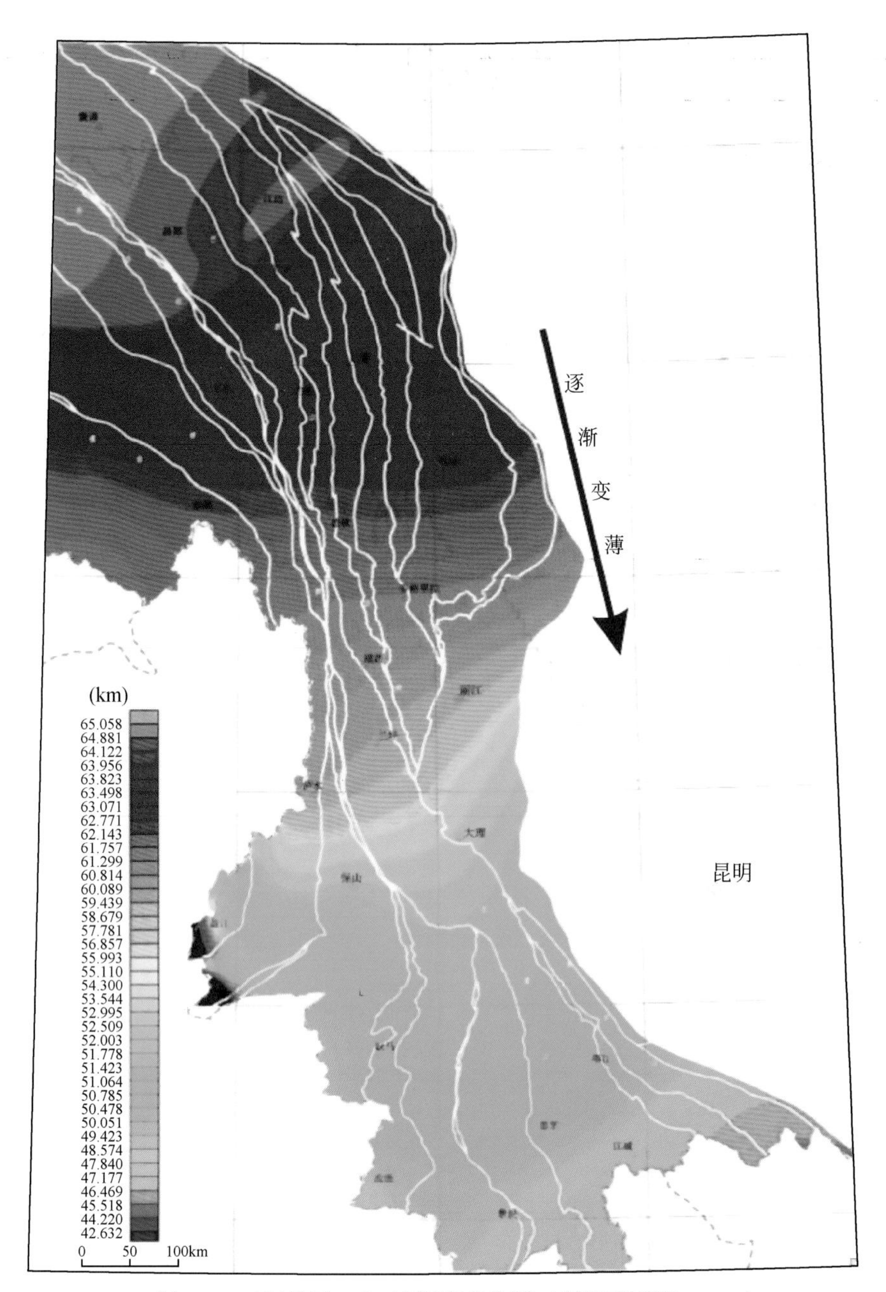

图 2.2　三江地区 Moho 面深度变化图（据陈建平等，2008）

2.2.2　拆沉伸展期

拆沉伸展期（44～32Ma）显著的效应是形成了近千公里巨型的钾质岩浆带（斑岩与伴随的基性-中酸性火山岩），即金沙江-哀牢山钾质岩浆带和相应的斑岩成矿作用。

沿金沙江-哀牢山缝合带分布的钾质岩浆岩北部年龄较老（49～34Ma，峰值

41Ma)，中部和南部年龄较小（38～32Ma，峰值35Ma）且岩浆岩年龄相似。钾质斑岩的成因解释一直存在争议，学者们相继提出了多种成因模型（Guo，2005；Liang *et al.*，2006；Xu *et al.*，2007；Wang C. M. *et al.*，2010a，2010b；Flower *et al.*，2013）。对钾质基性火山岩与富碱斑岩地球化学特征与成因机制进行了细致的剖析，并由此建立了俯冲-交代模型。

1. 基性火山岩

金沙江-哀牢山碱性火山岩具有高 MgO 的特征，而钾质基性-超基性火山岩通常是地幔部分熔融作用的产物。因此对高镁钾质基性火山岩的研究为反演和示踪岩浆源区特征提供了条件。三江地区火山岩形成深度大约在72～84km。而尖晶石二辉橄榄岩的稳定温压范围大致在900～1100℃和2.5～3.0GPa范围内，相当于79～94km深度，表明源区位于含尖晶石的稳定域。REE在石榴子石中的分配系数变化很大，如果源区存在石榴子石，那么HREE相对于LREE会极度亏损（Rollison，1993）。在火山岩的REE配分曲线图中，火山岩具有较高的HREE含量，并且HREE的分布形式比较平缓，表明HREE在源区没有经历过明显的分离作用。因此火山岩的源区矿物中可能不含石榴子石，而可能含有尖晶石。三江地区火山岩普遍具有富钾特征，表明其源区存在富钾矿物。金云母和角闪石的高K/Na值可以为源区形成高K/Na值熔体提供条件。熔融实验表明与金云母平衡的岩浆比与角闪石平衡的岩浆具有更高的Rb/Sr值和更低的Ba/Rb值（Furman and Graham，1999）。三江地区火山岩具有较高的Rb/Sr值和较低的Ba/Rb值，表明火山岩形成于含金云母的源区，而不含角闪石的源区（图2.3）。

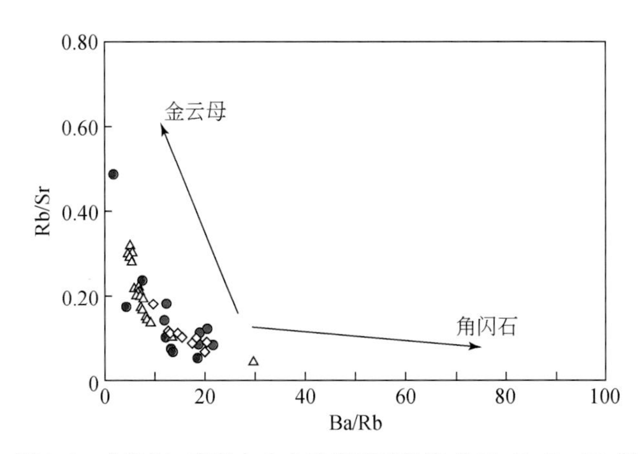

图2.3　金沙江-哀牢山火山岩源区矿物组成Rb/Sr-Ba/Rb图

三江地区火山岩的相容元素，如Co与MgO之间的呈正相关性，表明可能存在分离结晶作用。但是，不相容元素并没有表现出和MgO含量的负相关性，这又与分离结晶作用模式相排斥。不相容元素含量较高且变化范围较大，表明源区存在着不同程度的部分熔融。在La/Yb-La的相关图（图2.4）中表现出明显的正相关性，源区中部分熔融起着重要作用。

火山岩的Sr-Nd-Pb同位素显示其源区具有EMⅡ型富集地幔端元与DMM端元混合的

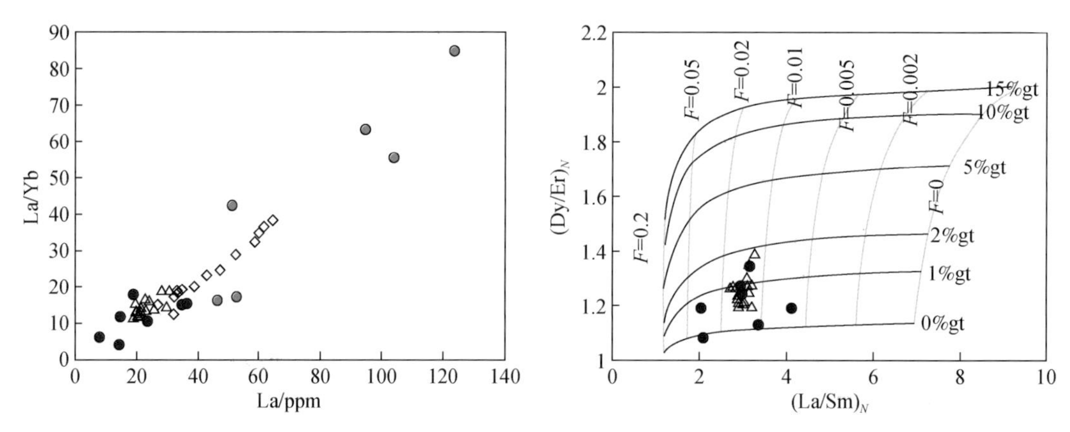

图 2.4　金沙江-哀牢山火山岩钾质基性火山岩分熔融趋势图

特征，特别是钾质斑岩和火山岩具有低于典型 EMⅡ型富集地幔端元的$^{87}Sr/^{86}Sr$值，与印度洋地幔域相似的 Dupal 同位素异常特征，以及显著的 TNT 型微量元素分配特征，表明火山岩源区可能是受到古俯冲带流体交代，并包含有再循环洋壳物质的富集地幔。新生代钾质火山岩地球化学，特提斯洋地幔属于印度洋地幔地球化学域，因此通常具有较低的$^{206}Pb/^{204}Pb$值、较高的$^{87}Sr/^{86}Sr$值和较低的ε_{Nd}值。而新生代火山岩具有较高的$^{206}Pb/^{204}Pb$值和较低的$^{87}Sr/^{86}Sr$值，显然与通常的特提斯地幔地球化学不完全一致，究其原因可能与具有低 U/Pb 值的深海沉积物俯冲进入软流圈有关，也可能是由于古老的具有低 U/Pb 值的岩石圈地幔或下地壳，或者是由于古老的玄武质岛弧下地壳物质在更早的陆陆碰撞过程中被带进软流圈所引起。之前述及同时代的大洋板块俯冲作用对源区的影响较小，因此交代物质组分可能是由受到早期的俯冲区分异的流体或熔体所改造地幔楔部分熔融形成的（Rowell and Edgar，1983；Mitchell and Bergman，1991），新生代 EMⅡ型富集地幔端员的成因与古特提斯洋壳沉积物的混合及再循环作用有关（莫宣学等，2009）。

2. 钾质斑岩

实验岩石学和岩石相平衡的研究认为，中酸性火成岩（包括粗安岩、安粗岩、英安岩、石英粗面岩、粗面岩等钾玄岩类火山岩及相应的侵入岩）可以由幔源玄武岩岩浆的分异演化作用形成，也可以直接源于陆壳岩石的部分熔融。而且岩石的 Eu 异常可以作为一个鉴别标志，如果中酸性火山岩和花岗岩类岩石具有弱的或者无负 Eu 异常，表明岩浆未与斜长石平衡，其形成深度应大于 50～60km，存在加厚陆壳；如果有明显的负 Eu 异常，表明岩浆形成于正常陆壳底部或者加厚陆壳（邓晋福等，1996）。

三江地区钾质斑岩具有弱的负 Eu 异常，排除了钾质斑岩岩浆起源于正常陆壳底部或加厚地壳的中上部的可能。钾质斑岩具有较高的 SiO_2 含量和较低的 MgO、$Mg^{\#}$、低的 Ni、Cr 等相容元素含量，表明它们可能不是直接通过正常的地幔岩部分熔融形成（Wyllie，1977）。钾质斑岩部分样品具有一些类似埃达克质岩石成分的特征，如具有高的 La/Yb 值、高的 Sr 含量和低的 Y 含量、无明显的 Eu 负异常、主量元素具有较高的 Al_2O_3 和较低的 MgO 含量，这些特征与大洋俯冲环境的埃达克岩相似（Defant and Drummond，1990）。但同时钾质斑岩样品具有富K、富集LILE和REE特征，且在Sr-Nd-Pb同位素组成上有着明显不同的分布范围。因此钾质斑岩具有一些类似埃达克质熔体成分的特征，但它们的源区却不同，暗示钾质斑岩可能不是与俯冲的大洋板片熔融有关的产物。综上所述，认为钾质斑岩可能与加厚地壳下部发生部分熔融有关。

新生代碱性火山岩和钾质斑岩在空间上分布相近并可能有共同的形成背景。地球物理资料显示三江地区现今的地壳厚度大约在40～55km，而在始新世通过对富碱侵入岩中的下地壳包体的研究表明地壳厚度在55km左右。因此自印度大陆碰撞以来地壳厚度没有显著的改变。加厚地壳的熔融需要有来自深部地幔的热的注入，可能的机制是岩石圈地幔的减薄导致了软流圈的上涌，从而使岩石圈地幔和下地壳发生熔融。认为在40～32Ma岩石地幔的下半部分因为过度的加厚发生减薄导致了软流圈的上涌。地球物理研究也证实新生代三江地区存在着软流圈地幔物质上涌（刘嘉麒等，1999；钟大赉等，2000），支持了岩石圈地幔减薄的观点。在这一过程中上涌的热软流圈取代了冷岩石圈地幔的下部，导致软流圈发生减压和热对流。这可能使残留的岩石圈地幔发生熔融产生了钾质基性火山岩。在这一模型中，岩石圈地幔或者软流圈的熔体在莫霍面附近底侵，并且幔源的热的镁铁质岩浆进入加厚的地壳，使得富钾的下地壳发生熔融产生了钾质斑岩。

钾质花岗岩类侵入体年龄集中于32.5～36.9Ma，早于哀牢山剪切带左旋剪切活动。钾质斑岩与大型剪切带关系是钾质斑岩活动在先，大型走滑在后。钾质斑岩活动时代49～32Ma，淡色花岗岩为32～20Ma，集中于26Ma，承接于钾质斑岩侵入活动而发生；淡色花岗岩侵位时间代表金沙江-红河断裂带走滑活动时限；钾质斑岩活动时间早于断裂走滑活动，断裂活动承接于钾质斑岩活动而产生。因此，钾质斑岩的主体可能并不受控于走滑断裂活动。

三江地区新生代钾质岩浆作用的成因模型，即交代-拆沉模型［图2.5（a）～（c）］

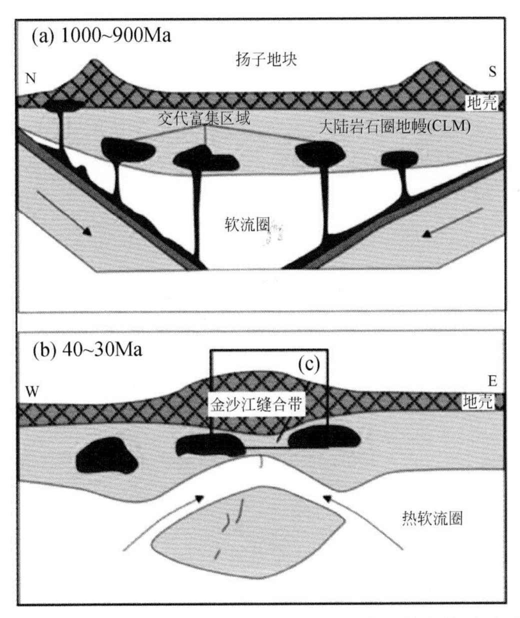

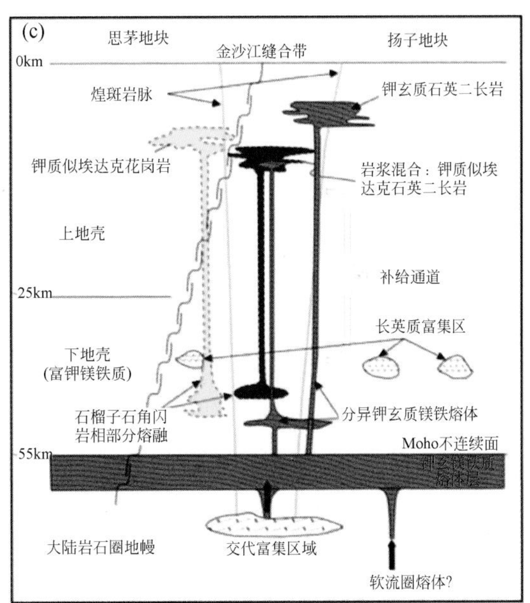

图2.5　金沙江-哀牢山钾质岩浆岩交代-拆沉成因模式图（据Lu *et al.*，2013）

表明：扬子克拉通西缘之下的岩石圈地幔在 1000 ~ 900Ma 经历了大洋板块的双向俯冲作用，受俯冲流体的交代作用影响，岩石圈地幔发生富集作用。在 65Ma 左右，印度大陆与欧亚大陆发生碰撞，使得地壳和岩石圈大幅度缩短并加厚。在 40 ~ 30Ma，加厚的岩石圈超过了最大稳定性，从而岩石圈地幔下部发生了减薄，热的软流圈取代了岩石圈地幔下部，热的软流圈进入使得残留的富集岩石圈地幔发生部分熔融，形成镁铁质的岩石。而岩石圈地幔或软流圈地幔熔体在莫霍面底侵并且幔源热的镁铁质岩浆侵入体进入已加厚的富钾的大陆地壳产生富钾的斑岩。

约 45Ma 时，新特提斯洋岩石圈从印度大陆岩石圈断离引发了硬碰撞，其特征是汇聚速度突然下降，而之后西藏大陆岩石圈加速收缩（Chung *et al.*，2005；Xu *et al.*，2008）。新特提斯洋岩石圈的断离导致了挤压构造应力的突然释放，是触发金沙江-哀牢山缝合带及其周缘下伏加厚的、交代富集岩石圈地幔发生拆沉作用的动力学机制。

2.2.3　挤压走滑期

三江地区新生代的构造样式表现为大规模的走滑变形，发育三大剪切带，即高黎贡山、崇山和雪龙山-点苍山-哀牢山剪切带（图 2.6），地块的侧向滑移是青藏高原物质调整的方式。划分了雪龙山-点苍山-哀牢山剪切带两阶段变形史：早期高温变形和晚期低温变形［图 2.7（a）、（b）］。

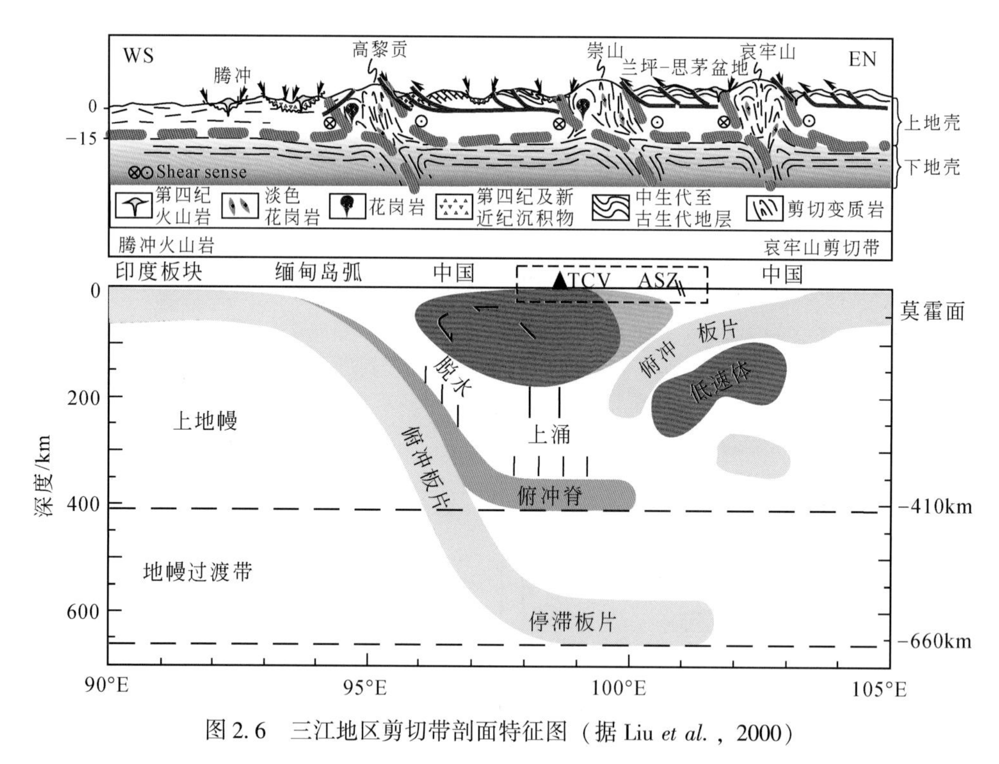

图 2.6　三江地区剪切带剖面特征图（据 Liu *et al.*，2000）

根据淡色花岗岩锆石 U-Pb 年龄制约的左行走滑时限为 31 ~ 20Ma，热事件年代学制约的右行走滑时限为 6 ~ 0Ma（图 2.8）。三大剪切带的活动具有以下特征（图 2.9）：① 滑

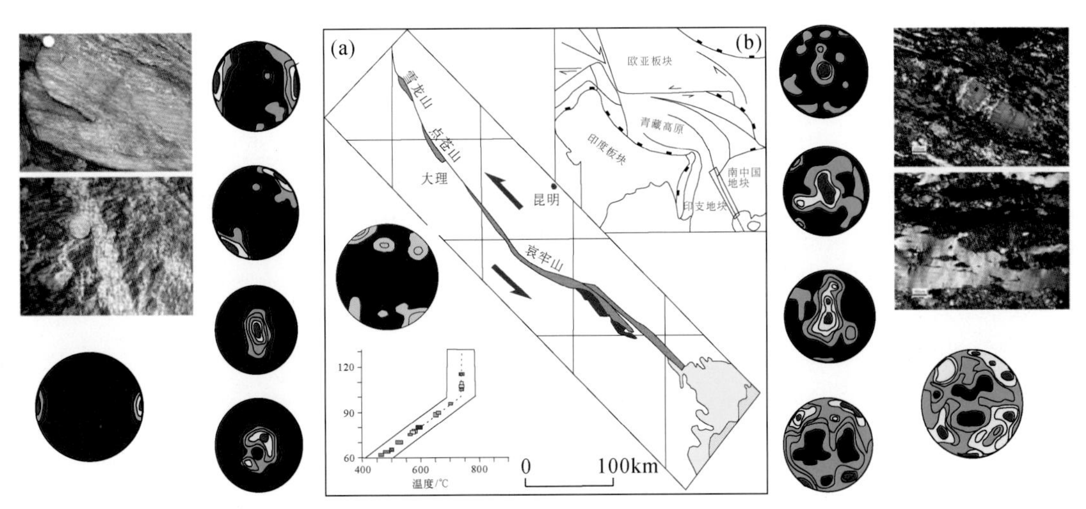

图 2.7　雪龙山-点苍山-哀牢山剪切带两阶段变形图

移同步开始，~31Ma 同时开启活动；② 活动时限各异，雪龙山-点苍山-哀牢山剪切带为 31 ~ 20Ma，崇山和高黎贡山剪切带为 31 ~ 13Ma；③ 运动形式多样，雪龙山-点苍山-哀牢山和崇山剪切带先左行后右行，高黎贡山剪切带始终右行。

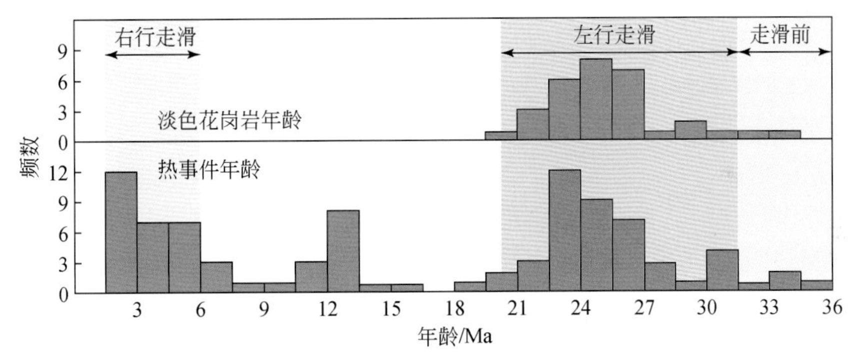

图 2.8　雪龙山-点苍山-哀牢山剪切带运动时限制约图

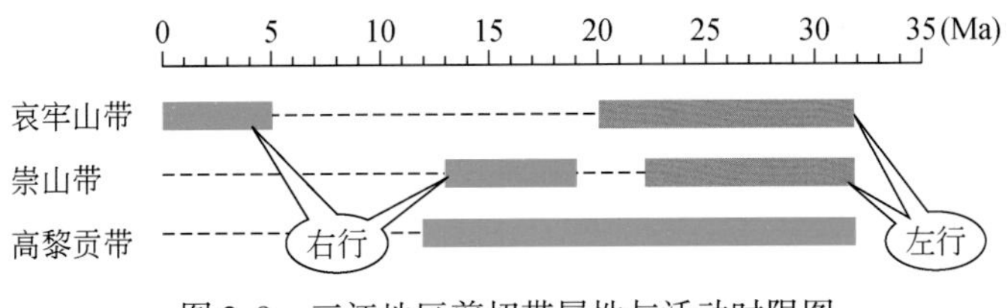

图 2.9　三江地区剪切带属性与活动时限图

雪龙山-点苍山-哀牢山剪切带由雪龙山、点苍山、哀牢山 3 个糜棱岩出露段组成，其间分别形成剑川盆地和楚雄盆地［图 2.10（a）~（c）］。根据其构造位置以及对剪切带的认识，前人认为剑川盆地为走滑拉分盆地。通过横穿剑川盆地的详细野外考察，发现剑川盆地的沉积结构相对复杂，并不能简单地视为拉分盆地；但变形表现相对简单。

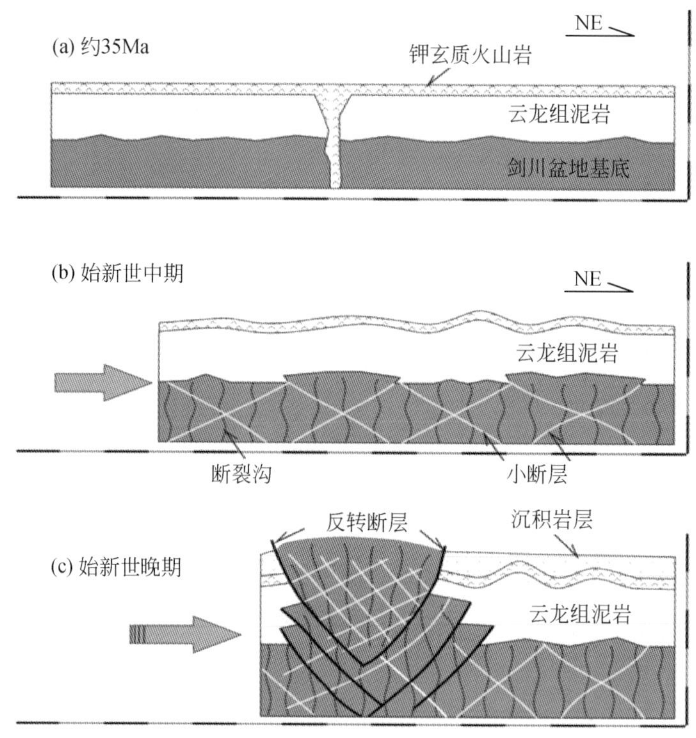

图 2.10　剑川盆地同沉积挤压变形构造模型图

详细路线地质调查，辅以火成岩测年结果揭示剑川盆地新生界沉积物可分为两段：下部为云龙组细碎屑岩（砖红色、厚层-块状粉砂岩、泥岩），上部为逐渐变粗的粗碎屑岩（砂岩、砾岩、巨砾岩），其间为超钾质火山岩。火山岩锆石 U-Pb 结果表明，火山活动时间为 35～36Ma。构造解析结果显示，新生界沉积物很少记录成岩后变形构造，但同沉积变形现象丰富。相反，通过逆断层作用剥露于地表的盆地基底显示强烈的变形。综合变形资料，在 35Ma 之后，剑川盆地经历了强烈的北东-南西向挤压作用，形成右行走滑-高角度逆断层和新生界地层的同沉积变形。

剑川盆地位于雪龙山-点苍山-哀牢山剪切带穿过部位，变形样式与印支地块挤出模式并不吻合。结合对点苍山（Cao *et al.*，2011）、哀牢山（Zhang *et al.*，2006）、碧罗雪山（Zhang B. *et al.*，2010，2012）剪切带变形历史研究结果以及兰坪盆地古地磁数据，认为印支地块的旋转可能是印度-欧亚大陆碰撞的变形效应。

2.2.4　伸展旋扭期

自晚中新世以来，三江地区逐渐由以走滑为主的运动形式转换为以伸展旋扭为主的形式，表现为一系列北东向断裂（如瑞丽、畹町和南汀等）的左行张扭性活动，物质呈现出顺时针旋扭运动特征。青藏高原及其周边地区现代 GPS 数据表明，三江地区物质的顺时针旋扭运动仍然在持续中（图 2.11）。

该时期的岩浆活动表现为现代火山岩，分布于腾冲、普洱-通关和马关-屏边地区。腾

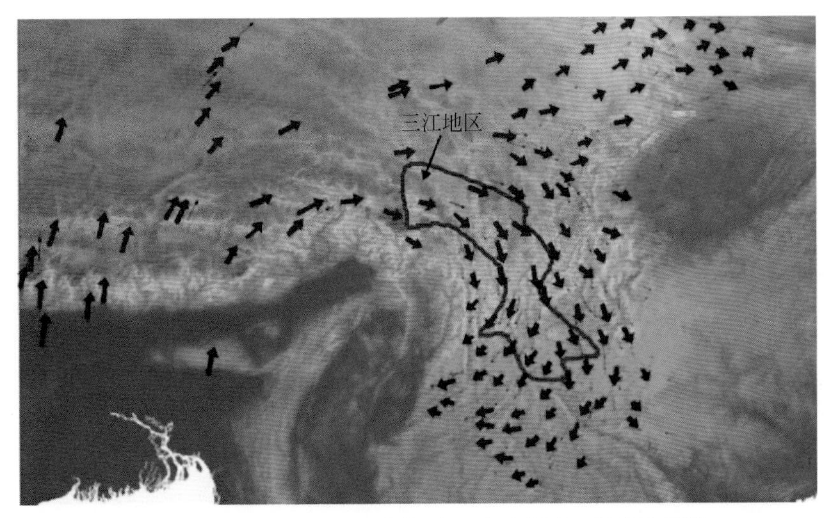

图2.11　青藏高原及周边地区现代物质运动示意图（据张培震等，2004）

冲地区玄武岩-安山岩类分布较集中，面积较大，并已被广泛研究，这类火山岩的地球化学性质显示出似岛弧性质，被认为是现代印度洋中脊俯冲作用的结果。本次对普洱-通关和马关-屏边地区玄武岩进行了研究。

1. 普洱-通关玄武岩

普洱和通关地区新生代玄武岩分布面积约11.5km²，明显受断裂控制，呈北西或南北向分布，覆于下白垩统地层之上，与之呈角度不整合关系（图2.12）。云南省地质局将其定为第四纪橄榄玄武岩，孙宏娟（2000）对其进行年代学研究获得1.14～1.21Ma的K-Ar年龄。岩石柱状节理发育，表现为典型陆相喷发特征，岩石无地幔包体。野外可见明显的喷发韵律，由下至上分别是气孔玄武岩和致密块状玄武岩。

岩石类型较单一，为灰黑色致密块状玄武岩和含气孔的普通玄武岩。岩石呈黑色和灰黑色，斑状结构，气孔或块状构造，斑晶含量较少，为橄榄石和辉石，且含量均小于5%，颗粒大小0.2～0.5mm，基质为隐晶质。可见较多气孔，大小1～3cm，其中未填充杏仁。

岩石微量元素的含量与OIB型玄武岩十分相似，在微量元素蛛网图上二者具有同样的趋势。虽然岩石具有典型OIB的特征，但不能简单地将其源区视为亏损地幔。在Pb同位素的相关图中岩石表现出具有富集地幔特征。同样的不一致也反映在其微量元素特征中，从Ta-Th-Hf/3图和Y*3-Zr-Ti/100图［图2.13（a）、（b）］中可见所有投点位于板内玄武岩区域；在微量元素蛛网图中，岩石明显富集大离子亲石元素LILE，轻稀土LREE和高场强元素，表明岩石的源区有富集作用的发生。与Sr-Nd同位素所反映的亏损地幔特征不一致。值得注意的是岩石具有很高的K含量，属于钾玄岩。

钾质岩石的成因有几种情况：① 幔源岩浆与壳源物质发生混合或在上升途中遭受混染；② 由石榴子石橄榄岩经部分熔融形成的岩浆在高度分离结晶条件下形成；③ 富含金云母的岩石圈地幔部分熔融；④ 岩浆源区为俯冲相关的流体或熔体交代的富集地幔（邓万明、钟大赉，1997；邓万明等，1998；夏萍、徐义刚，2004；徐受民，2007）。根据前

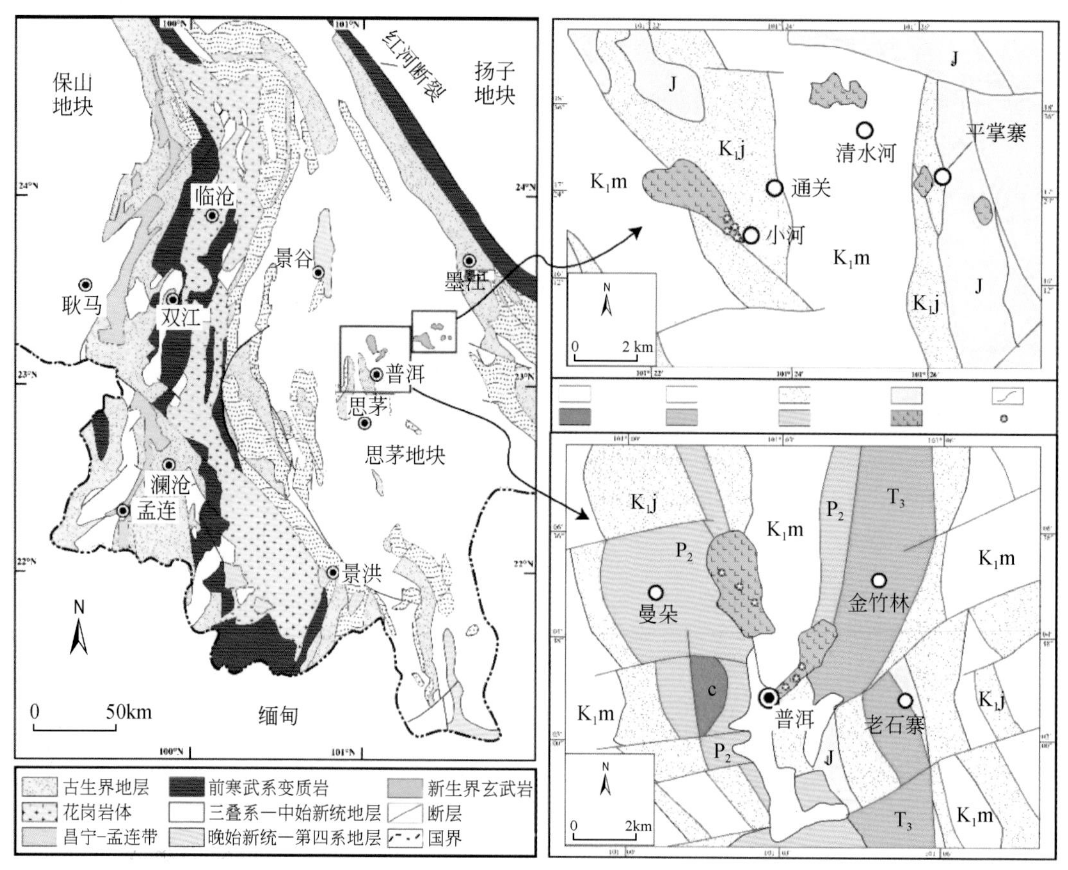

图 2.12　思茅微地块新生代火山岩构造地质图

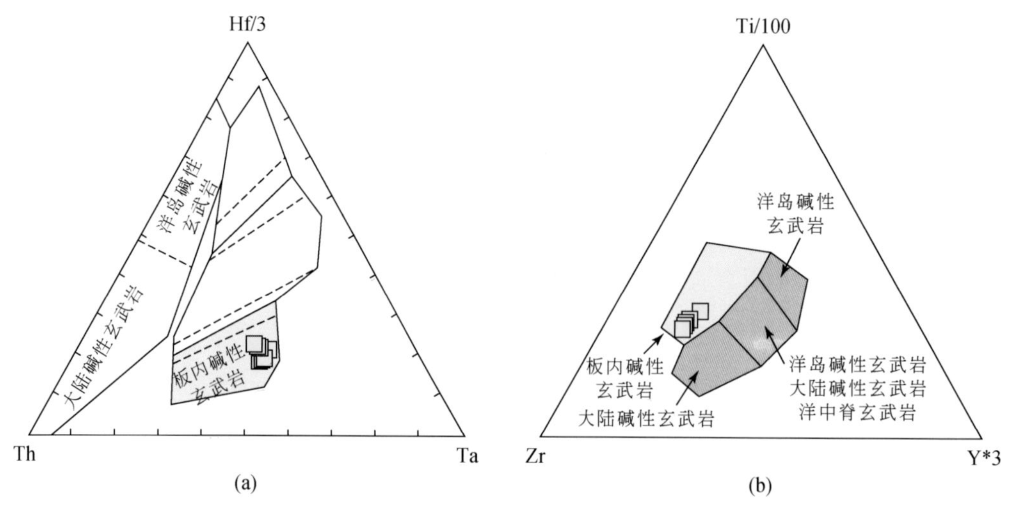

图 2.13　(a) 思茅微地块新生代玄武岩 Ta-Th-Hf/3 图（据 Wood *et al.*, 1980）和（b）Y＊3-Zr-Ti/100 图（据 Pearce and Cann，1973）

面的分析，岩石遭受地壳混染的可能性不大，$Mg^{\#}$和 SiO_2的含量也不支持岩浆混合的假设，因此可以排除第一条可能。虽然岩石有橄榄石、辉石等矿物分离结晶的证据，但程度和规模都比较小，不作为岩石成因的主导作用，因此可排除第二种可能。

考虑到岩石的形成时代非常年轻，其源区经历富集之后，可能没有足够的时间反应到同位素上，而使得其同位素依然保持亏损特征的状态下喷出地表。在三江和西藏等地，产生于俯冲流体相关的流体与熔体交代富集地幔的钾质岩石通常具有十分明显的 TNT 异常，即明显亏损 Ta、Nb、Ti 元素，而这样的特征在岩石微量元素蛛网图中并不存在，因此可以排除第四种可能。因此，岩石具有较高的 K 含量，原因在于其形成于富含角闪石或金云母的岩石圈地幔。综上所述，岩石同时带有 OIB 和大陆岩石圈源区的信息，可能为两者综合作用的产物，因此推断新生代玄武岩的源区为软流圈发生部分熔融并释放熔体交代上覆岩石圈地幔，形成具有富 K、大离子亲石元素和高场强元素的交代岩石圈地幔。而其 Sr-Nd 同位素显示出亏损地幔特征的原因是岩石形成时代非常年轻（约 1. 1Ma），源区发生富集作用后很短时间内喷出地表，而使得富集特征无法同步的反映在 Sr-Nd 同位素上（夏萍、徐义刚，2004）。

2. 马关玄武岩

金沙江-哀牢山-红河断裂带南段马关地区有富含地幔包体的钾玄岩类火山岩出露。地球化学方面这些火山岩与该带北、中带钾质斑岩相似。研究证明马关地区新生代玄武岩产于板内构造环境，其成因与印度-欧亚大陆碰撞诱发的深部地幔物质上涌和软流圈向高原东南方向侧向挤出有关。金沙江-哀牢山-红河断裂带自新生代以来的剪切走滑为软流圈地幔上涌提供了通道。

地幔包体为尖晶石相二辉橄榄岩，具有较高的 CaO 和 Al_2O_3含量，总体上为饱满型地幔包体。测试了橄榄岩包体的 Re-Os 同位素结果显示，包体的 Os 含量较高，Re 含量变化较大，均接近于造山带橄榄岩。$^{187}Os/^{188}Os$ 值变化于 0. 12295 ~ 0. 12530，与$^{187}Re/^{188}Os$ 值和Al_2O_3之间不存在好的相关性，表明 Re-Os 体系不仅受熔体抽取过程控制，还受后期熔体的交代和改造。Re 亏损年龄 t_{RD}在 254 ~ 604Ma，证明岩石圈地幔是在新元古代之前形成。由此推测马关地区岩石圈地幔可能经历了新元古代之前原始地幔的部分熔融和熔体的抽取作用，并形成岩石圈地幔；之后又经历了熔体、流体的交代与改造，导致部分难熔的亏损地幔组分发生再富集并转变为饱满型地幔。而未受熔体、流体交代改造的地幔橄榄岩仍然保留了亏损的特征。这些认识为探讨三江地区地壳、地幔性质和深部动力学提供了重要约束。

2.2.5　构造演化过程

综合三江地区碰撞造山构造演化、岩浆作用与成矿作用，总结出挤压-拉伸控制 4 个阶段交替演化过程（图 2. 14）：① 挤压褶皱期（>45Ma），大陆软碰撞引起盆地的逆冲活动和地壳中部水平剪切作用；② 拆沉伸展期（44 ~ 32Ma），由新特提斯洋裂开和大陆硬碰撞引起穿时的拆沉作用，伴随富钾岩浆岩和 S 型花岗岩岩浆作用；③ 挤压走滑期（31 ~ 13Ma），西南向地块挤压导致的剪切和剥露；④ 伸展旋扭期（12 ~ 0Ma），拉伸作用引发三江地区裂陷，物质顺时针旋扭，印度和菲律宾洋壳发生俯冲。演化过程中包括剪切作用引起的演化分解与混合、山体隆升和盆地下陷、强烈的岩浆活动和热泉力，导致浮力减小俯冲速度降低。因为板片断离通常发生在大陆前缘，解释印度-亚洲板块的碰撞早于45Ma。尽管在断离的时间和深度有很多决定因素，热动力模型显示板片裂解的时间集中于10～15Ma，恰在大陆位置到达海沟以后。

四阶段具有一系列显著的挤压和拉伸作用标志。挤压-拉伸转变被认为是由控制三江新生代地质过程的外围构造环境变化所导致。第一次突变应与软碰撞向硬碰撞转变有关，应力集中到一定程度后岩浆岩侵入地块，地块运动应力稳定释放诱导洋片俯冲；第二次由地块挤压时应力集中超过极限而导致；第三次则伴随着碰撞活动引起应力稳步释放和新的大洋板片俯冲作用。以上揭示三江地区由新生代地质过程和原、古特提斯洋闭合形成的岩石圈结构共同影响。岩石圈结构有以下特征：聚集的小地块、平行的缝合带、俯冲中加厚的地壳和变质岩石圈地幔以及造山盆地中心造山现象。缝合带内特定的新生代地质产物包括各种由地壳和地幔熔融形成的同生岩浆。剪切带部分叠覆在缝合带和分离的蛇绿岩带上，掘出中-下地壳变质岩和大量、多种的矿物聚集。构造的转变导致了富钾岩浆岩和盆地沉积岩中相关斑岩-夕卡岩型铜或富铜矿床的聚集。第二次转变形成了沿剪切带的造山型金矿床和盆地内断裂带的铅锌多金属矿床。

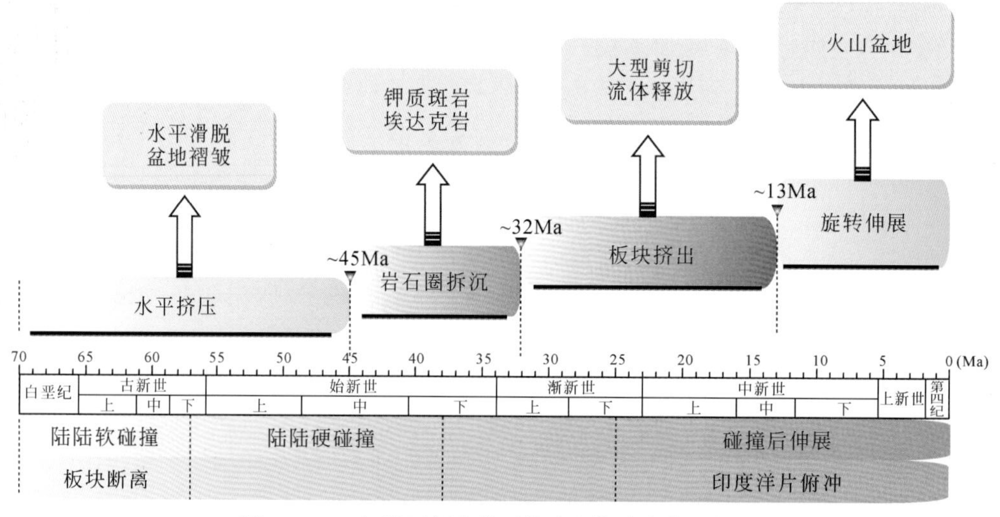

图2.14　三江地区新生代碰撞造山构造演化格架图

2.3　碰撞造山演化模型

三江地区独特的构造-岩浆-成矿作用背景，碰撞造山演化模型如下：

（1）晚白垩世末（70～55Ma）。新特提斯洋（印度河-雅鲁藏布洋）板片回撤，产生腾冲弧岩浆岩带（图2.15）。

（2）早始新世（55～50Ma）。新特提斯洋闭合，俯冲洋片持续回撤，腾冲弧岩浆岩活动持续活动，区域遭受挤压而发生逆冲断裂与褶皱（图2.16）。

（3）中始新世（45～40Ma）。由大洋俯冲转换为大陆俯冲，特提斯洋板片断离，金沙江古缝合带加厚岩石圈拆沉，成生钾质斑岩带（图2.17）。

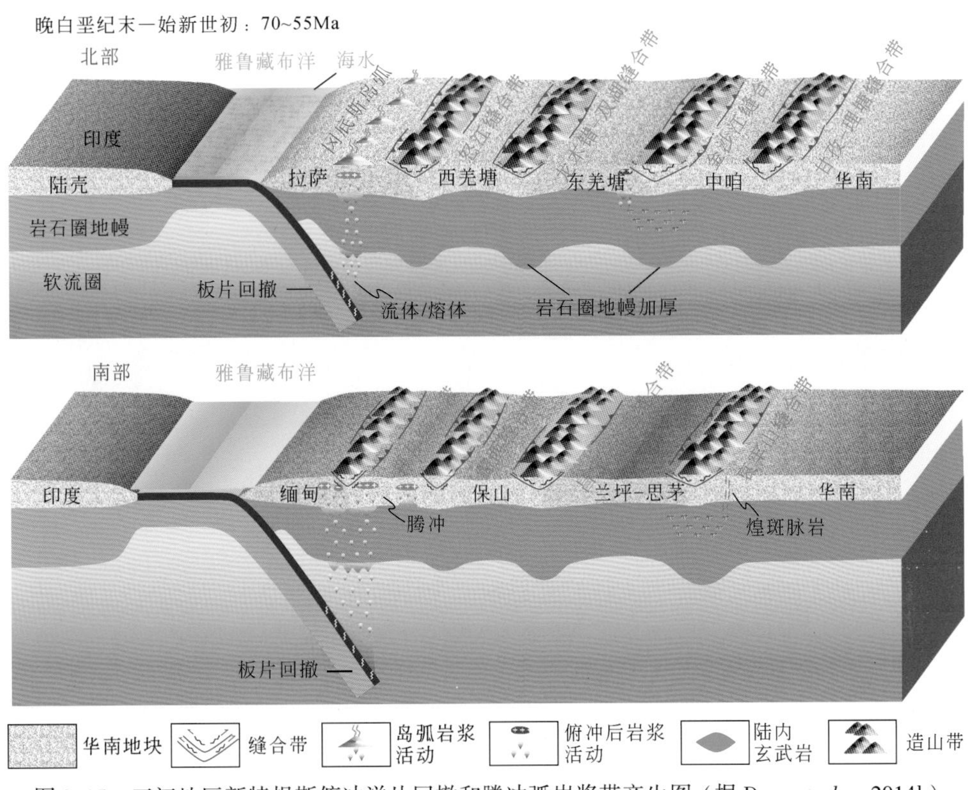

图2.15　三江地区新特提斯俯冲洋片回撤和腾冲弧岩浆带产生图（据 Deng *et al.*，2014b）

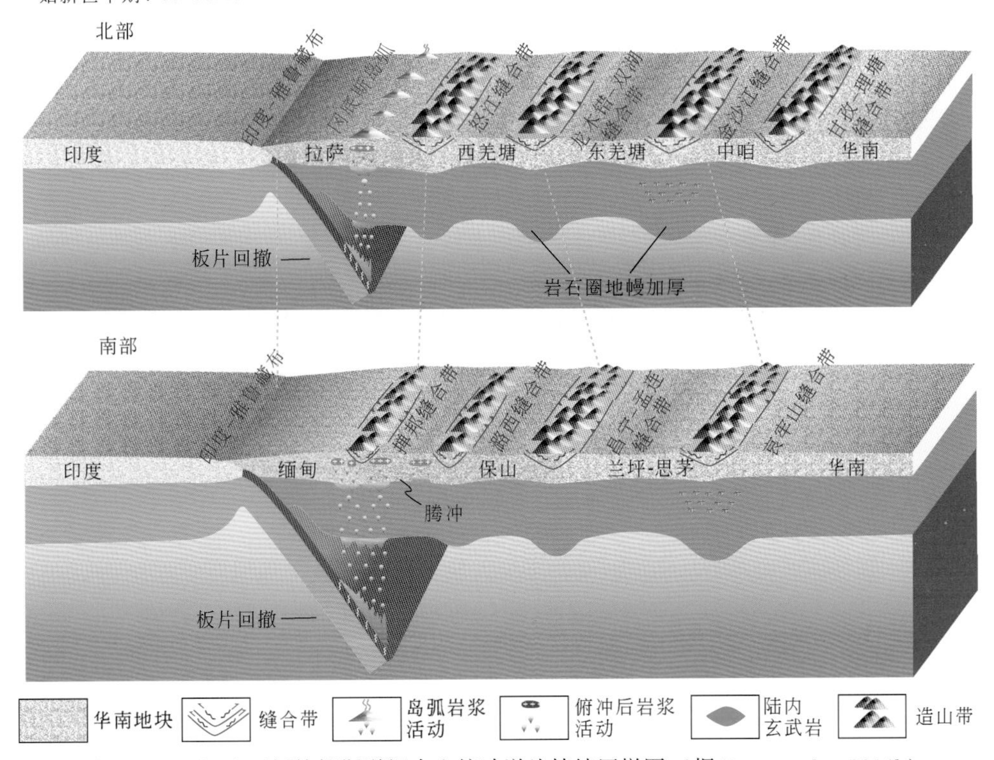

图2.16　三江地区新特提斯洋闭合和俯冲洋片持续回撤图（据 Deng *et al.*，2014b）

（4）晚始新世—早渐新世（40～32Ma）。金沙江-哀牢山缝合带加厚岩石圈拆沉，南部拆沉晚于北部拆沉，钾质斑岩持续发生，且呈现出北老南新的特征（图2.18）。

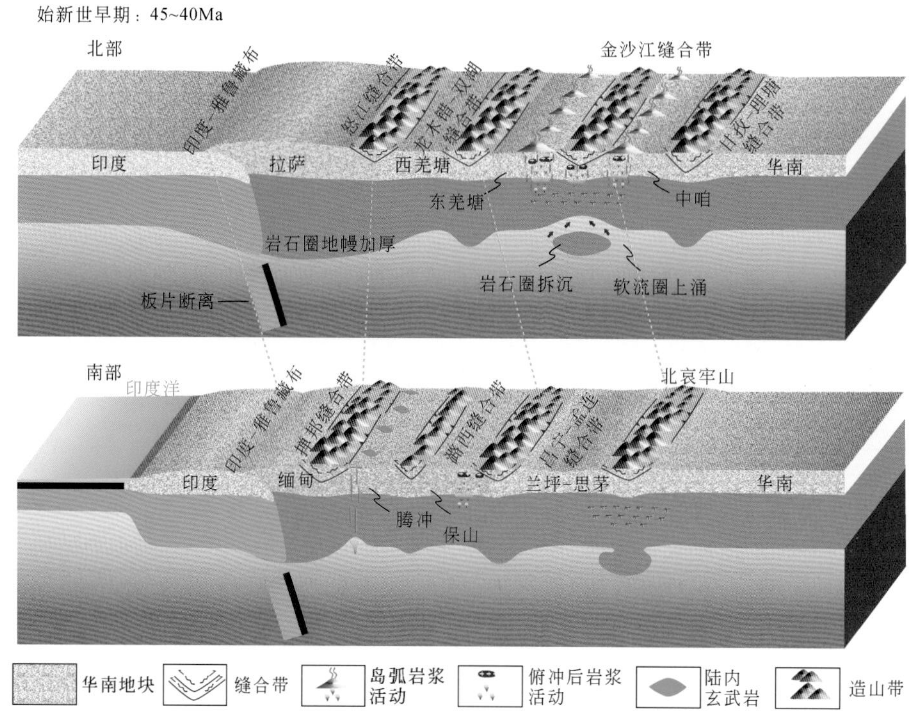

图2.17　三江地区大洋俯冲-大陆俯冲转换和特提斯洋板片断离及金沙江古缝合带加厚岩石圈拆沉图（据 Deng *et al.*，2014b）

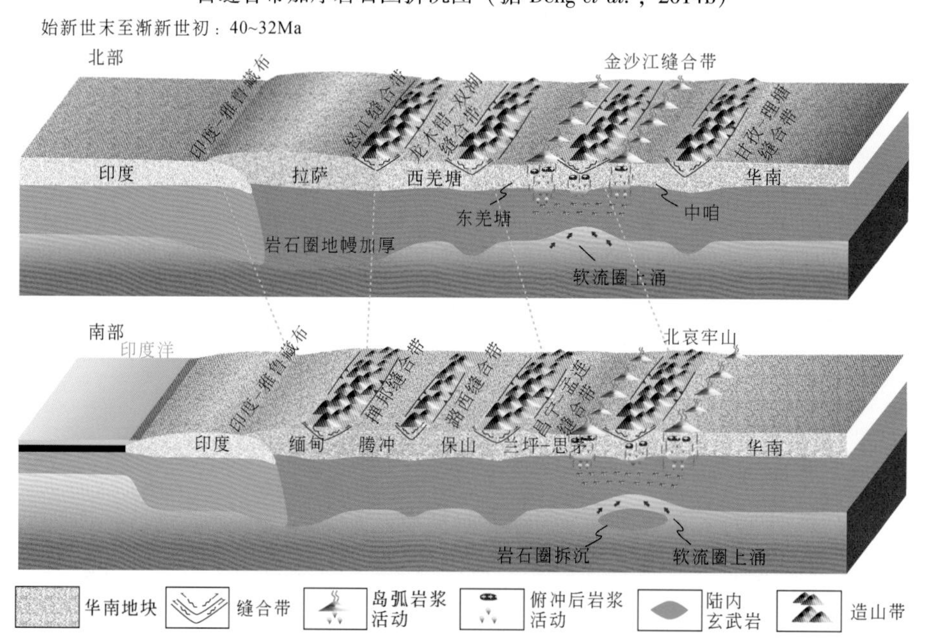

图2.18　三江地区金沙江-哀牢山缝合带加厚岩石圈拆沉和南部拆沉晚于北部拆沉图（据 Deng *et al.*，2014b）

（5）渐新世（32 ~ 25Ma）。华南大陆岩石圈自古缝合带加厚岩石圈拆沉后，发生西向俯冲；陆陆硬碰撞背景下，拉萨地块加厚的岩石圈地幔发生拆沉作用（图 2. 19）。

（6）晚渐新世—晚中新世（25 ~ 10Ma）。大规模走滑活动进行，印支地块南东逃逸；印度大陆岩石圈自加厚岩石圈拆沉后，发生东向俯冲（图 2. 20）。

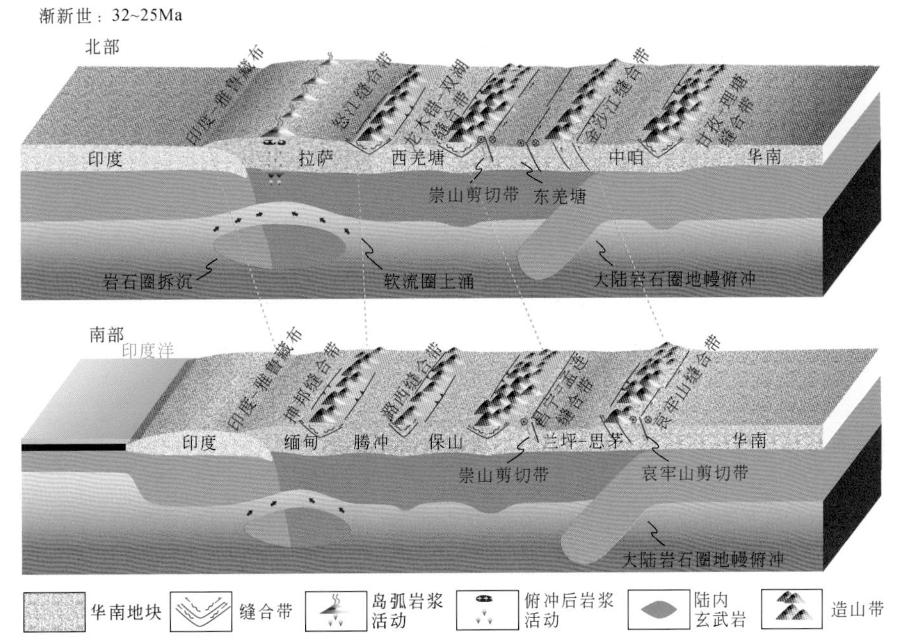

图 2. 19　陆陆硬碰撞背景下拉萨地块加厚的岩石圈地幔拆沉和华南大陆岩石圈俯冲图（据 Deng *et al.*，2014b）

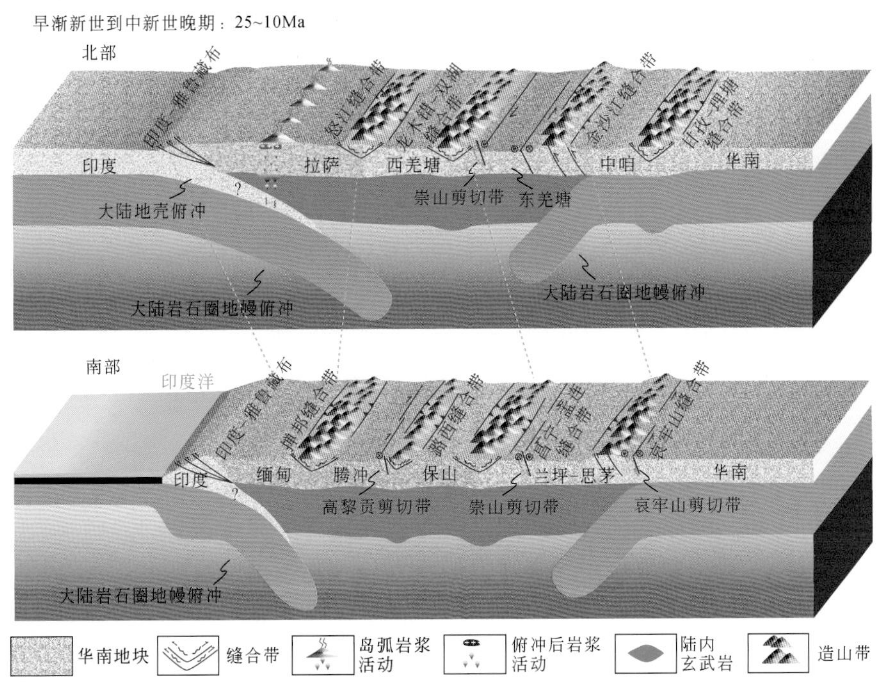

图 2. 20　大规模走滑活动进行下印支地块南东逃逸和印度大陆岩石圈俯冲图（据 Deng *et al.*，2014b）

（7）晚中新世至今（10～0Ma）。继印度大陆俯冲后，印度洋板片发生俯冲（可能存在着洋脊俯冲）；地块整体物质发生顺时针旋扭与伸展减薄，软流圈物质上涌（图2.21）。

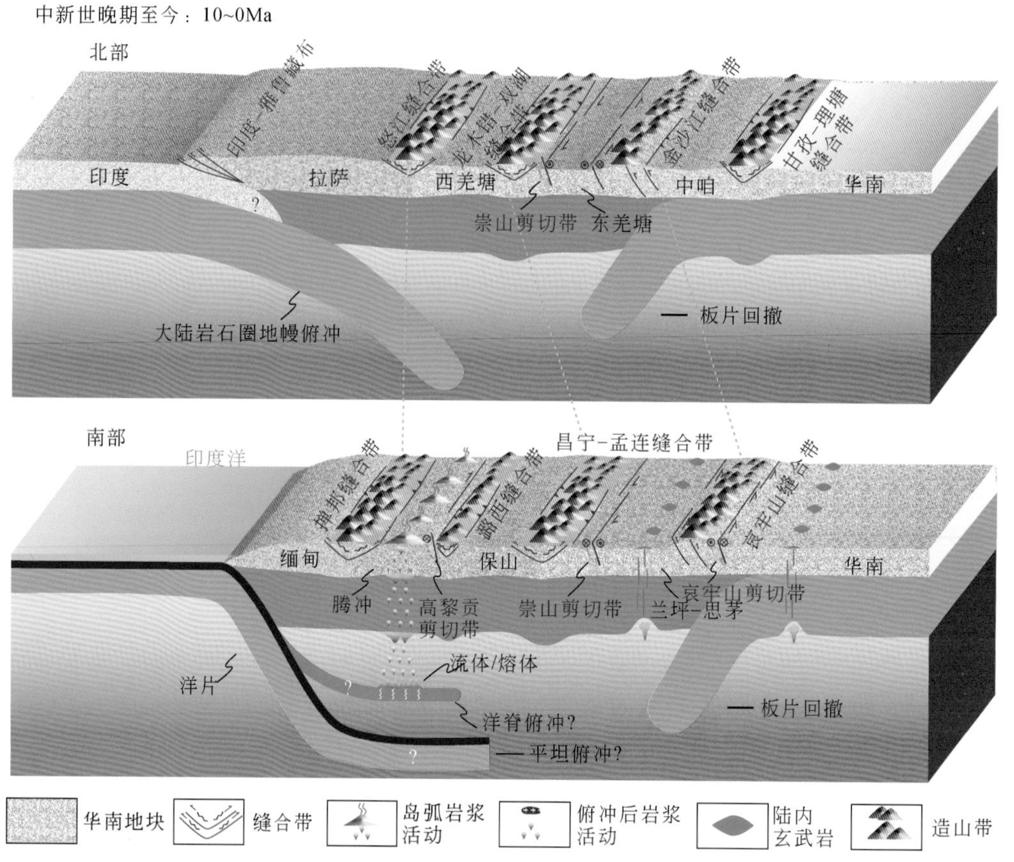

图2.21　继印度大陆俯冲后印度洋板片俯冲和地块整体物质发生顺时针旋扭与伸展减薄和软流圈物质上涌图（据 Deng *et al.*，2014b）

2.4　复合造山与构造体制转换

复合造山是指多期增生造山与碰撞造山依次发生，造就不同属性板块聚合，多条蛇绿岩套与岛弧带并列，并进一步被切割改造；主体经历了洋陆俯冲向陆陆俯冲、大洋环境向大陆环境过渡。深部存在多期大洋俯冲板片俯冲-断离，由于深部环境变化，岩石圈物质再活化；板块拼贴、流体交代、岩浆作用与构造挤压导致岩石圈物质组成与结构复杂。多期构造缝合带叠加，地貌高山峡谷，盆山交替，浅表过程存在剥蚀沉积-流体汇集-物质继承的演化。地质演化复杂多样，包括大洋-大陆裂解、大洋俯冲-物质循环、板块拼接-大陆增生、板内变形-盆地沉降、板块逃逸-构造走滑-地形隆升。区域构造格架经历多期继承、复合、改造、重置过程。构造体制转换型多样，以大洋俯冲向陆陆碰撞转换以及大洋俯冲至大陆俯冲过渡转换为主（图2.22）。

三江地区构造体制转换受控于区域复合造山形成岩石圈结构和周缘多个造山带演化，

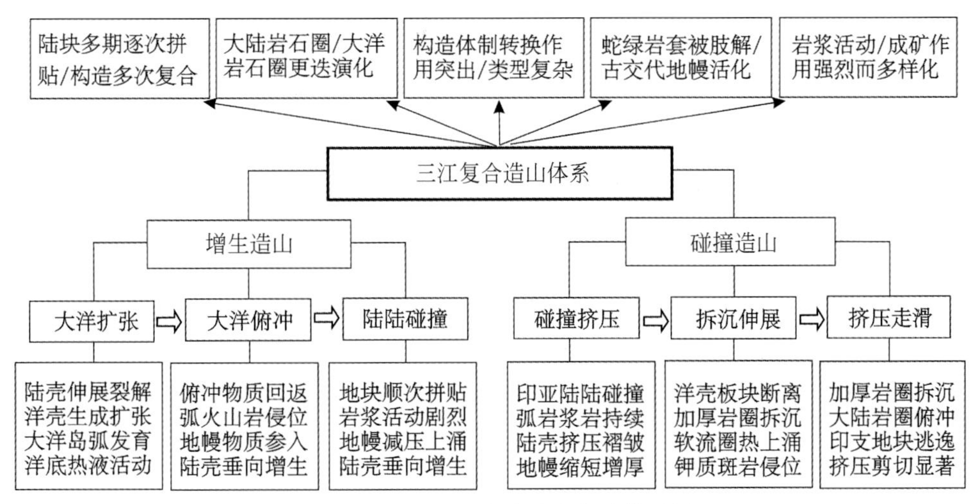

图 2.22　三江地区复合造山构造体系图

体现为构造环境、岩浆类型、构造应力场和构造变形特征的转变；构造体制转换类型多样，包括四期：

（1）古特提斯大洋俯冲→大洋闭合（260～230Ma）。随着古特提斯昌宁-孟连、龙木错-双湖、金沙江、哀牢山以及甘孜-理塘大洋在晚二叠世—中三叠世（260～230Ma）的逐次关闭，滇缅泰马、印支、华南、羌塘等微陆块碰撞，形成三江多陆块拼接体，代表构造环境从以大洋演化转换为大陆演化；构造体制从古特提斯洋片从俯冲-撕裂转换为洋壳断离-地壳伸展，岩浆类型从弧岩浆岩为主过渡到板内 S 型岩浆岩为主。

（2）岩石圈挤压褶皱→拆沉伸展（～44Ma）。受到印度-欧亚大陆造山带从软碰撞到硬碰撞转换的制约，新特提斯洋壳断离，三江地区从挤压褶皱期（>45Ma）过渡至拆沉伸展期（44～32Ma），古特提斯洋片俯冲形成的交代岩石圈地幔拆沉重熔，区域从弧岩浆岩和 S 型岩浆岩为主过渡为以钾质和超钾质岩浆岩为主。

（3）拆沉伸展→挤压走滑（～30Ma）。承接于岩石圈拆沉，扬子陆块和印度陆块先后分别俯冲于拉萨陆块与扬子陆块之下，在多边陆陆碰撞挤压作用下，印支板块逃逸，大规模剪切活动发生，大量淡色花岗岩沿剪切带分布，盆地内部流体循环活跃。

（4）挤压走滑→伸展旋扭（～13Ma）。受到印度大洋与东九十洋脊的北东向俯冲和太平洋板块北西向俯冲的影响，区域伸展盆地发育，似弧岩浆岩和似洋岛玄武岩等多种类型火山岩形成。

第3章　构造–岩浆体系与壳幔相互作用

三江地区岩浆岩分布特点是两套构造–岩浆系统（特提斯构造–岩浆系统和印度–亚洲碰撞构造–岩浆系统）的共存与叠加，保存了从原特提斯至古特提斯、再至新特提斯和印度–亚洲碰撞的较完整记录以及壳幔深部信息。运用岩石探针和地球化学示踪的理论与方法，并与地质学和地球物理学的研究相结合，揭示壳幔相互作用对大规模成矿的控制与贡献。

3.1　岩浆岩时空分布格局

3.1.1　增生造山岩浆事件

三江特提斯增生造山过程中岩浆活动集中发育于7个区带（图3.1）。

1. 义敦弧岩浆带

发育中晚三叠世（230～200Ma）俯冲型花岗岩和基性–酸性火山岩，晚白垩世（～80Ma)壳熔型花岗岩。也称为昌台–乡城弧构造–岩浆岩带，位于甘孜理塘蛇绿岩带以西，金沙江岩带和中咱微陆块岩区以东，呈近南北向的豆荚状，发育一套岛弧型特征的岩浆岩，其中为晚三叠世火山–沉积岩系和晚三叠世—白垩纪花岗岩基。晚三叠世火山岩反映出典型的岛弧型火山活动产物，整个岛弧发展阶段可分为前期、主期和后期。

前岛弧期为早三叠纪早期，发育裂谷型碱性–过渡型玄武岩和玄武岩–流纹岩组合。岛弧初期产生了高 MgO、高 SiO_2、极低 TiO_2的玻镁安山岩，仅分布于岛弧南段乡城池中一带；主期为早三叠纪早期至早三叠纪晚期，细分为3个阶段：早期成弧阶段、弧内裂谷阶段和晚期成弧阶段。两个成弧阶段以安山岩为主的钙碱性火山岩组合。岛弧裂谷阶段发育流纹岩–拉斑玄武岩双峰式组合。岛弧裂谷作用及弧间裂陷盆地和相应的双峰式火山岩的发育是昌台–乡城岛弧区别于三江地区其他火山弧的特点，也是呷村式块状硫化物多金属矿床成矿控矿的基本构造–火山条件。弧后期出现在中三叠纪晚期，为高钾玄武岩或钾玄岩–流纹岩组合，仅见于岛弧北段勉戈一带。

早期火山弧形成之前，岩区内发育了一系列的地堑与地垒，产生了裂谷型高 TiO_2碱性–过渡系列的玄武岩或玄武岩加流纹岩的双峰式火山岩组合，其岩石地球化学特征与扬子板块内部峨眉山玄武岩类似。在北段白玉盆地呈两侧老中间新的对称分布。在南段乡城盆地分布在盆地西侧靠近中咱微陆块的部分。前岛弧期末向主弧期早期转变时，产生了由高 MgO 枕状拉斑玄武岩、块状岛弧低钾拉斑玄武岩和高 MgO、高 SiO_2、低 TiO_2的玻镁安山岩组成的池中亚旋回火山岩，开始具有明显的弧火山岩特征，也保留有裂谷晚期火山岩的特点。这套火山岩只出露在乡城池中一带，位于根隆亚旋回火山岩的东侧。

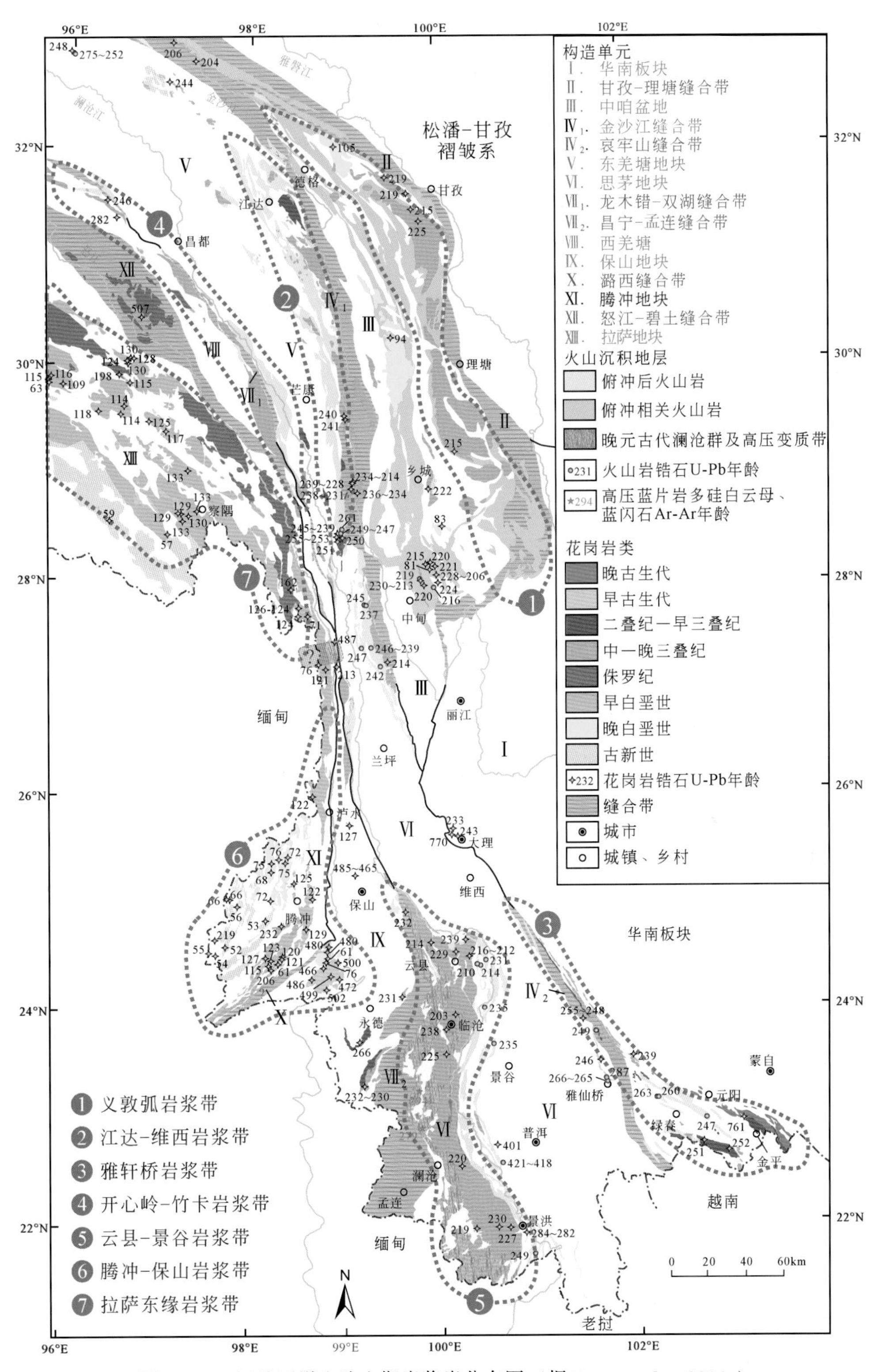

图3.1　三江地区增生造山期岩浆岩分布图（据 Deng *et al.*，2014a）

主弧期火山岩发育范围较广，在义敦岛弧南端的格咱一带也有出露，其岩性以安山岩为主，含少量钙碱性玄武岩和英安岩-流纹岩，具典型的弧火山岩特征，呈现明显的极性演化特征，反映由东向西俯冲过程；在弧内裂谷阶段发育流纹岩-拉斑玄武岩双峰式火山岩组合。弧内裂谷和相应的双峰式火山岩的发育，在岩浆弧北段表现得最明显，是义敦弧区别于其他岩浆弧的主要特点。

后期火山岩仅在弧北段发育，为高钾玄武岩、钾玄岩和流纹岩构成的双峰式组合，以流纹岩为主；在弧南段尚未见出露。侵入岩为中酸性侵入岩，大致以热柯断裂为界可分为东西两个亚带，其花岗岩均为I型花岗岩。西亚带发育与主岛弧期钙碱性火山岩组合伴生的中酸性斑岩，与中基性火山岩同源浅成，在岩浆弧南段中甸普朗-雪鸡坪一带分布较集中，有雪鸡坪、下吊谷、红山和澜泥塘等岩体，其同位素年龄为226～237Ma（吕伯西等，1993；王鹏等，2013），呈小岩株和岩枝产出，岩石类型为石英闪长玢岩、花岗闪长斑岩、二长花岗斑岩，其岩石化学具低 SiO_2、高 CaO、MgO 和富钠、贫钾的特点，钙碱性，铝正常系列。与义敦岛弧主期火山岩相对应，反映弧岩浆作用特点。东亚带由二长花岗岩和花岗闪长岩的深成岩基组成，以二长花岗岩为主，分布在岩浆弧北段，包括措交玛、冬措、马熊沟、贡巴纳、邦热塘等岩基和岩株，岩体同位素年龄 195～237Ma（吕伯西等，1993），表明成岩期为印支期，但在一些巨大岩基（如措交玛、冬措）中见有具海西期年龄值的岩体呈大捕虏体存在。岩石化学低碱低硅，SiO_2 含量为 50.20%～73.36%，Na_2O+ Na_2O 为 3.75%～7.56%，钙碱性，Al 为 1.29%～2.77%，铝正常系列，属同碰撞期花岗岩类。因此，东亚带花岗岩类是碰撞成因，叠加在前期岛弧岩浆带之上。

尚有白垩纪—古新世碰撞后花岗岩类，叠加在前期弧岩浆岩和同碰撞花岗岩分布区内。属陆内汇聚阶段，有少量燕山期陆壳重熔型花岗闪长岩、钾长花岗岩和二长花岗岩及喜马拉雅期花岗岩类小岩体。它们常与早期的花岗岩类构成复合岩体。

沿柯鹿洞-乡城断裂，花岗岩呈带状展布形成措莫隆-格聂花岗岩带，其中，燕山晚期措莫隆、哈格拉、罗措仁等花岗岩体的时代为133Ma，印支晚期仅有肃措玛二长花岗岩和扎瓦拉石英二长岩呈岩株产出，时代为217Ma，喜马拉雅期仅有格聂花岗岩基，其时代为57Ma（吕伯西等，1993）。措莫隆-格聂花岗岩带岩石类型为钾长花岗岩，个别为二长花岗岩，岩石化学特征为富钾型，K_2O/Na_2O 值为 1.23～2.29，属于铝正常-过饱和系列，岩石演化程度较高。

2. 江达-维西岩浆带

发育晚二叠世（～270Ma）俯冲型花岗岩，三叠纪（250～200Ma）后碰撞侵入岩和火山岩。位于金沙江蛇绿岩带西侧，二者在时间、空间上和成因上紧密相连，构成蛇绿岩-弧火山岩双带。中-新生代火山岩出露在几家顶-石钟山一带和墨江-绿春一带，均为三叠纪弧火山岩-碰撞型火山岩。

1）几家顶-石钟山三叠纪弧火山岩

位于德钦书松-几家顶-攀天阁-剑川石钟山一带，由三套火山岩组成，在空间上部分地重叠。第一套为早三叠世和中三叠世碰撞型高 SiO_2、高 Al_2O_3 的流纹岩-英安岩，在德钦以南与碰撞型花岗岩侵入体相伴产出；第二套为晚三叠世（小定西组）碰撞后弧火山岩型安山岩-英安斑岩-流纹斑岩组合（王硕等，2012）；第三套为玄武岩、玄武安山岩、放射虫硅质板岩的组合，在白茫雪山丫口与蛇纹岩、席状岩墙、辉长岩等伴生；在南段为细碧岩、石英角斑岩和放射虫硅质岩的组合。

火山岩属于英安（斑）岩-流纹（斑）岩组合，发育次火山作用，喷发和溢流作用为辅，均属钙碱性系列，表现为高硅（SiO_2为 70.75%～78.75%）、高钾（K_2O 为 2.60%～5.32%）和 $K_2O>Na_2O$ 特征，与美国西部碰撞型火山岩十分相似。稀土元素配分模式和微量元素模式分别与 TTG 型花岗岩和碰撞带火山弧花岗岩一致。

2）江达三叠纪弧火山岩

火山岩发育于江达县城-同普-东独-加多岭-车所-邓柯一带，为钙碱性玄武岩-安山岩-流纹岩-英安岩组合，海陆交替相。在车所一带发育海相具枕状、低 TiO_2的拉斑玄武岩和细碧岩。北部发育印支晚期花岗岩类，自北向南包括多加岑、江达（211Ma；吕伯西等，1993）、仁达、仁弄、安美西（194Ma；吕伯西等，1993）、加仁、白茫雪山和鲁甸等岩体，沿金沙江缝合带旁侧呈带状分布。南部出露有墨江-绿春弧火山岩，为晚三叠世高 SiO_2、高 $A1_2O_3$的碰撞型英安岩-流纹岩组合。

3. 雅轩桥岩浆带

发育二叠纪（285～265Ma）俯冲型岩浆岩，早中三叠世（260～230Ma）后碰撞侵入岩。

4. 开心岭-竹卡岩浆带

发育三叠纪（～230Ma）后碰撞花岗岩。

5. 云县-景谷岩浆带

发育晚志留世（430～400Ma）俯冲型岩浆岩，早二叠世（～295Ma）俯冲型，中—晚三叠世（230～210Ma）后碰撞花岗岩与火山岩。该带位于昌宁-孟连蛇绿岩带和思茅岩区之间，弧火山岩分布于临沧花岗岩东侧云县—景洪一线，基本上沿澜沧江河谷分布。

火山岩以三叠纪时期产物为主，由老到新为：中三叠世（忙怀组）碰撞型英安岩-流纹岩组合→晚三叠世（小定西组）碰撞后钾玄岩-安粗岩组合（北段，云县）→玄武岩-安山岩-英安岩-流纹岩组合（南段）→晚三叠世（芒汇河组）碰撞后拉张型钾质粗面玄武岩-流纹岩双峰式组合（王硕等，2012）。

玄武岩-安山岩-英安岩-流纹岩组合分布在景谷岔河和茂密河等地。火山岩时代为 T_3—J_1（张保民等，2004；王硕等，2012），系安山岩-英安岩-流纹岩和粗安岩杂色火山岩系，呈亚碱性和碱性系列；稀土总量变化大，为 64.38×10^{-6}～277.09×10^{-6}，其模式为轻稀土富集右倾型；微量元素模式呈锯齿状，明显亏损 Sr、P、Ti 等元素；形成于大陆弧构造环境。碰撞后拉张钾玄岩-流纹岩在云县小定西较典型；玄武岩为钾玄岩系列，流纹岩为高钾流纹岩，稀土元素和微量元素模式为典型的大陆型。

侵入岩以中酸性岩为主，发育有三江地区规模最大的临沧花岗岩基，其南北长达 350

余公里，东西宽15～45km，平均22.5km，出露面积达7400km^2，向南与泰国、马来西亚的花岗岩体相连构成醒目的花岗岩带。岩性为二长花岗岩和灰白色钾长花岗岩，黑云母二长花岗岩的锆石U-Pb测年为205～230Ma（彭头平等，2006；孔会磊等，2012）。整个带中的花岗岩体共同组成了三叠纪巨大的同碰撞花岗岩带，标志着古特提斯洋盆的闭合。

6. 腾冲-保山岩浆带

发育早古生代（～480Ma）俯冲型花岗岩，晚二叠世（～270Ma）的A型花岗岩，中晚三叠世（～230Ma）、早白垩世（～120Ma）、晚白垩世—古近纪（80～55Ma）的S型花岗岩。位于澜沧江和怒江缝合带之间，包括保山微陆块和雅安多-耿马被动大陆边缘。

火山岩为三叠纪火山岩，岩性为中基性-酸性火山岩和以玄武岩-流纹岩双峰火山岩为特征，具有张性构造环境特征（张志斌等，2005），属于碰撞型构造环境，其地球化学特征具有明显的亲印度构造属性。

保山地块侵入岩浆活动分布于地块南部，以前寒武纪末期、早古生代和中生代晚期为主［图3.2（b）］。前者以西盟老街子花岗岩体为代表，规模较小，以岩株为主，其Rb-Sr等时线年龄为687Ma（李文昌、庄凤良，2010），同时在潞西志本山地区发育二云母花岗岩，其Rb-Sr等时线年龄为645Ma（张玉泉等，1990）；后者呈小岩株零星产出，其同位素年龄约80～100Ma（金世昌、庄凤良，1988；Chen *et al.*，2007）。平河花岗岩是保山地块出露面积最大的花岗岩体，侵位于下古生界—中寒武统公养河群类复理石和砂页岩建造（陈国达，2004），其Rb-Sr全岩等时线年龄为529.9Ma，锆石U-Pb年龄为480～486Ma，属于早古生代（陈吉琛，1987；金世昌、庄凤良，1988；Chen *et al.*，2007；李文昌等，2010；董美玲等；2012）。另在其周围也有同时代的花岗岩分布，南部的羊卜寨岩体为花岗岩，其黑云母K-Ar年龄为456Ma；西部靠近腾冲地块的蛮牛街花岗岩岩体，其黑云母Rb-Sr年龄为492Ma（陈吉琛，1987）。平河花岗岩的岩石类型为花岗岩和二长花岗岩，其次有少量的花岗闪长岩。认为保山地块基底不同于腾冲地块和拉萨地块，可能游离自冈瓦纳大陆北缘的不同地体（董美玲等，2012）。

燕山早期由于怒江缝合带的闭合，在地块西缘形成了蚌渺花岗闪长岩（169Ma），复合于平河花岗岩基中。燕山晚期—喜马拉雅期地块受其西侧的雅鲁藏布江缝合带的俯冲和碰撞作用的影响，使地块西缘沿怒江-瑞丽江构造带形成燕山晚期地壳浅层重熔型勐冒、黄连沟二长花岗岩。

保山地块东缘的扎玉-耿马被动边缘带内，岩体沿断裂带呈串株状产出，以含锡电气石花岗岩为特征，柯街、薅坝地、西盟佤山等岩株、岩枝的时代为燕山晚期（75～78Ma）和喜马拉雅早期。

喜马拉雅期则形成华桃林、蒲满哨二云母花岗岩和大坡、平达白云母钠长花岗岩（51～60Ma）。各期次花岗岩以平河岩体为中心，侵入叠加形成大小复式岩体（吕伯西等，1993；董美玲等；2012），属于碰撞-后碰撞构造背景岩浆活动产物。

7. 拉萨东缘岩浆带

位于丁青-怒江带西南部，为冈底斯-念青唐古拉巨型构造-岩浆岩带的北冈底斯构造-岩浆岩带的东南延伸部分，但在南段腾冲-梁河地区有明显差异，表现为大量的S型花岗岩出现，部分重叠在丁青-怒江和八宿构造岩浆带之上。

火山岩为以钙碱性系列为主的玄武岩-安山岩-流纹岩及相应的火山碎屑岩组合，与怒江洋板块俯冲和蛇绿岩定位时间吻合。向西延伸与冈底斯-念青唐古拉北区火山弧相接。丁青-八宿蛇绿（混杂）岩带的时空关系表明，波密-腾冲弧可能为怒江洋板块向西俯冲于拉萨地块之下形成的陆缘弧。腾冲发育有上新世—晚新世（2.93Ma）火山岩，为玄武岩-安山岩-英安岩及相应的火山碎屑岩组合，属钙碱性系列，形成于碰撞后大陆板内环境（莫宣学等，2001）。

带内侵入岩以花岗岩为主，其北段由北西向平行展布的大型线状岩基带组成，时代从早侏罗世至古近纪，为130～110Ma。自东北向西南年龄有变小趋势。在下察隅靠近雅鲁藏布江缝合带古近纪的I+S型花岗岩组成复式岩基，与典型陆缘弧岩浆带特征差别较大。

1）八宿花岗岩带

位于丁青-八宿蛇绿岩带西南部，为冈底斯-念青唐古拉的东南延伸部分。怒江缝合带出露有郭庆花岗岩，岩体侵位于下古生界嘉玉桥变质岩系中，由黑云母二长花岗岩和角闪二长花岗岩组成，K-Ar年龄值为171Ma，属燕山早期的产物，为壳源重熔型花岗岩，属于碰撞型。

侵入岩在八宿西南部有多个花岗闪长岩和石英闪长岩分布，时代110～128Ma（吕伯西等，1993），侵位于朱村组火山岩中，多数被后来的碰撞型S花岗岩带穿插、肢解和覆盖。花岗岩类的地球化学特征反应岩体属I型，由地壳部分熔融而成，有地幔物质和热流参与，为壳幔同熔成因，形成于怒江洋壳向冈底斯-念青唐古拉板块俯冲、消减的火山弧环境，可能为班公湖-怒江洋岩石圈向南俯冲的地球动力学背景下形成。

2）察隅-腾冲花岗岩带

分布于怒江缝合带与雅鲁藏布江俯冲-碰撞阶段之间，属于碰撞型花岗岩类，构成念青唐古拉、冈底斯岩浆弧的东延部分。腾冲以西出露有古特提斯前的变质花岗岩。花岗岩浆活动频繁，分布极广，自北东向西南由老至新大致可分为3个岩浆岩亚带：

扎西则-竹瓦根燕山晚期—早白垩世岛弧I+S型花岗岩亚带：壳幔同熔I型岩石类型为花岗闪长岩和石英闪长岩（110～128Ma）。岩体分布于扎西则、德姆拉、北恩和齐马拉卡；陆壳改造S型岩石类型为二长花岗岩和黑云母花岗岩（87～110Ma）。岩体分布于竹瓦根、察隅、余科拉、错下马和刚古腊卡。

波密-余沙洛晚白垩世I-S过渡型花岗岩亚带：岩石类型有花岗闪长岩、二长花岗岩和钾长花岗岩（72～85Ma）。岩体分布于波密、求那玛、余沙洛和普果。

古铜（卡达）-下察隅喜马拉雅期（始新世—中新世）岛弧-碰撞M+I+S型花岗岩亚带：岩石类型有斜长花岗岩、闪长岩、黑去母花岗岩和二云母花岗岩（16～51Ma），岩体分布于下察隅、沙马、米古、此坝、嘎隆寺、古铜和宿瓦卡。

花岗岩的形成、演化和分布规律与雅鲁藏布江俯冲、碰撞作用有关，由于雅鲁藏布江俯冲-碰撞带为退缩性迁移的俯冲带，随着板块消减带的俯冲幅度、俯冲倾角和俯冲速度

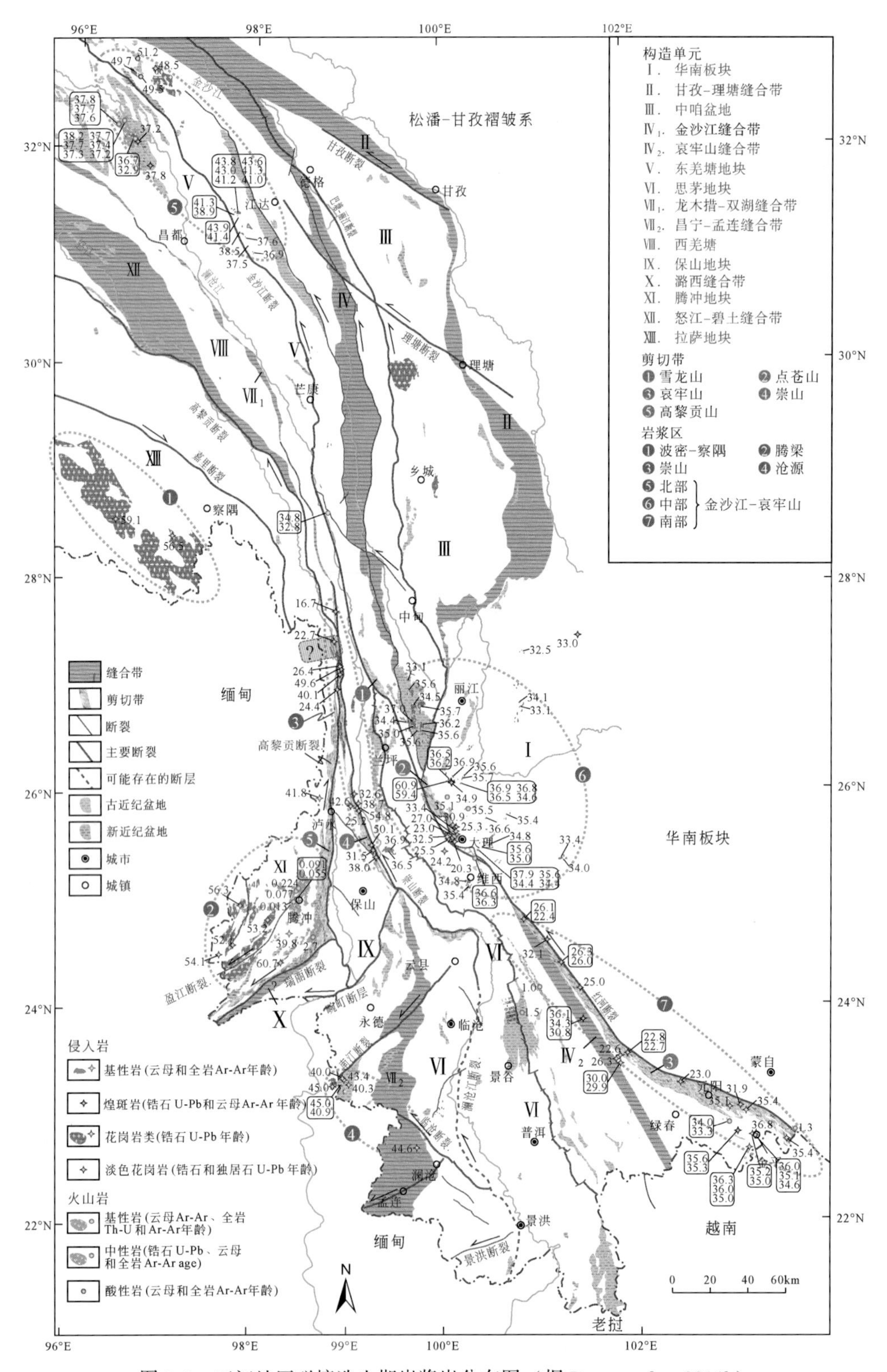

图 3.2　三江地区碰撞造山期岩浆岩分布图（据 Deng *et al.*, 2014b）

的变化，各阶段所形成不同期次花岗岩带，自北向南由老至新同步由陆向洋退缩迁移，同时导致了各阶段 I 与 S 型花岗岩带的形成，两类花岗岩呈反向展布。其中 S 型花岗岩是 Sn、W 成矿母岩。

3.1.2　碰撞造山岩浆事件

古近纪初（~55Ma）以来，印度–欧亚陆陆碰撞作用使三江地区进入全面陆内挤压汇聚环境。包括4个岩浆活动带（图3.2）。

3.2　壳内构造–岩浆体系

3.2.1　地壳结构

人工地震测深研究表明，三江地区自西向东由三江复合造山带至扬子板块地壳厚度呈明显阶梯式增厚趋势，保山地块和思茅盆地地壳厚度较薄，整体厚度在35km左右；到达红河–哀牢山造山带地壳厚度急剧增厚，最高可达42km；而进入扬子板块，地壳再次加厚，可达45km左右。三江地区地壳厚度由南至北同样呈现逐渐增厚的趋势，从重力场反演计算的莫霍面等深度图结合人工地震剖面分析，南部地壳平均厚度约38km，向北可渐增加到58km，到达青藏高原东缘可达到65km以上。

三江复合造山带内部地壳明显表现为三层结构（图3.3）：上地壳为沉积岩–火山岩–花岗岩–变质岩类，可分为两个亚层：其上部的沉积岩–火山岩–变质亚层P波速度约为4.5~4.9km/s，厚度为3~7km左右，平均厚度为5km；下部的花岗岩–变质岩亚层P波速度为5.5~6.2km/s，厚度为7~10km，此圈层内部存在明显的低速异常；中地壳P波速度在6.0~6.5km/s范围内变化，平均厚度为8~12km，岩性为结晶杂岩（葛良胜等，2009），厚度和P波波速变化均不明显。中地壳在哀牢山地区可分为两个亚层，但在其余地区界线并不明显；下地壳为中地壳以下至莫霍面之间的部分，厚度在8~15km范围内变化，P波波速在6.25~6.75km范围内变化，其中以6.55km/s为界，可以分为上下两层。下地壳岩性暂不明确，可能成分仍以结晶杂岩类为主。

扬子板块与三江地区地壳结构总体相同，各圈层性质较为一致，仅在P波速度和厚度上略有不同。值得注意的是，在上地壳下部亚层，扬子板块地区存在明显的高速异常体，这是由于扬子板块内部存在较为稳定的结晶基底。

3.2.2　大型构造

重磁场数据是地质、构造和矿产等信息的综合反映，通过位场数据转换处理技术从重磁资料中提取地质和构造相关的信息，开展基础地质研究与找矿工作是重磁资料解释的任务之一。这里所说的线性构造带是指断裂构造线、地质体的边界线等。通常意义上，在地质体的边缘和断裂错动带附近，由于岩矿石的密度或磁性差异，引起重磁异常变化率增大，故可以利用这个特点来识别地质构造线的位置。

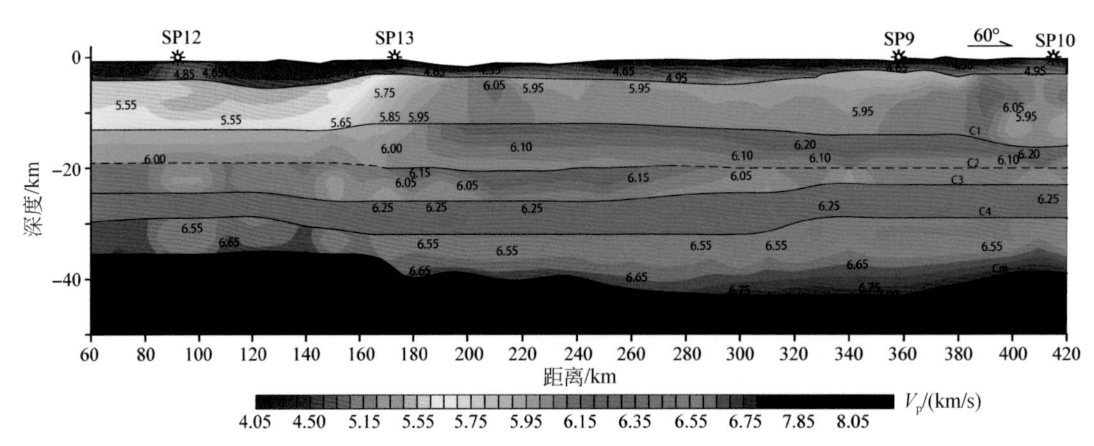

图 3.3　三江地区宽角反射-折射剖面二维地壳 P 波速度结构图（据张恩会等，2013）

利用位场数据提取线性构造带特征的处理方法有垂向导数、水平导数、斜导数和解析信号分析方法等，以及由以上方法的各种组合衍生的极值点或零值点位置判别方法，总体上起到边缘探测或边缘增强的效果。本次采用垂向导数、斜导数和解析信号等分析手段，对线性异常进行提取和增强处理。

需要注意的是，研究区位于中低纬度地区，由于倾斜磁化的影响，往往造成磁异常中心不是正好对应在地质体的正上方，而是相对于地质体的中心向南部产生一定的偏移。因此，线性异常带信息提取前需要对磁测数据进行化极处理，将实测的斜磁化异常转化为垂直磁化异常，这样可以较为准确的确定异常的场源位置，提高异常解释的定位精度。由于研究区纬度跨度范围达到10°以上，简单的磁倾角化极方法在南北两端产生较大误差，为了提高化极处理精度，本次研究采用了变倾角化极方法。将测区由南到北划分为 10 个区带，各区带内地磁倾角取平均值，然后依次用每一区带的磁倾角作化极处理，最后将各区带的处理结果拼接起来形成全区化极图件。

从变倾角化极处理结果看，区内大部分磁异常中心位置向北偏移，有些正负伴生异常经过化极处理之后伴生负异常消失，局部异常形态与出露地质体边界更加吻合（图 3.4）。

1. 区域深大断裂构造带

1）金沙江-哀牢山断裂带

金沙江断裂沿辖多（西）—拖顶（东）—格鲁湾—开文—新文一线呈北西向弧形展布，金沙江缝合带内的南北向构造混杂带有上百公里蛇绿岩，蛇绿岩中基性-超基性杂岩密度大，磁性较强，重磁图上表现出串珠状或小规模条带状升高局部异常。垂向导数图和水平梯度模图上［图 3.5（a）~（c）］，断裂表现为断续展布的线性异常带，重磁场垂向梯度变化分别为 $0\sim0.5\times10^{-8}S^{-2}$ 和 0 ~ 10nT/km。从重磁场图上看［图 3.6（a）~（c）］，断裂带南北两侧位场差异明显。南部以条带状变化升高磁场和相对高低变化重力场为主，反映了岩浆活动区磁场特征；北侧以平缓升高或降低磁场和相对降低重力场为主，表现出较为稳定的微地块区磁场特征。金沙江断裂带对区域重磁场控制作用明显，表现出区域深大断裂带地质特征。

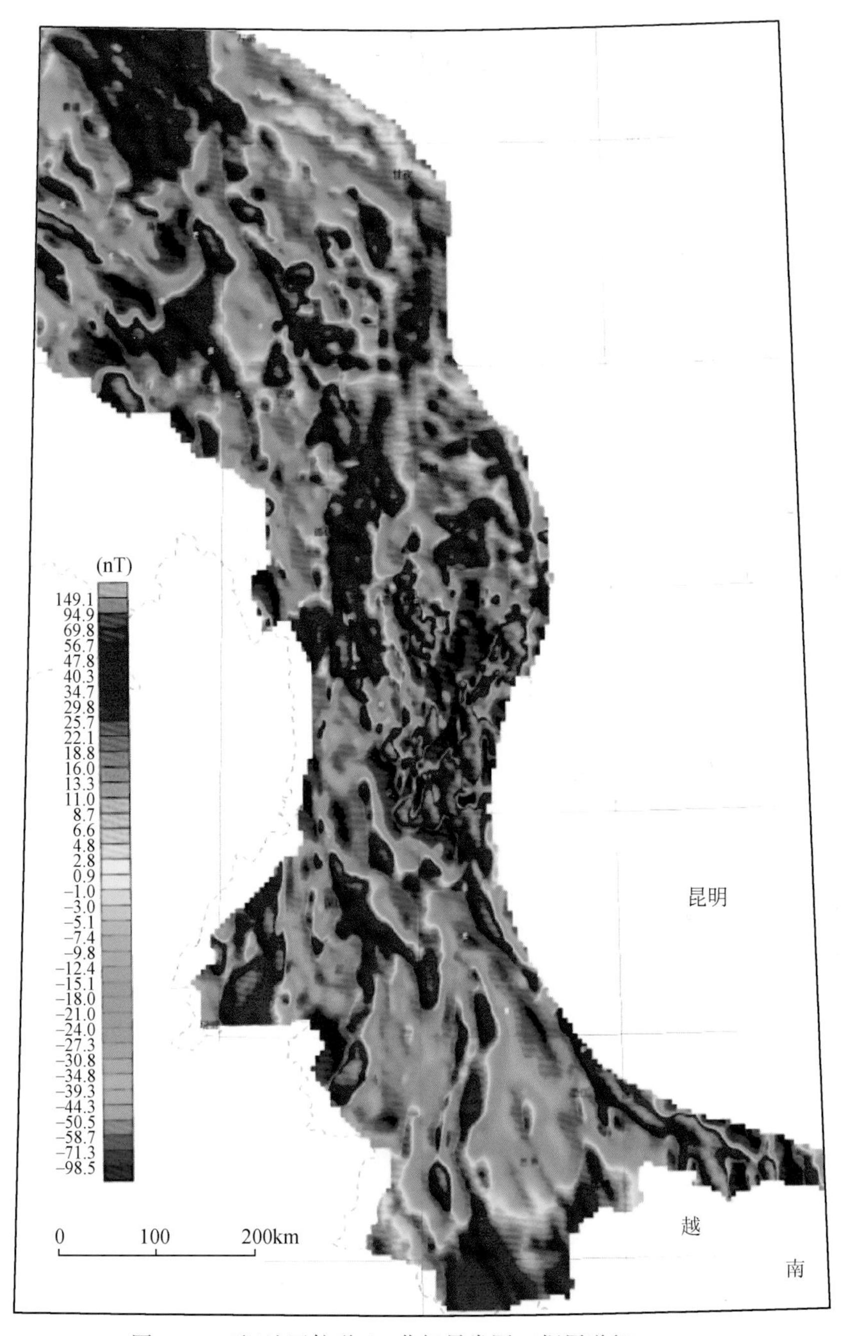

图3.4 三江地区航磁 ΔT 化极异常图（据周道卿，2013）

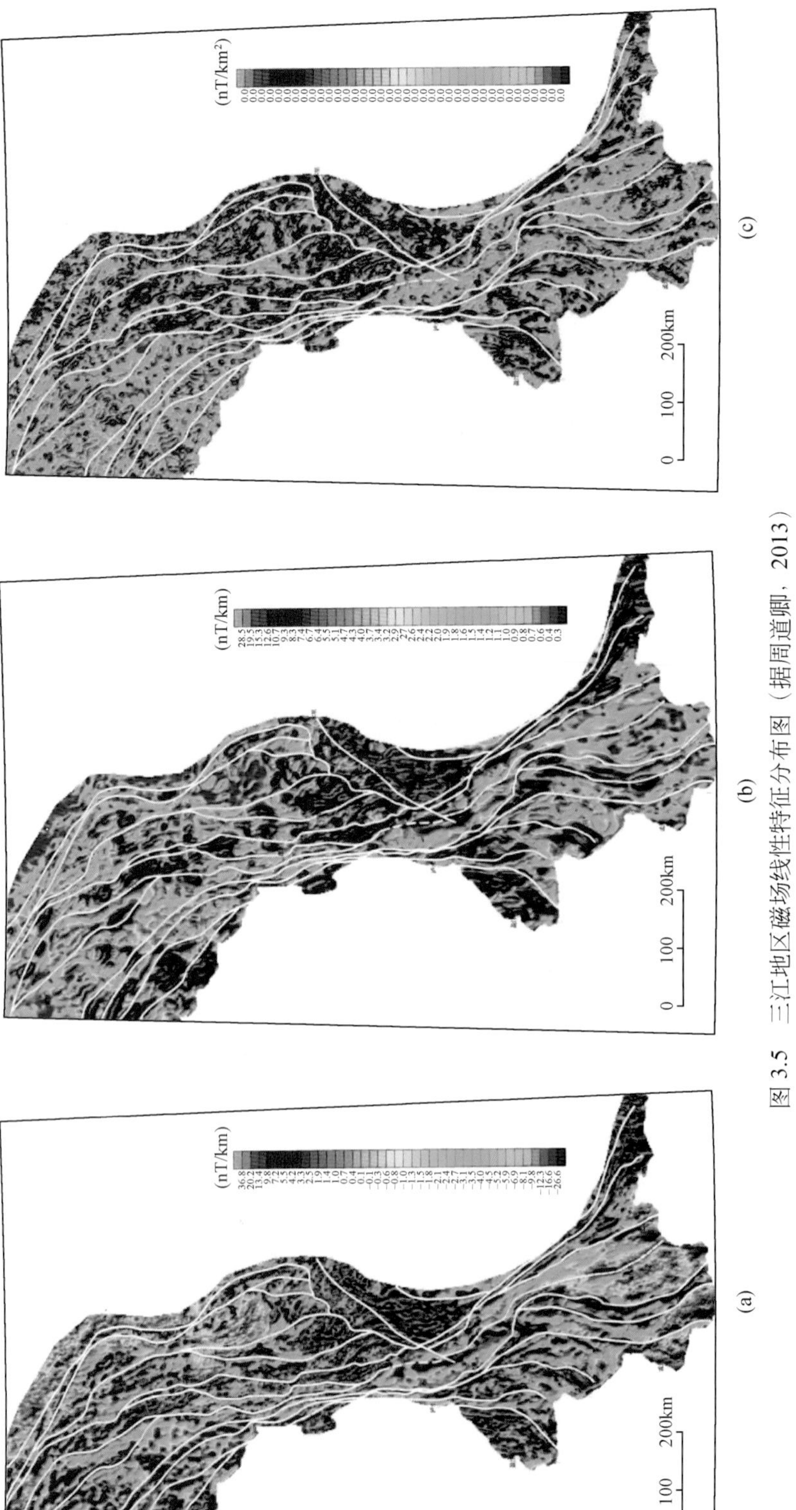

图 3.5　三江地区磁场线性特征分布图（据周道卿，2013）

(a)航磁ΔT垂向一阶异常与深大断裂叠合图；(b)航磁水平梯度模与深大断裂叠合图；(c)航磁斜导数水平导数与深大断裂叠合图

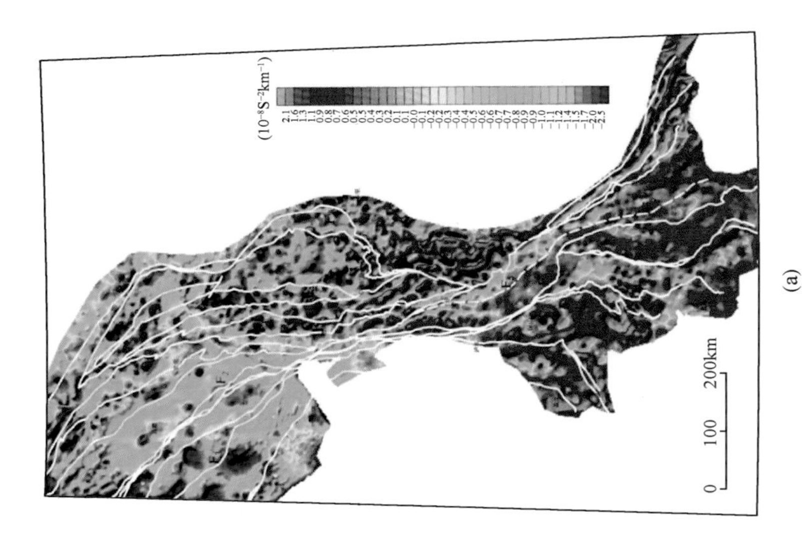

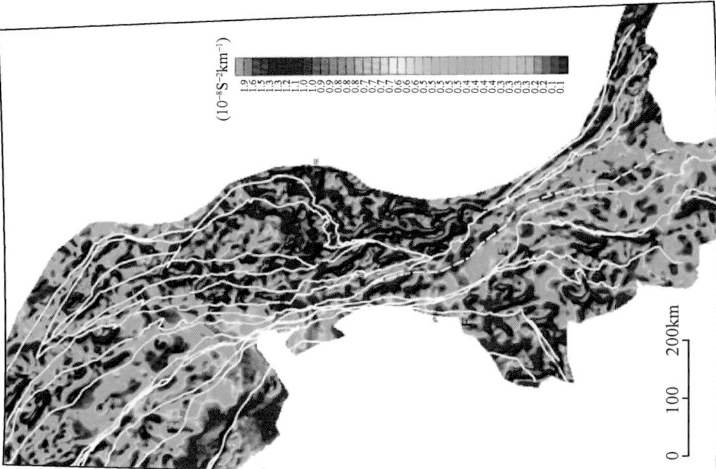

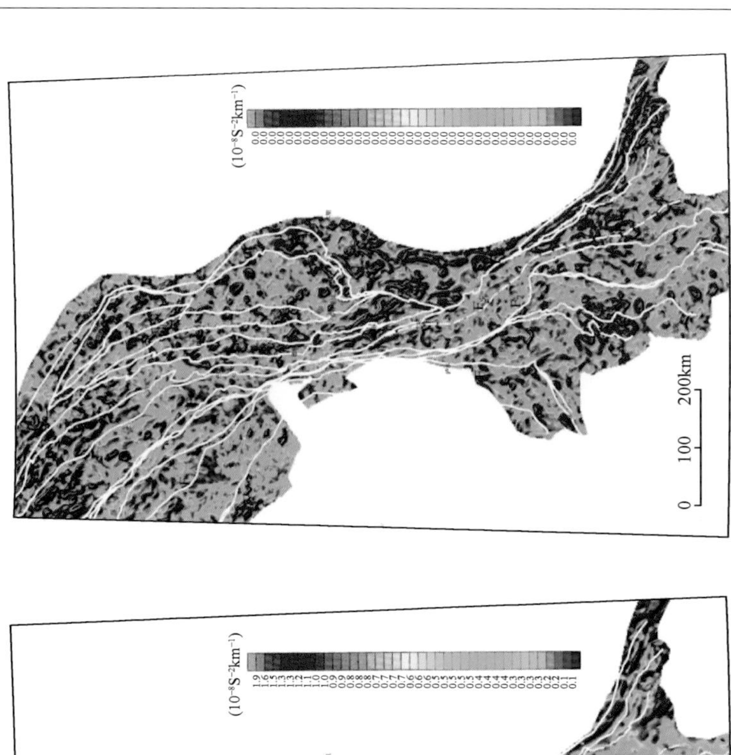

图3.6　三江地区重力场线性特征分布图（据周道卿，2013）

(a)布格重力垂向一阶导数与深大断裂叠合图；(b)布格重力水平梯度模与深大断裂叠合图；(c)布格重力斜导数水平导数与深大断裂叠合图

南部哀牢山地区九甲–墨江断裂、哀牢山断裂和红河断裂，以及其所夹持的浅、深两套变质岩带组成了一条超大规模的断裂构造带。构造带航磁、重力线性构造特征均表现为大型线性梯度带。异常带规模大、延伸长、连续性好，垂向梯度变化分别为 $0\sim1.5\times10^{-8}S^{-2}$ 和 $10\sim30nT/km$。空间上，不同的岩浆岩带引起的重磁异常呈平行展布、高低相间的条带状或网结状分布，体现出深大断裂带对区域重磁场和岩浆活动的控制作用。哀牢山构造带内的哀牢山群变质岩呈明显长条状展布，在磁场和重力水平梯度模计算结果中均有很好的反映。

2）澜沧江断裂带

澜沧江断裂带两侧不同的地层组合、岩性差异和岩浆岩分布等与磁异常反映的场源地质体十分吻合。断裂带基本沿澜沧江展布，仅局部地段有较大偏移，往南经景洪、大勐龙东而延入缅甸；向北则错移至怒江与澜沧江之间的碧罗雪山、崇山东侧，近怒江甚至与怒江断裂汇合；贡山以北近澜沧江或沿澜沧江展布，经梅里雪山延入西藏，总体呈复合 S 形波状弯曲。

断裂带南北两端重磁场面貌差异巨大。南部地区以南正北负磁场梯度带和北高南低重力梯级带为主，梯度（级）带规模大，连续性好，垂向梯度变化为 $0.5\times10^{-8}\sim2.0\times10^{-8}S^{-2}$ 和 $5\sim20nT/km$。北部地区重力场随着地势升高逐渐降低，梯级带形态依然明显，但垂向梯度变化有所降低，约为 $0\sim0.3\times10^{-8}S^{-2}$；磁场背景与南部地区截然相反，整体表现为北负南正的线性梯度带，梯度带特征明显，连续性好，梯度变化为 $5\sim15nT/km$。重磁场特征的明显差异表明了断裂带南北两端岩性组成与深部构造特征的差异，反映出澜沧江断裂带南北两端完全不同的构造环境和演化历程。

3）怒江断裂带

怒江断裂北起福贡北往南沿怒江呈南北向波状延伸，至勐糯过怒江后经勐棒至南伞止于国境线，为保山和腾冲两个地块的分界线。高黎贡山岩群在晋宁期低角闪岩相变质作用发生的同时，曾经历了早期的韧性剪切变形作用，形成较多的糜棱岩、超糜棱岩和糜棱岩化岩石，伴有混合岩化作用。印支–喜马拉雅期变形变质作用，叠加了脆韧性剪切变形作用，重磁场线性构造特征明显。

航磁图中，断裂带西侧为磁异常较高的腾冲地块，东侧为稳定磁异常区的保山地块，断裂带表现为由西（南）变化升高磁场向东（北）平缓变化磁场区过度的线性梯度带，垂向梯度变化为 $5\sim10nT/km$；异常带往北线性特征逐渐模糊；至左贡以北磁场特征再度清晰，呈现为串珠状断续分布异常带。

重力图中，怒江断裂带南段表现为相对东（北）高西（南）低的梯级带，垂向梯度变化为 $0\sim2.0\times10^{-8}S^{-2}$；断裂北部地区重力场特征不甚明显，以宽缓变化梯级带为主，整体则表现出南高北低的变化特征。南北两端重磁场特征的差异反映出怒江断裂带两端可能具有完全不同演化历程。

4）兰坪–思茅盆地中轴大断裂

重磁资料显示兰坪–思茅盆地内部存在一条近南北向绵延上千公里的超长构造带，前人将其定名为中轴大断裂（尹汉辉、范蔚茗，1990；林舸等，1991）或中轴隆起带（管烨等，2006）。中轴断裂是盆地中部发育的规模巨大的狭长隆起带、断陷带、岩浆带所组成的大型板内构造带，自北向南呈S形延伸，期间经历了多次错断位移。航磁 ΔT 原始磁场图上，断裂带异常叠加于兰坪-思茅降低负磁场背景中，异常特征不甚明显，表现为断续分布的线性梯度带。通过线性异常特征提取处理，断裂带的重磁场特征明显增强，表现为沿盆地中央连续展布的线性密集带，显示出线性异常提取对于区内地质构造研究的有效性。

磁场图中［图3.7（a）~（e）］，断裂带以带状和窄带状线性异常为主，垂向梯度变化为0~10nT/km。兰坪盆地中部由于受到北东走向木里-丽江断裂带影响，断裂带发生了明显的切割和错动。重力图中，断裂在兰坪盆地表现为相对南高北低的宽缓梯级带，垂向梯度变化为0~$0.5\times10^{-8}S^{-2}$；思茅盆地表现为断续展布线性梯级带，垂向梯度变化有所增

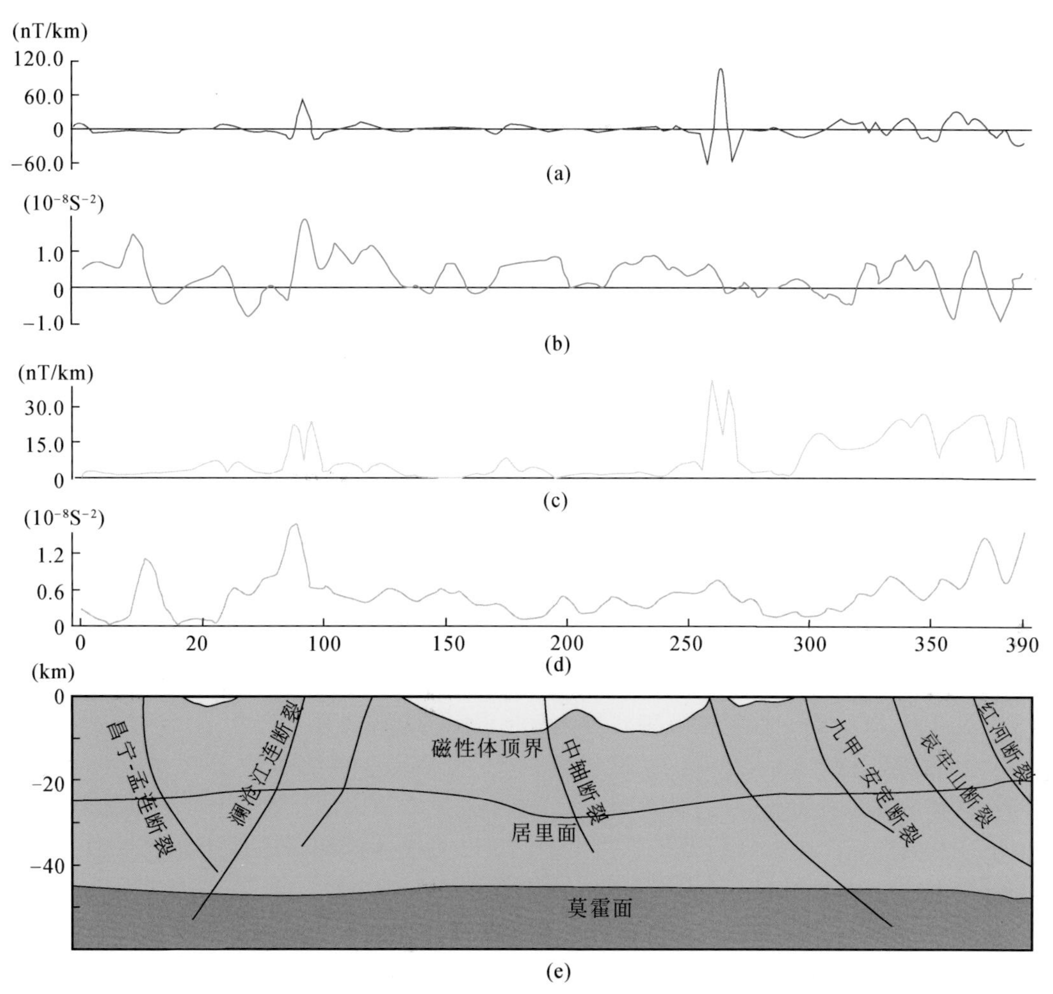

图3.7　三江地区南段重磁场线性特征和深大断裂分布图（据周道卿，2013）

（a）航磁 ΔT 垂向一阶异常；（b）航磁 ΔT 水平梯度模图；

（c）布格重力垂向一阶导数图；（d）布格重力水平梯度模图；（e）推断构造图

强，达到 $0 \sim 1.2\times10^{-8}S^{-2}$ 左右。结合地质背景分析，沿中轴大断裂两侧分布的串珠状、椭圆形、不规则状重磁局部异常，推断为沿断裂带侵入（隐伏）岩浆岩体的反映。两个盆地沿断裂带重磁场强度和梯度的明显差异，则反映出在盆地基底埋深、岩浆活动强弱等方面存在的差异。

2. 深大断裂与浅部构造关系

三江地区经历了复杂的深部造山过程，区内在不同地质历史时期存在多期次的大规模俯冲、碰撞运动，因而发育一系列大规模的深大断裂系统。航磁和重力场线性异常特征提取结果显示深大断裂发育，深大断裂为超壳断裂，地球物理场上具有不同的异常反映。深大断裂在浅地表以近平行展布的构造带出现，规模巨大，次级断裂发育。浅部构造的产生和分布明显受深大断裂控制，且有其自身特点。总体而言，浅表次级断裂分布范围受深大断裂带控制，总体走向与深大断裂一致并略有偏转，部分地区还对后者形成切割和错动，三江南北两段多呈帚状和平行发散状分布。多条深大断裂交汇地区则表现为大型复杂构造发育区，如义敦岛弧南端北东向木里-丽江断裂切穿了多条近南北向深大断裂，导致地区浅地表次级断裂发育，走向复杂多变（图 3.8）。

值得注意的是三江特提斯中部的兰坪-思茅盆地、保山盆地内部深大断裂明显不如哀牢山等造山带发育，表明在复合造山过程中，以上地块基底性质相对稳定，而强大的复合造山作用力在盆地内部形成了大量浅部次级断裂。

为了研究断裂的深部特征，对区域重磁场数据做了不同高度向上延拓处理。通过位场数据的向上延拓，相当于加大了观测面与场源的距离，可以使局部小规模异常随换算高度的增加而减小，而深部规模较大的磁性体所产生的异常更加突出。从而达到研究不同深度地质体特征规模、延深、产状等信息，同时对不同级次的断裂划分提供地球物理场依据。另外，为了突出深大断裂带深部异常特征，在重磁数据向上延拓处理的基础上，开展了线性异常提取工作，重磁场数据不同上延高度水平梯度模计算结果分别如图 3.9、图 3.10 所示。

从图 3.9 可知，区域内不同级别断裂在不同的上延高度磁场图上具有明显的差异。随着上延高度的增加，磁场面貌逐渐简化，区域构造特征反映更加清楚。上延高度达到 10km 时，分布于深大断裂带之间的规模较小、延伸较短的浅部次级断裂信息已逐渐消失；上延高度达到 20km 时，区域内仅剩北西、南北走向构造格架断裂带控制着区域磁场展布特征；上延高度达到 30km 以上时，磁场面貌进一步简化，仅剩金沙江-哀牢山断裂、怒江断裂、澜沧江断裂和木里-丽江断裂等大型断裂带有较清晰的反映；上延高度达到 50km 时，上述断裂仍有比较明显的磁场反映，表明这几条深大断裂可能是切穿岩石圈的深大断裂。

从图 3.10 可知，一方面，布格重力水平梯度模计算结果与航磁计算结果相近，表明重力异常对于构造垂向变化特征有着良好的反映。并且相对于航磁异常而言，重力异常幅值随上延高度增加衰减的速率低得多，因而，在高度上延结果中可以保留较多的深部异常信息，这对于大深度（如莫霍面）地质构造特征研究具有特殊的意义。对比不同高度上延图件，随着上延高度的增加异常信息逐渐衰减，浅部小型断裂信息在上延 10km 时逐渐消

图3.8　三江地区重磁推断深大断裂和浅表断裂叠合图（据周道卿，2013）

失，此时区域主要断裂仍能分辨，深大断裂细节更是明显；金沙江-哀牢山断裂、怒江断裂、澜沧江断裂和木里-丽江断裂等在上延20km时重力场特征十分明显，深部构造走向变化清晰；上延高度到达30～50km时，深大断裂带局部构造细节逐渐消失，但其深部构造轮廓仍较为明显。如哀牢山断裂带表现为一条明显的正负异常交替带，怒江断裂则更为

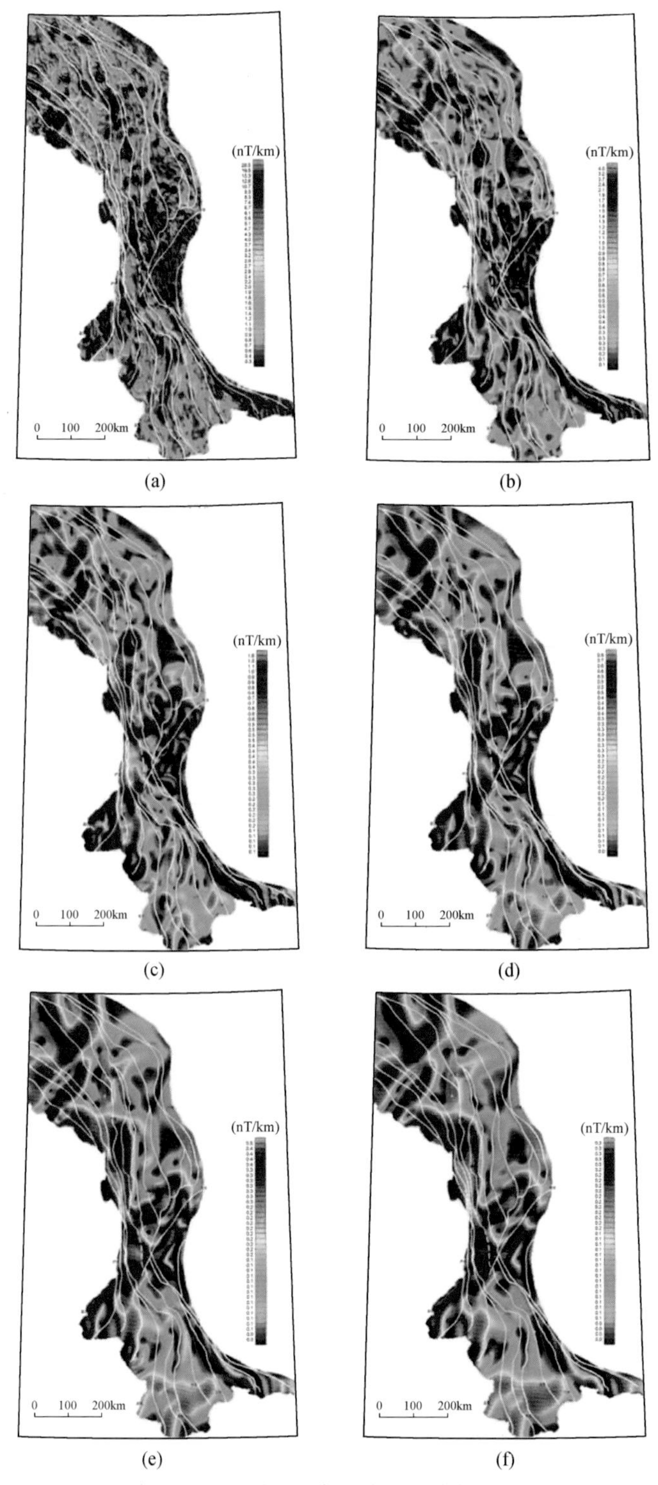

图 3.9　三江地区航磁 ΔT 不同上延高度水平梯度模图（据周道卿，2013）
（a）原平面；（b）上延 10km；（c）上延 20km；（d）上延 30km；（e）上延 40km；（f）上延 50km

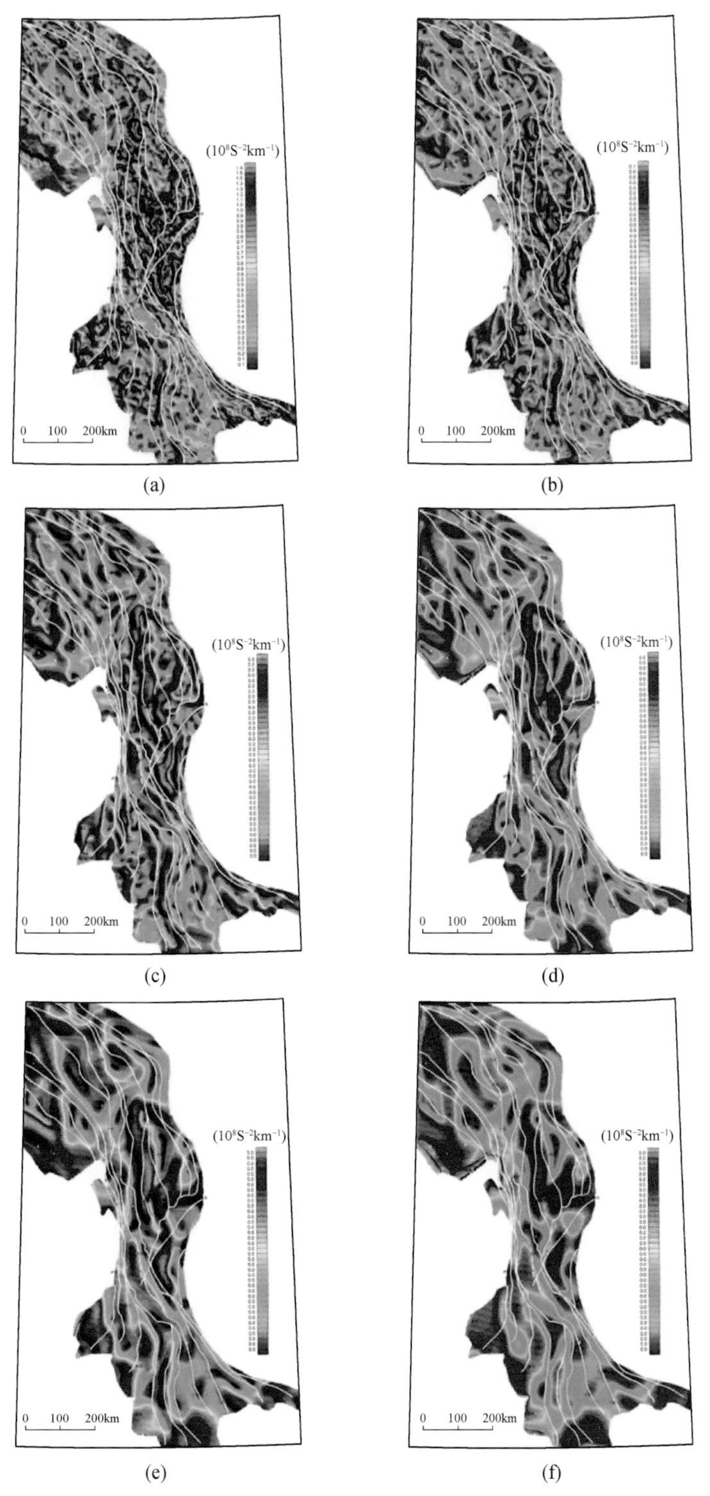

图3.10　三江地区布格重力不同上延高度水平梯度模图（据周道卿，2013）

（a）原平面；（b）上延10km；（c）上延20km；（d）上延30km；（e）上延40km；（f）上延50km

清晰，自北向南表现为一条明显的正异常梯度带。

另一方面，从重磁场水平梯度模显示的断裂展布位置和走向看，随着上延高度的增加，区域深大断裂位置与浅表位置逐渐偏离，偏离方向反映出断裂向下延伸的方向。并且，相同上延高度图上偏离距离越大表明断裂倾角越大；反之，断裂倾角越小。

3.2.3　壳内岩浆

1. 磁性体顶界

在重磁区域地质研究和深部找矿工作中发挥着重要的作用。利用重磁进行隐伏岩浆岩体的识别是重磁解释工作的一项主要内容，也是找寻隐伏矿产的重要手段。利用磁测进行磁性体埋藏深度计算，绘制磁性体埋深编图，有助于认识引起磁异常地质体的规模、产状和空间展布规律，判断磁异常是由地表出露的地质体所引起，还是由隐伏磁性体所引起。对于隐伏地质体应进一步判断地质体性质与成因，及其与深部岩浆活动和成矿作用的关系等。在此基础上，分析磁性体的位置、埋深是否位于有利的成矿部位，磁性体的形态、几何参数和磁性强弱是否与已知矿产特征相近，进而明确（隐伏）磁性体的性质和找矿意义。

磁性体顶面埋深是磁测反演解释中的重要参数。目前常用的计算方法包括切线法、欧拉法反褶积法、功率谱法和磁化强度成像法等。切线法是最早用于确定深度的方法，它利用异常曲线上的特征点（如极值点，拐点等）与切线之间交点坐标的关系来计算磁性体的产状要素。方法简便、快速，受正常场影响小，在航磁异常的定量解释中得到广泛应用；欧拉法反褶积法是以欧拉齐次方程为基础，来确定磁性体位置和深度的方法，它不需要特定地质模型假设，可应用于复杂地质情况。本次研究根据以上算法特点，结合采用切线法和欧拉反演计算全区磁性体顶面埋深。

从图 3.11 中可以看出，三江地区磁性体埋深复杂多变，江达-维西火山弧、义敦岛弧、腾冲地块、双湖-孟连缝合带、云县-景谷岩浆带和金沙江-哀牢山缝合带等地区磁性体大规模发育且埋深较浅；东羌塘地块、兰坪-思茅地块等沉积盆地区基底性质稳定，岩浆活动少，无磁性体或磁性体规模较小且埋深较深；西羌塘地块、中咱地块和保山地块等区域磁性体分布不均，部分地区显示浅部有磁性地质体分布且规模较小；其余地区则明显没有磁性地质体存在。

通过对磁测的研究发现，三江地区发育了多条（处）大规模浅层磁性带（区），如义敦岛弧超长磁性岛弧体、腾冲超大磁性地块、临沧-孟连-景洪复杂碰撞磁性带等，本书仅对代表性浅层磁性带（区）做简要介绍。

1）义敦岛弧超长磁性岛弧体

义敦岛弧带位于三江复合造山带北段，甘孜-理塘缝合带与中咱陆块及金沙江缝合带之间，延绵超过 500km，顶面埋藏深度在 0 ~ 500m，为超长磁性岛弧体。义敦岛弧内出露地层为三叠系海相沉积物及少量古近系和新近系，同时火山-岩浆弧带纵贯全区。岛弧北部发育昌台火山岩带，大规模发育安山质火山岩和双峰式火山岩；中部为乡城火山岩浆弧，发育以钙碱性安山岩为主的火山岩和中酸性岩浆岩带；南部为中甸火山岩浆弧，为碱性安山岩系，并伴随大量的中酸性浅成岩体侵入。从磁场图和磁性体埋深图中均可以看出义敦岛弧内部磁性火山岩-岩浆岩带规模巨大，遍布全岛弧，共同构成了义敦岛弧超长磁性体。

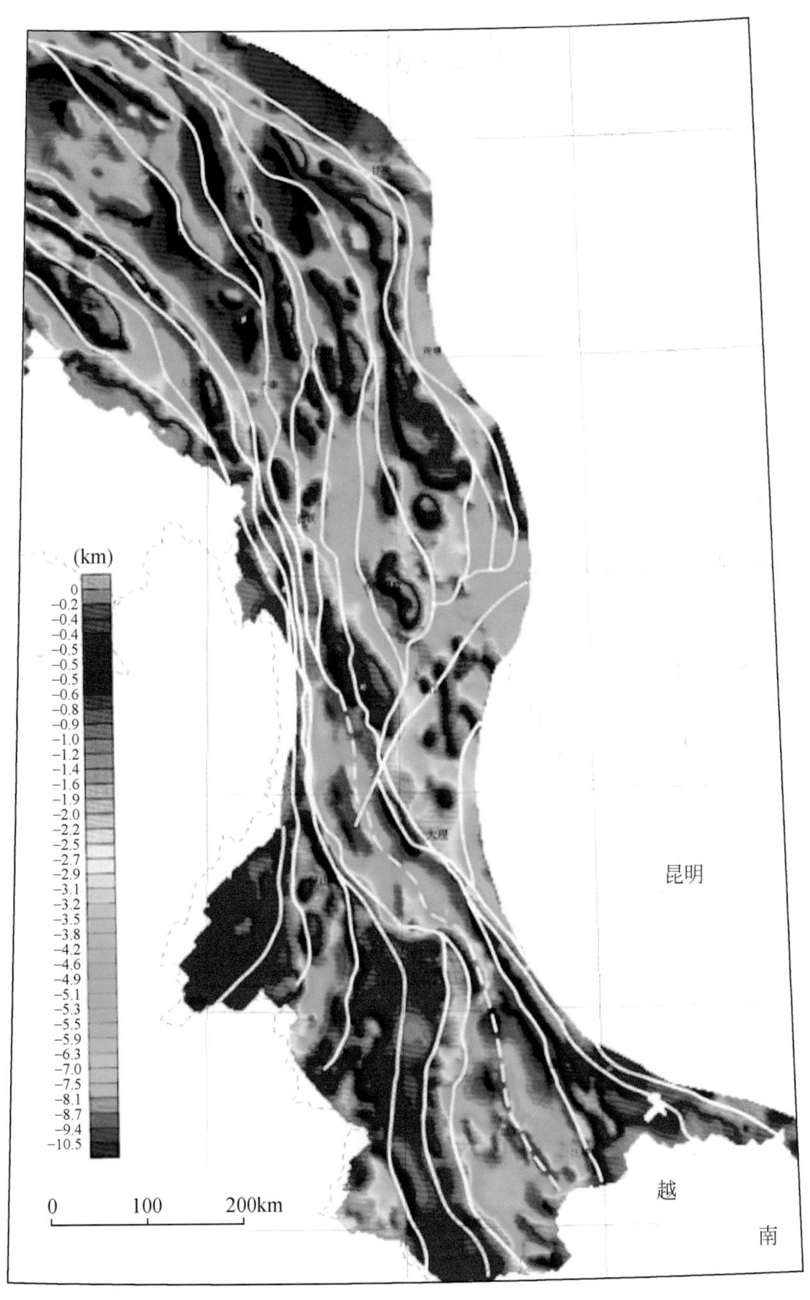

图3.11　三江地区磁性体顶面埋深图（据周道卿，2013）

义敦岛弧带为研究东特提斯甘孜-理塘洋盆消减闭合的重要岛弧带，同时也是重要的铜、铅锌、银、金、钼等多金属成矿带（李文昌，2007）。磁法研究圈定了义敦岛弧深部火山岩-岩浆岩带的规模与空间特征，对于研究洋盆消减闭合过程引发的火山-岩浆作用有重要意义。同时，义敦岛弧北段形成以呷村为代表的超大型 VMS 型铅锌银矿床，南部中甸岛弧则发育以普朗、红山等为代表的超大斑岩型铜矿床。两类矿床在磁测中均有一定的反应，因而磁测研究对于开展相应类型矿床的勘查工作具有指导作用。

2）腾冲超大磁性地块

腾冲地块的变质基底为中元古代岩石（如高黎贡山组），上覆晚古生代的碎屑沉积岩和碳酸盐，中生代—古近纪、新近纪的似花岗岩和古近纪、新近纪—第四纪的火山岩-沉积岩序列。腾冲地块火山活动强烈，是中国大陆上最年轻、最活跃的火山区之一，新生代火山岩分布遍及全区是其最显著的特征。磁性体顶面埋深图显示腾冲地块为一规模巨大的磁性体，磁性体规模大，埋深浅，顶面深度在 0～1000m，向南向西延出境外。结合地质背景分析，超大磁性地块应为第四纪火山岩和印支期至今的多期次花岗岩共同引起。

腾冲地块内部发育多期次侵入的花岗岩造就了多种类型的矿床，包括与晚侏罗世—早白垩世花岗岩有关的锡、铁、铅和锌多金属矿床，与晚白垩世花岗岩有关的锡、钨多金属矿床和与古近纪花岗岩有关的锡、钨和稀有金属矿床。磁异常特征和埋藏深度显示深部大面积发育的花岗岩且埋深较浅，有着良好的找矿前景。

3）临沧-孟连-景洪复杂碰撞磁性带

保山地块和思茅盆地之间所夹的临沧-孟连-景洪地区浅部存在明显的超大磁性体，磁性体呈近南北向展布，顶面埋深在 0～500m。此区域包含多个构造单元，自西向东分别为昌宁-孟连缝合带、临沧-勐海变质地块、澜沧江缝合带和云县-景谷火山岩浆岩带，多构造单元共同作用构成了一个规模巨大的火山-岩浆-变质磁性带。

复杂的构造单元组合显示出本区经历了复杂的增生-碰撞造山过程；复杂的地质演化过程带来了广布的火成-岩浆-变质岩带，并发育多样的成矿系列，形成了多条规模不等、类型多样的成矿带。昌宁-孟连锡多金属成矿带和昌宁-孟连 S 型花岗岩带有着密切的时空和成因联系；临沧-勐海变质地块内部的锡、铁、铅成矿带与区内元古宙变质岩和三叠纪岩浆岩有密切关系；云县-景谷火山岩浆岩带内广布的多期次花岗岩、闪长岩则形成了大量夕卡岩型和热液脉型锡矿床。

4）兰坪-思茅盆地隐伏磁性带

重磁场显示兰坪-思茅盆地中间存在规模巨大的中轴断裂带，沿中轴断裂带断续分布一系列带状、椭圆形航磁异常。局部磁异常规模不大，但总体较为连续。磁性体界面反演显示除兰坪、云县和思茅等地有一定规模浅部磁源（2000～5000m）之外，其余磁性体规模较小，且埋深较深，一般在 5000m 以下。根据磁异常特征和地质背景分析，推断深部磁性体主要为沿中轴断裂带侵入中酸性岩浆岩体。

为了对隐伏岩体的埋藏深度、空间展布状态有进一步的了解，对思茅盆地中部航磁异常进行了 3D 定量反演计算。重磁异常 3D 反演分为形态模型法和物性模型法两类，其中物性模型将场源区域划分成小的单元组合（长方体或立方体），在反演过程中单元的形态不变，通过物性变化勾画场源范围。比较而言，由于3D物性反演具有模型物性易于操作、能模拟任意复杂地质体、反演方法技术受限制条件少和不用涉及复杂的形态变化等技术优势，已经成为重磁反演尤其是3D反演计算的发展方向。本次反演即采用较为实用的物性模型法，反演计算结果如图3.12（a）~（c）所示。从3D定量反演结果看，异常体700m左右，磁化强度200×10^{-3}A/m，表现出典型的中酸性岩体磁性特征。

中轴断裂带是兰坪-思茅盆地内生金属矿床的重要富集区带，北段以铜、铅锌、银矿为主，中带以金为主，南段则以铅锌、铜等为主，是三江地区重要的铜、铅、锌、银多金属成矿带。吴南平等（2003）经过对盆地内多个典型矿床Pb同位素的测定结果显示成矿物质来自壳源，中轴断裂是其重要的导矿和控矿通道。

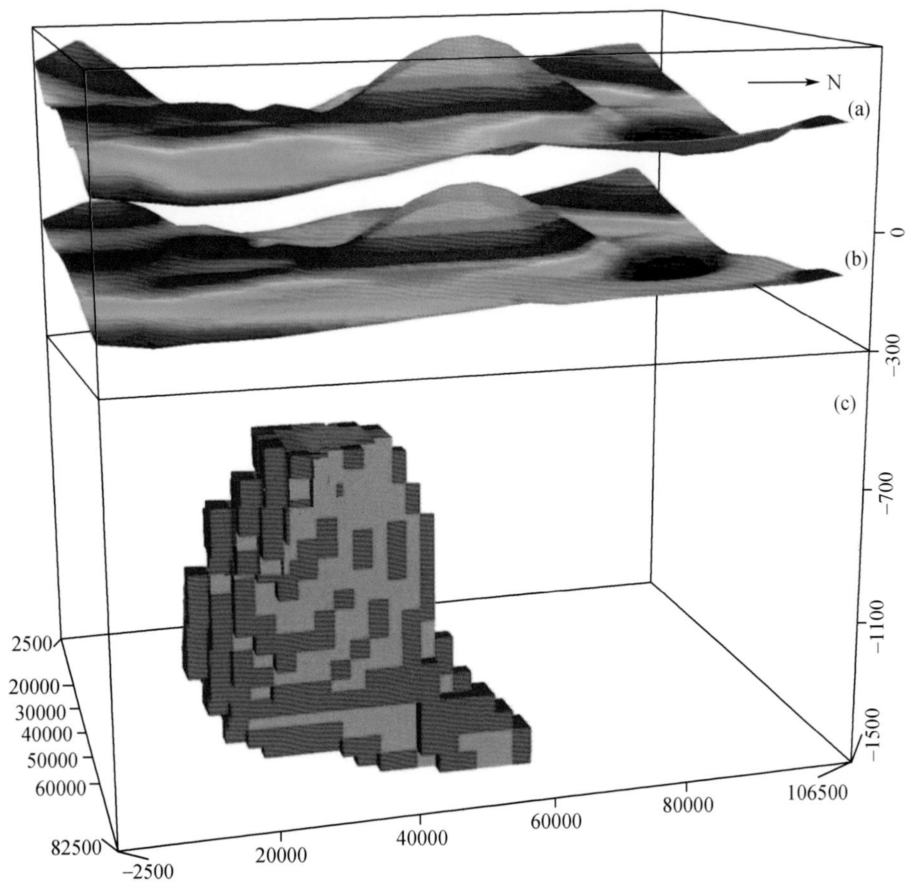

图3.12　思茅盆地隐伏中酸性岩体3D定量反演图（据周道卿，2013）
（a）航磁ΔT原始磁场；（b）模型正演拟合磁场；（c）3D定量反演结果

5）哀牢山帚状磁性带

哀牢山地区磁性带平面形态呈明显的帚状，从大理至墨江、元阳一带呈发散状展布，北窄南宽，绵延数百公里，磁性体平均埋深在0~2000m。帚状磁性带包含3个构造单元，分别为哀牢山缝合带、雅仙桥岩浆带和哀牢山剪切带，墨江断裂、金沙江-哀牢山断裂和红河断裂控制着本区的基本构造格架。

哀牢山缝合带中心有蛇绿岩分布，向西以雅仙桥陆缘弧为界，缝合带双沟地区出露蛇绿岩为橄榄岩、辉长岩、辉绿岩、橄榄岩和斜长岩。蛇绿岩磁性较强，在磁异常图中显示明显。雅仙桥岩浆带位于思茅地块东缘，由岛弧火山岩和安山岩组成，年龄为265Ma，显示在晚二叠世思茅地块与扬子板块之间的强烈的岛弧岩浆作用。最新研究认为，哀牢山剪切带并不是华南板块和印支板块的缝合带（邓军等，2013），而是受三江地区新生代大规模走滑作用形成的剪切带，因而走滑断裂构造是哀牢山造山带主要的构造型式，其内出露元古宇哀牢山群。

区域内经历了复杂的构造演化过程，发育多期成矿系统。早中元古代扬子板块西缘发生大规模伸裂陷和碰撞作用，中晚古生代哀牢山洋盆闭合再到新生代陆陆碰撞背景下的大规模走滑剪切作用，生成了金厂、老王寨、大坪、长安、大坪掌等系列铜金多金属矿床，使哀牢山地区成为三江特提斯重要多金属成矿带。

2. 磁性体底界

居里等温面是指磁性矿物在一定温度下从铁磁性转变为顺磁性的居里（点）等温度面，是地壳内磁性层的下界面，简称居里面。居里面与近期地壳构造变动所形成的地热状态有关，它不仅能表征地下温度场的分布特征，也可提供地壳深部热应力场和其他地球物理资料，对深部地热场的成因研究具有十分重要的意义。居里面是地壳上部的一个地球物理特征界面，反映的是岩石圈热状态而非确定的地质构造面。壳内温度变化是其重要的影响因素，因而它能用地质标志层来准确衡量。居里面埋深与深部构造运动、岩浆活动和成矿作用紧密相关，反演居里面深度对大地构造研究和矿产资源评价与勘探具有重要意义。

利用磁测数据反演居里等温面的方法有单体磁异常法和组合磁异常法，两种方法都是通过把空间域数据转换到频率域来建立磁异常与磁性体埋深的关系。针对三江地区磁异常具有分区特征，且浅源、深源磁场分布复杂的特点，本次研究应用组合磁异常的统计功率谱分析法计算居里面深度。从居里面等深度反演结果来看（图3.13），居里面深度变化较为复杂。根据其分布特征可以分为两个区块（带）：三江中北段居里面大型双隆起带和三江南段居里面交替隆凹区。

1）三江中北段居里面大型双隆起带

三江中北段居里面埋深整体较浅，八宿–德钦–大理一带和甘孜–理塘–木里一带存在两条明显居里面隆起，区域总体表现为大型双隆起带。八宿–德钦–大理一带居里面埋深较浅，结合磁异常推断地壳内部存在高温磁性地质体；义敦岛弧东缘居里面埋深较浅，磁异常显示义敦超长磁性岛弧体内部地温梯度极高，深部岩浆活动强烈。大型居里面隆起常位于多组深大断裂交汇地带，深部构造–岩浆–热液活动剧烈，成矿作用大规模发育。义敦岛弧北段VMS型成矿系统和南段印支期斑岩–夕卡岩型成矿系统、滇西北喜马拉雅期钾质斑岩成矿系统、兰坪北部沉积容矿型成矿系统等均在此。

八宿–德钦–大理隆起带规模巨大，居里面平均埋深浅于23km，地温梯度较高。隆起带由多个规模较大的孤立隆起组成，沿拉萨地块东缘–西羌塘地块向南延伸至思茅地块北

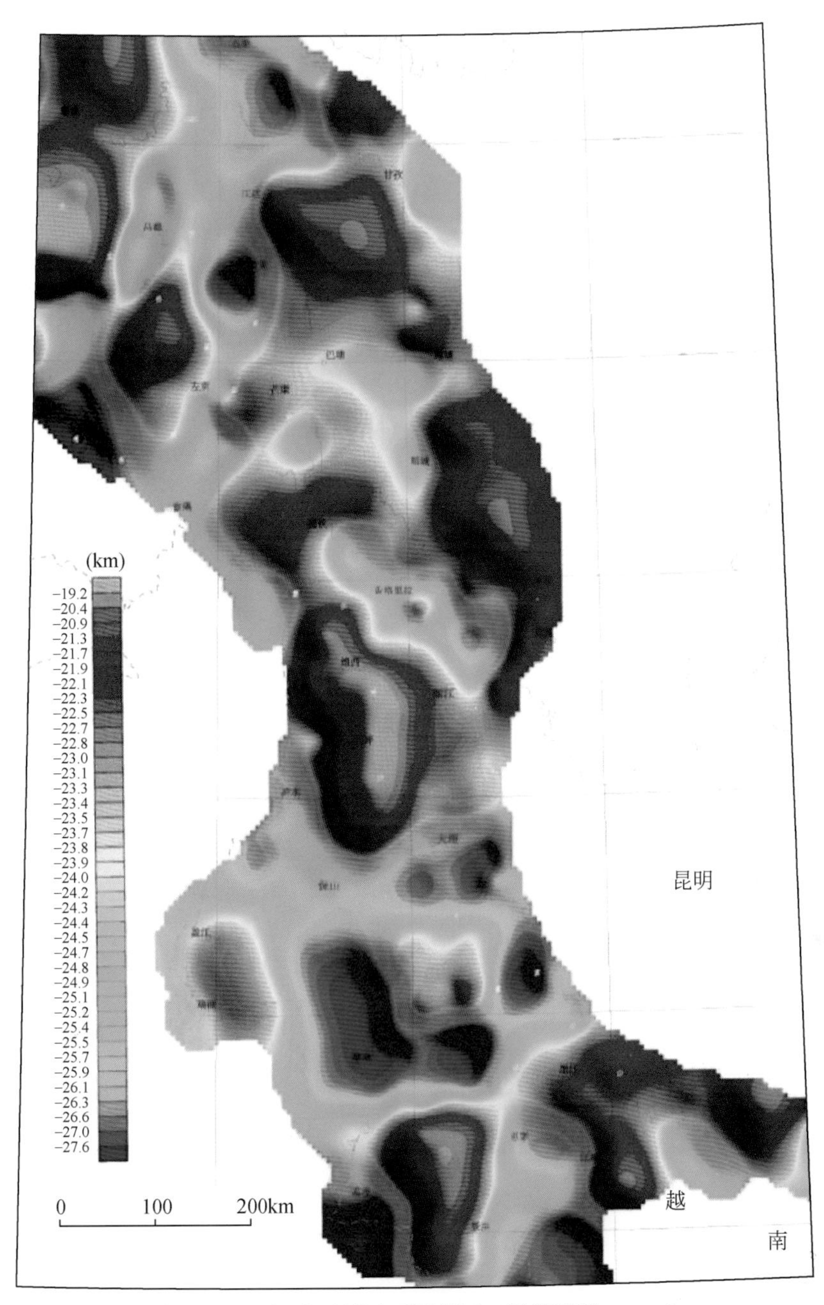

图 3. 13　三江地区居里面深度图（据周道卿，2013）

缘，隆起带内德钦、丽江、八宿等地区居里面甚至浅于 19km，显示出深部强烈的构造-岩浆-热液活动，江达-维西岩浆岩带大面积发育的玄武岩等显示深部幔源物质活动强烈，地温梯度较高，造成区域居里面埋深较浅。南部德钦地区存在明显的居里面隆起，表明德钦岩体深部岩浆房可能位于中-上地壳，这与张万平等（2011）认为德钦岩体应为幔源物质上涌引起壳幔混合作用，且起源于地壳的认识一致。中咱地块南部香格里拉地区亦存在大规模的火山–岩浆作用，思茅地块北缘的金顶超大型铅锌矿床的形成与深部热源密切相关，中甸–大理地区深部大规模岩浆活动形成了三江地区规模最大的居里面隆起异常。值得注意的是，三江地区中北段居里面双隆起带的空间位置、规模等与 Bai 等（2010）通过长期大地电磁观测的发现深部中下地壳两条大规模物质流基本吻合，表明了深部强烈的岩浆活动。

甘孜–理塘缝合带内超基性岩发育，而义敦岛弧北部昌台火山岩带的安山质双峰式火山岩、中部乡城火山岩浆弧大规模以钙碱性安山岩为主的火山岩和中酸性岩浆岩均大面积发育；南部发育中甸火山岩浆弧为碱性安山岩系，并伴随大量的中酸性浅成岩体，从居里面深度图看出其深部地温变化更加快速，岩浆活动极为强烈。甘孜–理塘–中甸–木里一带深部的大规模岩浆活动致使本区地温梯度增加，在地下约 22km 深度即达到居里点温度，形成了另一条大型居里面隆起带。

2）三江南段居里面交替隆凹区

三江南段的腾冲地块、临沧地区复杂碰撞带、哀牢山造山带等地呈现明显的居里面隆起，居里面埋深范围为 21 ~ 24km；而保山地块、思茅地块则为较强凹陷，居里面深度可达 24 ~ 29km；隆起与凹陷相间排列，呈现交替隆凹特点。

保山地块和思茅地块在复合造山过程中挤压拼合，在地块的边缘形成多条缝合带和岩浆岩带，地温梯度较陡，显示其深部强烈的构造–岩浆–热液活动，而在地块内部由于其结构较为稳定，岩浆活动较弱，地温梯度明显偏低，居里面埋藏较深。

腾冲地块火山活动强烈，形成居里面相对隆起区；昌宁–孟连缝合带、澜沧江缝合带和云县–景谷岩浆岩带内部幔源物质上涌，深部岩浆热液活动强烈，造成居里点温度埋深较浅；哀牢山北部地区深部热源埋藏较深，地温梯度较缓，居里点温度埋深超过 30km，显示出随着主碰撞造山活动的结束，在走滑剪切背景下深部岩浆活动日趋稳定；哀牢山南部地区深部地温梯度仍较陡，居里面深度陡然变浅至 22 ~ 25km，这与雅仙桥岩浆带的存在关系密切，显示深部热流活动较为强烈。

综上所述，三江复合造山过程中随着幔源物质的上涌，在深部岩浆活动较为强烈的地区居里面深度一般较浅，而东羌塘、保山、思茅等稳定地块区地温梯度变化较慢，居里面深度较深。根据区域地质演化过程，深部热源最可能的来源为上地幔软流圈物质在俯冲–碰撞造山作用下向上涌动，直接到达地表，或者在壳内引发壳幔混合作用，生成壳内岩浆喷出。总之，上述地质作用为三江地区的构造演化和成矿作用提供了必要的热动力学前提和物质基础。

3.2.4　岩性填图

不同地质体的岩石组成、矿物成分、结构特征等方面存在一定差异，而这种差异可以通过物性差别在重磁场上得到不同程度的反映。因此，对具有物性差异的不同地质体，重磁能够做出较为准确的区分，这也是地球物理开展地质填图的理论基础。由于不同时期形成的地层和岩体在岩石组合上具有不同的特征，反映在物性上往往也具有一定的差别和规律。利用重磁数据填制的岩性构造图的填图单元，往往和地质单元相同或者接近，并可以解决地质填图的部分难题，如浅覆盖地质体、隐伏地质体识别等问题。

在综合分析重磁场特征、局部异常形态及分布规律的基础上，结合物性资料、区域化探和遥感影像特征，对三江地区磁法反映明显的磁性变质岩、火山岩、各类侵入岩体等进行了划分和分类，编制了重磁推断地质构造-岩性图（图3.14）。

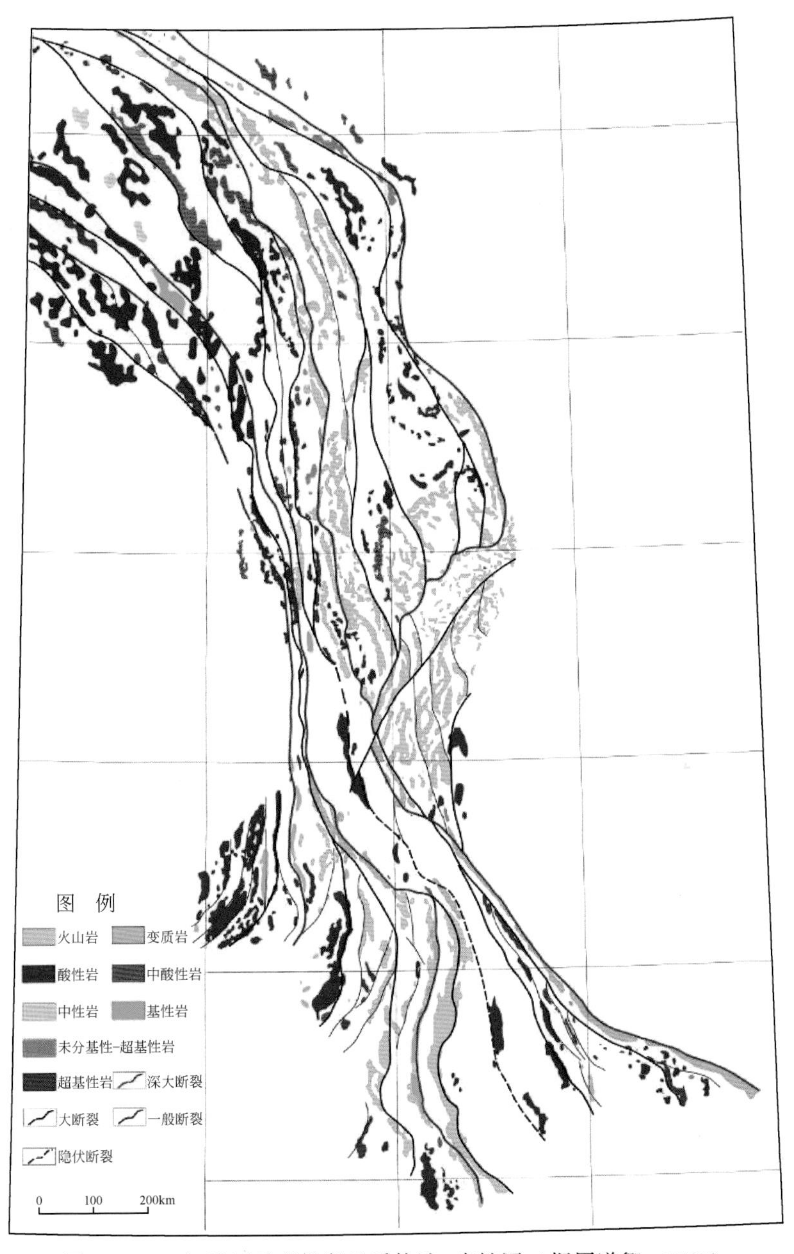

图3.14　三江地区重磁推断地质构造-岩性图（据周道卿，2013）

1. 隐伏断裂带

由于受到地表覆盖等因素的影响，常规地质工作对隐伏断裂的研究常常难以开展。而重磁可以发挥受地表影响小、探测深度大等优势，对隐伏断裂进行识别和圈定，为基础地质研究和找寻隐伏矿产提供指导信息。

通过重磁填图，在兰坪–思茅盆地、保山地块、腾冲地块、东羌塘地块、西羌塘地块、义敦岛弧内部均发现了隐伏断裂带存在。其中，最具代表性的是兰坪–思茅盆地内的中轴断裂。断裂带重磁异常规模不大且总体不甚连续，但在导数图上反映较为明显，并且沿隐伏断裂带两侧有串珠状局部异常分布，断裂对盆地内铜、铅、锌、银多金属成矿有明显控制作用。

需要表明的是，利用航磁、重力分析推断的地质体边界是物性差异较大岩石或岩石组合的分布特征，而不一定是某个特定的地质单元，这与地质填图有一定区别。

2. 深部地质体

1）稳定地块深部侵入岩

东羌塘地块、保山地块和兰坪–思茅盆地结构较为稳定，在俯冲–碰撞造山过程中，深部岩浆活动较弱。但在稳定地块内部断裂发育地区有明显的岩浆活动。这类岩浆侵入体受地块内部断裂控制明显，且一般埋藏较深，部分岩体在地表有小范围出露。通过重磁岩性构造填图大致圈定了深部岩体的分布形态，对于此类隐伏岩体研究和找矿寻找有重要意义。

东羌塘地块内部侵入岩为中–酸性岩浆岩类，岩体规模中等，分布范围受盆地构造格架限制；保山地块北部以火山岩为主，南部则存在较大面积的酸性岩浆岩侵入体；兰坪–思茅盆地内部侵入体受中轴断裂控制，为中酸性岩浆岩。隐伏岩浆活动为成矿提供矿质、介质和热源，有的形成矿源层，为后期成矿提供了物源，如江达–芒康、红山–雪鸡坪、腾冲–梁河、兰坪–永平、景谷–思茅等地区重磁推断中酸性岩体具有寻找斑岩、夕卡岩型铜多金属矿前景，镇康芦子园、保山核桃坪、新平大红山等地的隐伏岩浆岩体具有寻找夕卡岩型和热液型多金属矿潜力。

2）中甸–丽江–大理火山岩

中甸–丽江–大理一带磁异常呈明显不规则状或宽带状分布，垂向一阶导数显示磁异常极为杂乱，异常多为跳跃变化的尖峰状，突变较快，表现出大面积火山岩分布区典型磁异常特征。区域地质显示为多条构造带结合部位，经过多期复杂构造运动，岩浆活动极为频繁。火山岩为玄武质–安山质，岩石测年显示为250～220Ma，总体处于俯冲造山作用阶段，应为与俯冲作用相关的火山岩类型；居里面深度反演结果显示地温梯度较高，深部存在高温磁性异常体；前人利用地震层析成像分析，深部莫霍面附近存在明显的低速异常体。推测地区深部可能为三江复合造山带发生大规模幔源物质上涌的通道之一。

3）哀牢山推覆体

哀牢山推覆体是指扬子板块古老变质结晶基底由东向西推移覆盖在三江造山带浅变质的古生界之上的狭长地质体，由深、浅两个次一级的变质岩带组成。东侧出露的哀牢山岩群深变质岩系磁性强，西侧分布的新元古界大河边岩组和古生界马邓岩群浅变质磁性较弱，但变形十分复杂。哀牢山推覆体是金矿床产出地，包括镇源金矿床、墨江金矿床等。地学界传统观点认为哀牢山推覆体北部边界在弥渡附近，由于红河断裂与哀牢山断裂带合并，变质带整体向北西端尖灭消失。从本次重磁场地质构造填图结果看，哀牢山推覆体在弥渡以北方向仍有延伸，一直可以追溯到大理东部地区，但整体埋深有所增加。

3.3　壳-幔相互作用及动力学机制

3.3.1　板内火山岩地球化学特征

三江地区的古生物学、沉积学研究揭示了大量反映特提斯形成和构造演化的重要信息，然而对赋存于微陆块内部的火山活动尚缺乏全面的认识，大部分研究依然以活动大陆边缘的火山岩为主，针对微陆块内火山岩的研究显得薄弱。保山微陆块、中咱微陆块、昌都-思茅微陆块、扬子陆块西缘保存有不同规模的板内岩浆活动的记录。通常认为，板内火山岩（尤其是玄武岩）产生于板块岩石圈深部，其性质在一定程度上留有所属板块的印记，而这种印记不会随时间的改变而发生根本性的变化。三江地区微陆块内的火山岩虽然形成时间有差异，但大都具有板内火山岩的特征，具有很高的研究价值。一方面，探究各时代火山岩的成因和源区特征可以为研究其所属板块的形成和演化提供佐证；另一方面，通过比较各微陆块内板内火山岩的差异来了解各微陆块之间的差异以及与邻区各大板块之间的亲缘关系。

1. *微陆块板内岩浆活动*

三江地区微陆块指的是被板块缝合带、挤压碰撞带、岛弧与活动陆缘带等复杂的构造带所包围的相对稳定的地区。主要包括：中咱微陆块、昌都微陆块、思茅微陆块、保山微陆块和扬子板块西缘等。

扬子板块西缘包括红河经四川、云南两省靠近三江构造带的地区。以发育晚二叠世大陆溢流玄武岩为主，岩石具有高钛（Ti）、高碱、富集轻稀土元素为特征，与峨眉山玄武岩同样为二叠纪扬子板块西南部裂谷作用的产物。此外在剑川、鹤庆、洱海东、马关、屏边等处分布有新近纪、古近纪含深源包体的碱性基性-超基性火山岩与次火山岩，也是扬子地块西缘板内火山作用特点之一。

中咱微陆块火山岩区位于金沙江岩带以东，义敦岛弧以西。火山岩活动自寒武纪开始，发育有双峰式大陆板内拉张火山岩。晚二叠世火山岩以高 TiO_2 偏碱性的大陆板内张裂型玄武岩为主，分布于冈达概、波格西等地。晚三叠世火山岩包括分布于义敦、得荣等地的蚀变玄武岩和昌台地区的双峰式火山岩。此外，义敦拉纳山一带发育晚三叠世安山岩，昌台拿它乡一带发育新生代粗面岩，但面积都较小不成规模。

昌都微陆块火山岩区位于三江构造带的北端，夹于金沙江和澜沧江两构造带之间。分布火山岩中二叠世至上新世均有发育，但规模都较小，具体包括：芒康-海通之间的中二叠世具岛弧性质的中基性火山岩，角龙桥一带早三叠世碰撞型酸性火山岩，芒康-盐井一带晚三叠世粗安岩和芒康拉屋乡一带的上新世粗面岩。

兰坪-思茅微陆块火山岩区夹于澜沧江和金沙江构造带之间，位于三江构造带的南段，同昌都微陆块类似，区内侏罗纪—三叠纪期间形成了大型红色盆地，大部分地区被晚中生代及其以后的地层所覆盖，早期火山活动信息较少。总体上来看，思茅微陆块内在二叠纪—三叠纪有弱的火山活动，大都以中酸性岩为主。普洱、通关地区发育少量新生代玄武岩。

保山微陆块火山岩区位于澜沧江和怒江构造带之间，向南延伸至缅甸境内。火山活动集中在保山-镇康一带，出露面积大，为晚石炭世大陆溢流型拉斑玄武岩。针对保山微陆块晚石炭世玄武岩、中咱微陆块晚二叠世玄武岩、思茅微陆块新生代玄武岩和昌都二叠纪—三叠纪火山岩的岩石学、地球化学化等方面进行研究探讨。

2. 微陆块板内火山岩地质特征

1）保山微陆块晚石炭世火山岩

晚石炭世火山岩以大面积溢流的玄武岩熔岩形式产出，并伴有少量凝灰岩和火山碎屑岩。研究认为产于大陆裂谷环境的火山岩组合有两种类型：一是双峰式火山岩组合，即酸性火山岩与基性火山岩在时间和空间上构成统一的整体；二是碱性系列岩石+拉斑系列岩石组合（东非裂谷），其中拉斑系列火山岩的位置往往指示了裂谷的中央地带，碱性系列火山岩多发育于裂谷的边缘（杨开辉、莫宣学，1993）。晚石炭世火山岩具有典型大陆裂谷火山岩的微量元素特征，金鸡（Group1）和施甸（Group2）两地的微量元素虽然具有相同的趋势特征，但相比之下，施甸地区火山岩的各微量元素数值（LILE 和 LREE）略高于金鸡地区的对应值，可见从上至下 OIB-Group1-Group2-MORB 演化的趋势。构成这种规律的原因在于二者部分熔融程度不同，随着裂谷的逐渐发展，部分熔融程度越高，类似 MORB 的拉斑玄武岩越占主导作用。这与岩石的构造环境判别图中所观察到的多解性相一致。

基于火山岩的地球化学特征，肖龙等（2003）认为玄武岩与峨眉山低钛玄武岩具有可比性，其属于峨眉山地幔柱的一部分，且可能存在一个超级地幔柱，它的活动导致昌宁-孟连洋的打开，并在位于其西侧的保山微陆块诱发大面积的岩浆活动。研究结果显示，保山微陆块晚石炭世火山岩与峨眉山玄武岩具有本质的差别。首先，与峨眉山玄武岩相比本区岩石的 TiO_2、稀土元素总量、重稀土分异程度（$(Ce/Yb)_N$）、不相容元素 Ba、Th、Nb、Zr、Sr 和 Zr/Hf、Zr/Y、Zr/Nb、Nd/Sm、Ba/Sr、Y/Sc 值等丰度都相对较低。相比之下，岩石的地球化学特征与分布于印度板块的德干新生代玄武岩（Chandrasekharam *et al.*，1999；Mahoney *et al.*，2000；Melluso *et al.*，2006）和 Panjal 石炭纪—二叠纪玄武岩（Vannay and Grasemann，1998）更为相似。这种系统的差异，暗示着两陆块之间岩石圈上地幔源区的组合和热状态方面有明显的不同（莫宣学等，1993）。其次，岩石的构造环境具有双重属性，兼具 WPB 和 MORE 的特征，反映出典型裂谷向洋盆过渡的特征；而峨眉山玄武岩通常具有典型的 WPB 构造环境。再次，两地玄武岩形成的动力机制不同，峨眉山玄武岩以地幔柱驱动，是一个主动的过程，且形成玄武岩多呈面状分布，伴随着大量放射状岩墙或酸性岩浆的产出；而岩石的形成机制是一种被动的过程，形成条带状分布的溢流玄武岩，岩性也较单一。综上所述，本区岩石与扬子板块的峨眉山玄武岩具有本质上的差别，而与印度板块发育的德干新生代玄武岩和 Panjal 石炭纪—二叠纪玄武岩具有可比性，长久以来，诸多证据显示保山微陆块具有亲冈瓦纳的属性，本书从岩浆岩角度对保山陆块的归属问题提供了佐证。

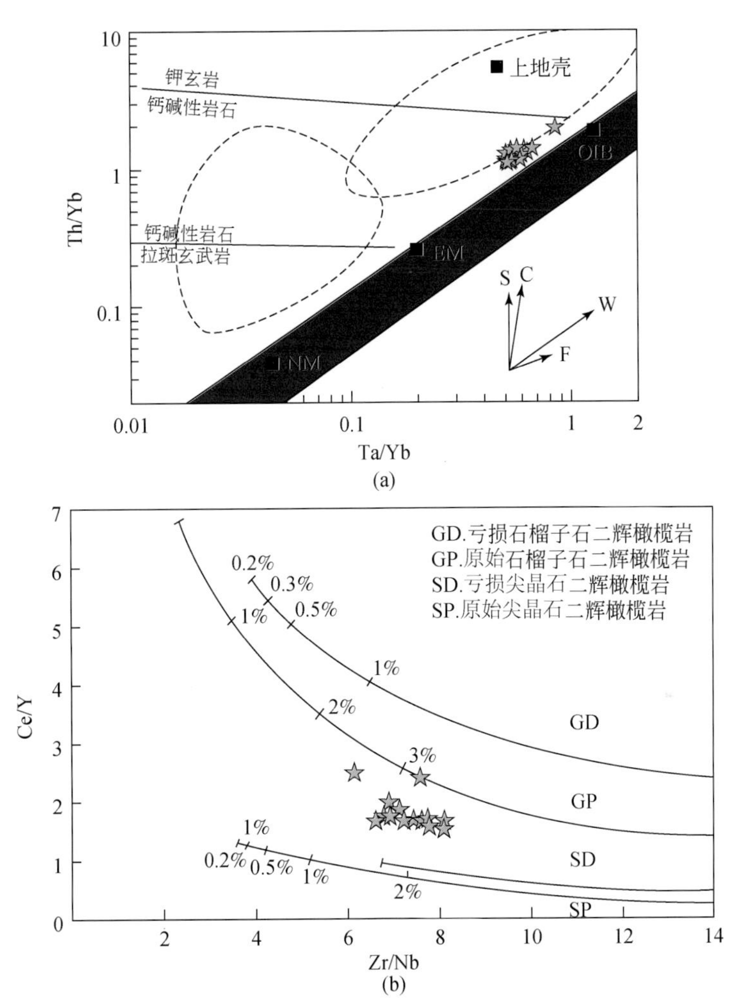

图3.15　(a) 中咱陆块晚二叠纪玄武岩 Th/Yb-Ta/Yb 图（据 Pearce，1983）和 (b) Ce/Y-Zr/Nb 图（据 Deniel，1998）

2）中咱微陆块晚二叠世火山岩

晚二叠世玄武岩分布于四川巴塘县的波格西、冈达概等地。火山岩呈北北西-南南东方向分布，其中具代表性的是波格西晚二叠世火山岩。波格西地区为一套蚀变基性火山岩，将波格西地区晚二叠世地层分为上下两段：上段为基性火山岩、角砾状玄武岩、灰岩和千枚岩组成，厚度约 1450m；下段为千枚岩、灰岩夹基性火山岩，厚度约 650m。其变质程度较周围地区同时代岩石相对低，部分玄武岩可见气孔构造，产于深水沉积岩系中，沉积岩为灰岩和硅质岩，火山活动以爆发相为主。冈达概地区的基性火山岩为蚀变杏仁状玄武岩、块状玄武岩和玄武质角砾岩，1∶20 万得荣幅区调报告将其划分为冈达概组，自上而下分为多个旋回，厚度达 800 余米，北部的波格西火山岩以溢流相为主。

波格西一带为一套蚀变基性火山岩，产于深水沉积环境，蚀变程度较高。岩石多呈层状产出，灰绿色，块状构造，呈变余微晶结构，斑晶极少见。基质为细小的微晶颗粒，多已发生强烈的绿泥石化。冈达概地区以蚀变杏仁状玄武岩或块状玄武岩为主，岩石呈灰黑色，镜下观察可见其斑晶为单斜辉石和斜长石，其中辉石约占 40%，斜长石占 30%，基质以斜长石和辉石微晶组成。从主量元素上看，岩石具有较高的 TiO_2 含量，大部分样品的 TiO_2 都在 2% 以上，平均为 2.83%，部分样品 Ti/Y 大于 500，平均为 477，接近峨眉山高钛玄武岩的特征（Xu and Cheng，2001），因此有必要针对其是否具有 OIB 型的源区特征进一步探讨。$\varepsilon_{Nd}(t)$ 均为正值（0.22 ~ 1.24），其在（$^{143}Nd/^{144}Nd)_t$ - ($^{87}Sr/^{86}Sr)_t$ 相关图中的投点与峨眉山高钛玄武岩重合，且大部分样品位于 OIB 所圈定的范围内。此外，在微量元素蛛网图中，可见样品具有明显的富集大离子亲石元素和轻稀土元素，且 Nb、Ta、Ti 负异常不明显的特征。虽然地壳混染也可以产生具有上述特征的岩石，但是已基本排除岩石中具有地壳混染的可能。因此这种典型 OIB 微量元素特征是本区岩石源区固有性质的体现。值得注意的是，依然存在很多证据表明岩石源区有岩石圈物质的参与。样品的 $(^{87}Sr/^{86}Sr)_t$ 值较高为 0.7057 ~ 0.7073，且有向 EM Ⅱ端元延伸的趋势，与 Pb 同位素比值图中所反映的情况十分一致，整体上看基本受 DM 和 EM Ⅱ两个端员的控制。在 Th/Yb-Ta/Yb 图中（图 3.15），样品的投点位于富集地幔区域，整体趋势显示板内富集的特征。因此，构成岩石的源区包含 OIB 型地幔源区属性，也带有岩石圈地幔源区的印记，对其成因的探讨要同时综合两方面证据。前人研究表明，Ce/Yb-Zr/Nb 图可以较好地判断玄武岩的岩区矿物组成（Deniel，1998）。从图 3.16（b）中可见，样品的全部投点落入亏损的尖晶石二辉橄榄岩和原始石榴子石二辉橄榄岩之间的区域。

中咱微陆块介于西侧金沙江和东侧义敦弧后盆地造山带之间，古生代属于扬子板块西部被动边缘的一部分，直到晚三叠世早期义敦岛弧形成之前，中咱微陆块一直处于拉张状态。利用相关图对岩石进行构造环境判别，从 Y×3-Zr-Ti/100 图［图 3.16（a）；Pearce and Cann，1973］和 Th/Hf-Ta/Hf 图［图 3.16（b）；汪云亮，2001］中可见，样品投点均落入板内玄武岩区域。

对于峨眉山玄武岩的成因有两种基本观点，一种认为峨眉山玄武岩为裂谷成因（朱志文等，1988；Courtillot *et al.*，1999），另一种认为其成因与地幔柱相关（Mahoney and Coffin，1997；汪云亮等，1999；Xu and Cheng，2001a；Xiao *et al.*，2004；张招崇等，2009）。Xu 和 Cheng（2001）首先提出利用 Ti/Y 和 TiO_2 的含量将峨眉山玄武岩划分为高钛（Ti/Y>500，TiO_2 >2.5%）和低钛两大类，虽然有学者不赞同这种划分（汪云亮等，1993；张招崇、骆文娟，2001；郝艳丽等，2004；Zhang *et al.*，2006），但还是得到学界的广泛认同。目前，较多的争议集中在对于高钛和低钛两类玄武岩的物质来源问题上，并提出了多种可能的模式。但基本的共识是，峨眉山两类玄武岩的形成受 OIB 型地幔源区和岩石圈地幔源区两个端元的控制。岩石具有高钛、富集 LREE、LILE、HFSE 等 OIB 的特征，而同位素反映出富集地幔的特征，表明岩石与峨眉山高钛玄武岩具有相同的地幔源区特征，更准确地说是中咱微陆块继承了扬子板块的地幔特征（莫宣学等，1993）。虽然两者源区具有亲缘性，但并不能简单的归结为峨眉山玄武岩的一部分，因为二者在成因模式上有差别。一方面大多学者认为峨眉山玄武岩的形成与地幔柱具有直接关系，随着地幔柱的上升，岩石圈发生减薄，软流圈地幔物质与岩石圈地幔共同作用产生峨眉山玄武岩，这种模式是一个主动裂谷过程，地幔柱的活动占主导作用，而玄武岩的形成是一个被动裂谷的过程。另一方面，地幔柱理论依然是一个争议的话题，因此在做相关研究的时候应该从地幔柱的根本依据出发，如大面积分布的基性火山岩和放射状岩墙，火山活动前大规模的地壳抬升，跨度较小的火山喷发时代（<3Ma）和地球物理相关证据等，而不能单单从地球化学特征来进行判断。

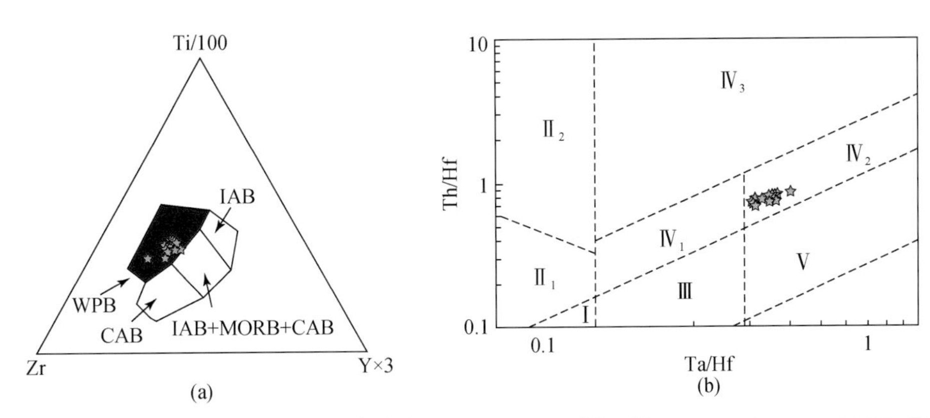

图3.16　（a）中咱陆块晚二叠世玄武岩 Y×3-Zr-Ti/100 图（据 Pearce and Cann，1973）和（b）Th/Hf-Ta/Hf 图（据汪云亮等，2001）

结合岩石的野外地质、地球化学和构造环境特征，提出如下成因模型：金沙江洋于早二叠世向西俯冲，使得甘孜-理塘洋不断扩张，于早—中三叠世达到高潮，形成甘孜-理塘蛇绿岩带。而位于两洋盆中间的中咱微陆块发生了强烈的拉张，作为对上述两个构造活动的补偿。拉张使得岩石圈发生伸展减薄，具有亲扬子属性的岩石圈地幔发生低度部分熔融形成原生岩浆，在经历分离结晶后产生具有 OIB 特征的玄武岩。

3）昌都微陆块中二叠世—晚三叠世火山岩

中二叠世—晚三叠世火山岩产于昌都微陆块的芒康地区海通一带，其构造位置位于板内，且远离两侧的弧火山岩带。岩石研究结果表明，其具有富集 LREE、亏损 HFSE 和典型岛弧火山岩所具有的 TNT 负异常等特征。目前普遍认为，古金沙江洋和古澜沧江洋于二叠纪早期开始分别相向大规模俯冲于昌都微陆块之下，在其两侧分别形成江达-维西和妥坝-盐井-南佐火山弧，直至自中三叠世消减闭合，转入弧陆碰撞阶段（刘增乾等，1993；潘桂棠，2004）。对岩石的锆石 U-Pb 年代学结果显示其成岩年龄为 269.4～270.7Ma，表明其形成时代应为中二叠世。同时结合其年代学和地球化学特征，可以推断其为古特提斯俯冲作用的产物，为进一步判断这一结论，有必要对岩石的构造环境予以确定。

Müller 等（1992）的研究表明，利用 TiO_2/10-La-Hf×10 和 Zr×3-Nb×50-Ce/P_2O_5图可

以很好地区分具有弧火山岩性质的岩石的构造环境，从图 3.17（a）中可见，投点均落入陆缘弧火山岩区，通过图 3.17（b）对其进一步识别，全部投点落入大陆弧环境。但为什么与古特提斯俯冲相关的弧火山岩会出现在稳定陆块内部呢？古金沙江洋和古澜沧江洋同时消减于昌都微陆块之下，对其内部构造造成巨大影响，使得该区域的挤压缩短异常强烈，这种现象在野外观察中异常明显。也正是由于这样的原因，该区域内缺少真正意义上的板内火山岩，而原本属于弧火山岩一部分的岩石也有可能在这种复杂的构造环境下因构造推覆而改变其原本的构造位置，认为本区玄武质安山岩是古澜沧江洋在晚二叠世俯冲作用的产物，而由于俯冲角度较小使得火山岩产生在板块的内部。一般情况下，俯冲角度过低难以形成岛弧火山岩，而低角度俯冲往往会在俯冲板片的前端产生具有埃达克质的岩石。因此，认为岩石是古金沙江洋在中二叠世俯冲作用的产物，是江达-维西火山岩弧的一部分，而在强烈的构造推覆下使之位移到板块内部。在地层方面，岩石发育在夏牙村组之中，与下覆地层妥坝组呈假整合关系，证明岩石属于妥坝弧火山岩。吴根耀等（2000）认为两组地层为异相沉积，夏牙村组构造接触覆于妥坝组之上，并不表示两者原始堆积时的上下接触关系，而很可能是在强烈的构造运动下，地壳发生缩短，冲断岩席发生堆垛。综上所述，本区玄武质安山岩为典型的安第斯型弧火山岩，其形成与古金沙江洋的俯冲相关，年代学显示其形成时间为 269.4 ~ 270.7Ma，对古金沙江的消减的时间下限提供了有效的限定。现对中二叠世玄武质安山岩的成因模式做如下归结：在古金沙江洋向西俯冲消减的背景下，来自俯冲的大洋板片的富含 LILE，LREE 和 Sr-Nd 同位素成分的流体进入到地幔楔中，使之发生部分熔融形成具有弧火山岩特征的基性岩浆，在岩浆上升过程中经历了一定程度的分离结晶作用，最终形成火山岩。

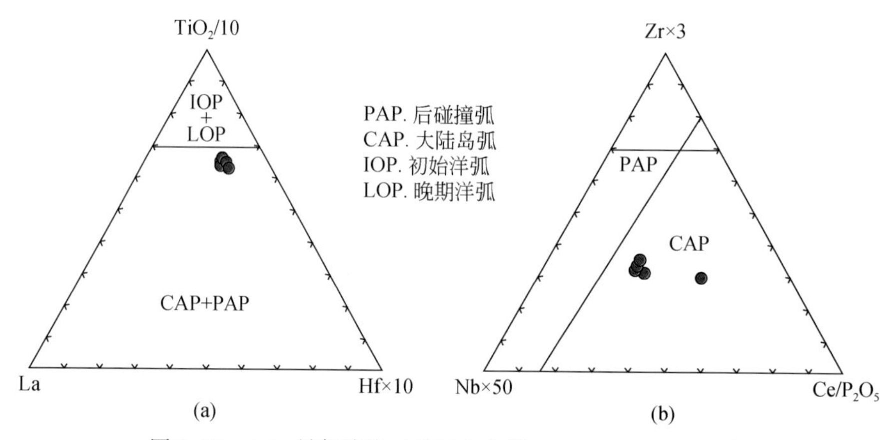

图 3.17 （a）昌都陆块二叠纪火山岩 $TiO_2/10$-La-Hf×10 和（b）Zr×3-50×Nb-Ce/P_2O_5 构造环境判别图（据 Müller *et al.*，1992）

昌都三叠纪火山岩具有超钾质、高 Al、高 K、低钛的特点，强烈富集大离子亲石元素和轻稀土元素、亏损 Nb、Ta、Ti 等高场强元素具有较高的初始 Sr 同位素比值（$^{87}Sr/^{86}Sr)_t$ 为（0.7150 ~ 0.7176）、初始 Nd 同位素（$^{147}Nd/^{144}Nd)_t$ 为 0.51180 ~ 0.51184 和初始 Pb 同位素比值（$^{206}Pb/^{204}Pb)_t$ 为 14.367 ~ 38.842、（$^{207}Pb/^{204}Pb)_t$ 为 15.471 ~ 15.706、（$^{208}Pb/^{204}Pb)_t$ 为 35.060 ~ 39.423。要产生具有如此地球化学特征的岩浆，可能有如下几种情况：① 幔源岩

浆上升过程中遭受到强烈的地壳混染或与壳源岩浆发生混合；② 直接形成于古老地壳的部分熔融；③ 形成于交代的岩石圈地幔的低度部分熔融。一般来说，富钾岩浆富含挥发份，上升速度快，在地壳停留时间短，很少受到地壳物质的混染（Miller *et al.*，1999）。无论是地壳混染还是壳幔混合一般都会引起 Sr-Nd-Pb 同位素数值上的明显变化，然而火山岩具有较均一的 Sr-Nd-Pb 同位素值。在 SiO_2-($^{87}Sr/^{86}Sr$)$_i$和 SiO_2-$\varepsilon_{Nd}(t)$ 图中未显示出 Sr、Nd 同位素与 SiO_2之间有明显的线性演化关系，表明昌都陆块超钾质火山岩富集 LREE、LILE 和 Sr-Nd 同位素，亏损 Nb、Ta、Ti 等高场强元素的地球化学特征与地壳物质的混染无关，是其源区固有的特征。另外，火山岩 Nd 同位素二阶段模式年龄 T_{2DM}为 1.82 ~ 1.88Ga，明显低于本区下地壳年龄；下地壳部分熔融的岩石 $Mg^{\#}$值通常小于40（Atherton and Petford，1993），与火山岩的 $Mg^{\#}$值（平均51）相差较大，且部分样品具有相对较低的 SiO_2含量（51.36%），排除了火山岩由古老地壳部分熔融形成的可能性。因此，认为火山岩是由交代岩石圈地幔的低度部分熔融形成。结合火山岩的微量元素和同位素特征，超钾质岩石源于经俯冲板片脱水作用所产生的流体、熔体改造的岩石圈地幔。大量研究表明，石榴子石二辉橄榄岩经低度部分熔融所生成的岩浆相对富集 LREE，HREE 显著分馏，且具有较高的 Ce/Yb 值；而尖晶石二辉橄榄岩部分熔融所生成的岩浆具有 HREE 相对平坦的稀土配分曲线形态（Ding，2003）。利用 Dy/Yb 和 La/Yb 值（图 3.18）可以对火山岩进行熔融程度模拟，结果显示火山岩不能由单一的含金云母的石榴子石二辉橄榄岩形成，而是来自含金云母的石榴子石相二辉橄榄岩和尖晶石相二辉橄榄岩经低度部分熔融（<3%）后形成的熔体之间的混合。尖晶石二辉橄榄岩与含金云母的石榴子石二辉橄榄岩非实比批式熔融曲线，熔融矿物组合和 La、Dy、Yb 在各种矿物相中的分配系数（Ding，2003）。

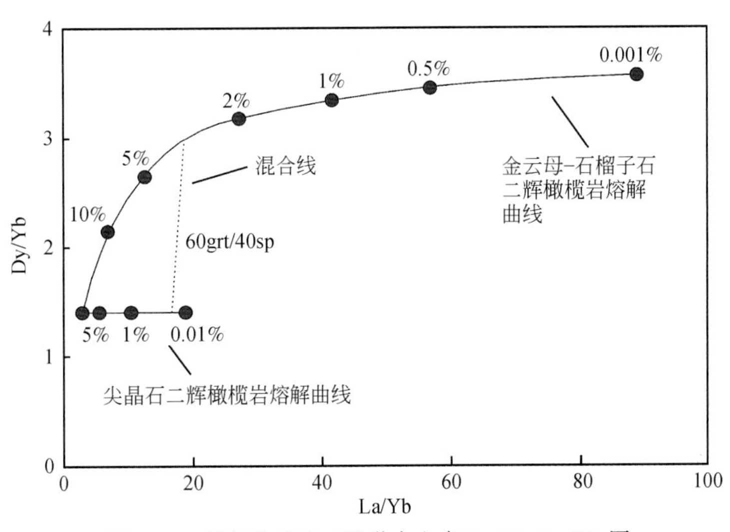

图 3.18 昌都陆块晚三叠世火山岩 Dy/Yb-La/Yb 图

古金沙江洋于二叠纪早期开始向西大规模俯冲于昌都地体之下，自中三叠世消减闭合转入弧陆碰撞阶段，其标志是在区域上存在中三叠系与下伏地层的角度不整合以及发育在江达-维西火山弧上的马拉松多组碰撞型火山岩（刘增乾等，1993；潘桂棠，2004）。自晚三叠世开始，昌都-思茅构造带进入后碰撞阶段，其内部发育堑垒相间的裂谷型地貌（钟康惠，2006；寇林林等，2009）。以上证据表明，超钾质岩石很可能形成于碰撞后的伸展环境。这一推论与本区火山岩发育于中三叠世区域性角度不整合之上事实相符。另一方面，在江达–维西火山弧西侧，德钦等地存在同时期活动的火山岩，且也产于碰撞造山后的伸展环境。近年来，在青藏高原发现了大量的超钾质岩石，大地构造背景属于后碰撞弧环境（Ding，2003；赵志丹等，2006）。为了进一步识别火山岩的形成环境，利用 TiO_2/10-La-Hf×10 和 Zr×3-Nb×50-Ce/P_2O_5图（Müller，1992）来对其进行判别，从图 3.19（a）中可见，投点均落入陆缘弧火山岩区，通过图 3.19（b）对其进一步识别，大部分样品的投点均落入后碰撞弧环境。结合前面的讨论，认为超钾质火山岩在地球化学特征上具有弧火山岩的性质，却形成于碰撞后的陆内环境，属于滞后型弧火山岩（莫宣学等，2001）。

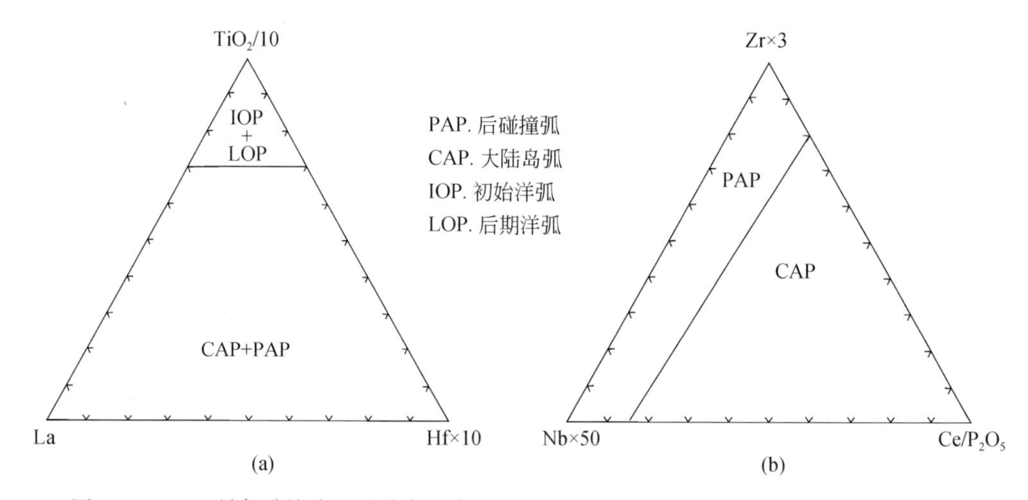

图 3.19　（a）昌都陆块晚三叠世火山岩 TiO_2/10-La-Hf×10 和（b）Zr×3-Nb×50-Ce/P_2O_5 构造环境判别图（据 Müller *et al.*，1992）

综上所述，可以将昌都陆块晚三叠世超钾质火山岩的成因模式做如下归结：在古金沙江洋向西俯冲消减的背景下，来自俯冲的大洋板片的熔体、流体进入到地幔楔中，这些富含 LILE、LREE 和 Sr-Nd 同位素成分的熔体与流体将降低古老岩石圈地幔物质的熔点，使得被俯冲熔体、流体改造的古老岩石圈地幔发生低度部分熔融，形成了超钾质母岩浆，且在岩浆上升过程中经历了一定程度的分离结晶作用，最终形成超钾质火山岩。

3.3.2　扬子板块西缘地幔柱作用

1. 峨眉山大火成岩省放射状岩墙群

作为被国际地学界承认的峨眉山大火成岩省，一般被认为是地幔柱作用的结果，其证据：一是喷发前存在着公里级的隆升；二是存在高温苦橄岩（Zhang *et al.*，2006）。对于第一个证据，近年受到了尖锐的质疑，Peate 和 Bryan（2008，2009）通过对隆升幅度最大位置的火山岩研究发现，其形成于海相环境，而不是陆相环境，因而提出不存在任何隆升，所以峨眉山地幔柱是否存在又成为当前关注的焦点。对于古老的地幔柱，还有一个关键的证据是放射状岩墙群，其收敛位置指示着地幔柱的中心位置。对峨眉山大火成岩省的岩墙群的几何学特征进行了研究，结果表明峨眉山大火成岩省存在着放射状岩墙群，其由6条巨型岩墙群组成，辐射角度近200°，其中心收敛于云南永仁一带，与前人地层学指示最大隆起位置吻合（图3.20），为峨眉山地幔柱的存在提供了关键的证据。

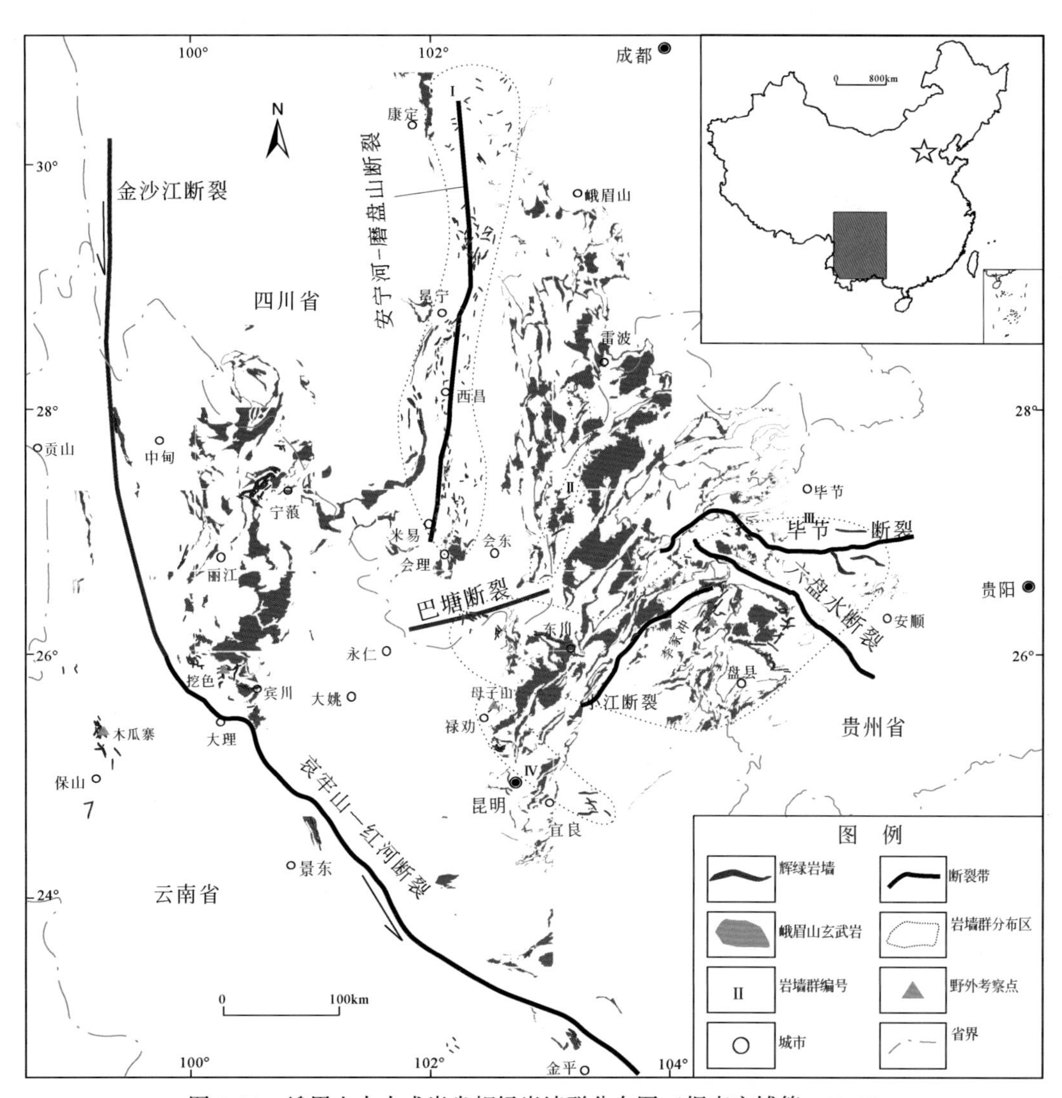

图3.20 峨眉山大火成岩省辉绿岩墙群分布图（据李宏博等，2010）

2. 峨眉山地幔柱的地层学证据

古老大陆溢流玄武岩（CFB）中寻找区域剥蚀记录较为困难，理想的情况是在发生地幔柱岩浆作用之前的上覆地层为一个浅海相的沉积盆地。肖龙等（2003）利用差异剥蚀的方法对峨眉山大火成岩省（ELIP）下伏茅口组灰岩生物地层的对比及其二者之间的界面特征进行了大量研究，根据差异剥蚀内带的分布范围推测 ELIP 地幔柱作用的中心在云南大理至四川米易一带，并根据 Campbell 和 Griffiths（1990）地幔柱模型，推算峨眉山地幔柱的直径为 400km，ELIP 面积为 $5\times10^5km^2$，体积为 $0.35\times10^6km^3$。但是这一论点遭到了质疑，Peate 和 Bryan（2008）在隆升幅度最大的内带地区发现峨眉山玄武岩为海相喷发，从而认为 ELIP 喷发前并未出现大规模的地壳隆升。通过 ELIP 地区油气钻井资料发现在茅口组顶部存在古喀斯特地貌，支持了 ELIP 的地幔柱模型。

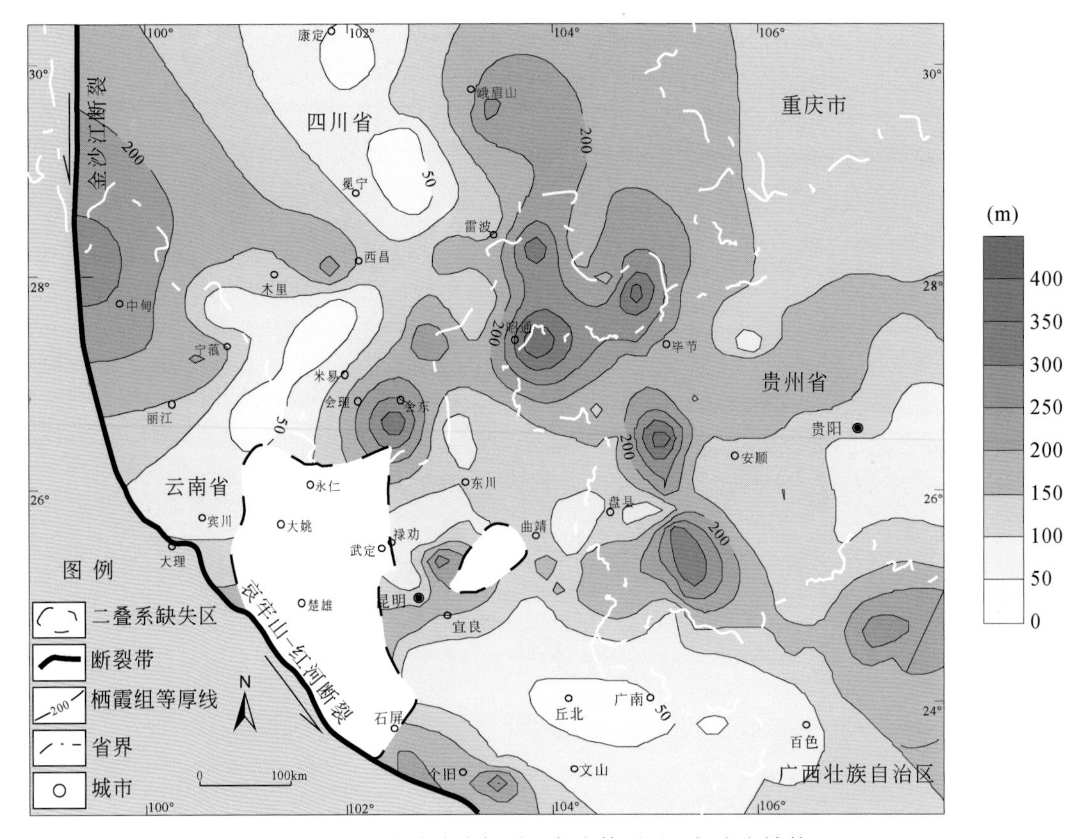

图 3.21　峨眉山大火成岩省栖霞组灰岩等厚图（据李宏博等，2011）

Campbell 和 Griffiths（1990）的地幔柱模型认为流溢玄武岩喷发之前存在大范围的地壳隆升，推论的重要前提是喷发前存在理想的水平沉积地层。如果地层存在起伏，那么势必对隆升效应的准确估计产生重要影响。在 ELIP 喷发之前，该区域是浅海相碳酸盐台地相，即 ELIP 下伏的茅口组灰岩与茅口组下伏的栖霞组灰岩为连续沉积地层（冯增昭、鲍志东，1994）。那么该地层是否是水平？是否存在地形的起伏？其幅度有多大？为解决这个问题，研究收集了 ELIP 分布区域地质资料和相关文献，对 ELIP 分布地区及周边地区的栖霞组和茅口组地层进行了厚度统计，绘制出栖霞组和茅口组等厚图（图 3.21、图 3.22）。可以看出，峨眉山地幔柱导致的隆升可能在栖霞期已开始。茅口组顶部普遍存在平行不整合界面，表明区域内的茅口组地层均曾抬升为陆并遭受剥蚀，与 Campbell 和 Griffiths 提出的经典地幔柱模型相吻合。永仁-大姚-楚雄-石屏和宜良-曲靖一带存在二叠系地层缺失区域，可能是地壳隆升幅度最大地区。利用实验模型推导出 ELIP 的最大隆升幅度为 1500m。

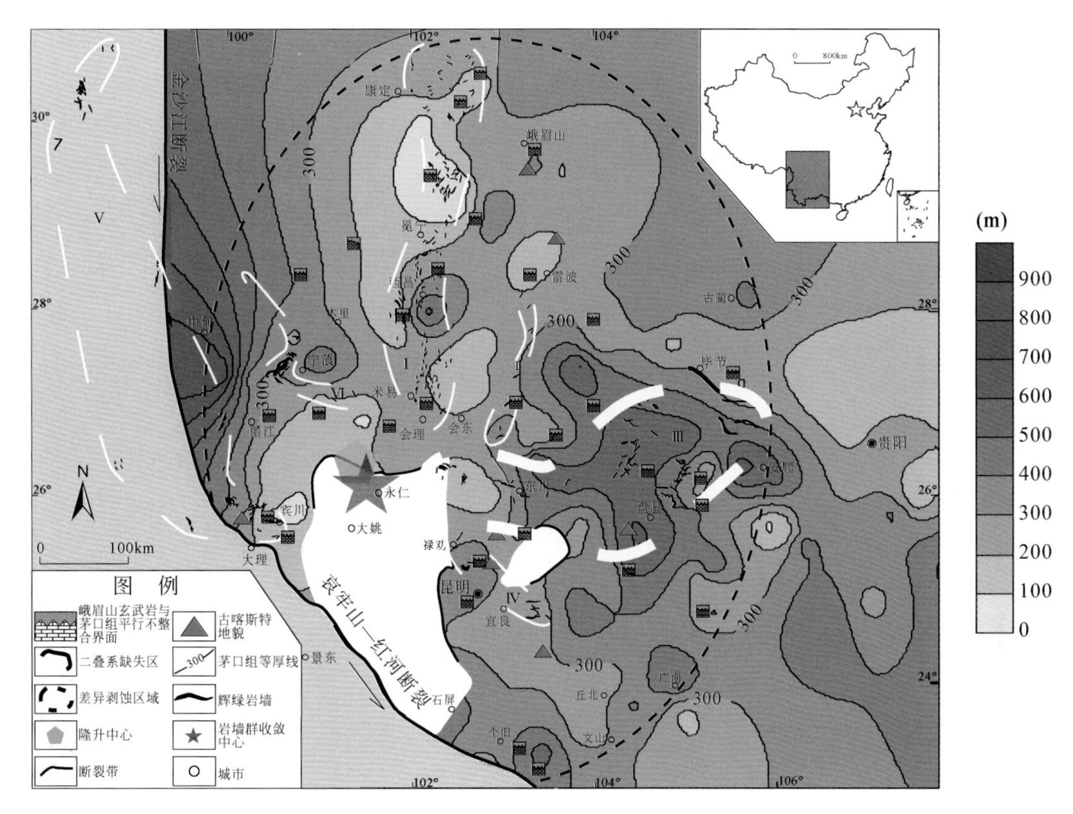

图3.22　峨眉山大火成岩省分布区茅口组灰岩等厚图（据李宏博等，2011）

茅口组差异剥蚀指示的地幔柱中心地区与放射状基性岩墙群收敛中心吻合。

3. 峨眉山高钛、低钛玄武岩的成因

南非Karoo大火成岩省（侏罗纪）TiO_2的含量高低，可以将其划分为高钛和低钛两类玄武岩。两种类型玄武岩在空间上存在明显的分带，即北部为高钛玄武岩，南部为低钛玄武岩。一些学者在其他一些大火成岩省中也鉴别出这两类玄武岩，并发现了类似的具有空间分布的特点，如巴西早白垩世Paraná。峨眉山玄武岩和其他大火成岩省一样，其TiO_2变化范围很宽，基本上为1%～5%，自从Xu和Cheng（2001）按照Ti/Y值将其划分为高钛和低钛玄武岩以后，很多学者都认为两种玄武岩确实存在，并且来自不同的源区。通过系统收集峨眉山大火成岩省已发表的玄武岩地球化学数据发现，高钛和低钛玄武岩在空间上不存在分带性（图3.23），而且其同位素特征也没有明显的区别（图3.24）。

通过对高钛和低钛玄武岩的显微镜观察发现高钛玄武岩均具有富集磁铁矿的特点，并且磁铁矿形成最晚；而低钛玄武岩的磁铁矿含量较低，所以认为高钛玄武岩是由于富集磁铁矿的结果，其原因是早期贫铁矿物的分离结晶作用导致铁钛氧化物在晚期富集。

基于相平衡分析和MELTS模拟（图3.25、图3.26），提出层状富铁的攀枝花岩体既可以由低钛玄武岩通过分离结晶作用形成也可以通过高钛玄武岩分离结晶作用形成。攀西地区含铜镍硫化物矿床和含钒钛磁铁矿床两类岩体与高钛和低钛玄武岩不存在必然联系。

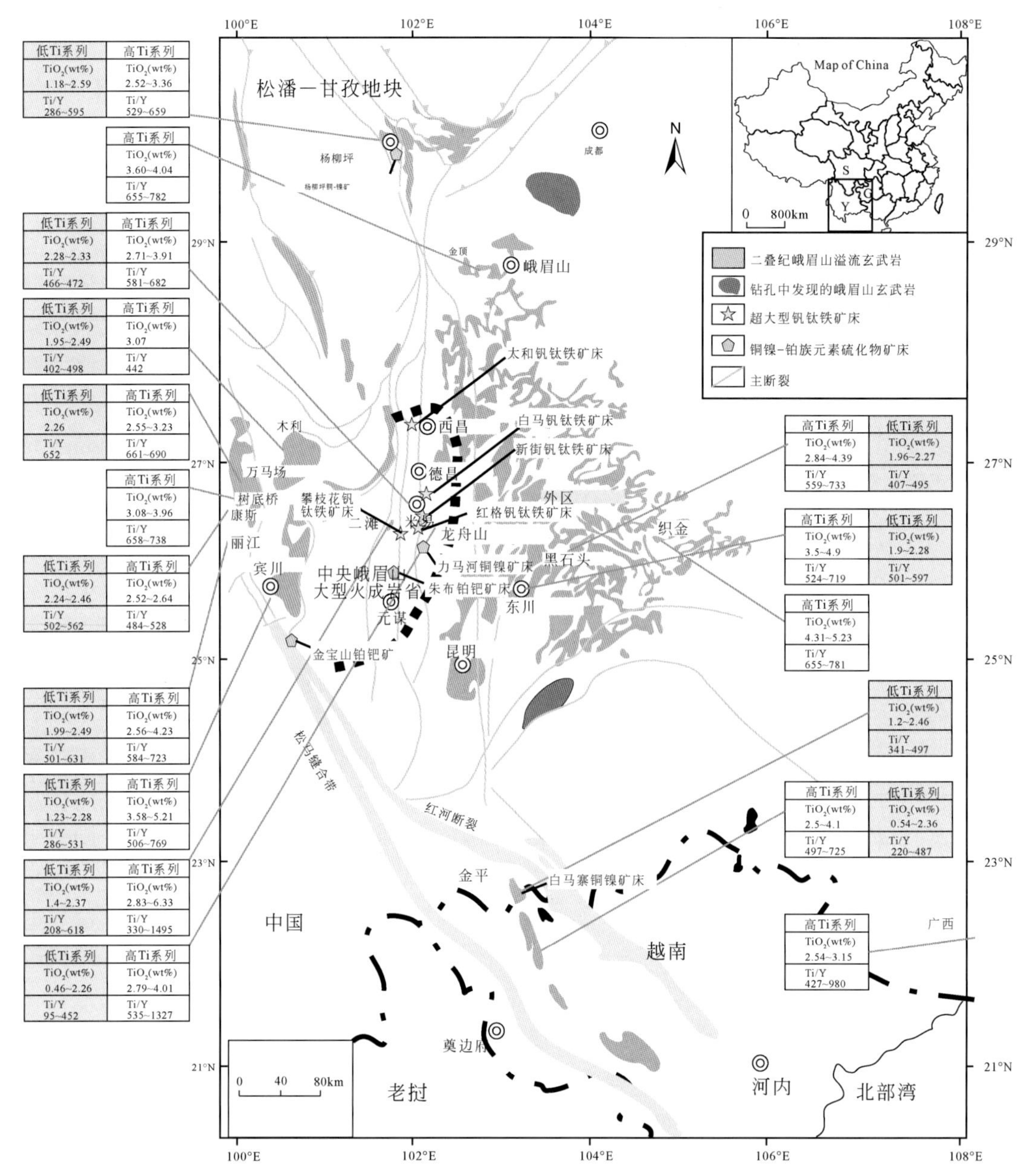

图 3.23　峨眉山大火成岩省玄武岩 TiO_2 含量和 Ti/Y 值分布图（据 Hou *et al.*，2011）

4. 巨量富集钒钛磁铁矿机制

攀枝花钒钛磁铁矿区苦橄玢岩脉（图 3.27）中分选出了岩浆结晶锆石，厘定其形成时代为 261.4 ± 4.6Ma（图 3.28），表明其与攀枝花岩体同期，并从地球化学的角度论证了其为同源岩浆演化的产物（图 3.29）。电子探针分析表明其存在高镁的橄榄石（Fo 最高为 90.44%），恢复的原始岩浆表明其为铁质的苦橄岩，估算的地幔温度为 1530℃，从而

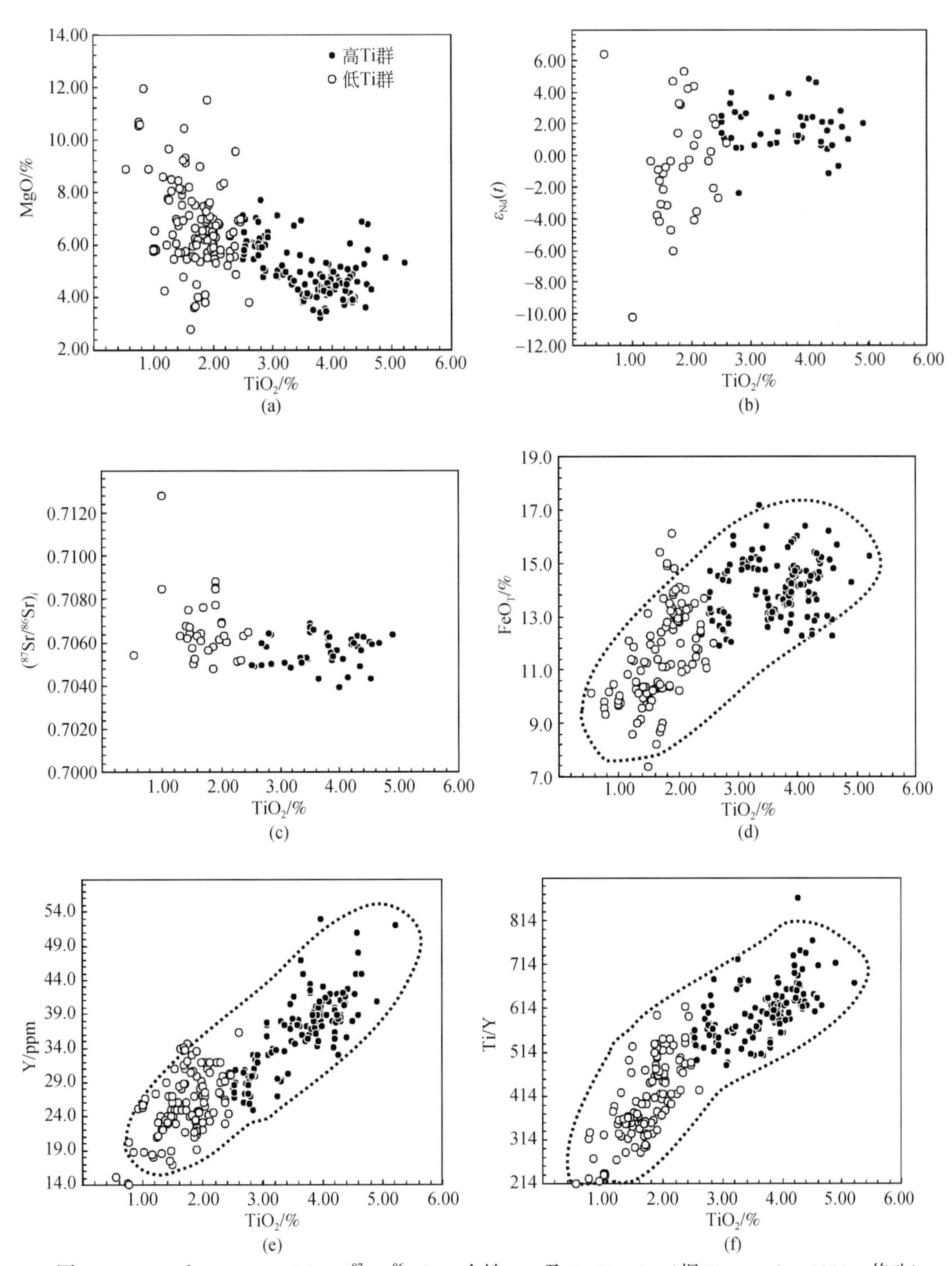

图3.24　TiO_2和MgO、$\varepsilon_{Nd}(t)$、$(^{87}Sr/^{86}Sr)_i$、全铁、Y及Ti/Y-TiO_2（据Hou *et al.*，2011，修改）

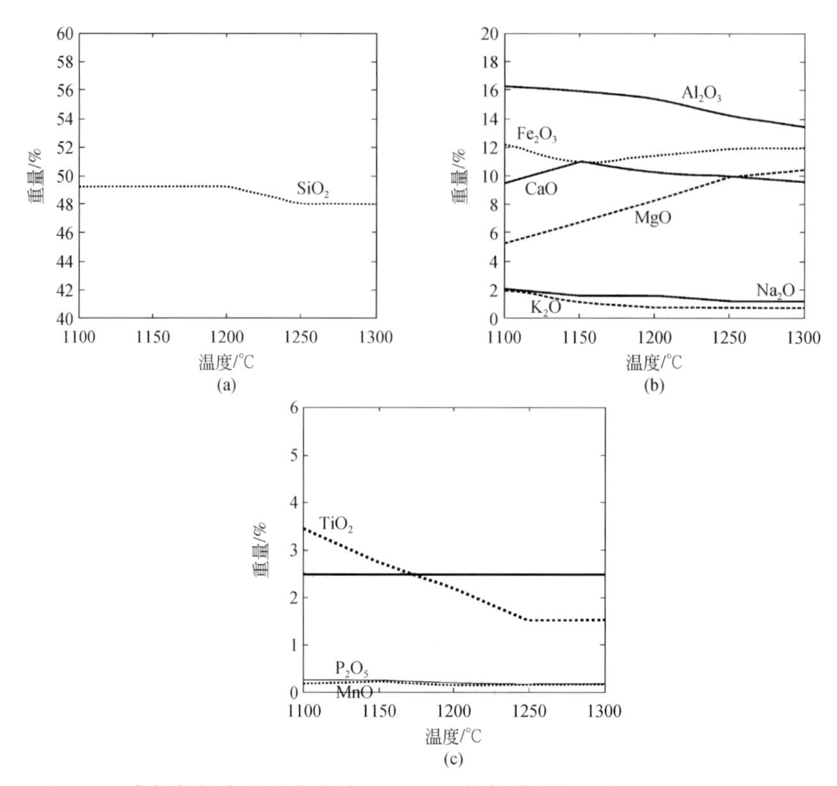

图 3.25　高镁低钛玄武岩分离结晶 MELTS 软件模拟图（据 Hou *et al.*，2011）

假定 f_{O_2}=FMQ-1.5，开始温度 1300℃，结束温度 1000℃，H_2O=0.5%，压力 1000bars（~3km）

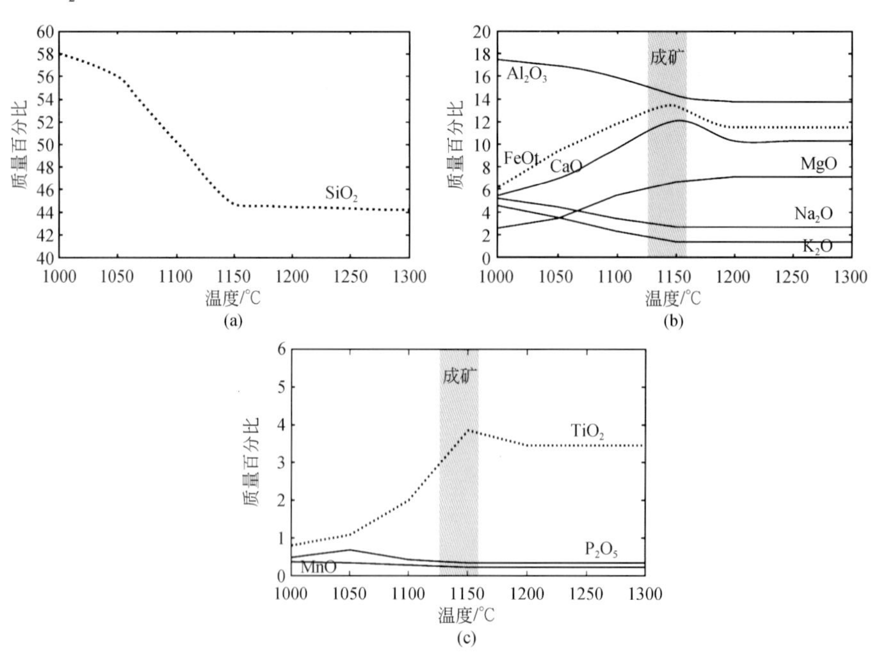

图 3.26　高钛玄武岩分离结晶 MELTS 软件模拟图（据 Hou *et al.*，2011）

假定 f_{O_2}=FMQ-1.0，开始温度 1300℃，结束温度 1000℃，H_2O=0.5%，压力 700bars（~2km）

图3.27　攀枝花岩体中苦橄玢岩野外产状和显微镜下特征图（据 Hou *et al.*，2013）

为攀枝花岩体的地幔柱成因提供了关键的证据。

在此基础上，利用惰性气体同位素（图3.30）结合O同位素数据论证了攀枝花岩体岩石圈地幔中存在新元古代俯冲板片的存在（图3.31），其变质后形成榴辉岩，由此提出上升的地幔柱有这种源区混入时形成富铁的苦橄岩原始岩浆是形成钒钛磁铁矿的主要原因，也是攀西地区钒钛磁铁矿床富集的原因。

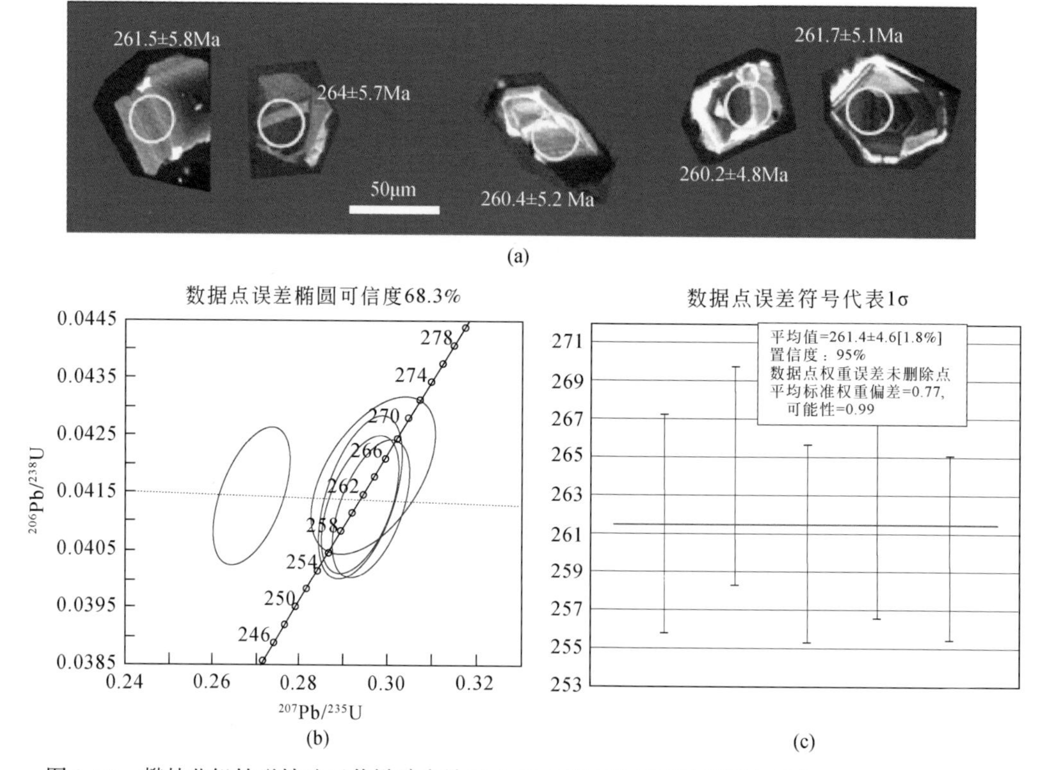

图 3.28 攀枝花钒钛磁铁矿区苦橄玢岩锆石 U-Pb 同位素同位素年龄图（据 Hou *et al.*，2013）

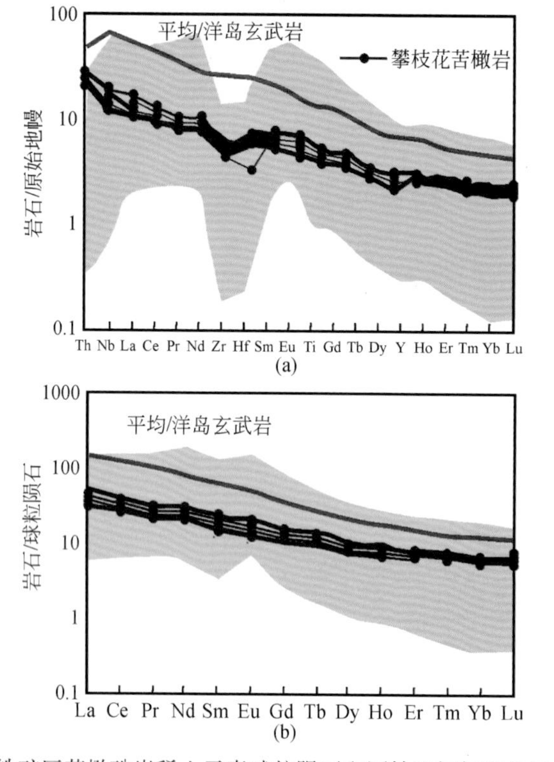

图 3.29 攀枝花钒钛磁铁矿区苦橄玢岩稀土元素球粒陨石和原始地幔标准化图（据 Hou *et al.*，2013）

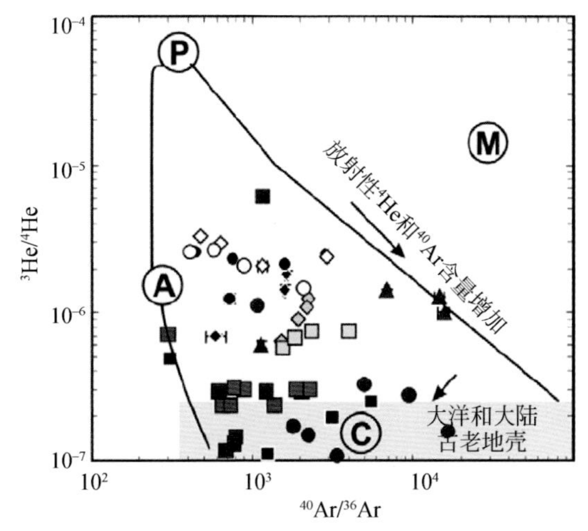

图3.30 攀西地区钒钛磁铁矿He-Ar同位素年龄图

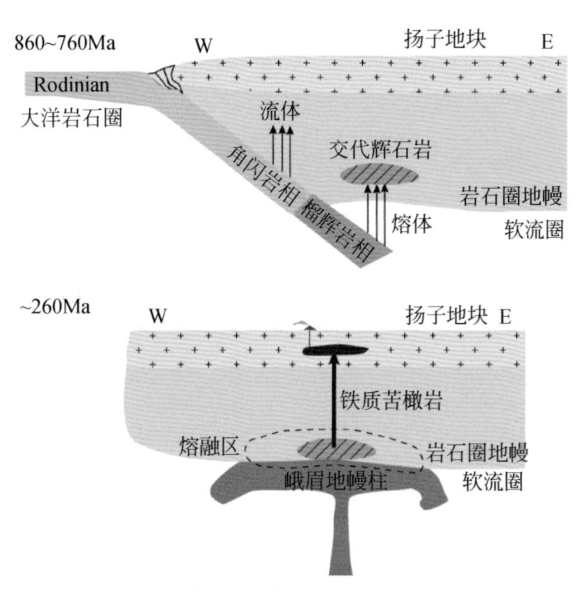

图3.31 峨眉山大火成岩省与钒钛磁铁矿岩体形成深部动力学背景图

3.3.3 复合造山与壳幔相互作用

三江地区复合造山作用中存在大规模的板片俯冲和拆沉作用，此间必然引起大规模的壳幔物质和能量交换。同时幔源物质到达地壳会引起的一系列壳内构造和岩浆活动，因而复合造山过程既是复杂的地球深部动力学过程又是一个大规模物质能量交换过程。综合运用地质、重磁、地震分析建立了俯冲-拆沉动力学机制，厘清壳幔交换作用过程，不仅是研究复合造山过程和成矿作用的重大科学问题，也是三江地区矿产资源勘查的理论基础。

俯冲造山过程中岩石圈板片俯冲插入地幔软流圈，引起幔源物质大量上涌；俯冲板片进入上地幔后重熔，发生大规模岩浆活动；俯冲造山晚期地壳和上地幔增厚造成岩石圈下部重力失稳，并可能引起上地幔拆沉作用的发生，造成地幔物质上涌，再次发生壳幔物质交换；碰撞造山过程中的持续挤压应力作用使岩石圈急剧增厚，大陆岩石圈俯冲触发大规模拆沉作用的发生，并导致幔源物质大规模上涌；碰撞造山过程的后期应力作用减弱，但部分地区幔源物质上涌仍在继续。总之，壳幔内部物质、能量交换贯穿整个复合造山过程，具有规模大、持续时间长的特点。

复合造山作用为幔源物质上涌提供了原动力，且在俯冲造山和碰撞造山主作用期拆沉-俯冲作用和幔源物质上涌作用强烈，同时也是成矿作用的发生时期。以哀牢山地区为例，区域在印支期达到主碰撞造山高峰期，亦为区域岩浆活动和成矿作用高峰期，墨江等一批金矿床均形成于260～200Ma期间，恰与主碰撞作用时期一致；而在义敦岛弧内部呷村等一批VMS型矿床成矿时代也与俯冲作用紧密相关。

1. 深部物质流

大地电磁观测发现，青藏高原存在两条巨大的中下地壳低阻异常带，理论计算认为是两条中下地壳的弱物质流。一条从拉萨地块沿雅鲁藏布缝合带向东延伸，环绕东喜马拉雅构造向南转折，最后可能通过腾冲地块；另一条从羌塘地体沿金沙江断裂带、鲜水河断裂带向东延伸，在四川盆地西缘转向南，最后通过小江断裂带和哀牢山-红河断裂带之间的川滇菱形块体（图3.32）。

深部物质流迁移的过程实际上是壳幔物质和能量交换的过程。深部成矿元素在经历活化、富集到最后的成矿均与壳幔相互作用直接相关。通过研究成矿组分的分散、富集机制和时空演化规律，可以预测矿床出现的种类和聚集的部位，厘清重要成矿区带的成矿模式，特别是大型矿集区的位置和成矿元素富集规律。基于深部壳幔物质交换作用的研究，可以为区域矿床研究与矿产勘查预测提供指导信息。

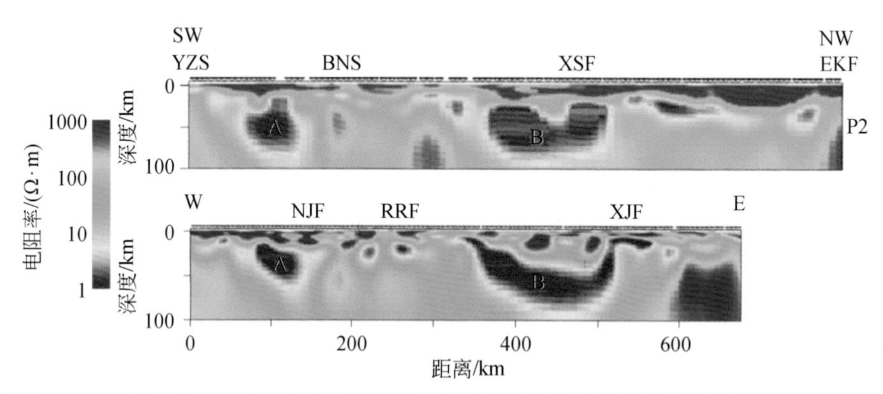

图3.32　三江地区深部大地电磁（MT）揭示的地壳物质流分布图（据白登海，2010）

深部物质流的研究成果验证了深部存在的大规模物质交换过程。三江地区西部物质流主体位于30～70km深度范围内，根据莫霍面计算结果，这一深度正好位于莫霍面上20km至莫霍面以下30km范围内的壳幔结合带中，此区域也是深部壳幔物质交换最为强烈的地区；东部物质流带靠近三江造山系与扬子板块的结合带，即碰撞造山的前缘带，物质流发育深度明显加深，强度亦远大于西部物质流。

三江地区壳幔相互作用过程对矿集区形成和成矿元素超常富集具有制约作用。矿床和矿集区的时空分布规律本质上受深部地质构造演化过程的制约，地幔物质和壳幔相互作用与成矿约束是控制地壳内部大规模流体流动迁移、聚集存储的重要因素。三江构造带内存在绵延千余公里的钾质-长英质岩带、大规模煌斑岩发育区、火山-岩浆岩带和碱性杂岩带是深部构造-岩浆活动的产物。而火山-岩浆岩带构成了大规模的不连续火成岩省，其岩浆活动峰期年龄与区内多期次深部构造活动紧密相连，并共同受深大断裂系统和深部软流圈上涌区控制。

2. 深部地震低速异常

根据哀牢山-红河造山带深部地震层析成像研究分析三江地区不同深度均存在大规模的地震低速异常，而在区域横向和纵向上又存在显著的差异。哀牢山地区低速异常带主体位于40km深度，对比莫霍面形态特征，沿着断裂带出现的低速异常并非地壳厚度增加所致，而是与壳-幔边界的热动力状况有关。通过地震层析成像研究认为，三江及周边地区的速度结构中上地幔顶部平均速度为7.75km/s，明显低于8.1km/s这一全球大陆下方平均速度，并认为这种低速可能是由于深部存在的大规模岩浆-热液活动所造成。

根据Huang等（2002）地震层析成像研究成果（图3.33），三江地区在10km深度时分布大量沿深大断裂带展布的高速异常，区内大量地震震中位置整体沿断裂带分布；在25km深度时开始出现大规模的低速异常体，对比航磁计算居里面深度图，该低速体存在的部位与居里面隆起区位置相近。由于三江地区居里面深度范围大致在18～28km，可以推断该居里面隆起区存在高温地质体，因而认为深部低速异常为岩浆活动所致的认识是可信的。另外，深度达到40km时区内低速异常规模较大，特别是在腾冲地区存在一个明显的低速异常体，而在60km深度时区内低速异常明显减少，再往深部在85km深度时又逐渐增加，表明深部岩浆活动的不均一性。

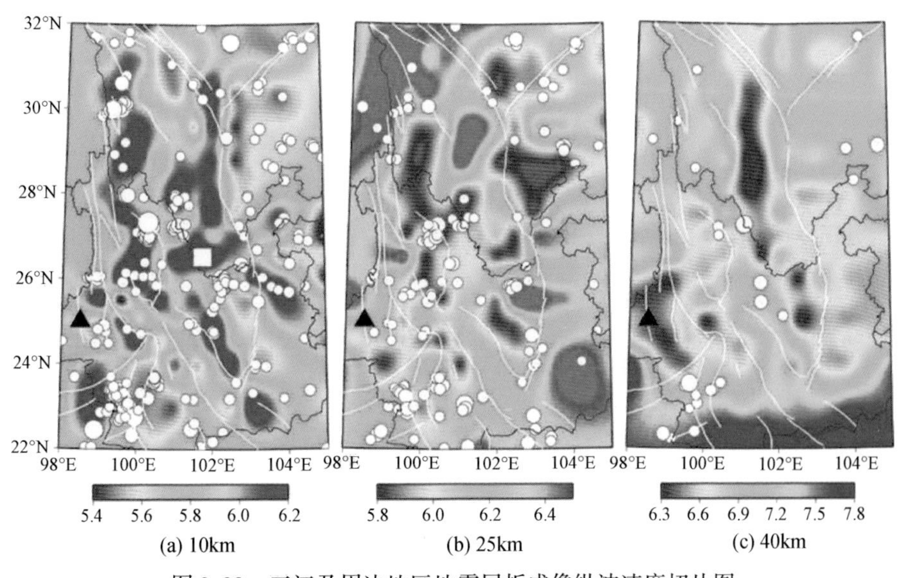

(a) 10km　(b) 25km　(c) 40km

图3.33　三江及周边地区地震层析成像纵波速度切片图

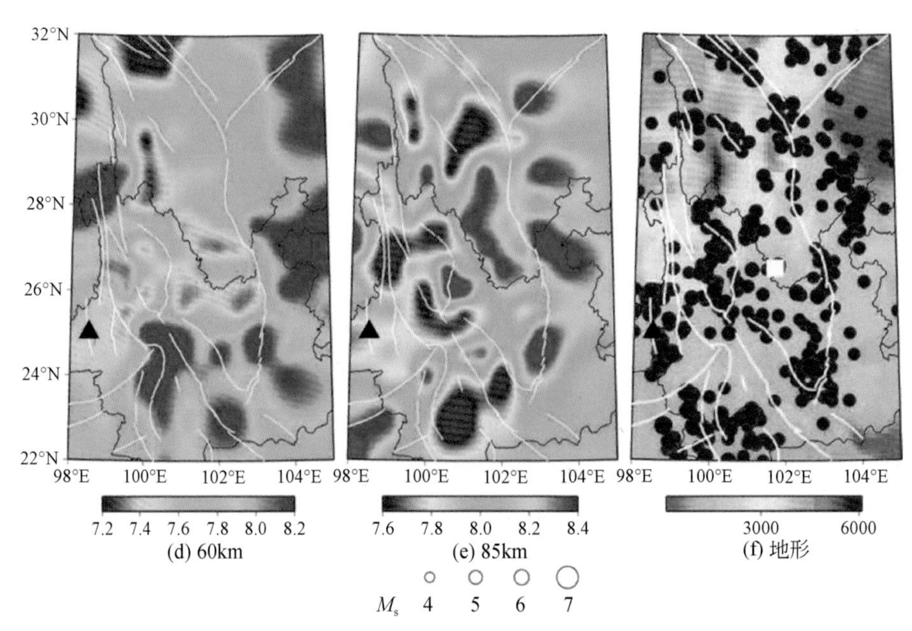

图 3.33　三江及周边地区地震层析成像纵波速度切片图（据 Huang *et al.*，2002）（续）
（a）~（e）不同深度波速度成像；（f）高程影像与地震震中分布

根据深部低速异常分布特征，结合居里面和莫霍面深度计算结果推测，三江地区在25km深度至莫霍面范围内是壳内大规模岩浆活动发生的主要空间，也就是可能的壳内岩浆房分布空间。值得注意的是，在此深度地壳内亦有大规模的大地电磁揭示的物质流存在。深部地幔物质在进入地壳后，在此空间内引发大规模的壳幔相互作用，岩浆活动剧烈。壳幔活动发育的地区总体表现为地温梯度抬升，居里面上隆，地震波速降低且发育较大规模的大地电磁低阻物质流。

第 4 章　地球物理探测与壳幔结构

众多学者利用多种地球物理方法对三江特提斯构造成矿域的多种物理现象的信息进行了研究分析（张中杰等，2005；张旗等，2006；熊盛青等，2013；周道卿，2013），并提出了多种可能的演化模式（Burnard *et al.*，1999；Najman *et al.*，2000；刘福田等，2000；钟大赉等，2000；Huang *et al.*，2002；Deng *et al.*，2014b）。通过对三江地区莫霍面形态特征进行分析和研究，认识莫霍面变化特征所反映的地质内涵，进而探讨莫霍面的幔拗区、幔阶区、幔坡带等与深部构造和区域成矿作用的成因联系，系统展示了地壳结构、深部构造及其与大型矿集区的空间联系，为研究三江特提斯构造格架和构造演化过程提供了重要信息。

4.1　地球物理场特征

4.1.1　重力场特征

区域布格重力图［图 4.1（a）、（b）］显示，三江特提斯造山带重力异常全为负值，其值在 -540×10^{-5} ~ $-130\times10^{-5}\,m/s^2$ 变化。最低值出现在青海囊谦地区，场值约为 $-535\times10^{-5}\,m/s^2$。最高值出现在云南景洪地区，场值达 $-132\times10^{-5}\,m/s^2$，幅值相对变化 $400\times10^{-5}\,m/s^2$ 以上。负重力异常值反映了地壳均衡补偿的不足，其梯级带表示失衡区，即为构造运动活跃的地区。区内重力场虽然幅值变化较大，但规律性较强。总体呈现南高北低、东高西低的变化趋势，场值由东、南东、南向北西逐渐降低，呈现出良好的线性梯级带。区内重力高和重力低异常以窄带状或带状为特征，平面上相间排列，交替出现，基本上沿构造方向展布，垂直于走向之横向变化较大。布格重力异常带的展布方向，由南至北、由东至西差异性显著。

南部思茅盆地附近布格重力异常等值线以向北、北西或南、南东、南西的同形扭曲，呈北西或南北向线状或弧形分布，个别地区叠加局部重力高和低异常。重力异常带平面延伸长度大、连续性好，相对重力高和重力低带在区内相间排列，并沿主构造线方向作线状分布。重力高和重力低带向北逐渐收拢、汇合，向南则逐渐撒开、分散，重力高、低异常带数目增多，显示出典型的地槽区重力场的特征。

中部兰坪地区重力场总趋势是由南向北、由东向西逐渐降低，二者交汇于金沙江重力梯级带上。梯级带两侧布格异常等值线向南或向北，同形扭曲强烈，其上叠加北西、北北西走向局部重力高或重力低异常，重力高和重力低异常带宽度大，但数量较少。兰坪以北、以西地区重力异常受金沙江、澜沧江、怒江等重力梯级带控制呈北西向转近南北向延伸，兰坪以东地区则受扬子板块边缘控制，终止于木里-丽江重力梯级带上。

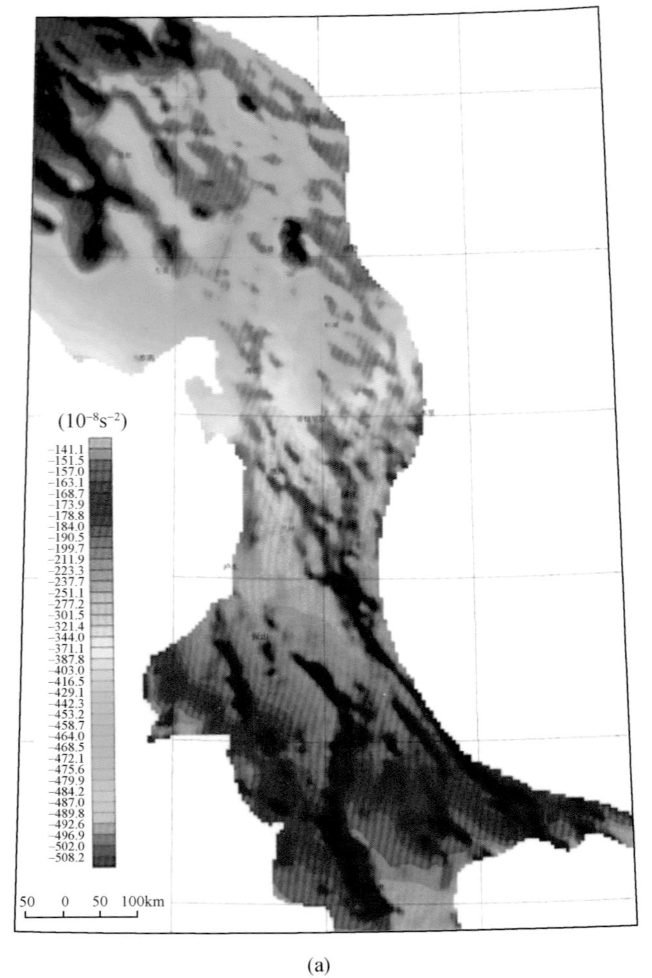

(a)

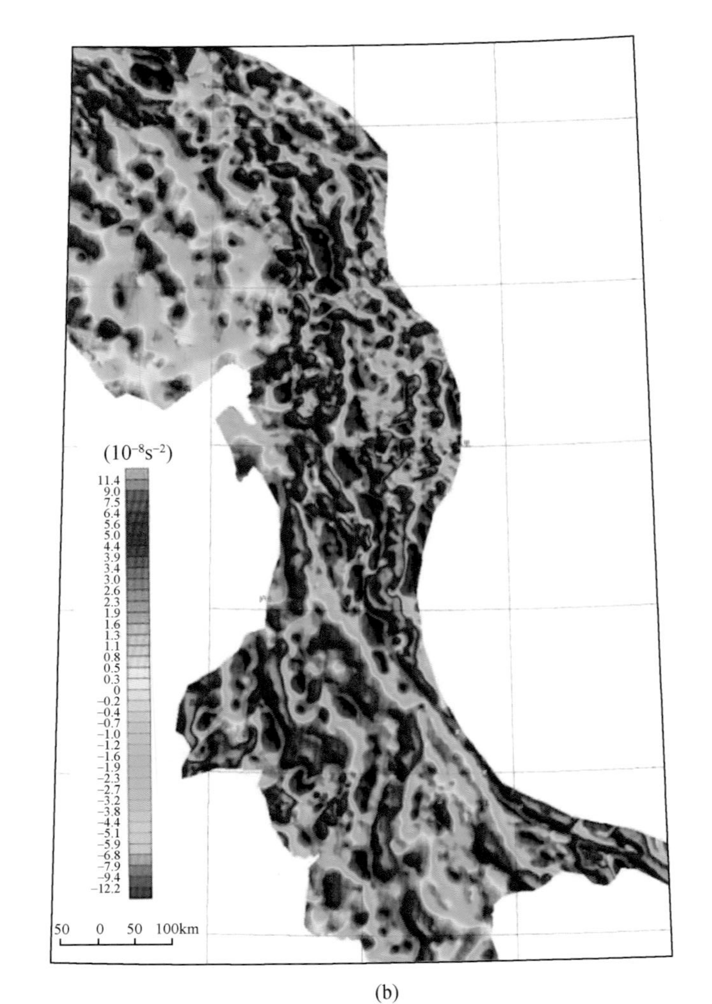

(b)

图 4.1　三江地区重力异常图（据周道卿，2013）

(a) 布格重力异常图；(b) 剩余重力异常图

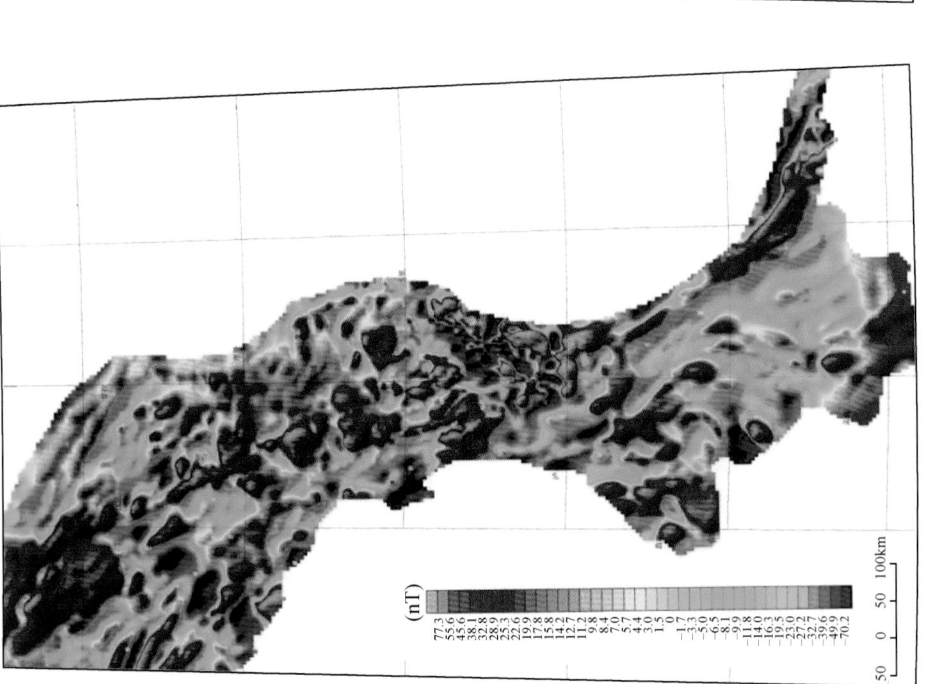

(a)

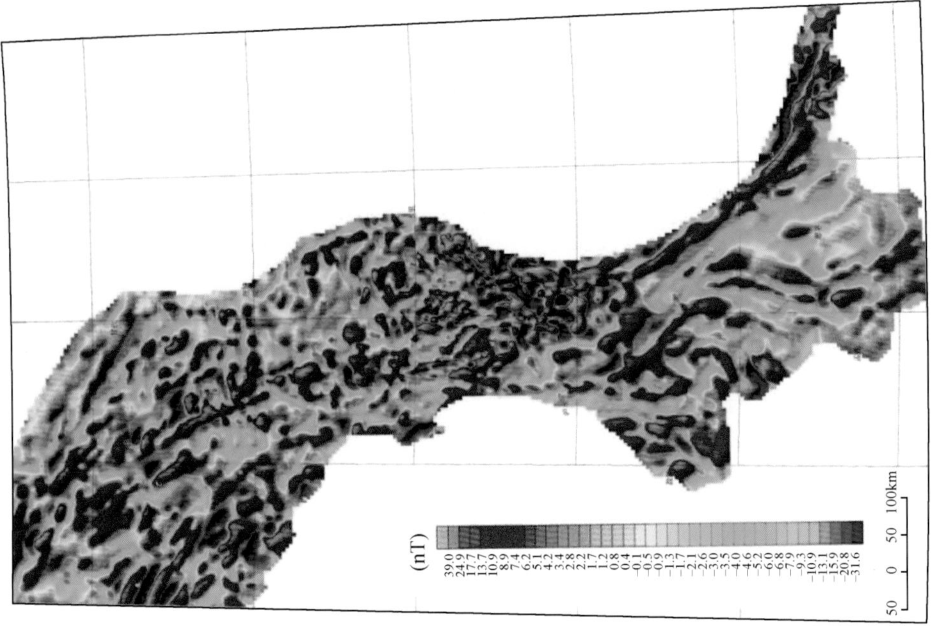

(b)

图 4.2　三江地区航磁异常图（据熊盛青等，2013）

(a) 航磁△T异常图；(b) 航磁ΔT剩余异常图

北部昌都地区布格重力异常等值线较为宽缓，局部椭圆形、不规则状圈闭增多，叠加在北西走向重力异常带上，形成高低相间、平行排列的线性异常带。由于地幔密度值相比较地壳密度值高，依据地幔补偿效应，布格重力异常值在宏观趋势随地势升高而逐渐降低，其最低值出现在区内海拔最高的囊谦及其北部地区。

4.1.2 磁场特征

航磁 ΔT 异常图［图 4.2（a）、（b）］显示（熊盛青等，2013），三江特提斯不同地区和不同构造单元具有不同磁场特征，在同一构造单元内，磁场也是由许多各具特征的异常带组成。总体而言，扬子板块、思茅地块、昌都地块等稳定地体磁场面貌简单，以平缓变化磁场区或平静负磁场区为主，异常强度多在-40 ~ -10nT，显示出典型沉积区磁场特点；构造复杂、岩浆活动频繁的缝合带和弧链地区则以剧烈变化磁场为主，异常强度多在 30 ~ 100nT，表现出明显的造山带异常特征。保山-腾冲附近的滇西南地区，磁异常表现为负背景场上叠加不规则状升高正异常带，异常带多数呈近南北向的弧形，由受区域构造控制的中酸性岩体引起，异常强度多在 20 ~ 50nT。

按照磁异常的展布方向分为三大不同方向异常展布区。澜沧江缝合带以西至保山、腾冲地区，异常带以近南北向为主，弧形及局部北东向为辅；金沙江-哀牢山缝合带及其北部地区，异常带整体为北西转北北西向分布；木里-丽江以东地区则为北东向及北东向弧形分布。三大异常基本上反映了不同构造单元的不同性质和特征。

三江特提斯造山带磁场特征南北差异明显。南部地区以北负、南正背景场上叠加几条醒目的北西向、或南北向弧形串珠状、线性异常带为主，中间以平静的负（或正）磁场区相隔形成的不同特征的磁场条块。线性异常带一般宽十几公里，长几十公里至数百公里；展布方向往往与断裂构造-岩浆岩带-变质带平行；异常带往北收敛，向南撒开，平面上呈扫帚状分布；除北西向和北西-南北向弧形异常带外，往西部尚有北东向异常，并往往与南北向异常相接形成弧形异常带；北部地区背景场与南部地区截然相反，表现为北负南正，以左贡-昌都地区磁场最为明显，形成不同磁场面貌的鲜明对比。磁场面貌复杂多变，线性特征不明显，异常主体走向北东，除红河北东侧有北西向串珠状异常带与红河平行分布外，其余则表现为几个大的异常区，异常强度亦较大。

4.2 莫霍面变化特征

莫霍面是指地壳同地幔间的分界面，由南莫霍洛维奇（1909）发现，也称莫霍洛维奇不连续面，简称莫霍面。

莫霍面深度的变化特征与布格重力场分布特征类似。从莫霍面深度图上看，三江地区莫霍面埋深超过 40km，明显高于中国东部平原地区 33km（段虎荣等，2010）的平均埋深。三江北段莫霍面埋深均超过 60km，中部突变至 52 ~ 55km，向南至思茅盆地南端埋深骤降至 43 ~ 47km，总体呈三级台阶变化特征，由北至南逐渐变浅（图 4.3）。

莫霍面埋深的变化代表着地壳厚度的变化，地壳厚度的变化与区域造山过程有着密切的联系。青藏高原的整体隆升是 45Ma 以来印度板块与欧亚板块长期陆陆碰撞与挤压的结

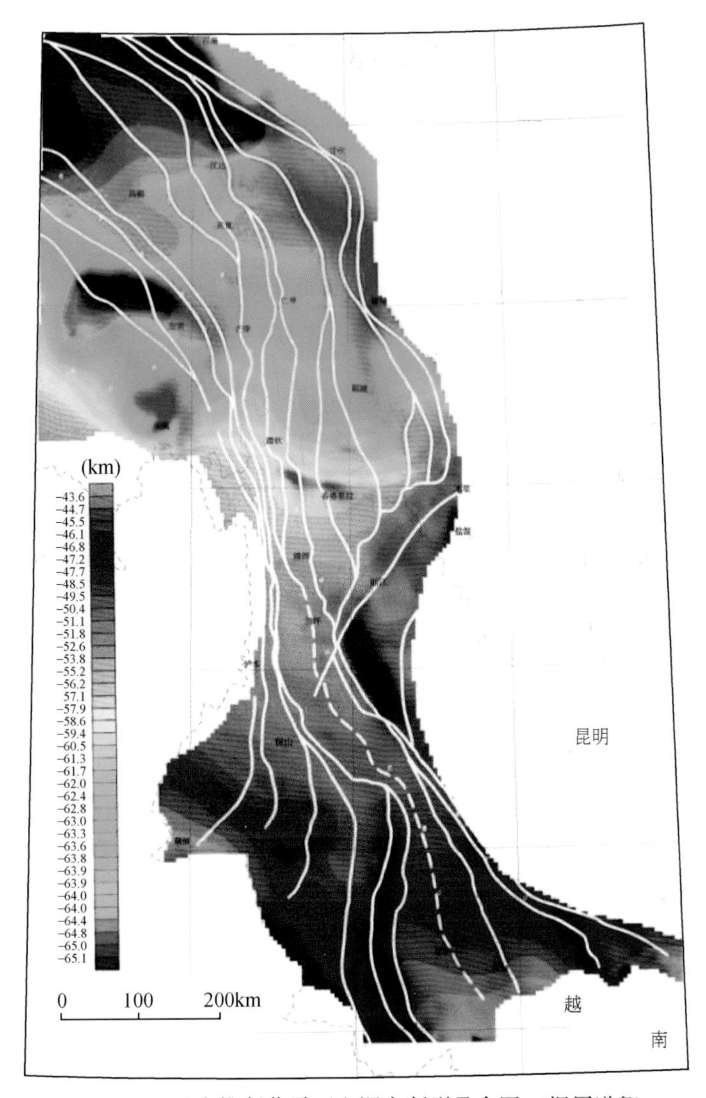

图 4.3　三江地区重力推断莫霍面和深大断裂叠合图（据周道卿，2013）

果（邓军等，2010），三江地区地壳厚度的整体变化亦受控于始新世早期以来的陆陆碰撞作用。俯冲碰撞过程中伴随着洋壳岩石圈俯冲作用，促使地壳厚度逐渐加厚。由于大洋岩石圈总体厚度较薄，且刚性较强，俯冲板片快速插入软流圈阶段，岩石圈厚度除局部地段外并没有发生大规模的地壳增厚；当转入碰撞造山期，印度大陆与欧亚大陆的双向俯冲，由于陆壳厚度显著高于洋壳，且深部消减速度明显低于洋壳俯冲，因而伴随着大陆岩石圈的大规模俯冲，区域地壳大规模加厚。碰撞造山阶段，印度大陆与欧亚大陆碰撞造山作用的主碰撞带位于喜马拉雅地区，远离主碰撞带的地区，陆陆碰撞作用逐渐减弱，造成三江地区地壳由北段至南段逐渐减薄。

4.2.1 幔隆带与幔拗带

幔隆带即大型莫霍面隆起区，对应地壳较薄地带；幔拗带即莫霍面下凹区，对应地壳较厚地带。从区域莫霍面结构特征看，三江地区整体呈现隆、褶、拗相间的构造格局。其中，昌都-兰坪-思茅盆地、保山地块、腾冲地块为大型莫霍面隆起区，地壳厚度较薄；江达-维西岩浆带、金沙江缝合带、义敦岛弧、临沧复杂碰撞带、哀牢山造山带为局部幔拗带，地壳厚度明显增大；隆拗相间构造格架中分布不同规模的幔褶带。为了认识莫霍面局部变化特征，对莫霍面深度图中变化波长小于500km的异常进行提取，形成了莫霍面局部变化特征图（图4.4）。

昌都-兰坪-思茅幔隆带是三江地区最大规模的幔隆带，其内莫霍面深度同样呈现三级台阶变化趋势，并具有以下显著特征：① 昌都-兰坪-思茅幔隆带内莫霍面深度显著小于临区；② 昌都-兰坪-思茅幔隆带内莫霍面深度变化梯度小，大规模快速突变亦相对较少。由于东羌塘地块和思茅地块在复合造山过程中相对稳定，造山作用对其影响较小所致。但是仍要看到，昌都-兰坪-思茅幔隆带内地壳厚度在40～55km范围内变化，远超过一般平原区，显示出俯冲-碰撞造山作用使其地壳厚度明显增加。

大型幔隆带内部地区存在一定规模的莫霍面凸凹区，如思茅地块内中轴断裂带两侧的思茅幔凹区和宁洱幔凸区。中轴断裂属于板块内断裂，因而在重力异常中的表现不如其他板块间深大断裂带明显。中轴断裂带南部思茅盆地内，莫霍面深度图中出现明显的深度梯度带，梯度带南西侧为幔凹区，北东侧为宁洱幔凸区，二者深度相差3km左右。莫霍面深部结构变化反映出思茅盆地东西两侧俯冲碰撞造山模式上存在差异。

三江地区幔拗带有北部江达-维西岩浆带、金沙江缝合带、义敦岛弧及东羌塘地块以西至拉萨地块，南部的临沧复杂碰撞带和哀牢山造山带。幔拗带内莫霍面总体较深，且变化率较大。北部地区最大的幔拗带为拉萨地块和义敦岛弧区，莫霍面深度在60km以上，地壳平均厚度62～66km，这与前文地壳结构认识一致；南部幔拗带则为临沧地区昌宁-孟连缝合带至云县-景谷火山岩带，即保山地块和思茅地块之间所夹复杂碰撞带，此外哀牢山造山带内地壳深度发生了明显增厚。

哀牢山和昌宁-孟连等是特提斯洋俯冲消减作用发生的主要区域，具有典型的重力低、磁力高且均位于幔拗区的特征。张中杰等（2005）通过人工地震探测研究认为，相比于全球不同构造域的上、下地壳平均厚度，三江地区下地壳明显增厚。早期洋陆俯冲碰撞过程中仅局部地壳厚度增加明显，在陆陆碰撞过程进行时发生大规模地壳加厚。幔拗带内部莫霍面深度相对幔隆带有明显的增加，这是早期洋陆碰撞的结果；幔拗带和幔隆带内地壳厚度均远超东部平原区，则是陆陆碰撞造山的直接结果。

4.2.2 莫霍面与壳内圈层关系

三江地区壳内各圈层均受到复合造山运动的强烈改造，因而包括莫霍面、居里面、磁性体顶界面与地形地貌之间存在紧密的联系［图4.5（a）～（d）］。区内主要的大型地块，如保山地块、兰坪-思茅地块和东羌塘地块等莫霍面深度较浅，处于幔隆带内；三江地区

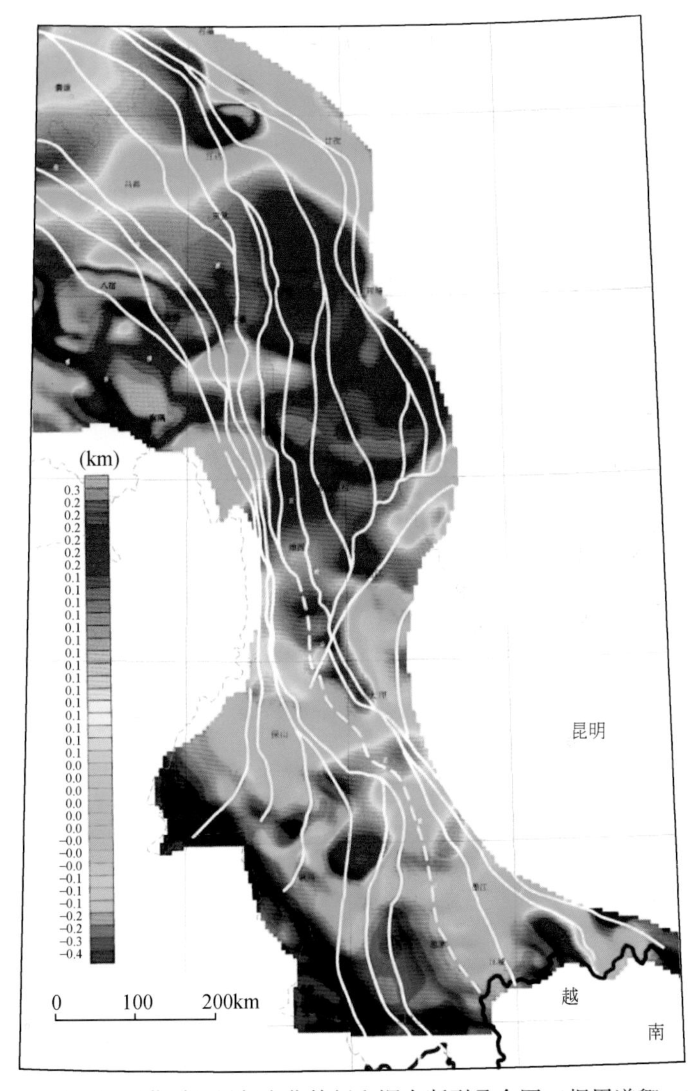

图 4.4 三江地区莫霍面局部变化特征和深大断裂叠合图（据周道卿，2013）

各主要造山带与莫霍面幔拗带对应关系较好，表明造山过程中造山带内地壳急剧增厚；隆拗结合带常为区域板块间结合带或深大断裂发育地带。

区内稳定地块岩石圈加厚作用明显弱于造山带，且深部岩浆活动较弱，近地表磁性体较少，因而莫霍面隆起区磁性体顶界明显较深；幔拗结合带对应的区域造山带，深部构造-岩浆活动较为发育，浅部火山岩-侵入岩广泛分布，因而区域磁性地质体分布较浅。以思茅地块为例，壳内磁性体顶界埋深较临区昌宁-孟连复杂碰撞带和哀牢山造山带大 8 ~ 10km。北部义敦岛弧总体为一个超长磁性岛弧体，莫霍面明显呈一大型拗陷区，而磁性体埋深计算结果显示该地区磁性地质体埋深总体较浅。幔拗带对应壳内岩浆活动发育地带，因而地温梯度较高，相应的居里面埋深也较浅，即幔拗带与居里面隆起带相对应。以昌宁-孟连-景洪地区为例，莫霍面表现为大型幔拗区，莫霍面深度较思茅地块埋深大 3 ~

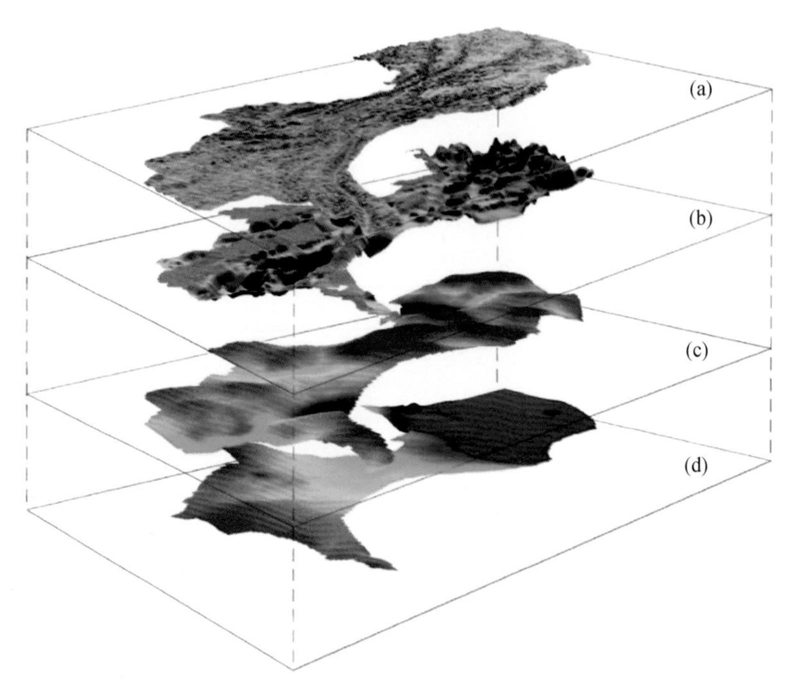

图 4.5　三江地区地壳-地幔不同圈层综合对比图（据周道卿，2013）

（a）数字地形图；（b）磁性体埋深图；（c）居里面深度图；（d）莫霍面深度图

5km 不等，而居里面则较后者浅 6 ~ 10km，呈现明显莫霍面与居里面镜像对隆（拗）区。北部居里面双隆起带内对应的莫霍面相对深度同样较深，总体位于幔拗区。

总之，壳内各圈层的对应关系表明深部地壳厚度、地温梯度、壳内构造-岩浆活动、浅部磁性体分布、地表地形地貌等为相互制约、协调统一的整体，均受到区域复合造山作用的影响。

第5章　地球化学元素分布特征

基于区域化探数据，分析了三江地区不同构造单元与汇水盆地中元素的整体分布特征，并以GIS为平台，以非网格单元大地构造区和汇水盆地划分地质统计单元，解析Au、Ag、Cu、Pb、Zn、Sn、Sb和Hg 8种成矿元素的空间分布特征（刘欢，2013）。

5.1　地球化学单元

统计单元是统计学与地质学之间的纽带，划分地质统计单元方法有地质体单元法与网格单元法（王世称，2000；王世称等，2000；赵鹏大，2002；薛顺荣等，2008；董庆吉，2009；刘艳宾等，2011；陈建平等，2013）。与传统的地质统计学方法（Sinclair，1974，1976，1991；Govett *et al.*，1975；Miesch，1981；Stanley，1988；Stanley and Sinclair，1989；Grunsky and Agterberg，1988）相比，分形不仅考虑了概率分布及空间相关性和变异性，而且能有效刻画复杂背景叠加成矿作用下形成的地质体（Cheng *et al.*，1994；Cheng，1999；Deng *et al.*，2009；Wang Q. F. *et al.*，2010，2011；Sadeghi *et al.*，2012）。大地构造区的划分依据为潘桂堂（2003）划分方案，共划分了20个统计单元（图5.1）。

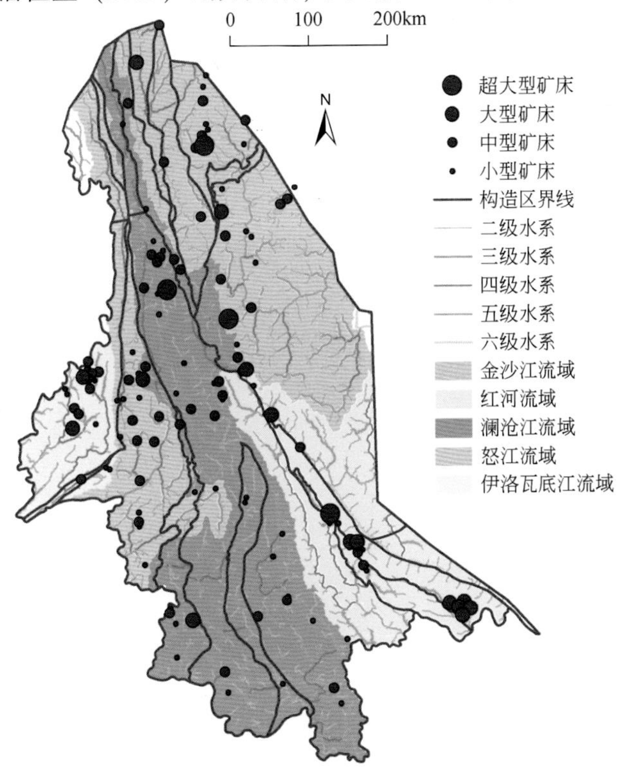

图5.1　三江南段地区统计单元划分图

5.2 地球化学元素与分布特征

原始数据来自全国 1∶20 万区域化探数据库，具体的完成单位有云南省地质矿产勘查开发局区调队、云南省地质矿产勘查开发局区域地质调查队、云南省地质矿产勘查开发局第一区测大队、云南省地质矿产勘查开发局第二区测大队等单位。在下文的论述中，数据来源简化为“原始数据来自全国 1∶20 万区域化探数据库”。

5.2.1 构造单元元素展布规律

各构造区中 Au、Ag、Cu、Pb、Zn、Sn、Sb 和 Hg 元素含量均呈右偏分布。在义敦陆缘弧、金沙江缝合带和哀牢山缝合带中，Au 元素含量均值较高，标准差较大（图 5.2）。在缝合带中，Au 元素的均值与标准差相对于相邻的陆缘弧与地块较高。义敦陆缘弧、金沙江缝合带、维西陆缘弧、东羌塘地块和昌宁-孟连缝合带中，Ag 元素含量均值与标准差较大。扬子板块、义敦陆缘弧、金沙江缝合带、昌宁-孟连缝合带和保山地块中，Cu 元素含量均值与标准差较大（图 5.3）。义敦陆缘弧、哀牢山缝合带、维西陆缘弧、昌宁-孟连缝合带、保山地块和腾冲地块，Pb 元素含量均值与标准差较大（图 5.4）。义敦陆缘弧、金沙江缝合带、维西陆缘弧、昌宁-孟连缝合带和保山地块，Zn 元素含量均值与标准差较大。西羌塘地块、拉萨地块、昌宁-孟连缝合带、保山地块和腾冲地块，Sn 元素含量的均值与标准差较大。金沙江缝合带、东羌塘地块、维西陆缘弧和昌宁-孟连缝合带，Sb 元素含量的均值与标准差较大（图 5.5）。东羌塘地块、思茅地块、昌宁-孟连缝合带和保山地块，Hg 元素含量均值与标准差较大。

各大地构造单元中元素分布的多重分形谱多数呈右钩（图 5.6），表明相应元素的含量序列中以低含量为主。墨江-绿春陆缘弧、云县-景谷陆缘弧、西羌塘地块和拉萨地块中元素分布的多重分形谱相对于其他构造区较窄，表明在这些构造区中，元素分布的不均匀性相对较低。相对于其他元素，Cu、Sb 分布的多重分形谱宽度（Δa）值和分形谱两端的差值［$\Delta f(a)$］的变化范围较小，且 Cu 元素的 Δa 值多数较低，$\Delta f(a)$ 集中在 0 附近（图 5.7，表 5.1）

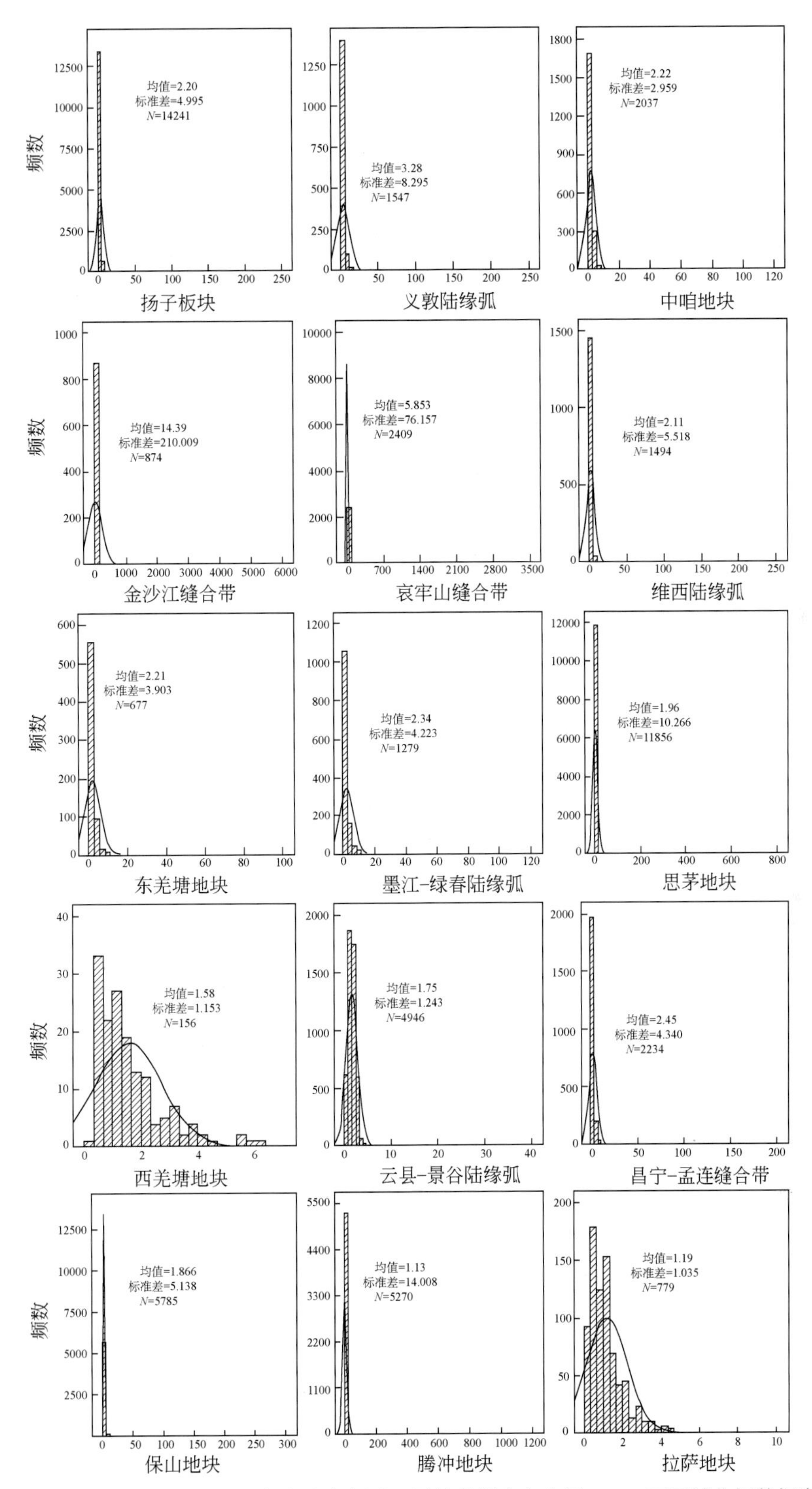

图 5.2　三江南段地区 Au 元素含量直方图（原始数据来自全国 1∶20 万区域化探数据库）

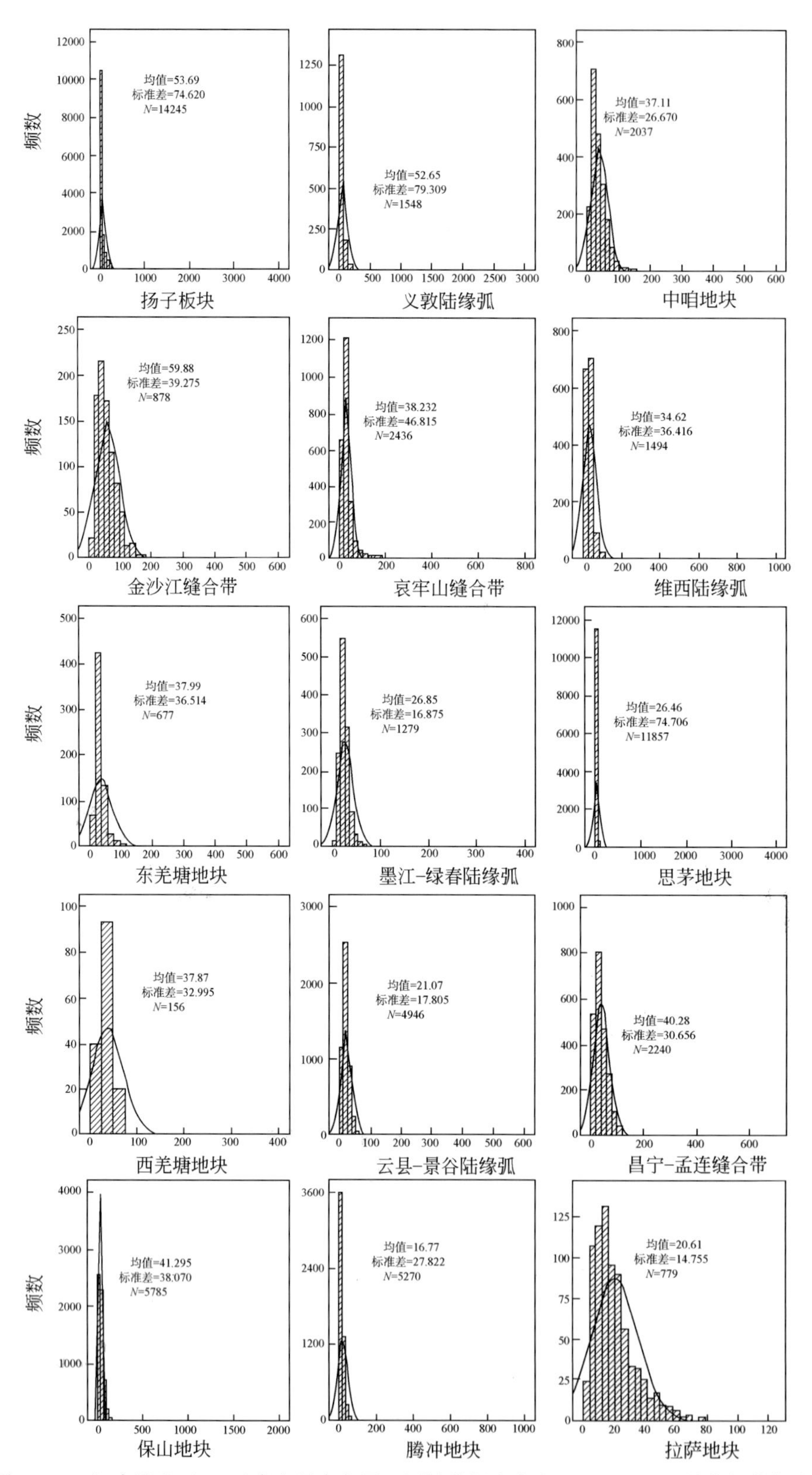

图 5.3　三江南段地区 Cu 元素含量直方图（原始数据来自全国 1∶20 万区域化探数据库）

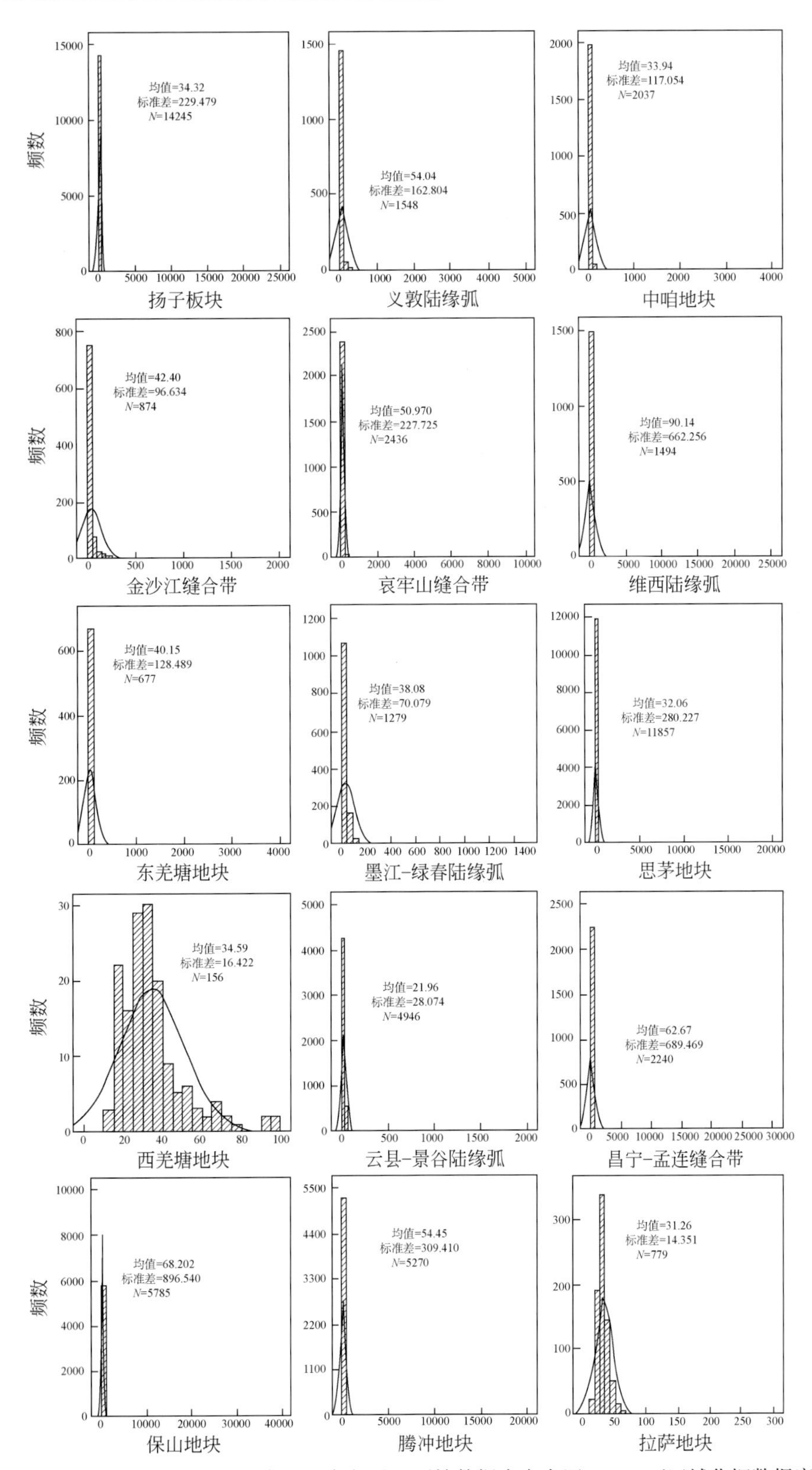

图 5.4　三江南段地区 Pb 元素含量直方图（原始数据来自全国 1∶20 万区域化探数据库）

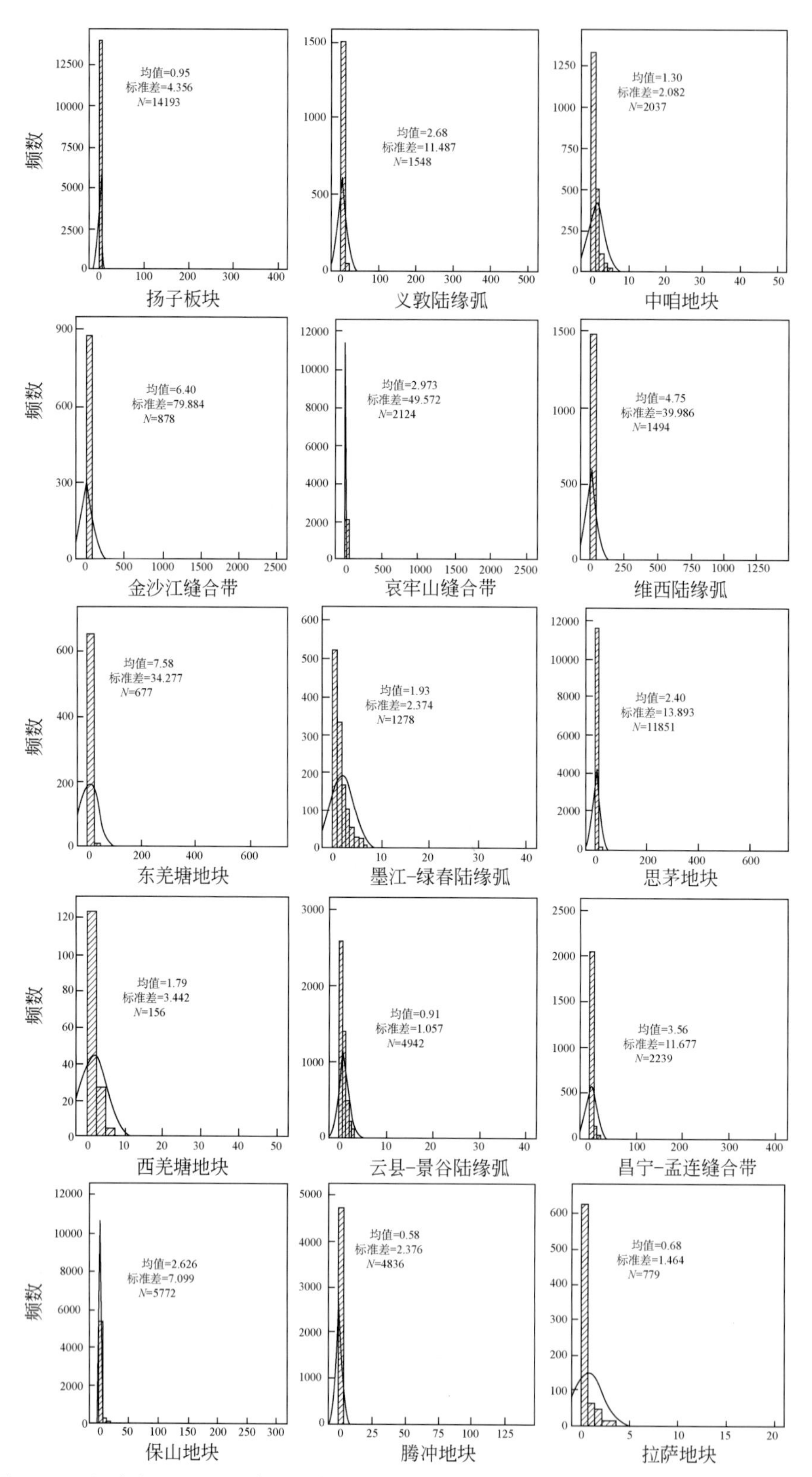

图 5.5　三江南段地区 Sb 元素含量直方图（原始数据来自全国 1∶20 万区域化探数据库）

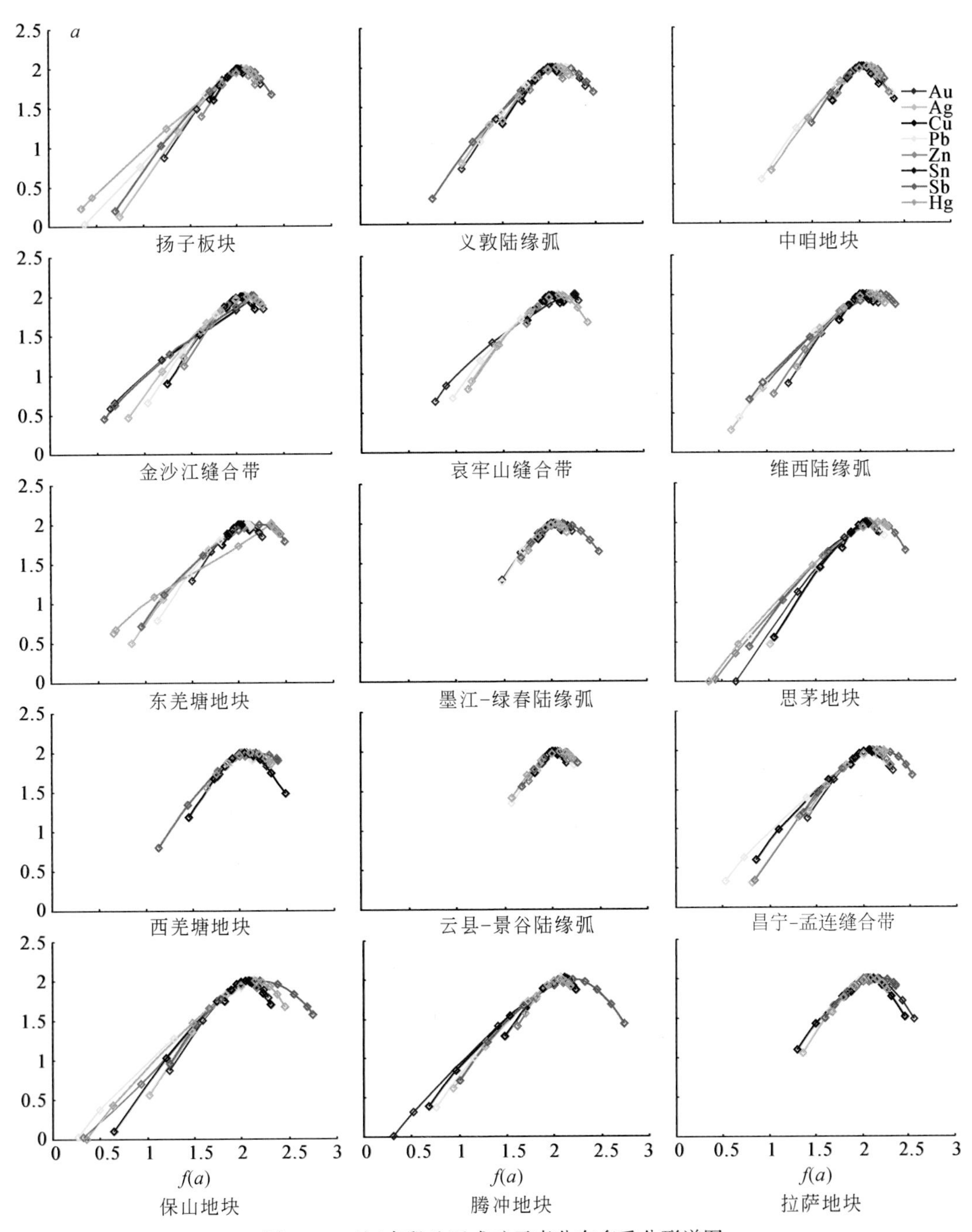

图5.6　三江南段地区成矿元素分布多重分形谱图

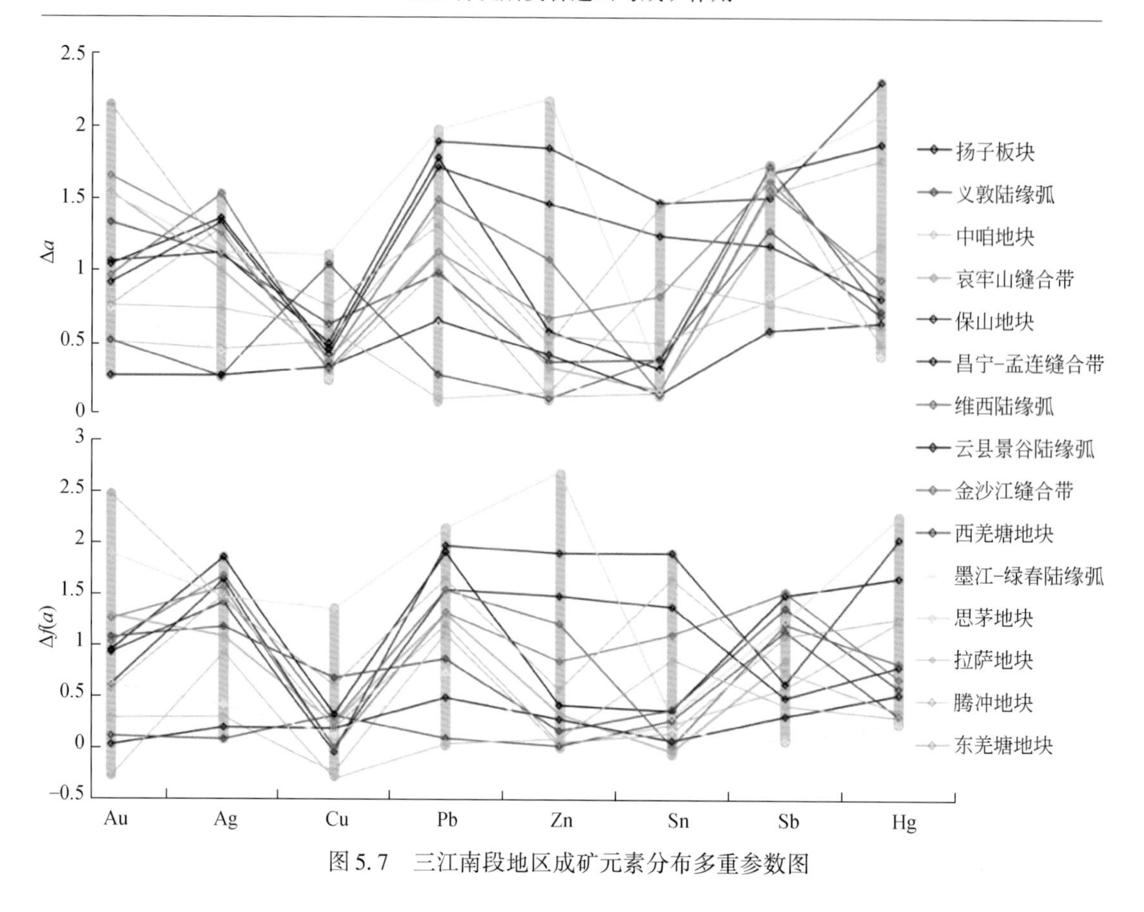

图 5.7　三江南段地区成矿元素分布多重参数图

表 5.1　三江地区不同构造区元素分布多重分形参数表

元素	构造区	Δa	Δf(a)	信息维	孔隙度	元素	构造区	Δa	Δf(a)	信息维	孔隙度
Au	扬子板块	1.04	0.94	1.85	0.43	Ag	扬子板块	1.35	1.83	1.83	0.63
	义敦陆缘弧	1.32	1.06	1.78	0.56		义敦陆缘弧	1.10	1.16	1.74	0.63
	中咱地块	0.50	0.28	1.94	0.16		中咱地块	0.45	0.29	1.93	0.16
	金沙江缝合带	1.65	1.24	1.19	1.32		金沙江缝合带	1.25	1.55	1.67	0.81
	哀牢山缝合带	1.54	1.28	1.39	1.10		哀牢山缝合带	1.00	1.07	1.77	0.56
	维西陆缘弧	0.96	1.02	1.86	0.41		维西陆缘弧	1.52	1.66	1.57	1.05
	墨江-绿春陆缘弧	0.73	0.61	1.87	0.32		墨江-绿春陆缘弧	0.43	0.41	1.94	0.17
	东羌塘地块	0.75	0.56	1.88	0.29		东羌塘地块	1.29	1.47	1.68	0.81
	西羌塘地块	0.51	0.11	1.92	0.16		西羌塘地块	0.25	0.07	1.96	0.08
	思茅地块	1.52	1.88	1.81	0.70		思茅地块	1.12	1.45	1.87	0.46
	云县-景谷陆缘弧	0.26	0.02	1.97	0.06		云县-景谷陆缘弧	0.26	0.18	1.96	0.09
	昌宁-孟连缝合带	0.91	0.60	1.89	0.31		昌宁-孟连缝合带	1.33	1.62	1.77	0.70
	保山地块	1.06	0.91	1.86	0.41		保山地块	1.12	1.40	1.83	1.83
	腾冲地块	2.14	2.45	1.41	1.48		腾冲地块	1.12	1.41	1.72	0.73
	拉萨地块	0.75	-0.28	1.93	0.13		拉萨地块	0.73	0.91	1.88	0.35

续表

元素	构造区	Δa	Δf(a)	信息维	孔隙度	元素	构造区	Δa	Δf(a)	信息维	孔隙度
Cu	扬子板块	0.44	0.31	1.91	0.19	Pb	扬子板块	1.78	1.89	1.67	1.03
	义敦陆缘弧	0.62	0.66	1.91	0.25		义敦陆缘弧	0.98	0.85	1.77	0.51
	中咱地块	0.50	-0.25	1.96	0.08		中咱地块	1.41	1.10	1.76	0.67
	金沙江缝合带	0.31	-0.01	1.96	0.07		金沙江缝合带	1.12	1.31	1.77	0.59
	哀牢山缝合带	0.39	0.23	1.93	0.15		哀牢山缝合带	1.13	1.30	1.69	0.74
	维西陆缘弧	0.36	0.23	1.95	0.12		维西陆缘弧	1.49	1.53	1.53	1.02
	墨江-绿春陆缘弧	0.24	0.12	1.97	0.08		墨江-绿春陆缘弧	0.62	0.72	1.89	0.29
	东羌塘地块	0.29	0.18	1.96	0.10		东羌塘地块	1.00	1.18	1.81	0.53
	西羌塘地块	1.03	0.30	1.91	0.27		西羌塘地块	0.27	0.08	1.96	0.08
	思茅地块	1.10	1.34	1.87	0.45		思茅地块	1.97	2.11	1.58	1.21
	云县-景谷陆缘弧	0.32	0.18	1.96	0.10		云县-景谷陆缘弧	0.65	0.48	1.93	0.19
	昌宁-孟连缝合带	0.41	-0.01	1.95	0.10		昌宁-孟连缝合带	1.71	1.52	1.39	1.27
	保山地块	0.49	-0.05	1.95	0.10		保山地块	1.89	1.95	1.28	1.51
	腾冲地块	0.74	0.59	1.88	0.31		腾冲地块	1.30	1.63	1.68	0.85
	拉萨地块	0.59	-0.31	1.95	0.09		拉萨地块	0.10	0.03	1.99	0.03
Zn	扬子板块	0.58	0.41	1.95	0.16	Sn	扬子板块	0.31	0.35	1.97	0.09
	义敦陆缘弧	0.35	0.15	1.96	0.11		义敦陆缘弧	0.37	0.37	1.95	0.14
	中咱地块	0.54	0.01	1.96	0.11		中咱地块	0.49	0.22	1.96	0.11
	金沙江缝合带	0.66	0.83	1.91	0.29		金沙江缝合带	0.82	1.09	1.87	0.40
	哀牢山缝合带	0.32	0.32	1.95	0.13		哀牢山缝合带	0.16	-0.04	1.98	0.03
	维西陆缘弧	1.07	1.20	1.78	0.59		维西陆缘弧	0.15	0	1.98	0.04
	墨江-绿春陆缘弧	0.19	0.08	1.97	0.06		墨江-绿春陆缘弧	0.16	0.15	1.97	0.07
	东羌塘地块	0.12	0.04	1.98	0.04		东羌塘地块	0.14	0.13	1.98	0.06
	西羌塘地块	0.10	0.01	1.99	0.03		西羌塘地块	0.38	0.26	1.93	0.15
	思茅地块	2.19	2.66	1.58	1.36		思茅地块	0.28	0.29	1.95	0.12
	云县-景谷陆缘弧	0.41	0.27	1.95	0.13		云县-景谷陆缘弧	0.13	0.06	1.98	0.04
	昌宁-孟连缝合带	1.46	1.47	1.77	0.69		昌宁-孟连缝合带	1.24	1.36	1.63	0.90
	保山地块	1.85	1.88	1.65	1.08		保山地块	1.47	1.87	1.74	0.80
	腾冲地块	0.48	0.55	1.93	0.20		腾冲地块	1.43	1.63	1.54	1.03
	拉萨地块	0.15	0.08	1.98	0.05		拉萨地块	0.91	0.85	1.77	0.50

续表

元素	构造区	Δa	$\Delta f(a)$	信息维	孔隙度	元素	构造区	Δa	$\Delta f(a)$	信息维	孔隙度
Sb	扬子板块	1.67	1.47	1.71	0.81	Hg	扬子板块	1.88	1.64	1.24	1.55
	义敦陆缘弧	1.72	1.35	1.70	0.81		义敦陆缘弧	0.71	0.57	1.86	0.32
	中咱地块	0.79	0.57	1.87	0.30		中咱地块	1.16	1.22	1.81	0.55
	金沙江缝合带	1.62	1.51	1.27	1.31		金沙江缝合带	0.85	0.66	1.83	0.39
	哀牢山缝合带						哀牢山缝合带	1.28	0.85	1.80	0.54
	维西陆缘弧	1.56	1.19	1.46	1.05		维西陆缘弧	0.94	0.81	1.83	0.42
	墨江-绿春陆缘弧	0.81	0.06	1.89	0.22		墨江-绿春陆缘弧	0.40	0.23	1.94	0.14
	东羌塘地块	1.53	1.07	1.61	0.80		东羌塘地块	1.77	1.24	1.09	1.31
	西羌塘地块	1.27	1.12	1.76	0.56		西羌塘地块	0.69	0.30	1.87	0.25
	思茅地块	1.67	1.22	1.64	0.85		思茅地块	2.07	2.23	1.47	1.33
	云县-景谷陆缘弧	0.58	0.30	1.91	0.20		云县-景谷陆缘弧	0.63	0.51	1.89	0.26
	昌宁-孟连缝合带	1.17	0.48	1.77	0.48		昌宁-孟连缝合带	0.80	0.77	1.81	0.40
	保山地块	1.50	0.61	1.78	0.48		保山地块	2.31	2.02	1.48	1.36
	腾冲地块	1.73	0.72	1.67	0.70		腾冲地块	0.48	0.34	1.92	0.18
	拉萨地块	0.76	0.40	1.83	0.31		拉萨地块	0.59	0.29	1.90	0.21

不同构造区 Cu 和 Sb 元素分布的不均匀程度相差较小，多数构造区中 Cu 元素分布的不均匀程度较低，且相应的数据集中元素的高含量与低含量所占的比例相当。Au、Pb、Zn 和 Hg 元素分布的 Δa 和 $\Delta f(a)$ 值的范围较宽，表明不同构造区 4 种元素分布的不均匀程度相差较大。多数构造区中 Au、Ag 和 Pb 元素分布的 Δa 和 $\Delta f(a)$ 值较高，表明三江南段 Au、Ag 和 Pb 元素分布的不均匀程度整体较高，且相应的元素含量序列中相对的低值较多。多数构造区中 Zn 和 Sn 元素分布的 Δa 较低，$\Delta f(a)$ 值集中在 0 附近，表明三江南段 Zn 与 Sn 元素分布的不均匀程度相对较低，相应的元素含量序列中低含量与高含量所占的比例相当。思茅地块 Au、Cu、Pb、Zn 和 Hg 元素分布的 Δa 和 $\Delta f(a)$ 值均较高，表明 5 种元素分布的不均匀程度相对于其他地区高，相应的元素含量以低值为主。保山地块的 Pb、Zn、Sn 和 Hg 元素分布的 Δa 和 $\Delta f(a)$ 值均较高。拉萨地块的 Au、Cu、Pb 和中咱地块的 Cu 元素分布的 $\Delta f(a)$ 值均为负，表明相应的元素含量序列中高值相对较多。

5.2.2 汇水盆地元素展布规律

各流域中的元素含量呈右偏态分布。金沙江流域和红河流域中 Au 元素含量的均值和标准差相对于其他流域较高（图 5.8）。澜沧江流域和怒江流域中 Ag 元素含量的均值和标准差较大，伊洛瓦底江流域中 Ag 元素的含量均值较低，但标准差较大。金沙江流域中 Cu 元素含量的均值和标准差相对于其他流域较高。怒江流域和伊洛瓦底江流域中 Pb 元素含量的均值和标准差较大（图 5.9）。怒江流域中 Zn 元素含量的均值和标准差较大，澜沧江流域虽然 Zn 元素含量的均值相对较小，但是标准差较大。伊洛瓦底江流域中 Sn 元素含量的均值和标准差较大。怒江流域和澜沧江流域中 Sb 元素含量的均值较大，红河流域 Sb 元素含量的标准差较大。怒江流域和澜沧江流域中 Hg 元素含量的均值与标准差较大，金沙江流域中 Hg 元素含量的标准差较高。

金沙江、红河、澜沧江、怒江和伊洛瓦底江流域中元素分布的多重分形谱整体呈右钩（图5.10～图5.12，表5.2），表明相应的元素含量序列中高含量所占的比例较小。金沙江流域的 Au 和 Hg 元素、红河流域的 Au、Pb 和 Sb 元素、澜沧江流域的 Pn、Zn、Sb 和 Hg 元素、怒江流域的 Pb、Zn 和 Hg 元素、伊洛瓦底江流域的 Au 和 Sn 元素空间分布的多重分形谱较宽，孔隙度较小，奇异指数 $a(2)$ 较小，表明元素在相应流域中空间分布的不均匀程度较高，局部地区元素富集强度大。

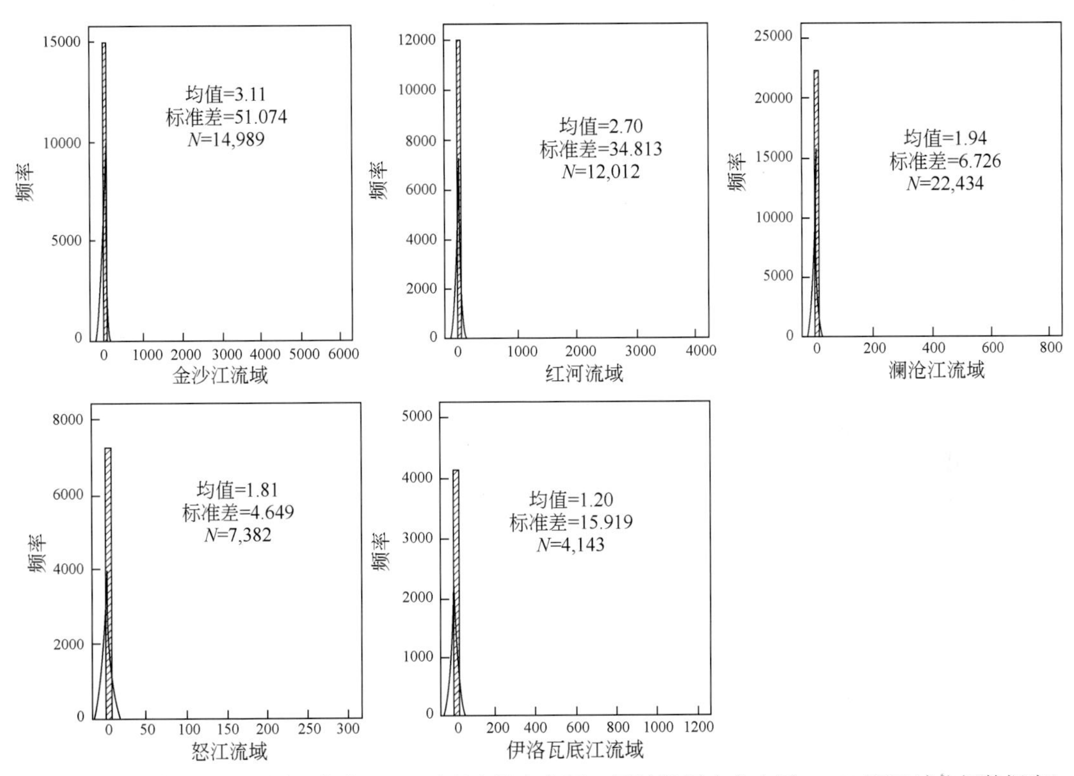

图5.8　三江南段地区不同汇水盆地 Au 元素含量直方图（原始数据来自全国1：20万区域化探数据库）

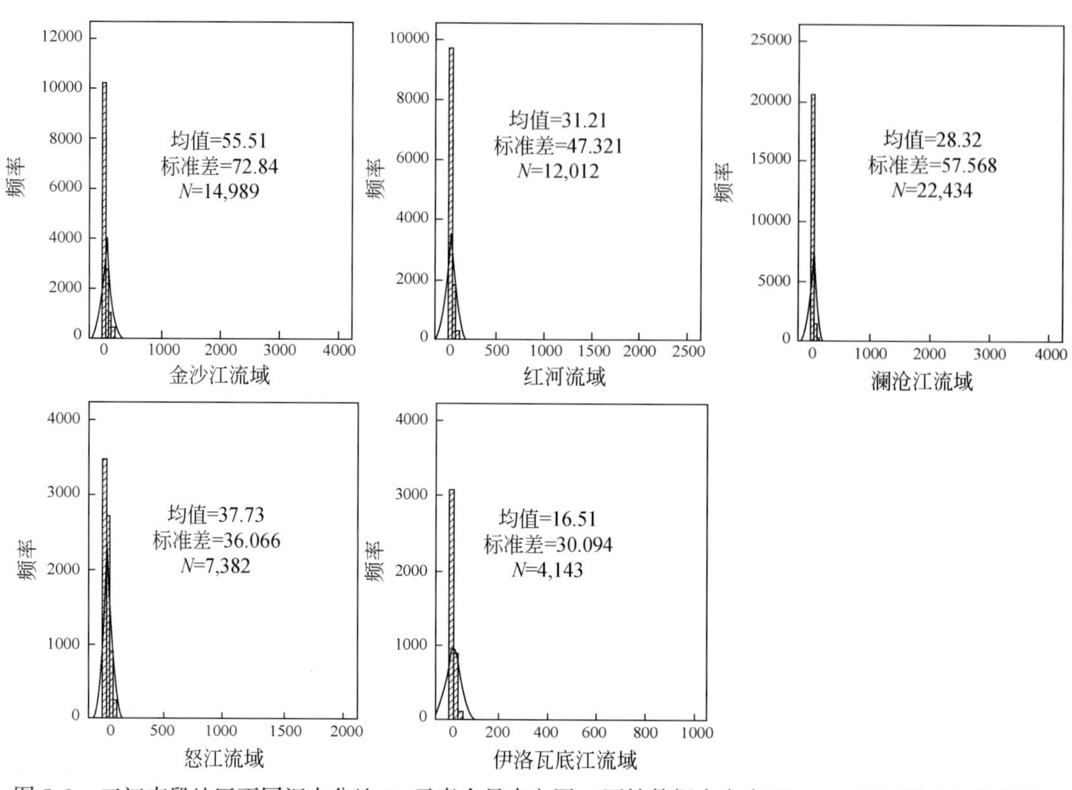

图 5.9　三江南段地区不同汇水盆地 Cu 元素含量直方图（原始数据来自全国 1∶20 万区域化探数据库）

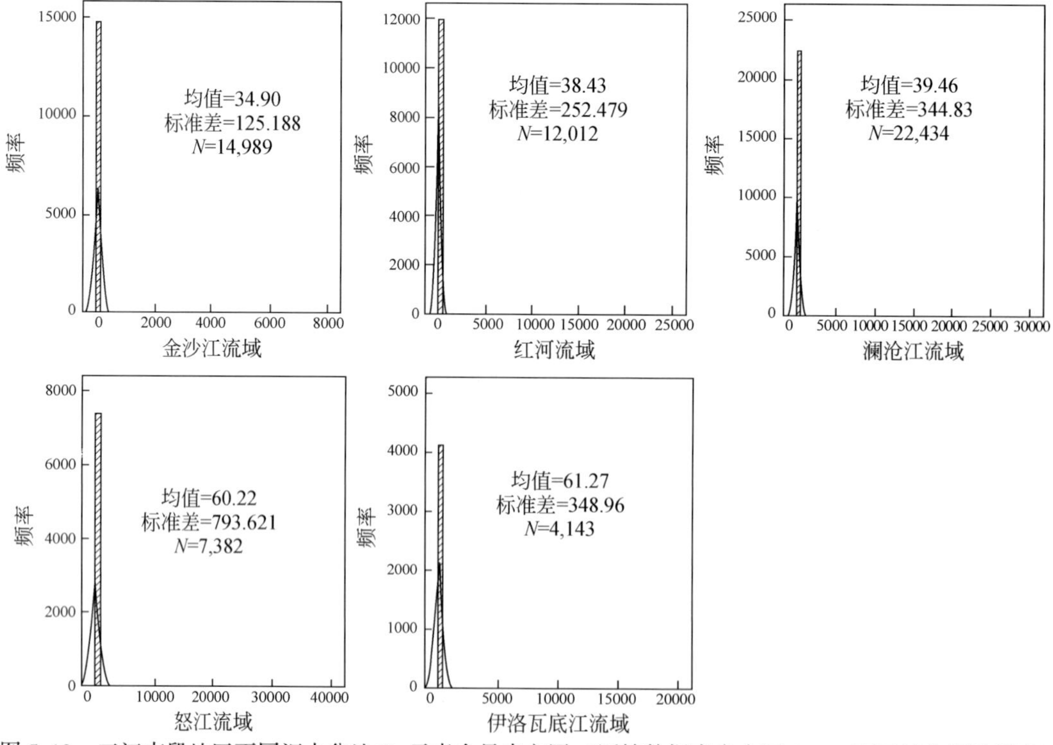

图 5.10　三江南段地区不同汇水盆地 Pb 元素含量直方图（原始数据来自全国 1∶20 万区域化探数据库）

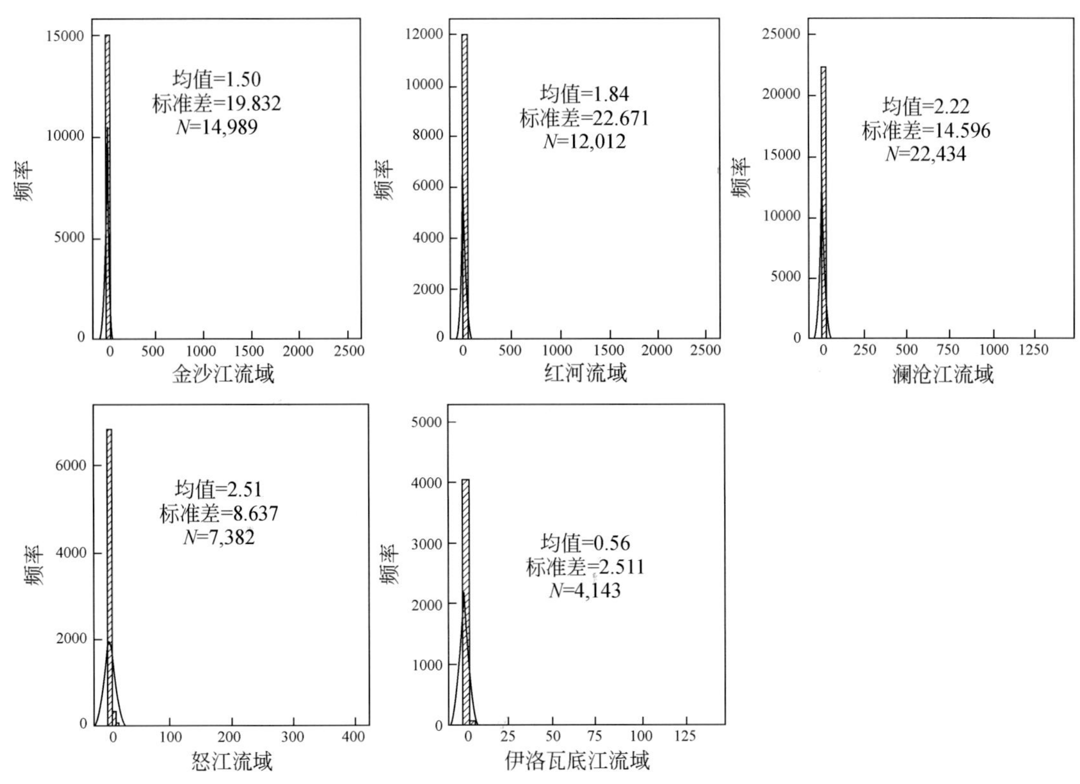

图 5.11　三江南段地区不同汇水盆地 Sb 元素含量直方图（原始数据来自全国 1∶20 万区域化探数据库）

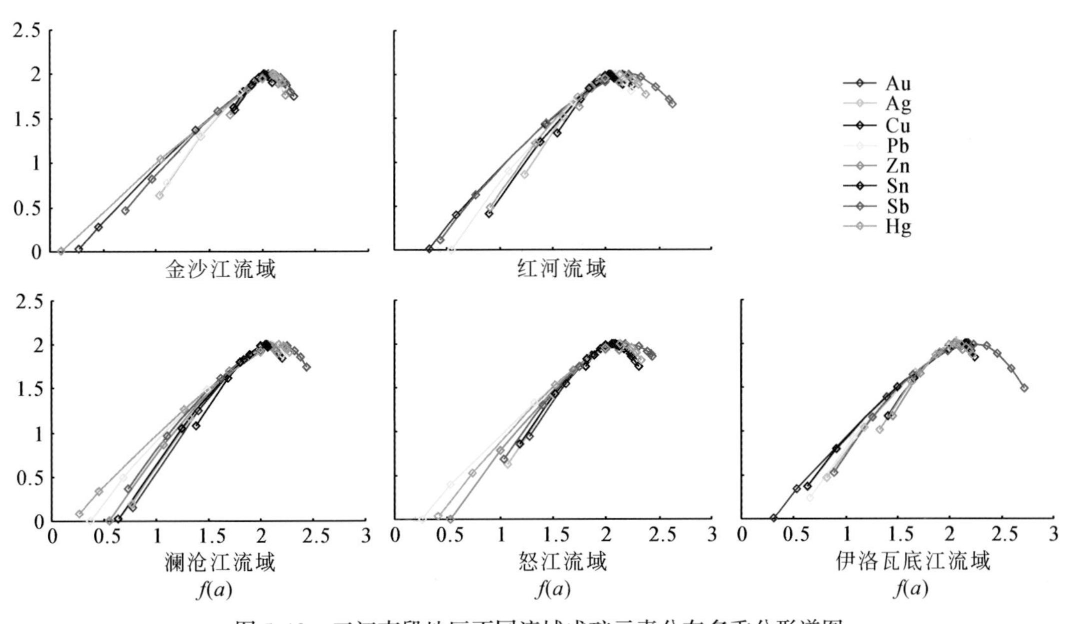

图 5.12　三江南段地区不同流域成矿元素分布多重分形谱图

表 5.2　三江地区不同流域元素分布多重分形参数表

元素	流域	Δa	Δf(a)	信息维	孔隙度	元素	流域	Δa	Δf(a)	信息维	孔隙度
Au	金沙江	2.15	1.93	1.37	1.54	Ag	金沙江	1.11	1.29	1.81	0.58
	红河	2.10	2.16	1.43	1.41		红河	0.93	1.03	1.87	0.40
	澜沧江	1.43	1.69	1.84	0.59		澜沧江	1.38	1.72	1.80	0.67
	怒江	0.99	0.86	1.87	0.37		怒江	1.04	1.34	1.84	0.48
	伊洛瓦底江	2.12	2.36	1.39	1.46		伊洛瓦底江	1.25	1.56	1.67	0.83
Cu	金沙江	0.48	0.22	1.92	0.17	Pb	金沙江	1.11	1.06	1.79	0.58
	红河	0.60	0.56	1.92	0.23		红河	1.69	1.80	1.69	0.92
	澜沧江	0.81	0.80	1.89	0.32		澜沧江	1.99	2.14	1.49	1.31
	怒江	0.49	0	1.95	0.11		怒江	1.88	1.97	1.33	1.47
	伊洛瓦底江	0.83	0.68	1.87	0.34		伊洛瓦底江	1.42	1.76	1.64	0.92
Zn	金沙江	0.52	0.24	1.95	0.14	Sn	金沙江	0.35	0.32	1.97	0.10
	红河	0.37	0.27	1.95	0.13		红河	1.17	1.54	1.84	0.61
	澜沧江	1.65	1.96	1.70	0.93		澜沧江	1.45	2.00	1.80	0.75
	怒江	1.76	2.22	1.70	0.99		怒江	0.93	1.11	1.83	0.48
	伊洛瓦底江	0.68	0.75	1.91	0.28		伊洛瓦底江	1.53	1.60	1.50	1.09
Sb	金沙江	1.56	1.34	1.58	1.04	Hg	金沙江	2.36	2.23	1.04	2.01
	红河	2.20	1.54	1.44	1.23		红河	1.46	1.28	1.75	0.66
	澜沧江	1.71	1.38	1.62	0.90		澜沧江	2.01	1.83	1.26	1.55
	怒江	1.39	1.18	1.75	0.60		怒江	2.07	2.02	1.53	1.26
	伊洛瓦底江	1.84	0.95	1.65	0.74		伊洛瓦底江	0.89	0.85	1.87	0.37

5.3　地球化学异常信息

基于直方图和成矿元素空间分布的多重分形特征，选取扬子板块、义敦陆缘弧、哀牢山缝合带、思茅地块、保山地块和腾冲地块及金沙江流域为研究对象，深入剖析了不同单元的成矿特色。以 GIS 为平台，采用多种分形方法识别和提取了主要成矿元素的异常；综合统计主因子分析和基于栅格的主因子分析，圈定了各单元的多元素组合异常。结合已知矿床的类型、规模、保存条件与第四系水系分布，解析了化探异常的分布规律，探讨了异常的来源。

5.3.1　扬子板块

依据扬子板块成矿地质背景和成矿多样性的研究，结合元素的直方图和空间分布的多重分形特征，详细解析了 Au、Ag、Cu、Pb、Sb 和 Hg 元素的空间分布规律，识别和提取了异常区域。

基于自然分界点将 Au 元素的含量分为五类（图 5.13），结果显示，扬子地台西北部 Au 元素的含量整体比东南部高，高含量（62.5 ~ 130g/t）均分布于一级水系附近。大部分岩金矿床（点）产于高含量区内，尤其以大型与中型矿床最为明显；所有的砂金矿床（点）及多金属矿点均产于较高的含量（12.3 ~ 62.5g/t）区内。扬子板块西缘产出一中型岩金矿床（金厂箐），然而其所占区域的 Au 元素含量较低。这一现象表明，基于自然分界点对元素含量分类的方法不能完全提取矿致异常区域。鉴于此，本书采用了 C-A 模型、分形滤波技术和奇异指数解析了 Au 元素的空间分布特征。

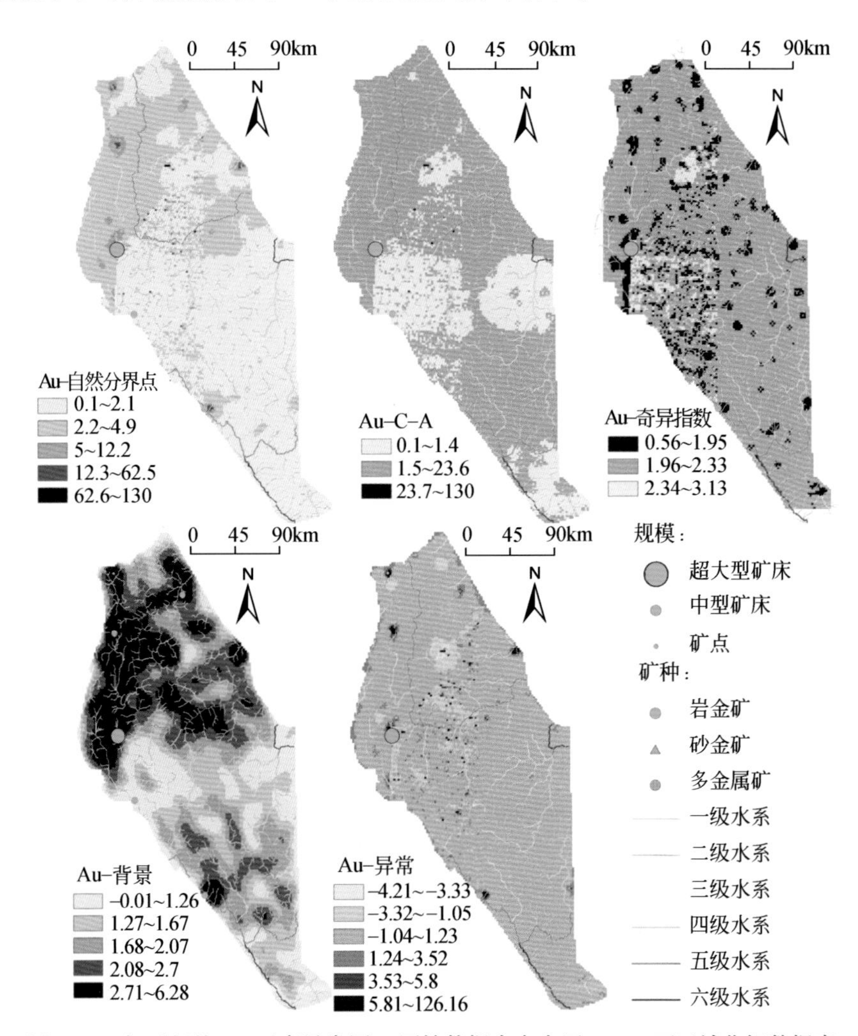

图 5.13　扬子板块 Au 元素异常图（原始数据来自全国 1：20 万区域化探数据库）

依据C-A模型可将Au元素含量分为三类，分别为0.1～1.4g/t、1.5～23.6g/t和23.7～130g/t。Au元素的含量集中在第二类，且除金厂箐金矿床外，其他矿床（点）均分布于第二类中。由于第二类在研究区大面积出露，因此在扬子板块中采用C-A模型识别和提取异常效果较差。这可能是由于扬子板块内不同区域Au元素地质背景的差异较大，C-A模型在识别和提取变化背景中的异常的效果较差。

基于S-A模型分离的背景图可知，高背景分布较集中，分布在研究区西北部；东南部地区矿床产出位置以外的地区，背景值均较低。金厂箐金矿床所在区域的背景值均较低，这可能是导致采用自然分界点分类法与C-A模型无法有效识别该处异常的原因。在剔除背景之后的异常分布图中高异常分布较分散，已知矿床（点）与异常的高值区重合度较高，尤其在金厂箐金矿床的产出位置显示了正异常。表明采用分形滤波技术能有效识别传统方法和C-A模型难以识别的矿致弱异常。然而在异常图的边缘异常值均较高，但尚未发现矿床（点），因此研究区边缘区域的异常尚需要结合其他方法进一步证实。

本书采用了奇异指数分析了异常区域。分析结果显示，奇异性高（奇异指数低：0.77～1.75）的区域分布较分散，已知矿床（点）均分布于高奇异区内。在已知矿床产出位置以外的区域尚存在多个高奇异点可作为预测前景区。

综合不同方法的分析结果发现，扬子板块的西北部Au元素含量、背景、异常和奇异性均较高，显示Au元素的异常主体分布于研究区的西北部，且异常与已知矿（点）的吻合程度高。由于西北部与东南部的背景不同，导致基于自然分界点的分类法和C-A模型无法有效识别软异常。S-A模型与奇异指数有效压制了高背景，研究区的东南部识别了弱异常。

扬子板块Ag的元素含量整体较低，高含量较少。图5.14为扬子板块Ag元素含量、背景、异常和奇异性的空间分布图。基于自然分界点将Ag元素含量分为五类，并将408.7g/t作为异常下限圈定异常。异常的范围较小，且分散分布。采用C-A模型将Ag元素的含量分为三类，并确定异常下限为331.4g/t。由此圈定的异常范围与传统方法圈定的异常区域及其分布整体一致，两者相比，前者更突显了高异常区域。采用分形滤波技术分离的Ag元素的背景显示，高背景在研究区的西南缘呈串珠状分布；依据此方法分离的元素异常图表明，研究区主体为负异常或低异常，高异常不明显。依据奇异指数提取了多个星点状分布的高奇异区，高奇异区主体呈北东向展布。综合多种方法的结果，发现Ag元素的高值区主体是由所在区域地层中较高的地球化学背景值所引起，岩体的侵入可能导致了Ag元素的局部富集，但由S-A模型和奇异指数的分析结果可知，富集强度较低。区内已知的大型多金属矿床分布在高异常区下游，表明异常可能来自于上游地区而不是原地。

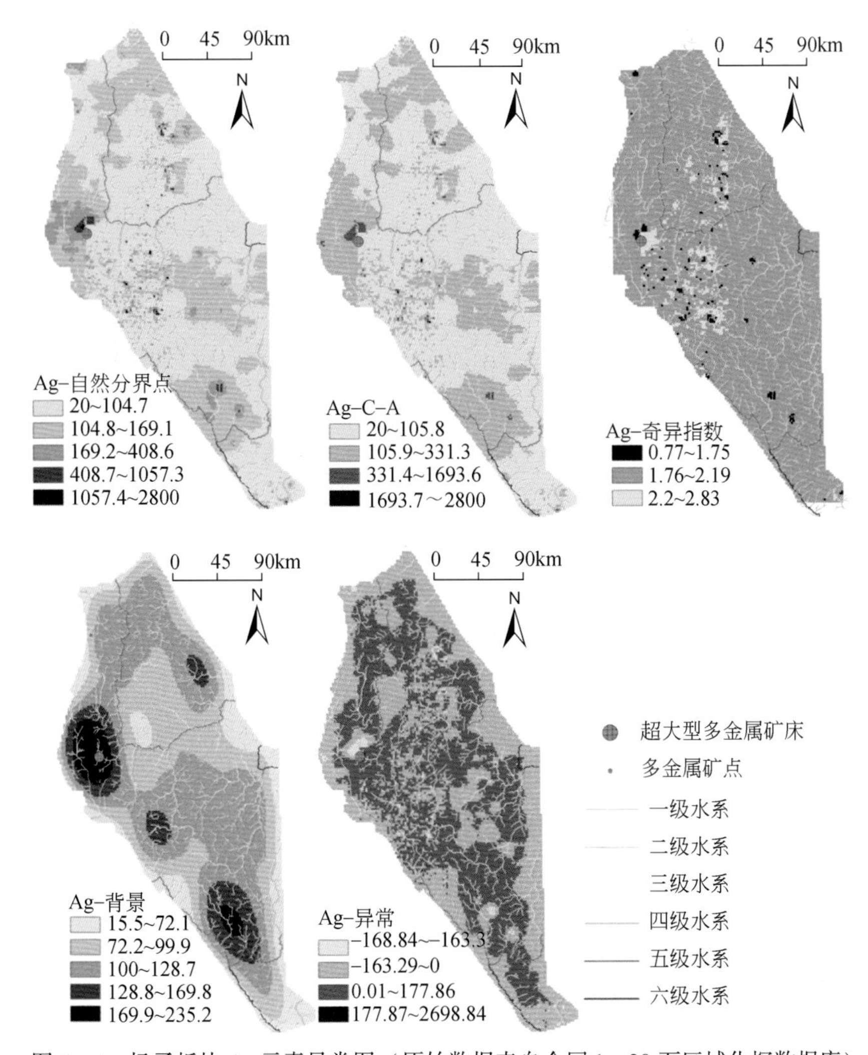

图5.14　扬子板块Ag元素异常图（原始数据来自全国1∶20万区域化探数据库）

Cu元素的高含量分布在研究区的西北部，依据S-A模型分离的背景和异常可知，该区西北部背景与异常均较高，且成北东向展布；研究区的东南部地区背景较低，但可见数个异常区分散分布（图5.15）。由于研究区内不同区域的背景值变化较大，导致C-A模型的应用效果相对较差。由S-A模型提取的异常和依据奇异指数提取的奇异性高值区的重合度较高。因此在扬子板块，可综合S-A模型和奇异指数的分析结果并结合Cu元素含量的原始分布特征（采用自然分界点的分类）识别与提取异常，进一步圈定Cu矿化的预测前景区。依据多种方法确定的异常分布于分水岭的位置，多数矿床分布于异常区内。这些地区异常与已知矿床的关系尚需要进一步探讨。在北东向展布的异常带中存在多个地区异常较高，但未见已知矿床分布，异常可能是由于岩体的侵入导致了元素含量的升高，但元素富集的程度未达到成矿的品位。

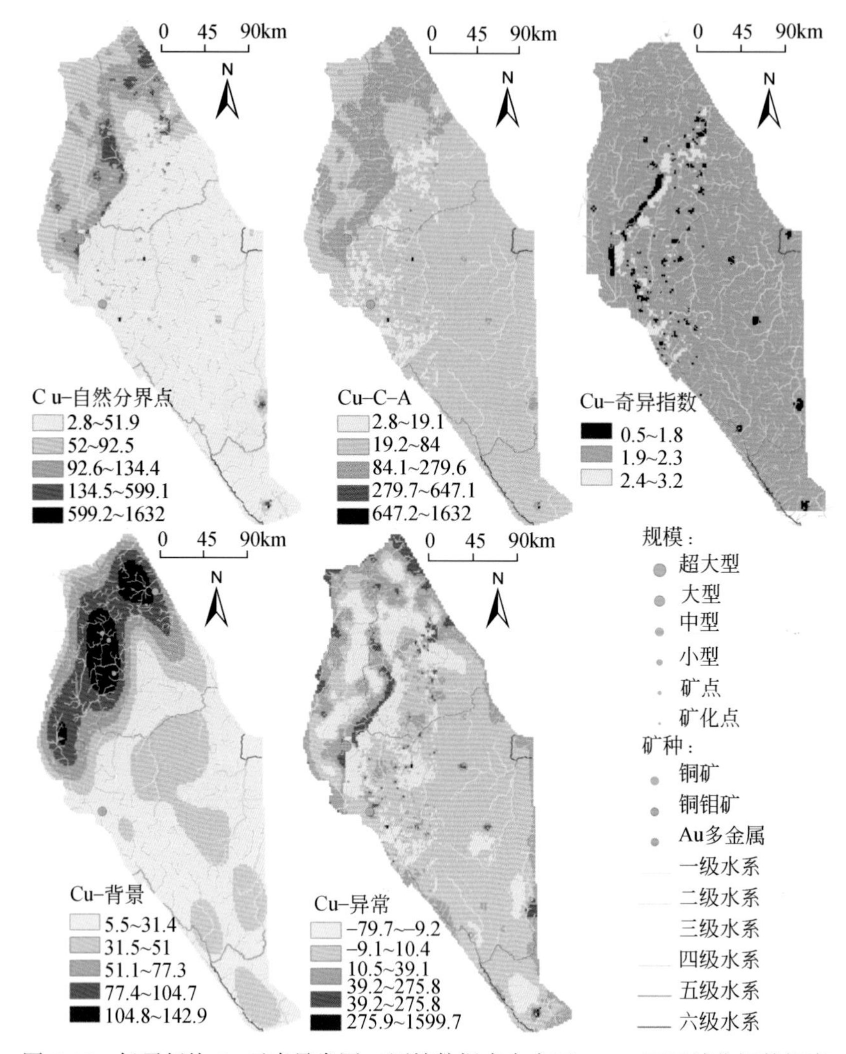

图 5.15　扬子板块 Cu 元素异常图（原始数据来自全国 1：20 万区域化探数据库）

扬子板块 Pb 元素的高含量、高背景值分布于板块西缘的北衙金多金属矿床附近（图 5.16）。该区域的异常普遍较低，此外依据奇异指数圈定的高奇异区和已知矿床的重合程度较低。基于 C-A 模型圈定的异常区域（以 66% 作为异常下限）和已知矿床的重合度相对于其他方法较好。受第四系水系分布的影响，导致了在研究区的西缘，矿床点与高异常及高奇异性区域相关性较差。

Sb 和 Hg 元素的空间分布特征如图 5.17 和图 5.18 所示。Sb 元素的整体含量较低，多数区域小于 0.8%。基于自然分界点的分类法、S-A 模型和奇异指数，均可圈定少数几个分散的异常区，然而 C-A 模型的分析结果并未显示异常区域。综合几种分析方法的结果可知，扬子板块 Sb 元素普遍为贫化或弱富集，这与 Sb 矿床（点）分布较少相对应。Hg 元素的空间分布特征和 Sb 元素相似，整体含量较低。分类法、S-A 模型和奇异指数的分析结果表明存在一异常点，但是依据 C-A 模型可知，异常点的面积非常小，这也是未见矿床

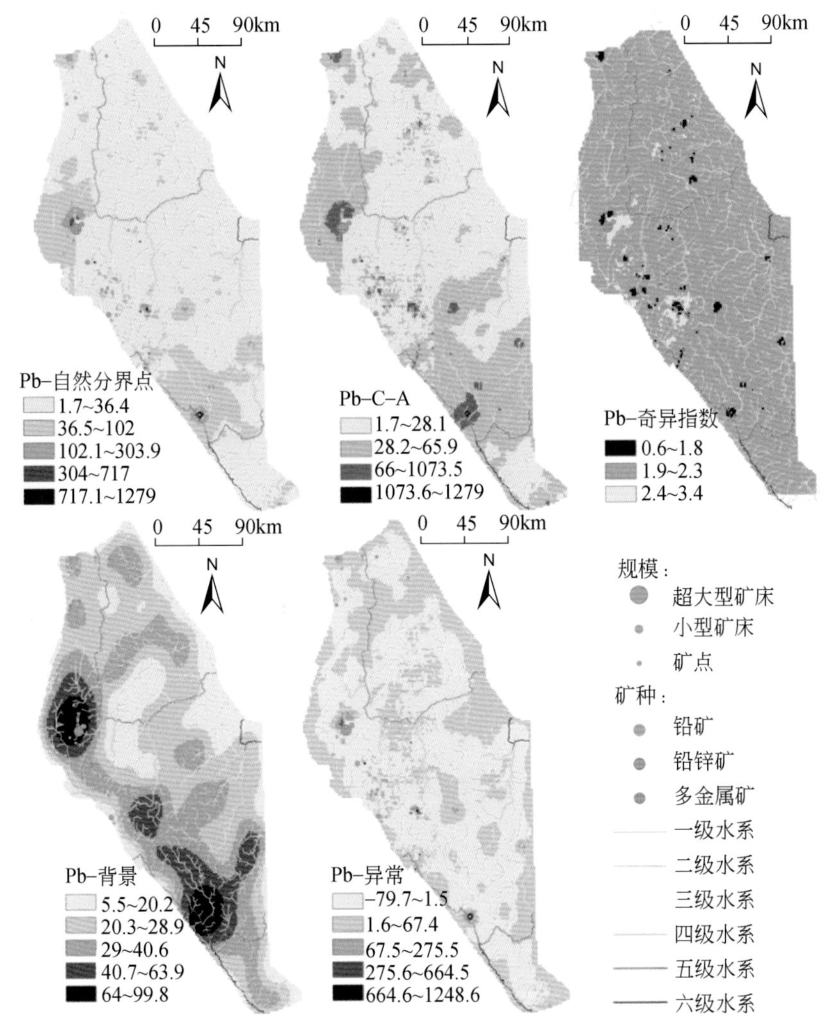

图5.16　扬子板块Pb元素异常图（原始数据来自全国1：20万区域化探数据库）

的原因。

在单元素空间分布特征分析的基础上，采用SPSS16分析了扬子板块成矿元素的组合特征，探讨了控制要素。因子分析中KMO为0.72，大于0.5，同时提取4个主因子的累积贡献率73.19%，适合做因子分析（表5.3）。由主因子分析载荷矩阵可知，第一主因子为Sb-Pb-Zn-Ag元素组合，代表了与岩浆有关的中低温成矿作用，第二主因子为Au-Cu元素组合，代表了与岩浆有关的中高温成矿作用。运用GeoDAS中的基于栅格因子分析提取了4个主因子，累计方差解释量大于70%（表5.4）。4个主因子代表的元素组合和依据统计主因子分析得到的结果一致。由于基于栅格的主因子分析考虑了样品的空间位置属性，因此采用此方法的主因子得分作进一步分析，研究分析了第一主因子（F1）与第二主因子（F2）的空间分布特征。

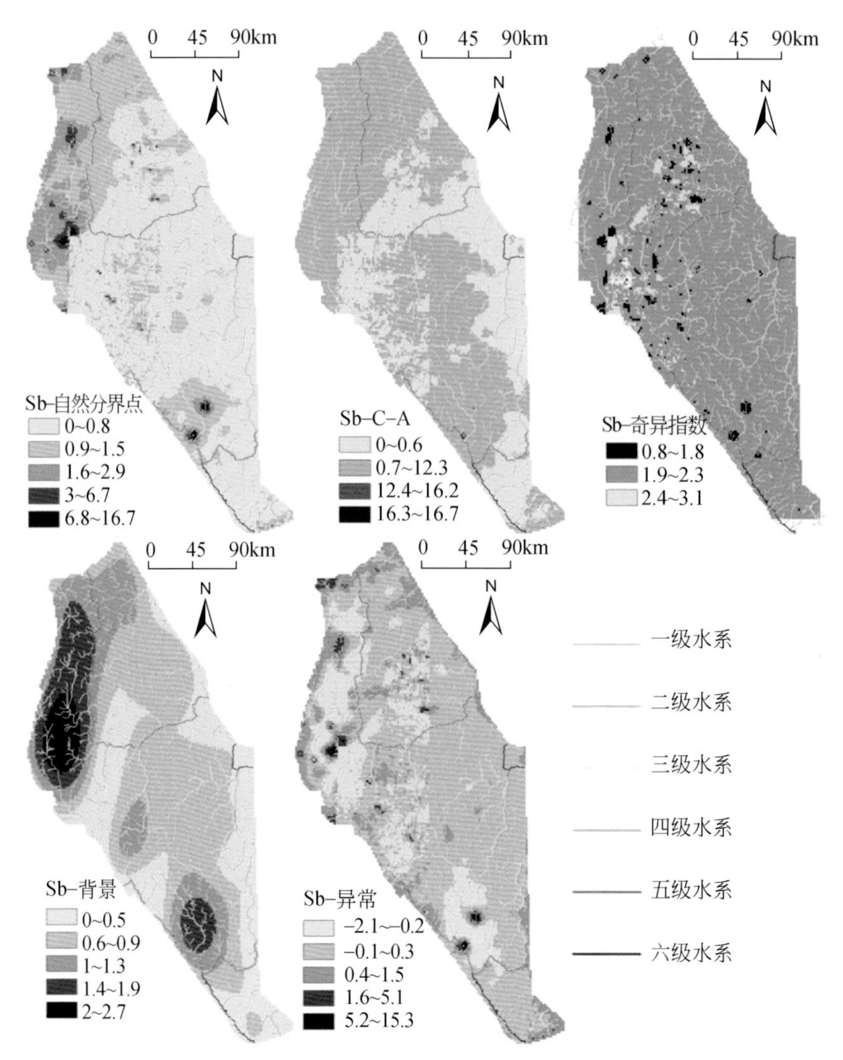

图 5.17　扬子板块 Sb 元素异常图（原始数据来自全国 1∶20 万区域化探数据库）

表 5.3　扬子板块主因子分析方差解释量表

因子	相关矩阵特征值			未经旋转的因子载荷平方和			经旋转的因子载荷平方和		
	各成分特征值	方差解释量/%	累计方差解释量/%	各成分特征值	方差解释量/%	累计方差解释量/%	各成分特征值	方差解释量/%	累计方差解释量/%
F1	2.77	34.67	34.67	2.77	34.67	34.67	2.57	32.06	32.06
F2	1.13	14.13	48.80	1.13	14.13	48.80	1.20	14.96	47.02
F3	1.00	12.49	61.29	1.00	12.49	61.29	1.09	13.64	60.66
F4	0.95	11.90	73.19	0.95	11.90	73.19	1.00	12.52	73.19

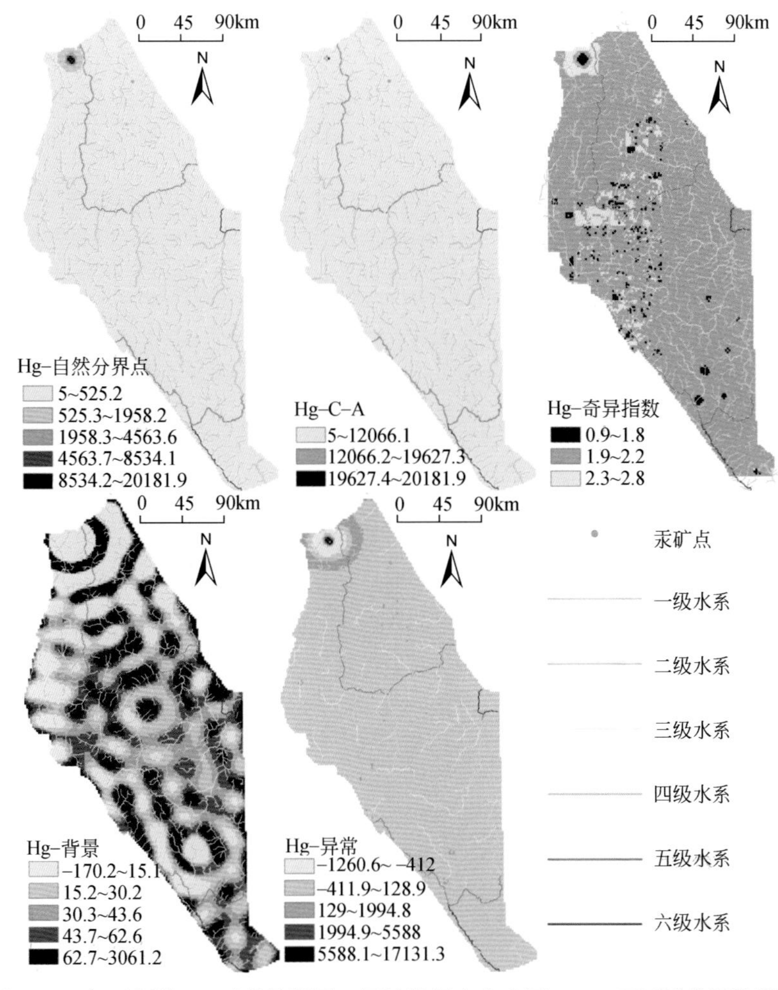

图5.18 扬子板块Hg元素异常图（原始数据来自全国1：20万区域化探数据库）

表5.4 扬子板块主因子分析载荷矩阵表

元素	基于SPSS分析提取的主因子				基于栅格因子分析提取的主因子			
	F1	F2	F3	F4	F1	F2	F3	F4
Sb	0.87	-0.01	0	0.05	0.49	-0.28	0	0.11
Pb	0.86	-0.06	0.02	-0.02	0.48	-0.28	-0.06	0.17
Zn	0.78	0.25	0.2	-0.02	0.51	0.03	-0.02	0.05
Ag	0.65	0.33	-0.01	0.02	0.43	-0.02	-0.02	-0.18
Au	0.08	0.88	-0.07	0.01	0.2	0.44	0	-0.68
Cu	0.15	0.5	0.46	-0.02	0.22	0.55	0.06	-0.04
Sn	0.02	-0.04	0.92	0.01	0.1	0.57	0.15	0.67
Hg	0.02	0	0	1	0.02	-0.13	0.98	-0.09

由图5.19可知，第一主因子的高得分分布于研究区的西北部。基于C-A模型圈定的异常区域（异常下限为1.24）与已知矿床的重合度较好，且已知矿床均分布于高背景区。与单元素（为Pb）的异常和矿床（点）的重合度关系相比，第一主因子的高值与已知矿

床的重合度较好。由于第一主因子代表了与岩浆作用有关的中低温有关的成矿作用，第一主因子的空间分布特征指示在扬子板块的西北部岩浆活动相对于东南部更为频繁，与之相关的成矿作用强烈。

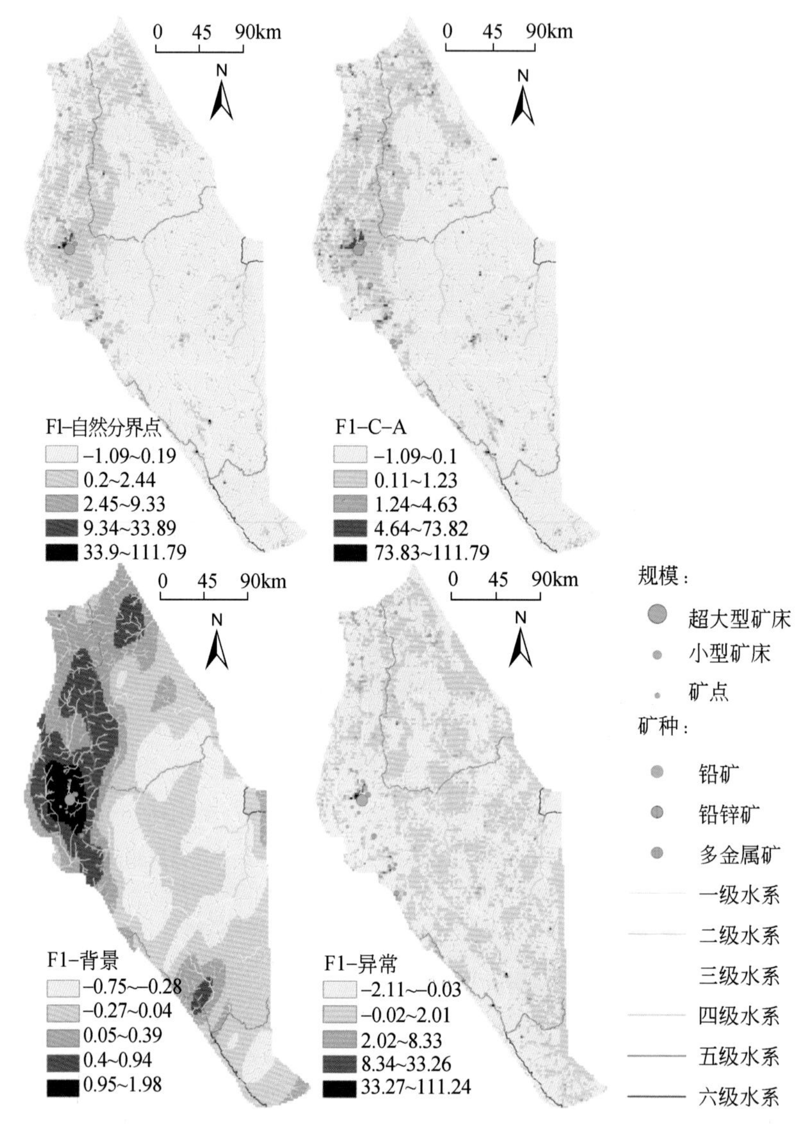

图 5.19　扬子板块第一主因子空间分布特征图（原始数据来自全国 1∶20 万区域化探数据库）

第二主因子 F2 的高值的空间分布与第一主因子相似，高得分主体呈北东向展布，分布在西北部的 5 级水系附近（图 5.20）。已知矿床均分布于 F2 的高值区和高背景区，表明异常区与已知矿床的重合度较高。由于 F2 代表了与岩浆有关的中高温成矿作用，其空间分布表明研究区西北部的岩体活动相对较强，与 F1 的分析结果相似。

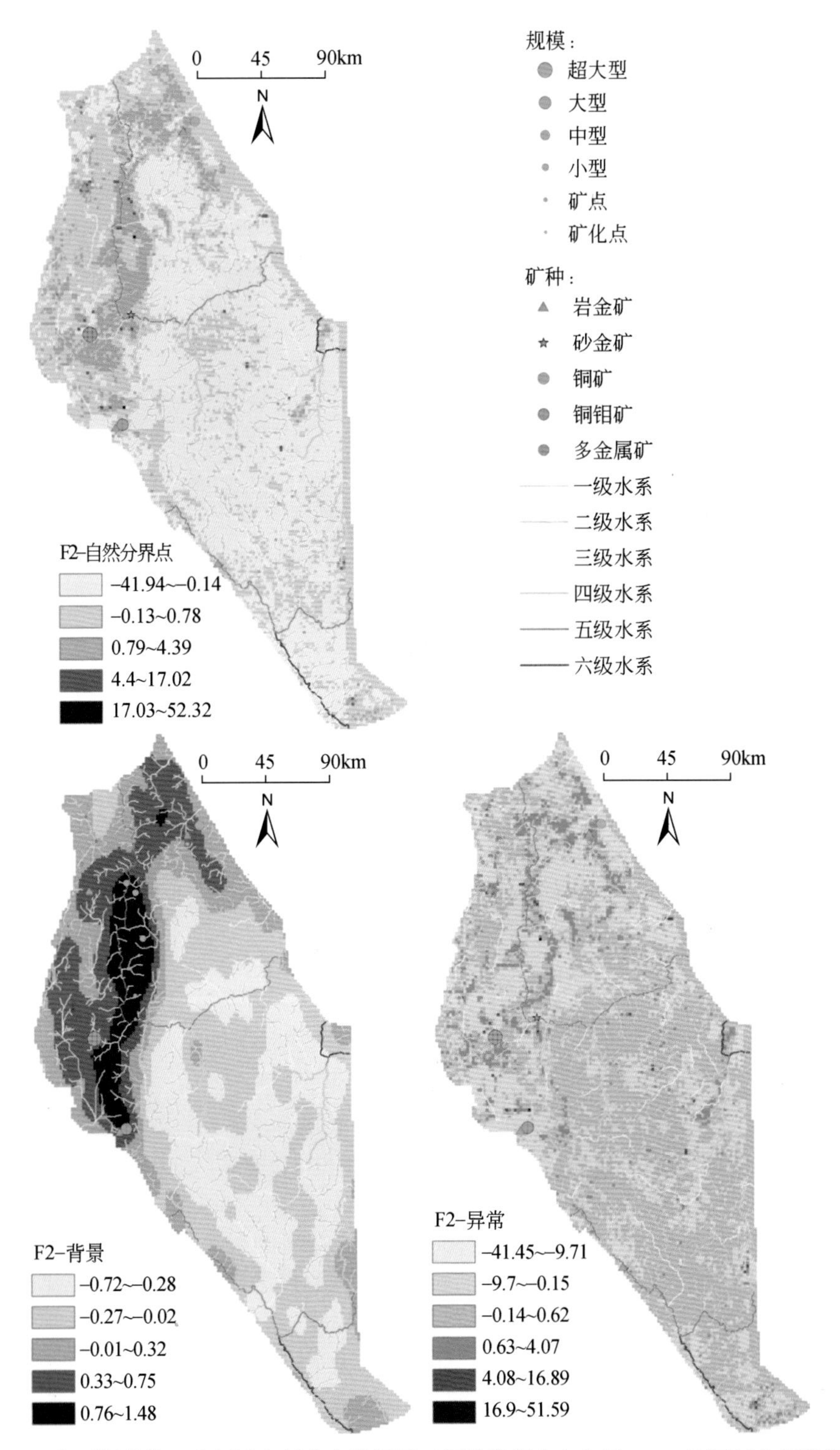

图5.20　扬子板块第二主因子空间分布特征图（原始数据来自全国1：20万区域化探数据库）

5.3.2　义敦岛弧

基于元素分布的直方图和多重分形特点，结合研究区的成矿作用，分析了义敦陆缘弧 Cu 元素的空间分布特征，提取了 Cu 化探异常（图 5.21）。进而采用统计主因子分析和基于栅格的主因子分析方法，分析了元素组合异常。

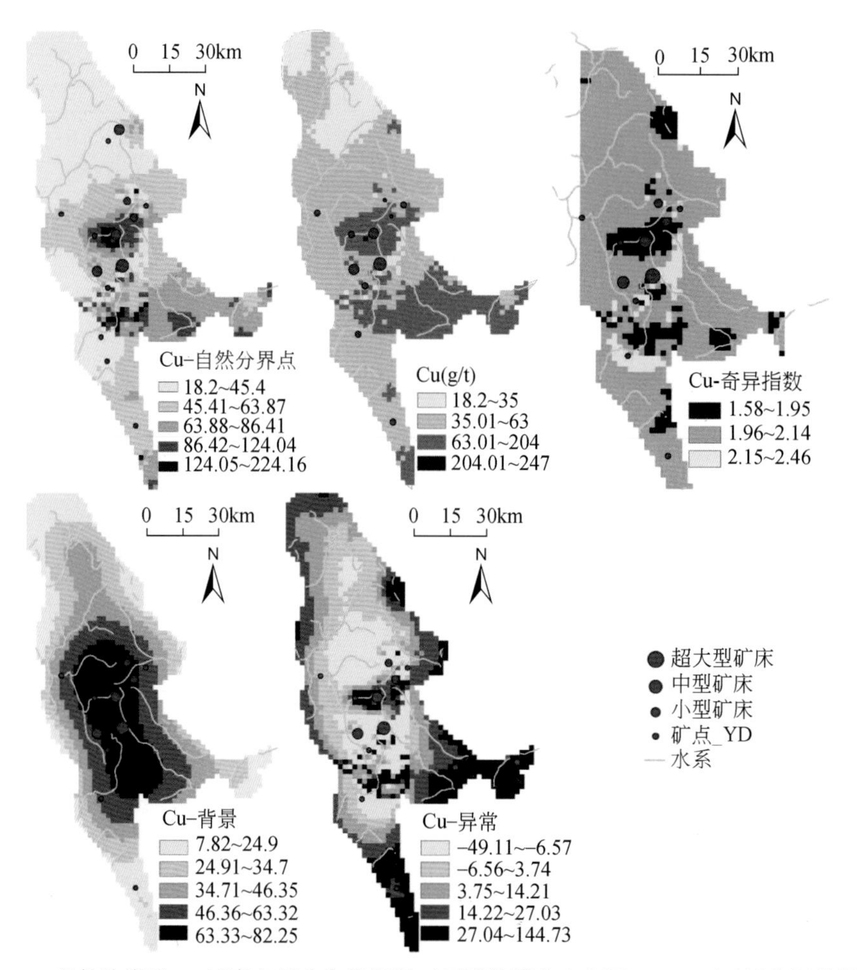

图 5.21　义敦陆缘弧 Cu 元素空间分布特征图（原始数据来自全国 1∶20 万区域化探数据库）

由图 5.21 可知，采用分形滤波技术分离的高背景与高异常区域已知的铜矿床（点）的重合程度较高。结合红山、雪鸡坪和普朗矿床的类型与保存条件，分析了化探异常与已知矿床的关系。结果表明，在雪鸡坪和普朗矿床采用多种方法提取的化探异常相对于红山矿床较弱，雪鸡坪和普朗为斑岩型矿床，且均出露地表，红山为斑岩和夕卡岩叠加矿床，矿体隐伏、保存条件较好（图 5.22）。因此可以推测，夕卡岩型矿床所在区域的化探异常比斑岩型矿床高，保存条件较好的矿床其地表的化探异常较高。

基于 SPSS16 采用统计主因子分析提取了 4 个主因子，分析过程中 KMO 为 0.71，提取的 4 个主因子解释的方差量为 80.1%。由主因子分析载荷矩阵可知，第一主因子为 Sn-Ag-

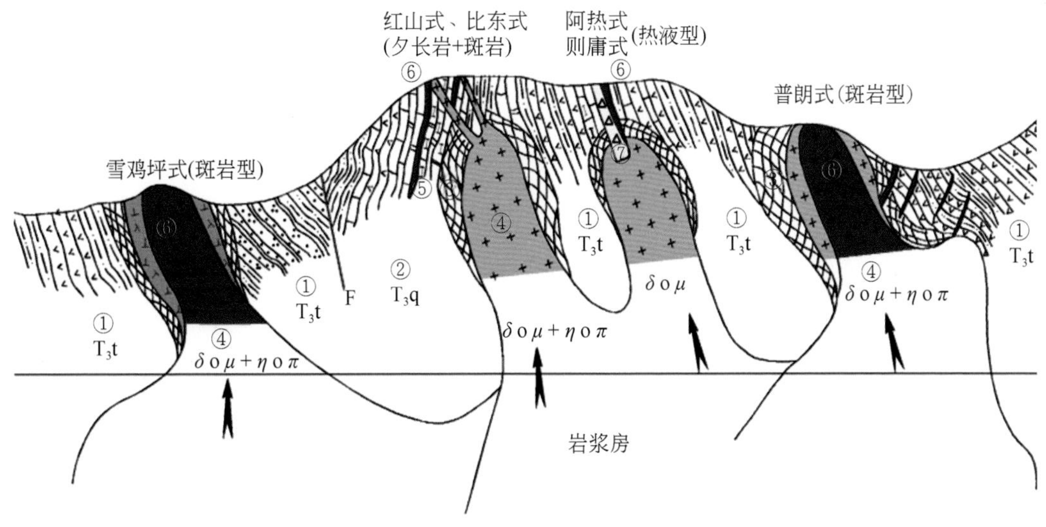

图5.22　普朗地区典型矿床的保存条件图（据李文昌等，2010）
①图姆沟组：安山岩、板岩；②曲嘎寺组：板岩、砂岩、安山岩、灰岩；③角岩带；
④ $\delta o\mu$. 石英闪长玢岩，$\eta o\pi$. 石英二长斑岩；⑤夕卡岩；⑥矿体；⑦断层破碎带

Cu-Zn-Pb 元素组合，代表了与俯冲作用有关的成矿系统（表5.5）。基于栅格因子分析的结果和统计主因子分析的结果相似。以 GeoDAS 为平台，进一步探讨了第一主因子（F1）的空间分布特征。

表5.5　义敦陆缘弧主因子分析载荷矩阵表

元素	基于 SPSS 分析提取的主因子				基于栅格因子分析提取的主因子			
	F1	F2	F3	F4	F1	F2	F3	F4
Sn	0.88	0.12	-0.04	0.03	0.43	-0.38	0.02	0
Ag	0.85	0.29	0.01	0.01	0.47	-0.25	-0.05	-0.06
Cu	0.71	-0.15	0.03	0.06	0.30	-0.41	0.11	0.18
Pb	0.47	0.72	0.28	0.04	0.45	0.31	-0.13	-0.14
Zn	0.63	0.48	0.40	0.04	0.48	0.16	-0.07	0.12
Sb	-0.06	0.86	-0.05	0.05	0.20	0.48	-0.17	-0.57
Hg	-0.01	0.05	0.96	0.03	0.14	0.50	0.02	0.76
Au	0.06	0.06	0.04	0.99	0.11	0.17	0.97	-0.15

第一主因子 F1 的空间分布如图5.23 所示。F1 的高值区和异常在大型和中型矿床的重合度较差，与已知小型矿床或矿点的重合度相对较好。这可能与矿床的类型和保存条件有关。由于雪鸡坪和普朗矿床出露地表，因此受第四系水系的影响较大，从而导致了区域化探异常和已知矿床的相关性较差。

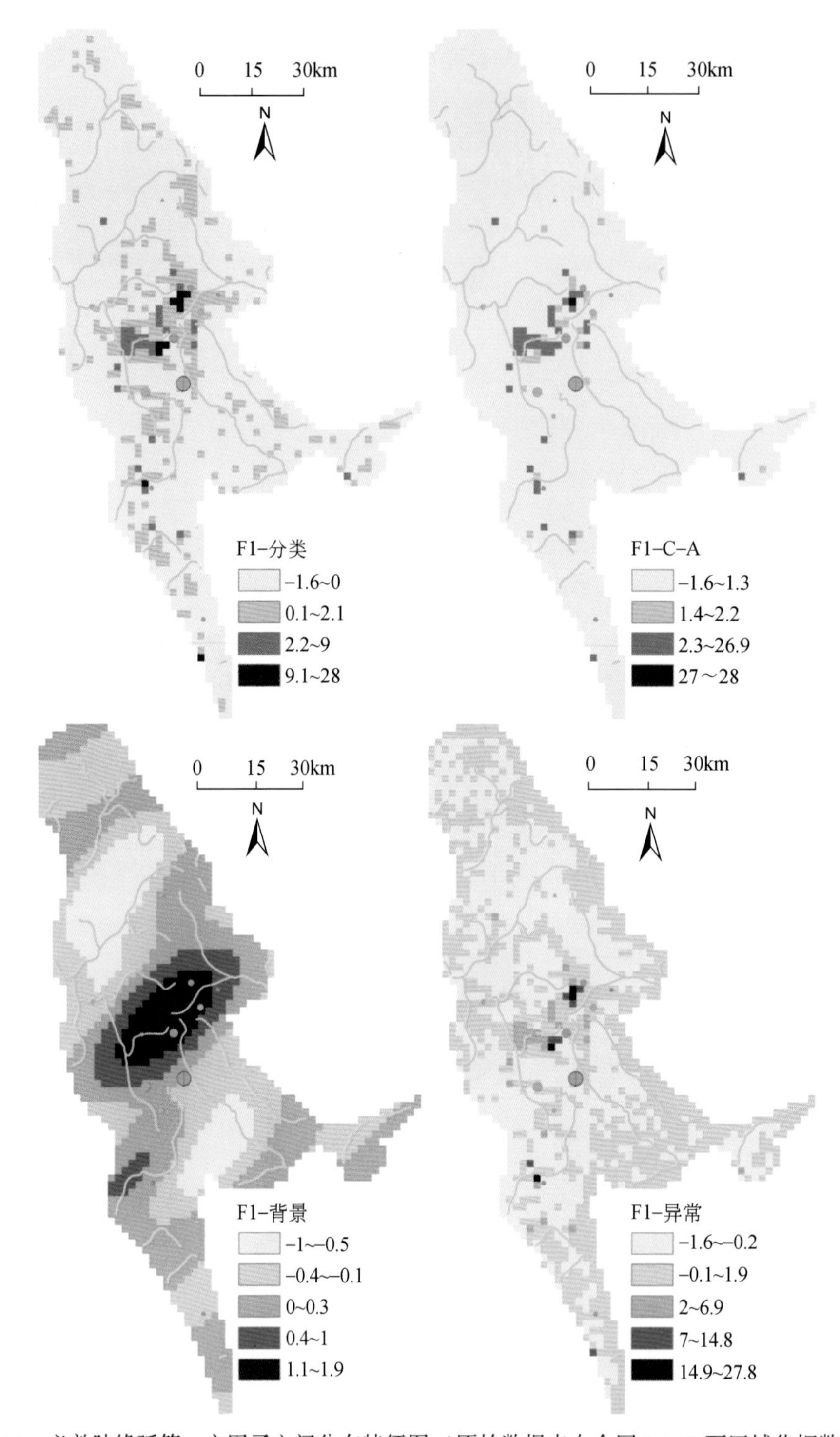

图 5.23　义敦陆缘弧第一主因子空间分布特征图（原始数据来自全国 1∶20 万区域化探数据库）

5.3.3　哀牢山缝合带

在分析哀牢山缝合带成矿地质背景、元素分布直方图和多重分形特征的基础上，选取了 Au 元素，解析了其空间分布特征，识别和提取了异常区域。基于分位数的分类方法显示，元素的高值区（>5g/t）大致呈串珠状分布，且高值区均有超大型或大型矿床产出(图 5.24)。采用 C-A 模型，圈定了 3 个较小的与大型矿床有关的异常区域，隐没了与矿点或矿化点有关的弱异常区域。采用 S-A 模型分离的 Au 元素的背景图显示，研究区 Au 元素整体的背景值较高。基于 S-A 模型分离的异常区域与已知矿点的重合度较高。奇异指数的分析结果显示，研究区存在数个分散的高奇异区，但仅有 3 个区域产出矿床（点)，一些矿床（点）产出的区域奇异性较低。对比发现，基于分位数的分类法与依据 S-A 模型提取的异常区域基本一致，且与已知矿床（点）的重合度较高，表明在哀牢山缝合带中采用分位数分类法和 S-A 模型的方法组合能有效提取 Au 元素的异常区域。

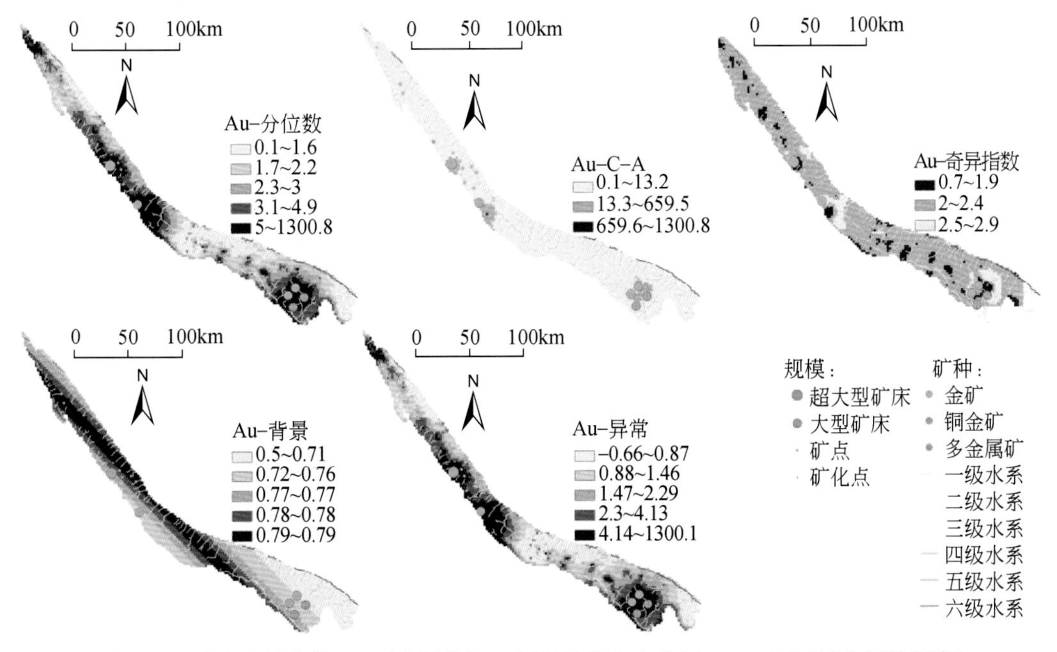

图 5.24　哀牢山缝合带 Au 元素异常图（原始数据来自全国 1∶20 万区域化探数据库）

基于 SPSS16 中的统计主因子分析，提取了 4 个主因子，分析过程中 KMO 为 0.5，提取的 4 个主因子解释的方差量为 75.6%。由主因子分析载荷矩阵可知，第一主因子代表了 Au-Ag-Pb-Hg 元素组合，指示了受韧性剪切带控制的 Au 成矿作用；第二主因子代表了 Cu-Zn 元素组合，揭示了与喜马拉雅期斑岩有关的成矿作用（表 5.6)。基于栅格的主因子分析的结果和统计主因子分析的结果相似。以 GeoDAS 为平台，探讨了第一主因子（F1）和第二主因子（F2）的空间分布特征。

表 5.6　哀牢山缝合带主因子分析载荷矩阵表

元素	基于 SPSS 分析提取的主因子				基于栅格因子分析提取的主因子			
	F1	F2	F3	F4	F1	F2	F3	F4
Au	0.76	−0.12	−0.37	0.19	0.42	−0.43	−0.23	0.07
Ag	0.69	0.25	−0.41	0.11	0.48	−0.12	−0.28	0.03
Pb	0.72	0.34	0.30	−0.15	0.46	0.05	0.40	−0.16
Hg	0.85	0.03	0.22	−0.03	0.46	−0.24	0.35	−0.11
Zn	0.06	0.85	0.12	0.04	0.26	0.63	0.01	0.16
Cu	0.11	0.83	−0.21	−0.01	0.30	0.57	−0.25	−0.02
Sn	0.03	−0.04	0.78	0.07	−0.03	0.06	0.69	0.45
Sb	0.04	0.03	0.06	0.97	0.07	−0.12	−0.23	0.85

根据 F1 值的整体特征，将其分为正值和负值两个区间（图 5.25）。由图可知，已知超大型、大型矿床均分布于正值区间，部分矿点或矿化点分布在异常区域的上游地区。基于 C-A 模型确定了低异常区（0.7 ~ 13.9）、中等异常区（14 ~ 38.7）和高异常区

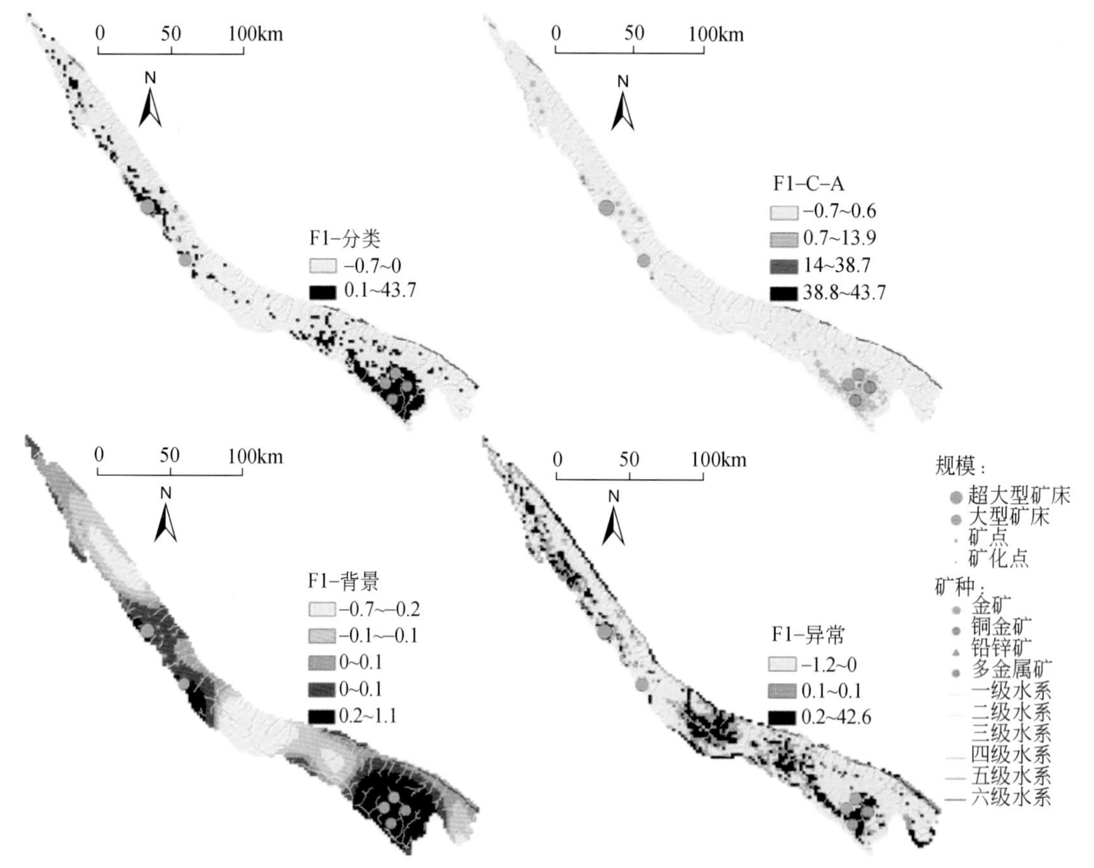

图 5.25　哀牢山缝合带 F1 空间分布特征图（原始数据来自全国 1∶20 万区域化探数据库）

(38.8～43.7) 3个区域，研究区以低异常为主，且分布范围较小，异常区域均有大型矿床产出，但在金厂Au矿床产出的区域，Au元素的含量属于第一区间，不属于异常区域，此外，该区产出的几个矿化点均分布于非异常区内。采用S-A模型分离了Au元素的背景与异常，结果表明已知矿床（点）均分布于高背景区内，并与高异常基本重合。综合对比不同方法的分析结果，获知异常主要是由矿床引起的，少数区域受第四系水系分布的影响，异常与上游地区的矿化点有关。

F2的高值区主要分布于研究区的东南端（图5.26），由S-A模型分离的背景与异常图可知，高背景集中分布于研究区的西南端，异常在整个带上均有分布，但在西南端的部位集中分布。区内产出的Cu-Au矿床分布于西南端，与异常区的重合度较高。由于第二主因子代表了喜马拉雅期斑岩有关的成矿作用，因此可知岩浆活动在该带的西南端活动较频繁。

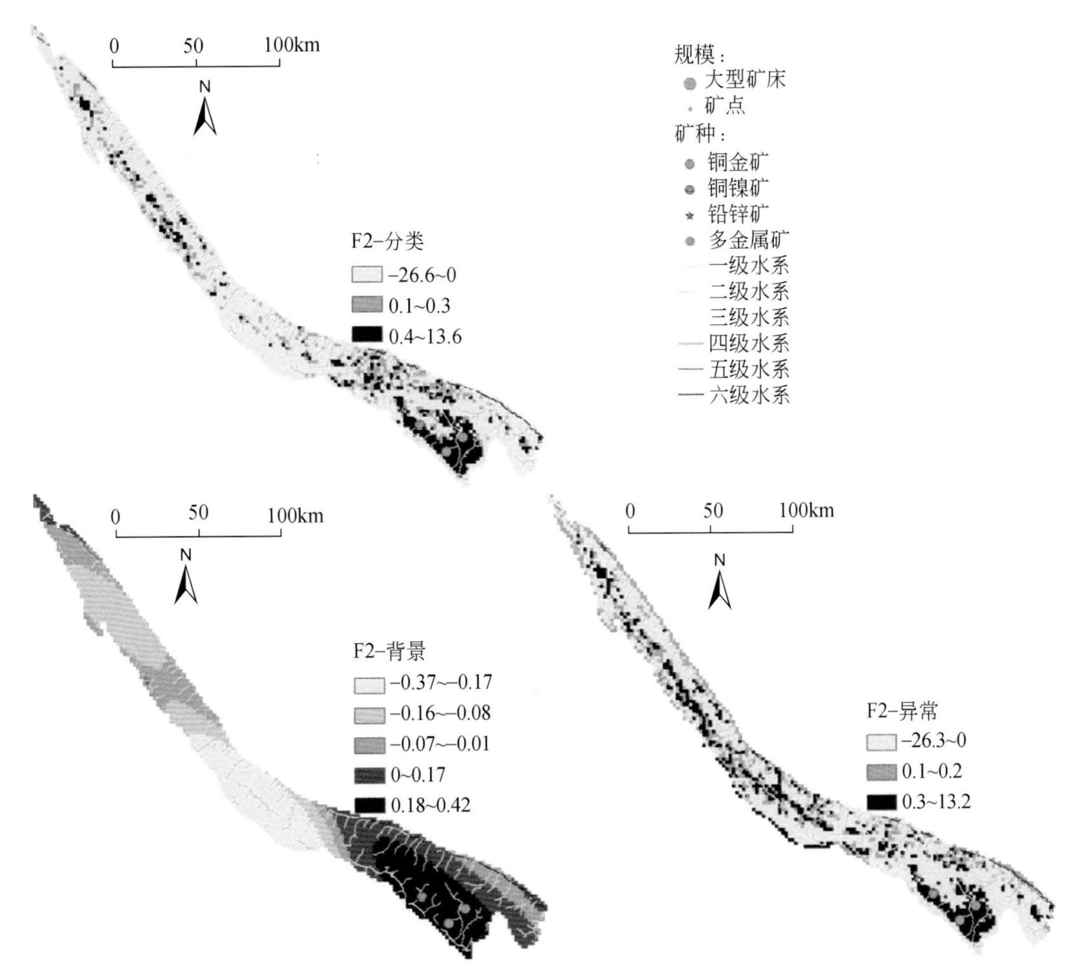

图5.26　哀牢山缝合带F2空间分布特征图（原始数据来自全国1∶20万区域化探数据库）

5.3.4　思茅地块

思茅地块主要产出盆地热卤水型的 Pb、Zn、Sb、Hg 矿床。基于元素分布的直方图和多重分形特征，结合研究区的成矿类型，选取 Pb、Zn、Sb 和 Hg 元素为研究对象，采用多种方法解析了元素的空间分布特征，并识别和提取了异常。

依据分位数的分类结果显示，兰坪盆地 Pb 元素的含量整体比思茅盆地高。整个地块的左分支部分（临沧地块）的上部 Pb 元素含量较高（图 5. 27）。采用分位数界定的异常区域（将异常下限定为 23. 86）在全区所占的比例较大，90% 左右的已知矿床（点）分布在异常区内。然而在多个异常区内无矿床产出。运用 C-A 模型将 Pb 元素的含量分为四类，并以 43. 3% 作为异常下限进行异常提取。结果显示，研究区的 Pb 元素含量主体分布在第一类（即由 C-A 模型界定的背景区），少数低异常分布于兰坪盆地，此外还有几个小范围的异常分散分布于思茅地块和临沧地块。由该方法圈定的异常与大型和中型矿床的重合度较好，多个小型矿床（点）分布在由此方法圈定的背景区域内。基于 S-A 模型分离了该区的背景和异常。结果表明，该区的 Pb 背景普遍较高，尤其在兰坪盆地已知的矿床（点）均分布于高背景区域。分离的异常图中，多数超大型和大型矿床分布于高异常区内，仅有少数几个小型矿床或矿化点与高异常的相关性较好，多数小型矿床（点）所在位置的异常较低，甚至为负异常。在研究区的边缘异常较高，但无已知矿床（点）分布，这可能是 S-A 模型的边界效应导致了在不规则的研究区边部异常较高。基于奇异指数圈定的奇异性较高的区域在兰坪盆地成星点状分散分布，思茅盆地成条带状沿四级和五级水系成条带状分布，临沧地块呈北东向展布。在兰坪盆地，已知矿床（点）与高奇异区的重合度较高；思茅盆地、临沧地块的已知矿床（点）均分布于高异常区内，但大部分的异常区无已知的 Pb 矿床。在思茅盆地中，多数异常分布于高级水系附近，异常可能来源于上游的已知矿床。区域 Pb 元素异常圈定可采用 S-A 模型和奇异指数的方法组合。

采用分位数将 Zn 元素的含量分为 5 类，并定义 63. 2% 为异常下限，由此圈定 Zn 元素的异常区域（图 5. 28），已知矿床均分布于异常区域内。采用 C-A 模型提取的异常范围较小。依据 S-A 模型分离的背景和异常显示，多数矿床分布于高背景区域，但所在位置的异常较小。运用奇异指数提取 Zn 的异常分布与 Pb 异常分布特征相似。

多种方法提取的 Sb 异常显示，C-A 模型的应用效果相对较好，提取的异常与已知矿床（点）的重合度较好（图 5. 29）。基于奇异性指数提取了异常区，虽然已知矿床（点）均分布于异常区内，但多个异常区未见矿床（点）产出。在基于 S-A 模型分离的背景与异常图中，中型矿床均分布于高背景区内，多数矿床（点）分布于低异常区中。异常的分布整体受第四系水系的影响较小。

图 5. 30 显示，Hg 元素在兰坪盆地中含量较高，已知的矿床（点）也多于思茅盆地。区内的 Hg 元素的背景值多变，因此导致采用 C-A 模型无法识别思茅盆地的弱异常。采用奇异指数和 S-A 模型圈定的异常与已知矿床的重合度较高。在思茅地块的四级水系附近，依据奇异指数提取的沿水系呈条带状分布的异常区域。传统的分类法和 S-A 模型的分级结果发现，该区域的 Hg 元素含量、背景和异常值均较高，可作为 Hg 元素的找矿远景区。

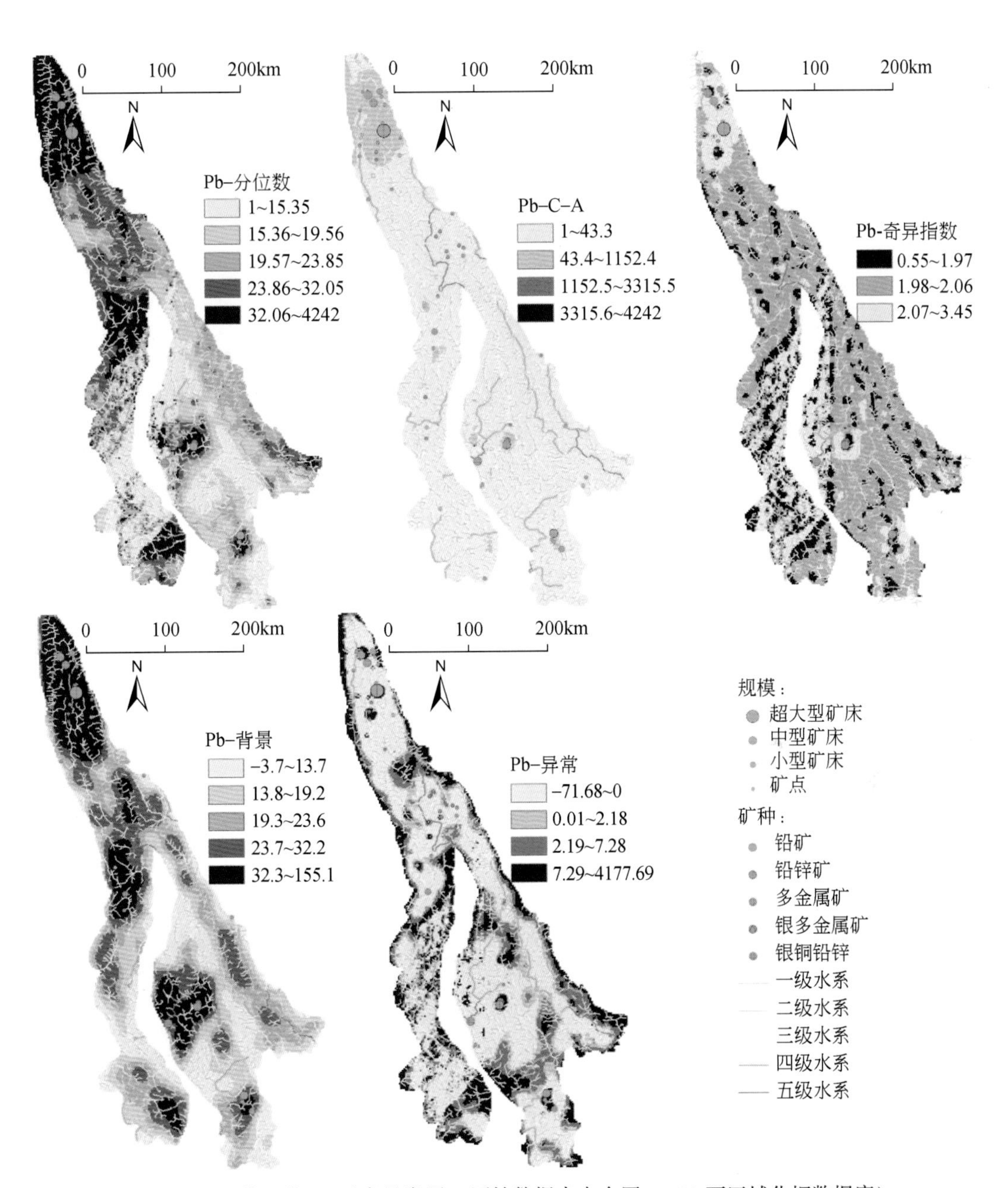

图5.27　思茅地块Pb元素异常图（原始数据来自全国1：20万区域化探数据库）

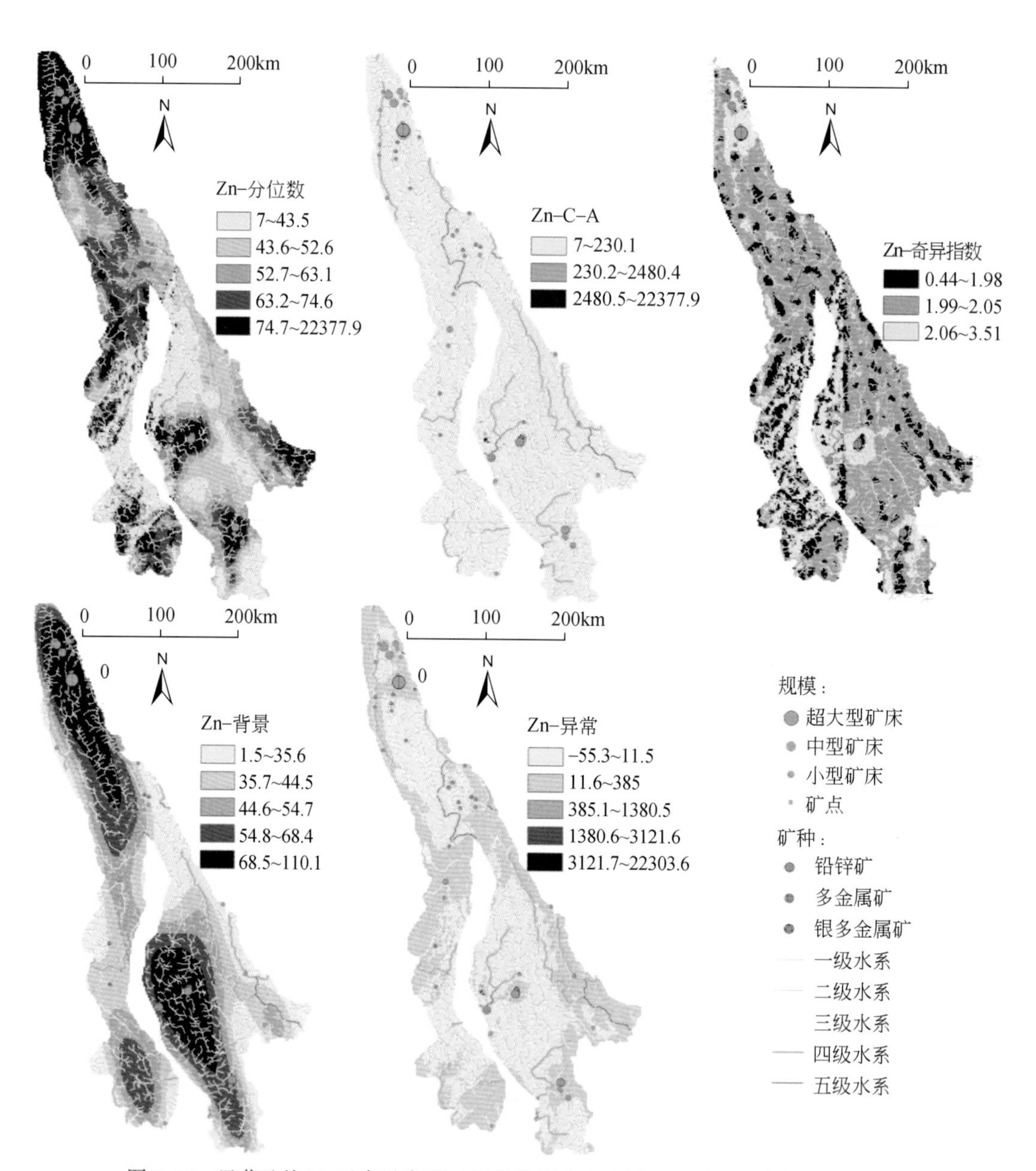

图 5. 28　思茅地块 Zn 元素异常图（原始数据来自全国 1：20 万区域化探数据库）

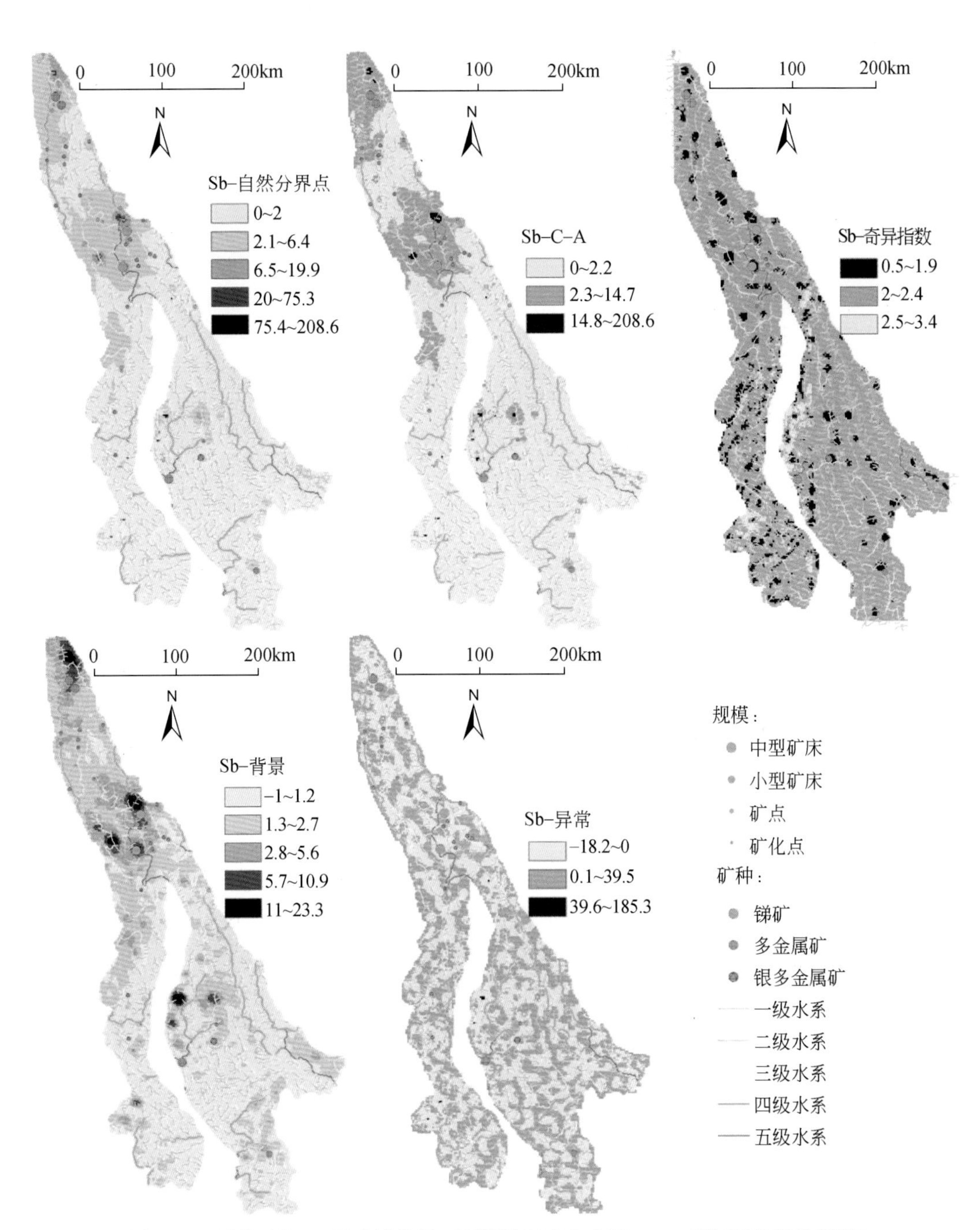

图5.29 思茅地块Sb元素异常图（原始数据来自全国1：20万区域化探数据库）

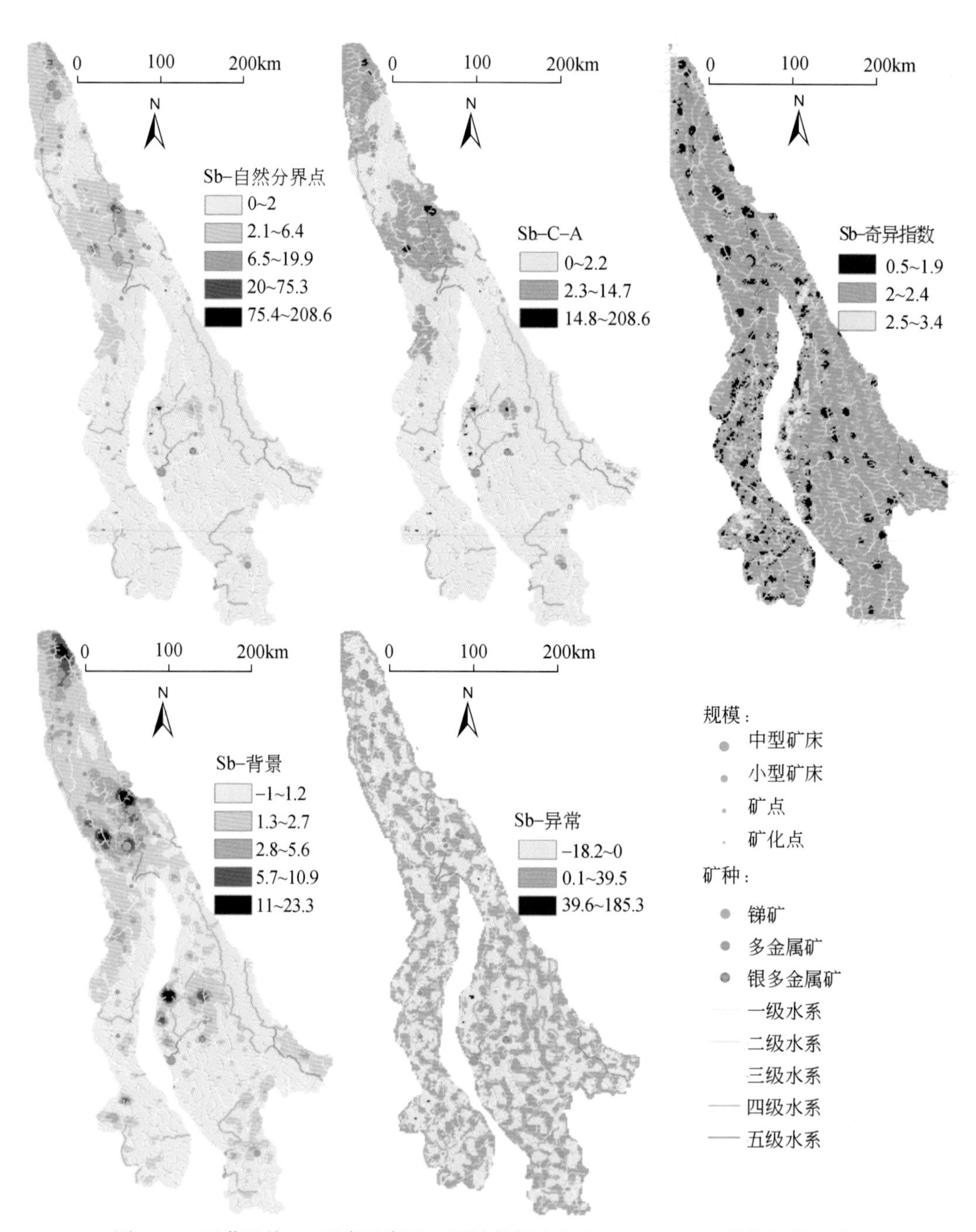

图 5.30　思茅地块 Hg 元素异常图（原始数据来自全国 1∶20 万区域化探数据库）

基于 SPSS16 中的统计主因子分析提取了 4 个主因子，分析过程中 KMO 为 0.60，提取的 4 个主因子解释的方差量为 70.4%。由主因子分析载荷矩阵可知，第一主因子为 Pb-Zn-Ag元素组合，代表了思茅地块中的盆地热卤水型 Pb-Zn 成矿作用，第二主因子为 Cu-Sb-Hg元素组合，代表了兰坪盆地中的低温热液成矿作用（表 5.7）。基于栅格因子分析的结果与统计主因子分析的结果相同。以 GeoDAS 为平台，进一步探讨了第一主因子（F1）和第二主因子（F2）的空间分布特征。

表 5.7　思茅地块主因子分析载荷矩阵表

元素	基于 SPSS 分析提取的主因子				基于栅格因子分析提取的主因子			
	F1	F2	F3	F4	F1	F2	F3	F4
Pb	0.91	0.07	0.01	0.03	0.52	−0.40	−0.02	−0.02
Zn	0.85	−0.11	0.06	0	0.42	−0.49	0.03	0
Ag	0.59	0.38	−0.07	−0.03	0.48	−0.04	−0.05	−0.09
Cu	0.09	0.77	−0.01	0.01	0.37	0.45	−0.04	0.01
Sb	0.05	0.75	0.05	0	0.34	0.46	0	0.05
Hg	0	0.65	−0.01	−0.02	0.27	0.42	−0.02	0
Au	0.02	0.03	1.00	−0.01	0.05	−0.01	0.71	0.70
Sn	0.01	−0.01	−0.01	1.00	0	−0.05	−0.70	0.71

分类的结果显示，F1 的正值主体呈条带状分布，且在兰坪盆地 F1 的值整体比思茅盆地高（图 5.31）。C-A 模型在这一分析中为识别出高异常区。基于 S-A 模型分离的背景显示，F1 的高背景集中分布于兰坪盆地中。方法提取的异常结果显示，思茅盆地中，F1 的异常分布相对于兰坪盆地和临沧地块较集中，且主体呈条带状沿四级水系分布，已有矿床均分布于高异常区内。综合分析方法的结果发现，可将思茅盆地中沿四级水系成条带状分布且无已有矿床出露的区域作为 Pb-Zn 组合矿化的预测远景区。

F2 的正值主要分布于临沧地块（图 5.32）。基于 S-A 模型分离的背景和异常显示，F2 的空间分布规律不明显，背景和异常分布均较分散，已有矿床多数分布于高异常附近。

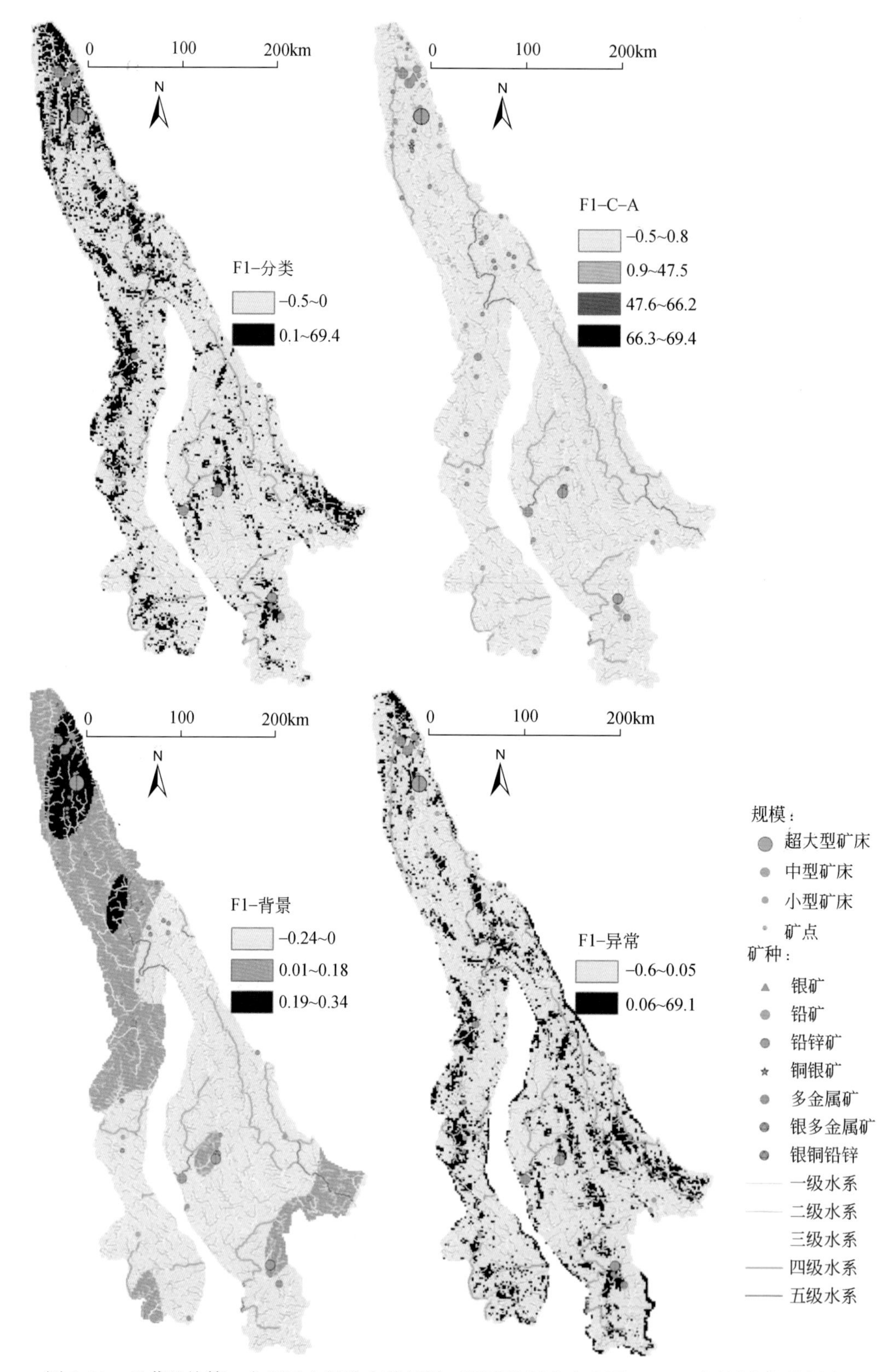

图 5.31　思茅地块第一主因子空间分布特征图（原始数据来自全国 1：20 万区域化探数据库）

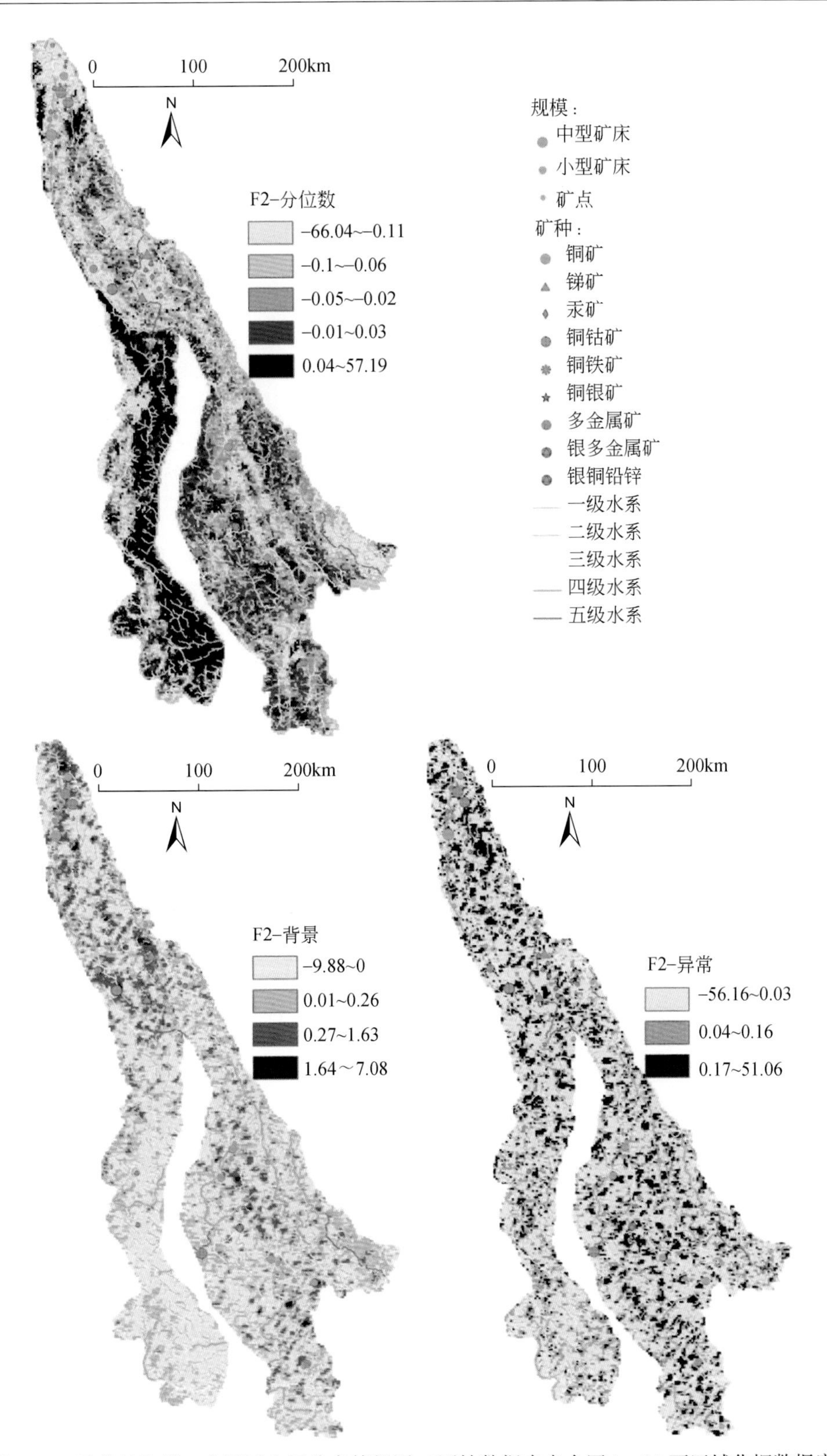

图5.32　思茅地块第二主因子空间分布特征图（原始数据来自全国1：20万区域化探数据库）

5.3.5 保山地块

基于对保山地块成矿地质背景的理解，综合多重分形解析的元素奇异性的结果，研究选取了 Cu、Pb、Zn、Sn 和 Hg 5 种元素，采用多种方法分析了元素的空间分布特征，识别和提取了异常，并探讨了异常与已有矿床的对应性，同时分析了第四系水系分布对异常的影响。

自然分界点的分类结果显示，Cu 元素的高值区与已有的大型和中型矿床的对应性较好，但存在多个矿化点分布于 Cu 元素含量相对较低的区域（图 5.33）。依据 C-A 将 Cu 元素的含量分为三类，结果显示中等异常分布范围较广，高异常零星分布，已有矿床均分布于由该方法圈定的中等异常内，少数几个矿点分布于低异常区。依据奇异指数圈定的异常主要分散分布于研究区的西缘，与已有矿床的重合度较低。基于 S-A 模型分离的背景显示，保山地块的 Cu 背景整体为中间低两端高，分离的高异常零星分布于研究区内，已有矿床与高背景的对应性较好，与高异常的空间相关性较差。

Pb 元素的高含量主要分布于保山地块的中部。采用 C-A 模型圈定的中等异常与已有的中型 Pb-Zn 矿床的对应性较好（图 5.34）。基于奇异指数圈定了多个异常区域，异常整体呈北东向串珠状展布。多个已有矿床（点）分布于异常的中心，与异常对应较好。S-A 模型的分析结果显示，高背景分布于研究区的中部，异常分布较分散，与奇异指数提取的异常大体一致，两种方法提取异常的重叠区域与已有矿床的对应性较好。因此在保山地区，可综合基于 S-A 模型和奇异指数两种方法提取的异常，将未见矿床（点）产出的区域作为成矿预测远景区。

多种方法在 Zn 元素空间分析结果显示，基于 S-A 模型和奇异指数提取的异常区域重合度较高，Pb 元素分析的结果相似，这在一定程度上反映了在保山地块 Pb 和 Zn 元素在空间上的共生性（图 5.35）。

Sn 元素含量在保山地块的边缘较高（图 5.36）。奇异指数识别和提取的异常与已有矿床的对应性较好。综合多种分析方法的结果，可将研究区中西部区域的背景和异常及奇异性高值区作为 Sn 矿的成矿预测远景区。Hg 元素含量在研究区以低值为主（图 5.37）。采用 C-A 模型识别了低、中、高三类异常区域，已有矿床分布于低异常与中异常的交汇处。

采用 SPSS16 中的统计主因子分析提取了 4 个主因子，分析过程中 KMO 为 0.75，提取的 4 个主因子解释的方差量为 71.9%。由主因子分析载荷矩阵可知，第一主因子为 Pb-Zn-Sb-Ag 元素组合，代表了与岩浆热液有关的中低温成矿作用；第二主因子为 Au-Cu 元素组合，代表了与岩浆热液有关的中高温成矿作用（表 5.8）。基于栅格因子分析的结果与统计主因子分析的结果相似。以 GeoDAS 为平台，探讨了第一主因子（F1）和第二主因子（F2）的空间分布特征。

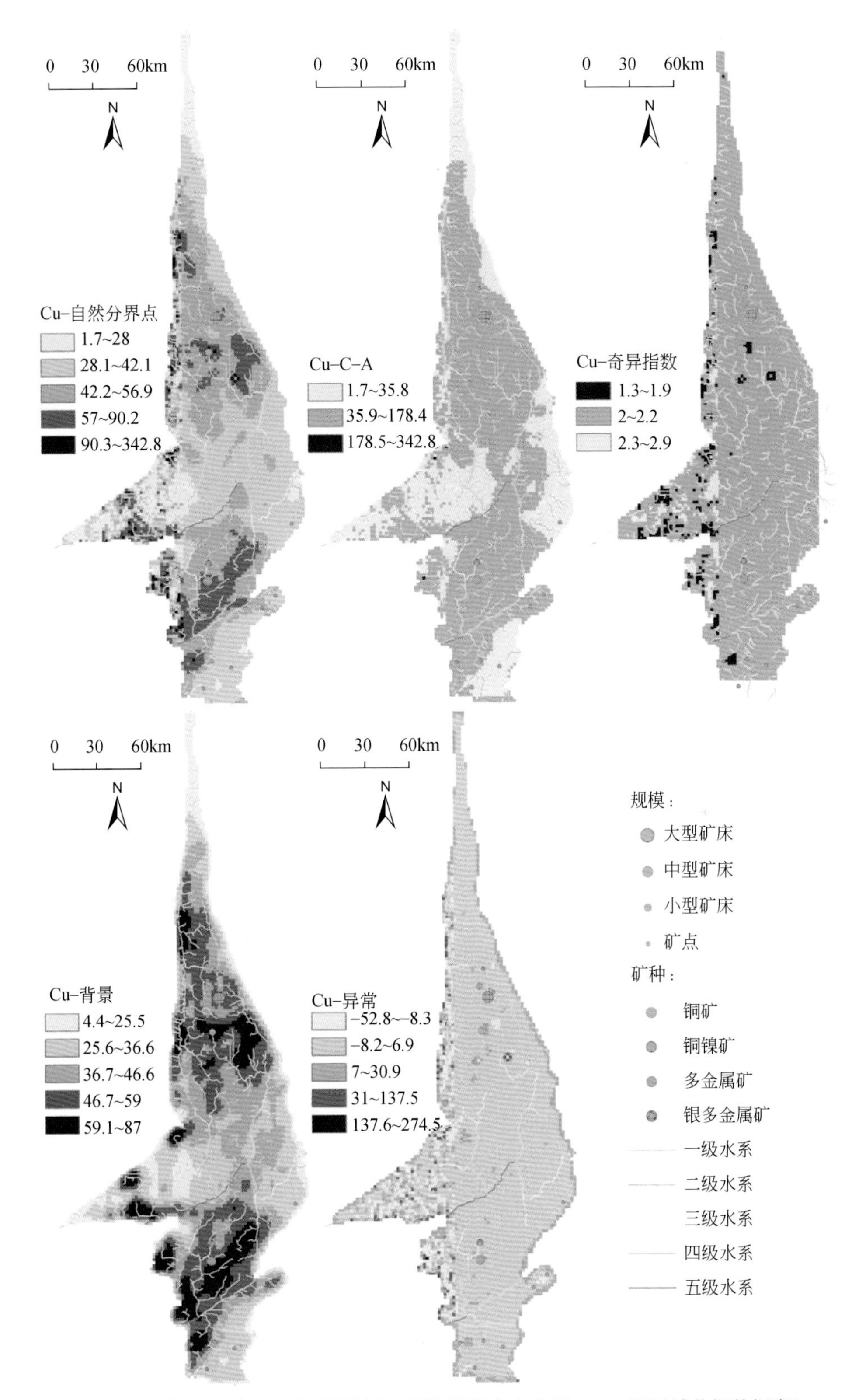

图 5.33　保山地块 Cu 元素异常图（原始数据来自全国 1：20 万区域化探数据库）

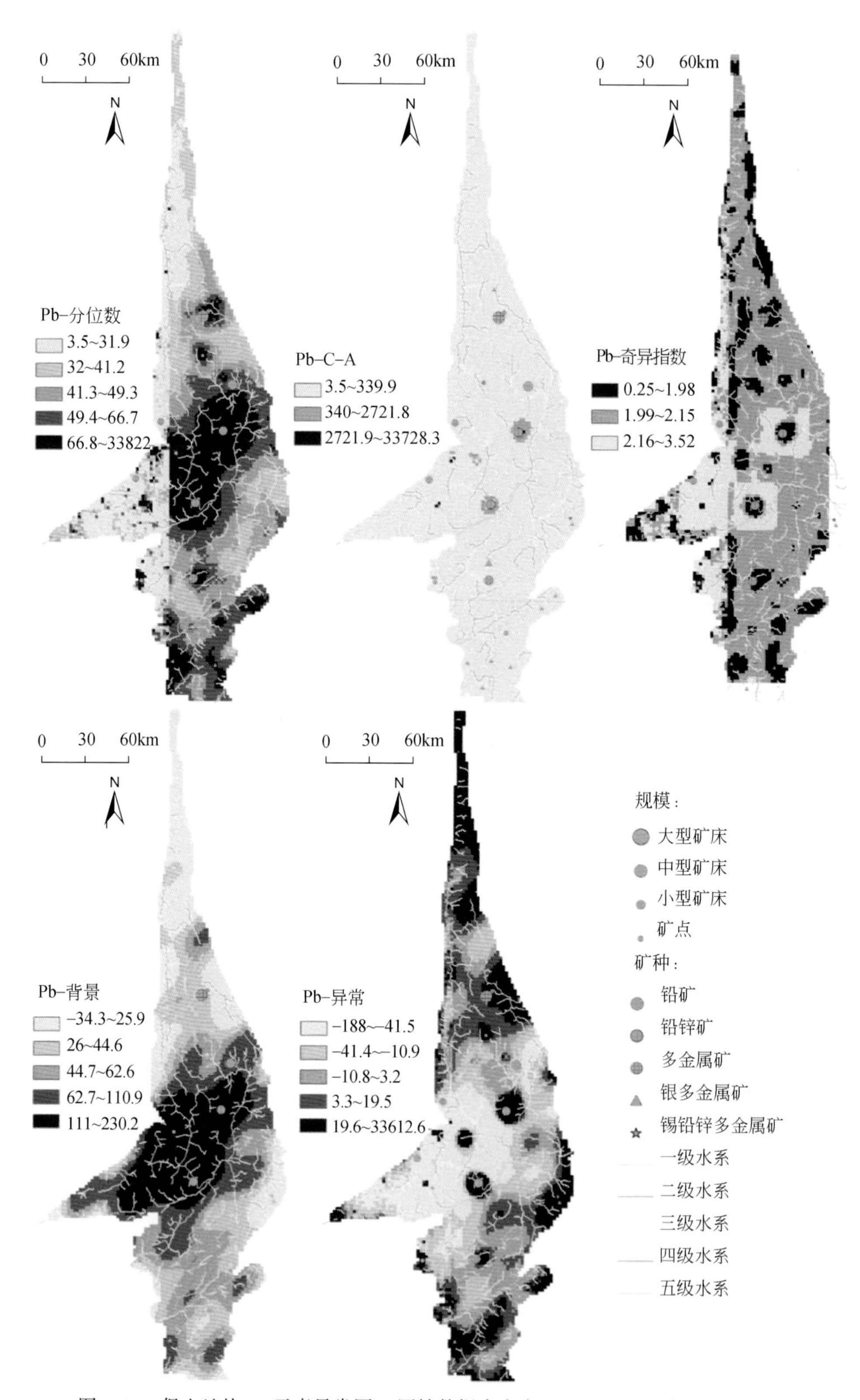

图 5.34　保山地块 Pb 元素异常图（原始数据来自全国 1：20 万区域化探数据库）

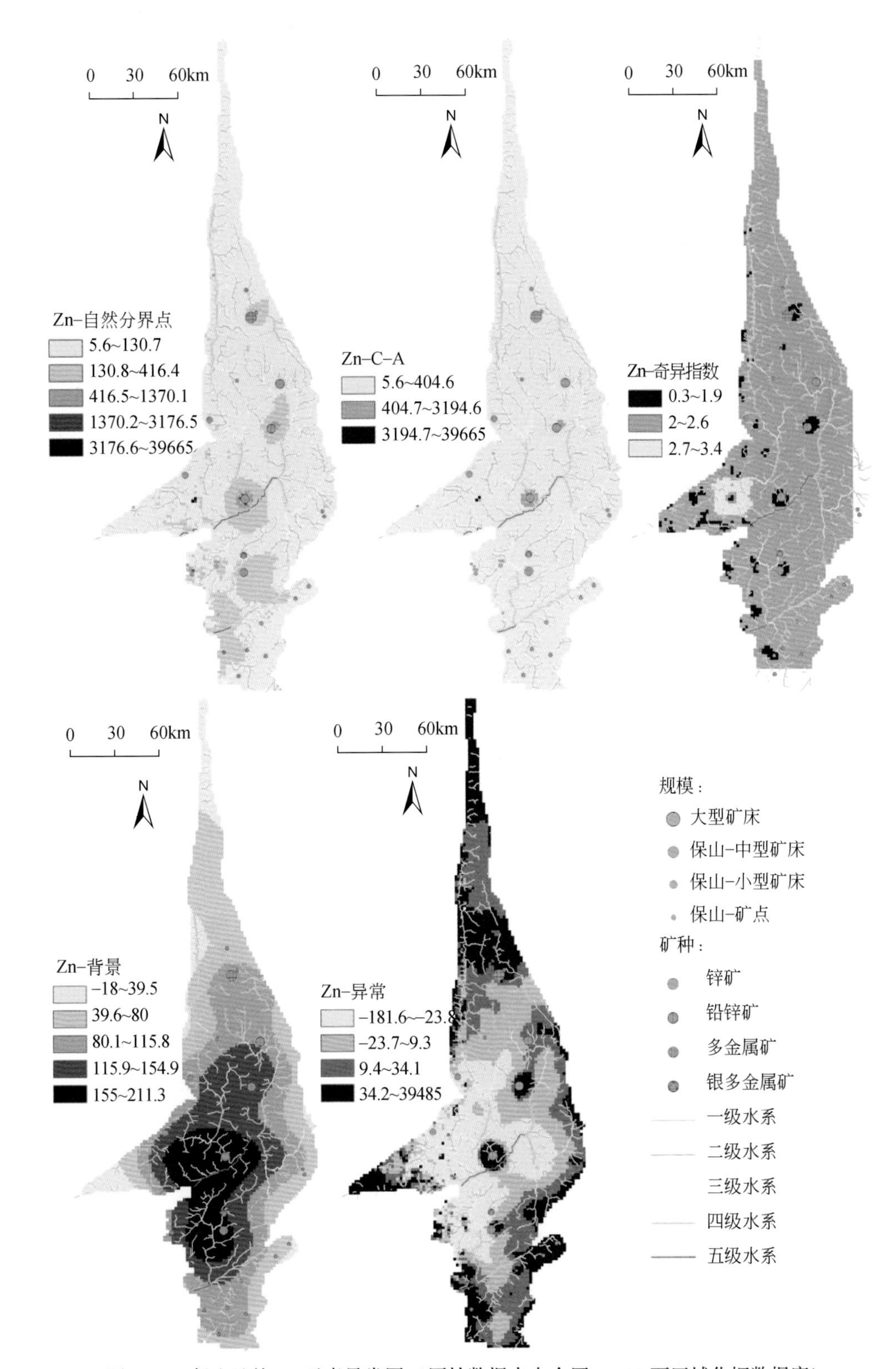

图 5.35　保山地块 Zn 元素异常图（原始数据来自全国 1∶20 万区域化探数据库）

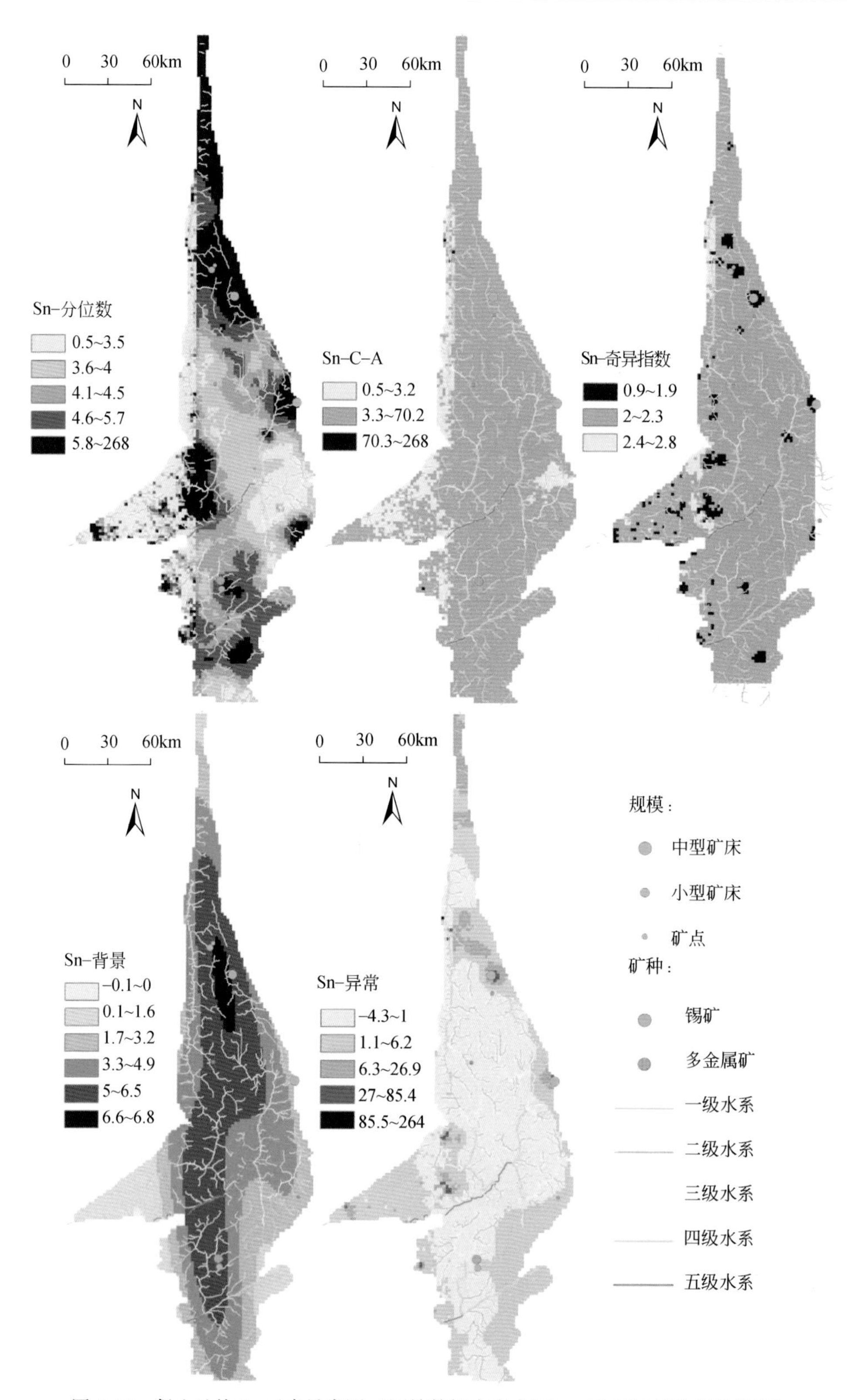

图 5.36　保山地块 Sn 元素异常图（原始数据来自全国 1∶20 万区域化探数据库）

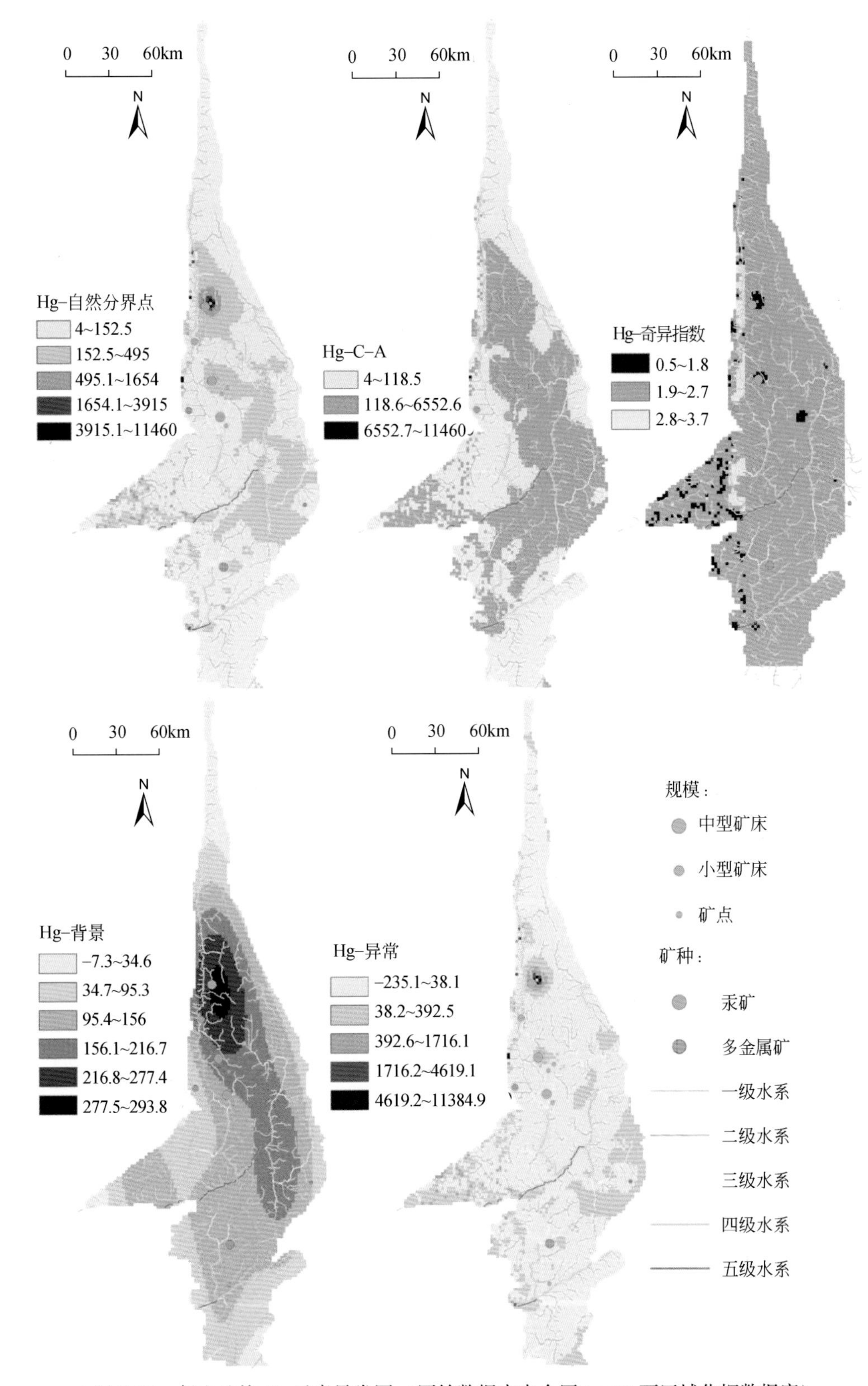

图 5.37　保山地块 Hg 元素异常图（原始数据来自全国 1：20 万区域化探数据库）

表 5.8　保山地块主因子分析载荷矩阵表

元素	基于 SPSS 分析提取的主因子				基于栅格因子分析提取的主因子			
	F1	F2	F3	F4	F1	F2	F3	F4
Zn	0.91	-0.05	-0.01	-0.01	0.55	-0.12	-0.02	-0.03
Pb	0.88	-0.07	0.01	-0.01	0.53	-0.13	-0.04	-0.01
Sb	0.88	0.09	0.04	-0.01	0.54	0.02	0.01	0
Ag	0.56	0.15	0.01	0.02	0.34	0.08	0.07	0
Au	0.01	0.77	-0.23	0.06	0.03	0.57	0.53	-0.16
Cu	0.09	0.65	0.30	-0.08	0.09	0.69	0.03	0.08
Hg	0.01	0	0.93	0.02	0.03	0.34	-0.60	0.62
Sn	0.01	-0.01	0.01	1.00	0	-0.23	0.60	0.76

图 5.38 显示，F1 的正值区分布分散，其高背景值主体呈近南北向分布。依据 C-A 模型和 S-A 模型提取的异常零星分布，与已有矿床（点）的对应性较差。已有矿床分布于 F1 的高背景区。由于 F1 代表了与岩浆有关的低温成矿，依据 F1 的分析可推断岩体大致呈近南北向分布。F2 的正值区分布相对集中，且值分布于 0.5 ~ 31.6（图 5.39）。C-A 模型的应用效果较差，可能与研究区内 F2 的背景值变化较大有关。采用 S-A 模型分离的高异常与已知矿床的对应性较好。

5.3.6　腾冲地块

在分析腾冲地块成矿多样性的基础上，综合多重分形解析的元素奇异性的结果，研究选取 Au、Pb、Zn、Sn 和 Sb 5 种元素，采用多种方法分析了元素的空间分布特征，识别和提取了异常，并探讨了异常和已有矿床的对应性，同时分析了第四系水系分布对异常的影响。

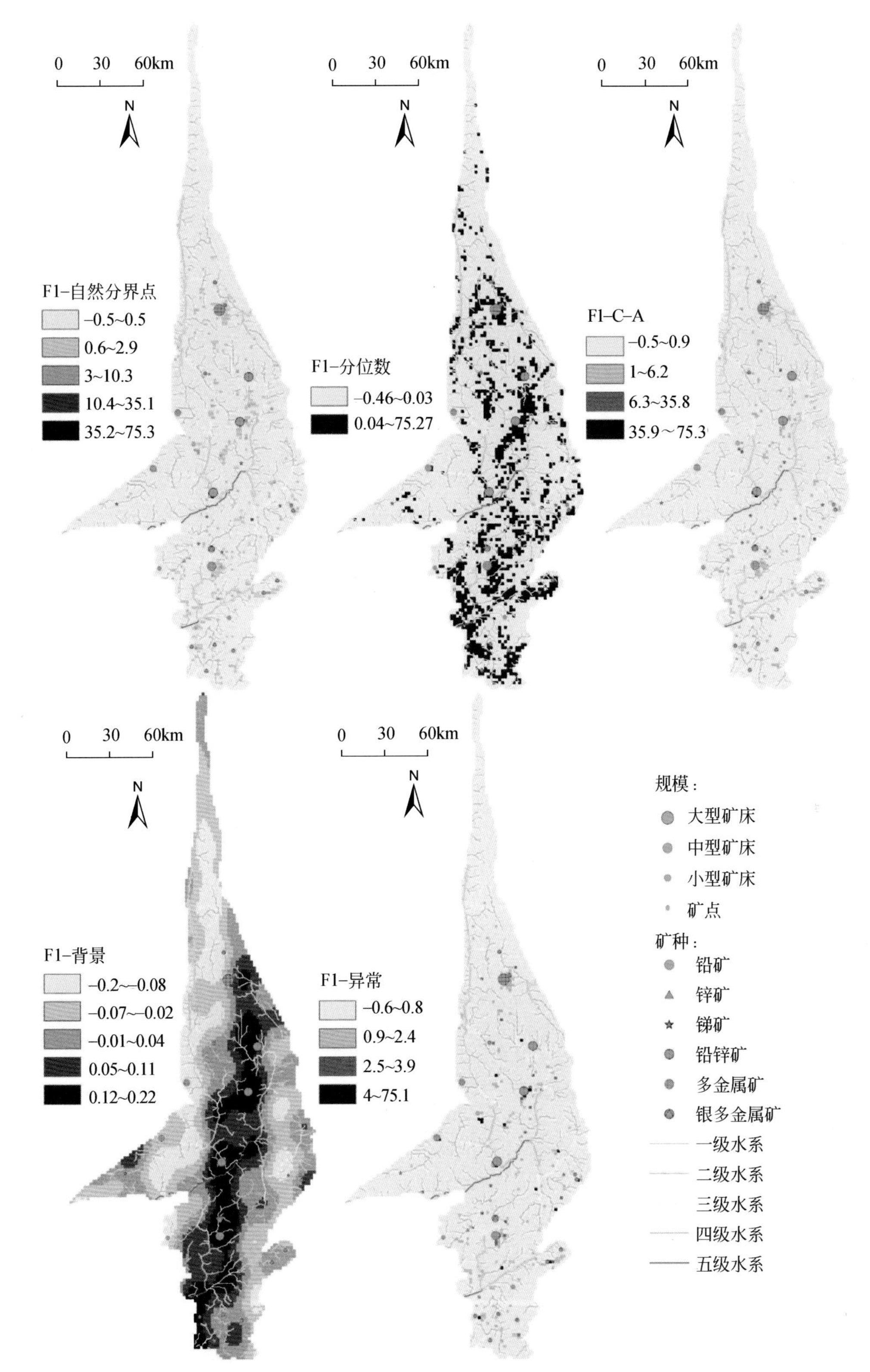

图 5.38　保山地块第一主因子空间分布特征图（原始数据来自全国 1∶20 万区域化探数据库）

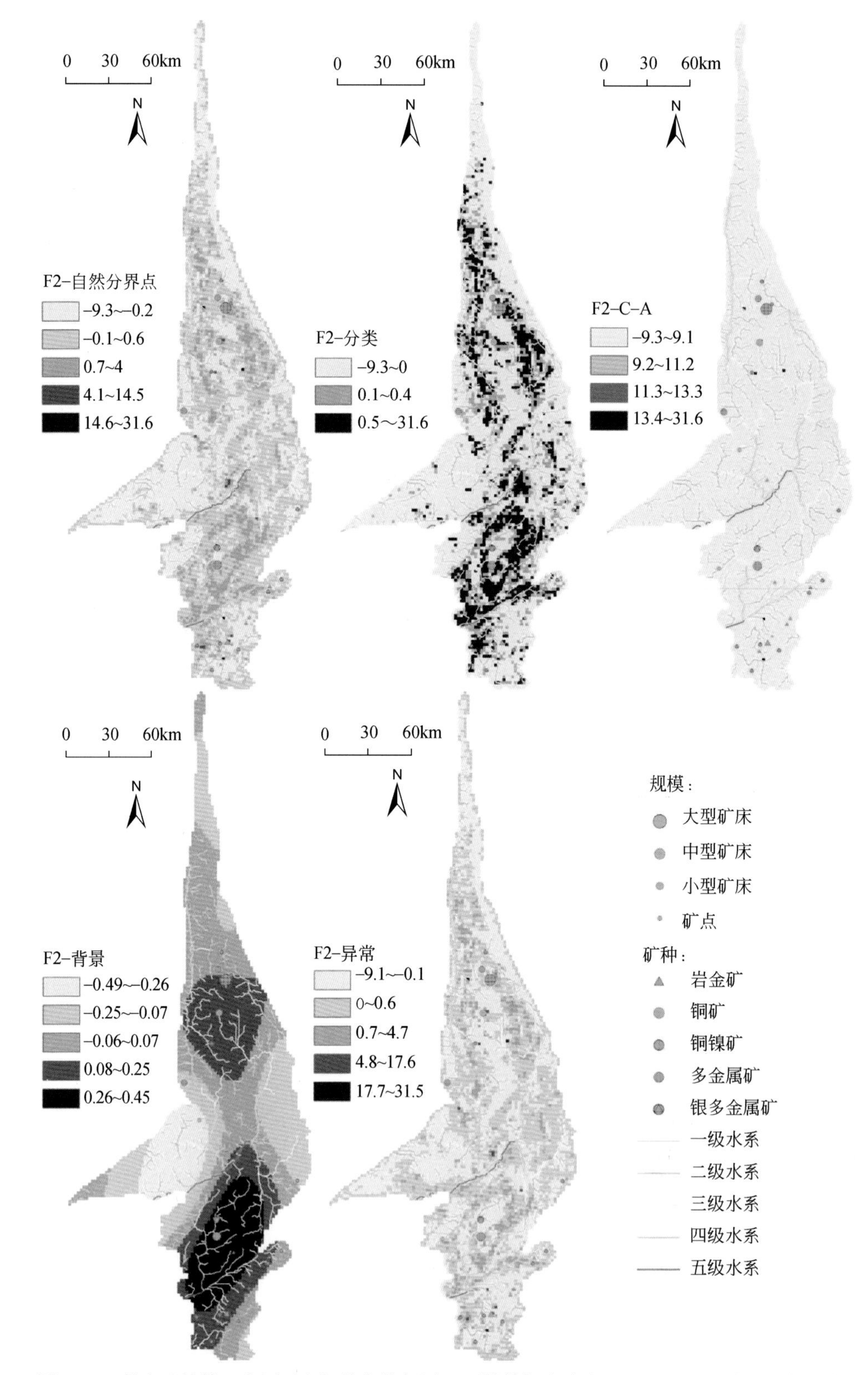

图 5.39　保山地块第二主因子空间分布特征图（原始数据来自全国 1：20 万区域化探数据库）

Au元素的高值区分布于已有矿床的下游区域（图5.40）。采用C-A模型识别了低、中、高3个异常区域，已有矿床多数分布于低异常区。基于S-A模型和奇异指数圈定的异常与已有矿床的对应性较差。研究发现，提取的异常多数分布于一级水系附近，已有矿床多分布于高级水系上，推测可能是第四系水系导致化探异常和已有矿床空间的对应性较差。腾冲地区已发现的Pb矿床的分布较集中（图5.41）。依据多种方法提取的异常与和已有矿床（点）的对应性均较好。基于分析，可将已有矿床西南部的高异常和高奇异区作为成矿预测远景区。Sn元素的异常识别和提取应用中，C-A模型和S-A模型的应用效果较好，圈定的异常与已有矿床的对应性较好，尤其是S-A模型，圈定的异常几乎与已有大型和中型矿床重合（图5.42）。Sb元素高含量主要集中于研究区的中部（图5.43），多种分形方法圈定的异常区域分散分布，其中S-A在分析中的应用效果较好。

基于SPSS16中的统计主因子分析提取了3个主因子，分析过程中KMO为0.74，提取的3个主因子解释的方差量为70.2%。由主因子分析载荷矩阵可知，第一主因子代表了Pb-Zn-Sb-Ag元素组合，第二主因子为Sn-Cu元素组合，代表了与A型花岗岩有关的中高温成矿作用（表5.9）。基于栅格因子分析的结果与统计主因子分析的结果一致。以GeoDAS为平台，探讨了第一主因子（F1）和第二主因子（F2）的空间分布特征。

表5.9　腾冲地块主因子分析载荷矩阵表

元素	基于SPSS分析提取的主因子			基于栅格因子分析提取的主因子		
	F1	F2	F3	F1	F2	F3
Pb	0.91	0.06	0.09	0.48	-0.24	-0.03
Sb	0.85	-0.05	0.13	0.43	-0.31	0
Zn	0.85	0.28	0.05	0.49	-0.03	-0.05
Ag	0.77	0.39	0.01	0.47	0.09	-0.06
Sn	-0.10	0.81	-0.01	0.11	0.70	0.09
Cu	0.33	0.79	-0.01	0.32	0.55	0.03
Au	-0.10	0.08	0.96	0.02	-0.03	0.96
Hg	0.27	-0.11	0.30	0.13	-0.21	0.24

F1的正值空间分布较集中，高背景呈北东向分布（图5.44）。多种方法提取的叠加异常与已有矿床点的对应性较好。与单元素的分析结果对比发现，多元组合异常分析结果与已有矿床的对应效果更好，能更准确的确定成矿远景区。采用S-A模型分离的背景图显示，F2的高值区呈串珠状分布（图5.45），北部的两个高背景区与已有矿床的对应性较好，综合已有矿床的分布特征，可将南部的高背景区作为成矿预测远景区。

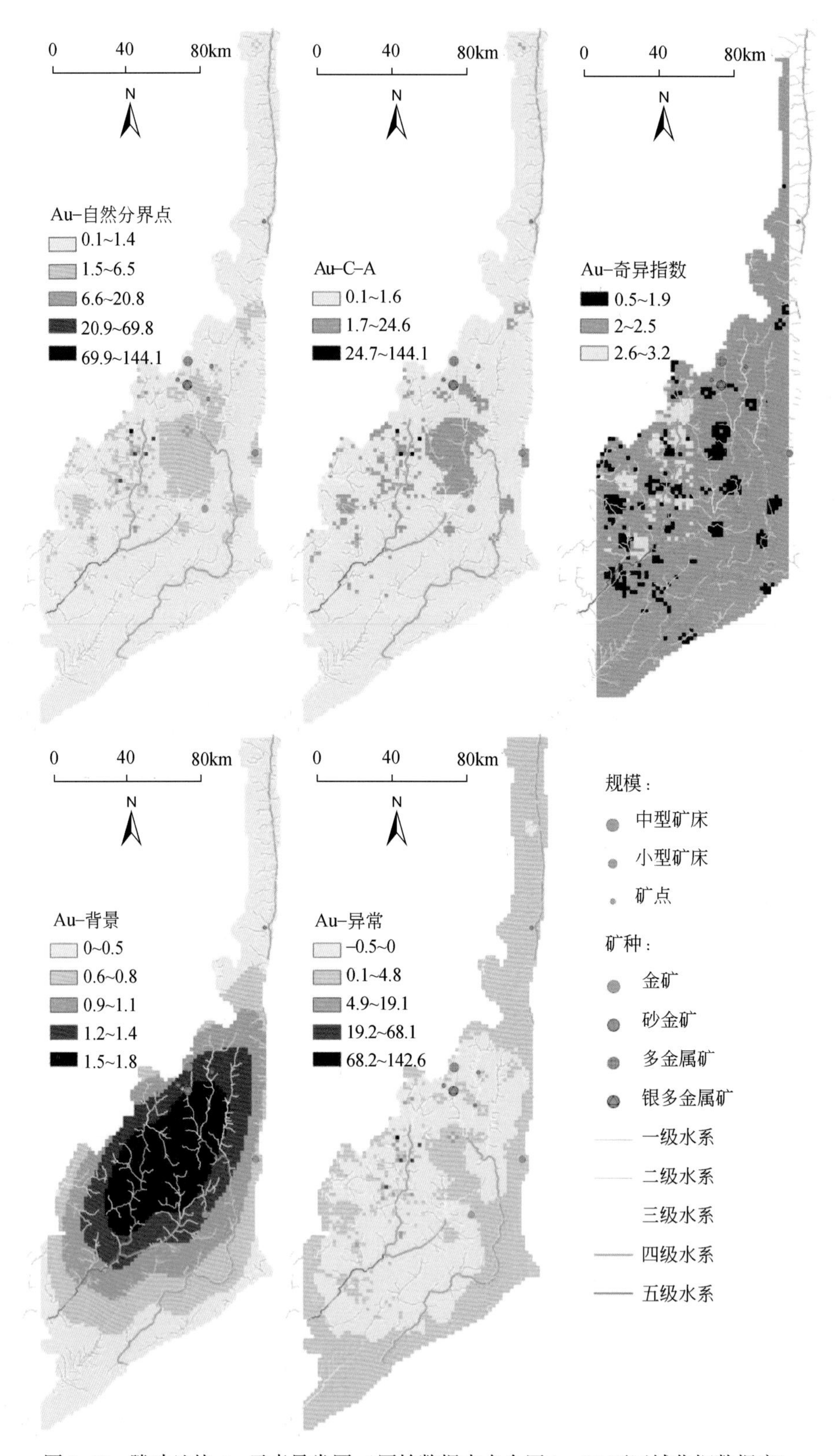

图 5.40　腾冲地块 Au 元素异常图（原始数据来自全国 1∶20 万区域化探数据库）

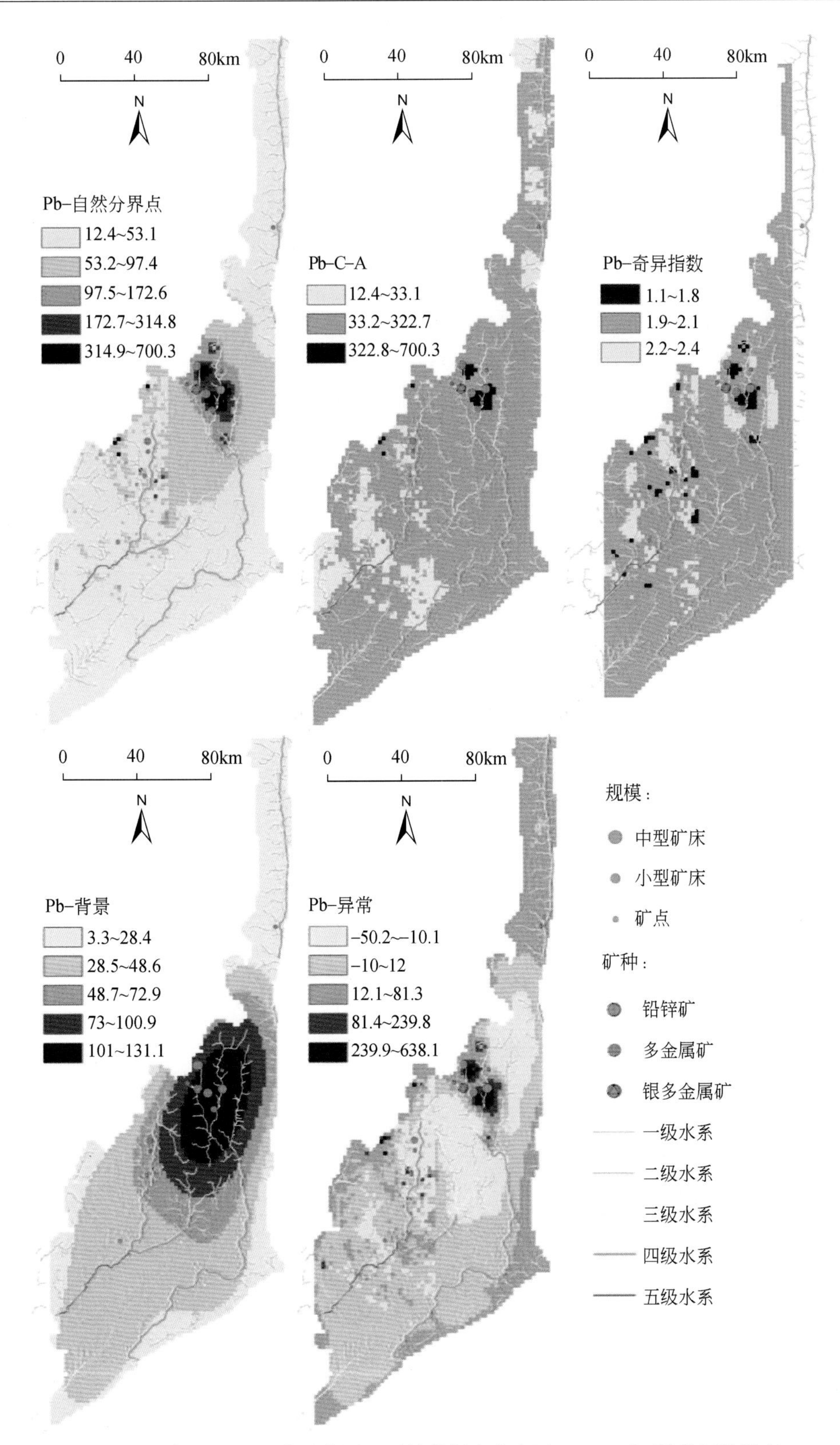

图5.41　腾冲地块Pb元素异常图（原始数据来自全国1：20万区域化探数据库）

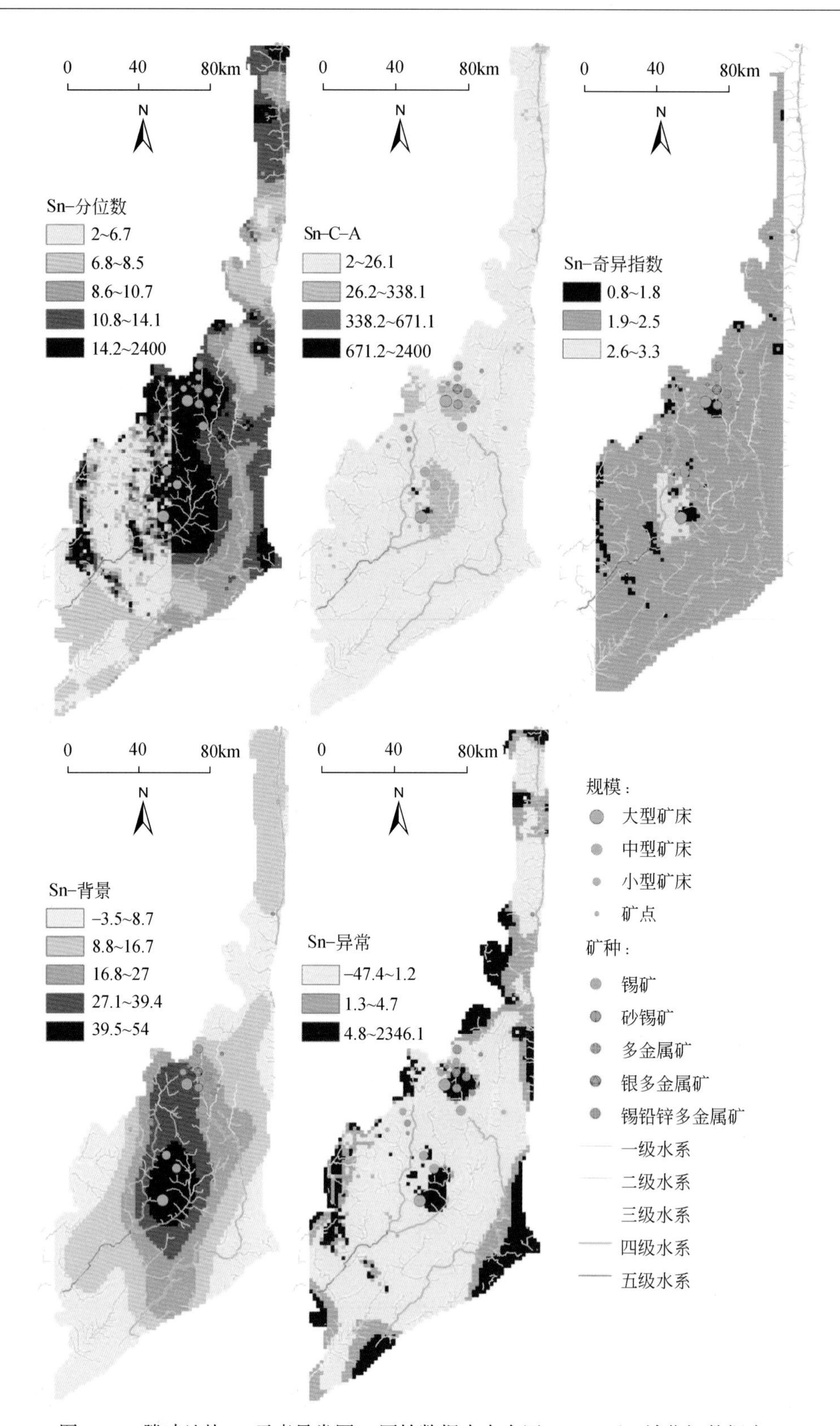

图 5.42　腾冲地块 Sn 元素异常图（原始数据来自全国 1：20 万区域化探数据库）

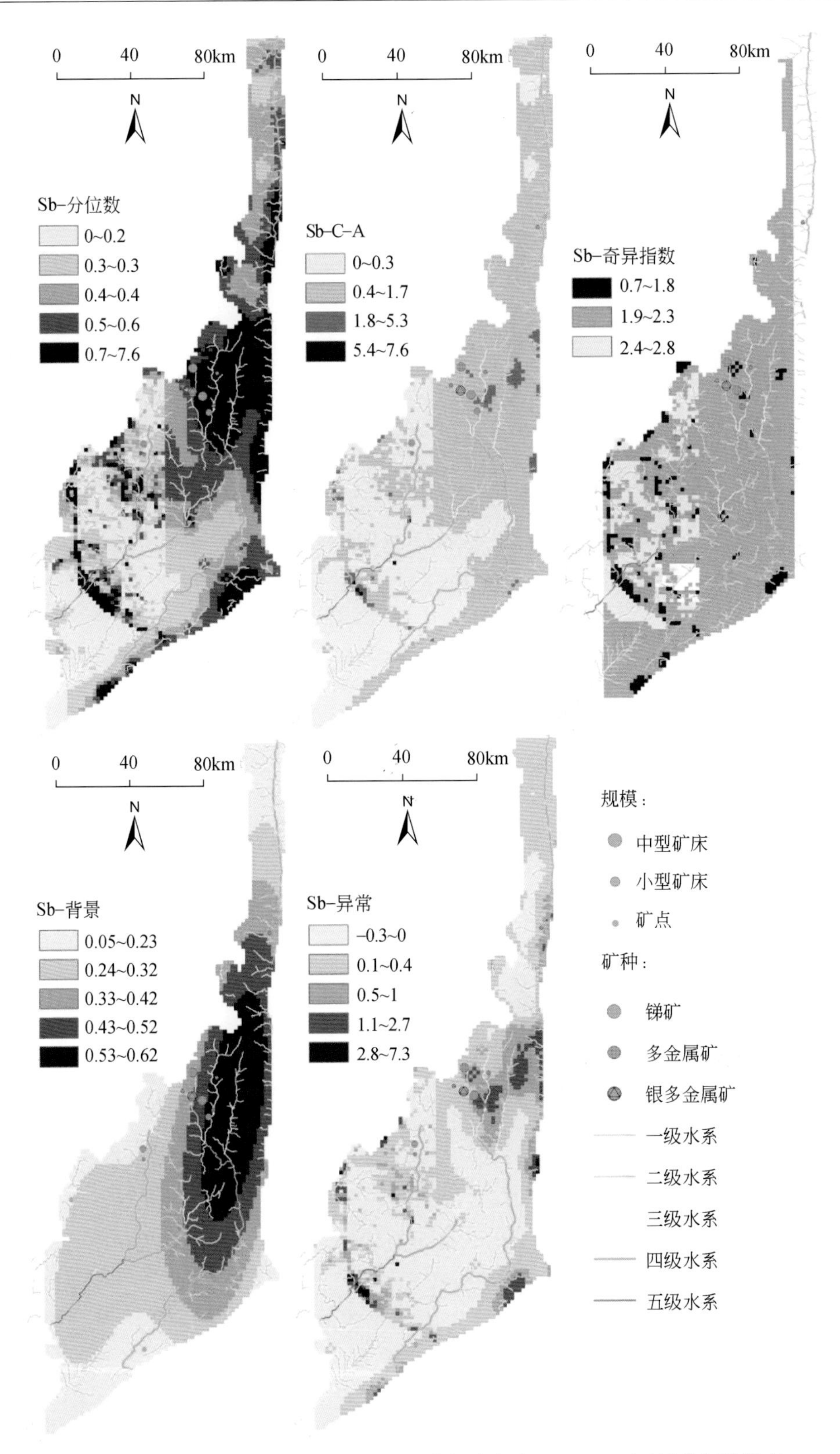

图5.43　腾冲地块Sb元素异常图（原始数据来自全国1∶20万区域化探数据库）

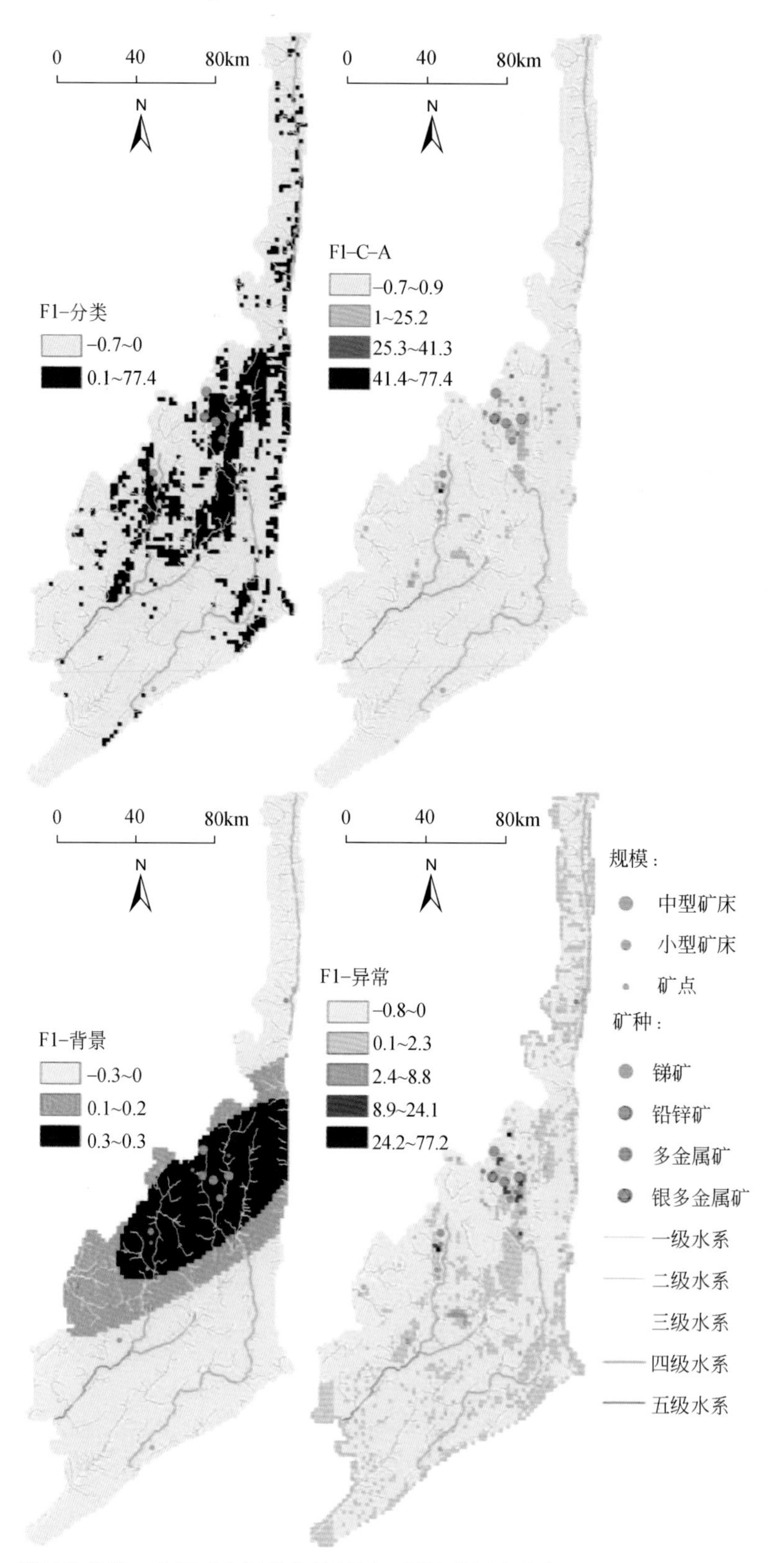

图 5.44　腾冲地块第一主因子空间分布特征图（原始数据来自全国 1∶20 万区域化探数据库）

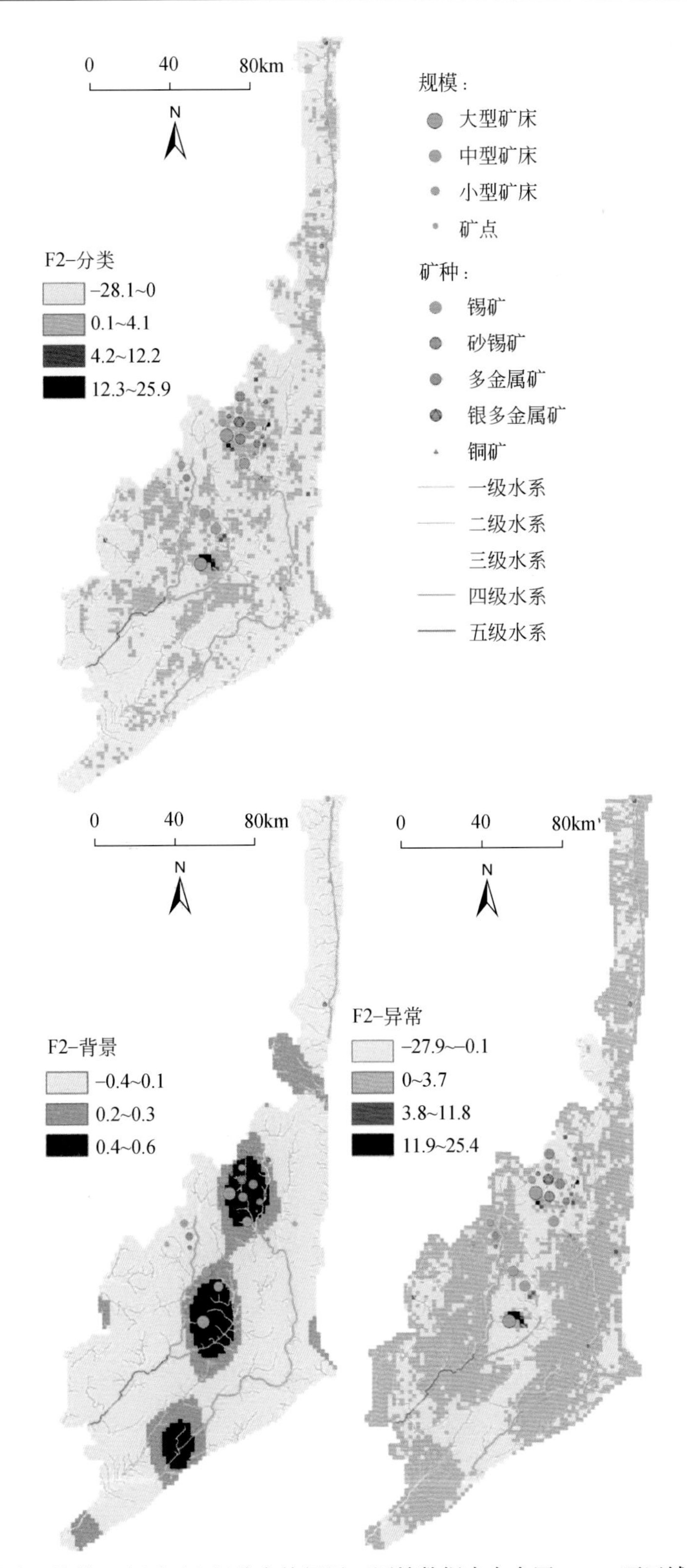

图 5.45　腾冲地块第二主因子空间分布特征图（原始数据来自全国 1∶20 万区域化探数据库）

5.3.7　金沙江缝合带

选取了金沙江流域为研究对象，采用多种方法分析了同一汇水盆地中元素的空间分布特征。基于元素分布的多重分形奇异性，选取了 Au、Cu 和 Hg 元素，解析了元素的空间分布特征，识别与提取了化探异常，并探讨了异常和已有矿床的对应性。同时对比了两种不同统计单元划分在异常提取中的应用效果。

研究区 Au 元素的含量普遍较低（图 5.46）。依据 C-A 模型圈定的中高异常分布于流域的上游地区，但未见矿床（点）产出。采用奇异指数识别的高异常分布于扬子板块的西缘，与已知矿床的对应较好。Cu 元素的高含量与基于 S-A 模型提取的高背景主要呈北东

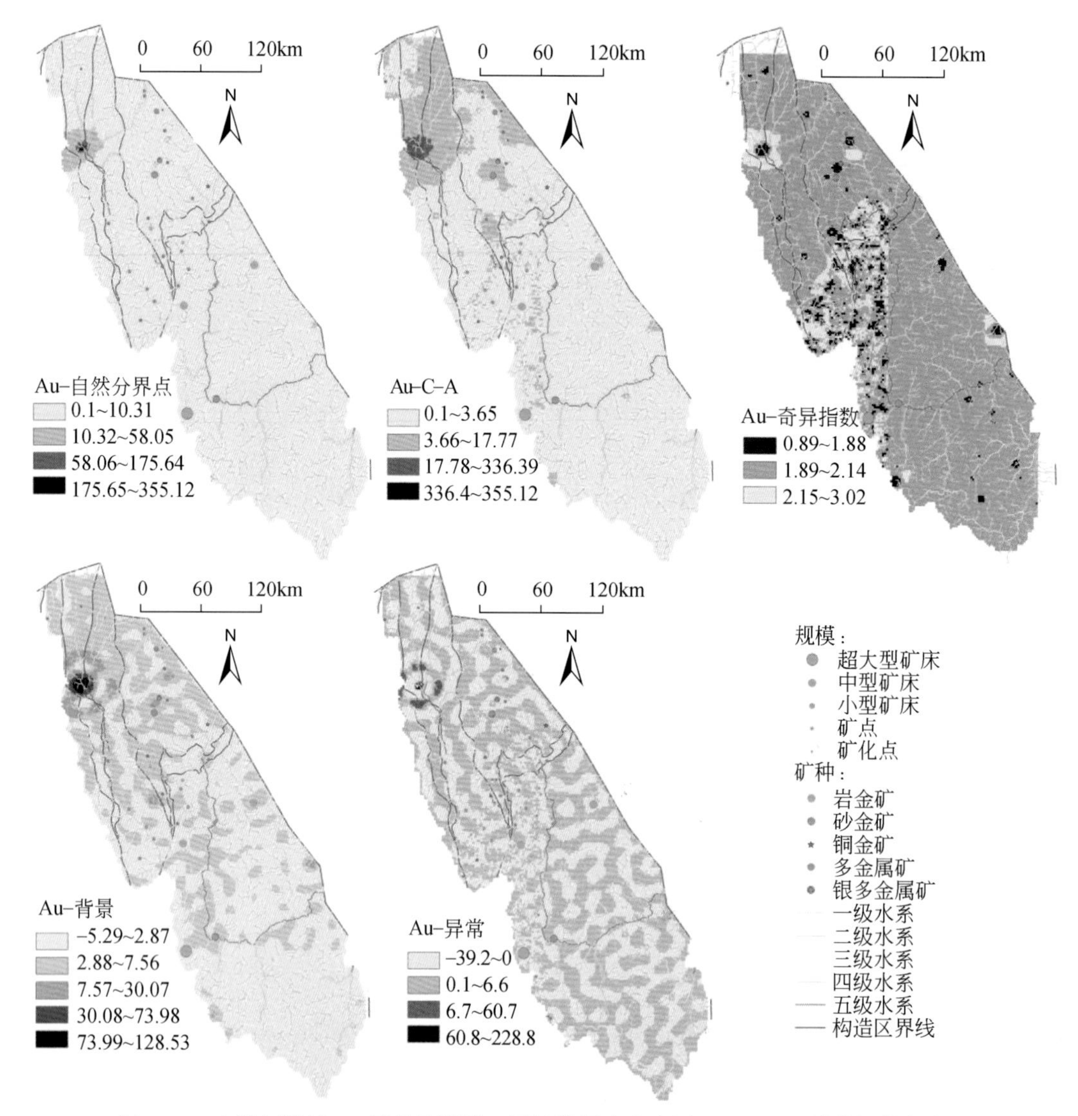

图 5.46　金沙江流域 Au 元素异常图（原始数据来自全国 1∶20 万区域化探数据库）

向分布于扬子板块西缘五级水系附近（图5.47）。虽然在流域中产出的Hg矿床点较少，但是依据多重分形和概率统计分析发现，Hg元素存在奇异性。因此，采用多种方法分析了Hg元素的空间分布特征。研究发现Hg元素的含量整体较低，相对的高值分布于研究区西部的四级水系附近（图5.48）。多种方法提取的异常与已有Hg矿床点的对应性较差，Hg元素的空间分布较复杂，需进一步开展研究工作。

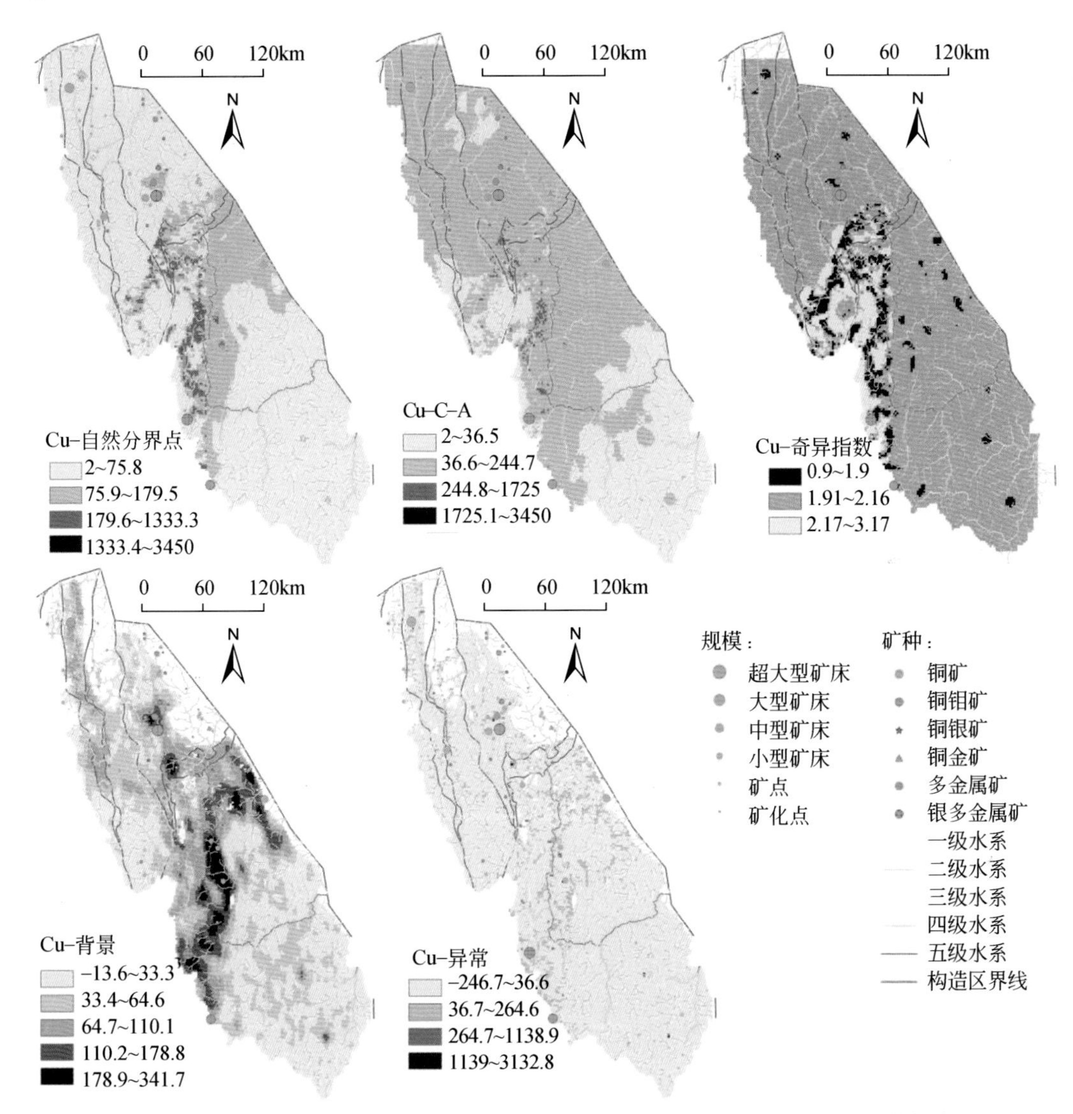

图5.47　金沙江流域Cu元素异常图（原始数据来自全国1∶20万区域化探数据库）

运用SPSS16中的统计主因子分析提取了4个主因子，分析过程中KMO为0.64，提取的4个主因子解释的方差量为75.1%。由主因子分析载荷矩阵可知，第一主因子为Pb-Ag-Zn-Cu元素组合，代表了与岩浆有关的成矿作用（表5.10）。基于栅格因子分析的结果与统计主因子分析的结果相似。以GeoDAS为平台，探讨了第一主因子（F1）的空间分布特征（图5.49）。

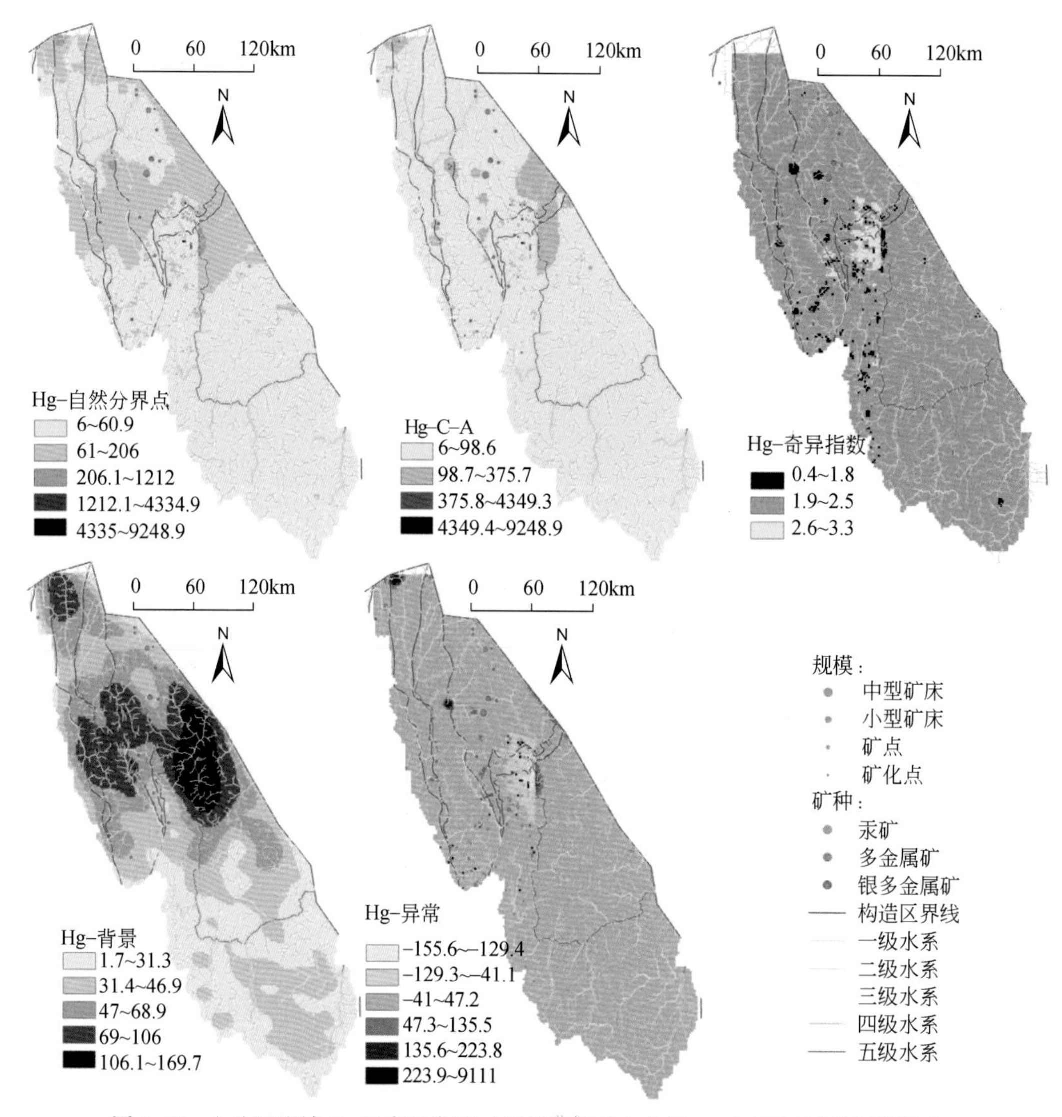

图 5.48　金沙江流域 Hg 元素异常图（原始数据来自全国 1∶20 万区域化探数据库）

表 5.10　金沙江流域主因子分析载荷矩阵表

元素	基于 SPSS 分析提取的主因子				基于栅格因子分析提取的主因子			
	F1	F2	F3	F4	F1	F2	F3	F4
Pb	0.91	0.03	-0.01	0.02	0.45	-0.44	0.06	-0.04
Ag	0.84	0.04	0.04	-0.01	0.43	-0.41	0	-0.02
Zn	0.75	0.47	0.01	0.01	0.54	-0.07	0.03	-0.02
Cu	0.22	0.34	0.18	-0.11	0.24	0.11	-0.20	0.05
Sn	0.13	0.87	-0.01	0	0.39	0.52	-0.01	0
Sb	0	0.87	-0.05	0.05	0.32	0.59	0.05	0.01
Au	0	0.01	0.98	0.01	0.03	-0.04	-0.65	0.73
Hg	0.02	0	0.01	0.99	0.01	-0.01	0.73	0.68

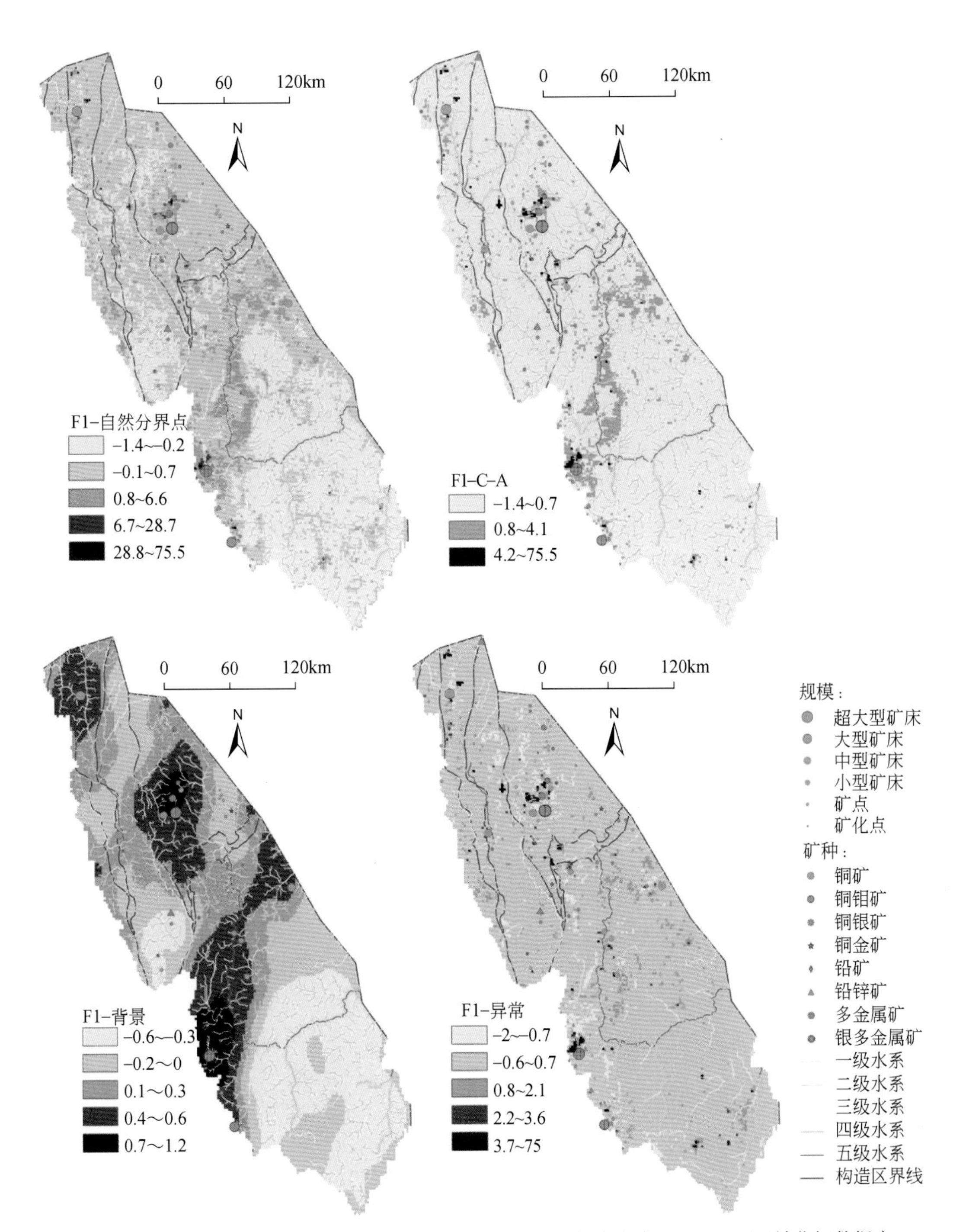

图 5.49　金沙江流域第一主因子空间分布特征图（原始数据来自全国 1∶20 万区域化探数据库）

F1 的高值区分布于扬子板块和义敦陆缘弧并呈北东向展布。依据 C-A 模型圈定的高、中异常和已有矿床的对应性较好。采用 S-A 模型分离的背景和异常图显示，高背景集中分布于扬子板块与义敦陆缘弧，异常分布较分散。与单元素的异常分析相比，多元素组合异常与已有矿床点的对应较好。

中篇：成矿系统篇

成矿系列与成矿系统是中国学者提出的独创性的区域成矿理论和概念模式（陈毓川，1994，1998；翟裕生等，1996，1999）。它们是以系统论为指导，强调成矿作用与环境要素的内在联系和整体功能，揭示成矿作用及其产物的时空演化和分布规律。成矿系列是指产出于地质环境四维空间内的具有内在联系的矿床自然组合，强调的是特定地质演化阶段相对独立的成矿系统的最终矿床产物（陈毓川，1998）。近年来，成矿系列研究又取得新进展，相继提出成矿谱系和成矿系列组合等概念，引导成矿系列研究向纵深发展（陈毓川等，2006，2007），并取得了一系列创新成果。成矿系统是指一定的地质时空结构中由控制成矿诸要素结合而成的具有成矿功能的统一整体，它包括成矿物质由分散到富集的制约因素、作用过程以及各种地质矿化产物（翟裕生等，1999），强调成矿与环境要素、作用过程及物质聚散规律间的有机联系，视成矿为系统内各种要素耦合作用的关联产物。因此，成矿系统不仅研究地质环境时空结构中的矿床矿化产物，而且研究控制成矿作用过程的物质、能量、时间和机制四要素体系，从而在整体上揭示和把握各种成矿作用发生的机制与内在联系，在研究区域成矿作用和矿床形成规律领域得到广泛应用（翟裕生等，2002；邓军等，2014）。Huston（2006）从成矿系统思想出发，详细阐述了澳大利亚铅锌银成矿系统，明确提出成矿系统所发育的构造环境和盆地性质决定了成矿流体的性质和成分，进而决定了矿化样式和矿床类型。

成矿系统研究适应了地球科学系统化的发展趋势，已经成为国际成矿理论突破的重要途径，近年来在 *Science*、*Nature* 和 *Nature Geosciences* 等期刊发表的 20 余篇论文，认为多期壳幔作用或复合造山（Muntean *et al.*，2011；Lee *et al.*，2012；Griffin *et al.*，2013）、深部驱动与多因耦合（Chiaradia，2014；Wilkinson，2013；Richards，2013；Pirajno and Santosh，2014；Deng *et al.*，2015c，2015d）和临界条件与转变（Botcharnikov *et al.*，2011）是控制斑岩型、岩浆型或低温热液型等多种类型大规模成矿的重要因素。然而多数集中于某一类矿床的研究，如 VMS 成矿系统（Wang *et al.*，2010b）、斑岩型成矿系统（Berzina *et al.*，2013）、沉积岩容矿铅锌成矿系统等（Wang C. M. *et al.*，2014）。澳大利亚西澳大学 CET 研究中心利用区域成矿系统理论，采用遥感、GIS 和三维数字建模等手段来开展区域找矿勘查工作研究，达到成因理论研究与找矿勘查很好结合（Joly *et al.*，2012；McCuaig *et al.*，2013；McCuaig and Hronsky，2014）。

成矿模型或成矿模式，作为理论找矿的强大工具，始终是矿床学家的研究目标之一。一批经典的成矿模型，如斑岩铜矿成矿模型、浅成低温金矿成矿模型、块状硫化物矿床成矿模型、造山型金矿成矿模型等，在全球找矿实践中发挥了重大作用。人们也意识到，经典的成矿模型在解释大陆环境成矿作用时显示出局限性，如岩浆弧环境斑岩铜矿模型难以解释中国大陆环境与俯冲无关的斑岩铜矿（Hou *et al.*，2003），MVT 型或 SEDEX 型铅锌成矿模型难以解释中国碰撞带环境的铅锌铜银成矿系统（Xue *et al.*，2007；Wang C. M. *et al.*，2014）；建立于增生造山带的造山型金矿成矿模型也难以解释中国碰撞造山剪切带型金矿。这些客观现实已促使中国学者立足于地质实际创建新的成矿模型。基于区域构造演化和矿床成矿系统研究，建立成矿区带尺度和矿集区尺度的成矿模式。

本篇第 6 章研究增生造山成矿系统；第 7 章研究碰撞造山成矿系统；第 8 章研究复合叠加成矿作用；第 9 章研究复合造山成矿理论。

第6章　增生造山成矿系统

将增生造山作用划分为原特提斯成矿系统、古特提斯成矿系统、中特提斯成矿系统和新特提斯成矿系统，选取大平掌VMS型铜矿床、老厂VMS型铅锌矿床、普朗斑岩型铜矿床、滇滩夕卡岩型锡铁矿床、西邑热液型铅锌矿床、红山斑岩型铜钼矿床和腾冲大松坡云英岩型锡矿床等作为重点解剖对象，阐明增生造山不同阶段产生的成矿构造背景与成矿地质环境，揭示增生造山过程和成矿耦合关系。

6.1　原特提斯成矿系统

怒江-昌宁-孟连缝合带为代表的原特提斯大洋经历约400Ma扩张发展至志留纪，受特提斯大洋向北俯冲和塔里木-华北地块南缘早古生代秦-祁-昆多岛弧盆系构造演化的影响。现有资料显示三江地区表现为原特提斯洋扩张和东（扬子板块）西（印度地块）两侧被动边缘发育。志留纪晚期，受特提斯大洋向东俯冲作用制约，扬子板块西部边缘由被动转化为活动边缘，在临沧-勐海火山-岩浆弧之后的南澜沧江弧后扩张盆地双峰式火山岩系中，形成以大平掌Cu矿床为代表的VMS矿床（李文昌等，2010）；在临沧-勐海火山-岩浆弧的弧前增生盆地浅海环境中，发育以惠民Fe矿床为代表的BIF型矿床；在中咱地块等半深海环境中，发育以纳交系Pb-Zn矿床为代表的SEDEX型矿床和以勐宋Mn矿床为代表的沉积型矿床。昌宁-孟连VMS铜铅锌成矿带形成于原特提斯洋和古特提斯主洋演化背景，此带与原特提斯成矿系统有关的矿床以大平掌矿床最为典型。

大平掌矿床是三江特提斯成矿域重要矿床之一，备受地质学者关注。以往学者对成矿条件和矿床成因等做了大量研究，取得了大量成果（钟宏，1998；李峰等，2000，2003；钟宏等，2004；侯增谦等，2008；杨岳清等，2008；李文昌等，2010；汝珊珊等，2012）。本次进一步研究成因机理，构建成矿模式，对指导深部地质找矿和资源增储具有重要的现实意义。

1. 区域构造背景

1）成矿地质

大平掌矿床位于云县-景谷陆缘火山弧带中部（图6.1），是开心岭-杂多-竹卡陆缘弧带的南延。带内出露最老地层为中上泥盆统，展布于景洪南光一带。前人根据植物化石和火山碎屑岩，认为上泥盆统南光组为陆相沉积；李兴振等（1993）研究认为主要为斜坡至盆地边缘沉积环境，发育活动边缘盆地中的一套海底扇砾岩、细碎屑浊积岩、硅质浊积岩、硅质岩和中基性火山岩系，发育完好的鲍马序列。石炭-二叠系为一套砂板岩、泥灰岩、灰岩、火山碎屑岩及玄武岩、安山岩和流纹岩组成的岛弧型火山-沉积建造。

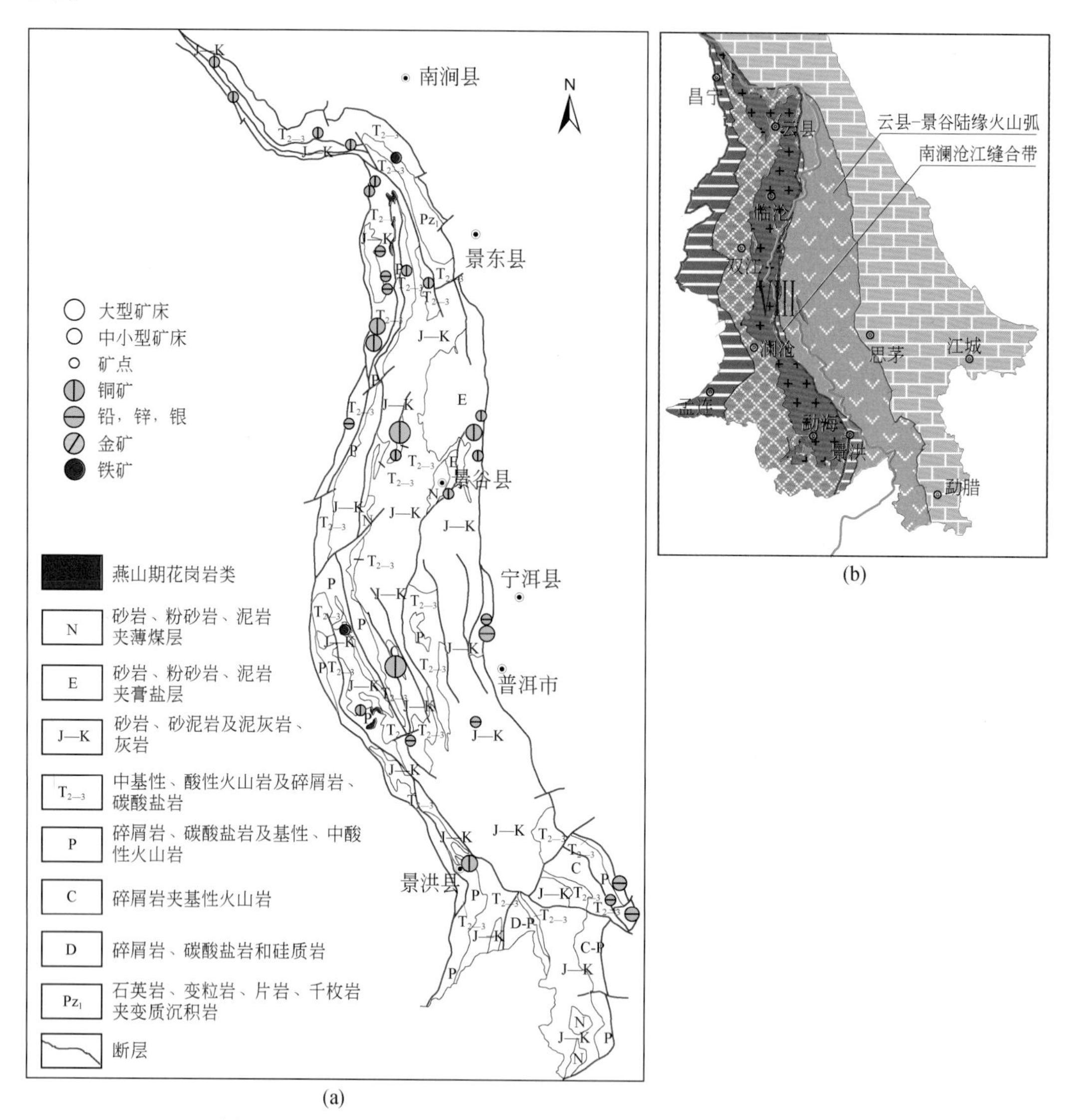

图 6.1　云县-景谷陆缘弧地质图（据 Wang C. M. *et al.*，2014）

三叠纪火山岩大面积分布，呈南北狭长带状分布于云县-景洪-勐腊一带，自下而上划分为忙怀组（T_2m）、小定西组（T_3xd）和芒汇河组（T_3mh）。三叠纪火山岩系内各组之间呈整合或假整合接触，与下前三叠系不整合接触，又被下—中侏罗统复成分砾岩和紫红色泥岩不整合上覆。普遍缺失下三叠统，中三叠统为一套以中酸性火山岩为主的火山碎屑岩建造；上三叠统下部以中基性火山岩为特征，上部为碎屑岩夹火山岩为特征的火山岩-碎屑岩建；火山岩地层厚度可达到 8000m。其中，位于火山岩系下部的忙怀组为一套厚 924～1646m 的火山-沉积岩系，中上部为一套厚约 1600m 的高钾流纹岩、火山碎屑岩夹少量玄武岩的组合。晚三叠世小定西组以一套基性火山岩为特征的火山-

沉积地层，厚度约2000m。芒汇河组岩性复杂，最大厚度可达3500m，上段为紫红色块状复成分砾岩含砾角砾岩屑砂岩、少量紫红色泥岩和灰绿色安山岩夹灰绿色安山玄武岩和玄武岩；中段为灰绿色安山熔岩、安山质角砾岩、夹酸性火山熔岩、酸性熔结凝灰岩及少量基性熔岩；下段为灰色、深灰色夹紫红色长石砂岩、泥岩和粉砂岩（李兴振等，1993）。

区域地质调查和研究在云县-景谷陆缘弧带取得系列重要进展。在大平掌矿区南部的大中河地区首次识别出晚志留世（421～418Ma）弧火山岩，被认为代表了早古生代晚期原特提斯大洋向东俯冲消减作用形成的岛弧火山岩，前锋弧之东侧存在并发育晚志留世—早泥盆世藏东-三江陆缘弧盆系格局（毛晓长等，2012）；范蔚茗等（2009）认为中三叠统忙怀组下段为一套浅灰绿色、浅紫色块状安山岩夹少量灰绿色玄武岩，灰黄色、灰紫色凝灰质砂岩夹少量英安质凝灰岩等火山-沉积岩系，并平行不整合于二叠系之上，获得安山岩锆石U-Pb年龄248.5±6.3Ma，揭示了早三叠世火山事件的存在；通过对区域三叠纪火山岩的大量研究，将原划为中三叠统芒怀组中上部、宋家坡组和上三叠统小定西组，重新界定为中三叠世（系列锆石U-Pb年龄为231～236Ma）（范蔚茗等，2009；朱维光等，2011；陈莉等，2013），分析判定为陆缘弧中发育的双峰式火山岩组合，形成于早碰撞聚合阶段之后的同碰撞伸展环境。云县-景谷陆缘弧带和东侧邻区的上三叠统芒汇河组和原划分为上三叠统小定西组，依据双壳类、叶肢介与植物等化石以及锆石U-Pb年龄芒汇河组216±20Ma和小定西组213.5±7.7Ma（范蔚茗等，2009），将其重新厘定为晚三叠世—早侏罗世；同时，研究认为晚三叠世—早侏罗世的一套安山岩-英安岩-流纹岩与粗安岩、粗面岩组成的杂色火山岩系的杂色火山岩系（张保民等，2004），应形成于弧-弧（陆）强烈晚碰撞作用的造山阶段，并导致了晚三叠世—早侏罗世岛弧火山岩的形成。

云县-景谷陆缘火山弧带的构造变形比较强烈，总体以向东逆冲断裂发育为特点，同时可见呈线状的东向延伸褶皱发育。澜沧江断裂附近侏罗纪—白垩系局部发生了变质变形，形成轴面劈理强烈置换原生层理，与澜沧江断裂后期的作用有关。古生代—三叠纪地层具不均匀变质变形，接近澜沧江断裂变质变形增加，可达板岩、千枚岩和低绿片岩相的片岩。由景洪东公路所见，变质变形强的部分常与逆冲-推覆作用关系密切，并形成一系列叠瓦状逆冲-推覆构造和向西倒转、轴面倾东的同斜倒转褶皱，显示构造作用由东向西推覆的运动学特征，与北西西向的景洪左旋走滑断裂的叠加改造有关（李文昌等，2010）。

云县-景谷陆缘弧带的矿床均分布于志留纪、三叠纪火山岩和火山碎屑岩系中，形成了包括大平掌铜矿床、民乐铜矿床和官房、文玉、三达山等矿床在内的铜多金属成矿带，受控于云县-景谷陆缘弧带的形成演化过程。

2）矿区地质

（1）地层。出露地层为中—上志留统龙洞河组，中三叠统下坡头组、大水井山组、臭水组，上三叠统威远组和中侏罗统花开左组（图6.2）。

中—上志留统龙洞河组是矿区出露的含矿地层，为一套深海相火山岩，由细碧岩-英

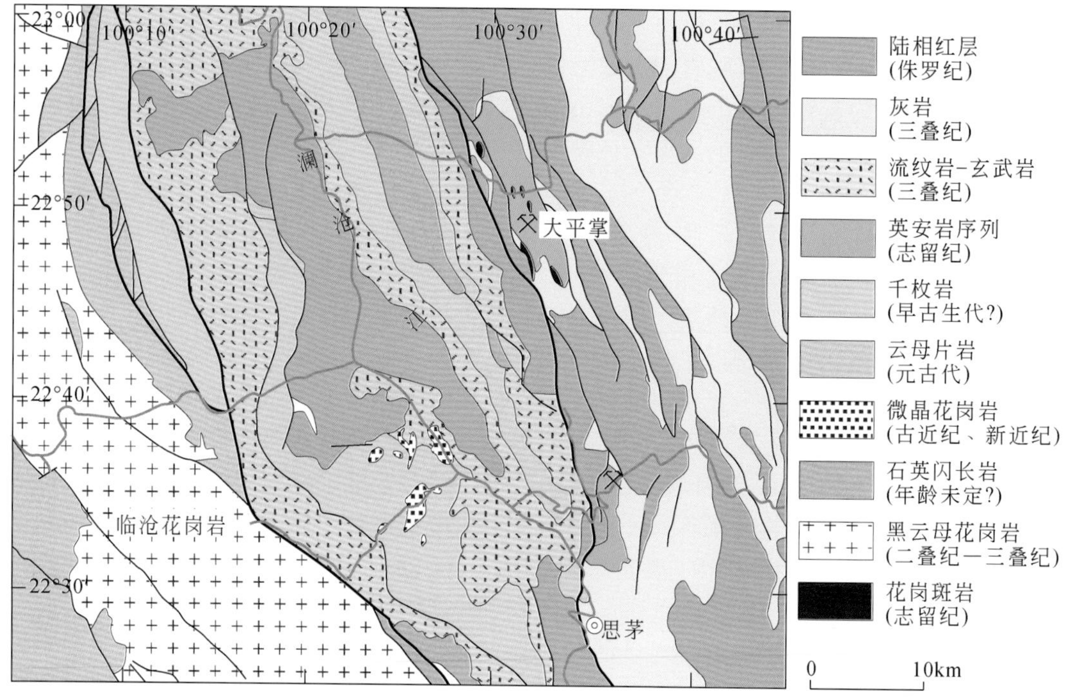

图 6.2　大平掌矿床区域地质图①（据 Lehmann *et al.*, 2013）

安岩-流纹岩等组成（Lehmann *et al.*, 2013），也称之为细碧-角斑岩建造（钟宏等，1999，2004）。地层出露大于200m 厚的火山碎屑岩，走向为北西向，倾向北东，倾角小于50°。其东西两侧分别由断裂夹持，南北两端被中三叠统下坡头组覆盖，出露不全。地层下部为细碧岩，上部为英安质-安山质熔岩、凝灰岩和硅质岩等（图 6.3）。

地层由西向东、由下至上分为 4 个岩性段：第 1 段以喷溢-爆发相为主，岩性为浅灰色、灰白色英安岩、安山岩及火山碎屑岩夹灰绿色细碧岩，中上部含火山角砾岩及凝灰岩处为细脉浸染状铜矿体（V2 型矿体）产出部位，顶部硅质-钙质沉凝灰岩或透镜状灰岩处为块状铜多金属硫化物矿体（V1 型矿体）产出层位；第 2 段以浅灰色、灰绿色英安岩为主，仅局部偶见细脉浸染状铜矿化；第 3 段以酸性熔岩和火山碎屑岩系为主，夹中基性熔岩、凝灰岩和薄层沉积岩；第 4 段为紫灰色角斑岩、凝灰岩、凝灰质泥岩夹硅质岩（Lehmann *et al.*, 2013）。

另分布有中—上三叠统和中侏罗统，包括中三叠统下坡头组、大水井山组、臭水组和上三叠统威远组，为一套稳定型沉积的碳酸盐岩-碎屑岩组合，中侏罗统花开左组为一套以紫红色碎屑岩为主的沉积。

（2）构造。表现为大平掌背斜、云仙背斜和银子山背斜，位于复背斜核部（图 6.3）。东西两侧被北西向压性断裂所夹持，其西侧为酒房断裂，西侧为李子箐断裂，其中酒房断裂为区域性断裂。

① 云南省地质矿产局区域地质调查八分队 . 1985. 云南 1：20 万思茅幅区域地质调查报告

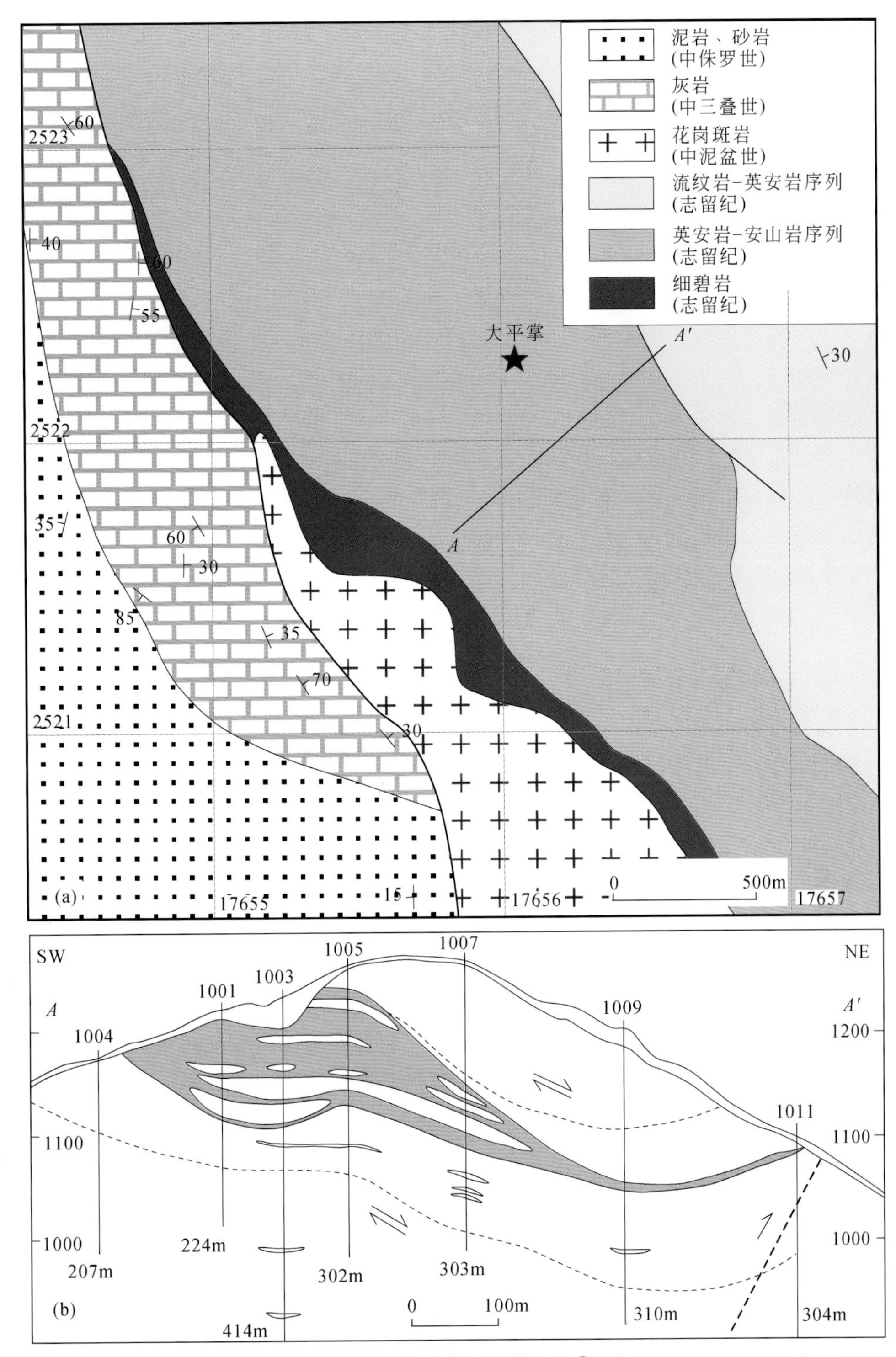

图6.3 大平掌矿床地质图（a）和勘探线剖面图（b）①（据 Lehmann *et al.*，2013）

① 云南省地质矿产局区域地质调查八分队. 1985. 云南1：20万思茅幅区域地质调查报告

矿区总体为北西走向的背斜构造控制，由于受断裂、斜长花岗斑岩和流纹斑岩侵入破坏，背斜形态不完整，核部岩层产状显示，仅为北东翼一侧。酒房断裂从矿区南西侧穿过；李子树断裂、白沙井断裂沿矿区两侧分布，将矿区夹持于其中。各断裂特征如下：

酒房断层：位于矿区南西角，产状 50°～70°∠80°～85°，矿区可见长度为 6km。沿断裂带发育构造角砾岩和碎裂岩。断层对火山岩浆活动和沉积作用有明显的控制作用，矿区龙洞河组火山岩是沿断裂侧向喷发的产物。

李子箐断层：位于矿区东侧，纵贯全矿区，长 12km，走向 300°，倾向北东，倾角 68°～70°，断层切割了龙洞河组、中三叠统下坡头组、大水井山组、臭水组等地层。断层为东盘下降，西盘上升的正断层，是控制矿区火山岩分布的主要断层。

白沙井断层：位于矿区西部，与李子树断层平行分布，长 9.5km，向北继续延伸，往南交于酒房断裂。走向 340°，倾向 60°～70°，倾角 45°。断层上盘为中上志留统龙洞河组火山岩、斜长花岗斑岩和流纹斑岩，下盘为中三叠统下坡头组和中侏罗统花开左组。沿断裂发育挤压破碎带、构造角砾岩和碎裂岩，破碎带宽 10 余米。断裂为逆断层，破坏了背斜构造的完整性，对矿区火山岩分布起明显的抬升控制作用，是矿区破矿构造。

大平掌断层：位于矿区中部，断层长 1.6km，走向 340°，倾向 250°，倾角 57°。断裂旁侧具挤压破碎现象，断层面上见阶步、擦痕等，断层为西盘上升、东盘下降的逆冲断层。

（3）岩浆岩。矿区西南部出露花岗闪长斑岩体［图 6.2、图 6.3（a）］，岩体沿白沙井断层分布，呈岩株或岩枝侵入于中—上志留统龙洞河组火山岩中，平面上为北西向的长条形，南宽北窄，出露面积约 2.78km^2。

岩体西界为断层接触，接触带出现碎裂岩化或初糜棱岩化；东界侵入于龙洞河组，接触界线呈港湾状，外接触带围岩仅局部具蚀变退色现象，岩体冷凝边不发育，但内部常包含大小和形态不一的蚀变玄武岩和流纹英安岩捕虏体。矿区南部肖家坟一带，中三叠统下坡头组与花岗闪长斑岩体呈明显的沉积接触。岩石类型为灰绿色、浅灰色花岗闪长斑岩，具斑状结构，块状构造。斑晶为斜长石（50%～70%）、石英（20%～40%）和正长石（10%～15%）。基质由斜长石（50%～70%）、石英（30%～50%）和少量暗色矿物组成，具细粒-微粒结构，普遍硅化和绢云母化。岩体中 LA-ICP-MS 锆石 U-Pb 年龄为 401±1.7Ma（汝珊珊等，2012），相当于早泥盆世，表明龙洞河组火山岩是在早泥盆世前形成。

2. 含矿岩系特征

1）岩石类型

含矿岩石为中—上志留统龙洞河组火山岩，分布于酒房断裂以东呈北西-南东向展布，为细碧岩、英安岩及少量安山岩等，夹少量火山碎屑岩和硅质岩等组成［图 6.3（a）］。较新鲜的和受矿化蚀变影响较强的细碧岩、安山岩、英安岩和流纹质火山岩野外和镜下特征有明显区别（钟宏等，1999），描述如下：

（1）细碧岩。呈中厚-薄层产出，为灰绿色、黄绿色和暗灰绿色，呈斑状结构，枕状构造和块状构造。岩石由钠长石、绿泥石、斜黝帘石、黑云母和石英组成。钠长石呈半自形板条状晶体，钠长双晶常见，少数颗粒可见卡氏双晶和卡-钠双晶，其格架间由绿泥石和黑云母等充填，部分绿泥石为杏仁体。钠长石具有中空骸晶结构，细条状钠长石尾部分叉成燕尾状，不同的晶体相互交切，表明火山岩在淬冷条件下形成。斜黝帘石是标准的岩浆期后矿物，常置换钠长石并呈钠长石假象（钟宏，1998）。

（2）英安岩。呈灰色、灰白色，具斑状结构，致密块状构造。斑晶由钠长石、石英及少量绿泥石、绢云母、碳酸盐组成，基质具显微花岗结构和显微嵌晶结构，由钠长石和石英组成。钟宏等（1999，2004）称之为石英角斑岩。矿化出现于英安岩内，岩石常出现高温石英斑晶，熔蚀现象显著（李峰等，2003）。

（3）安山岩。在火山岩中有少量的出现，具浅褐色、浅绿色，多具斑状结构，致密块状构造。斑晶为钠长石，偶见暗色矿物辉石、黑云母等，大多已绿泥石化。基质为隐晶质，致密似角质。基质中矿物为钠长石、钾长石、绿泥石、绿帘石、碳酸盐和金属矿物等。

（4）流纹质火山岩。分布较广，包括灰白色、浅灰色角砾状流纹岩、流纹岩和流纹质凝灰岩等。流纹岩中斑晶以石英为主，次为微斜长石和正长石，多有熔蚀现象；基质由微晶长石、石英、绢云母等组成；角砾状流纹岩中的角砾以同期火山岩碎屑为主，大小差异悬殊。流纹质火山岩中可见灰白色、浅灰色含黄铁矿流纹质隐爆角砾岩，岩石以流纹岩的尖棱状碎裂角砾为主体，角砾或裂隙中有大量的成矿期黄铁矿细脉或含铜黄铁矿脉充填、胶结，为火山气液喷流阶段的产物，是喷流成矿中心的重要标志。

（5）花岗闪长斑岩。侵入于龙洞河组火山岩中，花岗闪长斑岩顶部可见矿化。呈斑状结构，斑晶粗大，由石英、中长石（或更长石）和钾长石组成。斜长石呈板状，自形程度好，钠长双晶发育。靠近矿体的岩石中钠长石发生绢云母化并被金属矿物交代。石英斑晶出现熔蚀现象，呈乳滴状，显示出高温特征，可见蠕虫状石英交代钠长石。基质为细粒镶嵌状的石英和斜长石。花岗闪长斑岩的侵入表明深部岩浆房对成矿作用有重要作用。

2）火山喷发旋回

杨岳清等（2006，2008）通过系统研究，依据龙洞河组火山岩的时空分布，将其原始火山喷发过程分成4个旋回：

第一旋回：以海底富钠质熔浆的大量喷溢作用为主，最初以石英角斑岩质的熔浆喷溢开始，其后有成分和强度上的变化，但主体以酸性熔浆喷溢占主导，最后以硅质岩的沉积结束。

第二旋回：以流纹质熔浆的喷溢作用为特征，但在火山喷溢间歇期间沉积了厚度不大的多层凝灰质硅质岩、凝灰岩、凝灰质砂岩和火山碎屑凝灰岩，甚至出现碳质页岩。其形成环境是在靠近火山喷溢通道的外侧，矿体产在该旋回的中上部。

第三旋回：火山活动经历了较长时间，而且既有较强的喷溢活动，也有较大规模的爆发作用。早期以流纹质熔浆的喷溢为主，一些部位喷溢中基性岩浆。间歇期伴随爆发作用产生了火山角砾岩和凝灰岩。晚期喷溢和爆发趋于减弱，形成了远离火山通道的火山碎屑沉积岩。

第四旋回：火山活动已接近尾声，旋回初期产生中性熔浆喷溢，之后以酸性熔浆为主喷溢，最后以喷发为主，形成细火山碎屑沉积岩。

3）含矿岩石时代

作为矿区的赋矿地层，有关龙洞河组的时代、盆地性质和构造环境长期争论至今。龙洞河组最早是由云南省区域地质调查大队 1983 年命名，岩性组合上部为一套中基性-中酸性系列火山岩、火山碎屑岩及岩屑长石砂岩和泥质粉砂岩，夹含放射虫蚀变凝灰岩和放射虫硅质岩；下部为结晶灰岩和砂砾岩；依据下部层位中的䗴类 *Triticites*、*Quasifusulina*、*Schwagerina* 和苔藓虫 *Fenestella* sp. 等化石，将其时代定位于晚石炭世—早二叠世。贾进华（1995）认为，龙洞河组位于澜沧江带东区，为一套以中酸性火山熔岩、火山碎屑岩和火山凝灰岩为主夹硅质岩、灰岩和岩屑砂砾岩的建造组合，代表了弧后裂陷盆地的半深水斜坡-较深水局限海盆→浅水沉积环境，其物源来自其西侧的大凹子火山岛弧；并认为澜沧江带在思茅地块西缘于晚石炭世—早二叠世已属三江古特提斯洋东侧的活动大陆边缘，标志着特提斯洋壳最早的自西向东的俯冲作用。冯庆来等（2000）在龙洞河组层状硅质岩断片中发现了晚泥盆世放射虫化石，在细碧角斑岩之硅质岩夹层中发现了早石炭世放射虫动物群，表明龙洞河组不全是晚石炭世地层，而是由晚古生代的一些地层断片组成；思茅地块西缘深水沉积盆地的演化始于泥盆纪。

Lehmann 等（2013）通过对矿区的英安岩中的 LA-ICP-MS 锆石 U-Pb 定年和块状硫化物的全岩 Re-Os 定年，分别获得 429±3Ma 和 429±10Ma，表明火山岩和矿石均形成于中志留世；结合在大平掌矿区南部的大中河地区识别出晚志留世（421 ~ 418Ma）弧火山岩（毛晓长等，2012）以及侵入火山岩中的花岗闪长斑岩体的 LA-ICP-MS 锆石 U-Pb 年龄为 401±1.7Ma（汝珊珊等，2012）；据此，将矿区原晚石炭世—早二叠世龙洞河组重新界定为中—晚志留世，形成于弧后盆地环境。

4）岩石地球化学

（1）细碧岩。细碧岩烧失量（LOI）比较大（4.6% ~ 8.0%），其主量元素变化也比较大。其 SiO_2 含量为 49.8% ~ 59.4%，Fe_2O_3 为 6.9% ~ 13.9%，MgO 为 3.7% ~ 7.4%，CaO 为 1.8% ~ 9.8%，Al_2O_3 为 14.8% ~ 20.8%，TiO_2 为 0.45% ~ 0.90%，Na_2O 为 0.77% ~ 5.5%，K_2O 为 0.09% ~ 2.6%，全碱含量（Na_2O+K_2O）为 3.0% ~ 6.0%（钟宏等，2004；Lehmannet *al.*，2013）。岩石的 Nb/Y 值为 0.08 ~ 0.14，在 Nb/Y 与 Zr/TiO_2 图中落入亚碱性的玄武岩/安山岩系列（图 6.4）。稀土元素模式图上，细碧岩的轻稀土表现出轻微分异，而重稀土分异不明显 [$(La/Yb)_N$ 为 1.3 ~ 2.8、$(La/Sm)_N$ 为 1.2 ~ 1.9、$(Gd/Yb)_N$ 为 0.9 ~ 1.1]，Eu 异常显示出有轻微变化（Eu/Eu^* 为 0.76 ~ 1.51；Boynton，1984）[图 6.5（a）]。原始地幔标准化图上岩石表现出 Nb 负异常的特征（Sun and McDonough，1989）[图 6.5（b）]。

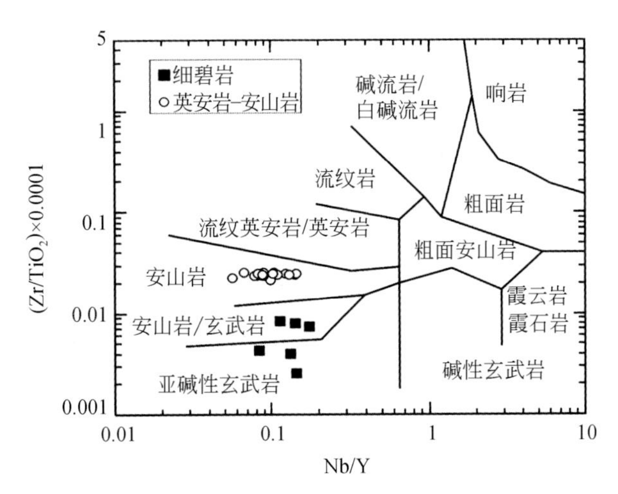

图6.4　大平掌矿床玄武岩 Nb/Y 和 Zr/TiO_2 关系图

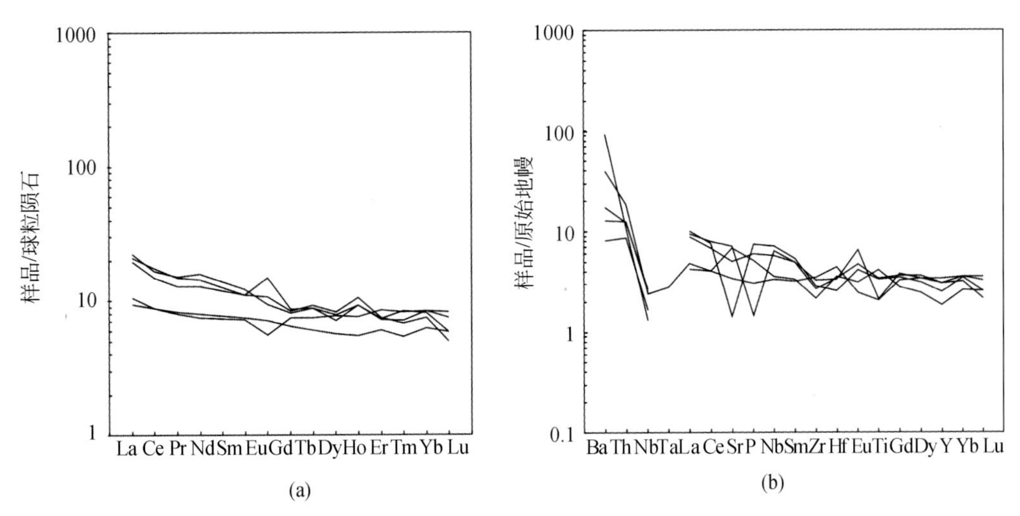

图6.5　(a) 大平掌矿床细碧岩球粒陨石标准化稀土元素模式图
和 (b) 原始地幔标准化不相容元素蛛网图

(2) 英安岩-安山岩。烧失量 (LOI) 为1.9% ~4.4%，与细碧岩相比，其 SiO_2 含量比较高 (67.7% ~74.6%，无挥发分)，Fe_2O_3 为3.2% ~4.8%、MgO 为1.5% ~4.7%、CaO 为0.16% ~1.0%、Al_2O_3 为12.5% ~14.6%、TiO_2 为0.32% ~0.36%、Na_2O 为3.0% ~6.7%、K_2O 为0.16% ~1.6%、全碱含量 (Na_2O+K_2O) 为4.2% ~6.9% (表6.1)。岩石的 A/NK 值为1.31 ~2.03、A/CNK 值为1.12 ~2.03，在 A/CNK 与 A/NK 图中落入过铝质岩石 (图6.6)。岩石的 Nb/Y 值为0.06 ~0.14，Nb/Y 与 Zr/TiO_2 图中落入亚碱性的安山岩系列 (图6.4)。

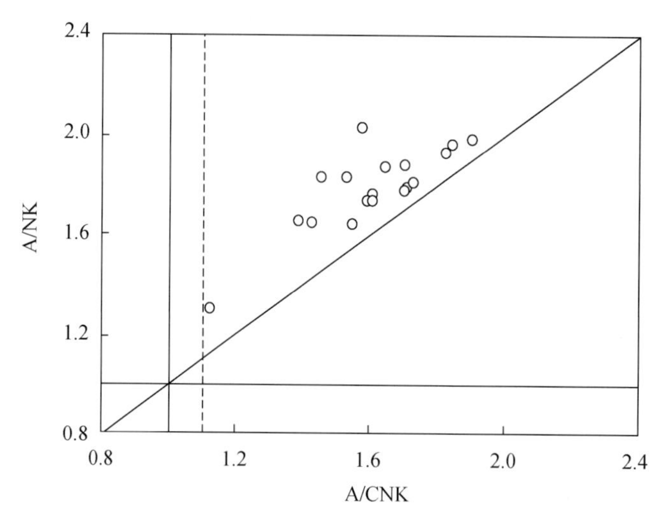

图 6.6　大平掌矿床英安岩 A/NK 和 A/CNK 关系图

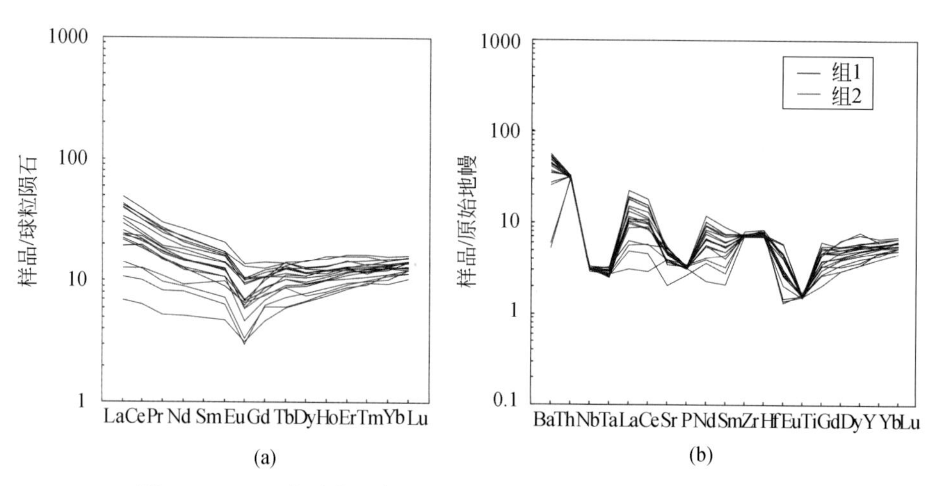

图 6.7　（a）大平掌矿床英安岩球粒陨石标准化稀土元素模式图
和（b）原始地幔标准化不相容元素蛛网图

表 6.1　大平掌矿床火山岩的主量（%）和微量元素（ppm[①]）组成表

样品	DPZ0901	DPZ0906	DPZ0910	DPZ0914	DPZ0915	DPZ0917	DPZ0918	DPZ0921	DPZ0916	DPZ0919
SiO_2	67.70	68.77	73.33	72.93	72.06	71.65	71.79	74.49	71.05	72.19
TiO_2	0.33	0.32	0.32	0.32	0.34	0.33	0.36	0.35	0.33	0.32
Al_2O_3	14.62	13.38	13.15	13.29	13.50	13.66	12.99	12.73	13.32	13.34
Fe_2O_3	3.15	4.83	3.42	3.20	3.45	3.80	3.55	3.28	3.53	3.53
MnO	0.13	0.19	0.12	0.08	0.10	0.10	0.11	0.08	0.10	0.11
MgO	1.54	4.71	2.15	1.83	2.43	2.32	2.27	1.85	2.73	2.54
CaO	1.02	0.25	0.21	0.71	0.40	0.41	0.77	0.19	1.03	0.35

续表

样品	DPZ0901	DPZ0906	DPZ0910	DPZ0914	DPZ0915	DPZ0917	DPZ0918	DPZ0921	DPZ0916	DPZ0919
Na_2O	6.67	4.03	3.21	4.24	3.93	3.45	3.51	3.48	2.98	3.93
K_2O	0.19	0.16	1.42	0.99	1.15	1.48	1.22	1.29	1.54	1.12
P_2O_5	0.07	0.07	0.07	0.07	0.07	0.07	0.07	0.06	0.07	0.07
LOI	4.38	3.01	2.30	2.21	2.37	2.49	2.67	1.89	3.15	2.29
Total	99.80	99.72	99.70	99.87	99.80	99.76	99.31	99.69	99.83	99.79
$Mg^{\#}$	49.20	65.90	55.50	53.10	58.20	54.70	55.90	52.80	60.50	58.80
A/CNK	1.12	1.84	1.83	1.42	1.60	1.70	1.53	1.71	1.58	1.60
A/NK	1.31	1.97	1.93	1.65	1.75	1.88	1.83	1.79	2.03	1.74
Sc	15.30	16.10	16.20	17.50	18.40	17.30	17.00	16.00	17.50	17.60
V	32.70	44.20	46.10	47.40	46.80	45.80	45.60	46.70	47.20	49.60
Cr	2.11	3.42	3.44	4.41	4.32	2.60	8.70	2.82	9.22	5.71
Co	8.66	7.06	5.86	3.69	3.70	4.44	3.67	4.60	4.34	4.15
Ni	2.95	1.98	2.04	2.40	2.13	1.77	4.75	1.90	4.12	3.22
Cu	6.93	7.33	5.77	2.48	3.88	230.00	5.90	5.20	5.03	5.26
Zn	52.50	120.80	162.80	50.00	61.70	65.50	60.20	69.20	63.00	65.10
Ga	8.65	11.60	12.20	12.70	12.10	12.50	12.00	12.40	12.60	12.70
Rb	2.90	2.70	21.50	14.70	20.60	23.80	19.00	19.00	24.70	18.20
Sr	83.20	82.60	94.50	110.00	96.10	111.00	98.90	42.60	100.00	110.00
Y	36.10	15.50	23.90	33.40	20.90	15.60	22.10	18.10	27.70	26.10
Zr	78.60	81.40	83.30	83.10	85.10	84.30	79.70	90.30	81.40	82.60
Nb	2.04	2.18	2.14	2.24	2.22	2.22	2.19	2.23	2.15	2.15
Cs	0.16	0.16	2.81	1.69	3.25	1.90	1.23	1.16	1.59	1.49
Ba	41.50	36.10	343.00	242.00	303.00	393.00	373.00	368.00	377.00	310.00
La	3.90	2.13	7.25	6.69	6.99	4.37	7.60	3.32	12.30	9.92
Ce	10.20	5.20	17.40	15.00	15.40	10.00	17.00	8.17	25.60	20.40
Pr	1.33	0.64	2.04	1.85	1.82	1.18	2.15	1.01	3.19	2.36
Nd	5.56	3.08	8.81	7.36	7.63	5.34	9.00	4.87	12.30	10.90
Sm	1.92	0.92	2.39	2.10	1.76	1.42	2.48	1.23	3.13	2.77
Eu	0.46	0.23	0.50	0.51	0.48	0.25	0.44	0.22	0.74	0.75
Gd	2.75	1.20	2.10	2.62	1.94	1.58	2.23	1.61	3.00	2.75
Tb	0.68	0.28	0.52	0.63	0.43	0.29	0.49	0.35	0.60	0.55
Dy	4.66	2.16	3.53	4.72	2.96	2.17	3.11	2.54	4.04	3.54
Ho	1.15	0.53	0.87	1.09	0.73	0.57	0.77	0.62	0.94	0.88
Er	3.36	1.78	2.64	3.43	2.32	1.85	2.50	2.01	3.09	2.75
Tm	0.51	0.31	0.41	0.54	0.38	0.30	0.39	0.32	0.44	0.42

续表

样品	DPZ0901	DPZ0906	DPZ0910	DPZ0914	DPZ0915	DPZ0917	DPZ0918	DPZ0921	DPZ0916	DPZ0919
Yb	3.04	1.98	2.79	3.32	2.54	2.35	2.68	2.15	3.05	2.75
Lu	0.50	0.33	0.46	0.52	0.46	0.39	0.41	0.39	0.50	0.46
Hf	2.30	2.42	2.39	2.31	2.48	2.44	2.18	2.62	2.57	2.35
Ta	0.11	0.11	0.12	0.10	0.11	0.13	0.12	0.11	0.12	0.12
Pb	4.47	2.76	6.69	1.20	1.75	1.74	1.53	1.58	1.89	1.54
Th	2.52	2.63	2.73	2.75	2.65	2.77	2.60	2.57	2.73	2.57
U	1.27	1.06	1.00	1.18	1.06	1.07	1.08	1.15	1.07	1.14
T_{Zr}/℃	768	794	795	789	789	792	790	802	787	792

样品	DPZ0904	DPZ0905	DPZ0907	DPZ0908	DPZ0909	DPZ0911	DPZ0912	DPZ0913	DPZ0920
SiO_2	70.62	71.78	73.08	74.56	71.61	72.81	72.85	72.58	73.09
TiO_2	0.34	0.32	0.33	0.32	0.32	0.32	0.34	0.34	0.32
Al_2O_3	13.50	13.10	13.34	12.53	13.06	13.15	12.99	13.69	13.01
Fe_2O_3	4.62	4.16	3.38	3.21	3.51	3.20	3.79	3.40	3.64
MnO	0.11	0.10	0.09	0.10	0.12	0.11	0.09	0.07	0.12
MgO	1.90	2.70	2.37	2.21	2.34	2.53	2.09	1.80	2.20
CaO	0.87	0.40	0.16	0.18	1.03	0.19	0.52	0.40	0.27
Na_2O	4.47	4.04	3.05	3.53	3.50	3.83	3.37	3.93	4.38
K_2O	0.73	0.73	1.58	1.03	1.26	1.00	1.30	1.30	0.66
P_2O_5	0.07	0.07	0.07	0.07	0.07	0.07	0.07	0.07	0.07
LOI	2.49	2.43	2.39	2.17	3.04	2.24	2.41	2.11	1.94
Total	99.72	99.83	99.84	99.91	99.86	99.45	99.82	99.69	99.70
$Mg^{\#}$	44.9	56.2	58.1	57.7	56.9	61.0	52.2	51.2	54.5
A/CNK	1.39	1.60	1.90	1.73	1.45	1.70	1.65	1.59	1.55
A/NK	1.66	1.76	1.98	1.81	1.83	1.78	1.87	1.74	1.64
Sc	18.8	17.8	16.4	15.5	17.4	16.6	16.5	17.9	16.2
V	46.7	44.7	44.5	42.5	44.8	44.6	44.9	44.3	43.6
Cr	2.30	3.66	4.15	2.45	7.62	4.20	3.15	6.05	4.77
Co	10.8	4.10	3.50	2.17	3.56	3.80	4.79	4.60	3.64
Ni	1.51	2.40	1.69	1.22	4.41	2.35	1.16	1.89	1.92
Cu	7.46	8.50	43.4	5.81	165	5.34	2.66	4.45	17.6
Zn	41.7	68.3	61.8	52.5	54.6	91.2	67.5	51.2	123
Ga	12.4	12.4	12.6	11.4	12.2	11.9	12.4	12.5	11.5
Rb	11.7	11.7	24.4	15.4	21.1	15.8	20.9	21.9	10.3
Sr	96.4	77.3	78.1	80.4	115	72.4	93.1	103	102
Y	26.8	22.5	16.6	20.0	25.5	22.1	24.9	24.3	25.6

续表

样品	DPZ0904	DPZ0905	DPZ0907	DPZ0908	DPZ0909	DPZ0911	DPZ0912	DPZ0913	DPZ0920
Zr	82.8	84.1	82.0	78.9	81.8	82.5	83.9	83.5	79.9
Nb	2.18	2.33	2.16	2.19	2.15	2.27	2.19	2.19	2.23
Cs	1.30	0.70	3.00	1.43	2.37	1.42	2.69	2.91	0.44
Ba	177	189	363	347	317	259	340	246	289
La	13.3	9.12	8.05	6.03	10.4	7.55	13.0	12.5	15.3
Ce	27.5	19.5	17.7	15.8	23.3	18.8	27.7	25.6	31.8
Pr	3.21	2.27	2.11	1.89	2.80	2.26	3.33	3.03	3.70
Nd	13.9	10.1	8.92	7.65	11.4	9.05	13.7	12.8	16.1
Sm	3.35	2.70	2.41	2.11	3.10	2.34	3.36	3.25	4.00
Eu	0.97	0.70	0.43	0.34	0.68	0.51	0.77	0.78	1.00
Gd	3.29	2.79	2.01	1.78	2.80	2.30	3.18	2.76	3.69
Tb	0.66	0.51	0.41	0.42	0.60	0.49	0.62	0.59	0.66
Dy	4.11	3.38	2.42	2.91	3.74	3.02	3.74	3.71	4.01
Ho	0.96	0.79	0.58	0.72	0.88	0.73	0.87	0.83	0.88
Er	3.03	2.62	1.94	2.18	2.70	2.46	2.56	2.74	2.65
Tm	0.47	0.41	0.32	0.35	0.45	0.40	0.38	0.42	0.37
Yb	3.17	2.66	2.28	2.34	2.88	2.64	2.63	2.80	2.71
Lu	0.50	0.42	0.37	0.37	0.46	0.40	0.42	0.45	0.41
Hf	2.25	2.41	2.47	2.17	2.16	2.51	2.42	2.30	2.33
Ta	0.13	0.13	0.11	0.11	0.10	0.12	0.10	0.12	0.10
Pb	3.75	1.55	1.48	3.73	1.57	3.47	2.72	1.55	1.75
Th	2.72	2.70	2.70	2.49	2.72	2.63	2.76	2.78	2.57
U	1.38	1.02	1.08	1.20	1.08	0.98	1.06	0.93	1.06
T_{Zr}/℃	780	787	795	791	785	790	788	788	785

注：① $1ppm=10^{-6}$。

根据稀土元素的特征，英安岩-安山岩可以分成两组：第一组岩石稀土总量比较低（REE为20.7～51.7ppm），轻稀土和重稀土轻微分异［$(La/Yb)_N$为0.73～1.9、$(La/Sm)_N$为1.3～2.5、$(Gd/Yb)_N$为0.49～0.73］，具有中等的Eu异常（Eu/Eu^*为0.48～0.80）；第二组岩石与组1相比，其稀土总量较高（REE为44.9～87.3ppm），轻稀土轻微分异，而重稀土分异不明显［$(La/Yb)_N$为1.7～3.8、$(La/Sm)_N$为1.8～2.5、$(Gd/Yb)_N$为0.61～1.1］，具弱-中等Eu异常（Eu/Eu^*为0.54～0.89；Boynton，1984）［图6.7（a）］。

原始地幔标准化图中，所有英安岩-安山岩都表现出Nb-Ta、Ti和Eu负异常特征［$(Nb/La)_{PM}$为0.14～0.99］［Sun and McDonough，1989；图6.7（b）］。岩石具有低Zr含量（78.6～91.3ppm），10000×Ga/Al的值为1.11～1.75，显示出I或S型花岗岩［图6.8（a）］。岩石的P_2O_5含量比较低（0.06%～0.08%），P_2O_5与SiO_2含量呈负相关关系［图

6.8（b）]，表明岩石总体上类似于I型花岗岩（Chappell，1999；Wu *et al.*，2003；Li *et al.*，2006，2007；Liu *et al.*，2009；Zhu *et al.*，2009）。

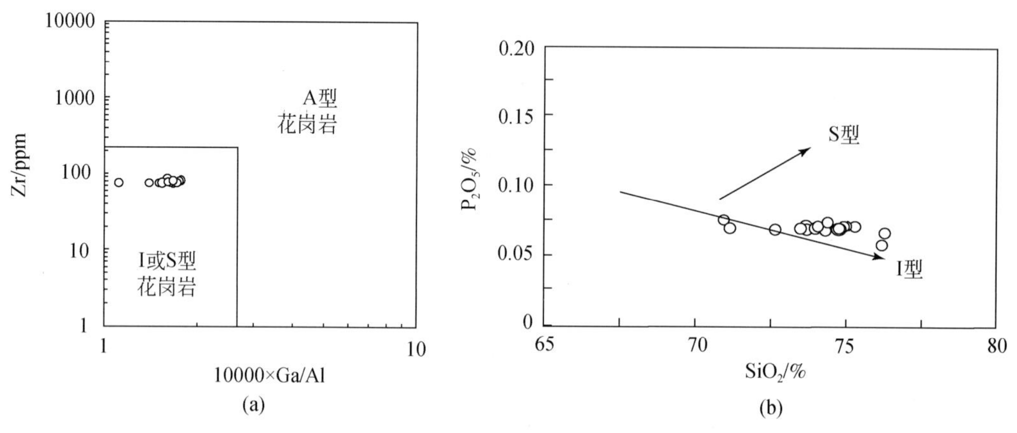

图6.8 （a）大平掌矿床英安岩Zr和10000×Ga/Al关系图和（b）P_2O_5与SiO_2关系图

5）构造环境分析

细碧岩表现出亚碱性的玄武岩-安山岩系列，稀土元素分异不明显，而且ε_{Nd}（t）在429Ma时为2.2～2.7（钟宏等，2004）和2～5（Lehmann *et al.*，2013），表明很可能来源亏损地幔较高部分熔融的产物。岩石表现出Nb负异常的特征，类似岛弧玄武岩［图6.5（b）；Sun and McDonough，1989］。在Ti-Zr-Y［图6.9（a）；Pearce and Cann，1973］、La/10-Y/15-Nb/8［图6.9（b）；Cabanis and Lecolle，1989］和Zr/Y-Zr［图6.9（c）；Pearce and Norry，1979］等构造判别图中，细碧岩落入岛弧玄武岩范围，表明岩石的成因与岛弧环境密切相关。

英安岩SiO_2含量比较高（67.7%～74.6%），表现出钙碱性、中酸性I型花岗质岩石地球化学特征，被认为是由镁铁质-中性火成岩区部分熔融形成，或者地幔来源的玄武质岩浆经历混染结晶分异形成（Li *et al.*，2007）。岩石的$\varepsilon_{Nd}(t)$在429Ma时为1.8～2.3，与细碧岩的$\varepsilon_{Nd}(t)$基本相同（钟宏等，2004），表明英安岩可能是来源于亏损地幔源区，是由玄武质岩浆经历结晶分异形成。此外，Nb-Y构造判别图中［图6.9（d）；Pearce *et al.*，1984］，所有的英安岩都落入火山弧和同碰撞花岗岩质岩石范围，表明岩石可能形成与岛弧环境有关。

综合上述，结合在矿区南部的大中河地区晚志留世（421～418Ma）弧火山岩（毛晓长等，2012），以及南澜沧江缝合带西侧临沧-勐海变质增生地块澜沧岩群中晚志留纪（409～410Ma）兰闪石、多硅白云母和硬玉等低温-高压特征变质矿物的形成（从柏林、吴根耀，1993），认为矿床中赋矿火山岩表现出细碧岩-英安岩双峰式组合，形成于中晚志留世岛弧环境下的弧后扩张盆地。

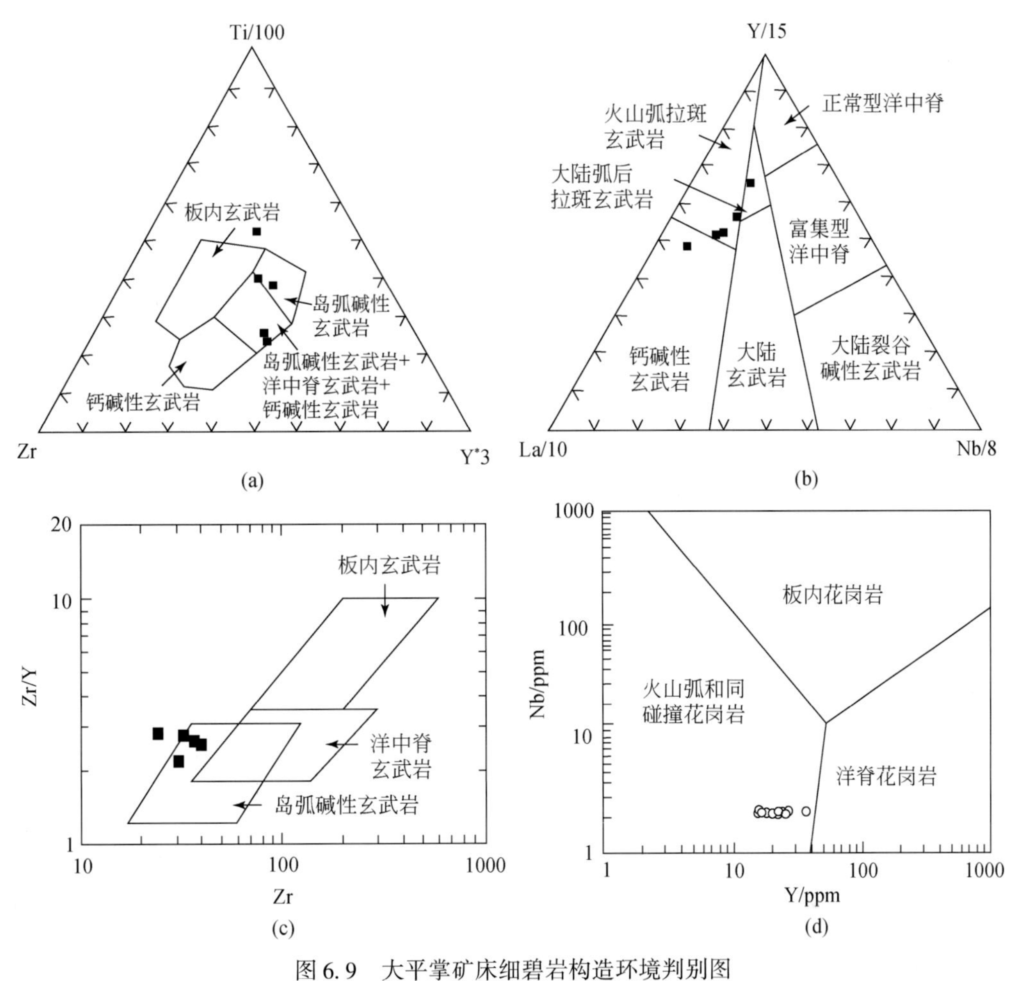

图 6.9　大平掌矿床细碧岩构造环境判别图

（a）Ti-Zr-Y，据 Pearce and Cann，1973；（b）La/10-Y/15-Nb/8，据 Cabanis and Lecolle，1989；（c）Zr/Y-Zr，据 Pearce and Norry，1979；（d）Nb-Y，据 Pearce *et al.*，1984

3. 矿化与蚀变

1）矿体特征与矿化结构

（1）矿体赋矿部位。矿床产于细碧岩–英安岩建造中，矿体赋存于英安岩中上部，顶板为薄层状凝灰岩或硅质岩，与矿体界线清晰，呈突变关系（图 6.10）。矿体可分成上、下两部分：下部为细脉浸染状矿体呈不规则产于龙洞河组第一段中上部的角砾状石英角斑岩及凝灰岩中；上部矿体为块状硫化物矿体，呈层状、透镜状分布于龙洞河组第一段（顶部的沉凝灰岩和硅质岩之上，分布不稳定）。矿体底板为石英角斑岩，与矿体呈渐变关系。

（2）矿体产状。矿体走向为 50°，为陡倾斜矿体。其下部为与火山岩不整合的浸染状和细脉状矿体，呈筒状产出；上部为似层状、块状和角砾状矿体，与地层整合产出。据杨贵来、胡光道（2001）研究，上部块状矿体分布在隐爆角砾岩顶部大凹子逆断层破碎带，由于后期构造破坏，连续性较差，北西向断续分布，呈囊状产出。主要矿体两个，长 100 ~ 450m，宽 80 ~ 260m，倾向北东，倾角 10° ~ 27°，可见厚 0.99 ~ 6.1m，横向变化较大，6 ~ 16 线之间较厚，其余地段一般较薄，甚至尖灭；矿体直接顶板为薄层状沉凝灰岩或凝灰质硅质岩，与矿体接触界线清晰，呈整合接触，总体在英安岩与隐爆角砾岩的接触带。

浸染状矿体赋存于隐爆角砾岩的上部，呈不规则透镜状，产于次火山角砾岩筒中，受次火山岩体和火山穹窿构造控制，沿北西向火山隆丘边缘分布，倾角平缓，长 2600m，宽 100 ~ 700m，顶界与英安岩接触，局部与块状矿体不整合接触，呈突变关系，接触面呈波状起伏，界线清楚，矿体底界在隐爆角砾中呈渐变关系，受后期构造多次错动破坏，矿体的连续性比较差；在角砾状流纹斑岩带中构成一个近似平行火山岩层的大网脉矿化带，沿走向和倾向变化较大；矿体倾向北东，倾角 6° ~ 27°，控制 200 ~ 700m，宽 50 ~ 540m，厚 6183 ~ 3514m，在 6 ~ 16 线间较厚且较稳定，出现多个含矿部位，矿体之间为含硫化物的角砾状流纹斑岩；在浸染状矿石矿体之下的次火山岩中，尚有零星陡倾斜铜矿脉分布，一般厚 0.5 ~ 15m（杨贵来、胡光道，2001）。

（3）厚度与品位。矿体具有厚度大、品位高、有用组分多的特点。据 5 个见矿点控制垂直厚度 3 ~ 40.46m，平均 11.31m，已发现的元素有 Cu、Pb、Zn、Ag 和 Au，其品位 Cu 0.3% ~ 11.20%，平均 3.06%；Au 0.1 ~ 20g/t，平均 2.26g/t。块状硫化物矿石部分控制垂直厚度 3 ~ 6.1m，平均 4.28m，品位 Cu 4.35%，Pb 1.61%，Zn 6.69%，Ag 129.18g/t，Au 1.99g/t。浸染状硫化物矿石部分控制垂直厚度 4 ~ 35.46m，平均 19.73m，品位 Cu 1.47%，Au 1.72g/t。唯有 CK4 和 ZK1604 揭穿主矿层，控制矿体垂直厚度 40.25m，上部 5m 以块状、角砾状矿石为主，平均含 Cu 6.18%，Pb 0.68%，Zn 2.98%，Ag 110.56g/t，Au 3.46g/t；下部 35.25m，以浸染状、细脉浸染状矿石为主，平均含 Cu 1.45%，Au 1.92g/t。Cu、Pb、Zn、Ag、Au 具有正相关趋势（汝姗姗等，2014）。

（4）矿石特征。矿石自然类型以硫化物矿石为主，局部偶见氧化矿石。按金属矿物类型可分为黄铜矿-黄铁矿型矿石、黄铜矿-闪锌矿-方铅矿型矿石，并以后者为主。矿石为粒状结构，具有块状、角砾状、浸染状和细脉状构造。矿体中下部为浸染状、细脉状矿石，或为浸染状和细脉状的结合体；上部为块状矿石、角砾状矿石。下部浸染状、细脉浸染状矿石与上部的块状矿石、角砾状矿石呈不整合接触关系。其中上部的块状矿石中常见条纹、条带构造，产状与顶板一致，矿石中发育典型的沉积结构；角砾状矿石表现为角砾成分与块状矿石一致，胶结物为碳酸盐、石英细网脉。

下部脉状浸染状矿石的矿物组成较简单，以黄铁矿和黄铜矿为主，少量闪锌矿和方铅矿。脉状矿物以石英、长石和绢云母为主，次为方解石和绿泥石。矿石多呈浸染状、细脉状和网脉状构造。金属矿物具有中-粗晶结构、交代结构和包含结构。上部块状金属矿物为黄铁矿、黄铜矿、闪锌矿、方铅矿和砷黝铜矿，脉石矿物以石英为主，次为方解石、绢云母和少量重晶石、绿泥石。矿石具块状、碎块-角砾状和条带-条纹状构造。金属矿物具微粒-细粒、乳浊状、包含、草莓和鲕粒结构。硫化物莓粒由微粒的黄铁矿组成，呈莓群出现；鲕粒状硫化物呈细粒，鲕核有黄铁矿、石英和闪锌矿等，同心层由黄铁矿和黄铜矿交替组成（李峰等，2000）。

黄铁矿为黄白色，均质；早期呈半自形粗晶致密块状集中分布，被黄铜矿、闪锌矿交代或穿插，晚期呈较细粒半自形-他形稠密或稀疏浸染分布，交代片状产出的黄铜矿。黄铜矿为铜黄色、深黄色，弱非均质性；基本呈他形，当矿石中以黄铁矿为主时，黄铜矿呈不规则形态或似脉状分布在黄铁矿颗粒间，也常见交代黄铁矿或在黄铁矿中呈乳滴状结构；黄铁矿较少时，黄铜矿呈不规则形态大面积分布，此时黄铁矿多呈残留体浸染分布其中。在他形大面积分布的闪锌矿中，黄铜矿以熔离状态的细浸染状和条带状分布或被闪锌矿交代。闪锌矿为灰色微带蓝色或棕色，均质；多呈致密块状，部分为他形-半自形粗晶集合体；黄铁矿较多时，闪锌矿以少量浸染状或呈似脉状分布；黄铁矿较少时，闪锌矿呈不规则他形大面积分布，黄铜矿和方铅矿常呈脉状、乳滴状分布其中。方铅矿为纯白色，均质，具有特征的黑三角孔；呈自形或他形粒状集合体分布在闪锌矿中，多和黄铜矿连生。

2）围岩蚀变分带特征

热液蚀变作用以网脉带中的蚀变岩筒为特征。蚀变岩筒侧向分带性趋势，自浸染状矿体向外大致为：硅化、绢云母化、绿泥石化、黄铁矿化→绿泥石（绿帘石）化、碳酸盐化→绿泥石化、碳酸盐化和绢云母化，其中硅化、黄铁矿化和绿泥石化与矿化关系较密切。蚀变较弱的岩石保留原岩的结构如斑状结构和火山角砾结构，蚀变强的岩石原岩的矿物和结构消失殆尽，形成绿泥石岩和次生石英岩。

蚀变类型与原岩岩性有关。细碧岩发生绿泥石化、绢云母化、碳酸盐化和绿帘石化，并发现石英捕虏晶。角斑岩中长石斑晶表面发生轻微的绢云母化，而基质则发生强烈的绢云母化。石英角斑岩是赋矿岩石，发生强烈的硅化、绿泥石化、绢云母化、碳酸盐化和黄铁矿化。钠长石（或钠更长石）发生绢云母化和绿泥石化，绢云母集合体常呈钠长石的板条状假象，石英发生明显的重结晶，金属矿物交代原生石英。硅化有两种表现形式：一是呈细粒石英集合体交代石英角斑岩，与矿化紧密相伴，热液强烈活动部位常形成次生石英岩；二是呈石英细脉或白云石石英细脉充填于火山岩裂隙中。硅化常与绢云母化、绿泥石化相伴。

4. 成矿地球化学

1）流体地球化学特征

（1）流体包裹体特征。细脉浸染状矿体中各类原生包裹体多呈圆形、长条形、椭圆形和不规则状成群分布，个体较小（多在 1 ~ 2μm），除以液体包裹体（60% ~ 75%，气液比 10% ~ 30%）、纯液体包裹体（20% ~ 40%）为主外，发育气体包裹体（2% ~ 10%），气液比为 70% ~ 90%，含液体 CO_2 包裹体（1% ~ 3%），气液比为 40% ~ 70%，个别样品见含 NaCl 或 KCl 子矿物包裹体。后 3 种包裹体出现在 10 线剖面的 ZK1005、ZK1009、ZK1001 等孔样中，同一钻孔中由浅部向深部，包裹体有个体变大、数量增多趋势。块状硫化物矿体中的包裹体在块状矿体样品中呈不规则状、长条形、圆形和椭圆形，成群分布，大小一般在 3 ~ 50μm，最大可达 90μm。以发育液体包裹体（70%）和纯液体包裹体（30%）为特征，气液比小（5% ~ 15%）。

（2）流体包裹体均一温度。不同矿化带矿体的流体包裹体均一温度不一。细脉浸染状矿体中的流体包裹体最高均一温度可达 298℃，平均在 152 ~ 268℃，绝大部分大于 200℃。

在均一温度分布直方图上的分布范围广，虽无典型的峰值区间，但高值区明显集中在150～280℃，其中在180～190℃和250～260℃处可大致分出两个次级峰值区，应是多阶段成矿作用的反映［图6.10（a）、(b)］。矿体的成矿温度范围广，具中温热液成矿性质。

块状矿体中的流体包裹体均一温度最高为221℃，最低78 ℃，平均为114～183℃。在均一温度分布直方图上的塔式效应明显，峰值区在150～170℃，具典型的低温成矿特点［图6.10（a）、(b)］。可能与成矿流体喷入海盆地时与海水混合导致温度骤降有关。液体包裹体均一温度在空间上的变化规律：上部块状硫化物矿体的成矿温度明显低于下部细脉浸染状矿体的温度，细脉浸染状矿体中同一钻孔由浅至深流体均一温度明显增高。

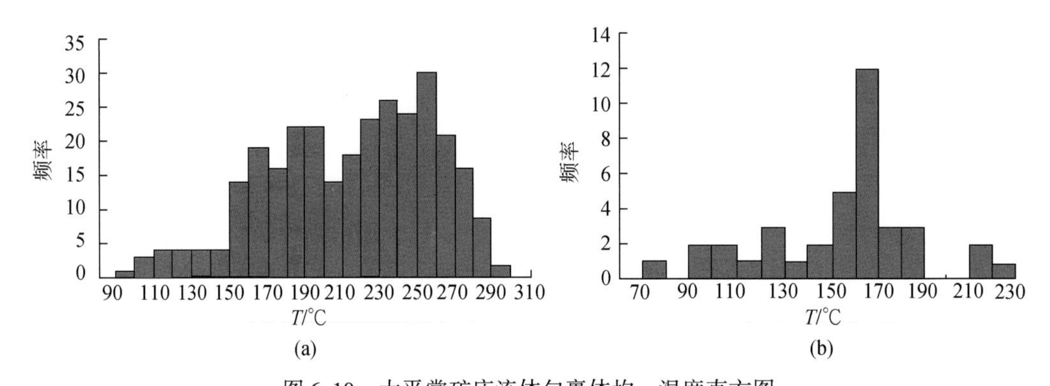

图6.10　大平掌矿床流体包裹体均一温度直方图

（a）脉状浸染状矿石中的流体包裹体；（b）块状矿石中的流体包裹体

（3）流体盐度与密度。不同矿化带矿体的流体盐度和密度有差异。细脉浸染状矿体成矿流体的盐度变化较大（4.5%～13%），密度0.82～0.98g/cm³。块状硫化物矿体成矿流体的平均盐度（%，NaCl）变化范围小（5.7%～8%），密度0.91～0.97g/cm³，由深部向上至浅部有逐渐增高的趋势。

采用Potter（1978）压力校正曲线和相关相图，估算出细脉浸染状矿体成矿流体的捕获压力为38～74MPa，块状硫化物矿体成矿流体的捕获压力为33～45MPa。同一钻孔由浅部向深部压力值逐渐增高，显示成矿是在压力较高的环境下进行。

2）同位素地球化学

通过对大平掌矿床中黄铜矿、黄铁矿和闪锌矿的硫同位素、黄铜矿和黄铁矿的铅同位素、脉石矿物方解石的碳和氧同位素以及石英的氢和氧同位素的研究，探讨矿床成矿物质来源与流体的性质和特征。

（1）硫同位素组成。选取矿床中两种产状的21件硫化物，其中包括17件黄铜矿、13件黄铁矿和1件闪锌矿。硫同位素测试在中国科学院地球化学研究所环境地球化学国家重点实验室完成，测定数据采用以国际硫同位素CDT标准标定的国家硫同位素标准（Ag_2S）GBW-4414（$\delta^{34}S$为-0.07‰）和GBW-4415（$\delta^{34}S$为22.15‰）校正，测量误差±0.2‰，分析结果见表6.2。

根据本次和钟宏等（2000）研究，硫同位素频率直方图见图6.11。由图中可见，硫化物组成总体上呈塔式分布，它们的$\delta^{34}S$值变化在-1.24‰～+4.32‰，其中黄铜矿的$\delta^{34}S$

值变化在-1.04‰～+4.03‰，平均（20个）为+0.94‰；黄铁矿的$\delta^{34}S$值变化为-1.24‰～+4.32‰，平均（18个）为+1.40‰；闪锌矿的$\delta^{34}S$值变化为-1.05‰～+0.40‰，平均（3个）为-0.63‰；方铅矿的$\delta^{34}S$值变化为-0.51‰～-0.50‰，平均（2个）为-0.50‰。因此，可以认为大平掌矿床中硫化物的硫由火山热液直接提供，少量硫化物的硫（$\delta^{34}S$值大于3）表明部分硫来自海水硫酸盐。

（2）铅同位素组成。选取大平掌矿床中两种产状的10件硫化物，其中3件黄铜矿、6件黄铁矿和1件闪锌矿进行铅同位素测试（表6.3）。铅同位素由核工业地质分析测试研究中心分析，用热电离质谱法在MAT-261质谱计上测定。由于硫化物中U、Th含量相对于Pb含量都很低，成矿后衰变产生的放射成因铅几乎可以忽略不计，测定的铅同位素比值可以近似代表成矿时的比值。

根据本次和钟宏等（2000）研究，矿石硫化物的$^{206}Pb/^{204}Pb$为18.310～18.656，$^{207}Pb/^{204}Pb$为15.489～18.643，$^{208}Pb/^{204}Pb$为37.811～38.662，表明矿床的铅来自放射性成因铅较高的源区（图6.12、图6.13），显示了大平掌矿床铅同位素组成及其演化趋势。

表6.2 大平掌矿床硫同位素组成表

序号	样品号	产状	矿物	$\delta^{34}S$/‰
1	DPZ0901	细脉浸染状矿石	黄铁矿	1.88
2	DPZ0901	细脉浸染状矿石	黄铜矿	1.84
3	DPZ0902	细脉浸染状矿石	黄铜矿	4.03
4	DPZ0903	细脉浸染状矿石	黄铁矿	1.86
5	DPZ0905	细脉浸染状矿石	黄铁矿	4.32
6	DPZ0905	细脉浸染状矿石	黄铜矿	3.69
7	DPZ0907	块状矿石	黄铜矿	-1.04
8	DPZ0908	块状矿石	黄铜矿	0.88
9	DPZ0909	块状矿石	黄铜矿	2.98
10	DPZ0910	块状矿石	黄铜矿	2.64
11	DPZ0913	块状矿石	黄铁矿	1.26
12	DPZ0913	块状矿石	黄铜矿	0.51
13	DPZ0914	块状矿石	黄铜矿	2.92
14	DPZ0915	块状矿石	黄铁矿	1.40
15	DPZ0916	块状矿石	黄铁矿	2.50
16	DPZ0918	块状矿石	黄铜矿	-0.95
17	DPZ0919	块状矿石	黄铜矿	0.10
18	DPZ0921	块状矿石	黄铜矿	-0.02
19	DPZ0922	块状矿石	黄铜矿	-0.05
20	DPZ0923	块状矿石	黄铁矿	-1.24

续表

序号	样品号	产状	矿物	$\delta^{34}S$/‰
21	DPZ0924	块状矿石	黄铁矿	1.31
22	DPZ0925	块状矿石	黄铁矿	2.35
23	DPZ0927	块状矿石	黄铁矿	1.48
24	DPZ0928	块状矿石	黄铜矿	−0.05
25	DPZ0930	块状矿石	黄铜矿	−0.01
26	DPZ0931	块状矿石	黄铁矿	0.97
27	DPZ0931	块状矿石	黄铜矿	−0.21
28	DPZ0934	块状矿石	黄铁矿	0.90
29	DPZ0936	块状矿石	黄铜矿	1.54
30	DPZ0937	块状矿石	闪锌矿	0.96
31	DPZ0938	块状矿石	黄铁矿	2.25

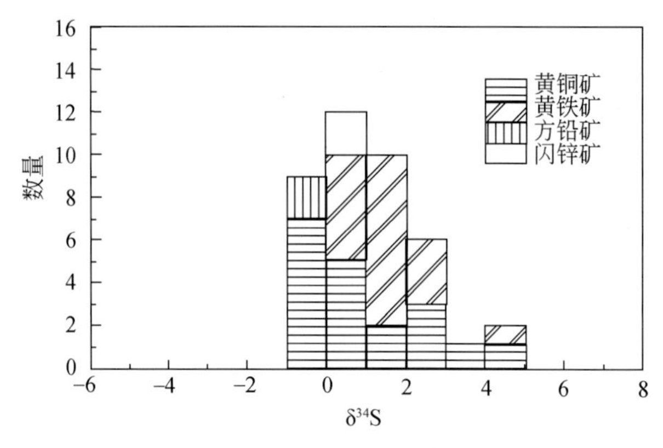

图 6.11　大平掌矿床硫化物 $\delta^{34}S$ 值分布图

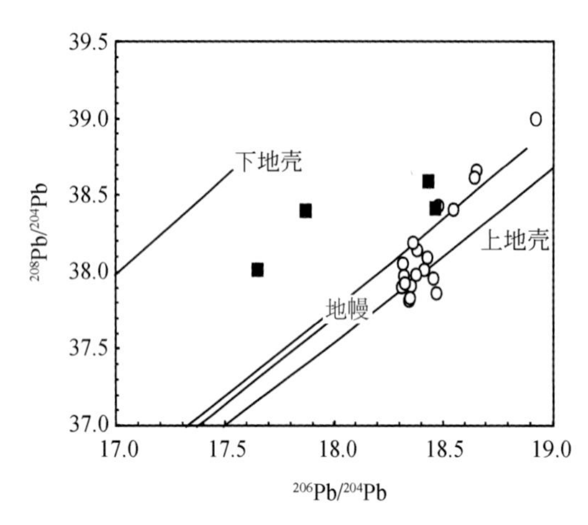

图 6.12　大平掌矿床^{208}Pb-^{206}Pb 组成图

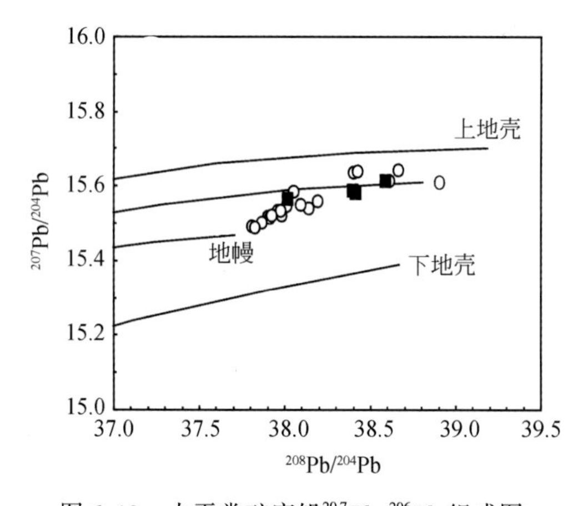

图 6.13　大平掌矿床铅^{207}Pb-^{206}Pb 组成图

表6.3　大平掌矿床铅同位素组成表

序号	样品号	产状	矿物	$^{206}Pb/^{204}Pb$ (2σ)	$^{207}Pb/^{204}Pb$ (2σ)	$^{208}Pb/^{204}Pb$ (2σ)
1	DPZH0901	细脉浸染状矿石	黄铁矿	18.382± 0.003	15.541 ± 0.002	38.139 ± 0.005
2	DPZH0902	细脉浸染状矿石	黄铜矿	18.656± 0.002	15.643 ± 0.002	38.662 ± 0.005
3	DPZH0905	细脉浸染状矿石	黄铁矿	18.547± 0.004	15.635 ± 0.003	38.402 ± 0.008
4	DPZH0905	细脉浸染状矿石	黄铜矿	18.645± 0.004	15.615 ± 0.003	38.610 ± 0.008
5	DPZH0915	块状矿石	黄铁矿	18.414 ± 0.003	15.545 ± 0.002	38.013 ± 0.006
6	DPZH0923	块状矿石	黄铁矿	18.427 ± 0.004	15.550 ± 0.003	38.092 ± 0.008
7	DPZH0925	块状矿石	黄铁矿	18.362 ± 0.004	15.558 ± 0.003	38.194 ± 0.008
8	DPZH0928	块状矿石	黄铜矿	18.456 ± 0.002	15.533 ± 0.002	37.957 ± 0.005
9	DPZH0937	块状矿石	闪锌矿	18.375 ± 0.002	15.522 ± 0.002	37.984 ± 0.004
10	DPZH0938	块状矿石	黄铁矿	18.477 ± 0.004	15.640 ± 0.003	38.427 ± 0.008

（3）H-O同位素组成。选取细脉浸染状和块状矿石中的10个石英样品作为测试对象。石英的氢、氧同位素组成在中国地质科学院矿产资源研究所同位素实验室测定，具体分析结果见表6.4。细脉浸染状矿石中石英（5件）的 δD_{v-smow} 为-92‰～-72‰，$\delta^{18}O_{v-smow}$ 为+8.2‰～+10.4‰；块状矿石中石英（5件）的 δD_{v-smow} 为-84‰～-76‰，$\delta^{18}O_{v-smow}$ 为+8.6‰～+10.5‰。采用石英-水间的氧同位素平衡分馏方程（Matsuhisa *et al.*, 1979）；$1000\ln\alpha_{石英-水}=\delta^{18}O_{石英}-\delta^{18}O_{H_2O}=3.34\times10^6T^{-2}-3.31$。将石英的 $\delta^{18}O$ 估算出成矿流体的 $\delta^{18}O_{H_2O}$ 列于表6.4中，从表可以看出脉状和块状矿石的 $\delta^{18}O_{H_2O}$ 基本相同。

表6.4　大平掌矿床石英氢和氧同位素组成表

序号	样品号	产状	样品名称	δD_{v-smow} /‰	$\delta^{18}O_{v-smow}$ /‰	$\delta^{18}O_{H_2O}$/‰ (300℃)	$\delta^{18}O_{H_2O}$/‰ (250℃)
1	DPZH0901	细脉浸染状矿石	石英	-72	8.2	1.3	-0.7
2	DPZH0902	细脉浸染状矿石	石英	-92	10.2	3.3	1.3
3	DPZH0903	细脉浸染状矿石	石英	-90	10.4	3.5	1.5
4	DPZH0905	细脉浸染状矿石	石英	-74	9.2	2.3	0.3
5	DPZH0906	细脉浸染状矿石	石英	-80	9.0	2.1	0.1
6	DPZH0909	块状矿石	石英	-84	9.1	2.2	0.2
7	DPZH0910	块状矿石	石英	-84	8.6	1.7	-0.3
8	DPZH0913	块状矿石	石英	-80	10.5	3.6	1.6
9	DPZH0914	块状矿石	石英	-76	9.5	2.6	0.6
10	DPZH0934	块状矿石	石英	-83	9.9	3.0	1.0

据本次和钟宏等（2000）研究，在 δD_{H_2O}-$\delta^{18}O_{H_2O}$ 同位素模式图中（图6.14），成矿流体的H-O同位素组成介于岩浆水和海水之间。因此，矿床的成矿热液可能来源于循环的海水与岩浆水的混合流体。

（4）C-O同位素组成。用于C-O同位素研究的矿物为块状矿石中的方解石，C-O同位素组成在中国科学院地球化学研究所环境地球化学国家重点实验室完成，分析精度为±0.2‰，分析结果见表6.5。从块状矿石中选取了6件方解石进行了C-O同位素分析，$\delta^{13}C_{PDB}$ 为-2.3‰～+0.27‰，$\delta^{18}O_{SMOW}$ 为14.6‰～24.4‰。从图6.15可见，矿床成矿热液中的C来源于海水，部分来源于岩浆水。

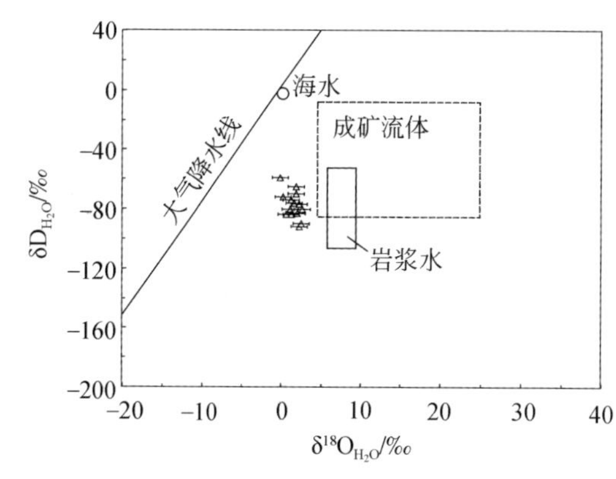

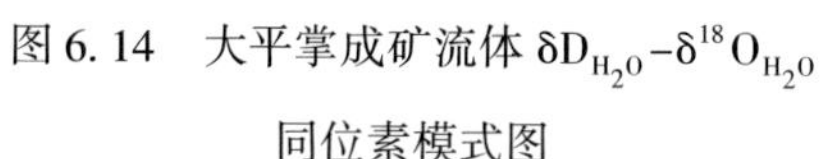
图 6.14　大平掌成矿流体 δD_{H_2O}-$\delta^{18}O_{H_2O}$ 同位素模式图

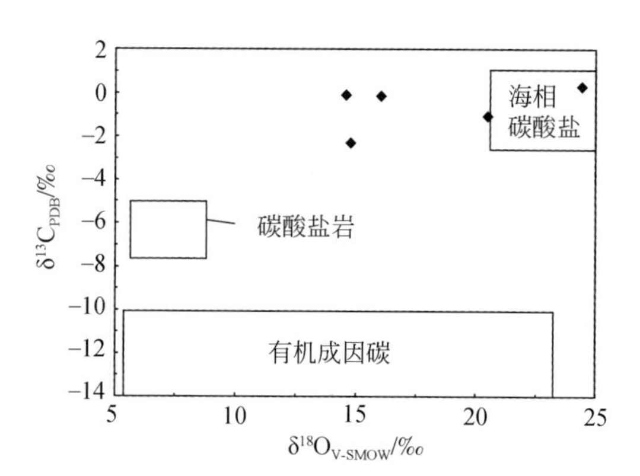

图 6.15　大平掌方解石 δC_{PDB}-$\delta^{18}O_{V\text{-}SMOW}$ 同位素模式图

表 6.5　大平掌矿床方解石碳和氧同位素组成表

序号	样号	产状	矿物	$\delta^{13}C_{PDB}$/‰	$\delta^{18}O_{SMOW}$/‰
1	DPZH0911	块状矿石	方解石	-0.10	14.6
2	DPZH0915	块状矿石	方解石	-2.30	14.8
3	DPZH0923	块状矿石	方解石	-0.16	16.0
4	DPZH0925	块状矿石	方解石	-1.07	20.5
5	DPZH0932	块状矿石	方解石	0.27	24.4

3）成矿流体性质与演化

对细脉浸染状矿石中石英样品原生包裹体成分分析（李峰等，2000），成矿流体中的阳离子有 K^+、Na^+，次为 Ca^{2+}、Mg^{2+}，K/Na 值为 1.5～3.82，平均 2.4，明显富 K。阴离子以 Cl^- 和 SO_4^{2-} 为主，其次为 F^-。气体成分 $H_2O>CO_2>CO\geq CH_4$。是一种高 K 并含一定量 CO_2、CO、CH_4 和 F^- 深源气体的流体。结合流体包裹体的初熔温度为-21～-24.3℃，可确定大平掌矿床的成矿流体属 NaCl-KCl-H_2O 三元体系。

根据以上同位素地球化学特征，大平掌矿床的成矿物质来源为幔源的火山岩，少量来自下伏的基底地层，成矿流体来源于循环的海水与岩浆水的混合流体。

5. 矿床成因与模型

1）成矿时代

大平掌矿床中矿石矿物有黄铁矿和黄铜矿，少量方铅矿和闪锌矿。脉状和块状矿石中的黄铁矿多呈自形和半自形晶，黄铜矿往往呈脉状包围或者穿插于黄铁矿之中，表明黄铜矿的形成时间比黄铁矿稍晚。1 个黄铁矿选自细脉浸染状矿石，其余 7 个选自块状矿石。将矿石样品碎至 40～60 目，然后在双目显微镜下将杂质剔除，使纯度达到 99% 以上，最后将纯净的黄铁矿碎至 200 目。黄铁矿 Re-Os 同位素测试在中国科学院地球化学研究所矿床地球化学国家重点实验室用 ELAN DRC-eICP-MS 完成。

矿床中8个黄铁矿样品的 Re-Os 同位素分析结果见表6.6。样品中 Re 的含量（$18.8\times10^{-9}\sim762\times10^{-9}$）变化较大，并具有低普通 Os（$0.005\times10^{-9}\sim0.498\times10^{-9}$）、高 $^{187}Re/^{188}Os$ 值（1997～64870）的特征。由于黄铁矿中普通 Os 的含量很低，为了避免普通 Os 测量误差导致较大的分析不确定性和校正误差，采用 ^{187}Re-^{187}Os 等时线代替 $^{187}Re/^{188}Os$-$^{187}Os/^{188}Os$ 等时线（Stein *et al.*，2000），利用 ISOPLOT 软件（Ludwig，2001）得出黄铁矿的 ^{187}Re-^{187}Os 的等时线年龄为 417±23Ma（MSWD = 3.8）（图6.16）。

Re-Os 同位素体系的封闭性较好，受后期影响小，可以比较准确地测定成矿时代（Stein *et al.*，1998）。本书测得成矿期8件黄铁矿样品的 Re-Os 同位素等时线年龄为 417±23Ma。这一年龄与 Lehmann 等（2013）获得大平掌矿床英安岩中锆石和矿石全岩 Re-Os 年龄（429Ma）接近。该年龄亦与大平掌南部大中河地区的晚志留世弧火山岩锆石 U-Pb 年龄（421～418Ma）一致（毛晓长等，2012），表明大平掌中—晚志留世双峰式火山岩中的成矿事件与该时期的弧火山活动有着密切的时空关联。

表6.6　大平掌矿床黄铁矿的 Re-Os 同位素组成表

样品号	矿物	^{187}Re	1σ	^{187}Os	1σ	$Re/10^{-9}$	1σ	普通 Os $/10^{-9}$	1σ	$^{187}Re/^{188}Os$	1σ	$^{187}Os/^{188}Os$	1σ	模式年龄/Ma	1σ
DPZ0903	Py	26.48	0.34	0.1814	0.0025	42.3	0.54	0.00500	0.00181	40668	14735	273	99	411.4	5.7
2	Py	11.78	0.20	0.0756	0.0030	18.8	0.32	0.01534	0.00113	5900	446	37.1	2.8	385.3	15
3	Py	129.4	3.7	0.8304	0.0210	207	5.9	0.49784	0.00666	1997	62.7	12.5	0.21	385.2	9.7
4	Py	13.29	0.60	0.0823	0.0016	21.2	0.95	0.04348	0.00430	2347	255	14.2	1.4	372.1	7.2
5	Py	477.0	12	3.3921	0.0325	762	19	0.05640	0.00794	64970	9285	452	64	426.9	4.1
6	Py	20.67	0.27	0.1427	0.0016	33.0	0.43	0.02374	0.00118	6688	343	45.2	2.3	414.5	4.7
7	Py	20.38	0.73	0.1323	0.0033	32.6	1.2	0.05360	0.00383	2920	233	18.6	1.3	389.8	9.7
8	Py	11.80	0.55	0.0601	0.0014	18.8	0.89	0.00528	0.00102	17159	3396	85.6	16	306.2	7.2

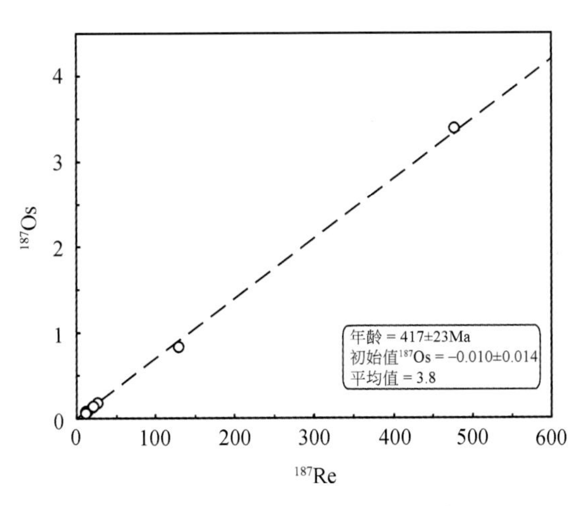

图6.16　大平掌矿床黄铁矿 Re-Os 同位素等时线年龄图

2）成矿过程

根据矿床区域地质背景、地质特征与赋矿火山岩系的地球化学、硫化物 S-Pb 同位素、石英 H–O 和方解石 C-O 同位素地球化学等研究，认为矿床属于海相火山岩中的 VMS 型矿床，并表现出相应的成矿作用特征。

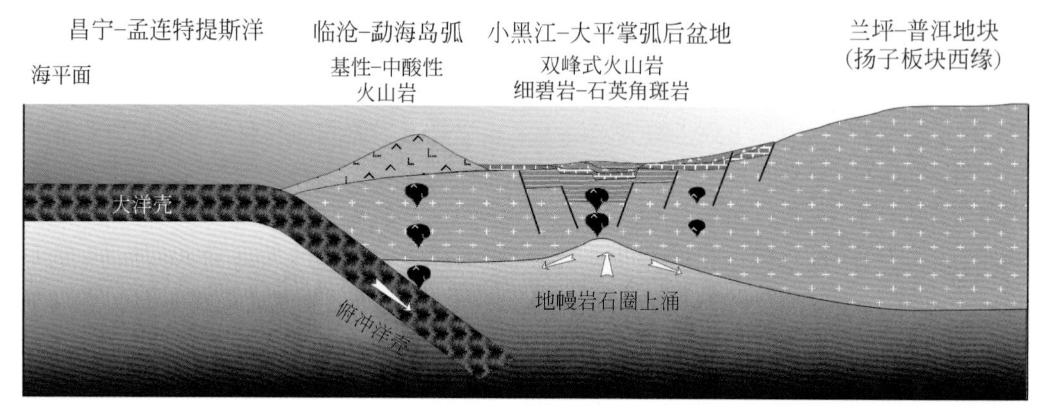

图 6.17　大平掌弧后裂谷盆地和成矿作用模型图

矿床形成于岛弧环境下的弧后扩张盆地（图 6.17），矿化位于双峰式火山岩组合之酸性单元的英安岩中上部；矿床具有上层下脉的典型双层结构，下部为通道相的脉状–浸染状硫化物矿石，上部为盆地相的层状硫化物块状矿石，类似日本黑矿和义敦岛弧的呷村 VMS 矿床；成矿流体具有从通道相的中高温、相对低密度及低盐度→盆地相的中低温、相对高密度和高盐度演化趋势，显示出热液流体卤水池富集效应，尤其是上部块状矿石中细粒的草莓状黄铁矿和硫化物鲕粒的呈群出现，则是喷流–沉积成矿作用的典型沉积结构标志；矿化元素以 Cu 和 Zn 为主，伴生 Pb、Ag 和 Au 等有用元素；矿床中硫化物和火山岩的 S-Pb 同位素表明硫由火山热液直接提供，部分硫来自海水硫酸盐；矿床铅来自火山岩，而且火山岩是来源于地幔源区；矿床的形成时代应为 417Ma，这一年龄与火山岩的年龄在误差范围内是相同的（Lehmann *et al.*，2013），表明矿床和火山岩均形成于中晚志留世；石英 H-O 同位素和方解石的 C-O 同位素研究，显示矿床的成矿热液来源于循环的海水与岩浆水的混合流体，成矿热液中的 C 来源于海水，部分来源于岩浆水。

3）矿床模型

大平掌矿床典型的海相火山型块状硫化物矿床成矿模型归纳为图 6.18。成矿机制概括为：

早古生代晚期原特提斯大洋向东俯冲消减作用形成的大陆边缘火山弧，在火山岩浆弧后面（即东侧）发育以昌都–兰坪–思茅地块为主体的志留纪弧后盆地，盆地内部由于俯冲作用导致弧后盆地扩张，形成了东西两侧边缘裂陷–裂谷盆地、中部隆起台地的背斜或者地垒的构造古地理格局（毛晓长等，2012）；细碧岩–英安岩组成的双峰式火山岩组合正是在这种弧后裂陷–裂谷盆地中形成，构成了弧后裂谷盆地中的重要 VMS 型成矿环境（Wang C. M. *et al.*，2010b）。

海底裂谷火山活动的同时，海水沿细碧角斑岩建造中的断裂或裂隙下渗而变热，形成对流循环的海底热液系统，淋滤出火山岩中的 Cu、Pb、Zn、Au、Ag 和 S 成矿元素以及

SiO_2、Na、K、Ba 和 Ca 等组分，并与上升的部分岩浆水混合形成成矿流体，同时岩石发生成矿蚀变；当循环至较大的断裂带或张性构造环境时，受压力梯度驱动，成矿流体沿断裂带（或张性构造）上升，金属元素以可溶的氯化物络合物形式迁移；当较还原的成矿流体上升至接近海底时，与下渗的氧化程度较高的冷海水发生混合，成矿金属与热液中的 S^{2-} 或火山喷气直接带来的 S^{2-} 反应形成不可溶的硫化物沉淀，在矿液通道及附近破裂的岩石中形成脉状-浸染状矿体并伴生强烈蚀变带。

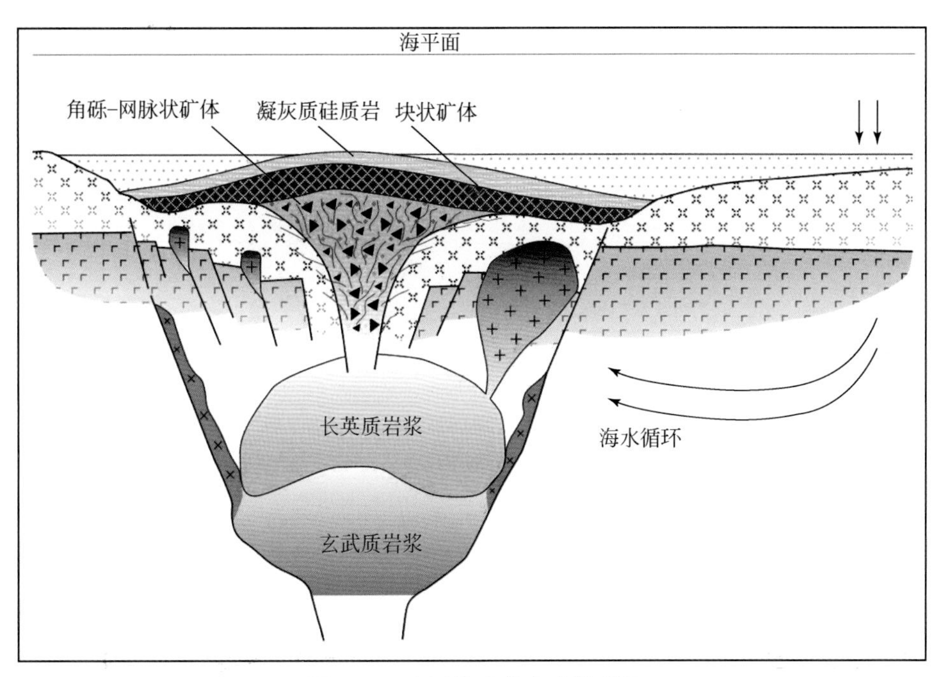

图 6.18　大平掌矿床成矿模式图

成矿流体喷出到海底时与大量海水混合，此时金属的化学沉淀作用占主导地位（宋叔和等，1994），在喷口周围及附近的海底洼地形成层状-似层状矿体；成矿作用末期，热液成矿元素消耗殆尽而硅含量很高，残余热液与海水大量混合及传导冷凝，由此产生的硅质岩成为矿体的顶板。

由于新生代的构造-热液作用（热液叠加改造成矿期）近北西向的构造裂隙和劈理及层间破碎带活动，叠加、改造 VMS 层状矿体，表现为硫化物（含黄铜矿-黄铁矿-闪锌矿-方铅矿）的石英-碳酸盐脉体、网脉体穿切层状矿体，并形成脉状-网脉状构造。第四纪，矿体出露地表，受表生条件下的物理和化学风化，氧化淋滤（表生氧化淋滤成矿期）作用形成蓝铜矿、孔雀石、水锌矿、铅矾和褐铁矿的地表找矿标志。

6.2　古特提斯成矿系统

早石炭世—早二叠世是三江古特提斯多岛弧盆系构造格局演化、弧后或弧间盆地和岛弧边缘海盆地扩张的主体时期，伴随特提斯洋壳和弧后盆地的扩张，形成了以昌宁-孟连 VMS 型铜铅锌矿床成矿带，如铜厂街铜矿床为代表和老厂铅锌矿床为代表的 VMS 矿床，前者产在昌宁-孟连特提斯洋扩张脊（MORB 型）基性火山岩系中，后者赋存于昌宁-孟连特提斯洋和哀牢山弧后扩张洋盆的洋岛（OIB 型）中基性火山岩系中。早二叠世晚期—三叠纪是弧后或弧间洋盆和岛弧边缘海盆地俯冲消减→弧-弧或弧-陆碰撞造山的重要时期，尤其是三叠纪多种构造环境下发育的众多类型的矿床（点），构成了三江特提斯演化过程古特提斯成矿系统的主体。其中，弧后或弧间洋盆和岛弧边缘海盆地俯冲消减作用的 VMS 型成矿环境，表现为金沙江弧后洋盆洋内俯冲作用发育的二叠纪洋内弧环境和中基性火山岩系，制约了以羊拉铜矿床为代表 VMS 矿床的形成；甘孜-理塘弧后洋盆向西俯冲于中咱-香格里拉地块之下，发育晚三叠世的昌台-乡城弧间裂谷盆地和双峰式火山岩系，制约了以呷村银铅锌矿床为代表的 VMS 矿床的形成。弧-弧或弧-陆碰撞造山环境，表现为金沙江弧后俯冲洋壳继晚二叠世末—早三叠世早期初始碰撞作用后，主体于早三叠世晚期—中三叠世发生了俯冲洋壳板片的回转与断离，发育地壳伸展与江达-维西陆缘弧上叠裂谷盆地环境和双峰式火山岩系，制约了以鲁春铜铅锌矿床为代表的 VMS 矿床的形成；南澜沧江弧后俯冲洋壳继早三叠世初始碰撞作用后，主体于中三叠世发生了俯冲洋壳板片的回转与断离，发育临沧岩基，其中碰撞后伸展环境产生的 S 型花岗岩制约了以松山、硐河等小型夕卡岩型或云英岩型锡矿床的形成；晚三叠世甘孜理塘洋向西俯冲形成的洋内弧，发育具有岛弧环境特点的斑岩带，制约了以义敦岛弧铜钼钨成矿带普朗铜矿床的形成。与古特提斯成矿系统有关的矿床实例以昌宁-孟连 VMS 型铜铅锌成矿带老厂矿床和义敦岛弧铜钼成矿带普朗斑岩型矿床为代表。

6.2.1 老厂 VMS 型铅锌矿床

1. 成矿地质背景

1）区域构造背景

老厂矿床位于昌宁-孟连铜铅锌成矿带南段，大地构造位置处于东侧临沧-勐海变质增生地块与西侧保山-镇康地块之间（图 6.19）。昌宁-孟连缝合带北起昌宁、双江，经铜厂街、老厂至孟连，继续南延进入泰国。带内由古生代—中生代蛇绿岩、蛇绿混杂岩、俯冲增生杂岩以及元古宇基底岩系和大量古生代—中生代岩块组成，尤其以古生代—中生代洋脊型（MORB）地幔橄榄岩、堆晶岩、基性岩墙群和洋岛（OIB）火山岩和大量放射虫硅质岩为典型特征，表现为局部地层有序、整体无序混杂的复杂俯冲增生地质体构造特点（Li *et al.*，2015）。

曼信和铜厂街发现具 N-MORB 特征的洋脊玄武岩和多层呈透镜状产出具枕状构造的苦橄岩，由扩张脊下岩浆房破裂而喷出海底的具有大量橄榄石堆积晶体的岩浆冷凝形成，形成时代为泥盆纪—石炭纪（杨嘉文，1982；张旗等，1985，1993），相伴生的硅质岩为远洋非补偿性盆地沉积。铜厂街地区发育方辉橄榄岩、堆晶二辉岩-辉长岩、席状岩墙群、玄武岩、放射虫硅质岩和外来灰岩块等组成的蛇绿混杂堆积，基质由两部分岩石组成：一类为强烈变形和剪切形成的绢云片岩和绢云石英片岩（张旗等，1992），原岩为一套复理石碎屑岩系；另一类为阳起片岩和绿帘阳起片岩，是蛇绿岩上部端元玄武岩和火山碎屑岩系变质而成，表明扩张脊的存在。在曼信、依柳、老厂等地区发育大量的石炭纪—二叠纪洋岛中基性火山岩出露，在层序上位于洋脊玄武岩之上，并与其上的灰岩层构成洋岛-海山所具有的火山岩-灰岩组合序列。老厂矿床就产在石炭纪—二叠纪洋岛中基性火山岩系中，类似于老厂一带的洋岛-海山组合，向北断续延展至铜厂街以北的地区，断续南延可达曼信一带，在空间上常与MORB型玄武岩共生（张旗等，1985；刘本培等，1993），构成了昌宁-孟连蛇绿构造混杂岩带的重要组成部分。

昌宁-孟连缝合带内存在早古生代特提斯洋壳的残余及其相关信息，包括南汀河早奥陶世（锆石U-Pb年龄473Ma）和晚奥陶世末—早志留世（锆石U-Pb年龄443Ma）堆晶辉长岩（王保弟等，2012）、牛井山蛇绿岩中层状英云闪长岩锆石U-Pb年龄417～422Ma（顶志留世）、牛井山混杂岩及其东侧临沧-勐海变质增生地块双江-栗义一带俯冲增生高压蓝片岩相变质岩系（Ar-Ar年龄409～410Ma）（从柏林、吴根耀，1993），显示洋盆形成时代至少可以追溯到寒武纪—奥陶纪，并一直持续演化至中三叠世，最终被上三叠统普遍不整合覆盖。此外，昌宁-孟连缝合带内新生代断裂构造普遍发育，为一系列的北北东、北东向和北西向的共轭断裂系以及大规模的走滑剪切、逆冲推覆和滑覆构造系，并同期形成有少量的花岗岩类侵入体和浅成相的花岗斑岩体。

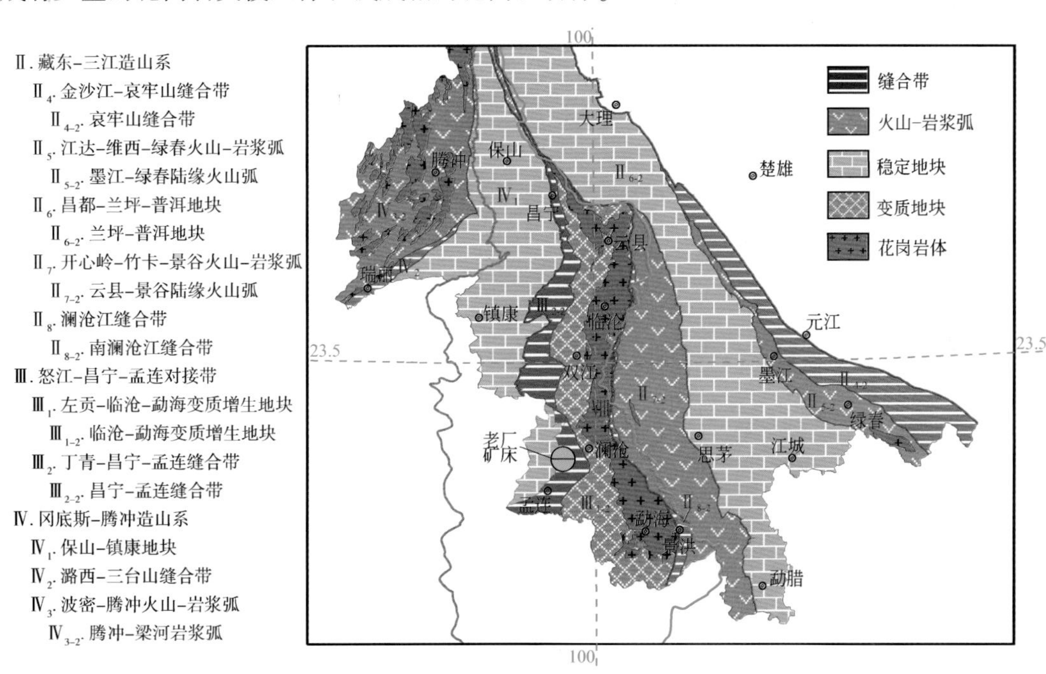

图6.19　三江特提斯造山带南段构造格架图（据Li *et al.*，2015，修改）

2）矿区地质背景

老厂矿床具有悠久的采矿历史，矿区已经探明大量多金属矿产。矿区深部又发现细脉-浸染状钼（铜）矿化，扩大了找矿前景，规模达大型矿床。

（1）地层。出露地层自下而上包括泥盆系、石炭系、二叠系和第四系（图6.20、

图 6.21)。泥盆系显示为深水盆地中的硅泥质复理石建造，下泥盆统分布于西侧，呈推覆体自西向东逆冲于二叠系之上，下部为灰色、灰绿色页岩、砂质泥岩夹细粒长石石英砂岩和石英砂岩；上部为灰褐色薄层状细粒长石石英砂岩夹灰黑色硅质岩和页岩，厚度>330m；中—上泥盆统零星出露于矿区东部的新家坡、馒头山等地，由灰绿色长石石英砂岩夹千枚状板岩和灰黑色硅质岩组成，与下伏地层呈断层接触，多以残留体形式分布，具典型飞来峰构造特征，可见厚度约 70m。

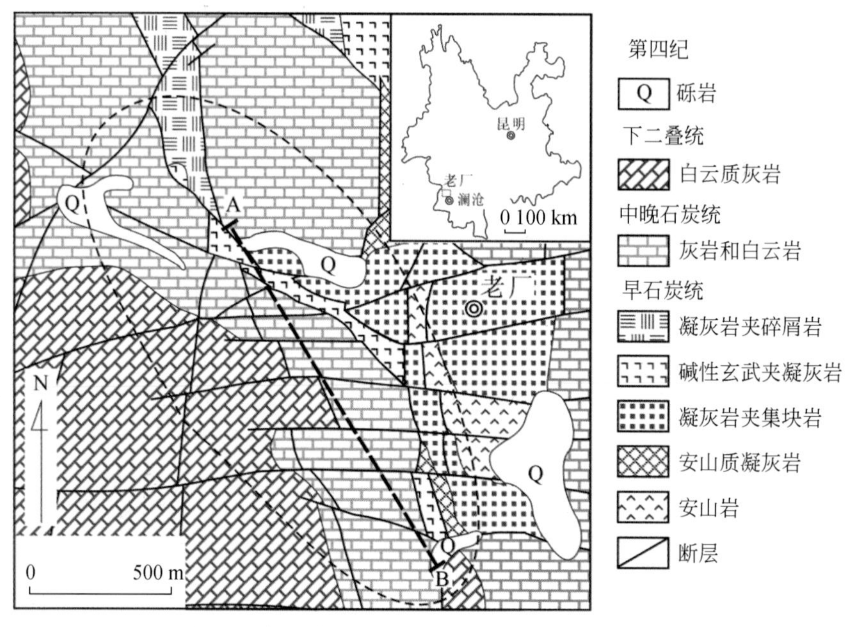

图 6.20　老厂矿床区域地质图（据王瑞雪，2007；龙汉生，2009）

石炭系。为赋矿岩系，下石炭统出露的依柳组一套火山-火山沉积岩系，由基性-中性、碱基性-碱中性火山岩和火山碎屑岩组成，其中火山岩又以火山 碎屑岩为主，次为熔岩，厚度达 870m；下石炭统岩性细分为 7 个岩性层，自下而上分别为：① C_1^1 层为安山凝灰岩、安山质熔结角砾岩和灰绿色玄武质熔结角砾岩和玄武质角砾凝灰岩，具有熔凝结构，岩石碳酸盐化和硅化强烈，厚度大于 20m；② $C_1^2\beta$ 层下部为灰绿色玄武质熔结角砾岩和流纹状玄武质凝灰岩，上部为灰绿色致密块状玄武岩组成，厚 50～130m；③ $C_1^3\alpha$ 层上部为浅灰绿色安山玄武岩和透镜状安山集块岩，下部为浅绿色、紫色致密块状-杏仁状玄武安山岩、粗面质火山岩夹安山质凝灰角砾岩，厚 60～130m，火山集块岩仅见于雄狮山东沟一带，厚 0～40m，成分为杏仁状熔岩，粒径为 6～25cm，个别大于 40cm，多呈角砾状分布，胶结物为凝灰质、硅质、铁质等，岩石裂隙及空洞中黄铁矿化广泛；④ C_1^4 层为灰色、浅灰绿色安山质凝灰角砾岩夹砂岩、灰岩和沉凝灰岩，角砾由安山凝灰岩、石英脉和安山岩组成，砾径为 2～5cm，岩石层理清楚，岩相变化不大，其中灰岩夹层中含大量珊瑚、层孔虫、头足类和腕足类化石，厚 0～10m；⑤ C_1^{5+6} 层为赋矿地层，上部为灰色、灰白色粗面安山质复屑凝灰岩夹沉凝灰岩、碳质页岩、碳质硅质岩、含碳硅质岩和火山浊积岩，中部为杂色粗面玄武质凝灰岩、硅质角砾岩和粗面安山质角砾熔岩，下部为灰色粗面玄武质凝灰岩夹条带状硅质岩、透镜状大理岩或白云质灰岩，总厚 22 ~ 120m，雄狮山东部发育有较多灰紫色凝灰质夹砂岩夹含角砾凝灰岩，厚度 80 ~ 160m，其中上部凝灰岩与正常沉积岩过渡带是 I 号矿体群产出的部位；⑥ C_1^7 层上部为灰绿色致密块状玄武岩夹粗面玄武质凝灰岩、玻基辉橄岩夹少理粗面玄武质凝灰岩，复屑凝灰岩，下部为灰绿色碱性橄榄玄武岩、熔结凝灰岩夹粗面安山质凝灰岩，厚 55 ~ 160m；⑦ C_1^8 层分为南北两部分，北部厚度较大，达到 150m，由浅色沉凝灰岩，黄绿、深灰色碎屑岩以及中-薄层状白云质灰岩组成，在灰岩中含有介壳类和群体珊瑚化石，显示矿区北部具有孤立台地边缘斜坡相和浅水相沉积特征；南部厚度较小（0 ~ 60m），岩性为灰色、灰白色粗面玄武质-粗安质凝灰岩为主，夹黑色碳质页岩和灰岩透镜体，显示深水盆地相沉积特征。

中—上石炭统分为两个岩性段：①下部为白云岩和灰岩段，下部深灰色中厚层状泥晶灰岩，偶夹紫色页岩，靠底部见少量单体珊瑚化石，中部灰色块状中粗晶白云岩夹泥晶灰岩和鲕状灰岩，含单体珊瑚和䗴科化石，上部灰白色泥晶灰岩和白云岩，偶见泥质条带，含有 *Eostaffella* sp.、*Pseudo-schwagerina* sp. 等化石，厚度 310 ~ 430m；②上部为生物灰岩段，为灰色中厚层状-块状灰岩，以含较多的珊瑚化石为特征，并含少量䗴类化石为特征，厚约 50m。

二叠系。分为块状灰岩段（P_1^1）和生物灰岩段（P_1^2）：①块状灰岩段（P_1^1）由灰色块状灰岩和白云质灰岩组成，局部可见同质角砾状灰岩，含䗴类和菊石化石，在大铁帽一带见含铅褐铁矿脉，厚 210 ~ 280m；②生物灰岩段（P_1^2）由灰色块状泥晶灰岩组成，顶部为中厚层状灰岩，含大量䗴科及少量单体珊瑚化石，厚 50 ~ 140m。

（2）构造。矿区西侧具特征的推覆和滑脱构造，在芭蕉塘至南本一带可见泥盆系为大型推覆体超叠在石炭系下统依柳组火山岩和中石炭统—下二叠统碳酸盐岩之上（图 6.21），推覆体前缘发育典型飞来峰。矿区内褶皱、断裂和火山机构发育，尤其火山洼地为控矿构造。

矿区褶皱自西向东有雄狮山向斜、老厂背斜、睡狮山向斜、上云山背斜等相间排布。老厂背斜为控矿构造的主体，背斜轴向近南北，北起老厂水库西坡，向南沿雄东沟延伸，在青龙菁大沟与雄东沟交汇处被北西向断层斜切，断续延伸约 3km。

北西向断层以北的背斜地表迹象较为清晰可见，核部由下石炭统依柳组中上部火山岩系组成，两翼为 C17-C18 凝灰岩和中—上石炭统白云岩、白云质灰岩，西翼产状 225° ~ 255°∠20° ~ 27°，东翼产状 115 ° ~ 135°∠20° ~ 35°；北西向断层以南的背斜地表迹象不清楚，地表下勘察剖面分析，背斜构造不仅存在，而且形态较为复杂，总体为西翼陡、东翼较缓的短轴状倾斜背斜，老厂矿床即位于背斜倾伏端的南西侧。

断层以南北向和北西向两组为主，次为北东向。南北走向断层为逆断层，可见线状分布的断层陡坎、断崖、构造角砾岩及透镜体化带、岩溶漏斗和断层洼地等地貌标志；北西向断层规模较大，断层沿线分布有断层崖、断层陡坎、串珠状落水洞、沟谷等地貌标志，沿走向切错多条南北向断层；北东向和东西向断层为小型断层。总体上，矿区南北向断层控制了老厂矿床的展布。

界	系	统	代号	柱状图	厚度/m	岩性特征
新生界	第四系		Q	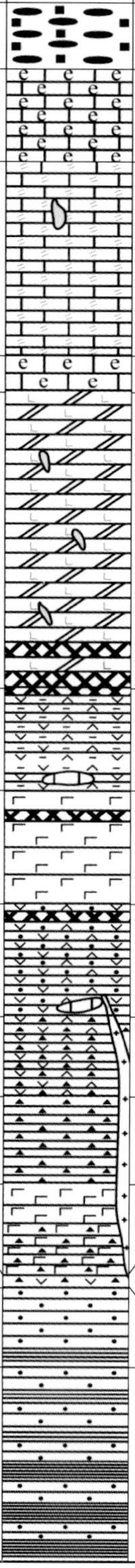	0~90	残坡积、冲积层：由土黄色砂土、砾石、砂泥铅、炉渣等组成。局部地段为崩落灰岩
晚古生界	二叠系	上统	P_1^2		50~140	生物灰岩；主要由灰色块状泥晶灰岩组成，顶部为中厚层块状灰岩。含*Neoschwagerina* sp.等化石
		下统	P_1^1		210~280	块状灰岩；灰色块状白云质灰岩夹石灰岩，局部含角砾状灰岩。灰岩裂隙中可见含铅褐铁矿脉。含*Nankinella* sp.等化石
	石炭系	中上统	C_{2+3}^3		50	深灰色中厚层状珊瑚灰岩，以含大量珊瑚化石为标志。含*Triticites*、*Schwagerina* sp.等化石
			C_{1+2}^{2+3}		310~430	上部灰白色泥晶灰岩，偶夹泥质条带；中部为灰色块状中晶到粗晶白云岩夹泥晶灰岩，鲕状灰岩；下部深灰色中厚层状泥晶灰岩，层间夹硅质灰带及页岩。本层见含铅褐铁矿脉，下部为Ⅲ$_1$矿体，底部灰岩局部含矿，与Ⅱ$_2$矿体构成同一矿体。灰岩中含*Pseudoschuagerina* sp.、*Eostalleua* sp.等化石
		下统	C_1^8		0~150	上部灰白色凝灰岩，紫红色砂页岩；中部浅绿色沉凝灰岩，沉玄武质火山角砾凝灰岩；下部为黄绿色，紫红色砂页岩，夹黑色页岩及透镜体灰岩。Ⅱ$_2$矿体即产于本层顶部粗安质、粗面质凝灰岩中
			$C_1^7\beta$		55~160	上部灰绿色块状玄武岩、玻基辉橄岩，夹少量玄武质凝灰岩；下部为灰绿色玄武岩，熔结凝灰岩，夹安山凝灰岩。本层层位、岩性稳定。上部复屑凝灰岩系有Ⅱ$_2$矿体产出
			C_1^{5+6}		80~160	上部灰色粗面安山质复悄凝灰岩、碳硅质岩、爆发角砾岩、灰岩；中部杂色粗面玄武质凝灰岩，角砾熔岩；下部灰色粗面玄武质硅化凝灰岩夹条带状硅质岩，透镜状灰岩。Ⅰ$_{1+2}$矿体在上部产出。本层少数钻孔见花岗斑岩脉
			C_1^4		0~200	灰色、灰绿色安山凝灰岩角砾岩夹沉凝灰岩，薄层灰岩
			$C_1^3\alpha$		60~130	上部浅灰绝色安山集块岩；下部紫灰色杏仁状安山岩夹凝灰角砾岩
			$C_1^2\beta$		50~130	上部灰绿色致密状块状玄武岩；下部灰绿色玄武质熔结角砾岩，流纹状玄武凝灰岩
			C_1^1		>20	灰白色安山凝灰岩，熔结角砾岩
	泥盆系	中上统	D_{2+3}		>70	灰绿色砂岩及灰黑色薄层硅质岩
		下统	D_1		>330	上部为灰绿色中厚层状细粒长石石英砂岩夹薄层硅质岩；下部为同色页岩夹砂岩

图 6.21　老厂矿床地层综合柱状图（据龙汉生，2009）

矿区发育大量火山机构，老厂背斜即为一火山穹窿，轴向近南北，长约 5km，向南倾伏，受南北向基底同生断裂控制，局部发育火山集块岩和火山角砾岩，两侧为火山洼地。老厂火山岩为裂隙-中心式喷发形成，火山机构受南北向和北西向基底断裂控制，并以南北向为主。火山机构除火山穹窿及睡狮山火山洼地、雄狮山火山洼地、南北象山火山洼地外，雄狮山火山洼地和北象山火山洼地之间还存在受南北向和北西向基底断裂控制的规模不大的燕子硐火山弯丘，大致沿北西向断层分布。

（3）岩浆岩。岩浆岩以火山碎屑岩为主，次为熔岩，其中火山碎屑岩包括有安山质、粗面质、玄武安山质、玄武质凝灰岩、角砾岩和集块岩，以及它们之间的过度类型火山碎屑岩。火山集块岩分布范围有限，见于雄东沟和云山大寨西沟中，集块最大可达 20cm 以上，一般 6～10cm，集块成分为玄武岩、安山岩和少量沉积岩。熔岩为玄武岩，其次是玻基橄辉岩、安山岩和粗面岩，偶见霞石岩类。玄武岩类多属碱性系列，有钾质和钠质两个亚系列；安山岩类多属钙碱性系列。矿区火山岩富含银、铅、锌等成矿元素，构成了有利的成矿地球化学背景。

有少量岩脉产出，除辉石云煌岩脉、辉绿岩脉和橄榄玄武玢岩呈岩墙、岩脉产出外，在钻孔（ZK15007、ZK15006、ZK1510 等）勘探到的 $C_1^2\beta$ 层底部有花岗斑岩脉侵入，在 ZK153101 钻孔 $C_1^2\beta$ 层中见到了花岗斑岩，在斑岩体及其附近一般都有铜或铜钼矿化（体）出现，同时也富含银、铅、锌等成矿元素。表明老厂矿床伴随古近纪隐伏岩浆活动具有明显的叠加成矿作用，徐楚明和欧阳成甫（1991）曾用 Rb-Sr 法测得花岗斑岩脉成岩年龄为 50Ma。

2. 含矿岩系特征

1）含矿岩石组合

火山岩系中的熔岩和火山碎屑岩比例较高，其中熔岩占 45.3%，火山碎屑岩占 43.3%，包括集块岩、火山角砾岩、凝灰岩和沉凝灰岩等，其他夹杂的岩性包括黑色砂页岩、硅质岩（含生物碎屑）、碳酸盐岩等。早石炭世火山活动非常强烈，火山作用以溢流为主，伴随较强爆发和喷发，由下自上分为 3 个火山旋回 8 个岩性层（表 6.7），火山岩类型包括以下几种类型。

（1）熔岩类。熔岩有玄武岩，其次为玻基橄辉岩、安山岩和粗面岩。玄武岩类在矿区 C_1^7、C_1^3、C_1^2 等岩性层最为典型，有橄榄玄武岩、蚀变碱性玄武岩、碱性玄武岩、杏仁状粗面玄武岩和杏仁状玄武岩。其中斜长石的排号 An 为 20～40，最高 70，多已蚀变，暗色矿物有橄榄石和普通辉石，磁铁矿含量较多，结构构造包括斑状结构、隐晶质结构，致密块状构造等；玻基橄辉岩见于 C_1^7 矿层，为黑色和绿黑色，斑状结构，块状构造。斑晶为橄榄石和辉石，不含或很少含斜长石，基质由橙黄色、褐色玻璃质组成，并含少量橄榄石、辉石和斜长石微晶；杏仁状粗面熔岩呈浅黄色，微斑状结构，杏仁状构造，以富含碱性长石为特征。

（2）火山碎屑岩类。火山碎屑岩为凝灰岩、火山角砾岩、火山集块岩和沉凝灰岩。凝灰岩在矿区分布广泛，在 C_1^8、C_1^7、C_1^{5+6}、C_1^4 等岩性层尤为发育，为灰白色、浅灰色、灰黄色和灰褐色，具凝灰结构和块状构造；火山角砾岩，呈灰紫色、褐色和灰色，具火山角砾结构和块状构造，以玄武角砾和碎屑岩角砾为主，砾径在 2～10mm，部分大于 10mm，分布于每个火山旋回中部，空间上分布于北西向断层上盘和南北向断层附近；火山集块岩多为玄武岩、杏仁状粗面质熔岩和安山岩成分的集块，岩块的周长一般在 6～25cm，个别达到 40cm，分布于雄东沟和云山寨西沟中，是近火山口相的标志性岩石。沉凝灰岩颜色为灰白色、浅灰色、灰褐色和紫色，岩石具有凝灰-泥质结构，发育典型水平层理构造；产于火山旋回顶部，以 C_1^{5+6} 顶部和 C_1^8 岩性层最为发育；常与凝灰岩呈过渡或交替出现，是矿区的赋矿围岩。

表 6.7　老厂矿床火山喷发旋回划分表

<table>
<tr><th rowspan="2">旋回</th><th rowspan="2">亚旋回</th><th rowspan="2">期　次</th><th colspan="3">主要岩性</th><th rowspan="2">岩相</th><th rowspan="2">矿化</th><th rowspan="2">分层代号</th></tr>
<tr><th>熔岩</th><th>火山碎屑岩</th><th>沉积岩</th></tr>
<tr><td rowspan="5">第三旋回</td><td rowspan="2">第五亚旋回</td><td>第五期</td><td></td><td></td><td>沉凝灰岩、凝灰质砂页岩</td><td>沉积</td><td rowspan="3">Ag-Pb-Zn</td><td rowspan="2">C_1^8</td></tr>
<tr><td>第四期</td><td></td><td>角砾凝灰岩、凝灰岩</td><td></td><td>喷发</td></tr>
<tr><td rowspan="3">第四亚旋回</td><td>第三期</td><td>碱性橄榄玄武岩</td><td></td><td></td><td>溢流</td><td rowspan="3">C_1^7</td></tr>
<tr><td>第二期</td><td>玻基橄辉岩</td><td></td><td></td><td>溢流</td><td></td></tr>
<tr><td>第一期</td><td></td><td>角砾岩、角砾凝灰岩</td><td></td><td>喷发</td><td></td></tr>
<tr><td rowspan="6">第二旋回</td><td rowspan="3">第三亚旋回</td><td>第三期</td><td></td><td></td><td>沉凝灰岩、硅质岩、灰岩透镜体</td><td>沉积</td><td>Ag-Pb-Zn-Mo</td><td rowspan="3">C_1^{5+6}</td></tr>
<tr><td>第二期</td><td>粗面岩</td><td></td><td></td><td>溢流</td><td></td></tr>
<tr><td>第一期</td><td></td><td>粗面质角砾岩、角砾凝灰岩、粗面质凝灰岩</td><td></td><td>喷发</td><td></td></tr>
<tr><td rowspan="3">第二亚旋回</td><td>第三期</td><td></td><td></td><td>凝灰质砂页岩、沉凝灰岩</td><td>沉积</td><td></td><td rowspan="2">C_1^4</td></tr>
<tr><td>第二期</td><td></td><td>安山角砾凝灰岩</td><td></td><td>喷发</td><td></td></tr>
<tr><td>第一期</td><td></td><td>安山质集块岩</td><td></td><td>爆发</td><td></td><td rowspan="2">C_1^3</td></tr>
<tr><td rowspan="4">第一旋回</td><td rowspan="4">第一亚旋回</td><td>第四期</td><td></td><td></td><td>凝灰质砂页岩、硅质岩</td><td>沉积</td><td rowspan="4"></td></tr>
<tr><td>第三期</td><td>安山岩</td><td></td><td></td><td rowspan="2">溢流</td><td rowspan="3">C_1^{1+2}</td></tr>
<tr><td>第二期</td><td>拉斑玄武岩</td><td></td><td></td></tr>
<tr><td>第一期</td><td></td><td>角砾岩、凝灰岩</td><td></td><td>喷发</td></tr>
</table>

2）岩石地球化学

（1）玄武质凝灰岩的岩石地球化学特征。早石炭世玄武质凝灰岩的岩石地球化学样品采自矿区各个坑道和钻孔岩心，仅一个样品采自地表（LC09-29）。主量元素分析（表6.8）显示，SiO_2含量变化范围多集中于40%～51%（平均为48.16%），个别样品因风化作用其含量较低（低于40%，如LC1700-19）。岩石以富TiO_2和碱为特征，其TiO_2含量大于2.00%（2.28%～4.82%，平均为3.30%）；其Na_2O含量为0.05%～4.04%，平均为1.91%，K_2O含量为0.08%～6.21%，平均为3.09%；Na_2O+K_2O含量为0.13%～9.29%，平均为5.00%，多数样品$Na_2O<K_2O$含量，Na_2O/K_2O值为0.06～2.35，平均为0.75。此外，岩石较易风化，其余成分变化相对较大，如Al_2O_3含量为11.60%～20.71%，平均为15.44%；全铁含量为6.79%～31.18%，平均为13.01%；MgO含量为0.46%～10.12%，平均为3.30%；CaO含量为2.59%～16.64%，平均为10.41%。岩石定名采用国际地质科学联合会（International Union of Geological Sciences，IUGS）火成岩分类学分委会1989年推荐的全碱-硅（TAS）分类命名图（图6.22），该图投影结果显示多数样品点落在玄武质或者玄武岩区，但有两个样品点落在副长岩区，另有两个样品点落在安山岩和英安岩区。在凝灰岩（Alk）-MgO-FeO_T三角图解中（图6.23），除两个风化强烈样品外，所有样品点均投影在拉斑玄武岩区域。因此，认为岩石属于玄武质凝灰岩，以富Ti和碱为特征。

表6.8 老厂矿床玄武质凝灰岩主量元素组成表（%）

编号	岩性	采样位置	SiO_2	Al_2O_3	FeO_T	MgO	CaO	Na_2O	K_2O	MnO	P_2O_5	TiO_2	总量
LC1675-14	玄武质凝灰岩	1675中段	50.85	11.79	11.10	3.54	14.42	0.48	4.44	0.16	0.93	2.28	100.00
LC09-29	玄武质凝灰岩	附井至矿部	50.20	12.86	12.48	1.77	14.22	0.15	3.57	0.20	1.03	3.52	100.00
ZK09-3	含碳酸盐脉玄武质凝灰岩	ZK161101	43.69	13.16	11.47	2.74	19.26	3.86	1.64	0.32	1.10	2.77	100.00
ZK09-40	玄武质凝灰岩	ZK161101	50.95	20.71	6.79	1.57	5.31	4.06	5.23	0.06	1.49	3.83	100.00
ZK09-41	含气孔玄武质凝灰岩	ZK161101	47.69	15.26	12.21	2.56	12.35	3.07	2.67	0.22	1.37	2.60	100.00
ZK09-38	玄武质凝灰岩	ZK161	49.27	15.33	11.34	2.33	11.82	3.47	1.95	0.20	1.11	3.19	100.00
ZK09-24	气孔玄武质凝灰岩	ZK161101	48.34	18.06	10.46	2.00	9.34	3.78	2.68	0.14	1.46	3.72	100.00
ZK09-36	含气孔玄武质凝灰岩	ZK161101	46.76	15.31	11.75	2.29	13.97	3.07	2.33	0.24	1.06	3.21	100.00
ZK09-44	玄武质凝灰岩	ZK161	48.06	17.22	11.47	1.75	8.85	4.04	3.68	0.13	1.23	3.57	100.00
LC1840-70	玄武凝灰岩	1840中段	37.92	11.60	16.07	8.09	16.64	0.65	2.90	0.30	1.41	4.42	100.00
LC1650-6	玄武质凝灰岩	1650中段	45.39	15.00	10.39	10.12	5.86	1.45	6.21	0.11	1.71	3.75	100.00
P09-6	安山质凝灰岩	09平巷	64.51	16.68	9.31	0.46	2.64	0.18	4.13	0.06	0.38	1.65	100.00
P09-1	安山质凝灰岩	09平巷	61.14	17.46	7.92	2.03	6.86	0.17	1.81	0.79	0.32	1.50	100.00
LC1700-19	玄武质凝灰岩	1700中段	37.52	13.09	21.23	6.66	12.00	0.19	2.99	0.17	1.55	4.61	100.00
LC1700-13	玄武质凝灰岩	1700中段	40.16	18.01	31.18	1.62	2.59	0.05	0.08	0.02	1.46	4.82	100.00

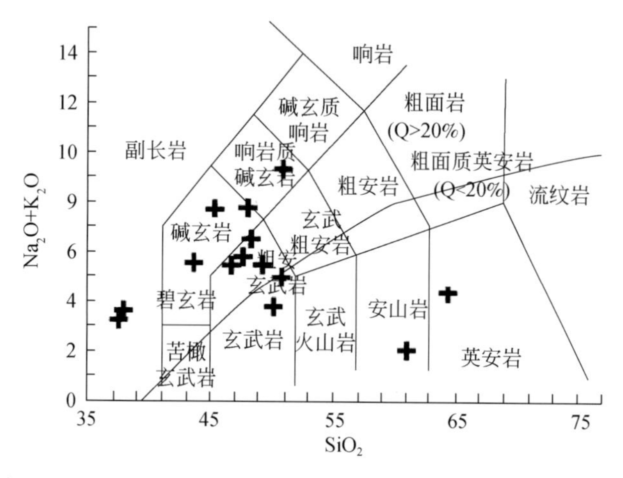

图 6.22　老厂矿床凝灰岩 TAS 分类图（据 Le Bas *et al.*，1986）

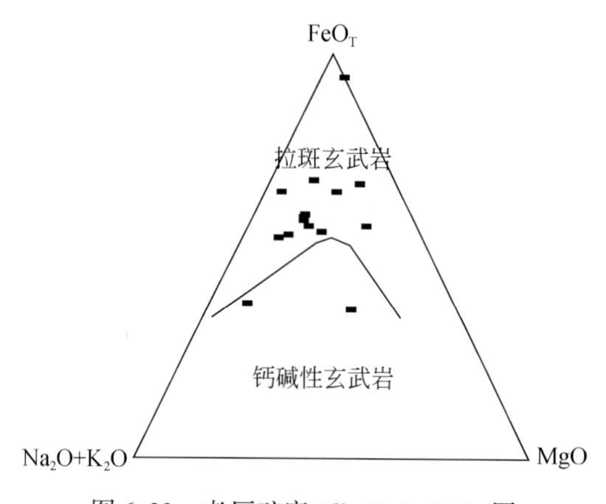

图 6.23　老厂矿床 Alk-MgO-FeO_T 图

微量元素。岩石微量元素分析（表 6.9）显示其亏损 Ba、U、Sr 等大离子亲石元素（LILE），而富集 Nb、Ta、Pb、Y 等高场强元素（HFSE）。原始地幔标准化的蛛网图上（图 6.24），Ba、Sr、U、Zr、Hf 等元素出现谷值，Rb、Ta、Nb、Nd、Ta 等元素出现峰值，与上覆中—上石炭统碳酸岩微量元素组成差异明显。

稀土元素。凝灰岩以稀土总量高和轻重稀土的分异明显为特征（表 6.9），其 $\sum$REE 为 229×10^{-6} ~ 433×10^{-6}，平均为 327×10^{-6}，LREE/HREE 值为 9.24×10^{-6} ~ 13.91×10^{-6}，平均为 10.31×10^{-6}。轻重稀土分异作用强，$(La/Yb)_N$ 为 11.76 ~ 25.82，平均为 17.45；中及重稀土分异相对较弱，其 $(La/Sm)_N$ 和 $(Gd/Yb)_N$ 分别为 2.84 ~ 4.63 和 2.10 ~ 4.64，平均分别为 3.60 和 3.39。凝灰岩稀土配分模式为右倾轻稀土富集型（图 6.25），以 Ce 异常不明显和 Eu 弱正异常–异常明显为特征，其 δCe 为 0.92 ~ 1.06，平均为 1.00，δEu 为 0.86 ~ 1.76，平均为 1.13。凝灰岩为矿床赋矿围岩之一，其 Eu 正异常可能继承了玄武岩 Eu 正异常特征。

表 6.9　老厂矿床玄武质凝灰岩微量元素和稀土元素组成表(10^{-6})

编号	LC09-29	ZK09-3	ZK09-40	ZK09-41	ZK09-38	ZK09-24	ZK09-36	ZK09-44	LC1675-14	LC1700-13	LC1700-19	LC1650-6	P09-6	P09-1	LC1840-70
采样位置	矿部至附井	ZK161101	ZK161101	ZK161101	ZK161101	ZK161101	ZK161101	ZK161	1675 中段	1700 中段	1700 中段	1650 中段	09 平巷	09 平巷	1840 中段
Li	23.77	11.94	6.51	15.85	16.41	14.29	18.08	13.39	16.96	10.4	11.61	11.5	29.24	40.29	5.94
Be	0.97	1.56	3.94	2.13	1.63	2.31	2.15	2.4	1.79	1.33	1.46	2.55	1.64	1.8	1.89
Sc	17.6	12	15.4	10.3	14.1	17.3	12.3	15.8	8.99	19.6	19.7	18.1	4.16	8.88	20.7
V	204	163	224	149	208	233	209	235	119	251	254	274	65.3	70.5	177
Cr	251	32.1	22.8	17.2	35.9	40.6	29.6	33.9	137	554	252	283	37.5	52.6	291
Co	24.5	34	15.7	33.5	31.4	29.1	28.2	29.4	54.9	62.4	57.2	34.6	16.3	13.8	83.2
Ni	113	21.2	17.8	24.6	22.2	21	20	19.1	50	234	121	131	10.2	12.5	98.8
Cu	166	15.2	38.9	28.2	20.7	22.5	19.1	20.8	561	75.6	476	33.5	10.7	9.18	39.8
Zn	203	114	124	144	128	109	120	115	231	767	226	222	161	106	522
Ga	29.1	16.2	29.6	21.9	20.4	24.3	19.6	24.2	17.7	19.1	15.1	21.2	22.1	23.4	18.1
Ge	2.9	1.12	1.76	1.43	1.5	1.27	1.37	1.37	4.06	10.61	2.13	1.51	2.6	2.34	1.27
As	75.2	11.44	12.58	11.17	10.97	11.75	12.06	11.23	31.59	387.47	23.29	18.9	61.62	275.72	26.27
Rb	104	31.4	106	50.9	42.7	57.6	44.6	78.1	138	8.81	168	376	125	46.5	131
Sr	132	441	252	439	439	342	453	371	77.6	45.9	244	204	121	127	278
Zr	247	262	497	295	311	378	296	360	248	205	225	373	516	630	221
Nb	56.1	55.4	105	65.4	68.8	85.6	68.2	81.8	55.7	63.5	61.5	112	103	129	63.9
Mo	1.58	1.96	1.78	1.75	2.47	3.25	1.68	2.57	74.67	2.11	19.36	1.37	1.91	1.36	0.52
Ag	19.9	1.54	2.64	1.79	1.73	2.1	1.76	2.12	5.75	4.6	34.2	3.03	2.64	3.46	1.99
Cd	3.06	0.27	0.31	0.18	0.25	0.26	0.31	0.22	2.76	2.27	2.19	0.18	0.41	0.38	0.56
In	6.05	0.07	0.12	0.07	0.09	0.1	0.08	0.09	1.82	0.87	1.2	0.06	0.08	0.19	0.15
Sn	79.9	1.8	3.25	2.13	2.28	2.82	2.25	2.65	32.2	7.15	16.9	2.07	2.85	3.65	2.29
Sb	3.56	0.61	1.48	0.84	0.6	0.7	0.7	0.76	3.15	37.55	9.02	3.62	8.54	9.81	3.38
Cs	35.7	1.8	13	4.55	1.6	3.54	1.99	13.7	47.6	40.8	21.8	49	14.1	7.19	12.1

续表

编号	LC09-29	ZK09-3	ZK09-40	ZK09-41	ZK09-38	ZK09-24	ZK09-36	ZK09-44	LC1675-14	LC1700-13	LC1700-19	LC1650-6	P09-6	P09-1	LC1840-70
采样位置	矿部至附井	ZK161101	ZK161101	ZK161101	ZK161101	ZK161101	ZK161101	ZK161	1675 中段	1700 中段	1700 中段	1650 中段	09 平巷	09 平巷	1840 中段
Ba	267	424	379	1120	363	427	301	262	487	25. 3	160	1020	616	72. 5	79. 5
Hf	5. 2	5. 4	10. 1	5. 88	7. 82	8. 04	7. 26	7. 86	5. 08	4. 4	4. 92	7. 75	9. 98	12. 8	5. 03
Ta	3. 39	3. 62	6. 66	4. 27	4. 59	5. 69	4. 44	5. 43	3. 63	3. 74	3. 92	6. 9	6. 27	7. 5	4. 01
W	122	69. 9	17. 2	43. 6	86. 5	35. 9	53. 3	60. 5	332	66. 7	236	42. 6	99. 8	75	44. 2
Tl	5. 66	0. 05	0. 42	0. 06	0. 06	0. 08	0. 05	0. 17	1. 48	76. 8	2. 43	5. 01	22. 1	31. 3	2. 29
Pb	615. 93	5. 87	17. 72	6. 46	5. 35	7. 93	7. 73	8. 31	254	761	1605	23. 19	20. 69	15. 1	45. 42
Bi	62. 1	0. 27	0. 22	0. 13	0. 08	0. 1	0. 09	0. 18	30. 9	4. 24	485	1. 11	0. 12	0. 16	0. 39
Th	5. 57	4. 97	9. 35	6. 02	6. 52	8. 06	6. 32	7. 68	5. 3	4. 95	4. 48	9. 66	9. 42	11. 6	4. 58
U	9. 19	0. 84	2. 98	1. 49	1. 21	1. 54	1. 14	0. 95	3. 55	3. 29	1. 31	1. 67	1. 75	1. 93	1. 51
Y	37. 23	34. 87	55. 69	43. 67	36. 59	45. 71	31. 65	40. 34	33. 05	20. 49	27. 47	35. 09	42. 17	54. 83	29. 83
La	71. 9	47. 8	74. 5	76. 3	59. 8	73. 7	60. 9	71. 9	64. 9	49. 3	53. 2	96. 5	72. 4	87. 6	51. 9
Ce	126	88. 8	178	163	116	162	116	152	119	94. 2	105	192	150	175	108
Pr	15. 2	11. 2	20. 5	18. 5	14. 2	18. 4	14	17. 1	14. 3	11. 3	13. 3	20	15. 9	18. 3	14. 1
Nd	59. 6	46. 8	82. 2	75	57. 2	74. 5	55. 5	68. 1	57. 4	45. 1	54. 2	77. 3	57. 3	64. 9	59. 4
Sm	11. 4	9. 47	16	14	11. 8	15. 4	10. 9	13. 7	10. 5	8. 19	10. 1	13. 5	10. 1	11. 9	11. 5
Eu	6. 23	3. 33	5. 32	4. 57	3. 89	4. 79	3. 62	4. 27	4. 06	3. 18	3. 82	4. 7	2. 99	3. 28	4. 54
Gd	10. 23	9. 17	14. 62	13. 48	10. 56	13. 22	9. 8	12. 01	10. 57	7. 59	9. 67	12. 04	9. 05	11. 45	10. 56
Tb	1. 42	1. 32	2. 15	1. 81	1. 57	2. 03	1. 44	1. 77	1. 39	1. 06	1. 27	1. 59	1. 39	1. 95	1. 46
Dy	7. 19	6. 88	10. 9	8. 89	7. 94	9. 99	7. 37	8. 94	6. 88	5. 03	6. 1	7. 48	7. 53	10. 79	6. 86
Ho	1. 28	1. 31	2. 05	1. 62	1. 44	1. 86	1. 27	1. 67	1. 23	0. 81	1. 04	1. 3	1. 44	2. 05	1. 19
Er	3. 16	3. 16	5. 34	4. 02	3. 56	4. 72	3. 19	4. 25	3. 2	2. 06	2. 5	3. 35	3. 96	5. 26	2. 91
Tm	0. 36	0. 4	0. 67	0. 5	0. 44	0. 59	0. 36	0. 52	0. 39	0. 24	0. 3	0. 41	0. 52	0. 69	0. 32
Yb	2. 25	2. 42	4. 27	3. 18	2. 6	3. 54	2. 35	3. 25	2. 26	1. 38	1. 68	2. 52	3. 17	4. 4	2
Lu	0. 31	0. 35	0. 59	0. 44	0. 36	0. 51	0. 33	0. 46	0. 3	0. 2	0. 23	0. 35	0. 45	0. 62	0. 27

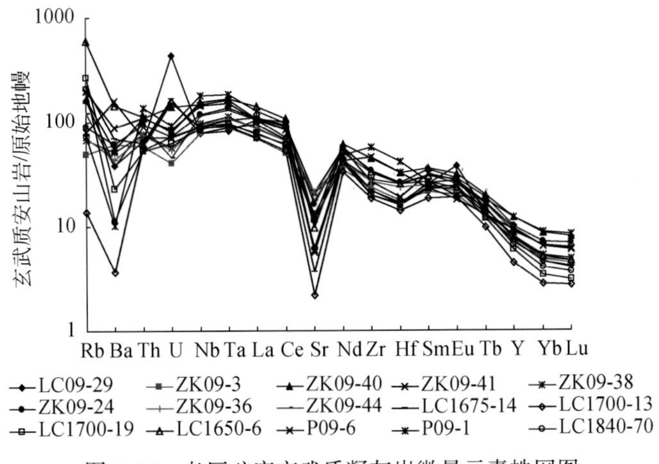

图 6.24　老厂矿床玄武质凝灰岩微量元素蛛网图

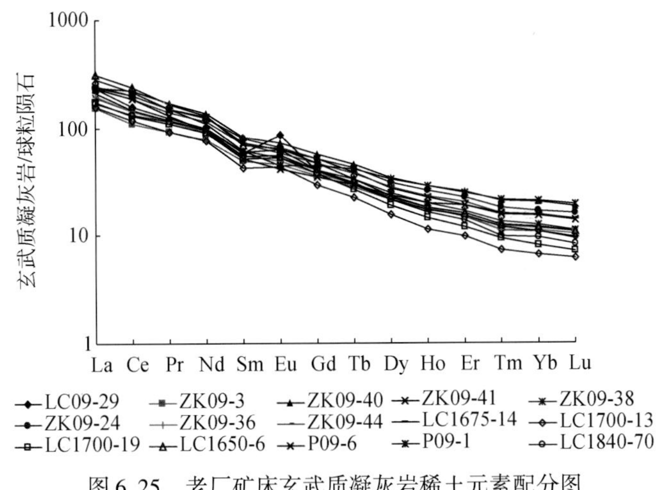

图 6.25　老厂矿床玄武质凝灰岩稀土元素配分图

（2）玄武岩的岩石地球化学特征。样品采自矿区各个坑道和钻孔岩心。玄武岩主量元素分析数据如表 6.10 所示，岩石遭受了一定程度的蚀变，因此将氧化物含量校正为无挥发分、无水的干岩浆体系进行讨论。矿区玄武岩中 SiO_2 含量为 39.54% ~49.72%，平均为 45.76%；Al_2O_3 含量为 20.44% ~26.50%，平均为 23.38%；FeO_T 含量为 10.46% ~16.13%，平均为 13.01；MgO 含量为 7.07% ~9.00%，平均为 8.23%；CaO 含量为 2.17% ~10.44%，平均为 5.19%；此外，岩石 Na_2O 和 K_2O 含量相对较高，变化范围分别为 0.90% ~2.64% 和 0.20% ~4.19%，平均分别为 1.94% 和 1.84%；Na_2O+K_2O 含量为 1.60% ~6.29%，平均为 3.78%；MnO 含量为 0.13% ~0.30%，平均为 0.16%；P_2O_5 含量相对较低，变化范围为 0.11% ~0.17%，平均为 0.14%；TiO_2 含量为 0.32% ~0.40%，平均为 0.35%。可见，岩石 $Na_2O>K_2O$，K_2O+Na_2O 为 3% ~4%，应属碱性玄武岩类（王中刚，1989）。在国际地质科学联合会火成岩分类学委会 1989 年推荐的 TAS 分类命名图中，岩石投影点集中分布于碱玄岩附近。计算结果表明，岩石 AR 值（碱度率）为

1.09～1.56，在 SiO_2-AR 图（图 6.26）中，几乎所有样品点落入碱性玄武岩区，而与钙碱性玄武岩明显不同（田丽艳，2003）。此外，结合前人数据（陈觅，2010），在 K_2O-Na_2O 关系图（图 6.27）中，尽管玄武岩投影点相对较分散，但集中于钾质和高钾区内，部分落入钠质区域。表明属于碱性玄武岩，且以钾质系列为主，钠质系列相对较少。

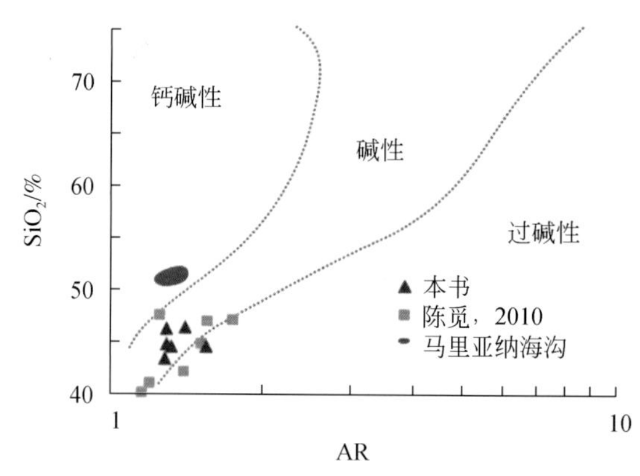

图 6.26　老厂矿床玄武岩 AR-SiO_2 图

AR＝（Al_2O_3+CaO+Na_2O+K_2O）/（Al_2O_3+CaO−Na_2O−K_2O）

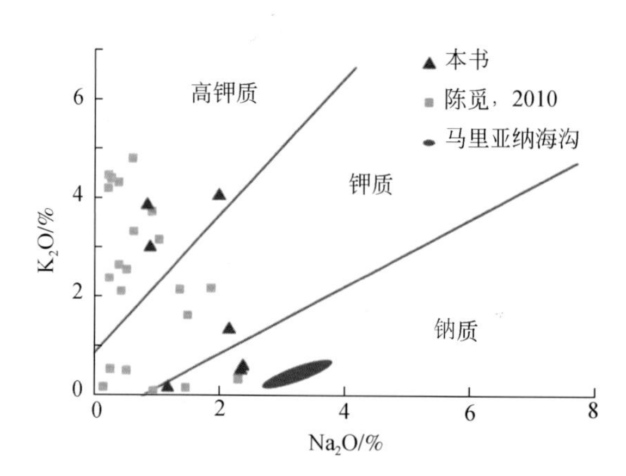

图 6.27　老厂矿床玄武岩 Na_2O-K_2O 图

微量元素。微量元素分析（表 6.10）玄武岩以富集 Nb、Ta、Zr、Hf 等高场强元素（HFSE）和亏损 Rb、U、Th 等大离子亲石元素（LILE）为特征，其 Rb、U、Th、Nb、Ta、Zr 和 Hf 含量明显高于原始地幔（Sun and Mcdonough，1989）、N-MORB 和 E-MORB 相应的元素含量，总体与 OIB 含量相近（Hoffmann，1988；Niu and Ken，1999）。此外，玄武岩 Th/U 值为 0.69～6.06，平均为 4.14，与 OIB 的 Th/U 值（约为 3.92）接近，明显高于 E-MORB（约为 2～3）和 IAB（绝大部分小于 2）（Sun and Mcdonough，1989；Niu and Ken，1999）；其 Nb/Th 值为 11.25～14.52，平均为 14.02，分布于 OIB 平均值（约为 12）和 MORB 区间（>14）（Sun and Mcdonough，1989），远大于 IAB（<4）Nb/Th 值。可见，玄武岩具有洋岛玄武岩（OIB）微量元素组成特征。在原始地幔标准化蛛网图中

（图6.28），Ba、Sr、U、Zr、Hf等元素出现谷值，而Rb、Ta、Nb、Nd和Ta等元素出现峰值，无Nb-Ta亏损，呈隆起型，与典型的洋岛玄武岩类似。

稀土元素。玄武岩稀土元素组成（表6.10）以稀土总量较高和富集轻稀土为特征，其ΣREE为170×10^{-6}～370×10^{-6}，平均为237×10^{-6}，LREE/HREE值为6.85～12.36，平均为9.30。轻重稀土分异较强，其$(La/Yb)_N$为11.55～27.29，重稀土分异相对较弱，其$(La/Sm)_N$和$(Gd/Yb)_N$为2.29～3.88和3.18～5.08，平均分别为2.96和3.84。岩石稀土配分模式属于右倾轻稀土富集型（图6.29），以Ce无异常和Eu弱正异常为特征，其δCe为0.95～1.08，平均为0.99，δEu为1.11～1.22，平均为1.17。其中，Eu弱的正异常可能与富钙斜长石不同程度堆积作用相关，因为Eu和斜长石中Ca的晶体化学性质相似而常从熔体进入斜长石中替代Ca所致。上述玄武岩稀土元素特征与OIB相似，而与N-MORB和E-MORB明显不同（图6.29）。

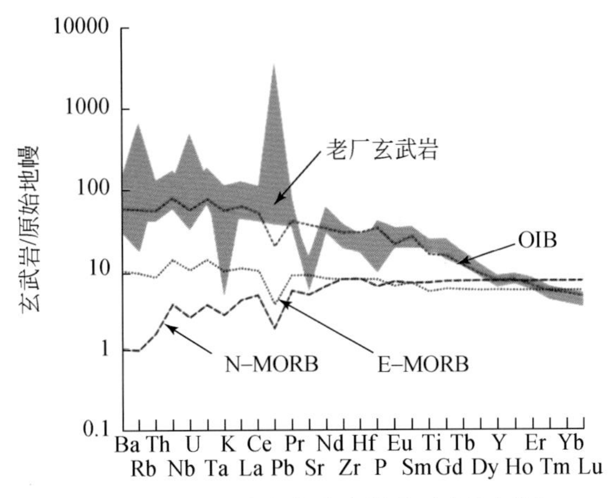

图6.28　老厂矿床玄武岩微量元素蛛网图

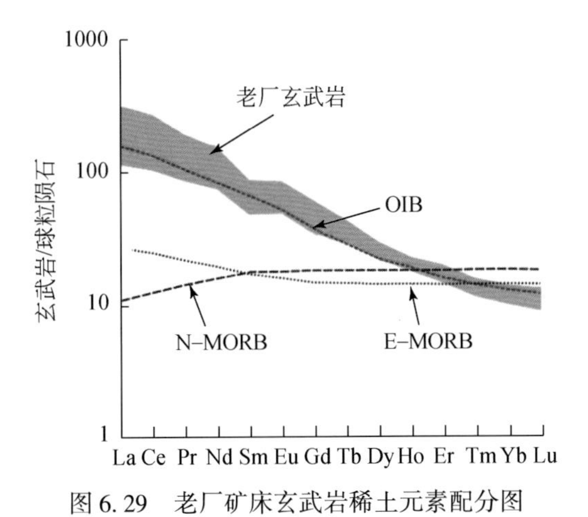

图6.29　老厂矿床玄武岩稀土元素配分图

表 6.10 老厂矿床玄武岩主量（10^{-2}）和微量（10^{-6}）元素组成表

编号	LC 1600-4	LC 1650-7	YLC 09-101	YLC 09-100	LC 1800-2	LC 1800-8	LC 1800-7	LC 1840-51
SiO_2	45. 37	45. 65	39. 54	49. 72	42. 05	48. 3	48. 46	46. 97
Al_2O_3	26. 1	23. 33	24. 84	21. 03	26. 5	22. 81	20. 44	21. 98
FeO_T	13. 5	10. 46	13. 17	13. 95	10. 99	13. 96	16. 13	11. 9
MgO	7. 67	8. 39	7. 08	8. 16	8. 77	8. 72	9	8. 09
CaO	2. 99	5. 25	10. 44	3. 34	9. 4	2. 34	2. 17	5. 56
Na_2O	2. 32	2. 1	0. 97	2. 59	1. 41	2. 64	2. 64	0. 9
K_2O	1. 42	4. 19	3. 14	0. 58	0. 2	0. 65	0. 58	3. 93
MnO	0. 15	0. 14	0. 3	0. 16	0. 15	0. 13	0. 13	0. 15
P_2O_5	0. 16	0. 12	0. 16	0. 14	0. 14	0. 11	0. 13	0. 17
TiO_2	0. 34	0. 35	0. 37	0. 32	0. 4	0. 35	0. 33	0. 36
Na_2O/K_2O	1. 64	0. 5	0. 31	4. 44	7. 18	4. 05	4. 55	0. 23
Na_2O+K_2O	3. 74	6. 29	4. 1	3. 18	1. 6	3. 29	3. 22	4. 82
Sc	27. 4	17. 1	20. 2	24. 3	15. 6	25. 8	22. 1	23. 4
V	302	251	175	246	206	293	254	281
Cr	367	257	292	267	433	260	237	335
Co	81. 2	30. 3	45. 2	48. 8	47. 9	52. 2	61. 6	40. 7
Ni	161	111	98. 7	134	227	138	178	129
Cu	90	24. 2	31. 6	76. 8	50. 3	65. 4	74. 3	28. 6
Zn	231	209	933	148	131	136	141	224
Ga	22. 1	20. 5	17. 6	24. 7	16. 3	19. 5	22. 3	17. 8
Ge	1. 3	1. 27	1. 26	1. 48	0. 8	1. 48	1. 41	1. 35
As	20. 21	20. 68	24. 54	11. 23	11. 54	11. 07	11. 23	14. 05
Rb	119	358	191	25	9. 14	30. 1	24. 1	222
Sr	201	182	181	202	242	185	124	105
Zr	225	356	212	184	266	184	185	220
Nb	44. 3	105	60	36. 1	75. 1	36. 5	36. 3	64. 7
Mo	0. 38	0. 8	0. 58	0. 52	0. 63	0. 31	0. 6	0. 72
Ag	1. 56	2. 7	2. 11	0. 99	2. 05	1	1. 07	1. 79
Cd	0. 18	0. 3	38. 2	0. 24	0. 24	0. 14	0. 09	0. 12
In	0. 14	0. 07	0. 1	0. 07	0. 06	0. 07	0. 07	0. 09
Sn	2. 56	2. 62	6. 63	1. 58	1. 72	1. 58	1. 51	1. 74
Sb	1. 93	2. 02	3. 86	0. 88	1. 34	0. 76	0. 89	1. 88
Cs	24. 7	35. 8	15. 7	12	5. 32	13. 3	11. 3	26. 4
Ba	415	799	106	159	187	753	164	362
Hf	5. 46	7. 29	4. 74	4. 43	5. 67	4. 5	4. 48	5. 06

续表

编号	LC 1600-4	LC 1650-7	YLC 09-101	YLC 09-100	LC 1800-2	LC 1800-8	LC 1800-7	LC 1840-51
Ta	2.89	6.57	3.83	2.43	4.65	2.45	2.48	4.08
W	45.1	45.5	37.9	22.9	11.9	12.5	20.2	30.8
Tl	2.4	3.87	2.83	0.12	0.3	0.22	0.2	3.22
Pb	19.4	11.1	544.6	9.11	19.8	10.2	6.00	18.1
Bi	3.82	0.51	0.68	0.25	0.1	0.21	0.12	0.2
Th	3.05	9.33	4.29	2.96	5.97	2.92	2.91	4.95
U	0.67	1.54	1.46	0.59	8.68	0.73	0.57	3.02
Y	27.8	32.8	31.7	24.1	25.6	26.6	25.4	29.8
La	27.1	74	63.7	32	55.5	30.3	31.6	50.9
Ce	63.6	163	126	68	104	66.1	65.9	109
Pr	8.17	17.8	16.1	8.53	12.4	8.47	8.39	14.4
Nd	34.2	69.7	67.9	35.6	48	35.9	34.9	59.9
Sm	7.46	13	12.8	7.44	9	7.34	7.2	11.6
Eu	2.76	4.51	4.82	2.78	3.24	2.86	2.83	4.39
Gd	7.72	11.35	12.28	7.17	8.11	7.46	6.97	10.69
Tb	1.1	1.52	1.58	1.03	1.15	1.08	1.03	1.45
Dy	5.89	7.31	7.32	5.51	5.51	5.69	5.3	6.69
Ho	1.08	1.25	1.26	0.95	0.96	1.02	1.01	1.21
Er	2.57	3.22	3.02	2.36	2.4	2.43	2.36	2.82
Tm	0.33	0.39	0.33	0.28	0.29	0.29	0.29	0.34
Yb	1.96	2.3	1.95	1.66	1.8	1.76	1.68	1.87
Lu	0.27	0.33	0.25	0.23	0.24	0.24	0.23	0.27

（3）碳酸盐岩的岩石地球化学特征。中—上石炭统为一套连续沉积的碳酸盐岩地层，是赋矿层位。主量元素分析（表6.11）表明，除个别硅化灰岩含微量 SiO_2（如LC1700-14）外，地层 SiO_2 含量极低，CaO变化范围为31.50%～55.88%，平均为37.33%，高于地壳克拉克值，与中国东部碳酸盐岩中的含量大体相当。MgO含量为3.65%～22.00%，平均为15.29%，明显高于地壳克拉克值和中国东部碳酸盐岩中的含量。Na_2O 和 K_2O 变化范围为0.01%～0.48%和0.01%～0.04%，平均分别为0.20%和0.02%，均低于地壳克拉克值，但 K_2O 含量明显较中国东部碳酸盐岩的低。值得注意的是，在矿体附近地层碳酸盐岩中的Mn含量明显较远离矿体的同一地层岩石（痕量）和地壳克拉克值（Rudnick and Gao，2003）高，其变化范围为0.11%～0.24%，平均为0.17%，暂定名为含Mn碳酸盐岩，此外在矿区的象山丫口附近还出露有Mn质碳酸盐岩，岩石形成可能与火山喷流作用有关联。

表 6.11　老厂矿床碳酸盐岩主量元素组成表（%）

样品编号	岩性	采样位置	SiO_2	Al_2O_3	FeO_T	MgO	CaO	Na_2O	K_2O	MnO	P_2O_5	TiO_2	LOI	总量
LC10-18	灰岩	雄狮山	0.06	0.06	0.96	19.62	31.77	0.42	0.03	0.17	trace	0.01	47.42	100.51
LC09-109	灰岩	矿部至附井	0.05	0.05	0.02	3.65	51.68	0.06	0.01	0.05	0.001	0.006	43.90	99.47
LC09-102	灰岩	矿部至附井	0.19	0.07	0.2	18.75	35.19	0.03	0.03	0.10	0.01	0.02	45.11	99.69
CC09-28	灰岩	老厂锰矿采场	0.18	0.09	0.12	19.61	34.50	0.04	0.01	0.12	0.004	0.005	45.65	100.33
CC09-10	灰岩	老厂锰矿采场	1.38	0.57	0.07	2.98	52.34	0.13	0.05	0.04	0.01	0.009	42.62	100.20
CC09-8	灰岩	老厂锰矿采场	0.16	0.16	0.21	22.00	31.46	0.01	0.01	0.11	0.01	0.009	45.83	99.97
P09-43	灰岩	09 平巷	0.82	0.43	0	0.06	55.88	0.48	0.04	0.08	0.01	0.006	42.24	100.05
LC09-109	灰岩	矿部至附井	0.05	0.05	0.02	3.65	51.68	0.06	0.01	0.051	0.001	0.006	43.90	99.47
LC10-27	含锰碳酸岩盐	主井 1650	trace	trace	0.19	18.98	31.59	0.14	0.01	0.11	trace	0	47.48	98.50
LC10-28	含锰碳酸岩盐	主井 1650	trace	trace	0.22	19.27	31.92	0.22	0.02	0.12	trace	0	47.65	99.42
LC10-29	含锰碳酸岩盐	主井 1650	trace	trace	0.65	18.25	33.59	0.22	0.02	0.18	trace	0.01	47.17	100.10
LC10-34	含锰碳酸岩盐	主井 1650	trace	trace	0.26	19.15	31.81	0.29	0.02	0.14	trace	0	47.66	99.33
LC10-35	含锰碳酸岩盐	主井 1650	trace	trace	0.26	19.42	31.50	0.20	0.01	0.17	trace	0	47.22	98.79
LC10-36	含锰碳酸岩盐	主井 1650	trace	trace	0.27	16.48	35.97	0.19	0.01	0.15	trace	0.01	46.83	99.90
LC10-37	含锰碳酸岩盐	主井 1650	trace	trace	0.27	20.19	32.51	0.21	0.01	0.17	trace	0.01	47.48	100.84
LC10-38	含锰碳酸岩盐	主井 1650	trace	0.06	0.98	10.21	42.15	0.28	0.01	0.21	0	0.01	44.99	98.90
LC10-41	含锰碳酸岩盐	主井 1650	trace	0.08	0.25	18.67	31.85	0.18	0.02	0.16	trace	0.01	47.35	98.58
LC10-42	含锰碳酸岩盐	主井 1650	trace	trace	0.39	18.78	31.60	0.20	0.01	0.22	trace	0.00	47.30	98.50
LC10-43	含锰碳酸岩盐	主井 1650	trace	trace	0.27	19.34	31.53	0.25	0.02	0.20	trace	0.01	48.19	99.81
LC10-44	含锰碳酸岩盐	主井 1650	trace	trace	0.50	9.89	43.05	0.35	0.01	0.24	trace	0.00	45.40	99.45
LC1700-14	硅化碳酸岩盐	1700 中段	0.19	0.68	0.13	4.147	50.73	0.26	0.03	0.13	0.01	0.01	42.48	98.81
Rudnick and Gao，2003		上地壳	66.60	15.40	5.04	2.48	3.59	3.27	2.80	0.10	0.15	0.64	—	100.05
		下地壳	63.50	15.00	6.02	3.59	5.25	3.39	2.30	0.10	0.15	0.69	—	100.00
鄢明才等，1997		中国东部碳酸盐岩	6.49	1.14	0.67	6.53	42.84	0.1	0.34	—	0.74	40.45	—	99.30

微量元素。岩石微量元素分析表明（表 6.12），其 Ba、Sr、Rb、Th 等大离子亲石元素（LILE）质量分数相对较高，而 Nb、Ta 和 Y 等高场强元素（HFSE）相对较低。在原始地幔标准化蛛网图中（图 6.30），Rb、Ba、Sr、U、La、Y 等元素出现峰值，Zr、Hf、Nb、Ta 等元素出现谷值。此外，Sr 在灰岩中具双众数，一般认为在超盐度的暗色和深海岩石类型中 Sr 的含量高，而在滨海-浅海和半深海有机成因和有机碎屑碳酸盐岩中含量较低。中—晚石炭世碳酸盐岩的 Sr 含量为 $8.4\times10^{-6}\sim112\times10^{-6}$，平均为 50.87×10^{-6}，远低于下扬子石炭纪碳酸盐岩中 Sr 含量（199×10^{-6}）和卡姆欣科夫统计 903 个碳酸盐岩样品的平均含量（710×10^{-6}），更低于碳酸盐岩平均含量 610×10^{-6}，表明岩石沉积深度较浅。Sr/Ba 值可以用于反映古盐度变化趋势，研究表明 Sr/Ba>1 为海相沉积，而 Sr/Ba<1 为陆相沉积（倪善芹等，2010），岩石 Sr/Ba 值为 1.72～72.61，平均为 17.86（远大于 1），表明其为海相沉积。此外，一般而言，Sr/Cu 值为 1.3～5.0，表明成岩时为潮湿气候，而大于

5.0则指示干旱气候，岩石Sr/Cu值为8.17～36.83，平均为26.83（>5.0），可能暗示中—上石炭统在成岩过程中处于地壳隆起期。

表6.12　老厂矿床碳酸盐岩和灰岩微量元素组成表（10^{-6}）

样品编号	LC09-109	LC09-102	CC09-28	CC09-10	CC09-8	LC09-8	LC1700-14	P09-43	P09-23	LC1840-72	上地壳	下地壳
Li	0.30	0.53	0.23	0.84	0.52	0.02	0.33	0.18	0.57	0.17	24	12
Be	0.19	0.17	0.09	0.30	0.05	0.10	0.25	0.30	0.05	0.12	2.1	2.3
Sc	0.24	0.22	0.24	0.33	0.16	0.39	0.23	0.24	0.01	0.34	14	19
V	1.96	3.41	3.07	6.24	5.22	0.58	3.18	3.25	2.81	3.33	97	107
Cr	17.60	49.90	17.30	26.50	26.50	3.18	8.15	11.60	3.94	7.71	92	76
Co	5.84	6.81	11.10	7.11	30.50	2.14	7.85	6.09	12.90	37.80	17.3	22
Ni	25.80	28.40	18.70	33.70	23.80	33.60	28.70	29.30	16.00	29.70	47	33.5
Cu	3.34	2.82	2.06	2.55	5.14	3.21	5.73	2.18	1.63	5.88	28	26
Zn	26.50	124.00	46.70	27.70	38.60	11.10	228	34.80	29.90	27.70	67	69.5
Ga	0.16	0.25	0.24	0.28	0.13	0.05	0.34	0.19	0.15	0.19	17.5	17.5
Ge	0.04	0.04	0.03	0.06	0.04	0.02	0.05	0.02	0.03	0.03	1.4	1.1
As	10.34	9.97	10.44	11.64	10.65	10.34	13.16	13.16	9.82	10.18	4.8	3.1
Rb	0.79	0.64	0.50	0.78	0.29	0.07	1.10	0.80	0.51	0.30	82	65
Sr	90.00	37.80	38.80	112.00	42.00	68.40	76.20	80.30	56.80	122.00	320	282
Zr	1.50	3.49	2.98	2.38	1.46	0.75	2.55	2.56	2.25	3.36	193	149
Nb	0.28	0.64	0.56	0.22	0.15	0.04	0.34	0.39	0.43	0.61	12	10
Mo	0.09	0.42	0.20	0.35	0.30	0.07	0.38	0.14	0.13	0.11	1.1	0.6
Ag	0.36	0.18	0.08	0.41	0.56	0.01	1.94	0.52	0.10	0.39	53	48
Cd	0.27	0.54	0.13	0.25	0.16	0.49	31.30	0.62	0.16	1.85	0.09	0.061
In	0	0.01	0.01	0	0	0.02	0.01	0.02	0.01	0.01	0.056	0.05
Sn	0.34	0.21	0.20	0.13	0.13	0.11	0.39	0.12	0.13	0.17	2.1	1.3
Sb	0.75	0.81	0.61	1.71	1.24	0.68	1.14	2.26	1.08	0.60	0.4	0.28
Cs	0.13	0.08	0.03	0.08	0.03	0.01	0.24	0.11	0.08	0.10	4.9	2.2
Ba	9.92	22.00	3.80	11.70	8.15	0.94	5.27	4.41	4.45	4.92	628	532
Hf	0.03	0.09	0.08	0.10	0.05	0.02	0.07	0.06	0.05	0.09	5.3	4.4

续表

样品编号	LC09-109	LC09-102	CC09-28	CC09-10	CC09-8	LC09-8	LC1700-14	P09-43	P09-23	LC1840-72	上地壳	下地壳
Ta	0. 04	0. 05	0. 07	0. 06	0. 03	0. 01	0. 04	0. 03	0. 03	0. 04	0. 9	0. 6
W	16. 80	16. 10	35. 80	10. 40	74. 00	0. 18	17. 60	16. 30	41. 40	57. 10	1. 9	0. 6
Tl	0. 03	0. 07	0. 06	0. 05	0. 09	0. 09	0. 23	0. 05	0. 05	0. 05	0. 9	0. 27
Pb	16. 29	21. 05	5. 70	22. 47	19. 50	1. 57	480. 38	100. 12	16. 17	78. 83	17	15. 2
Bi	0. 70	0. 16	0. 37	0. 09	0. 20	0. 02	0. 90	0. 18	0. 14	0. 29	0. 16	0. 17
Th	0. 09	0. 11	0. 14	0. 12	0. 09	0. 04	0. 06	0. 06	0. 08	0. 09	10. 5	6. 5
U	0. 31	0. 09	0. 13	0. 89	1. 94	0. 05	0. 41	0. 38	0. 22	0. 47	2. 7	1. 3
La	1. 57	2. 26	2. 06	5. 77	1. 54	2. 49	2. 34	1. 72	0. 46	0. 74	31	24
Ce	1. 54	2. 26	2. 31	4. 16	1. 12	0. 49	2. 33	1. 73	1. 01	1. 32	63	53
Pr	0. 23	0. 39	0. 32	0. 78	0. 31	0. 50	0. 38	0. 30	0. 09	0. 13	7. 1	5. 8
Nd	0. 96	1. 62	1. 31	2. 56	1. 17	2. 42	1. 59	1. 29	0. 36	0. 57	27	25
Sm	0. 18	0. 44	0. 25	0. 46	0. 29	0. 63	0. 33	0. 27	0. 08	0. 12	4. 7	4. 6
Eu	0. 07	0. 11	0. 07	0. 17	0. 08	0. 17	0. 18	0. 09	0. 03	0. 03	1	1. 4
Gd	0. 25	0. 44	0. 36	0. 62	0. 42	0. 92	0. 46	0. 39	0. 12	0. 20	4	4
Tb	0. 04	0. 08	0. 05	0. 09	0. 06	0. 12	0. 07	0. 06	0. 01	0. 03	0. 7	0. 7
Dy	0. 22	0. 45	0. 25	0. 48	0. 36	0. 80	0. 40	0. 35	0. 08	0. 24	3. 9	3. 8
Ho	0. 05	0. 09	0. 06	0. 11	0. 10	0. 18	0. 09	0. 08	0. 02	0. 05	0. 83	0. 82
Er	0. 13	0. 25	0. 17	0. 28	0. 27	0. 44	0. 26	0. 23	0. 04	0. 13	2. 3	2. 3
Tm	0. 01	0. 03	0. 02	0. 04	0. 04	0. 05	0. 04	0. 03	0. 01	0. 02	0. 3	0. 32
Yb	0. 09	0. 19	0. 11	0. 19	0. 19	0. 29	0. 19	0. 18	0. 03	0. 12	2	2. 2
Lu	0. 01	0. 03	0. 02	0. 04	0. 04	0. 04	0. 03	0. 02	0	0. 02	0. 31	0. 4
Y	2. 50	4. 67	3. 28	6. 50	5. 11	9. 96	4. 83	4. 36	0. 65	2. 75	21	20
资料来源	本书										Rudnick and Gao, 2003	

稀土元素。碳酸盐岩稀土元素分析见表6. 12，以稀土元素总量低和轻重稀土分异明显为特征，其∑REE为$2.34\times10^{-6}\sim15.75\times10^{-6}$，平均为$7.41\times10^{-6}$，远低于上地壳和下地壳稀土总量；轻重稀土分异强，$(La/Yb)_N$为4. 16～20. 47，平均为9. 34，中及重稀土分异相对较弱，其$(La/Sm)_N$和$(Gd/Yb)_N$分别为2. 49～7. 89和1. 34～3. 23，平均分别为4. 36和2. 20。岩石稀土配分模式为中等右倾轻稀土富集型（图6. 31），其δCe和δEu值的变化范围较大，以δCe负异常明显为特征，δCe为0. 11～1. 19，平均为0. 62，δEu为0. 59～

1.41，平均为0.86，部分样品显示Eu正异常（如LC1700-14等），这类δCe异常不明显和Eu正异常样品多分布于碳酸盐岩型矿体附近。

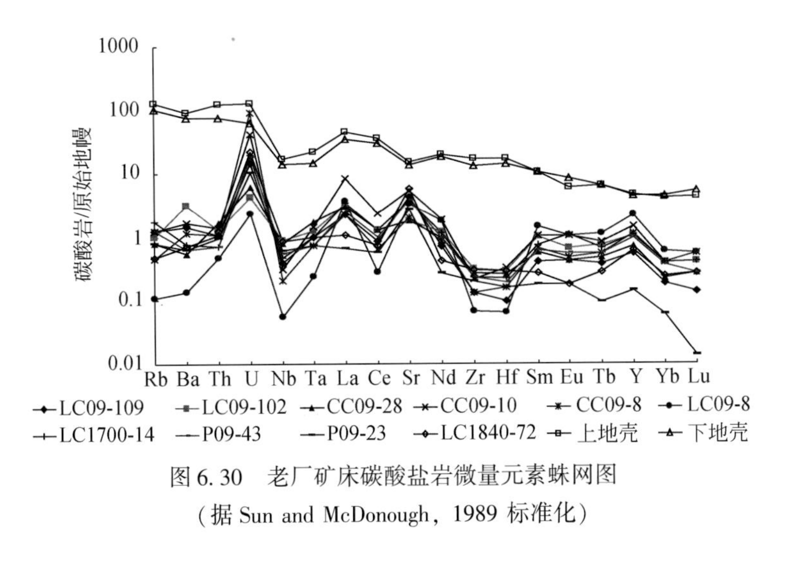

图6.30 老厂矿床碳酸盐岩微量元素蛛网图
（据Sun and McDonough，1989标准化）

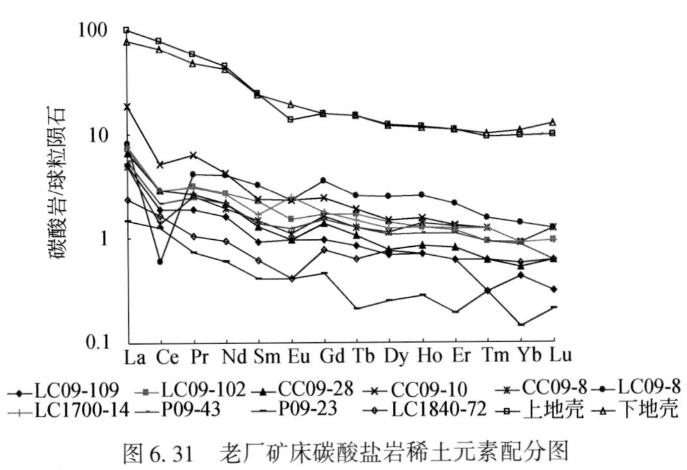

图6.31 老厂矿床碳酸盐岩稀土元素配分图
（据Taylor and McLennan，1985标准化）

研究表明，正常海水以稀土总量低、强Ce负异常和Eu弱负异常或无异常为特征，正常沉积碳酸盐岩继承了同期海水稀土组成（Elderfield and Greaves，1982；De Baar *et al.*，1985）。而现代洋脊不同热水系统喷流体的稀土元素组成研究表明，热水沉积物（喷流岩，包括富金属硫化物软泥）总体上继承了成矿热液显著Eu正异常、强LREE富集和高温（>250℃）特征（Michard，1989；Wood，1990；Mills and Elderfield，1995；Douville *et al.*，1999；German *et al.*，1999）。由此可见，中—晚石炭世碳酸盐岩大多具有正常海水稀土元素组成特征，但局部（靠近矿体）显示Eu正异常和Ce异常不明显，可能暗示碳酸盐岩型矿体与火山喷流作用有关，这一特征类似于甘肃西成地区喷流沉积铅锌矿床（祝新友等，2005）、澳大利亚Broken Hill铅锌矿床（Large，1992）、HYC矿床（Large *et al.*，2000）等矿区中的喷流沉积碳酸盐岩。

3）含矿岩石时代

对赋矿围岩中与安山质凝灰岩接触的玄武岩进行了 SHRIMP 锆石 U-Pb 同位素定年，样品分选于主井 1650 平巷中的大样，属于 $C_1^2\beta$ 上部玄武岩。其中锆石大多无色透明，部分略带褐色，自形呈细长柱状，平直棱角面发育，粒径范围为 100 ~ 200μm，长短轴之比为 1∶1 ~ 2∶1。锆石的阴极发光图像均显示有典型的岩浆振荡分带，表明其为典型岩浆成因锆石（Rubatto and Gebauer，2000；Belousova *et al.*，2002；Möller *et al.*，2003；吴元保、郑永飞，2004）。本次测试共获得 16 个数据（表 6.13），其中 U 含量为 47.15×10^{-6} ~ 557.77×10^{-6}，Th 含量为 56.6×10^{-6} ~ 1950×10^{-6}，相应 Th/U 值较高，变化范围为 1.24 ~ 2.99，平均为 2.04。16 个分析点有 10 个测点的 U-Pb 同位素组成在同一误差范围内，其 $^{206}Pb/^{238}U$ 年龄的加权平均值为 312±4Ma（MSWD = 1.02）（图 6.32），应代表玄武岩的真实结晶年龄；此外的 6 个测点 U-Pb 同位素组成在同一误差范围内，但锆石岩浆震荡环不明显或者没有，可能为捕获的锆石。在黄铁矿–黄铜矿化玄武岩（相当于 $C_1^7\beta$）中进行

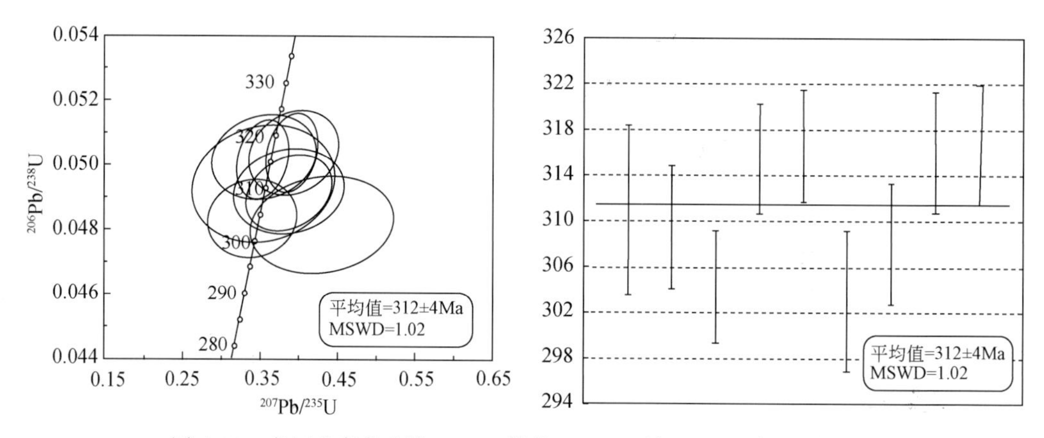

图 6.32　老厂矿床玄武岩 YLC09 样品 SHRIMP 锆石 U-Pb 年龄谐和图

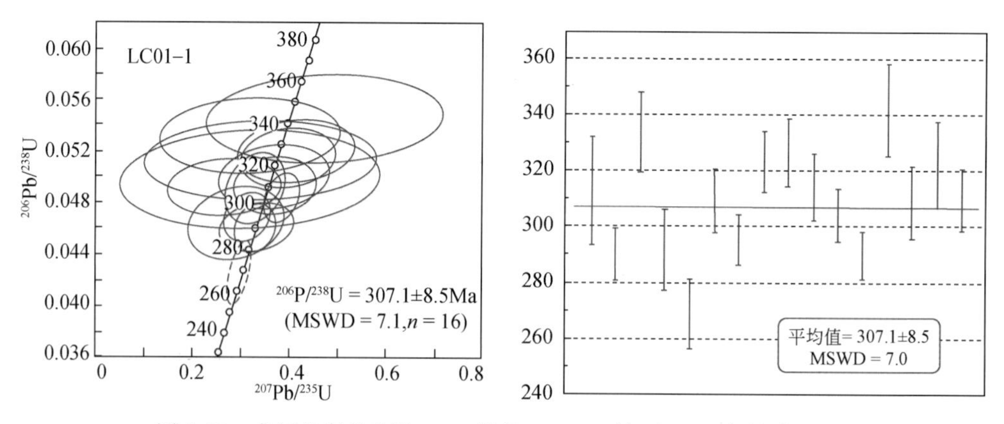

图 6.33　老厂矿床玄武岩 LC01 样品 SHRIMP 锆石 U-Pb 年龄谐和图

表 6.13 老厂矿床玄武岩 YLC09 样品 SHRIMP 锆石 U-Pb 年龄表

测点号	$^{206}Pb_c$/%	U/10^{-6}	Th/10^{-6}	$^{232}Th/^{238}U$	$^{206}Pb^*$/10^{-6}	年龄/Ma			同位素比值					
						$^{206}Pb/^{238}U$	$^{208}Pb/^{232}Th$	$^{207}Pb/^{206}Pb$	$^{207}Pb^*/^{206}Pb^*$(±%)		$^{207}Pb^*/^{235}U$(±%)		$^{206}Pb^*/^{238}U$(±%)	
YLC09-102-1.1	3.88	47.15	56.60	1.24	5.13	741±20	716±56	619±500	0.060	±23	1.01	±23	0.12	±2.8
YLC09-102-2.1	1.41	391.34	742.45	1.96	16.9	311±7.4	307±13	278±390	0.0518	±17	0.35	±17	0.05	±2.4
YLC09-102-3.1	2.04	285.96	568.04	2.05	12.3	309.5±5.4	302.8± 9.2	494±270	0.0571	±12	0.39	±12	0.05	±1.8
YLC09-102-4.1	1.70	419.88	792.72	1.95	17.7	304.3±4.9	296.7±7.8	243±260	0.0511	±11	0.34	±11	0.05	±1.6
YLC09-102-5.1	1.92	80.68	106.37	1.36	9.11	781±17	802±39	992±250	0.0722	±12	1.28	±13	0.13	±2.3
YLC09-102-6.1	1.32	557.77	1950.29	3.61	24.4	315.5±4.8	309.5±5.9	243±150	0.0510	±6.3	0.35	±6.5	0.05	±1.6
YLC09-102-7.1	0.78	494.94	1688.01	3.52	21.6	316.5±5.0	307.8±6.2	470±120	0.0564	±5.3	0.39	±5.5	0.05	±1.6
YLC09-102-8.1	3.04	62.53	76.40	1.26	6.75	741±21	749±82	1003±490	0.073	±24	1.22	±24	0.12	±3.0
YLC09-102-9.1	4.79	138.73	258.02	1.92	5.57	280.7±7.3	248±20	70±850	0.047	±36	0.29	±36	0.04	±2.7
YLC09-102-10.1	1.87	176.97	407.44	2.38	7.45	303±6.1	293±13	772±300	0.0649	±14	0.43	±14	0.05	±2.1
YLC09-102-11.1	3.96	71.73	89.54	1.29	7.69	730±27	655±53	523±400	0.058	±18	0.96	±19	0.12	±3.9
YLC09-102-12.1	1.67	301.37	591.75	2.03	12.9	308.1±5.3	308.7±8.9	520±210	0.0577	±9.5	0.39	±9.7	0.05	±1.8
YLC09-102-13.1	1.95	418.61	1209.38	2.99	18.4	316±5.3	306.3±7.4	254±290	0.0513	±13	0.36	±13	0.05	±1.7
YLC09-102-15.1	1.12	58.63	74.58	1.31	5.95	712±17	708±34	858±140	0.0677	±6.9	1.09	±7.3	0.12	±2.5
YLC09-102-16.1	2.46	114.54	173.29	1.56	12.3	741±15	738±31	839±200	0.0670	±9.8	1.13	±10	0.12	±2.1
YLC09-102-17.1	1.70	358.81	769.08	2.21	15.8	316.7±5.2	310±7.9	483±210	0.0568	±9.6	0.39	±9.8	0.05	±1.7

表 6.14　老厂矿床玄武岩 LC01 样品 SHRIMP 锆石 U-Pb 年龄表

测点号	$^{206}Pb_c$/%	U/10^{-6}	Th/10^{-6}	$^{232}Th/^{238}U$	$^{206}Pb^*$/10^{-6}	年龄/Ma				同位素比值					
						$^{206}Pb/^{238}U$	$^{208}Pb/^{232}Th$	$^{207}Pb/^{206}Pb$		$^{207}Pb^*/^{206}Pb^*$(±%)		$^{207}Pb^*/^{235}U$(±%)		$^{206}Pb^*/^{238}U$(±%)	
LC01-1-1.1	8.06	47	53	1.17	2.11	305±13	170±1500	286	±65	0.049	±66	0.33	±66	0.0485	±4.3
LC01-1-2.1	3.82	133	156	1.21	5.92	313.1±9.6	34±820	295	±34	0.047	±34	0.32	±34	0.0498	±3.2
LC01-1-3.1	1.27	672	1637	2.52	26.9	290±4.6	318±210	284.2	±6.7	0.0528	±9.4	0.335	±9.5	0.04601	±1.6
LC01-1-4.1	3.99	121	206	1.76	5.76	333.8±7.1	-124±590	313	±19	0.044	±24	0.321	±24	0.0531	±2.2
LC01-1-5.1	3.43	97	154	1.64	3.99	291.8±7.2	3±320	235	±13	0.0461	±13	0.294	±14	0.0463	±2.5
LC01-1-6.1	0.60	636	1471	2.39	23.4	268.3±6.3	241±61	198.3	±5.1	0.0510	±2.6	0.299	±3.6	0.0425	±2.4
LC01-1-7.1	3.26	218	380	1.80	9.53	309.2±5.7	-379±470	292	±12	0.0396	±18	0.268	±18	0.04913	±1.9
LC01-1-8.1	0.79	459	1441	3.24	18.6	295.1±4.6	161±150	285.0	±5.5	0.0493	±6.4	0.318	±6.6	0.04685	±1.6
LC01-1-9.1	1.29	221	449	2.10	9.88	323.1±5.5	460±220	312.1	±9.2	0.0562	±9.9	0.398	±10	0.05140	±1.8
LC01-1-10.1	1.59	164	216	1.36	7.42	326.5±6.1	521±260	329	±15	0.0578	±12	0.414	±12	0.05195	±1.9
LC01-1-11.1	2.56	142	181	1.31	6.26	314±6.1	375±280	322	±15	0.0541	±12	0.372	±13	0.04992	±2.0
LC01-1-12.1	11.95	51	44	0.89	2.45	309±14		178	±98					0.0491	±4.7
LC01-1-13.1	0.73	315	907	2.98	13.2	304.3±4.8	528±83	304.8	±6.0	0.0579	±3.8	0.386	±4.1	0.04833	±1.6
LC01-1-14.1	0.42	729	2428	3.44	28.9	289.6±4.3	300±130	270.8	±4.6	0.0523	±5.6	0.332	±5.8	0.04595	±1.5
LC01-1-15.1	4.68	60	44	0.75	2.95	341.8±8.3	712±440	370	±45	0.063	±21	0.474	±21	0.0545	±2.5
LC01-1-16.1	1.30	333	541	1.68	14.2	308.5±6.4	150±180	298.2	±9.2	0.0490	±7.8	0.331	±8.1	0.0490	±2.1
LC01-1-17.1	4.52	93	99	1.10	4.30	322.1±7.8	107±680	298	±32	0.048	±29	0.340	±29	0.0512	±2.5
LC01-1-18.1	1.57	183	185	1.05	7.84	309.5±5.5	416±200	302	±14	0.0551	±9.2	0.374	±9.3	0.04919	±1.8

了SHRIMP锆石U-Pb同位素定年（表6.14），18个分析点除两个测点（LC01-1-1.1、LC01-1-12.1）由于误差值太大外，其余16个测点的U-Pb同位素组成在同一误差范围内，其$^{206}Pb/^{238}U$年龄的加权平均值为307.1±8.5Ma（MSWD=7.1）（图6.33），代表玄武岩的真实结晶年龄。因此，玄武岩应形成于早石炭世晚期—晚石炭世，而表6.13中$^{206}Pb/^{238}U$年龄712~781Ma的捕获岩浆锆石可能记录了罗迪尼亚超大陆（Rodinia）裂解的岩浆岩地质作用信息。

4）构造环境分析

如前所述，矿区玄武岩属于碱性玄武岩，以钾质系列为主，钠质系列相对较少，其微量元素以富集Nb、Ta、Zr、Hf等高场强元素（HFSE）和亏损Rb、U、Th大离子亲石元素（LILE）为特征，其Rb、U、Th、Nb、Ta、Zr、Hf含量明显高于原始地幔、N-MORB和E-MORB相应的元素含量，总体与OIB含量相近，Th/U值与OIB相似，明显高于E-MORB和IAB，Nb/Th值分布于OIB和MORB之间，远大于IAB（<4）Nb/Th值，具有洋岛玄武岩（OIB）微量元素组成特征。在原始地幔标准化蛛网图中，Ba、Sr、U、Zr、Hf等元素出现谷值，而Rb、Ta、Nb、Nd、Ta等元素出现峰值，无Nb-Ta的亏损，呈隆起型，与典型洋岛玄武岩类似。岩石微量元素地球化学组成是判别其形成大地构造环境和源区化学性质的有效工具（Hugh，1993）。玄武岩在Zr/4-Y-Nb×2关系图（图6.34）中，其投影点落入板内碱性玄武岩区。而在Th-Ta-Hf/3关系图（图6.35）中，赋矿火山岩系的岩石投影于板内玄武岩区。此外，在Zr-Y×3-Ti/100、FeO_T-MgO-Al_2O_3、Ti/100-Zr-Sr/2、TiO_2-MnO×10-P_2O_5×10、FeO_T/MgO-TiO_2和Zr/Y-Zr等众多玄武岩构造环境判别图（图略）中，玄武岩投影点与上述投影结果一致。可见，矿区赋矿围岩之一的早石炭世晚期—晚石炭世玄武岩应为洋壳板内碱性玄武岩，形成于洋内热点产物的洋岛环境。

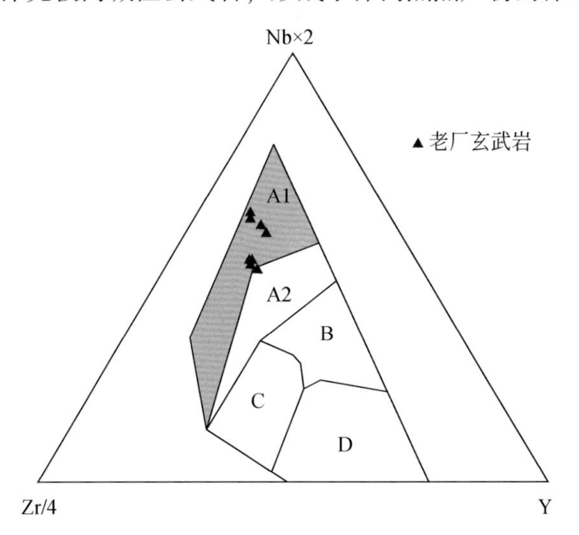

图6.34　老厂矿床玄武岩Zr/4-Y-Nb×2判别图（底图据Meschede，1986）

A1. 板内碱性玄武岩；A2. 板内拉斑玄武岩；B. E-MORB；

C. 板内拉斑玄武岩和火山弧玄武岩；D. N-MORB和火山弧玄武岩

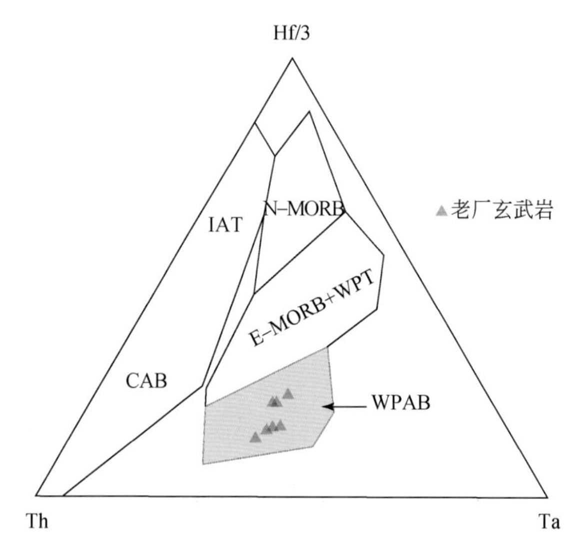

图 6.35　老厂矿床玄武岩 Th-Ta-Hf/3 判别图（底图据 Wood *et al.*，1980）

CAB. 岛弧钙碱性玄武岩；IAT. 岛弧拉斑玄武岩；N-MORB. 正常型大洋中脊玄武岩；E-MORB. 富集型大洋中脊玄武岩；WPT. 板内拉斑玄武岩；WPAB. 板内碱性玄武岩

3. 矿化与蚀变

1）矿体特征与矿化结构

（1）矿体特征。老厂矿床控制矿带长约 1600m，宽 200 ~ 400m，揭露 3 个原生矿体群共 135 个原生矿体，其中表内银矿体 72 个。矿床中铅锌多金属矿体多呈层状（上）和网脉状（下）产于中上石炭统—下二叠统碳酸盐岩（碳酸岩型矿石）和石炭系下统依柳组火山岩（火山岩型矿石）中。已揭露 3 个原生矿体群，共 135 个原生矿体，其中表内银矿体 72 个。Ⅰ矿群产于下部（早石炭世晚期）火山岩中，矿体为 VMS 型矿体；Ⅱ矿群产于中部（中—晚石炭世）火山岩与碳酸盐岩的接触带中或靠近接触带部位，矿体为 VMS 型矿体，后期叠加有层间破碎带中的热液脉型矿体；Ⅲ矿群产于上部（中—晚石炭世）碳酸盐岩之中，矿体为后期层间破碎带中热液脉型矿体。3 个原生矿体群中，以 $Ⅰ_{1+2}$、$Ⅰ_{27}$、$Ⅰ_{28}$、$Ⅱ_1$、$Ⅱ_2$、$Ⅱ_4$、$Ⅱ_5$ 和 $Ⅲ_1$ 矿体为矿体，其中 $Ⅰ_{1+2}$ 和 $Ⅱ_1$ 矿体规模最大，分别占原生矿银总储量的 30% 和 29.3%。矿体呈层状、似层状和透镜体产出，形状在空间上变化较小。此外，在Ⅰ矿群的下部及其附近，钻孔揭露出较大规模的斑岩-夕卡岩型矿体（李峰等，2009）。

Ⅰ号矿群。产于 C_1^{5+6} 火山沉积岩中，共有 28 个矿体，总体走向北西，倾向南西，向南倾伏。矿体品位总体呈上高下低、中间高两边低的规律，矿石以硫化矿为主。$Ⅰ_{1+2}$ 矿体是Ⅰ号矿群的主矿体，占Ⅰ号矿群总储量的 90.6%，$Ⅰ_3$、$Ⅰ_{20}$、$Ⅰ_{24}$、$Ⅰ_{27}$、$Ⅰ_{28}$ 为次要矿体，其余均为小矿体。小矿体分布在 $Ⅰ_{1+2}$ 矿体两侧，品位较高，产状变化大，开采技术条件差。$Ⅰ_{1+2}$ 矿体产于火山沉积碎屑岩（C_1^{5+6}）中，呈中厚边薄、沿走向较稳定受层间破碎带控制的似层状矿体。矿体走向 NW45°，倾向南西，倾角为 84° ~ 15°，向南侧伏，侧伏角为 35°。矿体长为 659m，宽为 54.5 ~ 258m，平均为 129m，厚为 2.55 ~ 22.6m，平均为 7.07m。铅平均品位为 4.78%，表内铅金属量为8.84万吨；锌平均品位为3.80%，锌金属量为7.03万吨；银平均品位为199.40g/t，银金属量为368.87吨。

Ⅱ号矿群。产于碳酸盐岩与火山岩接触面及上下，共有43个矿体，矿体呈似层状和透镜状，总体走向南北，倾向南西；矿体品位总体呈上高（靠近碳酸盐岩）、下低（靠近火山岩）的规律，矿石以混合矿为主。主矿体有$Ⅱ_1$、$Ⅱ_2$、$Ⅱ_4$和$Ⅱ_5$矿体，其余均为小矿体，矿体受构造破坏强烈，产状不稳定。$Ⅱ_1$矿体产于C_{2+3}^{1+2}与$C_1^7β$之间以及断层面上下，矿体呈似层状和透镜状；矿体长为260m，宽为40～215m，平均为124m；厚为1.8～16.3m，平均为6m；银品位为104.7～792.2g/t，平均为250.3g/t；表内银金属量为119.87吨；铅品位为1.36%～29.53%，平均为7.29%，铅金属量为3.49万吨；锌品位为1.06%～11.93%，平均为5.07%；锌金属量为2.43万吨。$Ⅱ_2$矿体产出部位与$Ⅱ_1$矿体相同，分布于152～150以南；矿体走向南北，总体倾向西，倾角为5°～45°；矿体长为250m，宽为55～325m，平均为181m；厚为6～32.8m，平均厚为14m；银品位为104.2～468.2g/t，平均为228.7g/t；表内银金属量为397.80吨；铅品位为1.59%～13.16%，平均为4.75%，铅金属量为8.26万吨；锌品位为1.50%～13.29%，平均为2.52%，锌金属量为4.38万吨。$Ⅱ_4$矿体产于C_1^7层灰色复屑凝灰岩中，走向N25°E，向北西缓倾，倾角为10°～30°；矿体长为260m，宽为36～160m，平均为118m，厚为2.5～17.0m，平均为8m；银品位为131.5～256.4g/t，平均为160.1g/t，表内银金属量为88.55吨；铅品位为1.29%～11.90%，平均为3.08%，铅金属量为1.71万吨；锌品位为0.79%～10.53%，平均为2.43%，锌金属量为1.34万吨。$Ⅱ_5$矿体产于C_1^4安山凝灰角砾岩中，平行于断层东侧呈陡倾大脉状产出；矿体长为292m，延深为20～110m，平均为55m；厚为1～8m，平均为2.4m；银品位为115.4～399.4g/t，平均为173g/t，银金属量为17.35吨；铅品位为3.73%～9.59%，平均为7.28%，铅金属量为0.73万吨；锌品位为3.51%～13.76%，平均为6.84%，锌金属量为0.68万吨。

Ⅲ号矿群。产于C_{2+3}地层碳酸盐岩中，共有13个矿体。矿体呈似层状和透镜状，总体走向呈北西，倾向南西。矿体品位总体呈上高下低的规律，矿石以硫化矿为主。$Ⅲ_1$矿体是Ⅲ号矿群的主矿体，占Ⅲ号矿群总储量的98.3%，其余均为小矿体；$Ⅲ_1$矿体赋存于C_{2+3}^{1+2}下部白云质灰岩与灰质白云岩过渡层，走向N20°～60°W，总体倾向南西，局部随断层界面呈波状挠曲产出，倾角10°～45°。矿体长为480m，宽为60～194m，平均为115m；厚为1.4～14.5m，平均为5m；银品位为100.3～761.8g/t，平均为247.0g/t，银金属量为141.95吨；铅品位为2.64%～19.11%，平均为7.82%，铅金属量为4.49万吨；锌品位为1.13%～13.96%，平均为3.93%，锌金属量为2.26万吨。

（2）矿物组成与结构构造。火山岩型矿石成分较复杂，金属矿物有方铅矿、闪锌矿、黄铜矿、辉银矿、黄铁矿和褐铁矿，次要金属矿物有车轮矿、硫锌铅矿、白铅矿、铅钒、异极矿、菱锌矿、砷黝铜矿和毒砂。脉石矿物为石英、方解石、白云石、长石、绢云母、电气石和石榴子石；碳酸盐岩型矿石金属矿物有白铅矿、铅矾、方铅矿、菱铁矿、硅锌矿、闪锌矿、铜兰和褐铁矿，呈浸染状、团块状、不规则脉状、胶状和皮壳状产出，银矿物赋存于白铅矿和残留方铅矿中。脉石矿物为方解石、白云石、石英、绢云母和黏土。矿床矿物生成顺序为胶状黄铁矿→早期方铅矿→闪锌矿→立方体黄铁矿→黄铜矿（砷黝铜矿）→晚期方铅矿。

矿石结构复杂，除有火山期后热液和后期岩浆热液充填交代成因典型结构外，还发育沉积或成岩成因的结构，如胶状结构，早期黄铁矿呈胶状产出，胶体环状常被闪锌矿等硫化物所交代［图6.36（a）、（b）］；黄铜矿在闪锌矿中呈乳滴状固溶体分离结构［图6.36（c）］；交代溶蚀结构，闪锌矿溶蚀交代（胶状）黄铁矿和石英，方铅矿溶蚀闪锌矿、黄铁矿和石英、碳酸盐交代溶蚀硫化物等［图6.36（a）、（b）］；交代残余结构，闪锌矿、方铅矿与黄铁矿相互交代呈现残余结构［图6.36（a）、（b）］，少量闪锌矿呈他形星点状被立方体黄铁矿包裹交代［图6.36（d）］；细脉状–网脉状充填交代结构，石英、方铅矿，呈细脉、网脉状充填交代早期形成的黄铁矿，黄铜矿呈细脉状穿插黄铁矿等。

矿石构造复杂，不仅有沉积成因的构造组合，热液构造特征也较常见；矿石具有胶状构造、块状构造、角砾状构造、稠密浸染状构造、层纹状构造、条带状构造、网脉状构造和晶洞状构造等。如胶状组构，银铅锌黄铁矿石和含铜黄铁矿石中的胶状黄铁矿呈弯曲环带状或胶状黄铁矿与胶状闪锌矿、胶状方铅矿相间组成弯曲环带状；块状构造，黄铁矿、方铅矿、闪锌矿、黄铜矿等硫化物构成致密块状；稠密浸染状构造，黄铁矿、黄铜矿等呈稠密浸染状分布于凝灰岩中；层纹状构造，硫化物与硅质或碳酸盐岩互层产出；角砾状构造，方铅矿、闪锌矿和黄铁矿集合体受构造破碎后呈角砾状被雄黄胶结而成角砾状矿石，或由滑塌作用改造而成的角砾状堆积矿石，由硫化物（方铅矿、闪锌矿、黄铁矿）和岩石角砾组成；条带状构造，硫化物呈条带状产出或呈条带状平行层理分布于凝灰岩中，后者可能属层间剥离构造充填交代成因；脉状构造，硫化物和碳酸盐矿物集合体呈脉状相互穿插；晶洞状构造，在矿床上部矿体中往往出现一些晶洞，洞壁上生长有立方体黄铁矿小晶体及六方柱状石英小晶体。

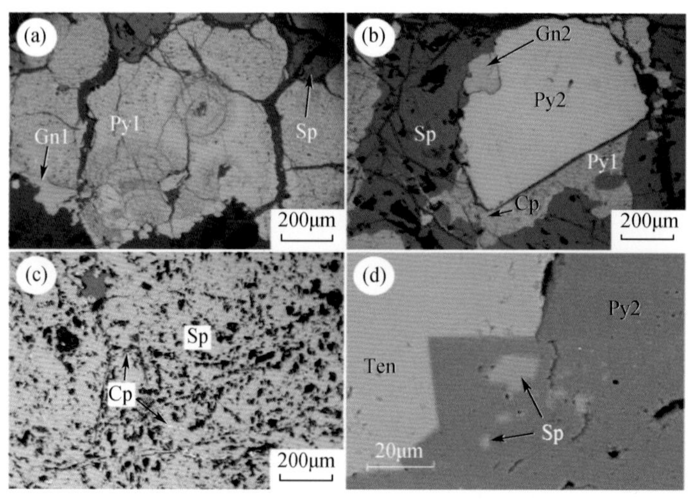

图6.36　老厂矿床矿石镜下结构构造图

（a）他形闪锌矿（Sp）充填于胶状黄铁矿（Py1）间隙，并交代方铅矿（Gn）；（b）胶状黄铁矿被立方体晶形黄铁矿（Py2）交代，闪锌矿包裹交代胶状黄铁矿并被黄铜矿（Cp）交代，晚阶段方铅矿（Gn）分布于交代边缘并交代闪锌矿与黄铜矿；（c）闪锌矿中黄铜矿病毒结构；（d）立方体黄铁矿（Py2）与砷黝铜矿（Ten）共生，他形闪锌矿被立方体黄铁矿包裹交代（SEM 照片）

2）围岩蚀变分带

围岩蚀变强烈，类型复杂，具多期叠加和明显分带特点，是重要的找矿标志。蚀变类型有铁锰碳酸盐化、青盘岩化、碳酸盐化、硅化、绢英岩化、夕卡岩化、角岩化和大理岩化，其中夕卡岩化、大理岩化和角岩化与隐伏中酸性侵入岩体有关。矿床矿体由地表到深部，围岩蚀变发育由铁锰碳酸盐化→青盘岩化→黄铁矿化→黄铁绢英岩化→夕卡岩化及花岗质细脉带的分带性，铅锌银矿化存在于铁锰碳酸盐化带、石英绢云母化带、夕卡岩化带的构造有利部位，铜矿化产在夕卡岩化和花岗斑岩中（图6.37）。

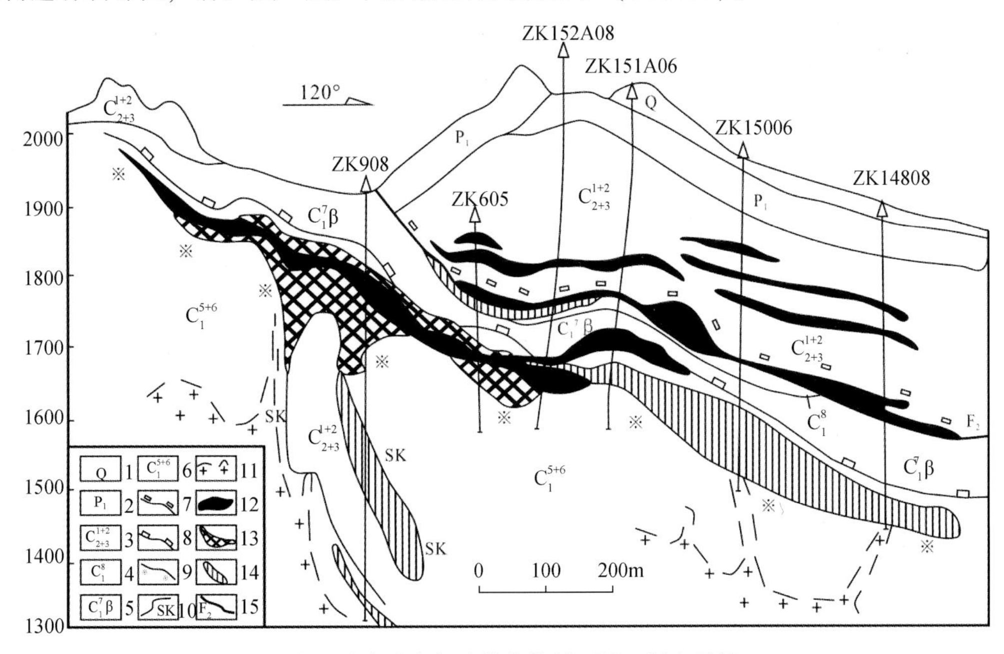

图6.37　老厂矿床蚀变与矿化分带剖面图（据李雷等，1996）

1. 第四系；2. 下二叠统白云质灰岩；3. 中—上石炭统灰岩、白云岩；4. 下石炭统沉积岩、沉火山碎屑岩；5. 下石炭统玄武岩；6. 下石炭统粗面安山凝灰岩、角砾岩；7. 铁锰碳酸盐化；8. 青磐岩化；9. 黄铁绢英岩化；10. 夕卡岩化；11. 花岗斑岩；12. 银铅锌矿体；13. 硫矿体；14. 铜矿体；15. 断层及编号

野外调查和室内研究发现，矿床具有典型VMS型矿床分带特征：深部黄铜矿-黄铁矿（黄矿）→中部铅锌-黄铁矿（黑矿）→外围及地表Mn-Ag矿化，上部为块状矿石，下部为网脉状矿石。金属元素具明显的水平和垂直分带，从北向南依次出现Au、As-Ag、Pb、Zn-Cu（Ag）水平分带，从地表至深部依次为Fe、Mn-Ag、Pb、Zn-Cu（Ag）-Sn垂直分带。金属矿物亦具有对应的垂直分带现象，上部一般为黑矿（以方铅矿、闪锌矿等为主，次为毒砂、雄黄、雌黄等），下部为黄矿（以黄铁矿、黄铜矿等硫化物为主）。在单个VMS矿体中，铜矿体产于银铅锌矿体的底部，少数产于银铅锌矿体中，据矿石组合分析，银铅锌矿体含铜一般小于0.1%，含铜为0.1%～0.2%的情况少见，但个别铜品位可大于0.5%。产于银铅锌矿体底部的铜矿体呈似层状或透镜状，矿石矿物为黄铁矿、方铅矿、闪锌矿和黄铜矿，为与银铅锌伴生的铜矿；产于银铅锌矿体下方的铜矿体一般很少含银铅锌，矿石矿物为黄铁矿、白铁矿、黄铜矿和磁黄铁矿，偏上部位置有时见少量方铅矿和闪

锌矿。由此可见，矿床具有典型 VMS 矿床特征。

3）古近纪斑岩-夕卡岩矿化特征

矿床深部发现古近纪隐伏花岗斑岩，岩体属于钾玄岩系列岩石，具有埃达克岩的特征，岩浆为加厚下地壳重熔的产物，成岩过程中有地幔物质的加入，是三江特提斯造山带新生代陆内大规模走滑剪切-逆冲推覆过程中的岩浆活动产物。在矿区隐伏花岗斑岩中深部钻孔控制发现厚约 90 余米的钼（铜）矿化（图 6.38）。斑岩钼（铜）矿体（Ⅳ号矿体群）是与古近纪隐伏花岗斑岩有关的细脉-浸染状钼（铜）矿体，属斑岩成矿系统中的成矿类型。已揭露到钼（铜）矿体的钻孔有 9 个，其中 ZK14827、ZK14830、ZK15501 和 ZK14405 4 个钻孔控制的钼矿体厚度达 73.5 ~ 696.3m，其余钻孔均在矿体内终孔，未穿透矿体。钻孔分布和岩心研究表明，成矿花岗斑岩体受南北向逆断层和北西向走滑断层控制，呈南北向展布于 143 ~ 9 勘探线之间，顶面标高在 900 ~ 1530m，并有北高南低之趋势，南北向逆断层和北西向走滑断层交汇处应为高侵位区。斑岩钼（铜）矿体产在隐伏花岗岩体内及其与下石炭统依柳组凝灰岩的接触带中，呈多层的透镜状产出，矿体南北长约 1200m，东西宽约 730m，平均穿矿厚度 320m，含钼平均品位为 0.064%，预测钼资源量大于 40 万吨（肖静珊等，2011）。

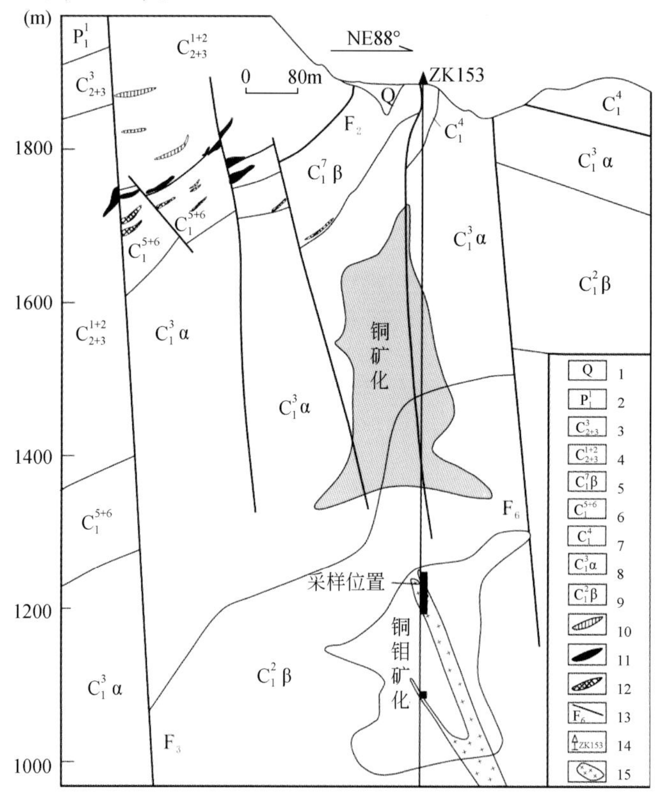

图 6.38　老厂矿床 ZK153 线剖面图（据 Li *et al.*，2005，修改）

1. 第四系；2. 下二叠统白云质灰岩；3. 中—上石炭统珊瑚灰岩；4. 中—上石炭统灰岩、白云岩；5. 下石炭统玄武岩；6. 下石炭统安山凝灰岩、角砾岩；7. 下石炭统安山凝灰角砾岩；8. 下石炭统杏仁状安山岩；9. 下石炭统玄武岩；10. Ⅲ号矿体（群）；11. Ⅱ号矿体（群）；12. Ⅰ号矿体（群）；13. 断层及编号；14. 钻孔及编号；15. 花岗斑岩脉矿石的矿物组成较复杂，金属矿物有黄铁矿和辉钼矿，少量黄铜矿、闪锌矿、毒砂和雄黄，偶见白钨矿、辉锑矿、辉铋矿等；非金属矿物为透辉石、石榴子石、符山石、绿帘石、绿泥石、长石、石英、方解石和绢云母，少量萤石和黑云母。矿石矿物辉钼矿多呈薄膜状、微脉状和网脉状或呈它形微细鳞片状分布于花岗斑岩、夕卡岩和夕卡岩化-硅化凝灰岩或角岩中，粒度较细，一般在0.02～0.50mm，其中除含少量黄铁矿外，并未见任何铅锌矿化（图6.39）。此外岩体与地层接触带白云岩多大理岩化和夕卡岩化，在夕卡岩地段常伴随有弱黄铜矿化和黄铁矿化（图6.42），同样未发现铅锌矿化。研究表明，与Mo-Cu矿有关花岗斑岩体的形成年龄为44.16±111Ma，辉钼矿Re-Os等时线年龄为43.78±0.78Ma，表明矿床古近纪存在与隐伏花岗斑岩有关的大规模成矿作用（李峰等，2009）。

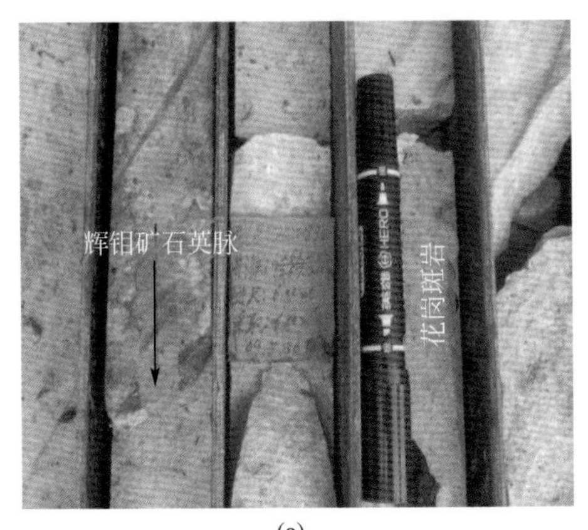

(a)

(b)

图6.39　老厂矿床花岗斑岩中辉钼矿石英脉（a）和花岗斑岩与夕卡岩接触关系图（b）

4. 成矿地球化学特征

1）微量元素地球化学

（1）方铅矿。方铅矿常富集多种微量元素，常见如Ag，其次为Cu、Zn等，亦含有Fe、As、Sb、Bi、Cd、Tl、In、Se等元素。一般高温热液形成立方体或立方体与八面体聚形，而低温热液阶段则以八面体为主。方铅矿均采于矿山不同坑道，方铅矿晶形均为立方体，ICP-MS分析（表6.15）表明矿床中方铅矿具有以下特征。

高度富集Ag，含量为1225×10^{-6}～2897×10^{-6}，平均为2030×10^{-6}，高于工业品位10倍以上，矿相鉴定并未在方铅矿中发现Ag的独立矿物存在，表明Ag可能以类质同象形式赋存于方铅矿中，其含量接近于与岩浆作用有关铅锌矿床中方铅矿高Ag含量（一般大于1000×10^{-6}，最高达到5000×10^{-6}）（Zhang，1987）。Zn和Fe含量相对较高，变化范围较大，其含量分别为1228×10^{-6}～8402×10^{-6}（平均为4229×10^{-6}）和456×10^{-6}～37370×10^{-6}（平均为9405×10^{-6}），矿相鉴定分析表明，这为其中闪锌矿和黄铁矿显微包裹体所致。

贫Ga和Ge，含量分别为0.67×10^{-6}～0.52×10^{-6}和0.81×10^{-6}～1.58×10^{-6}，相对于闪锌矿而言，方铅矿明显贫Cd，含量为76×10^{-6}～294×10^{-6}，平均为140×10^{-6}。异常富集Bi、Sb和As，含量变化范围较宽，分别为824×10^{-6}～7310×10^{-6}、118×10^{-6}～2442×10^{-6}和

$40.9\times10^{-6}\sim1852.0\times10^{-6}$，平均分别为 1516×10^{-6}、1424×10^{-6} 和 374×10^{-6}；矿相鉴定表明，受后期改造作用影响，方铅矿常与毒砂（或含 As 黄铁矿）、砷黝铜矿、碲硫砷铅矿、车轮矿等 Sb-和 As-硫盐矿物共生或被其包裹，方铅矿中 Sb 和 As 含量较高可能与显微包裹体有关；尽管目前未发现方铅矿中存在 Bi 的独立矿物，但其极宽变化范围暗示 Bi 以显微包裹体形式存在。富集 Sn，含量为 $43\times10^{-6}\sim254\times10^{-6}$，平均为 120×10^{-6}；此外方铅矿中 In 含量相对较高（$0.63\times10^{-6}\sim24.20\times10^{-6}$，平均为 7.18×10^{-6}），接近于矿床闪锌矿中 In 含量。Co 和 Ni 含量较低，分别为 $0.27\times10^{-6}\sim0.28\times10^{-6}$ 和 $1.69\times10^{-6}\sim1.42\times10^{-6}$，以 Co<Ni 为特征，其 Co/Ni 值为 0.03～0.51，平均为 0.23。

表 6.15　老厂矿床方铅矿微量元素组成表（10^{-6}）

样品编号	P09-27	P09-26	LC09-8	LC1840-64	LC1675-27	LC1700-6	LC1840-9	LC1625-10
采样位置	09 平巷	09 平巷	附井 1700-26 井	1840 中段	1675 中段	主井 1700 中段	1840 中段	1625 中段
Mn	108	174	38.0	30.0	15.7	55.2	89.3	59.6
Fe	8402	7397	3471	1228	5102	3941	1088	3206
Co	0.22	0.08	0.49	0.09	0.86	0.11	0.10	0.22
Ni	0.95	0.59	0.96	0.51	3.48	3.82	2.78	0.46
Cu	46.1	89.6	70.2	150	88.9	190	446	41.9
Zn	23430	37370	3241	2368	456	5452	1517	1402
Ga	1.11	1.63	0.46	0.25	0.10	0.85	0.71	0.21
Ge	0.19	0.16	0.26	0.10	4.69	0.18	0.84	0.09
As	282	511	142	49	48	66	1852	41
Ag	2727	2680	1028	1225	2521	1462	2897	1703
Cd	210	294	114	111	76	136	89	92
In	18.45	24.20	0.77	3.68	1.08	5.72	2.93	0.63
Sn	76	66	60	169	43	254	140	150
Sb	2240	2442	1066	1319	118	1417	1322	1467
Te	72.05	75.97	20.55	11.93	1248.00	31.18	47.48	37.32
Tl	20.51	21.75	22.06	24.31	25.73	16.23	33.20	20.91
Pb	601353	641165	668483	716503	738430	560805	551985	671423
Bi	532	463	82	89	7310	148	2305	1197
Sc	0.05	0.05	0.03	0.03	0.04	0.04	0.05	0.05
Ti	13.85	7.91	10.88	3.32	10.62	3.05	2.49	11.49
Mo	0.07	0.04	0.18	0.80	0.68	0.30	0.18	0.03
Y	0.06	0.05	0.10	0.04	0.06	0.03	0.06	0.06
La	0.32	0.34	0.35	0.21	0.10	0.34	0.22	0.25
Ce	0.10	0.10	0.45	0.08	0.15	0.24	0.10	0.10
Pr	0.013	0.007	0.049	0.004	0.015	0.020	0.010	0.012
Nd	0.05	0.04	0.21	0.03	0.19	0.07	0.04	0.05

续表

样品编号	P09-27	P09-26	LC09-8	LC1840-64	LC1675-27	LC1700-6	LC1840-9	LC1625-10
采样位置	09 平巷	09 平巷	附井 1700-26 井	1840 中段	1675 中段	主井 1700 中段	1840 中段	1625 中段
Sm	0.07	0.06	0.05	0.04	0.07	0.05	0.07	0.04
Eu	0.0026	0.0004	0.0043	0.0001	0.0019	0.003	0.004	0.006
Gd	0.007	0.013	0.019	0.015	0.014	0.009	0.008	0.017
Tb	0.001	0.002	0.003	0.001	0.002	0.001	0.003	0.001
Dy	0.009	0.006	0.02	0.004	0.007	0.001	0.009	0.013
Ho	0.002	0.002	0.005	0.002	0.001	0.001	0.001	0.002
Er	0.002	0.005	0.008	0.003	0.005	0.001	0.006	0.006
Tm	0	0.001	0	0	0.001	0	0.001	0.001
Yb	0.003	0.003	0.007	0.007	0.002	0.003	0.004	0
Lu	0.001	0	0.001	0.001	0	0	0.001	0

由上述可见，方铅矿 Ag 和 Bi 含量均接近于与岩浆作用有关铅锌矿床范围（表6.16），在 lnSb-lnBi 图中（图6.40），所有样品点均落入与岩浆作用有关矿床区域，表明其形成与岩浆热液作用有关。野外和矿相表明，矿床后期改造作用明显，深部有喜马拉雅期隐伏花岗斑岩侵入，方铅矿在改造作用过程中较容易活化，因此，认为矿区方铅矿中 Ag、Bi、Sn、Sb 和 As 的富集应与晚阶段花岗斑岩侵入改造作用有关。

表6.16　老厂矿床方铅矿与国内矿床元素组成对比表（10^{-6}）

类型	矿床实例	样品数	Pb/%	Ag	Sb	Bi
沉积改造型	密西西比河型矿床	45	86.3	184		
	黑色页岩中的碳酸盐岩型矿床	46	86.1	84	70	1
	同生型矿床	50	86	10	8	3
	四川大梁子铅锌矿床	33	86.35	600	1900	8
	湖南花垣渔塘铅锌矿床矿床	35	86.5	130	690	3
	辽宁省铁岭市柴河铅锌矿床	36	86.1	2250	2056	3
	四川天宝山铅锌矿床	34	86.1	645	1700	10
	云南金顶铅锌矿床	42	86.38	92	111	4
	广东凡口铅锌矿床	31	85.7	1640	1210	120
岩浆作用有关	湖南水口山铅锌金银矿床	4	86.4	1375	900	170
	黄沙坪铅锌矿床	5	86.06	700	600	3
	湖南东坡铅锌矿床	6	85.95	2613	2333	286
	湖南沛竹园柴山铅锌矿床	8	86.5	4798	5030	3
	湖南桃林铅锌矿床	10	86.5	261	242	126
	湖南浏阳七宝山铜多金属矿床	9	86.6	1540		

续表

类型	矿床实例	样品数	Pb/%	Ag	Sb	Bi
火山作用有关	甘肃小铁山多金属矿床	24	86.5	577		
	浙江五部铅锌矿床	26	86.4	250	39	4
	青海锡铁山铅锌矿床	25	86.3	777	741	15
	Kuroko 矿床	28	86.6	201	120	43
沉积-变质型	山西交城西榆皮铅锌矿床	55	86.4	1340	755	583
	浙江省龙泉乌岙铅锌矿床	56	84.9	5320	8.6	11100
	Broken hill 矿床	62	86.6	618	1010	135
本书	澜沧老厂铅锌矿床	8	64.38	2030.37	1423.81	1515.8

注：表中其他矿床数据据 Zhang，1987。

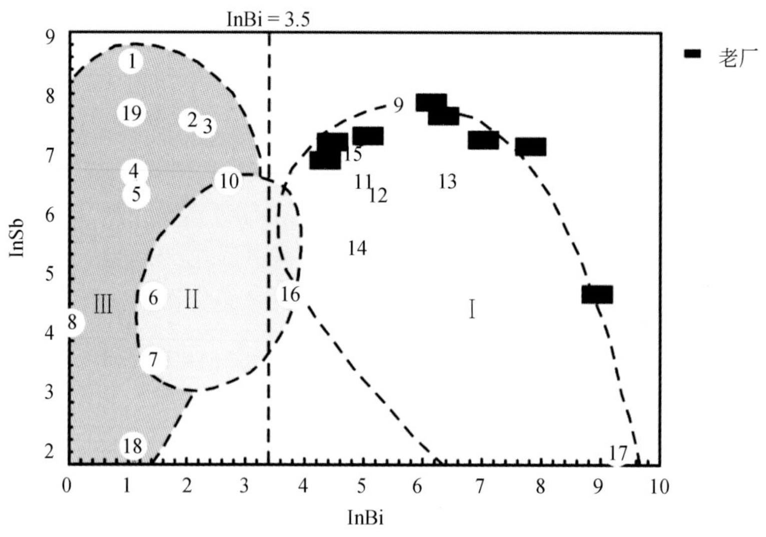

图 6.40　老厂铅锌多金属矿床方铅矿 lnSb-lnBi 图（底图据 Zhang，1987）

Ⅰ. 与岩浆作用有关型；Ⅱ. 与火山作用有关型；Ⅲ. 沉积-改造型。

1. 湖南沛竹园柴山铅锌矿；2. 四川天宝山铅锌矿床；3. 四川大梁子铅锌矿床；4. 湖南花垣渔塘铅锌矿床；5. 黄沙坪铅锌矿；6. 云南金顶铅锌矿；7. 浙江五部铅锌矿床；8. 黑色页岩中的碳酸盐岩型；9. 湖南东坡铅锌矿；10. 青海锡铁山铅锌矿床；11. Broken hill；12. 湖南水口山铅锌金银矿床；13. 山西交城西榆皮铅锌矿；14. 湖南桃林铅锌矿；15. 广东凡口铅锌矿；16. Kuroko；17. 浙江省龙泉乌岙铅锌矿；18. 同生型（Britain）；19. 辽宁省铁岭市柴河铅锌矿床

（2）黄铁矿。黄铁矿是地壳中分布最广的硫化物，因 Co、Ni 常呈类质同相代替其中 Fe 而形成 FeS_2-CoS_2 和 FeS_2-NiS_2 系列。此外，As、Se、Te 可替代其中 S，因此，黄铁矿中常富集多种微量元素，除上述元素外，还有 Au、Ag、Cu、Pb 和 Zn 等。黄铁矿中 Co、Ni 含量和 Co/Ni、S/Se 值具有很好的成因标型意义，研究（Bralia *et al.*，1979）表明：沉积成因黄铁矿的 Co、Ni 含量普遍较低，Co/Ni<1，平均为 0.63；岩浆热液成因黄铁矿的 Co、Ni 含量和 Co/Ni 值变化比较大，1.17<Co/Ni<5；火山喷气块状硫化物矿床以高 Co 含量（平均 480×10^{-6}）、低 Ni 含量（小于 100×10^{-6}）和高 Co/Ni 值（5～50，平均 8.7）为特征。

根据野外和室内矿相鉴定，矿床中黄铁矿可分为完好立方体晶形黄铁矿，常分布于凝灰岩或碳酸盐岩、块状矿石和脉状矿石中，常交代闪锌矿、方铅矿等硫化物，粒径一般 1 ~ 8mm；胶状黄铁矿常包裹他形黄铁矿（内核），并被结晶完好的黄铁矿所交代；他形黄铁矿常呈内核被胶状黄铁矿包裹，其形成应早于胶状黄铁矿。

黄铁矿微量元素分析表明（表 6.17），黄铁矿 Co、Ni 含量变化极大，其中 Co 为 $15.7 \times 10^{-6} \sim 1420 \times 10^{-6}$，平均为 301×10^{-6}，Ni 为 $12.2 \times 10^{-6} \sim 3670 \times 10^{-6}$，平均为 741×10^{-6}，均高于上地壳 Co（17.3×10^{-6}）和 Ni（47×10^{-6}）平均丰度值（Rudnick and Gao，2003）。相应地，黄铁矿 Co/Ni 值范围也较分散（0.15 ~ 8.70，平均为 2.02），可以分为 3 个单元；0.15<Co/Ni<1.00，平均为 0.52，为沉积成因，黄铁矿多为胶状黄铁矿；1.00<Co/Ni<5.00，平均为 2.23，为岩浆热液成因，黄铁矿多为结晶完好立方体黄铁矿；5.00<Co/Ni<10.0，平均为 7.70，具火山喷气块状硫化物矿床型黄铁矿特征，黄铁矿为他形黄铁矿。在 Co-Ni 关系图中（图 6.41），3 种类型黄铁矿大多分别投影于沉积、热液和火山成因区域，矿床成因复杂，但总体上黄铁矿相对富 Ni 贫 Co，其 Co、Ni 含量和 Co/Ni 值与银山（叶松、莫宣学，1998）和大厂（秦德先等，1998）等喷流沉积成因（叠加改造）矿床黄铁矿类似（图 6.41），明显不同于凡口铅锌矿（严格受断裂及其派生构造控制的与岩浆活动有关的低温热液矿床；翟丽娜等，2009）和德兴斑岩型铜矿床（表 6.18）。

表 6.17　老厂矿床黄铁矿微量元素组成表（10^{-6}）

样品号	采样位置	Co	Ni	Cu	Zn	Pb	Ga	Ge	As	Mo	Ag	Cd	In	Sn	Sb	Bi	Tl
LC1700-1	主井 1700 中段	26	35	18	154	481	0.42	0.75	188	1.34	14.0	1.58	0.53	7.77	29	169	2.89
LC1700-2		22	30	16	83	377	0.36	0.84	189	1.61	10.7	0.95	0.26	5.33	47	259	4.73
LC1700-7		119	119	35	758	3640	0.37	1.06	253	0.16	32.5	5.54	0.35	1.94	12	76	0.76
LC1700-6		2.77	2.73	1030	1970	66061	0.54	1.12	286	0.23	93	41	4.45	30	80	11.9	2.48
LC1700-3		22	27	20	104	448	0.40	0.76	201	0.73	16.3	1.59	0.54	9.46	26	397	1.46
ZK09-30	ZK161-101	325	112	60	1450	620	1.13	0.68	221	1.20	2.41	11.9	0.49	0.61	1.35	5.30	0.03
ZK09-31		542	228	150	116	495	0.62	0.96	285	0.34	12.90	1.14	0.04	0.34	4.11	587	0.04
ZK09-25		3.28	8.52	161	1880	9276	0.77	0.86	902	0.81	30	18.7	0.84	11.8	66	51	28
LC09-31	附井 1700 及 26 井	0.81	2.17	1420	260	7142	0.44	0.61	214	5.69	104	3.08	5.80	11.5	25	575	0.18
LC09-24		13.6	45	246	1220	2670	0.84	0.78	391	0.87	54.3	13.1	2.00	10.7	25	483	1.21
LC09-1		57	14	20	238	208	0.30	0.56	434	3.40	2.28	2.02	0.08	1.91	4.78	21	0.51
LC09-3		31	11.6	70	538	800	0.41	0.62	500	3.24	5.28	5.04	0.87	3.91	8.42	24	0.41
LC1625-10	1625	32	10.6	254	1590	15859	0.45	0.62	230	0.13	33	17.0	1.15	6.84	26	38	0.27
LC1625-6		519	69	982	83	1221	0.84	0.69	130	0.61	30	1.08	0.37	3.75	3.14	476	0.06
LC1625-9		53	7.80	113	89	2590	0.27	0.61	343	0.12	17	0.91	0.16	2.83	7.97	45	0.07

续表

样品号	采样位置	Co	Ni	Cu	Zn	Pb	Ga	Ge	As	Mo	Ag	Cd	In	Sn	Sb	Bi	Tl
LC1650-5	1650 中段	1.86	12.1	971	748	4176	0.81	0.95	225	1.06	94	6.64	8.99	29	13.4	1210	0.36
LC1650-9		144	30	401	177	13121	0.44	0.67	150	0.18	87	2.35	0.49	3.83	11.0	249	0.44
LC1650-4		150	347	36	62	876	1.37	0.94	81	20	35	1.59	1.29	30	3.72	389	1.52
LC1840-4	1840 中段	45	30	279	3110	2898	1.45	0.72	551	1.25	20	34	0.95	13.9	18.8	77	0.59
LC1840-16		33	55	109	930	1358	0.64	0.97	401	0.75	14	6.86	2.23	4.23	3.62	81	0.46
LC1840-7		11.9	56	39	82	1323	0.44	0.71	386	1.10	32	1.15	0.37	4.12	11.9	336	0.74
LC1840-29		52	44	450	50	2681	0.15	1.05	32	0.51	65	1.49	0.57	1.50	8.95	1280	3.26
LC1840-41		23	22	183	29	373	0.92	0.70	365	2.77	8.33	0.32	0.55	5.15	6.26	66	0.38
LC1840-66		15.6	28	10.2	12.2	92	0.16	0.54	38	0.33	2.39	0.06	0.08	0.98	1.46	28	0.10
LC1840-28		751	86	1190	1220	1078	0.37	1.42	45	2.37	11.1	9.23	2.20	2.36	6.88	1680	0.19
LC1840-39		98	101	25	19	115	1.39	0.80	318	0.99	3.11	0.29	0.29	7.57	2.72	33	0.19
LC1840-74		22	20	72	115	181	0.36	0.60	267	0.12	3.76	0.77	0.79	2.20	1.02	21	0.06
P09-28	09 平巷	11.3	22	77	3670	7405	0.43	0.63	185	1.27	80	30	3.68	6.33	36	192	3.22

表 6.18　老厂矿床黄铁矿与国内矿床元素组成对比表（10^{-6}）

矿床		样品数	As	Se	Te	Co	Ni	In	Ga	Bi	Au	Ag	资料来源
银山铜铅锌多金属矿床		34	5250	4	2515	26.5	52	8.1	2.7	213	3.17	128	周卫宁等，1996
江西德兴斑岩型铜矿床		60	475	415	10.1	297	141	4	1.4		0.63	7.14	
安徽狮子山夕卡岩型铜矿床		4170	40	7.8	416	16	—	—	—	—	—	11.8	
广东凡口层控型铅锌矿床		—	—	0.35	<0.5	40	12.5	—	—	—	—	—	
广西大厂锡多金属矿床		—	3812	29	<1	18.3	41.4	—	—	88	—	43	
广西珊瑚石英脉型钨锡矿床		—	210	39	2	80	<3	—	—	640	—	450	
浙江火山岩型金银矿床		—	2030	516	319	57	40	—	—	286	23.9	610	
广西金牙卡林型金矿床		12	19400	10	1	166	249	—	—	0	16.5	1.61	
澜沧老厂矿床	均值	28	279	—	—	112	56	1.44	0.61	316	—	33	本书
	最小值		32	—	—	0.81	2.17	0.04	0.15	5.30	—	2.28	
	最大值		902	—	—	751	347	8.99	1.45	1680	—	104	

黄铁矿微量元素组成特征：Zn、Pb 和 Cu 含量变化较大，变化于 $12.2\times10^{-6}\sim3670\times10^{-6}$、$92\times10^{-6}\sim66061\times10^{-6}$和 $10.2\times10^{-6}\sim1420\times10^{-6}$，3 种元素较宽含量范围应是其中闪锌矿、方铅矿和黄铜矿等显微包裹体所致，这与矿相鉴定分析相吻合。Bi 含量具有极高变化范围，从 $5.30\times10^{-6}\sim1680\times10^{-6}$不等；同样 As 和 Sb 的含量也是如此，其变化范围为 $32\times10^{-6}\sim902\times10^{-6}$和 $1.02\times10^{-6}\sim80\times10^{-6}$。需要注意的是，黄铁矿中含微量 Sn，其变化

范围为 $0.34\times10^{-6}\sim30\times10^{-6}$，平均为 7.85×10^{-6}。元素可能均以显微包裹体形式赋存于黄铁矿中，其局部富集与花岗斑岩改造作用有关。含微量 Ga、Ge 和 Tl，其变化范围为 $0.15\times10^{-6}\sim1.45\times10^{-6}$、$0.54\times10^{-6}\sim1.42\times10^{-6}$ 和 $0.03\times10^{-6}\sim27.7\times10^{-6}$，平均分别为 0.61×10^{-6}、0.79×10^{-6} 和 1.94×10^{-6}。

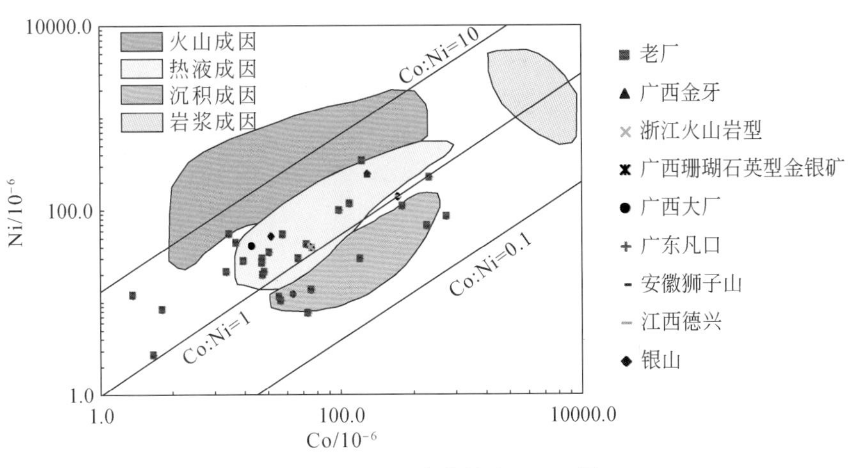

图 6.41　老厂矿床黄铁矿 Co-Ni 图

（3）闪锌矿。闪锌矿以黑色为主，采用 LA-ICP-MS 和 ICP-MS 对其进行了相关微量元素分析，其中闪锌矿 LA-ICP-MS 分析测试在澳大利亚塔斯马尼亚大学采用 Agilent HP-7700 Quadripole ICP-MS instrument at CODES 完成，共完成 3 个样品 30 个测点分析，所用标样采用 STDGL2b-2（适合于不同类型硫化物定量分析测试；Danyushevsky *et al.*，2011），所得结果分析误差小于 5%，详细分析流程参见 Cook 等（2009）文献。对于 ICP-MS 测试样品闪锌矿和方铅矿按常规溶样在中国地质科学院国家地质实验测试中心测试完成。黄铁矿和地层岩石的溶样流程和分析测试方法见 Qi 等（2000）文献，并在中国科学院地球化学研究所矿床地球化学国家重点实验室完成。ICP-MS 分析过程中以国内标样 GSR-5 为标样，其分析精度优于 5%。

分析结果如表 6.19 和图 6.42 所示，可以看出，LA-ICP-MS 和 ICP-MS 微量元素分析结果富集与亏损趋势相似，但 ICP-MS 测试微量元素变化范围明显较大，如其中 Pb、Cu、Sn、Sb、Ag、Bi 的变化范围分别为 $8548\times10^{-6}\sim147123\times10^{-6}$、$638\times10^{-6}\sim4852\times10^{-6}$、$7.89\times10^{-6}\sim185\times10^{-6}$、$7.78\times10^{-6}\sim313\times10^{-6}$、$8.19\times10^{-6}\sim522\times10^{-6}$、$0.38\times10^{-6}\sim1058\times10^{-6}$，而 LA-ICP-MS 所测试的变化范围分别为 $0.30\times10^{-6}\sim556\times10^{-6}$、$119\times10^{-6}\sim2020\times10^{-6}$、$2.23\times10^{-6}\sim38\times10^{-6}$、$0.001\times10^{-6}\sim4.10\times10^{-6}$、$4.80\times10^{-6}\sim10.1\times10^{-6}$、$0.001\times10^{-6}\sim0.05\times10^{-6}$。此外，LA-ICP-MS 测试结果除 Fe 和 Cd 略高外，其余如 Mn、Ga、Ge 和 In 等元素均与 ICP-MS 分析结果类似。可见两种分析测试方法中部分元素分析结果存在差异，可能是 ICP-MS 样品分选过程中不纯或其中混有显微包裹体矿物所致。

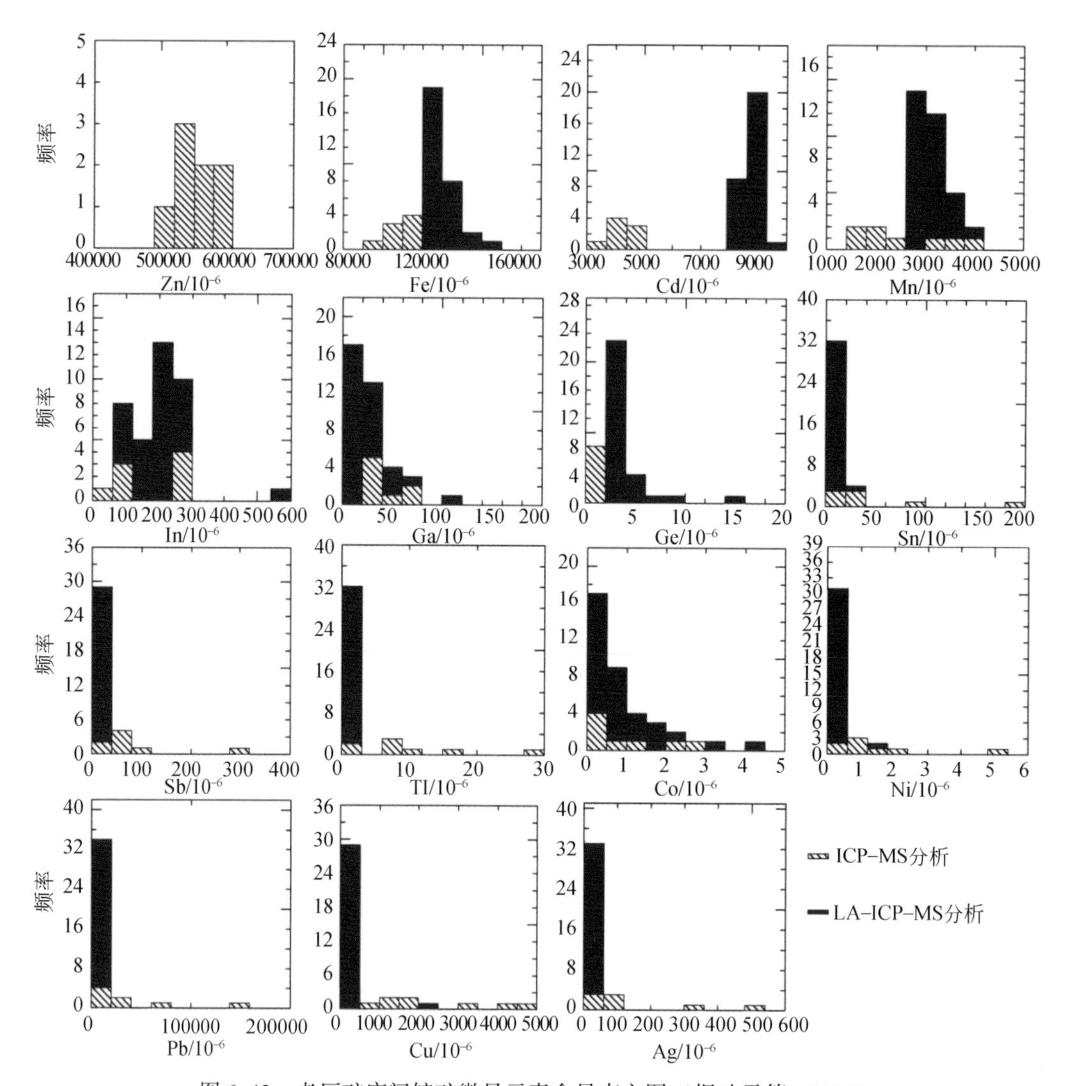

图 6.42　老厂矿床闪锌矿微量元素含量直方图（据叶霖等，2012）

表 6.19　老厂矿床闪锌矿微量元素组成表（10^{-6}）（据叶霖等，2012）

测试方法	ICP-MS（n=8）				LA-ICP-MS（n=30）			
元素	均值	最小值	最大值	S. D.	均值	最小值	最大值	S. D.
Fe/%	10.9	9.225	11.87	0.91	13.1	12.2	15.4	0.78
Mn	2621	1715	4152	876	3060	2626	4111	364
Cu	2270	638	4852	1590	267	119	2020	339
Pb	41088	8548	147123	46229	26	0.3	556	101
Zn	550725	497500	607100	33096	—	—	—	—
Ga	41	23	69	19	23	2.3	117	24
Ge	0.57	0.18	1.34	0.4	4.15	2.11	15.1	2.51

续表

测试方法	ICP-MS（n=8）				LA-ICP-MS（n=30）			
元素	均值	最小值	最大值	S. D.	均值	最小值	最大值	S. D.
Cd	4166	3465	4634	418	8739	8306	9600	240
In	177	58	299	114	200	66	566	89
Se					1.85	0.27	3.98	0.87
Ag	149	8.19	522	179	6.79	4.8	10.1	1.27
As	511	87	910	232	2.66	0.15	36	6.7
Sn	49	7.89	185	60	7.01	2.23	38	6.87
Sb	90	7.78	313	93	1.01	0	4.1	1.16
Te	9.78	0.27	54	18.4	0.18	0.03	0.49	0.15
Tl	10.35	1.84	29.68	9.09	0.37	0.002	2.57	0.57
Bi	143	0.38	1058	370	0.02	0.001	0.05	0.01
Mo	1.79	0.09	9.57	3.27	—	—	—	—
Co	0.98	0.15	2.88	1.05	0.9	0.07	4.41	0.96
Ni	1.43	0.04	5.18	1.61	0.19	0.02	1.66	0.29
In/Ga	6.28	0.88	12.4	5.28	21	1.72	99.6	25.12
In/Ge	623	44	1689	629	57	10.6	176	30
Ga/In	0.46	0.08	1.14	0.46	0.14	0.01	0.58	0.14
Ge/In	0.01	0	0.02	0.01	0.02	0.01	0.09	0.02
Co/Ni	1.72	0.1	4.74	1.93	11.5	0.18	55	14.5
Zn/Cd	133	119	152	13	—	—	—	—
In/Cd	0.04	0.01	0.08	0.03	0.02	0.01	0.06	0.01

闪锌矿微量元素组成特征：富集 Fe，且变化范围狭窄，尽管两种测试方法存在差异，但不同方法测试结果均相对稳定，ICP-MS 和 LA-ICP-MS 测试结果分别为 10.9% ±0.91% 和 13.1% ±0.78%，多数样品均大于 10%，表明其属于铁闪锌矿；Cd 含量相对较高，含量为 $3465\times10^{-6}\sim9600\times10^{-6}$，平均为 7776×10^{-6}，其含量相对高于夕卡岩型铅锌矿床闪锌矿（如云南核桃坪和鲁子园），但明显低于 MVT 型铅锌矿床闪锌矿（如云南会泽、猛兴和贵州牛角塘等），而与受晚期改造有关的喷流沉积铅锌矿床闪锌矿类似（如云南白牛厂和广东大宝山）；富 In 和 Ga，局部富集 Ge，其含量为 $58\times10^{-6}\sim566\times10^{-6}$、$2.27\times10^{-6}\sim117\times10^{-6}$ 和 $0.18\times10^{-6}\sim15.1\times10^{-6}$，其 In 和 Ga 含量明显高于夕卡岩型矿床（如云南核桃坪和鲁子园），分别是其他 VMS 型矿床闪锌矿（如 Zinkgruvan、Kaveltorp 和 Marketorp 等；Cook *et al.*，2009）的 $n\sim n\times10$ 和 2～3 倍，而与日本黑矿（kuroko deposit；Nishiyama and Takashi，1974）和受晚期改造作用有关的喷流沉积铅锌矿床（如云南白牛厂和广东大宝山；Ye *et al.*，2011）较相似；富集 Sn 和 Mn，其中 Mn 含量相对稳定为 $1715\times10^{-6}\sim4152\times10^{-6}$，平均为 2968×10^{-6}，而 Sn 含量变化范围极大（$2.23\times10^{-6}\sim185\times10^{-6}$）；Pb、Cu 含量变化大，闪锌矿中 Pb 和 Cu 含量分别为 $0.30\times10^{-6}\sim14.71\times10^{-2}$ 和 $119\times10^{-6}\sim4852\times10^{-6}$。

此外，ICP-MS 分析显示其中 Bi 含量相对较高（$0.38\times10^{-6}\sim1058\times10^{-6}$），但 LA-ICP-MS 测试显示其中 Bi 含量极低，多低于 0.05×10^{-6}，表明闪锌矿中可能存在 Bi 的显微包裹体矿物，如自然铋、辉铋矿等。

闪锌矿以富集 Fe、Mn、Cd、In、Ga 等元素为特征，其中 Fe、Mn、Cd 等元素含量相对较稳定，而 In、Sn、Pb、Cu、Bi 等元素含量变化范围较大。在 LA-ICP-MS 时间分辨率剖面图中 Fe、Mn、Cd、Ga、In 等元素呈现平缓直线，表明元素以类质同象形式赋存于闪锌矿中，而 Cu、Pb、Sn、Bi 等元素则呈现变化幅度较大曲线［图 6.43（a）、（b）］，表明元素是以显微包裹体形式赋存于闪锌矿中，这与矿相和 SEM 分析所发现闪锌矿中存大量黄铜矿、方铅矿和黝锡矿等矿物显微包裹体一致。此外，相关分析表明，闪锌矿中 Cu 与 Sn（$R=0.73$，$n=38$）、Pb 与 Bi（$R=0.85$，$n=38$）、Pb 与 Ag（$R=0.87$，$n=38$）有很好的正相关关系，暗示 Sn、Bi、Ag 等元素局部富集可能与闪锌矿中显微包裹体黄铜矿、方铅矿等有关。

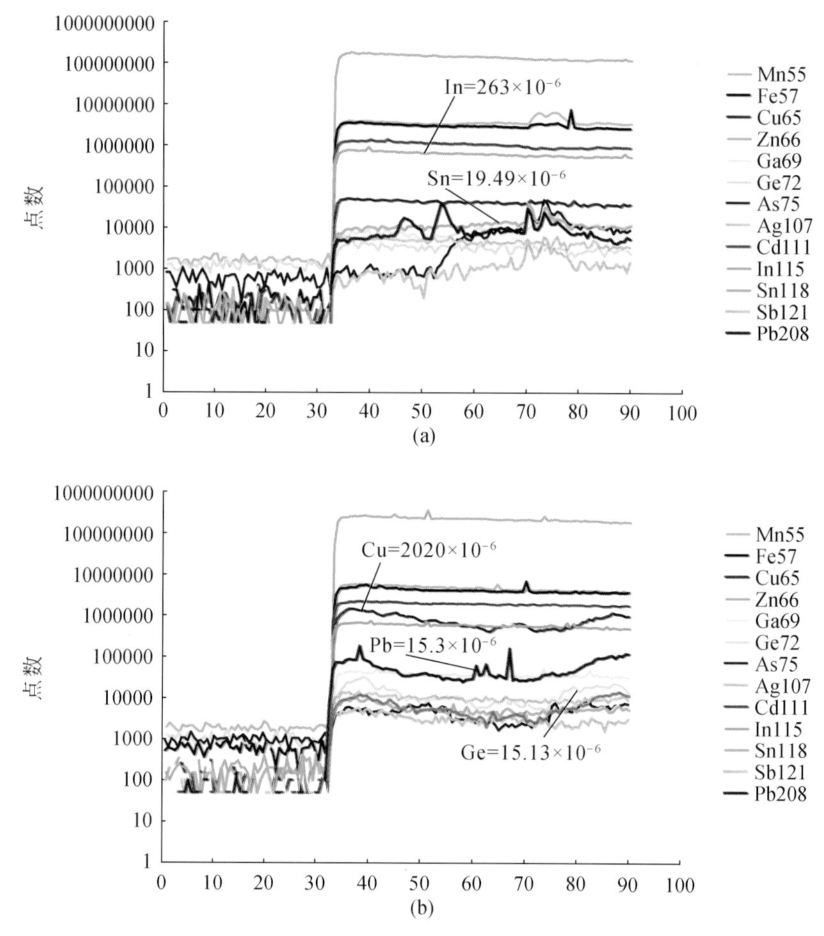

图 6.43　老厂矿床闪锌矿 LA-ICP-MS 时间分辨率剖面图（据叶霖等，2012）

（a）LC-19-1；（b）LC-18-3

2）成矿温度

由于矿床中缺少可用于成矿流体研究的脉石矿物（如石英等），故采用闪锌矿中微量元素对矿床成矿流体进行间接研究。众所周知，闪锌矿中微量元素有规律的变化是成矿温度由高至低的客观反映，已有的研究表明，高温条件下形成闪锌矿富集 Fe、Mn、In、Se、Te 等元素，并以较高 In/Ga 值为特征，而低温条件下形成闪锌矿则相对富集 Cd、Ga、Ge 等元素，以较低 In/Ge 值为特征（刘英俊等，1984；韩照信，1994；蔡劲宏等，1996）。

闪锌矿 Fe 含量多大于 10%，相对富集 Cd，且其中 In 含量较高，远高于低温闪锌矿，介于中温与高温闪锌矿之间，尽管个别闪锌矿 Ga 含量较高，但总体上均介于中温闪锌矿范围。矿床中闪锌矿 In/Ga（0.88～99.65，平均 17.92）和 In/Ge（11～1689，平均 176）值相对较高，但明显低于高温热液矿床，如芙蓉锡矿田狗头岭矿床闪锌矿（In/Ga 为 149.8～792.7，In/Ge 为 2091～16923，蔡劲宏等，1996），其 Zn/Cd 值为 119～152，平均为 133，与中温条件下形成闪锌矿 Zn/Cd 值（$100<Zn/Cd<500$；刘英俊等，1984）相似。此外，闪锌矿的微量元素 Ga/Ge 值可与形成闪锌矿的溶液温度相对比（Möller，1987），闪锌矿温度为 196～272℃，平均为 230℃。可见，矿床成矿温度应以中温为主，这与前人包裹体测温结果（207～283℃；王增润等，1997）相似，与喷流沉积成因的块状硫化物矿床的形成温度（250～350℃）基本吻合。

3）同位素地球化学

矿床用于测试硫同位素的硫化物为矿石矿物中的黄铁矿、闪锌矿和方铅矿，分析结果（表 6.20）表明，硫化物（黄铁矿、闪锌矿、方铅矿）的硫同位素 $\delta^{34}S$ 变化范围较窄（-2.5‰～+2.0‰），集中分布于-1.5‰～+2.0‰（图 6.44），峰值为+0.5‰～+1.5‰，相对集中。尽管不同硫化物的硫同位素组成存在差异，但整体变化范围较小，其中，黄铁矿 $\delta^{34}S$ 的分布范围为+0.20‰～+1.81‰，极差为+1.61‰，平均为+1.16‰；闪锌矿的 $\delta^{34}S$ 的分布范围为+0.45‰～+0.95‰，极差为+0.5‰，平均为+0.75‰；方铅矿的 $\delta^{34}S$ 的分布范围为-2.21‰～+0.58‰，极差为+2.79‰，平均为-0.66‰，以亏损重 S 为特征。

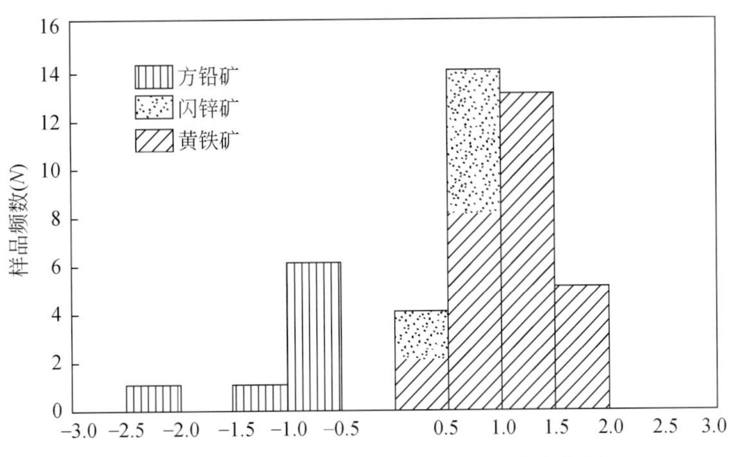

图 6.44　老厂矿床硫化物硫同位素组成直方图

表 6.20　老厂矿床硫化物硫同位素组成表（‰）

样品代号	采样位置	矿物	$\delta^{34}S$	样品代号	采样位置	矿物	$\delta^{34}S$
LC1700-1	主井 1700 中段	黄铁矿	1.42	LC1840-28	1840 中段	黄铁矿	0.20
LC1700-2	主井 1700 中段	黄铁矿	1.43	LC1840-29	1840 中段	黄铁矿	1.16
LC1700-6	主井 1700 中段	黄铁矿	0.85	LC1840-39	1840 中段	黄铁矿	1.27
LC1700-3	主井 1700 中段	黄铁矿	1.40	LC1840-41	1840 中段	黄铁矿	0.92
LC1700-7	主井 1700 中段	黄铁矿	1.24	LC1840-64	1840 中段	黄铁矿	0.97
ZK-30	ZK161 101	黄铁矿	0.77	LC1840-74	1840 中段	黄铁矿	1.22
ZK-31	ZK161 101	黄铁矿	0.48	LC1700-6	主井 1700 中段	闪锌矿	0.65
LC1650-4	1650 中段	黄铁矿	1.10	LC09-5	1675 中段	闪锌矿	0.84
LC1650-5	1650 中段	黄铁矿	1.12	LC09-8	1675 中段	闪锌矿	0.76
LC1650-9	1650 中段	黄铁矿	0.79	P09-8	09 平巷	闪锌矿	0.87
LC1625-6	1625 中段	黄铁矿	1.25	P09-25	09 平巷	闪锌矿	0.95
LC1625-9	1625 中段	黄铁矿	0.98	P09-26	09 平巷	闪锌矿	0.45
LC1625-10	1625 中段	黄铁矿	0.82	P09-27	09 平巷	闪锌矿	0.38
LC09-1	附井 1700 及 26 井	黄铁矿	1.81	P09-28	09 平巷	闪锌矿	0.58
LC09-13	附井 1700 及 26 井	黄铁矿	1.81	LC09-8	1675 中段	方铅矿	-0.78
LC09-24	附井 1700 及 26 井	黄铁矿	1.62	LC1625-10	1625 中段	方铅矿	-0.59
LC09-31	附井 1700 及 26 井	黄铁矿	1.52	LC1700-6	主井 1700 中段	方铅矿	-1.04
P09-25	09 平巷	黄铁矿	1.36	LC1675-27	1675 中段	方铅矿	-2.21
P09-28	09 平巷	黄铁矿	0.79	LC1840-9	1840 中段	方铅矿	-0.78
LC1840-4	1840 中段	黄铁矿	1.69	LC1840-64	1840 中段	方铅矿	-0.70
LC1840-16	1840 中段	黄铁矿	1.07	P09-26	09 平巷	方铅矿	-0.73
LC1840-17	1840 中段	黄铁矿	1.40	P09-27	09 平巷	方铅矿	-0.75

分析结果可以看出不同硫化物硫同位素组成具有如下趋势；$\delta^{34}S$ 黄铁矿>$\delta^{34}S$ 闪锌矿>$\delta^{34}S$ 方铅矿，特别是同一样品中这种趋势更明显，如样品 LC 1700-6为 $\delta^{34}S_{黄铁矿}$（0.85）>$\delta^{34}S_{闪锌矿}$（0.65）>$\delta^{34}S_{方铅矿}$（-1.04）、样品 P09-25 为 $\delta^{34}S_{黄铁矿}$（1.36）>$\delta^{34}S_{闪锌矿}$（0.95）、样品 LC1625-10 为 $\delta^{34}S_{黄铁矿}$（0.82）>$\delta^{34}S_{方铅矿}$（-0.59）、样品 P09-26 为$\delta^{34}S_{闪锌矿}$（0.45）>$\delta^{34}S_{方铅矿}$（-0.73）、样品 P09-27 为 $\delta^{34}S_{闪锌矿}$（0.0.38）>$\delta^{34}S_{方铅矿}$(-0.75)等。根据硫化物-H_2S 达到硫同位素分馏平衡时各种硫化物 $\delta^{34}S$ 的顺序应该为黄铁矿>闪锌矿>方铅矿。因此，认为矿床成矿过程中成矿流体已经达到了硫同位素分馏平衡，硫化物硫同位素组成可以代表矿床总硫同位素组成（$\delta^{34}S_{\Sigma S}$；Ohmoto and Goldhaber，1997）。研究所得到 $\delta^{34}S$ 变化范围与前人研究结果类似（-1.0‰~+4.0‰，平均为+2.0‰；薛步高，1989；叶庆同等，1992；李虎杰等，1995；戴宝章等，2004；龙汉生，2009），其硫同位素组成接近陨石硫组成，与加拿大 Sudbury 矿床（$\delta^{34}S$ 为+1.0‰；Thode *et al.*，1961）、南非 Insizwa Sill 矿床（$\delta^{34}S$ 为-2.6‰；Thode *et al.*，1961）、金川铜镍硫化物矿床（$\delta^{34}S$ 为-1.1‰~2.5‰；杨合群，1997）中硫化物硫同位素组成相似，远低于同时期古海水 $\delta^{34}S$ 值。硫化物组合是以 Py+Sph+Gn 为主，至今并未发现硫酸盐矿物存在，因此，认为硫以岩浆硫为主。

5. 矿床成因和模型

1）成矿物质来源

矿床早石炭世晚期—晚石炭世玄武岩与中国玄武岩平均值相比较（表 6.21 和图

6.45）而言，其中成矿元素Cu、Zn、Pb、Ag、Sn、Mo等都远大于后者，但相对贫Mn，明显高于上—下地壳元素克拉克值。同样，矿区玄武质凝灰岩中成矿元素Zn、Pb、Cu等（表6.21，图6.46）也明显高于上-下地壳，其中Zn的丰度值高出2～4倍，Pb的丰度值高出近10倍；本区中—晚石炭统碳酸盐岩是碳酸盐岩型矿体的赋矿围岩，其成矿元素与中国东部碳酸盐岩平均值、三江地区碳酸盐岩、世界碳酸盐岩平均值对比（表6.21）可以看出，岩石Zn、Pb、Cu的背景值均大于这些岩石平均丰度值，特别是Mn的丰度值更明显，远大于上—下地壳丰度值、中国东部碳酸盐岩平均值和三江地区碳酸盐岩，亦高于世界碳酸盐岩的平均值。上述分析显示矿区无论是火山岩地层还是碳酸盐岩地层均富含Pb、Zn和Cu等成矿元素，在矿床形成过程中有可能提供成矿物质。

表6.21　老厂矿床玄武岩和其他地质背景成矿元素组成对比表（10^{-6}）

元素	Mn	Co	Ni	Cu	Zn	Pb	Ag	Sn	Mo	Cd	In	Sb	Bi	资料来源
老厂玄武岩	1095	40.8	121	246	190	142	3.13	10.5	82	2.13	0.67	—	—	①②③
老厂玄武质凝灰岩	—	36.6	61	102	219	227	5.95	11.0	—	0.91	0.74	5.62	39	①
老厂中—晚石炭统碳酸盐岩	1108	16.1	21	43	194	112	2.54	1.07	—	3.21	—	—	—	①
中国玄武岩	1340	—	—	52	120	9.6	0.05	1	0.9	—	—	—	—	④
中国东部碳酸盐岩	340	—	—	4	18	8	0.06	0.5	—	—	—	—	—	④
三江地区碳酸盐岩	333	—	—	7.25	50	15.4	—	—	—	—	—	—	—	⑤
世界碳酸盐岩平均值	1050	—	—	4	20	9	0.05	—	—	—	—	—	—	⑥
上地壳	—	17.3	47	28	67	17	53	2.1	1.1	0.09	0.06	0.4	0.16	⑦
下地壳	—	22	34	26	70	15.2	48	1.3	0.6	0.06	0.05	0.28	0.17	⑦

注：①本书；②龙汉生，2009；③陈觅等，2010；④鄢明才等，1997；⑤叶庆同等，1992；⑥陈百支等，2000；⑦Rudnick and Gao，2003。

矿区深部存在喜马拉雅期隐伏花岗斑岩，其中Cu、W、Sn、Mo、Sb、Ga等元素富集程度极高，并形成巨厚Mo（Cu）矿化，而其Pb、Zn含量低于或相当于世界花岗岩平均值，暗示其并非为Pb和Zn潜在矿源层（李雷等，1996）。此外，泥盆系砂页岩地层除Ag、Pb相对富集外，其他元素背景值相对较低，尽管地层零星出露，但作为基底地层不能排除其中成矿元素被活化迁移的可能（龙汉生，2009）。值得注意的是火山岩地层中Sn和Mo等元素背景值较高，变化范围较大，而矿体中也富集这些元素，暗示元素与深部隐伏花岗斑岩改造作用有关。

现代不同海底热液区硫化物和硫酸盐的硫同位素组成数据表明，各热液活动区硫化物的硫同位素组成多集中于1‰～9‰，其硫化物的硫源大致分为3种类型（曾志刚等，2001）：①以火成岩来源硫为主，并有海水来源硫部分的加入；②以沉积岩来源硫为主，并有海水来源硫和有机还原硫加入；③以火山岩来源硫和沉积物来源硫的混合硫为主，并有海水来源硫的部分加入。一般而言，现代海底热液区的硫由海水硫酸盐（$\delta^{34}S$为+20.9‰）的还原作用和与地幔来源硫有关的由岩浆去气作用直接提供或来自循环对流热液对大洋基底玄武岩的淋滤作用提供（Rees *et al.*，1978）。如前文所述，本矿床硫化物（黄铁矿、闪锌矿、方铅矿）的硫同位素组成均一，变化范围较小，$\delta^{34}S$为-2‰～+2‰，

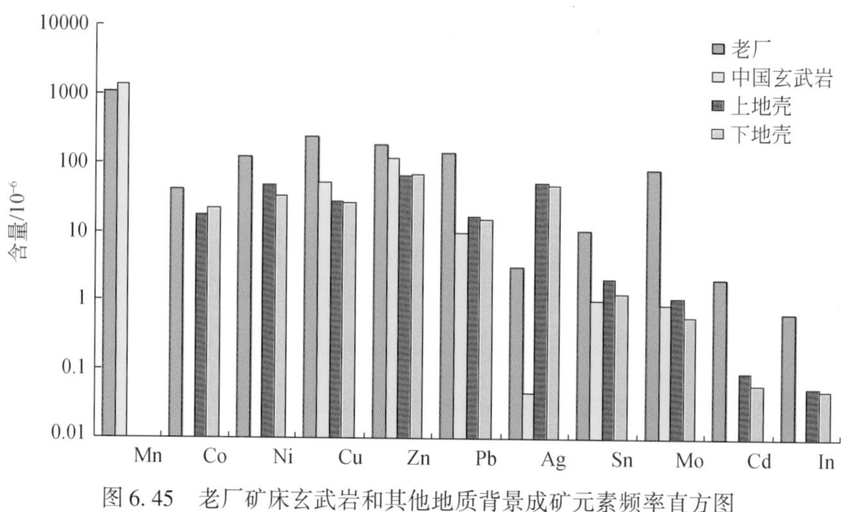

图 6.45　老厂矿床玄武岩和其他地质背景成矿元素频率直方图

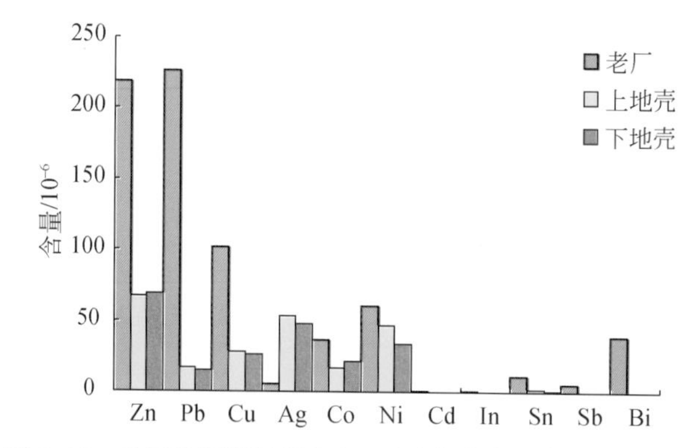

图 6.46　老厂矿床凝灰岩和上-下地壳成矿元素频率直方图

峰值为+0.5‰～+1.5‰，具岩浆硫特征，相对略高于与隐伏花岗岩有关的夕卡岩型铅锌矿床硫化物硫同位素组成为+2.5‰～+4.0‰，如云南核桃坪矿床（高伟，2011），结合广泛出露玄武岩（玄武质凝灰岩）且玄武岩与玄武质凝灰岩为重要赋矿围岩之特点，研究认为硫来源与其容矿玄武岩（凝灰岩）中硫的来源一致。

Y 和 Ho 具有相同的价态和离子半径，八次配位，两者离子半径分别为 1.019×10^{-10} 和 1.015×10^{-10}，它们常具有相同的地球化学性质，在许多地质过程中，Y/Ho 值并不发生改变（Shannon，1976），因此，可以利用 Y 和 Ho 对成矿流体和现代海底热液进行研究（Bau and Dulski，1999；Douville *et al.*，1999；毛光周等，2006）。矿床闪锌矿 Y/Ho 具有相对较宽变化范围，其比值为 22.60～38.33（表 6.22 和图 6.47），平均为 29.74，与现代海底热液系统（BAB. 弧后盆地；MAR. 中大西洋洋中脊；EPR. 东太平洋洋中脊）Y/Ho 值较相似，接近矿区下石炭统依柳组火山岩之安山质凝灰岩（24.16～29.28，平均 26.36）和碱性玄武岩（24.56～26.57，平均 25.61）变化范围，相对低于中—晚石炭世碳酸岩（30.83～59.33，平均 45.72）和早二叠世灰岩（6.83～56.00，平均 38.96），而与深部隐伏花岗斑岩极其狭窄 Y/Ho 变化范围（27.65～29.55，平均 28.46）明显不同，表明矿床成矿物质（Pb、Zn等）应来源于早石炭世火山岩（玄武岩和凝灰岩），在火山喷流作用下通过地层和基底物质的淋滤作用富集成矿，而与深部隐伏喜马拉雅期隐伏花岗斑岩关系不大。此外，喜马拉雅期隐伏花岗斑岩中Cu、W、Sn、Mo、Sb、Ga等元素富集程度较高，并形成巨厚Mo（Cu）矿化，而其Pb、Zn含量低于或相当于世界花岗岩平均值（李雷等，1996），同样表明其并非为Pb和Zn矿源层。但是，古近纪花岗斑岩体岩浆事件为同期层间破碎带中的Pb-Zn-Ag等叠加成矿作用，提供了驱动地下水热液流体运移与富集成矿的热机。

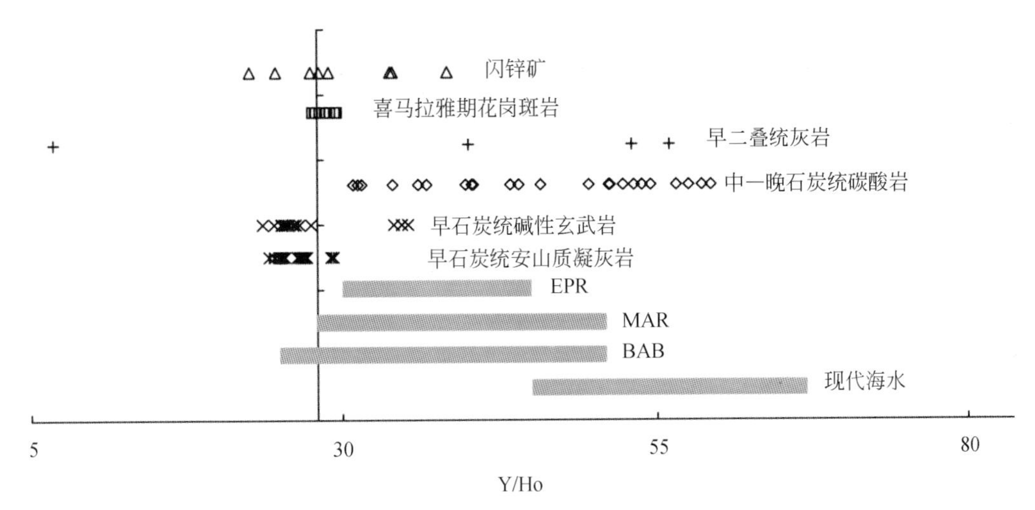

图6.47　老厂矿床地层、岩体和硫化物与现代海底热液和海水的Y/Ho值比较图
（据Bau *et al.*，1997；Bau and Dulski，1999；Douville *et al.*，1999，叶霖等，2012）
BAB. 弧后盆地；MAR. 中大西洋洋中脊；EPR. 东太平洋洋中脊

表6.22　老厂矿床地层、岩体和闪锌矿Y/Ho值对比表

样品	样品数	Mean	Min	Max	STD	资料来源
C_1^{5+6}玄武质凝灰岩（n=15）	15	26.36	24.16	29.28	1.51	本书
C_1^7玄武岩（n=8）	8	25.61	24.56	26.57	0.67	本书
C_1y地层火山岩（n=12）	12	25.61	24.56	26.57	0.67	刘友梅、杨蔚华，2001
C_{2+3}^{1+2}碳酸盐（n=23）	23	45.72	30.83	59.33	9.48	本书；龙汉生，2009
硅化灰岩（n=2）	2	29.84	26.42	33.26	4.84	本书
P_1碳酸岩（n=4）	4	38.96	6.83	56.00	22.51	龙汉生，2009
燕山期花岗斑岩（n=13）	13	28.46	27.65	29.55	0.73	龙汉生，2009
方解石（n=3）	3	37.32	30.61	50.21	10.24	本书
矿石（n=2）	2	66.90	50.23	83.57	23.58	刘友梅、杨蔚华，2001
闪锌矿（n=8）	8	29.74	22.60	38.33	5.26	本书
方铅矿（n=8）	8	34.59	19.20	63.00	16.88	本书
黄铁矿（n=28）	28	44.69	25.91	253.16	41.93	本书

续表

样品	样品数	Mean	Min	Max	STD	资料来源
现代海水			45	67		Bau *et al.*, 1997；Bau and Dulski, 1999；Douville *et al.*, 1999
BAB（弧后盆地）			25	51		
MAR（中大西洋洋脊）			28	51		
EPR（东太平洋洋脊）			30	45		

2）成矿时代

研究表明矿区深部有隐伏的斑岩体（彭寿增，1984；徐楚明、欧阳成甫，1991；欧阳成甫、徐楚明，1993；李虎杰等，1995；陈元琰，1995；薛步高，1998），钻探验证了深部隐伏斑岩体和大型斑岩型 Mo（Cu）矿体存在（李峰等，2009，2010；陈珲等，2010），岩体 SHRIMP 锆石 U-Pb 同位素年龄值为 44.6Ma（陈珲等，2010），其中辉钼矿 Re-Os 同位素年龄值为 44.23Ma（李峰等，2009），与三江地区新生代成岩-成矿高峰期之一斑岩型 Cu-Au 成矿高峰期（65～35Ma；王登红等，2006）相吻合。一些学者提出铅锌成矿作用与岩体有关，属于岩浆热液型矿床（徐楚明、欧阳成甫，1991；李虎杰等，1995；薛步高，1998）。但是，本次研究不仅在矿床中发现大量同生沉积和地球化学证据，而且也发现大量喜马拉雅期热液叠加改造作用的存在（叶霖等，2012），且已有的研究表明矿区隐伏花岗斑岩 Pb、Zn 等成矿元素背景值较低，不具备形成 Pb、Zn 矿源层条件（李雷等，1996）。因此，老厂铅锌成矿作用应与隐伏岩体关系不大，而属于同生沉积成矿（杨开辉等，1992；莫宣学等，1993；侯增谦、李红阳，1998；Ye *et al.*，2011；叶霖等，2012），喜马拉雅期隐伏花岗斑岩的侵入对其改造作用强烈（叶霖等，2012）。玄武岩为矿床铅锌赋矿围岩之一，而矿床中赋矿围岩为安山质凝灰岩，在地层层序中介于中晚石炭纪碳酸盐岩地层和玄武岩地层之间，因此，可以认为矿床成矿时代应与成岩年代相同或稍晚些。研究所得的矿床中玄武岩 SHRIMP 锆石 U-Pb 年龄值分别为 307.1±8.5Ma 和 312±4Ma，结合矿区 $C_1^7\beta$ 层中获得玄武质凝灰岩 SHRIMP 锆石 U-Pb 年龄为 323±2.8Ma（陈觅，2010），代表其成岩年龄属早石炭世晚期—晚石炭世。有理由认为矿床铅锌成矿时代为早石炭世晚期—晚石炭世，形成于石炭纪—二叠纪洋岛火山建造过程中的 VMS 型矿床，并叠加有古近纪强烈的斑岩-夕卡岩型成矿作用改造。

3）成矿作用与矿床模型

（1）成矿地质和地球化学特征。矿床垂向上分带自下而上依次为以 Cu、Fe 硫化物为主的网脉状→以 Fe、Cu 硫化物为主的“黄矿”→以 Pb、Zn 硫化物为主的“黑矿”，成矿元素水平和垂向分带（上“黑矿”下“黄矿”，且上部以层状和块状矿石为主，而深部以网脉状矿化为主）以及中等成矿温度等地质和地球化学特征均与 VMS 型矿床类似。矿床中硫化物（黄铁矿、闪锌矿和方铅矿）的硫同位素组成均一，变化范围较小，$\delta^{34}S$ 为 -2‰～+2‰，峰值为+0.5‰～+1.5‰，具岩浆硫（幔源）特征。

矿石中 Co 含量（多大于 50×10^{-6}）较高，研究表明其中黄铁矿 Co 含量较高，变

化范围为 $15.7\times10^{-6}\sim1420\times10^{-6}$，平均为 301×10^{-6}；Ni 含量为 $12.2\times10^{-6}\sim3670\times10^{-6}$，平均为 741×10^{-6}，黄铁矿 Co/Ni 值范围也较分散（0.15～8.70，平均为 2.02）。矿石中分布有大量 Sb-Pb、As-Pb 和 Cu-硫盐矿物（如碲硫砷铅矿–砷硫碲铅矿、车轮矿–硫砷铅铜矿、黝铜矿–砷黝铜矿系列、砷铜铅矿和细硫砷铅矿等），常包裹或与方铅矿共生，矿物组合与世界上受改造作用的 VMS 和 SEDEX 型矿床极其相似（Cook *et al.*，1998）。此外，闪锌矿中大量黄铜矿病毒结构存在，表明矿床可能遭受了晚期富含 Cu 流体的改造。可见，矿床后期热液叠加改造作用明显，闪锌矿中 Cu 与 Sn 极好的正相关关系，暗示改造流体富集 Cu、Sn、Sb 和 As 等成矿元素，可能与深部隐伏花岗斑岩的侵入作用有关。

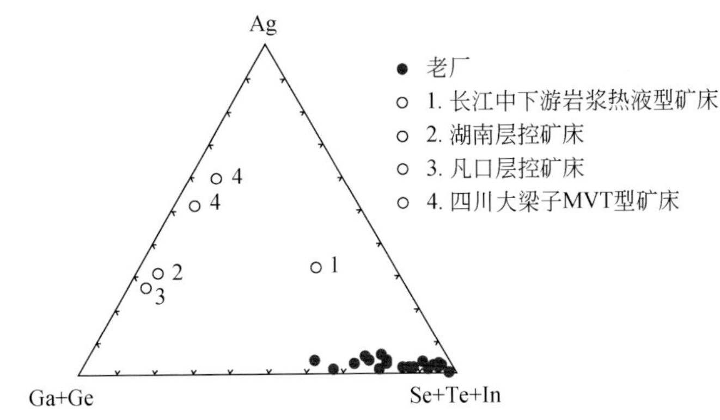

图 6.48　老厂矿床闪锌矿 Ga+Ge-Se+Te+In-Ag 三角图（据叶霖等，2012）

矿床中闪锌矿以富 Fe、Mn、Cd、In、Ga 等元素为特征，其中 Fe、Mn、Cd 等元素含量相对较稳定，而 In、Sn、Pb、Cu、Bi 等元素含量变化范围较大。其中 Fe 和 Mn 等微量元素组成与一般 VMS 矿床类似，但 In 和 Cd 的异常富集可能暗示其独特的成矿机制，特征明显不同于夕卡岩型矿床（如云南核桃坪和鲁子园，其闪锌矿以富 Co、相对富集 Fe 和贫 In、Ga、Sn 为特征；Ye *et al.*，2011），而与中—新生代花岗岩叠加改造作用有关的喷流沉积铅锌矿床（如云南白牛厂和广东大宝山）类似。在 Ga+Ge-Se+Te+In-Ag 三角图（图 6.48）中，矿床闪锌矿投影点分布于 Se+Te+In 端员，而与长江中下游岩浆热液型矿床中闪锌矿差异明显，表明铅锌成矿作用与矿区新生代花岗斑岩无关。而在 In-Fe、In-Sn、Cu+Ag-In+Sn 和 Cd/Fe-In/Fe 关系图（图 6.49）及 In-Ge、In-Co、Cu-Sn、Fe-Mn、Fe-Cd、Ga-Ge、Fe-Ge 和 Cd/Fe-Co/Ni 等关系中，老厂闪锌矿投影点均与受晚期热液叠加改造作用有关的喷流沉积铅锌矿床（如云南白牛厂和广东大宝山）分布于相同区域，而明显不同于夕卡岩型矿床，更不同于 MVT 型铅锌矿床（牛角塘、会泽和勐兴，该类型矿床闪锌矿以富 Cd 贫 In 和 Fe 为特征）和金顶铅锌矿床（其闪锌矿微量元素组成与 MVT 型矿床相似，但 Ge 和 Tl 富集程度相对较高）。可见，闪锌矿微量元素组成具喷流沉积成因闪锌矿特征，同时，后期叠加改造作用可能使其微量元素组成（如 Sn 等）发生一定程度变化。

黄铁矿和方铅矿微量元素组成结果表明其成因复杂，既有火山喷流沉积成因，也有晚期岩浆热液叠加改造成因（高伟，2011）。因此，综合矿床产出地质特征，结合闪锌矿等

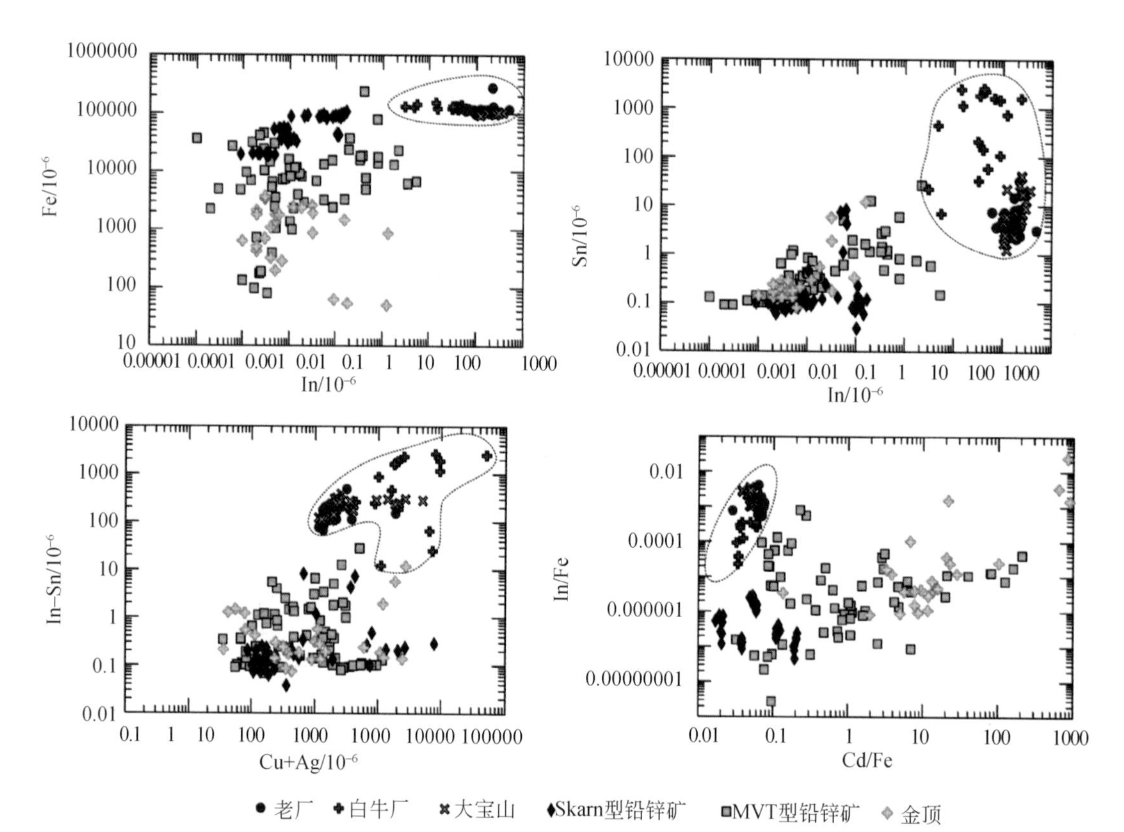

图 6.49　老厂矿床和国内其他铅锌矿床闪锌矿 In-Fe、In-Sn、Cu+Ag-In+Sn 和 Cd/Fe-In/Fe 关系图

LA-ICP-MS 分析结果和其他铅锌矿床闪锌矿数据据 Ye *et al.*, 2011

硫化物单矿物微量元素组成特征，研究认为铅锌矿化作用应与喷流沉积作用有关。尽管矿床中方铅矿要远多于闪锌矿，但其他地球化学特征与别子型块状硫化物矿床（Dergatchev *et al.*, 2011）基本类似，根据矿床产出地质特征和其赋矿玄武岩属于板内碱性玄武岩，形成于洋岛环境，将其划入别子型矿床范畴。此外，古近纪花岗斑岩侵入带来了丰富 Cu 和 Sn 等成矿物质，并对早期形成的铅锌矿体进行了强烈叠加改造，致使矿体、硫化物及相关地层不同程度富集 Sn 等元素，这与 Pb、H、O 等同位素研究认为成矿流体具有多期、多阶段和多来源特征相吻合（徐楚明、欧阳成甫，1991；叶庆同等，1992；龙汉生，2009；Wang C. M. *et al.*, 2014）。

（2）成矿模式。老厂矿床属于石炭纪洋岛火山喷流成矿与古近纪岩浆热液叠加改造成矿共同作用的结果，其成矿模式可分为两个阶段。

以昌宁-孟连缝合带为代表的特提斯大洋发生、发展至石炭纪—二叠纪，在总体处于洋盆萎缩消减的洋-陆转换过程中，发育了一系列洋内热点作用的洋岛中基性火山岩与海山碳酸盐岩组合。老厂形成洋岛火山建造过程中的火山机构及边缘火山洼地内，并伴随着喷流沉积成矿作用的发生。在火山通道及附近形成充填角砾状 Fe-Cu 矿体，其上部及边缘火山洼地中形成以 Cu-Fe 为主的块状硫化物矿体（如 I 号矿群），最上部火山岩系中形成块状-条带状铅锌（铜）矿体（图 6.50）。

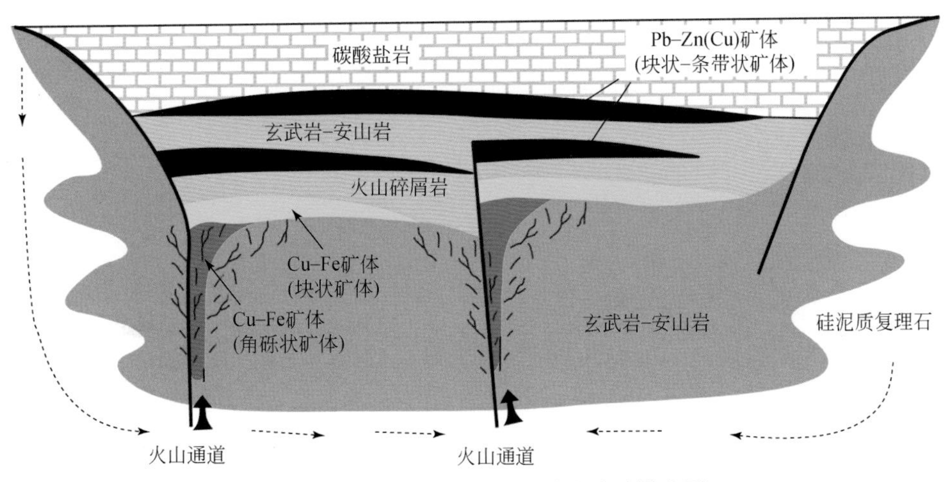

图6.50　老厂矿床喷流沉积阶段成矿模式图

新生代受印度与欧亚大陆发生强烈碰撞及随后高原隆升作用的影响，三江特提斯造山带成为调节碰撞应变和高原隆升的构造转换应变域，在昌宁–孟连缝合带中发育以大规模的逆冲推覆、走滑剪切构造为主体的构造组合系统，并伴随一系列高钾长英质岩浆侵位和成矿流体活动，造成了老厂富碱花岗斑岩的侵入，其中岩浆热液流体所携带了大量 Mo、Cu 和 Sn 等成矿元素，不仅在斑岩内外接触带形成巨厚的细脉–浸染状 Mo-Cu 矿化和石榴子石–透辉石–绿帘石夕卡岩化以及层间或断层破碎带及其附近节理–裂隙密集带中的热液脉型矿化，更为重要的是叠加改造了喷流沉积阶段形成的铅锌铜铁矿化，致使矿石中 Sn 含量明显增加，部分 Sn 矿物交代早期硫化物，且在断层中充填了热液脉状铅锌（铜）矿化（图6.51）。至此，老厂铅锌多金属矿床最终形成。

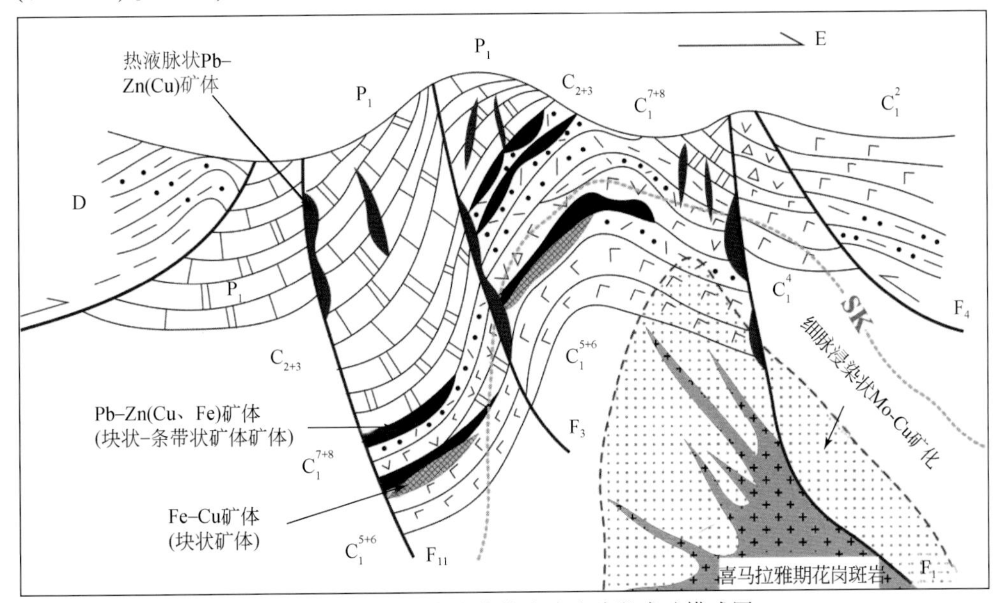

图6.51　老厂矿床岩浆热液改造阶段成矿模式图

6.2.2　普朗斑岩型铜矿床

普朗斑岩铜矿床属于义敦岛弧铜钼钨成矿带，形成于晚三叠世甘孜–理塘大洋板片向西俯冲的消减带之上，是中国近年来发现的印支期规模超大型斑岩型铜矿床，引起了国内外众多学者的关注。

1. 区域地质

义敦弧是在古特提斯时期形成的火山弧，分布在羌塘板块和松潘–甘孜板块之间（图6.52），与印支晚期甘孜–理塘洋盆的大规模俯冲和火山弧造山作用有关（Hou，1993），而后经历了燕山期的碰撞造山过程和新特提斯时期的陆内会聚和大规模剪切平移作用（侯增谦等，2001）。义敦弧具有明显的分段性：北段为昌台弧，俯冲角度较陡，有弧间裂谷存在，形成与张性构造背景有关的呷村式黑矿型块状硫化物矿床（VMS）（侯增谦等，2003）；南段为中甸弧，俯冲角度相对较缓，形成与压性构造背景有关的斑岩型铜矿床。义敦火山弧带西侧是近南北向的乡城–格咱断裂，南延至土官村一带与甘孜–理塘缝合带相接（曾普胜等，2003，2006）。

中甸弧的东南部是甘孜–理塘缝合带，至（四川木里）瓦厂–中甸洛吉一带转变为近东西向，有较连续的蓝闪石片岩带出露，并可见到东西向展布的蛇绿岩套（曾普胜等，2004）。中甸弧的时空演化保留了义敦弧的特征，曾是扬子板块西缘的一部分，二叠纪—早三叠世随着甘孜–理塘洋盆的打开，逐渐从扬子板块西缘裂解出来，并转变为被动大陆边缘环境。中三叠世末—晚三叠世初，甘孜–理塘洋盆开始消减并向西俯冲，又转变为活动大陆边缘；区内弧火山岩浆产物相对简单，以钙碱性安山岩系为主，并伴有少量与铜钼金矿化有关的中酸性浅成岩侵位（侯增谦等，2003）；前者形成了区内巨厚的三叠系碎屑岩–碳酸盐岩–火山岩组合，岩性为砂岩夹灰岩、安山玄武岩–安山岩、英安岩等，是含铜钼金矿化中酸性斑岩的直接围岩。前人对区域内的含矿斑岩进行了大量的年代学和地球化学研究（王守旭等，2008a；庞振山等，2009；刘江涛等，2013；刘学龙等，2013），认为中甸弧内含矿斑岩形成于不同的时间，并将其划分为东、西斑岩带，即以普朗–松诺–欠虽为代表的晚三叠世东斑岩带和以春都–雪鸡坪–烂泥塘为代表的早三叠世斑岩带（曾普胜等，2003，2004；李文昌等，2010a），然而，任江波等（2011）对东、西斑岩带含矿斑岩的锆石 U-Pb 年代学研究表明，两个构造带的斑岩体形成时代没有明显差异，均集中于223～211Ma，应属于同一构造岩浆事件的产物。

受甘孜–理塘洋南西向俯冲的影响，区内构造格架总体呈北西–南东向，由一系列北西、北北西向紧密线性褶皱和同向断裂组成。其中北北西向断裂控制了印支期中–基性火山岩和同源的基性–中基性侵入岩的侵位，北西和东西向断裂控制了印支晚期钙碱性钾质中–酸性火山岩和同源的中酸性浅成–超浅成斑岩及次火山岩分布（范玉华、李文昌，2006）。

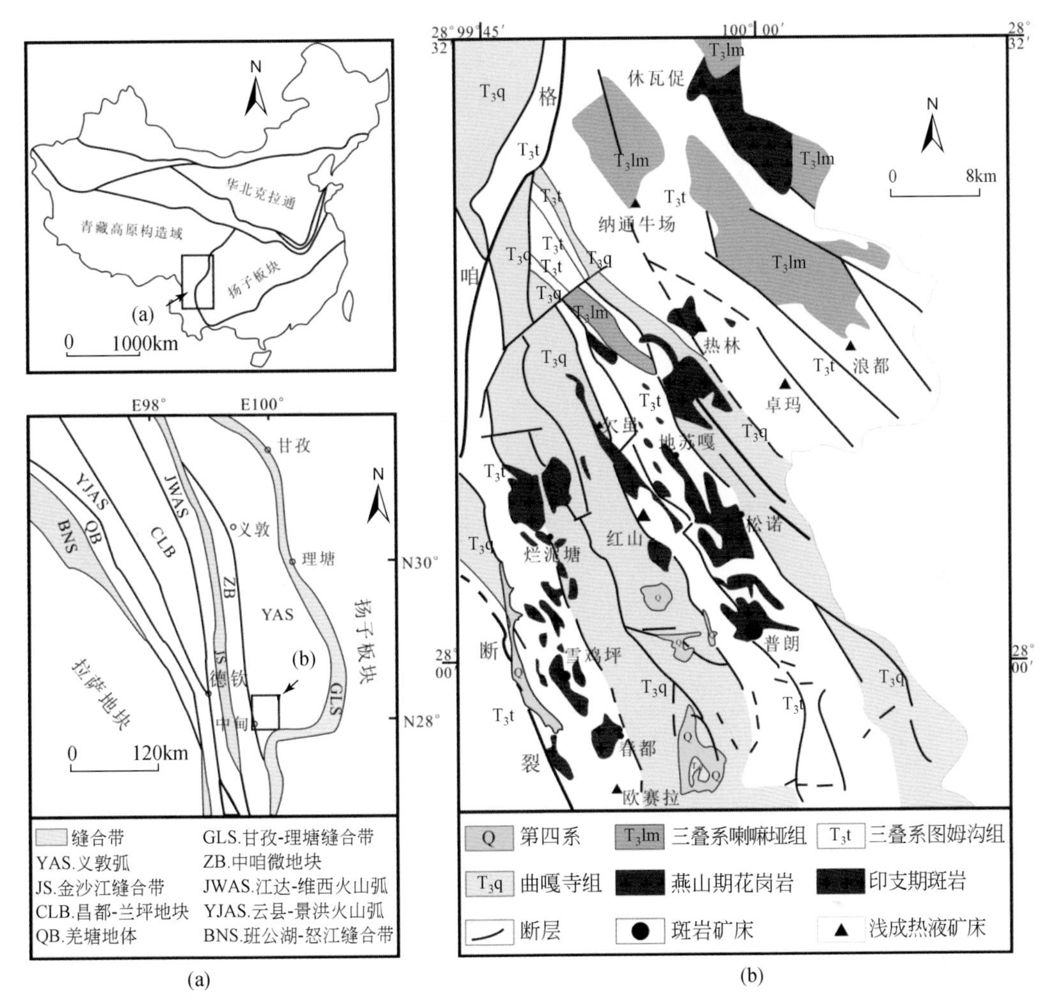

图6.52　(a) 三江北段特提斯构造格架图和 (b) 中甸弧地质构造图 (据 Leng *et al.*, 2012)

2. 矿床地质

矿床地处甘孜-理塘缝合带西侧德格-中甸陆块东缘，普朗-红山铜多金属矿亚带南部，出露地层为上三叠统图姆沟组，厚度大于1000m，为火山碎屑岩建造，岩性为灰至深灰色板岩、绢云板岩、安山岩和变质砂岩，局部夹薄层灰岩。普朗背斜枢纽为北西向，与区域构造线方向一致；核部为上三叠统曲嘎寺组碎屑岩夹玄武岩 (>1899m 厚)，两翼为上三叠统图姆沟组，中酸性复式斑 (玢) 岩体主体就位于背斜核部。受岩体侵位影响，背斜总体呈弯隆状；围绕核部中酸性岩体，两翼地层发生了广泛的角岩化，并伴有小褶皱、揉皱等发育。区内北西向黑水塘断裂和近东西向全干力达断裂控制了斑岩体及有关矿床的产出 (范玉华、李文昌，2006)。矿区由南部、北部和东部3个矿段组成，其中南部为主矿体所在区域，东部矿体在地表勘探呈近东西向的脉状产出 (图6.53)。

岩浆岩是由印支期石英闪长岩、石英二长岩和花岗闪长岩等组成的复式岩体，岩体呈岩株状产出，平面呈喇嘛状，总出露面积约9km²（曾普胜等，2006）。复式岩体是多阶段岩浆作用的产物，早期的石英闪长岩（局部有闪长岩）被晚期的石英二长岩和少量花岗闪长岩所穿切，总体上可划分为3次岩浆侵入活动：最早为大面积分布的石英闪长岩（217.4±1.4Ma），出露面积占整个复式岩体的80%左右；之后是复式岩体中心石英二长岩（215.6±1.3Ma）及少量花岗闪长岩的侵位（214.5±2.0Ma）[图6.54（a）]。

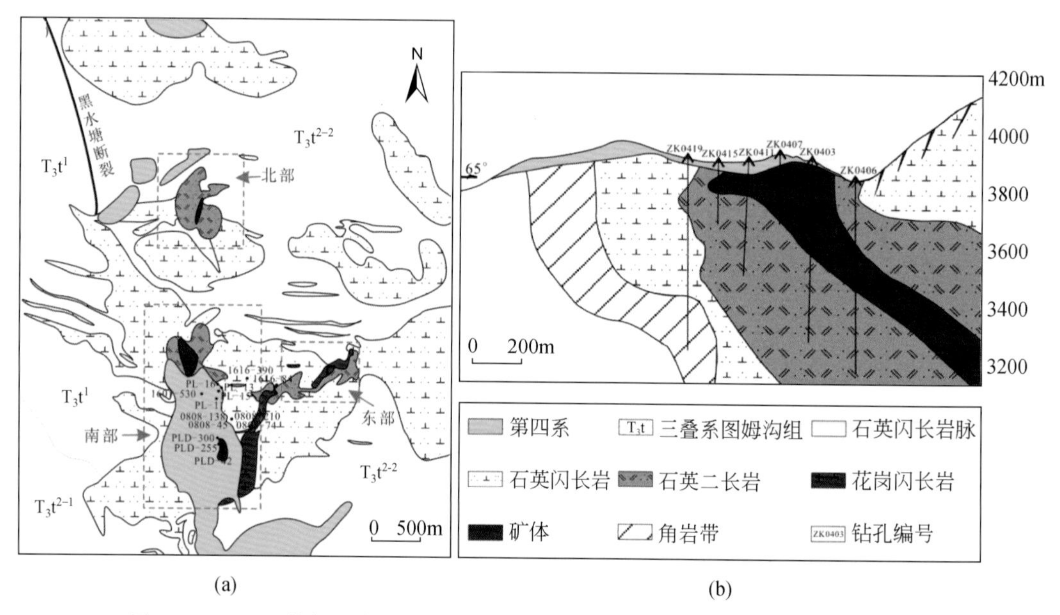

图6.53　（a）普朗矿床地质图和（b）4号勘探线剖面图（据Li *et al.*，2011）

石英闪长岩：灰色，似斑状结构，斑晶占15%～25%，以斜长石和少量黑云母为主。基质具中细粒结构，占75%～85%，以斜长石（50%～55%）、黑云母（15%～20%）、石英（5%～10%）及微量角闪石为主，副矿物有锆石、磷灰石等。岩石蚀变以青磐岩化或绢英岩化为主。南北矿段的矿化岩体外侧多为岩体，靠近石英二长岩接触带附近含有部分矿化；东部矿段的矿化岩体为该类岩体。

石英二长岩：灰色，似斑状结构，斑晶占30%～35%，以斜长石和钾长石为主。基质具中细粒结构，占65%～70%，以斜长石（20%～25%）、钾长石（25%～30%）、石英（10%～15%）和黑云母（约5%）为主，副矿物有磁铁矿、钛铁矿、锆石、磷灰石等。岩石蚀变以钾硅酸盐化和绢英岩化为主，也见青磐岩化。其为主要的成矿岩体，位于复式岩体的中心部位，南北矿段的主矿体即为此类岩性，而东部矿段未见该岩体出露。

花岗闪长岩：浅灰色，似斑状结构，斑晶占35%～40%，以斜长石和少量石英、角闪石为主；基质具中细粒结构，占60%～65%，以斜长石（35%～40%）、石英（10%～15%）、钾长石（5%～10%）、角闪石（5%）和黑云母（约5%）为主，副矿物有磁铁矿、锆石、磷灰石等。岩石蚀变以绢英岩化和钾硅酸盐化为主，其局部矿化较好，构成南部矿段复式岩体的中心。

3. 年代学

1）锆石 U-Pb 年代学和 Hf 同位素

锆石 U-Pb 年代学。为了准确限定南部、北部和东部矿段的成岩年龄，选取各个矿段的不同岩性进行了 U-Pb 年代学研究，结果表明，不同矿段的闪长岩（少量）、石英闪长岩、石英二长岩和花岗闪长岩均具有相对一致的年龄（~215Ma），具体见表 6.23 和图 6.54。

中甸弧内与成矿密切相关的含矿斑岩为石英二长岩和石英闪长岩，此外包括矿区的花岗闪长岩。众多学者对中甸弧内多个斑岩铜矿含矿斑岩进行了大量的年代学研究，结果表明它们基本都形成于 220~210Ma，如雪鸡坪石英闪长岩和石英二长岩的锆石 SHRIMP 年龄分别为 215.3 ± 2.3Ma（林清茶等，2006）和 215.2 ± 1.9Ma（曹殿华等，2009），春都石英二长岩锆石 SIMS 年龄为 219.7 ± 1.8Ma（张兴春等，2009），中甸弧斑岩体系年代学统计平均值为 215.5 ± 1.8Ma（曾普胜等，2003；林清茶等，2006；冷成彪等，2008；曹殿华等，2009；张兴春等，2009）。

表 6.23　普朗矿床含矿斑岩锆石 U-Pb 年龄表

岩性	闪长岩	石英闪长岩	石英二长岩	花岗闪长岩
南部岩体			0713-713（215.6±1.3Ma）	0406-105（214.5±2.0Ma）
东部岩体	E002-272（216.7±1.4Ma） E002-65（216.0±1.0Ma）	E002-116（217.4±1.4Ma）		
北部岩体	5618-42（215.9±1.6Ma）	6628-588（215.5±1.6Ma）	5618-135（215.8±1.3Ma）	5618-270（214.5±1.5Ma）

普朗矿床是中甸弧内最典型的斑岩铜矿床，野外地质和年代学研究结果显示，石英闪长岩稍早于石英二长岩，而花岗闪长岩形成最晚（曾普胜等，2006；李青，2009；李文昌等，2009；庞振山等，2009）。矿区内闪长岩、石英闪长岩、石英二长岩和花岗闪长岩近乎同时形成，年代非常接近，且与整个中甸弧内其他斑岩铜矿床含矿斑岩的形成时代一致，表明在晚三叠世一个较短的时间内，中甸弧内爆发了广泛的中酸性岩浆成矿作用。考虑到甘孜-理塘洋俯冲时限（237~206Ma）（侯增谦等，2001，2004），普朗斑岩复式岩体应形成于俯冲作用晚期阶段。

Hf 同位素。对矿床不同含矿斑岩进行锆石原位 Hf 同位素分析结果显示，石英闪长岩初始的$^{176}Hf/^{177}Hf$值变化于 0.282602~0.282668（平均为 0.282638），初始的 $\varepsilon_{Hf}(t)$ 值变化于-1.4~1.0（平均为-0.1），T_{DM2}为 1.07~1.20Ga（平均为 1.13Ga）；石英二长岩初始的$^{176}Hf/^{177}Hf$值变化于 0.282600~0.282671（平均为 0.282641），初始的 $\varepsilon_{Hf}(t)$ 值变化于-1.5~1.0（平均为-0.1），T_{DM2}为 1.06~1.20Ga（平均为 1.12Ga）；花岗闪长岩初始的$^{176}Hf/^{177}Hf$值变化于 0.282562 ~ 0.282661（平均为 0.282619），初始的 $\varepsilon_{Hf}(t)$ 值变化于-2.8~0.7（平均为-0.1），T_{DM2}为 1.08~1.28Ga（平均为 1.16Ga）；由上可见，矿床 3 种含矿斑岩具有非常一致的 Hf 同位素组成，可能代表他们具有相同的岩浆源区，Hf 同位素特征显示含矿斑岩具有壳幔混合的物源特征。

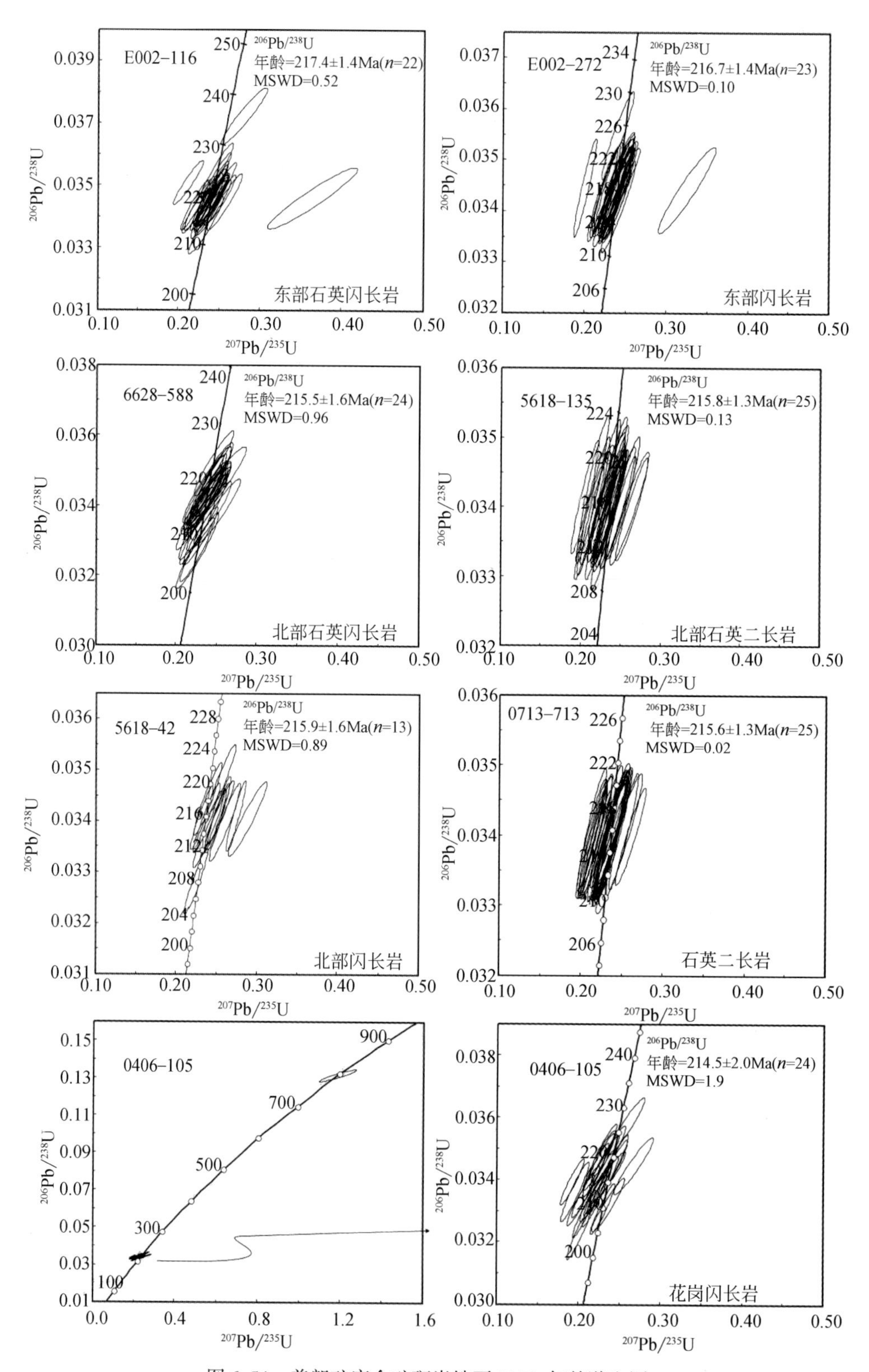

图 6.54　普朗矿床含矿斑岩锆石 U-Pb 年龄谐和图

2）黄铜矿 Re-Os 年代学

矿床不同部位富金属矿物的矿石中黄铜矿 Re-Os 同位素分析见表6.24。黄铜矿样品具有高的 Re 含量（788 ~ 12983pg），很低的 Os 含量（8 ~ 24pg），$^{187}Re/^{188}Os$ 与 $^{188}Re/^{188}Os$变化分别为 330 ~ 7747 和 0.67 ~ 25.95。7 件样品的 Re-Os 等时线年龄为 207±12Ma（MSWD=14）（图6.55），初始$^{188}Re/^{188}Os$ 为−0.60。在误差范围内，年龄与成矿斑岩的形成时间吻合。

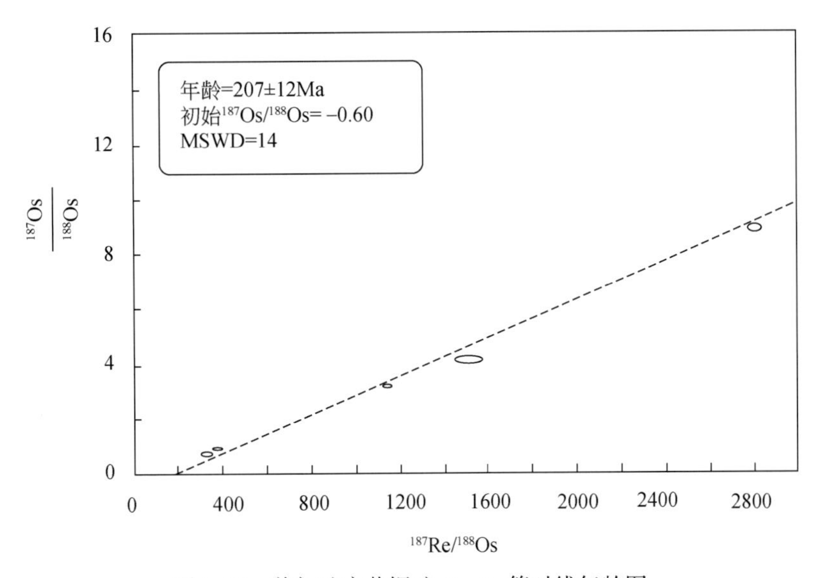

图6.55　普朗矿床黄铜矿 Re-Os 等时线年龄图

表6.24　普朗矿床黄铜矿 Re-Os 组成表

样品号	$Re/10^{-9}$	2σ	$Os/10^{-9}$	2σ	$^{187}Os/^{188}Os$	2σ	$^{187}Re/^{188}Os$	2σ
3660-1	2575.9	46.6	15.4	0.1	3.211	0.049	1128.3	21.7
3660-2	5037.0	49.8	18.5	0.1	8.892	0.060	2808.7	28.9
3660-3	12983.8	261.3	14.4	0.4	25.953	0.628	7746.8	258.7
3660-6	2140.4	72.5	7.6	0.1	4.155	0.073	1523.4	57.4
3660-8	1091.6	49.5	15.0	0.4	0.937	0.020	368.9	20.0
2#-1	788.2	60.7	11.9	0.4	0.677	0.022	329.7	27.3
2#-5	12221.0	304.0	23.8	0.2	13.673	0.168	3964.0	103.0

4. 全岩地球化学

1）主微量

石英闪长岩的 SiO_2含量为 61.4% ~ 64.1%（平均 62.7%），石英二长岩为 62.1% ~ 72.1%（平均 65.4%）。

所有 14 个样品的全碱含量 Na_2O+K_2O 为 5.2% ~9.3%，Al_2O_3含量为 11.3% ~19.1%，平均 14.9%，MgO 含量为 2.0% ~4.0%，其中石英闪长岩略高；$Mg^{\#}$相对较高，其中石英闪

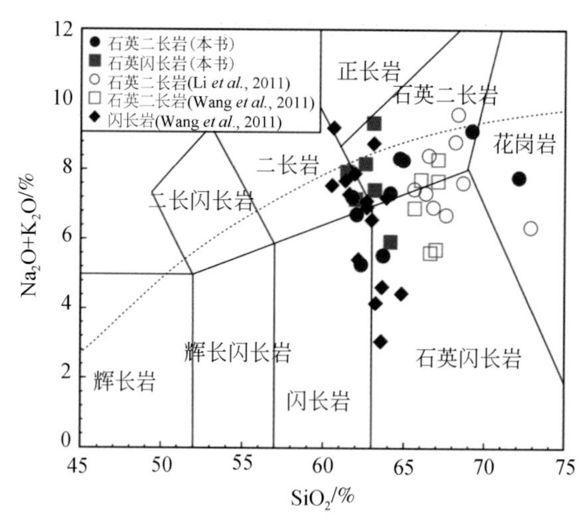

图 6.56 普朗矿床含矿斑岩 TAS 图

长岩为 55 ~ 73，而石英二长岩为 50 ~ 67；Na_2O 和 K_2O 的变化较大，分别为 1.2% ~ 5.3%（平均 3.0%）和 2.2% ~ 6.6%（平均 4.4%），Na_2O/K_2O 值为 0.3 ~ 2.4（平均 0.8），以相对富钾低钠为特征，表明岩石偏钾质。研究数据（Li *et al.*, 2011；Wang B. Q. *et al.*, 2011）表明，含矿斑岩的不同侵入体具有相似的地球化学组分，在 TAS 硅碱图中，除个别样品属于碱性系列外，其余样品均落在钙碱性区域内，且大多数样品落在石英二长岩和石英闪长岩区域，少数落在二长岩区域内（图 6.56）。其中闪长岩（Wang B. Q. *et al.*, 2011）的全碱 Na_2O+K_2O 含量为 3.1% ~ 9.2%，可能部分岩石遭受后期热液蚀变有关。

在 SiO_2-K_2O 图中，绝大多数样品属于高钾钙碱性系列和钾玄岩系列（图 6.57），个别样品落入低钾区域可能是受热液蚀变的影响所致。在 SiO_2 与主量元素的 Harker 图中，随着 SiO_2 含量的增加，TiO_2、Al_2O_3、FeO_T、MgO、CaO 和 P_2O_5 均呈逐渐降低的趋势（图 6.58）。

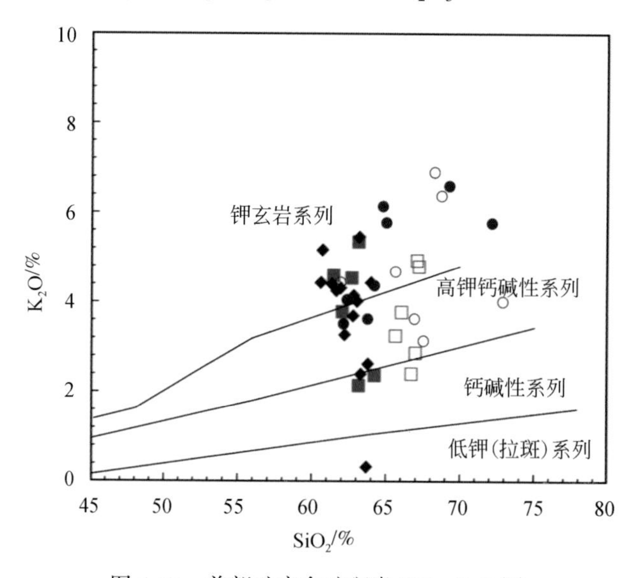

图 6.57 普朗矿床含矿斑岩 SiO_2-K_2O 图

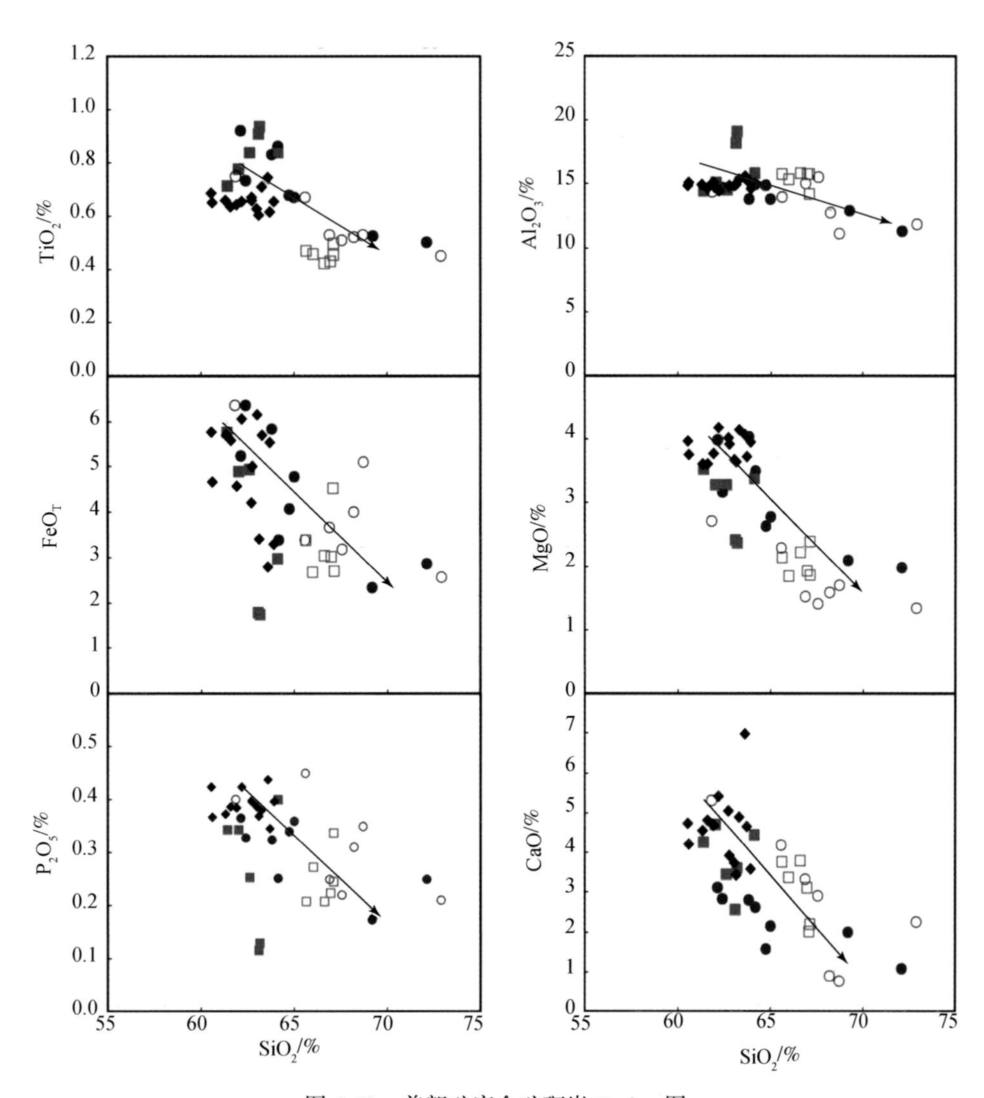

图6.58　普朗矿床含矿斑岩 Harker 图

在原始地幔标准化的微量元素蛛网图中［图6.59（a）］，含矿斑岩的14个样品均呈现出典型的弧岩浆岩特征，具体表现为富集 Ba（445～2484ppm）和 Sr（327～984ppm）等大离子亲石元素（LILE），而相对亏损 Nb（9.9～17.5ppm）、Ta（0.81～1.45ppm）、Ti（明显的负 Ti 异常）和 Zr（160～213ppm）等高场强元素（HFSE）。

在球粒陨石标准化的 REE 配分模式图中，石英二长岩和石英闪长岩均具有右倾的配分曲线［图6.59（b）］，LREE 和 MREE 分异明显，石英二长岩的 $(La/Sm)_N$ 为3.3～4.4，石英闪长岩的 $(La/Sm)_N$ 为3.9～4.2；但 MREE 和 HREE 分异不明显，呈平缓状，石英二长岩的 $(Dy/Yb)_N$ 为1.2～1.6，石英闪长岩的 $(Dy/Yb)_N$ 为1.1～1.5；石英二长岩的 Eu/Eu^* 为0.65～0.83，石英闪长岩的 Eu/Eu^* 为0.61～0.88，闪长岩的 Eu/Eu^* 为0.79～0.94（Wang B. Q. *et al.*，2011），从闪长岩、石英闪长岩至石英二长岩，负 Eu 异常逐次增强［图6.59（b）］。

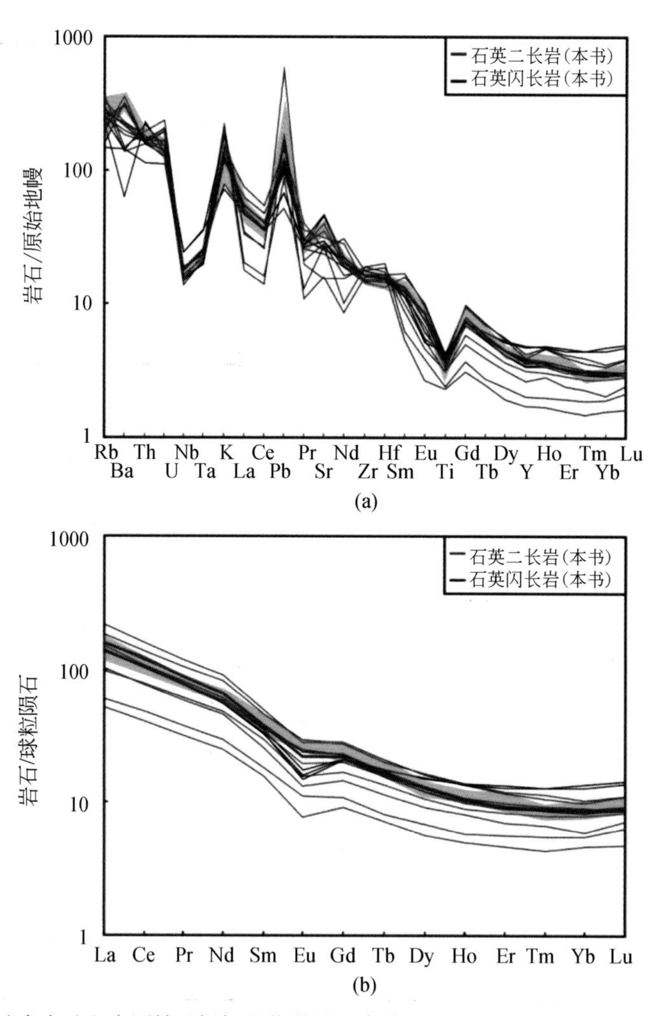

图 6.59　(a) 普朗矿床含矿斑岩原始地幔标准化微量元素蛛网图和 (b) 球粒陨石标准化稀土元素配分图

标准化数据引自 Sun and McDonough, 1989; 灰色区域为闪长岩, 引自 Wang B. Q. *et al.*, 2011

2) Sr-Nd 同位素

普朗含矿斑岩的 Sr-Nd 同位素数据见表 6.25, 石英闪长岩和石英二长岩具有窄的初始 Sr-Nd 同位素成分范围, $(^{87}Sr/^{86}Sr)_i$ 变化为 0.70560 ~ 0.70574, $\varepsilon_{Nd}(t)$ 变化为 −2.85 ~ −2.20, 计算初始 Sr、Nd 同位素比值所用年龄为 215Ma。其中 $(^{87}Sr/^{86}Sr)_i$ 值相对地幔组分稍高, 然远低于义敦岛弧中北段弧后区壳源花岗岩初始值 ($0.707<I_{Sr}<0.725$) (Qu *et al.*, 2002); $\varepsilon_{Nd}(t)$ 变化范围于 −2.85 ~ −2.20, 明显高于义敦岛弧印支期稻城斑岩和花岗岩 ($-8.10<\varepsilon_{Nd}(t)<-3.27$) 以及义敦岛弧中北段壳源花岗岩 Nd 组成 ($-8.40<\varepsilon_{Nd}(t)<-5.14$) (Qu *et al.*, 2002), 即初始 Sr-Nd 同位素比值落入壳幔混合区域。

表 6.25 普朗矿床岩体 Sr-Nd 同位素组成表

岩性	石英二长岩			石英闪长岩	
样品号	P-125	ZK-105	PL-06	Z-690	PL-03
$Rb/10^{-6}$	263	161	249	115	59.4
$Sr/10^{-6}$	317	601	396	1001	1043
$Sm/10^{-6}$	2.30	5.04	2.80	5.86	6.51
$Nd/10^{-6}$	10.64	25.98	13.93	30.58	31.45
$(^{87}Rb/^{86}Sr)_m$	2.40402	0.77319	1.81665	0.33224	0.16475
$(^{87}Sr/^{86}Sr)_m$	0.712958	0.708009	0.711295	0.706613	0.706241
2σ	0.000007	0.000006	0.000006	0.000006	0.000007
$(^{147}Sm/^{144}Nd)_m$	0.13079	0.11737	0.12134	0.11582	0.12508
$(^{143}Nd/^{144}Nd)_m$	0.512402	0.512303	0.512386	0.512412	0.512419
2σ	0.000007	0.000005	0.000004	0.000004	0.000008
$(^{87}Sr/^{86}Sr)_i$	0.705608	0.70578	0.705741	0.705598	0.705738
$\varepsilon_{Sr}(t)$	19.27	20.504	22.919	19.384	21.151
$(^{143}Nd/^{144}Nd)_i$	0.51222	0.51221	0.51222	0.51225	0.51225
$\varepsilon_{Nd}(t)$	-2.80	-2.83	-2.85	-2.20	-2.29
T_{DM}/Ga	1.38	1.22	1.26	1.15	1.26

含矿斑岩（闪长岩、石英闪长岩和石英二长岩）整体 SiO_2 > 61%，Al_2O_3较高，为 11.3%~19.1%（平均 14.9%），MgO 为 1.8% ~ 4.0%（平均 3.0%），亏损重稀土元素（如 Yb 为 0.8~2.3ppm）和 Y（7.9 ~ 21.9ppm），较高 Sr 含量（327 ~ 984ppm），高 Sr/Y（27 ~ 63）和 La/Yb（14 ~ 31）值，有较明显的负 Eu 异常，贫高场强元素，闪长岩的（$^{87}Sr/^{86}Sr$）$_i$为 0.7070 ~ 0.7073，$\varepsilon_{Nd}(t)$ 为-2.51 ~ -2.22；石英闪长岩的（$^{87}Sr/^{86}Sr$）$_i$为 0.7056 ~ 0.7057，$\varepsilon_{Nd}(t)$ 为 - 2.29 ~ -2.22；石英二长岩的（$^{87}Sr/^{86}Sr$）$_i$为 0.7056 ~ 0.7058，$\varepsilon_{Nd}(t)$ 为 - 2.85 ~ -2.80。从以上数据可以看出，含矿斑岩的部分地球化学特征与埃达克岩相似。由于甘孜-理塘洋盆的俯冲时限为 237~206Ma（侯增谦等，2004），含矿斑岩的形成时代介于其间，因此许多学者将含矿斑岩埃达克岩亲和性成因归结于甘孜-理塘洋向西俯冲过程中板片部分熔融的结果（冷成彪等，2007；任江波等，2011；Wang B. Q. *et al.*，2011）。

然而，含矿斑岩在 Y-Sr/Y 和 Yb-La/Yb 图中［图 6.60（a）、（d）］并非完全位于典型的埃达克岩范围，而是分布于正常弧岩浆系列和埃达克岩的过渡区域。含矿斑岩的其他地球化学指标也与埃达克岩存在较大差异（表 6.26）。Richards（2011）指出，板片熔融的埃达克岩应符合 Richards 和 Kerrich（2007）所列出的所有地球化学特征，而普朗含矿

斑岩部分样品的 $Al_2O_3 < 15\%$，Sr < 400ppm，Y > 18ppm，Yb > 1.9ppm，La/Yb < 20 且 $^{87}Sr/^{86}Sr > 0.7056$（任江波等，2011；Wang B. Q. *et al.*，2011），这些都不符合典型的埃达克岩地球化学特征（Defant and Drummond，1990）。此外，普朗含矿斑岩的 Na_2O 含量（平均3.0%）和 K_2O 含量（平均4.4%）、K_2O/Na_2O 值（平均1.3）和 Rb 的含量（> 94ppm）等方面都与由板片熔融形成的埃达克岩（Richards and Kerrich，2007）有很大的差异（表6.26）。

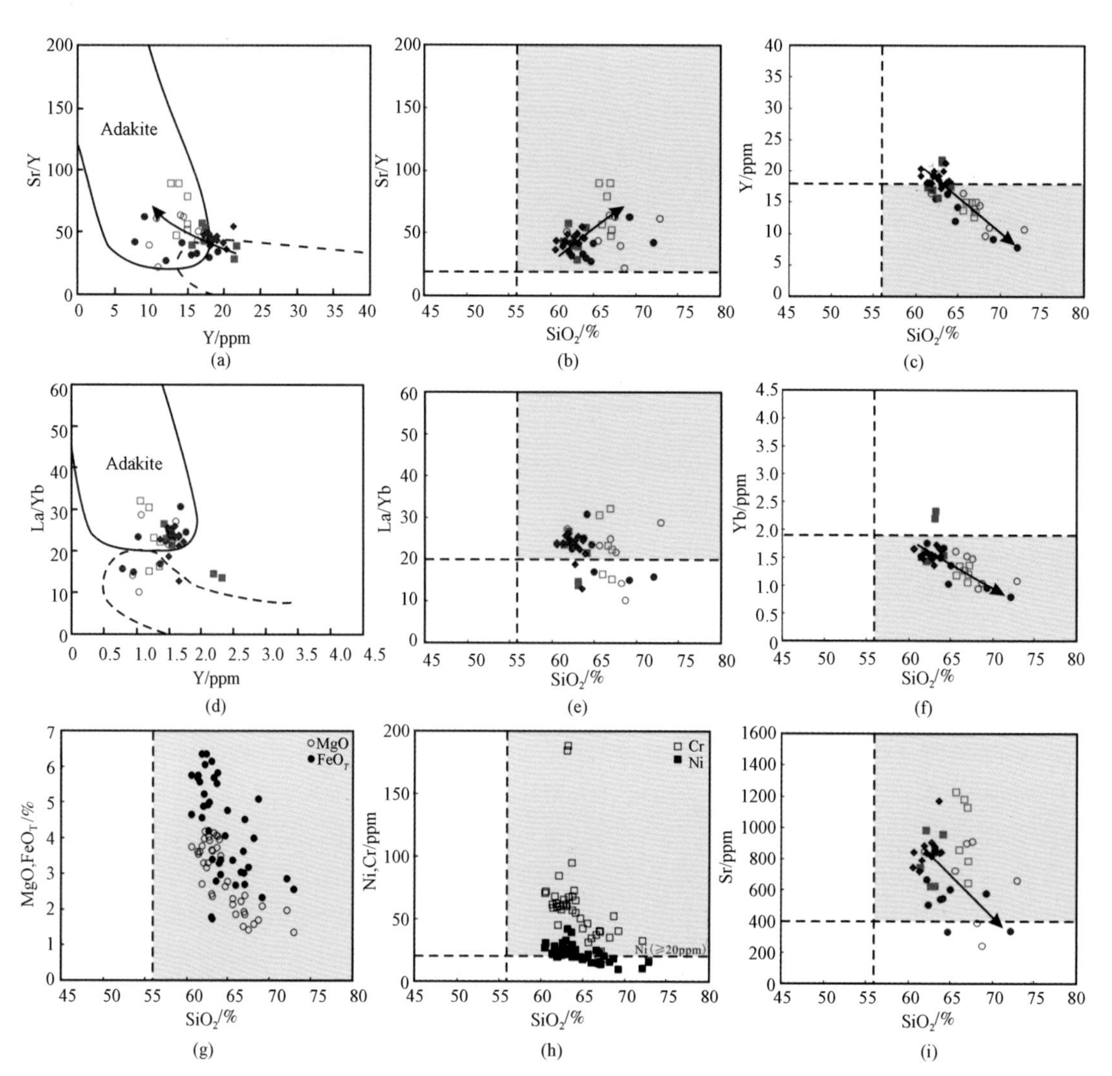

图6.60　普朗矿床 Sr/Y-Y（a）和 La/Yb-Yb（d）图和相关地球化学参数与 SiO_2 之间的变化关系图［（b）、（c）、（e）～（i）］（据 Richards and Kerrich，2007）

灰色区域代表埃达克岩组成范围

表 6.26 普朗矿床埃达克岩与含矿斑岩对比表

参数	Defant and Drummond, 1990	Defant and Drummond, 1993	Sajona *et al.*, 1993	Drummond *et al.*, 1996	Castillo *et al.*, 1999	Martin, 1999	Defant and Kepezhinskas, 2001	Martin *et al.*, 2005	Richards and Kerrich, 2007	普朗含矿斑岩(本书)
SiO_2/%	≥56					>56	>56	>56	≥56	>61
Al_2O_3/%	≥15	≥15[a]	>14.5	>15[a]			>15		≥15	11.3 ~ 19.1(平均14.9)
MgO/%	<3,少>6		<3						一般<3	2.0 ~ 4.0
$Mg^{\#}$						~51		~51	~50	49.9 ~ 73.2
Na_2O/%			3.0 ~ 7.4			3.5 ~ 7.5	>3.5	3.5 ~ 7.5	≥3.5	1.2 ~ 5.3(平均3.0)
K_2O/%									≤3	2.2 ~ 6.6(平均4.4)
K_2O/Na_2O				≤3		~0.42		~0.42	~0.42	~1.3
Rb/ppm				<65					≤65	94 ~ 230
Sr/ppm	≥400		≥350			300 ~ 2000	>400		≥400	327 ~ 984
Y/ppm	≤18	≤18	≤14		<15 ~ 18	≤18	≤18	≤18	≤18	7.9 ~ 21.9
Yb/ppm	≤1.9	≤1.9	≤1.4		<1 ~ 1.5	≤1.8	≤1.9	≤1.8	≤1.9	0.8 ~ 2.3
Ni/ppm			9 ~ 45			20 ~ 40		24	≥20	10 ~ 42
Cr/ppm			14 ~ 66			30 ~ 50		36	≥30	33 ~ 189
Sr/Y		≥20	≥32		>40		≥40		≥20	27 ~ 63
La/Yb		≥ ~8	≥8		>20		≥20	≥15	≥20	14 ~ 31
$^{87}Sr/^{86}Sr$	<0.7040			<0.7045					≤0.7045	≥ 0.7056
俯冲板片年龄/Ma	≤25		~55	≤25		≤20			≤25	>25

注:[a]为 SiO_2 ≥70%。

在稀土元素中，La、Sm、Dy 和 Yb 通常用来指示轻稀土元素（LREE 和 La）、中稀土元素（MREE、Sm 和 Dy）和重稀土元素（HREE 和 Yb）的地球化学行为。由于 HREE 和 MREE 在石榴子石和角闪石中的分配系数不同，岩浆中石榴子石的分离结晶或岩浆源区的石榴子石残留将导致 LREE/MREE 和 MREE/HREE 值的增加，而角闪石的分离结晶将导致 LREE/MREE 不断增加，但 MREE/HREE 将保持稳定或仅略微下降［$(Dy/Yb)_N$≈或<1］。因此，角闪石的分离结晶可以导致平缓状或铲状的 REE 配分模式，而石榴子石的分离结晶则会形成具有一定斜率的 REE 模式（Castillo *et al.*, 1999；Rooney *et al.*, 2011）。含矿斑岩的 LREE 和 MREE 分异明显，表现与角闪石而非石榴子石分离结晶有关的平缓状或铲状 REE 模式［图 6.60（b）］。同样，在 SiO_2-$(La/Sm)_N$ 和 SiO_2-$(Dy/Yb)_N$ 关系图中（图 6.61）可以看出，随着 SiO_2 含量的增加，含矿斑岩的 $(La/Sm)_N$ 从≈2 增加到 5.5，而 $(Dy/Yb)_N$ 保持稳定或略有下降（≈1），这与角闪石分离结晶所造成的残留岩浆的地球化学行为趋势一致，而且后期可能还伴随有强烈富集 LREE 的副矿物（如独居石、褐帘石，少量磷灰石和榍石等）的分离结晶（Miller and Mittlefehldt, 1982）。

前已述及，普朗含矿斑岩可能与角闪石的分离结晶有关，而通常情况下，正常弧岩浆中相对富集 MREE 和 HREE 的角闪石±榍石±锆石等矿物的分离结晶将使岩浆向高 Sr/Y 和 La/Yb 值的方向演化（Castillo *et al.*, 1999；Li *et al.*, 2009）。从图 6.60 可以看出，含矿斑岩 Sr/Y 值与岩石中 SiO_2 含量呈微弱的正相关性［图 6.60（b）］，Y 含量则随岩石中 SiO_2 含量的增加呈逐渐减小的趋势，表现出明显的负相关性，且 Y 含量呈现出从非埃达克岩区域逐渐演化到埃达克岩区域的趋势［图 6.60（c）］，Sr 含量与 SiO_2 含量之间没有明显的关系，且总体含量较低［图 6.60（i）］，可能与后期斜长石的分离结晶有关；La/Yb 值与 SiO_2 含量之间的关系不明确［图 6.60（d）］，Yb 含量与 SiO_2 含量表现出良好的负相关性［图 6.60（f）］。因此，角闪石的分离结晶可以很好地解释含矿斑岩部分样品较高的 Sr/Y 和 La/Yb 值。

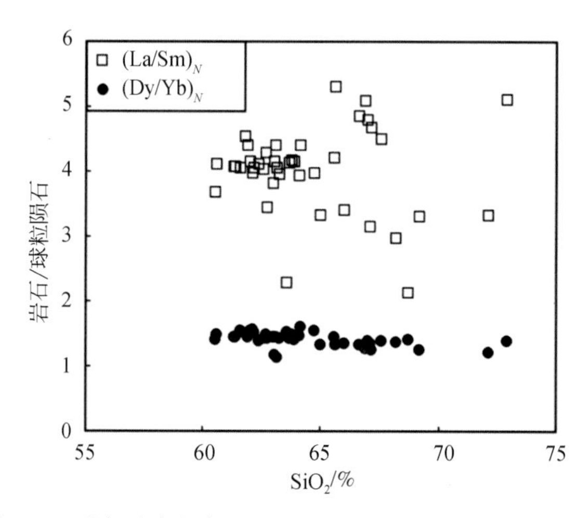

图 6.61　普朗矿床斑岩 SiO_2-$(La/Sm)_N$ 和 SiO_2-$(Dy/Yb)_N$ 图

（据 Sun and Mcdonough, 1989；Richards and Kerrich, 2007）

同时，图6.62（c）~（e）中SiO_2与Rb、Dy/Yb和Zr/Sm明显的负相关性也反映角闪石的分离结晶在含矿斑岩演化过程中具有重要作用。

Eu通常有Eu^{3+}和Eu^{2+}两种价态，而Eu^{2+}有时呈类质同象取代斜长石中的Ca^{2+}，且Eu在斜长石中的分配系数远大于其他REE，因此，明显的负Eu异常通常用来指示岩浆演化过程中斜长石的分离结晶或源区有斜长石的残留；而不明显的负Eu异常（$Eu/Eu^* \approx 1$）通常表明：①初始岩浆中斜长石结晶较少；②高岩浆水含量抑制了斜长石的结晶；③岩浆具有较高的氧逸度，导致Eu呈Eu^{3+}形式存在而很少以Eu^{2+}进入斜长石结晶相中（Frey *et al.*，1978）。在图6.62（a）、（b）中，Rb/Sr、Rb/Ba与Eu/Eu^*之间存在明显的负相关性，表明含矿斑岩的负Eu异常为后期斜长石分离结晶而非源区斜长石残留所致。同时，斜长石的分离结晶也能较好地解释含矿斑岩中Sr含量相对典型的埃达克岩并不是很高的特征。总体而言，斜长石的分离结晶可能是普朗含矿斑岩成因的关键因素。

在图6.58的Harker图中，含矿斑岩氧化物TiO_2、Al_2O_3、Fe_2O_3、MgO、CaO和P_2O_5随着SiO_2的增加而逐渐降低的趋势反映了角闪石、斜长石、磷灰石和Fe-Ti氧化物等矿物的分离结晶（Li *et al.*，2009）。另外，含矿斑岩的MgO、Fe_2O_3与SiO_2呈现出良好的负相关性［图6.60（g）］；相容元素Ni、Cr与SiO_2之间的负相关性也很明显，并且Ni的含量随着SiO_2含量的增加，逐渐从埃达克岩区域过渡到非埃达克岩区域［图6.60（h）］。La-La/Sm图［图6.62（f）］表明岩浆分离结晶在含矿斑岩演化过程中占主导地位。

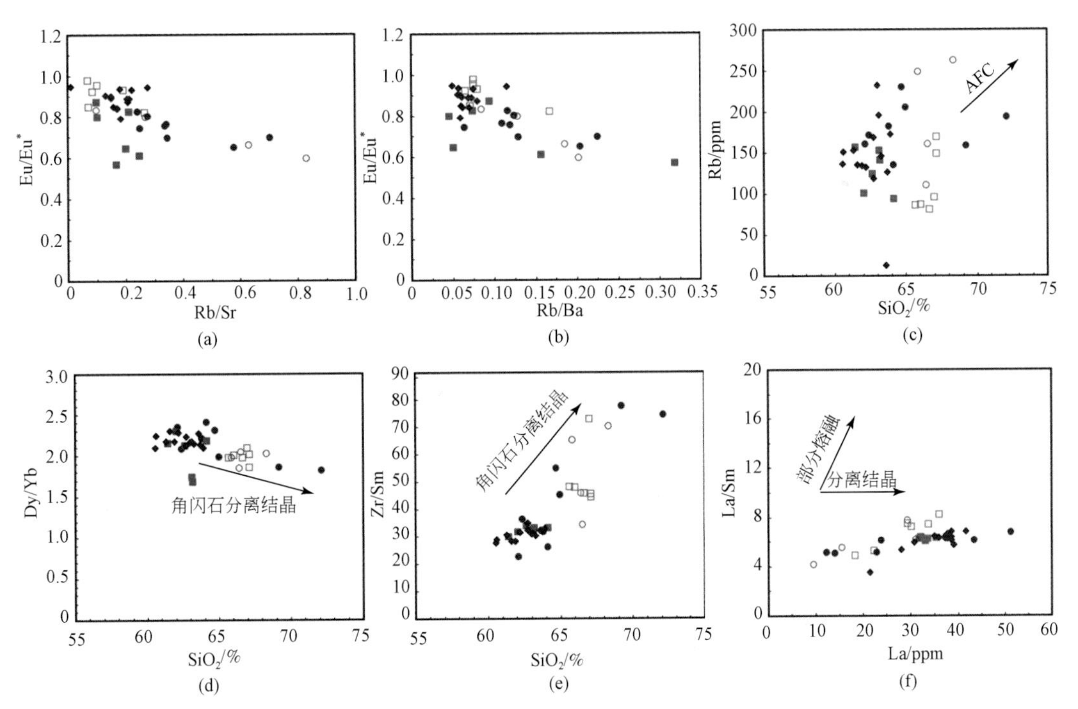

图6.62　普朗矿床（a）Rb/Sr-Eu/Eu^*图；（b）Rb/Ba-Eu/Eu^*图；（c）SiO_2-Rb图（据Castillo *et al.*，1999）；（d）SiO_2-Dy/Yb图（据Castillo *et al.*，1999）；（e）SiO_2-Zr/Sm图（据Wang *et al.*，2008）；（f）La-La/Sm图（据任江波等，2011）

选取区域同时代成分最为基性的安山岩样品 HST1（SiO_2含量 56.8%，La、Ce、Nd、Sm、Eu、Gd、Dy、Yb、Lu 含量分别为 67.01ppm、121.7ppm、45.87ppm、7.48ppm、1.58ppm、5.04ppm、3.65ppm、1.67ppm、0.27ppm）作为初始岩浆。REE 总含量最低的样品 PLD-300 作为最终产物进行地球化学模拟，发现当初始岩浆发生 65% 角闪石 + 20% 斜长石 + 15% 磷灰石的分离结晶且岩浆结晶程度达 90% 时，其 REE 模式与最终产物非常吻合（图 6.63）。

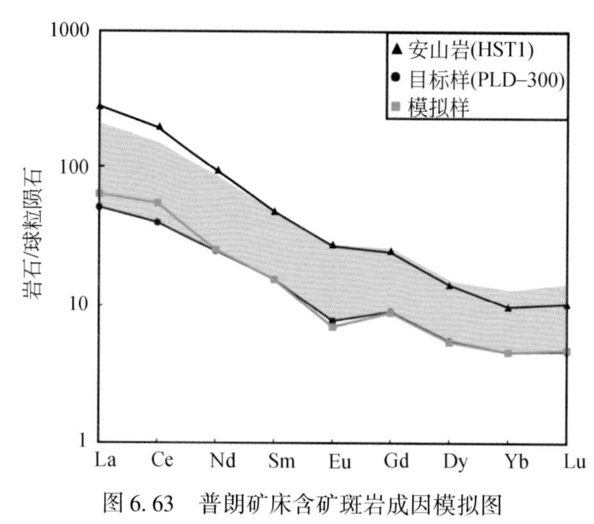

图 6.63　普朗矿床含矿斑岩成因模拟图

灰色区域代表普朗含矿斑岩，安山岩样品 HST1 经矿物组合“65% 角闪石+20% 斜长石+15% 磷灰石”90% 的分离结晶所达到的模拟样接近目标样 PLD-300

在正常钙碱性岩浆演化的 AFC（混染–分离–结晶）过程中，地壳物质的混染和镁铁质矿物的分离结晶必然导致最终所形成岩浆的 $Mg^{\#}$降低。虽然含矿斑岩部分样品的 $Mg^{\#}$很高，与分离结晶的模式不一致，但造成这些样品 $Mg^{\#}$很高的原因可能是样品受到热液蚀变影响。从表 6.24 可以看出，部分样品的 Fe_2O_3含量很低，有 4 个样品甚至<3%，而正常弧岩浆的 FeO_T值通常在 5% 左右或以上。镜下观察表明，FeO_T值很低的样品中，角闪石和黑云母蚀变强烈。因此，造成 FeO_T值很低的原因可能是这些富铁矿物在蚀变为绿泥石等矿物的过程中 Fe 发生了强烈的迁移丢失。这较好解释 4 个样品 $Mg^{\#}$（有两个甚至高于 70）比其他样品（大多在 60 以下）高出很多的原因。

区域地质资料显示，东斑岩带的普朗和西斑岩带的雪鸡坪和春都 3 个斑岩铜矿床中与矿化相关的石英闪长岩和石英二长岩在空间上存在密切关系，石英闪长岩呈大面积的面状分布，通常包围中心矿化强烈的石英二长岩，且在普朗矿床的钻孔岩心中，石英闪长岩和石英二长岩之间存在渐变过渡关系，表现为钾长石斑晶的逐渐增加或减少。研究表明，整个区域上东、西斑岩带与斑岩铜矿床成矿作用有关的石英闪长岩和石英二长岩是在同一构造背景下近同时形成的（任江波等，2011），两种岩石之间密切的时空演化关系充分地表明分离结晶在成矿斑岩演化过程中的主导地位。因此，普朗含矿斑岩可能是晚三叠世甘孜–理塘大洋板片向西俯冲时发生脱挥发分作用导致上覆地幔楔遭受流体交代，被流体交代的地幔楔进而发生部分熔融形成正常拉斑玄武质–钙碱性弧岩浆，这种钙碱性岩浆是在岩浆房中或侵位过程中发生分离结晶作用所形成。

研究表明闪长岩、石英闪长岩和石英二长岩具有非常接近的Sr-Nd同位素组成（任江波等，2011；Wang B. Q. *et al.*，2011；图6.64），表明它们可能有相同的源区，这与Hf同位素的结果一致，同时它们与区域上广泛分布的安山质和英安质火山岩的同位素特征也相似。

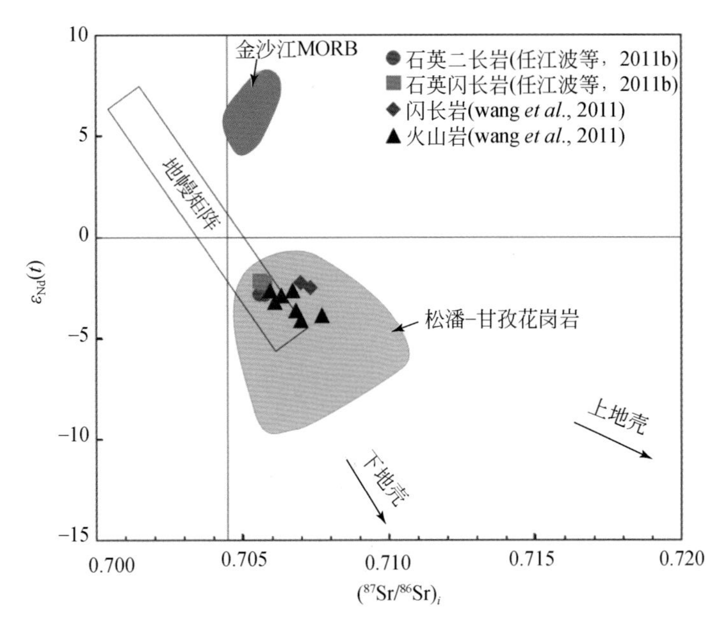

图6.64　普朗矿床含矿斑岩和区域火山岩Sr-Nd同位素组成图

5. 蚀变与矿化特征

同世界典型斑岩铜矿床类似（Gustafson and Hunt，1975），普朗铜矿床也显示出早期钾硅酸盐化蚀变（钾长石-黑云母化）、青磐岩化蚀变（绿帘石-绿泥石化）以及随后的长石分解蚀变（石英-绢云母-绿泥石-黏土化）的同心环带蚀变分带模式。矿床的矿化与热液蚀变密切相关，矿区有关脉体与蚀变的特征见图6.65～图6.68，其矿化与晚期低温的长石分解有关。

1）蚀变

（1）钾硅酸盐化。钾硅酸盐化是矿区最早的蚀变类型，产于石英二长岩和石英闪长岩中，花岗闪长岩中也有发育，以钾长石、黑云母等次生含钾矿物的发育为特征，同时伴随有石英、碳酸盐等矿物的发育。钾硅酸盐化与黑云母化并没有完全套合在一起，钾长石化略早于黑云母化。

钾长石化发育于南部矿段的石英二长岩、北部的石英闪长岩和南部部分花岗闪长岩中，表现为细脉状、弥漫状和脉体晕3种产出形式，以细脉状为主。细脉状钾长石化通常不规则至板状，脉宽约1～6mm，缺少硫化物的发育，矿物组合以石英和钾长石为主，其中石英多呈等粒状，无内部对称性［图6.66（a)］，具有斑岩铜矿中典型A脉石英的特征(Gustafson and Hunt，1975)；钾长石（Kfs）常与石英共生，有时也沿脉体中心或边缘断续发育。由于后期蚀变的叠加，脉体中钾长石常被黏土矿物所交代，使得手标本上石英和钾长石脉呈现一定的白色。该类脉体常切穿岩石中自形-半自形的斜长石斑晶，而被稍晚期形成的黑云母等脉体切穿［图6.65（a)、(b)、图6.66（h)］。弥漫状钾长石化产于南部矿段的花岗闪长岩中，蚀变规模较小，表现为岩石中长石类矿物的钾长石化，蚀变方式以交代或愈合原长石矿物为主，发生弥漫状钾长石化的花岗闪长岩常呈现一定的肉红色。此外，沿石英和黄铁矿脉两侧，也常可见钾长石化，即以蚀变晕的形式存在［图6.66(g)］，蚀变因流体流动过程中交代脉体两侧的斜长石而形成。

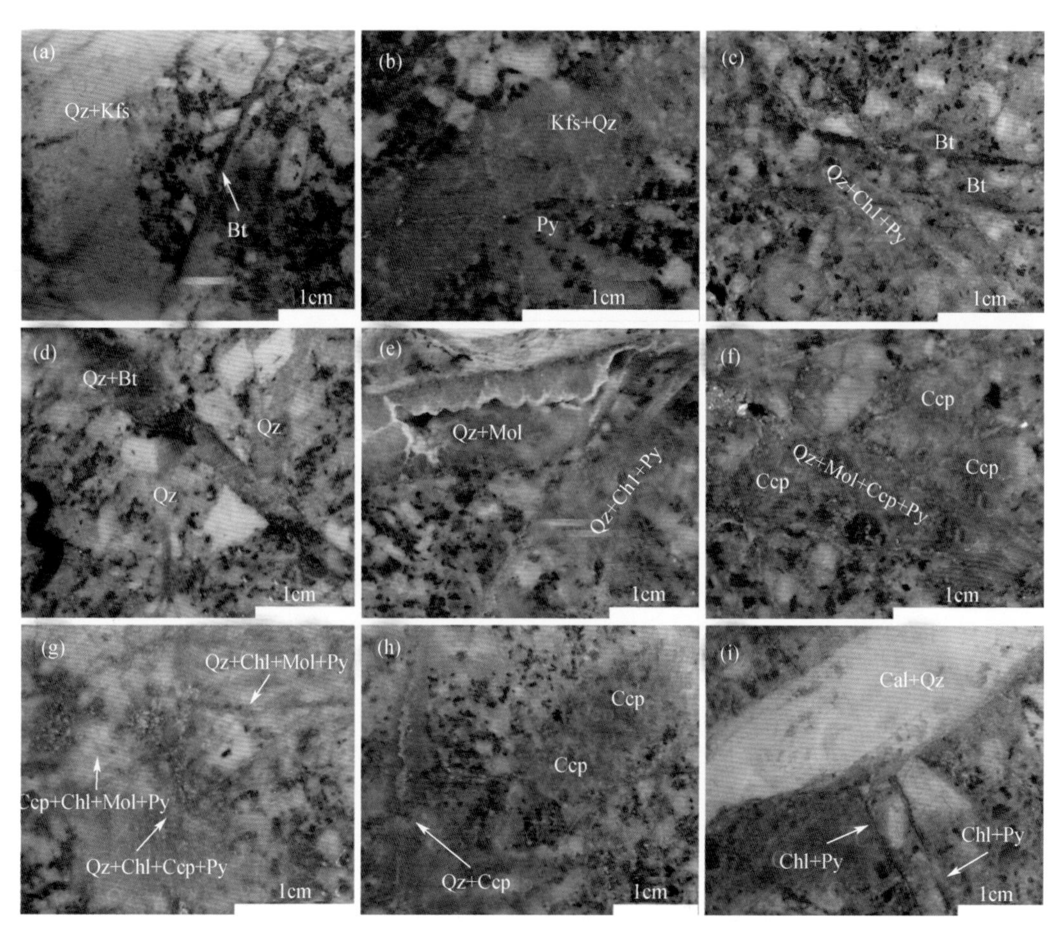

图6.65　普朗矿床不同蚀变阶段矿物特征图显微照片

黑云母化发育于南部矿段的石英二长岩、北部矿段的石英闪长岩和石英二长岩中，略晚于钾长石化，以细脉状、脉体晕和弥漫状3种形式产出，以细脉状为主。细脉状黑云母化沿岩石中裂隙或微裂隙充填，脉宽约1～5mm，偶见少量黄铜矿和黄铁矿发育，矿物组合有黑云母［图6.65（a)、(c)］和石英+黑云母［图6.65（d)、图6.66（b）～（f)］两种形式，其中黑云母表现出选择性交代原生矿物的特征。以石英-黄铁矿等脉体两侧的蚀变晕形式存在黑云母化表现为交代原生的黑云母、角闪石和斜长石等［图6.66（f）］，其中次生黑云母颗粒细小不规则。弥漫状次生黑云母通常半自形-他形，颗粒细小。该阶段矿化很少，仅局部见少量的黄铜矿化，且仅以黑云母+黄铜矿脉的形式产出。

（2）青磐岩化。青磐岩化在矿区内发育广泛，主要产于南部矿段的石英二长岩和石英闪长岩、北部矿段的石英闪长岩中，以绿帘石+绿泥石+碳酸盐等矿物发育为特征，表现为弥漫状和脉状两种形式。绝大多数斑岩铜矿床在青磐岩化阶段基本不发育硫化物，而矿床青磐岩化阶段发育有部分黄铜矿化和黄铁矿化，蚀变与矿化的对应关系有待研究。

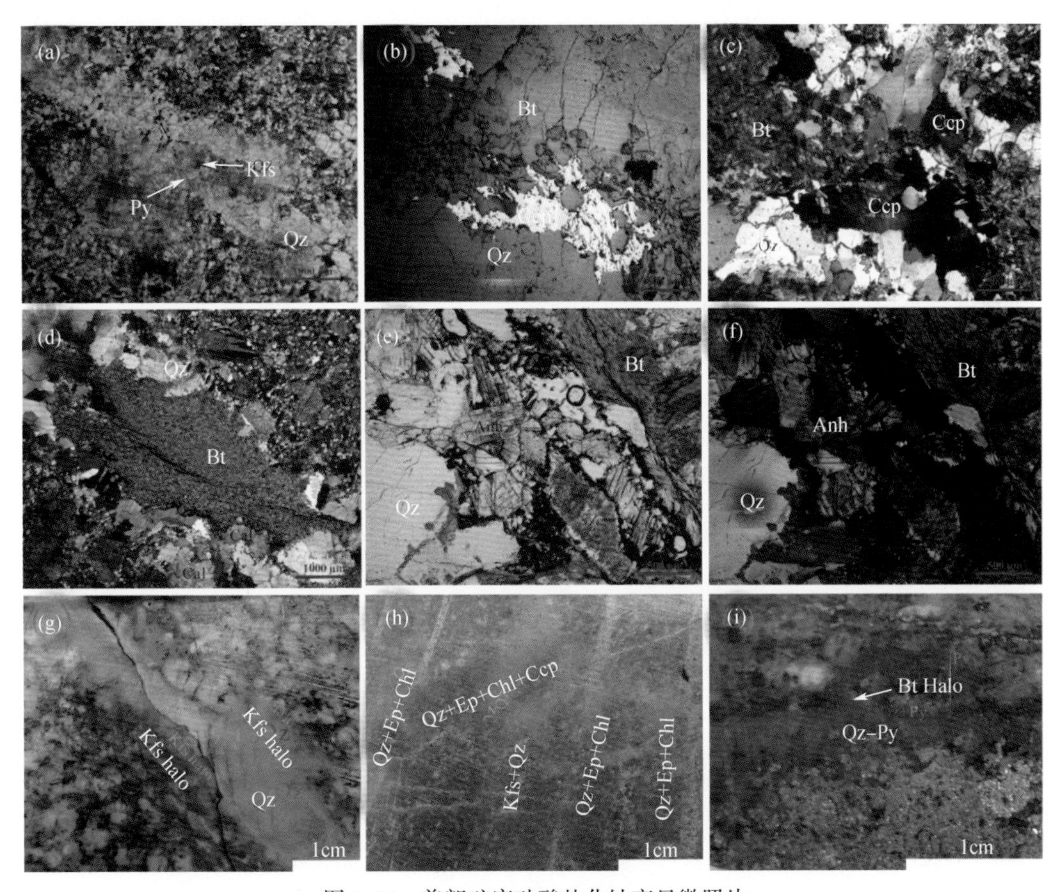

图6.66　普朗矿床硅酸盐化蚀变显微照片

绿泥石±磁铁矿沿原生黑云母的解理或边部发生交代，绿帘石+方解石±绢云母交代斜长石，以细小颗粒产于长英质矿物之间或斜长石颗粒的裂隙之中，两种选择性交代蚀变是弥漫状青磐岩化的主要表现形式；此外，图6.67显示脉状青磐岩化中矿物组合形式，脉宽约1~4mm，脉中绿帘石颗粒常呈柱状、粒状，具有鲜艳、且不均匀的干涉色［图6.67（b）、（d）、（f）］。柱状绿帘石多沿脉壁向中心垂直生长［图6.67（e）、（f）］，与斑岩铜矿典型B脉中石英的特征相似（Gustafson and Hunt，1975）。局部偶见青磐岩化脉体切穿代表钾硅酸盐化蚀变的石英+钾长石脉［图6.66（h）］，同时被晚期代表绢英岩化蚀变的石英+黄铁矿脉切穿，由此可见，同世界大多数斑岩铜矿床相似（Gustafson and Hunt，

1975），青磐岩化稍晚于或与钾硅酸盐化近同时，而早于绢英岩化蚀变。

（3）长石分解蚀变。矿床中当晚期绢英岩化和泥化空间上难以区分开来时，常合并称为长石分解蚀变（Ulrich *et al.*，2001）。长石分解蚀变（石英-绢云母-绿泥石-黏土化）叠加在新鲜岩石和早期蚀变组合之上。蚀变矿物为石英、绢云母、绿泥石、高岭土、黄铁矿等，以弥漫状和脉体晕两种形式产出。

长石分解蚀变发育于南部矿段的石英闪长岩、石英二长岩、部分花岗闪长岩和北部矿段的石英二长岩中，弱长石分解蚀变位于强长石分解蚀变带的外侧，发育于东部矿段的石英闪长岩和北部矿段的石英闪长岩中，以弥漫状蚀变为主，当交代不同的矿物时，常表现出不同的蚀变特征；①蚀变较弱时，岩石整体偏褐色，绢云母交代斜长石斑晶和部分基质斜长石［图6.68（g）］，常沿裂隙或从环带中心开始，逐渐向外扩张，交代不完全时，外圈常得以保留，交代完全时，整个斑晶都被鳞片状绢云母集合体所取代，只保留假象，但有时其聚片双晶和环带依然可见；②交代黑云母时，初始常表现为黑云母发生褪色现象，当作用增强时，则被绿泥石、绢云母和石英等矿物所取代，在此过程中，常析出赤铁矿、磷灰石等，并常和黄铁矿、黄铜矿等伴生；③蚀变较强时，钾长石斑晶也可被绢云母交代，与斜长石绢云母化不同的是，交代作用往往是从斑晶的边缘或裂隙处开始，逐渐向内发展。当长石分解蚀变彻底时，斑岩的成分变成了绢云母和石英，岩石的结构因蚀变而变得模糊不清［图6.68（e）］。同时，也见以含黄铁矿脉体的蚀变晕形式存在的长石分解蚀变［图6.68（a）、（b）、（d）、（f）、（h）、（i）］，蚀变晕矿物组合以绢云母和石英为主，有时也见绿泥石［图6.68（a）］。

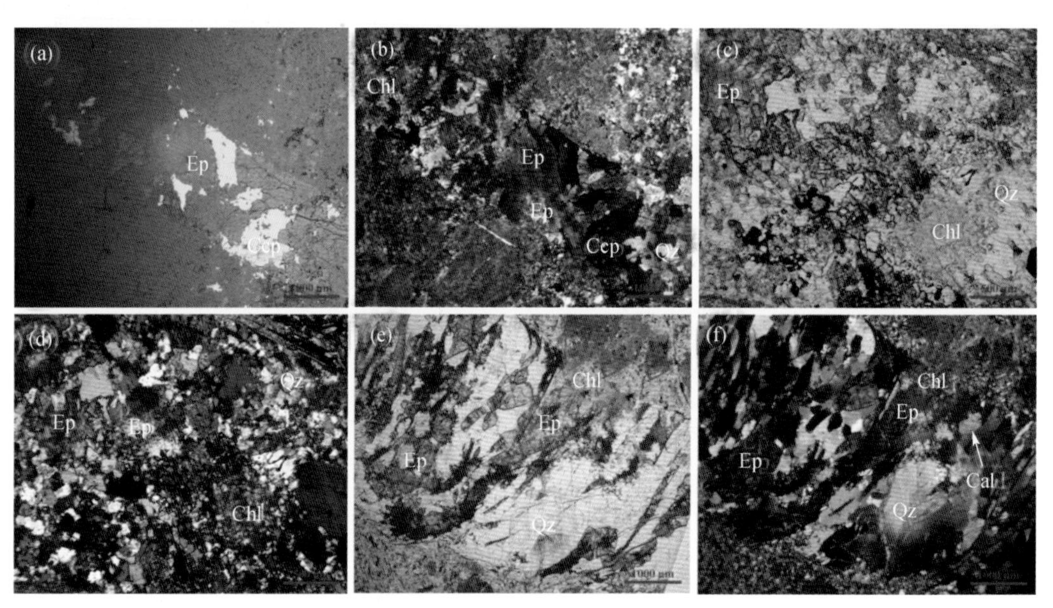

图6.67　普朗矿床青磐岩化显微照片

在矿区尺度范围内，长石分解蚀变强烈叠加了早期钾硅酸盐化和青磐岩化，它影响了斑岩类型，包括最晚侵位的花岗闪长岩，表明该蚀变可能发生在所有斑岩体侵位之后。具有长石分解蚀变晕的脉体有石英+黄铁矿［图6.68（a）、（b）］和黄铜矿+石英+黄铁矿等

D脉，蚀变晕宽0.5～3cm，位于脉体两侧呈对称分布。由于多期蚀变的叠加，产于长石分解蚀变带中的细脉浸染状和弥漫状黄铜矿化蚀变阶段带来了难度，绿泥石化和黄铜矿化增强的规律表明，长石分解蚀变带中细脉浸染状和弥漫状黄铜矿+黄铁矿矿化可能形成于长石分解蚀变阶段。产于该蚀变带的Cu矿化是矿床最主要的矿化形式，贡献了整个矿床约90%的金属Cu。

2）矿化

矿床的Mo矿化位于南部矿段，东部和北部矿段很少发育。辉钼矿是矿床的含钼矿物，以石英+黄辉钼矿+铜矿+黄铁矿的板状脉体等形式存在［图6.65（e）、（g）］，其中板状脉体宽5～30mm，辉钼矿沿脉体中心或边缘断续发育，也见沿脉体微裂隙充填的浸染状辉钼矿化。此外，偶见纯Mol硫化物脉。可见此类脉体被石英-黄铁矿-绿泥石脉和黄铁矿等D脉切穿［图6.65（e）、（f）］，由此可见，辉钼矿化应该发育于钾硅酸盐化向长石分解蚀变过渡阶段。

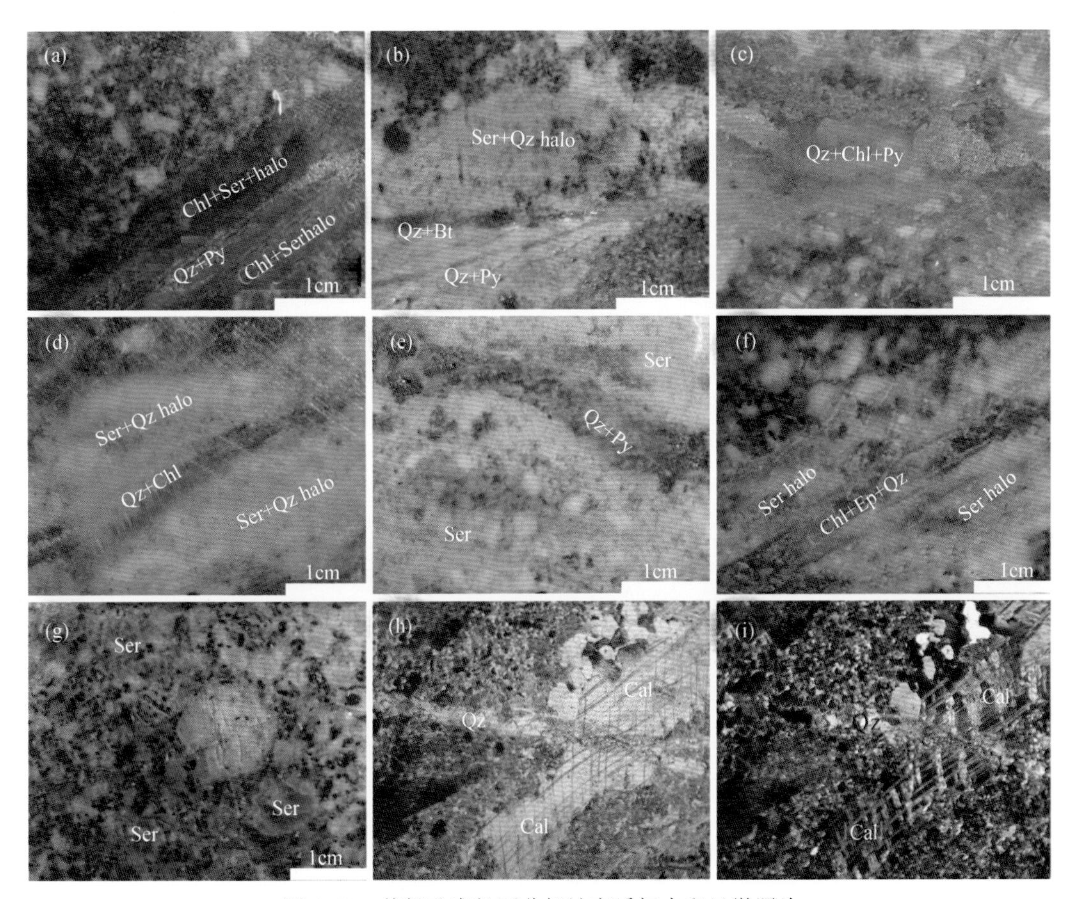

图6.68　普朗矿床长石分解蚀变手标本和显微照片

矿床的Cu矿化在南部、东部和北部3个矿段均有发育，以南部石英二长岩和花岗闪长岩中最为发育。含铜矿物为黄铜矿，此外有少量的斑铜矿和铜蓝。黄铜矿呈细脉浸染状产出。既可与黄铁矿共生，也可单独产出。铜矿化与长石分解蚀变有关，矿床中含 Cu 的脉体有黄铜矿［图6.65（g）、（h）］、石英-黄铜矿［图6.65（g）］等脉体。黑云母-黄铜矿脉虽然不发育［图6.66（b）、（c）］，但它的出现表明黄铜矿的沉淀起始于黑云母化阶段。含黄铜矿的脉体与长石分解蚀变有关，表明矿床中铜在长石分解蚀变阶段沉淀。

6. 矿床特征

1）矿体特征

矿床勘探资料表明，可划分为南部、东部和北部 3 个矿段。南部包括 KT1、KT2 和 KT33 个矿体，东部矿体包括 KT4、KT5 和 KT6 3 个矿体，北部已勘探的矿体为 KT7 矿体。

（1）南部矿体。南部的 KT1 矿体产于普朗 Ⅰ 号斑岩体中心部位，矿体呈大透镜状，北西向展布。空间上呈一北西向展布马鞍状，在平面上为一不规则的多节葫芦形，在剖面上呈“┓”形。南部矿体分布较宽，达 450 ～ 700m，中部宽度变窄，为 80～260m，南部宽度为 300 ～ 400m；走向北西，倾向北东，倾角一般 35° ～ 70°。KT2 矿体位于 KT1 之上大致平行产出，间距 4 ～ 95m，为一隐伏矿体。矿体长 1520m，厚 3.26 ～ 51m，平均 21.31m。脉状，走向北西，倾向北东，倾角 45° ～ 74°。KT3 矿体属隐伏矿体，仅见于 4 线深部，1 个钻孔控制，矿体厚 20.00m。脉状，走向北西，倾向北东，倾角 45°。

（2）东部矿体。3 个矿体因空间出露呈近东西向展布的脉状，故被形象地称为大脉状矿体。KT4 矿体长 365m，厚 2.53m。脉状，走向近东西，倾向正南，倾角 65°。KT5 矿体长 400m，厚 7.32m。脉状，近东西走向，倾向正南，倾角 63°。KT6 矿体长 380m，厚 5.62m。脉状，走向近东西，倾向正南，倾角 66°。

（3）北部矿体。产于普朗Ⅱ号斑岩体北部，矿体长 360m，厚 16.54m。脉状，走向近南北，倾向东，倾角 65°。

2）矿石特征

矿石中的金属矿物有 14 种：黄铜矿（$CuFeS_2$）、斑铜矿（Cu_5FeS_4）、铜蓝（$Cu_2Cu_2S_2S$）、磁黄铁矿（Fe_5S_6-$Fe_{16}S_{17}$）、黄铁矿（FeS_2）、方铅矿（PbS）、辉钼矿（MoS_2）、紫硫镍矿、孔雀石［$Cu_2CO_3(OH)_2$］、磁铁矿（Fe_3O_4）、赤铁矿（Fe_2O_3）、褐铁矿（$Fe_2O_3 \cdot nH_2O$）、钛铁矿（$FeO \cdot TiO_2$）和自然金（Au）。非金属矿物有 14 种：斜长石、钠长石、角闪石、钾长石、黑云母、绢云母、绿泥石、钠黝帘石、透闪石、黏土、锆石、磷灰石、方解石和石英。矿石结构有半自形晶结构、他形晶结构、包含结构、交代溶蚀结构、交代残余结构和压碎结构。矿石构造为细脉浸染状构造。

3）成矿控制条件

普朗矿床地处德格-中甸陆块东缘，印支期义敦-中甸岛弧带南段，其成矿作用控矿因素为岩浆岩、岩浆侵位地层、褶皱断裂构造和热液蚀变作用。它们之间既有密切联系，又有一定独立性，并在成矿系统中发挥着不同的作用。

（1）岩浆岩。含矿斑岩中黑云母和角闪石等含水矿物斑晶常见，表明原始岩浆具有很高的水含量，这是后期形成巨大岩浆热液成矿体系的必要条件。而甘孜-理塘大洋板片俯冲所形成的挤压环境更有利于大型-超大型斑岩铜矿的形成（Richards，2003）。在相对挤压的环境下，形成于MASH区域的初始含矿岩浆因上覆压力的影响不易喷出地表，避免了金属元素和硫的大量逸散；同时，挤压环境也有利于含矿岩浆在上地壳处形成较大的岩浆房，利于岩浆在封闭体系中的充分分异、气相饱和形成大量的岩浆热液流体，并限制形成于岩浆房顶部的小岩体的形成，使更多的流体集中于单个的岩体中（Sillitoe，1997）。中甸弧内的普朗、雪鸡坪和春都3个斑岩铜矿床野外资料显示，三者含矿斑岩的斑晶依次减小，且春都含矿斑岩中常常发育有许多岩石角砾，表明3个斑岩铜矿床的含矿斑岩侵位深度各不相同。普朗含矿斑岩侵位相对较深，有利于较大岩浆房的形成和成矿流体的充分分离和聚集，并形成超大型斑岩铜矿床；雪鸡坪含矿斑岩侵位较浅，不利于形成大的岩浆房，而易于在岩浆房顶部形成许多小的岩枝，不利于成矿流体的充分分离，因而形成中型斑岩铜矿床；春都含矿斑岩侵位更浅，来不及分离出成矿流体就发生了引爆，从而只能形成规模更小的斑岩铜矿床。

（2）岩浆侵位地层。矿区出露三叠系图姆沟组，属火山-碎屑岩建造，火山岩系中缺少了钙碱性玄武岩或玄武安山岩，暗示中甸弧处于较强的挤压应力场中，致使玄武质母岩浆被地壳“低密度坝”截流，在上-下壳界面处发育稳定的岩浆房，于特定的环境中产生了安山质岩浆岩，大面积分布的钙碱性安山岩是斑岩型铜矿形成的先决条件之一。图姆沟组由砂岩、板岩和中酸性火山岩组成，为一套硅铝质岩石，活性弱，岩石致密作为岩体围岩致使矿质不易于逸散，有利于在岩体上部集中和富集，形成斑岩型和热液脉型铜铅锌及铜金组合，并含有较多的银和分散元素。

（3）构造。中甸弧的形成和发展过程中该区经历了强烈的挤压作用，形成了一系列北北西向的紧密线型褶皱和同向断裂。对矿床的形成具有直接影响的褶皱为普朗向斜东翼的次级褶皱，其两翼地层均为图姆沟组二段。东翼向东倾，倾角68°~87°；西翼倾向西，倾角35°~65°。核部较宽，形成较大空间，普朗复式斑岩体沿其核部侵入，为矿质的贮存和富集提供了良好空间。此外，矿区内呈北西向展布的黑水塘逆断裂和北东东向展布的全干力达断裂均为成矿前期断裂，两条断裂交汇部位发育有密集的微裂隙，两条深大断裂和交汇部位的微裂隙为多期含矿斑岩的运移以及矿质的沉淀提供了有利条件和场所。

（4）热液蚀变作用。矿区发育有多种热液蚀变类型（钾长石化、黑云母化、硅化、绿帘石花、绿泥石化、绢云母化和黏土化以及作为成矿作用直接标志的硫化物化），蚀变分带明显（热液活动中心为高温蚀变作用，边部为较低温蚀变作用），且具有阶段性（热液活动的脉动性造成蚀变的阶段性），热液蚀变控制了铜等成矿物质以络合物形式存在于热液中，并在矿区范围内循环活动，最终因和介质环境物理化学条件的差异而发生物质交换即蚀变交代作用，使由矿质为核心的络合物发生分解而产生矿化。

4）找矿勘探指示意义

（1）东部矿段为石英-绢云母-绿泥石化，低温蚀变强烈，南部与东部之间可能存在一条断裂系统，流体从南部流向东部，流体距离远，温度更低，溶解度更低，金属发生沉淀形成细脉状黄铜矿。

（2）北部矿段上部为青磐岩化，下部可见代表钾硅酸盐化蚀变的黑云母化。北部与南部之间在深处可能连接并在深部共有一个岩浆房。北部钻孔揭示上部以石英闪长岩为主，石英二长岩在下部断续出现，且蚀变分带完整，表明北部矿段剥蚀深度有限，下部具有较大的成矿潜力。

（3）南部矿段 ZK0406 浅部花岗闪长岩中即见有代表钾硅酸盐化蚀变的黑云母化，表明南部矿段已发生了较大程度的剥蚀，且在西南角靠近矿体边部的 ZK0713 中发现了广泛发育的钾长石化和黑云母化，表明在以 ZK0713 为蚀变中心的外围有较大的成矿潜力。

6.3　中特提斯成矿系统

中特提斯旋回对三江地区的影响程度与范围远不如古特提斯旋回，怒江洋于晚石炭世末期开启，西羌塘地块和腾冲-保山地块从冈瓦纳大陆北缘漂移出来，西羌塘地块源于印度大陆边缘，而腾冲-保山地块源于澳大利亚大陆边缘，中三叠世西向与东向俯冲，于早白垩世关闭，拉萨地块与西羌塘拼合。早白垩世开始，中特提斯洋（掸邦洋）开始东向俯冲，在腾冲地块和保山地块均有岩浆岩响应，形成与之着密切关系的腾冲-保山锡铅锌成矿带。包括以核桃坪铅锌矿床为代表的夕卡岩和岩浆热液型铅锌成矿系统，以西邑铅锌矿床和滇滩锡铁矿床为代表的热液型铅锌和夕卡岩型锡铁多金属成矿系统。

6.3.1　滇滩夕卡岩型锡铁矿床

1. 矿床地质特征

滇滩矿床出露石炭系空树河组长英质砂岩、板岩和二叠系大硐厂组结晶灰岩、大理岩等。断裂构造发育，主体构造线方向为近南北向，倾向南东（图 6.69）。出露滇滩复式岩体受到近南北方向构造控制，呈近南北向展布。早白垩世岩体侵位于石炭系和二叠系地层内，花岗岩体若与砂板岩接触带则发生角岩化，若与碳酸盐岩接触则发生显著的夕卡岩化，矿体即产生于接触带夕卡岩中。在岩心 274.05m 处可见钾长石化花岗岩（图 6.69）出现，其上覆岩体和砂体依次为石榴子石夕卡岩、镁橄榄石-粒硅镁石夕卡岩、含磁铁矿夕卡岩和磁铁矿矿体，因此不难判断该处花岗岩即为滇滩矿床的成矿岩体。花岗岩为半自形粒状结构，主要有石英、斜长石、钾长石、微斜长石及少量暗色矿物组成。石英呈半自形粒状，斜长石聚片双晶发育，普遍具绢云母化。另见晚期方解石脉沿裂隙充填，少量石英充填在方解石脉边部（图 6.69）。

矿体受到早白垩世钾长花岗岩、蚀变带和近南北向断裂控制。矿体整体走向近南北，倾向南东。产于主断裂下盘夕卡岩中的矿体形态复杂，多呈似层状、透镜状和楔形尖灭状产出；产于正接触带中矿体，形态受不规则接触面控制，多呈透镜状、脉状和楔形尖灭状产出；产于受控于主断裂控制的白云质大理岩、角岩的裂隙中矿体，厚度变化较大，沿倾斜方向具膨缩现象。此类矿体在局部地段也产于夕卡岩与白云质大理岩接触带附近。

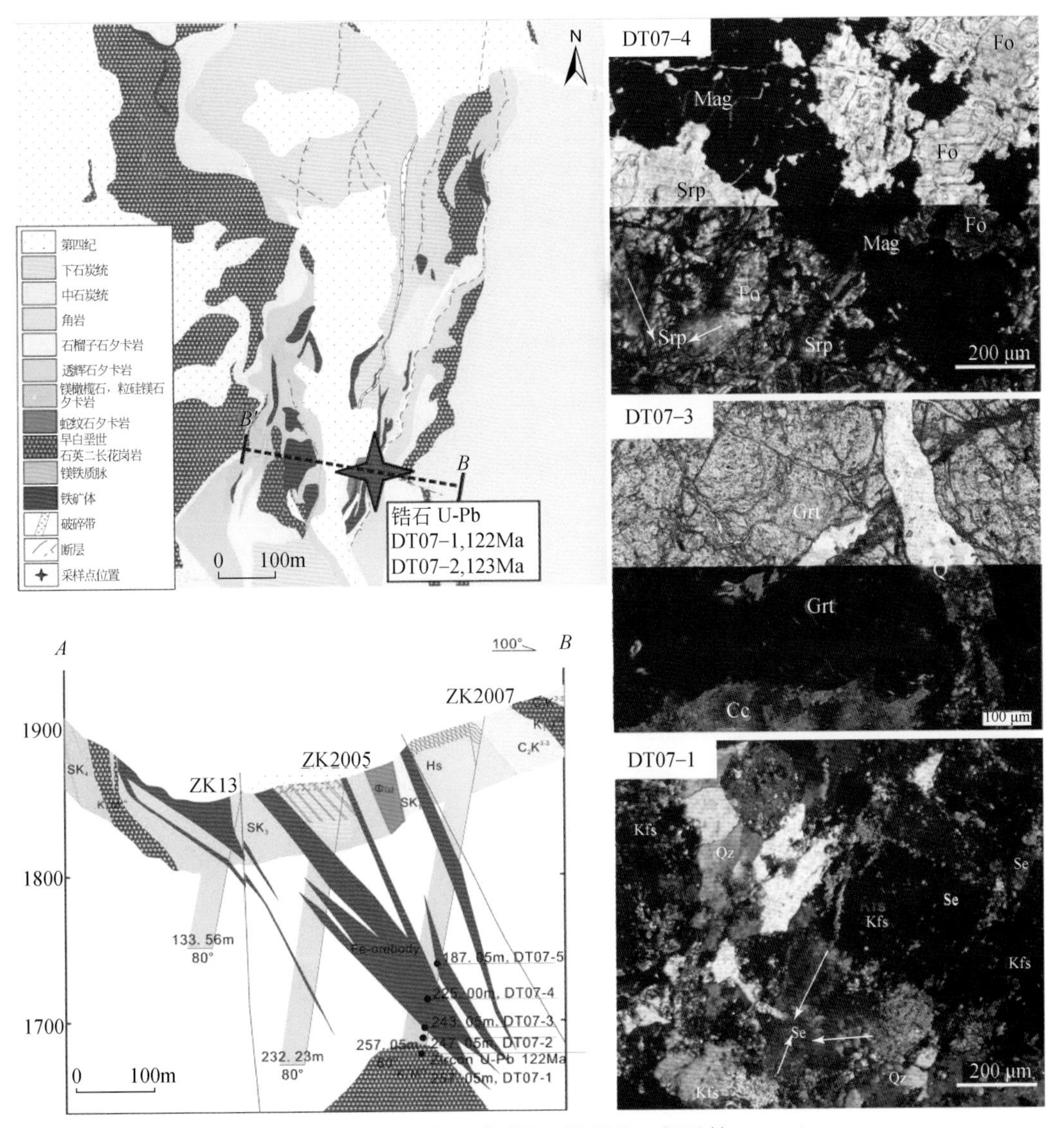

图 6.69 滇滩矿床地质图和显微照片（据马楠，2013）

DT07-1. 碳酸盐化石英二长花岗岩；DT07-3. 石榴子石夕卡岩，方解石细脉；DT07-4. 夕卡岩型矿石（镁橄榄石、粒硅镁石、蛇纹石和磁铁矿）；Q. 石英；Kfs. 钾长石；Se. 绢云母；Cc. 方解石；Grt. 石榴子石；Srp. 蛇纹石；Fo. 镁橄榄石；Mag. 磁铁矿

近矿围岩蚀变显著，接触带附近除发生角岩化和夕卡岩化（包含金云母化、蛇纹石化）外，发育有碳酸盐化等，均为重要近矿蚀变。另外，在花岗岩体边缘发育有硅化、钾化、钠化等。夕卡岩化与矿化发生在碳酸盐地层与钾长石化花岗岩间的接触带，蚀变具有水平和垂向分带特征（图 6.69）。水平方向上，自东向西依次可分为角岩化砂岩带、透辉石夕卡岩带、块状磁铁矿-蛇纹石带、角砾状方解石-磁铁矿带、大理岩带、碳质灰岩带、蛇纹石夕卡岩带、金云母夕卡岩带和硅灰石-蛇纹石夕卡岩带。从钻孔岩心看，深部也具

有垂向分带，自上而下为块状磁铁矿带、细脉状夕卡岩化磁铁矿带、绿帘石－石榴子石夕卡岩带和钾化花岗岩带。靠近岩体的夕卡岩为富石榴子石夕卡岩，呈粒状。石榴子石较少与辉石共生，而独立组成石榴子石夕卡岩，在空间上靠近岩体，石榴子石呈自形粒状，具环带结构，呈十二面体，边缘部钙铁榴石形成晚于核部的钙铝榴石，部分石榴子石夕卡岩具绿帘石化。后期方解石脉沿裂隙充填，或呈细脉状交代磁铁矿。反映了矿化与后期的方解石的产生密切相关。岩体更远的夕卡岩为透辉石夕卡岩，靠近大理岩带。薄片中透辉石无色，含 Fe^{+}的透辉石呈浅绿色，但多色性不明显，具有近正交的辉石式解理。夕卡岩中的透闪石、硅灰石和符山石发育（图 6. 69），多发生蛇纹石化、绿泥石化和绿帘石化。

铁矿石为夕卡岩型，以块状、浸染状和角砾状为主，金属矿石矿物呈角砾状、粒状、细脉状或浸染状分布于脉石矿物中。矿石矿物主要为磁铁矿，其次为假象赤铁矿和赤铁矿，并伴生硼镁铁矿、铁闪锌矿、黄铁矿、黄铜矿和锡石等（图 6. 69）。脉石矿物主要为石英、斜长石、正长石和夕卡岩矿物（镁橄榄石、透辉石、符山石、石榴子石、粒硅镁石、金云母和蛇纹石等），少量方解石和白云石。

2. 成矿期和成矿阶段

按矿物组成和相互重叠、穿插等特征，矿物生成顺序，划分了滇滩矿床蚀变分带的矿物组合、矿物生成顺序和成矿期次。矿床经历了夕卡岩期、后夕卡岩期和石英－硫化物期。夕卡岩期可以分为早期镁夕卡岩阶段和晚期钙夕卡岩阶段，后夕卡岩期可分为淋滤沉淀阶段和石英－硫化物阶段，共两期 4 个阶段。

早期镁夕卡岩阶段：形成镁橄榄石岩和正长石岩，局部伴随有磁铁矿化，偶尔有锡石富集。薄片中所见镁橄榄石岩呈团块状、透镜状残留在晚期透辉石夕卡岩和粒硅镁石夕卡岩中。磁铁矿沿镁橄榄石晶粒间充填交代。

晚期钙夕卡岩阶段：可分透辉石夕卡岩和石榴－符山石夕卡岩。前者经蚀变出现粗大的纤柱状、放射状集合体。薄片中可见石榴子石与符山石共生，符山石晶体间有交代残留的透辉石，石榴子石细脉穿切交代透辉石。

淋滤沉淀阶段：为磁铁矿主要生成阶段。开始形成粒硅镁石－硼镁铁矿－磁铁矿组合，呈带状叠加于透辉石夕卡岩、白云质大理岩合镁橄榄夕卡岩之上；随后叠加有较粗大的粒硅镁石，充填胶结被破碎成角砾状粒硅镁石－磁铁矿矿石；最后形成金云母－磁铁矿组合，呈脉状、透镜状充填交代叠加于透辉石夕卡岩合粒硅镁石－磁铁矿之上。该阶段是最主要的成矿阶段。

石英－硫化物阶段：在磁铁矿进一步富集的同时，有利元素（铜、锌、铅、锡等）同时叠加于夕卡岩之中和磁铁矿旁侧。这是滇滩矿区矿体中共生有锌矿或独立锌矿的重要因素。

3. 成矿时代

前人曾对滇滩矿区花岗岩进行过单矿物 Rb-Sr 年龄测试，年龄在 138～101Ma（施琳，1989；谢勇富，2004）。本次工作用锆石 U-Pb 年龄直接对成矿岩体进行精确测年，结果为

122.0±2.1Ma和123.0±1.4Ma，由于滇滩矿床为典型的夕卡岩型矿床，其成岩年龄与成矿年龄基本一致，因此成矿年龄约在122Ma。沈战武等（2013）年在滇滩无极山矿区对细粒二长花岗岩进行锆石U-Pb测试，结果为131.2±2.8Ma，结合对成矿岩体的测年结果说明，滇滩矿区岩体是一个多期次侵入的复式岩体，结晶年龄跨度10Ma，其中成矿岩体属于结晶较晚的期次，暗示其可能经历较长时间的分异演化过程。

4. 矿床成因

挑选了5件与磁铁矿共生闪锌矿样品，其硫同位素结果结合前人对夕卡岩及磁铁矿矿石中黄铁矿硫同位素测试结果可知，矿区无论夕卡岩还是矿石中的硫同位素均较为相似，且比较稳定，$\delta^{34}S$为1.08%～4.50‰，平均为3.25‰，极差为2.42‰，显示硫化物在沉淀过程中，并未在成矿流体中发生硫同位素的强烈分馏，最终均落入典型的岩浆熔体硫同位素范围内（-3%～+7‰）（Ohmoto，1972），并落入腾冲-梁河地区花岗岩黄铁矿硫同位素范围为+1.86%～+4.19‰（吕伯西等，1993），说明滇滩矿区为岩浆硫，并且矿区流体成矿作用与岩浆热液关系密切。

矿床普遍发育有高温蚀变矿物组合，如硅化、钾长石化、透辉石化等，说明在夕卡岩成矿阶段存在一个高温、高盐度流体阶段。对于高温、高盐度流体的形成机制存在3种可能：初始沸腾机制，即流体直接在岩浆温度条件下产生（花岗质岩浆一般为700～900℃），岩浆房中的花岗质岩浆通过一定程度的结晶分异作用，使岩浆中的挥发分过饱和，从而造成流体相和熔体相的不混溶作用的过程；二次沸腾机制，即由于岩体顶部的盖层破裂引起减压，导致中低盐度热液沸腾作用或者液态不混溶作用的过程残浆出溶机制，即岩浆浅成侵位时，在其结晶演化的晚期，流体从残浆中直接出溶而成的过程（冷成彪等，2008）。早白垩世钾长花岗岩侵位深度较浅，根据锆石Ti温度计计算445～559℃，符合一般钾长花岗岩中温中盐度流体的特征，因此不可能由第三种机制产生高温流体。虽然没有矿物中熔融包裹体和液体包裹体共存的直接证据来证明矿床成矿流体是岩浆-热液过渡性质，但是硫同位素和矿床地质特征表明成矿流体直接分异于早白垩世花岗岩，因此也不可能来自中低温外来流体的二次沸腾。综上所述，矿床内早期成矿流体更有可能是经过初始沸腾过程直接由岩浆分异形成。

矿区内近南北向断裂明显控制矿床的产出，说明断裂及其次级构造是成矿流体的通道和容矿空间。当岩浆分异的高温、高盐度流体产生的成矿流体沿近南北向断裂运移、上升，含有一定量$FeCl_2$的挥发性高的酸性前锋一旦在地壳浅出与碳酸盐岩接触，就有可能发生下列反应（赵斌、李邵平，1985）：

$$4HCl + CaMg(CO_3)_2 \rightarrow CaCl_2 + MgCl_2 + 2CO_2 + 2H_2O \tag{6.1}$$

各夕卡岩带形成的可能化学反应如下：

$$6CaCl_2 + 4AlCl_2 + 5SiO_2 + 14H_2O \rightarrow Ca_3Al_2Si_3O1_2 + Ca_3Al_2Si_2O_8(OH)_4 + 24HCl \tag{6.2}$$

石榴子石-透辉石夕卡岩带：

$$4CaCl_2 + 5SiO_2 + 2AlCl_3 + MgCl_2 + 8H_2O \rightarrow CaMgSi_2O_6 + Ca_3Al_2Si_3O_2 + 16HCl \tag{6.3}$$

透辉石夕卡岩带：

$$2SiO_2 + CaCl_2 + MgCl_2 + 2H_2O \rightarrow CaMgSi_2O_6 + 4HCl \tag{6.4}$$

$$CaMg(CO_3)_2 + 2SiO_2 \rightarrow CaMgSi_2O_6 + 2CO_2 \quad (6.5)$$

磁铁矿-橄榄石-粒硅镁石-透辉石夕卡岩带：

$$CaCl_2 + 8MgCl_2 + 5SiO_2 + 3FeCl_2 + 12H_2O + 2O_3 \rightarrow CaMgSi_2O_6 + Mg_2SiO_4 + Fe_3O_4 + 2Mg_2SiO_4\ Mg(OH)_2 + 24HCl \quad (6.6)$$

因此，岩浆期夕卡岩阶段在伴随镁橄榄夕卡岩和正长石岩形成的过程中，磁铁矿富集的基础上，在经过酸性淋滤沉淀阶段，磁铁矿在铁活性组分与夕卡岩中硅、镁氧化物结合形成富含铁的镁镁橄榄石和钙铁辉石、金云母、蛇纹石等矿物的同时大量沉淀下来，形成磁铁矿床。综上所述，矿床形成与中特提斯洋碰撞时限一致，为该构造事件的岩石响应，由增厚地壳部分熔融形成（图 6.70）。

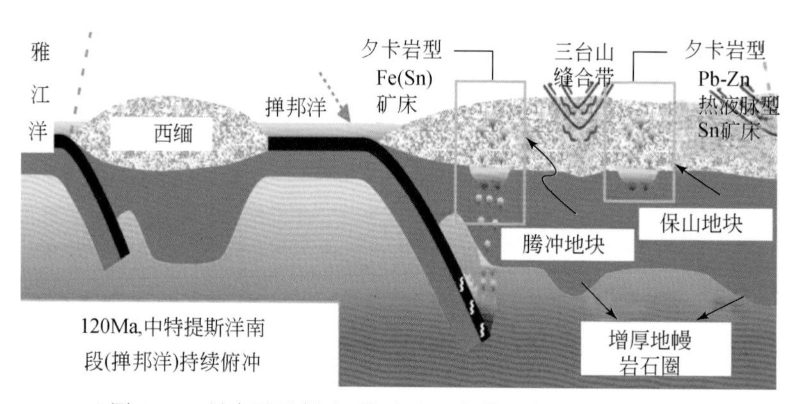

图 6.70　早白垩世保山-腾冲地区岩浆和成矿作用模型图

6.3.2　西邑热液型铅锌矿床

1. 区域地质

矿床属于腾冲-保山锡铅锌成矿带。矿区褶皱、断裂较为发育，主构造方向与南北向怒江断裂走向一致，断裂多位于复式向斜轴部，被后期北东向和东西向断层错断。区内褶皱为保山复式向斜，褶皱由于受到断裂活动影响，形成了紧密型的断裂褶皱构造。

区内岩浆活动表现为泥盆纪—石炭纪的基性-超基性岩侵入。矿区北部发育有形成于晚石炭世卧牛寺组玄武岩，具有地幔热流异常背景。根据区域重力和航磁资料显示，西邑地区具有明显的重力低和航磁负异常分布的特点，表明深部可能存在隐伏岩体的可能（崔子良等，2012）。

2. 矿床地质

1）地层、构造、岩浆

矿床位于东山复背斜北东段，表现为北东向展布的西邑向斜构造（图 6.71）。区内断裂发育，主要有北西向和北东向二组断裂。断裂控制着矿体的空间就位和分布；向斜核部为良好天然的储矿空间，铅锌矿体分布在西邑向斜核部破碎带中。地层从老到新依次为泥盆系中统何元寨组泥质灰岩和大寨门组生物碎屑灰岩；石炭系下统香山组泥质灰岩和铺门前组鲕状灰岩；石炭系上统丁家寨组生物碎屑灰岩和卧牛寺组玄武岩；三叠系河湾街组白云岩和大水塘组角砾状灰岩；第四纪残坡积层。

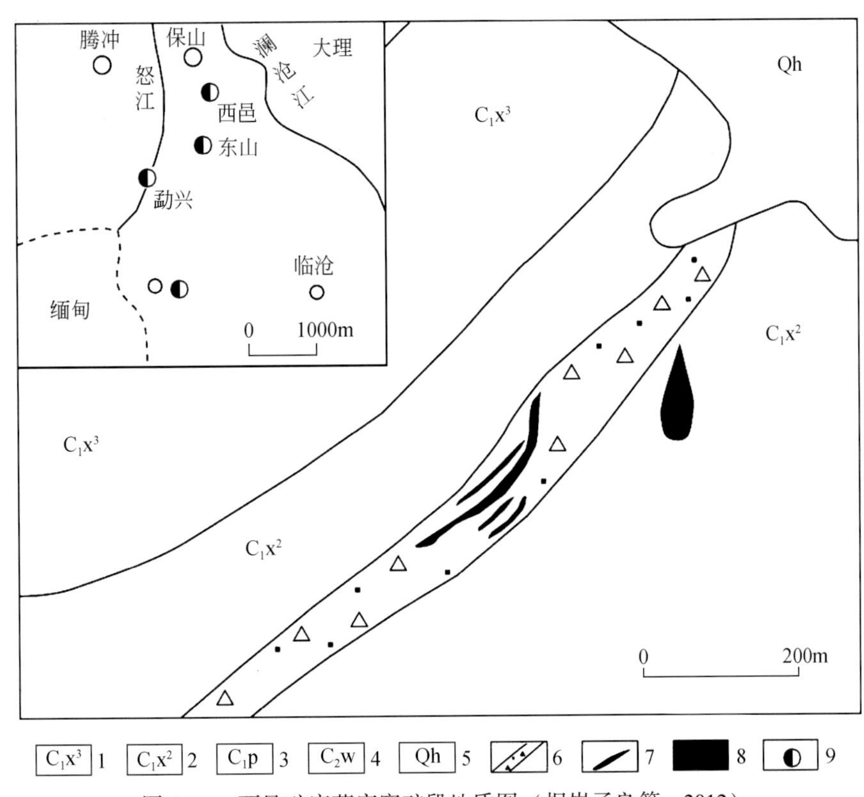

图6.71　西邑矿床董家寨矿段地质图（据崔子良等，2012）

1. 下石炭统香山组二段；2. 香山组三段；3. 下石炭统铺门前组；4. 上石炭统卧牛寺组；5. 第四系；6. 含矿破碎带；7. 矿体；8. 辉绿岩脉；9. 铅锌矿床

2）矿体特征

矿床由董家寨、赵寨和鲁图3个矿段组成（崔子良等，2012）。本次研究重点讨论董家寨矿段。主矿体产于石炭系香山组泥质灰岩、碎屑岩中的北东向构造破碎带中，矿化的构造蚀变带走向长大于1km，宽30～60m。主矿体有3个工程控制，控制长180m，厚1.55～7.86m，铅品位0.82%～1.91%，锌品位3.15%～4.46%（图6.72）。剖面上，矿体同时显示出高角度（60°左右）切层与低角度（10°～20°）顺层特征，厚几米至几十米。

3）围岩蚀变

矿区围岩蚀变不发育。为大理岩化、方解石化、重晶石化等。董家寨矿段的矿体中局部有少量的角砾岩化。

4）矿石类型与矿物特征

矿床矿物组成简单，为硫化物，伴随有少量硫酸盐、硅酸盐、氧化物等矿物（图6.73、图6.74）。矿石构造有块状、角砾状、浸染状、脉状等（图6.73）。矿石金属矿物有闪锌矿、方铅矿、黄铁矿、黄铜矿，偶见毒砂等，有少量硫化物衍生矿物如菱锌矿、褐铁矿、异极矿、白铅矿等。非金属矿物有方解石、重晶石、石英、黏土矿物等。矿石构造有块状、角砾状、脉状、网脉状、碎裂状、浸染状等。矿石结构为交代结构、共生边结构、固溶体分离结构、压碎结构、他形粒状结构等。

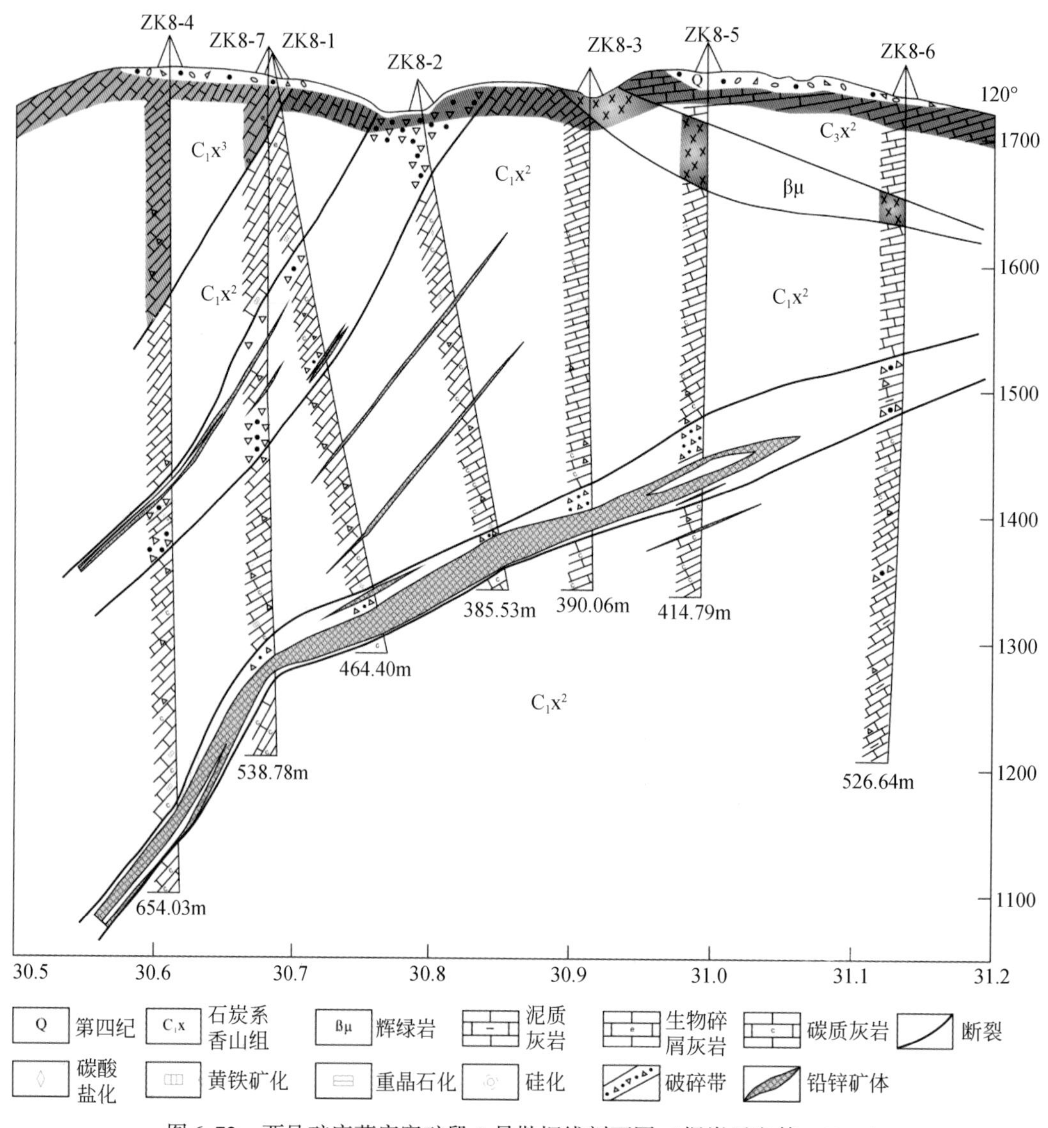

图6.72　西邑矿床董家寨矿段8号勘探线剖面图（据崔子良等，2012）

5）矿物生成顺序

矿床成矿期次可以划分为沉积期、热液期和氧化期。

沉积期：草莓状和球粒状黄铁矿（Py1）呈集合体、球粒状和少量毒砂呈浸染状分布在石炭系香山组泥质灰岩中，代表了早阶段地层预富集阶段。

热液期：根据金属矿物组合可以分为黄铁矿阶段（Py2）、闪锌矿+黄铜矿阶段、方铅矿（闪锌矿和黄铜矿）阶段和黄铁矿阶段（Py3）。黄铁矿（Py2）阶段呈浅黄色粒状他形结构和碎裂结构。被闪锌矿和方铅矿交代呈港湾状结构和交代残余结构。闪锌矿+黄铜矿阶段二者呈固溶体分离结构，黄铜矿呈乳浊状、乳滴状和蠕虫状密集分布在闪锌矿中，代表了成矿阶段温度急剧下降的过程；局部可见颗粒略大的黄铜矿与闪锌矿呈共生边结构。闪锌矿主体呈棕褐色、红色和淡黄色，树脂光泽，半透明，常被方铅矿交代呈他形粒状，形成港湾状；或被后期细脉状方铅矿充填于裂隙中形成细脉交代结构；或与一部分方铅矿呈共生边结构，表明闪锌矿为超复生矿物，其形成时间相对较长。方铅矿阶段以铅灰色为主，强金属光泽，常呈不规则粒状集合体与闪锌矿共生或者呈脉状交代闪锌矿和早期黄铁矿（Py2）。局部见自形程度较好的方铅矿三角形解理孔发育，且三角形解理孔具有弯曲弧形的定向结构，表明在该阶段成矿阶段受构造应力挤压。晚阶段细脉状黄铁矿阶段（Py3），黄铁矿呈细脉状充填于闪锌矿和方铅矿裂隙中。

氧化期：褐铁矿等氧化矿物充填在地表方解石裂隙中。

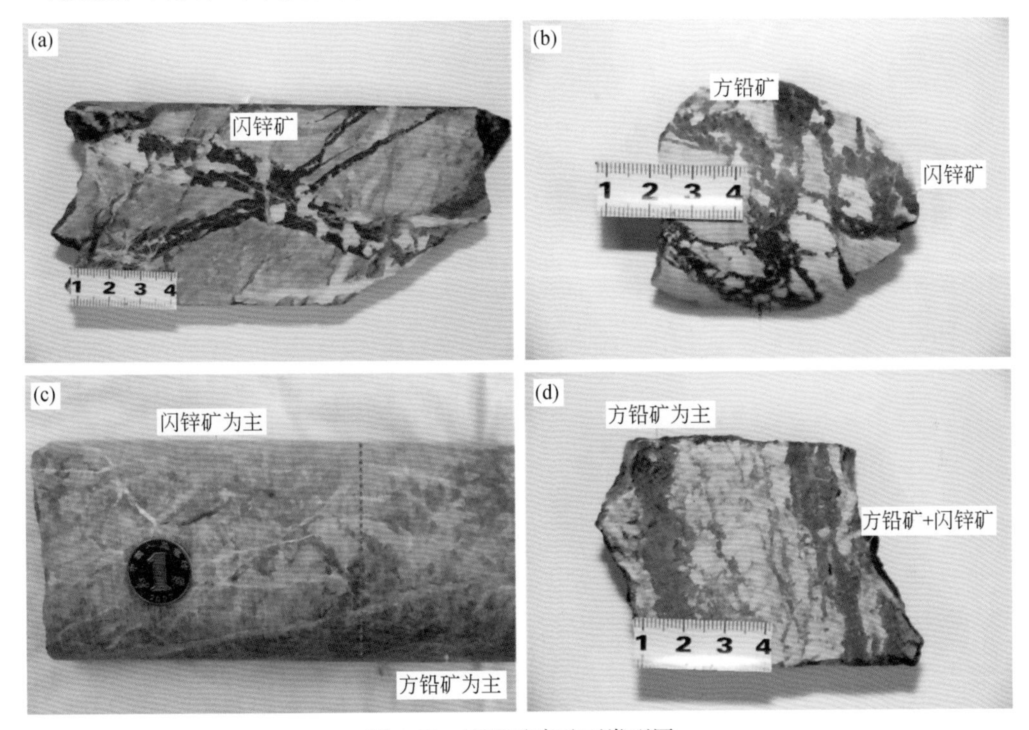

图6.73　西邑矿床矿石类型图

（a）脉状矿石，主要为闪锌矿化；（b）角砾状矿石，为闪锌矿、方铅矿化；（c）块状矿石，存在方铅矿化和闪锌矿化分异现象；（d）层状、纹层状矿石由此可以推断，西邑矿床矿物生成顺序为：黄铁矿（Py2）、毒砂→闪锌矿、黄铜矿→方铅矿、闪锌矿→黄铁矿（Py3）（表 6.27）。

表 6.27　西邑矿床矿物生成顺序表

矿化期	沉积期	热液期				氧化期
矿化阶段	黄铁矿阶段（Py1）	黄铁矿阶段（Py2）	闪锌矿、黄铜矿阶段	方铅矿阶段	黄铁矿阶段（Py3）	表生氧化阶段
黄铁矿	——	━━			——	
毒砂	——					
闪锌矿			━━	——		
黄铜矿			——			
方铅矿				━━		
方解石		——	━━	━━	━━	
石英			——	——		
重晶石						
褐铁矿						——
异极矿						——

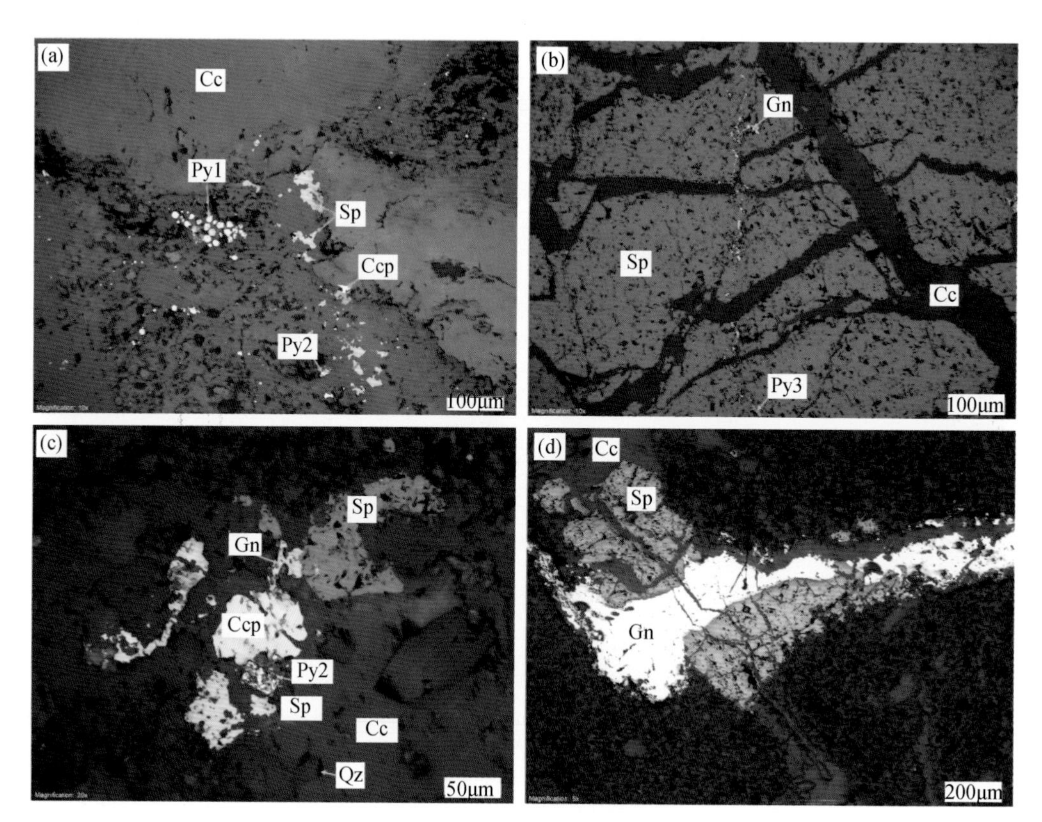

图 6.74　西邑矿床矿物照片

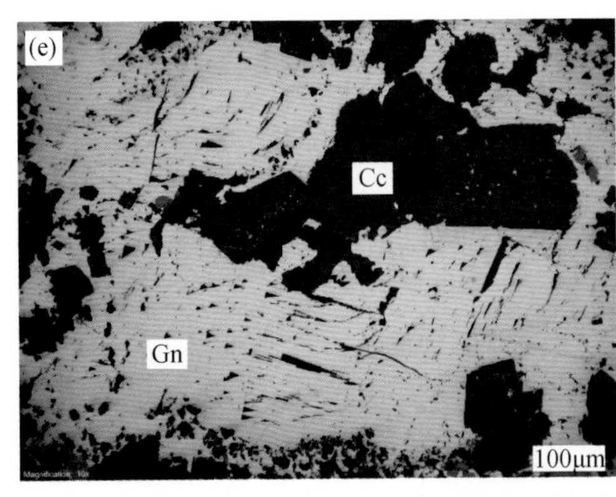

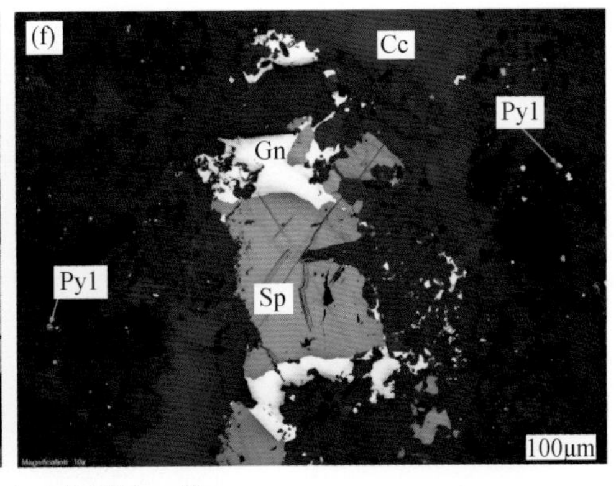

图 6.74　西邑矿床矿物照片（续）

（a）分布与围岩中的早期草莓状黄铁矿；（b）闪锌矿碎裂结构，被后期细脉状方铅黄铁矿沿裂隙充填；（c）闪锌矿、方铅矿、黄铜矿呈共生关系并交代早期长方形黄铁矿；（d）闪锌矿、方铅矿呈共生关系；（e）方铅矿三角形解理孔发育，并具有弯曲弧形的定向结构；（f）闪锌矿与方铅矿呈共生边结构

6）成矿期次

根据矿脉群的交切关系和各自的产状与组合特征，矿床的构造-热液活动可分为 3 个阶段：①方解石-石英阶段，矿物组成为方解石+少量石英，此外，部分脉内含有较多的泥质围岩组分，表明流体和围岩发生过强烈的水岩反应，该阶段矿物呈高角度互切的张性、张剪性脉状产出，判断其为张性背景下的产物；②方解石-石英-硫化物阶段，矿物组成为方解石、闪锌矿和方铅矿，另有少量黄铁矿、黄铜矿和石英，根据矿脉产状和矿物组合特征，该阶段可细分为方解石-石英-闪锌矿和方解石-石英-方铅矿两个亚阶段，两亚阶段矿脉空间上分离，时间上后者略晚于前者，方解石-石英-闪锌矿脉产状与第一阶段一致，呈高角度互切的张性、张剪性脉状产出，方解石-石英-方铅矿除部分呈高角度张性、张剪性脉状产出外，不少也呈低角度压性、压剪性脉状产出，反映了由张性向压性转变的构造环境；③方解石-石英阶段，矿物组成为方解石和少量石英，呈低角度压性、压剪性脉状产出。

3. 矿物成分

采用LA-ICP-MS 对矿石中金属矿物进行相关微量元素分析，测试分析在澳大利亚塔斯马尼亚大学采用 Agilent HP-7700 Quadripole ICPMS instrument at CODES（University of Tasmania, Hobart, Australia）完成。测试样品需磨制成直径 2cm、厚 1cm 的圆光片。测试所采用束斑直径为 50μm，共完成 4 件样品 38 个点测试分析，测试元素包括：^{55}Mn、^{57}Fe、^{59}Co、^{60}Ni、^{65}Cu、^{66}Zn、^{75}As、^{77}Se、^{95}Mo、^{107}Ag、^{111}Cd、^{118}Sn、^{121}Sb、^{125}Te、^{157}Gd、^{178}Hf、^{197}Au、^{205}Tl、^{208}Pb 和^{209}Bi。每个测点分析时间为 90s，采用标样为 STDGL2b（标样适合各种不同硫化物定量测试分析；Danyushevsky *et al.*, 2011）。具体矫正方法详见 Cook 等（2009）文献。

1）矿物化学成分

测试分析结果见表 6.28，矿床硫化物（闪锌矿、方铅矿和黄铁矿）微量元素组成具有以下特征。

表 6.28 西邑矿床硫化物(闪锌矿、方铅矿、黄铁矿)微量元素 LA-ICP-MS 分析组成表(10^{-6})

样品号	矿物	^{55}Mn	^{57}Fe	^{59}Co	^{60}Ni	^{65}Cu	^{66}Zn	^{75}As	^{77}Se	^{95}Mo	^{107}Ag	^{111}Cd	^{118}Sn	^{121}Sb	^{125}Te	^{157}Gd	^{178}Hf	^{197}Au	^{205}Tl	^{208}Pb	^{209}Bi
DJZ-11-04	闪锌矿	3. 02	6099	0. 03	<mdl	108. 68	671000	0. 06	0. 15	<mdl	8. 18	640. 71	33. 35	2. 13	<mdl	<mdl	<mdl	0	<mdl	0. 47	<mdl
		3. 02	5294	0. 03	<mdl	476. 14	671000	<mdl	0. 33	<mdl	5. 61	733. 14	0. 05	0. 57	<mdl	<mdl	<mdl	0	<mdl	1. 42	<mdl
		2. 52	5489	0. 05	<mdl	179. 58	671000	0. 20	0. 29	<mdl	7. 16	623. 94	15. 96	11. 72	<mdl	<mdl	<mdl	0	0	1. 23	<mdl
		2. 68	5553	0. 03	<mdl	49. 52	671000	0. 12	0. 24	0	5. 44	565. 10	17. 67	2. 77	<mdl	<mdl	<mdl	0	<mdl	0. 34	<mdl
		2. 19	4662	0. 03	<mdl	51. 90	671000	0. 16	0. 22	<mdl	5. 08	437. 80	9. 78	4. 97	<mdl	<mdl	<mdl	<mdl	<mdl	0. 38	<mdl
DJZ-11-06		44. 81	49406	18. 71	<mdl	112. 78	671000	0. 69	3. 39	<mdl	49. 85	4985	0. 42	12. 11	<mdl	<mdl	<mdl	<mdl	0. 01	5. 71	<mdl
		49. 64	52796	19. 42	<mdl	54. 98	671000	<mdl	3. 19	<mdl	42. 26	5621	0. 37	1. 59	<mdl	<mdl	<mdl	<mdl	<mdl	1. 53	<mdl
		49. 90	40642	18. 33	<mdl	225. 71	671000	<mdl	5. 98	<mdl	54. 84	4208	0. 81	6. 95	0. 19	<mdl	<mdl	0. 01	<mdl	8. 67	<mdl
		67. 54	48444	16. 66	0. 14	1309	671000	1. 57	4. 48	0. 11	113. 71	4567. 67	1. 34	40. 35	<mdl	<mdl	<mdl	<mdl	0. 03	25. 19	<mdl
DJZ-11-08		6. 52	4158	1. 78	0. 02	9. 08	671000	0. 17	0. 34	<mdl	2. 37	331. 21	0. 05	0. 94	<mdl	<mdl	<mdl	<mdl	0	0. 62	<mdl
		8. 28	5442	2. 36	0. 03	6. 04	671000	<mdl	0. 23	<mdl	2. 45	408. 64	0. 48	0. 88	<mdl	<mdl	<mdl	<mdl	0	0. 31	<mdl
		6. 64	4676	1. 94	0. 01	95. 83	671000	0. 05	0. 28	<mdl	9. 33	393. 26	0. 35	1. 60	<mdl	<mdl	<mdl	<mdl	0	6. 23	0
		3. 78	2854	2. 66	0. 70	8. 18	671000	2. 00	<0. 158	<mdl	8. 82	464. 37	0. 03	7. 87	<mdl	<mdl	<mdl	0	0. 02	5. 94	0
		6. 27	4440	2. 11	<mdl	16. 35	671000	0. 12	0. 22	<mdl	11. 63	385. 29	0. 15	3. 18	<mdl	<mdl	<mdl	<mdl	0. 01	54. 65	<mdl
		8. 13	5266	2. 06	<mdl	12. 02	671000	<mdl	0. 23	<mdl	8. 47	409. 31	0. 17	0. 53	<mdl	<mdl	<mdl	<mdl	0	2. 51	<mdl

续表

样品号	矿物	^{55}Mn	^{57}Fe	^{59}Co	^{60}Ni	^{65}Cu	^{66}Zn	^{75}As	^{77}Se	^{95}Mo	^{107}Ag	^{111}Cd	^{118}Sn	^{121}Sb	^{125}Te	^{157}Gd	^{178}Hf	^{197}Au	^{205}Tl	^{208}Pb	^{209}Bi
DJZ-11-04	方铅矿	<mdl	<mdl	<0.028	<mdl	0.93	<mdl	<mdl	<mdl	<mdl	2237	28.38	0.92	2793.88	<mdl	<mdl	<mdl	<mdl	0.79	866000	<mdl
		<mdl	<mdl	<0.024	<mdl	1.18	<mdl	1.53	<mdl	<mdl	1490	10.53	1.56	3233.16	<mdl	<mdl	<mdl	<mdl	0.63	866000	0.02
		<mdl	<mdl	<0.040	<mdl	1.07	<mdl	1.62	<mdl	<mdl	1345	6.06	1.51	2742.83	0.18	<mdl	<mdl	<mdl	0.59	866000	0.05
		<mdl	<mdl	<0.023	<mdl	2.95	<mdl	2.07	<mdl	<mdl	1465	10.71	3.02	3257.17	<mdl	<mdl	<mdl	<mdl	0.62	866000	0.21
		<mdl	<mdl	<0.033	<mdl	6.70	<mdl	0.65	<mdl	<mdl	1732	25.98	0.90	3608.43	<mdl	0.05	<mdl	<mdl	0.63	866000	0.02
		<mdl	<mdl	<0.022	<mdl	1.85	<mdl	1.61	<mdl	<mdl	1485	10.45	1.29	2881.07	<mdl	0.02	0.02	<mdl	0.61	866000	0.02
		7.25	19.97	<0.028	<mdl	<mdl	1.51	<mdl	<mdl	<mdl	1148	5.19	0.31	1151.55	0.22	<mdl	<mdl	<mdl	0.42	866000	0.87
		<mdl	<mdl	<0.015	<mdl	0.28	0.84	<mdl	<mdl	<mdl	1368	11.81	0.24	3496.82	<mdl	<mdl	<mdl	<mdl	0.38	866000	73.58
		<mdl	6.56	<0.019	<mdl	0.15	1.10	<mdl	<mdl	<mdl	1609	18.23	0.11	1979.19	<mdl	<mdl	<mdl	<mdl	0.57	866000	0.05
		<mdl	<mdl	<0.034	<mdl	0.91	0.65	<mdl	<mdl	<mdl	1475.19	10.09	1.67	1485.94	<mdl	<mdl	<mdl	<mdl	0.41	866000	0.03
		<mdl	<mdl	<0.031	<mdl	2.87	<mdl	<mdl	<mdl	<mdl	1547.29	10.68	2.45	3321.94	<mdl	<mdl	<mdl	<mdl	0.32	866000	0.02
DJZ-11-08		<mdl	<mdl	<mdl	<mdl	3.78	<mdl	<mdl	<mdl	<mdl	1344.75	25.97	0.69	1662.44	<mdl	<mdl	<mdl	<mdl	0.67	866000	<mdl
		<mdl	136.33	<mdl	<mdl	3.36	<mdl	<mdl	<mdl	<mdl	806.91	19.80	2.71	1138.90	<mdl	<mdl	<mdl	<mdl	0.48	866000	0.03
		<mdl	31.63	<mdl	0.38	2.13	<mdl	0.68	<mdl	<mdl	1179.62	9.82	0.11	1257.77	<mdl	<mdl	<mdl	<mdl	0.63	866000	<mdl
		<mdl	5.23	<mdl	<mdl	2.83	<mdl	<mdl	2.63	<mdl	1041.14	20.41	0.16	4664.28	<mdl	<mdl	<mdl	<mdl	0.68	866000	<mdl
		<mdl	6.00	<mdl	<mdl	3.81	0.48	<mdl	1.96	<mdl	1285.42	19.62	0.21	3616.27	<mdl	<mdl	<mdl	<mdl	0.76	866000	0.02
		0.27	<mdl	<mdl	<mdl	7.41	<mdl	<mdl	<mdl	0.22	1045.66	19.04	0.19	1581.00	<mdl	<mdl	<mdl	<mdl	0.63	866000	<mdl
		<mdl	<mdl	<mdl	<mdl	6.60	125.63	<mdl	<mdl	<mdl	773.51	14.43	0.41	1463.98	<mdl	<mdl	<mdl	<mdl	0.56	866000	<mdl
DJZ-11-09	黄铁矿	15.54	465000	21.27	12.38	90.13	6.17	651.76	3.23	<mdl	336.46	12.91	0.79	411.21	<mdl	0.04	<mdl	0.28	0.27	241107.25	<mdl
		25.17	465000	27.78	105.69	144.09	23.90	3903.21	2.57	0.12	199.67	0.78	0.28	531.85	<mdl	<mdl	<mdl	0.90	0.36	13899.06	<mdl

注：<mdl 指测试检测结果低于检出限，以下测试结果中一次相同。

（1）Mn 富集于闪锌矿和黄铁矿中，方铅矿中含量很低，绝大部分低于检出限。闪锌矿中含量为 $2.19\times10^{-6}\sim67.54\times10^{-6}$；黄铁矿中含量为 $15.54\times10^{-6}\sim25.17\times10^{-6}$。

（2）Fe 在闪锌矿中含量较高富集，其含量为 $2854\times10^{-6}\sim49406\times10^{-6}$；方铅矿中 Fe 的含量基本低于检出限。

（3）Cu 在硫化物中含量变化较大。闪锌矿中含量为 $6.04\times10^{-6}\sim1309\times10^{-6}$；在 LA-ICP-MS 时间分辨率剖面图上 Cu 大部分呈平缓直线，表明 Cu 大部分呈类质同象形式赋存在闪锌矿中，与镜下观察闪锌矿和黄铜矿呈固溶体分离结构现象一致。

少量时间分辨率剖面图呈现变化幅度较大曲线，表明少量 Cu 以显微包裹体形式存在于闪锌矿中［图 6.75（a）、（b）］；方铅矿中 Cu 含量相对比较稳定，变化范围为 $0.15\times10^{-6}\sim7.41\times10^{-6}$［图 6.75（c）］；黄铁矿中 Cu 含量较高，为 $90.1\times10^{-6}\sim144.1\times10^{-6}$［图 6.75（d）］。

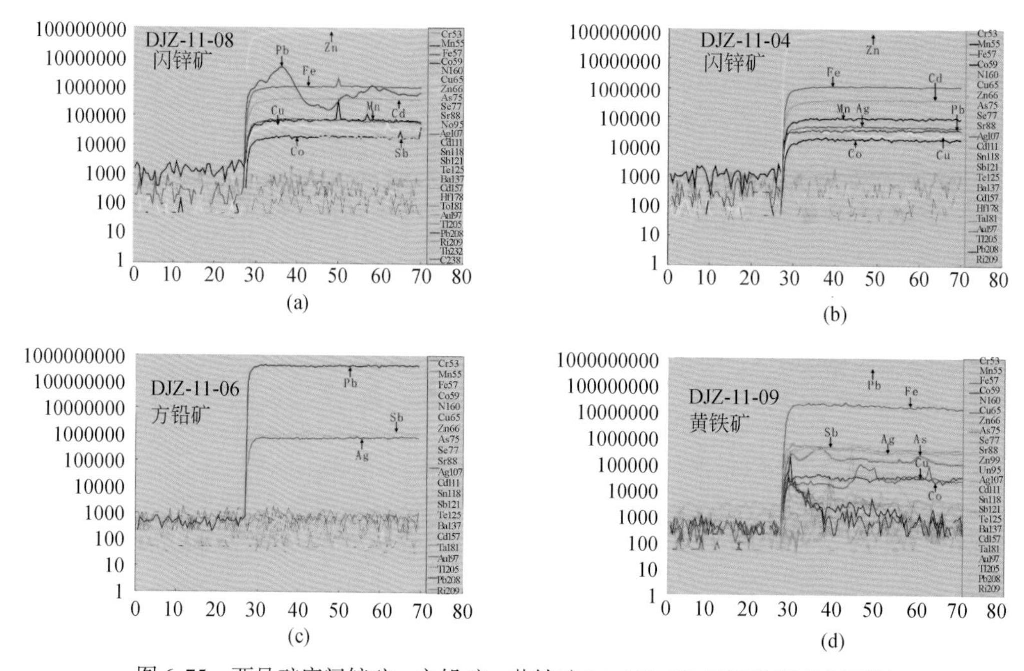

图 6.75　西邑矿床闪锌矿、方铅矿、黄铁矿 LA-ICP-MS 时间分辨率剖面图

（4）Ag 含量在硫化物中含量较高，在方铅矿中含量最高为 $773.5\times10^{-6}\sim2236.6\times10^{-6}$，平均为 1354.2×10^{-6}（$n=18$）；黄铁矿中 Ag 含量为 $199.7\times10^{-6}\sim336.5\times10^{-6}$；闪锌矿中 Ag 含量为 $2.37\times10^{-6}\sim113.71\times10^{-6}$。

（5）Cd 含量在硫化物中较为富集。闪锌矿中 Cd 含量较高，变化范围为 $331.2\times10^{-6}\sim5621.5\times10^{-6}$，平均为 1652×10^{-6}（$n=15$）；方铅矿中 Cd 含量较稳定，变化范围狭窄为 $6.06\times10^{-6}\sim28.38\times10^{-6}$；黄铁矿中 Cd 含量变化范围大，含量较低，为 $0.78\times10^{-6}\sim12.91\times10^{-6}$。

（6）Sn 和 Sb 相对较富集，尤其以方铅矿和黄铁矿中 Sb 含量高，方铅矿中 Sb 变化范围为 $1151.6\times10^{-6}\sim4664.3\times10^{-6}$，平均为 2518.7×10^{-6}（$n=18$）；黄铁矿中 Cd 含量为

$411.2\times10^{-6}\sim531.9\times10^{-6}$。Sn在硫化物种含量较低，且变化范围较小。

综上所述，西邑矿床闪锌矿以富集Fe、Mn、Cd、Cu、Ag、Sb、Sn、Pb、Tl等元素为特征，其中Fe、Mn、Cd、Ag元素含量相对较稳定。方铅矿以富集Sb、Ag、Cd、Sn、Tl等元素为特征。黄铁矿以Ag、As、Sb、Pb特别富集为特征，其他元素相对比较富集。

2）矿物成因

长期以来众多地质学者研究总结微量元素特征并以此来为成矿提供有用信息（刘英俊等，1984；Zhang，1987；韩照信，1994；Huston *et al.*，1995；Beaudoin，2000；涂光炽等，2003；Di Benedetto *et al.*，2005；Ishihara *et al.*，2006；Monteiro *et al.*，2006；Gottesmann and Kampe，2007；Ishihara and Endo，2007）。因此，上述硫化物中微量元素可反映地球化学过程中流体的性质等重要的地球化学信息。

西邑矿床3种硫化物中微量元素组合变化规律能反映部分成矿信息。如黄铁矿中Pb含量异常高，可能与后期方铅矿交代早期黄铁矿现象吻合。另外，3种硫化物中富集的低温元素组合含量有一定的变化规律，方铅矿中低温成矿元素组合含量最高，黄铁矿次之，闪锌矿最低。并且Ag-Sb投图也证实了以上观点（图6.76）。表明成矿过程中流体性质是变化的，为温度逐渐降低的过程，与矿物生成顺序一致。

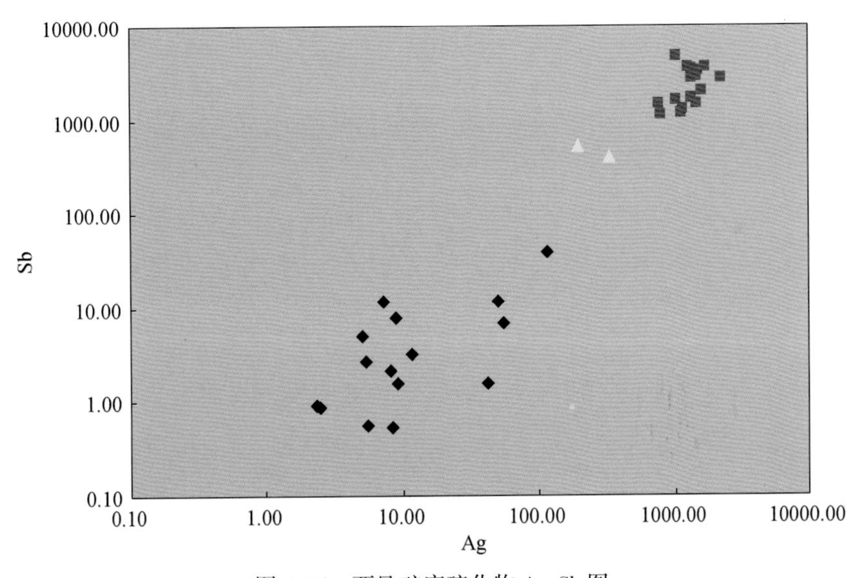

图6.76　西邑矿床硫化物Ag-Sb图

闪锌矿中微量元素有规律的变化是成矿温度由高到低的客观反映，研究表明，高温条件下形成闪锌矿富集Fe、Mn、In、Se、Te等元素，而低温条件下形成闪锌矿则相对富集Cd、Ga、Ge等元素（刘英俊等，1984；韩照信，1994；蔡劲宏等，1996）。

矿床闪锌矿中1件样品中Fe的含量较高为4.1%～5.3%，显示出中高温闪锌矿的特征，而另外两件闪锌矿中Fe的含量较低为0.29%～0.61%，显示出低温热液矿床中闪锌矿特征（Cook *et al.*，2009）。表明矿床成矿流体具有一个温度逐渐降低的过程。

4. 矿床地球化学

研究测试矿石中S同位素和稀土元素，并搜集整理前人测试数据，探讨了西邑矿床成矿流体和成矿物质来源。

1）S同位素

选取矿床15件硫化物和硫酸盐岩矿物样品进行了硫同位素分析，测试在中国地质大学（北京）地学实验中心IRMS（Isoprime）型稳定同位素质谱计上完成。具体分析方法为：选取200目的纯净样品，依据DZ/T018.14-1997硫化物中硫同位素组成测定方法，测试精度为$\delta^{34}S_{V-CDT}\leqslant 0.2‰$（$2\sigma$），分析结果见表6.29。

表6.29　西邑矿床硫化物和硫盐矿物S同位素组成表

样品号	矿物	$\delta^{34}S_{V-CDT}‰$	采样位置	样品描述
DJZ-11-02	闪锌矿	0.96		方解石闪锌矿脉
DJZ-11-03	闪锌矿	1.23		无矿方解石脉穿插方解石闪锌矿脉
DJZ-11-04	方铅矿	2.00		方铅矿、闪锌矿灰岩角砾
	闪锌矿	4.63	ZK0-7	
DJZ-11-05	方铅矿	0.94		含方铅矿方解石脉穿插早期无矿方解石脉
DJZ-11-06	闪锌矿	0.78		闪锌矿、方铅矿脉，闪锌矿含量较多
DJZ-11-07	方铅矿	1.49		矿石样品，其中闪锌矿和方铅矿在矿石两端分异
DJZ-11-08	闪锌矿	1.03		含方铅矿、闪锌矿灰岩角砾
DJZ-11-09	方铅矿	2.05	ZK0-11	含方铅矿方解石脉
DJZ-11-11	闪锌矿	3.06		含方铅矿、闪锌矿矿石
DJZ-11-13	黄铁矿	-1.30	ZK0-7	
DJZ-11-14	黄铁矿	-0.10	ZK7-4	
XY-01	重晶石	13.7		
XY-02	重晶石	16.5	董家寨矿段	
XY-03	重晶石	17.3		

金属硫化物的硫同位素（$\delta^{34}S$）变化范围为+0.78‰～+4.63‰，平均为+1.82‰。峰值在0‰附近，具有塔式分布特征（图6.77）。其中，闪锌矿$\delta^{34}S$值为+0.96‰～+4.63‰，平均为+1.95‰；方铅矿$\delta^{34}S$值为+0.94‰～+2.05‰，平均为+1.62‰；黄铁矿$\delta^{34}S$值为-1.30‰～-0.10‰，平均为-0.70‰；重晶石$\delta^{34}S$值为+13.7‰～+17.3‰，平均为+15.8‰（图6.78）。

根据硫同位素组成分析矿床中硫的来源并探讨矿床成因。热液矿床中硫的来源大致可以分为① 幔源硫，$\delta^{34}S$值接近0，并且变化范围小，呈塔式分布；② 壳源硫，来自地壳岩石，硫同位素组成变化范围大；③ 混合硫，地幔来源的岩浆在上升侵位过程中混染了地壳物质，各种硫源的同位素混合。不同类型的硫发生混染，流体则显示出不同的硫同位素

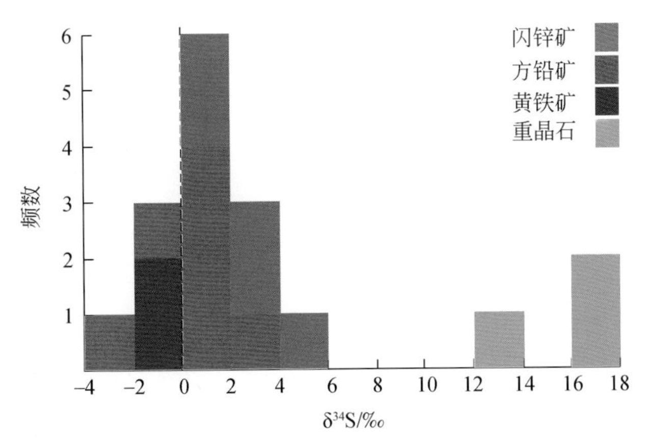

图6.77　西邑矿床硫同位素组成分布频率图

特征，因此由热液矿床中硫化物的 $δ^{34}S$ 值所获得的成矿流体中总硫的同位素组成对硫来源的分析具有重要意义（韩吟文、马振东，2003）。

从硫同位素看，$δ^{34}S$ 值组成稳定，塔式分布明显，表明矿床中具有均一的硫源。硫化物、硫盐矿物 $δ^{34}S$ 值虽然变化不大，但仍可见增大的趋势（图6.78）。从图6.78中看到硫化物中 $δ^{34}S$ 值分布集中显示 $δ^{34}S_{Sp} \geqslant δ^{34}S_{Gn} \geqslant δ^{34}S_{Py}$ 且 $δ^{34}S_{Sp}$ 值变化范围较广。根据硫同位素平衡分馏原理，后形成的硫化物要比先形成的硫化物富集 $δ^{34}S$。

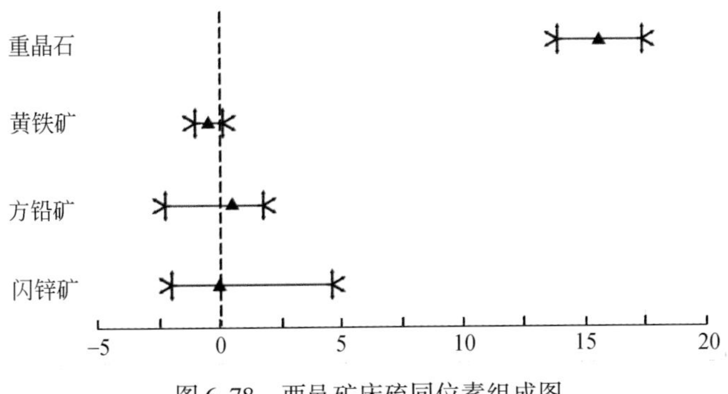

图6.78　西邑矿床硫同位素组成图

由此推断：①在不同矿物结晶过程中没有发生硫同位素的显著分馏，矿物之间没能完全达到平衡分馏，所以金属硫化物矿物在生存的过程中具有先后顺序；②黄铁矿形成最早，其次就是闪锌矿和方铅矿，由于闪锌矿 $δ^{34}S$ 值变化范围较广，结合镜下观察闪锌矿特征，正好与S同位素测试分析结果相吻合。从图6.79中看到重晶石的硫酸盐矿物的 $δ^{34}S$ 和海相硫酸盐 $δ^{34}S$ 值比较接近。一般情况下，生物成因硫化物的硫同位素具有两个明显的特征：①还原形成的硫化氢或硫化物中 $δ^{34}S$ 的富集明显超过原始硫酸盐，$δ^{34}S$ 通常为负值；②硫化氢或硫化物中 $δ^{34}S$ 值表现为具有大幅度波动范围。因此推断，重晶石中的硫不是生物成因来源。结合矿区赋矿围岩为香山组泥质灰岩，可推测其来源于海相环境的可能性较大。

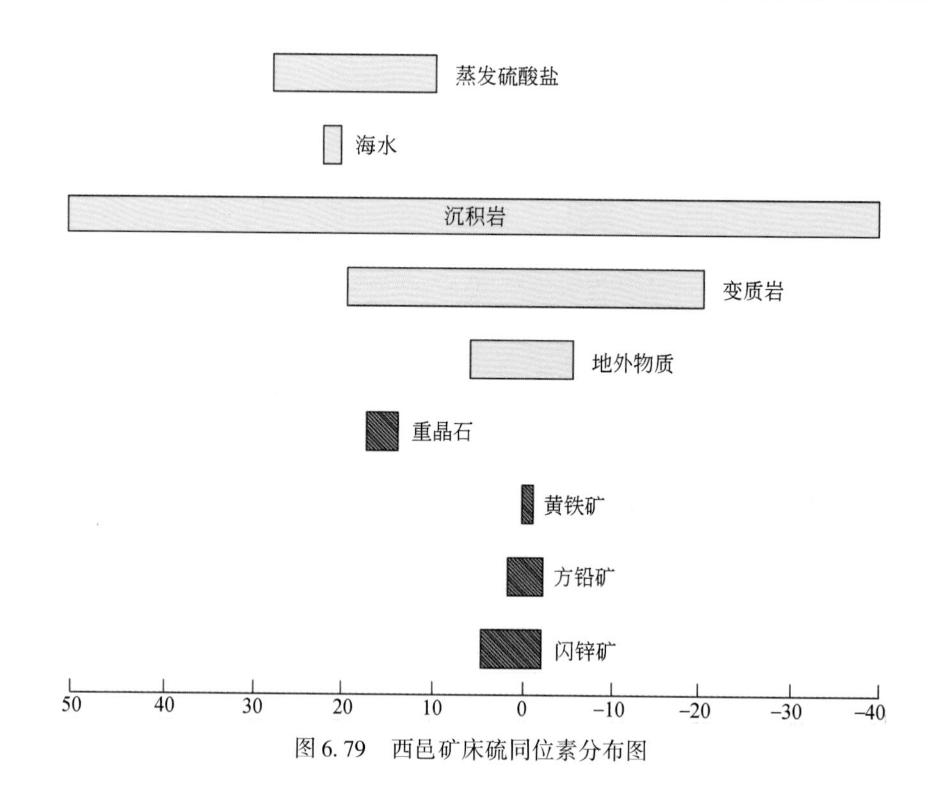

图 6.79　西邑矿床硫同位素分布图

2）微量稀土元素

对矿床中23件样品进行了微量稀土元素测试。其中闪锌矿为主的矿石样品4件、闪锌矿方铅矿共生混合样4件、方铅矿为主的矿石样品2件、方解石样品2件、灰岩样品4件、辉绿岩样品3件、断层泥样品2件和玄武岩样品2件。测试工作由中国地质科学院地球物理与地球化学研究所中心实验室完成。具体方法为：将要测定的样品粉碎、研磨至200目以下备用，实验室具体操作流程见Qi等（2000）。测试结果见表6.30和表6.31。

（1）微量元素特征。由表6.30和图6.80可见，成矿元素Pb、Zn、Sb、Cd、Ag、U等元素较为富集，Ni、Se、Ti、Co元素相对贫化。矿石中Pb、Zn、Ag、Cd、Sb、U、Au含量明显高于方解石脉、灰岩、辉绿岩、断层泥和玄武岩中的含量数倍，尤其是前四种成矿元素。以闪锌矿为主的矿石、以方铅矿为主的矿石和方铅矿闪锌矿混合的矿石三者之间成矿元素含量变化不明显，除两件样品（DJZ-11-13和DJZ-11-01A）含量稍微偏低外。其次断层泥和方解石中Pb、Zn、Sb、Cd含量也较高。相比较而言辉绿岩中Pb、Zn、Sb、Cd含量稍高于新鲜的玄武岩和未蚀变的灰岩。证实了断裂是流体运移的主要通道之一。

（2）稀土元素特征。热液矿床中稀土元素以其独特的地球化学性质，在岩浆和成矿作用过程受物理化学条件变化影响较小，从而可以探讨成矿热液和成矿物质的可能来源（Whitney and Olimsted，1998）。标准化REE配分模式是一种有效的地球化学工具，REE浓度水平、LREE/HREE分馏程度和Eu、Ce的异常可以用来解释热液矿物和化学沉积与围岩的相互作用（Bau and Möller，1992）。将分析结果利用C1球粒陨石进行标准化，得到不同地质体中稀土元素配分模式，用以探讨成矿物质来源（Sun and McDonough，1989）。

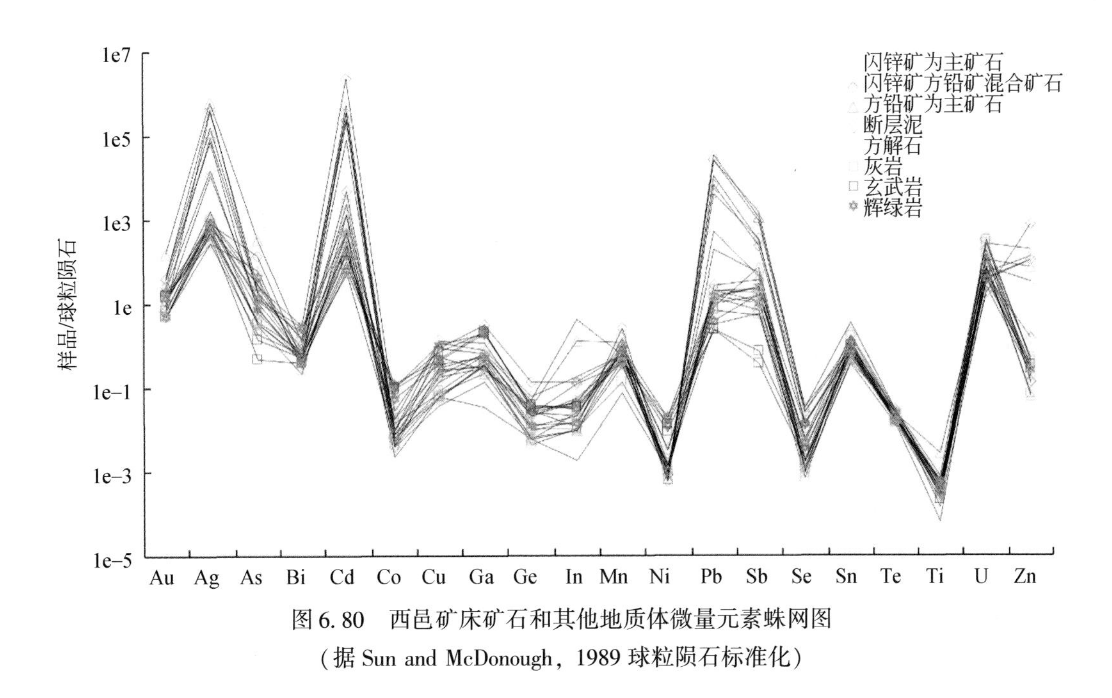

图6.80　西邑矿床矿石和其他地质体微量元素蛛网图

（据Sun and McDonough，1989球粒陨石标准化）

10件矿石样品稀土元素总量∑REE为17.40×10^{-6}～185.92×10^{-6}，集中于60.65×10^{-6}～96.36×10^{-6}，LREE/HREE值为3.43～6.69，（La/Yb）$_N$为3.75～9.23，δEu为1.42～4.60，δCe为0.70～0.88；2件方解石样品稀土元素总量∑REE为22.21×10^{-6}～45.22×10^{-6}，LREE/HREE值为2.96～5.77，（La/Yb）$_N$为3.62～7.26，δEu为0.71～2.31，δCe为0.47～0.81；2件断层泥样品稀土元素总量∑REE为94.58×10^{-6}～143.76×10^{-6}，LREE/HREE值为3.47～6.10，（La/Yb）$_N$为3.48～5.50，δEu为1.17～1.36，δCe为0.88～1.04；4件灰岩样品稀土元素总量∑REE为68.04×10^{-6}～95.25×10^{-6}，LREE/HREE值为3.99～6.38，（La/Yb）$_N$为3.58～7.78，δEu为0.60～0.68，δCe为0.71～0.98；4件灰岩样品中，3件蚀变灰岩稀土总含量略高于未蚀变的生物碎屑灰岩；3件辉绿岩样品稀土元素总量∑REE为49.51×10^{-6}～106.37×10^{-6}，LREE/HREE值为2.87～6.97，（La/Yb）$_N$为2.25～11.76，δEu为0.86～1.15，δCe为0.90～0.94；2件玄武岩样品稀土元素总量∑REE为92.69×10^{-6}～108.02×10^{-6}，LREE/HREE值为3.66～3.81，（La/Yb）$_N$为3.08～3.21，δEu为0.95～1.21，δCe为0.95～0.96（图6.80）。

在稀土元素配分模式图中（图6.81），所有地质体稀土元素轻重稀土分馏明显，轻稀土富集，铈异常不明显。10件矿石样品、2件方解石样品和2件断层泥样品稀土元素配分模式基本相似，轻稀土富集，显示正铕异常，铈异常不明显。4件灰岩样品稀土元素配分模式轻重稀土分馏明显，轻稀土富集，显示强的负铕异常，铈异常不明显。相比较而言3件辉绿岩样品的轻重稀土分馏强于2件玄武岩样品轻重稀土分馏，且辉绿岩和玄武岩样品都具有轻微的正铕异常。

表 6.30　西邑矿床矿石、蚀变岩石、未蚀变岩石、方解石和断层泥微量元素组成表（$W_B/10^{-6}$）

岩性	闪锌矿为主				方铅矿闪锌矿共生				方铅矿为主		方解石
样品号	DJZ-11-02	DJZ-11-03	DJZ-11-04	DJZ-11-08	DJZ-11-06	DJZ-11-07	DJZ-11-13	DJZ-11-26	DJZ-11-09	DJZ-11-01A	DJZ-11-14
Au	3.04	1.35	5.52	5.88	1.01	3.63	5.29	1.73	21.14	1.84	2.40
Ag	3023.96	2381.20	87286.78	31987.73	77432.56	17969.64	14615.14	156.94	132595.31	130.27	57.01
As	14.83	20.57	31.74	37.33	49.27	33.03	11.50	273.51	603.00	53.48	121.68
Bi	0.04	0.06	0.18	0.09	0.33	0.06	0.06	0.05	0.14	0.07	0.03
Cd	259260.09	60178.00	244082.93	368366.58	1575197.19	3345.35	170166.71	178.97	154328.44	123.05	366.83
Co	4.02	3.97	2.27	4.72	14.29	2.58	1.94	5.39	4.55	6.80	2.04
Cu	24.14	15.89	102.85	135.48	107.68	21.10	33.56	35.08	64.01	9.13	4.67
Ga	5.69	5.19	6.10	7.13	29.10	2.66	2.93	5.48	2.41	1.92	1.21
Ge	0.64	0.62	1.52	1.92	4.06	0.74	0.86	0.82	1.08	0.20	0.18
In	0.079	0.092	6.651	0.284	0.225	0.209	0.019	0.074	2.205	0.015	0.041
Mn	1282.30	897.72	1154.24	1111.12	1116.70	692.90	5090.23	1843.41	2276.60	1734.42	1273.10
Ni	9.67	12.87	7.25	6.45	6.06	10.80	9.04	9.05	7.08	35.54	10.46
Pb	460.11	1243.16	64770.85	26582.00	60603.84	9384.44	15791.20	66.44	80284.25	21.16	36.70
Sb	7.71	6.22	198.56	44.75	131.56	46.93	30.78	5.08	157.16	9.82	3.55
Se	0.02	0.04	0.66	0.52	0.54	0.27	0.28	0.02	0.75	0.04	0.02
Sn	1.78	1.48	5.53	1.35	1.86	1.05	1.05	1.60	1.25	0.79	0.64
Te	0.045	0.065	0.063	0.035	0.061	0.051	0.041	0.056	0.039	0.055	0.058
Ti	0.17	0.19	0.15	0.14	0.26	0.11	0.14	0.22	0.23	1.16	0.06
U	0.38	0.54	0.28	1.88	0.14	0.33	0.28	0.94	0.82	0.52	0.17
Zn	38850.00	9773.00	31150.00	56900.00	224600.00	449.00	31850.00	43.14	21810.00	18.34	60.32

续表

岩性	方解石	灰岩				辉绿岩			断层泥		玄武岩	
样品号	DJZ-11-15	DJZ-11-10	DJZ-11-22	DJZ-11-23	DJZ-SH	DJZ-11-24A	DJZ-11-34	DJZ-11-40	DJZ-11-25	DJZ-11-43	DJZ-11-38	DJZ-11-42
Au	1.35	0.72	1.07	0.73	0.70	0.70	2.91	2.02	0.91	0.73	1.99	2.38
Ag	318.60	98.01	157.56	57.35	133.21	184.13	160.23	202.29	202.55	106.23	84.87	103.33
As	5.80	6.49	22.00	3.60	6.49	25.53	14.31	82.91	52.27	6.94	0.88	2.53
Bi	0.02	0.05	0.24	0.07	0.06	0.30	0.06	0.04	0.16	0.09	0.05	0.06
Cd	968.63	224.72	963.95	36.68	1657.16	343.09	109.02	46.14	155.77	367.02	59.19	74.40
Co	1.12	2.12	9.02	3.17	4.07	26.86	58.01	48.39	8.41	3.16	50.13	46.02
Cu	7.48	7.01	27.86	10.26	7.70	41.32	58.79	124.44	160.32	6.73	88.79	51.41
Ga	0.32	3.07	2.88	4.04	3.14	4.88	18.62	16.94	10.68	3.37	18.54	16.74
Ge	0.18	0.18	0.36	0.34	0.14	0.38	0.96	1.22	0.76	0.30	1.08	1.12
In	0.003	0.016	0.036	0.017	0.018	0.024	0.066	0.052	0.036	0.026	0.056	0.057
Mn	146.00	643.28	2727.08	823.14	259.42	1615.74	738.48	820.67	1905.72	1621.02	1210.56	939.72
Ni	10.34	14.18	15.21	13.99	14.96	198.22	137.94	201.19	34.28	11.53	136.73	90.52
Pb	47.69	25.62	47.22	7.79	17.32	36.17	32.90	9.38	48.33	31.90	5.88	5.75
Sb	1.53	2.06	3.00	0.75	0.70	1.47	3.52	2.20	2.63	0.93	0.05	0.10
Se	0.02	0.12	0.04	0.01	0.04	0.07	0.28	0.10	0.12	0.03	0.04	0.06
Sn	0.57	0.89	2.65	1.22	0.94	1.04	1.46	1.94	2.72	1.39	1.18	1.55
Te	0.031	0.036	0.053	0.044	0.039	0.035	0.045	0.036	0.066	0.037	0.034	0.041
Ti	0.03	0.22	0.11	0.15	0.16	0.24	0.21	0.12	0.34	0.13	0.09	0.27
U	0.77	1.94	1.09	0.49	2.34	0.27	0.33	0.30	2.38	1.22	0.46	0.41
Zn	88.71	125.70	154.40	20.19	122.80	77.98	75.36	71.76	38.03	56.46	97.21	86.20

表 6.31　西邑矿床矿石、蚀变岩石、未蚀变岩石、方解石和断层泥稀土元素组成表（$W_B/10^{-6}$）

样品号	La	Ce	Pr	Nd	Sm	Eu	Gd	Tb	Dy	Ho	Er	Tm	Yb	Lu	Y
DJZ-11-02	12.88	21.94	2.98	11.13	2.36	2.11	2.46	0.41	2.65	0.53	1.53	0.24	1.41	0.20	16.28
DJZ-11-03	18.73	28.19	3.69	13.32	2.72	2.09	2.77	0.45	2.92	0.56	1.65	0.26	1.52	0.25	17.25
DJZ-11-04	10.70	18.54	2.45	9.15	2.03	2.14	2.18	0.41	2.86	0.60	1.79	0.28	1.71	0.26	16.98
DJZ-11-08	9.71	16.40	2.16	8.06	1.72	1.86	1.82	0.35	2.35	0.47	1.40	0.23	1.35	0.21	13.63
DJZ-11-06	9.29	16.80	2.12	7.77	1.60	2.02	1.70	0.33	2.30	0.47	1.45	0.24	1.43	0.22	12.91
DJZ-11-07	8.35	13.94	1.89	6.94	1.40	0.67	1.43	0.24	1.49	0.28	0.87	0.13	0.81	0.13	9.72
DJZ-11-13	2.65	3.70	0.55	2.28	0.55	0.51	0.62	0.11	0.75	0.15	0.44	0.07	0.39	0.06	4.57
DJZ-11-26	14.75	22.37	2.90	10.66	2.09	1.07	2.12	0.35	2.22	0.44	1.28	0.21	1.24	0.20	12.65
DJZ-11-09	30.85	53.66	6.57	23.77	5.13	8.09	5.55	1.02	6.66	1.28	3.39	0.43	2.27	0.30	36.97
DJZ-11-01A	8.01	15.27	2.33	9.80	2.57	1.38	3.19	0.53	3.41	0.64	1.77	0.26	1.45	0.22	23.02
DJZ-11-14	7.34	12.09	1.65	6.22	1.20	0.96	1.33	0.22	1.44	0.30	0.87	0.13	0.69	0.12	10.65
DJZ-11-15	3.27	2.92	0.60	2.36	0.46	0.13	0.66	0.11	0.87	0.20	0.65	0.10	0.61	0.10	9.19
DJZ-11-10	12.20	18.20	2.93	11.11	2.28	0.47	2.29	0.37	2.29	0.43	1.21	0.17	1.07	0.16	13.93
DJZ-11-22	10.67	24.38	3.33	14.88	4.06	0.91	3.97	0.67	4.24	0.80	2.27	0.33	2.02	0.30	22.43
DJZ-11-23	14.89	27.02	3.81	14.78	2.99	0.65	2.91	0.46	2.78	0.52	1.53	0.22	1.42	0.22	16.02
DJZ-SH	11.91	17.68	2.41	8.53	1.58	0.33	1.70	0.30	1.89	0.42	1.23	0.19	1.14	0.18	18.56
DJZ-11-24A	8.22	15.71	2.09	8.49	1.89	0.73	1.93	0.29	1.56	0.26	0.65	0.09	0.48	0.07	7.06
DJZ-11-34	11.46	24.18	3.27	13.79	3.55	1.10	4.24	0.81	5.75	1.17	3.46	0.55	3.46	0.57	29.03
DJZ-11-40	10.47	22.27	3.05	12.82	3.07	1.23	3.55	0.59	3.83	0.75	2.00	0.29	1.72	0.26	17.78
DJZ-11-25	19.75	47.22	6.08	22.62	4.55	1.76	4.54	0.75	4.70	0.90	2.61	0.40	2.44	0.38	25.05
DJZ-11-43	10.74	21.27	3.08	12.56	3.26	1.58	3.84	0.70	4.50	0.88	2.42	0.36	2.10	0.33	26.97
DJZ-11-38	13.32	27.98	3.73	14.88	3.69	1.20	4.04	0.74	5.03	1.00	3.02	0.47	2.94	0.49	25.49
DJZ-11-42	11.54	24.37	3.20	12.85	3.10	1.32	3.55	0.62	4.14	0.84	2.43	0.40	2.44	0.40	21.50

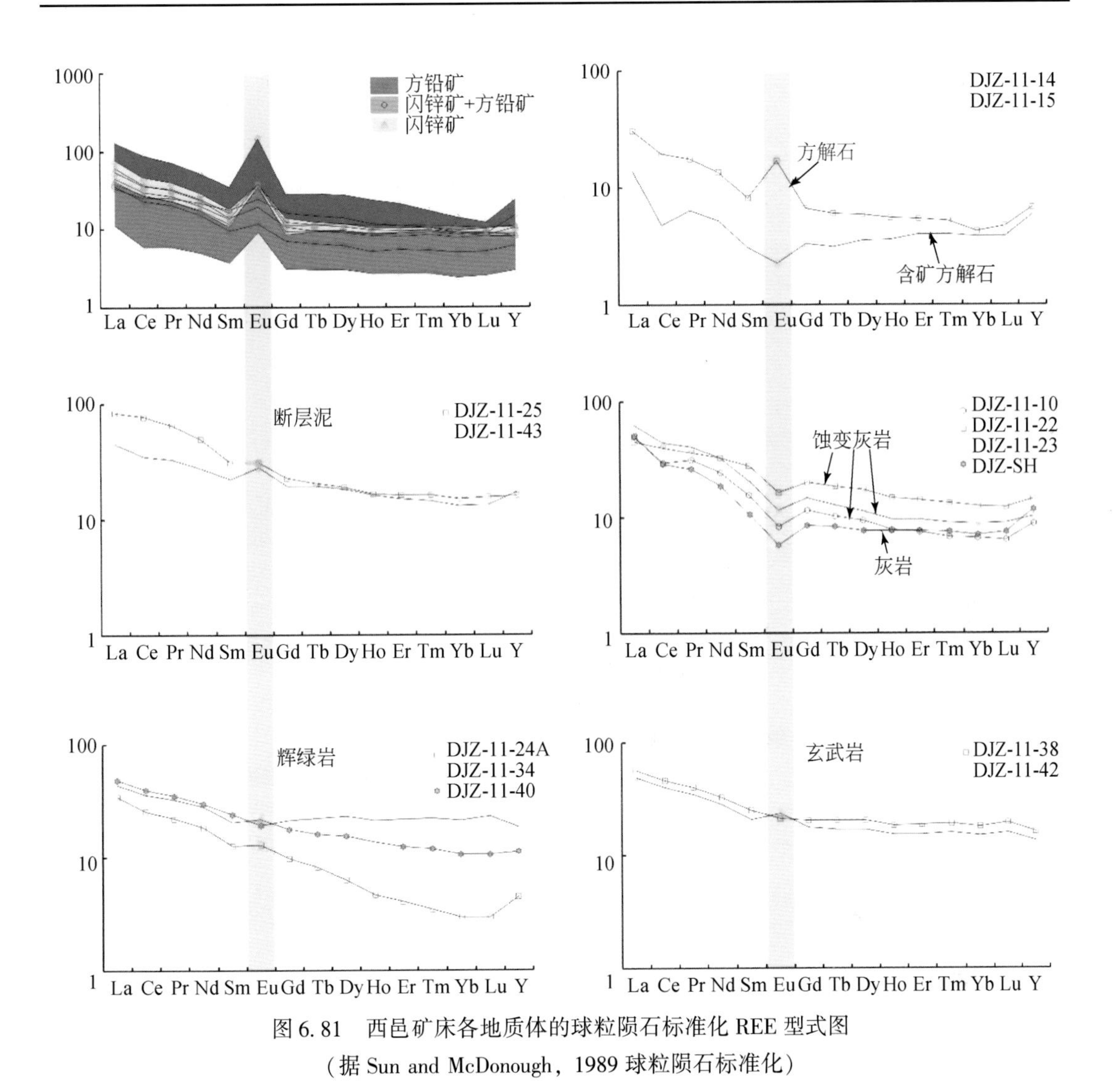

图6.81　西邑矿床各地质体的球粒陨石标准化REE型式图

（据 Sun and McDonough，1989 球粒陨石标准化）

综上所述，① 不同铅锌矿石、方解石和断层泥稀土元素配分曲线较为一致，表明成矿流体组成均一，不具有多期性；② 对不同围岩进行稀土配分模式研究，显示碳酸盐岩虽然配分模式与矿石较为接近但是Eu异常差异明显，相比较而言辉绿岩和玄武岩与矿石具有更接近的稀土配分模式，推测成矿流体萃取玄武岩或辉绿岩中成矿物质为成矿提供物质来源。

（3）Y/Ho图解。Y和Ho具有相同的价态和离子半径地球化学性质，在许多地质过程中其地球化学性质不发生改变（Shannon，1976），因此，Y/Ho值被用于成矿流体的研究（Bau and Dulski，1999；Douville *et al.*，1999；毛光周等，2006）。本次研究对10件矿石样品、2件方解石样品、4件灰岩样品、3件辉绿岩样品、2件断层泥样品和2件玄武岩样品进行Y/Ho值投影图（图6.82）。4件以闪锌矿为主的矿石样品Y/Ho值比较集中为28.95～30.82，平均为29.77；4件方铅矿闪锌矿混合样品Y/Ho值范围较广为27.29～34.34，平均为30.36；2件方铅矿为主的矿石样品Y/Ho值为28.88～35.80，平均为

32.34；2 件断层泥 Y/Ho 值为 27.78～30.61；2 件方解石 Y/Ho 值为 25.03～46.43；3 件蚀变灰岩 Y/Ho 值为 28.00～32.63，1 件新鲜生物碎屑灰岩 Y/Ho 值为 44.30；3 件辉绿岩 Y/Ho 值为 23.68～27.70；9 件卧牛寺组玄武岩 Y/Ho 值为 25.49～30.52。

从图 6.82 可见，10 件矿石样品 Y/Ho 值与卧牛寺组玄武岩 Y/Ho 值范围比较接近，与新鲜的灰岩 Y/Ho 值相差较大，表明矿床的成矿物质可能来源于玄武岩地层，在热液沿断裂通道上升的过程中萃取地层中成矿物质富集成矿。

从成矿环境方面考虑，矿石的 Y/Ho 值与现代海底热液系统中弧后盆地 Y/Ho 值比较相似，可能表明矿床成矿的热液环境处于伸张环境。

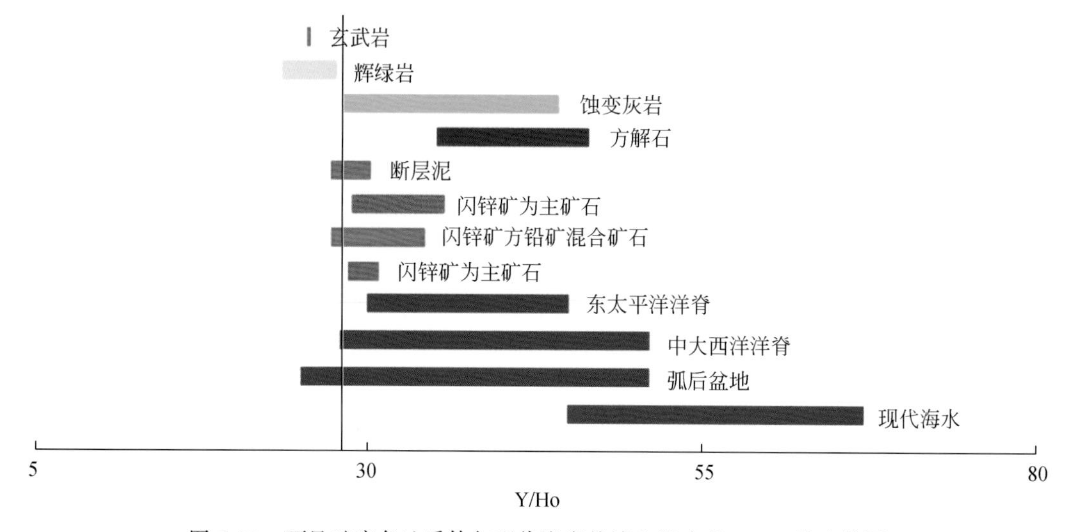

图 6.82　西邑矿床各地质体与现代海底热液和海水的 Y/Ho 值比较图

5. 矿床成矿年龄

矿床成矿时代的界定对于矿床成因认识、成矿事件标定和找矿方向的确定具有十分重要的理论和实际意义。Rb-Sr 法已被证明是一种有效的直接测定铅锌矿床矿化年龄的方法（Nakai and Halliday, 1990；Garven *et al.*, 1994；Christensen *et al.*, 1995a, 1995b；刘建明、沈洁，1998；李文博等，2002；杨向荣等，2009；王晓虎等，2012）。本次研究通过闪锌矿 Rb-Sr 法和与成矿共生方解石 Sm-Nd 等时线法分别得出矿床的成矿年龄并相互验证。在矿物分选过程中仅有少许样品挑出的闪锌矿和方解石达到测试要求，因此未能得到精确的矿床年龄。

根据前人区域重力和航磁资料研究，西邑地区具有明显的重力低和航磁负异常分布的特点，表明深部可能存在隐伏岩体的可能（崔子良等，2012）。区内隐伏岩体与成矿作用有关，如保山核桃坪和镇康芦子园铅锌矿床可能与隐伏花岗岩有关。结合前人和本次的研究，区内已出露岩体的成岩时代与三江特提斯演化相吻合。例如，代表泛非事件（原特提斯闭合事件）响应的成岩作用有平河岩体和双脉地岩体；代表中特提斯怒江洋闭合过程中造山作用响应的有志本山和柯街岩体，表明西邑铅锌矿床的成矿环境属于陆内伸展的环境。其次，精确定年数据的铅锌矿床的成矿年龄有：核桃坪铅锌矿床（116.1±3.9Ma）和芦子园铅锌矿床（141.9±2.6Ma），表明区内铅锌矿床主体形成于中特提斯闭合时期。综上所述，研究认为西邑铅锌矿床形成于中特提斯闭合时期。

6. 成矿过程

矿区位于三江造山带南段保山地块，自寒武纪以来一直处于稳定的沉积环境。区内断裂发育，为成矿提供铅锌等成矿元素的运移提供了通道。而矿区处于西邑向斜核部，为成矿流体的富集沉淀提供了天然的空间。

矿源层形成阶段：通过 Y/Ho 值和稀土配分模式研究显示石炭系卧牛寺形成大量的玄武岩是成矿的可能来源，为矿床的形成奠定了重要的物源基础。

流体形成阶段：随着中特提斯洋的闭合，腾冲地块和保山地块的碰撞挤压，地壳加厚，隐伏岩浆的形成。在加厚的过程中出现幕式拉张作用，导致岩浆岩断裂上侵，上侵的隐伏岩体提供了热源和流体，流体向上运移过程中萃取成矿物质，形成成矿流体。

成矿物质卸载阶段：挤压后的短暂性幕式伸展形成大量张性裂隙，为矿液上升排泄提供通道，也为硫化物沉淀提供充足的空间。

6.4　新特提斯成矿系统

雅鲁藏布洋于中三叠世开启，拉萨地块从澳大利亚大陆西北缘漂移出来，早白垩世北向俯冲于古近纪关闭，印度大陆与欧亚大陆拼合。晚白垩世至古近纪，新特提斯雅鲁藏布江洋向东俯冲，在腾冲地块和义敦弧均有岩浆岩响应，形成与之密切关系的义敦岛弧铜钼钨和腾冲-保山锡铅锌成矿带的各类矿床。包括以义敦岛弧铜钼钨成矿带红山铜钼矿床为代表的岩浆热液和斑岩型铜钼成矿系统和腾冲-保山锡铅锌成矿带以大松坡锡矿床、来利山锡矿床为代表的云英岩和夕卡岩型锡多金属成矿系统。

6.4.1　红山斑岩型铜钼矿床

义敦岛弧铜钼钨成矿带是三江特提斯成矿域重要的斑岩-夕卡岩型铜多金属矿产地之一（邓军等，2010，2011，2012；李文昌等，2011；黄肖潇等，2012；孟健寅等，2013），近年不断取得找矿突破，已发现普朗、松诺、雪鸡坪、红山、浪都和高赤坪等斑岩-夕卡岩型铜多金属矿床（点）30余处。长期以来，对格咱弧的构造演化（侯增谦等，2004；曾普胜等，2004）、岩浆活动（莫宣学等，2001；Wang B. Q. *et al.*，2011）和成矿作用（曾普胜等，2003，2006）已开展大量工作，但多集中于对印支期斑岩型矿床的研究，对于新发现的燕山晚期夕卡岩型矿床的研究相对较少。

红山铜钼矿床是格咱弧中已探明规模最大的夕卡岩型矿床①，在其深部勘探过程中发现燕山晚期斑岩型铜钼矿体（杨岳清等，2002），显示出良好的找矿前景。前人对矿

---

① 云南省地质局第七地质队.1971. 云南省中甸铜矿红山矿区勘探报告

床的矿物学、流体包裹体、成岩成矿年代学和过程等进行了研究，促进了矿床地质和地球化学特征的认识。其中与隐伏斑岩体有关的铜钼矿化已获得了较为一致的成矿时间（82～77Ma；徐兴旺等，2006；李文昌等，2011a），但对于夕卡岩型矿体成矿时代的认识分歧较大。部分学者认为夕卡岩型矿体与印支期的中-酸性石英闪长玢岩和石英二长斑岩关系密切（杨岳清等，2002；侯增谦等，2004；曾普胜等，2004；徐兴旺等，2006；王新松等，2011；黄肖潇等，2012），据此推测成矿时代为印支期。然而矿区夕卡岩带并不处于上述岩体的接触带，且尚无直接证据表明印支期岩体是成矿母岩，因此夕卡岩矿体的成矿年龄仍需进一步厘定。李建康等（2007）通过 Re-Os 定年技术获得夕卡岩矿体中黄铁矿等时线年龄为75Ma，但黄铁矿 Re-Os 同位素体系分析具有明显的复杂性和不确定性（屈文俊等，2009），测年结果所得的年龄误差较大，等时线中 MSWD 为31，因此仍难准确代表夕卡岩矿体的形成时间。而辉钼矿的 Re-Os 同位素体系封闭温度较高（约500℃；Suzuki *et al.*，1996），不易受到后期蚀变事件或较慢冷却速度的影响，能获得精确的成矿年龄；且 Re-Os 同位素体系是硫化物矿形成的强有力示踪剂，尤其对成矿过程中地壳物质混入程度高度灵敏（Foster *et al.*，1996）。为此，利用高精度的辉钼矿 Re-Os 同位素测试技术，确定红山铜钼矿床夕卡岩型矿体和斑岩型矿体的成矿年龄，约束其成矿物质来源和成矿地球动力学背景，为矿床成因和区域成矿规律研究及找矿实践提供科学依据。

1. 区域地质

格咱弧位于义敦岛弧南端，其东部和南部为甘孜-理塘板块缝合带，西部为乡城-格咱深大断裂，断裂呈北北西方向延伸，与甘孜-理塘深大断裂相接，从而在南部封闭了格咱弧［图6.83（a）；李文昌等，2010a］。

格咱弧发育三套构造-岩浆组合：印支晚期大规模俯冲造山作用和岛弧型中-酸性岩浆大规模侵入，从东往西呈北北西向大面积出露；燕山晚期的碰撞造山过程和花岗岩浆侵入，从北往南呈南北向展布；喜马拉雅期陆内汇聚和大规模剪切平移作用及正长（斑）岩-二长（斑）岩浆侵入,仅在亚杂地区出露［图6.83（b）；侯增谦等，1995］。

2. 矿床地质

矿床位于格咱弧中部［图6.83（b）］，出露地层为上三叠统的一套火山-沉积岩系，赋矿层位为曲嘎寺组第二段第一亚段灰色、深灰色大理岩和角岩化变质砂岩。矿床位于红山复背斜西翼，总体呈单斜构造层，断裂构造简单，呈北北西向展布。岩浆岩出露较少，为矿区东北部呈北北西向产出的闪长玢岩脉和东南角印支期石英闪长玢岩体（侯增谦等，2003；黄肖潇等，2012），在西侧可见石英二长斑岩小岩株（图6.84）。

矿区共发现夕卡岩和斑岩型两种成因类型的矿体（杨岳清等，2002；侯增谦等，2004；徐兴旺等，2006；李文昌等，2011）。夕卡岩型矿体是矿区的开采对象，共圈出V1、V2、V3和V4夕卡岩矿体群（图6.84），均呈层状、似层状和透镜状分布；夕卡岩矿体赋存在角岩化变质砂岩中，部分赋存于大理岩夹层与角岩化变质砂岩的接触面，顺层产出，一般长约158～1258m，厚3.92～19.56m。夕卡岩型矿体附近基本未见侵入体出露且夕卡岩不处于围岩与岩体接触带，而是在角岩化变质砂岩或角岩化变质砂岩与大理岩接触带中，不是典型的花岗岩体和碳酸盐岩直接接触交代的产物。夕卡岩矿石中金属矿物为黄铜矿、磁黄铁矿和黄铁矿，少量辉钼矿、磁铁矿和方铅矿；非金属矿物为石榴子石、透辉石、透闪石和硅灰石，显示矿化与夕卡岩化关系密切。矿区深部夕卡岩矿体下部发现了隐伏的花岗斑岩体，斑岩体的内外蚀变带中出现较好的铜钼矿化，金属矿物有黄铜矿和辉钼矿，有时还有少量方铅矿，显示出较好的资源潜力。

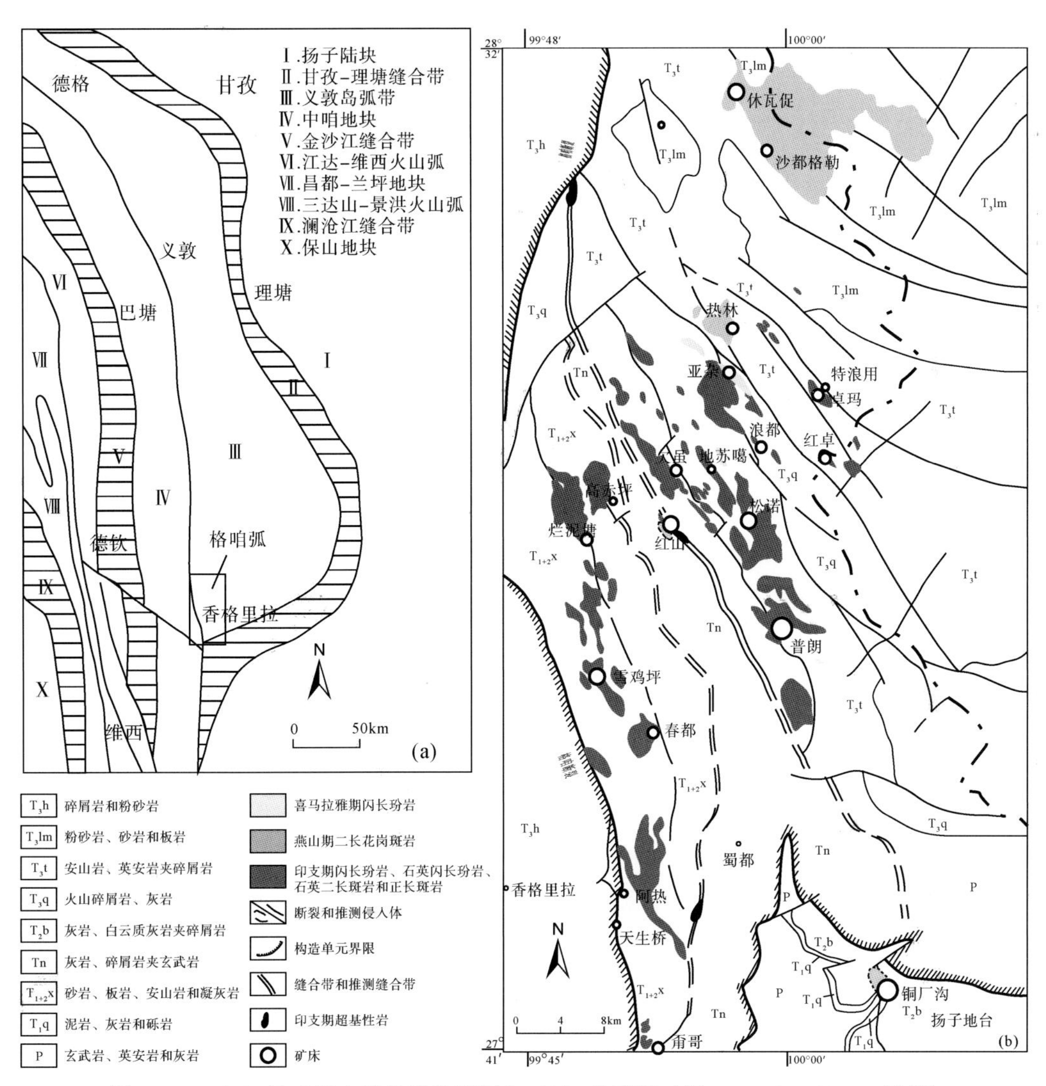

图 6.83　(a) 格咱弧大地构造位置图和 (b) 地质图 (据 Li *et al.*，2011，修编)

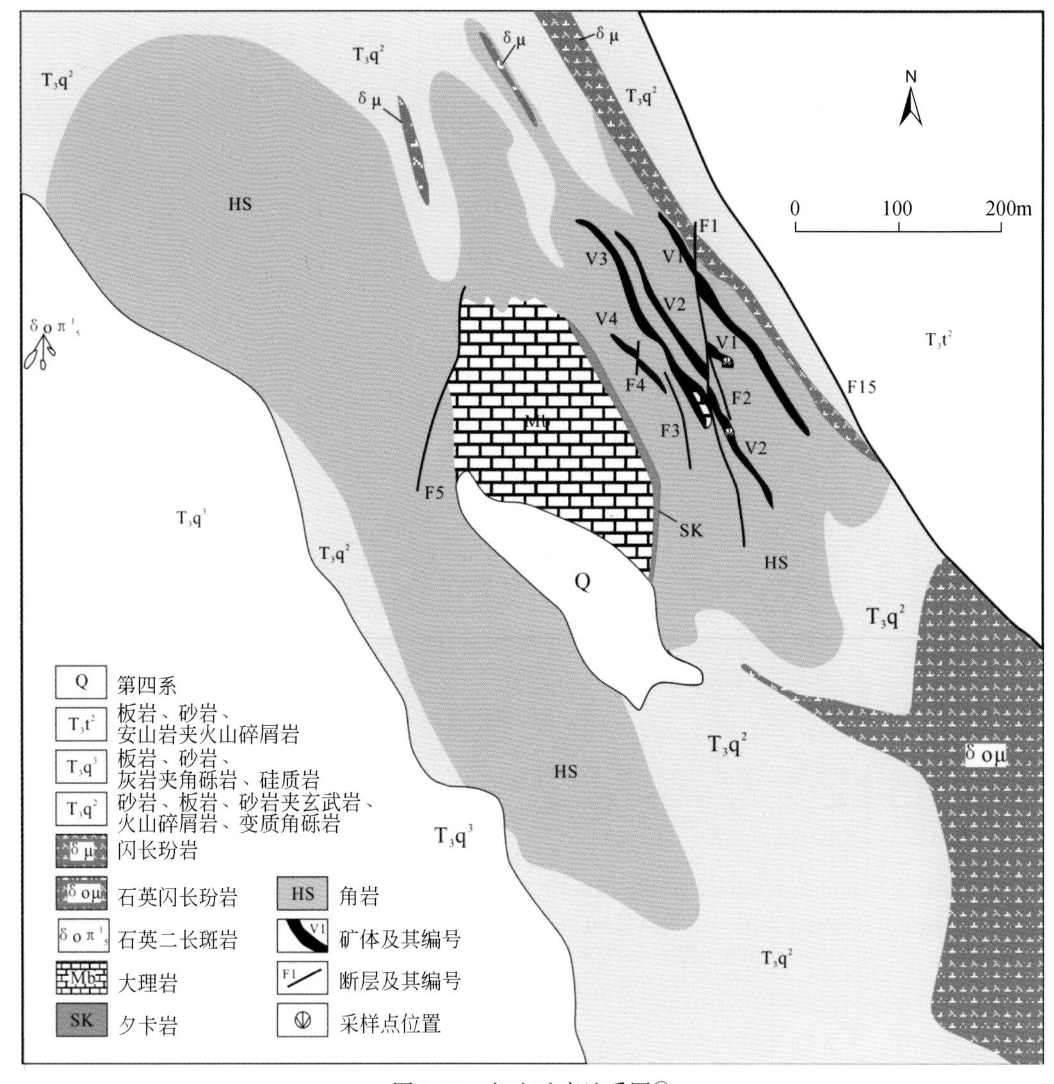

图 6.84　红山矿床地质图①

斑岩型矿石样品中辉钼矿与黄铜矿、方铅矿紧密共生［图 6.85（a）］，呈鳞片状分布在黄铜矿中［图 6.85（b）］。夕卡岩矿石样品中辉钼矿为灰白色，反射多色性变化显著，沿裂隙面分布［图 6.85（c）］或者呈浸染状［图 6.85（d）］分布。显微镜下辉钼矿呈菊花状［图 6.85（e）］或者束状［图 6.85（f）］集合体与黄铜矿、黄铁矿和磁黄铁矿共生；图 6.85（g）中观察到夕卡岩矿物石榴子石、绿帘石与辉钼矿共生，矿石中其他非金属矿物有辉石和方解石［图 6.85（h）］等。

① 云南省地质调查院. 2004. 云南中甸地区矿产资源评价

图6.85　红山矿床典型矿石样品手标本和镜下照片（据孟健寅等，2013）

(a) 辉钼矿呈团块状分布于斑岩型矿石中；(b) 辉钼矿呈鳞片状分布于黄铜矿中；(c) 辉钼矿沿裂隙面分布于夕卡岩型矿石中；(d) 辉钼矿呈浸染状分布于夕卡岩型矿石中；(e) 辉钼矿呈菊花状集合体与黄铜矿、磁黄铁矿共生；(f) 辉钼矿呈束状与磁黄铁矿共生；(g) 夕卡岩矿石中与辉钼矿共生的石榴子石、绿帘石（±）；(h) 夕卡岩矿石中辉石（±）。Cc. 方解石；Ccp. 黄铜矿；Ep. 绿帘石；Gn. 方铅矿；Grt. 石榴子石；Mo. 辉钼矿；Po. 磁黄铁矿；Px. 辉石

3. 成矿时代

矿床5件夕卡岩矿石和1件花岗斑岩矿石样品内辉钼矿的Re-Os测试结果见表6.32，其中对样品HS11D3B3和HS11D3B14进行了两组分析。本次分析的辉钼矿中Os含量很低，几乎接近于0。斑岩型样品HZK0901-43中辉钼矿Re的含量为（41.39±0.33）$\times10^{-6}$，而5件夕卡岩型样品中辉钼矿Re的含量变化较大，范围为（4.074±0.035）$\times10^{-6}$ ~（94.21±0.75）$\times10^{-6}$。Re与^{187}Os含量变化协调，给出的1件斑岩型矿石样品中辉钼矿的模式年龄为80.71Ma，5件夕卡岩矿石样品中辉钼矿的模式年龄为77.90～81.05Ma，加权平均值为79.32±0.87Ma，MSWD=1.03（图6.86），可见两种矿石类型中辉钼矿年龄趋于一致。采用ISOPLOT软件（Smoliar *et al.*，1996）对6件样品中辉钼矿数据进行等时线拟合（图6.87），获得Re-Os等时线年龄为80.0±1.8Ma，MSWD=6.8。

表6.32　红山矿床Re-Os同位素组成表

样品号	原样名	样重/g	$w_{Re}/10^{-6}$		$w_{普Os}/10^{-9}$		$w_{187Re}/10^{-6}$		$w_{187Os}/10^{-9}$		模式年龄/Ma	
			测定值	不确定度	测定值	不确定度	测定值	不确定度	测定值	不确定度	测定值	不确定度
120318-18	HN11D3B16	0.01168	41.49	0.33	0.0735	0.0509	26.08	0.21	33.87	0.28	77.90	1.10
120326-5	HN-1	0.02002	4.074	0.035	0.0078	0.0219	2.560	0.022	3.339	0.047	78.23	1.44
120326-7	HN11D3B3	0.02049	94.21	0.75	0.0078	0.0243	59.21	0.47	77.95	0.64	78.97	1.11
120510-17	HN11D3B3	0.01087	88.47	0.81	0.4062	0.0447	55.61	0.51	74.68	0.62	80.56	1.19
120510-18	HN11D3B14	0.05096	7.246	0.063	0.0167	0.0055	4.554	0.039	6.066	0.059	79.89	1.22
120326-8	HN11D3B14	0.02063	39.06	0.30	0.0081	0.0264	24.55	0.19	32.21	0.26	78.70	1.08
120510-16	HN-HMK	0.01167	63.91	0.53	0.0989	0.0290	40.17	0.33	54.27	0.47	81.05	1.17
120510-14	HZK0901-43	0.01024	41.39	0.33	0.1502	0.0354	26.01	0.21	35.00	0.30	80.71	1.15

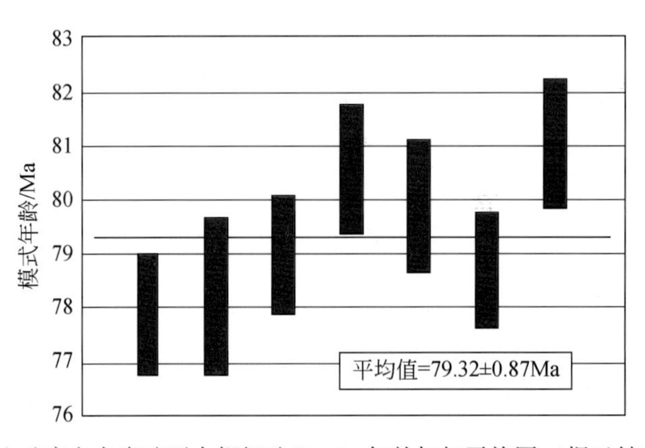

图6.86　红山矿床夕卡岩矿石中辉钼矿Re-Os年龄加权平均图（据孟健寅等，2013）

精确的成矿年代学是分析矿床成因、阐明成矿规律和理解成矿作用与地球动力学背景的关键（Yang *et al.*，2012；Deng *et al.*，2014b），因此获得矿床高精度的成矿年龄尤为重要。红山矿床深部发现的与隐伏斑岩体有关的铜钼矿化，前人得出较为一致的成矿时间。

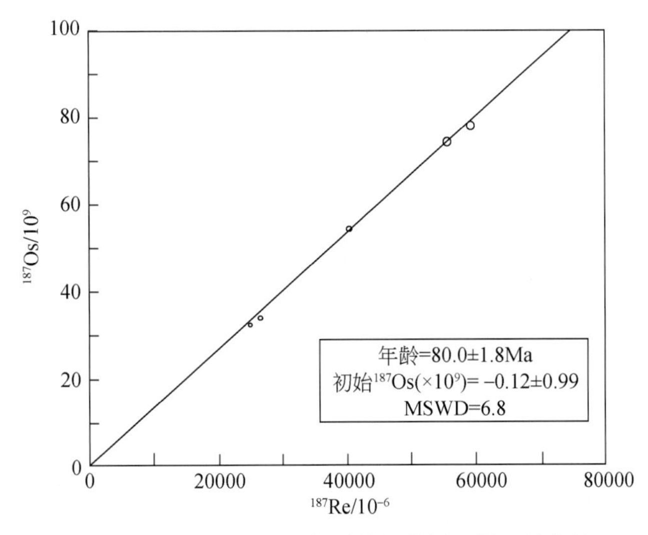

图6.87　红山矿床辉钼矿 Re-Os 等时线年龄图（据孟健寅等，2013）

徐兴旺等（2006）对隐伏斑岩体上部含矿石英脉中6个辉钼矿样品进行 Re-Os 定年，得到等时线年龄为77Ma；李文昌等（2011b）对隐伏斑岩体中4个辉钼矿样品进行 Re-Os 定年得到等时线年龄为80.2Ma，与本次获得的1件斑岩型矿石中辉钼矿模式年龄80.71Ma 相吻合，证明红山铜钼矿床深部斑岩型矿体形成于燕山晚期。本次获得的5件夕卡岩矿石样品中辉钼矿的模式年龄为77.90～81.05Ma，加权平均值为79.32±0.87Ma，与斑岩型矿体成矿年龄一致，两者均形成于燕山晚期。并且夕卡岩型矿石样品中，辉钼矿、黄铜矿、磁黄铁矿、黄铁矿等金属硫化物与石榴子石、辉石、绿帘石等夕卡岩矿物紧密共生在一起（图6.85），表明本次所获得的辉钼矿 Re-Os 年龄可以准确的代表夕卡岩型矿体的成矿年龄。6件样品的辉钼矿 Re-Os 等时线年龄为80.0±1.8Ma，因此，燕山晚期为红山夕卡岩-斑岩型铜多金属矿床的主要成矿时代，而非前人认为的印支期。王新松等（2011）和黄肖潇等（2012）对红山矿区隐伏花岗斑岩体进行了锆石 LA-ICP-MS U-Pb 定年测试，测得结果分别为81.1±0.5Ma、75.8±1.3Ma，与本次研究获得的红山夕卡岩型和斑岩型矿体的成矿年龄在误差范围内一致，表明红山夕卡岩-斑岩型铜多金属矿床成矿作用可能与深部隐伏花岗斑岩体密切相关。

4. 成矿物质来源

Re-Os 同位素体系是硫化物矿形成的强有力的示踪剂和成矿过程中地壳物质混入程度高度灵敏的指示剂（Foster *et al.*，1996）。一般从幔源到壳幔混合源再到壳源，辉钼矿中 Re 的含量是逐渐降低。李文昌等（2012）综合前人分析数据，得到物源示踪规律：①成矿物质源自地幔或以地幔物质为主，其辉钼矿 Re 含量为 10×10^{-6}～1000×10^{-6}；②成矿物质是壳幔混源的矿床，其辉钼矿 Re 含量为（$n\times10$）$\times10^{-6}$；③成矿物质完全来自于地壳，其辉钼矿 Re 含量明显偏低为（1～n）$\times10^{-6}$。由表6.32可知，矿床中辉钼矿的含量为 4×10^{-6}～94.2×10^{-6}，与壳源和壳幔混源岩浆热液矿床中 Re 的含量相近，因此矿床成矿物质来源以壳源为主，并混入少量幔源物质，具有壳幔混合的特征。

5. 成矿动力学背景

三江特提斯构造带是全球特提斯构造在中国大陆最典型的发育地区（Deng *et al.*，2009a，2009b；邓军等，2010；杨立强等，2010，2011），义敦岛弧是重要构造单元，格咱弧位于义敦岛弧南端，其时空演化保持了义敦岛弧的共性。燕山晚期（138 ~ 73Ma）区域构造动力体制转换，由于弧陆碰撞之后发生后造山伸展作用，引起造山带的去根和下地壳的拆沉作用（Sacks and Secor，1990），导致下部热的软流圈大幅上涌，取代较冷的岩石圈，诱发地壳熔融（Kay *et al.*，1994；侯增谦等，2004），格咱弧形成了中酸性岩浆侵入事件，发育有一系列 A 型花岗岩，其高峰期为 80Ma 左右（侯增谦等，2001）。本书所获得的矿床辉钼矿 Re-Os 等时线年龄为 80.0±1.8Ma，成矿时间与燕山晚期岩浆侵入事件的高峰期一致。因此，伴随燕山期中酸性岩浆侵入活动，大量的含矿岩浆热液在红山花岗斑岩隐伏岩体内形成了浸染状或者团块状铜钼矿化，同时沿着断裂发育部位运移至三叠系地层中，在碳酸盐岩与砂岩接触带或者碳酸盐岩与砂岩内部形成铜钼矿化，从而形成红山铜钼矿床。

格咱弧地区除红山矿床之外从北到南发育有休瓦促钨-钼矿床和热林钨-钼-铜-矿点等系列燕山期斑岩矿床（李建康等，2007）。休瓦促和热林矿床（点）在时间上与矿床成矿年龄一致，空间上与其从北到南呈直线等间距分布，三者可能具有相同的成矿动力学背景，为同一构造-岩浆-成矿作用的产物。可见，格咱弧燕山晚期成矿事件是区域性地质事件，该期夕卡岩-斑岩型铜钼多金属具有较大成矿潜力。

地质矿产调查与勘查评价成果揭示，乡城-洛吉多金属矿集区中的矿床属于与岩浆-热液成因有关的夕卡岩型和斑岩型叠加成矿。早期（T_3）夕卡岩型成矿与甘孜-理塘洋壳俯冲增生作用诱导的岛弧型中酸性岩浆活动密切相关，晚期（K_2）斑岩型叠加成矿则与后碰撞陆内造山过程中的酸性岩浆活动有关。矿床的叠加成矿模式概括为图 6.88。

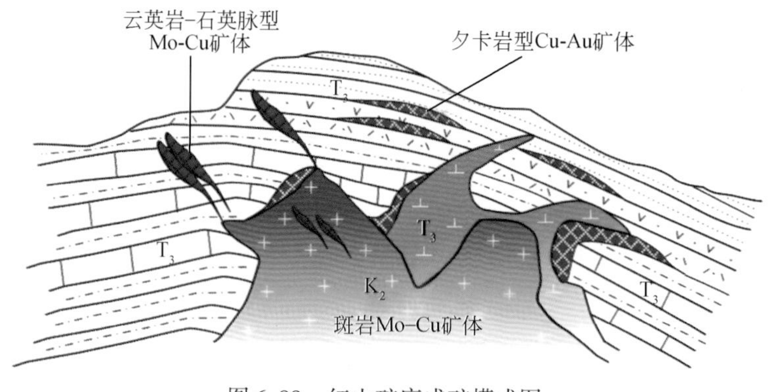

图 6.88　红山矿床成矿模式图

6.4.2　大松坡锡矿床

三江特提斯经历了复合造山与成矿过程，形成了多种类型的锡多金属矿床，与东南亚巨型锡矿带相连（Cobbing *et al.*，1986；Yokart，2003；Yang *et al.*，2004；侯增谦等，2006c；卢映祥等，2009；邓军等，2010，2011；Wang C. M. *et al.*，2010a）。腾冲-梁河锡钨多金属成矿带位于三江西南部，发育古永岩基和多个小型岩体以及与岩浆活动具成生联系的大松坡、新岐、百花脑等锡多金属矿床，其中比较典型的是小龙河含锡岩体和相应的大松坡锡矿床。前人对锡矿床地质特征进行了较为系统的研究，对含锡岩体开展了岩石学、元素地球化学和 Rb-Sr、K-Ar 同位素年代学研究，并将区域锡矿床划分为早燕山期、晚燕山期和喜马拉雅期 3 个系列（陈吉琛，1987；Mao，1989；施琳，1989；罗君烈，1991；吕伯西等，1993；董方浏等，2006）。然而，因定年方法的精度所限，目前对于含锡成矿岩体的年龄仍存在争议。随着 LA-ICP-MS 定年手段的进步，直接对锡石进行 U-Pb 定年分析也逐渐被报道（刘玉平等，2007；袁顺达等，2010；Yuan，2011；张东亮等，2011）。

Wang C. M. 等（2014）将三江地区的与锡成矿作用有关的岩体划分为 3 个带（图 6.89）：西部腾冲-保山岩浆岩带、中部昌宁-孟连岩浆岩带和东部云县-景谷岩浆岩带。腾冲-保山锡铅锌成矿带对应西部岩浆岩带，主要包括两个大型云英岩型锡矿床（大松坡、来利山），1 个中型 W-Sn-Nb-Ta-Li 矿床（新岐）。通过 LA-ICP-MS 方法，对矿床成矿岩体进行锆石 U-Pb 年龄测试，得到大松坡矿床黑云母花岗岩年龄锆石 U-Pb 年龄 75～71Ma，二长花岗岩锆石 U-Pb 年龄 75Ma；新歧多金属矿床二长花岗岩锆石 U-Pb 年龄 62Ma；来利山矿床黑云母和二长花岗岩锆石 U-Pb 年龄 50～46Ma。同时，通过岩相学、岩石地球化学等研究表明，花岗岩具有相似的主量元素含量，具有高 SiO_2、低 MgO、CaO 和 P_2O_5 以及较高的 Al_2O_3 和 K_2O 特点，属于高钾钙碱系列（Wu *et al.*，2006）。A/CNK 值为 1.17，A/NK 值为 1.52，CIPW 标准（>1%）为刚玉，因此腾冲-保山花岗岩为过铝质花岗岩。花岗岩具有相似的稀土元素球粒陨石标准化模式，显示高稀土富集（平均 242.48ppm），球粒陨石标准化 La/Yb 值为 15.33，La/Sm 值为 6.60，同时具有轻稀土富集和负 Eu 异常（Eu/Eu^*）特征（Wu *et al.*，2006）。综合上述特征和 Al-Na+K+0.5Ca 图结果显示，腾冲-保山花岗岩具有高分异型 S 型花岗岩特征。

腾冲-保山花岗岩 Sr、Nd 同位素组成显示较窄的 $\varepsilon_{Nd}(t)$ 值（-14.7～-8.3）（图 6.90）和 $\varepsilon_{Hf}(t)$ 值（-10.4～-2.8），然而他们的初始 $^{87}Sr/^{86}Sr$ 值变化范围为 0.71040～1.71855（侯增谦等，2008；杨启军等，2009；Xu *et al.*，2012）。Nd 模式年龄为 1.03～1.43Ga，与沿腾冲-保山微地块的东北缘分布元古宙地壳基底岩石年龄相似，指示腾冲-保山花岗岩物质来源为古老地壳。成矿岩体 $\varepsilon_{Hf}(t)$ 值分布在所有<0 的区间，变化范围很大（图 6.91），$\varepsilon_{Hf}(t)$ 值为-41.33～+2.16，两阶段模式年龄为 826～3190Ma，$^{176}Yb/^{177}Hf$ 和 $^{176}Lu/^{177}Hf$ 值分别为 0.007522～0.893220 和 0.000161～0.030701，据腾冲地区早白垩世花岗岩 Hf 同位素数据，可知晚白垩世锡成矿花岗岩物质来源囊括整个上、下地壳，很可能混合有早白垩世花岗岩熔融后物质。新歧晚燕山期花岗岩样品中偶见早燕山期继承锆石（年龄 1.0～2.4Ga）同样佐证此观点。

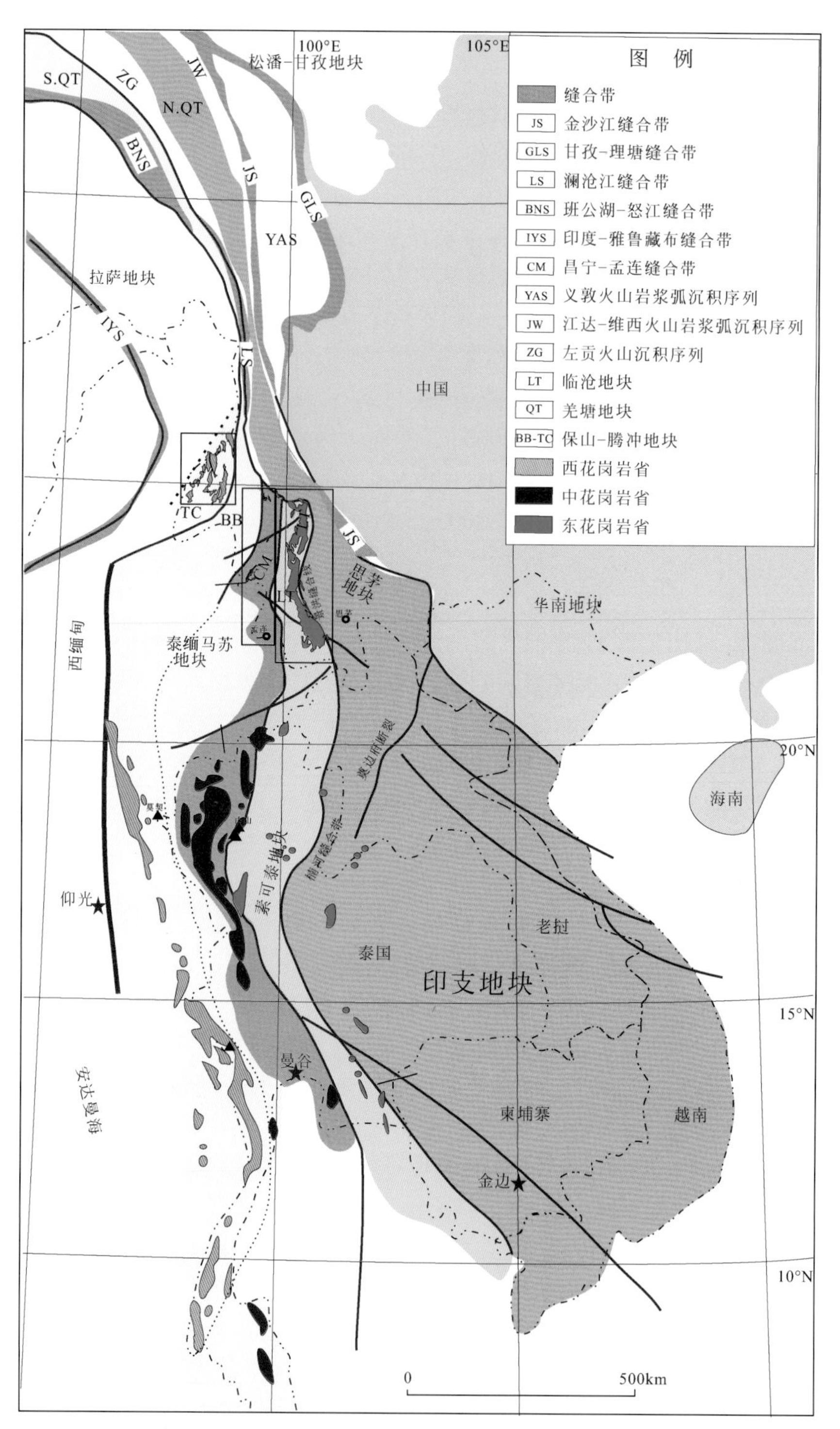

图 6.89 三江地区及邻区与锡成矿作用有关的岩体和成矿带分布图（Wang C. M. *et al.*, 2014）

通过 LA-ICP-MS 对矿石中锡石进行 U-Pb 年龄测试，精确厘定了腾冲地区典型锡矿床

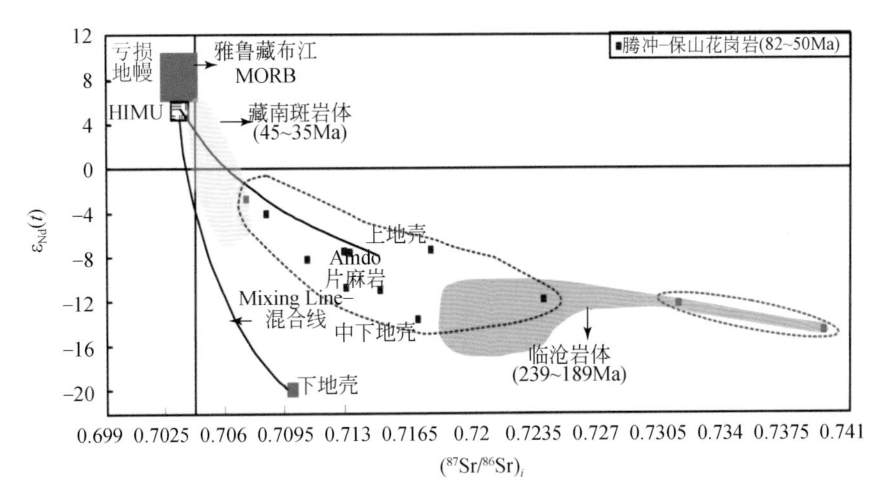

图 6.90　三江地区锡矿床成矿期岩体 Sr-Nd 同位素图

底图引自 Hou *et al.*, 2003。临沧岩体数据引自施小斌等, 2006. 藏南斑岩体数据引自张耀辉, 1998; Spurlin *et al.*, 2005; Jiang *et al.*, 2006; 杨志明等, 2008; 郝金华等, 2010, 2011。腾冲-保山花岗岩数据引自侯增谦等, 2008; 杨启军等, 2009; Xu *et al.*, 2012

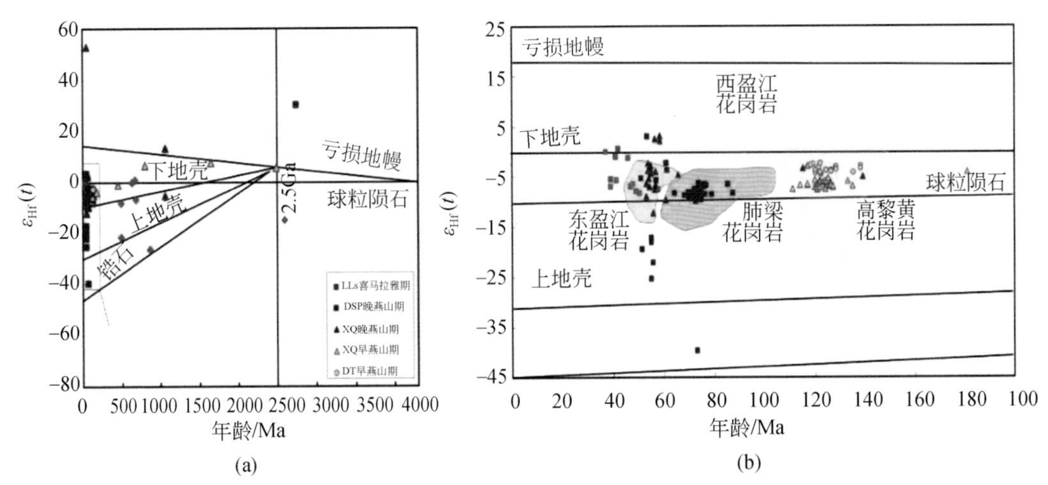

图 6.91　三江地区锡矿床成矿期岩体 Hf 同位素图

（据 Xu *et al.*, 2012；底图据吴福元等, 2007）

的成矿年龄。来利山矿床云英岩型矿石中锡石 U-Pb 年龄 50Ma；角砾岩型矿石中锡石U-Pb 年龄 56Ma（图 6.92）。对比锡石年龄和成矿岩体的年龄，二者在误差范围内一致，表明大松坡锡矿床的成矿年龄与成岩年龄相吻合，矿床是岩体热液活动的结果，且热液演化活动时间较短。腾冲地区晚白垩世含锡岩浆岩主要与发生在 75～55Ma 的 S 型花岗岩有关。此时，腾冲处于掸邦洋闭合新特提斯洋向东俯冲背景之下。含锡花岗岩为洋壳俯冲至腾冲板块之下，洋壳脱水交代地幔形成岩浆，同时板片回撤使弧后产生拉张环境一致岩浆上涌，并最终导致中下地壳部分熔融的结果（Wu *et al.*, 2006）。岩浆侵入浅表分异含锡岩浆热液，在岩基边部发生蚀变并形成云英岩型矿体，同时热液输运到岩体顶部张性断层或层间断裂带中形成脉状矿体（图 6.93）。

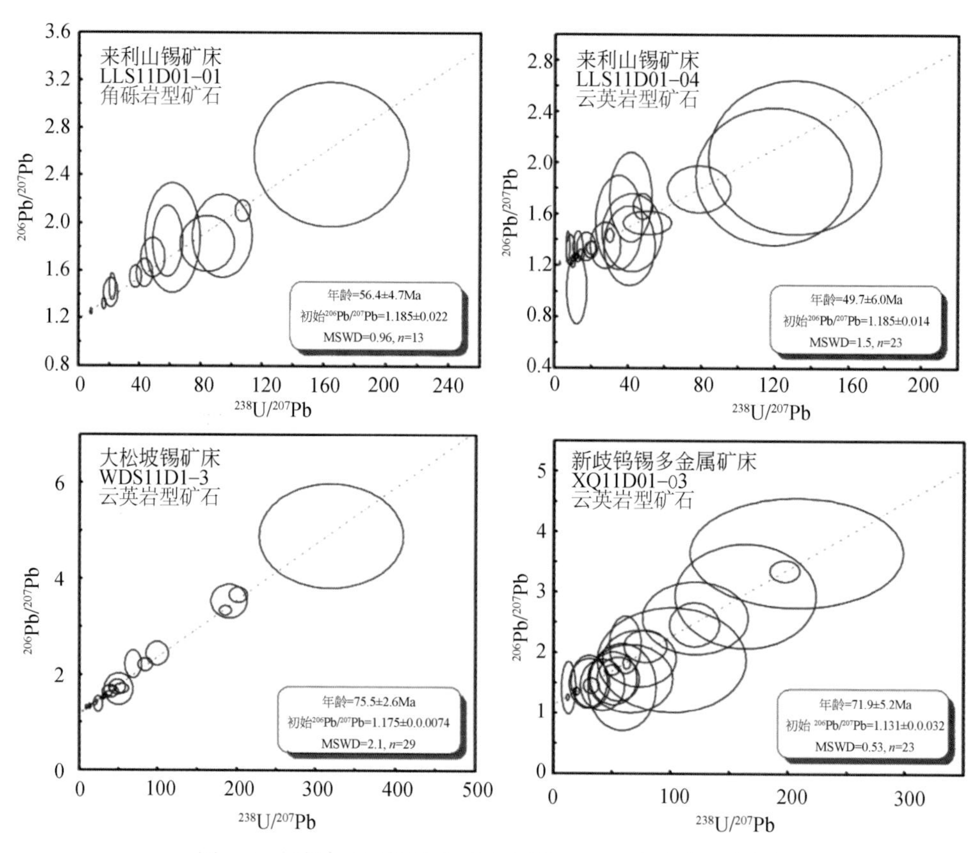

图 6.92　腾冲地区锡矿床矿石中锡石 U-Pb 年龄等时线图

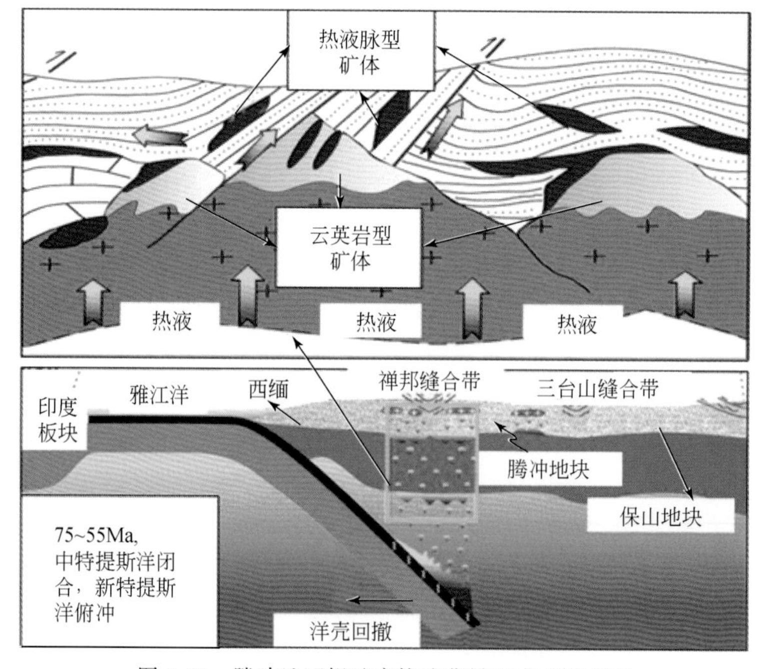

图 6.93　腾冲地区锡矿床构造背景和成矿模式图

1. 地质背景和矿床特征

大松坡矿床属于腾冲-梁河锡钨多金属成矿带，发育于腾冲岩浆岩带中部和晚白垩世古永复式岩基中的小龙河岩体内［图6.94（b）；陈吉琛等，1991；邓军等，2010］。矿区地层为上石炭统空树河组（C_3k），原岩岩性为砂页岩，现为角岩化砂岩、黑云长英角岩、绢云母板岩和含砾长石石英砂岩等，下部有含锡云英岩脉（夏志亮，2003）。矿区构造东侧为棋盘石-腾冲断裂，西侧为槟榔江断裂（赵成峰，1999）。断裂主体走向北北西，倾向南西，倾角55°～80°。矿区出露小龙河中细粒花岗岩体，岩性以二长花岗岩和黑云母花岗岩为主，是矿床的含锡岩体。

矿床包括西南部的小龙河矿段和东北部的大松坡矿段，锡矿体以3种方式产出：①产于岩体与围岩内接触带，形成面状云英岩型矿体；②产于岩体穹顶处平行带状或雁行排列的密集断裂带裂隙带内，充填形成脉状云英岩型矿体；③产于岩体与围岩外接触带附近的层间断裂带内，形成细脉状云英岩型矿体。矿区共圈出锡矿体（脉）60多条，均大致平行，走向北北西，倾向南西，倾角65°～85°。矿体（脉）大小不一，一般长100～500m，倾向延伸100～150m（施琳等，1989；夏志亮，2003），明显受岩体和构造控制。围岩蚀变发育，包括云英岩化、硅化、萤石化、钾长石化、绢云母化和绿泥石化，其中云英岩化、硅化、萤石化、钾长石化与锡矿化关系密切。矿石矿物为锡石，少量黑钨矿、黄铁矿和铌钽铁矿；脉石矿物为石英、白云母（绢云母）、萤石、黄玉、红柱石和金红石。矿石结构以粒状变晶结构和鳞片变晶结构为主，构造以浸染状、脉状和块状为主。

二长花岗岩为灰白色，似斑状结构和变余花岗结构，块状构造；矿物组成为石英（30%～35%）、钾长石（30%～40%）、斜长石（20%～25%）和黑云母（5%），其中斑晶为石英和钾长石；发生绢云母化和云英岩化［图6.94（a）］。黑云母花岗岩为淡肉红色，似斑状结构和细粒等粒结构，块状构造；矿物组成为石英（30%～35%）、斜长石（30%～40%）、钾长石（20%～25%）和黑云母（10%）。其中似斑状黑云母花岗岩斑晶为石英和钾长石，斜长石聚片双晶常见；细粒黑云母花岗岩中可见条纹长石，发生绢云母化和云英岩化［图6.94（b）、（c）］。云英岩型锡矿石为粒状变晶结构，浸染状构造和块状构造；矿物组成为石英、白云母（绢云母）、萤石和锡石，其中石英+白云母（绢云母）含量达80%～85%；锡石粒度0.1～1mm，半自形-它形，透光镜下为无色、浅粉红色或者棕红色，具不均一性，有些具有环带，多与萤石共生在一起［图6.94（d）］。

2. 含锡岩体年龄

小龙河岩体的3个花岗岩样品锆石的阴极发光（CL）图像，LA-ICP-MS U-Pb同位素测定结果见表6.33和图6.95。小龙河矿段花岗岩样品XLH11D2-2和XLH11D3-2中锆石为长柱状，可见四方双锥晶型，晶面平直，阴极发光图像显示锆石具清晰的震荡环带，属典型的岩浆锆石。锆石的U含量较高，且变化范围大（110×10^{-6}～35455×10^{-6}），Th/U范围为0.10～2.48，普遍大于0.4，具岩浆锆石的地球化学特征（吴元保、郑永飞，2004）。

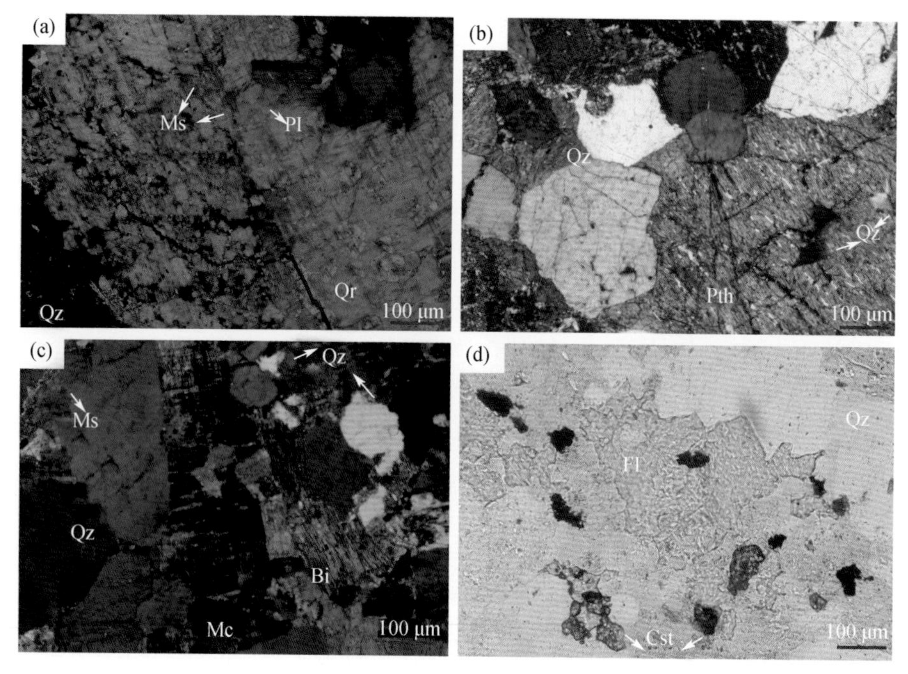

图 6.94　大松坡矿床显微照片

XLH11D2-2 样品 7 个分析点的 $^{206}Pb/^{238}U$ 加权平均值年龄为 75.3 ± 4.2Ma（MSWD = 6.5），XLH11D3-2样品 9 个分析点的 $^{206}Pb/^{238}U$ 加权平均值年龄为 70.3±3.2Ma（MSWD = 5.8）。大松坡矿段样品 DSP11D2-5 中锆石的 U 含量同样高且具较大变化范围（74×10^{-6} ~ 6268×10^{-6}），Th/U 范围 0.39 ~ 1.94，同样具岩浆锆石的地球化学特征。8 个分析点的 $^{206}Pb/^{238}U$加权平均值年龄为 71.5±2.1Ma（MSWD = 4.0）。3 个年龄在误差范围内一致，解释为小龙河含锡花岗岩体的侵位年龄。

对大松坡矿段矿石样品 DSP11D3-3 中锡石进行了 29 个 LA-ICP-MS 点测试（表6.34），结果可以拟合$^{206}Pb/^{207}Pb$-$^{238}U/^{207}Pb$ 等时线（图 6.95），对应的等时线年龄为75.5±2.6Ma（MSWD = 0.21），代表了锡成矿年龄。Yuan 等（2011）标样 AY-4 数据为 159.9±1.9Ma，本次测试时标样数据为 153.7±5.1Ma，二者在误差范围内一致，因此数据可信。陈吉琛等（1991）提出，矿床含锡岩体为演化更成熟、形成更晚的小龙河岩体，其形成年龄较古永岩基略晚。Rb-Sr 和 K-Ar 法测年的年龄范围为 83.4 ~ 71.8Ma（陈吉琛，1987），由于测试矿物的封闭温度低并容易受到蚀变和构造事件的影响，导致年龄结果变化范围较大。杨启军等（2009）和 Xu 等（2012）对古永岩基二长花岗岩中的锆石进行了 SHRIMP 和 LA-ICP-MS U-Pb 年龄测试，得到单颗粒锆石 U-Pb 年龄为 76±1Ma、67.8±1.4Ma 和 74.9±1.8Ma。古永岩基形成年龄（76 ~ 69Ma）与大松坡矿床含锡岩体年龄(75 ~ 70Ma)一致，并无明显先后顺序，其中古永岩基形成时间略长，因此认为大松坡锡矿床含锡岩体可能为古永复式岩基的一部分。

表 6.33　大松坡矿床花岗岩中锆石 LA-ICP-MS U-Pb 年龄表

样品号	含量/10^{-6}			$^{232}Th/$	同位素比值						年龄/Ma					
	Pb	^{232}Th	^{238}U	^{238}U	$^{207}Pb/^{206}Pb$	1σ	$^{207}Pb/^{235}U$	1σ	$^{206}Pb/^{238}U$	1σ	$^{207}Pb/^{206}Pb$	1σ	$^{207}Pb/^{235}U$	1σ	$^{206}Pb/^{238}U$	1σ
小龙河矿段 XLH11D2-2																
2-2-5	16. 2	292	405	0. 72	0. 0796	0. 0057	0. 1278	0. 0091	0. 0117	0. 0003	1187	143	122	8	74. 8	1. 7
2-2-6	24. 1	351	479	0. 73	0. 0776	0. 0048	0. 1412	0. 0085	0. 0133	0. 0003	1137	124	134	8	85. 4	1. 9
2-2-9	30. 1	660	786	0. 84	0. 0498	0. 0037	0. 0775	0. 0053	0. 0112	0. 0002	187	172	76	5	71. 6	1. 3
2-2-10	11. 4	226	219	1. 03	0. 0742	0. 0072	0. 1207	0. 0119	0. 0119	0. 0004	1056	195	116	11	76. 2	2. 5
2-2-11	17. 0	362	451	0. 80	0. 0553	0. 0042	0. 0879	0. 0064	0. 0115	0. 0003	433	166	86	6	73. 7	1. 7
2-2-12	14. 9	341	346	0. 99	0. 0608	0. 0053	0. 0957	0. 0076	0. 0116	0. 0003	632	189	93	7	74. 4	1. 9
2-2-14	43. 9	748	1245	0. 60	0. 0629	0. 0043	0. 1050	0. 0073	0. 0119	0. 0003	706	145	101	7	76. 1	2. 2
2-2-16	82. 8	1736	2247	0. 77	0. 0499	0. 0025	0. 0797	0. 0040	0. 0118	0. 0004	191	114	78	4	75. 7	2. 3
小龙河矿段 XLH11D3-2																
3-2-1	28. 8	654	684	0. 96	0. 0492	0. 0032	0. 0749	0. 0047	0. 0110	0. 0002	167	139	73	4	70. 3	1. 4
3-2-4	223. 0	2569	11272	0. 23	0. 0682	0. 0021	0. 0990	0. 0050	0. 0101	0. 0003	876	62	96	5	64. 9	2. 0
3-2-6	39. 6	887	902	0. 98	0. 0536	0. 0037	0. 0808	0. 0051	0. 0111	0. 0002	354	156	79	5	71. 4	1. 3
3-2-9	176. 1	1651	8345	0. 20	0. 0699	0. 0021	0. 0990	0. 0041	0. 0102	0. 0003	924	63	96	4	65. 4	1. 7
3-2-10	49. 2	1006	1848	0. 54	0. 0485	0. 0024	0. 0790	0. 0040	0. 0117	0. 0002	124	(82)	77	4	74. 8	1. 3
3-2-13	76. 9	899	3861	0. 23	0. 0627	0. 0029	0. 1036	0. 0070	0. 0120	0. 0006	698	100	100	6	77. 0	4. 1
3-2-14	127. 4	2262	6268	0. 36	0. 0579	0. 0031	0. 0757	0. 0043	0. 0095	0. 0005	524	116	74	4	61. 2	2. 9
3-2-15	127. 1	1654	4152	0. 40	0. 0702	0. 0031	0. 1086	0. 0066	0. 0115	0. 0005	1000	90	105	6	73. 9	3. 3
3-2-16	126. 5	1692	4329	0. 39	0. 0740	0. 0031	0. 1224	0. 0067	0. 0123	0. 0006	1043	85	117	6	78. 9	4. 0
3-2-17	129. 5	2176	5962	0. 37	0. 0630	0. 0029	0. 0836	0. 0041	0. 0100	0. 0005	709	97	82	4	64. 4	3. 2
大松坡矿段 DSP11D2-5																
2-5-2	21. 6	543	868	0. 63	0. 0478	0. 0035	0. 0720	0. 0051	0. 0109	0. 0002	87	163	71	5	70. 1	1. 1
2-5-5	11. 8	314	405	0. 77	0. 0631	0. 0044	0. 0956	0. 0062	0. 0111	0. 0003	722	144	93	6	70. 8	1. 7
2-5-6	20. 6	533	666	0. 80	0. 0458	0. 0035	0. 0714	0. 0052	0. 0113	0. 0002	error		70	5	72. 7	1. 4
2-5-10	64. 0	1508	2378	0. 63	0. 0597	0. 0027	0. 0932	0. 0042	0. 0112	0. 0001	594	94	90	4	71. 7	0. 9
2-5-15	26. 2	608	785	0. 77	0. 0504	0. 0040	0. 0819	0. 0064	0. 0119	0. 0002	213	187	80	6	76. 5	1. 3
2-5-16	14. 0	329	329	1. 00	0. 0617	0. 0049	0. 0921	0. 0075	0. 0114	0. 0003	665	169	89	7	73. 4	2. 0
2-5-17	15. 9	356	400	0. 89	0. 0662	0. 0055	0. 0974	0. 0071	0. 0112	0. 0003	813	179	94	7	72. 0	1. 8
2-5-19	31. 4	872	1268	0. 69	0. 0476	0. 0029	0. 0710	0. 0044	0. 0106	0. 0002	80	137	70	4	68. 2	1. 1

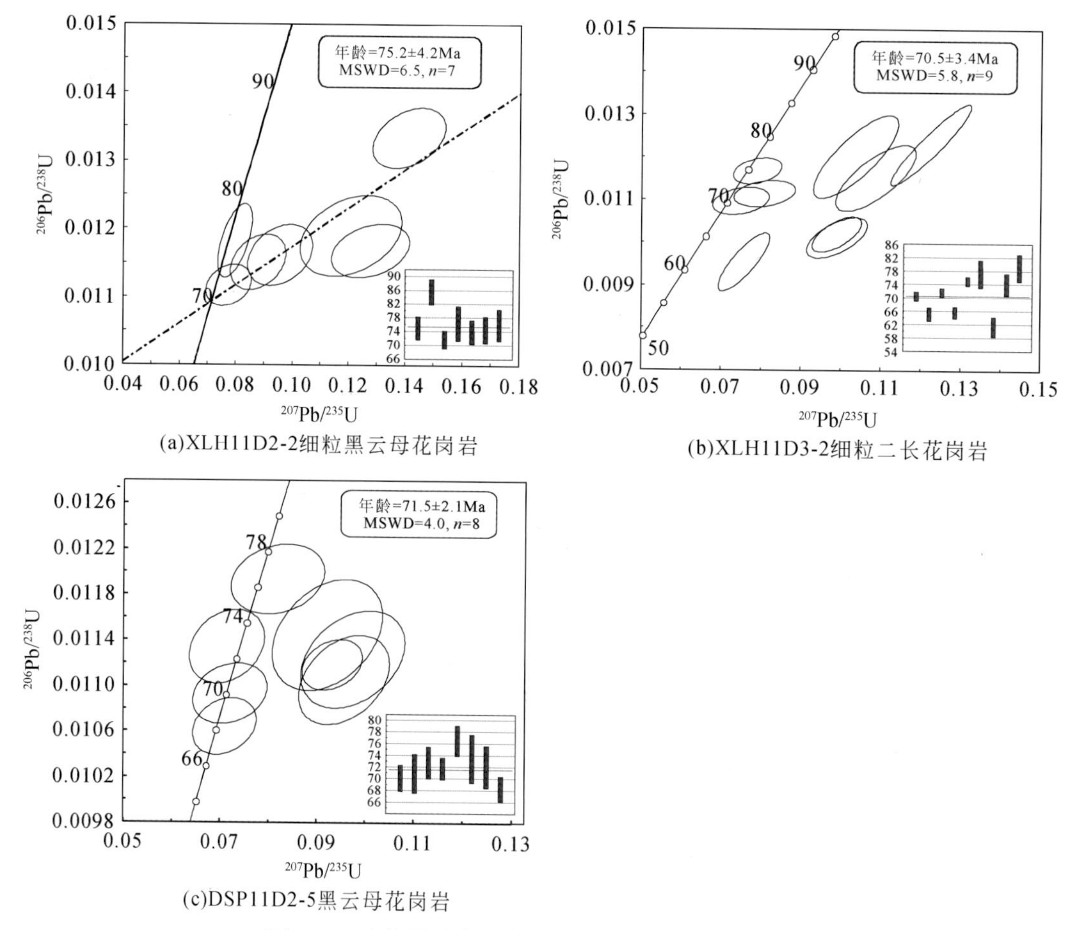

(a)XLH11D2-2细粒黑云母花岗岩

(b)XLH11D3-2细粒二长花岗岩

(c)DSP11D2-5黑云母花岗岩

图 6.95　大松坡矿床花岗岩中锆石 U-Pb 年龄谐和图

表 6.34　大松坡矿床中锡石 LA-ICP-MS U-Pb 年龄表

样品号	$^{207}Pb/^{206}Pb$	±%	$^{206}Pb/^{238}U$	±%	$^{238}U/^{207}Pb$	±%	$^{206}Pb/^{207}Pb$	±%
DSP11D3-3. 1	0. 810	0. 17	0. 273	4. 75	5. 06	3. 04	1. 24	0. 16
DSP11D3-3. 2	0. 486	2. 75	0. 029	3. 31	99. 83	5. 85	2. 44	4. 11
DSP11D3-3. 3	0. 633	1. 93	0. 058	6. 44	53. 78	6. 96	1. 71	2. 39
DSP11D3-3. 4	0. 774	0. 27	0. 130	3. 35	10. 73	2. 71	1. 29	0. 27
DSP11D3-3. 5	0. 725	0. 84	0. 093	5. 32	19. 86	5. 03	1. 39	0. 87
DSP11D3-3. 6	0. 764	3. 21	0. 107	6. 18	24. 06	9. 74	1. 39	4. 85
DSP11D3-3. 7	0. 672	0. 90	0. 052	2. 90	30. 05	3. 33	1. 51	0. 92
DSP11D3-3. 8	0. 666	0. 60	0. 055	2. 11	28. 20	2. 42	1. 50	0. 59
DSP11D3-3. 9	0. 753	0. 76	0. 112	2. 65	12. 43	3. 06	1. 34	0. 82
DSP11D3-3. 12	0. 770	1. 21	0. 113	3. 96	13. 81	4. 01	1. 33	1. 37
DSP11D3-3. 13	0. 633	2. 78	0. 046	4. 12	48. 36	8. 95	1. 74	3. 56
DSP11D3-3. 14	0. 784	0. 13	0. 160	1. 32	7. 84	1. 56	1. 28	0. 13

续表

样品号	$^{207}Pb/^{206}Pb$	±%	$^{206}Pb/^{238}U$	±%	$^{238}U/^{207}Pb$	±%	$^{206}Pb/^{207}Pb$	±%
DSP11D3-3. 15	0. 778	0. 27	0. 148	2. 85	9. 08	3. 12	1. 29	0. 27
DSP11D3-3. 19	0. 699	1. 70	0. 138	5. 28	39. 44	10. 60	1. 65	3. 14
DSP11D3-3. 21	0. 659	1. 21	0. 054	4. 47	32. 62	3. 61	1. 55	1. 28
DSP11D3-3. 22	0. 307	1. 19	0. 018	0. 64	185. 69	1. 69	3. 33	1. 22
DSP11D3-3. 24	0. 785	0. 22	0. 131	0. 92	9. 50	0. 95	1. 27	0. 22
DSP11D3-3. 25	0. 639	1. 23	0. 048	3. 49	37. 50	4. 06	1. 60	1. 32
DSP11D3-3. 27	0. 337	2. 35	0. 019	1. 28	190. 53	4. 97	3. 53	4. 06
DSP11D3-3. 30	0. 496	2. 36	0. 033	3. 55	84. 68	4. 54	2. 21	2. 46
DSP11D3-3. 33	0. 741	0. 59	0. 110	3. 19	14. 30	4. 45	1. 36	0. 69
DSP11D3-3. 36	0. 252	2. 99	0. 016	1. 30	319. 39	11. 57	4. 89	9. 10
DSP11D3-3. 37	0. 695	1. 05	0. 065	1. 83	22. 10	2. 17	1. 44	1. 05
DSP11D3-3. 38	0. 525	2. 31	0. 032	1. 41	68. 83	6. 46	2. 22	5. 33
DSP11D3-3. 39	0. 791	0. 97	0. 275	5. 57	9. 92	6. 00	1. 32	1. 45
DSP11D3-3. 40	0. 738	1. 10	0. 104	3. 37	13. 51	2. 86	1. 36	1. 23
DSP11D3-3. 42	0. 598	3. 01	0. 057	4. 91	50. 23	14. 98	1. 70	7. 91
DSP11D3-3. 44	0. 607	1. 34	0. 049	3. 13	42. 31	4. 12	1. 70	1. 41
DSP11D3-3. 45	0. 281	1. 62	0. 018	0. 90	202. 36	2. 38	3. 66	1. 77

陈吉琛（1987）对云英岩矿体中铁锂云母进行 Rb-Sr 测年，结果为 70Ma。施琳等（1989）对锡石云英岩型矿石中云母进行 Rb-Sr 测年，结果为 78. 7Ma。由于受到测试方法的精度限制，两个成矿年龄有一定差异，因此成矿年龄存在争议。本书运用 LA-ICP-MS U-Pb 法获得矿床锡石 $^{206}Pb/^{207}Pb$-$^{238}U/^{207}Pb$ 等时线年龄为 75. 5±2. 6Ma。自 Gulson 和 Jones（1992）首次提出并讨论了锡石 U-Pb 直接测年的方法及其可行性以来，国内外学者对方法的可靠性进行了实验和论证。在非超高温热液条件下，锡石 U-Pb 法是一种准确厘定锡矿床成矿年龄的有效方法（Mcnaughton，1993；刘玉平等，2007；袁顺达等，2010；Yuan *et al.*，2011；张东亮等，2011）。0. 1 ~ 1mm 级别锡石封闭温度为 600 ~ 800℃（张东亮等，2011），且流体包裹体研究显示，大松坡矿床成矿期矿物包裹体均一温度为 590 ~ 170℃（施琳，1989；金明霞等，1999；沈冰、金明霞，2003），表明矿床锡石在形成过程中，热液活动温度未超过其封闭温度，结晶年龄（~75Ma）即为锡成矿年龄。对比锡石年龄、古永岩基年龄和成矿岩体的年龄，三者均在误差范围内一致（图 6. 95），矿床的成矿年龄与成岩年龄相吻合，矿床的热液演化活动时间较短。

3. 成矿过程

古永岩基具有高硅、高钾钙碱性和过铝质–强过铝质特征，$(^{87}Sr/^{86}Sr)_i$ 值（0. 7124 ~ 0. 7402）均大于 0. 708（陈吉琛等，1991；杨启军等，2009），$\varepsilon_{Hf}(t)$ 值（–13. 07 ~ –4. 61）均小于0（Xu *et al.*，2012），表明其物质来源为大陆地壳。然而，对于岩基形成的

构造环境和大地构造背景一直存有争议：① 施琳等（1991）和吕伯西等（1993）认为古永岩基为印亚板块会聚，导致地壳增厚引起陆壳深熔形成的以 S 型为主的同碰撞花岗岩；② 杨启军等（2009）认为在新特提斯洋闭合与印亚板块碰撞的转换期，岩浆底侵以及地壳加厚，促使中下地壳部分熔融形成的 S 型（岛弧-）同碰撞花岗岩；③ 江彪等（2012）认为古永岩基是中特提斯洋闭合进入造山后伸展阶段与新特提斯洋俯冲开始的构造转换阶段的岩浆活动，是典型造山后 A2 型花岗岩；④ Xu 等（2012）通过对腾梁地区岩浆岩进行系统研究，提出古永岩基是新特提斯洋东向俯冲，导致俯冲带岩浆弧后腹地，地壳增厚至顶点后继之的伸展垮塌形成的 S 型花岗岩。

通过本次研究和综合分析，作者较为认同最后一个观点。首先，大松坡矿床所处的腾冲地块经历了复杂的大地构造演化过程。早二叠世，冈瓦纳大陆北缘发生分裂，中特提斯帷幕由此拉开，滇缅泰马地块（含保山地块）向北漂移，形成了怒江洋。晚二叠世—早白垩世怒江洋西向俯冲，中三叠世—中侏罗世东向俯冲，于早白垩世洋盆消失（~110Ma），腾冲地块与保山地块拼合，继而进入陆陆碰撞造山作用阶段（Booth *et al.*，2004；Liang *et al.*，2008；Chiu *et al.*，2009；朱弟成等，2009；Deng *et al.*，2014b；肖昌浩等，2010；Cong *et al.*，2011a，2011b；戚学祥等，2011；Xu *et al.*，2012；Zhu *et al.*，2013）。新特提斯洋（印度河-雅江洋）于中三叠世开启，中侏罗世—古新世向北东俯冲（165~56Ma），并于始新世（~50Ma）闭合（Najman *et al.*，2010；Zhu *et al.*，2013）。怒江洋和新特提斯洋的俯冲闭合，引发了腾冲地块内大规模花岗岩的侵位（Xu *et al.*，2012），并形成了相应多金属矿床。古永岩基的成岩年龄为 76~69Ma，该时段正值新特提斯洋俯冲，为其产生在新特提斯俯冲环境提供了年代学证据。

其次，前人讨论岩体构造环境问题主要通过地球化学投图的方法，其依据是在不同构造环境下形成的花岗岩具有特定的岩石地球化学特性（Pearce *et al.*，1984；Maniar and Piccoli，1989）。但最新研究显示，花岗岩的岩石地球化学特性不但与形成构造环境有关，而且直接与源区物质的性质和地壳熔融程度有关，因此微量元素地球化学投图不能完全反映花岗岩形成的构造环境（Xu *et al.*，2012）。且在高分异情况下，无论是 I 型、S 型或是 A 型，当它们经历高度分异结晶作用之后，其矿物组成和化学成分趋近于低共结的花岗岩，三者将具有相同的矿物学和地球化学特点，从而使上述 3 种类型的鉴定出现困难，甚至不可能（Chappell and White，1992；吴福元等，2007）。古永岩基和大松坡岩体具有强酸性（SiO_2≈75%）、高分异指数（DI≈88）和低固结指数（SI≈2），且在微量元素上具有富 Rb，亏损 Ba 和 Sr 的特点（施琳，1989；吕伯西等，1993；江彪等，2012；Xu *et al.*，2012），体现较高分异型花岗岩特征。另外，岩石含有云母显示其富水特征，指示其为高分异花岗岩而非 A 型花岗岩（King *et al.*，1997）。同位素证据表明古永岩基和大松坡含锡岩体物质来源于大陆地壳，因此推测古永岩基和大松坡含锡岩体为高分异 S 型花岗岩。传统观点认为俯冲环境下应形成 I 型花岗岩为主的岩石组合，但为什么在腾冲梁河地区主要形成了古永岩基为代表的 S 型花岗岩呢？主要原因是腾冲地区位于新特提斯洋俯冲岩浆弧后的腹地。在俯冲作用下，深部热作用导致地壳和岩石圈强度变低（Barton，1990），持续的挤压力导致地壳增厚并向上抬升，当抬升高度达到最大，在薄弱地区挤压力会使地壳增厚区域向周围发展（Livaccari，1991），因此在俯冲岩浆弧后的腹地发生大规模的伸展垮塌，形成俯冲环境下过铝质岩浆岩（Xu *et al.*，2012）。综上所述，古永岩基形成于新特提斯洋向东俯冲背景下，位于俯冲带岩浆弧后腹地，是地壳增厚至顶点而伸展垮塌引起的过铝质S型花岗岩。

此外，产于俯冲背景的锡矿床在中国范围具有一定的普遍性。研究成果表明，中国最大的南岭锡多金属成矿带中晚侏罗世钨锡成矿系列与大松坡锡矿床相似，发育于高硅过铝质、高锶同位素初始值的高分异花岗岩内，是形成于中侏罗世太平洋板块持续低角度俯冲环境下，大陆地壳持续加厚，弧后岩石圈伸展减薄引起大规模岩浆作用的结果（Wang F. Y. *et al.*，2010）。Zhou等（2012）提出内蒙古黄岗锡铁矿床很可能产生于中生代古太平洋向北北西俯冲环境下，与地壳重熔、分异并继续演化形成的花岗岩具有密切的成因关系。

由于大松坡含锡岩体是古永岩基的一部分，因此二者应产于相同的大地构造背景之下，且成矿年龄与成岩年龄一致。综合前人岩浆-流体成矿认识（Chen *et al.*，2007；Deng *et al.*，2006；Wang *et al.*，2008；Xu *et al.*，2012），新特提斯洋壳向东俯冲至腾冲地块下，导致岩石圈强度、板块汇聚力抗压强度降低，因此在俯冲带后的腹地地壳增厚之后，下地壳部分熔融形成花岗质岩浆；岩浆侵入浅表分异含锡岩浆热液，在岩基边部发生蚀变并成矿，同时热液输运到岩体顶部张性断层或层间断裂带中形成脉状或面状矿体。

第7章　碰撞造山成矿系统

碰撞造山成矿系统分为挤压褶皱期成矿系统、拆沉伸展期成矿系统和挤压走滑期成矿系统。本章选取金满铜银矿床、北衙斑岩型铜金矿床、纳日贡玛斑岩型铜钼矿床、镇沅和大坪金矿床、金顶和白秧坪铜铅锌矿床等作为重点解剖对象，综合分析碰撞造山过程中的构造变形-岩浆活动-盆地演化-流体系统的成因关联和地球动力学机制。对三江地区碰撞造山期矿床进行了典型剖析，编制矿床矿种-时代-成因联合图（图7.1）。

7.1　挤压褶皱期成矿系统

碰撞造山岩浆热液型矿床分布于盆地容矿铜铅锌成矿带。兰坪盆地发育与岩浆热液有关的金满-连城铜钼矿田，包括金满铜钼矿床、连城铜钼矿床及一系列脉状铜矿床，矿床与通常认为的造山带内可能与岩浆活动无关的多金属脉状矿床矿化特征、成矿流体特征存在明显差异，但又不同于典型的岩浆流体，研究表明其为以岩浆流体为主、有盆地卤水和大气降水加入的混合流体成因，进而提出在其下部可能存在隐伏的斑岩型铜钼矿床。

分别选取金满矿床成矿期方解石和连城矿床辉钼矿进行Sm-Nd和Re-Os测年，获得年龄结果为58Ma（图7.2）和47Ma（图7.3），显示为印亚大陆挤压褶皱阶段成矿，包裹体研究表明铜钼多金属成矿过程中存在三种性质流体参与：①深源岩浆流体（中高温和低盐度、富CO_2流体）在兰坪盆地相对罕见，主要参与了金满、连城铜多金属矿床的成矿作用，可能是盆地内部寻找中高温矿床的标志之一；②盆地卤水（中低温和中高盐度流体），相当于兰坪盆地成矿作用的背景流体；③大气降水。

对矿床流体包裹体研究表明，金满矿床和连城矿床成矿流体整体上是一种中高温、中低盐度、极富CO_2的流体（280～340℃，1%～4% NaCl）。金满和连城矿床流体包裹体温度-盐度关系图解中，A类包裹体数据具有一定的相关性，可看作是流体的理论演化轨迹。两者呈缓倾斜曲线，斜率为正值，即随着温度逐步降低，流体的盐度缓慢下降。这种变化趋势反映了较高盐度、温度的流体与较低盐度、温度的流体发生了混合作用。金满矿床流体包裹体盐度-均一温度图解中，A型包裹体表现为中低温和中高盐度；B型包裹体则刚好相反，表现为中高温和极低盐度，显示出低盐度富CO_2流体和中高盐度$NaCl\text{-}H_2O$流体混合的结果。

矿床成矿早、中阶段出现大量富CO_2包裹体，这在兰坪盆地十分罕见，不属于典型的盆地流体系统。关于富CO_2流体目前认为有几种来源：幔源流体、下地壳中高级变质流体和岩浆热液（Phillips and Powell，1993；Diamond，2001；陈衍景等，2007）。金满和连城矿区内未发生强烈的变质作用，因此富CO_2的流体不可能是变质成因。稀有气体特征则

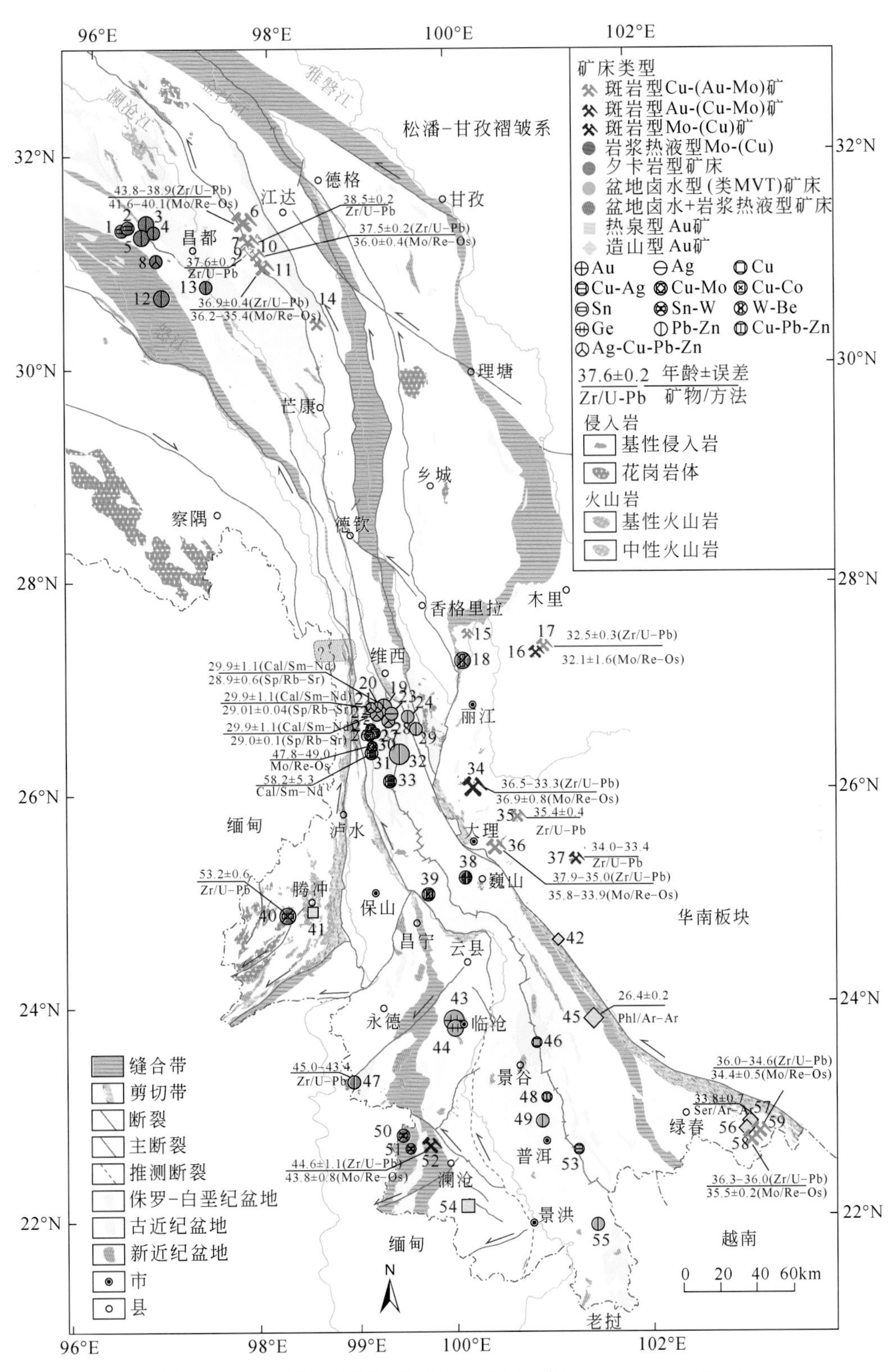

图7.1 三江地区碰撞造山期矿床分布图（据 Deng et al.，2014b）

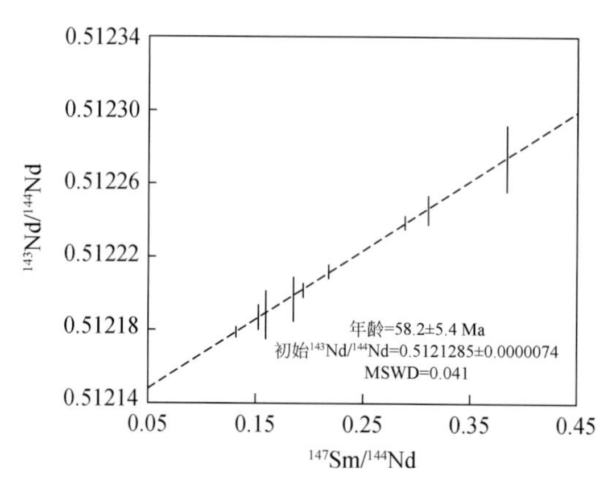

图 7.2　金满矿床方解石 Sm-Nd 等时线年龄图（Zhang *et al.*, 2013）

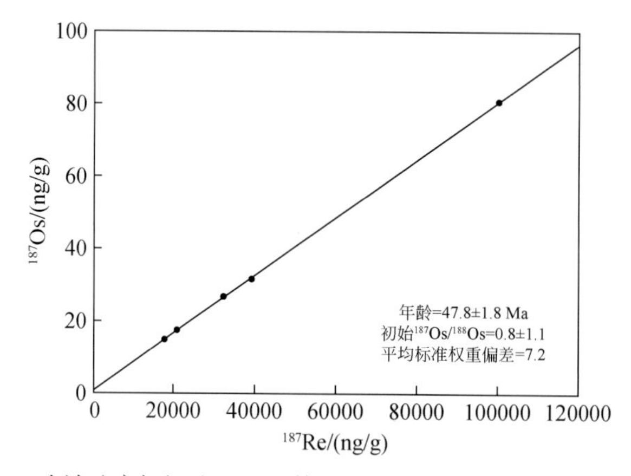

图 7.3　连城矿床辉钼矿 Re-Os 等时线年龄图（Zhang *et al.*, 2013）

有效地排除了地幔流体主导成矿的可能。研究表明兰坪盆地边缘和盆地内部发育有大量新生代碱性岩体（68～23Ma；薛春纪等，2003），这与金满和连城矿床的成矿时代（48～58Ma）一致，显示出内在联系。据此，推测金满和连城矿床的成矿流体应与盆地隐伏的壳源岩浆活动有关，这与前人对兰坪盆地深部存在隐伏岩浆库的推测吻合（张成江等，2000；李文昌、莫宣学，2001）。壳源岩浆流体主要沿深大断裂带（澜沧江深大断裂）向上迁移。

铜钼矿床成矿流体与典型的岩浆热液（高温、高盐度和富 CO_2）不同，显示出岩浆热液（高温、高盐度和富 CO_2）、盆地卤水（中低温、高盐度和贫 CO_2）的混合。考虑到兰坪盆地广泛发育有中低温、高盐度的盆地卤水系统，推测中高盐度 NaCl-H_2O 流体可能与盆地广泛存在的盆地流体系统有关，而和富 CO_2 流体不存在成因上的联系。矿床成矿晚期又有浅循环大气水或盆地低盐度建造水（低温、低盐度和贫 CO_2）参与成矿。

硫化物 $\delta^{34}S$ 值主体介于-18‰～16‰，金满矿床呈现出明显的 0 值附近塔式分布特征，连城矿床也表现出大致的 0 值附近分布特点（图 7.4），表明硫源有岩浆成因硫贡献。对于 Pb 同位素组成，单一的盆地地层铅源无法解释其铅同位素组成，它们有着更低放射性成因 Pb 的铅同位素组成，必须有深源铅的贡献，表现出脉状 Cu 多金属系列矿床铅来自深源和盆地地层铅的混合（图7.5）。S、Pb 同位素特征显示脉状铜多金属系列矿床成矿物质具有深源物质特征，很可能是来自于盆地内新生代隐伏岩体。

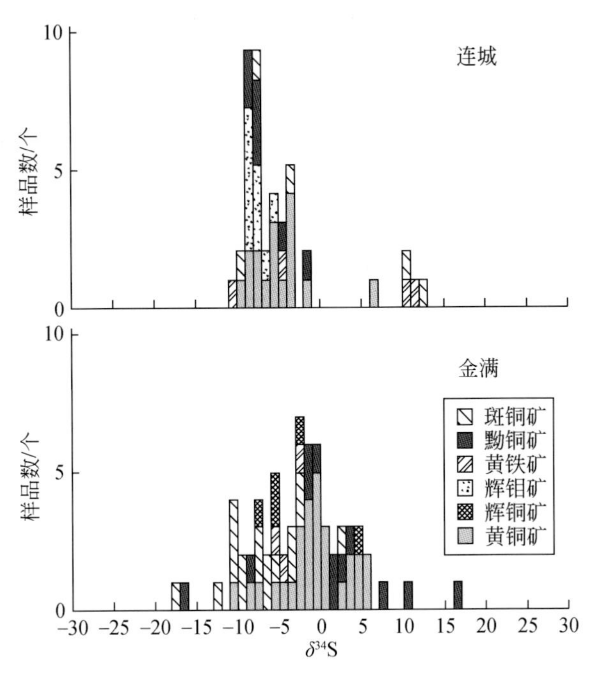

图7.4　脉状铜多金属矿 S 同位素直方图

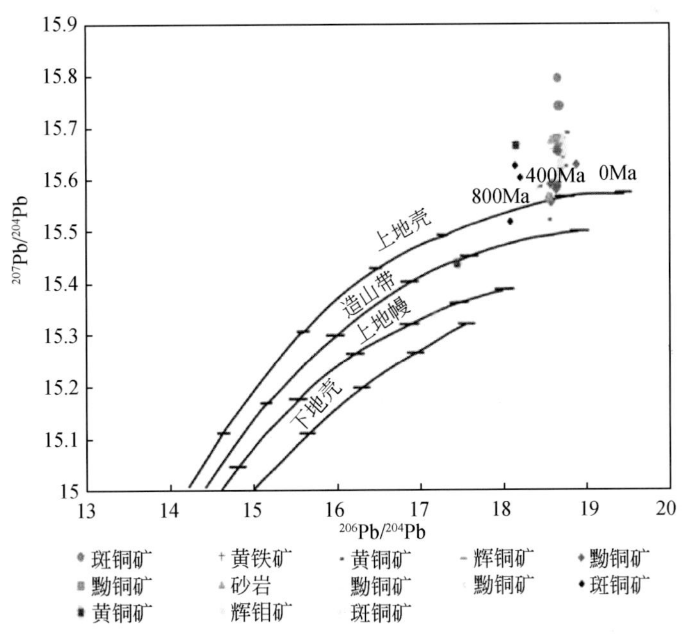

图7.5　脉状铜多金属矿 Pb 同位素特征图

金满矿床矿质沉淀机制为：成矿前和主成矿期石英中虽然也存在三类包裹体密切共生的现象，但 A 型和 B 型包裹体均一温度存在一个系统的差别。A 型水溶液包裹体均一温度集中在 160～250℃，B 型含 CO_2水溶液包裹体集中在 226～334℃，两个包裹体均一温度数据几乎没有重叠区域。结合对矿床同位素地球化学的研究，认为成矿过程中主要流体参与：① 壳源岩浆流体，以中高温、中低盐度和富含 CO_2为特征；② 盆地卤水，以中低温、中高盐度和贫 CO_2为特征。壳源岩浆流体的存在得到 He、Ar、C、O 和 H 同位素特征的验证；③ 浅源盆地卤水（可能来源于大气降水和各地层层间水；Xue *et al.*，2006，2007）的存在，则与成矿物质可能主要来源于地壳沉积岩相吻合。据此，推测矿床成矿机制是向上运移的深源岩浆流体与向下运移的盆地卤水的混合（图 7.6）。

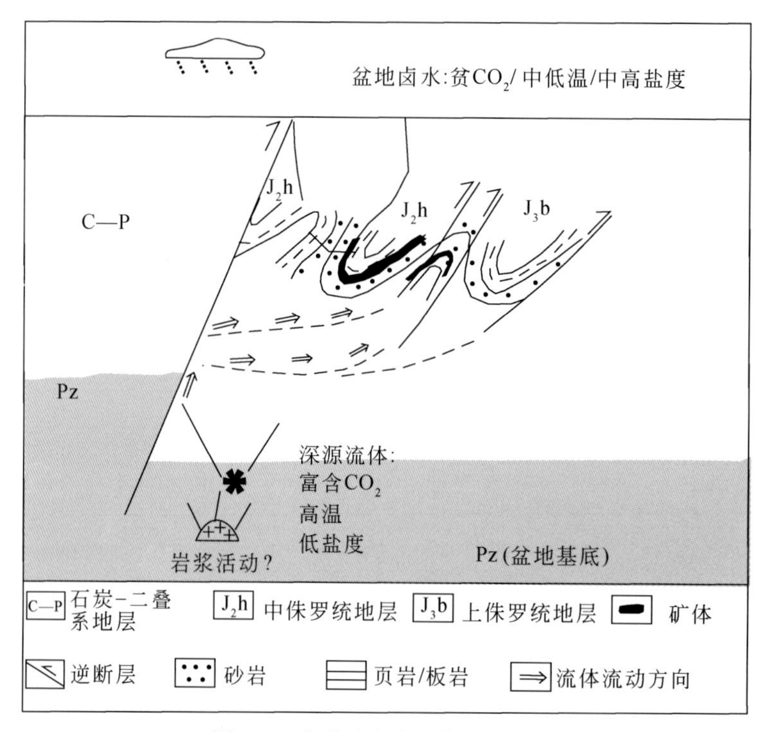

图 7.6　金满矿床成矿作用示意图

连城矿床矿质沉淀机制为金满和连城矿床常见到含 CO_2包裹体和水溶液包裹体共生的现象，通常被认为是流体不混溶的直接证据（Roedder，1984；卢焕章等，2004）。流体包裹体的研究表明，连城矿床中成矿流体早中阶段富含 CO_2和其他挥发分，随着成矿作用的进行，到晚阶段成矿流体演化成富含水的流体；伴随着成矿流体温度逐渐降低，早中阶段流体盐度略有下降，从中阶段到晚阶段则盐度明显降低。早阶段石英中最显著的特点是 A 型、B 型和 C 型包裹体密切共生，三者均一温度相近，为沸腾包裹体组合的典型标志。由此认为矿床成矿过程早阶段发生了强烈的流体沸腾作用。沸腾作用以大量 CO_2等挥发分逃逸为特征，CO_2等挥发分大量逃逸，导致成矿体系趋于不稳定，促使 Mo、Cu 等大量成矿物质沉淀最终成矿。另外，CH_4的加入扩大了流体不混溶的范围，有利于对 Mo、Cu 等金属元素的富集沉淀（徐九华等，2007）。矿床流体包裹体温度-盐度关系图显示出不同温度、盐度流体的混合作用，这一认识与矿床C、H、O等同位素特征显示出成矿流体是岩浆水和大气降水的混合十分吻合。同时，野外和镜下观察也表明，晚阶段石英、碳酸盐脉穿切整个矿石，出现晶簇状构造，指示处于开放空间，有利于大气降水的加入。据此认为盆地卤水、下渗的大气降水与岩浆富CO_2流体的混合，可能导致了部分成矿物质的沉淀。因此，矿床成矿物质沉淀的主要机制为流体降温沸腾，次要机制为流体的混合。

三江盆地容矿矿床挤压褶皱期区域成矿模型如图7.7所示。受印-亚大陆碰撞影响，由于处于金沙江缝合带和龙木错-双湖缝合带之间，挤压导致区域形成对冲构造格局，而唐古拉山-澜沧江带向北、向东逆冲和金沙江缝合带向南、向西逆冲，往往在根部形成褶皱带，向前锋区演变为逆冲带。同时，伴随着褶皱-逆冲形成早新生代前陆盆地沉积，盆地往往彼此隔绝。流体在大陆碰撞逆冲推覆阶段向有利于构造-岩相部位迁移。

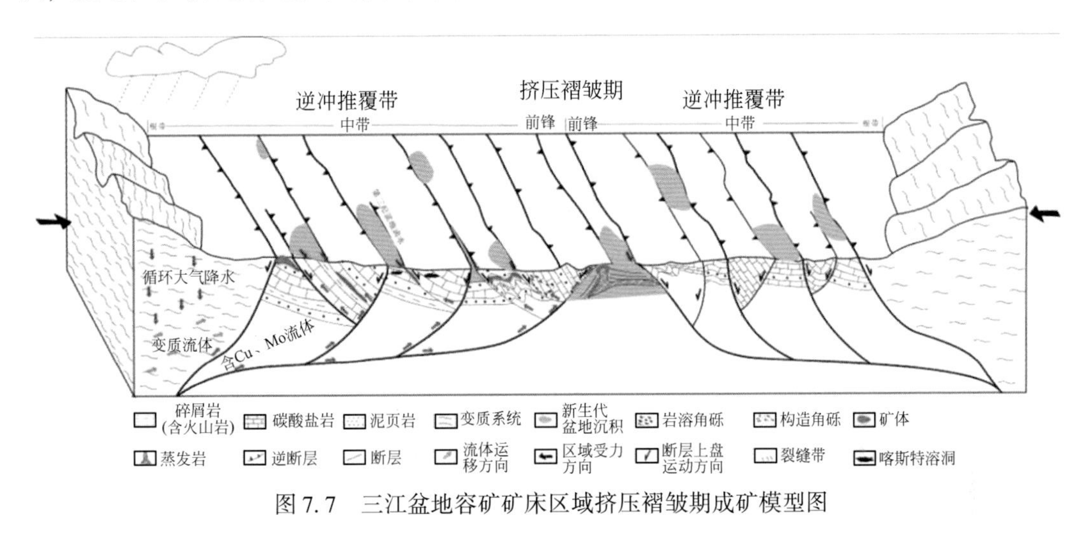

图7.7 三江盆地容矿矿床区域挤压褶皱期成矿模型图

7.2 拆沉伸展期成矿系统

三江地区新生代岩浆活动频繁，钾质斑岩沿金沙江-哀牢山断裂带及其两侧分布，并形成众多斑岩型矿床，如由南向北有北衙金多金属矿床和纳日贡玛铜钼矿床等；岩浆活动具多期性，成矿年龄集中于41～35Ma（图7.8），由北到南有逐渐变新的趋势；成矿岩浆起源于晚元古代洋壳俯冲形成的交代地幔。

7.2.1 北衙斑岩型铜金矿床

北衙矿床位于金沙江-哀牢山富钾质斑岩带的中段，是与富钾质斑岩有关的典型代表。近年来在勘探工作中取得重要进展，在深部发现大量夕卡岩型矿体，矿区金矿储量达到超大型规模，其伴生铅锌、银、铜、铁、硫也分别到达大、中型规模（图7.9）。

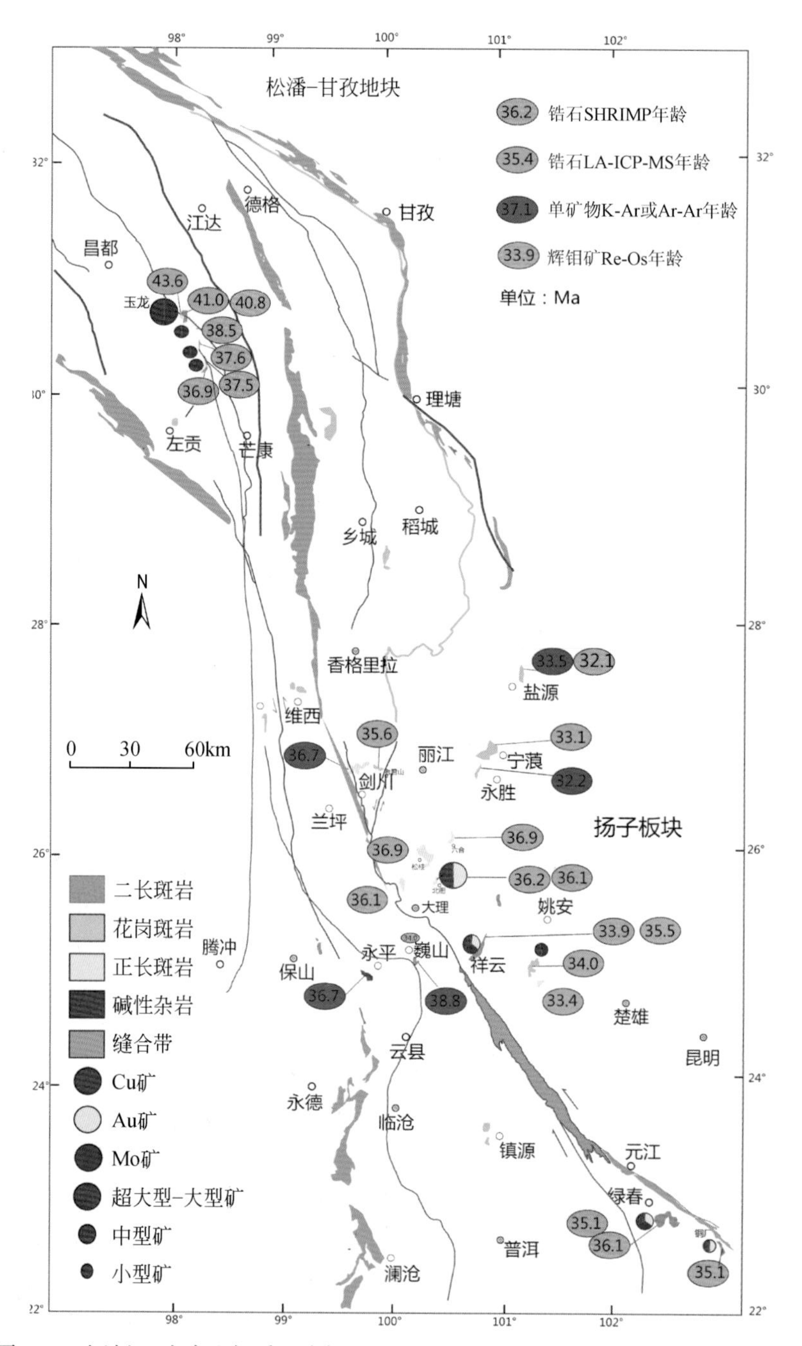

图 7.8　金沙江-哀牢山钾质斑岩铜钼金矿带分布图（据 Lu *et al.*，2013，修改）

图7.9　北衙矿床万硐山矿段露天采场示意图

1. 区域地质

矿床位于德格-中甸陆块、巴彦喀拉-扬子板块和兰坪-思茅陆块3个构造单元结合部东侧。区域构造主要为近南北向的马鞍山断裂和东西向隐伏断裂。马鞍山断裂控制了由北向南分布的狮子山、万硐山、红泥塘、焦石洞和老马涧等环状钾质富碱斑岩体、岩株和隐伏岩体的产出。近东西向隐伏构造控制着由西向东分布的南大坪、马头湾、红泥塘、笔架山和白沙井等钾质富碱斑岩体的产出。区域内岩浆活动频繁，基性、中性和酸性均有出露。可划分为3个时期（和文言等，2013）：海西期以基性辉长岩和二叠纪玄武岩为主；燕山期—早喜马拉雅期为富碱的石英斑岩、辉石正长岩、花岗斑岩和石英闪长岩为主，还有正长斑岩和煌斑岩脉在区内成群成带展布；喜马拉雅期为中酸性富碱斑岩的侵入体为主，也有喷出和溢流相的苦橄玄武岩、橄榄玄武岩和钾质碱性岩出露。钾质火成岩沿金沙江-红河断裂带分布，构成规模巨大的金沙江-哀牢山富碱斑岩带。北衙矿区及其外围的富碱岩体位于中南部的松桂-北衙地区，构成北衙矿区的富碱斑岩带（Deng *et al.*，2015b）。

北衙矿区的侵入体以二长花岗斑岩和钾长石花岗斑岩为主。钾长石花岗岩相对于二长花岗斑岩具有相对较低的CaO（0.02%～0.24%）、Na_2O（0.38%～0.91%）和Sr（309～378ppm）含量，较高K_2O（10.7%～12.2%）、K_2O/Na_2O（12～32）、Rb（421～479ppm）和Pb（73～708ppm），这些特征是由于遭受了钾质蚀变的影响。徐受民（2007）对北衙岩体中钾长石斑晶进行了电子探针分析，其K_2O含量为14%～17%，Na_2O为0.8%～1%，CaO<0.1%。矿区30个岩石样品和6个矿石样品，样品分别为第一组石英正长斑岩，第二组灰白色石英正长斑岩，第三组钻孔中石英正长斑岩，第四组黑云母

正长斑岩。如图 7.10 所示，斑岩样品绝大多数都落入酸性区域，且样品点多数位于分界线附近的碱性区域，部分在分界线附近的亚碱性区域，岩石均属于钾玄岩系列。稀土元素配分曲线显示样品均是轻稀土较富集略微右倾的曲线特征。微量元素蛛网图显示斑岩样品中 Cs、K、Sr、Eu 等大离子亲石元素相对富集，高场强元素相对亏损，显示源区可能为交代地幔。铁金矿石样品稀土元素配分曲线显示曲线较为平缓，轻重稀土分异不明显，略微负 Eu 异常；微量元素蛛网图显示 Cs、U、Nd 等元素相对富集，Ba、Nb、Sr、Eu 等元素相对亏损（图 7.11）。

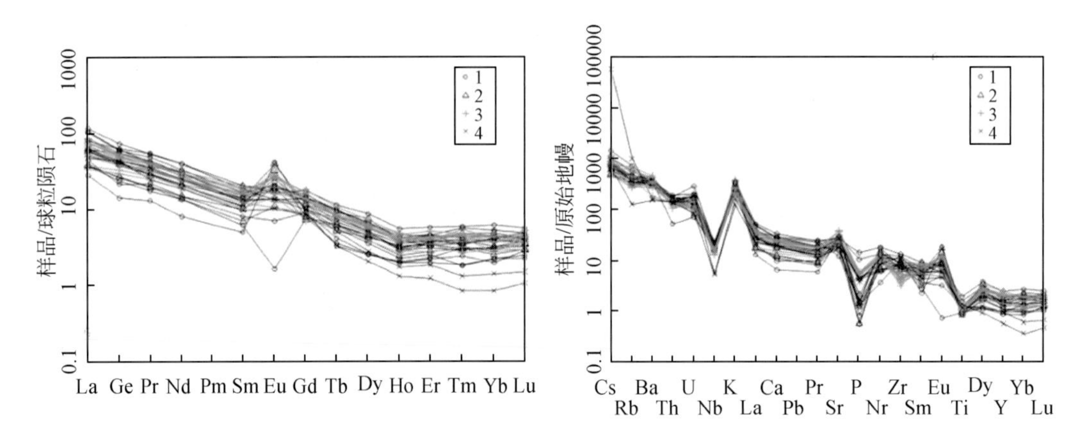

图 7.10　北衙矿床岩石样品稀土配分曲线图（标准化数据据 Boynton，1984）和微量元素蛛网图（标准化数据据 Sun and McDonough，1989）

1. 石英正长斑岩；2. 灰白色石英正长斑岩；3. 钻孔中石英正长斑岩；4. 黑云母正长斑岩

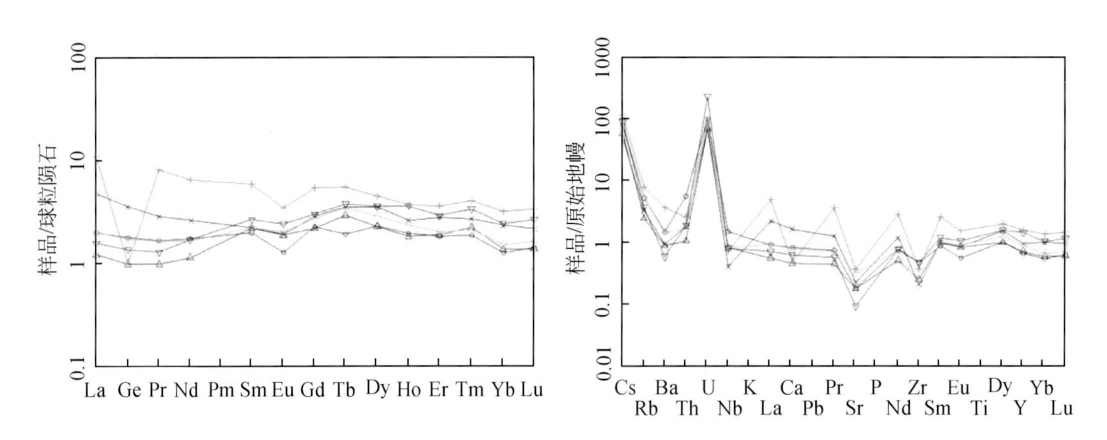

图 7.11　北衙矿床铁金矿石样品稀土配分曲线图（标准化数据据 Boynton，1984）和微量元素蛛网图（标准化数据据 Sun and McDonough，1989）

岩石样品中锆石的阴极发光照片和年龄谐和图见图 7.12；图 7.13，一些锆石具有核，年龄为 500 ~ 1200Ma；也存在一些继承锆石，年龄从 254Ma 变化到 3200Ma。样品岩体年龄为 34 ~ 38Ma，集中于 34.5 ~ 36.5Ma。

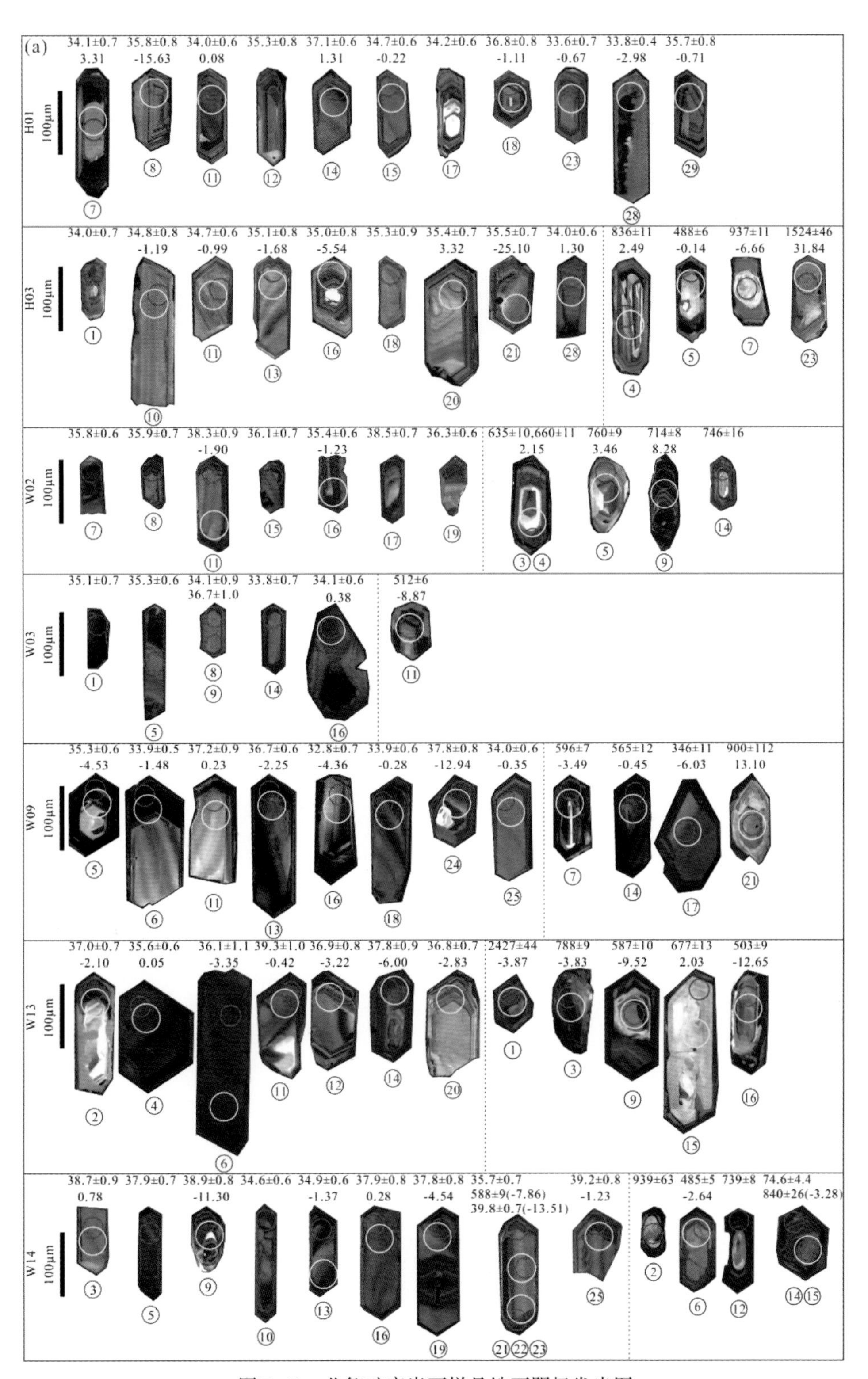

图 7. 12　北衙矿床岩石样品锆石阴极发光图

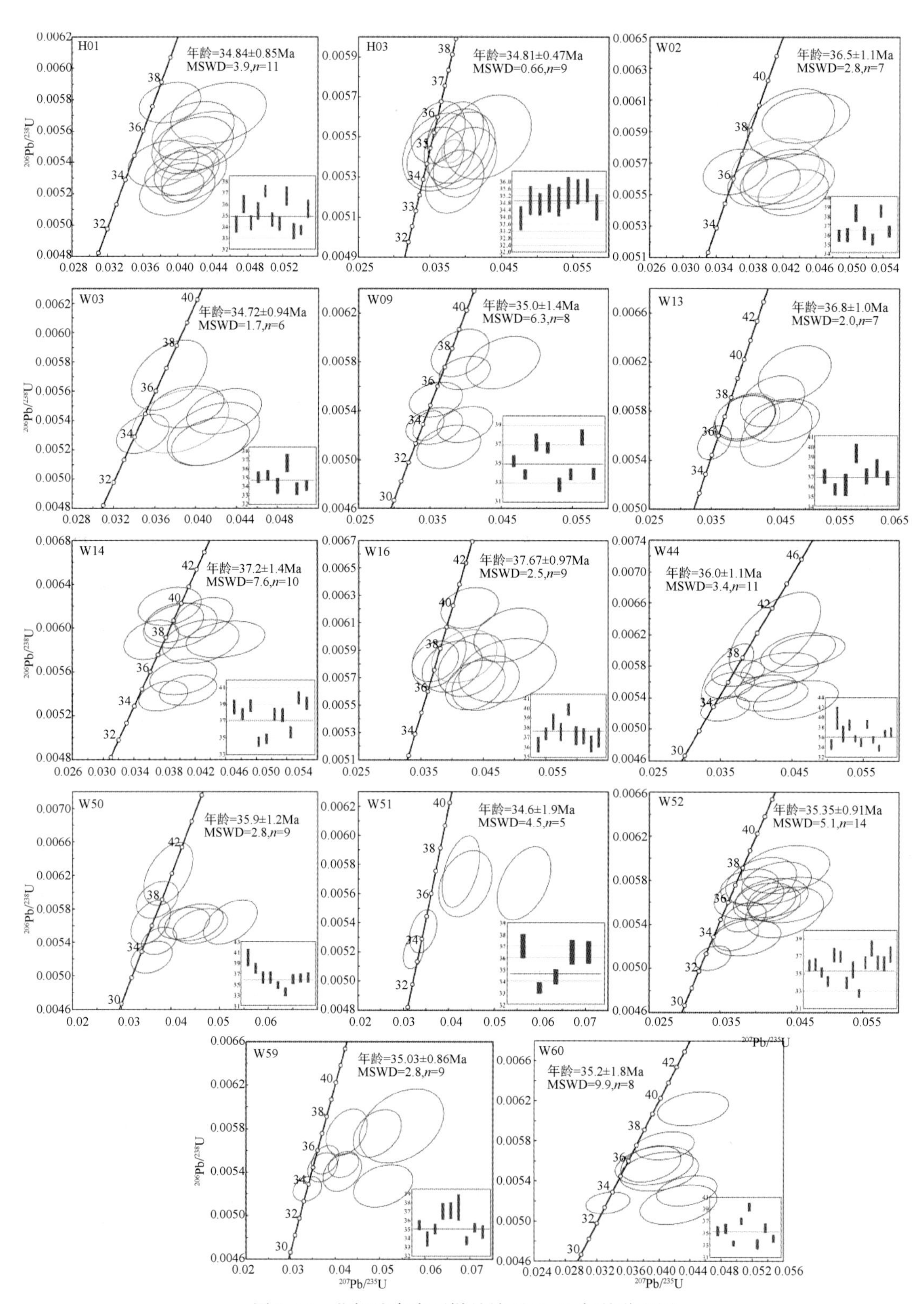

图 7.13　北衙矿床岩石样品锆石 U-Pb 年龄谐和图

北衙北部30km六合正长斑岩中的角闪岩包体样品进行了Sr/Y批式熔融模拟计算。计算显示岩体样品大致符合包含10%石榴子石的角闪岩的批式熔融趋势。样品的数据分布比简单的角闪岩部分熔融要复杂，暗示了可能有变质沉积成分或一定程度的分离结晶。北衙长英质侵入体的ε_{Hf}变化范围在-4～+4，显示了不均一的源区组成，正的ε_{Hf}的可能是新生端元，负值可能是古老的端元。古老的端元可能是变质岩，锆石的二阶段模式年龄（约1.0Ga）暗示新生的端元可能是新元古代的玄武质源区，与新元古代扬子克拉通新生地壳的增长时间一致。北衙长英质侵入体和滇西角闪岩包体具有类似的Sr-Nd-Pb同位素组成暗示岩体可能源区富钾的镁铁质源区的部分熔融。不均一的Hf同位素结果显示源区可能有古老变质岩混入。

2. 矿床地质

有团块状铁金、斑岩型铜金和红土型金矿体类型。铁金矿体赋存于岩体与围岩接触处或岩体断裂裂隙等部位，以褐铁矿、赤铁矿和磁铁矿为主，部分具残余状黄铁矿(图7.14)。依据矿物组合、赋存部位、控矿构造等地质特征变化，结合区域成矿条件、成矿时代和成矿作用分析，将金多金属矿床分为4个类型：①接触带夕卡岩型金铁铜矿；②斑岩型铜金矿；③热液型金铅银矿；④与表生作用有关的风化-堆积型铁-金矿。前人的研究多将斑岩作为典型的斑岩型矿床进行描述。然而，目前发现的矿体基本都产出于岩体围岩的接触带中，因此夕卡岩型是矿区最重要的成矿作用和类型。

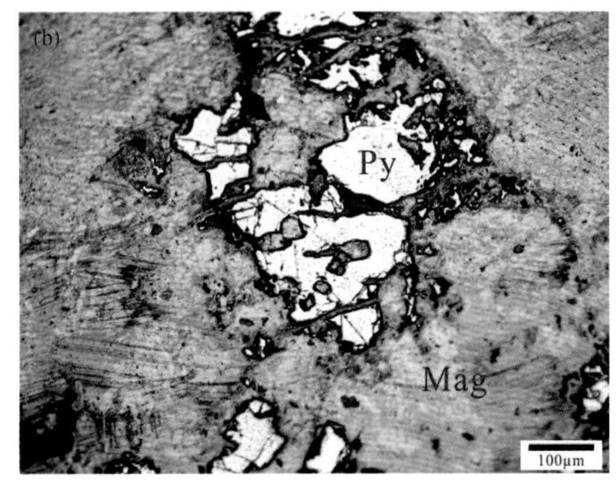

图7.14　北衙矿床万硐山矿段铁金矿石图

斑岩体内矿体的矿石矿物组成为黄铜矿、斑铜矿、黄铁矿和孔雀石；脉石矿物为钾长石、斜长石、石英、黑云母和绿帘石。岩体接触带形成的夕卡岩型矿体中矿石矿物为磁铁矿、黄铁矿、黄铜矿、方铅矿和磁铁矿；脉石矿物为石榴子石、辉石、绿泥石、绿帘石、方解石和石英。远离岩体在地层中形成的层状或脉状的热液矿体矿石矿物为磁铁矿、黄铁矿和方铅矿；脉石矿物为方解石、白云石和石英。外生风化型矿体中褐铁矿与磁铁矿为矿石矿物；脉石矿物为黏土和砂砾岩。

矿区内与矿化相关的蚀变是夕卡岩化、硅化、绿泥石化、黄铁矿化和铁化。夕卡岩产于岩体与北衙组碳酸盐岩接触部位，以石榴子石（绿帘石）夕卡岩和透辉石（绿帘石）夕卡岩为代表。

3. 成因讨论

对矿区夕卡岩硫化物矿石中的辉钼矿进行了 Re-Os 定年测试，Re-Os 等时线年龄为 36.82±0.48Ma。辉钼矿的模式年龄与和文言等（2013）测试的 36.87±0.76Ma 结果一致。通过样品光薄片的镜下观测，发现辉钼矿与金属硫化物黄铜矿和黄铁矿紧密共生，并同时在镜下观察到脉石矿物石榴子石和绿帘石，表明 Re-Os 年龄可以代表北衙夕卡岩型多金属矿的成矿年龄。

夕卡岩矿化系统在空间与时间上与富碱斑岩体相关。矿床地球化学研究显示了两者间的相关性：原生矿石中黄铁矿、黄铜矿和方铅矿的硫同位素 $\delta^{34}S$ 值在 -6.6‰ ~ 4.5‰范围内，平均为 + 2.17‰，与区内蚀变斑岩的 $\delta^{34}S$ 值（0.1‰ ~ 3.7‰）相近，也与陨石硫（0‰）相近；矿石的 $^{206}Pb/^{204}Pb$、$^{207}Pb/^{204}Pb$ 和、$^{208}Pb/^{204}Pb$ 值分别为 17.969 ~ 18.642、15.226 ~ 15.837 和 37.591 ~ 39.543，与钾质斑岩的 Pb 同位素比值基本相似（葛良胜等，2002；刘显凡等，2004；吴开兴，2005；肖晓牛等，2011）。矿区早期脉石矿物方解石的 $\delta^{13}C$ 和 $\delta^{18}O$ 分别为 -5.05‰和 11.57‰，与幔源碳同位素和岩浆水的氧同位素组成相当（肖晓牛等，2009）。对成矿流体的研究同样表明，成矿物质与成矿流体具有深部岩浆来源，钾质斑岩的岩浆作用不仅为含矿流体的上升提供了动力和热能，而且也为成矿作用提供了丰富的金、铜等成矿物质。

岩体的氧化状态对于夕卡岩矿床的金属分类有重要的意义，它对岩浆中不同元素的相容和不相容性有着重要的控制意义。北衙与成矿相关的岩体显示了中等-强的氧化性［图 7.15（a）］。Blevin 和 Consultants（2003）研究了矿床中不同元素和与其相关的侵入体组成的氧化状态的函数关系。北衙岩体与铜钼成矿的岩体相类似［图 7.15（b）］。

Rb/Sr 对于岩浆的分异非常敏感，与钨锡钼夕卡岩矿床相关的侵入体相对于与铁铜金的夕卡岩具有更高分异程度。北衙的样品显示了与后者一致的特征［图 7.15（c）］。Ba 通常可以取代钾长石和云母中的钾，如果钾长石和云母的含量加多则 Ba 的含量也就越高。多数北衙的样品显示了与铜夕卡岩相同的趋势，北衙岩体中具有较多的钾长石可以解释这一趋势。较多的钾长石是斑岩-夕卡岩铜矿的特征［图 7.15（d）］。北衙侵入体的特征显示与其他夕卡岩金矿侵入体类似的特征，且有铁铜夕卡岩相似的特征，具有较高的 SiO_2（55.7% ~72.8%）、K_2O（2% ~5%）、Ba（787 ~2562ppm）、Sr（265 ~1517ppm）和 La（14 ~150ppm）。侵入体相对较氧化（$Fe_2O_3/FeO>0.4$），暗示了夕卡岩属于氧化型。

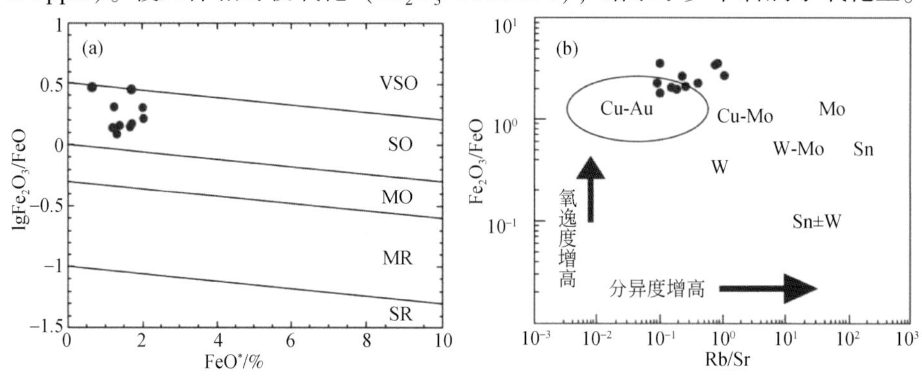

图 7.15　北衙矿床岩体地球化学特征图

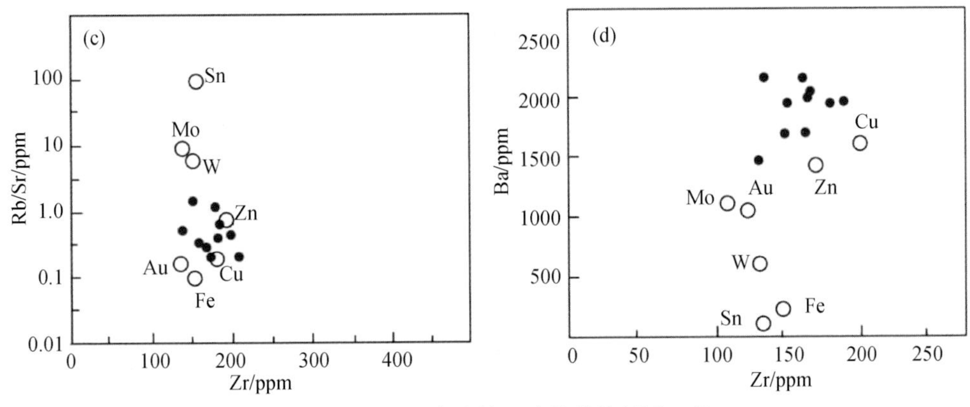

图 7.15 北衙矿床岩体地球化学特征图（续）

金沙江-哀牢山大规模走滑断裂带作为对印-亚板块碰撞产生的巨大挤压力的调节带，在40Ma前处于压扭状态，中新世应力场转变为张扭状态，应力的松弛可能导致了位于盐源-丽江走滑断裂和永胜-程海断裂交汇处的北衙向斜的下部地壳发生减薄和张裂，为加厚下地壳或上地幔的减压熔融提供了条件，也为富碱斑岩的岩浆活动和成矿流体活动提供了通道，诱发了北衙金多金属矿床岩浆-热液-成矿事件。因此北衙超大型金多金属矿床的时空分布受深部地质过程与演化的制约，是壳幔相互作用的另一种表现形式。

7.2.2 纳日贡玛斑岩型铜钼矿床

纳日贡玛矿床东南距玉龙斑岩铜矿床约400km。含矿斑岩锆石U-Pb和辉钼矿Re-Os定年结果显示，矿床形成于34～40Ma（王召林等，2008；杨志明等，2008；宋忠宝等，2011；郝金华等，2012），与南部的玉龙斑岩铜矿带成矿年龄一致，表明矿床可能为玉龙带的北延（王召林等，2008；杨志明等，2008）。然而，纳日贡玛矿床（铜钼）与玉龙斑岩铜矿床（铜钼金）金属组合不同的原因尚不清楚。为此，本书对纳日贡玛矿床开展了详细的矿床地质调查，并开展了主要侵入体锆石U-Pb定年和Hf同位素研究，目的是：①查明矿床地质特征；②鉴别影响矿床金属组合的主要因素；③了解含矿斑岩的起源及金属、水的来源。

1. 区域地质

纳日贡玛矿床位于三江特提斯成矿带北段的羌塘地体中（图7.16）。羌塘地体由东羌塘和西羌塘组成，中间被早三叠世的羌塘高压变质带隔开（Li and Zheng，1993；Yang *et al.*，2011）。通常认为，羌塘地体南北界线分别为班公湖-怒江缝合带和金沙江缝合带（Yin and Harrison，2000）。越来越多的证据表明，羌塘地体地质和构造演化复杂，其内部的早三叠世高压变质带本身可能就是一个缝合带（双湖缝合带；Li and Zheng，1993；Zhang *et al.*，2006；Yang T. N. *et al.*，2011，2012）。

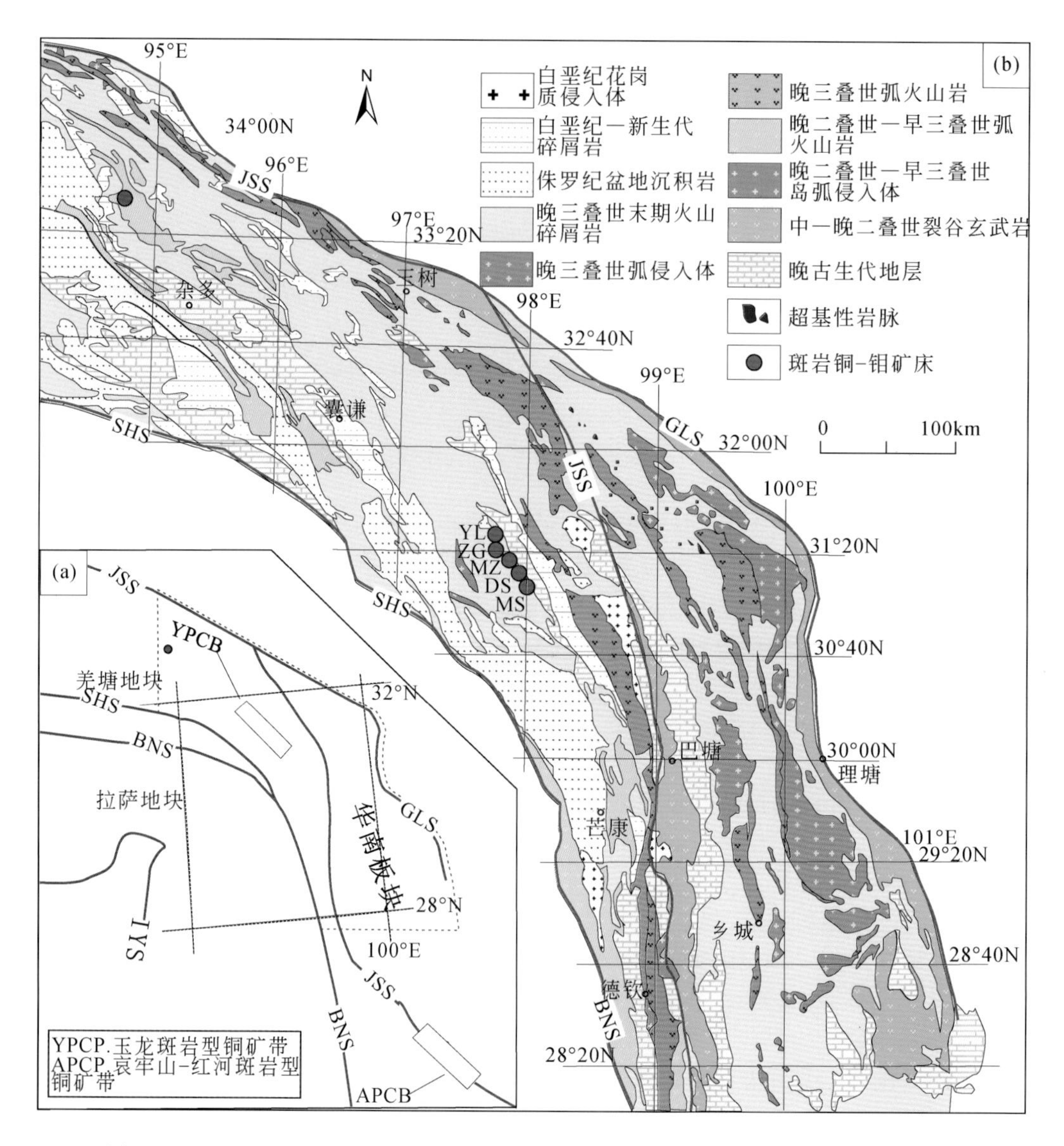

图7.16 （a）三江地区构造格架和新生代斑岩铜矿床分布图和（b）三江北段地质图
（矿床分布据 Hou *et al.*，2003；杨志明等，2008；Yang *et al.*，2014）

藏东地区，夹持于双湖与金沙江缝合带之间的东羌塘地体主要由弱出露的元古代和早古生代结晶基底及泥盆纪—侏罗纪盖层组成。元古宙的基底下部为角闪岩相变质岩，上部为绿片岩相变质岩；早古生代的岩石为奥陶纪低变质程度、类复理石的砂质板岩和碳酸盐（Hou *et al.*，2003），盖层有：①晚古生代地层；②275～248Ma 弧火山岩，分布于东羌塘地体西部（Yang *et al.*，2011）；③225～205Ma 弧岩浆岩，分布于东羌塘地体东部；④大面积分布的晚三叠世火山碎屑岩；⑤侏罗纪盆地中的沉积岩（图7.16）。尽管羌塘地体边界性质存在较大争议，但与羌塘地体有关的主要洋盆已在中白垩世之前闭合（Pan *et al.*，1997；Wang X. F. *et al.*，2000；Kapp *et al.*，2003；Yan *et al.*，2005；Zhang *et al.*，2006；

Yang *et al.*，2011）。自古、中特提斯洋闭合之后，羌塘及相邻地体拼合成一个大的板块，而羌塘地体位于板块中南部，拉萨地体位于最南部。

由雅鲁藏布江缝合带所代表的新特提斯洋，自早侏罗世至晚白垩世向北俯冲（Aitchison *et al.*，2000；Yin and Harrison，2000），形成了拉萨地体南缘大面积展布的冈底斯岩基和林子宗火山岩，但在羌塘地体没有对应的岩浆作用。新特提斯洋的闭合和印度-亚洲大陆的碰撞发生在70～60Ma之前（Yin and Harrison，2000；Mo *et al.*，2007），产生了喜马拉雅造山。印度-亚洲大陆碰撞后，羌塘地体进入后碰撞环境。

2. 矿床地质

矿区出露的地质单元为：① 中-晚二叠世火山沉积岩，约占矿区总面积的80%；② 出露面积约1.2km^{2}的始新世侵入体，以及与矿化有关的黑云母花岗斑岩（P1斑岩）、细粒花岗斑岩（P2斑岩）和成矿后石英闪长斑岩。

（1）中—晚二叠世火山沉积序列。火山沉积序列由玄武岩、玄武安山岩及少量安山岩组成，并夹杂砂岩、斑岩和泥质灰岩。火山沉积序列走向北西，倾向南西，倾角30°～40°。序列曾被认为是早二叠世的尕笛考组（鲁海峰等，2006），针对序列中安山岩的锆石U-Pb定年结果（270～250Ma；Yang *et al.*，2011）显示其形成要比原来认为的年轻。

（2）始新世侵入岩。P1黑云母花岗斑岩分布于矿区中东部地区，是矿区出露面积最大的岩体，约1.0km^2。P2斑岩在矿区出露范围较小，除局部以小的岩枝产出外，多以走向NE的岩脉侵位于中—晚二叠世火山沉积序列和P1斑岩中，尤其以矿区西部地区出露密集（图7.16）。P1黑云母花岗斑岩呈北东向展布，受北东向纳日贡玛断裂控制，长约1.8km，宽变化较大，东北部约为0.4km，西南部约为1.0km，为一套复式岩体（图7.17），其岩性为花岗质，岩体边部局部地段相变为花岗闪长质。岩体具有典型的斑状结构，斑晶由钾长石和石英组成，另含少量斜长石，斑晶含量约为20%～35%，基质为微粒-显微花岗结构，由钾长石、石英、斜长石及少量角闪石等矿物组成。其中，P1斑岩的西南部与东部、深部与浅部岩性略有变化。岩体东部和浅部斑晶颗粒较大，斑晶以钾长石和斜长石为主，含一定量的石英斑晶；钾长石斑晶大小一般为0.5～2cm，时常可见颗粒大于5cm的钾长石巨斑；石英斑晶颗粒一般变化于0.5～1cm。岩体西南部和岩体深部的P1斑岩，斑晶颗粒明显变细，斑晶以斜长石为主，含少量钾长石和石英；斜长石和石英斑晶大小一般为0.1～0.3cm，斜长石具有明显的卡-钠复合双晶，钾长石斑晶略大，主体变化于0.3～0.7cm。岩体的就位引发了二叠纪围岩的接触变质，围绕岩体形成了强烈角岩化，并在局部地段形成夕卡岩化。P1斑岩被成矿后闪长玢岩脉及各类脉体切穿，并发育钾硅酸盐化、绢英岩化和泥化等，为致矿斑岩。

P2斑岩中的斑晶颗粒较小（<0.4cm），为钾长石、黑云母、石英及少量斜长石；基质为长英质；副矿物有锆石、榍石和磷灰石。P2斑岩经历了弱至中等的绢英岩化蚀变。

石英闪长玢岩是成矿后最年轻侵入体。岩体在矿区出露面积最小，在矿区东部以小体积的岩枝产出，而在矿区西侧以北东、北北东及少量近北南向的岩脉产出（图7.17）。石英闪长玢岩切穿了中—晚二叠世火山沉积序列和P1斑岩，与P2斑岩尚未发现切穿关系。

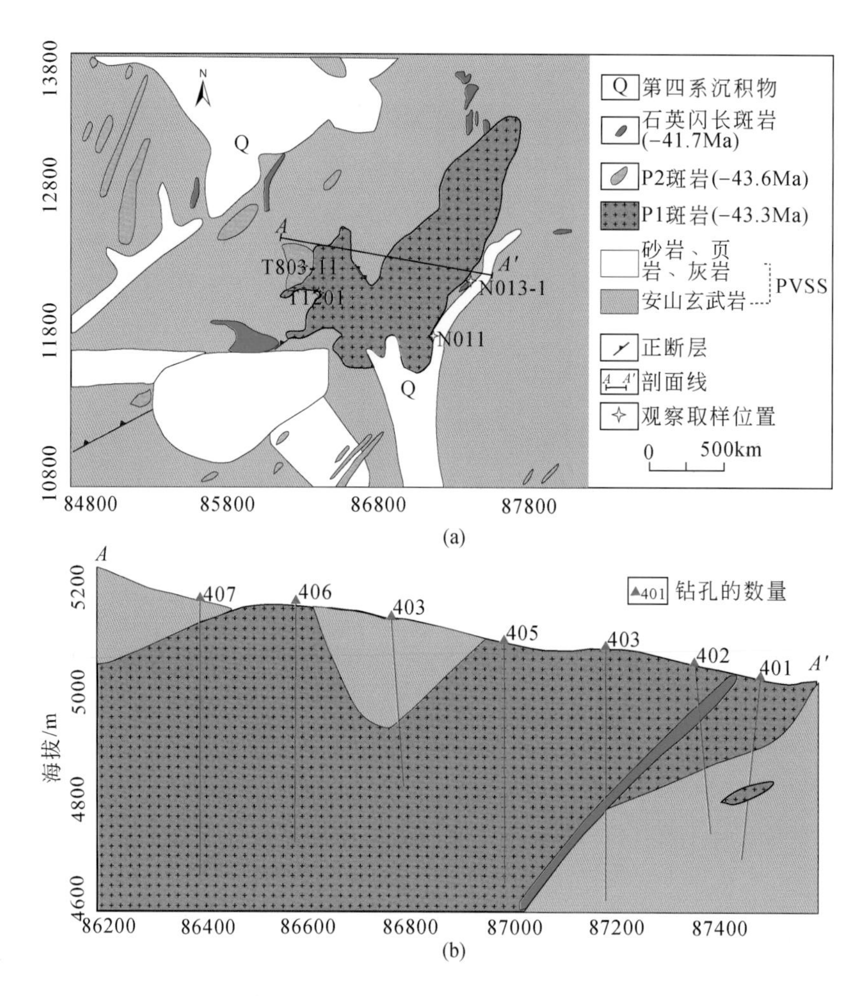

图 7.17 （a）纳日贡玛斑岩铜钼矿床地质简图和（b）典型剖面图
（据杨志明等，2008；Yang *et al.*，2014）

石英闪长玢岩中斑晶颗粒变化于 0.2 ~ 0.6cm，由斜长石及少量石英和钾长石组成，斑晶总含量为 25% ~ 30%；基质为长英质。除侵位于 P1 斑岩体内的闪长玢岩岩枝外，其他地段产出的石英闪长玢岩相对新鲜。

（3）构造。纳日贡玛斑岩体呈岩枝状侵位于杂多复式背斜北翼的下二叠统开心岭群中基性火山岩中（鲁海峰等，2006），其深部受矿区南部的北西-南东向的格龙涌深大断裂控制，斑岩体的就位明显受北东向纳日贡玛断裂的控制。本次研究在矿区中部识别出一条北西向断裂，断裂沿 P1 斑岩体边界发育，出露长度约为 100m（图 7.17），倾向北东东，倾角为 70°。断层上盘由玄武岩和玄武安山岩组成，下盘为 P1 斑岩。断层面上浸染状的辉钼矿和黄铁矿的出现，表明断层早于矿化晚于 P1 斑岩的侵位。结合断层产于 P1 斑岩体边缘的事实，推测断层因 P1 斑岩主动侵位而形成。

矿区裂隙系统为北东、北西和近南北向三组（图 7.18）。北东向的裂隙倾向南东（130° ~140°），少量倾向于北西（310° ~315°）。北西向的裂隙倾向北东（60° ~65°），而近南北的裂隙倾向于正西（260°~270°）（图7.18）。裂隙系统均具有陡倾的特征（倾角>60°）。含硫化物的石英脉产于北东和正北向的裂隙中［图7.18（c）］。

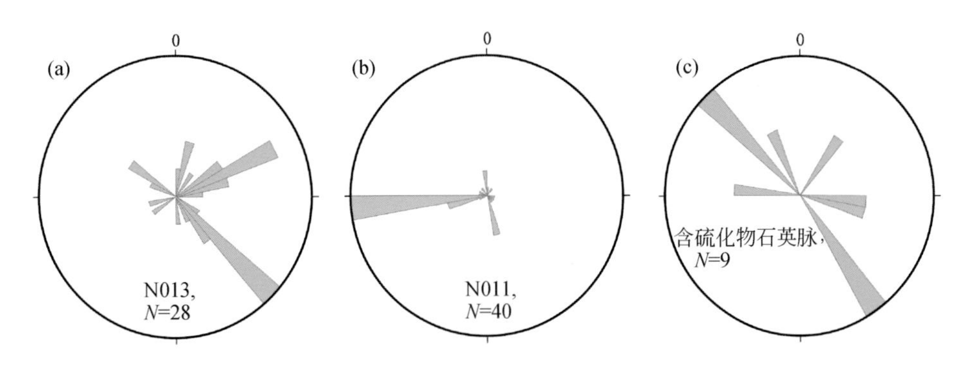

图7.18　纳日贡玛矿床裂隙系统倾向玫瑰花图（Yang *et al.*，2014）

3. 蚀变与矿化

矿床类型和热液蚀变类型和特征见图7.19~图7.23。蚀变矿物识别过程中，借助短波红外光谱仪器——TerraSpec分析了近100个钻孔样品。

钾硅酸盐化是矿床最早的蚀变类型，发育在P1斑岩及靠近岩体的围岩中。钾硅酸盐化以钾长石、黑云母和大量石英的发育为特征。因蚀变矿物组合差异，矿床钾硅酸盐化又可细分为早期钾长石化和晚期黑云母化。

钾长石化可呈脉状、细脉状和弥漫状产出，其中，以脉状和细脉状为主（图7.23）。与蚀变有关的脉体为石英-钾长石和石英-辉钼矿±钾长石脉。弥漫状的钾长石产于P1斑岩体中，以斜长石部分蚀变成钾长石为特征。钾长石以充填、愈合显微裂隙的形式产出。石英-钾长石脉呈不规则至板状产出，脉宽一般小于5mm［图7.19（a）、（d）］，以硫化物的缺少为特征。岩脉切穿了石英和长石斑晶，但被石英-辉钼矿±钾长石及黑云母脉切穿［图7.19（a）、（d）］。石英-钾长石脉中的石英常呈粒状，缺少内部对称，显示出A脉的特征（Gustafson and Hunt，1975）；脉中的钾长石既可与石英交互生长产出，亦可沿脉体边部或中心产出。因后期蚀变影响，钾长石多已蚀变成黏土矿物。石英-辉钼矿±钾长石脉呈不规则至板状产出，宽度变化于0.5~12mm，以浸染状的辉钼矿+钾长石的出现为特征［图7.19（c）、图7.20（f）］。该脉被石英-黄铁矿-黄铜矿、黄铁矿±石英±黄铜矿与绢英岩化蚀变有关的脉体切穿［图7.19（d）］。脉中的石英呈粒状，缺少对称。石英-辉钼矿±钾长石脉中矿物组合存在变化，与钾长石蚀变有关的脉体中常含有少量团簇状钾长石和浸染状辉钼矿［图7.19（c）、图7.20（e）］。此外，石英-钾长石和石英-辉钼矿±钾长石脉中裂隙发育，裂隙常被晚阶段硫化物、碳酸盐等充填。

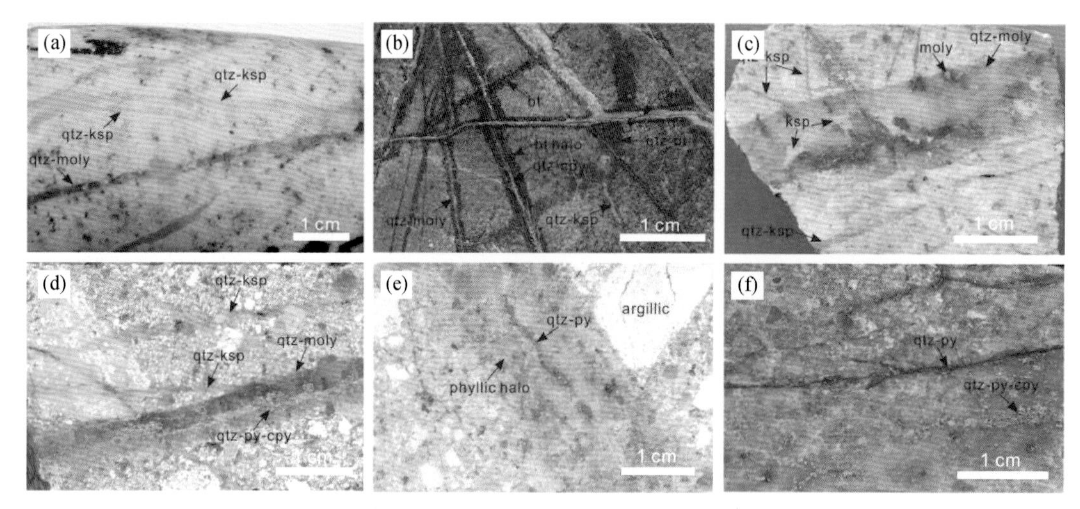

图 7.19　纳日贡玛矿床钻孔样品不同阶段脉体特征图（据 Yang *et al.*，2014）

（a）石英-钾长石脉（qtz-ksp）；（b）与黑云母化有关的主要脉体，包括：石英-黄铜矿脉（qtz-cpy）、石英-辉钼矿脉（qtz-moly）及黑云母细脉（bt）；（c）石英-辉钼矿脉（qtz-moly）；（d）石英-辉钼矿脉（qtz-moly）切穿了石英-钾长石脉（qtz-ksp）；（e）具有千枚岩化蚀变晕的石英-黄铁矿脉（qtz-py）；（f）与千枚岩化蚀变有关的石英-黄铁矿脉（qtz-py）和石英-黄铁矿-黄铜矿脉（qtz-py-cpy）

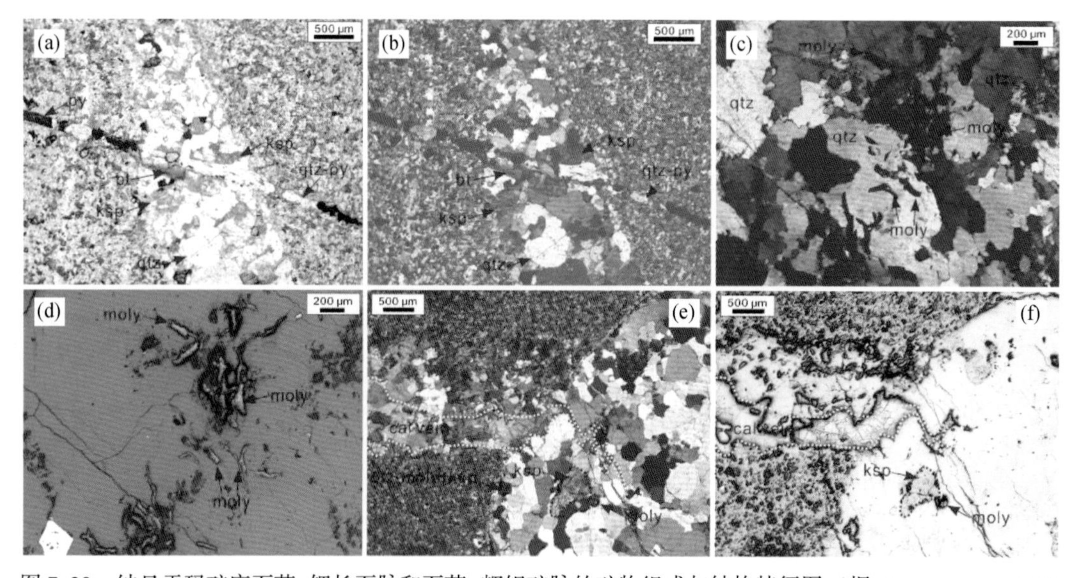

图 7.20　纳日贡玛矿床石英-钾长石脉和石英-辉钼矿脉的矿物组成与结构特征图（据 Yang *et al.*，2014）

黑云母化以黑云母、石英、磁铁矿的大量发育为特征，产于紧靠 P1 斑岩周围的火山沉积序列中。蚀变产出有两种形式：①沿石英-辉钼矿±钾长石和石英-黄铜矿脉两侧呈蚀变晕出现［图 7.21（a）~（d）］；②选择性交代黑云母、角闪石和长石等岩浆矿物［图 7.21（e）、（f）］。偶尔，黑云母化也可呈脉体充填的形式出现［图 7.21（g）］。蚀变晕中的黑云母颗粒较小（<0.2mm），且多为不规则状［图 7.21（a）］。选择性交代形成的黑云母呈自形-半自形产出，颗粒多大于 0.1mm，常伴有磁铁矿［图 7.21（e）、（f）］。黑云

母细脉中的黑云母显示与选择性交代成因黑云母类似的特征。除石英-辉钼矿±钾长石外，少量的石英-黄铜矿、黄铜矿脉也观察到与黑云母化有关。石英-黄铜矿脉呈板状至不规则状产出，脉宽一般小于2mm［图7.21（c）］；脉中的石英呈粒状产出，黄铜矿则呈不连续的线状产出［图7.21（c）］。黄铜矿细脉由近纯的黄铜矿组成，含有少量的石英，脉体不连续，脉体边部不规则［图7.21（h）、（i）］。黄铜矿脉切穿了石英-钾长石脉，但与石英-黄铜矿、石英-辉钼矿脉的切穿关系尚不清楚。

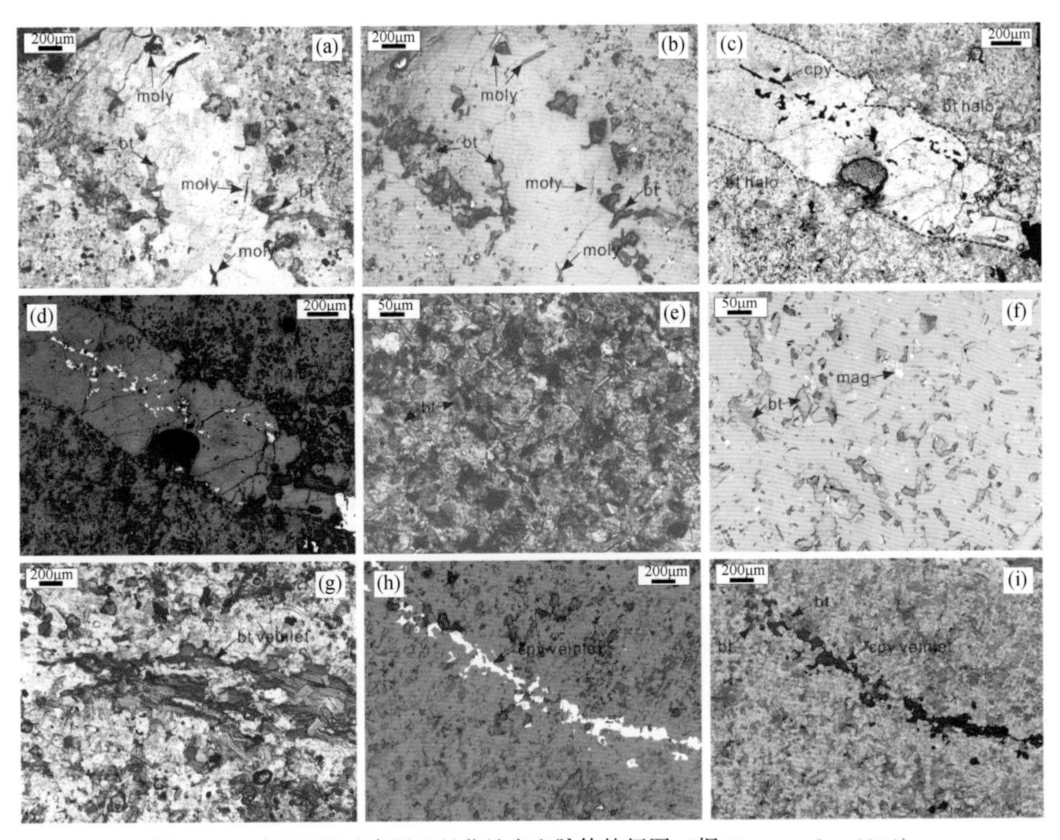

图7.21　纳日贡玛矿床黑云母化蚀变和脉体特征图（据 Yang *et al.*，2014）

青磐岩化蚀变中铁镁质矿物常被绿泥石±磁铁矿替代，而斜长石则常被绿帘石-碳酸盐±绢云母替代。靠近侵入体的青磐岩化带中的硫化物含量较高，且硫化物以黄铁矿为主。除少量以绿帘石脉产出者，青磐岩化多呈弥漫状产出。青磐岩化产于围岩中，围绕千枚岩化带产出。蚀变带长4.5km，宽2～3km；因黄铁矿含量的多少分为内带和外带。内带为4km长，1～2km宽，黄铁矿平均含量达5%，局部地段高达10%；黄铁矿既有浸染状产出者，亦有呈脉状产出者，且常具有千枚岩化蚀变晕；外带的黄铁矿以浸染状为主，平均含量小于2%。与青磐岩化有关的脉体为绿帘石±石英±绿泥石±方解石脉，与千枚岩化蚀变有关的黄铁矿脉切穿了绿帘石±石英±绿泥石±方解石脉，表明青磐岩化早于千枚岩化，可能与钾硅酸盐化近同期形成。

千枚岩化以弥漫状及含硫化物脉蚀变晕［图7.19（e）、图7.22（a）～（c）］的形式产出，强烈叠加了早期的蚀变及新鲜的岩石，蚀变矿物组合为绢云母、石英、黄铁矿和方解石，在火山沉积序列中可出现绿泥石和金红石。短波红外光谱仪分析结果显示，绢云母为白云母和伊利石。千枚岩化强度是变化的，既可以是长石或铁镁质矿物的局部替代、显微裂隙充填，亦可以是岩石火成结构的完全破坏。当岩石发生较弱的千枚岩化时，基质会因细粒的斜长石发生绢云母化而变成黄色，同时，绢云母则沿大颗粒斜长石斑晶中的显微裂隙生长。与之对比，当岩石发生较强的千枚岩化时，原岩中的矿物除石英外都发生了蚀变［图 7.22（a)］，岩石结构完全被破坏。蚀变长石矿物常被细粒的绢云母、石英等矿物替代，同时伴有少量方解石和金红石产出［图 7.22（b)］；黑云母则会蚀变为绢云母、绿泥石、石英和金红石；基质中石英可能是次生的，在钾长石转变为绢云母过程中形成。强千枚岩化也可以含黄铁矿脉体蚀变晕形式产出［图 7.22（c)、(d)］，或者围绕团簇状黄铁矿±黄铜矿产出［图 7.22（e)、(f)］，特别是当围岩为火山沉积序列时。

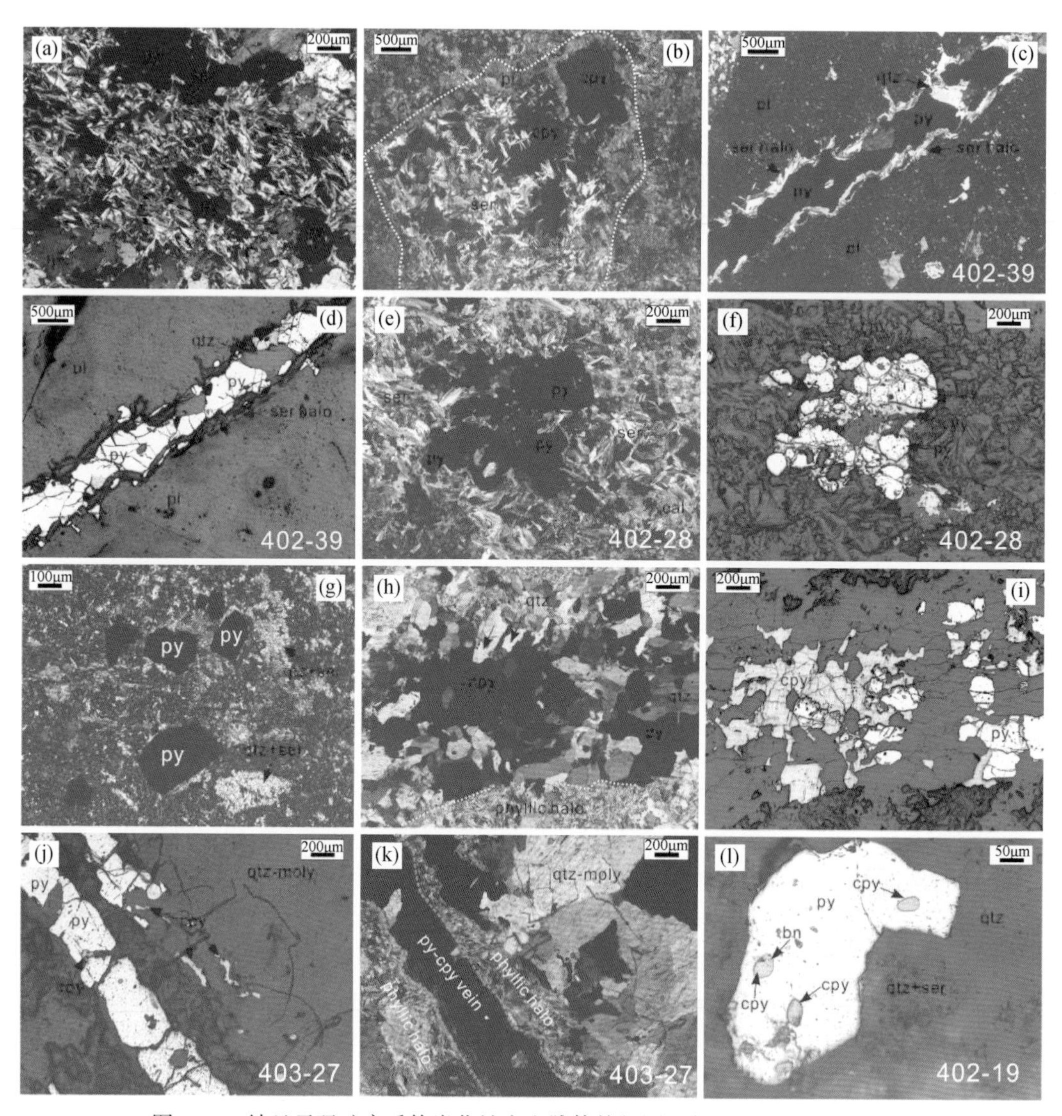

图 7.22　纳日贡玛矿床千枚岩化蚀变和脉体特征图（据 Yang *et al.*，2014）

矿区千枚岩化强烈叠加了钾硅酸盐化和青磐岩化带（图7.23），青磐岩化内带中高的黄铁矿含量为千枚岩化叠加的结果。千枚岩化蚀变影响了所有类型的斑岩，包括最年轻的石英闪长玢岩，表明蚀变持续到所有斑岩侵位之后。P1和P2斑岩中的蚀变绢云母颗粒通常大于200μm，且多与黄铜矿伴生；石英闪长玢岩中的蚀变绢云母颗粒通常小于50μm，且伴生的硫化物为自形的黄铁矿［图7.22（g）］，表明矿床千枚岩化蚀变至少有两个阶段。与千枚岩化蚀变有关的脉体有石英-黄铁矿-黄铜矿、黄铁矿-黄铜矿±石英、黄铁矿±黄铜矿±石英和黄铁矿±石英脉，此外还有极少量的石英-辉钼矿脉。石英-黄铁矿-黄铜矿脉呈板状产出，脉宽2~4mm［图7.19（e）、（f）］，因受蚀变晕干扰，脉体两壁边界并不清晰。在该脉中除呈粒状产出的石英外，还可见到垂直脉壁、呈棱柱状产出的石英晶体［图7.22（h）］，表明石英形成于开放空间充填。脉体中的黄铁矿、黄铜矿等硫化物沿石英颗粒间隙充填［图7.22（h）、（i）］。与之相比，黄铁矿-黄铜矿±石英脉大多不规则，脉体宽度变化较大（0.2~4.0mm），脉体中不含或含少量石英［图7.22（j）］。该脉中的黄铁矿为他形状，且多发生破碎被其他矿物充填［图7.22（k）］；黄铜矿也呈不规则状产出，且常单独分布。有时可以见到黄铜矿呈包体产于黄铁矿颗粒中［图7.22（l）］，或者呈脉状切穿黄铁矿颗粒，表明黄铜矿的沉淀多阶段。黄铁矿±黄铜矿±石英脉整体上与黄铁矿-黄铜矿±石英脉具有类似的特征，只是该脉体中的黄铜矿含量明显减少甚至缺失。黄铁矿±石英脉呈不规则至板状，以黄铜矿缺少为特征；脉体中的黄铁矿为他形至半自形。石英-黄铁矿-黄铜矿、黄铁矿-黄铜矿±石英、黄铁矿±黄铜矿±石英脉被黄铁矿±石英脉切穿，但前三类脉体之间的切穿关系没有观察到，可能表明脉体的形成近于同时。

黏土化蚀变发育在P1斑岩体中部，但影响到了矿区所有的地质单元（图7.23）。黏土化蚀变明显受断裂或裂隙控制，蚀变带走向正北或北东方向（0°~20°），宽度变化于几米至几十米之间，长度从十多米至上百米不等。蚀变表现为长石矿物被黏土类矿床的选择性交代［图7.19（d）、（e）］。短波红外光谱仪分析结果显示，黏土类矿物为高岭土，另含有少量的蒙脱石。黏土化蚀变多呈弥漫状，蚀变强度不同地段变化较大。与蚀变有关的脉体可能为含方解石的一些脉［<2mm；图7.20（e）］，该脉是矿区内最晚的脉体，脉体两侧可见石英蚀变晕，脉体中的方解石多为粒状，脉中未见硫化物。

矿床钼矿化位于P1斑岩内［图7.24（a）］。辉钼矿是矿床的含钼矿物，呈薄层柱状产出，颗粒大小变化于100~500μm。辉钼矿呈浸染状分布于石英-辉钼矿±钾长石脉体中的显微裂隙中［图7.25（a）~（c）］；显微裂隙不连续，且每条裂隙限制在1~2个石英颗粒内，表明显微裂隙的形成发生在脉体形成过程之中。石英-辉钼矿±钾长石脉体内及两侧见有黑云母±钾长石蚀变晕，表明辉钼矿的沉淀发生在钾硅酸盐化阶段。仅有少量的含辉钼矿的石英脉显示千枚岩化的蚀变晕，表明在千枚岩化开始之初钼矿化基本沉淀完成。

矿床的铜矿化产于P1斑岩内［图7.24（b）］。含铜的矿物为黄铜矿，有少量的斑铜矿和针硫铋铅矿。黄铜矿呈浸染状分布或裂隙充填的形式产出。浸染状的黄铜矿为不规则状，颗粒为50~200μm，既可与黄铁矿共生，也可单独产出［图7.25（d）］；浸染状黄铜矿相伴的蚀变为千枚岩化。矿床中含铜的脉体包括黄铜矿、石英-黄铜矿、石英-黄铁矿-黄铜矿、黄铁矿-黄铜矿±石英、黄铁矿±黄铜矿±石英脉。其中，黄铜矿、石英-黄铜矿脉与黑云母化有关，尽管脉体不发育，但他们的出现表明含铜矿物的沉淀起始于黑云母化阶

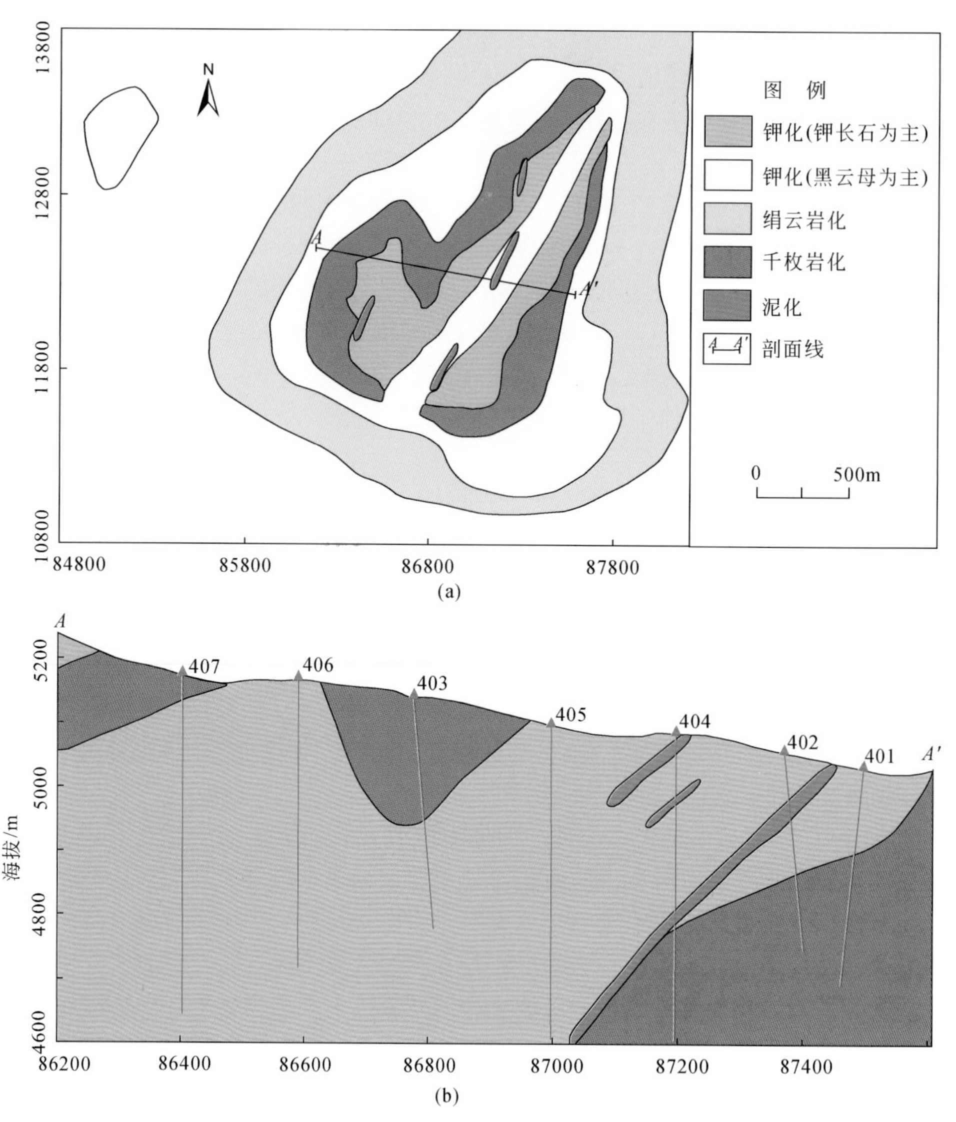

图 7.23　（a）纳日贡玛矿床蚀变地质图和（b）*A-A′*剖面蚀变分带图（据 Yang *et al.*，2014）

段。上述两组脉中的黄铜矿呈不连续的发丝状产出，宽度一般小于 0.2mm［图 7.21（d）、（h）］。石英-黄铁矿-黄铜矿、黄铁矿-黄铜矿±石英、黄铁矿±黄铜矿±石英脉体的特征前已描述，脉体均与千枚岩化蚀变有关，表明纳日贡玛矿床中的铜沉淀在千枚岩化阶段。上述三类脉体中的黄铜矿通常是连续的，宽度一般在 1mm 之上。另外，矿床可观察到斑铜矿和针硫铋铅矿的含铜矿物，它们沿黄铜矿颗粒边缘或沿黄铜矿、黄铁矿颗粒中的显微裂隙充填［图 7.25（e）、（f）］，表明是次生成因。

矿床的钼和铜的分布是解耦的。从图 7.24（a）中可以看出，钼的分布相对均一，高品位的钼矿体（>0.06%）产于 P1 斑岩体内部，与钾硅酸盐化关系密切。高品位钼矿体之下的区域钼的品位突然降低；由于区域石英-钾长石、石英-辉钼矿±钾长石脉体的密度较小，钼品位低的原因可能是高温的流体没有在区域大规模积聚。与之对比，铜的分布范围相对较小，高品位的铜矿体（>0.3%）产于P1斑岩的浅部和中心部位［图7.24（b）］。铜的品位向下部突然降低，尽管千枚岩化依然很发育；矿床内铜的沉淀发生在千枚岩化的早期阶段，晚期阶段的千枚岩化蚀变，可能因流体中的铜含量过低而无法使铜得以沉淀。

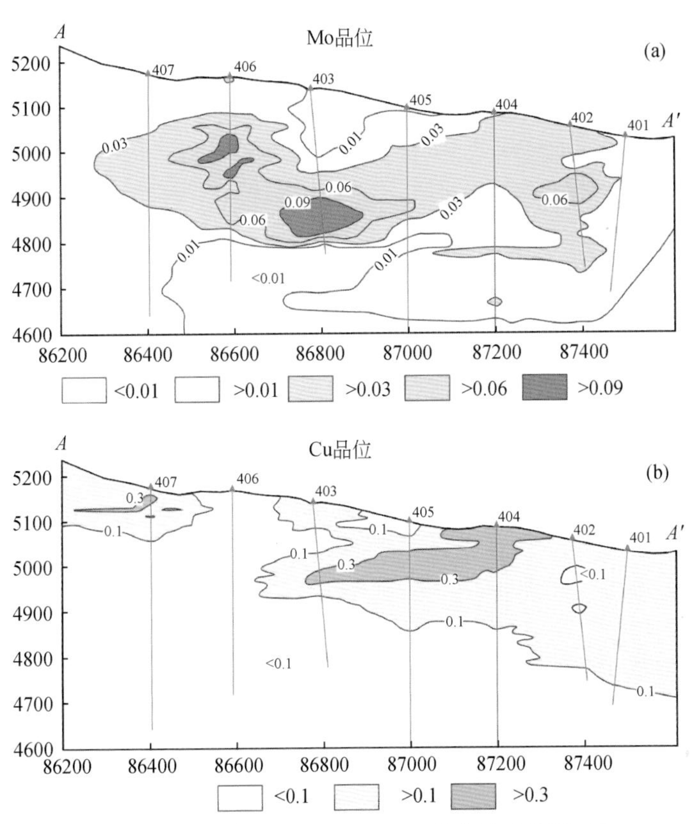

图7.24　（a）纳日贡玛矿床A-A′剖面Mo和（b）Cu品位等值线图（据Yang *et al.*，2014）

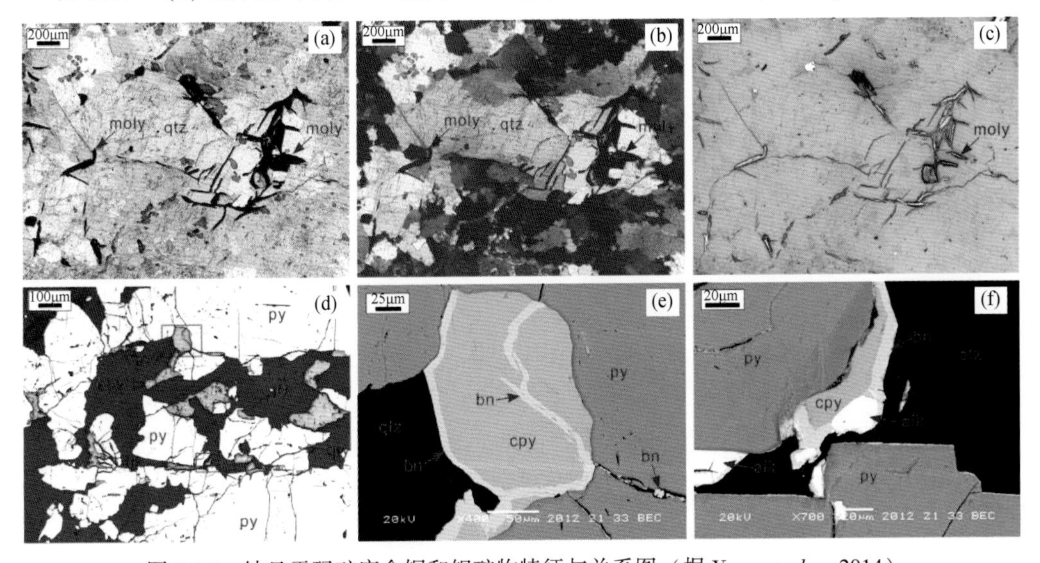

图7.25　纳日贡玛矿床含铜和钼矿物特征与关系图（据Yang *et al.*，2014）

4. 锆石年代学与 Hf 同位素

（1）年代学。选取一个 P2 斑岩样品和一个石英闪长玢岩样品进行锆石 U-Pb 定年，其结果见图 7.26 中。锆石的分选采用常规重-磁选方法，除去长石、石英、云母等轻比重矿物和磁铁矿、磁黄铁矿等磁性矿物，在双目镜下挑取出锆石。分选出来的锆石多为无色透明，长柱状自形晶体，晶体形态和大小较为一致，长宽比多介于 1.5～2.5。锆石的制靶、光学显微镜照相、阴极发光图像分析和 U、Th 及 Pb 同位素组成分析均在中国地质科学院地质研究所北京离子探针中心完成（图 7.27）。所用标准锆石为 TEMORA（年龄为 416.8± 1.1Ma；Black *et al.*，2003），在进行 U、Th 和 Pb 同位素组成分析之前，仔细对比锆石透射光、反射光和阴极发光图像确定测试位置，尽量避免裂纹和包体。同位素分析所用仪器为 SHRIMP II，其束斑直径为 25μm；采用实测 ^{204}Pb 校正锆石中的普通铅。单个数据点的误差均为 1σ，采用年龄为 ^{206}Pb/^{238}U 年龄，其加权平均值为 95% 的置信度。

测试结果显示，P2 斑岩样品（T803-11）^{206}Pb/^{238}U 加权平均年龄为 43.6± 0.5Ma（图 7.26），与已报道的 P1 斑岩的锆石 SHRIMP U-Pb 年龄一致（43.3± 0.5Ma；杨志明等，2008）。石英闪长玢岩样品（N013-1）^{206}Pb/^{238}U 加权平均年龄为 41.7± 0.5Ma（图 7.26），其内的三颗继承锆石的 ^{206}Pb/^{238}U 年龄分别为 54.9Ma、237.2Ma 和 262.2Ma。

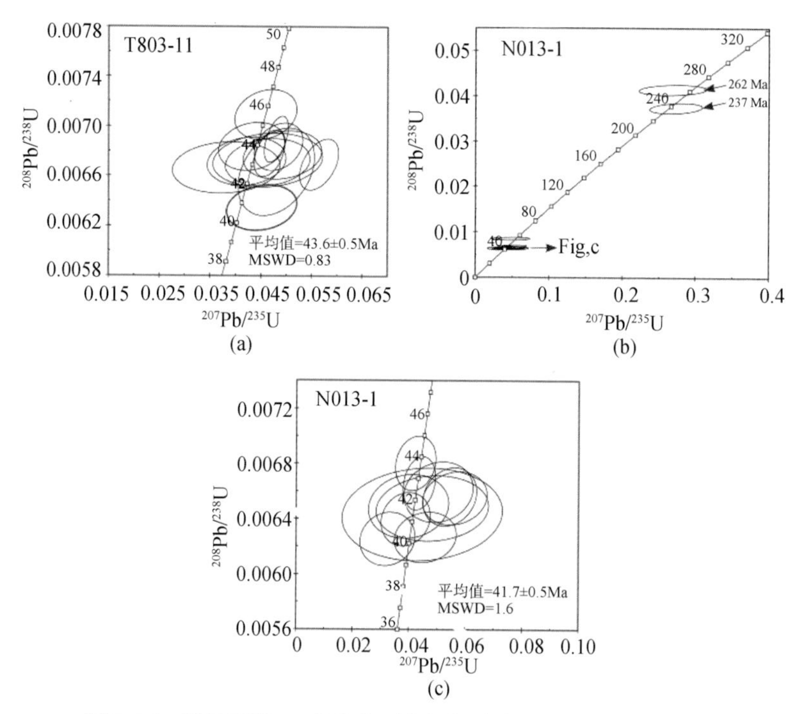

图 7.26　纳日贡玛 P2 斑岩和石英闪长玢岩的 U-Pb 谐和年龄图

（2）锆石 Hf 同位素。P1 斑岩、P2 斑岩和石英闪长玢岩中锆石原位 Hf 同位素分析在中国科学院地质与地球物理研究所完成，测试仪器为配有 193nm 激光剥蚀系统的 Neptune MC-ICP-MS。测试过程中的各种参数和同位素的计算方法见 Yang 等（2013）文献。

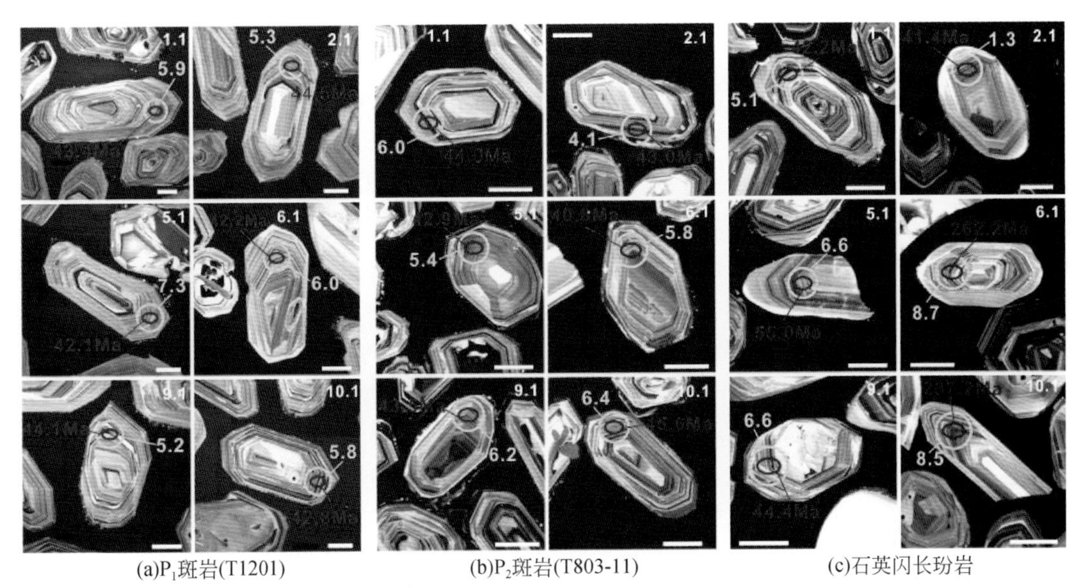

(a)P_1斑岩(T1201)　(b)P_2斑岩(T803-11)　(c)石英闪长玢岩

图7.27　(a) 纳日贡玛矿床P1斑岩、(b) P2斑岩和 (c) 石英闪长玢岩用做定年和Hf同位素分析的代表性锆石阴极发光图像（据 Yang *et al.*，2014）

红色椭圆为U-Pb SHRIMP定年区域，而粉色圆形为Hf同位素分析区域；白色比例尺为50μm

对上述三类岩石60个锆石颗粒进行了测试，结果见图7.27和图7.28中。P1斑岩样品T1201初始的$^{176}Hf/^{177}Hf$值为0.282877～0.282952，初始的$\varepsilon_{Hf}(t)$值为4.6～7.3（平均为5.8）；P2斑岩样品T803-11具有正的初始$\varepsilon_{Hf}(t)$值（4.1～7.9，平均为6.0）。石英闪长玢岩样品N013-1中具有始新世U-Pb年龄的锆石则显示出变化的Hf同位素特征：初始$^{176}Hf/^{177}Hf$值为0.282785～0.283048，对应的初始$\varepsilon_{Hf}(t)$值为1.3～10.6（图7.27、图7.28）。样品中年龄为237Ma和262Ma的两颗锆石的初始$\varepsilon_{Hf}(t)$值分别为8.5和8.7，该值略小于中二叠世花岗质弧岩浆岩的初始$\varepsilon_{Hf}(t)$值（9.7～13.7；Yang *et al.*，2011）。

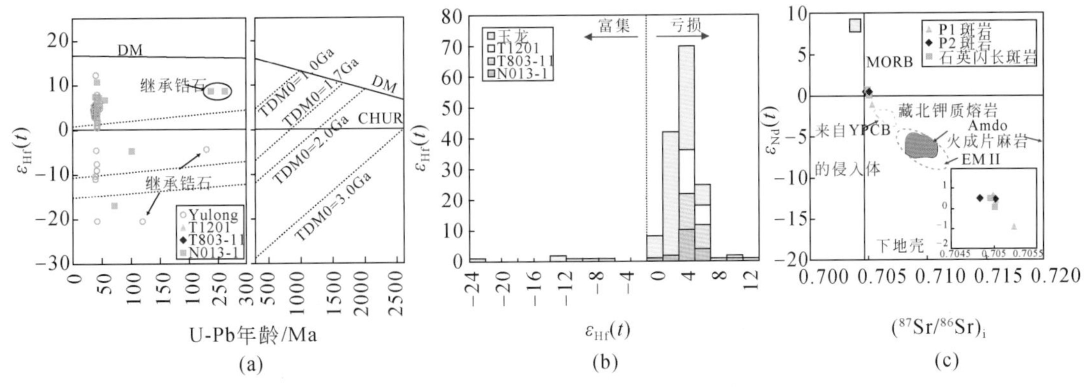

图7.28　(a) 纳日贡玛矿床始新世斑岩锆石$\varepsilon_{Hf}(t)$-U-Pb年龄图、(b) 锆石$\varepsilon_{Hf}(t)$直方图和 (c) 纳日贡玛矿床始新世斑岩$\varepsilon_{Nd}(t)$-$(^{87}Sr/^{86}Sr)_i$图（据 Yang *et al.*，2014）

5. 成矿过程

（1）矿床富钼特征成因。世界范围内的斑岩铜矿床中钼品位一般变化于 0.005% ~ 0.03%（Sinclair，2007）。与之相比，纳日贡玛明显富钼，钼平均品位为 0.061%，Mo/Cu 值约为 0.2，可归为富钼斑岩铜矿床或斑岩铜钼矿床（杨志明等，2008）。纳日贡玛富钼的特征引起了广泛的关注（王召林等，2008；杨志明等，2008），认识矿床富钼的原因有助于理解区域成矿规律，也有助于区域尺度斑岩矿床的勘查部署。通常，斑岩铜矿富钼既可归因于岩浆过程，亦可归因于岩浆-热液过程。如 Sillitoe（1979）等基于岛弧环境产出的斑岩铜矿床通常比大陆弧环境产出的斑岩铜矿富金贫钼的特征，提出钼可能来自壳源。侯增谦等（2012）通过冈底斯带中新世斑岩钼矿和富钼斑岩铜矿地球化学特征对比发现，与这些矿床有关的岩浆常具有很强的古老地壳物质信号；据此，他们提出该带斑岩钼矿和富钼斑岩铜矿形成时，其岩浆源区需要加入更多的古老地壳物质。不过，该模型仍难以解释纳日贡玛矿床富钼的特征，因为与玉龙斑岩铜矿带诸多斑岩铜钼金矿床相比，纳日贡玛矿床含矿斑岩具有更亏损的放射性同位素特征（图 7.28），表明其源区具有更多的亏损地幔或新生地壳物质，而非古老地壳物质。

因此，认为是岩浆-热液过程导致了纳日贡玛矿床钼的富集。因为与斑岩铜矿床相比，斑岩铜钼矿床形成深度一般较大，且与矿床有关的岩浆通常具有更低的初始水含量（Robb，2005；Ulrich and Mavrogenes，2008）。通常，要使水达到饱和，斑岩铜钼的岩浆需要经历更多的分异结晶（Candela and Holland，1986；Robb，2005），这将导致钼因其不相容的地球化学行为在残留熔体中得以富集，而铜则因为流体饱和前为相容元素而优先进入结晶的硫化物或氧化物中而丢失，因此残留的熔体则具有较高的 Mo/Cu 值。当流体饱和发生时，出溶的流体中则会继承高 Mo/Cu 值的特征，形成斑岩钼铜矿床或富钼斑岩铜矿床。纳日贡玛矿床富钼的机制可以很好用这个成因模型解释：①角岩化大量出现且缺少同时期的热液蚀变，表明矿床 P1 斑岩就位时，其内的水不饱和；②P1 斑岩边部为花岗闪长质，而中心部位相变为花岗质，表明岩体经历了中等的结晶分异；③晚期与千枚岩化有关脉体边部呈现不规则状，且矿床缺少典型 B 脉，表明 P1 斑岩就位时的古深度较大，这种环境下流体可能无法大规模破碎上覆的岩石，同时，矿区脉体近乎类似的走向表明是矿区尺度的构造控制了脉体的方向。

（2）辉钼矿和黄铜矿沉淀机制。典型斑岩铜矿床中（Gustafson and Hunt，1975）有经济意义的金属钼的沉淀一般都晚于黄铜矿。然而，矿床却显示出与典型斑岩铜矿床相反的金属沉淀顺序：辉钼矿沉淀于钾硅酸盐化阶段，而黄铜矿则沉淀于千枚岩化阶段。矿床这种反常的金属沉淀顺序可能与流体的性质有关。如前所述，从 P1 斑岩中出溶的岩浆热液具有较高的 Mo/Cu 值，对于高温（500 ~ 700℃；Roedder，1984）流体，仅需物理-化学条件（如温度；Ulrich and Mavrogenes，2008）的少许变化，流体中钼的溶解度便会发生较大变化从而沉淀下来。依据 Hezarkhani 等（1999）的 Cu 溶解度模型，该温度条件下 Cu 的溶解度依然很高（400℃时达 ~ 1000ppm），因此很难发生饱和而沉淀。

矿床矿物学特征和脉体的世代也可对黄铜矿、辉钼矿沉淀机制进行有效限制。矿床中的辉钼矿产于石英-辉钼矿±钾长石脉中，且该脉与钾硅酸盐化有关，仅极少量与千枚岩化蚀变有关，表明辉钼矿是从一个高温、温度区间变化较小、组分（如盐度）相对稳定的流体中沉淀出来；脉体中石英缺少对称，颗粒具有不规则的外形表明，与其他矿床石英 A 脉一样，矿床中的石英-辉钼矿±钾长石脉沉淀发生在静岩压力条件下。同时，含辉钼矿的显微裂隙限制在 1 ~ 2 个石英颗粒间，表明显微裂隙形成时压力的波动是局部的。Ulrich and Mavrogenes（2008）实验结果显示在斑岩铜矿形成的温压条件下（温度：500 ~ 700℃；压力：150 ~ 300MPa），钼的溶解度与温度和盐度有关，而与压力关系不大，特别当温度从 500℃变化到 450℃的范围内，流体中钼的溶解度会从 ~ 1000ppm 降到 ~ 20ppm（图 7.29）。该温度变化区间与通过矿床蚀变组合（黑云母化）推测的辉钼矿沉淀温度非常一致。另外，钼的溶解度受其他因素影响，如流体中有硫加入钼的溶解度也会突然降低（Ulrich and Mavrogenes，2008）。尚未有证据表明突然有过剩的硫加入到成矿流体中。因此，推测矿床辉钼矿的沉淀是温度降低导致。

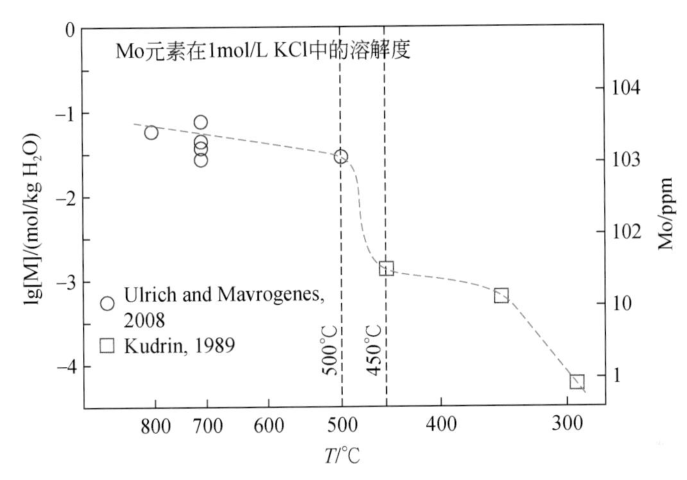

图 7.29 800 ~ 300℃温度区间内 KCl 溶液中钼的溶解度图（据 Kudrin，1989；Ulrich and Mavrogenes，2008）

钼的溶解度在 500 ~ 400℃温度区间内降低很快

随着 LA-ICP-MS 技术的广泛应用单个包裹体组分已得到较好限制。结果显示成矿流体温度降至 400℃以下是黄铜矿沉淀的主要原因（Redmond *et al.*，2004；Landtwing *et al.*，2005）。矿床仅有少量的黄铜矿沉淀在钾硅酸盐化阶段（500 ~ 700℃；Roedder，1984），绝大部分的黄铜矿沉淀在千枚岩化阶段（<400℃），表明矿床中黄铜矿沉淀是温度降低所致。

6. 始新世侵入体的起源

与玉龙带含矿斑岩类似（Jiang *et al.*，2006），纳日贡玛矿床弱分异的 P1 斑岩和石英闪长玢岩显示高 K_2O 特征、埃达克岩的亲和性和弧岩浆岩的地球化学信号，暗示他们成因具有关联性。

埃达克质岩石的亲和性，如高 Sr 含量、高 Sr/Y 与 La/Yb 值、低重稀土含量，常被认为与岩浆的源区有关（Defant and Drummond，1990）。大量的研究发现，上地壳的交互和岩浆的分异结晶可使岩浆具有埃达克岩的地球化学特征（Richards and Kerrich，

2007）。然而，前人对玉龙和纳日贡玛矿床弱分异的 P1 斑岩和闪长玢岩的研究表明，这些岩体的埃达克质特征可以反映岩浆源区，要求岩浆源区存在石榴子石和缺少斜长石（Jiang *et al.*，2006；杨志明等，2008；Li J. *et al.*，2012）。已有两种模式用来解释纳日贡玛和玉龙含矿斑岩的成因：①榴辉岩化镁质下地壳的部分熔融（杨志明等，2008；Li *et al.*，2012）；②交代岩石圈地幔低程度部分熔融（Jiang *et al.*，2006）。含矿斑岩高 K_2O 特征（>4.2%；Jiang *et al.*，2006；杨志明等，2008）的起源是两个模型争议的焦点，同时也是评价上述两种成因模式是否合理的考量指标。第一个模型认为，玉龙和纳日贡玛矿床含矿斑岩高 K_2O 含量可能是从岩浆源区继承而来，或岩浆上侵过程中地壳混染所致；第二个模型认为地壳混染无法使含矿斑岩具有如此高的 K_2O 含量（Jiang *et al.*，2006），因为：① 岩石高的 $\varepsilon_{Hf}(t)$ 值排除大量地壳混染的可能；② 岩石初始 $^{87}Sr/^{86}Sr$ 值与大离子亲石元素（如 Rb）不具备相关性，如果发生了混染则初始 $^{87}Sr/^{86}Sr$ 值会随岩石中 Rb 含量的增加而增大；③ 含矿斑岩中 K_2O 及其他一些不相容元素含量（如 Sr、Nd）比上地壳的平均值还高，不可能由地壳混染形成。基于此，Jiang 等（2006）提出玉龙和纳日贡玛矿床高 K 的特征表明岩浆起源于富集地幔的部分熔融。

Li J 等（2012）对玉龙矿床含矿斑岩锆石 Hf 同位素研究时发现，含矿斑岩中的继承锆石具有极负的 $\varepsilon_{Hf}(t)$ 值［−20.6；图 7.28（a）、（b）］，确认地壳混染确实发生，似乎支持第一个成因模型。然而，$Mg^{\#}$ 与 K_2O、Rb、Ba 特征显示玉龙和纳日贡玛矿床含矿斑岩样品似乎显示出正相关关系，并不支持地壳混染成因模式，因为地壳混染会使 $Mg^{\#}$ 与 K_2O、Rb、Ba 产生相反的趋势（Gao *et al.*，2007）；而含矿斑岩 $Mg^{\#}$ 与 K_2O、Rb、Ba 的正相关规律，表明斑岩中高的 K_2O 含量可能来自富 Mg 端元的混合，而非上地壳混染。

$Mg^{\#}$ 与 K_2O、Rb、Ba 特征显示样品均位于混合矩阵的低 Mg 端元，表明纳日贡玛斑岩样品可能近似代表两种混合端元中的一个端元。纳日贡玛矿床含矿斑岩具有较高的 SiO_2 含量（>67.3%）、较低的 MgO（<1.2%）和相容元素含量（V = 18 ~ 52ppm；Cr = 4 ~ 13ppm；Ni = 5 ~ 10ppm）、高度分异的稀土配分模式，表明岩浆起源于地壳而非地幔；样品埃达克岩的地球化学特征表明其源区是一种加厚的、榴辉岩化的下地壳；同时，样品亏损高场强元素表明这种加厚的下地壳经历过俯冲的改造（Yang *et al.*，2014）。岩石样品正的 $\varepsilon_{Nd}(t)$ 值［图 7.28（c）；杨志明等，2008］及其内锆石正的 $\varepsilon_{Hf}(t)$ 值（>5），均表明这种俯冲改造的下地壳是新生的，可能与古特提斯洋的俯冲有关。矿床弱分异的 P1 斑岩和石英闪长玢岩较高的 K_2O 含量（3.4% ~4.6%）可能因镁质端元的混合所致（Yang *et al.*，2013）。纳日贡玛矿床石英闪长玢岩（1.3 ~ 10.6）和玉龙矿床二长花岗斑岩［−20.7 ~ 10.7；图 7.28（a），（b）］变化的锆石 $\varepsilon_{Nd}(t)$ 值，支持斑岩岩浆源自富集和亏损两个端元的混合。认为富 Mg 的端元源自富集地幔的部分熔融（Jiang *et al.*，2006），亦即该端元为区域以前报道的钾质、超钾质镁质岩浆（Chung *et al.*，1998）。

上述分析提出了岩浆混合的模型解释纳日贡玛和玉龙带始新世与成矿有关岩浆的起源。模型强调含矿斑岩的起源经历了两个阶段。富集地幔的部分熔融产生钾质和超钾质岩浆；此种岩浆直接侵位形成藏东地表广泛分布的玄武质–安粗质钾质岩（Chung *et al.*，1998）。如果钾质和超钾质岩浆底垫到榴辉岩化的下地壳，则会导致下地壳的部分熔融；底垫的钾质、超钾质岩浆与下地壳熔融产生的埃达克质岩浆的混合，则会提高埃达克质岩浆的 K 和其他大离子亲石元素（如 Rb、Ba）的含量，从而形成高钾的埃达克岩。同时，由于俯冲改造的下地壳常含有一定量的硫化物（Richards *et al.*，2009），硫化物发生熔融则会提高岩浆中的金属含量；富含金属、高 K 的埃达克岩浅成侵位，则形成了玉龙和纳日贡玛地区的斑岩型铜钼金矿化。

7.3　挤压走滑期成矿系统

7.3.1　哀牢山造山型金矿床

金矿床发育于喜马拉雅期哀牢山带浅变质岩系中的逆冲和走滑构造中，形成于 32～27Ma 矿床主要有镇沅、大坪、金厂和长安。北西向构造为主控岩控矿构造，轴向北西的褶皱构造与走向北西的逆冲推覆构造奠定带内控矿构造基本格架。成矿带内矿床矿石矿化特征多变，矿化样式发育为浸染状、细脉状、网脉状和角砾状矿化，矿石类型为蚀变岩和石英脉型；矿物组合黄铁矿、毒砂、辉锑矿、方铅矿、黄铜矿、闪锌矿、白钨矿、磁黄铁矿、磁铁矿等矿石矿物和石英、方解石、绢云母、铬水云母和铁白云石脉石矿物。成矿元素由北至南 Au-Sb-As-Au-Ni-Au-Cu-Pb 变化，矿化元素组合复杂（Deng *et al.*，2015a）。

1. 镇源金矿床

哀牢山剪切带的左旋剪切开始于 31Ma 并且结束于 27～21Ma（Cao *et al.*，2011）。剪切带由阿墨江、红河、哀牢山和九甲–安定断裂组成（图 7.30）。断裂的长度超过 100km，宽约 1～3km，将哀牢山带分为 3 个次级构造单元（Hou *et al.*，2007）：第一个单元是红河断裂和哀牢山断裂之间的元古宙高级变质岩哀牢山组（Burnard *et al.*，1999；Xiong *et al.*，2007）；第二个单元在哀牢山断裂和旧家–墨江断裂之间，为低级变质岩，容有最多的矿床（镇沅、金昌和大坪矿床）。由大型推覆构造和结构性板块构成，是古生代哀牢山洋壳和蛇绿混杂岩的残余；第三个前陆磨拉石单元出现在九甲–安定断裂以西。

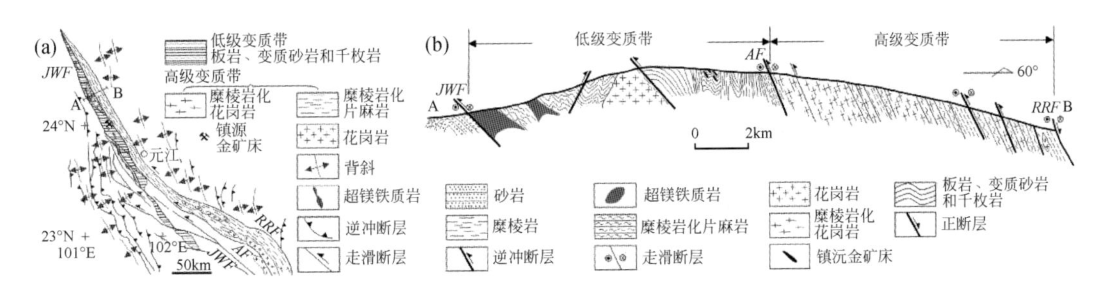

图 7.30　(a) 哀牢山变质成矿带地质简图和 (b) 局部简图

平面图据 Hou *et al.*，2007 修改，跨越哀牢山–红河剪切带的部分据 Zhang *et al.*，2006 修改

位于哀牢山剪切带低变质单元（图 7.31）的镇沅矿床，主要由老王寨、冬瓜林矿段以及搭桥箐、库独木、浪泥塘矿段组成。老王寨矿段由石炭系索山组地层组成，包括泥质

大理岩、板岩和二叠纪辉绿岩、玄武岩和超基性岩。冬瓜林矿段为上泥盆统库独木地层，包括绢云母板岩、硅质板岩、变质石英砂岩、泥质灰岩和石炭系索山组地层。新生代煌斑岩和中生代花岗岩岩脉广泛发育（Huang *et al.*，2002）。

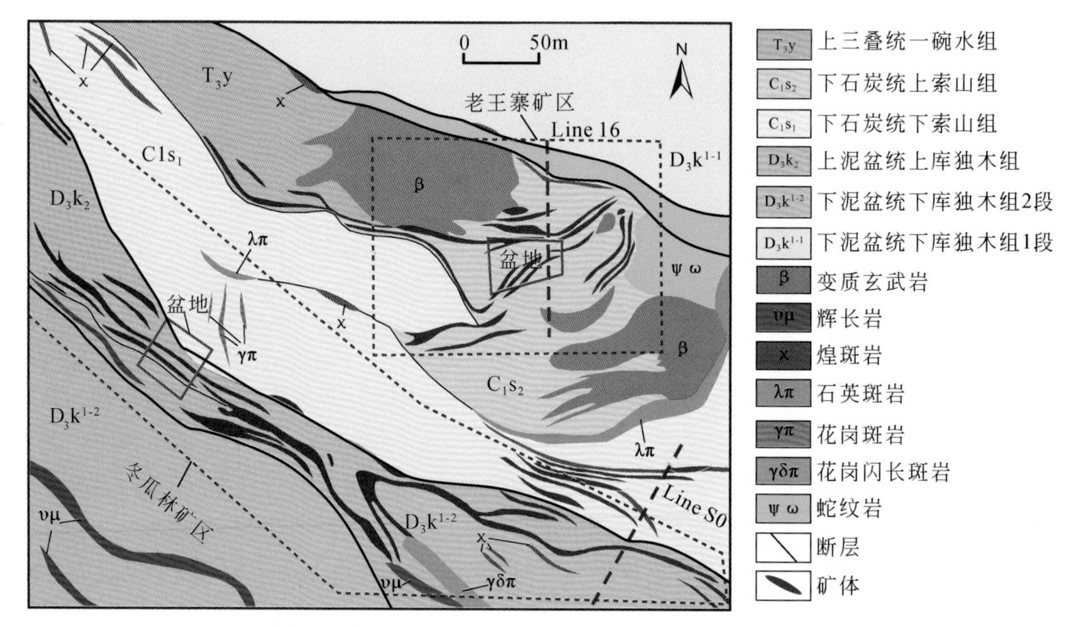

图 7.31　镇沅矿床冬瓜林和老王寨矿段地质图（据 Deng *et al.*，2015a）

在冬瓜林和老王寨矿段开展构造观察和节理测量。区域的构造系统包括冬瓜林陡峭的北西走向挤压剪切断层（图 7.31 ~ 图 7.33）和老王寨北东向断层（图 7.34、图 7.35）。冬瓜林矿段断层面几乎是平行的，老王寨矿段内北东向的逆冲断层约束北西和近东西向的断层面，形成了断层阵列（图 7.34）。冬瓜林矿段内，北西向断层由北西轴向的早期褶皱发育而成，褶皱被认为是在挤压的开始形成的（Leloup *et al.*，1995；图 7.32、图 7.33）。矿床由于强烈的剪切，上泥盆统库独木组和石炭系索山组，以及二叠系和新生代火成岩是混杂的（图 7.34）。例如，老王寨矿段辉绿岩、超镁铁变质岩（蛇纹石）和石炭系的变质沉积岩并列（图 7.35）。冬瓜林矿段煌斑岩和酸性岩脉沿北西向断裂发育，不连续的脉体反映了断层改造的过程［图 7.32（c）］；老王寨矿段花岗岩明显受断裂控制（图 7.33）。

由于强烈的剪切，大多数早期地层层理被节理所替代。冬瓜林矿段北西向节理为主，并发育北东至北东东向的节理。北东向节理被北西向节理横切和严重改造［图 7.32（c）］。老王寨矿段北东东向节理和北西向节理存在，表明北东向断层形成于北西向断层之前。

矿床矿化作用受断层控制（图 7.32 ~ 图 7.35）。矿体呈脉状、透镜状扩张和萎缩的特征，沿走向、倾向的尖灭和再出现，如钻孔剖面所示（图 7.33、图 7.35）。矿体在冬瓜林矿段内呈北西向分布（图 7.34），老王寨矿段的矿体呈东西向或北东向（图 7.35），与矿段内断层的走向一致。冬瓜林矿段矿体延伸到老王寨矿段内时逐渐变成北西向（图 7.31），表明北西向断层与早期的北东或东西向断层相连接来运输含金流体。冬瓜林钻孔剖面图中（图7.33），直立断层连接浅部早期褶皱内的平卧断层，形成复杂的矿体几何形状。老王寨矿体的形态在钻孔剖面中相对稳定。硫化物矿脉和矿石透镜体在断裂带的延伸空间中可以被观察到［图7.32（b）、（h）］。

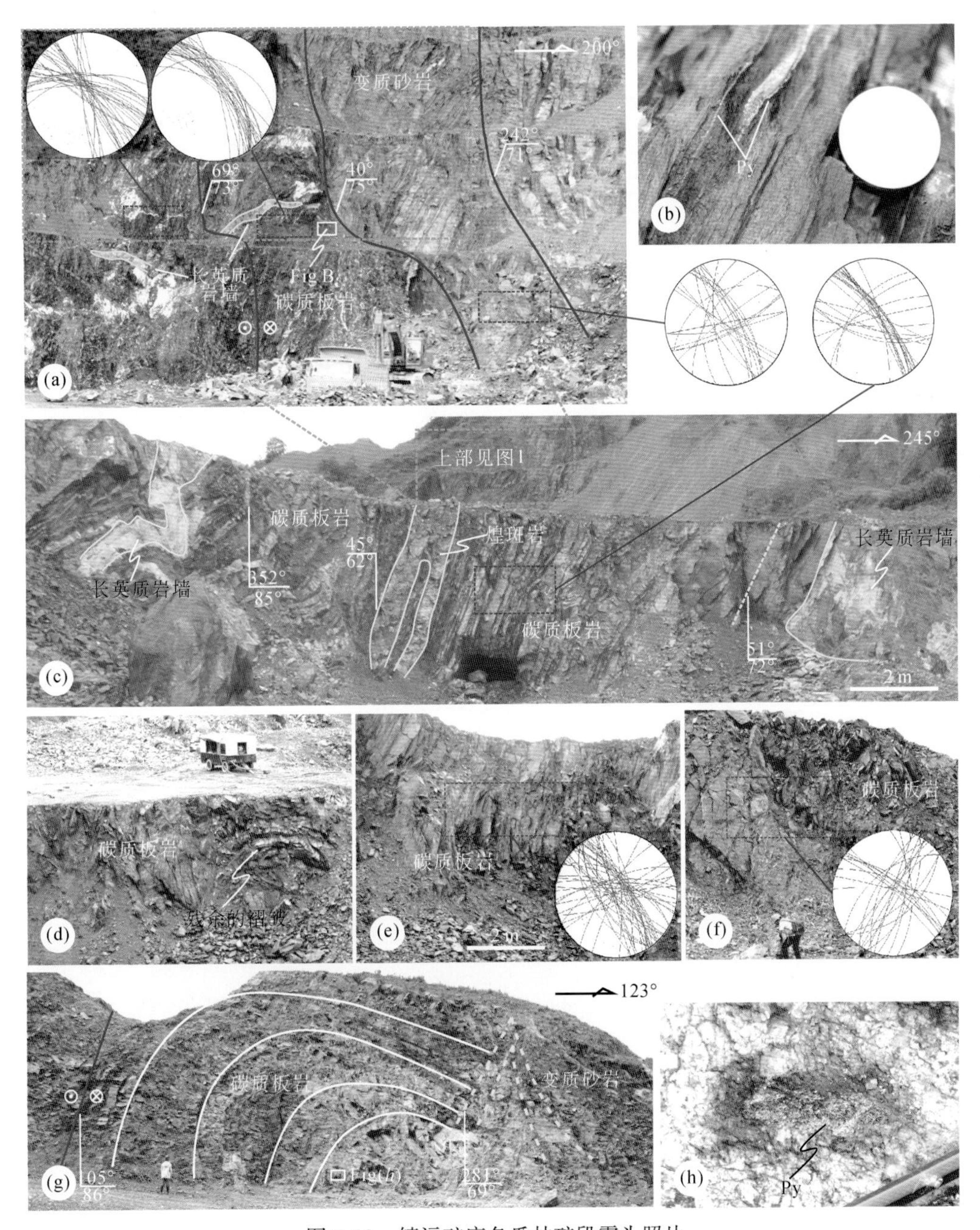

图7.32　镇沅矿床冬瓜林矿段露头照片

（a）、（b）是矿井北墙，（c）～（f）是矿井的中部，（g）、（h）是矿井南墙；在（a）中，墙壁由变质砂岩或被北西向断层限定的碳质板岩薄片组成，板岩被（a）中密集的节理改造，拉长空间里的硫化物矿床如（b）所示；在（c）中，煌斑岩被包含在断裂带中并且受断裂带控制；在该带中遗留的褶皱如（c）所示，（d）、（g）中东西-北东向节理可以观察到

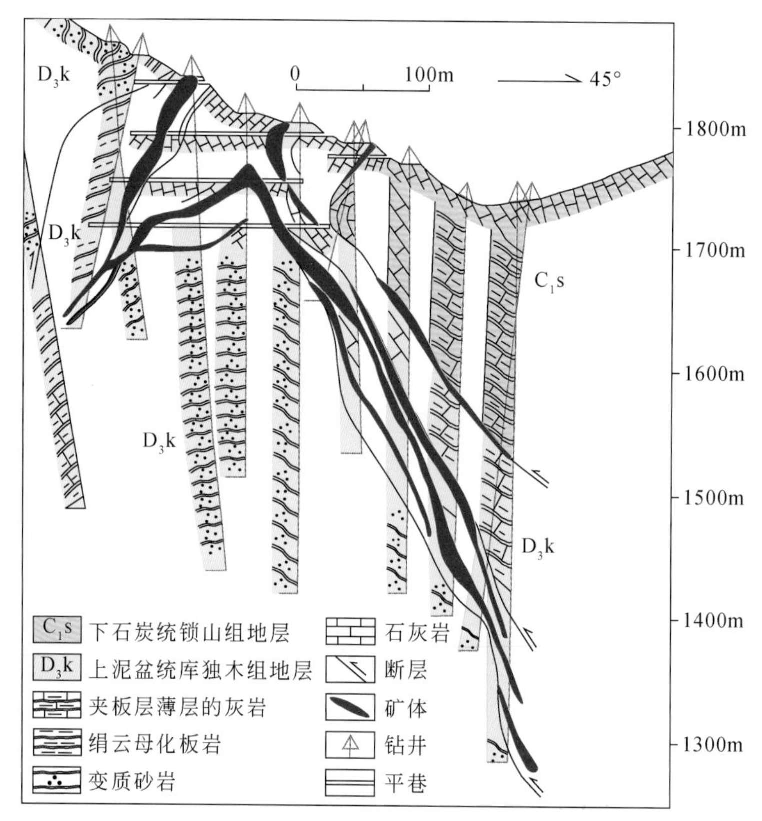

图 7.33　镇沉矿床冬瓜林矿段钻孔图（据 Deng *et al.*，2015a，修改）

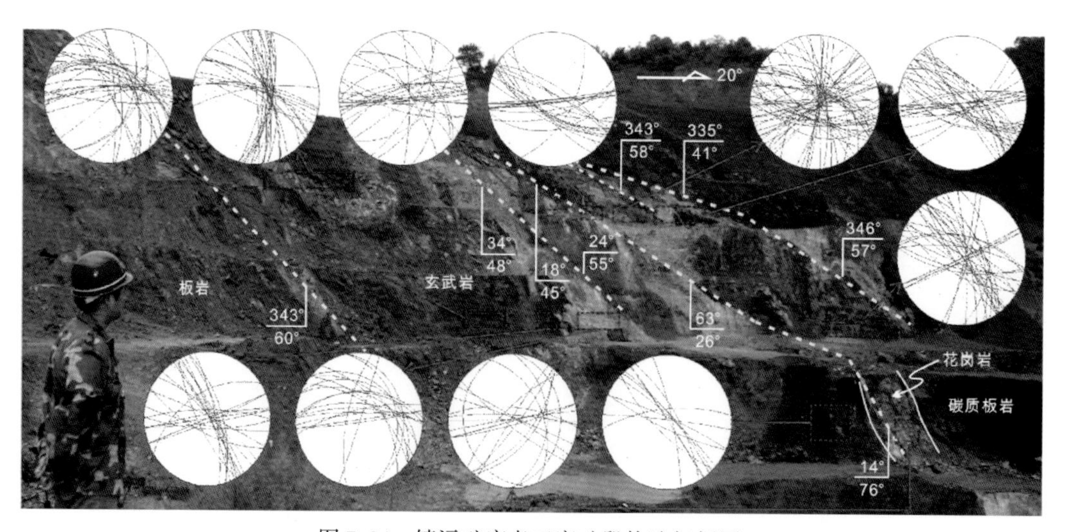

图 7.34　镇沅矿床老王寨矿段构造解析图

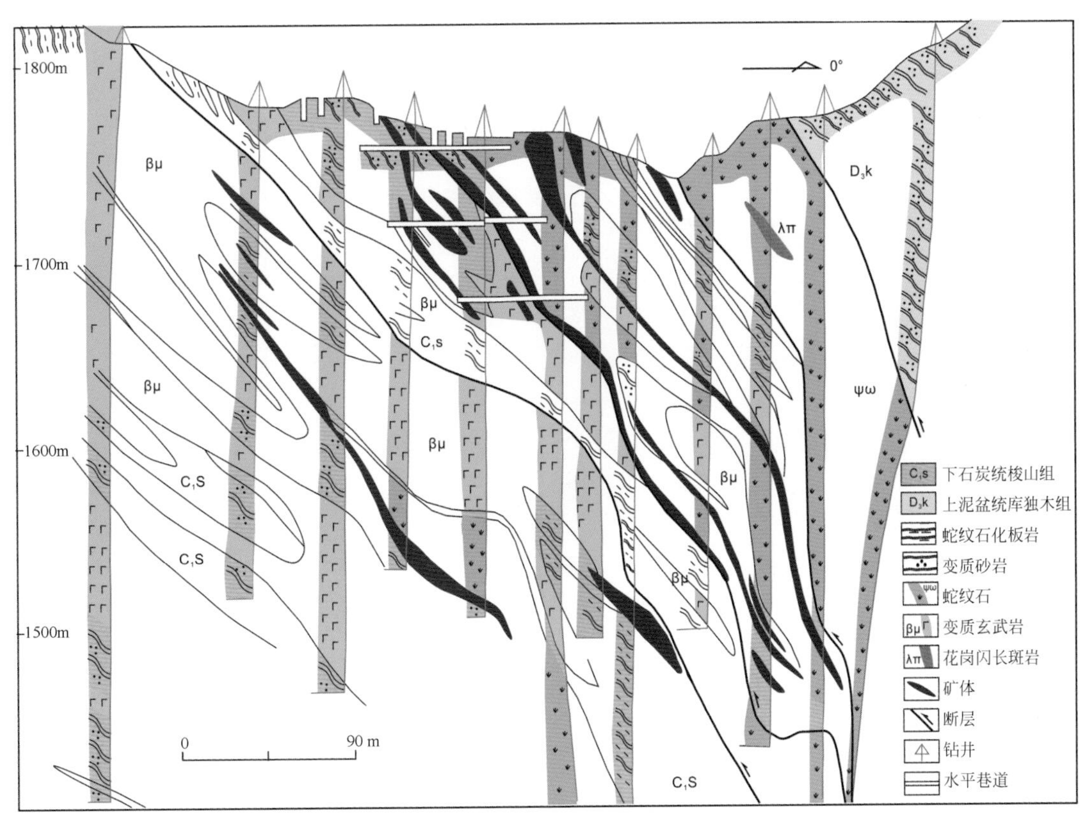

图7.35 镇沅矿床老王寨矿段钻孔图（据 Deng *et al.*，2015a，修改）

围岩蚀变十分显著，发育绢云母化、碳酸岩化、硅化和绿泥石化。矿石矿物为黄铁矿、黄铜矿、毒砂和辉锑矿。黄铁矿和黄铜矿和辉锑矿共存［图7.36（c）~（e）］，而毒砂以脉的形式出现［图7.36（f）］。金以银金矿或黄铁矿中所含的天然金的形式存在。脉石矿物有石英、白云石、绢云母、绿泥石和方解石。矿石呈浸染状、网状［图7.36（a）］和角砾状构造［图7.36（b）］。网状构造显示了含金流体充填至脆性裂缝的过程。矿体和矿石矿物组合与侵入岩相关的金矿有很大不同（Baker，2002），而与造山型有密切关系。金富集在多种岩性中，如板岩、花岗岩和变质砂岩（图7.37）。板岩是矿化岩石中常见岩性。

与典型的造山型金矿元素分区相比，老王寨矿段的形成深度在中等深度至浅成类型之间，为 Au-As 和 Au-Sb 矿化。老王寨样品的 $\delta^{34}S$ 值接近-20‰，其含金量约 1ppm（图7.38）。矿床内其他样品的黄铁矿 $\delta^{34}S$ 值范围为-8‰~5‰（图7.38）。老王寨的黄铁矿铅同位素比值$^{206}Pb/^{204}Pb$、$^{207}Pb/^{204}Pb$ 和 $^{208}Pb/^{204}Pb$ 分别为 17.16~18.76、15.38~15.74 和 37.47~39.24，冬瓜林分别为 18.32~18.60、15.67~15.72 和 38.74~38.96（表7.1）。老王寨矿段内的铅同位素比值为$^{206}Pb/^{204}Pb$、$^{207}Pb/^{204}Pb$ 和 $^{208}Pb/^{204}Pb$ 与冬瓜林矿段有相似的范围（图7.39），表明它们为类似的矿石形成过程。在$^{206}Pb/^{204}Pb$ 与$^{207}Pb/^{204}Pb$ 图中［图7.39（a）］，两个矿段的黄铁矿铅同位素比值主要投在穿过上地壳和造山带演化的曲线上，大部分$^{206}Pb/^{204}Pb$ 与$^{208}Pb/^{204}Pb$ 值投点靠近 Zartman 和 Doe（1981）的造山带演化曲

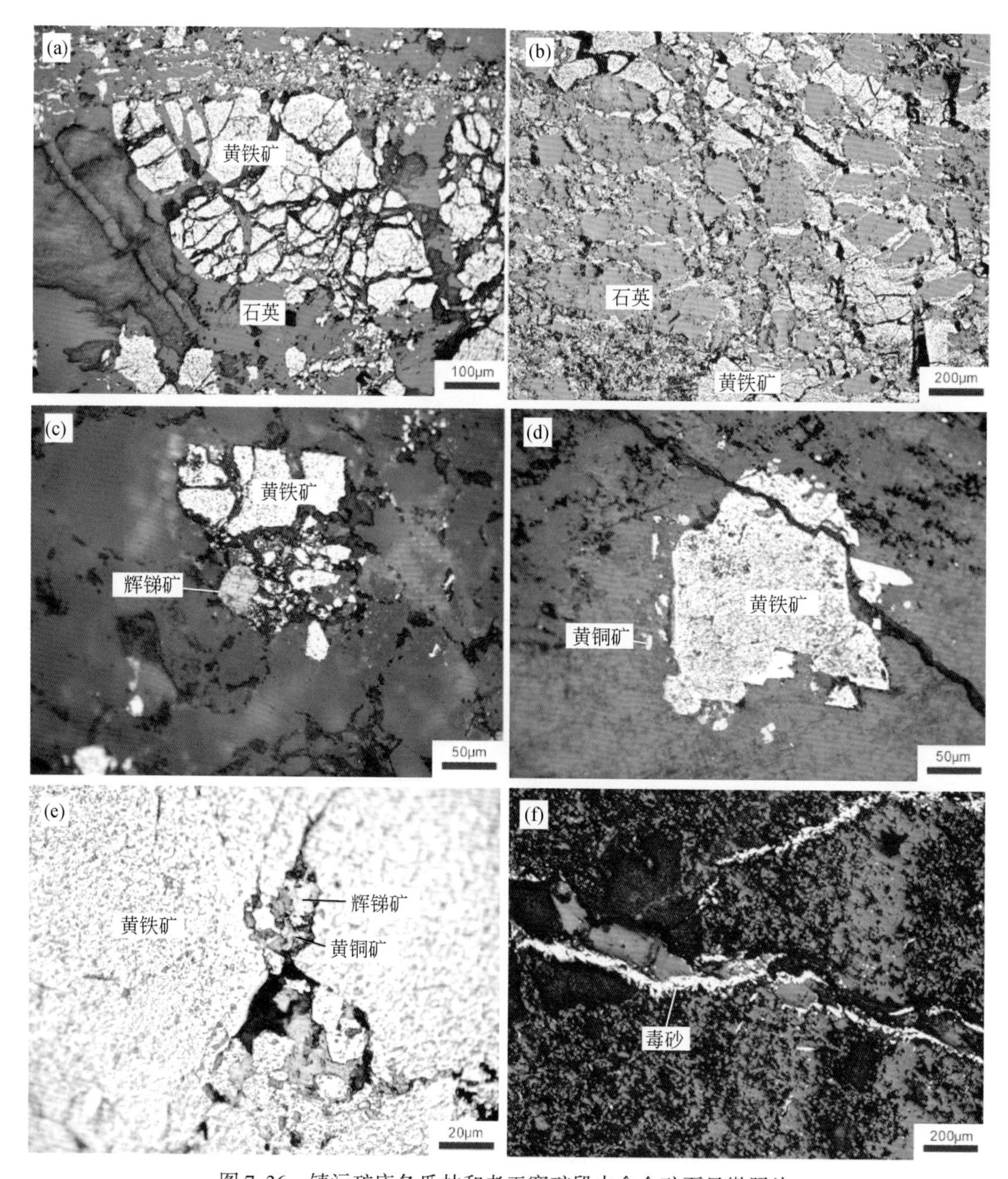

图 7.36　镇沅矿床冬瓜林和老王寨矿段中含金矿石显微照片

(a) 冬瓜林矿群中角砾状黄铁矿；(b) 冬瓜林矿群充填黄铁矿的裂缝；(c) 冬瓜林矿群中黄铁矿与辉锑矿共存；(d) 老王寨矿群中的黄铁矿，黄铜矿和辉锑矿共存；(e) 老王寨矿群中的黄铁矿，黄铜矿和辉锑矿共存；(f) 老王寨矿群中的毒砂脉

线［图 7.39 (b)］。这解释为矿源来自外来的上地壳物质明显增加的古特提斯造山带。一个样品（L12-6）有着非常低的$^{206}Pb/^{204}Pb$、$^{207}Pb/^{204}Pb$ 和$^{208}Pb/^{204}Pb$ 值分别为 17.16、15.38 和 37.47，落在下地壳和地幔演化线附近［图 7.39 (a)、(b)］。表明是来自低 U 和 Th 含量的深源物质。

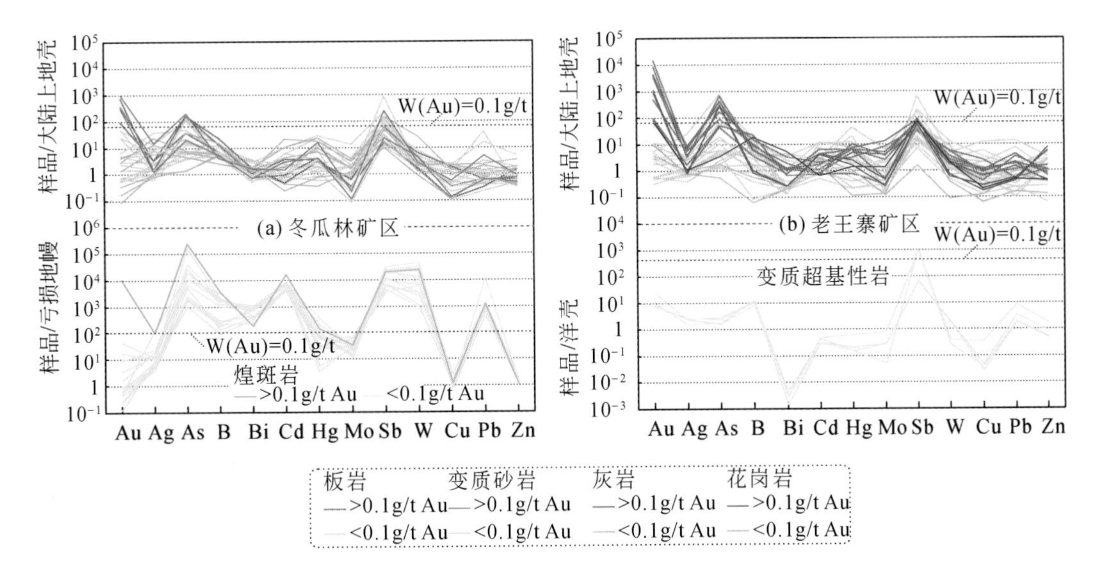

图7.37　(a) 镇沅矿床冬瓜林矿段和 (b) 老王寨矿段微量元素配分曲线图

上陆壳CC标准化数据据 Rudnick and Gao，2003；亏损地幔数据据 Salters and Stracke，2004；

洋壳数据据 Taylor and Mclennan，1985

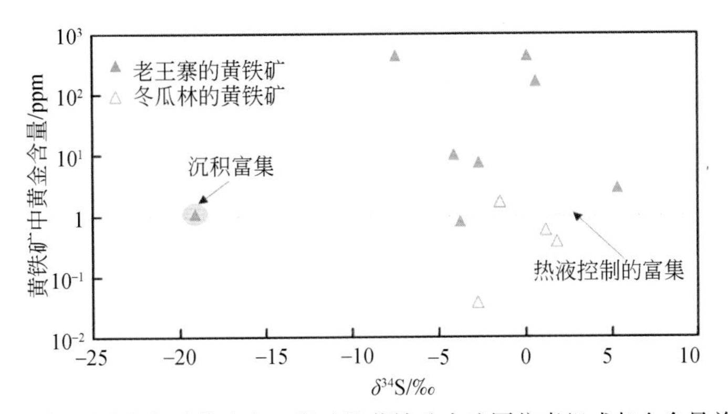

图7.38　镇沅矿床冬瓜林和老王寨矿段黄铁矿中硫同位素组成与金含量关系图

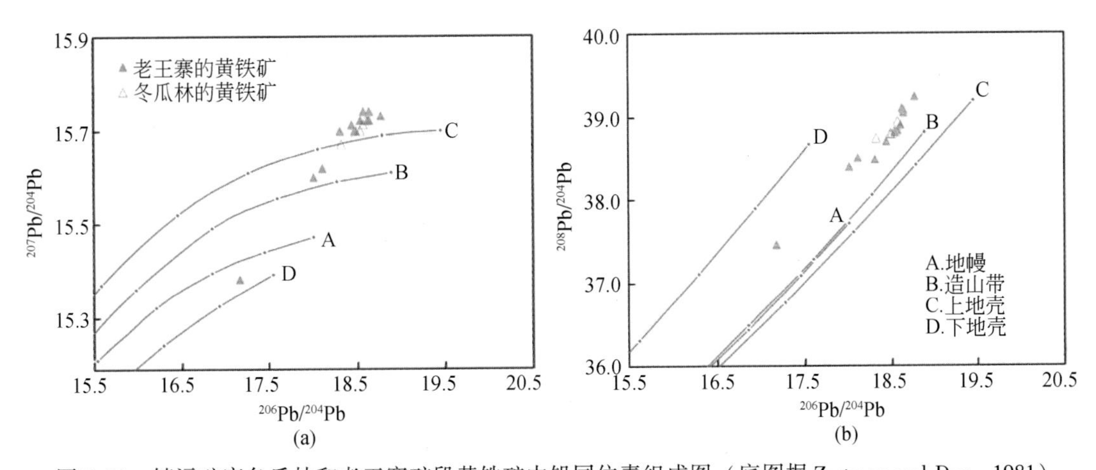

图7.39　镇沅矿床冬瓜林和老王寨矿段黄铁矿中铅同位素组成图（底图据 Zartman and Doe，1981）

表 7.1　镇沅矿床黄铁矿铅同位素组成表

样品号	位置	$^{206}Pb/^{204}Pb$	$^{207}Pb/^{204}Pb$	$^{208}Pb/^{204}Pb$
L02-2	老王寨	18.01	15.60	38.39
L04-1	老王寨	18.64	15.72	39.04
L04-2	老王寨	18.57	15.74	38.98
L04-3	老王寨	18.64	15.74	39.08
L04-4	老王寨	18.76	15.73	39.24
L04-5	老王寨	18.62	15.72	39.10
L07-1	老王寨	18.47	15.70	38.88
L08-2	老王寨	18.31	15.70	38.48
L11-4	老王寨	18.10	15.62	38.50
L12-2	老王寨	18.43	15.71	38.71
L12-6	老王寨	17.16	15.38	37.47
L12-7	老王寨	18.49	15.70	38.88
L53-1	老王寨	18.54	15.72	38.91
D03-2	冬瓜林	18.57	15.71	38.93
D04-1	冬瓜林	18.54	15.70	38.89
D08-8	冬瓜林	18.60	15.72	38.96
D14-6	冬瓜林	18.32	15.67	38.74

两个矿段矿物组合（黄铁矿-辉锑矿-毒砂）、微量元素特征和硫、铅同位素组成均相似（图 7.38、图 7.39），表明同时形成且具相似的成矿过程。如图 7.39 所示，铅同位素靠近造山带演化线，硫、铅和氢氧同位素组成等表明成矿流体为变质流体和原生流体的混合（图 7.40）。矿化煌斑岩中的金云母 Ar-Ar 等时年龄（约 27Ma）可代表成矿年龄，这可由断裂控矿表明。地幔上涌和大规模剪切导致深部进一步的变质作用，同时释放变质流体，是印度-欧亚板块碰撞背景下的造山型金矿床。

矿床中的矿物组合和富集元素富含 CO_2 的流体包裹体的发展特点和大量参与的变质流体与造山型金矿床的特点相匹配，矿床归属为造山型金矿床。剪切带内煌斑岩的矿化作用表明成矿流体是在剪切带形成之后渗透，这符合老王寨矿段煌斑岩内金云母的等时线年龄，即金矿的成矿年龄为 26.4±0.2Ma（Wang *et al.*，2001b）。值得注意的是镇沅矿床与哀牢山断裂带剪切高峰是同时代的（图 7.41）。成矿流体来源分析表明沿哀牢山断裂带的深变质发生在约 27Ma。变质与上地幔上的印支挤压的构造背景有关，压缩诱发岩石压力升高和地幔上涌，可能引起地壳浅部的地温梯度升级和流体循环（Bierlein *et al.*，2006）；同时深部剪切断层被视为促进了不同来源的流体的混合。金矿床靠近次生的九甲-安定断裂，而不是主断裂，即哀牢山或红河断裂，表明流体是由整个带向外递减的压力从主断裂驱散出来的。石英的流体包裹体的均一温度介于 110～250℃（Zhang Y *et al.*，2010；Zhao *et al.*，2013）。低温和碎裂矿石构造表明含金流体沿裂缝隙渗入地壳浅部的岩石。

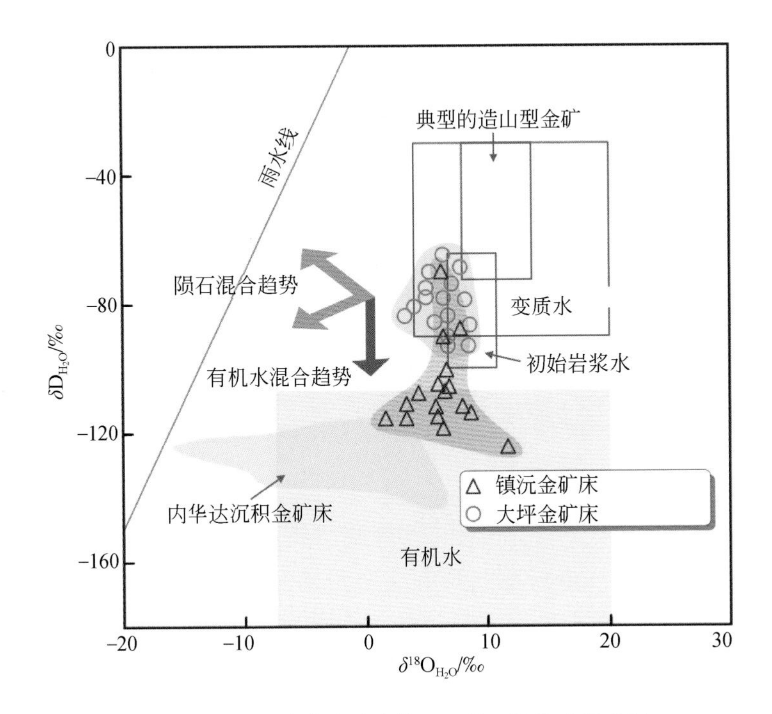

图 7.40　镇沅矿床成矿流体 δD-$\delta^{18}O$ 同位素组成图

岩浆岩、变质岩和有机岩数据据 Sheppard, 1986；典型的造山型金矿床数据据 Goldfarb *et al.*, 2004；内华达金矿床数据据 Field and Fifarek, 1985；镇沅矿床数据据 Hu *et al.*, 1995；大坪矿床数据据 Sun *et al.*, 2009

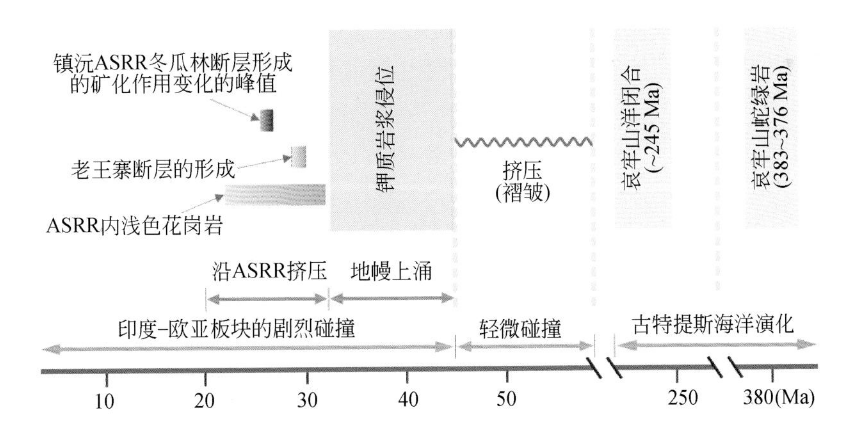

图 7.41　镇沅矿床区域地质时间演化图

沿哀牢山-红河剪切带的左旋韧性剪切据 Searle *et al.*, 2010 和 Cao *et al.*, 2011；金沙江-哀牢山带的钾酸性侵入体的年龄据 Liang *et al.*, 2006 和 Lu *et al.*, 2012；哀牢山古生代的演变据 Wang *et al.*, 2006, Jian *et al.*, 2009a, 2009b

经典造山型金矿床大多与环太平洋边缘变形的增生地体有关（Goldfarb *et al.*, 1998, 2001；Bierlein and Crowe, 2000），镇沅矿床形成于陆-陆碰撞引发的造山带的前期，地幔上涌引起的印支地块挤压导致剪切作用。矿床同位素研究表明 $\delta^{34}S$ 的范围是普遍低于典型的造山型金矿床，其中硫同位素组成范围从0‰到+9‰（McCuaig and Kerrich，1998）。镇沅矿床的$\delta^{13}C_{CO_2}$值的变化范围比澳大利亚、加拿大和南非的新太古代造山型金矿床要小，其$\delta^{13}C_{CO_2}$值范围从-11‰至+2‰，平均为-4‰（De Ronde *et al.*，1992；McCuaig and Kerrich，1998）。

老王寨和冬瓜林矿段矿化分别受北东和北西走向的脆性挤压断层控制。北西向断层发育于北东向断层之后，为形成于印支挤压背景下的东南向的压缩作用。两个矿段的矿石矿物组合、微量元素和硫铅同位素范围大体相似，表明它们拥有同时的并且类似的成矿过程，尽管控矿构造的形成时间不同。硫、铅和He-Ar-C-H-O同位素数据表明，成矿流体为变质流体和原生流体的混合物。深部变质是由印支挤压和地幔上涌导致，镇沅矿床被认为是陆-陆碰撞形成的造山型金矿床。

2. 大坪金矿床

大坪矿床处于哀牢山深大断裂西侧的浅变质岩带内，受哀牢山深大断裂的次级断裂所控制，如小寨金平断裂、小新街断裂和三家河断裂（图7.42）。矿区发育约100km^{2}的桃家寨岩体，南部及外围零星出露奥陶系、志留系和泥盆系的碎屑沉积岩和碳酸盐岩地层。桃家寨岩体主要由闪长岩组成，其中侵入有喜马拉雅期的煌斑岩脉。由于受后期强烈构造运动的作用，多期次、多类型的浅色中酸性岩和煌斑岩脉侵入，致使闪长岩体接触边部发生蚀变，局部较为强烈，故岩相分带不明显。闪长岩原生色为暗绿色，具有全晶质半自形细-粗粒结构，块状构造。金世昌和韩润生（1994）用Rb-Sr等时线法测得闪长岩的成岩年龄为481Ma左右，属于加里东期侵入岩（胡云中等，1995）。矿区北部外围出露有与闪长岩时代相近的斜长花岗岩体。矿区内断裂构造发育，其中小新街断裂呈北北西向贯穿闪长岩体，断裂两侧的次一级北西向断裂控制着含金石英脉的分布。位于矿区南部的中志留统—中泥盆统主要由碳酸盐地层组成，其中灰岩呈灰色，不规则似层状，矿物成分方解石占60%，绢云母占10%，黏土矿物占5%~30%；次要矿物为石英、黄铁矿等。

矿床由数百条含金多金属硫化物石英矿脉组成，矿脉成带出现，且具薄而长的特点，矿脉多数长约200~1500m，厚度多为0.2~0.8m。矿脉由石英脉、破碎蚀变闪长岩和蚀变破碎灰岩组成。其中闪长岩中金矿脉在矿物组成上具有明显的分带性，从矿脉中心至边部分别是团块状含金多金属硫化物带→少量硫化物含金石英脉带→含白钨矿石英脉带，另外有晚期方解石细脉穿插于含金多硫化物带中。野外和显微镜下观察可将此类闪长岩中矿脉划分为四期次：白钨矿期（阶段Ⅰ）、主成矿期（阶段Ⅱ）、碳酸盐期（阶段Ⅲ）和无矿期（阶段Ⅳ）。矿石矿物为自然金、白钨矿和多种硫化物（黄铁矿、黄铜矿、方铅矿、斑铜矿和闪锌矿等），脉石矿物为石英、方解石、白云石、绿泥石和绢云母。前人对大坪矿床近矿绢英岩化蚀变岩中的绢云母等进行了^{40}Ar-^{39}Ar定年，得出其成矿年代为33.76Ma（孙晓明等，2006a），显示矿床主体形成于喜马拉雅期碰撞造山运动，具有多期成矿的特征，早在晋宁造山运动中就有金的初步富集。

在矿区南部中泥盆统马鹿洞组（D_2m）碳酸盐地层（岩性为灰岩和白云质灰岩，夹白云岩、角砾状灰岩和板岩）发现了较多的金矿体。矿体形态为不规则状和似层状，矿脉长度约1000m，厚度0.14～2.55m，平均0.75m。矿脉为含金硫化物-碳酸盐-石英脉，在断裂带中断续分布，尖灭再现，脉间距离一般小于2m，有时被后期断层和煌斑岩脉错断。矿化可分为两个期次：主成矿期（阶段II）和碳酸盐期（阶段III）。其中硫化物为黄铁矿，多呈团块状和浸染状分布于矿脉中，含量一般<5%，局部高度富集；碳酸盐矿物有热液铁白云石和热液方解石，局部菱铁矿高度富集。

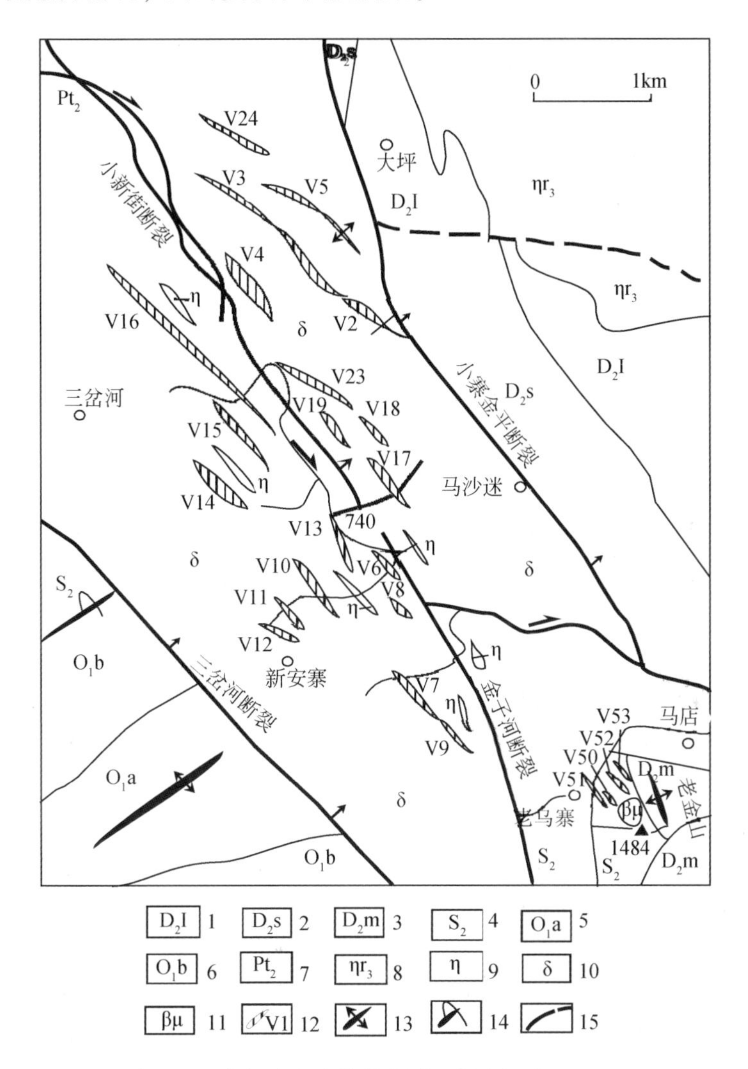

图7.42　大坪矿床矿脉分布图（据应汉龙，1998）

1. 中泥盆统老阱寨组灰岩；2. 中泥盆统宋家寨组碳泥质页岩夹硅质页岩及灰岩；3. 中泥盆统马鹿洞组微晶灰岩、白云质灰岩、白云岩夹角砾状灰岩、板岩；4. 中志留统白云岩、白云质灰岩；5. 下奥陶统中组砂岩夹板岩；6. 下奥陶统下组；7. 哀牢山群阿龙组片岩和片麻岩；8. 黑云二长花岗岩；9. 二长岩、石英二长岩；10. 闪长岩、花岗闪长岩；11. 煌斑岩；12. 含金石英脉及其代号；13. 背斜；14. 向斜；15. 推测断裂

矿床石英脉中流体包裹体δD-$\delta^{18}O$同位素分析见表7.2。从中可见晚元古代闪长岩岩体中金矿δD为-85‰～-60‰，$\delta^{18}O_{H_2O}$为2.39‰～7.59‰；D_2m灰岩地层中金矿δD为

−75‰～−67‰，$\delta^{18}O_{H_2O}$为 4.36‰～6.82‰，显示二者成矿流体 δD-$\delta^{18}O$ 同位素基本一致，可能具有相似的来源和演化过程。

δD-$\delta^{18}O$ 图（图 7.43）中可见闪长岩岩体和 D_2m 灰岩中金矿样品的投点基本重合，多数落在变质水和原始岩浆水之间（图 7.43），证实了矿床成矿流体主要由来自下地壳的富 CO_2变质流体和幔源流体组成（孙晓明等，2006c；熊德信等，2007a；Sun *et al.*，2009），同时表明成矿流体组成与围岩的性质没有太大的关系。矿床落点虽然接近典型造山型金矿（Goldfarb *et al.*，2004）的范围，但更偏向原生岩浆水，显示大坪金矿成矿流体中可能含有较多的地幔流体。

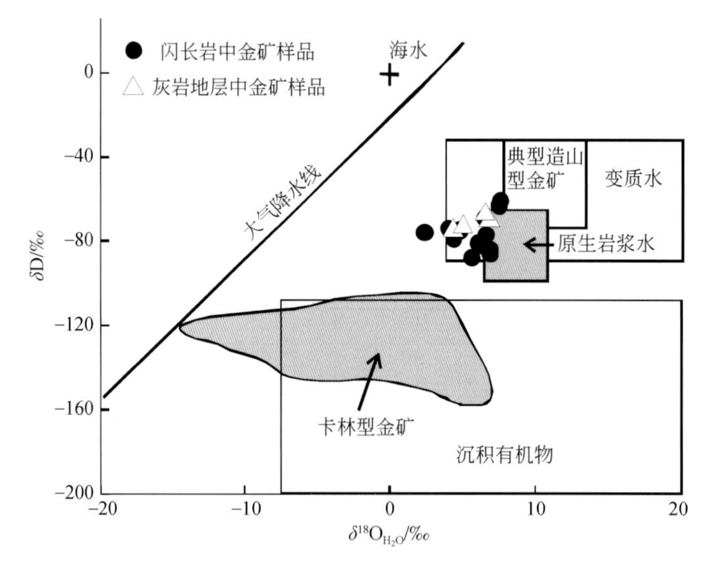

图 7.43　大坪矿床石英脉流体 δD-$\delta^{18}O$ 同位素组成图（据 Goldfarb *et al.*，2004；石贵勇等，2010）
图中不同成因水的 δD-$\delta^{18}O$ 同位素组成据 Sheppard，1986；卡林型金矿据 Field 和 Fifarek，1985

前人对矿床成矿流体的氢氧同位素进行了研究：李定谋和李保华（2000）研究表明大坪含金石英脉流体 δD 变化范围为−113‰～−70‰，$\delta^{18}O_{H_2O}$为 3.1‰～4.3‰；葛良胜等（2007）研究表明含金石英脉流体 δD 变化范围为−113‰～−64‰，$\delta^{18}O_{H_2O}$为 2.9‰～5.54‰。比较而言，本次研究得出的数据与前人基本一致，但 δD 组成变化范围更小，而 $\delta^{18}O_{H_2O}$组成变化相对较大。

矿床中热液碳酸盐矿物的 $\delta^{13}C$-$\delta^{18}O$ 同位素组成分析见表 7.3，闪长岩岩体中金矿石热液方解石的 $\delta^{13}C$ 值为−4.7‰～−4.6‰，$\delta^{18}O_{V\text{-}SMOW}$为 10.8‰～12.0‰；$D_2m$ 灰岩地层中金矿石热液铁白云石的 $\delta^{13}C$ 值为−7.6‰～−2.3‰，平均−4.78‰，$\delta^{18}O_{V\text{-}SMOW}$为 10.1‰～14.9‰，两种金矿矿石热液碳酸盐矿物的 C 同位素组成相差不大；根据热液碳酸盐矿物和水之间氧同位素分馏计算得出的闪长岩岩体中金矿石成矿流体 $\delta^{18}O$ 值为 4.4‰～5.6‰，与根据石英−水氧同位素分馏计算得出的成矿流体 $\delta^{18}O$ 组成基本一致，显示热液碳酸盐矿物主要形成于金矿的主成矿期。

表 7.2　大坪矿床石英脉流体包裹体 δD-$\delta^{18}O$ 同位素组成表

样品号	矿物	位置	样品描述	金矿围岩	均一温度 T_h/℃ *	$\delta^{18}O_{V\text{-}SMOW}$/‰	$\delta D_{V\text{-}SMOW}$/‰	$\delta^{18}O_{H_2O}$/‰ **
07302	石英	900 平硐掌子面	富铜金矿石	晚元古代闪长岩	350.62	12.2	-85	6.91
07303			富铜金矿石		355.25	12.0	-83	6.84
07305			富铜金矿石		326.4	12.6	-76	6.59
07306			硫化物石英脉		376.61	12.2	-60	7.59
07307			硫化物石英脉		296.13	12.7	-87	5.66
07310			含金石英脉		370.78	11.3	-68	6.54
07319			反倾石英脉		248.86	11.4	-75	2.39
07320			反倾石英脉		240.64	13.8	-78	4.39
07346	石英	51 号矿体	含硫化物石英脉	D_2m 灰岩	293.2	11.5	-75	4.36
07347		52 号矿体	含硫化物石英脉		311.87	13.3	-70	6.82
07353		马店村后山	含金石英脉		274.09	12.9	-73	5.01
07355		马店村后山	浸染状硫化物矿脉		309.21	13.1	-67	6.53
04107	石英	6 号矿体	硫化物石英脉	闪长岩	312.08	10.5	-73	4.03
04114			石英脉		346.14	11.8	-81	6.38
04116			富硫化物石英脉		333.38	10.6	-74	4.81
04120		8 号矿体	硫化物石英脉		350.37	12.8	-62	7.50
04130		8 号矿体	含白钨矿石英脉		316.39	12.4	-80	6.07

* 其中 04107、04114、04116、04120 和 04130 T_h 值据熊德信等，2007a，2007b；** 根据石英与水的氧同位素平衡公式（$\Delta_{Q\text{-}H_2O}=3.38\times10^6/T^2-3.4$）计算获得。

表 7.3　大坪矿床热液碳酸盐 $\delta^{13}C$–$\delta^{18}O$ 同位素组成表

样品号	矿物	位置	描述	围岩	$\delta^{13}C_{V\text{-}PDB}$/‰	$\delta^{18}O_{V\text{-}PDB}$/‰	$\delta^{18}O_{V\text{-}SMOW}$/‰	均一温度 T_h/℃	$\delta^{18}O_{H_2O\text{-}SMOW}$/‰*
07307	方解石	900 平硐掌子面	硫化物石英脉	闪长岩	-4.6	-19.5	10.8	274	4.40
07326	铁白云石		硫化物方解石脉		-3.8	-20.1	10.1	270	2.93
07328	铁白云石		铁白云石		-5.3	-16.5	13.9	270	6.9
07331	铁白云石		灰岩		-5.5	-16.4	14.0	270	6.83
07335	铁白云石	51 号矿脉	铁白云石		-7.6	-16.5	13.9	270	6.93
07336	铁白云石		铁白云石石英脉	D_2m 灰岩	-4.5	-19.3	11.0	270	4.03
07350	方解石	52 号矿脉	硫化物方解石脉		-5.5	-15.5	14.9	274	8.50
07353	铁白云石		含金硫化物石英脉		-2.3	-16.2	14.2	270	7.03
07355	方解石	马店后山	硫化物方解石脉		-2.4	-15.8	14.6	274	8.20
04107	方解石	6 号脉	白钨矿硫化物石英脉	闪长岩	-4.7	-18.3	12.0	274	5.60

* 根据 $\Delta_{方解石-水}=2.78\times10^6/T^2-2.89$ 和 $\Delta_{铁白云石-水}=4.12/T^2-4.62/T+1.71$ 计算获得。

Ohmoto（1972）研究显示在较还原条件下，热液碳酸盐矿物的 $\delta^{13}C$ 应高于或等于成矿流体的 C 同位素组成。矿床的矿物组合和流体包裹体研究均显示其成矿流体的 f_{O_2} 较低（熊德信等，2007a；张燕等，2009），表明大坪成矿流体的 $\delta^{13}C$ 值应高于或接近-4.78‰。

成矿热液中的碳有 3 种可能来源（田世洪等，2007）：①地幔射气或岩浆来源。地幔射气和岩浆来源的碳同位素组成 $\delta^{13}C$ 变化范围分别为-5‰～-2‰和-9‰～-3‰（Taylor，1986）；②沉积岩中碳酸盐岩的脱气或含盐卤水与泥质岩相互作用。这种来源 $\delta^{13}C$ 变化范围为-2‰～+3‰，平均为 0‰左右。海相碳酸盐 $\delta^{13}C$ 大多稳定在 0‰左右（Veizer *et al.*，1980）；③各种岩石中的有机碳。有机碳 $\delta^{13}C$ 变化范围为-30‰～-15‰，平均为-22‰（Ohmoto，1972；Ohmoto and Rye，1979）。比较而言，矿床成矿流体的 C 应来自幔源或深源岩浆。

前人对矿床的碳同位素进行研究：应汉龙（1998）对热液铁白云石的 $\delta^{13}C$ 值进行了分析，得出其 $\delta^{13}C$ 值为-4.81‰，$\delta^{18}O$ 值为+13.78%；毕献武和胡瑞忠（1999）研究主成矿阶段脉体中热液方解石的 $\delta^{13}C$ 为-4.48‰～-2.65‰，平均为-3.75‰，从而提出成矿热液中的碳可能是在幔源碳的基础上，有部分地壳碳酸盐碳混入；熊德信等（2007b）对白钨矿和石英单矿物样品进行了流体包裹体 CO_2 碳同位素比值测定，显示成矿流体中 CO_2 的 $\delta^{13}C$ 为-6.50‰～-2.51‰，平均为-4.37‰。上述分析和本次研究得到的碳同位素组成非常接近（图 7.44）上地幔部分熔融所形成的原始岩浆值范围（-5‰±2‰）的均值，而相对远离沉积碳酸盐岩、有机碳和大气平均 CO_2 的 $\delta^{13}C$ 值（-7‰；图 7.44），表明成矿流体中的碳质源于幔源或深源岩浆。在 $\delta^{13}C$-$\delta^{18}O$ 图上（图 7.45），热液碳酸盐矿物的投点落在地幔或原生碳酸岩的范围，而远离沉积碳酸盐和沉积岩中有机碳范围，表明矿床无论闪长岩中或 D_2m 灰岩中的金矿，其成矿过程中的碳来源于幔源或深部岩浆体系，而不是来自围岩。

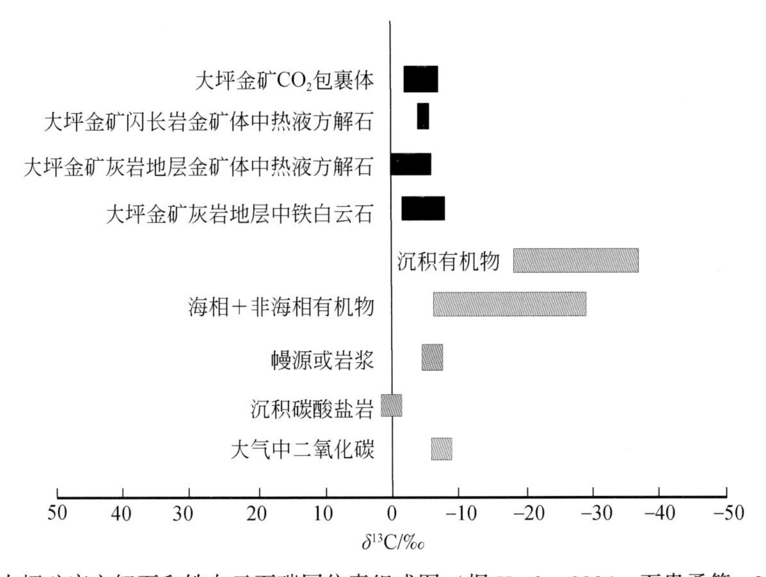

图 7.44　大坪矿床方解石和铁白云石碳同位素组成图（据 Hoefs，2004；石贵勇等，2010 修改）

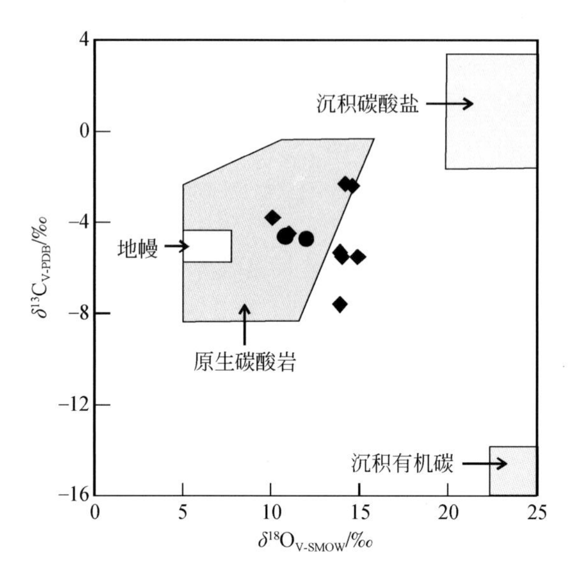

图 7.45　大坪矿床成矿流体 C-O 同位素组成图（据刘建明等，2003；石贵勇等，2010，修改）

●为闪长岩中金矿；◆为灰岩地层中金矿

Ohmoto（1972）、Ohmoto 和 Rye（1979）研究显示，在较还原条件下，矿石矿物中硫化物的 δ^{34}S 基本等于成矿流体的总 S 的 δ^{34}S 值。早阶段石英脉中大量石墨的存在（熊德信等，2006b）和白钨矿的稀土元素特征（熊德信等，2006a）均表明原始成矿流体为还原性的流体，成矿流体中硫以 HS^-、S^{2-}形式存在，故热液硫化物的 δ^{34}S 应与整个流体 δ^{34}S 近似，即 $\delta^{34}S_{\Sigma S} \approx \delta^{34}S_{硫化物}$。

本次研究得到的黄铁矿和方铅矿的 δ^{34}S 同位素分析如表 7.4 所示，结果显示，闪长岩中金矿脉黄铁矿 δ^{34}S 值变化相对较大，为−2.8‰～7.6‰，平均 3.1‰，方铅矿 δ^{34}S 值为−0.8‰～6.3‰，平均 2.0‰；D_2m 灰岩地层中金矿黄铁矿 δ^{34}S 值为 2.2‰～10.2‰，平均 6.5‰。对于同一矿床同一采样点处样品中的不同硫化物之间，δ^{34}S 值的变化顺序为黄铁矿>方铅矿，表明不同的硫化物之间硫同位素达到了平衡，可以利用硫同位素值来估算硫化物形成时的温度。

根据同位素平衡分馏方程 $1000\ln\alpha_{黄铁矿-方铅矿} = 1.1\times10^6 T^{-2}$（Kajiwara and Krouse，1971）计算了黄铁矿−方铅矿之间同位素分馏平衡时的温度，得出富硫化物石英脉阶段硫化物形成的平衡温度为 304℃，与流体包裹体测温的均一温度基本一致（张燕等，2009）。

硫同位素有 3 个储存库：一是幔源硫（Chaussidon and Lorand，1990）；二是海水硫，现代海水中；三是沉积物中还原硫，硫的同位素以具有较大的负值为特征（Rollinson，1993）。大坪矿床硫化物 S 的同位素组成相对靠近幔源 S，显示成矿流体 S 主要来自幔源岩浆，但个别样品出现 S 同位素负值，显示其中可能混入沉积岩中的还原态 S。

前人对矿床闪长岩中金矿脉硫化物的 S 同位素组成进行了分析，如韩润生和金世昌（1994）研究表明，硫化物（黄铁矿、方铅矿、黄铜矿和闪锌矿）的 δ^{34}S 值为−4.0‰～11.1‰，以正值为主，且具有一定的塔式效应；胡瑞忠等（1998）测得黄铁矿和方铅矿的 δ^{34}S 值为−1.57‰～6.55‰，平均 2.30‰；应汉龙（1998）测得硫化物的 δ^{34}S 值为 0.5‰～

6.6‰，平均3.96‰；葛良胜等（2007）测得黄铁矿和方铅矿的$\delta^{34}S$值为0.3‰~4.9‰，平均2.74‰，上述分析结果与本次测定结果基本一致，显示矿床成矿过程中的S主要源于地幔，局部有沉积岩中有机S的混入。

表7.4 大坪矿床硫化物$\delta^{34}S$同位素组成表

样品号	矿物	位置	描述	围岩	$\delta^{34}S_{V-CDT}$/‰
07302	黄铁矿	900平硐掌子面	富铜金矿石	闪长岩	7.6
07303			富铜金矿石		3.0
07305			富铜金矿石		-2.8
07310			含金硫化物石英脉		1.2
07332	黄铁矿	51号矿体	硫化物	D_2m灰岩	9.1
07334		51号矿体	硫化物		10.2
07346		51号矿体	含硫化物石英脉		2.2
07347		52号矿体	含硫化物石英脉		4.0
07348		52号矿体	含金石英脉硫化物		6.7
07353		马店后山矿堆	含金硫化物石英脉		3.8
07354		马店后山矿堆	浸染状矿脉		8.8
07355		马店后山矿堆	硫化物方解石脉		7.5
07374	方铅矿	14号矿体S2测点	方铅矿石英矿脉	闪长岩	2.5
07375		14号矿体S2测点	方铅矿石英矿脉		-0.8
04107	黄铁矿	6号矿体	含白钨矿硫化物石英脉		5.4
04114	方铅矿	6号矿体	含白钨矿硫化物石英脉		6.3
04116	黄铁矿	6号矿体	富硫化物矿石		4.6
04120	方铅矿	8号矿体	硫化物石英脉		0.2
04130	方铅矿	8号矿体	白钨矿石英脉		2.2

阴极发光图像分析是对岩浆锆石与变质锆石进行区别的主要手段，岩浆锆石具有岩浆震荡环带结构，而变质成因的锆石为扇形结构增生、面状结构增生或呈补丁状。本次研究的闪长岩中锆石长30~250μm，宽30~180μm。锆石多呈不规则形状，锆石颗粒被溶蚀成港湾状，环带不发育和不对称，CL图像为灰白色（图7.46），部分锆石具有灰白色的增生边，反映有后期热事件或流体作用的影响。

高精度SHRIMP锆石U-Pb法测得大坪矿床闪长岩（样品编号为07325）中锆石的U-Pb年龄数据（$n=13$，表7.5）。从中可知，样品锆石普通Pb含量较低，为1.3%~7.31%；Th含量为33×10^{-6}~246×10^{-6}，U含量为39×10^{-6}~216×10^{-6}，均较低，Th/U值变化不大，为0.708~1.14，显示锆石主要属于岩浆锆石。此外，LA-ICP-MS原位测定显示锆石具有∑REE不高、富集轻稀土（LREE/HREE为0.02~0.05）和具有明显的正Ce异常（δCe为9.66~72.39，平均39.86）等典型岩浆锆石的微量元素地球化学特点［表7.6，图7.47（a）］（翟伟等，2006；毕诗健等，2008）。锆石得出了较为一致的$^{206}Pb/^{238}U$

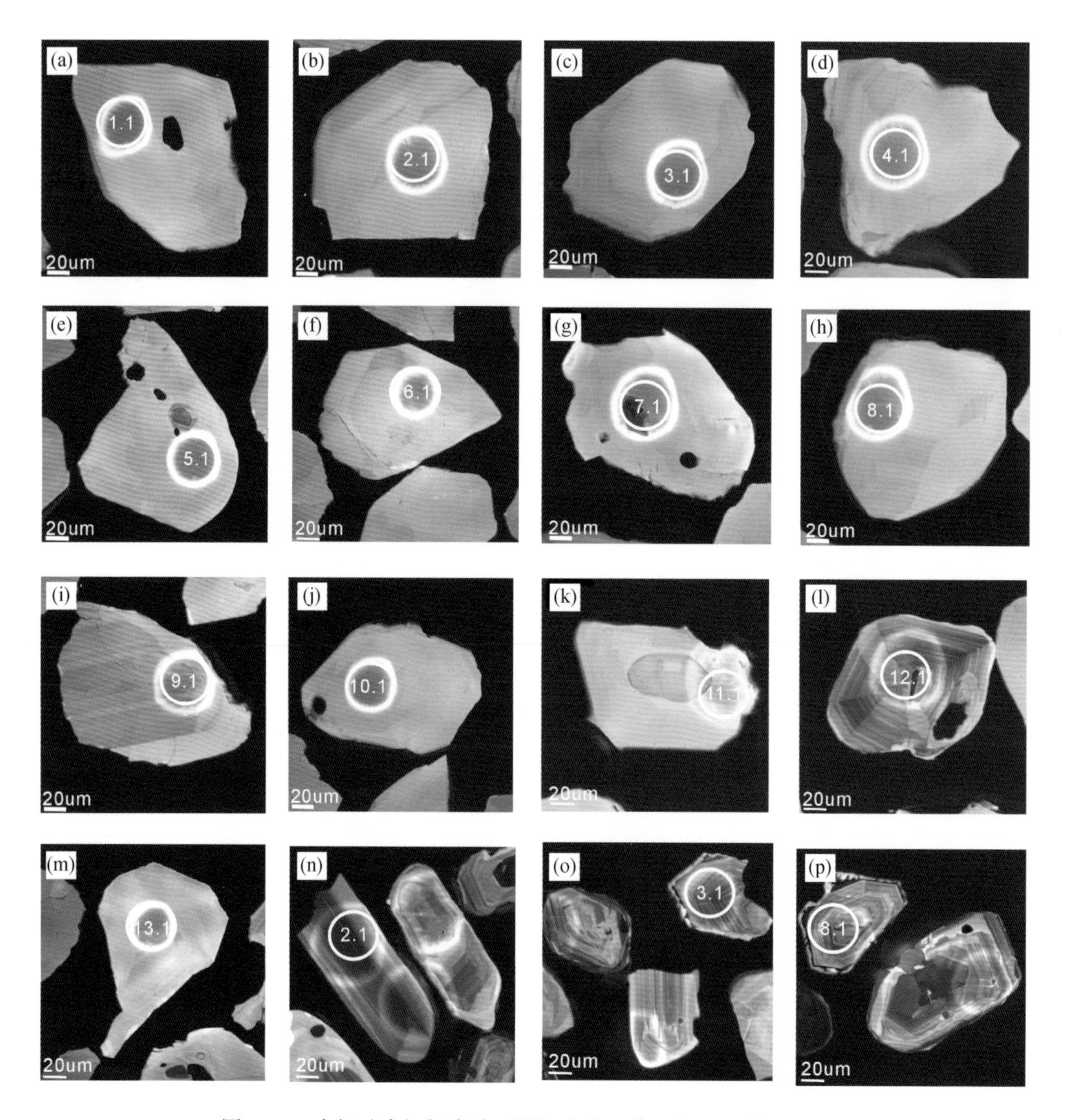

图 7.46　大坪矿床闪长岩锆石阴极发光图像（据张燕等，2011）

1～13 样品编号为 07325；14～16 样品编号为 07379

年龄为 729～796Ma，在曲线图中成群分布，加权平均值为 773±12Ma，MSWD＝0.82［图 7.48（a）］。该年龄可以代表岩体的形成年龄，显示大坪矿床赋矿姚家寨闪长岩岩体的侵入时代并非前人认为的加里东期，而应为晚元古代，属于广泛出现在康滇裂谷和哀牢山地区的晋宁—澄江期大规模基性至酸性的岩浆活动的产物，体现了 Rodinia 超大陆裂解后冈瓦纳大陆形成的过程（朱炳泉等，2001）。年龄与大坪矿床石英流体包裹体 ^{40}Ar-^{39}Ar 年龄测定给出的高温坪年龄（765.5±7.0Ma；朱炳泉等，2001）基本一致，显示矿床的多期成矿特征，可能早在晋宁期闪长岩侵入时该区就有金的初步富集。

表 7.5　大坪矿床赋矿姚家寨闪长岩岩体 SHRIMP 锆石 U–Pb 年龄表（据张燕等，2011）

样品号	$^{206}Pb_c$ /%	U /10^{-6}	Th /10^{-6}	Th/U	$\frac{^{232}Th}{^{238}U}$	$^{206}Pb^*$ /10^{-6}	$\frac{^{207}Pb^*}{^{206}Pb^*}$	±%	$\frac{^{207}Pb^*}{^{235}U}$	±%	$\frac{^{206}Pb^*}{^{238}U}$	±%	err corr	$\frac{^{206}Pb}{^{238}U}$/Ma		$\frac{^{207}Pb}{^{206}Pb}$/Ma	
07325-1. 1	3. 87	39	33	0. 856	0. 88	4. 35	0. 0716	12	1. 24	12	0. 1252	3. 1	0. 26	761	±22	974	±240
07325-2. 1	7. 31	40	33	0. 813	0. 84	4. 44	0. 042	28	0. 70	28	0. 1198	3. 4	0. 12	729	±23	-209	±700
07325-3. 1	3. 50	52	45	0. 864	0. 89	6. 05	0. 0790	9. 4	1. 43	9. 8	0. 1313	2. 9	0. 30	795	±22	1172	±190
07325-4. 1	3. 00	77	82	1. 058	1. 09	9. 01	0. 0699	8. 6	1. 27	9. 0	0. 1314	2. 8	0. 31	796	±21	927	±180
07325-5. 1	3. 83	48	40	0. 832	0. 86	5. 63	0. 088	13	1. 59	14	0. 1308	3. 3	0. 24	792	±24	1391	±260
07325-6. 1	3. 54	54	38	0. 708	0. 73	6. 29	0. 0830	9. 5	1. 50	10. 0	0. 1310	3. 0	0. 30	794	±22	1270	±190
07325-7. 1	1. 72	170	179	1. 055	1. 09	18. 4	0. 0700	5. 1	1. 197	5. 8	0. 1241	2. 7	0. 46	754	±19	927	±100
07325-8. 1	2. 56	63	54	0. 853	0. 88	6. 90	0. 0696	9. 2	1. 20	9. 7	0. 1248	3. 0	0. 31	758	±21	917	±190
07325-9. 1	1. 30	107	81	0. 755	0. 78	12. 1	0. 0687	4. 7	1. 231	5. 4	0. 1299	2. 7	0. 49	788	±20	890	± 98
07325-10. 1	3. 39	49	44	0. 905	0. 93	5. 61	0. 0669	11	1. 19	12	0. 1294	2. 9	0. 25	784	±22	833	±240
07325-11. 1	3. 81	45	35	0. 776	0. 80	4. 97	0. 062	16	1. 06	16	0. 1229	3. 1	0. 19	747	±22	684	±340
07325-12. 1	2. 23	216	246	1. 14	1. 18	23. 4	0. 0613	6. 1	1. 046	6. 7	0. 1238	2. 6	0. 40	752	±19	649	±130
07325-13. 1	3. 24	69	49	0. 707	0. 73	7. 73	0. 0651	9. 0	1. 14	9. 5	0. 1267	3. 0	0. 32	769	±22	778	±190
07379-2. 1	7. 60	410	498	1. 216	1. 26	2. 08	0. 049	30	0. 037	31	0. 00546	3. 3	0. 11	35. 1	±1. 2	147	±710
07379-3. 1	3. 56	1171	435	0. 372	0. 38	5. 45	0. 0559	16	0. 0403	16	0. 00522	2. 8	0. 17	33. 58	±0. 95	450	±360
07379-8. 1	3. 17	1059	417	0. 394	0. 41	4. 81	0. 0548	12	0. 0387	12	0. 00512	2. 7	0. 22	32. 95	±0. 90	404	±270

表 7.6　大坪矿床闪长岩中锆石微量元素和稀土元素组成表（$\omega_B/10^{-6}$）（据张燕等，2011）

样品号	07325-1.1	07325-2.1	07325-3.1	07325-5.1	07325-6.1	07325-7.1	07325-8.1	07325-9.1	07325-10.1	07325-11.1	07325-12.1	07325-13.1	07379-2.1	07379-3.1	07379-8.1
P	361.59	383.39	476.63	304.80	377.08	334.47	334.76	338.00	330.48	411.20	1030.96	303.84	465.34	733.87	207.59
Ti	13.11	8.33	11.93	9.93	7.89	14.11	6.25	8.81	12.64	9.61	13.21	6.63	4.69	5.54	6.58
Y	425.37	405.20	477.56	295.11	405.65	343.07	307.42	915.04	694.85	436.31	1970.19	420.70	2434.34	5064.01	668.35
Nb	0.19	0.26	0.19	0.19	0.21	0.20	0.17	0.25	0.13	0.60	3.84	0.22	1.54	5.36	5.43
Hf	7930.17	7656.74	8033.24	8269.92	8384.28	7803.47	8545.00	7912.95	7819.16	8401.93	7949.15	8239.73	7508.42	7890.09	9531.69
Ta	0.12	0.22	0.17	0.13	0.12	0.15	0.14	0.25	0.11	0.30	1.04	0.20	0.49	1.24	1.85
Pb	6.51	9.00	10.20	8.90	8.85	6.87	7.42	23.99	10.23	11.06	74.33	11.27	3.49	9.49	5.67
La	0.01	0	0.01	0.01	0	0.01	0.02	0.03	0.02	0.01	0.05	0.00	0.07	0.14	0.50
Ce	4.76	5.10	5.79	6.08	5.13	5.09	4.57	8.27	6.46	11.65	39.14	5.88	39.94	126.78	34.74
Pr	0.07	0.03	0.06	0.02	0.06	0.03	0.01	0.25	0.15	0.05	0.28	0.05	0.49	1.27	0.17
Nd	1.02	1.03	0.81	0.70	1.06	0.70	0.32	3.83	3.69	1.01	4.89	0.91	7.86	21.58	1.65
Sm	2.28	1.44	1.89	1.00	1.81	1.27	1.03	5.12	4.19	1.81	7.60	2.00	16.92	37.61	2.66
Eu	0.96	0.89	0.85	0.53	0.79	0.55	0.56	2.25	2.05	0.63	2.35	0.96	7.76	17.96	1.22
Gd	9.68	9.57	9.48	6.80	8.55	7.77	5.56	22.88	18.83	8.40	40.36	9.50	78.94	161.88	13.57
Tb	3.38	2.80	3.23	2.21	2.66	2.60	1.94	6.58	5.74	2.75	14.29	2.96	22.70	47.77	4.57
Dy	39.87	35.02	40.35	26.78	35.00	32.09	26.19	81.05	67.66	34.51	178.37	36.61	251.71	532.84	53.80
Ho	14.39	13.40	15.38	10.22	13.13	11.63	9.82	30.86	23.61	13.61	65.23	13.62	83.38	177.55	19.68

续表

样品号	07325-1.1	07325-2.1	07325-3.1	07325-5.1	07325-6.1	07325-7.1	07325-8.1	07325-9.1	07325-10.1	07325-11.1	07325-12.1	07325-13.1	07379-2.1	07379-3.1	07379-8.1
Er	69.49	67.14	79.54	47.86	65.73	56.17	49.55	153.94	110.11	70.73	316.03	67.41	385.22	816.11	99.98
Tm	14.43	15.11	17.65	10.19	14.19	11.81	11.19	32.31	21.94	15.51	62.85	14.47	82.13	167.56	24.04
Yb	139.38	157.00	178.62	100.53	143.97	121.04	118.54	320.03	201.85	157.21	573.85	146.51	801.69	1603.11	264.51
Lu	25.98	31.90	36.07	18.92	28.50	22.55	23.46	61.92	37.88	32.06	103.41	29.79	124.73	257.49	45.38
ΣREE	325.72	340.43	389.74	231.86	320.59	273.31	252.76	729.34	504.15	349.94	1408.71	330.65	1903.52	3969.65	566.47
LREE	9.10	8.49	9.41	8.35	8.86	7.65	6.52	19.76	16.54	15.16	54.32	9.79	73.04	205.33	40.94
HREE	316.62	331.94	380.33	223.51	311.74	265.66	246.25	709.58	487.61	334.78	1354.39	320.86	1830.48	3764.32	525.53
LREE/HREE	0.03	0.03	0.02	0.04	0.03	0.03	0.03	0.03	0.03	0.05	0.04	0.03	0.04	0.05	0.08
$(Gd/Yb)_N$	0.03	0.02	0.02	0.02	0.02	0.02	0.02	0.03	0.03	0.02	0.03	0.02	0.04	0.04	0.02
δCe	19.63	47.47	29.21	72.39	27.94	48.19	71.20	9.66	13.16	61.73	39.94	37.74	24.04	29.76	28.89
δEu	0.53	0.55	0.50	0.46	0.51	0.41	0.57	0.54	0.59	0.41	0.33	0.56	0.54	0.60	0.51
$(Sm_N * Gd_N)^{0.5}$	26.51	20.94	23.90	14.73	22.19	17.74	13.51	61.05	50.06	21.98	98.75	24.57	206.12	440.05	33.90

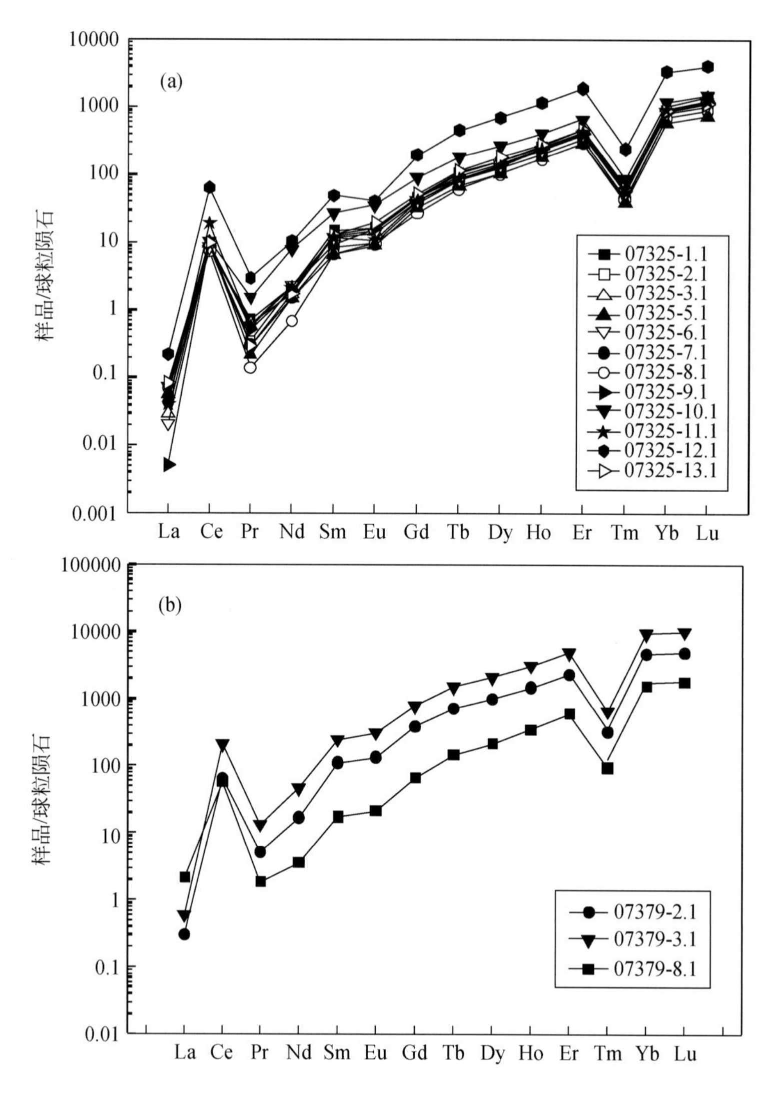

图 7.47　大坪矿床闪长岩中锆石稀土元素球粒陨石标准化分布曲线图

（a）样品编号 07325；（b）样品编号 07379

在对样品编号为 07379 的糜棱岩化闪长岩中锆石的观测中，发现其中除了出现与样品 07325 中类似的较大锆石外，还见到一些颗粒较小、晶形不规则的锆石（图 7.46）。SHRIMP 原位测定显示其中 U 和 Th 含量相对较高，U 含量为 410×10^{-6} ~ 1171×10^{-6}，Th 含量为 417×10^{-6} ~ 498×10^{-6}，但普通 Pb 含量不高，为 3.17% ~7.6%（表 7.5），且 REE 配分曲线上显示了较明显的正 Ce 异常（δCe 为 24.04 ~ 29.76，平均 27.56）和轻稀土富集（LREE/HREE 为 0.04 ~ 0.08）[表 7.6，图 7.47（b）]，显示它们可能也为岩浆成因锆石（翟伟等，2006；毕诗健等，2008）。锆石的年龄为 33.7±1.1Ma [图 7.48（b）]，与矿床含金石英脉中热液绢云母的 Ar-Ar 定年结果（33.76±0.65Ma；孙晓明等，2006c）基本一致，显示它们为强烈的韧性剪切和局部岩浆熔融活动的产物。

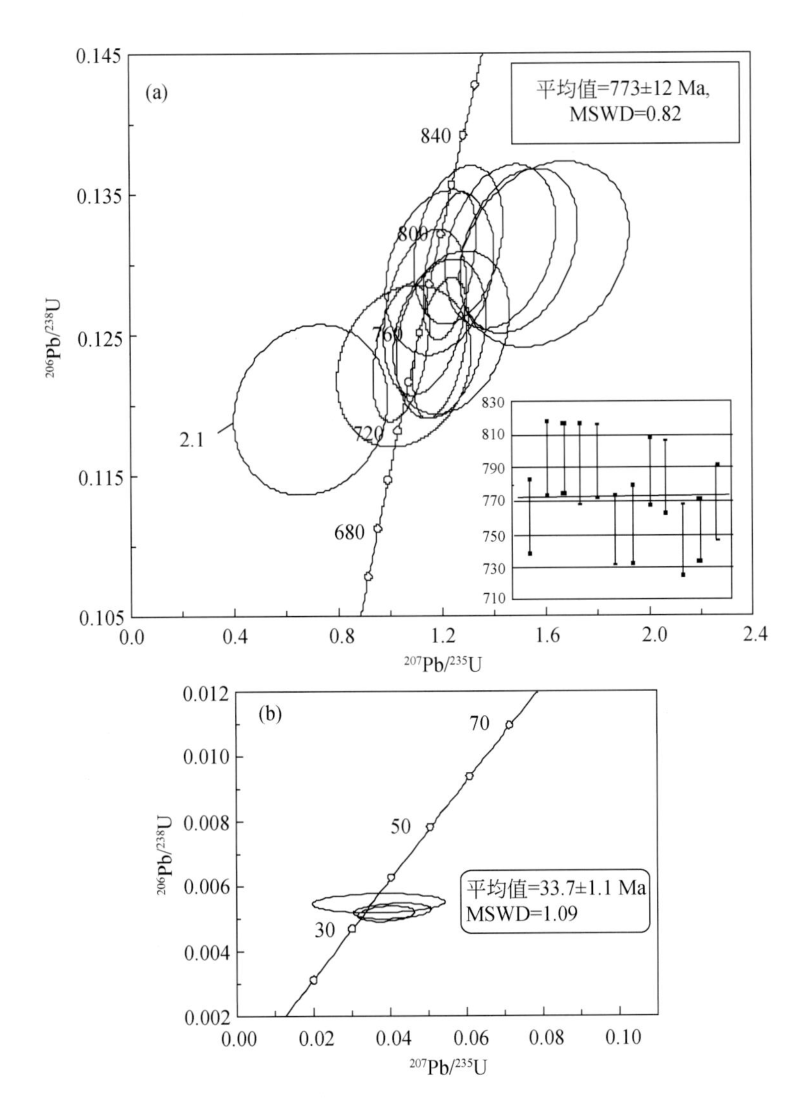

图 7.48　大坪矿床糜棱岩化闪长岩锆石 U-Pb 谐和曲线图（据张燕等，2011）

（a）蚀变闪长岩谐和图（样品编号 07325）；（b）糜棱岩化闪长岩谐和曲线图（样品编号 07379）

基于对哀牢山金矿带的系统研究，特别是其中具有代表性的大坪矿床的研究，不仅证明碰撞造山带可以产出大型造山型金矿，而且提出了碰撞造山型金矿成矿模型。矿床以侵入岩为容矿围岩，赋矿岩性为辉石闪长岩，产于雁列状剪切裂隙中，矿体呈脉状、复脉状等形态展布。与矿化作用密切相关的围岩蚀变发育黄铁绢英岩化，元素组合为金和铜，矿石类型为多金属硫化物含金石英脉型，矿物组合为自然金、黄铁矿、黄铜矿、方铅矿、石英、白云石和绢云母。

测定的样品为井下采集的大坪金矿 8 号矿脉近矿围岩（样号编号 04125）。其原岩为闪长岩，经过了强烈的糜棱岩化和绢英岩化，石英出现明显的核幔构造等典型的韧性变形显微构造，而长石等绝大多数已蚀变为绢云母。其中组成矿物为石英（60%）、绢云母

(30%)、碳酸盐矿物（5%）和黄铁矿等硫化物（5%）。绢云母多呈细粒鳞片状。绢云母样品在$^{40}Ar/^{39}Ar$同位素实验室MM5400惰性气体质谱仪上进行，获得年龄为33.76±0.65Ma（MSWD=4.91）。在反等时线图中，截距年龄为33.55±0.74Ma（MSWD=4.68），正等时线图上截距年龄为33.57±0.74Ma（MSWD=4.66），与反等时线年龄非常接近，且等时线年龄和坪年龄一致。初始Ar同位素组成为301.3±12.0Ma，在误差范围内与大气Ar比值（295.5±0.5）基本一致，表明绢云母测试样品冷却生成时没有捕获过剩Ar。作为哀牢山金矿带重要金矿之一的大坪矿床长期以来缺少精确的成矿年龄数据。系统的矿床地球化学研究显示大坪矿床的成因与韧性剪切变形及其伴生的强烈水-岩反应有关，因此是典型的韧性剪切带型金矿床。本次测定的热液绢云母直接来自金矿脉的糜棱岩化和绢英岩化的围岩，因此其$^{40}Ar/^{39}Ar$年龄可以代表矿床主要成矿期时代，即矿床主要是在距今约33.76±0.65Ma形成，属新生代金矿床。

矿床流体包裹体和成矿流体具有以下特点：①矿床均含有大量富CO_2流体包裹体（图7.49），反映了成矿流体中均富含CO_2，为CO_2-H_2O-NaCl体系流体；②包裹体气相组成基本一致，主要为CO_2，少量N_2±（CH_4、H_2），CO_2/H_2O值变化较大，显示成矿过程中流体可能发生了沸腾和不混溶作用；③成矿流体均为中低盐度，但个别含子晶的流体包裹体的存在反映局部盐度较高；④成矿流体均为还原性流体。矿床由于成矿深度大因而成矿流体富CO_2并且较少受到大气降水或地下水加入，大致相当于本区初始成矿流体，成矿流体可能为来源于上地幔去气和下地壳脱水而形成的富CO_2流体。

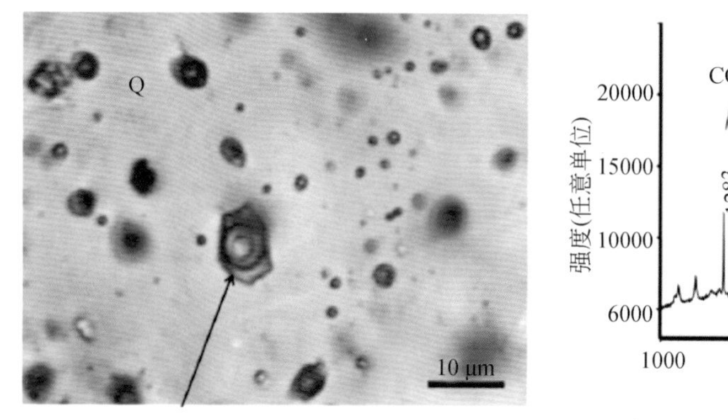

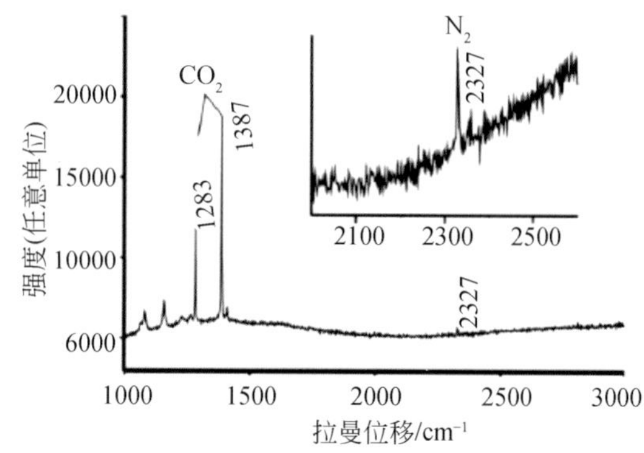

图7.49　大坪矿床含金石英脉石英中CO_2包裹体和激光拉曼光谱图

白钨矿是矿床中最早结晶的矿石矿物，因此其中保留了较多的原始成矿信息。测定显示：白钨矿的（$^{87}Sr/^{86}Sr$）$_0$值为0.7088～0.7112，大于原始地幔值（0.705左右），但远低于大陆地壳平均值（0.719）；在（$^{87}Sr/^{86}Sr$）$_0$-$\varepsilon_{Nd}(0)$，$\varepsilon_{Nd}(0)$值为-8.43～-6.20关系图中，各数据点全部落在下地壳范围。联系到白钨矿中出现大量纯CO_2和含CO_2流体包裹体，以及大坪金矿成矿流体中富含CO_2，认为形成大坪白钨矿的成矿流体来自富含CO_2的下地壳麻粒岩相变质岩。

本次研究中对白钨矿的惰性气体同位素组成进行了测定，得出其$^3He/^4He$值为（0.988～1.424）×10^{-6}，平均1.205×10^{-6}，相应R/R_a值为0.706～1.018，平均0.898，

$^{40}Ar/^{36}Ar$ 为 1801.8～2663.8，远高于大气的 $^{40}Ar/^{36}Ar$（295.5），在 $^{40}Ar/^{36}Ar$-R/R_a 图上，样品主要落在地幔流体（M）和地壳流体（C）之间，显示成矿流体主要由深源地幔流体和地壳流体组成。在 $^{134}Xe/^{130}Xe$-t 图上，可见白钨矿大多数落在地壳和地幔过渡带范围内，显示了成矿流体中惰性气体来源于下地壳和地幔结合部位。

本区流体包裹体中含碳物质基本为 CO_2，而未发现其他含碳气体，而同时石英脉中所含石墨固体包裹体不是成矿流体沉淀的，因此 CO_2 碳同位素比值可代表成矿流体的 $\delta^{13}C$。本区成矿流体中 CO_2 的 $\delta^{13}C$ 值为-6.50‰～-2.51‰，平均为-4.37‰，这些值均接近上地幔部分熔融所形成的原始岩浆值范围（-5‰±2‰）的均值，而远离大气平均 CO_2 的 $\delta^{13}C$ 值（-7‰）（郑永飞、陈江峰，2000），表明成矿流体中的碳质主要源于上地幔部分熔融所形成的原始岩浆，成矿流体的形成与上地幔部分熔融所形成的原始岩浆发生岩浆去气作用相关（图 7.50）。

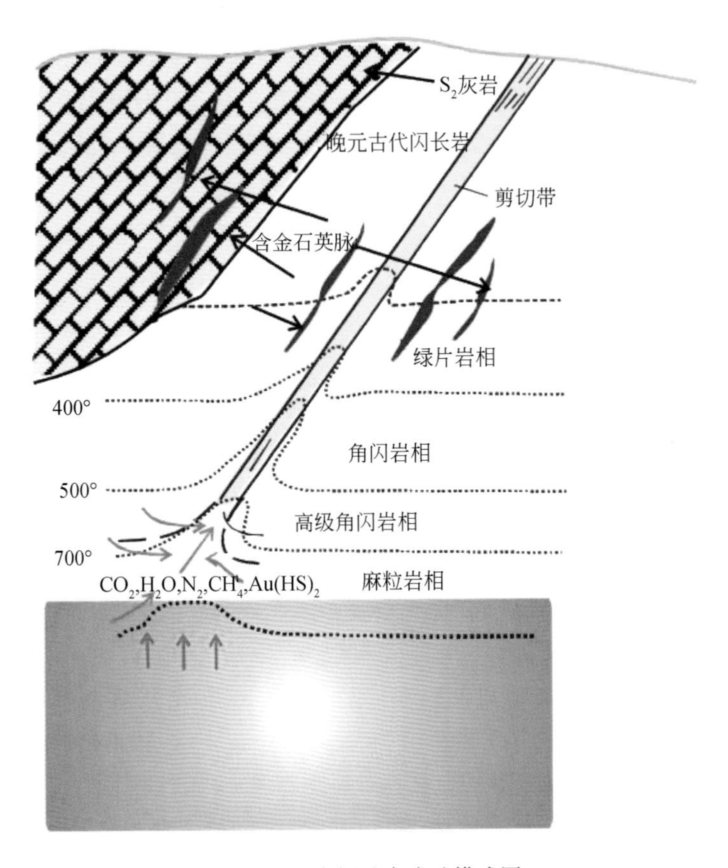

图 7.50　大坪矿床成矿模式图

前人对矿床的闪长岩岩体中金矿的成因和成矿流体来源进行了系统的研究，多数学者认为该矿床为喜马拉雅造山运动早期拉张构造背景下，深源地幔流体上升，和地壳浅部的大气饱和水混合，由于温压等物理化学条件的改变引起矿石矿物的沉淀，成矿物质主要来自加里东期的闪长岩围岩（金世昌、韩润生，1994；胡云中等，1995；韩润生等，1997；应汉龙，1998；毕献武、胡瑞忠，1999；Burnard *et al.*，1999），研究发现大坪含金石英脉中存在大量麻粒岩相高结晶度的石墨微粒，显示成矿流体和成矿物质部分来自下地壳，白钨矿 Rb-Sr 和 Sm-Nd 同位素研究以及其中大量含 N_2纯 CO_2包裹体的发现也证实此点（熊德信等，2006a）。惰性气体同位素研究再次证实成矿流体中除了深源地幔流体外，还有富^{40}Ar、^{136}Xe 和^{4}He 的地壳流体组分，而基本不含大气成分，因此，矿床形成应与哀牢山金矿带的壳幔相互作用有关（孙晓明等，2006c；Sun *et al.*，2009）。研究证实 D_2m 灰岩地层中的金矿具有相似的成矿流体来源和成因机制，矿床主要受到区域性韧性剪切带的次级脆性构造的控制，围岩不是主要的控矿因素。其成矿过程大致是距今约 33Ma 的喜马拉雅构造活动早期，由于欧亚板块碰撞产生侧向挤压，本区沿红河断裂带形成大型左旋走滑剪切带，在拉张和强烈韧性剪切条件下，莫霍面上升，地幔物质上涌，发生强烈排气作用，并对下地壳进行热烘烤，地幔排气形成的深源地幔流体和下地壳脱水形成的富 CO_2流体混合，沿韧性剪切带上升，成矿流体一部分向闪长岩中的次级构造破碎带流动，并与受到韧性剪切和糜棱岩化的闪长岩围岩发生水岩反应，局部发生沸腾作用，导致成矿流体物理化学条件的改变和矿石矿物的沉淀，最后在剪切带张性构造中形成白钨矿硫化物含金石英脉，另一部分流体流向 D_2m 灰岩地层中的次级构造破碎带，在其中由于温度压力的下降，形成含金碳酸盐硫化物石英脉，其成矿模式见图 7.50。

7.3.2　兰坪-思茅盆地容矿铜铅锌矿床

本次三江盆地容矿型贱金属成矿带研究取得了系列的进展和创新性研究成果：金顶超大型铅锌矿床岩相和矿化综合研究，建立矿床盐底辟构造控矿模式；白秧坪矿集区西矿带成矿作用研究，建立了矿床构造-流体控矿模式；兰坪盆地东侧 MVT 型铅锌矿床和思茅盆地脉状铜多金属、MVT 型铅锌矿床的综合研究；三江喜马拉雅期盆地容矿贱金属矿床的发育特征，建立矿床的区域成矿模型（Wang C. M. *et al.*，2010a，2014）。

三江喜马拉雅期盆地容矿贱金属成矿带典型矿床主要有：思茅盆地白龙厂脉状铜多金属矿床、兰坪盆地白秧坪脉状铅锌多金属矿床和金顶 MVT 型铅锌矿床（图 7.51）。在成矿特征上既有共性又有差异：共性表现为沉积岩容矿、构造控矿、脉状产出等；差异表现在脉状铜多金属矿床为砂岩容矿，褶皱和层间滑脱控矿，成矿时代较老，集中在 59 ~ 47Ma，成矿流体为变质流体与盆地流体的混合；脉状铅锌多金属矿床为断裂控矿，赋矿围岩为碳酸盐岩，部分赋存于砂岩中，成矿时代集中在 30 ~ 29Ma，成矿元素为铅锌铜银等组合；MVT 型铅锌矿床赋矿为灰岩，由断裂、张性空间、角砾岩、古溶洞和岩性界面等共同控矿，成矿时代集中在 35 ~ 0Ma，其中金顶部分矿体形成于 ~ 56Ma。

本次研究通过岩相与矿化填图，提出金顶矿床盐底辟构造控矿模式，突破了传统认识，丰富了 MVT 矿床的构造控矿样式，拓展了在兰坪盆地乃至世界范围寻找大型沉积岩容矿铅锌矿床的找矿方向。前陆盆地环境 MVT 矿床区域成矿模型强调后碰撞阶段成矿、弱变形碳酸盐台地赋矿和张性断层控矿（Bradley and Leach，2003），而三江带内矿床建立的 MVT 区域成矿模型与其有所差别，丰富了 MVT 矿床区域成矿理论。

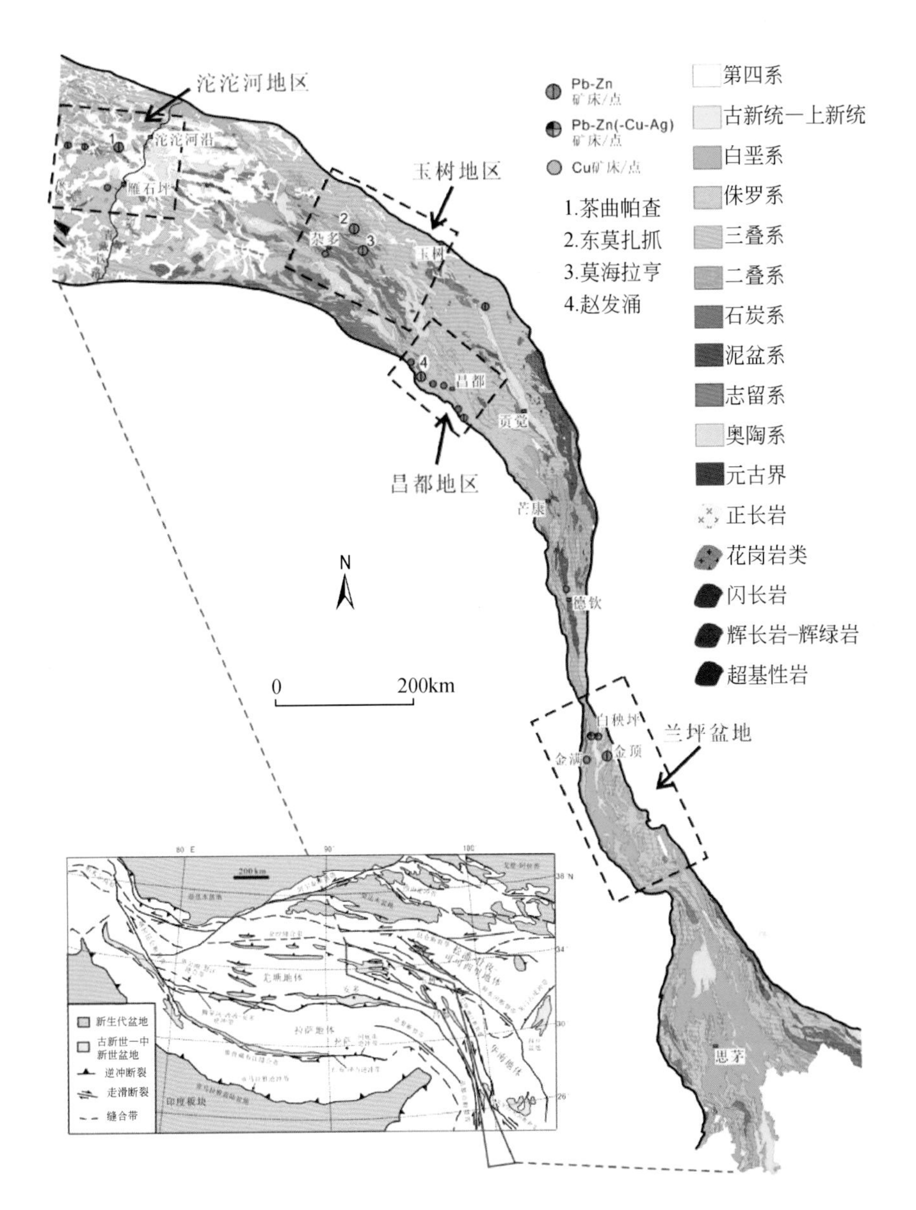

图7.51 三江地区喜马拉雅期沉积岩容矿贱金属矿床分布地质图（据 Wang *et al.*, 2001a）

1. 金顶铅锌矿床

1）构造岩相

将金顶矿床发育的岩性系统分为外来地层系统、膏盐（砂）底辟有关岩性系统和原地地层系统。从空间关系看，他们分别处于整个岩性系统的上部、中部和下部，对应于金顶穹窿体的外缘、内缘和中部。

（1）外来地层系统。即金顶露天采场逆冲推覆体上盘地层，出露于露天采场的北东部位。本文划分其为三个填图单元，由上至下依次为：晚三叠世三合洞组地层下段（T_3s^1）、晚三叠世麦初箐组地层下段（T_3m^1）、中侏罗世花开佐组地层（J_2h）。

三合洞组地层下段为浅灰色中层白云质灰岩和深灰色中层灰岩，通常被认为是三合洞组下段顶部岩性段；麦初箐组地层为灰黑色中、薄层泥岩和粉砂质泥岩；花开佐组地层为砂岩、粉砂岩和泥岩。上部岩性段以泥质粉砂岩和泥岩为主，中部岩性段为一套灰白色中层细粒石英砂岩，下部岩性段泥质含量高，为粉砂质泥岩或泥质粉砂岩。

（2）原地地层系统。位于外来地层系统和原地地层系统之间，认为其形成与逆冲过程中伴随的膏盐（砂）底辟作用有关。岩性异常多样，细划分为 11 个填图单元，其中包含多种角砾岩（图 7.52）。

原地地层系统即推覆体下盘、逆冲之前在金顶已存在的地层，出露于露天采场的南西部位（图 7.52），将其细分为 3 个填图单元：含细小灰岩砾的细砂岩（Ey^{b1}）。石英细砂岩，含小的灰岩砾，局部层位灰岩砾较大，其原岩为砖红色和紫红色，铁泥质胶结，但由于矿化蚀变，铁泥质被方解石所替代而呈灰白色；夹砂岩的含细小灰岩砾细砂岩（Ey^{b2}）。相比较 Ey^{b1} 岩性段，砂岩和粉砂岩出现更为频繁，岩石一般未发生矿化蚀变，颜色为砖红色和紫红色；细砂岩（Ey^{b3}）以石英细砂岩为主，仅局部含少量灰岩砾，岩石颜色为灰褐色。

（3）膏盐（砂）底辟有关岩性系统。砂岩体为细粒、中粒砂岩，局部含少量灰岩角砾。颗粒以石英为主，燧石次之，少量长石，粒度为细粒和中粒，分选性较好，磨圆度一般，次浑圆状。胶结物主要为方解石，见天青石和重晶石以及玉髓。胶结物含量高，出现基底式胶结结构。岩石原岩颜色为紫红色，由于普遍发生方解石化，故多数岩石呈灰白色。

砂岩体出现在靠近外来地层系统花开佐组地层下部，为金顶矿床主要含矿段。砂岩体连续延伸，产状较稳定，其顶部的局部部位含灰岩角砾。砂岩体顶部可见砂岩脉贯入上覆花开佐组地层。砂岩体分布在混杂状角砾岩带内，延伸不稳定，孤立分布，以底辟、挤入的特点出现，其边部往往含小的灰岩角砾。砂岩体也出现在混杂状砂质胶结灰岩角砾岩内，两者界线为过渡特点，以底辟、挤入的特点出现；另外，在架崖山矿段的东南，含石膏的云龙组地层上部的三合洞组灰岩内出现这类砂体，同样是以底辟、挤入的形式出现。砂岩体上部的花开佐组地层是逆冲推覆而来，表现为右行正滑断层接触，而非逆冲断层接触；砂岩体与混杂带显示为岩性过渡特点，即砂体底部往往含暗色、青灰色泥质条带，再向下泥质含量变高，为砂岩泥岩混杂出现，最后砂、泥、膏混杂并含角砾岩，形成混杂带；砂岩体和麦初箐组岩片（T_3m^2）之间为底辟砂体裹夹 T_3m^2 岩片。

层状含灰岩角砾砂岩。岩石呈层状，由灰岩角砾和碎屑颗粒组成，由于灰岩角砾含量低于 50%，故称为含灰岩角砾砂岩。灰岩角砾大小不一，不具磨圆，为棱角状，具有撕裂和拉长等特点，不具拼合性，定向分布。砂岩的碎屑颗粒以石英为主，燧石次之，见少量长石，粒度为细粒和中粒，次浑圆状，分选性较好。同样，可见碎屑颗粒悬浮于方解石胶结物中，呈基底式胶结，并伴有天青石和重晶石及玉髓。未蚀变岩石的胶结物为铁泥质，岩石颜色为砖红色，当岩石发生蚀变时，胶结物以方解石为主，岩石为灰白色。岩石分布露天采场西部，可分成两个岩性段，一类砾较大含量较高，另一类砾

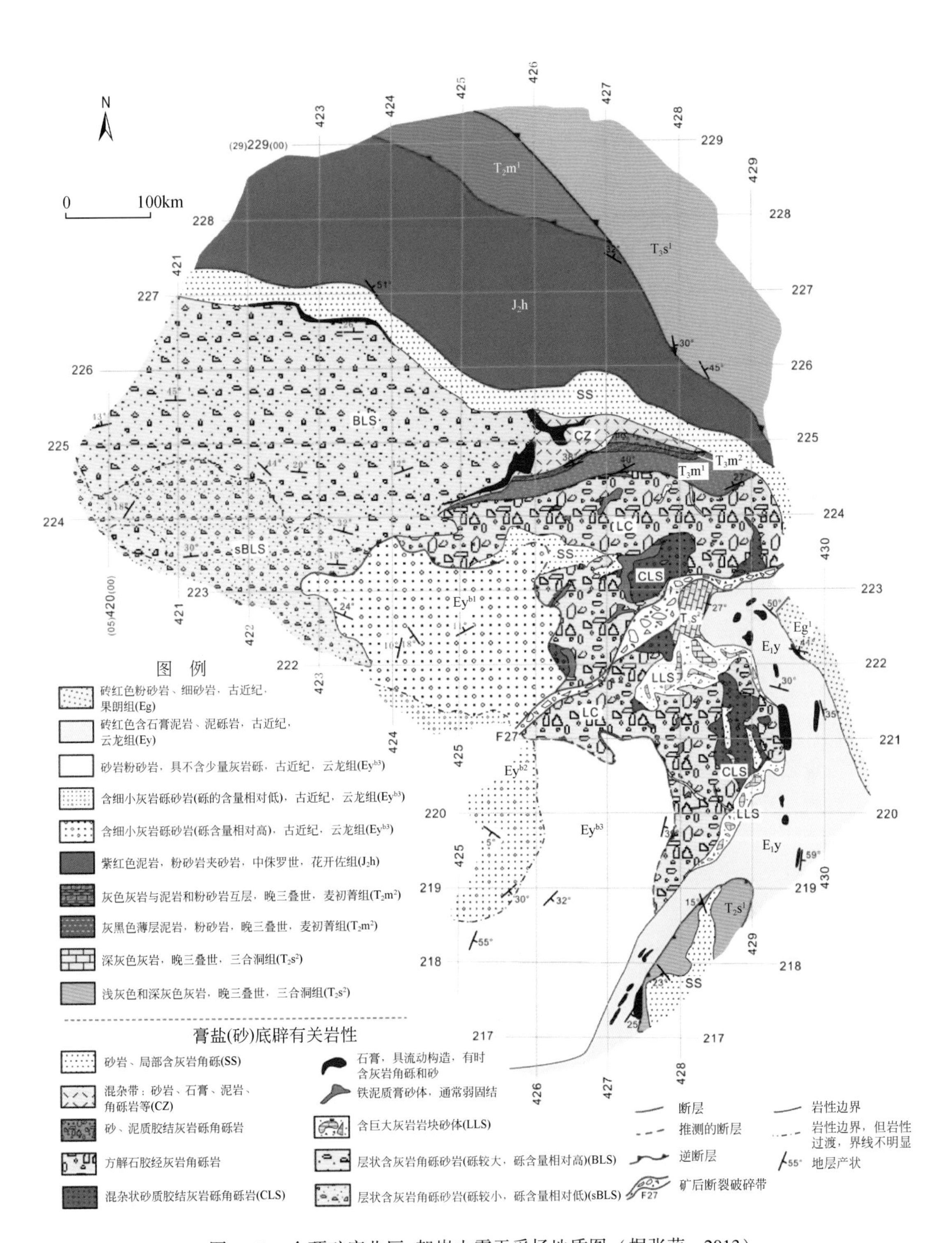

图7.52　金顶矿床北厂–架崖山露天采场地质图（据张萌，2013）

较小含量较低，两者处于同一层位，岩性渐变过渡，前者往往发生了矿化蚀变呈灰白色，后者基本未发生蚀变而呈砖红色。含灰岩角砾砂岩与上部的砂岩之间仅为岩性的变化，无明显的断层存在；其与混杂带之间为过渡关系，而不是断层接触；与原地地层系统的 Ey^{b1} 地层之间，两者既以逆冲断层接触，又出现不整合沉积接触，反映逆冲与层状含灰岩角砾砂岩可能同期形成。

砂质胶结灰岩砾角砾岩。产状不稳定，无层位，厚度小者几十厘米，大者几十米，成分与层状含灰岩角砾砂岩相同，砾的含量较高并不具定向特点。角砾成分为灰岩，大小不等，不具磨圆，一般不具有定向性，大多数不可拼合。角砾间杂基以石英和燧石碎屑颗粒为主，少量为长石。胶结物主要为方解石，也见重晶石-天青石。岩性分布于金顶矿区北厂和架崖山矿段，出现在方解石胶结灰岩砾角砾岩分布范围内，常与砂体和膏砂体相伴。

方解石胶结灰岩砾角砾岩。岩石的角砾成分为结晶灰岩，大小不一，多数角砾无定向性，斑马状构造。多数角砾不可拼合，混杂出现。胶结物主要为方解石，有微晶和亮晶两种，前者有时伴有泥和砂质，后者常伴有热液天青石，天青石以早期方解石为壁向内生长，比方解石形成晚。多数角砾岩非角砾-角砾接触式支撑，而是角砾悬浮于方解石胶结物之中。角砾岩大面积出露于露天采场中部，与多种角砾岩伴生，并夹有地层岩片。

含巨大灰岩岩块砂体。灰岩角砾与砖红色砂体共生，角砾大者可达几米，为褶皱变形的灰岩地层。分布在架崖山矿段方解石胶结灰岩砾角砾岩边部。

混杂带。砂岩、石膏、灰岩、泥岩呈岩块、透镜体或角砾的形式出现，砂、泥、石膏作为填隙物等，有时形成以砂和泥质为杂基、灰岩和泥岩为砾的角砾岩，有时形成石膏胶结石英颗粒形成的砂体，并含灰岩砾等。由于靠近 T_3m^1 泥岩和 T_3m^2 纹层状白云质灰岩，角砾岩的角砾中往往掺杂两类岩性。该带夹持于主要含矿砂体、层状含灰岩角砾砂岩和麦初箐组岩片（T_3m^1、T_3m^2）之间。

石膏体。具有明显的流动构造，出现在混杂带内和架崖山矿段东部的云龙组（E_1y）地层中，前者发生了强烈的黄铁矿化，后者往往含灰岩角砾。铁泥质膏砂体。由石膏、石英为主的碎屑砂粒、铁泥质组成，半固结至弱固结，呈砖红色，分布于含方解石胶结灰岩角砾岩带内。

三合洞组上段灰岩岩片（T_3s^2）。中层灰色结晶灰岩，延伸有限，推测为裹杂在角砾岩中的岩片。处于断层带和含石膏的云龙组地层（E_1y）之间。

麦初箐组岩片（T_3m^1、T_3m^2）。分两个岩性段：下段（T_3m^1）为灰黑色薄层泥岩、粉砂岩；上段（T_3m^2）下部为浅灰色纹层状白云质灰岩、泥岩、粉砂岩互层，上部为由纹层状白云质灰岩角砾构成的角砾岩，砂泥质胶结，往往发生强烈的硫化物矿化。推测为裹杂在角砾岩中的岩片。处于方解石胶结灰岩砾角砾岩和混杂带之间。

岩性系统内部，①层状含灰岩角砾砂岩与混杂带之间未显示出明显的断层关系，两者接触部位是石膏、砂、灰岩角砾混杂出现，成岩的即表现为含灰岩角砾砂岩，两者为过渡关系；②麦初箐组（T_3m^1、T_3m^2）地层四周被不同岩性所包围，呈断层接触关系，推测为夹杂在其中的岩片；③方解石胶结灰岩砾角砾岩与砂体、层状含灰岩角砾砂岩（BLS）、混杂状含灰岩砾角砾砂岩、含巨大灰岩岩块砂体、铁泥质膏砂体之间界线不平直，从局部看，砂体或铁泥质膏砂体呈挤入较完整灰岩并导致灰岩成角砾的特征，成岩后，他们之间往往相互穿插而无明显界线；④混杂状含灰岩砾角砾砂岩与砂体和铁泥质膏砂体之间往往相互伴生，之间无明显的界线。

（4）其他岩性系统。除上述3个大的岩性系统外，架崖山矿段东部大面积出露云龙组（E_1y）地层，其为砖红色含石膏的泥砾岩和砂砾岩，风化后松软。东部上部为果郎组（Eg），为一套不含石膏的砖红色细砂岩，两者沉积接触；南部为含砂体的三合洞组灰岩（T_3s），灰岩与下伏云龙组地层为断层接触。E_1y 地层是膏盐（砂）底辟前还是底辟后沉积、或伴随底辟作用形成尚不清楚。

（5）岩性单元接触关系。在露天采场，外来地层系统和盐底辟有关地层系统分界在上部花开佐组地层和下部砂体之间，尽管外来地层系统是逆冲推覆而来，但两者之间表现为右行正滑断层接触，而非逆冲断层接触。盐底辟有关地层系统和下部原地地层系统分界在方解石胶结灰岩角砾岩和 Ey^b 地层之间，两者以逆冲断层接触，分界也出现在层状含灰岩角砾砂岩和 Ey^{b1} 地层之间，两者既以逆冲断层接触，又出现不整合沉积接触，反映逆冲与层状含灰岩角砾砂岩可能同期形成。在外来地层系统内部，三合洞组下段地层与麦初箐组地层下段、花开佐组和麦初箐组地层下段之间均以逆冲断层接触。对于原地地层系统，Ey^{b1} 岩性段和 Ey^{b2} 岩性段为同一层位，但在横向上岩性有所差别，Ey^{b3} 岩性段处于 Ey^{b1} 和 Ey^{b2} 岩性段上部，与 Ey^{b2} 岩性渐变过渡，沉积接触。

（6）构造变形特征。矿床至少发育两期挤压变形。矿床的外来系统地层均发生了倒转，并且以一系列岩片形式堆叠在北厂矿段顶部，逆冲断层总体倾向北东，北东–南西向挤压导致了矿床大型逆冲推覆构造的形成。对于原地系统地层，以 F_{27} 断裂为界，其北西侧地层西倾而南东侧地层南东倾，表现为以 F_{27} 断裂为轴面位置的宽缓背斜，反映原地地层系统形成后发育北西–南东向的挤压。由于北东–南西向挤压伴随着盐底辟作用并形成了相关的含灰岩角砾砂岩岩石，在北西–南西向的挤压作用下发生变形，因此，北西–南东向要晚于北东–南西向挤压。F_{27} 断裂带明显形成于两期挤压变形之后，其切穿了不同的构造单元，断裂带内岩石弱成岩到未成岩，为多种岩石角砾混杂堆积，其中含有矿化的角砾，因此为成矿后形成。

2）矿化蚀变

（1）矿石类型与矿化方式。按照容矿岩石划分，矿床发育多种原生矿石类型。砂岩容矿矿石是重要的原生矿石类型，发育在北厂矿段（和蜂子山矿段）的砂岩内，也见于架崖山矿段顶部夹于 T_3s^1 灰岩内的砂岩中，混杂状角砾岩分布区内的砂岩中仅局部出现矿化。矿石为闪锌矿、方铅矿、黄铁矿交代石英碎屑颗粒间的方解石胶结物，呈浸染–稠密浸染状矿化。

其次为层状含灰岩角砾砂岩容矿矿石，发育在北厂矿段。同样，矿石的矿化为闪锌矿、方铅矿、黄铁矿交代石英碎屑颗粒间的方解石胶结物，呈浸染状矿化，灰岩角砾本身基本无矿化。

方解石胶结灰岩砾容矿矿石发育在露天采场混杂状角砾岩分布区和跑马坪矿段，表现为闪锌矿、方铅矿、黄铁矿、方解石、天青石出现在角砾间胶结物中，呈交代或开放空间充填式矿化。

铁泥质胶结灰岩砾角砾岩容矿矿石比前几类矿石少见，分布于跑马坪矿段，少量出现在露天采场的混杂状角砾岩分布区内，其矿化特点与方解石胶结灰岩砾角砾岩的容矿矿石特征一致，表现为热液矿物对铁泥质胶结物的交代，强交代可形成开放空间，呈开放空间充填式矿化。混杂状砂质胶结灰岩砾角砾岩也局部见有矿化，同层状含灰岩角砾砂岩容矿矿石矿化特点一致。此外，在铁泥质膏砂体、混杂带内石膏体边部常出现块状黄铁矿和块状方铅矿化或胶状矿化，外围常出现不规则脉状方铅矿和方解石-天青石矿化。

矿床的氧化矿出现在方解石胶结灰岩砾角砾岩分布区的浅部，由菱锌矿、白铅矿、铁的氧化物组成，品位高，呈块状；另外，砂岩型矿石的裂隙表面或孔洞表面常附着淡绿色层状或钟乳石状菱锌矿，在垮塌的砂岩型矿石砾表面也见菱锌矿。

总之，是含砂质岩石容矿矿石和不含砂质角砾岩容矿矿石，前者矿化表现为热液矿物交代石英碎屑颗粒间的胶结物，后者矿化表现为热液矿物交代-胶结角砾间胶结物。根据胶状矿化的矿物生成顺序，成矿期热液矿物形成早晚顺序为：黄铁矿→白铁矿→闪锌矿→方铅矿→方解石→天青石（少量石英）→沥青。

（2）矿化的空间发育特征。如图 7. 53 所示，矿化集中出现于盐底辟有关的岩性系统中，外来地层系统和原地地层系统不含矿或局部弱含矿。岩性系统内部，矿化在砂岩-层状含灰岩角砾砂岩内和在混杂状角砾岩内的发育特征有明显差别。

砂岩-层状含灰岩角砾砂岩内矿化连续而稳定，构成了矿床的矿体。矿化以黄铁矿化、闪锌矿化和方铅矿等硫化物矿化为主，热液天青石化（非早期作为胶结物的天青石）弱或无，不发育具有工业意义的天青石矿床。其中，黄铁矿化大于闪锌矿化范围，闪锌矿化大于方铅矿化范围。强的硫化物矿化出现在混杂带附近，3 种硫化物的强矿化部位基本吻合。远离混杂岩砂岩内部矿化强度变化不明显，基本均为中-强矿化特点，层状含灰岩角砾砂岩中越远离混杂岩，矿化强度变弱直至无矿化。

混杂状角砾岩内矿化不连续，多孤立分布，黄铁矿化、闪锌矿化、方铅矿化和热液天青石化均可构成工业矿体，特别是天青石化出现在此类角砾岩中。3 种硫化物的矿化部位基本一致，但黄铁矿化要大于闪锌矿化和方铅矿化范围。硫化物的强矿化部位出现范围小，分布于膏砂体附近或紧邻 T_3m^1 泥岩的角砾岩中。天青石的中、强矿化部位与硫化物矿化相分离，也就是说天青石化越强硫化物矿化越弱。

混杂状角砾岩内矿化围绕膏砂体具有分带性：膏砂体边缘或内部，往往出现较强的黄铁矿化，呈块状和脉状；向外出现块状方铅矿化；再向外大面积出现呈开放空间充填特点的团块状方铅矿和天青石；最外围出现无硫化物矿化的团块状天青石。沥青在膏砂体内或附近不发育，而是远离一定距离发育较强。总体上，越远离膏砂体，硫化物矿化变弱，天青石矿化变强，具有沥青化先变强后变弱的矿化分带特点。

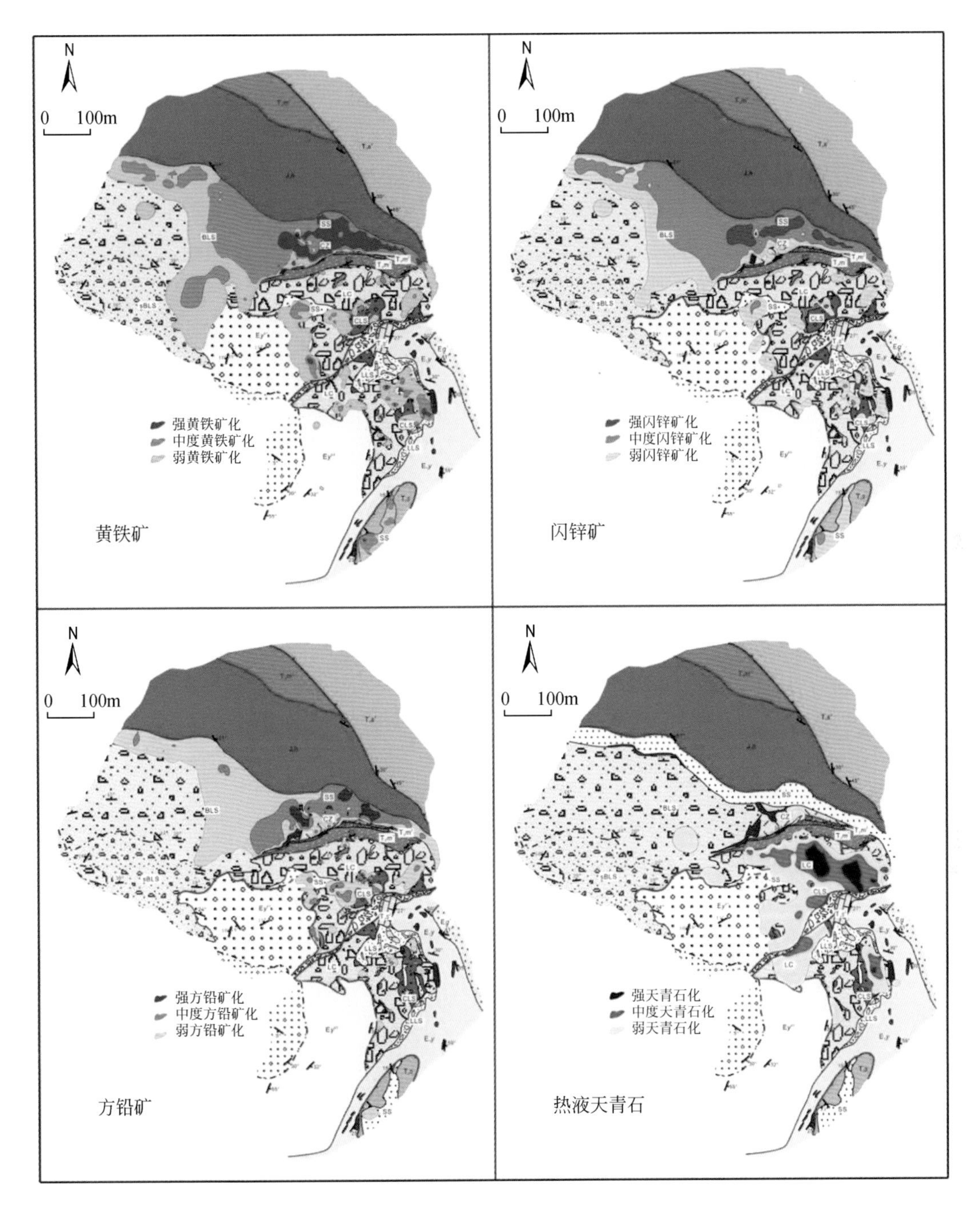

图 7.53 金顶矿床北厂–架崖山露天采场热液硫化物和天青石矿化强度分布图

3）成矿流体

（1）包裹体岩相学。岩相学观察表明，矿床不同矿段发育四种类型包裹体，即纯液相包裹体、气液两相盐水包裹体、含盐子晶三相包裹体和油气包裹体。

纯液相包裹体和气液两相盐水包裹体形态多呈圆形和椭圆形，少数呈不规则状，大小为2～10μm，多集中于5μm左右。其中，纯液相包裹体仅见于金顶露天采场，以次生包裹体形式分布于碎屑石英颗粒中［图7.54（a）］；气液两相盐水包裹体在各矿段都有发育，广泛出现在热液方解石、天青石和石英中，也以次生包裹体形式分布于金顶露天采场砂岩的碎屑石英颗粒中。

含盐子晶三相包裹体仅少量出现在跑马坪和兔子山矿段，形态多为椭圆形，大小介于8～10μm，盐类子晶呈立方状，推断为NaCl子晶，跑马坪矿段出现在热液方解石和天青石中，兔子山矿段出现在热液石英中［图7.54（e）、(f)］。

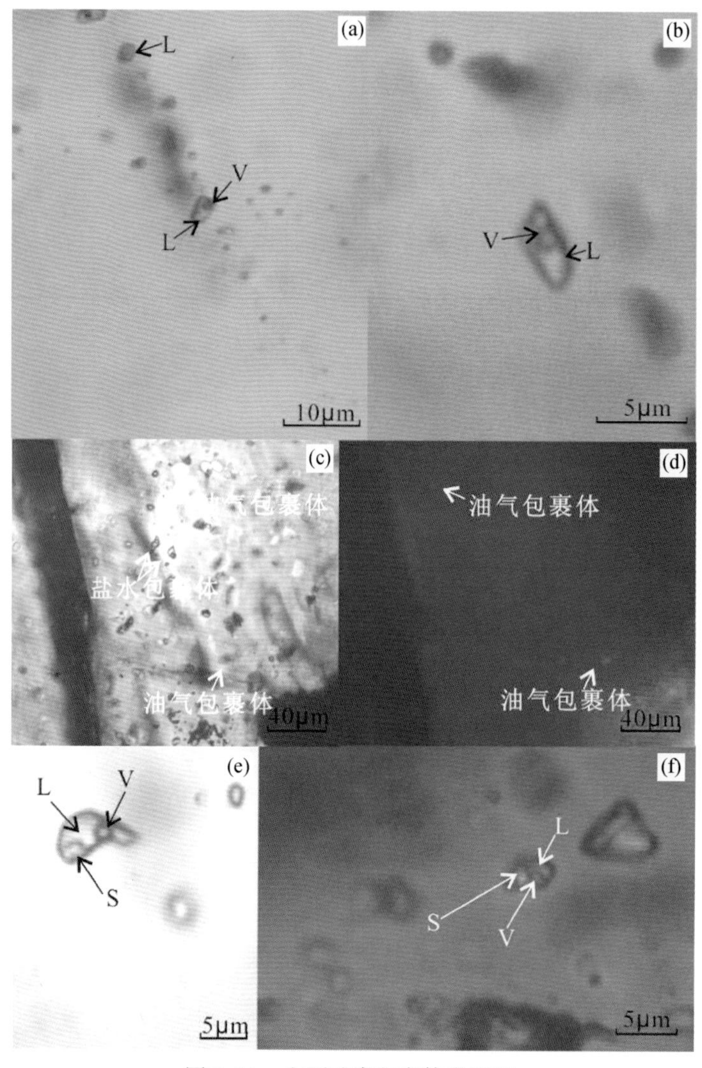

图7.54　金顶矿床包裹体类型图

(a) 纯液相包裹体和气液两相盐水包裹体，金顶露天采场碎屑石英颗粒中；(b) 气液两相盐水包裹体，金顶露天采场热液方解石中；(c) 气液两相盐水包裹体与油气包裹体共生，跑马坪矿段热液方解石中，单偏光下；(d) 与(c) 对应的紫外光下图像，有荧光的为油气包裹体；(e) 含盐子晶三相包裹体，跑马坪矿段方解石中；(f) 含盐子晶三相包裹体，兔子山矿段石英中；L. 液相；S. 固相；V. 气相油气包裹体普遍发育，常呈群分布，并与气液两相盐水包裹体密切共生［图7.54（c）、（d）］。相对盐水包裹体，其形态较大，多呈不规则形状［图7.55（a）~（d）］，也见圆形和椭圆形，大小为3～30μm，个别可以超过30μm，气相比变化很大，最大可占70%，气相成分表现为浑圆和透明，边界较黑和模糊［图7.55（c）、（d）］，大多数油气包裹体的气相比明显比盐水包裹体的气相比大。透射光下油气包裹体气相多为无色，液相成分为无色、淡黄色和棕黄色。紫外光下油气包裹体液相成分普遍具有荧光效应，液相成分显示为黄绿色和青绿色，其中多数为黄绿色，气相成分显示为黑色。根据荧光颜色，推断液相为轻质油，有少量重油，气相成分为天然气（卢焕章等，2004）。观察发现部分包裹体中既含有油，又含有盐水和气体［图7.55（e）、（f）］。油气包裹体广泛发育于金顶露天采场、跑马坪矿段和兔子山矿段，出现在各类热液矿物和碎屑石英颗粒中。

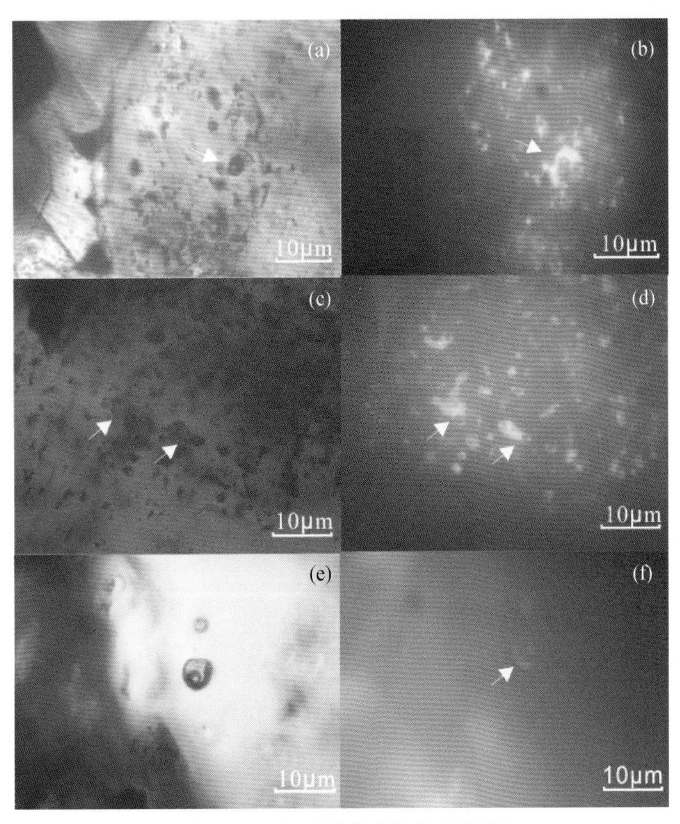

图7.55　金顶矿床油气包裹体图

（a）高气/液相的油气包裹体，金顶露天采场，热液方解石内；（b）、（a）对应的紫外光下图像；（c）低气/液相的油气包裹体，金顶露天采场，热液天青石中；（d）、（c）对应的紫外光下图像；（e）气液两相盐水包裹体中含有油；（f）、（e）对应的紫外光下图像

需强调的是，金顶矿床不同矿段均出现气液两相盐水包裹体与油气包裹体共生现象，油气包裹体中气相比变化很大，有时盐水包裹体靠近气相部分能见有少量发荧光的油，表明包裹体在油-水不均一的流体体系中捕获。

（2）包裹体测温。气液两相盐水包裹体和含盐子晶三相流体包裹体测温显示，所有矿段均一温度范围为 162.0 ~ 258.0℃，方解石内包裹体冰点范围为 -21.1 ~ -2.8℃，利用 Bodnar（1983）流体包裹体冷冻法与盐度关系表得出相应的方解石中盐水包裹体盐度范围为4.7% ~23.1% NaCl。其中，金顶露天采场包裹体均一温度峰值区间为165.0 ~ 185.0℃，盐度为14.0% ~16.0% NaCl；跑马坪矿段均一温度为186.0 ~ 245.0℃，冰点具有两个明显区间，即 -3.6 ~ -2.8℃和 -17.8 ~ -17.4℃，盐度相应也有两个区间，为 4.7% ~5.9% NaCl 和 20.5% ~20.8% NaCl；兔子山矿段包裹体均一温度为 170.0 ~ 258.0℃，盐度为 22.7% ~23.1% NaCl，在方解石中测到一个含盐子晶三相包裹体，均一温度为 330.0℃，子晶融化温度为 190℃，盐度为 31.4% NaCl。

3 个地区均一温度统计柱状图［图 7.56（a）］中可以看出，兔子山的成矿温度峰值区间为 170.0 ~258.0℃，高于金顶露天采场和跑马坪矿段。跑马坪矿段包裹体均一温度峰值区间为 185.0 ~205.0℃，高于金顶露天采场。在盐度统计柱状图和均一温度、盐度散点图［图 7.56（b）、（c）］中，整个地区盐度存在三个区间，低盐度区间为 4.0% ~6.0% NaCl，中盐度区间为 12.0% ~16.0% NaCl，高盐度区间为 20% ~24% NaCl。

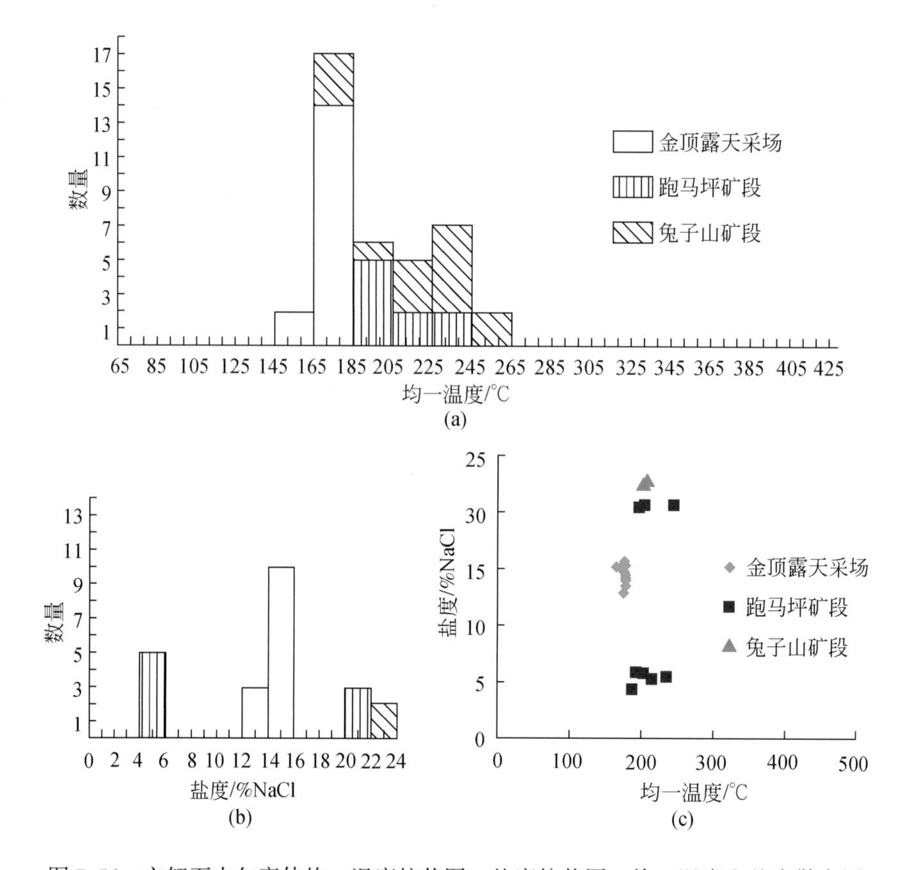

图 7.56　方解石内包裹体均一温度柱状图、盐度柱状图、均一温度和盐度散点图

（a）、（b）为相同图例，（a）金顶露天采场、跑马坪矿段、兔子山矿段包裹体均一温度直方图；（b）金顶露天采场、跑马坪矿段、兔子矿段包裹体盐度直方图；（c）金顶露天采场、跑马坪矿段、兔子山矿段均一温度与盐度散点图

(3) 成矿流体特征与来源。前人研究认为金顶矿床（除兔子山矿段）包裹体有着较宽的温度范围（Xue *et al.*，2007；曾荣等，2007；唐永永等，2011），且许多测温数据超过300℃。本次研究表明，金顶露天采场和跑马坪矿段包裹体均一温度为145～245℃，具有相对较窄的温度范围，温度相对低。其中，具有较高均一温度的盐水流体包裹体（如>200℃）很可能其中还含有少量的有机成分，在测温加热时有机成分分解，气相成分变大，从而导致所测包裹体均一温度比实际捕获温度更高，也就是说包裹体实际的捕获温度应该比目前测得的要低。因此，如此低的成矿温度特点不指示有高温岩浆流体参与成矿。金顶露天采场包裹体盐度集中在14.0%～16.0% NaCl，跑马坪矿段盐度出现两个区间，为20.5%～20.8% NaCl和4.7%～5.9% NaCl，总体上从低盐度到高盐度都有出现，这与研究测试的结果相似，本次测试的数据分布要相对集中。整体上成矿流体显示出低温、高盐度的特征，与形成MVT型矿床的盆地卤水特征相似（Misra，2000）。从成分看，矿床热液矿物中含有大量油气包裹体，有些与其伴生的盐水包裹体的气相成分中含有CO_2和CH_4，一方面表明矿床存在着古老的油气藏，另一方面指示矿床包裹体中的CO_2可能来自有机质（被还原），而非来自地幔流体。

兔子山矿段包裹体均一温度为165～265℃，盐度高于20% NaCl。从空间变化看，从兔子山至跑马坪再至金顶露天采场，如不考虑跑马坪低盐度的测温数据，包裹体存在盐度和均一温度下降的趋势，其中盐度的下降更为明显［图7.58（c）］，这种趋势是否代表着区域流体从兔子山到露天采场的运移趋势尚难判断。如考虑到低盐度包裹体的存在，作者认为矿床流体包裹体如此温度和盐度特征是流体混合的结果。

(4) 流体混合成矿。成矿流体中，特别是在较低温条件下（<200～250℃），Pb和Zn是以Cl的络合物形式迁移，因此流体要有高的盐度（Barnes，1997）。同时，流体要具有较高的氧逸度，以使其中的硫以氧化态形式存在而不至于形成硫化物沉淀下来。金顶矿床成矿流体的温度、盐度和成分特点显示出成矿流体有来自以低温高盐度为特点的盆地卤水，同时也有来自富油气的流体。显然，前者是迁移铅锌的流体，而后者不可能是迁移金属的流体。大量证据表明，金顶穹窿是一个古油气藏（薛春纪等，2009），流体包裹体中记录的有机质应来自古油气藏。因此，外来的迁移金属的流体和原地的来自古油气藏的富有机质流体的混合，应是导致矿床成矿物质沉淀的主要因素，与许多密西西比河谷型铅锌矿床类似（Leach *et al.*，2005；刘英超等，2008）。

理论上，两种流体的混合必然表现在成矿期所捕获的流体包裹体测温数据。金顶矿床兔子山矿段，高温高盐度的流体代表着迁移金属的盆地卤水，而含有油气的流体正常应低温和低盐度，围岩温度应与含油气流体基本一致（油气藏与围岩达到热平衡）。对于两种盐水体系流体的混合作用，Dubessy等（2003）进行了详细的数值模拟研究，其中考虑到两种流体的初始温度、盐度和围岩的温度条件，两者流体的比例及水岩比，同时考虑到是等温、绝热还是两种兼而有之的混合方式，另外需要考虑混合时压力的变化。尽管金顶矿床两种流体中一种是盐水体系，另外一种是含油气流体，但可以从Dubessy等（2003）研究结果定性地来判断矿床流体混合的特点。

从矿床的盐度-温度图中可知［图7.56（c）］，兔子山矿段成矿流体有着高温和高盐度的特点，表明出现迁移金属的盆地卤水，而没有出现含油气流体，成矿过程未发生流体混合作用；金顶露天采场成矿流体有着相对中等盐度和稍低的均一温度特点，且数据分布较集中，表明盆地卤水和含油气流体呈一定比例混合，且为非等温混合作用，同时在流体混合过程中，不同流体的相对比例、与围岩的热交换率、压力变化等都比较稳定；跑马坪矿段的流体混合作用相对复杂，混合过程中物理化学条件不稳定，变化较大，推断其相对高盐度部分代表着高比例的卤水-含油气流体混合，低盐度部分代表着低比例的卤水-含油气流体混合，混合过程中出现了压力降低的变化，导致测得的均一温度向高温端迁移。

4）铅同位素组成与物质来源

金顶矿床发表了大量铅同位素数据，本次研究测试了矿床方铅矿的铅同位素组成范围为：$^{206}Pb/^{204}Pb$ 为 18.3945～18.4541、$^{207}Pb/^{204}Pb$ 为 15.6412～15.6682 和 $^{208}Pb/^{204}Pb$ 为 38.6266～38.7225，与赵海滨（2006）的数据十分接近（图 7.57）。

根据 $^{207}Pb/^{204}Pb$-$^{206}Pb/^{204}Pb$ 演化模式图（图 7.57）可判断矿床的铅同位素数据均分布于上地壳与造山带演化线之间，并且靠近上地壳演化线，表明矿床的铅应来自于壳源，而并非来自于幔源或其他源区。

兰坪盆地内除金顶矿床外，尚发育有大量铅锌矿床，将金顶矿床铅同位素数据与区域部分铅锌矿床铅同位素数据进行对比（图 7.57）。通过计算金顶矿床与白秧坪矿床的拟合斜率值并未在误差线斜率值之间（其中金顶矿床误差线斜率值为 $m=0.8492$，$1.5m=1.274$；白秧坪矿床为 $m=0.8377$，$1.5m=1.256$），且两矿床数据各自分布集中。就白秧坪矿床而言，其铅同位素数据集中分布于平均上地壳演化线附近，相比金顶矿床具有略高的放射性铅，与金顶矿床铅同位素组成有明显差别，表明金顶与白秧坪矿床的金属来源可能不同。导致此种现象的原因可能是两个矿床同源不同时或者同时不同源形成。

首先分析其为相同物质来源不同成矿时代形成的矿床。由于方铅矿一经形成后就不会存在铀的衰变（吴昀昭等，2004），因此含有较高放射性铅的白秧坪矿床成矿时代应晚于金顶矿床，但是作为围岩都为新生代岩石的矿床，其成矿时代也应该在新生代，所以成矿时代的差距也不会大于65Ma。根据矿床硫化物铅同位素组成数据平均值，采用两阶段 S-K 模式年龄计算，金顶矿床硫化物模式年龄为 261Ma，μ 为 9.925，白秧坪矿床硫化物模式年龄为 102Ma，μ 为 9.971（数据处理由中国地质科学院矿产资源研究所韩发、李振清（2005）开发的铅应用软件包进行计算）。二者 μ 值差距很小，可近似认为是在同一条演化曲线进行衰变，可知二者相对年龄差值为 159Ma，远大于 65Ma，故两个矿床铅同位素组成的差别可能不是由于成矿时代不同所致。

再分析两类矿床有着不同成矿物质的来源。从地层层序上看，兰坪盆地内的铅锌矿床成矿物源为底部的三叠系火山岩或中、新生代盆地地层。由于这些地层尚未有可靠的铅同位素数据，因此无法通过直接对比来示踪矿床的金属来源。三江地区三叠系火山岩发育有 VMS 矿床，目前对其类型无争议的包括呷村与鲁春两个矿床，本次收集了两个矿床方铅矿的铅同位素数据，投影在 $^{207}Pb/^{204}Pb$-$^{206}Pb/^{204}Pb$ 图中（图 7.57）。图中显示，呷村矿床数据分布略显分散，拟合呈线性分布数据的斜率，发现斜率值在误差线斜率之间，理论上无

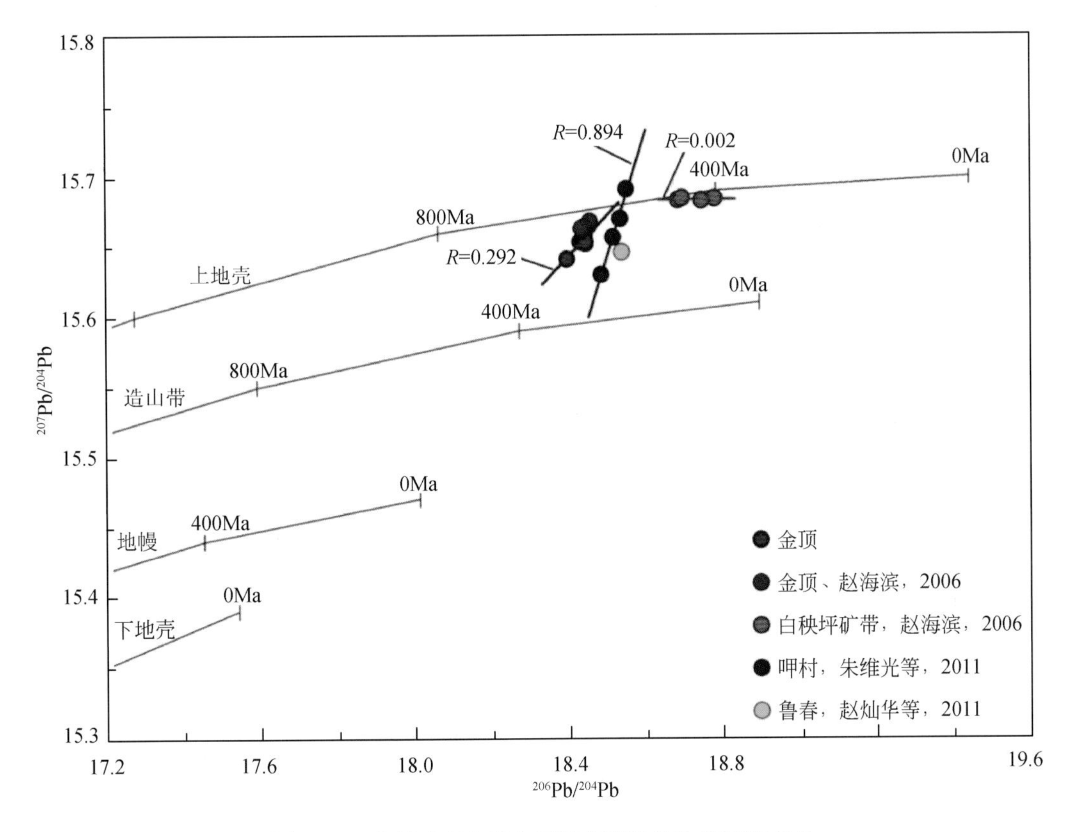

图 7.57　金顶矿床和部分区域矿床硫化物铅同位素图

法应用这些数据进行讨论。然而，一般来讲，其铅同位素真实值应处在这些测得值的范围内或沿斜率值的延长线上，因此，相对而言，其铅同位素组成可能与金顶矿床较为接近，而与白秧坪矿床的相差较远，故金顶矿床的金属很有可能来自兰坪盆地三叠系火山岩内早期存在的 VMS 矿化，但也不排除来自三叠系火山岩本身。通常，沉积地层有着较高的 U/Pb 而富放射性成因铅（徐晓春、岳书仓，1999；张欢等，2004），因此，含较高放射性成因铅的白秧坪矿带的成矿物质可能来源于盆地内中、新生代地层。

5）稳定同位素组成与硫化物沉淀机制

对金顶露天采场、跑马坪矿段和兔子山矿段的脉状或胶结角砾的热液方解石进行了 C-O同位素分析，结果表明，兔子山方解石 $\delta^{13}C_{PDB}$ 为−3.8‰～1.6‰，$\delta^{18}O_{SMOW}$ 为 15.8‰～22.5‰，跑马坪方解石 $\delta^{13}C_{PDB}$ 为−23.4‰～−2.5‰，$\delta^{18}O_{SMOW}$ 为 10.7‰～24.2‰，金顶露天采场方解石 $\delta^{13}C_{PDB}$ 为−26.2‰～−10.9‰，$\delta^{18}O_{SMOW}$ 为 21.4‰～23.2‰（图 7.58）。由图 7.58 可以看出，兔子山矿段热液方解石中的碳来自围岩的溶解，而跑马坪和金顶露天采场的碳主要来自有机碳，显示有机质参与了热液成矿过程。

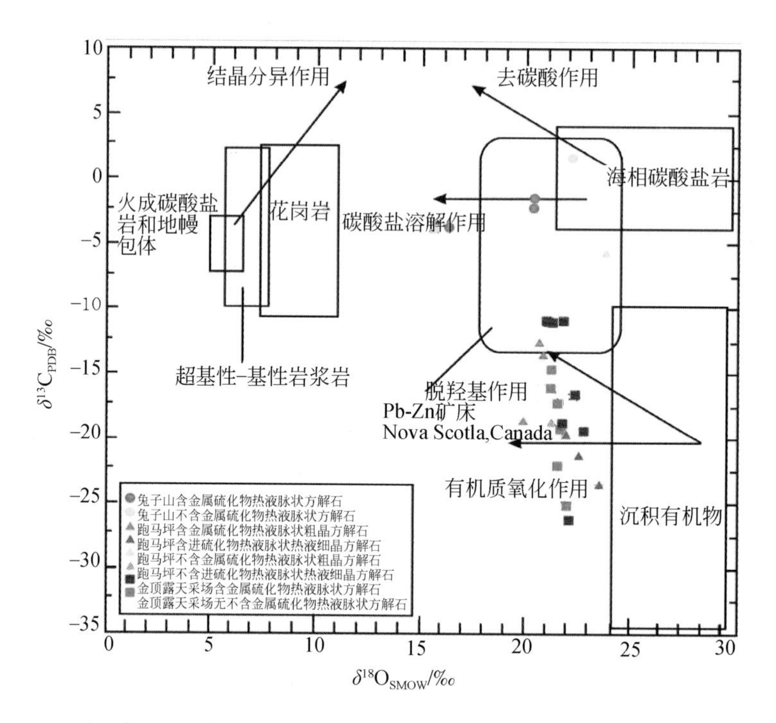

图 7.58　金顶矿床露天采场、跑马坪矿段和兔子山矿段热液方解石 $\delta^{13}C_{PDB}$–$\delta^{18}O_{SMOW}$ 图
（底图据刘建明、刘家军，1997）

对兔子山矿段、跑马坪矿段、金顶露天采场的硫化物和硫酸盐样品进行了 S 同位素分析（图 7.59），包括：①金顶露天采场和跑马坪矿段的矿化期金属硫化物，包括较早期的黄铁矿、方铅矿和闪锌矿及较晚期的方铅矿和闪锌矿，后者一般和天青石伴生，兔子山矿段的方铅矿；②金顶露天采场矿化期热液天青石；③金顶露天采场底辟石膏和云龙组内沉积石膏。

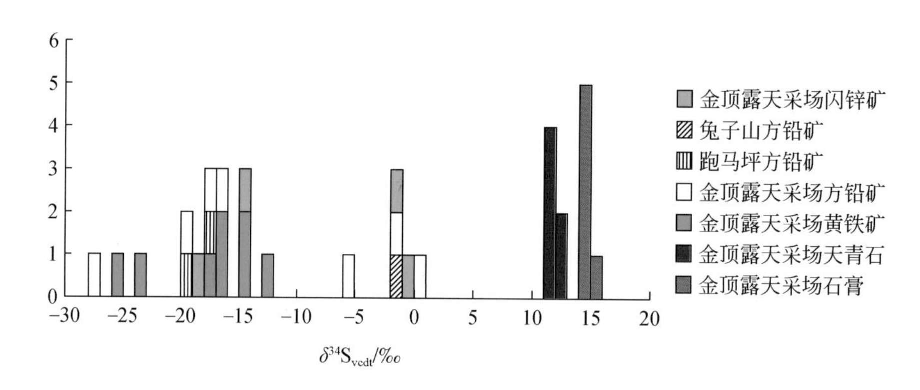

图 7.59　金顶矿床露天采场、跑马坪矿段、兔子山矿段金属硫化物和
硫酸盐硫同位素分布直方图

金顶露天采场金属硫化物中 $\delta^{34}S$ 范围为-25.8‰～+0.5‰，其中黄铁矿 $\delta^{34}S$ 为-25.8‰～-13‰，方铅矿 $\delta^{34}S$ 为-19.6‰～+0.5‰，闪锌矿 $\delta^{34}S$ 为-18.3‰～-0.5‰，硫酸盐矿物石膏 $\delta^{34}S$ 为+14.3‰～+15.8‰，天青石 $\delta^{34}S$ 比石膏 $\delta^{34}S$ 略低，为+11.4‰～11.9‰。成矿期晚阶段与天青石、沥青共生方铅矿表现出相对富重硫的特征，$\delta^{34}S$ 为-6‰～+1‰。跑马坪矿段方铅矿 $\delta^{34}S$ 为-19.3‰和-17.1‰。兔子山矿段方铅矿相对跑马坪矿段方铅矿和金顶露天采场非晚阶段方铅矿富重硫，$\delta^{34}S$ 为-1.6‰。

由此可见，在金顶露天采场和跑马坪矿段，导致矿床存在两种可能的金属沉淀机制：其一，来自古油气藏古流体中的有机质成分，通过细菌和溶解的硫酸盐发生相互作用（BSR）生成 H_2S，与富金属盆地卤水中的金属络合发生氧化还原反应，形成金属硫化物沉淀，根据金属硫化物S同位素特征，这一机制出现在矿化过程的早阶段，并起到主要作用；其二，成矿过程中，硫酸盐与有机成分发生热还原（TSR）作用，同时和富金属离子流体反应，形成金属硫化物沉淀，这一机制在成矿晚阶段时发生，伴随有成矿流体与围岩热化学反应形成有机成分加入，有机成分氧化分解，成矿流体氧化还原环境转变。兔子山矿段硫化物与这两个矿段有着不同的沉淀机制。

6）成岩成矿模式

古新世，在印-亚大陆碰撞造山背景下，兰坪盆地沉积了云龙组含膏盐建造，古新世结束，区域发生北东-南西向挤压，形成逆冲推覆构造，导致来自兰坪盆地东侧的中生代地层多期推覆到云龙组含膏盐建造上。由于膏盐具有塑性流动的特点，逆冲而来的岩片形成了高的上覆重力，从而导致原地地层中的膏盐发生侧向底辟。膏盐中不仅含（硬）石膏和盐类矿物，而且含有沉积的石英砂和泥质等物质，膏盐底辟上升过程中这些物质一边破碎上覆晚三叠三合洞组灰岩，导致破碎呈角砾，一边流动，甚至流出地表形成盐底辟有关的沉积，从而形成了各类角砾岩、砂体和沉积体等，角砾岩角砾间的胶结物和砂岩中石英砂间的胶结物原应为膏盐类物质，由于后期有机质作用和成矿流体作用，膏盐类物质转变为方解石及硫化物。伴随膏盐底辟同时形成了金顶穹窿体。

金顶穹窿体的上覆侏罗系花开佐组地层为不透水的泥岩和粉砂岩，构成了良好的封闭系统，而膏盐底辟形成的各类岩石空隙度高，构成了流体的储集空间。膏盐底辟导致金顶穹窿形成后，兰坪盆地发生一次生油事件，烃源岩很可能是晚三叠世的地层，并且油气汇聚于金顶穹窿体内，在生物作用（BSR）下，与膏盐溶解形成的硫酸根发生相互作用生成硫化氢。区域盆地流体在构造压实作用下自逆冲褶皱带的根部向前锋带运移，一路萃取盆地基底火山岩或火山岩中早期的铅锌矿化物质，并向金顶盐穹汇聚排泄。在盐穹内部，穹窿体顶部和残留膏盐底辟体的边缘是成矿流体优先汇聚部位，成为矿化中心，向外矿化强度、式样和矿物组合形成分带。迁移铅锌的流体与盐穹内富集的含生物还原硫的流体发生混合作用导致金属硫化物沉淀，在成矿晚期，富有机质流体在热的作用下与硫酸盐热还原（TSR）作用提供了一定的还原硫，并导致硫化物发生了再次的沉淀（图7.60）。

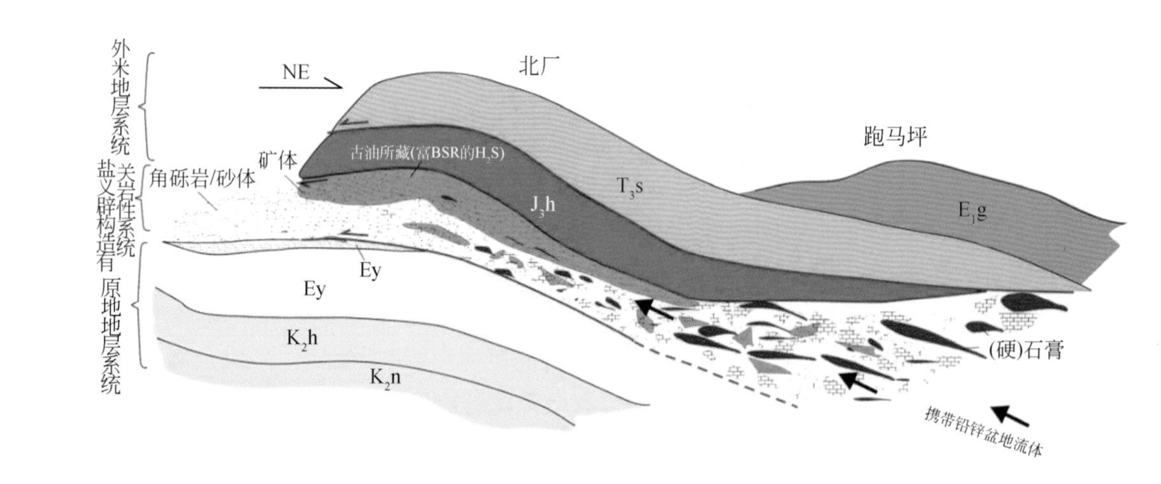

图 7.60　金顶矿床成岩成矿模式图

2. 白秧坪铅锌铜银多金属矿床

1）矿床地质与矿石矿化

矿区发育中、新生代地层，包括侏罗系花开佐组、白垩系景星组和南星组、古新统云龙组。含矿地层为侏罗系中统花开佐组和白垩系下统的景星组和南新组（图 7.61）。矿区发育南北向、北西西向和北东向三组断裂（图 7.61）。

南北向断裂有咪里断裂、吴底厂东断裂、瞎眼山断裂和四十里箐断裂。咪里断裂为西倾的正断层，吴底厂东断裂为向东陡倾的正断层，瞎眼山断裂为东倾正断层，四十里箐断裂为逆断层（图 7.61）。北西西向断裂有茅草–丫口断裂和元宝山断裂。茅草–丫口断裂的断层活动较为复杂，显示先发育逆断层，后在逆断层基础上伸展形成正断层，为控矿断裂；元宝山断裂性质未明，切断瞎眼山断裂，推测其性质和茅草–丫口断裂类似。北西西向断裂均切穿南北向断裂，显示形成于南北向断裂之后。北东–南西向断裂有富隆厂断裂和控制白秧坪矿体的断裂。断裂早期具右行压扭性特征，随着应力方向的改变，晚期转变为左行张扭性，被认为是南北向的逆冲断裂派生的次级断裂体系（田洪亮，1997）。其中，富隆厂断裂显示右行走滑特征，局部反倾。矿区范围出现大量矿化，形成诸多脉状矿体。脉状矿体在平面上展布方向有三组，北东向、北西向和北西西向（图 7.61）。北东向矿体，呈透镜状，倾向北西，倾角在 70°左右，局部反倾，波状弯曲；北西向矿体呈透镜状，倾向北东，倾角 30°左右；北西西向矿体呈脉状，倾向南南西，倾角 20°～40°，而且在倾角缓处矿体相对较厚，在倾角陡处矿体相对较薄。

李子坪矿段受北西西走向茅草–丫口断裂控制，顺断裂产出，以铅锌矿体为主，矿体厚度在不同部位不等，见 30～50cm 厚的矿体，亦有厚达数米的矿体，铅锌品位可达 40%以上；吴底厂矿段受北西向和北东向破碎带控制，以铅锌为主，铜次之，脉状，似层状，透镜状产出，铅锌品位相比李子坪矿段较低；富隆厂矿段受北东向富隆厂断裂控制，产出铅锌和铜，呈脉状、似层状、透镜状顺断裂产出，产状与断裂一致；白秧坪矿段受北东向

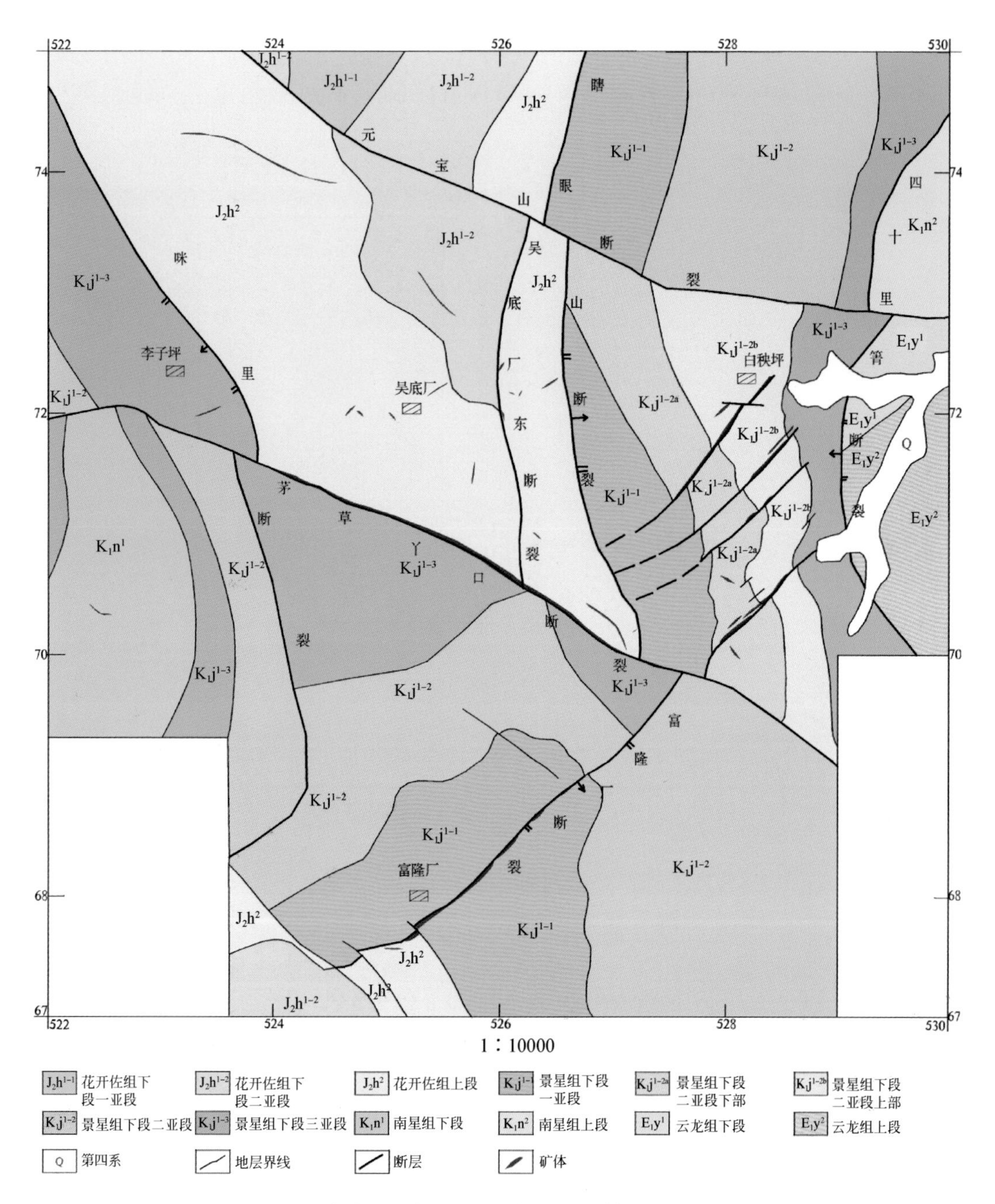

图7.61　白秧坪矿床地质图（据王晓虎等，2011，修改）

断裂控制，以铜矿物为主，铅锌次之，呈脉状和透镜状产出，矿体近直立，富矿石Cu品位可达20%以上，贫矿石Cu在3%左右，铅锌品位可达20%。

白秧坪矿床充填和交代为基本的成矿方式，矿脉充填于围岩断裂、裂隙中，局部见围岩呈角砾裹入硫化物脉中。存在四类容矿空间：①张性断裂［图7.62（a）］显示先挤后张特征，如北西西向茅草-丫口断裂，此类空间较大，形成大脉状块状铅锌铜矿体，品位较高；② 张性裂隙［图 7.62（b）］北东向、北西向展布，赋矿空间分布广，但规模相对不大，矿体呈脉状和透镜状；③劈理［图 7.62（c）］伴随小褶皱形成，此空间中的矿体规模不大，仅局部可见；④热液溶解垮塌构造伴随成矿过程形成，局部矿段可见［图 7.62（d）］。

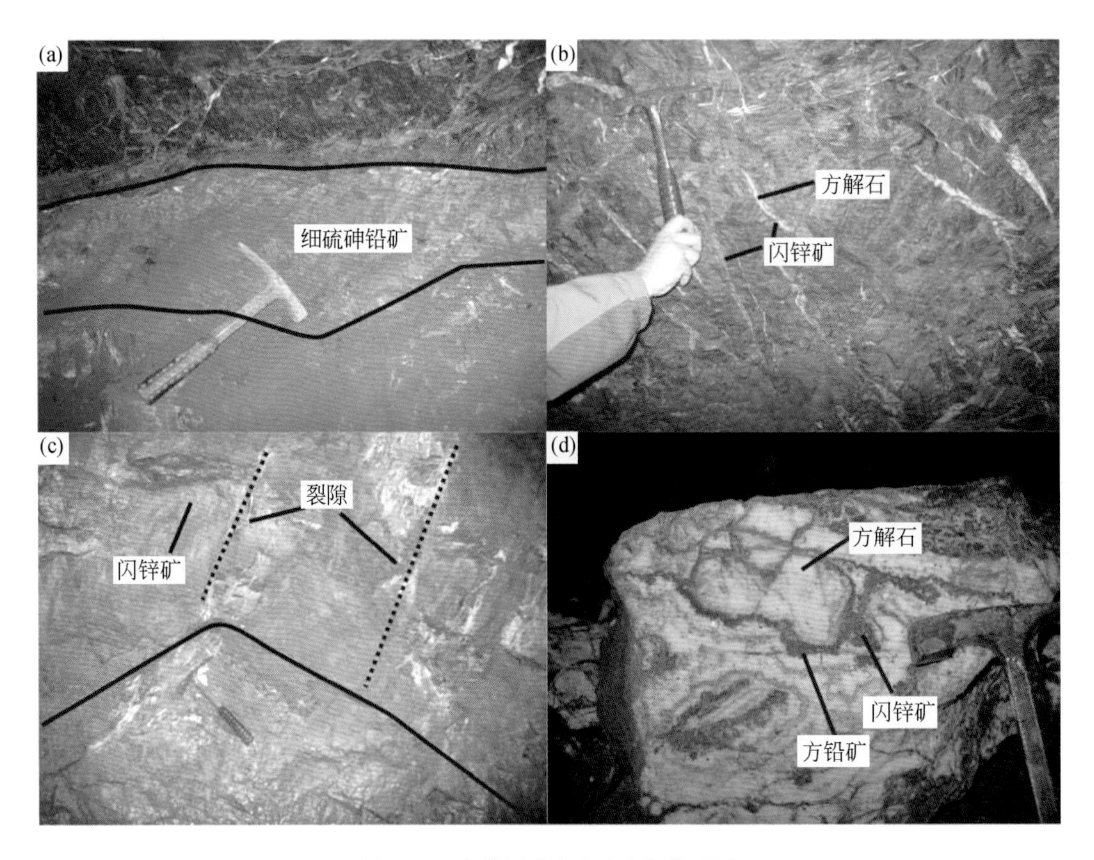

图 7.62　白秧坪矿床容矿空间类型图

（a）张性断裂中细硫砷铅矿；（b）北东向裂隙中闪锌矿、方解石脉；（c）褶皱形成劈理中的闪锌矿；（d）热液溶解垮塌形成的闪锌矿、方铅矿、方解石矿石

李子坪矿段赋矿围岩为中侏罗统花开佐组泥灰岩和生物碎屑灰岩，少量赋存于早白垩统世景星组，以生物碎屑灰岩为主，围岩发生方解石化；吴底厂矿段赋矿围岩为中侏罗统花开佐组泥灰岩和生物碎屑灰岩；富隆厂矿段赋存于早白垩统景星组钙质砂岩中，局部赋存于中侏罗统花开佐组灰岩和泥灰岩内；白秧坪矿段赋矿围岩为早白垩统景星组钙质砂岩。矿区围岩蚀变有硅化、白云岩化和方解石化，其中在砂岩中发生硅化和方解石化，在灰岩中发生方解石化和白云石化。

矿床矿物组成复杂，有硫化物、硫盐矿物、碳酸盐岩矿物、硫酸盐矿物和氧化矿物（图 7.63）。按矿石的自然类型划分为氧化矿石和原生矿石：氧化矿石见于地表或淋滤带，锌矿物为菱锌矿，铜矿物为孔雀石和蓝铜矿，伴生有褐铁矿，呈细脉-条带状构造、或皮壳状、薄膜状、蜂窝状构造［图 7.63（a）］；原生矿石按构造细分为块状、角砾状、浸染状和脉状矿石，显示热液成矿特征，其中角砾状矿石在北西西向、北西向、北东向矿体中均有分布，块状矿石大都分布于北西西向矿体中，浸染状矿石多分布于北东向矿体中，脉状矿石位于细小裂隙中。在灰岩中以角砾状和块状矿石为主；在砂岩中以角砾状和浸染状矿石为主。

图7.63　白秧坪矿床矿石类型图

(a) 皮壳状的菱锌矿矿石，褐铁矿化；(b) 李子坪矿段块状闪锌矿、细硫砷铅矿矿石；(c) 李子坪矿段泥质灰岩中的闪锌矿、方解石脉；(d) 李子坪矿段闪锌矿胶结灰岩角砾；(e) 吴底厂矿段块状闪锌矿、细硫砷铅矿矿石；(f) 吴底厂矿段泥灰岩中的闪锌矿脉；(g) 吴底厂矿段闪锌矿、细硫砷铅矿胶结泥灰岩角砾；(h) 富隆厂矿段方铅矿、闪锌矿胶结砂岩角砾；(i) 富隆厂矿段浸染状砂岩型矿石；(j) 富隆厂矿段砂岩中的闪锌矿、方铅矿细脉；(k) 白秧坪矿段砂岩中的黝铜矿脉；(l) 白秧坪矿段块状黝铜矿矿石李子坪矿段矿石矿物以闪锌矿、细硫砷铅矿、方铅矿、灰硫砷铅矿、雄黄和雌黄为主，少量辉砷镍矿、含砷黄铁矿等，构成 Pb-Zn-As-Sb 元素组合。矿石呈块状［图7.63（b）］、脉状［图7.63（c）］或角砾状［图7.63（d）］。热液矿化期次大致分三期：早期出现无矿方解石脉，稍晚见硅化，以无矿石英±方解石脉形式出现；中期出现闪锌矿、方铅矿、细硫砷铅矿、灰硫砷铅矿、雄黄、雌黄、方解石系列矿物，是主成矿阶段，以闪锌矿+方解石脉、纯闪锌矿脉、纯灰硫砷铅矿或细硫砷铅矿脉、闪锌矿+方铅矿+方解石脉等几种脉体形式出现；晚期无矿方解石作为脉体再次出现，胶结早期形成的矿石角砾。

吴底厂矿段矿石矿物以闪锌矿、细硫砷铅矿、灰硫砷铅矿、方铅矿、雄黄、雌黄、含砷黄铁矿和黄铁矿为主，同样构成 Pb-Zn-As-Sb 组合，另外在闪锌矿中发现包裹有金红石。矿石类型有块状［图7.63（e）］、脉状［图7.63（f）］、角砾状［图7.63（g）］。热液矿化期次大致分两期：早期出现闪锌矿、方铅矿、细硫砷铅矿、灰硫砷铅矿系列矿物，伴有方解石，是主成矿阶段，呈闪锌矿+灰硫砷铅矿+方解石脉、纯细硫砷铅矿、灰硫砷铅矿、闪锌矿脉和闪锌矿+灰硫砷铅矿胶结围岩角砾；晚期为无矿方解石脉。后进入表生氧化阶段（表7.7）。

富隆厂矿段矿石矿物以闪锌矿、灰硫砷铅矿、方铅矿、车轮矿、黝铜矿和白铅矿为主，陈开旭等（2004）鉴定有辉银矿和汞银矿，为主要载 Ag 矿物，故构成 Pb-Zn-Cu-Ag 元素组合。矿石以角砾状、浸染状和脉状赋存，角砾状矿石发育于灰岩和砂岩中，为方铅矿、闪锌矿胶结砂岩或灰岩角砾，角砾大小不一［图7.63（h）］，浸染状矿石见于砂岩内［图7.63（i）］，脉状矿发育于砂岩裂隙中［图7.63（j）］。热液矿化期次大致分三期：早期出现无矿方解石脉，以细脉形式出现；中期出现闪锌矿、方铅矿/细硫砷铅矿、黝铜矿系列矿物，伴有方解石，出现这几种硫化物和少量方解石胶结围岩角砾、纯的方铅矿或闪锌矿脉以及纯的方铅矿+闪锌矿矿脉，是主成矿阶段；晚期无矿方解石作为胶结破碎的矿化角砾出现。

白秧坪矿段矿石矿物以黝铜矿、辉铜矿、黄铜矿、菱铁矿、方铅矿、闪锌矿、灰硫砷铅矿、辉砷镍矿、含砷黄铁矿、孔雀石和蓝铜矿等为主，成矿元素构成 Cu-Co-As-Zn-Pb 组合。矿石类型以角砾状［图7.63（k）］、块状为主。热液矿化期次分三期：早期出现无矿方解石脉、或石英脉，以细脉形式出现；中期出现闪锌矿、方铅矿/灰硫砷铅矿、辉铜矿、黄铜矿、黝铜矿系列矿物，伴有方解石，出现方铅矿+闪锌矿+方解石脉、黝铜矿±菱铁矿+方解石脉、黝铜矿±黄铜矿+含砷黄铁矿+方解石脉和黝铜矿+黄铜矿+闪锌矿脉、结晶良好的黝铜矿在方解石晶洞内、黝铜矿±方解石胶结砂岩角砾，是主成矿阶段；晚期无矿方解石作为胶结破碎的矿化角砾出现。后进入表生氧化阶段（表7.7）。

李子坪、吴底厂和富隆厂矿段主成矿阶段又可以根据闪锌矿关系细划为两个亚阶段：第一期闪锌矿颜色较暗，呈红褐色；第二期闪锌矿颜色较第一期颜色浅，呈黄褐色（表7.7）。其形成过程是第一期红褐色闪锌矿先充填，在后期张力的作用下，再次裂开，第二期含浅色闪锌矿流体灌入充填。

表7.7　白秧坪矿床矿物生成顺序表

矿物名称	成矿期前	热液成矿期		表生氧化期
		早阶段	晚阶段	
石英	——	——		
方解石	——	——	——	
黄铁矿	——	—	—	
黄铜矿	——	—	—	
斑铜矿	——	—	—	
铁白云石	——			
含砷黄铁矿	——	—		
闪锌矿		——	——	
方铅矿		——	——	
灰硫砷铅矿		——	——	
细硫砷铅矿		——	——	
锌黝铜矿		——	——	
铁黝铜矿		——	——	
辉铜矿		——	——	
雄黄		——	——	
雌黄		——	——	
铜蓝		—	—	
金红石		—	—	
辉砷钴矿		—	—	
辉砷镍矿		—	—	
硫砷锑铅矿		—	—	
硫砷铁矿		—	—	
车轮矿		—	—	
其他硫盐矿物		—	—	
菱锌矿			——	——
孔雀石				——
菱铁矿				——
蓝铜矿				——
褐铁矿				——

白秧坪矿床的成矿元素为Pb、Zn、Cu、Ag、Co和As。根据矿物组成和矿物电子探针分析含铅矿物为方铅矿、细硫砷铅矿和灰硫砷铅矿，少量赋存于车轮矿、硫砷铅铜矿及含铅的矿物和铅的氧化矿物中；锌赋存于矿物闪锌矿中，其次在方铅矿、细硫砷铅矿、锌黝铜矿、铁黝铜矿和黄铁矿中，以类质同象形式赋存。根据矿物组合和电子探针

分析，白秧坪和富隆厂矿段铜赋存于矿物锌黝铜矿、铁黝铜矿、黄铜矿和辉铜矿中，少量赋存于车轮矿和硫砷铅铜矿中，极小量以类质同象赋存于方铅矿中。有铅出现的地方银品位往往高；载银矿物为汞银矿，次为辉银矿、银黝铜矿及铅、锑、砷和铜硫盐矿物（陈开旭，2006）；矿床的载钴矿物为硫钴镍矿、辉砷钴矿和含钴毒砂，次要的载钴矿物为黝铜矿和其他硫化物（陈开旭，2006）。此外，辉砷镍矿，含砷黄铁矿中少量以类质同象形式存在。矿区地表可见较多的钴华，也是钴产出形式；砷元素在矿区多种矿物中赋存，在细硫砷铅矿、灰硫砷铅矿、车轮矿、含砷黄铁矿、雄黄、雌黄、辉砷镍矿、锌黝铜矿、铁黝铜矿和硫砷铅铜矿中，少量以类质同象存在于方铅矿等硫化物中。

总之，白秧坪矿床由数条矿脉构成，进而划分为多个矿段，矿区发育中生代地层和呈近南北向、北西西向、北东向三组断裂。不同矿段矿体均受断裂控制，对围岩岩性的选择性不强，矿体直接赋存于断裂带内，局部容矿于裂隙、劈理和热液垮塌形成的空间中，呈北东向、北西向、北西西向展布，后生充填成矿，形成角砾状、块状、脉状矿石。赋矿围岩为砂岩和碳酸盐岩。不同矿段矿物组成和元素组合有差别，李子坪和吴底厂矿段矿石矿物以闪锌矿、细硫砷铅矿、方铅矿、灰硫砷铅矿、雄黄和雌黄为主，构成 Pb-Zn-As-Sb 组合；富隆厂矿段矿石矿物以闪锌矿、灰硫砷铅矿、方铅矿、黝铜矿系列矿物、车轮矿、辉银矿和汞银矿为主，构成 Pb-Zn-Cu-Ag 组合；白秧坪矿段矿石矿物以黝铜矿系列矿物、辉铜矿、黄铜矿、灰硫砷铅矿、辉砷钴矿、硫钴镍矿、含钴毒砂、方铅矿和闪锌矿等为主，构成 Cu-Co-As-Zn-Pb 组合。热液成矿期可以细划为两期。矿物标型研究显示矿床形成于中低温成矿环境，与岩浆作用无关，且成矿为多期幕式成矿，流体为富砷的成矿流体。

2）成矿流体

（1）包裹体岩相学。选择闪锌矿和成矿期的石英和方解石中包裹体为研究对象。样品磨制成厚 0.125 ~ 0.13mm 的包裹体片，在显微镜上进行流体包裹体岩相学观察，鉴定出与成矿同期的流体包裹体，圈出适合激光拉曼探针成分分析和测温的有代表性的原生包裹体。流体包裹体岩相学观察发现，包裹体总体颗粒较小，形态上有圆形、椭圆形、不规则形状等，一般小于 10μm，气液两相为主（图 7.64）。

（2）流体包裹体成分。流体包裹体中气相成分为 H_2O、CO_2、N_2 和 O_2，少量 CH_4、C_2H_2、C_2H_4 和 C_2H_6 等还原性气体，不同矿段具有相似的气体组成。流体包裹体气相成分分析表明，三个矿段均存在还原性气体 CH_4、C_2H_2+C_2H_4、C_2H_6 和 N_2，并且 CO_2 含量较高，成矿过程中还原性烃类气体参与了成矿作用。

流体包裹体液相成分分析显示，矿床脉石方解石中流体包裹体阳离子组成以 Mg^{2+}、Na^+ 和 K^+ 为主，其中富隆厂矿段和吴底厂矿段含少量 Li^+，阴离子组成以 Cl^- 和 F^- 为主，含有一定量的 Br^- 和 NO_3^-。闪锌矿中流体包裹体成分是成矿流体的直接记录，矿物闪锌矿中流体包裹体阳离子组成以 Ca^{2+}、Na^+、K^+ 和 Mg^{2+} 为主，阴离子组成以 Cl^- 为主，含一定量的 F^-、NO_3^-，个别含少量 Br^-。由此，成矿流体体系为 Ca^{2+}-Na^+-K^+-Mg^{2+}-Cl^--F^--NO_3^- 卤水体系，以 Ca^{2+}-Na^+-Cl^- 体系为主。

研究表明，含矿卤水中的 Br 直接或间接来自海水（Kesler *et al.*，1996）。海水蒸发过程中，Br 相对于 Na 和 Cl 不易进入蒸发盐，易于残留在剩余卤水中，所以，含矿卤水若是

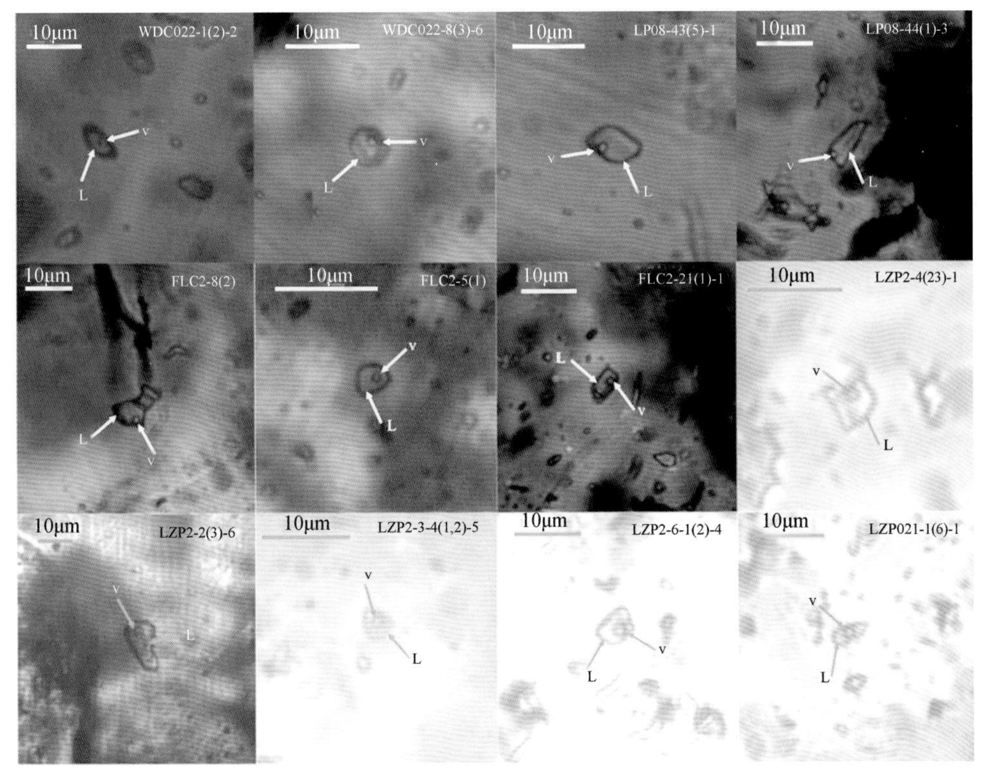

图7.64　白秧坪矿床流体包裹体岩相学特征图

海水经过蒸发后的残余卤水，其 Na/Br 和 Cl/Br 值将低于正常海水；若含矿卤水由蒸发盐溶解形成，其 Na/Br 和 Cl/Br 值将高于正常海水（Kesler *et al.*，1996）。同时，因为 Na/Br 和 Cl/Br 值可以通过常见的流体包裹体的沥液获得，不需要确定 H_2O 的含量，所以 Na-Cl-Br 体系揭示的是流体溶质的来源，而非水的来源。矿床的 Na/Br 和 Cl/Br 值远低于正常海水，并且全部投影点均沿海水蒸发趋势线分布（图7.65），故成矿流体的起源为蒸发浓缩的海水。矿区地层中大量膏盐的存在，表明成矿流体来源于浓缩的海水，与当时区域处于蒸发环境一致。包裹体赋存矿物为石英，为气液两相包裹体，谱峰位置 3422.7cm^{-1} 和 2919cm^{-1}，相对的气相成分为 H_2O 和 CH_4，即富隆厂矿段成矿期流体包裹体气相成分有 CH_4 和 H_2O（图7.66），矿区还原性气体在流体包裹体中的存在，指示了成矿过程中还原性烃类气体参与成矿过程。

（3）包裹体测温与热力学计算。本次研究共测得方解石中流体包裹体42个，闪锌矿中流体包裹体46个，石英中流体包裹体9个，获得冰点温度83个，均一温度93个。如图7.67所示，几个矿段中闪锌矿的数据较为集中，显示低温高盐度的特点。李子坪矿段方解石内包裹体温度–盐度数据点分布范围广泛，可能与所选包裹体经历了后期变化有关，白秧坪矿段显示盐度较低，可能代表着后期大气降水的混入。流体密度根据 NaCl-H_2O 体系的 T-W-ρ 相图得出（Bodnar，1983，图7.68），结果显示，密度为 0.84 ~ 1.11g/cm^3，平均 1.04g/cm^3。闪锌矿中流体包裹体显示的成矿流体密度为 1.025 ~ 1.11g/cm^3，平均 1.09g/cm^3。

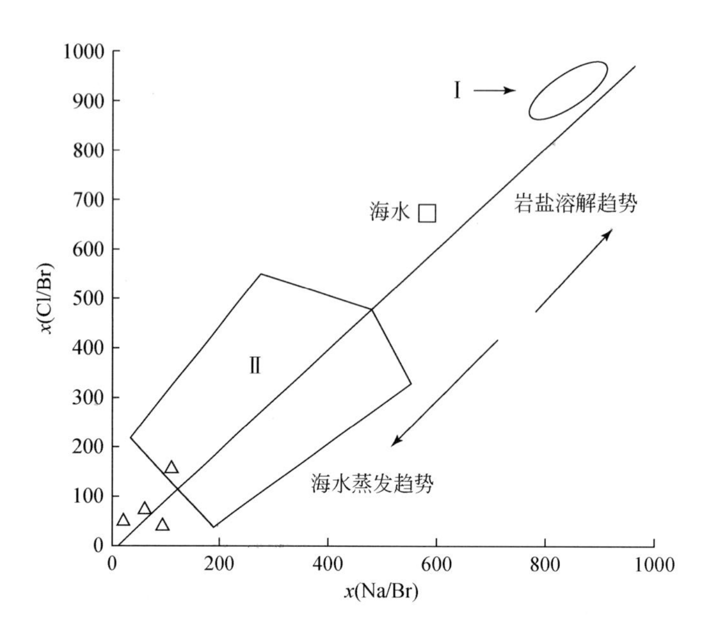

图 7.65　白秧坪矿床流体包裹体成分 Na/Br 和 Cl/Br 值图

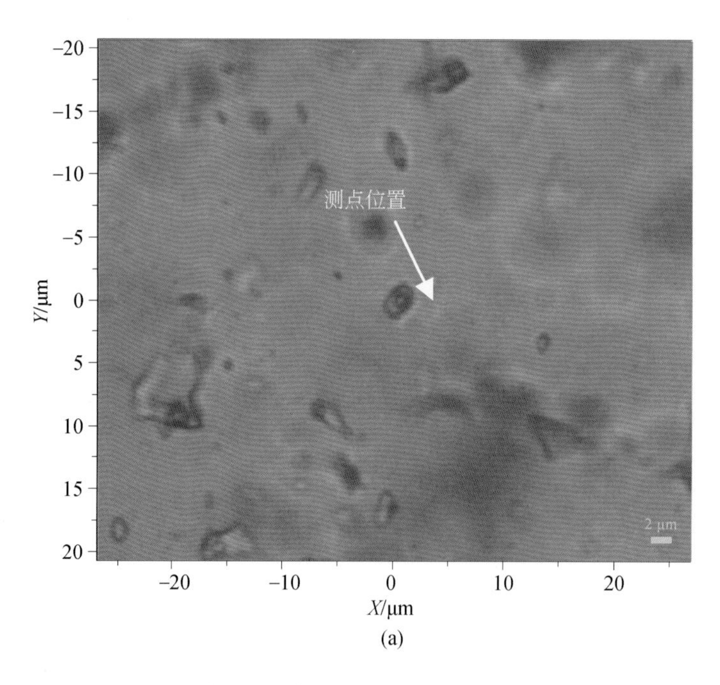

图 7.66　白秧坪矿床单个流体包裹体激光拉曼点位（a）和谱图（b）

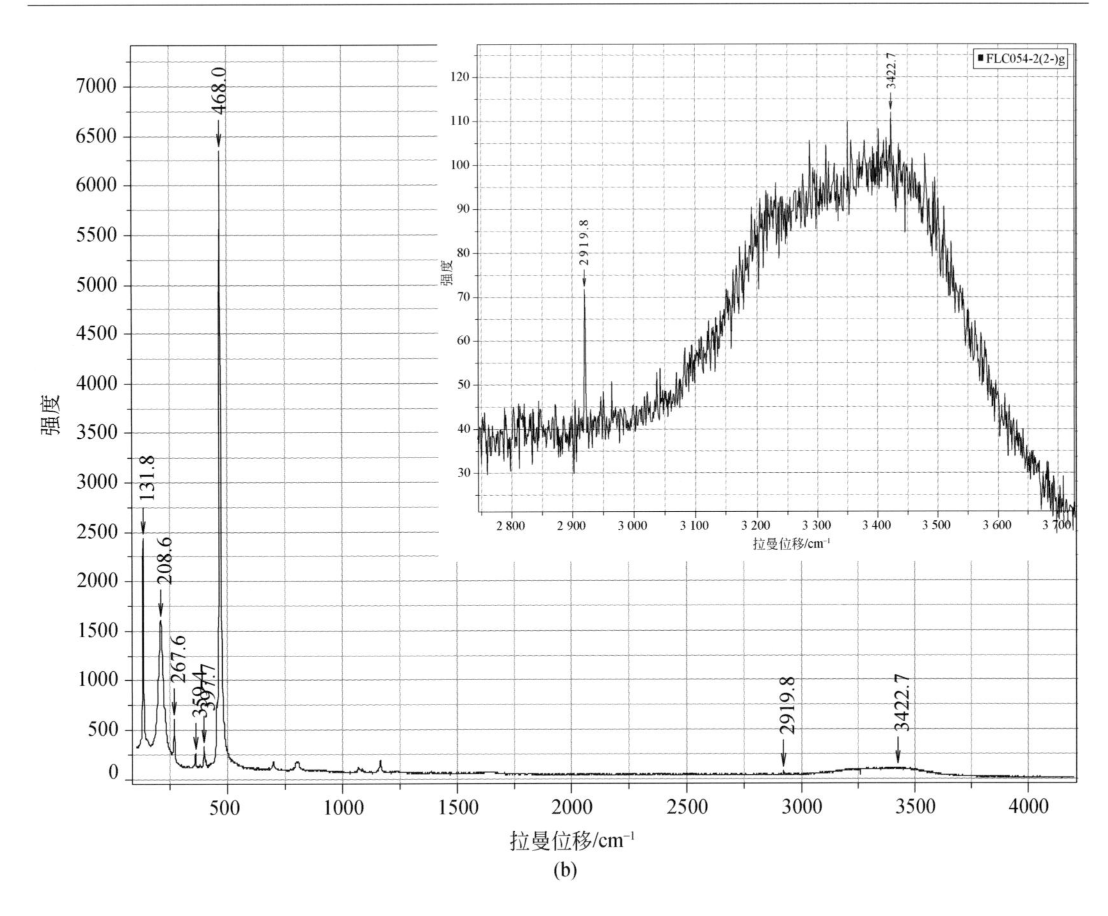

(b)

图7.66　白秧坪矿床单个流体包裹体激光拉曼点位（a）和谱图（b）（续）

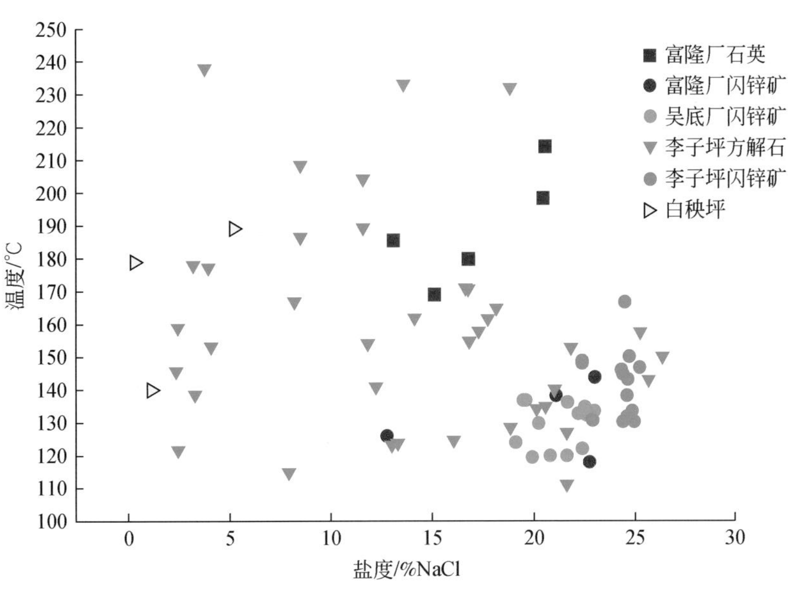

图7.67　白秧坪矿床盐度-均一温度图

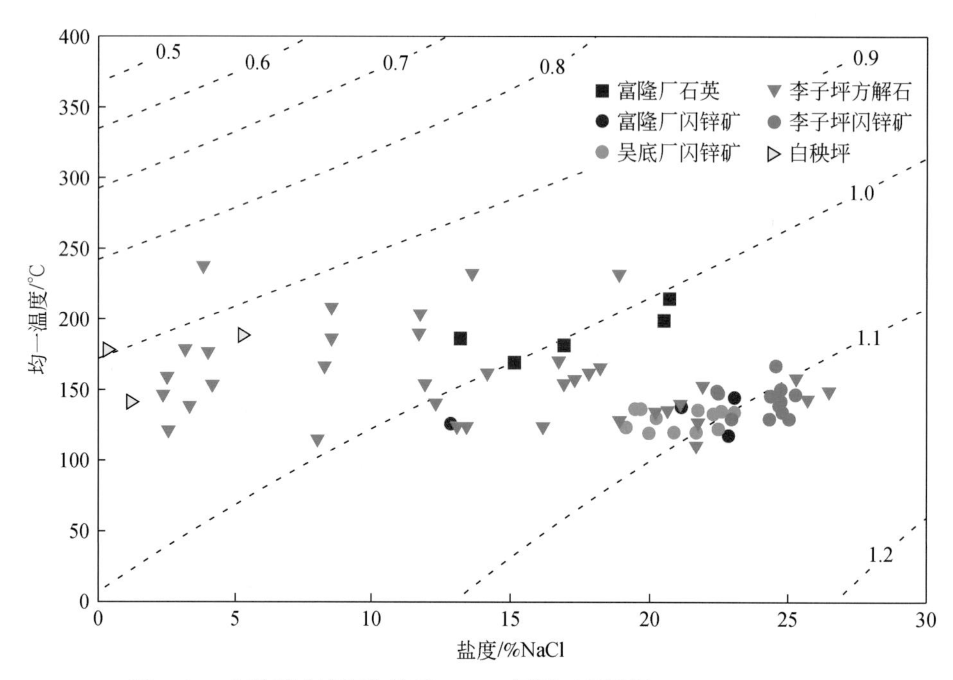

图 7.68　白秧坪矿床流体体系 *T*-*W*-*ρ* 相图（底图据 Wilkinson，2001）

矿床成矿流体在开放空间充填是其成矿方式，所以利用流体包裹体对成矿压力/深度估算时考虑流体压力，压力估算采用邵洁涟和邱朝霞（1988）的经验公式，即 $P=P_0\times T/T_0$，其中 $P_0=219+2620S$，$T_0=374+920S$（T 为流体包裹体均一温度，S 为流体包裹体盐度）；成矿深度估算采用 Shepherd（1985）的经验公式，即 $P=2.7\times0.0981\times H$（$P$ 单位为 bar，1bar=0.1MPa，H 单位为 m）。估算结果，白秧坪矿床成矿压力为 28.0～46.9MPa，平均 37.6MPa，对应的成矿深度为 1058～2452m，平均 1555m，集中于 1200～1800m（图 7.69）。其中富隆厂矿段成矿深度为 1253～2272m，平均 1730m；吴底厂矿段成矿深度为 1058～1462m，平均 1360m；李子坪矿段成矿深度为 1169～2453m，平均 1605m；白秧坪矿段成矿深度为 1103～1917m，平均 1409m。

闪锌矿中流体包裹体推算的成矿深度中，富隆厂矿段为 1253～1526m，平均 1391m；吴底厂矿段为 1058～1462m，平均 1361m［图 7.70（a）］；李子坪矿段为 1378～1772m，平均 1507m［图 7.70（b）］，与现今野外观察一致。

总之，矿床包裹体颗粒较小，形态上有圆形、椭圆形、不规则形状等，气液两相为主，成矿流体体系为 Ca^{2+}-Na^{+}-K^{+}-Mg^{2+}-Cl^{-}-F^{-}-NO_3^{-}卤水体系，以 Ca^{2+}-Na^{+}-Cl^{-}体系为主，成矿流体的起源为蒸发浓缩的海水。矿床矿物中冰点温度为-26.4～-0.2℃，平均-14.6℃，均一温度为 120～180℃，盐度为 0.35%～24.73% NaCl，平均 16.9% NaCl，其中矿物闪锌矿中流体包裹体盐度范围为 12.9～24.2% NaCl，平均 22.1% NaCl；成矿流体密度为 0.84～1.11g/cm³，平均 1.04g/cm³，其中闪锌矿流体包裹体显示的成矿流体密度为 1.025～1.11g/cm³，平均 1.09g/cm³；成矿压力为 28.0～46.9MPa，平均 37.6MPa，对应的成矿深度为 1058～2452m，平均 1555m，集中于 1200～1800m。

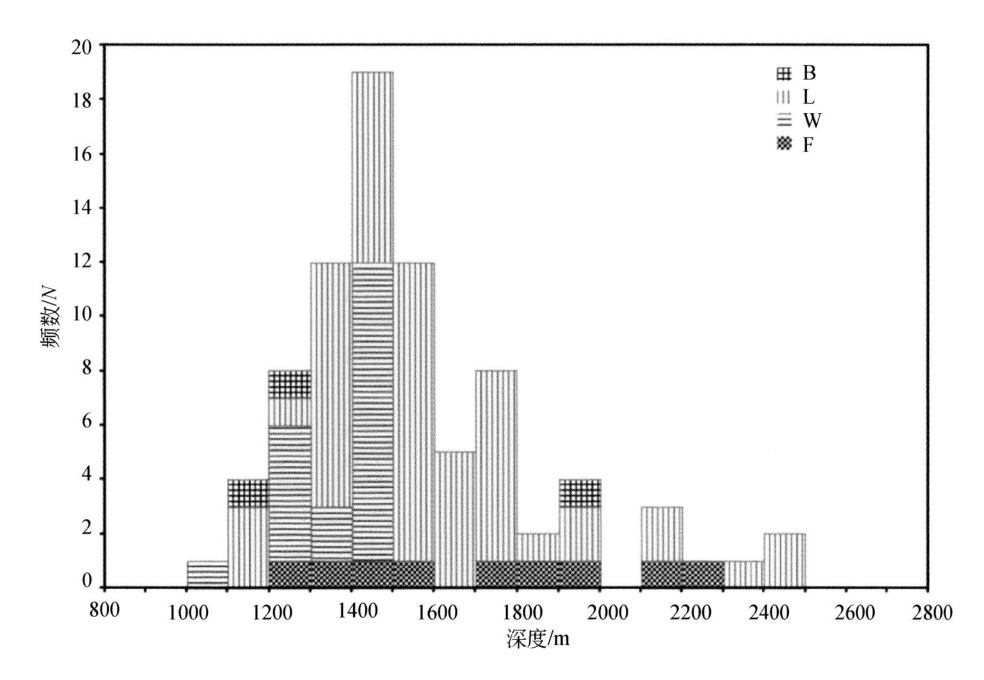

图7.69　白秧坪矿床成矿深度估算直方图

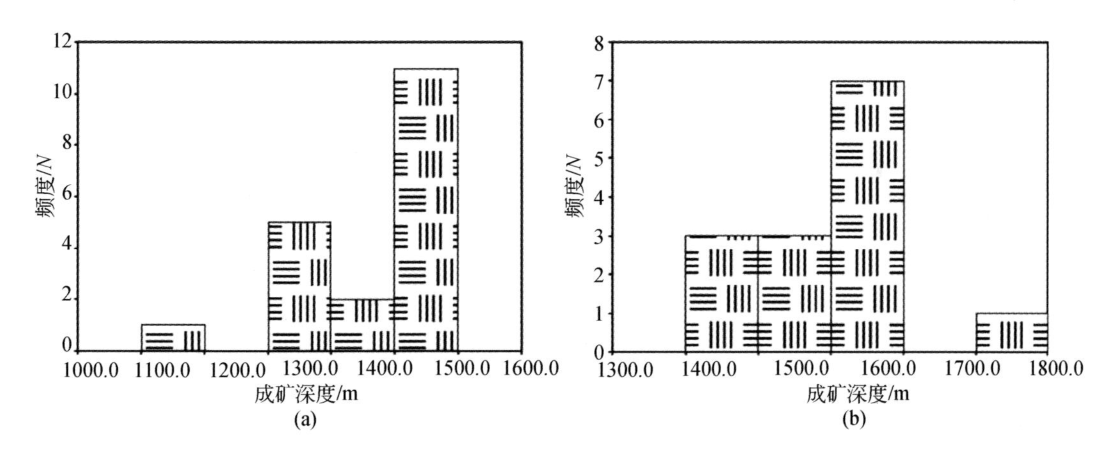

图7.70　白秧坪矿床闪锌矿成矿阶段深度估算直方图

（a）吴底厂矿段；（b）李子坪矿段

3）矿床地球化学

（1）C、O同位素。对矿床10件方解石样品进行了C、O同位素测试。李子坪矿段$\delta^{13}C_{PDB}$值为-3.4～3‰，平均-1.09‰，$\delta^{18}O_{SMOW}$值为1.38‰～20.4‰，平均值13.18‰；吴底厂矿段$\delta^{13}C_{PDB}$值为-3.1‰～0.8‰，平均-1.99‰，$\delta^{18}O_{SMOW}$值为1.3‰～19.7‰，平均11.32‰；富隆厂矿段$\delta^{13}C_{PDB}$值为-3.9‰～-2.3‰，平均-2.95‰，$\delta^{18}O_{SMOW}$值为0.66‰～17.36‰，平均14.40‰；白秧坪矿段$\delta^{13}C_{PDB}$值为-4.16‰～-0.5‰，平均-2.02‰，

$\delta^{18}O_{SMOW}$值为-2.5‰~18.18‰，平均2.28‰。3件灰岩样品中$\delta^{18}O_{SMOW}$值为15.01‰~22.02‰，平均19.28‰。

刘建明等（1997）设计了分析追踪热液碳酸盐矿物的CO_2来源的$\delta^{18}O$-$\delta^{13}C$图，给出了地壳流体中CO_2的三大来源的碳氧同位素范围（有机物质、海相碳酸盐岩、岩浆-地幔源），而且标示了从3个物源经历的过程产生CO_2碳氧同位素变化趋势。刘家军等（2004）在前人基础（刘建明等，1997；孙景贵等，2001；毛景文等，2002）上研究改进，使CO_2碳氧同位素变化过程更为丰富。将本次研究的矿床方解石中碳氧同位素投入图7.71中，如图所示，其两段式的特征分布明显，碳同位素组成分布较窄，反映矿石中热液方解石中碳质源自地层中碳酸盐岩溶解，成矿流体应属于盆地流体系统，后期有大气降水的加入。

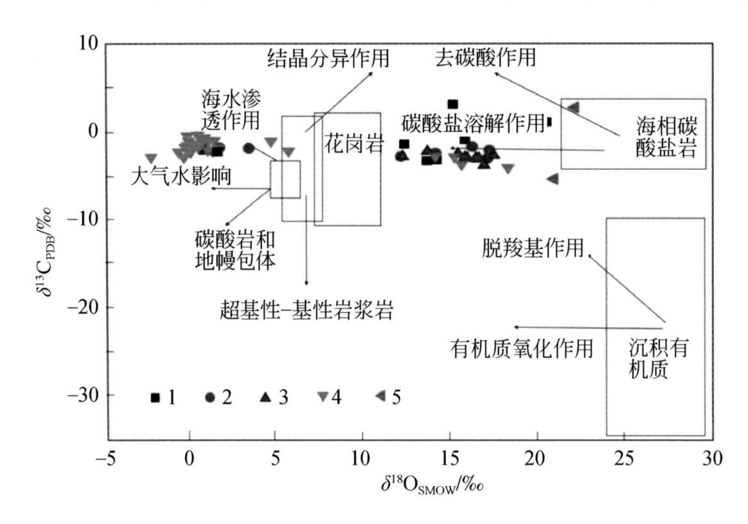

图7.71　白秧坪矿床方解石C、O同位素图

底图据刘家军等，2004；1. 李子坪；2. 吴底厂；3. 富隆厂；4. 白秧坪；5. T_3碳酸盐岩

（2）S同位素。选取矿床37件硫化物、硫盐矿物样品进行了硫同位素分析。结果表明，白秧坪铅锌铜银多金属矿床$\delta^{34}S$值为-10.2‰~11.2‰，平均为5.6‰，集中于4‰~8‰（图7.72）。在富隆厂矿段，$\delta^{34}S$值为-10.2‰~11.2‰，平均为5‰，其中闪锌矿$\delta^{34}S$值为2.45‰~11.2‰，平均为7.3‰，方铅矿$\delta^{34}S$值为-5.64‰~5.8‰，平均为3.5‰，黄铁矿$\delta^{34}S$值为-10.2‰，黝铜矿$\delta^{34}S$值为3.5‰~9.2‰，平均为6.3‰；在李子坪矿段，$\delta^{34}S$值为3.8‰~7.2‰，平均为5.7‰，其中闪锌矿$\delta^{34}S$值为3.8‰~5.6‰，平均为4.8‰，细硫砷铅矿$\delta^{34}S$值为6.3‰~7.2‰，平均为6.65‰；在吴底厂矿段，$\delta^{34}S$值为3.9‰~9‰，平均5.5‰，其中闪锌矿$\delta^{34}S$值为3.9‰~9‰，平均为5.6‰，细硫砷铅矿$\delta^{34}S$值为4‰~5.1‰，平均为4.55‰；在白秧坪矿段，$\delta^{34}S$值为2.1‰~9.3‰，平均为6.4‰，其中闪锌矿$\delta^{34}S$值为5.3‰~7.1‰，平均6.1‰，黝铜矿$\delta^{34}S$值为5.3‰~9.3‰，平均为7.0‰，辉锑矿$\delta^{34}S$值为2.1‰~5.8‰，平均为4.0‰，黄铜矿$\delta^{34}S$值为7.4‰。

矿床$\delta^{34}S$值组成稳定，塔式分布明显，集中在4‰~8‰（图7.72），表明闪锌矿形成时矿床中具有均一的硫源，在矿物结晶过程中没有发生硫同位素的显著分馏。硫化物中$\delta^{34}S$值分布集中，基本没有热力学平衡分馏时矿物$\delta^{34}S$值富集顺序（辉锑矿<方铅

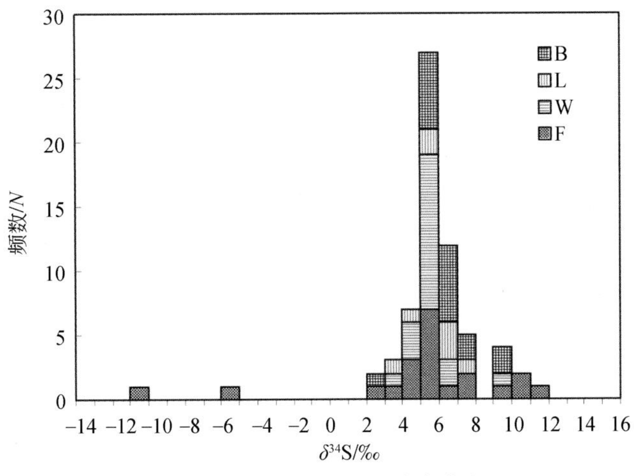

图7.72 白秧坪矿床硫同位素直方图

矿 < 黄铜矿 < 闪锌矿 < 黄铁矿)，很可能由于矿物结晶较快矿物之间没能达到平衡分馏。

参与成矿的 S^{2-} 可以由硫酸盐的生物还原（BSR）和热化学还原（TSR）得到，生物还原要求较低温度（<50℃)，热化学还原要求较高温度（>80℃)(Ohmoto and Rye, 1979; Orr *et al.*, 1982)。一般情况下，生物成因硫化物的硫同位素具有两个明显的特征：一是还原形成的硫化氢或硫化物中 $\delta^{32}S$ 的富集明显超过原始硫酸盐，$\delta^{34}S$ 通常为负值；二是硫化氢或硫化物中 $\delta^{32}S$ 的富集随还原程度而变化，表现为 $\delta^{34}S$ 值具有大幅度波动范围（韩吟文、马振东，2003)。矿区硫化物、硫盐矿物中 $\delta^{34}S$ 值大多为正值且较集中，所以排除了生物成因硫。如果是有机热还原作用其成矿温度要大于80℃，而无机还原作用达到250℃以上（Ohmoto and Rye, 1979)。硫化物、硫盐矿物中的 $\delta^{34}S$ 值和海相硫酸盐接近。由于云龙组膏盐建造的硬石膏 $\delta^{34}S$ 为13.5‰～15.8‰（覃功炯、朱上庆，1991)，温度为100～150℃，通过热化学硫酸盐还原（TSR）可以使硫酸盐 $\delta^{34}S$ 降低10‰～15‰（Machel *et al.*, 1995; Ohmoto and Goldhaber, 1997)，前文所得成矿温度集中于120～180℃，且有机质参与成矿，所以云龙组海相硫酸盐经过有机质热化学还原（TSR）可以使 $\delta^{34}S$ 值位于3‰～8‰。

金顶矿床三叠系三合洞组（T_3s）含1%～25%不等的沥青，在古近系云龙组（E_1y）中可见黑色玻璃状沥青和黑褐色黏稠原油物质（薛春纪等，2007，2009)，表明三合洞组和云龙组含大量的有机质，由此有机质的热化学还原是可能的还原方式。流体包裹体测温数据显示闪锌矿中包裹体均一温度集中于120～180℃。当温度大于50℃时，含硫有机物（如石油）可受热分解，生成 H_2S（郑永飞、陈江峰，2000)。所以，含硫有机物的分解亦是硫的可能来源。

4）矿床定年

盆地容矿铅锌矿床（如密西西比河谷型）的定年一直是矿床研究的重要难题。本次研究对白秧坪矿床的吴底厂、李子坪、富隆厂3个矿段同时开展了闪锌矿的Rb-Sr和方解石的 Sm-Nd 定年，以求相互印证。结果表明，李子坪、吴底厂、富隆厂 3 个矿段的闪锌矿 Rb-Sr 法和方解石 Sm-Nd 法测得矿床成矿年龄分别为 29.002±0.034Ma 和 29.9±1.1Ma（图 7.73～图 7.77），它们在误差范围内是一致的。表明不同矿段是同一矿床在同一成矿流体体系活动下的产物，矿床形成于印-亚大陆碰撞的晚碰撞阶段，区域处于走滑的应力状态。

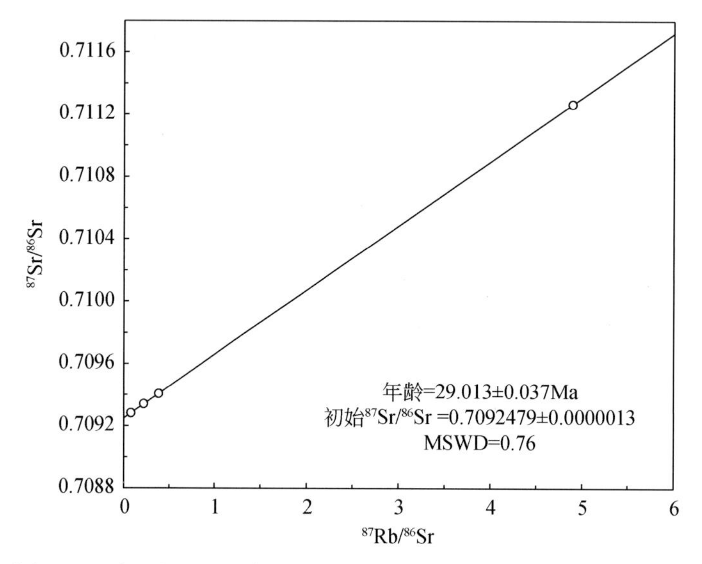

图 7.73　李子坪矿段闪锌矿 Rb-Sr 等时线图（据王晓虎等，2011）

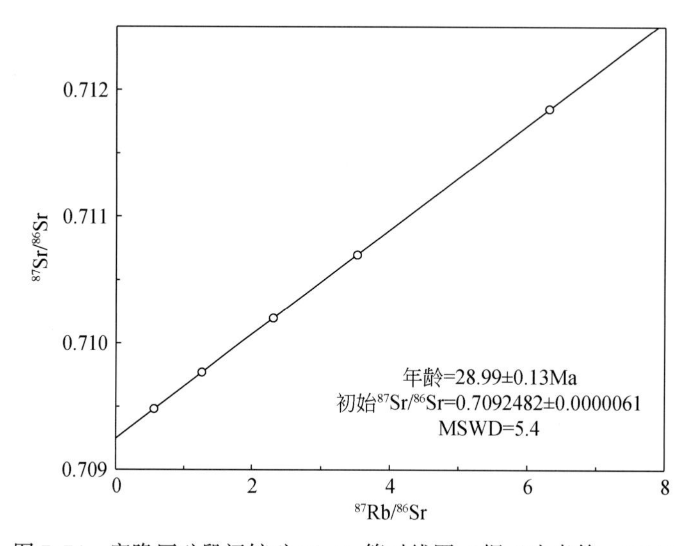

图 7.74　富隆厂矿段闪锌矿 Rb-Sr 等时线图（据王晓虎等，2011）

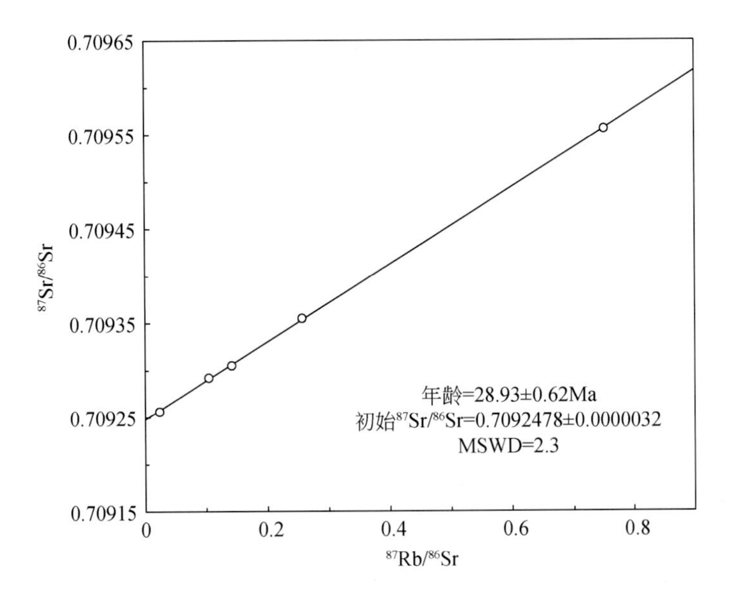

图 7.75　吴底厂矿段闪锌矿 Rb-Sr 等时线图（据王晓虎等，2011）

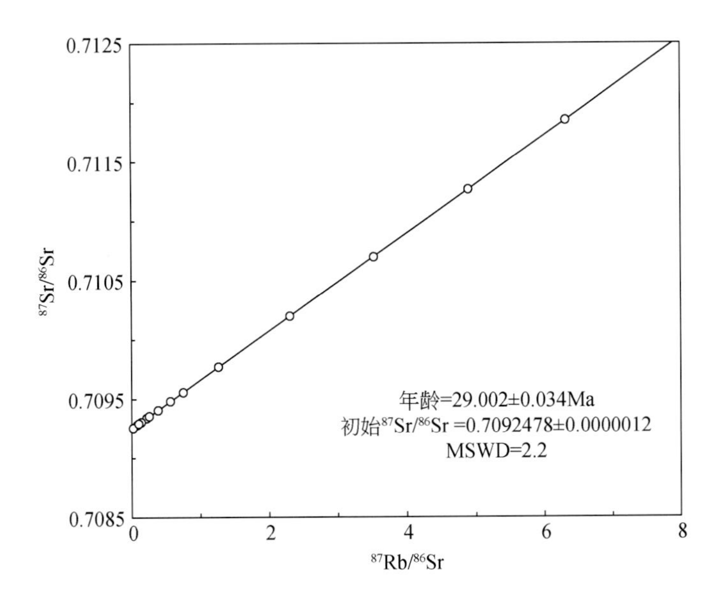

图 7.76　李子坪、富隆厂和吴底厂矿段闪锌矿 Rb-Sr 等时线图（据王晓虎等，2011）

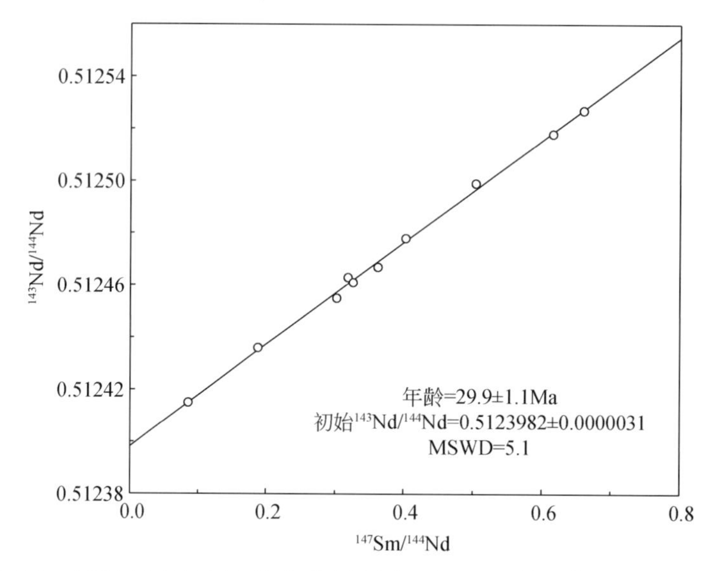

图 7.77　李子坪、富隆厂和吴底厂矿段成矿阶段方解石 Sm-Nd 等时线图（据王晓虎等，2011）

5）构造-流体成矿模式

区域逆冲构造形成了重力的势差和构造应力差，使得下渗的盆地卤水和层间水构成的盆地流体沿逆冲推覆构造系统深部形成的拆离滑脱带侧向迁移，同时萃取成矿物质，形成含矿卤水。区域逆冲后发生走滑，使得逆冲阶段形成的有关压性断裂张开形成张性断裂构造，从而导致矿液垂向向上排泄，含金属的流体排泄过程中遇到还原性地层（处于矿体的下部或旁侧），其中的硫酸盐和地层中的有机质发生热化学还原硫酸盐作用（TSR），导致氧化的硫还原成还原的硫，伴随流体温度降低，导致硫化物发生沉淀。

3. 盆地容矿贱金属矿床区域成矿作用

1）成矿环境与时空分布

盆地容矿铅锌等贱金属矿床发育在三江南段的思茅盆地、兰坪盆地、中段的昌都盆地、北段的囊谦盆地和沱沱河盆地，处于北部金沙江缝合带和南部龙木错-双湖缝合带-澜沧江缝合带所夹持的北羌塘和昌都-思茅地块上。

研究区为晚古生代至新生代长期发育了盆地沉积区，地层出露自石炭纪以来的沉积岩和火山岩。总体而言，石炭系—二叠系为海相沉积，三叠系—侏罗系为海相和海-陆交互相沉积，白垩纪以来地层为陆相沉积。全区普遍缺失下三叠统地层，形成中—上三叠统与二叠系的不整合，反映古特提斯阶段的碰撞造山影响全区，另一个重要的区域不整合出现在古近纪地层和白垩纪地层之间，反映了喜马拉雅期碰撞造山对全区的影响。该区自从侏罗纪以来，沉积了巨厚的红色碎屑岩，甚至形成石膏和盐矿，反映了当时由海水或湖水蒸发形成的盐湖分布广泛。由于较低温度（<200℃）下搬运 Pb、Zn 需要高盐度的卤水（Leach *et al.*，2005），盐湖的发育能够提供大量高盐度卤水，十分有利于 Pb、Zn 的搬运

进而成矿。该区的构造演化历史十分复杂，与金沙江带、龙木错-双湖、班公湖-怒江、雅江缝合带的演化均可能相关，概括为：晚石炭世或二叠纪之前为被动陆缘或张性裂谷盆地演化阶段（莫宣学等，1993；简平等，1999；潘桂棠等，2003），晚石炭世—早二叠世至晚二叠世—中三叠世为活动大陆边缘演化阶段（莫宣学等，1993；钟大赉，1998；牟传龙等，1999；谭富文等，1999；潘桂棠等，2003；朱迎堂等，2003，2004；王毅智等，2007），早—晚三叠世至白垩纪为洋盆闭合后的碰撞后裂谷盆地、前陆盆地、陆内断陷和拗陷盆地演化阶段（朱创业等，1997；牟传龙等，1999；朱同兴，1999；陶晓风等，2002；李勇等，2001，2002；潘桂棠等，2003），新生代以来为与褶皱逆冲走滑拉分有关的盆地演化阶段（牟传龙等，1999；陶晓风等，2002；Wang *et al.*，2001a；Horton *et al.*，2002；Zhu *et al.*，2006；周江羽等，2011）。

从青藏高原碰撞造山的构造环境上看，矿床空间上与断续展布的古新世—中新世盆地和褶皱-逆冲构造相伴，即碰撞造山带的褶皱-逆冲-盆地发育区，但区别于大型褶皱-逆冲-盆地区：总体位于碰撞造山带内部而非边缘，盆地的规模较小且非典型前陆盆地，大规模逆冲非单一地向造山带外围推进（Yin and Harrison，2000；Spurlin *et al.*，2005；李亚林等，2006；He *et al.*，2009）。古新世—中新世盆地发育，但盆地规模不大，呈狭长带状，在东缘近南北向和北西向、北缘北西西-南东东向展布，边界为逆冲断层，内部充填陆相红色碎屑岩和膏盐建造，三江北段盆地内还夹有火山碎屑岩（周江羽等，2011）。盆地基底在南段的兰坪-思茅盆地显示为侏罗系—白垩系地层，在中、北段显示为石炭系、二叠系、晚三叠世地层。关于盆地性质，许多学者认为属前陆盆地（Wang *et al.*，2001a）或走滑拉分盆地（牟传龙等，1999；王世锋等，2002），或前陆盆地和走滑拉分盆地均存在（陶晓风等，2002；Zhu *et al.*，2006），一些学者则直接称其为逆冲挤压和走滑拉分控制的盆地（Horton *et al.*，2002；周江羽等，2011）。逆冲构造近南北或北西-南东走向，常作为新生代盆地的边界出现，显示出对盆地的控制或破坏。从 1：25 万或 1：20 万地质图上看，逆冲总体似有对冲的特点，即自两侧向中部逆冲，兰坪和昌都地区构造分析证实了这一论点（唐菊兴等，2006；He *et al.*，2009）。逆冲也通常显示多期次特征，在兰坪盆地，东部逆冲带大致发育于 ~34Ma 或 ~56Ma，而西部褶皱-逆冲发育时限不晚于 48 ~ 49Ma（王光辉等，2009）；在玉树地区，逆冲至少发生两次，早于 51Ma 和晚于 23Ma（Spurlin *et al.*，2005）；在沱沱河地区，早期冲断发生于 52 ~ 42Ma，晚期冲断发生于 40 ~ 24Ma（李亚林等，2006）。除逆冲构造外，走滑构造也普遍发育，但限于高原东缘，尚无证据显示其延伸至沱沱河地区。大型走滑断裂很少在新生代盆地内部被识别，他们往往出现在盆地外部，与成矿之间的关系不清楚，但对新生代盆地的发育和区域富碱岩浆活动起着重要控制作用（Wang *et al.*，2001a）。

三江盆地容矿贱金属矿化带从南到北包括 5 个矿床的富集区，即思茅盆地、兰坪盆地、昌都盆地、囊谦盆地和沱沱河盆地。思茅盆地发育有白龙厂、小干田小型铜矿床，萝卜山、厂硐和易田铅锌矿床；兰坪盆地发育有金顶超大型铅锌矿床，由北厂、架崖山、蜂子山、跑马坪等矿段构成。盆地北部发育有白秧坪矿集区，其西矿带包括白秧坪铅锌铜钴、富隆厂铅锌铜银、吴底厂铅锌和李子坪铅锌矿床，常称为白秧坪西矿带。东矿带包括河西铅矿床、下区五银矿床、燕子洞和灰山铅锌铜银、华昌山铅锌银、黑山铅锌银等矿床；昌都盆地发育包括赵发涌一带铅锌矿床在内的大量盆地容矿铅锌矿床（唐菊兴等，2006）；玉树地区囊谦等盆地发育东莫扎抓和莫海拉亨铅锌矿床；沱沱河盆地发育茶曲帕查铅锌矿床，以及纳保扎陇和空介等铅锌矿化点。按照金属元素组合可被划分为铅锌矿床和铅锌（铜银）矿床，它们的基本特征列入表7.8。

盆地容矿贱金属矿床（如MVT矿床）的定年一直是难题。近年，通过闪锌矿Rb-Sr、萤石和方解石Sm-Nd（田世洪等，2009；刘英超等，2011；王晓虎等，2011）、沥青和黄铁矿Re-Os等定年（高炳宇等，2012）手段，同时依靠地质条件限定，三江带内大多盆地容矿矿床的成矿时代逐渐明晰（图7.78）。

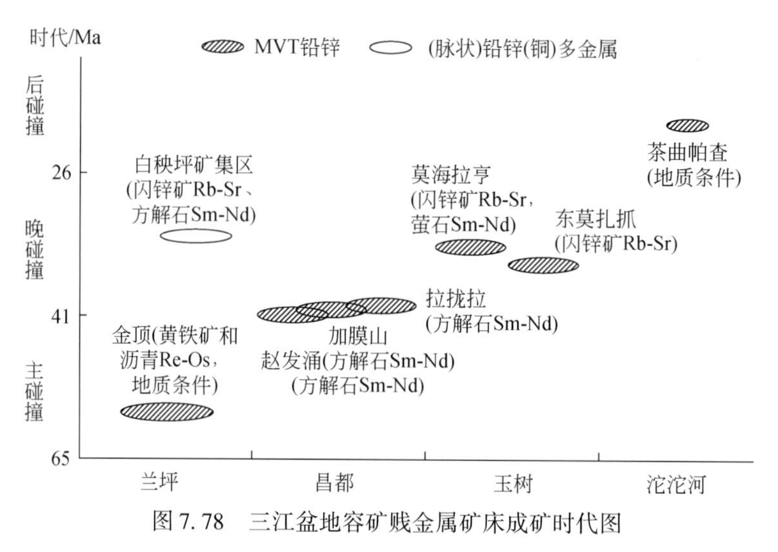

图7.78　三江盆地容矿贱金属矿床成矿时代图

兰坪盆地，金顶矿床的黄铁矿Re-Os定年为65±10Ma，沥青的Re-Os定年为68±5Ma（唐永永等，2011；高炳宇等，2012）。金顶矿床的填图表明，赋矿的砂岩和含灰岩角砾砂岩之间及云龙组中均见到底辟成因的石膏，显示石膏形成于云龙组沉积期。野外观察发现，砂岩和含灰岩角砾砂岩之间的底辟石膏发生强烈的黄铁矿化（和铅锌矿化近同期，但沉淀略早）和沥青化（和铅锌矿化近同期，但沉淀晚），故矿化晚于石膏，也就是一定晚于云龙组沉积。考虑到古新世果朗组沉积与下伏云龙组呈整合接触，而与上覆始新世宝相寺组呈不整合接触。后生矿化的特点表明矿床形成于金顶穹窿之后，即形成于导致穹窿体形成的区域逆冲之后。因此，结合所获得的定年数据，推测矿床形成于56Ma左右。白秧坪矿床东矿带受华昌山断裂控制，而华昌山断裂下盘卷入最新地层为始新统宝相寺组（He *et al.*，2009），并且其中出现矿化（田洪亮，1998），因此推测河西–三山矿床矿化时代应等于或晚于34Ma。同样，白秧坪矿床西矿带矿床受断裂构造控制，通过闪锌矿Rb-Sr等时线法和成矿阶段方解石Sm-Nd等时线法，获得富隆厂、李子坪、吴底厂等矿床的成矿年龄均为30～29Ma（王晓虎等，2011）。

昌都盆地，对3个矿床采用方解石Sm-Nd定年结果显示，矿床形成于41～38Ma（刘英超等，2011）。

囊谦盆地，闪锌矿Rb-Sr等时线法获得东莫扎抓矿床成矿年龄为35Ma，闪锌矿Rb-Sr等时线法和萤石Sm-Nd等时线法获得莫海拉亨矿床成矿时代为31～32Ma（田世洪等，2009）。

沱沱河盆地，茶曲帕查矿床中方铅矿局部出现在中新世五道梁组泥灰岩中，并且见到胶结灰岩角砾岩的五道梁期泥灰质物质被方铅矿所交代，反映矿床形成晚于或近等于中新世五道梁组沉积期，也就是晚于或近等于古地磁方法确定的五道梁组沉积时代 23～20Ma。

思茅盆地，盆地容矿矿床成矿时代尚不明确，但研究区盆地容矿矿床总体形成于新生代，为印度-亚洲大陆碰撞的背景。根据大陆碰撞造山阶段的划分，矿床形成于大陆碰撞的不同阶段，其中，以形成于晚碰撞阶段（40～26Ma）的矿床较多，即区域整体由碰撞挤压转换为区域走滑的应力背景；金顶矿床形成于主碰撞阶段（65～41Ma），区域经历强烈地碰撞挤压缩短；茶曲帕矿床形成于后碰撞阶段（25～0Ma），是岩石圈整体处于挤压背景而地壳局部出现伸展的应力环境。从南到北，MVT 矿床具有矿化时代由老变新的趋势。

2）容矿围岩与控矿构造

尽管盆地容矿的铅锌贱金属矿床与新生代沉积盆地空间相伴，但除少数矿床新生代的地层中出现矿化外，新生代地层基本不含矿，矿体赋存在老于新生代的地层中（表 7.8）。

对于 MVT 型铅锌矿床，较老地层以碳酸盐岩最为普遍。兰坪盆地填图表明，金顶矿床的赋矿围岩为盐底辟构造有关的砂岩和角砾岩，不是正常的地层系统；昌都盆地，铅锌矿床出现在三叠纪的碳酸盐岩内（唐菊兴等，2006）；囊谦盆地，东莫扎抓矿床矿体赋存于晚三叠世波里拉组白云石化灰岩内，局部矿化出现在二叠纪九十道班组灰岩中，莫海拉亨矿床矿体赋存在早石炭世杂多群灰岩中（图 7.79）；沱沱河盆地，茶曲帕查矿体赋存于二叠系九十道班组生物碎屑灰岩内，不整合于其上的中新世五道梁组泥灰岩局部也见零星的方铅矿矿化（图 7.79）。对于脉状铅锌多金属矿床，在兰坪盆地白秧坪西矿带，其赋矿围岩可以是各种岩性，矿化对围岩性质没有明显的选择性，与矿化受断裂控制有关，它们出现在侏罗系花开佐组灰岩、泥灰岩、泥岩、砂岩内，或出现在白垩系景星组钙质砂岩中；在东矿带，矿化出现于上三叠统三合洞组灰岩中（图 7.79）。

矿床受逆冲推覆和相关构造控制，矿体多出现在逆冲断裂附近，断裂上盘是矿体主要赋存位置，但不同矿床控制矿体定位容矿构造又有差别。莫海拉亨、东莫扎抓和茶曲帕查矿床均出现于逆冲断裂的上盘（图 7.79）。然而，矿体很少直接赋存在逆冲断裂内，而是直接容矿于其他一些构造中。对于金顶矿床，矿体边界以逆冲断裂为界，矿化与逆冲推覆引起的盐底辟构造密切相关，宏观来看，矿区穹窿是逆冲推覆引起的盐底辟的结果，局部来看，底辟角砾岩和砂体是矿化的重要部位（图 7.79）。

白秧坪矿床的矿体呈脉状赋存于逆冲断裂伴生的次级断裂或伴随逆冲的平推断裂中，容矿断裂往往陡倾。矿化受热液溶洞构造控制，可见天青石伴生方铅矿呈近水平层状与泥质交互沉积于溶洞中（图 7.79），或见闪锌矿伴生泥质作为胶结物胶结灰岩角砾。赵发涌一带矿床赋存于成矿期热液垮塌角砾岩中，东莫扎抓矿床矿体赋存于白云岩化灰岩段，局部矿化赋存于褶皱或逆冲有关的构造裂隙中，莫海拉亨矿床赋存于灰岩中早期褶皱内的构造破碎带内，茶曲帕查矿床受早期褶皱叠加晚期反冲断裂控制（图 7.79）。

表 7.8　三江地区盆地容矿铅锌贱金属矿床和矿点特征表

矿床/矿点		金属组合	储量	平均品位	围岩	主要矿物
兰坪盆地						
金顶		Pb-Zn	Zn：12.84Mt[a] Pb：2.64Mt[a]	Pb：1.16%～2.42%[a] Zn：8.32%～10.52%[a]	钙质砂岩、含灰岩角砾砂岩、灰岩角砾岩	方铅矿、闪锌矿、黄铁矿、白铁矿、方解石、天青石、石膏
白秧坪东矿带	河西	Pb	Zn+Pb： >0.5Mt[b] Ag：>3000t[b] Cu：～0.3Mt[b]	/	晚三叠世三合洞组碳酸盐岩	方铅矿、天青石
	下区吾	Ag（-Cu）		Ag：23.32～220.07g/t[b]	晚三叠世三合洞组白云岩、古近纪碎屑岩	黝铜矿、蓝铜矿、辉银矿、黄铁矿
	燕子洞	Pb-Zn-Cu-Ag		Pb：1.95%[b] Zn：2.41%[b] Cu：1.11%～1.81%[b] Ag：165～189g/t[b]	晚三叠世三合洞组白云岩（赋存 Pb-Zn）	闪锌矿、细硫砷铅矿、天青石；砷黝铜矿、辉铜矿、黄铁矿、方解石、白云石、重晶石
	华昌山	Pb-Zn-Ag		Pb：1.46%[b] Zn：1.60%[b] Ag：15.8g/t[b]	晚三叠世三合洞组白云质灰岩	闪锌矿、细硫砷铅矿、方解石
	灰山	Pb-Zn-Ag		Pb：3.55%[b] Zn：2.36%[b] Ag：114.9g/t[b]	晚三叠世三合洞组白云质灰岩	闪锌矿、细硫砷铅矿、方解石、萤石
	黑山	Pb-Zn-Ag		Pb：1.27%[b] Zn：3.39%[b] Ag：23.3g/t[b]	晚三叠世三合洞组白云质灰岩	闪锌矿、细硫砷铅矿、方解石
白秧坪西矿带	白秧坪	Cu-Co	Cu：0.12Mt[b]	Cu：0.86%～3.3%[b] Co：0.10%～0.27%[b]	早白垩世景星组砂岩、粉砂岩	黝铜矿、砷黝铜矿、辉铜矿、辉砷钴矿、硫钴镍矿、含钴毒砂、黄铁矿、石英、方解石、重晶石
	富隆厂	Pb-Zn-Cu-Ag	/	Pb：4.2%～7.4%[b] Zn：/ Cu：0.63%～11.70%[b] Ag：328～547g/t[b]	早白垩世景星组砂岩、粉砂岩	闪锌矿、细硫砷铅矿、黝铜矿、砷黝铜矿、辉银矿、汞银矿、黄铁矿、方铅矿、方解石/铁白云石

续表

矿床/矿点	金属组合	储量	平均品位	围岩	主要矿物
兰坪盆地					
白秧坪西矿带 吴底厂	Pb-Zn	/	Pb：4.2%～10.4%[b] Zn：12.2%～15.33%[b]	中侏罗世花开佐组泥岩、泥灰岩、砂岩	闪锌矿、细硫砷铅矿、黄铁矿、方解石/铁白云石
白秧坪西矿带 李子坪	Pb-Zn	/	/	中侏罗世花开佐组灰岩、泥岩、砂岩	闪锌矿、细硫砷铅矿、黄铁矿、方解石/铁白云石
昌都盆地					
赵发涌	Pb-Zn	Zn+Pb：0.56Mt（远景）	Pb：10.76%～12.56% Zn：10.98%～12.35%	三叠系甲丕拉组灰岩，二叠系里查组厚层灰岩	方铅矿、菱锌矿、黄铁矿、白铁矿、方解石、重晶石、沥青
加膜山	Pb-Zn	/	Pb：15.7%～18.6% Zn：10.4%～13.4%	三叠系波里拉组灰岩	方铅矿、菱锌矿、黄铁矿、自然硫、方解石、重晶石
拉陇拉	Pb-Zn	/	/	三叠系甲丕拉组灰岩、砂质灰岩	菱锌矿、方铅矿、黄铁矿、硫磺、萤石、重晶石、菱铁矿、方解石、沥青
囊谦盆地					
东莫扎抓	Pb-Zn	Zn+Pb： >0.8Mt（远景）[e]	Zn：2.10%～2.62%[e] Pb：0.76%～1.49%[e]	晚三叠世波里拉组碳酸盐岩，局部晚二叠世九十道班组碳酸盐岩	闪锌矿、方铅矿、黄铁矿、白云石、重晶石、方解石、沥青
莫海拉亨	Pb-Zn	/	/	早石炭世杂多群碳酸盐岩	闪锌矿、方铅矿、黄铁矿、萤石、方解石
沱沱河盆地					
茶曲帕查	Pb（-Zn）	Pb+Zn： 2.6Mt（远景）	Pb：0.7%～1.0%	主体晚二叠世九十道班组碳酸盐岩；局部中新世五道梁组泥灰岩	方铅矿、黄铁矿、方解石、少量闪锌矿和沥青
纳保扎陇	Pb	/	/	晚三叠世甲丕拉组灰岩	方铅矿、黄铁矿、方解石

注：“/”表示没有相关信息；上标 a. 据刘增乾等，1993；上标 b. 据陈开旭，2006；上标 c. 据赵海滨，2006；上标 d. 据云南省地质局，1974，1∶20万兰坪幅区域地质调查报告（矿产部分），内部资料；上标 e. 据青海省地质调查院，2007，青海省杂多县东莫扎抓铅锌银矿普查设计书，内部资料。

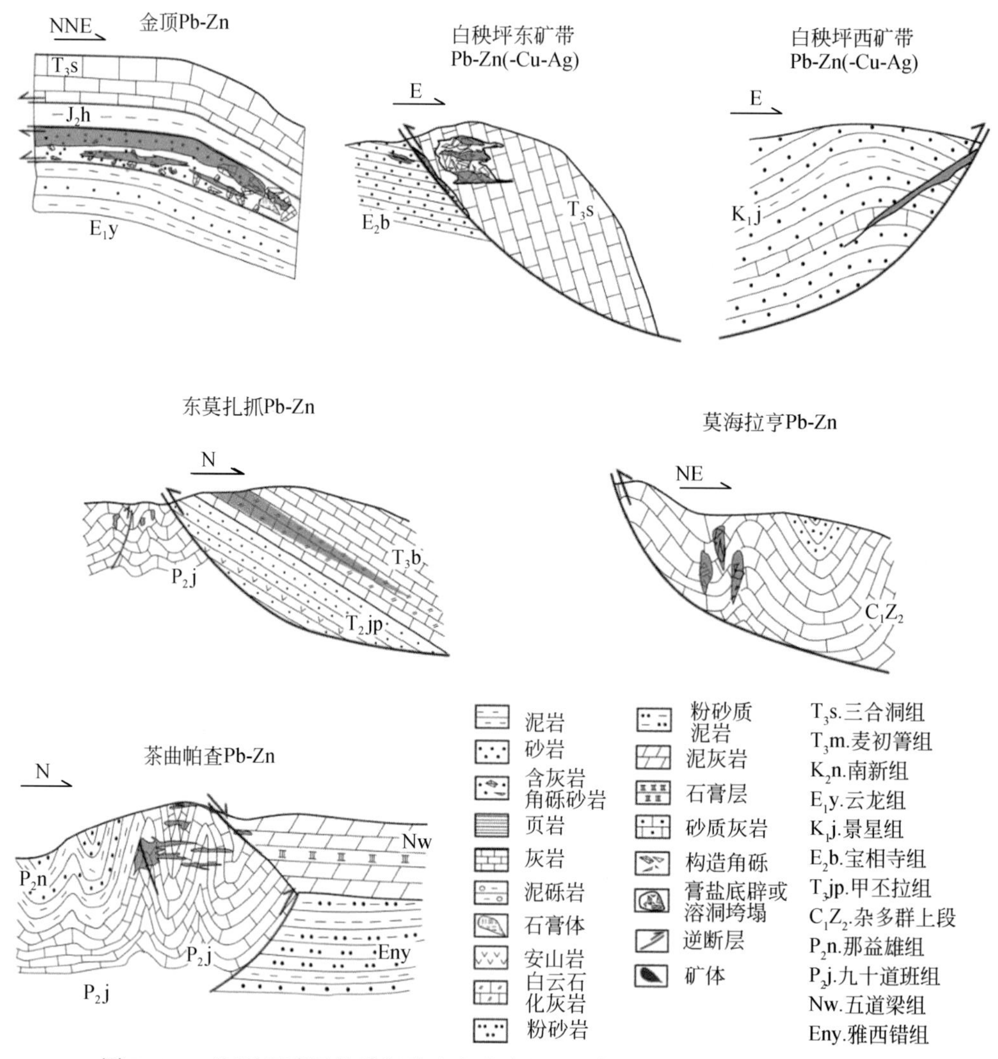

图 7.79　三江地区喜马拉雅期盆地容矿贱金属矿床容矿围岩和控矿构造示意图

3）矿石矿化

贱金属矿化带内构成 MVT 铅锌矿床矿石的原生热液矿物相对简单，以方铅矿、闪锌矿、黄铁矿、方解石和白云石为主，几乎所有矿床中见有干沥青。此外，许多矿床出现少量白铁矿、石英和黏土矿物，个别矿床发育天青石、重晶石、萤石和石膏。通常，热液矿化早期出现石英、黄铁矿和白云石，中期出现闪锌矿+方铅矿±方解石±黄铁矿±天青石±重晶石±萤石，为主矿化期，晚期出现方解石和黄铁矿。沥青往往单独出现于围岩内，与其他热液矿物的世代关系不明，或出现在主矿化期的晚阶段。MVT 铅锌矿床以灰岩为容矿岩石则多呈交代灰岩角砾胶结物或胶结灰岩角砾矿化形式，角砾可以是膏盐底辟或盐溶形成，也可以是热液溶解、溶洞垮塌和断裂破碎所致，但在金顶的砂岩和东莫扎抓的白云岩化灰岩中，呈浸染状矿化形式。除此之外，细脉状的矿化几乎在矿床都有出现，但不是主要矿化形式，对矿量的贡献有限。

金顶矿床出现两种矿化：一是在石英砂岩和含灰岩角砾砂岩内，闪锌矿、方铅矿和黄铁矿呈浸染状出现于砂岩的钙质胶结物中，矿化强烈时呈稠密浸染状［图 7.80（a）］，以致形成对钙质胶结物的完全交代（Xue *et al.*，2007），同时，镜下观察显示方铅矿是充填于石英和早期黄铁矿颗粒之间的热膨胀裂隙中（Liu *et al.*，2010）；二是在灰岩角砾岩中，方铅矿、闪锌矿、黄铁矿和天青石交代原来胶结灰岩角砾的石膏+砖红色泥质物质+方解石［图 7.80（b）］，当交代强烈以致完全溶解胶结物便形成开放空间充填形式矿化，形成胶状结构［图 7.80（c）］，矿石内见有沥青和热液石膏伴生，充填于热液天青石留下的孔洞内，为矿化的最晚阶段形成［图 7.80（c）］。昌都赵发涌矿床原生硫化物以方铅矿为主（锌以菱锌矿形式出现），伴有黄铁矿、白铁矿、方解石、重晶石和沥青，和拉拢拉及加膜山矿床的矿物组成相似，但后者不发育白铁矿，而出现硫黄、萤石和菱铁矿等矿物，其中，赵发勇矿石以皮壳状、角砾状构造为主，拉拢拉矿石以角砾状和网脉状构造为主（刘英超等，2011）。

东莫扎抓矿床主矿体中白云岩化灰岩出现斑点状的褐铁矿矿化［图 7.80（d）］，镜下观察显示褐铁矿化的原生矿物为黄铁矿，闪锌矿和方铅矿围绕黄铁矿生长于白云石间的孔隙内，另一种矿化是粗晶的闪锌矿和方铅矿胶结白云石化灰岩角砾［图 7.80（e）］或粗晶的闪锌矿、方铅矿、黄铁矿与重晶石伴生呈脉状出现在构造裂隙中。在莫海拉亨矿床，矿化形式为闪锌矿+方铅矿+方解石+萤石胶结灰岩角砾［图 7.80（f）］。东莫扎抓和莫海拉亨两个矿床发育有沥青，但出现在围岩地层中，与矿化的关系不清楚。在茶曲帕查矿床，矿化为方铅矿+方解石±少量重晶石交代灰岩角砾间的泥灰质胶结物［图 7.80（g）、（h）］或出现在完整的灰岩内，热液矿物有时形成未被物质充填的孔洞［图 7.80（h）］，另外也见脉状方铅矿±黄铁矿和浸染状方铅矿出现在灰岩和上覆于灰岩之上的泥灰岩地层中，沥青出现在和黄铁矿±闪锌矿伴生的方解石脉中，此期脉和方铅矿矿化关系尚不清楚。

白秧坪西矿带吴底厂和李子坪矿段以闪锌矿、细硫砷铅矿和方解石-铁白云石为主，见少量方铅矿、雄黄、雌黄、黄铁矿和石英；富隆厂矿段以闪锌矿、细硫砷铅矿、方铅矿和方解石-铁白云石为主，同时伴有黝铜矿、砷黝铜矿、黄铁矿、方铅矿和少量石英，陈开旭等（2004a）鉴定有辉银矿、汞银矿，认为其为载 Ag 矿物；白秧坪矿段则以闪锌矿、方铅矿、黝铜矿、砷黝铜矿、辉铜矿、辉砷钴矿、硫钴镍矿和含钴毒砂为主，陈开旭等（2004a）认为后三者为含 Co 矿物，热液脉石矿物是石英、天青石、方解石和重晶石（薛春纪等，2003）。东矿带河西矿床矿物为方铅矿和天青石；燕子洞矿床矿石由闪锌矿、细硫砷铅矿、方铅矿、天青石构成，铜矿石一般为含铜氧化物，田洪亮（1998）认为其原生矿物为砷黝铜矿、辉铜矿和黄铜矿等，并伴有方解石、白云石、重晶石、石英等热液脉石矿物；灰山、黑山、华昌山等矿床矿石由闪锌矿、细硫砷铅矿、方铅矿和方解石构成，伴有黄铁矿，在灰山见有萤石，陈开旭等（2004a）研究了未定名的铅、锑和砷硫盐矿物，认为其是主要的载银矿物。此外，在白秧坪矿集区内，刘家军等（2010）鉴定富含 As、Ni、Sb、Bi 的原生矿物。

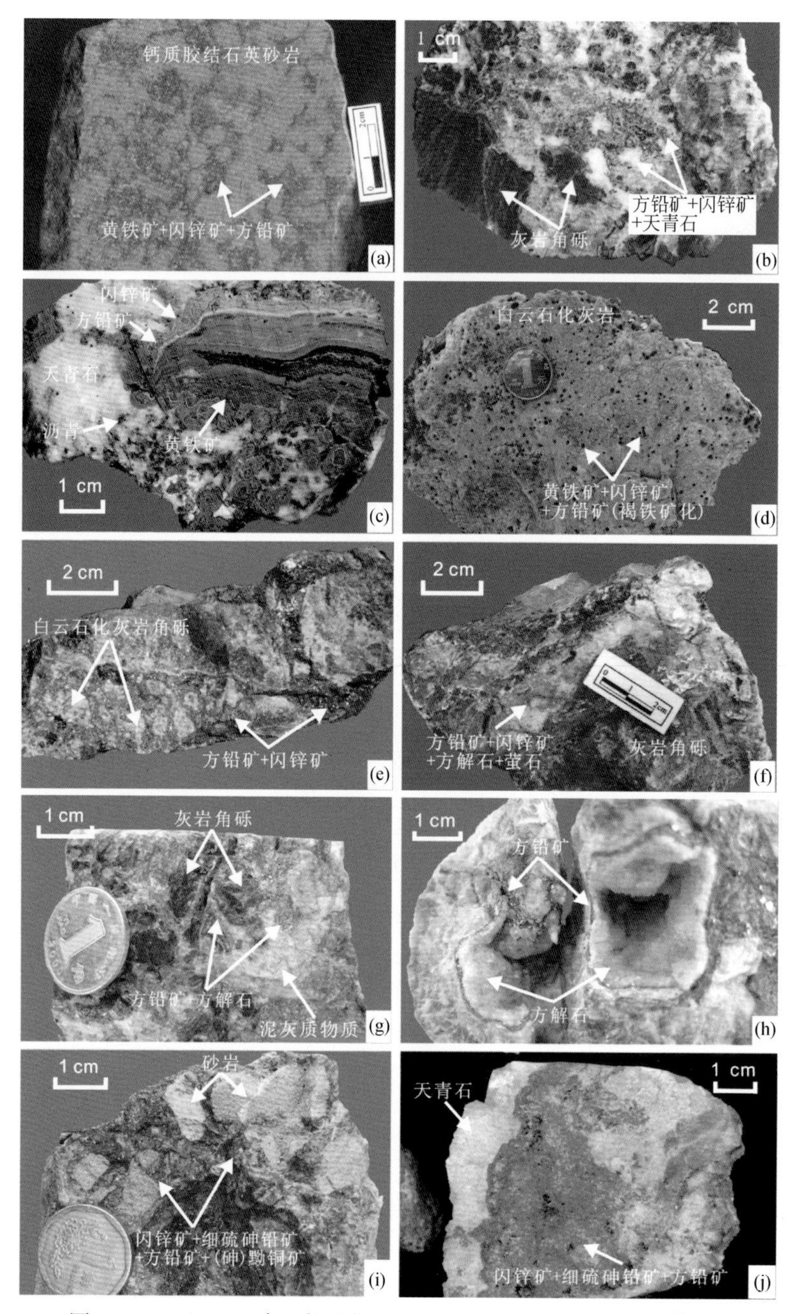

图 7.80　三江地区喜马拉雅期盆地容矿贱金属矿床典型矿石照片

(a) 石英砂岩发生稠密浸染状矿化，金顶北厂矿段；(b) 热液矿物不完全交代灰岩角砾胶结物，金顶架崖山矿段；(c) 胶状矿化，金顶架崖山矿段；(d) 白云岩化灰岩内的浸染状矿化；(e) 硫化物胶结白云石化灰岩角砾，东莫扎抓；(f) 热液矿物胶结灰岩角砾，莫海拉亨；(g) 热液矿物不完全交代灰岩角砾间的泥灰质胶结物，茶曲帕查；(h) 方铅矿和方解石形成孔洞构造，茶曲帕查；(i) 断裂破碎带内硫化物胶结砂岩角砾，白秧坪西矿带，富隆厂；(j) 热液溶洞内的块状矿化，白秧坪东矿带燕子洞脉状铅锌多金属矿床的原生金属矿物种类复杂多样，一般热液矿化早期出现无矿方解石±石英，中期为各种金属硫化物+方解石/铁白云石组合，晚期出现无矿方解石。矿石类型相对简单，白秧坪矿床西矿带的脉状铅锌多金属矿床矿体均呈脉状，在手标本尺度，矿石呈胶结围岩角砾状、块状等特点；白秧坪矿床东矿带的铅锌（铜银）矿床，手标本尺度的原生矿石常呈块状

4）成矿流体与物质来源

MVT铅锌矿床以盐水包裹体为主，但在金顶矿床（Xue *et al.*，2007）和莫海拉亨矿床尚出现含CO_2盐水包裹体。综合铅锌及脉状铅锌多金属矿床中闪锌矿内的流体包裹体测温数据（陈开旭等，2004b；Xue *et al.*，2007；刘英超等，2010；薛伟等，2010）显示于图7.84。矿床流体包裹体均一温度为70～240℃，盐度为4%～28% NaCl，具有低温成矿特点。其中，铅锌矿床包裹体均一温度为100～210℃，盐度为4%～28% NaCl；脉状铅锌多金属矿床包裹体均一温度为110～200℃，盐度为8%～26% NaCl，比较来看，铅锌矿床和铅锌多金属矿床包裹体均一温度和盐度相一致（图7.81）。

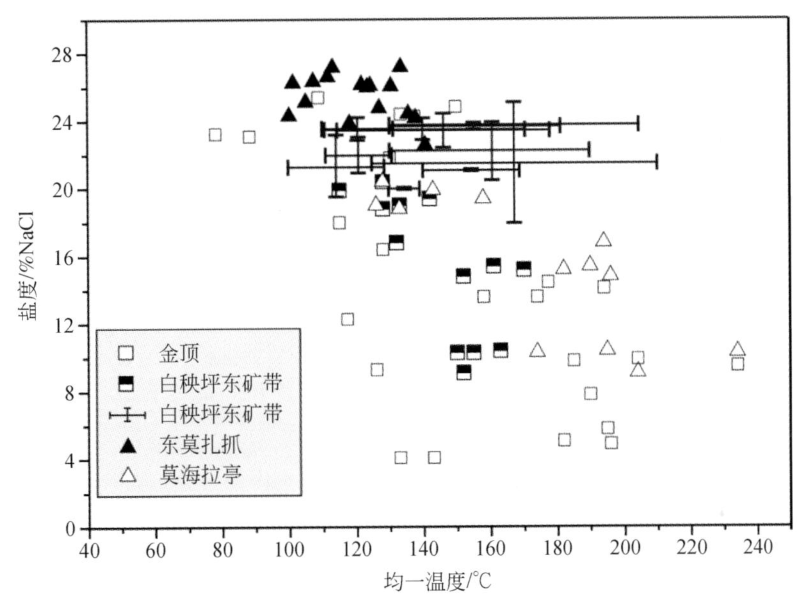

图7.81 三江地区喜马拉雅期盆地容矿贱金属矿床流体包裹体盐度-温度图

矿床数据均来自闪锌矿中的包裹体。其中，金顶矿床数据据Xue *et al.*，2007；白秧坪东矿带数据据陈开旭等，2004b；白秧坪西矿带数据据薛伟等，2010；东莫扎抓和莫海拉亨数据据刘英超等，2011

金顶矿床存在盐水包裹体，同时发现了大量有机包裹体，显示盐水流体和含油气流体的混合。东莫扎抓矿床和白秧坪西矿带成矿流体显示低温（主体<200℃）、高盐度主体>20% NaCl特点，反映成矿流体为盆地卤水来源；莫海拉亨矿床成矿流体显示为低温，具有高盐度和低盐度的特点，考虑出现了富CO_2流体包裹体，推测矿床可能存在着较低温度、较高盐度的盆地卤水和较高温度、较低盐度并富CO_2深源流体的混合；白秧坪东矿带成矿流体显示为低温和中-高盐度特征，可以认为是单一的盆地卤水源，也可以解释为盆地卤水与深循环大气降水的混合。

统计各矿床闪锌矿、方铅矿、细硫砷铅矿和铜硫化物的S同位素比值于图7.82（a）、（b）中（肖荣阁，1989；周维全、周全立，1992；叶庆同等，1992；季宏兵、李朝阳，1998；刘家军等，2001；吴南平等，2003；赵海滨，2006；刘英超等，2009；宋玉财等，2009）。MVT铅锌矿床$\delta^{34}S_{V\text{-}CDT}$值为-31‰～+8‰、脉状铅锌多金属矿床为-21‰～+8‰。

三江盆地容矿贱金属矿床金属硫化物贫^{34}S；在铅锌矿床中，金顶矿床闪锌矿和方铅矿的$\delta^{34}S_{V\text{-}CDT}$值为-31‰～-1‰，集中于-25‰～-2‰［图7.82（a）］，东莫扎抓闪锌矿和方铅矿的$\delta^{34}S_{V\text{-}CDT}$值为-9‰～+6‰［图7.82（b）］，莫海拉亨为-14‰～+8‰［图7.82（b）］，茶曲帕查方铅矿$\delta^{34}S_{V\text{-}CDT}$值为-27‰～0‰［图7.82（b）］；在铅锌（银）矿床中，白秧坪西矿带硫化物硫同位素组成均一，分布于+1‰～+8‰，集中于+4‰～+7‰［图7.82（a）］，白秧坪东矿带硫化物硫同位素组成为-21‰～-6‰；集中于-12‰～-6‰［图7.82（a）］。

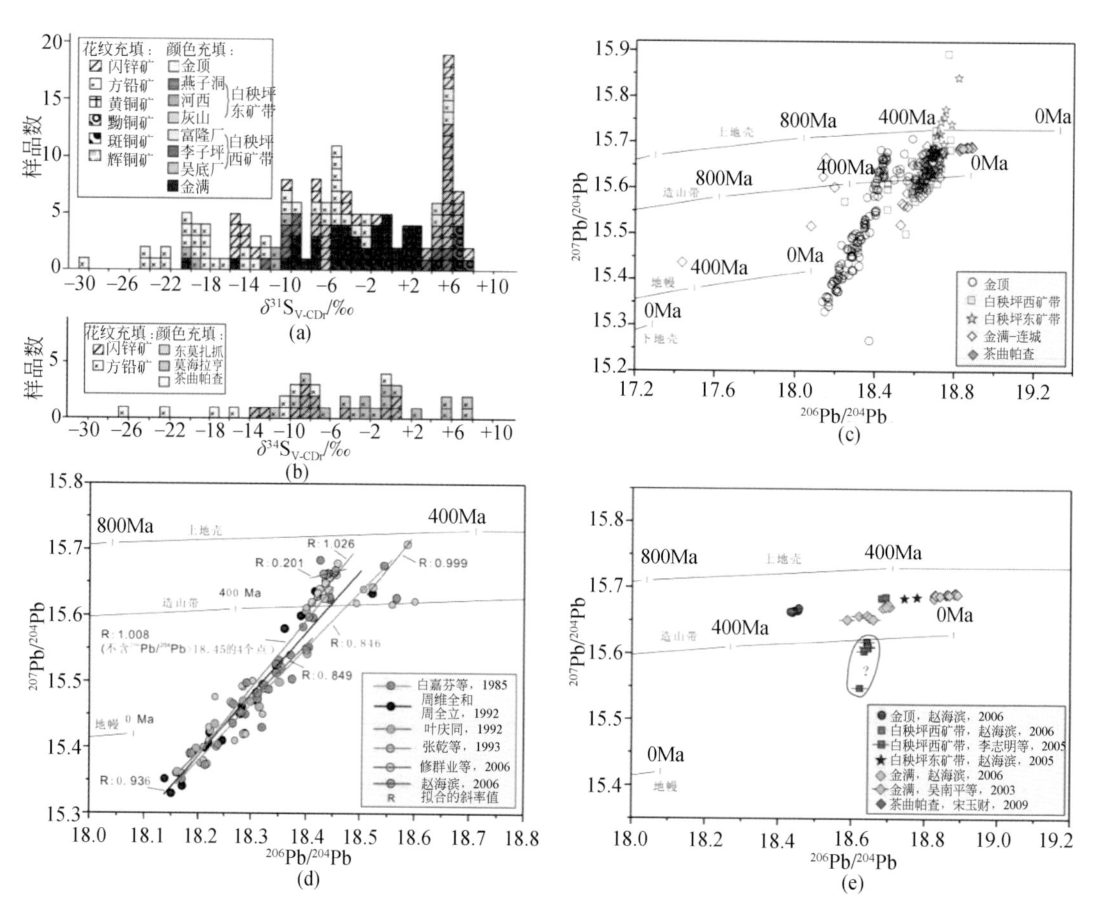

图7.82　三江地区喜马拉雅期盆地容矿贱金属矿床硫化物硫、铅同位素组成图

（a）矿床硫化物硫同位素组成，其中，金顶数据据周维全、周全立，1992、叶庆同等，1992；白秧坪东矿带和西矿带矿床及茶曲帕查数据据宋玉财等，2009；金满数据据肖荣阁，1989、季宏兵、李朝阳，1998、刘家军等，2001、吴南平等，2003、赵海滨，2006；东莫扎抓和莫海拉亨数据据刘英超等，2009；（b）矿床硫化物铅同位素$^{207}Pb/^{204}Pb$-$^{206}Pb/^{204}Pb$图解；白秧坪西矿带矿床数据据魏君奇，2001、王峰、何明友，2003、徐启东、周炼，2004、李志明等，2005、赵海滨，2006、宋玉财等，2009；白秧坪东矿带矿床数据据魏君奇，2001、何明勤等，2004、徐启东、周炼，2004、赵海滨，2006、宋玉财等，2009；金满和连城矿床数据据吴南平等，2003、徐启东、周炼，2004、赵海滨，2006、宋玉财等，2009；茶曲帕查数据据宋玉财等，2009；（c）金顶矿床硫化物Pb同位素组成误差分析；（d）筛选后的硫化物铅同位素$^{207}Pb/^{204}Pb$-$^{206}Pb/^{204}Pb$图。（b）～（d）底图据Doe and Zartman，1979

兰坪盆地内的矿床发表了大量铅同位素数据（白嘉芬等，1985；周维全、周全立，1992；叶庆同等，1992；张乾，1993；魏君奇，2001；王峰、何明友，2003；吴南平等，2003；何明勤等，2004；徐启东、周炼，2004；李志明等，2005；修群业等，2006；赵海滨，2006），这些数据总结于He等（2009）的文章中，同时分析了众多数据（宋玉财等，2009），包括三江北段茶曲帕查矿床的数据，将数据投影在$^{207}Pb/^{204}Pb$-$^{206}Pb/^{204}Pb$图中。如图7.82（c）所示大量数据点在图中呈线性分布，因而要分析是否存在系统的分析误差。Pb同位素分析误差有两个原因：①^{204}Pb本身含量低导致的测量误差；②质谱测试过程中同位素质量分馏引起的误差。当出现误差时，数据点在$^{207}Pb/^{204}Pb$-$^{206}Pb/^{204}Pb$图中呈线性分布，前者控制的斜率值R为所有样品$^{207}Pb/^{204}Pb$平均值和$^{206}Pb/^{204}Pb$平均值的比值m，后者控制的斜率值R为$1.5m$，当两种误差都存在时，分析数据点拟合成直线的斜率值R处于m和$1.5m$之间。

以金顶矿床为例检验数据是否存在分析误差。不同学者分别对矿床的硫化物进行了Pb同位素分析（白嘉芬等，1985；周维全、周全立，1992；叶庆同等，1992；张乾，1993；修群业等，2006；赵海滨，2006）。如图7.82（d）所示，1993年之前发表的数据普遍分布范围大，从上地壳和造山带演化线之间向左下方一直延伸到地幔演化线右下方，而2006年以来发表的数据分布相对有限，仅处于上地壳和造山带演化线之间，如果说选择的都是金顶矿床样品，并且也不存在样品选择上的差别，不同发表数据之间存在如此大的差别是难以理解的。同理，对兰坪盆地其他矿床已发表的数据（张乾，1993；魏君奇，2001；王峰、何明友，2003；吴南平等，2003；何明勤等，2004；徐启东、周炼，2004；李志明等，2005；修群业等，2006；赵海滨，2006）和本次研究分析的数据（宋玉财，2009）进行了检验，最后筛选剩下的数据点投影在图中，其中李志明等（2005）的数据点拟合出的直线斜率R不在其m值和$1.5m$值之间，但其数据点和其他数据点分布模式和分布范围有明显差别。

如图7.82（e）所示，所有数据的$^{207}Pb/^{204}Pb$变化于15.662～15.692，$^{206}Pb/^{204}Pb$变化于18.432～18.890，其中，金顶矿床硫化物$^{207}Pb/^{204}Pb$为15.6625～15.6682、$^{206}Pb/^{204}Pb$为18.4323～18.4541（赵海滨，2006）；金满矿床硫化物的$^{207}Pb/^{204}Pb$为15.6514～15.6748、$^{206}Pb/^{204}Pb$为18.5866～18.7013（吴南平等，2003；赵海滨，2006）；白秧坪西矿带矿床（李子坪）硫化物$^{207}Pb/^{204}Pb$为15.6831～15.6848、$^{206}Pb/^{204}Pb$为18.6816～18.6924（赵海滨，2006）；白秧坪东矿带矿床（灰山）硫化物$^{207}Pb/^{204}Pb$为15.6828～15.6844、$^{206}Pb/^{204}Pb$为18.7430～18.7772（赵海滨，2006）；三江北段茶曲帕查矿床硫化物$^{207}Pb/^{204}Pb$为15.6833～15.6923、$^{206}Pb/^{204}Pb$为18.8253～18.8895（宋玉财等，2009）。在图7.82（e）中，数据点处于全球平均上地壳和造山带铅同位素演化曲线之间。

考虑硫的来源，首先要了解金属在流体中的迁移特点。对于铅锌矿床而言，在较低温度下（<200℃）迁移Pb、Zn需要氧逸度较高的条件（Cooke *et al.*，2000；Leach *et al.*，2005），也就是说迁移Pb、Zn的流体中还原S相对氧化S的含量要低，从而保持金属不被沉淀而迁移至成矿部位，那么形成硫化物的还原硫的来源或者是迁移金属溶液中的硫酸根在成矿部位被还原，或者为成矿部位提供还原硫。

金顶矿床热液天青石的$\delta^{34}S$值为+12‰～+19‰，地层中石膏的$\delta^{34}S$值为+15‰左右，因此，要形成金顶硫化物 $\delta^{34}S$ 值为-31‰～-1‰，需要有细菌还原硫的出现，因为细菌还原硫酸盐（BSR）形成硫化物可以形成2‰～42‰的硫同位素动力学分馏（Detmers *et al.*, 2001），而有机和无机热还原硫酸盐（TSR）一般分别使硫酸盐和硫化物之间分馏在<0‰～15‰（Leach *et al.*, 2005）和10‰～25‰（Chang *et al.*, 2008），故在金顶矿床只有细菌还原S的加入才能解释 $\delta^{34}S$ 值低于-10‰的硫化物的出现，也可解释 $\delta^{34}S$ 值在-10‰～-1‰的硫化物的出现（相对封闭体系下的BSR作用）。但同时，有机热还原硫酸盐提供还原S是不能排除的，因为金顶矿床围岩中富有机质，甚至形成古油气藏（薛春纪等，2007），通过有机质热还原硫酸盐形成的还原硫与细菌还原提供的硫混合同样可以解释观察到的硫化物 $\delta^{34}S$ 值范围。相似的解释也适用于东莫扎抓、莫海拉亨、茶曲帕查等铅锌矿床和白秧坪东矿带的脉状铅锌多金属矿床，这些矿床的围岩都是富有机质的碳酸盐岩。白秧坪西矿带的脉状铅锌多金属矿床硫化物S同位素组成十分均一，由于新生代云龙组中硫酸盐矿物 $\delta^{34}S$ 值为+13.5‰～+15.8‰（覃功炯、朱上庆，1991），因此携带Pb、Zn等金属的富硫酸根的高盐度卤水在开放体系下通过TSR作用可能提供了还原硫。

矿床Pb同位素组成在 $^{207}Pb/^{204}Pb$-$^{206}Pb/^{204}Pb$ 图中处于全球平均上地壳和造山带铅同位素演化曲线之间，显示矿床铅没有明显的地幔铅和下地壳铅的贡献，即来自盆地基底或其内早于新生代的沉积岩提供了铅锌金属。

5）区域成矿模型

三江盆地容矿贱金属矿床的区域成矿模型描述如下（图7.83），受印-亚大陆碰撞影响，三江遭受挤压，由于处于金沙江缝合带和龙木错-双湖缝合带之间，挤压导致区域形成对冲构造格局，来自唐古拉山-澜沧江带向北、向东逆冲，来自金沙江缝合带向南、向西逆冲，往往在根部形成褶皱带，向前锋区演变为逆冲带。同时，伴随着褶皱-逆冲形成早新生代前陆盆地沉积，盆地往往彼此隔绝，呈东（南东）-西（北西）向展布。而后，为调节印-亚大陆碰撞应力，区域发生走滑拉分，形成走滑拉分盆地，导致新生代沉积盖覆于早期碎屑岩之上，在兰坪和玉树地区，盆地内形成膏盐建造，在沱沱河地区，走滑拉分后盆地不断萎缩，形成盐湖沉积。同时走滑拉分及后来的应力松弛或局部伸展使得早期挤压形成的断裂构造张开，为流体运移和排泄提供了条件。区域来自褶皱-逆冲带根部带补给的盆地卤水不断下渗，同时构造压实作用也会使地层中流体排出并被加热，这些氧化的、高盐度的流体在流经沉积岩地层时会淋滤萃取铅锌成矿物质。由于两侧褶皱-逆冲带具有较高地势，流体倾向于从根部带向前锋带运移，如果卤水流经更多的碎屑岩红层，获得铅锌和更多的Cu等多金属，如果流经的地层红层较少，获得金属以Pb、Zn为主。流体在大陆碰撞不同演化阶段向有利于构造-岩相部位迁移，包括：逆冲推覆期褶皱和层间滑脱带（金满-连城）、盐底辟构造有关岩性系统内（金顶）、早期褶皱叠加晚期断裂的碳酸盐岩内（老君山、茶曲帕查、莫海拉亨）、富有机质碎屑岩和碳酸盐岩过渡的碳酸盐岩内（茶曲帕查、拉拢拉）、灰岩与白云岩过渡部位的白云岩内（东莫扎抓MI段）逆冲有关断裂构造内（白秧坪西矿带）、断裂带及其附近张性空间（菜籽地、萝卜山-厂硐）等。对于MVT型铅锌矿床，迁移金属的盆地卤水与富细菌还原硫的流体的混合导致了金属的沉淀，而脉状铅锌多金属矿床是迁移金属的盆地卤水在矿化部位受到有机热还原作用导致了金属的沉淀。

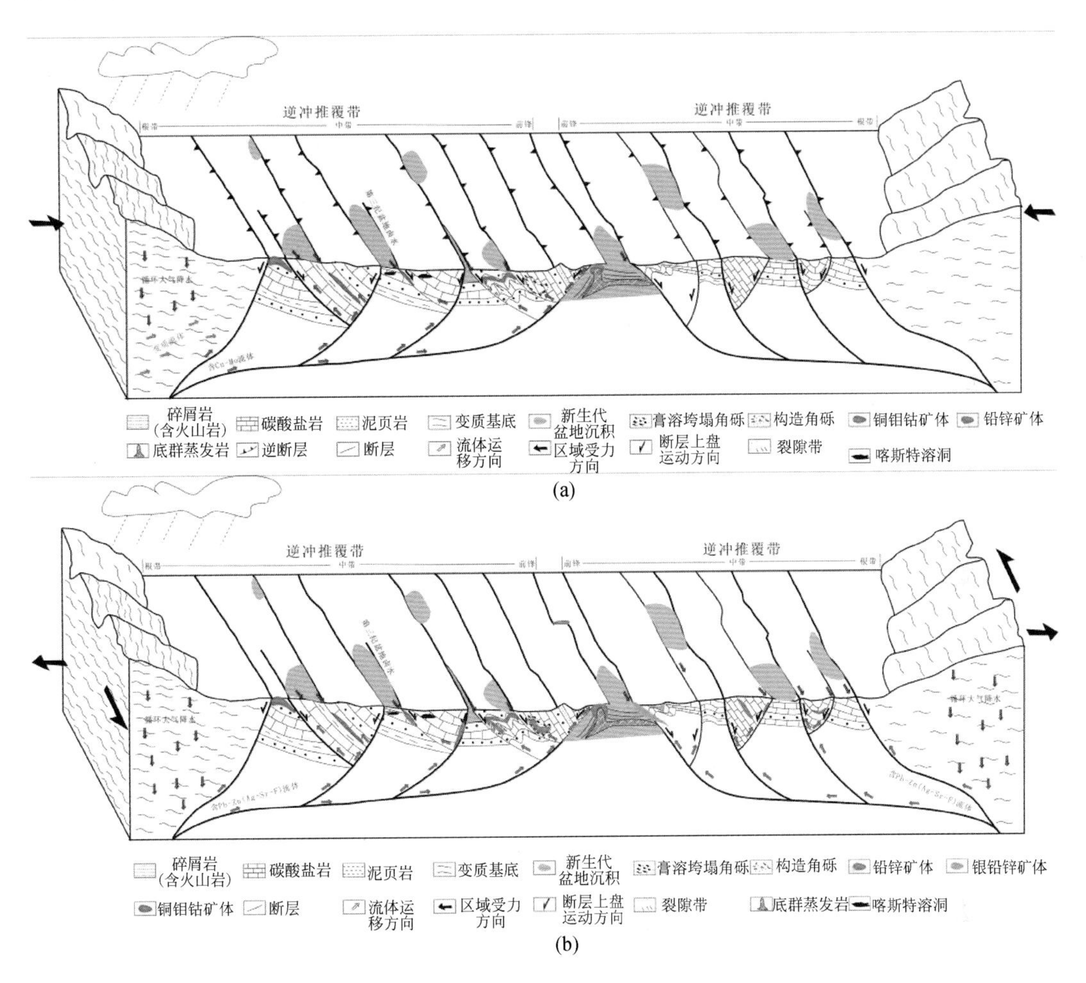

图7.83　三江地区盆地容矿铅锌矿床区域成矿模型图

(a) 逆冲推覆期成矿模型；(b) 走滑-伸展期成矿模型

三江地区发育的碳酸盐岩容矿铅锌矿床为MVT型矿床，同时又具有其自身特点而区别于世界已知的典型MVT矿床，表现为：受控于逆冲推覆系统，而不是稳定的碳酸盐岩台地，与矿有关的盐盆两侧均为褶皱-逆冲带，从而导致水动力学条件不同，使得流体可以向褶皱-逆冲带方向运移；区域地壳构造和地壳物质组成更加复杂多样，使得从盆地下渗的卤水可以循环至地壳较深的部位，成矿流体在运移过程中可以萃取流经的各地层从而获得更为复杂多样的金属元素等。

第 8 章　复合叠加成矿作用

三江地区经历了海西期—印支期增生造山与喜马拉雅期碰撞造山两大构造事件，在不同构造体制下成矿作用于同一空间先后发生，导致不同时代与成因矿体同位叠加，是矿床规模提升、共伴生矿种增多和资源潜力扩大的重要因素。成矿集中在大洋生长与俯冲造山阶段以及碰撞造山主碰撞向晚碰撞的转换阶段，控制了区域喜马拉雅期斑岩型铜金矿带、沉积岩容矿型铅锌多金属矿带、造山型金矿带和 VMS 型铜多金属矿带。在不同时期构造环境作用下，在矿带、矿田和矿床范围内形成了复杂多样的叠加成矿作用。叠加成矿作用可划分为 3 种类型和 9 种方式（图 3. 39；邓军等，2012a、2012b）。

8. 1　叠加成矿作用类型

8. 1. 1　VMS-岩浆热液叠加成矿

VMS-岩浆热液叠加型包括喜马拉雅期岩浆热液型矿体叠加海西期—燕山期 VMS 型矿体的老厂式铅锌钼矿床和鲁春式铜铅锌矿床，印支和燕山期岩浆热液型矿体叠加海西期 VMS 型矿体的羊拉式铜钼铅锌矿床（图 8. 1）。

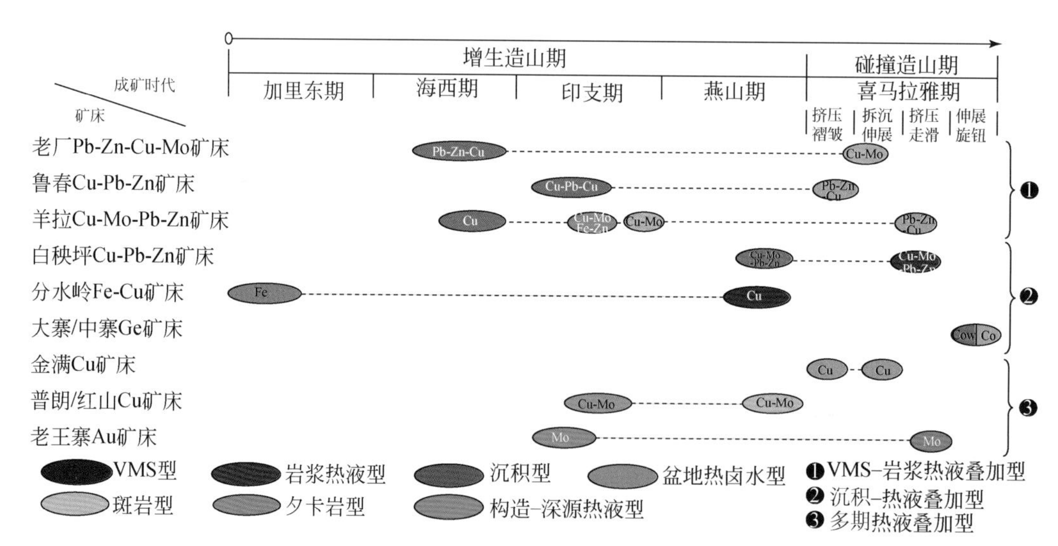

图 8. 1　三江地区成矿域叠加成矿作用组合类型图（据邓军等，2012b）

老厂 VMS 型铅锌钼多金属矿床位于澜沧江断裂以西的昌宁-孟连晚古生代裂谷的南段，处于南北向主干构造与北西向黑河左行走滑断裂带的交汇部位。区域构造环境演化历经3次重大体制的转变，包括大陆裂谷期、区域断块隆升与断陷期或新特提斯开启与闭合期和陆内碰撞造山期，构造体制的转换有利成矿构造环境更替、多种成矿地质作用的叠加与耦合。矿区出露晚古生代地层，以下石炭统依柳组基性火山岩为主，是一套火山-沉积岩系，由熔岩、集块岩、角砾岩、凝灰岩、沉凝灰岩、砂页岩和白云质灰岩组成。矿区南北向断层经历裂谷期拉张—裂谷封闭期挤压—新生代晚期右行走滑的演变过程，北西向断层长期以压剪性活动为主。南北向老厂背斜形成于裂谷封闭期，陆内碰撞造山期进一步发展，是喜马拉雅期斑岩成矿系统的控岩控矿构造。隐伏花岗斑岩体仅在钻孔中可见。老厂VMS型矿床经历了两期成矿作用［图8.2（a）］。晚石炭世VMS层状、似层状铁铜铅锌矿体构成了矿床的主体，呈上层下脉状赋存于石炭系下统依柳组基性海相火山岩中，与昌宁-孟连洋的扩张作用相关，获得含矿玄武岩SHRIMP锆石U-Pb年龄为307～312Ma。闪锌矿地球化学研究提供了两期成矿作用信息，表明矿床成矿物质来源于晚石炭世火山岩（玄武岩及凝灰岩），在火山喷流作用下通过地层及其基底物质的淋滤作用富集成矿，而与深部始新世隐伏花岗斑岩关系不大（Ye *et al.*，2011）。古近纪受陆内汇聚过程中断裂构造和花岗斑岩体的岩浆热液成矿的复合叠加，表现为层状VMS矿体上覆碳酸盐岩中沿断裂和裂隙产出脉状、透镜状铅锌银多金属矿体，在花岗斑岩体和围岩接触带产出夕卡岩-

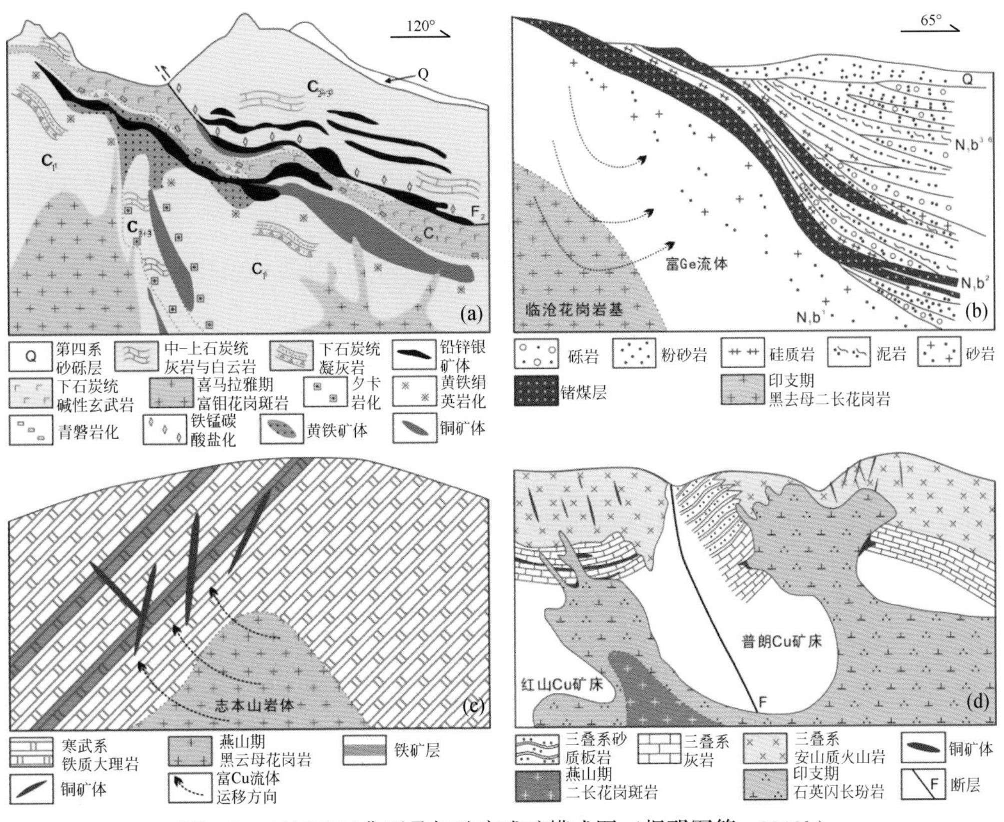

图8.2　三江地区典型叠加矿床成矿模式图（据邓军等，2012b）

（a）老厂Pb-Zn矿床（据李雷等，1996）；（b）大寨和中寨锗矿床；（c）分水岭铁铜矿床；（d）普朗和红山铜矿床斑岩型铜钼矿体，陈珲等（2010）获得斑岩体 SHRIMP 锆石 U-Pb 年龄为 44.6± 1.1Ma，辉钼矿 Re-Os 等时线年龄为 43.78± 0.78Ma，成矿时代为始新世。

鲁春 VMS 型铜铅锌多金属矿床产于金沙江构造带内鲁春-红坡牛场伸展裂谷盆地中。区域构造环境演化历经二叠纪金沙江洋壳向西的俯冲消减作用，早—中三叠世的弧-陆碰撞造山作用，以及中三叠世末—晚三叠世在陆缘火山弧及其边缘带中重新拉张、裂陷形成鲁春-红坡牛场伸展裂谷盆地的碰撞后伸展作用。盆地中出露地层自上而下为上三叠统上兰组、上三叠统人支雪山组和红坡组。其中矿区出露地层为上三叠统人支雪山组二段至三段，含矿岩系处于人支雪山组二段的长英质火山-沉积岩系中。人支雪山组二段下亚段由一套灰色薄层钙质绢云板岩-绿泥绢云板岩-绢云绿泥板岩、薄层泥质灰岩-灰质泥岩夹玄武岩、流纹岩和中厚层状灰岩透镜体构成，有多层状矿化体分布；上亚段由下部灰绿色、墨绿色片理化绿泥板岩夹泥质条带灰岩透镜体和上部灰色薄层钙质绢云板岩、碳质板岩、砂质板岩、泥质灰岩-灰质泥岩构成，其中夹有多层流纹岩，为 SEDEX 矿床赋矿的主体，矿体呈多层状赋存于中下部的绿泥石岩中。人支雪山组三段由一套浅灰白色流纹岩为主夹薄层钙质绢云板岩、砂质板岩、碳质板岩构成。鲁春矿床产在江达-维西陆缘弧带的后碰撞伸展裂谷双峰式火山岩系中，VMS 型矿化为凝灰岩/容矿岩系→矿体/绿泥石岩+赋矿灰岩裂谷环境的产物。王保弟等（2011）对人支雪山组火山岩进行了 LA-ICP-MS 锆石 U-Pb 年代学研究，结果显示流纹岩形成于早三叠世（249 ~ 247Ma）。人支雪山组火山岩形成于伸展的地球动力学背景，金沙江缝合带在早三叠世已进入弧-陆碰撞后的伸展时期。古近纪逆冲-推覆断裂构造的叠加改造，沿构造破碎带、裂隙和节理密集带发育地下水热液脉型矿化，矿体呈石英-硫化物脉状和细（网）脉状产出，赵灿华等（2011）对晚期硫化物脉中石英进行核磁共振分析，获得石英年龄为 54.1Ma。

羊拉 VMS 型铜钼铅锌多金属矿床位于中咱地块与江达-维西火山弧之间的金沙江缝合带中部。矿区出露的地层为由碎屑岩、碳酸盐岩、变质中基性和基性火山岩组成的二叠系嘎金雪山群，为一套巨厚的洋盆沉积物。断裂构造发育，南北向金沙江、羊拉等断裂控制了岩浆岩的分布。侵入岩为印支期中酸性的花岗闪长岩。羊拉矿床从北到南分布有贝吾、尼吕、江边、里农、路农、通吉格、加仁等矿段，其中里农矿段规模最大。

羊拉矿床经历了 4 期成矿作用。①海西期裂谷盆地-海底扩张构造演化阶段。赋存在嘎金雪山群火山-沉积碎屑岩中的 VMS 层状夕卡岩铁铜矿体，为中晚二叠世海底火山喷流沉积作用的产物。铁铜矿体具上层下脉的结构，以含 Cu 层夕卡岩+磁铁矿为特征，前人获得玄武安山岩中角闪石 K-Ar 年龄为 257.1±10Ma 和 268.7±12Ma，锆石 U-Pb 年龄为 296.1 ± 7.0Ma（王立全等，1999）。②中-晚印支期俯冲-消减构造演化阶段。形成了花岗闪长岩-花岗岩岩浆热液叠加夕卡岩-斑岩型铜钼铅锌矿体。花岗闪长岩由南往北依次出露路龙、里龙、江边和贝吾岩体，其中里农岩体内有辉绿岩墙侵入。王彦斌等（2010）通过 SHRIMP 和 LA-ICP-MS 锆石 U-Pb 定年测试，结果为 238 ~ 239Ma（里农和路农岩体）、228Ma（江边岩体）、222Ma（辉绿岩墙）和 214Ma（贝吾岩体）。杨喜安等（2011）利用 LA-ICP-MS 锆石 U-Pb 定年方法分析，表明里农花岗闪长岩年龄成岩为 234 ~ 235Ma。里农铜矿体辉钼矿 Re-Os 年龄集中于 228 ~ 231Ma（王彦斌等，2010；杨喜安等，2011），与岩体近乎同时形成，显然羊拉矿床于此时期存在重要的成矿作用。③晚印支期末—早燕山期碰撞造山构造演化阶段。花岗斑岩成矿作用叠加在矿体之上，进一步富集铜钼矿化，花岗斑岩体 Rb-Sr 等时线年龄为 202Ma（陈开旭等，2002）。④喜马拉雅期走滑构造演化阶段。走滑作用导致花岗闪长体和围岩中形成北东和北东东向构造破碎带和密集节理带，充填地下水热液脉型铜铅锌矿化，矿体呈脉状、细脉状产出。

羊拉矿床里农层状夕卡岩矿体流体包裹体研究表明，早成矿期石榴子石、绿帘石和石英-硫化物阶段的成矿流体以高温、高盐度、高密度为特征，成矿流体形成于较封闭的盆地环境，矿石以块状、角砾状矿石为特征，黄铜矿、黄铁矿、磁黄铁矿和磁铁矿等往往充填在石榴子石、绿帘石、阳起石等矿物粒间，形成自形-半自形和他形粒状等结构，或交代石榴子石、绿帘石、阳起石等矿物，形成包含、骸晶和残余结构。成矿晚期（石英-方解石硫化物成矿期）的成矿流体以中-低温、低盐度、低密度为特征，成矿流体形成于浅部的较开放环境，表现为断裂构造破碎带与派生节理、裂隙叠加成矿，以石英+方解石-硫化物脉状产出，并明显穿切早期矿体，矿石以脉状、网脉状和角砾状构造为特征，发育黄铜矿、黄铁矿、方铅矿、闪锌矿等中-低温硫化物矿物组合。

8.1.2 沉积-热液叠加成矿

沉积-热液叠加型包括喜马拉雅期岩浆热液型矿体叠加燕山期沉积矿源层的白秧坪式铜银铅锌矿床，喜马拉雅期热液型锗矿体叠加沉积煤层的大寨式锗矿床，燕山期岩浆热液叠加加里东期分水岭式铁铜铅锌矿床（图 8.1）。

白秧坪铜银铅锌矿床侏罗系—白垩系富金属成矿元素的矿源层被新生代与岩浆热活动紧密联系的成矿流体所叠加（Hou *et al.*，2007）。矿化分布在中侏罗世渗透性悬殊的灰岩与泥岩之间，受沉积层位控制明显，矿体以顺层状、透镜状和脉状产出。

大寨和中寨锗矿床产在滇西临沧县境内以印支期花岗岩为基底的中新世帮卖组含褐煤陆相碎屑岩盆地中。盆地地层可划分为 3 个含煤段，锗以有机结合态赋存在靠近盆地基底的第一含煤段的褐煤中。该含煤段由粗砂岩、含砾粗砂岩、粉砂岩、煤层、层状硅质岩和薄层含碳硅质灰岩组成。在上部的两个含煤段中，缺少层状硅质岩和薄层含碳硅质灰岩，未见锗矿化。李余华（2000）将临沧锗矿床的矿石划分为锗煤型和锗砂岩型。锗煤型矿石为低变质含锗褐煤。褐煤以半亮型煤和半暗型煤为主，其次为光亮型煤和全暗型煤。矿石呈黑色和褐黑色，沥青-暗淡光泽，块状、粉末状、贝壳状与不平坦状断口，线理状与条带状结构，块状构造。煤以镜质组为主，含少量半镜质组。锗砂岩型矿石为含锗的含碳、碳质粉砂岩、黏土岩、粗砂岩和花岗碎屑岩，矿石中常夹有线理状、条带状薄煤层和碳质碎片。煤岩成分有褐煤、亮煤和暗煤。对锗元素进入成煤盆地的方式争论较大，有成煤植物吸收锗（张淑苓等，1987）、花岗岩风化带入（卢家烂等，2000）和热水活动带入 3 种观点。认为大寨和中寨锗矿床是中新世帮买组含煤碎屑岩系被后期富锗热液叠加形成［图 8.2（b）］。当富锗热水进入成煤盆地时，由于锗具有强烈富集于有机质中的倾向，锗元素被煤中的腐殖酸等吸附而转入煤层，并在煤中发生富集和矿化。锗未以独立矿物的形式出现，而以吸附态的形式赋存于含煤岩系腐殖质中，后期热液成因硅质岩中锗亦很高。原始含煤碎屑岩系与后期富锗热液间的相互作用是导致热液中锗沉淀的重要地球化学机制。

分水岭铁铜铅锌矿床出露地层为寒武系柳水组，进一步划分上下两段：上段岩性为灰白色、褐黄色大理岩夹少量灰绿色薄层状千枚状板岩和砂质板岩；下段岩性为灰色、灰绿色和暗绿色含铁绿泥石千枚状板岩，局部夹大理岩透镜体。志本山花岗岩体分布在保山北部一带，属于由黑云母花岗岩和弱片麻状斑状二云母花岗岩、中粗粒等粒二云母花岗岩、中细粒二云母花岗岩和浅色花岗岩等组成的复式岩体。矿床受区域变质作用影响，泥岩、页岩、粉砂岩变成千枚状板岩和砂板岩，灰岩重结晶变成大理岩。铁矿体赋存于柳水组下段，呈层状或似层状、透镜状产出，原含水赤铁矿变质形成磁铁矿。铜多金属矿化产于围岩层间裂隙的方解石-硫化物脉和石英-硫化物脉中。研究认为分水岭矿床系加里东期浅海相沉积形成铁矿源层（BIF），经过区域变质富集成矿；受燕山期志本山花岗岩体（锆石 SHRIMP 年龄为 126.7±1.6Ma；陶琰等，2010）侵入带来的黄铜矿和方铅矿等矿化所叠加［图 8.2（c）］。

8.1.3　多期热液叠加成矿

多期热液叠加型为喜马拉雅期与海西期两期叠加成矿作用的老王寨式金矿床，燕山期叠加印支期的普朗-红山式铜矿床，喜马拉雅期多期次叠加的金满铜矿床（图 8.1）。

三江地区金成矿作用受控于增生造山与碰撞造山的构造演化过程，大规模金矿成矿作用发生在陆陆碰撞造山期的晚碰撞走滑与后碰撞伸展阶段，部分发生在主碰撞挤压阶段和增生造山作用的造山后构造转化阶段；金矿成矿作用与造山作用、深大断裂活化作用、岩浆侵入作用和热泉作用密切相关，空间分布具有成带产出的特征。哀牢山造山型金矿成矿系统主体形成于喜马拉雅期碰撞造山背景，金矿严格受韧脆性剪切带构造及其次级脆性构造的控制，成矿深度较大，多数都大于 10km。区域上该带分布有镇沅、墨江金厂、长安和大坪等多处大型金矿床。哀牢山金叠加成矿作用，典型矿床如镇沅金矿床，早期矿体受近东西或北东东向构造控制，为印支期金沙江洋俯冲碰撞产物，矿化以铬水云母+石英+硫化物为特征，载 Au 黄铁矿 Re-Os 定年结果显示了 229±38Ma 的年龄，反映矿床印支期存在着重要的 Au 预富集作用；晚期矿体受北北西构造控制，系喜马拉雅期（49.0 ~ 22.7Ma；杨立强等，2010，2011）造山型金矿化，两期成矿流体均具有深源特征。

多期斑岩-夕卡岩叠加型矿床如普朗和红山铜矿床，系燕山期成矿斑岩叠加印支期成矿斑岩的产物。普朗-红山铜多金属成矿带由印支期、燕山期花岗岩组成，亦有少量喜马拉雅期花岗岩。该带叠加成矿作用发育普遍，矿种组合复杂，多形成铜多金属矿床。印支期岩体多为浅成型，以石英闪长玢岩和石英二长斑岩为主，少量英安斑岩与花岗闪长斑岩。斑岩矿化分带性明显，由内带向外带依次为为斑岩钼矿、斑岩铜钼矿、斑岩铜矿和大脉状铜钨矿。岩浆侵入与成矿时限为 199 ~ 230Ma（Li *et al.*，2011；李文昌等，2011）。燕山期斑岩分布于沃迪错断裂以东地区，属造山期后花岗岩，岩性为二长花岗岩，少数为黑云母钾长花岗岩。如休瓦促和热林成岩年龄分别为 84.4±1.1Ma 和 81.7±1.1Ma，成矿年龄分别为 83±1Ma 和 81.2±2.3Ma（李建康等，2007；尹光候等，2009），红山铜矿床深部隐伏岩体中获辉钼矿 Re-Os 等时线年龄为 80.2±1.3Ma（李文昌等，2011）。喜马拉雅期花岗岩属于陆内花岗岩，见于弥里躺断裂以东地带，呈岩株、岩枝和岩墙状产出。较为典型为亚杂东侧石英闪长玢岩，黑云母 Ar-Ar 年龄为 53.02Ma（曾普胜等，2004），叠加于早期的斑岩及斑岩型矿化体之上。斑岩成矿作用以铜金矿化为主，北部欠虽-地苏嘎一带伴生铅锌，矿床类型仍以斑岩型为主。构成了晚印支期、晚燕山期与早喜马拉雅期的成矿序列。在研究休瓦促、热林蚀变花岗斑岩及相应钼钨矿床、红山隐伏二长斑岩及其钼铜矿床和铜厂沟钼铜矿床的基础上，认为红山矿床属于斑岩-夕卡岩成因，时代为印支期—燕山期，存在规模相近的两期岩浆活动与两次铜钼成矿作用［图8.2（d）］。

喜马拉雅期多期次热液叠加成矿作用较为发育，兰坪盆地喜马拉雅期热液成矿作用具有多期性（薛春纪等，2002）。金满铜矿床处于兰坪盆地西缘，出露的地层为三叠系、古近系和新近系，铜矿体赋存于中侏罗统花开佐组杂色碎屑岩、砂板岩、碳质泥岩等岩石中，呈大型脉状产于花开佐组上段砂岩与板岩间的层间破碎带内，严格受地层岩性和断裂控制。矿体两侧围岩蚀变显著，为硅化和绢云母化。前人对矿床的形成时代争论较大，多数研究者认为其形成于早喜马拉雅期，但年龄差别很大，获得的年龄介于67～37Ma。兰坪盆地构造热演化时获得金满矿床矿化砂岩中磷灰石的裂变径迹年龄46.1Ma，修正后年龄为58.7Ma。李小明等（2001）获得矿床石英脉中流体包裹体的Rb-Sr年龄，其等时年龄为66.8Ma。徐晓春等（2004）用石英流体包裹体$^{40}Ar/^{39}Ar$快中子活化法进行定年，获得年龄为56.7±1.0Ma，石英Ar-Ar等时线年龄为56.8±0.7Ma。毕先梅和莫宣学（2004）采用极低级变质矿物伊利石K-Ar法定年得到矿化年龄为46.71±0.68Ma，可能代表了晚期构造-热事件对矿床的叠加或改造的年龄。王彦斌等（2005）通过Ar-Ar阶段升温测年法对矿床主矿体旁侧的含铜热液蚀变矿物绢云母进行了测试，认为矿床成矿经历了早期67Ma的成矿作用和晚期37Ma的叠加成矿作用，后者代表矿床的形成年代。结合兰坪盆地区域地质成矿背景，认为矿床可能经历两期的成矿作用：早期与印度-亚洲大陆的碰撞作用相关；晚期叠加成矿作用是昌都-兰坪-思茅盆地的构造背景由碰撞挤压向走滑-拉分转换的反应。

8.2 羊拉复合叠加矿床

8.2.1 成矿地质

1. 区域构造背景

羊拉铜矿床位于金沙江缝合带中部，大地构造位置处于西侧昌都-兰坪-思茅地块及其江达-维西陆缘火山弧与东侧中咱-香格里拉地块之间（图8.3）。金沙江缝合带沿玉树-奔达-江达同普-格达沟-爱拉山-巴塘-霞若-奔子栏-塔城一带呈近南北向展布，依据空间上蛇绿混杂岩时代、组成和特征，可以分为北段的二叠纪—晚三叠世克南岩群和中南段的二叠纪—早三叠世嘎金雪山岩群，前者沿玉树-奔达一带（即邓柯-祝尼玛-波罗断裂以东）展布，后者沿江达同普-格达沟-爱拉山-巴塘-霞若-奔子栏-塔城一带展布，由蛇纹石化超镁铁岩、超镁铁堆晶岩（辉石岩-纯橄榄岩）、辉长岩-辉绿岩墙群、洋脊型玄武岩和放射虫硅质岩组成，与其他被肢解的泥盆纪、石炭纪、二叠纪、三叠纪等灰岩块体和绿片岩基质构成蛇绿混杂岩。在玉树隆宝湖-立新乡一带蛇绿混杂岩中，发现有榴闪岩和蓝闪片岩（潘桂棠等，2013）。

研究表明（莫宣学等，1993；王立全等，1999；李兴振等，1999；李定谋等，2002）

二叠纪嘎金雪山群和额瓦钦群、三叠纪中心绒群变质岩等，实则为含有二叠纪、三叠纪灰岩-碎屑岩外来块体的构造混杂岩，原岩应为半深海-深海相的泥灰岩、硅质条带灰岩、砂泥岩、放射虫硅质岩、洋脊型基性火山岩和凝灰岩等火山-复理石建造。在解剖中段蛇绿混杂岩细结构基础上，从东向西可分为 3 个亚带：①嘎金雪山-贡卡-霞若-新主洋壳消减蛇绿混杂岩亚带，以发育超镁铁岩、超镁铁堆晶岩（辉石岩-纯橄岩）、辉长辉绿岩墙群和洋脊型玄武岩为特征，也即是缝合带的主带；②朱巴龙-羊拉-东竹林洋内弧消减杂岩带，以早二叠世晚期—晚二叠世玄武岩、玄武安山岩和安山岩组合的洋内弧火山岩系为其典型特点；③西渠河-雪压央口-吉义独-工农弧后盆地消减杂岩带，以发育早二叠世晚期—晚二叠世辉长辉绿岩墙群、准洋脊型基性火山岩及少量超基性岩为特征。缝合带西侧即为洋壳俯冲消减和弧-陆碰撞形成的江达-德钦-维西陆缘弧带。

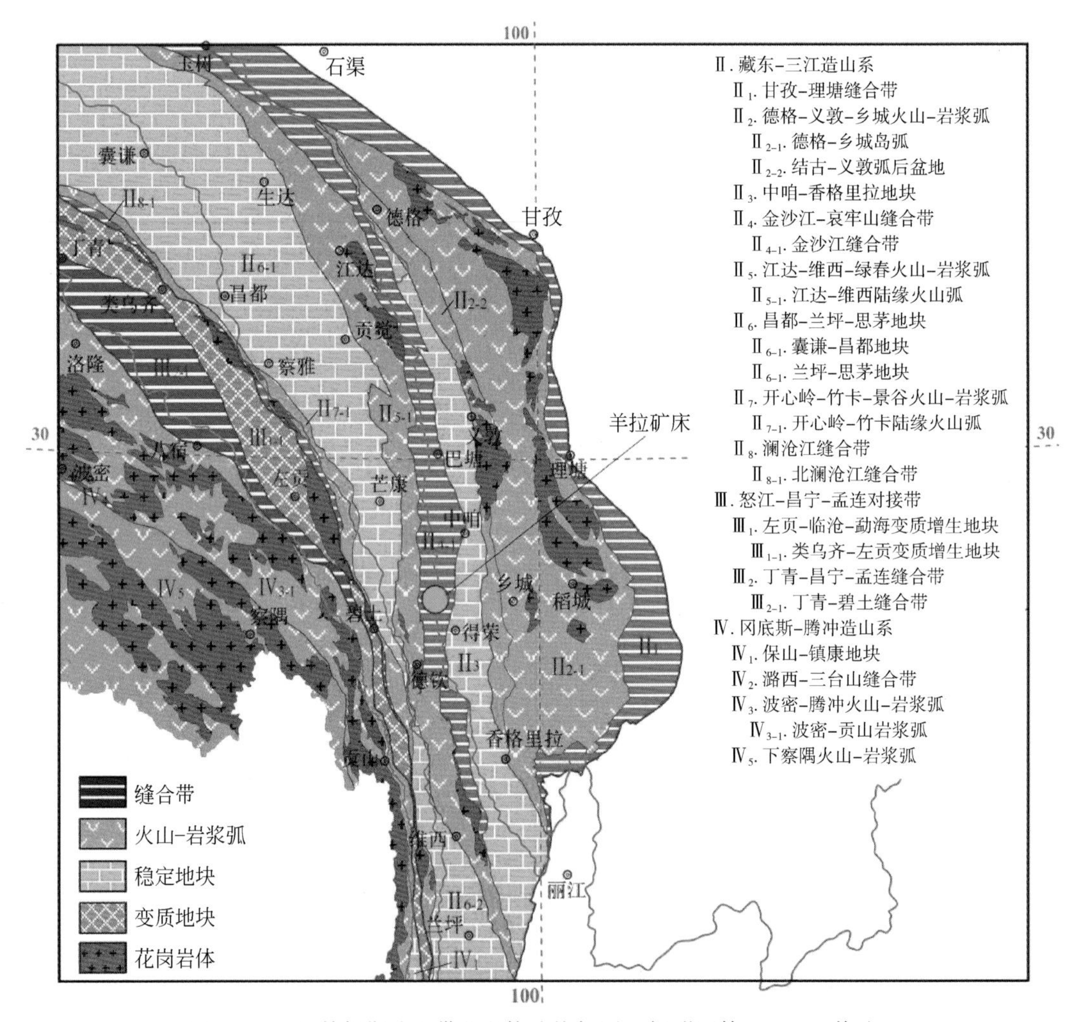

图 8.3　三江特提斯造山带北段构造格架图（据邓军等，2014，修改）

金沙江缝合带内的硅质岩中产有早石炭世—二叠纪放射虫，其次在治多-玉树以西的羊湖-西金乌兰湖-通天河蛇绿混杂岩地段产有早三叠世—晚三叠世早期放射虫。结合大量

MORB型堆晶岩、辉长岩、玄武岩和斜长花岗岩的同位素年龄361.6～212.9Ma，认为金沙江洋盆形成时代为早石炭世—晚二叠世，晚泥盆世具有洋盆的雏形，早二叠世晚期开始俯冲消减，三叠纪弧-陆碰撞，其标志是上三叠统甲丕拉组磨拉石的不整合覆盖。晚三叠世晚期—白垩纪，随着藏东-三江地区多岛弧盆系主体转化为造山系，金沙江造山带进入后碰撞陆内汇聚造山过程，于缝合带内及其后缘的边缘前陆盆地中堆积形成碎屑磨拉石含煤建造。新生代受印度-欧亚大陆强烈碰撞作用的影响，发育系列断块和推覆体叠置在蛇绿混杂岩之上，变形样式为系列向西逆冲推覆的叠瓦构造和伴生的褶皱，同时保留了早期构造形迹，叠加了走滑型韧性剪切。尤其是在主体晚三叠世强烈晚碰撞造山与盆-山转换过程中，形成了以壳源型为主的花岗闪长岩类侵入体（锆石U-Pb年龄239～214Ma）和花岗斑岩体及其岩浆-热液成矿流体，以及新生代陆内汇聚和大规模逆冲推覆-走滑剪切过程中，形成了与断裂、裂隙系统有关的热液成矿流体，对于先成的矿床具有重要的叠加-改造成矿，使得矿化元素富集、矿床规模增大和成矿元素的多元化。

2. 矿区地质

1）地层

矿区出露嘎金雪山群上亚统，5个岩性段为不同时代、不同岩性的构造岩片叠置而成（图8.4），包括志留系、中—上泥盆统、下石炭统、二叠系、古近系和第四系，简述如下：

（1）志留系。分布于矿区西南，走向北东，倾角30°～52°。岩性为黑云母石英片岩、深灰色石英片岩夹变质石英砂岩等，局部夹大理岩，并可见辉绿辉长岩脉和花岗斑岩脉侵入。

（2）中—上泥盆统。分布于矿区西部，其上被上三叠统和古近系不整合覆盖，底部与下伏里农赋矿岩层逆冲断层接触。中—上泥盆统中部岩性为灰白色厚层状大理岩，其上、下部为浅灰色层状变质石英砂岩夹大理岩透镜体及砂质绢云板岩等，在靠近里农层状矿体（KT_2）附近大理岩中采获中—晚泥盆世牙形石 *Polygnathus varcus stauffer*（王立全等，1999）。该层中见有晚三叠世花岗斑岩体侵入，并在斑岩体隐爆角砾岩筒及其围岩接触带附近产出里农矿段1号矿体。

（3）下石炭统。分布于矿区西北部，出露地层为下石炭统贝吾组，矿区西侧下石炭统贝吾组与中—上泥盆统为整合接触，而矿区北部下石炭统贝吾组与里农组、江边组均为断层接触。岩性为杏仁状玄武岩、致密块状玄武岩、凝灰岩夹大理岩透镜体和砂质板岩；玄武岩为洋脊-准洋脊型，陈开旭和杨振强（1998）获得锆石U-Pb年龄361.6±8.5Ma，其时代为早石炭世，可能延至晚泥盆世。

（4）二叠系。呈北北东向纵贯矿区，南部被加仁花岗岩体侵位破坏，北部被金沙江断裂所错失，为赋矿地层。岩性为一套灰岩、砂质绢云板岩、变质石英砂岩及薄层硅质板岩夹火山岩等组成的不等厚互层沉积。二叠系由江边组和里农组组成。

江边组分布于矿区的中、东部，北部被第四系覆盖和花岗岩体侵位；路远发等（2000）获得中基性火山岩锆石U-Pb年龄为296±7Ma，所采样品即是里农赋矿层位下伏的江边组层位。江边组的岩性可划分出3个岩性段，从下至上依次为：一段呈带状分布于矿区断层以南，走向北东，倾角 29°~52°，下部岩性为浅灰白色中–厚层状细晶大理岩、绢云石英片岩和斜长绿泥片岩，上部为斜长绿泥片岩、浅灰色薄层状–块状大理岩夹角闪安山岩；二段呈近南北走向分布于断层以北，北部被第四系覆盖而零星出露，中部有里农岩体侵入。岩性为绢云砂质板岩、浅灰色变质绢云石英砂岩和绢云石英片岩，夹角闪安山岩、大理岩透镜体及绢云绿泥片岩，与中酸性岩体接触附近发育硅化和角岩化，是矿区的含矿层位；三段呈条带状近南北向分布，北部被第四系掩盖，南部缺失。岩性为大理岩夹变质石英砂岩和绢云砂质板岩。其顶、底部为层状–似层状夕卡岩，是矿区的含矿标志层，也是里农矿段 4 号、5 号矿体与江边矿段 1 号、2 号矿体的赋矿层位。该层厚度沿走向变化较大，在里农矿段中部较厚，向北、向南变薄，并有尖灭再现现象。

里农组分布于矿区中西部，南部地层被断层错断，产状为 265°~278°∠23°~32°，北部为 220°~240°∠15°~35°，偶见顺层侵入的花岗斑岩、闪长玢岩等，是矿区含矿层位，根据其岩性特征和岩相组合可划分出两个互相整合接触的岩性段，从下至上依次为：一段岩性为浅灰变质石英砂岩夹碳质绢云板岩，岩石具角岩化，其上、下部夹绿帘透辉石、石榴子石夕卡岩及大理岩透镜体，里农矿段 2~4 号矿体均产于此层中，是矿区赋矿层位；二段分布于矿区中、西部，南部被断层错失，岩性为灰白色厚层状大理岩，局部可见层间褶皱以闪长玢岩脉侵入，沿裂隙可见零星铜矿化，是里农矿段 2 号矿体与矿化带的顶板标志层。

（5）古近系—第四系。零星分布矿区西南部，与下伏贝吾组呈角度不整合接触。岩性为紫红厚层状砾岩、钙质粉砂岩、中粗粒岩屑石英砂岩夹中–基性火山岩。砾石分选差，成分复杂，由砂岩、粉砂岩等组成。第四系分布于江边矿段与里农矿段的结合部位，沉积类型以坡残积物堆积为主。

2）构造

受强烈的构造活动与多期次的岩浆侵入活动影响，矿区岩石变形强烈，构造复杂，由系列近南北向的褶皱和断裂组成（图 8.4）。

（1）褶皱。矿区内褶皱有里农背斜和江边向斜，褶皱规模中等。褶皱轴呈北北西向延伸，向北倾伏，褶皱内层间褶曲发育，向南被断层错断。里农背斜轴向近南北，呈构造穹窿；核部地层为江边组二段（P_1j^2），并被里农、江边岩体侵入，里农背斜出露长度约 1200m，最宽处约 300m。褶皱轴面倾向北西，倾角 30°~50°，褶皱东翼地层向东倾，倾角大于 50°，西翼地层向西倾，倾角 22°~29°。核部枢纽向北西倾伏，倾伏角 38°，两翼地层在转折端具有较明显的揉皱现象；里农矿段位于背斜西翼，出露地层有贝吾组（C_1b）、里农组（$P_{2+3}l$）和江边组三段（P_1j^3）；江边组矿段位于背斜东翼，出露地层有里农组一段（$P_{2+3}l^1$）和江边组三段（P_1j^3）。江边向斜位于里农背斜东部，褶皱轴向北北西，呈狭长的紧闭褶曲，延长大于 2500m，宽 100~450m；褶皱两翼地层为江边组三段（P_1j^3），核部为江边组二段（P_1j^2），褶皱东翼为 25°~27°，西翼倾角大于 50°。

（2）断裂。有北东向斜穿矿区中部的 F_4 断层以及近北东向的 F_6、F_8、F_{10} 等平移断层。F_4 断层是矿区规模最大的也是最重要的断层。呈北东走向斜穿矿区中部，形成入字形分支断层，为喜马拉雅期形成的走滑断层；断层在区内长约 6km，断面倾向 280°~340°，倾角

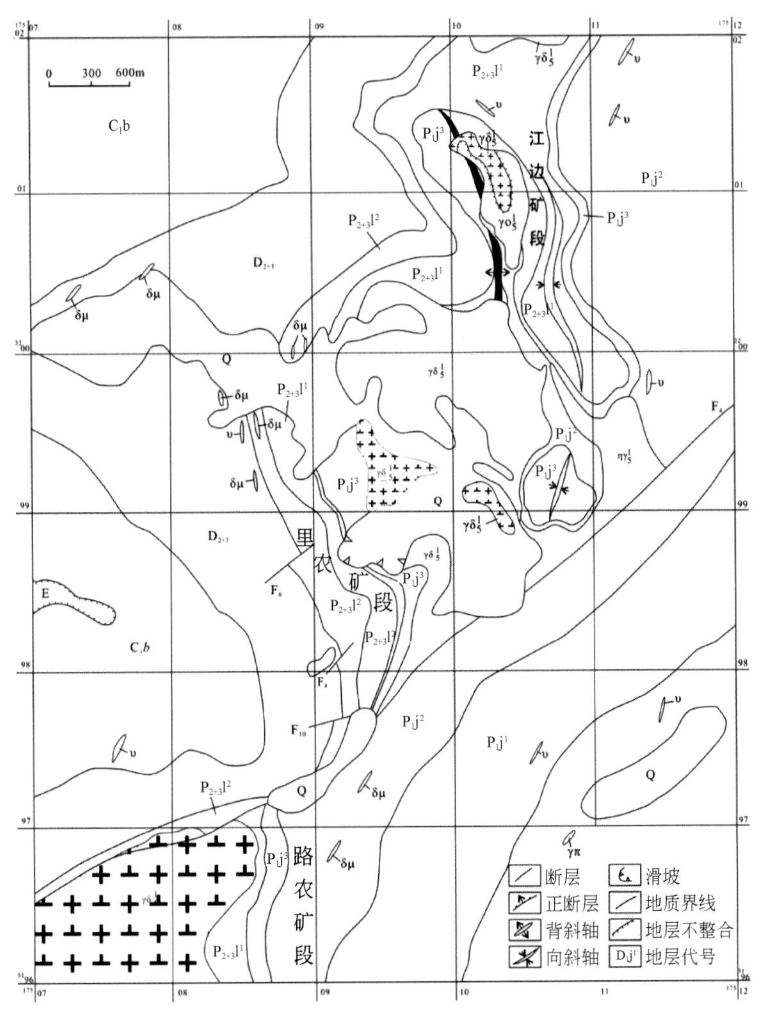

图 8.4　羊拉矿床地质图（据莫宣学等，1993）

42°～80°，向深部变陡。断层破碎带宽数米至数十米，带内角砾成分为两侧的围岩，有大理岩、板岩、砂岩等，局部有呈碎裂状、透镜状并定向排列的花岗闪长岩。F_4断层为右行平移断层，在剖面上显示为正断层。断层南盘地层西移，北盘东移，错距 360～700m。F_6、F_8、F_{10}断层均位于矿区中西部，具有相似的性质与规模，其特征见表 8.1。

表 8.1　羊拉矿床 F_6、F_8、F_{10} 断层特征表

方向	断层	两盘地层	走向	长度/m	断面产状	性质	错距/m
近东西向	F_6	$D_{2+3}l$	NE45°	360	倾向 NW	平移断层	115
	F_8		NE60°	120			70
	F_{10}		NE65°	100			25

（3）层间破碎带。断续分布于矿区里农组中含钙质的岩石或大理岩与砂板岩之间。破碎带厚数厘米至数十米，带内组分由破碎的变质石英砂岩、大理岩和夕卡岩组成。结合区域构造背景，认为地层受印支-喜马拉雅期的中酸性岩体侵入活动和区域性挤压推覆运动影响，不同岩石界面之间产生挤压，并使岩石发生破碎，易于形成节理和裂隙破碎带。层间破碎带不仅提供了成矿流体运移的空间，有利于其与围岩进行物质交换，萃取围岩中的有用元素，还提供了矿质沉淀的场所，成为重要的导矿构造和容矿构造。

3）岩浆岩

火山岩、侵入岩、脉岩均有出露。火山岩形成于海西期，由基性-中基性的玄武岩、角闪安山岩等组成，侵入岩由形成于印支期—燕山期的中酸性侵入体组成。

（1）火山岩。火山岩为玄武岩，其次为角闪安山岩，形成玄武岩-安山岩岩石组合。玄武岩为灰绿色，斑状结构，块状构造，局部可见气孔状、杏仁状构造。角闪安山岩为灰褐色，斑状结构，块状构造，局部可见流动构造。岩石普遍遭受碳酸盐化和钠长石化。

火山岩主量元素、微量元素和稀土元素的分析显示（表 8.2、表 8.3）SiO_2含量为49.26%～58.72%，平均为52.86%，属基性-中性岩范围，Al_2O_3含量为10.71%～15.66%，平均为13.92%，低TiO_2（TiO_2含量为0.89%～2.08%，平均为1.29%）、K_2O（K_2O含量为0.17%～1.41%，平均为0.65%），富Na_2O（Na_2O含量为3.25%～4.87%，平均为3.84%）、MgO（MgO含量为3.66%～8.59%，平均为6.45%），CaO含量为6.79%～8.96%，平均为7.72%，羊拉火山岩碱含量（Na_2O+K_2O）为3.6%～4.66%，平均为4.49%，Na_2O/K_2O值为2.30～20.23，平均为10.33，δ值为1.27～4.40，平均为2.45，在SiO_2-Na_2O+K_2O图（图8.5）中，样品分布于粗面玄武岩、玄武岩、玄武安山岩和安山岩区域，属亚碱性岩类。

表 8.2　羊拉矿床火山岩和花岗闪长岩常量元素组成表

样品号	岩石	SiO_2	TiO_2	Al_2O_3	Fe_2O_3	FeO	MnO	MgO	CaO	Na_2O	K_2O	P_2O_5	LOI	总量	FeO^F
YL-10	火山岩	50.27	0.91	15.66	2.12	6.43	0.14	8.59	6.79	3.81	0.65	0.1	4.31	99.78	8.34
YL-11		49.26	1.27	14.15	1.72	7.68	0.17	7.51	8.96	4.87	0.38	0.1	3.67	99.73	9.23
YL-12		53.19	2.08	10.71	4.24	9.57	0.22	6.02	7.35	3.43	0.17	0.19	2.54	99.71	13.38
YL-18		58.72	0.89	15.16	1.47	6.09	0.2	3.66	7.77	3.25	1.41	0.15	0.98	99.75	7.42
YL-5	侵入岩	69.84	0.35	13.67	0.29	2.54	0.08	1.63	3.29	2.87	3.94	0.1	1.17	99.77	2.81
YL-20		69.53	0.36	13.38	0.27	1.34	0.06	1.6	3.51	3.59	4.76	0.11	1.22	99.73	1.58
YL-27-1		59.85	0.35	15.98	0.51	3.93	0.25	1.51	3.63	1.12	5.48	0.1	6.59	99.3	4.39
YL-27-2		61.48	0.48	16.62	0.55	3.86	0.19	1.56	3.25	1.15	4.84	0.12	5.63	99.73	4.36
YL-27-3		58.25	0.45	19.75	0.42	2.24	0.1	1.72	3.71	0.41	5.78	0.09	6.92	99.84	2.62

表 8.3　羊拉矿床火山岩与花岗闪长岩微量元素和稀土元素组成表

样号	Au	Ag	Cu	Pb	Zn	Mo	Cs	Ba	Ga	Ge	Hf	Li	Cr	Nb	Ni	Be	B	F	Rb	Sc
YL-10	0.2	54.9	86.11	7.08	69.68	0.22	4.19	84.1	14.76	1.08	1.68	29.3	203.1	3	67.23	0.35	15.9	180	12.7	37.33
YL-11	2.1	58.8	73.76	6.15	102.9	0.52	1.21	81.6	15.05	0.91	2.69	22.33	168.1	3.28	66.37	0.73	8.3	327	6.1	37.53
YL-12	0.82	76.7	44.36	4.59	105.1	0.38	3.33	69.3	20.21	1.56	5.63	11.3	10.7	6.29	4.08	0.64	7.1	354.1	4	41.25
YL-18	0.4	80.9	26.17	18.42	95.12	0.94	10.58	398.8	19.21	1.11	3.79	12.16	10.2	5.75	4.54	1.28	15.1	449.6	65.5	21.96
YL-5	1.71	322.9	74.11	47.27	46.64	0.6	9.46	625.1	16.15	1.22	5.43	21.02	13.2	10.18	4.44	3.03	23.1	506.59	151.1	9.1
YL-20	5.3	497	84.07	61.8	44.35	0.44	6.69	650.2	14.91	1.15	4.86	12.59	9.8	10.82	3.66	2.79	25.5	398.98	167.7	9.6
YL-27-1	1.02	3421.9	396.47	4792.4	3945.7	6.74	16.39	539.9	14.7	1.33	5.24	11.55	13.2	7.12	4.47	1.58	113.3	594.02	256.9	9.75
YL-27-2	1.27	744.6	54.79	1026.7	778.18	1.12	26.63	521.9	17.3	1.3	5.22	14.74	15.8	9.73	4.47	2.51	103.8	594.02	192	10.31
YL-27-3	1.41	523.4	64.32	290.43	410.83	0.9	26.76	497	15.29	1.04	5.61	9.05	18.7	9.78	4.28	1.88	102.8	724.81	233.7	9.6
YL-10	218.8	0.2	1.86	0.21	187.9	32.37	21.03	62.5	0.06	0.02	0.05	189.3	4.8	9.97	1.55	7.43	2.3	0.93	3.06	0.58
YL-11	178	0.22	0.87	0.41	214.7	37.51	29.48	92.8	0.17	0.04	0.06	326.2	4.52	11.23	1.87	9.5	3.11	0.97	4.18	0.82
YL-12	110.6	0.44	1.23	0.38	321.3	32.94	50.71	164.5	0.59	0.04	0.1	1041	10.58	23.95	3.76	18.6	5.82	1.93	7.52	1.46
YL-18	305.4	0.43	3.43	0.78	155.8	15.74	28.83	119.2	0.2	0.05	0.08	146.3	13.7	28.45	3.99	16.75	4.07	1.29	4.43	0.82

续表

样号	Sr	Ta	Th	U	V	Co	Y	Zr	Se	Te	In	S	La	Ce	Pr	Nd	Sm	Eu	Gd	Tb
YL-5	307. 6	1. 3	21. 37	1. 8	47	6. 34	15. 71	110. 6	0. 11	0. 06	0. 05	149. 7	28. 98	50. 61	5. 68	19. 29	3. 38	0. 82	2. 75	0. 46
YL-20	314. 1	1. 41	21. 89	2. 68	42. 2	2. 5	15. 06	101. 3	0. 13	0. 11	0. 06	240. 1	26. 51	46. 57	5. 16	17. 76	3. 07	0. 76	2. 48	0. 43
YL-27-1	71. 2	0. 76	21. 61	4. 2	50. 7	5. 43	14. 34	117. 3	0. 18	0. 14	0. 13	2488. 5	19. 71	34. 37	4. 01	14. 24	2. 69	0. 62	2. 35	0. 42
YL-27-2	150. 9	1. 21	19. 08	5. 05	61. 7	7. 67	14. 84	112. 1	0. 07	0. 06	0. 03	477. 3	21. 72	38. 26	4. 45	15. 65	2. 91	0. 7	2. 53	0. 44
YL-27-3	84. 8	1. 14	19. 19	3. 24	63. 6	5. 11	15. 55	122. 8	0. 09	0. 04	0. 05	429. 2	28. 58	48. 79	5. 44	18. 89	3. 18	0. 75	2. 63	0. 44

样品号	Dy	Ho	Er	Tm	Yb	Lu	∑REE	LREE/HREE	$(La/Yb)_N$	δEu	δCe	Zr/Hf	Th/Nd	Nb/Nd	Y/Nd
YL-10	3. 78	0. 77	2. 25	0. 36	2. 32	0. 38	40. 46	2	1. 48	1. 07	0. 89	37. 2	0. 25	0. 4	2. 83
YL-11	5. 39	1. 1	3. 13	0. 5	3. 08	0. 48	49. 88	1. 67	1. 05	0. 82	0. 95	34. 5	0. 09	0. 35	3. 1
YL-12	9. 52	1. 84	5. 15	0. 82	4. 88	0. 71	96. 52	2. 03	1. 55	0. 89	0. 93	29. 22	0. 07	0. 34	2. 73
YL-18	5. 15	1. 04	2. 97	0. 49	2. 87	0. 44	86. 46	3. 75	3. 43	0. 93	0. 93	31. 45	0. 2	0. 34	1. 72
YL-5	2. 66	0. 53	1. 62	0. 27	1. 81	0. 29	119. 15	10. 48	11. 48	0. 8	0. 91	19. 58	20. 37	1. 11	0. 53
YL-20	2. 55	0. 52	1. 54	0. 25	1. 63	0. 27	109. 49	10. 34	11. 67	0. 82	0. 92	20. 85	20. 84	1. 23	0. 61
YL-27-1	2. 49	0. 49	1. 5	0. 25	1. 57	0. 25	84. 96	8. 12	9. 01	0. 74	0. 9	4. 97	22. 39	1. 52	0. 5
YL-27-2	2. 51	0. 5	1. 55	0. 26	1. 76	0. 28	93. 53	8. 5	8. 85	0. 77	0. 9	10. 17	21. 48	1. 22	0. 62
YL-27-3	2. 63	0. 5	1. 52	0. 26	1. 66	0. 28	115. 55	10. 64	12. 35	0. 77	0. 9	5. 45	21. 89	1. 02	0. 52

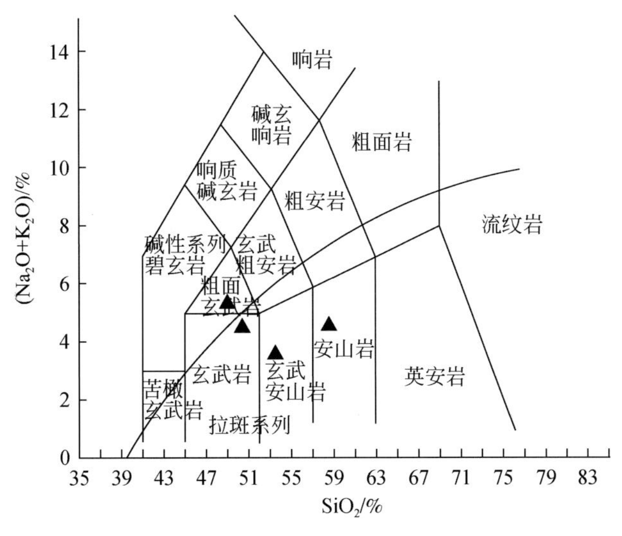

图8.5　羊拉矿床火山岩TAS图
（底图据Middlemost，1994）

火山岩稀土含量低，∑REE为$40.46\times10^{-6}\sim96.52\times10^{-6}$，平均为$68.33\times10^{-6}$，轻重稀土分异不明显，在稀土配分模式图上其稀土配分形式相对平坦［图8.6（a）］，LREE/HREE值为1.67～3.75，平均为2.36，$(La/Yb)_N$值为1.05～3.43，平均为1.88。样品δEu值为0.82～1.07，平均为0.93，显弱的负Eu异常，表明在岩浆演化过程中有斜长石结晶分离。在微量元素原始地幔标准化蛛网图中［图8.7（b）］，火山岩富集Pb等大离子亲石元素，强烈亏损Nb、P、Ti等元素。

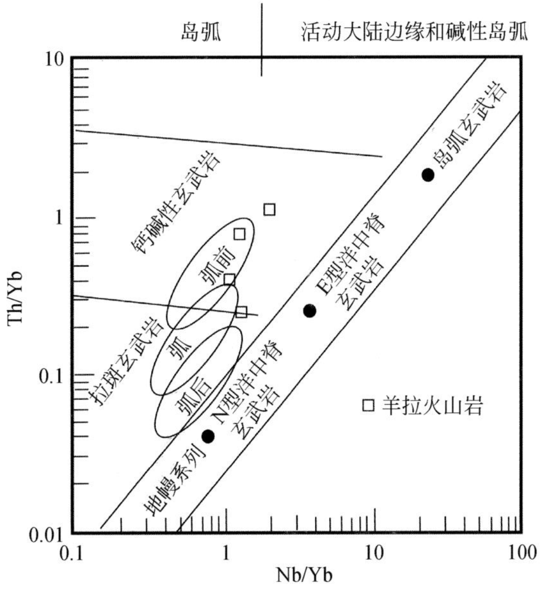

图8.6　羊拉矿床Th/Yb-Nb/Yb图
（底图据Pearce，2008；Kerrich and Said，2011）

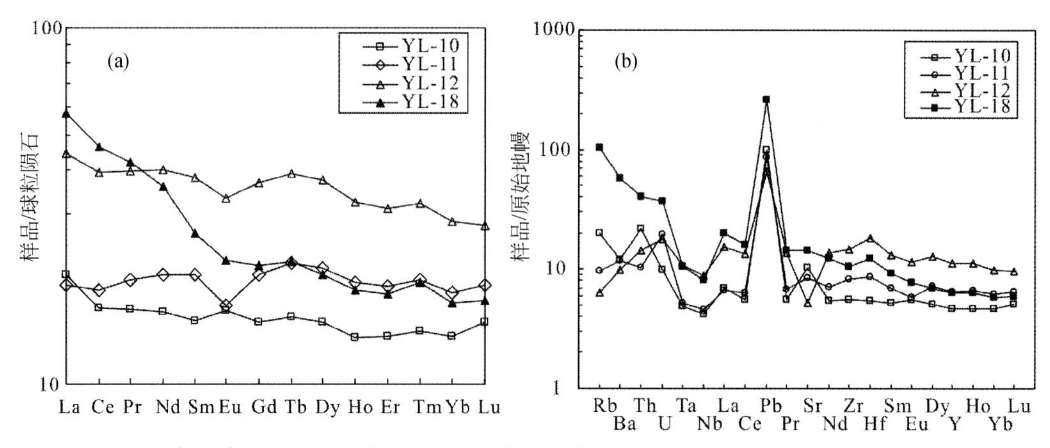

图8.7　(a) 羊拉矿床火山岩稀土球粒陨石标准化配分曲线图和 (b) 微量元素原始地幔标准化蛛网图（球粒陨石与原始地幔数据据 Sun and McDonough，1989）

Th/Yb-Nb/Yb 判别图中（图8.6），样品点落入弧前钙碱性玄武岩区及附近，获得里农组（$P_{2+3}l$）火山岩角闪石 K-Ar 年龄为 257 ~ 268Ma（王立全等，1999；李定谋等，2002）和硅质岩 Rb-Sr 等时线年龄为 272Ma（潘家永等，2001），以及江边组三段（P_1j）中基性火山岩锆石 U-Pb 年龄为 296.1±70Ma（路远发等，2000），表明金沙江洋盆在二叠纪发生了洋内俯冲消减，形成洋内火山弧，发育中基性→中基性→中性系列火山岩和火山碎屑岩组合（侯增谦等，1996；魏君奇等，1999；潘桂棠等，2003），为羊拉矿床形成了有利的成矿构造环境。

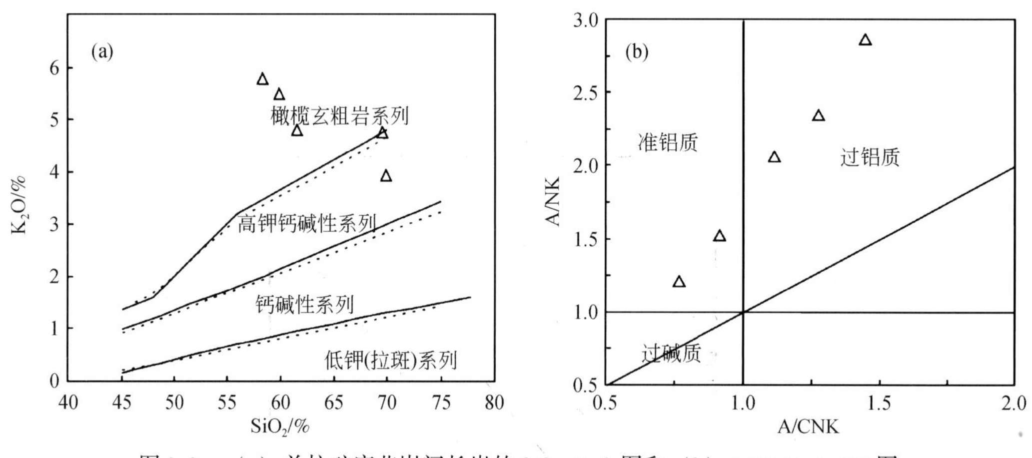

图8.8　(a) 羊拉矿床花岗闪长岩的 SiO_2-K_2O 图和 (b) A/CNK-A/NK 图

(2) 侵入岩。花岗闪长岩呈线性分布于金沙江西岸，构成北北东向延伸并与区域构造线方向一致的花岗岩带，并可能具有相似的源区（战明国等，1998；朱经经等，2011）。从北向南有贝吾、江边和里农等大小不一并呈岩株状产出的复式岩体。围岩具强夕卡岩化和角岩化，并与矿化密切相关。此外，矿区分布有少量二长花岗岩和花岗斑岩等。由南向北岩体规模增大，岩性具有从中基性向中酸性演化趋势，并显示出年龄从老到新的侵位序列（里农为 238 ~ 239Ma，江边为 228Ma，贝吾为 214Ma），表明矿区岩体为三叠纪时期花岗质岩浆多次涌动侵入形成，岩浆活动持续约25Ma（王彦斌等，2010）。

里农岩体呈椭圆岩株状产出于矿区中部，南端被断层错断，南北长约2km，东西宽约1.5km。岩体侵入里农背斜核部，大部分被第四系覆盖，地表零星出露。岩体大致分出边缘相和中心相，两相带间为渐变的接触关系。边缘相约占40%，中心相约占60%，从边缘至中心显示出酸性→中酸性、中细粒→中粗粒演化的趋势。里农花岗闪长岩体的主量元素、微量元素和稀土元素的分析显示（表8.2、表8.3），里农花岗闪长岩化学成分变化不大，总体化学成分高硅（SiO_2含量为58.25%～69.84%，平均63.79%），富Al_2O_3（Al_2O_3含量为13.38%～19.75%，平均15.88%），低钛为0.35%～0.48%，平均0.40%，低MgO为1.51%～1.72%，平均1.60%，镁指数$Mg^\#$高为38～64，平均49。羊拉岩体碱（Na_2O+K_2O）含量偏高，为5.98%～8.34%，平均6.78%，Na_2O/K_2O值为0.07～0.75，平均0.40，δ值为1.72～2.62，平均2.28，在SiO_2-K_2O图8.8（a）中，样品落入橄榄玄粗岩系列-高钾钙碱性系列花岗岩类范围内，反映岩石以高硅富碱为特征，属于橄榄玄粗岩系列-高钾钙碱性系列花岗岩类侵入体。铝指数A/CNK为$Al_2O_3/(Na_2O+CaO+K_2O)$，摩尔比为0.77～1.45（平均1.10），属于准铝质-过铝质系列岩类［图8.8（b）］。

里农岩体以富集轻稀土、有轻微的负铕异常、低Y、Yb为特征。稀土配分模式图中，稀土配分形式为右倾的轻稀土富集型［图8.9（a）］，岩石的稀土含量中等偏低，∑REE值为84.96×10^{-6}～119.15×10^{-6}，平均104.54×10^{-6}，重稀土分馏弱，配分曲线相对平坦，以低HREE为其特征。轻重稀土的分馏程度较高，LREE/HREE值为8.12～10.64，平均9.61，$(La/Yb)_N$值为8.85～12.35，平均10.67，$(La/Sm)_N$值为4.73～5.80，平均5.29。样品均显弱的负Eu异常，δEu为0.74～0.82。贫Y、Yb，其中Y含量为14.34×10^{-6}～15.71×10^{-6}，平均15.10×10^{-6}，Yb含量为1.57×10^{-6}～1.81×10^{-6}，平均1.69×10^{-6}。轻重稀土分异明显，重稀土亏损严重，表明源区残留以石榴子石和辉石为主。弱Eu的负异常，表明源区有斜长石的结晶分异。

微量元素原始地幔标准化图中［图8.9（b）］，花岗闪长岩富集Rb、K、Pb等大离子亲石元素，强烈亏损Ba、Nb、P和Ti，Dy-Lu平坦，表明源区深度较大，基本没有斜长石的残留，石榴子石、辉石、部分角闪石和金红石残留源区。

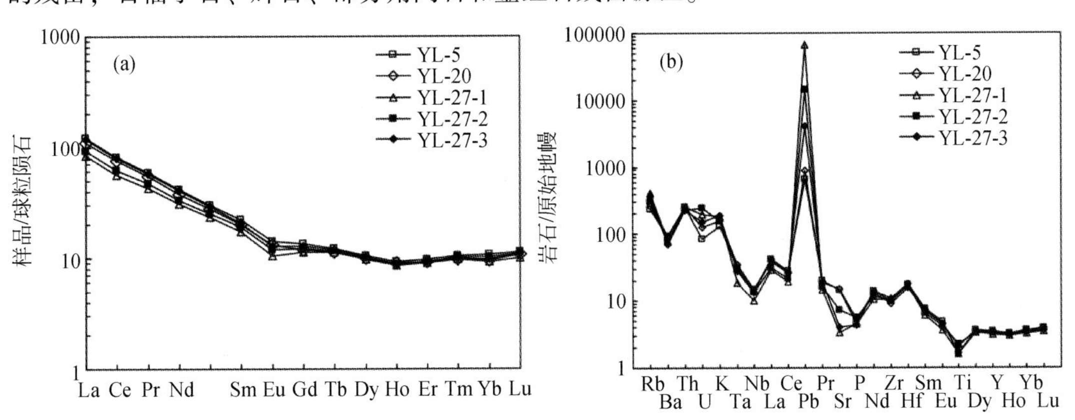

图8.9　(a)羊拉矿床里农花岗闪长岩稀土球粒陨石标准化曲线图和(b)微量元素原始地幔标准化蛛网图
（球粒陨石与原始地幔数据据Sun and McDonough，1989）

羊拉花岗闪长岩具有类似 C 型埃达克岩的地球化学特征（高睿等，2010）。张旗等（2001）认为埃达克岩的地球化学标志是：SiO_2≥56%，Al_2O_3≥15%，MgO<3%，贫 Y 和 Yb（Y<18μg/g，Yb≤1.9μg/g），Sr≥400μg/g，LREE 富集，无 Eu 异常或有轻微的负 Eu 异常，埃达克岩大致分为 O 型埃达克岩和 C 型埃达克岩，O 型埃达克岩 Na_2O/K_2O>2，C 型埃达克岩 Na_2O/K_2O=1 或>1 或<1。在 $(La/Yb)_N$-Yb_N和 Sr/Y-Y 图（图 8.10）中，样品点落在埃达克岩区外，这与其源区性质和起源条件有关。岩体碱（Na_2O+K_2O）含量偏高，为 5.98%～8.34%，平均 6.78%，属高钾钙碱性系列花岗岩类。岩体的$^{206}Pb/^{238}U$ 加权平均年龄为 234.1～235.6Ma，里农矿段 KT_2 矿体中辉钼矿的 Re-Os 等时线年龄为 232.6±2.9Ma，矿床成矿年龄与岩体的成岩年龄相近，成矿年龄略稍晚于成岩年龄，花岗闪长岩中的高碱含量与幔源成矿流体的加入有关。杜乐天（1998）认为碱性岩浆内的高碱来源于地幔，Barbarin（1999）认为富钾钙碱性花岗岩起源于地壳和地幔，具壳幔混合源的特点，代表了过渡体制的地球动力学环境。

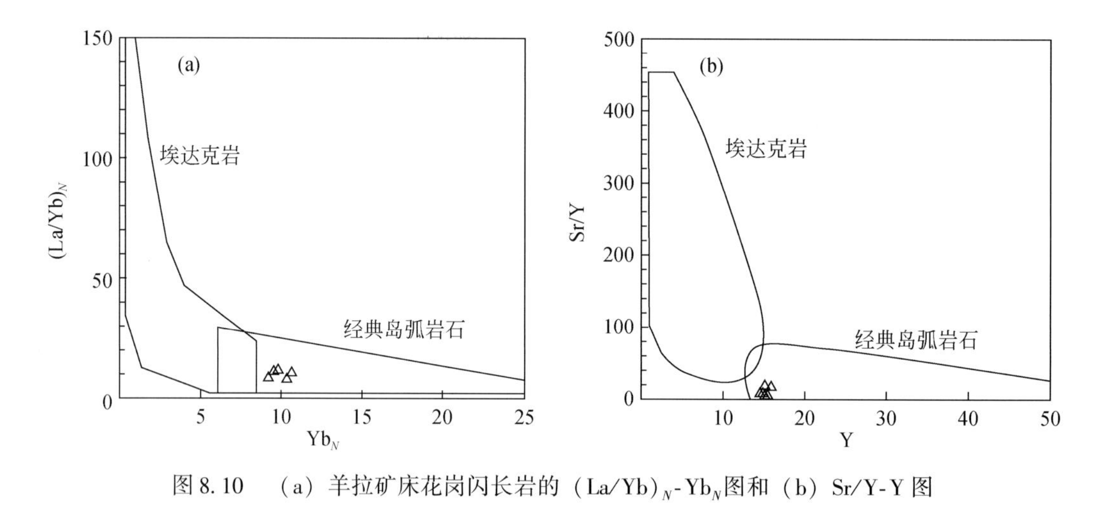

图 8.10　(a) 羊拉矿床花岗闪长岩的 $(La/Yb)_N$-Yb_N图和 (b) Sr/Y-Y 图

（底图据 Defant and Drummond，1990）

羊拉花岗闪长岩为高钾钙碱性系列，在 K_2O-Na_2O 图中［图 8.11（a）］，样品落在 S 型花岗岩和 A 型花岗岩区内，在 A/CNK-A/NK 图中［图 8.8（b）］，样品属准铝质-过铝质系列岩类，符合由造山向非造山过渡的构造环境花岗岩类的地球化学特征（Winter，2001）。在 R1-R2 构造判别图中［图 8.11（b）］，样品落在板块碰撞前消减地区花岗岩范围内，显示花岗闪长岩为弧陆碰撞时下地壳部分熔融形成的同碰撞花岗岩，构造背景为挤压环境（魏君奇等，1997）。在 Rb-Y+Nb 构造判别图中［图 8.12（a）］，样品落在同碰撞花岗岩和火山弧花岗岩的界线附近，在 Y-Nb 构造判别图中［图 8.12（b）］，样品点落在同碰撞花岗岩和火山弧花岗岩范围内，表明花岗闪长岩为活动大陆边缘花岗岩（Pearce *et al.*，1984），其岩浆源区包括地壳和地幔楔（Pitcher，1997）。Miller 等（2003）根据锆石饱和温度提出热和冷花岗岩的概念：前者的温度大约在 800℃，含源区残留物较少，其形成可能与外来热的加入有关系；后者的温度不超过 800℃，平均 766℃，含源区残留物较多，其形成与流体加入有关。里农岩体的温度为 708.96～779.81℃，平均为 749.30℃，属于冷花岗岩范畴。那么它的源区残留物较多（石榴子石，角闪石等），且流体加入起着重要的作用。矿床夕卡岩-斑岩成矿年龄与岩体的成岩年龄相近，岩体的温度低于 800℃与成矿流体的加入有关。

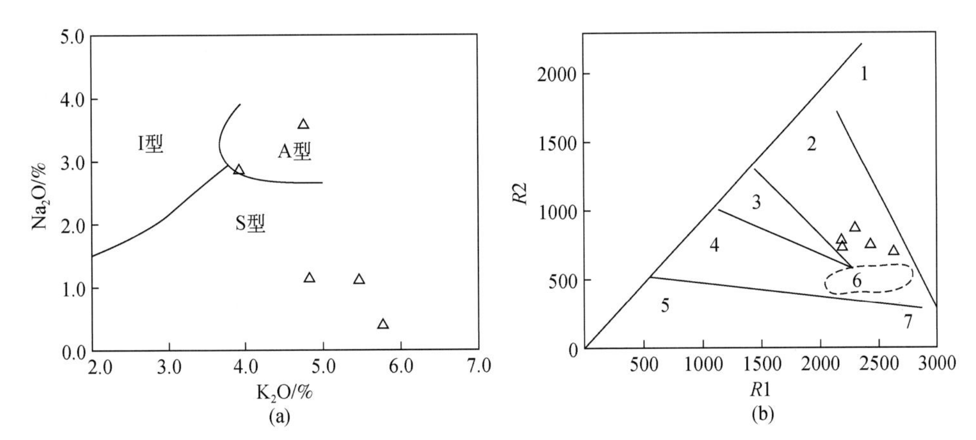

图 8.11　（a）羊拉矿床花岗闪长岩的 K_2O-Na_2O 图与（b）*R*1-*R*2 图

*R*1 = 4Si-11（Na+K）-2（Fe+Ti）；*R*2 = 6Ca+2Mg+Al；底图据 Batchelor and Bowden，1985；
1. 幔源花岗岩；2. 板块碰撞前消减地区花岗岩；3. 板块碰撞后隆起花岗岩；4. 晚造山期花岗岩；
5. 非造山区花岗岩；6. 地壳熔融花岗岩；7. 造山后期 A 型花岗岩

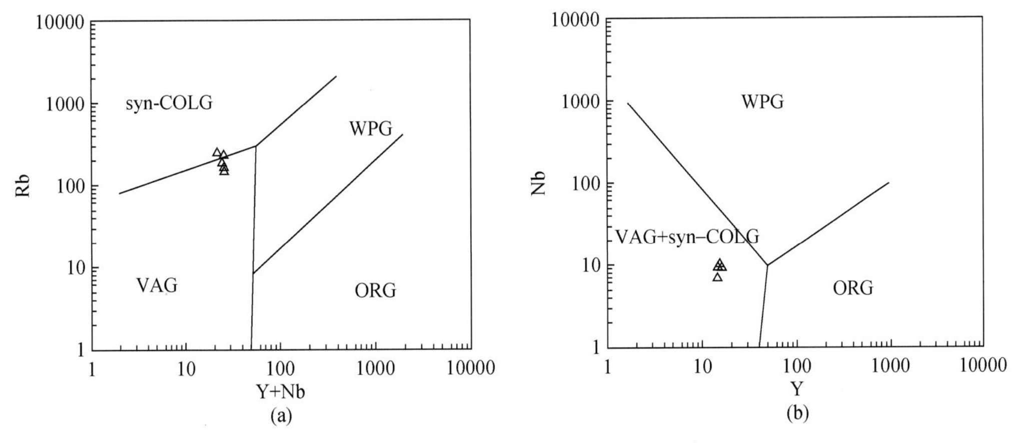

图 8.12　羊拉矿床花岗闪长岩微量元素构造环境图（底图据 Pearce *et al.*，1984）

VAG. 火山弧花岗岩；ORG. 洋中脊花岗岩；WPG. 板内花岗岩；syn-COLG. 同碰撞花岗岩

（3）花岗闪长岩锆石 U-Pb 年龄。CL 分析显示样品 YL20 和 YL27 锆石为浅黄色，颗粒晶形良好，外形特征呈长柱状或短柱状，无色透明，锆石具有较典型的岩浆振荡环带（生长环带）结构，表明锆石为典型的岩浆锆石（吴元保、郑永飞，2004）。

样品 YL20 的 30 个测点中（表 8.4），25 个锆石分析点的 $^{206}Pb/^{238}U$ 年龄范围为 231 ~ 238Ma，位于 $^{206}Pb/^{238}U$-$^{207}Pb/^{235}U$ 谐和曲线中［图 8.13（a）］，其他锆石分析点偏离了正常 $^{206}Pb/^{238}U$ 年龄分布；利用 Isoplot 软件计算获得 YL20 样品 25 个锆石分析点的 $^{206}Pb/^{238}U$ 加权平均年龄值为 234.1±1.2Ma（MSWD = 0.66），代表了花岗闪长岩的结晶时代。样品 YL27 的 30 个测点中（表 8.4），24 个锆石分析点的 $^{206}Pb/^{238}U$ 年龄范围为 232 ~ 239Ma，位

于$^{206}Pb/^{238}U$-$^{207}Pb/^{235}U$谐和曲线中［图8.13（b）］，其他锆石分析点偏离了正常$^{206}Pb/^{238}U$年龄分布；利用Isoplot软件计算获得YL27样品24个锆石分析点的$^{206}Pb/^{238}U$加权平均年龄值为235.6±1.2Ma（MSWD=0.66），代表了矿床花岗闪长岩的岩浆锆石结晶时代。

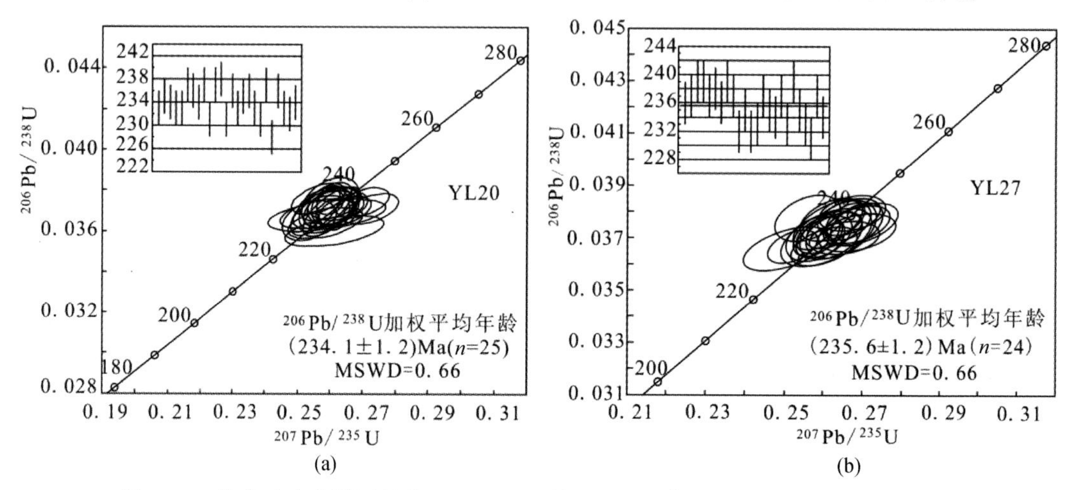

图8.13　羊拉矿床花岗闪长岩LA-ICP-MS锆石U-Pb谐和图（据杨喜安等，2011）

表8.4　羊拉矿床花岗闪长岩（YL20）LA-ICP-MS锆石U-Pb年龄表（据杨喜安等，2011）

分析点	$^{207}Pb/^{206}Pb$		$^{207}Pb/^{235}U$		$^{206}Pb/^{238}U$		$^{207}Pb/^{206}Pb$		$^{207}Pb/^{235}U$		$^{206}Pb/^{238}U$	
	测值	1σ	测值	1σ	测值	1σ	年龄/Ma	1σ	年龄/Ma	1σ	年龄/Ma	1σ
YL20-01	0.05108	0.001	0.25981	0.00534	0.03688	0.00048	244	25	235	4	233	3
YL20-02	0.05324	0.00103	0.27234	0.00557	0.03709	0.00049	339	24	245	4	235	3
YL20-03	0.05054	0.00093	0.25782	0.00503	0.03699	0.00048	220	23	233	4	234	3
YL20-04	0.05079	0.00103	0.25818	0.00546	0.03686	0.00049	231	26	233	4	233	3
YL20-05	0.05032	0.00157	0.25567	0.00724	0.03685	0.00048	210	74	231	6	233	3
YL20-06	0.05036	0.00097	0.25993	0.00525	0.03743	0.00049	212	24	235	4	237	3
YL20-07	0.05078	0.00099	0.26158	0.00535	0.03735	0.00049	231	24	236	4	236	3
YL20-08	0.05187	0.001	0.26449	0.00537	0.03697	0.00048	280	24	238	4	234	3
YL20-09	0.05061	0.0009	0.26092	0.00494	0.03738	0.00049	223	22	235	4	237	3
YL20-10	0.05102	0.00094	0.25723	0.00504	0.03656	0.00048	242	23	232	4	231	3
YL20-11	0.05002	0.00096	0.25823	0.00523	0.03743	0.00049	196	24	233	4	237	3
YL20-12	0.0557	0.00109	0.28133	0.00581	0.03662	0.00048	440	24	252	5	232	3
YL20-13	0.04948	0.00101	0.25639	0.00545	0.03757	0.0005	171	26	232	4	238	3
YL20-14	0.05065	0.00085	0.25485	0.00463	0.03649	0.00047	225	20	231	4	231	3
YL20-15	0.05064	0.0011	0.26011	0.00587	0.03724	0.0005	224	28	235	5	236	3
YL20-16	0.05108	0.00245	0.25903	0.01187	0.03678	0.00052	245	113	234	10	233	3
YL20-17	0.05145	0.00097	0.26345	0.00526	0.03713	0.00049	261	23	237	4	235	3
YL20-18	0.05073	0.0009	0.2603	0.00493	0.03721	0.00049	229	22	235	4	236	3
YL20-19	0.05075	0.00096	0.25784	0.00515	0.03684	0.00048	229	24	233	4	233	3
YL20-20	0.0515	0.0015	0.25859	0.0076	0.03641	0.00051	263	42	234	6	231	3
YL20-21	0.05234	0.00098	0.26981	0.00535	0.03738	0.00049	300	23	243	4	237	3

续表

分析点	$^{207}Pb/^{206}Pb$		$^{207}Pb/^{235}U$		$^{206}Pb/^{238}U$		$^{207}Pb/^{206}Pb$		$^{207}Pb/^{235}U$		$^{206}Pb/^{238}U$	
	测值	1σ	测值	1σ	测值	1σ	年龄/Ma	1σ	年龄/Ma	1σ	年龄/Ma	1σ
YL20-22	0. 05261	0. 00214	0. 26123	0. 00999	0. 03601	0. 0005	312	95	236	8	228	3
YL20-23	0. 05035	0. 00093	0. 2586	0. 00508	0. 03724	0. 00049	211	23	234	4	236	3
YL20-24	0. 05049	0. 001	0. 25661	0. 00534	0. 03686	0. 00049	218	25	232	4	233	3
YL20-25	0. 07064	0. 0024	0. 3621	0. 01128	0. 03718	0. 00051	947	71	314	8	235	3
YL20-26	0. 05317	0. 00106	0. 25426	0. 00535	0. 03468	0. 00046	336	25	230	4	220	3
YL20-27	0. 05105	0. 00095	0. 25804	0. 00509	0. 03666	0. 00048	243	23	233	4	232	3
YL20-28	0. 05119	0. 0011	0. 26135	0. 00588	0. 03702	0. 00049	249	28	236	5	234	3
YL20-29	0. 05488	0. 00122	0. 2789	0. 00644	0. 03685	0. 00049	407	29	250	5	233	3
YL20-30	0. 05435	0. 00116	0. 27901	0. 00622	0. 03723	0. 00049	386	27	250	5	236	3
YL27-01	0. 05079	0. 00105	0. 261	0. 00572	0. 03726	0. 0005	231	27	235	5	236	3
YL27-02	0. 05098	0. 00105	0. 26373	0. 00574	0. 03751	0. 00051	240	26	238	5	237	3
YL27-03	0. 049	0. 00101	0. 25571	0. 00557	0. 03784	0. 00051	148	27	231	5	239	3
YL27-04	0. 05097	0. 0012	0. 26594	0. 00652	0. 03783	0. 00052	239	32	239	5	239	3
YL27-05	0. 05113	0. 00094	0. 26361	0. 0052	0. 03738	0. 0005	247	23	238	4	237	3
YL27-06	0. 05219	0. 00105	0. 27038	0. 00576	0. 03756	0. 00051	294	25	243	5	238	3
YL27-07	0. 05116	0. 00119	0. 26304	0. 00636	0. 03728	0. 00051	248	31	237	5	236	3
YL27-08	0. 0503	0. 00095	0. 26184	0. 00527	0. 03775	0. 00051	209	24	236	4	239	3
YL27-09	0. 0499	0. 00206	0. 26762	0. 01101	0. 03889	0. 0006	190	67	241	9	246	4
YL27-10	0. 05114	0. 00112	0. 26456	0. 00607	0. 03751	0. 00051	247	29	238	5	237	3
YL27-11	0. 05136	0. 00104	0. 25947	0. 00556	0. 03663	0. 00049	257	26	234	4	232	3
YL27-12	0. 05212	0. 00146	0. 26679	0. 00765	0. 03712	0. 00052	291	40	240	6	235	3
YL27-13	0. 04927	0. 00464	0. 2671	0. 0251	0. 03931	0. 00067	161	179	240	20	249	4
YL27-14	0. 05143	0. 00104	0. 26025	0. 00558	0. 03669	0. 00049	260	26	235	4	232	3
YL27-15	0. 05102	0. 0011	0. 25865	0. 00586	0. 03676	0. 0005	242	28	234	5	233	3
YL27-16	0. 05148	0. 00113	0. 26626	0. 00612	0. 03751	0. 00051	262	29	240	5	237	3
YL27-17	0. 05101	0. 00111	0. 2609	0. 00596	0. 03709	0. 0005	241	29	235	5	235	3
YL27-18	0. 05075	0. 00103	0. 25879	0. 00556	0. 03698	0. 0005	229	26	234	4	234	3
YL27-19	0. 05134	0. 00147	0. 26527	0. 00777	0. 03746	0. 00052	256	42	239	6	237	3
YL27-20	0. 05082	0. 00109	0. 25791	0. 0058	0. 0368	0. 0005	233	28	233	5	233	3
YL27-21	0. 06142	0. 0012	0. 31422	0. 00653	0. 0371	0. 0005	654	23	277	5	235	3
YL27-22	0. 05109	0. 00107	0. 26567	0. 00588	0. 03771	0. 00051	245	27	239	5	239	3
YL27-23	0. 05096	0. 00113	0. 26091	0. 00605	0. 03713	0. 00051	239	29	235	5	235	3
YL27-24	0. 05396	0. 00114	0. 28012	0. 00624	0. 03765	0. 00051	369	27	251	5	238	3
YL27-25	0. 05119	0. 00184	0. 26008	0. 00941	0. 03684	0. 00054	249	56	235	8	233	3
YL27-26	0. 04941	0. 00115	0. 24889	0. 00601	0. 03653	0. 0005	167	32	226	5	231	3
YL27-27	0. 05324	0. 00106	0. 3112	0. 00656	0. 04239	0. 00057	339	25	275	5	268	4
YL27-28	0. 05182	0. 00114	0. 26747	0. 00615	0. 03743	0. 00051	277	29	241	5	237	3
YL27-29	0. 0506	0. 0011	0. 25836	0. 00589	0. 03702	0. 00051	223	28	233	5	234	3
YL27-30	0. 05596	0. 0014	0. 29065	0. 00751	0. 03766	0. 00052	451	33	259	6	238	3

8.2.2　含矿岩系特征

1. 含矿岩石组合

矿区含矿岩系为一套次深海相火山岩和砂泥质硅质复理石建造，并以沉积岩和火山碎屑沉积岩为主，其中火山岩占含矿岩系的20%（李定谋等，2002）。岩石类型有砂质板岩类、硅质岩、碳酸盐类、绿泥石板岩类、绢云母、安山玄武岩类和火山碎屑岩类，其中薄层状凝灰质火山碎屑岩、玄武安山岩、安山玄武岩组成了含矿岩系中的火山-沉积韵律（朱俊等，2011）。潘家永等（2001）对矿区含矿岩系中硅质岩的研究表明，硅质岩具有TiO_2、Al_2O_3值低和成矿元素（Cu、Au和Ag）含量高的特征，为典型的热水沉积硅质岩，并与矿化密切相关。

2. 岩石地球化学

朱俊等（2011）对矿区含矿岩系稀土元素特征的研究显示，里农组和江边组砂质板岩具有相同的稀土元素组成特征，即稀土总量高，相对富集LREE，在球粒陨石标准化配分模式中表现为向右缓倾曲线［图8.14（a）、（b）］，具有Eu负异常，无明显Ce异常或弱Ce负异常；大理岩中稀土元素总量低，相对富集HREE，在球粒陨石标准化配分模式中较为平坦［图8.14（c）］，具有较明显Eu和Ce负异常；里农组夕卡岩化变基性火山岩稀土元素总量高，富集LREE，在球粒陨石标准化配分模式中表现为与砂质板岩相似的向右缓倾曲线［图8.14（d）］，且具有与砂质板岩相似的Eu负异常和弱Ce负异常。

矿区硅质岩是喷流-沉积作用的产物（潘家永等，2001；朱俊等，2011），其稀土元素组成特征与砂质板岩基本一致，即稀土元素总量较高，相对富集LREE，球粒陨石标准化配分模式中表现为向右缓倾曲线［图8.14（e）］，具有Eu负异常和弱Ce负异常。

综上所述，矿区砂质板岩、硅质岩和夕卡岩化变基性火山岩的稀土元素组成基本相似，反映其形成环境一致，三者共同构成了赋矿层位的火山-沉积岩系。

8.2.3　矿化与蚀变特征

1. 矿体特征与矿化结构

矿区有3个矿段，由南向北依次为路农、里农和江边矿段。路农与里农矿段之间的结合带未完全控制，其矿体可能有相连的趋势。里农矿段在江边矿段以西，二者以里农大沟为界。3个矿段中，里农矿段规模最大，最具代表性，也是本次研究的主要对象（杨喜安等，2012）。

1）里农矿段

矿体呈层状、似层状、脉状及透镜状产于里农岩体西侧的泥盆系浅变质岩系内与岩体中（图8.15）。其中层状、似层状矿体呈近南北走向，向北西或南西缓倾，倾角18°～

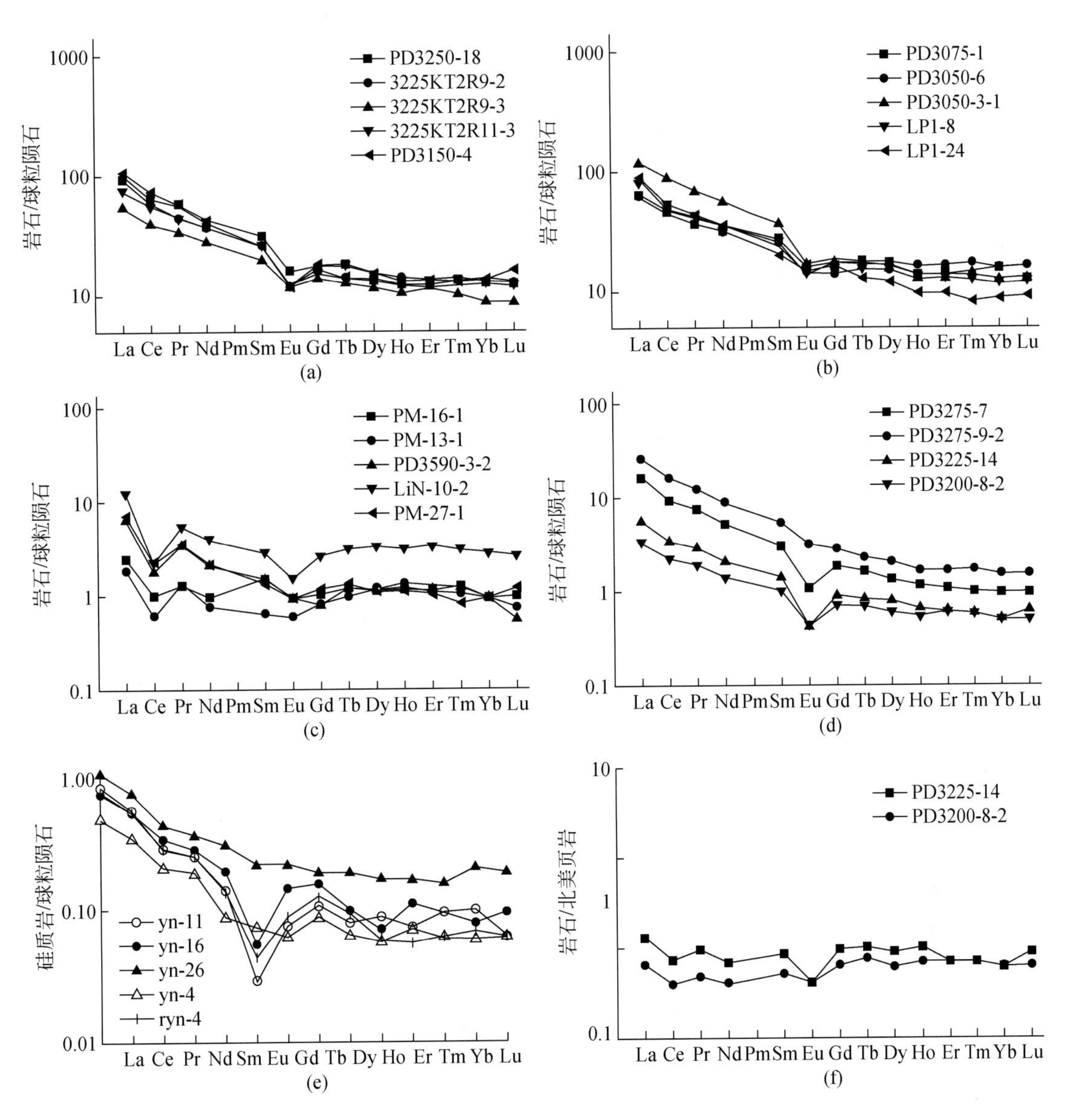

图8.14　羊拉矿床里农矿段围岩稀土元素配分模式图（据潘家永等，2001；朱俊等，2011）

（a）里农组砂质板岩/球粒陨石；（b）江边组砂质板岩/球粒陨石；（c）大理岩/球粒陨石；（d）里农组夕卡岩化变基性火山岩/球粒陨石；（e）硅质岩/球粒陨石；（f）硅质岩/北美页岩

35°。矿体出露标高为2870～3660m，矿化带长大于2500m，宽100～1000m，矿体长170～1860m，厚度0.87～22.96m，控制最大斜深为298m。含矿岩石为透辉石夕卡岩和石榴子石夕卡岩，其次为砂质绢云板岩、绿泥板岩、大理岩和变质石英砂岩。铜品位为0.65%～2.22%，并伴生金、银等有益元素。矿化层中具黄铜矿化、黄铁矿化、绿泥石化和硅化。脉状矿体呈北东向分布于构造裂隙带中，倾向北西，倾角中–陡倾。铜品位为0.33%～3.4%，并伴生有钼、锡等有益元素。矿段共圈定工业矿体20个，其中2号KT2和5号KT5矿体为主矿体。

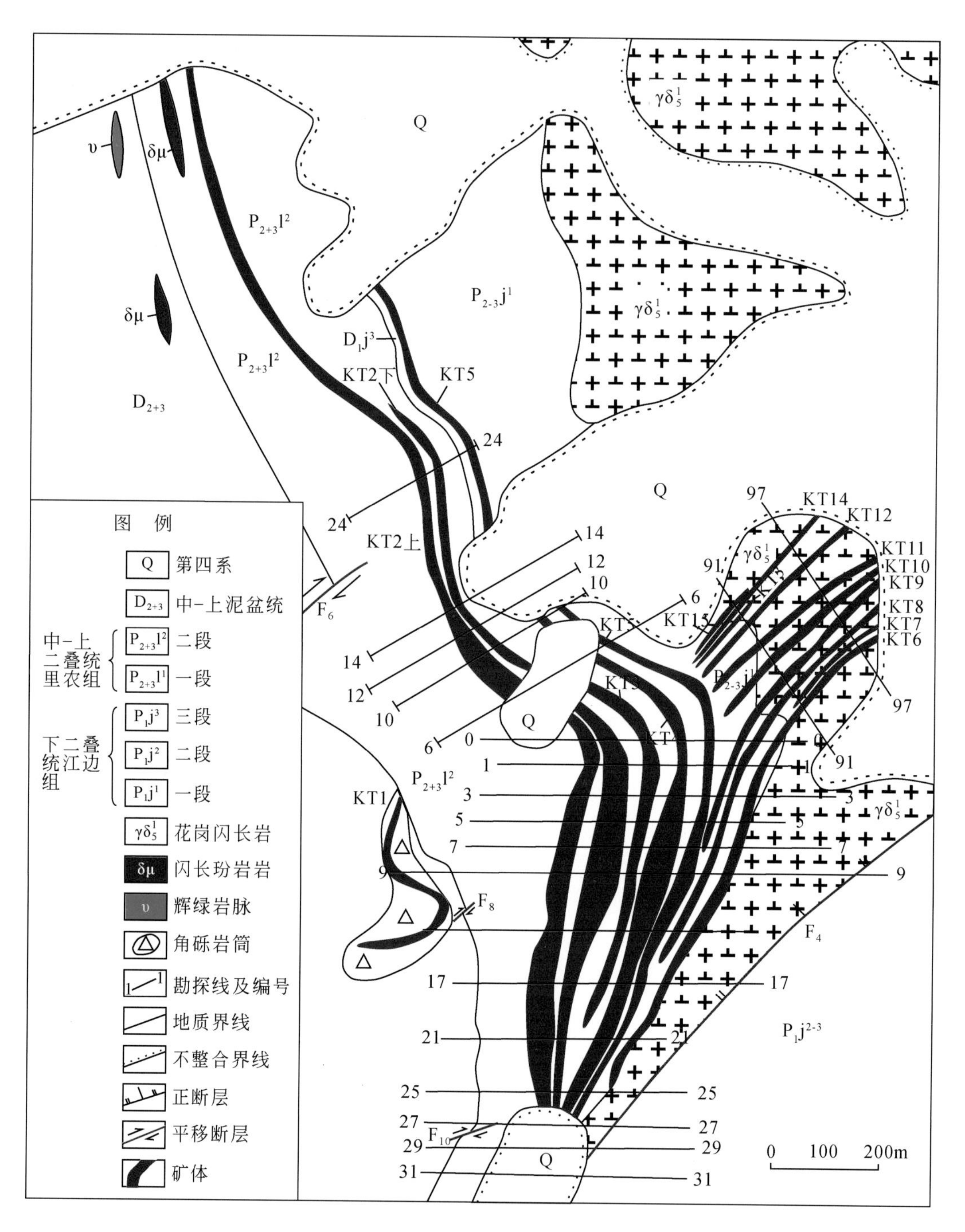

图 8.15　羊拉矿床里农矿段矿体平面图（据朱俊，2011）

（1）KT2 矿体。矿体呈层状、似层状产出于里农组二段与一段地层之间，并有分枝复合现象。矿体分布于 33 ~ 46 线之间（图 8.15），最长延伸超过 2200m，矿体北端被第四系覆盖，南端被断层错断。矿体北段平均走向 330°，倾向 208° ~ 268°，倾角 17° ~ 38°；南段走向近南北，倾向西，倾角 10°～15°。含矿岩石较为复杂，有夕卡岩、大理岩、变质石英砂岩等。矿体可分为上、下两层，其间被 5～65m 夹石所分开。两层矿体均为南段厚，向北逐渐变薄。上矿层南段厚 7.53～37.00m，向北变为 1.17～7.13m；下矿层南段厚 4.81～72.89m，向北变为 1.82～19.7m，矿体总厚度达 109.89m。

KT2（上）-1：地表出露于 20～25 线之间，25 线以南第四系覆盖。矿体呈层状、似层状并大致顺层产出（图 8.16）。矿体出露标高为 3218～3306m，控制矿体长为 1140m，斜深为 65～270m。矿体倾向北西，倾角一般为 12°～22°，倾角从 3280m 标高处向下逐渐变陡（30°～40°）。矿体厚度由 9 线往北逐渐变薄并在 14 线尖灭，铜品位也逐渐变低；9 线以南厚度较大，铜品位高。矿层结构简单，含矿岩石为石榴子石夕卡岩、透辉石夕卡岩和角岩化变质石英砂岩。矿体与顶底板围岩之间为渐变关系，顶板为大理岩，底板为透辉石夕卡岩。

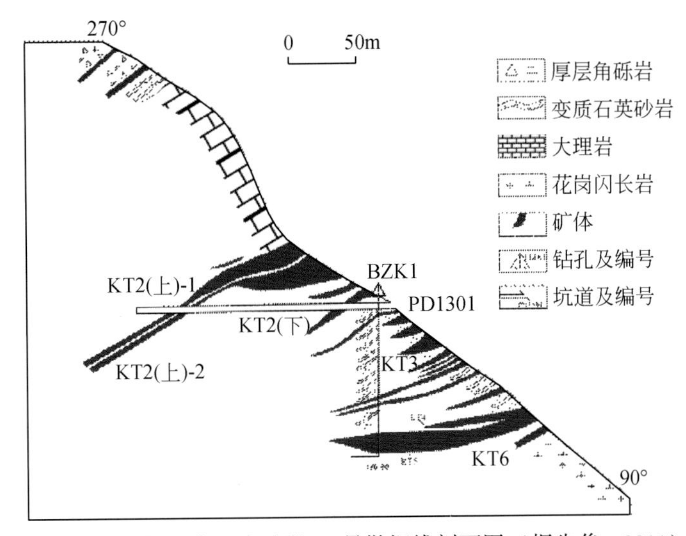

图 8.16　羊拉矿床里农矿段 13 号勘探线剖面图（据朱俊，2011）

KT2（下）-2：地表出露于 25～56 线间，25 线以南被第四系覆盖。矿体呈层状、似层状并大致顺层产出（图 8.17）。矿体出露标高为 3150～3308m，控制矿体长为 2200m，斜深为 80～230m。矿体倾向北西，倾角为 12°～22°。矿体厚度在垂向上逐渐变薄，铜品位也逐渐变低，厚度由 28 线往北逐渐变薄，铜品位也逐渐变低，10～25 线间矿体厚度较大，铜品位高。含矿岩石为石榴子石夕卡岩、透辉石夕卡岩及部分角岩化变质石英砂岩。矿体与顶底板围岩之间为渐变关系，矿体顶板为大理岩，底板为透辉石夕卡岩。

（2）KT5 矿体。地表出露于 24～25 线间，25 线以南被第四系覆盖。矿体呈似层状产于江边组二段与三段地层之间（图 8.17）。矿体出露标高为 3090～3250m，工程控制长 1613m，斜深为 60～320m。矿体倾向西，倾角 8°～18°。在 0～25 线之间矿体厚度和品位较为稳定，向北厚度逐渐变薄，品位变低。矿体南部因岩体侵位较高，在倾向延伸约 100m 后尖灭。含矿岩石为石榴子石夕卡岩、钙铁辉石夕卡岩及部分角岩化砂、板岩。矿体与顶底板围岩界线清晰，顶板为大理岩，底板为夕卡岩、大理岩和花岗闪长岩。里农矿段次要矿体特征见图 8.17 和表 8.5。

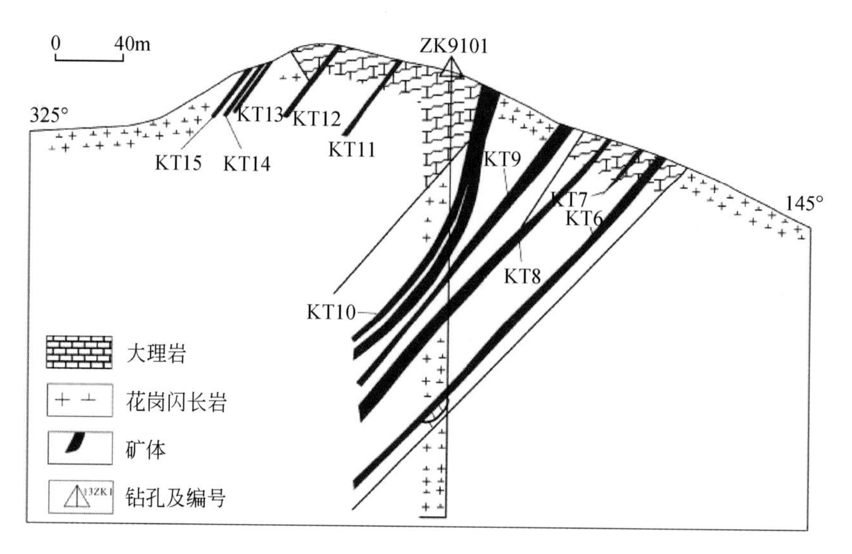

图 8.17　羊拉矿床里农矿段 91 号勘探线剖面图（据云南省地质调查院①，2003）

表 8.5　羊拉矿床里农矿段次要矿体特征表（据赵江南，2012，修改）

矿体	赋矿层位	形态	矿体规模/m		Cu 品位/%	矿石类型
			长	厚		
KT1	隐爆角砾岩	透镜状	600	3.97	1.47	角砾岩、夕卡岩型
KT2-4	$P_{2+3}l^1$上部	似层状	250	3.15	0.78	夕卡岩型
KT2-5	$P_{2+3}l^1$中部		130	3.38	0.58	角岩、角岩化变质石英砂、板岩型
KT2-6			240	5.73	0.59	
KT2-7			900	6.41	0.97	
KT3			900	5.92	0.76	
KT4-1	$P_{2+3}l^1$下部		680	6.02	0.88	
KT4	$P_{2+3}l^1$底部		1200	7.06	1.47	夕卡岩、石英砂岩型
KT6			1150	11.45	1.07	夕卡岩型
KT7			200	0.87	1.16	
KT8			400	1.43	1.06	
KT9			500	4.14	0.54	
KT10	北东向构造裂隙带	脉状	350	6.41	0.84	花岗闪长岩、构造角砾岩、角岩型
KT11			200	2.27	0.82	
KT12			250	2.04	0.87	
KT13			150	1.17	2.22	
KT14			300	1.74	0.97	
KT15			150	0.86	1.63	

① 云南省地质调查院. 2003. 云南德钦羊拉-鲁春铜多金属矿化集中区评价地质报告

2）江边矿段

位于矿区中部里农矿段以北，里农-江边中酸性岩体东、北部的内、外接触带中，含矿岩石为夕卡岩、花岗闪长岩、大理岩和变质石英砂岩，铜品位 0.54% ~2.51%。矿体控制标高 2568 ~3268m，最大斜深 120m。工业矿体 8 个，JKT1 和 JTK4 为主矿体。

（1）JKT1 矿体。矿体呈近南北向延伸（图 8.18），控制长 1620m，倾向东，倾角 50°~60°，控制斜深 40 ~115m，矿体北段、中段厚度较南段厚，一般大于 4m，平均厚度 4.93m，铜平均品位 0.98%。矿体呈似层状和脉状产出，并有分枝复合现象。含矿岩石中部为斜长花岗岩，其北段、南段为石榴子石夕卡岩、透辉石夕卡岩。中段顶、底板为斜长花岗岩，北段、南段为角岩化变质石英砂岩。

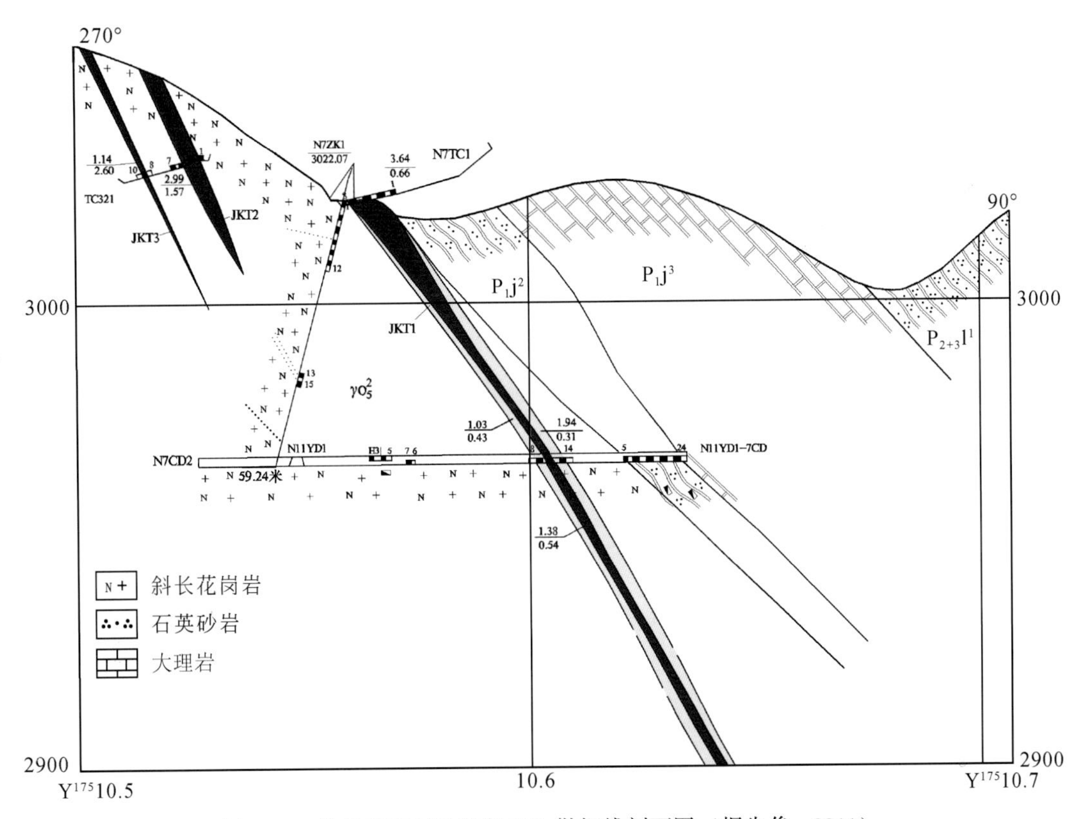

图 8.18　羊拉矿床江边矿段 KT1 勘探线剖面图（据朱俊，2011）

（2）JKT4 矿体。产于里农岩体东侧内、外接触带，赋存于江边组二段浅变质岩系中，并沿接触带分布。矿体出露标高 2570 ~2730m，呈近东西向延伸，控制长 520m，倾向北，倾角 4°~55°，一般小于 40°，最大斜深 150m。矿体产状与接触地层的产状基本一致，并随其变化。矿体厚度变化较大，平均为 11.54m，铜平均品位 0.89%。矿体呈似层状产出，并具有分枝复合现象，矿体连续性好。含矿岩石为夕卡岩、绢云砂质板岩和变质石英砂岩。矿体顶板为夕卡岩和大理岩，底板为二长花岗岩。

3）路农矿段

矿体产于加仁复式岩体北、东侧外接触带内。矿体出露标高 3350～3706m，走向近南北，控制长 567～800m，向西陡倾，倾角 45°～88°，最大斜深 120m，矿体厚 1.65～12.41m。圈定工业矿体 6 个，KT1、KT4、KT5 为主矿体。铜品位 0.46%～2.00%。含矿岩石有夕卡岩、构造角砾岩和变质石英砂岩等。

（1）KT1 矿体。矿体呈脉状、局部呈透镜状产于加仁岩体东侧内、外接触带内，赋矿地层为里农组一段（$P_{2+3}l^1$）。矿体呈北北东走向，北部地表被第四系覆盖，向北被断层错断，倾向西，倾角 50°～87°。矿体出露标高 3480～3698m，长 250m，控制最大斜深 70m，平均厚度为 6.76m，矿体向下未圈闭，铜平均品位 1.03%。矿体顶板为大理岩、绢云砂质板岩和变质石英砂岩，底板为变质石英砂岩和绢云砂质板岩。

（2）KT4 矿体。矿体呈脉状、透镜状赋存于断层破碎带中，赋矿地层为江边组三段（P_1j^3）和里农组一段（$P_{2+3}l^1$；图 8.19）。矿体呈北北东走向，向北被断层错断和第四系覆盖，倾向西或北西，倾角 45°～78°。矿体出露标高 3275～3706m，长 804m，控制最大斜深 120m，厚度变化较大，为 0.98～20.80m，铜平均品位 1.77%。矿体顶底板为大理岩和变质石英砂岩等。金属矿物以铜蓝、褐铁矿、孔雀石和蓝铜矿等氧化矿为主。矿石具浸染状、细网脉状和角砾状构造。

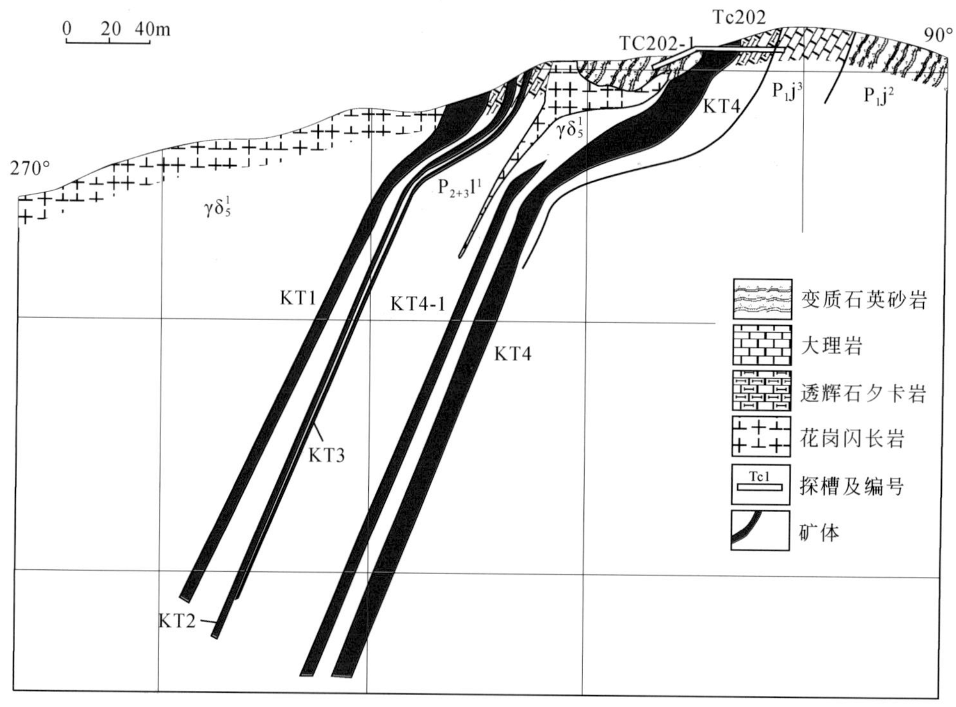

图 8.19　羊拉矿床路农 0 号勘探线剖面图（据云南省地质调查院①，2003）

① 云南省地质调查院. 2003. 云南德钦羊拉–鲁春铜多金属矿化集中区评价地质报告

(3) KT5-1 矿体。矿体呈似层状、透镜状产于里农组一段 ($P_{2+3}l^1$) 与里农组二段 ($P_{2+3}l^2$) 之层间破碎带中 (图 8.20)。矿体总体呈北东东走向，向东被第四系覆盖，倾向北北西或北西，倾角 31° ~ 70°，出露标高 3394 ~ 3621m，长 682m，控制最大斜深 115m，矿体向深部尚未圈闭。顶、底板为大理岩和变质石英砂岩，其次还有夕卡岩和构造角砾岩。矿体产状与岩体接触面产状、地层产状基本一致。

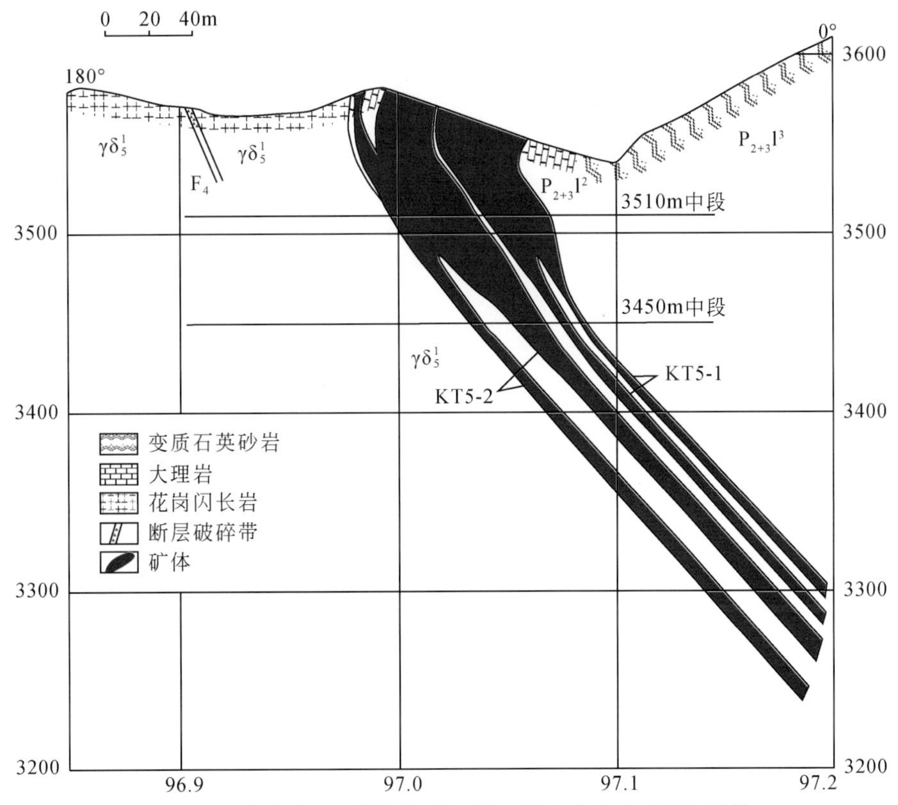

图 8.20　羊拉矿床路农 W2 勘探线剖面图 (据云南省地质调查院①, 2003)

2. 围岩蚀变分带

矿区经历多幕式构造演化和多期次岩浆热液活动，围岩蚀变发育，蚀变叠加改造。围岩蚀变发生在岩体与围岩的内外接触带，类型有夕卡岩化、硅化、钾化、绢云母化、泥化、绿泥石化和碳酸盐化 (图 8.21)。

1) 围岩蚀变类型

(1) 夕卡岩化。与铜矿化关系密切的蚀变，发育于岩体与碳酸盐岩等围岩的外接触带中，沿层位形成层状、似层状、细脉状、网脉状和透镜状夕卡岩。靠近岩体形成透辉石-石榴子石夕卡岩，远离岩体形成阳起石-透辉石夕卡岩。

---

① 云南省地质调查院. 2003. 云南德钦羊拉-鲁春铜多金属矿化集中区评价地质报告

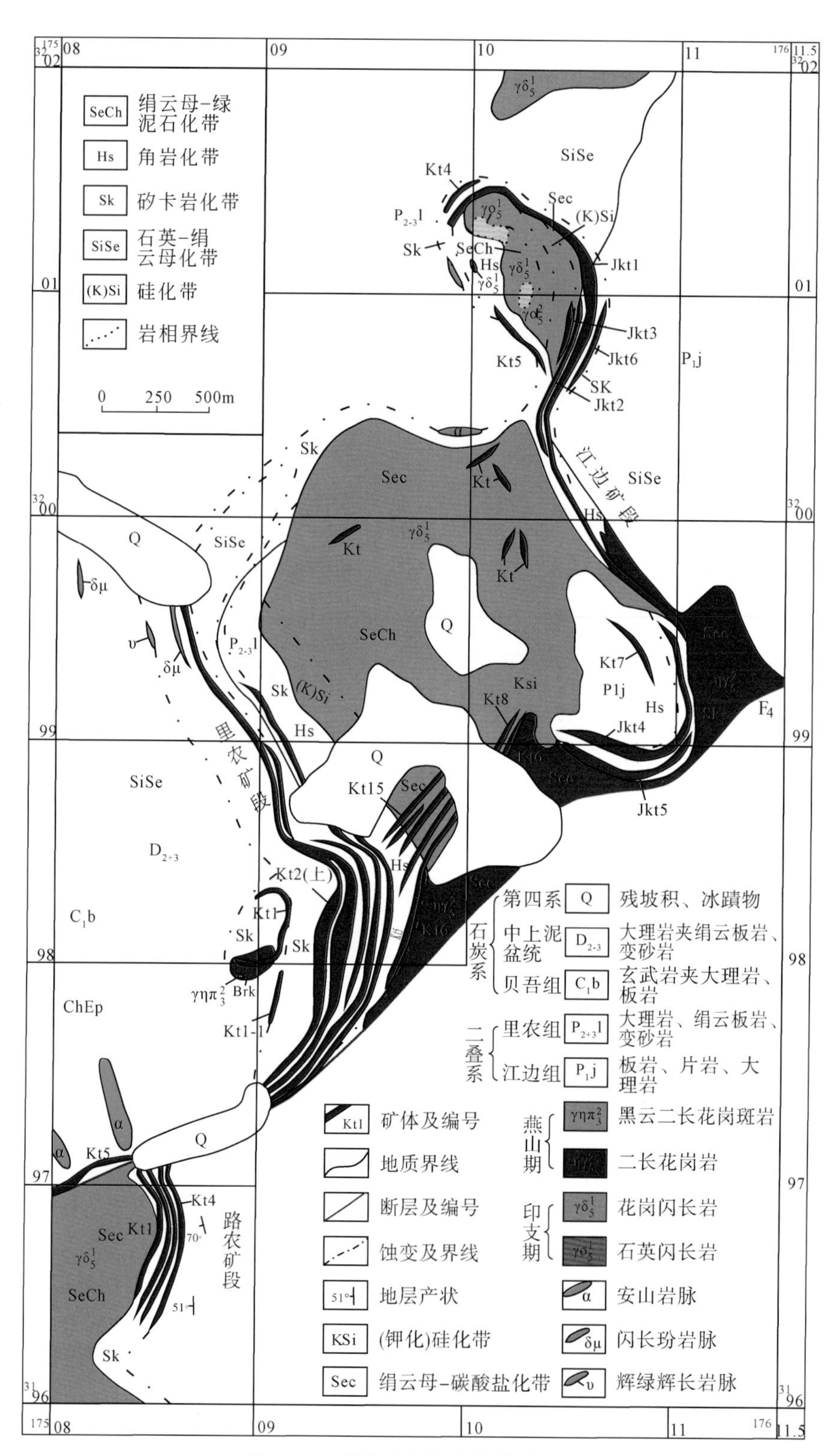

图 8.21　羊拉矿床蚀变分带平面图

（2）硅化。矿区最普遍的蚀变，表现形式为石英脉、石英重结晶和石英斑晶的熔蚀与再生长。

（3）钾化。常发生在与围岩接触的岩体内部，表现形式有钾长石交代斜长石、钾长石斑晶再生长、钾长石单矿物脉和钾长石–石英–金属硫化物脉。

（4）绿泥石化。普遍发育，常叠加于硅化、绢云母化和蚀变带中。岩体内表现为角闪石、黑云母绿泥石化；围岩中表现为绿泥石交代原岩，使其颜色变暗。

（5）绢云母化。常见的蚀变，表现形式为绢云母与次生石英组成绢英岩、斜长石绢云母化和绢云母–石英–金属硫化物脉。

（6）泥化。常发育在岩体中，强度不大，表现为长石高岭石化。

（7）碳酸盐化。在岩体和围岩中广泛发育，岩体内表现为角闪石、钾长石碳酸盐化及碳酸盐脉，围岩中表现为碳酸盐脉。

2）围岩蚀变分带

与岩体接触的围岩发育宽广的蚀变晕，其中里农组（$P_{2+3}l$）、江边组（P_1j）大理岩和变质碎屑岩的蚀变晕分布普遍，与矿化密切相关。从东向西分为 4 类蚀变带：

（1）角岩化带（Hs）。分布于江边组（P_1j^2）二段与岩体接触带及附近。表现为隐晶质–微显晶质结构和块状构造。蚀变类型有中等透辉石化、硅化、弱钾化、绿泥石化、绢云母化和泥化等。蚀变岩石中常见石英–钾长石脉、碳酸盐脉、黑云母脉和石英硫化物脉。蚀变带内有北东走向脉状铜矿体（KT6 ~ KT15）产出。

（2）夕卡岩化带（SK）。分布于大理岩、变质碎屑岩与岩体的接触部位靠近大理岩一侧，厚 2 ~ 50m，延伸较长。岩性为透辉石–石榴子石夕卡岩、阳起石–透辉石夕卡岩和透闪石–石榴子石夕卡岩等。夕卡岩中常叠加后期蚀变如绿帘石化、绿泥石化、硅化和碳酸盐化。夕卡岩的蚀变与矿化表现为夕卡岩矿物（石榴子石、绿帘石、透闪石、阳起石和绿泥石）与金属矿物（黄铜矿、黄铁矿、雌黄铁矿和磁铁矿）形成稠密浸染状和块状矿石。铜矿体主要产于此带。

（3）石英–绢云母化带（SiSe）。分布于岩体西侧外接触带，里农组一段（$P_{2+3}l^1$）与中–上泥盆统（D_{2+3}）底部。带内为硅化和绢云母化，其次为弱–中等透辉石化、泥化和绿泥石化。岩石褪色明显，蚀变较强地段形成石英岩。蚀变带内各种蚀变矿物与金属硫化物常充填于裂隙中，形成网脉。按矿物组合可将细脉分为石英–金属硫化物脉、黄铜矿–黄铁矿脉、石英–绢云母–金属硫化物脉和透辉石脉。

（4）青磐岩化带（ChEp）。分布区远离岩体，为青磐岩化和碳酸盐化，没有明显金属矿化。

3. 层状夕卡岩地球化学

矿床在成岩和空间产出位置上与夕卡岩有密切的关系，因此，对于夕卡岩的特征和成因的研究尤为重要。矿区的夕卡岩分布如图 8.22 所示，按其空间产出特征分为两种类型：①产于花岗闪长岩体与地层接触带中的夕卡岩：如图中所示 SK1、SK3 和 SK4。其中 SK1 产于里农岩体与其西侧地层的外接触带中，与围岩整合接触，并且是里农矿段的主要矿体；

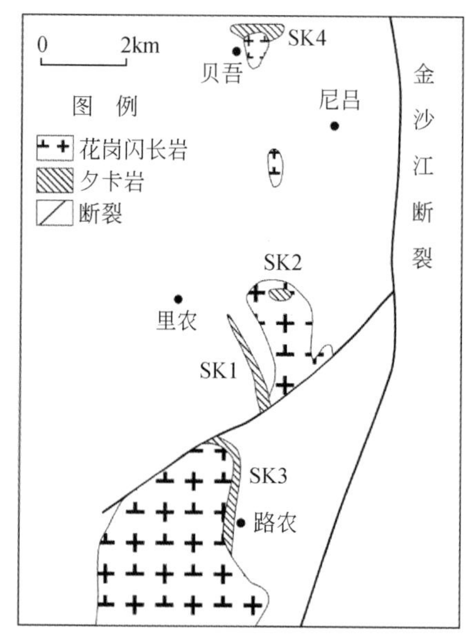

图 8.22　羊拉矿床夕卡岩分布示意图
（据战明国等，1998）

SK3 产于加仁岩体与围岩的外接触带中，沿接触带分布，并与地层整合接触呈层状；SK4 产于贝吾岩体与围岩的接触带；②产于花岗闪长岩体内部的夕卡岩，如 SK2，呈近似椭圆状分布，为典型的内接触带夕卡岩。夕卡岩矿物有石榴子石、辉石、阳起石和绿帘石，其中以石榴子石和辉石分布最广。

1）石榴子石种属与特征

石榴子石是重要的夕卡岩矿物，多为黑褐色，常呈自形–半自形粒状结构，粒度一般小于 5mm，少量可达 10mm 以上。环带结构明显，成分变化不大，包含有方解石或被其交代穿孔，并常被磁铁矿、黄铜矿和磁黄铁矿等金属矿物交代，与矿化密切相关。电子探针分析见表 8.6，可以看出矿体范围的石榴子石主要为钙铁榴石，未出现钙铝榴石，有别于区域变质作用形成的钙铁–钙铝系列的石榴子石，具有典型夕卡岩石榴子石的特征。

2）辉石种属与特征

辉石属于 Ca-Mg-Fe 族，并以钙铁辉石为主，其次为透辉石。常呈柱状和他形粒状，部分辉石被磁黄铁矿、黄铜矿等硫化物交代，与矿化密切相关，其成分见表 8.6。矿区辉石具有低 Al_2O_3（<0.37%）、TiO_2（<0.04%）、高 FeO_T（21.32% ~29.60%）的特征，不同于火成辉石，并且层状夕卡岩 FeO_T 含量（21.32% ~29.60%）远高于正常接触交代夕卡岩，其可能是火山沉积旋回期已出现含铁矿层，并成为后期富铁夕卡岩的物质基础。

表 8.6　羊拉矿床石榴子石和辉石电子探针分析表（%）

矿物	样品号	Na_2O	SiO_2	FeO	K_2O	Al_2O_3	MgO	CaO	TiO_2	P_2O_5	总量
辉石	3075-13	0.02	47.54	28.43		0.32	0.96	20.86		0.02	98.14
		0.05	46.83	28.27		0.27	0.92	21.70			98.03
		0.14	47.95	29.60		0.27	0.43	21.21	0.04		99.64
		0.04	47.41	28.89		0.23	0.89	21.75	0.04	0.03	99.28
		0.12	47.93	26.75		0.37	2.03	22.22			99.42
		0.06	47.75	28.46		0.20	0.60	22.14			99.20
	YLII-9	0.07	48.12	28.68		0.09	0.58	22.36		0.03	99.93
		0.08	47.60	28.25	0.02	0.05	0.42	22.54		0.02	98.98
		0.12	49.37	21.32			4.97	23.60			99.38
		0.04	48.61	25.23	0.03	0.06	2.59	22.75			99.29
		0.14	48.14	28.26		0.13	0.64	22.27		0.02	99.59
石榴子石	YII-4	0.13	35.31	28.22	–	0.16	0.12	33.17	0.16	–	97.31
		0.02	35.29	28.33	–	0.14	0.11	33.02	0.30	0.03	97.24
		0.00	35.88	28.49	–	0.07	0.14	33.20	0.23	0.14	98.17

8.2.4　成矿地球化学特征

1. 微量元素地球化学

矿石稀土、微量元素分析结果列于表8.7，矿石富Cu，贫Zn和Pb，稀土元素含量较低，∑REE值为（11.53～59.17）$\times10^{-6}$，平均33.43$\times10^{-6}$，轻重稀土分馏不明显，具有弱的轻稀土富集［图8.23（a）］，LREE/HREE值为2.31～6.28，平均3.68，$(La/Yb)_N$值为1.31～7.45，δCe值为0.62～0.73，Ce负异常明显，表明热液沉积过程中海水混入程度较高。δEu值为0.55～1.43，Eu具有明显的正异常和负异常，表明成矿过程及成矿环境并非单一。微量元素原始地幔标准化图中［图8.23（b）］，矿石富集Rb和U元素，强烈亏损Ba、Sr，Zr和Lu元素平坦。

表8.7　羊拉矿床矿石微量和稀土元素组成表（10^{-6}）

样品号	YL-29	YL-37	YL-45	YL-49	YL-13	YL-50	平均值
Au	0.41	0.04	0.09	0.82	0.65	1.20	0.54
Ag	3.64	2.77	12.37	3.08	16.49	243.14	46.92
Co	70.54	70.77	36.36	106.80	12.77	262.35	93.27
Cr	21.70	6.00	13.30	14.50	32.90	23.90	18.72
Cs	2.14	1.63	1.78	1.48	32.22	28.41	11.28
Cu	7544.70	5780.00	21262.00	8721.50	12514.00	211340.00	44527.03
Ni	22.48	10.18	8.53	15.36	5.53	95.40	26.25
Zn	291.59	95.81	329.21	76.85	1735.26	8614.40	1857.19
Mo	1.59	3.12	0.77	1.69	0.33	119.60	21.18
Rb	5.10	14.70	8.40	7.20	60.50	129.40	37.55
Ba	11.40	2.40	12.90	5.00	26.40	13.40	11.92
Th	2.07	0.37	0.23	0.17	4.89	0.46	1.37
U	3.58	0.78	1.80	1.28	1.61	0.24	1.55
Ta	0.12	0.01	0.01	0.01	1.02	0.08	0.21
Nb	2.17	0.72	0.74	0.75	7.69	2.11	2.36
Pb	15.23	13.32	14.16	36.31	473.37	17935.30	3081.28
Sr	12.00	6.80	7.00	6.90	38.70	2.50	12.32
Zr	29.90	20.60	18.00	15.40	68.10	57.10	34.85
Hf	0.87	0.47	0.53	0.47	2.27	2.12	1.12
La	7.90	1.21	6.28	5.79	1.55	2.70	4.24
Ce	14.45	2.35	8.49	9.02	4.89	4.88	7.35
Pr	3.34	0.65	1.73	1.52	1.24	0.59	1.51
Nd	15.86	2.87	7.11	5.69	7.73	2.33	6.93

续表

样品号	YL-29	YL-37	YL-45	YL-49	YL-13	YL-50	平均值
Sm	3.62	0.64	1.73	0.97	2.21	0.47	1.61
Eu	0.67	0.34	0.91	0.35	0.43	0.11	0.33
Gd	3.79	0.80	2.35	1.06	2.21	0.50	1.79
Tb	0.61	0.13	0.41	0.15	0.38	0.09	0.30
Dy	3.62	0.88	2.68	0.96	2.33	0.56	1.84
Ho	0.74	0.19	0.58	0.20	0.47	0.12	0.38
Er	2.13	0.60	1.74	0.61	1.36	0.34	1.13
Tm	0.33	0.10	0.25	0.09	0.21	0.05	0.17
Yb	1.84	0.66	1.49	0.56	1.25	0.29	1.02
Lu	0.28	0.12	0.23	0.09	0.20	0.04	0.16
Y	26.19	8.73	25.62	9.38	15.39	3.58	14.82

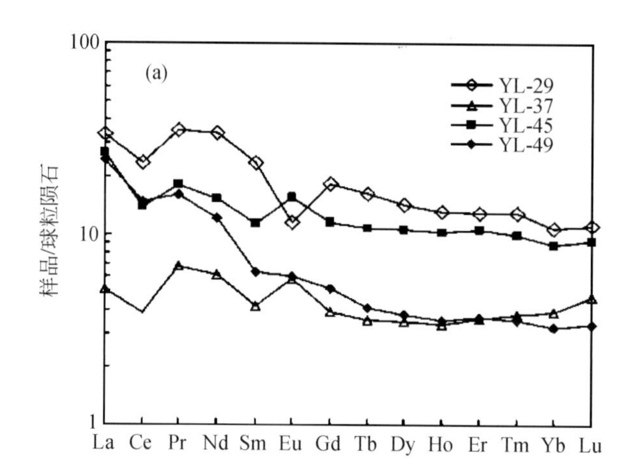

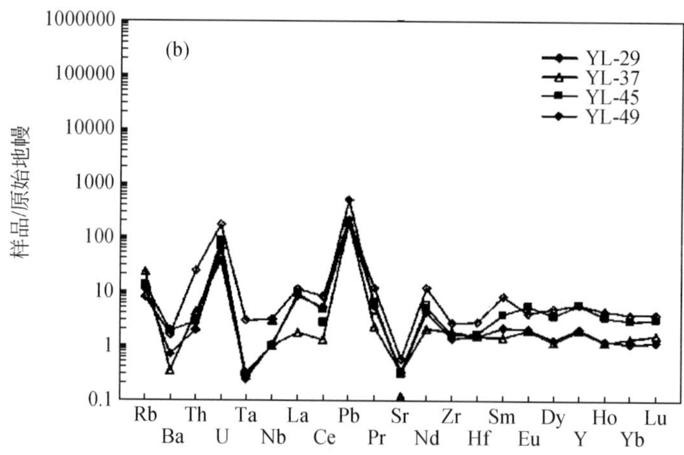

图 8.23　(a)羊拉矿床铜矿石稀土元素球粒陨石标准化配分曲线图和(b)微量元素原始地幔标准化蛛网图
(球粒陨石与原始地幔数据据 Sun and McDonough，1989)

2. 流体地球化学

1）样品采集与分析方法

根据矿床脉体穿切关系和矿物共生组合关系，将矿床印支期成矿过程划分为 4 阶段，即干夕卡岩阶段（Ⅰ）、湿夕卡岩-磁铁矿阶段（Ⅱ）、石英-硫化物阶段（Ⅲ）和方解石-硫化物阶段（Ⅳ）。流体包裹体测试分析的样品采自里农矿段 2 号、4 号和 5 号矿体，选取了其中能代表各成矿阶段的典型矿物并兼顾空间上的变化，有石榴子石 4 件、绿帘石 2 件、石英 7 件和方解石 3 件。

测试工作在中国地质大学（北京）流体包裹体实验室完成，测试仪器为 Linkam THMS600 型冷热台。技术参数为：铂电阻传感器，控制稳定温度为±0.01℃，温度显示最低为 0.01℃，测温范围为-196～600℃，样品轴向移动 16mm，光孔直径 1.3mm，加热/冷冻速率为 0.01～130℃/min。相对于标准物质误差在 400℃时为±2℃，-22℃时为±0.1℃。加热或冷冻过程中控制温度速率一般为 10℃/min，相变点附近小于 1℃/min。

2）包裹体岩相学特征

（1）干夕卡岩阶段石榴子石。以富液相水包裹体和含 NaCl 子晶多相包裹体为主［图 8.24（a）、（b）］，包裹体呈星散状分布，大小集中于10～20μm，气相分数为 5%～50%。多为椭圆形和不规则状，气泡较黑，激光拉曼分析显示其气相成分中 CH_4 含量较高。

（2）湿夕卡岩-磁铁矿阶段绿帘石。发育富液相水包裹体，偶见含 NaCl 子晶多相包裹体和纯气相有机质包裹体［图 8.24（c）、（d）］。包裹体多呈星散状分布，大小集中于 7～12μm，形态多为圆形、椭圆形和不规则状。

（3）石英-硫化物阶段石英。发育各种类型的包裹体，大小集中于 5～10μm，多呈负晶形、方形、椭圆形和不规则状［图 8.24（e）～（j）］。镜下同一视域内，均一温度相近且气相分数变化很大（小于 8%或大于 60%）的气液水包裹体和其他类型包裹体共存的现象普遍，显示出流体的不混溶（沸腾）特征。含 NaCl 子晶多相包裹体在加热时出现不同的均一方式。第一种通过 NaCl 子晶的熔化达到均一，且其熔化温度高于共生的气液水两相包裹体的均一温度，表明此类含 NaCl 子晶多相包裹体捕获时，成矿流体是一种相对于 NaCl 过饱和流体，其捕获温度应为与其共生的气液水两相包裹体的均一温度。第二种通过气泡的消失达到均一，表明此类含 NaCl 子晶多相包裹体捕获时，成矿流体为不饱和的高盐度流体。

（4）方解石-硫化物阶段方解石。为富液相水包裹体［图 8.24（k）］，大小集中于 5～15μm，多呈椭圆状和不规则状。

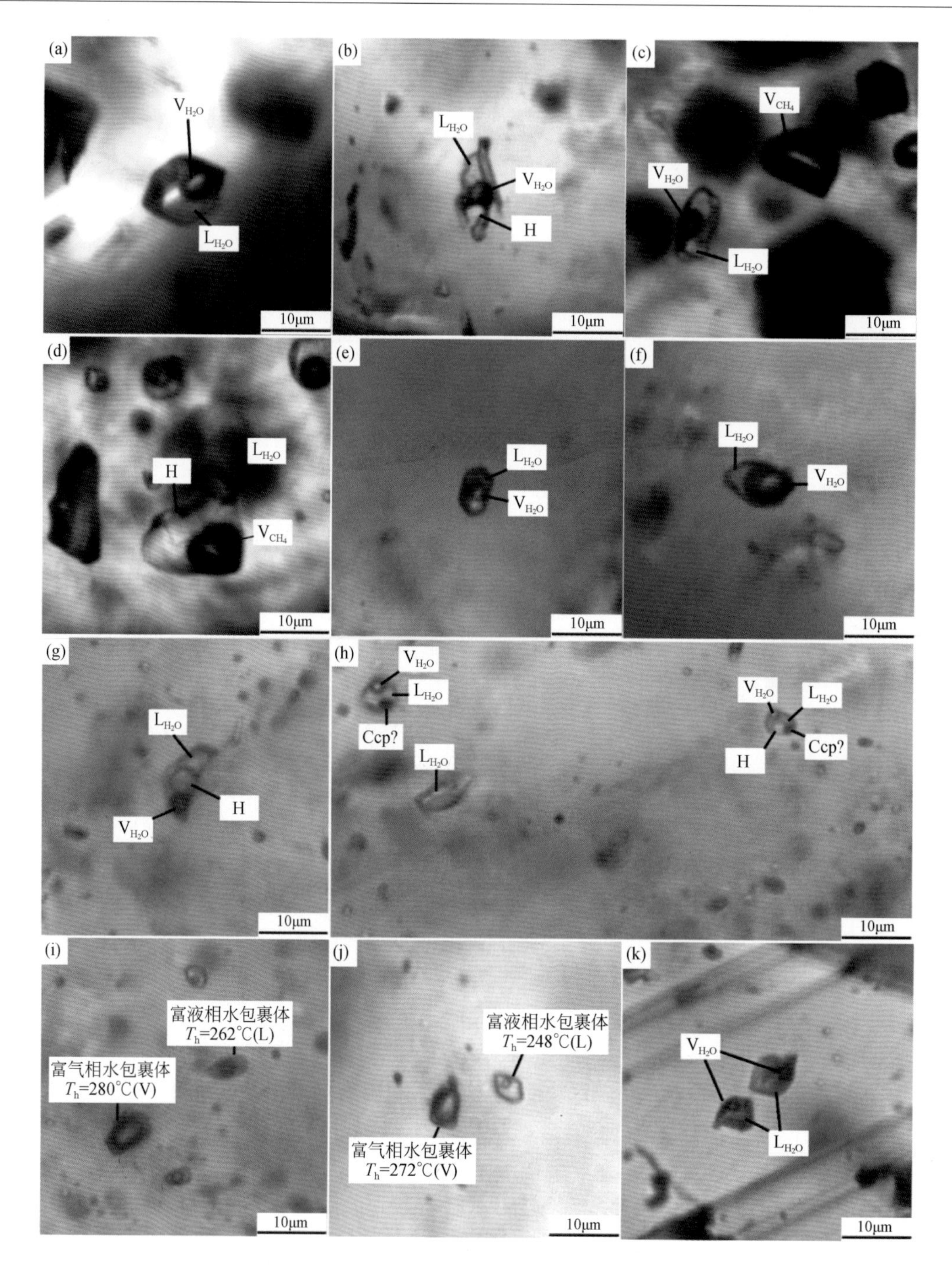

图 8.24　羊拉矿床各成矿阶段流体包裹体照片

(a) Ⅰ阶段石榴子石中富液相水包裹体；(b) Ⅰ阶段石榴子石中含 NaCl 子晶的多相包裹体；(c) Ⅱ阶段绿帘石中富液相水包裹体与纯气相 CH_4 包裹体共存；(d) Ⅱ阶段绿帘石中富液相水包裹体与含 NaCl 子晶多相包裹体共存；(e) Ⅲ阶段石英中负晶形包裹体；(f) Ⅲ阶段石英中富气相水包裹体；(g) Ⅲ阶段石英中含 NaCl 子晶多相包裹体；(h) Ⅲ阶段石英中不同类型包裹体共存；(i)、(j) Ⅲ阶段石英中同一视域下，气相分数相差大且均一温度相近的气液水两相包裹体；(k) Ⅳ阶段方解石中富液相水包裹体。L_{H_2O}. 液相水；V_{H_2O}. 气相水；V_{CH_4}. 气相甲烷；H. NaCl 子晶；Ccp. 黄铜矿子晶

3）流体包裹体分析

（1）均一温度。对矿段各成矿阶段代表性矿物（石榴子石、绿帘石、石英和方解石）中个体大于 6μm 的原生气液水两相包裹体进行了均一温度测定，结果见表 8.8，图 8.25。干夕卡岩阶段石榴子石中此类包裹体均一温度的变化范围为 413 ~ 593℃，平均 468℃；湿夕卡岩阶段绿帘石中包裹体均一温度的变化范围为 336 ~ 498℃，平均 415℃；石英-硫化物阶段石英中包裹体均一温度的变化范围为 148 ~ 398℃，平均 269℃；方解石-硫化物阶段方解石中包裹体均一温度的变化范围为 132 ~ 179℃，平均 155℃。里农矿段成矿流体的均一温度总体变化范围较大，为 132 ~ 596℃，但各成矿阶段均一温度区间均较为集中，并且随着成矿作用的进行，成矿流体的均一温度有逐渐降低的趋势。

表 8.8　羊拉矿床里农矿段各成矿阶段矿物包裹体均一温度与盐度表

寄主矿物/成矿阶段	包裹体类　型	均一温度/℃		NaCl 子晶熔化温度/℃		冰点温度/℃		盐度 $\omega(NaCl_{eq})$ /%	
		范围/测定数	均值	范围/测定数	均值	范围 /测定数	均值	范围/测定数	均值
石榴子石/Ⅰ	V-L	413 ~ 593/23	468			-19.5 ~ -15.6/10	-17.8	19.1 ~ 22.0/10	20.8
	S-V-L			292 ~ 423/3	372			37.4 ~ 49.7/3	44.9
绿帘石/Ⅱ	V-L	336 ~ 498/8	415			-11.7/1	-11.7	15.7/1	15.7
	S-V-L			452/1	452			53.3/1	53.3
石英/Ⅲ	V-L	148 ~ 398/154	269			-6.9 ~ -1.2/31	-3.7	2.1 ~ 9.6/31	6.2
	S-V-L			262 ~ 539/8	425			35.5 ~ 65.3/7	51.1
方解石/Ⅳ	V-L	132 ~ 179/51	155			-6.9 ~ -2.0/24	-4.7	3.4 ~ 10.4/24	7.4

注：V-L 表示气液水两相包裹体；S-V-L 表示含 NaCl 子晶多相包裹体；含 NaCl 子晶包裹体均一温度为包裹体气、液相均一至液相的温度；盐度根据 NaCl 子晶熔化温度计算得出。

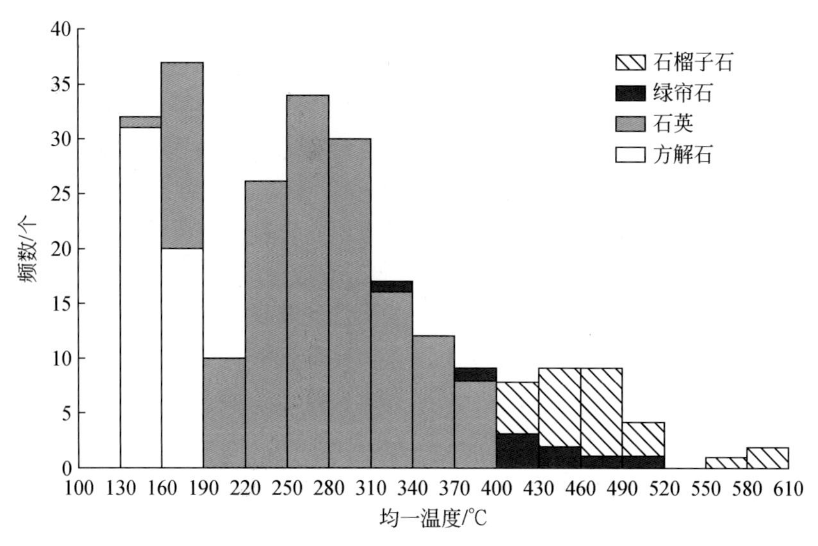

图 8.25　里农矿段各阶段矿物包裹体均一温度频数直方图

（2）温度与盐度。包裹体的盐度是通过冷冻法测温（气液水两相包裹体）和 NaCl 子晶熔化温度（含 NaCl 子矿物多相包裹体）来确定，结果见表 8. 8。

冷冻法：气液水两相包裹体的盐度是根据公式（Potter *et al.*，1978）得出，各阶段寄主矿物中包裹体冰点温度变化范围分别为：石榴子石-19. 5 ~ -15. 6℃、绿帘石-11. 7℃、石英-6. 9 ~ -1. 2℃和方解石-6. 9 ~ -2. 0℃。计算得出相应的盐度分别为 19. 1% ~22. 0% NaCl、15. 7% NaCl、2. 1% ~9. 6% NaCl 和 3. 4% ~10. 4% NaCl。

加热法：含 NaCl 子矿物多相包裹体发育于Ⅰ阶段石榴子石、Ⅱ阶段绿帘石，尤其是Ⅲ阶段石英中，其盐度是根据 NaCl 子晶熔化温度与盐度的关系，根据 Hall 等（1998）提出的公式计算得出，石榴子石、绿帘石和石英中含 NaCl 子晶包裹体的盐度分别为 37. 4% ~49. 7% NaCl、55. 3% NaCl 和 35. 5% ~65. 3% NaCl（表 8. 9）。

表 8. 9　羊拉矿床里农矿段各成矿阶段矿物流体包裹体密度与压力表

成矿阶段	包裹体类型	均一温度/℃		盐度 $\omega(NaCl_{eq})$ /%		密度/(g/cm^3)		成矿压力/MPa	
		变化范围/测定数	均值	变化范围	均值	变化范围	均值	变化范围	均值
Ⅰ阶段	V-L	413 ~593/10	459	19. 1 ~22. 0	20. 8	0. 43 ~0. 79	0. 72	55. 37 ~73. 19	61. 37
	S-V-L	430 ~474/3	448	37. 4 ~49. 7	44. 91	0. 92 ~1. 08	1. 02		
Ⅱ阶段	V-L	336/1	336	15. 7	15. 7	0. 83	0. 83	40. 82	40. 82
	S-V-L	488/1	488	53. 3	53. 3	1. 09	1. 09		
Ⅲ阶段	V-L	138 ~331/31	217	2. 1 ~9. 6	6. 2	0. 71 ~0. 99	0. 88	12. 65 ~30. 60	20. 30
	S-V-L	170 ~368/7	282	35. 5 ~65. 3	51. 1	1. 07 ~1. 44	1. 24		
Ⅳ阶段	V-L	138 ~179/24	157	3. 4 ~10. 4	7. 4	0. 94 ~0. 99	0. 96	11. 37 ~18. 50	14. 62

（3）流体密度与压力。里农矿段各成矿阶段矿物中流体包裹体的密度和压力见表 8. 9。计算得出各阶段矿物包裹体的密度分别为 0. 92 ~1. 08g/cm^3（石榴子石）、1. 09g/cm^3（绿帘石）和 1. 07 ~ 1. 44g/cm^3（石英）；压力分别为 55. 37 ~ 73. 19MPa（石榴子石）、40. 82MPa（绿帘石）、12. 65 ~30. 60MPa（石英）和 11. 37 ~18. 50MPa（方解石）。

（4）激光拉曼分析。对里农矿段各成矿阶段矿物中的多种类型包裹体进行了激光拉曼测试，测试工作在中国地质科学院激光拉曼光谱实验室完成。所用仪器为 Renishaw System-2000 型显微共焦激光拉曼光谱仪，激光功率为 20mW，激光波长为 514. 53nm，激光束斑最小直径为 1μm，光谱分辨率为 1 ~2cm^{-1}。测试结果显示，包裹体液相成分为水。气相成分中可以较为清晰地观察到 CH_4、H_2O、CO_2、F_2、N_2、Cl_2 等成分的特征谱峰(图 8. 26)。

（5）流体成矿机制。导致成矿流体中矿质沉淀的机制有水岩反应、温压的变化、流体的混合和流体不混溶作用等。长久以来，温度的降低被认为是导致矿质沉淀的主要原因，但近年来研究显示，单独的温度变化并不能有效地致使金属沉淀，而流体混合与沸腾机制对矿质沉淀的意义显得更为重要（Drummond and Ohmoto，1985；华仁民，1994；张文淮等，1996；张德会，1997；芮宗瑶等，2002，2003）。流体不混溶作用广泛发育于斑岩型矿床、夕卡岩型矿床、浅成热液型矿床和脉状多金属矿床中，并被作为此类矿床中矿质沉淀富集的重要机制（Reynolds and Beane，1985；肖建新等，2002；顾雪祥

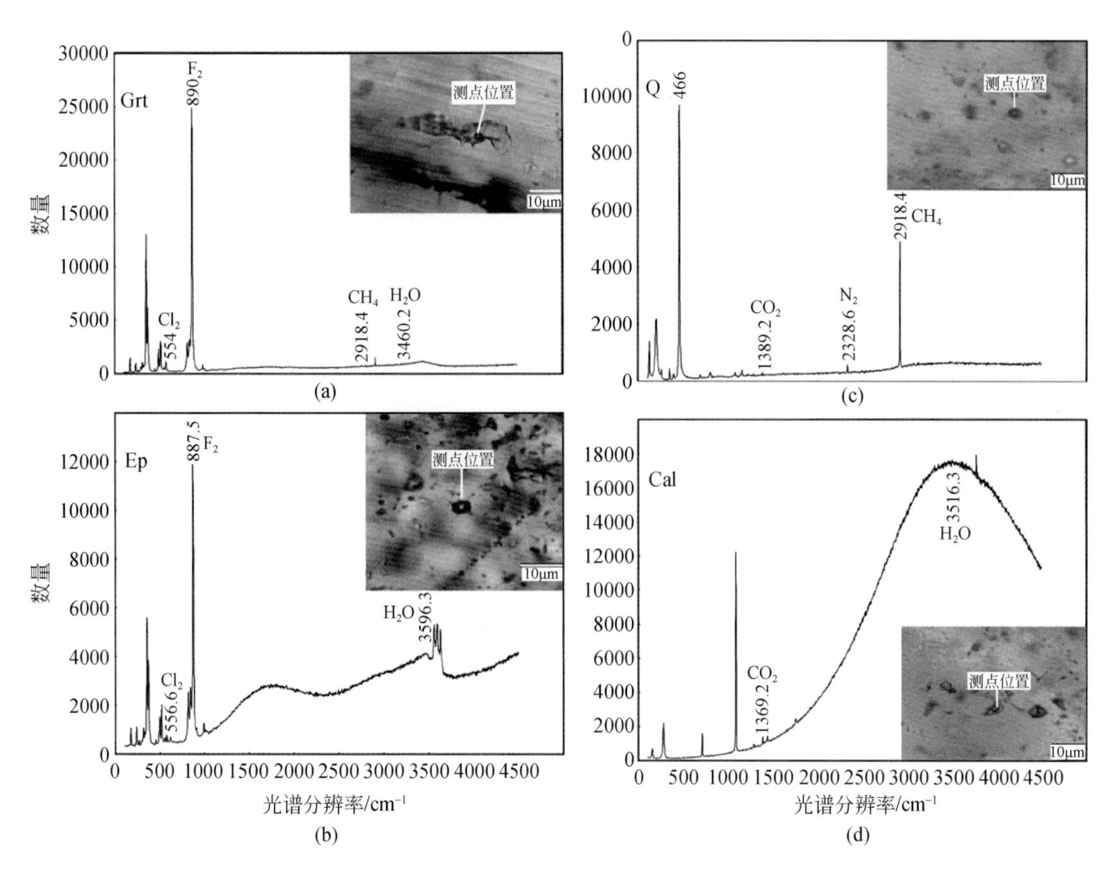

图 8.26　羊拉矿床各成矿阶段包裹体气相成分激光拉曼图

（a）石榴子石（Grt）；（b）绿帘石（Ep）；（c）石英（Q）；（d）方解石（Cal）

等，2010；瞿泓滢等，2011）。

石英-硫化物阶段石英中广泛发育流体不混溶作用，包裹体特征提供了有力证据：不同类型包裹体共存现象普遍，如富气相水与富液相水包裹体共存［图 8.24（c）、（b）］、气液水两相包裹体与含子矿物多相包裹体共存［图 8.24（b）、（d）］、纯气相有机质包裹体与气液水包裹体共存等［图 8.24（f）］；镜下同一视域内，均一相态不同、均一温度相近且气相分数变化很大（小于 8% 或大于 60%）的气液水包裹体和其他类型包裹体普遍共存（图 8.27）；部分气相分数中等（40% ~60%）的气液水包裹体，当温度升至与其同期次捕获的原生气液水包裹体均一温度后，气泡并未出现明显变化，表明此类包裹体是在沸腾状态下捕获的气液两相不均匀流体；在同期次捕获的原生包裹体中，存在着盐度差距很大、而均一温度相近的两种化学性质不同的包裹体（图 8.28），即盐度为 2.1% ~9.6% NaCl 的气液水包裹体与盐度为 39.8% ~65.3% NaCl 的含 NaCl 子晶包裹体共存，表明它们捕获的是两种不同性质流体，即一种为高盐度、较高密度流体，另一种则为低盐度、较低密度流体。

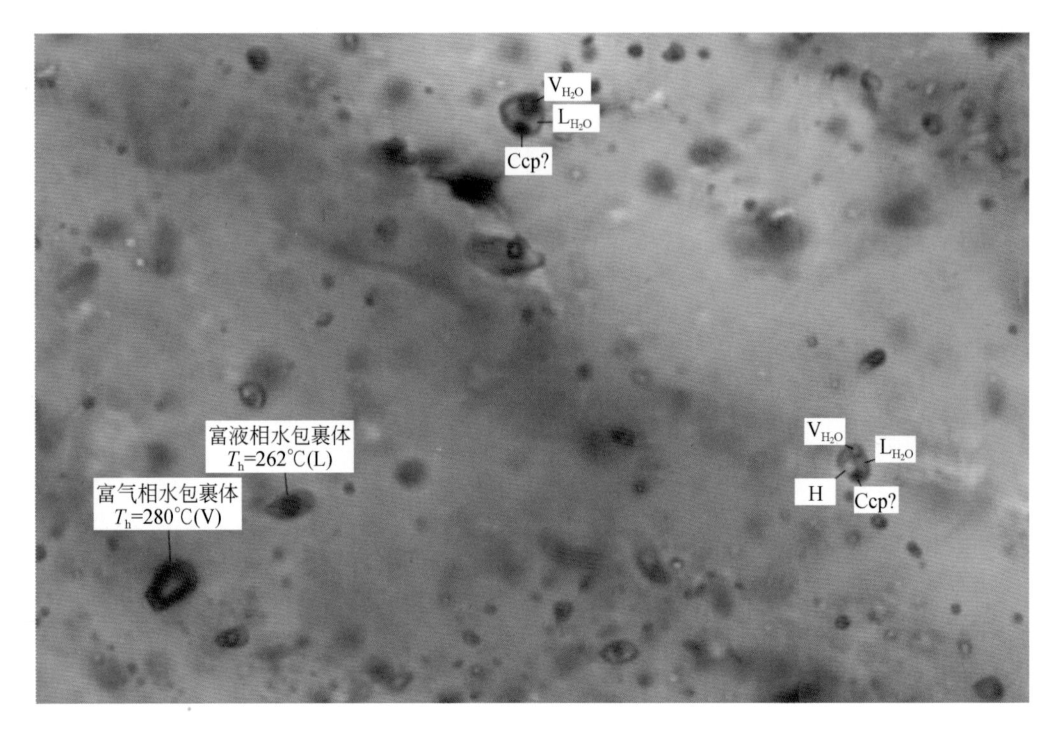

图 8.27　羊拉矿床里农矿段石英-硫化物阶段石英中沸腾包裹体群的镜下特征图

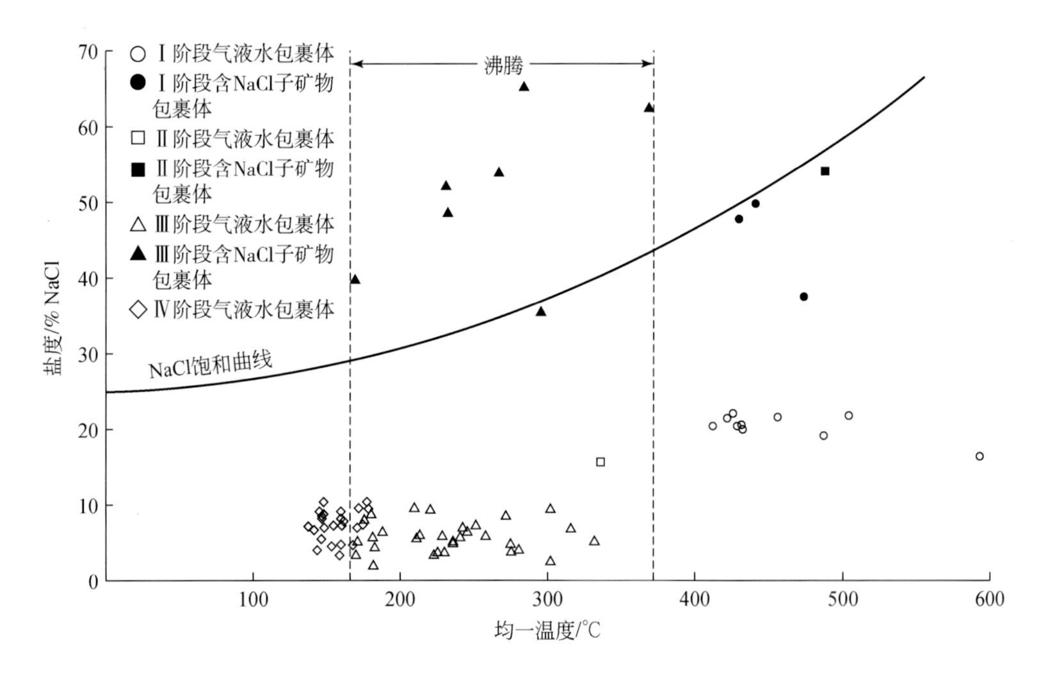

图 8.28　羊拉矿床里农矿段各成矿阶段矿物中包裹体均一温度与盐度关系协变图

包裹体证据证明了里农矿段成矿流体曾发生了流体不混溶作用。此外，石英中发育含不透明子矿物多相包裹体［图 8.24（d）］，推测不透明子矿物为磁铁矿或黄铜矿，显示出沸腾作用导致金属成矿的特点。通常来说，导致流体沸腾的主要原因为压力的释放，而压力的释放通常与断裂作用或水力压裂作用有关。矿区构造活动强烈，断裂和裂隙十分发育，矿体也多赋存于断层或断裂带内，矿体中常含有围岩透镜体，岩体边部区域有隐爆角砾岩发育，从而提供了矿区曾发生沸腾作用的宏观地质特征。

3. 同位素地球化学

1）氢–氧同位素

里农矿段石英–硫化物阶段石英氢、氧同位素组成见表 8.10，表中石英 $\delta^{18}O_{H_2O}$ 是根据公式 $1000\ln\alpha_{石英-水}=3.42\times10^6/T^2-2.86$（张理刚，1985）计算得出。6 件石英样品的包裹体水 δD 值变化区间为−112‰～−77‰，极差 35‰，平均−91.67‰；计算得出与石英平衡的包裹体水的 $\delta^{18}O_{H_2O}$ 值变化区间为−2.42‰～4.85‰，极差 7.27‰，平均 1.27‰。

表 8.10　羊拉矿床里农矿段石英氢和氧同位素组成表（据陈思尧等，2013）

样品号	矿物	δD_{SMOW}‰	$\delta^{18}O_{SMOW}$‰	$\delta^{18}O_{H_2O}$‰	测温/℃
3275-27	石英	−89	11.1	−2.42	184
3275-07	石英	−95	12.3	2.66	250
3275-05	石英	−89	11.8	2.58	259
3275-26	石英	−88	12.2	2.01	239
3275-28	石英	−112	12.5	2.36	240
3275-21	石英	−77	11.0	4.85	343

注：测温数据为本次实测，表中序号对应图中序号。

由于不同来源的流体氢氧同位素组成不同（张理刚，1985），因此成矿热液体系中水的来源可依据热液矿物流体包裹体中水的氢氧同位素组成来判别（郑永飞、陈江峰，2000）。从石英的氢氧同位素 δD-δO_{H_2O} 图（图 8.29）中可以看出，6 号样品投点位置接近正常岩浆水的范围（$\delta^{18}O_{H_2O}$ 为 5.5‰～9.0‰，δD_{H_2O} 为−80‰～−40‰；Taylor，1974），显示出正常岩浆水的特征。2、3、4、5 号样品投点位于正常岩浆水左下方，其 $\delta^{18}O_{H_2O}$、δD 值均低于正常岩浆水，靠近张理刚（1985）提出的初始混合岩浆水，表明成矿流体可能混入了低 $\delta^{18}O_{H_2O}$、δD 值的大气降水，使其 $\delta^{18}O_{H_2O}$、δD 值降低。1 号样品 $\delta^{18}O_{H_2O}$ 值较其他样品更低，接近大气降水线，其可能是大气降水大量加入的产物。

因此，里农矿段石英–硫化物阶段成矿流体为岩浆水和大气降水的混合溶液，早期成矿流体主体为岩浆水，石英的氢氧同位素组成接近正常岩浆水的范围；随着成矿作用的进行大气降水的不断加入，石英的氢氧同位素组成 $\delta^{18}O_{H_2O}$、δD 不断降低，并且 $\delta^{18}O_{H_2O}$ 有较明显的向大气降水线漂移的趋势。

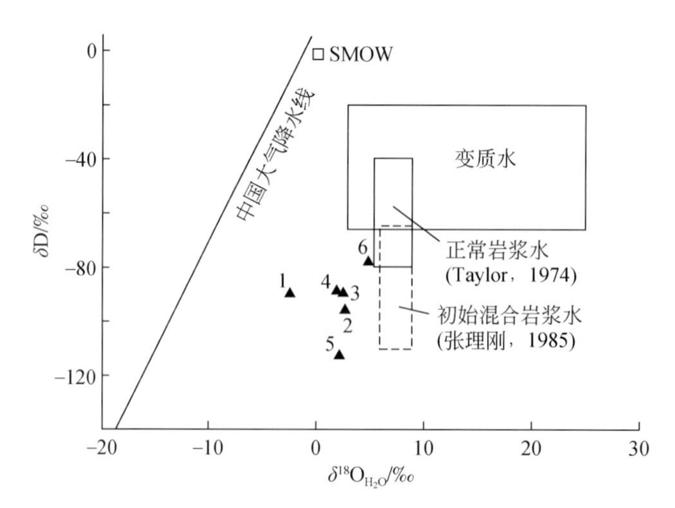

图 8.29　羊拉矿床里农矿段石英–硫化物阶段石英中包裹体水的 δD-δO_{H_2O} 图（据陈思尧等，2013）

2）碳—氧同位素

石榴子石的氧同位素和方解石与大理岩的碳、氧同位素组成见表 8. 10。

石榴子石夕卡岩型矿石是里农矿段主要的矿石类型，由于石榴子石是氧扩散速率最慢、稳定性最好的造岩矿物之一，在形成以后其氧同位素组成很难被正常的热液蚀变所改变（吴元保等，2005），因此可以有效地指示其结晶介质的氧同位素组成（王守旭等，2008）。由表 8. 10 可知，石榴子石的氧同位素组成 $\delta^{18}O_{SMOW}$ 为 6. 7‰，属于正常花岗岩的氧同位素组成范围（$\delta^{18}O_{SMOW}$ 为 6. 0‰ ~ 10. 0‰）。郑永飞和陈江峰（2000）暗示夕卡岩可能直接继承了矿区花岗闪长岩体的氧同位素组成。

大理岩样品采自里农矿段同一钻孔（ZK2-2）并按其距矿体由远至近编号为 7、6、5，其 $\delta^{13}C_{PDB}$ 值为 3. 6‰ ~ 5. 0‰，平均 4. 5‰；$\delta^{18}O_{SMOW}$ 值为 21. 2‰ ~ 25. 4‰，平均 23. 3‰，符合典型海相碳酸盐碳、氧同位素组成（$\delta^{13}C$ 为 0±4‰，$\delta^{18}O$ 为 20‰ ~ 24‰；Veizer and Hoefs，1976；Hoefs，1997）。表明大理岩由海相碳酸盐经重结晶作用形成，且在其形成过程中，碳、氧同位素组成没有出现明显的改变。从各类天然碳储库的 $\delta^{18}O$-$\delta^{13}C$ 关系图中（图 8. 30）可以看出，大理岩的 $\delta^{13}C$、$\delta^{18}O$ 值随着其与矿体距离的减小，呈现不断降低的趋势，$\delta^{18}O$ 的变化相对于 $\delta^{13}C$ 更为明显。表明在成矿流体与围岩大理岩进行交代的过程中，低 $\delta^{13}C$、$\delta^{18}O$ 值的流体不断与围岩大理岩发生同位素交换，使大理岩的 $\delta^{13}C$、$\delta^{18}O$ 值降低，且距离矿体越近，同位素交换越强烈。

热液矿床中碳酸盐矿物碳、氧同位素组成可以反映其在结晶沉淀时的物化条件下，成矿流体中 CO_2 的碳同位素组成和 H_2O 的氧同位素组成（刘建明等，2003）。一般认为成矿热液中碳来源主要有 3 种：岩浆或地幔射气来源的碳同位素组成 $\delta^{13}C_{PDB}$ 值为 −9‰ ~ −3‰ 或 −5‰ ~ −2‰（Taylor，1986）；各类岩石中有机碳 $\delta^{13}C_{PDB}$ 值组成较低，为 −30‰ ~ −15‰（Hoefs，1997）；海相碳酸盐来源的 $\delta^{13}C_{PDB}$ 值大多在零值附近，为 0 ± 4‰（Veizer and Hoefs，1976）。从表 8. 11、图 8. 30 中可以看出，方解石样品的 $\delta^{13}C_{PDB}$ 值变化范围较窄，

表 8.11　羊拉矿床里农矿段矿石硫化物硫同位素组成表

样品号	矿物	$\delta^{34}S_{V-CDT}$‰	资料来源	样品号	矿物	$\delta^{34}S_{V-CDT}$‰	资料来源
YL3275-06	黄铜矿	−28.5	陈思尧等，2013	L81	磁黄铁矿	0.08	战明国等，1998
YL3075-24	黄铜矿	−1.6			黄铜矿	−0.69	
YLV-04	黄铁矿	−1.0		L135	黄铜矿	−0.82	
YLTK-12	黄铁矿	0.9		L184	黄铁矿	−0.60	
YL3275-19	磁黄铁矿	0.5		L203	磁黄铁矿	−0.42	
YL3275-23	磁黄铁矿	−6.9			黄铁矿	0.12	
YL3075-12	磁黄铁矿	−0.4		L266	黄铁矿	2.46	
YL-13	磁黄铁矿	−0.9		L57	黄铜矿	−3.15	
YL-34	磁黄铁矿	−1.7		L280	黄铁矿	−1.61	
YL-35	磁黄铁矿	−2.6		KQ20042621	黄铁矿	−1.9	李石磊等，2008
YL-36	磁黄铁矿	−2.0		KQ20042622	磁黄铁矿	−1.9	
YL-45	磁黄铁矿	−2.6		KQ20042623	黄铁矿	−1.0	
YL-49	磁黄铁矿	−1.2		KQ20042624	黄铜矿	−0.8	
YL-50	黄铜矿	−4.2		KQ20042625	黄铁矿	1.0	
YL-53	黄铜矿	−2.7	战明国等，1998	KQ20042626	方铅矿	0.3	
L33	黄铁矿	1.2		KQ20042627	黄铜矿	1.2	
	黄铜矿	0.97		KQ20042629	黄铁矿	−1.9	
L128	黄铜矿	0.03		KQ20042630	黄铜矿	−2.6	

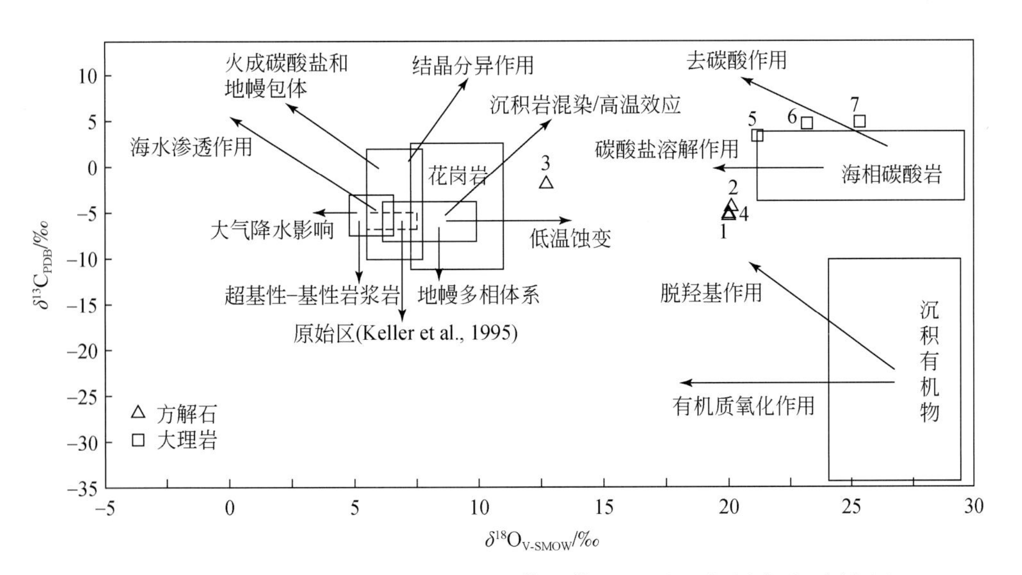

图 8.30　羊拉矿床里农矿段大理岩和方解石的 $\delta^{18}O$-$\delta^{13}C$ 图（底图据刘建明、刘家军，1997）

为-5.2‰~-1.7‰，可排除有机质为方解石提供主要碳的可能性，碳可能来自于地幔岩浆或碳酸盐的溶解作用。根据 Bottinga（1968）提出的 CO_2-方解石体系的碳同位素分馏方程：$1000\ln\alpha_{CO_2-方解石}=\delta^{13}C_{CO_2}-\delta^{13}C_{CaCO_3}=-2.4612+(7.6663\times10^3/T)-(2.9880\times10^6/T^2)$，计算得出成矿流体中 CO_2 的 $\delta^{13}C$ 值为-5.28‰~-1.77‰。因碳酸盐矿物主要为方解石，且并未见石墨与其共生，所以可近似地将其看作成矿流体的 $\delta^{13}C_{\Sigma C}$ 值。由此可见，矿区碳是岩浆碳与碳酸盐围岩碳的混合碳，其可能为携带深源（地幔或岩浆）碳的高温流体与碳酸盐围岩发生交代作用和同位素交换，大理岩的碳同位素组成特征同样印证了这一点，而大理岩 $\delta^{13}C$ 值表明大理岩不是矿区碳的主要提供者，矿区碳主要为岩浆碳。

方解石的 $\delta^{18}O_{SMOW}$ 值变化相对较大，为12.7‰~20.1‰。根据方解石-水体系平衡分馏方程：$1000\ln\alpha_{方解石-水}=2.78\times10^6/T^2-3.39$ 求得相对应的成矿流体 $\delta^{18}O_{SMOW}$ 值为1.53‰~8.21‰。该值基本符合正常岩浆水（约5.5‰~9.0‰；郑永飞、陈江峰，2000），而远高于该地区中生代的大气降水。结合前文所述氢氧同位素特征，认为方解石—硫化物阶段成矿流体可能为岩浆水与大气降水的混合溶液。

3）硫同位素

研究分析了里农矿段15件矿石硫化物的硫同位素组成，其中有1件采自方解石脉的黄铜矿样品，其 $\delta^{34}S$ 值为-28.5‰，可能是受到了地层硫的影响，不能反映成矿流体的硫同位素组成，故暂不将其作为讨论对象。将测试分析的数据与收集文献中报道的数据列于表8.11。11件黄铁矿的 $\delta^{34}S$ 值为-1.9‰~2.5‰，极差4.4‰，平均-0.2‰；11件黄铜矿的 $\delta^{34}S$ 值为-4.2‰~1.2‰，极差5.4‰，平均-1.3‰；12件磁黄铁矿的 $\delta^{34}S$ 值为-6.9‰~0.5‰，极差7.4‰，平均-1.7‰；1件方铅矿的 $\delta^{34}S$ 值为0.3‰。

关于矿床中硫源的讨论，必须根据硫化物沉淀期间成矿热液中的总硫同位素组成（$\delta^{34}S_{\Sigma S}$）来判断矿床中硫源。里农矿段不含硫酸盐矿物并且含硫矿物组合简单，硫化物以磁黄铁矿、黄铁矿和黄铜矿等为主，硫的溶解类型以 H_2S 为主，成矿流体为还原性，其 pH>6。这些特征表明硫化物 $\delta^{34}S$ 的平均值、特别是黄铁矿的 $\delta^{34}S$ 值可以近似代表热液中的总硫同位素组成 $\delta^{34}S_{\Sigma S}$（Ohmoto，1972）。矿石硫化物的 $\delta^{34}S$ 值分布集中，为-6.9‰~2.5‰，极差9.4‰，平均-1.0‰。从硫同位素组成直方图中（图8.31）可以看出，$\delta^{34}S$ 值分布在零值附近，峰值为-2.0‰~1.0‰，具有塔式分布的特征，反映了岩浆硫的特点（Ohmoto and Rye，1979）。

4）铅同位素

矿区花岗闪长岩中长石和矿石硫化物的铅同位素组成见表8.12，矿石铅组成稳定，各种比值变化范围为：$^{206}Pb/^{204}Pb$ 为17.985~18.594，平均18.288，极差0.609；$^{207}Pb/^{204}Pb$ 为15.434~15.723，平均15.609，极差0.289；$^{208}Pb/^{204}Pb$ 为37.833~38.792，平均38.427，极差0.959。长石铅组成稳定，各种比值变化范围为：$^{206}Pb/^{204}Pb$ 为18.368~18.461，平均18.407，极差0.093；$^{207}Pb/^{204}Pb$ 为15.610~15.673，平均15.633，极差0.063；

表 8.12　羊拉矿床里农矿段矿石硫化物及长石的铅同位素组成表

样品号	矿物	$^{206}Pb/^{204}Pb$	$^{207}Pb/^{204}Pb$	$^{208}Pb/^{204}Pb$	t/Ma	μ	ω	Th/U	$\Delta\alpha$	$\Delta\beta$	$\Delta\gamma$	资料来源
3275-06	黄铜矿	18.359	15.706	38.726	332.4	9.68	39.01	3.90	83.62	25.75	48.12	本次研究
3075-24	黄铜矿	18.362	15.718	38.767	344.4	9.70	39.28	3.92	84.78	26.59	49.77	
YLV-04	黄铁矿	18.395	15.683	38.630	279.6	9.63	38.18	3.84	81.47	23.98	43.16	
YLTK-12	黄铁矿	18.370	15.723	38.792	344.7	9.71	39.39	3.93	85.27	26.92	50.46	
3275-19	磁黄铁矿	18.430	15.683	38.630	254.7	9.62	37.98	3.82	81.53	23.86	42.05	
3275-23	磁黄铁矿	18.594	15.697	38.754	154.6	9.64	37.71	3.79	83.21	24.32	40.97	
yn-19	黄铁矿	18.249	15.622	38.435	310.6	9.53	37.61	3.82	75.37	20.15	39.27	潘家永等，2001
yn-60	黄铜矿	18.300	15.638	38.459	293.3	9.55	37.57	3.81	76.98	21.11	39.15	
yn-37	黄铜矿	18.112	15.450	37.998	197.7	9.2	34.94	3.68	58.43	8.39	22.53	
yn-47-1		18.150	15.506	38.177	240.3	9.31	35.99	3.74	63.97	12.24	29.2	
yn-47-2	磁黄铁矿	18.113	15.498	38.037	257.6	9.3	35.54	3.7	63.16	11.79	26.18	
yn-71	黄铁矿	18.221	15.519	38.190	204.2	9.32	35.78	3.72	65.31	12.92	27.98	
yn-58	黄铜矿	18.205	15.541	38.178	243.5	9.37	36.02	3.72	67.44	14.54	29.37	
yn-65		17.985	15.434	38.358	272.3	9.18	36.99	3.9	56.79	7.69	35.49	
yn56a	黄铁矿	18.023	15.436	37.833	246.4	9.18	34.61	3.65	57	7.69	20.19	
yn20		18.256	15.590	38.334	266.7	9.46	36.84	3.77	72.27	17.84	34.6	
*	黄铜矿	18.277	15.627	38.454	296.6	9.53	37.58	3.82	75.89	20.41	39.16	
*	黄铜矿	18.313	15.677	38.602	330.7	9.63	38.47	3.87	80.77	23.84	44.69	
*	黄铜矿	18.369	15.680	38.611	294.5	9.63	38.22	3.84	81.14	23.86	43.31	
*	黄铜矿	18.316	15.675	38.574	326.2	9.62	38.32	3.86	80.58	23.69	43.73	
* 长石	花岗闪长岩	18.393	15.615	38.652	198.2	9.49	37.63	3.84	74.89	19.16	40.15	
* 长石		18.368	15.673	38.712	286.9	9.61	38.58	3.89	80.47	23.36	45.7	
yn-140		18.461	15.610	38.889	142.5	9.48	38.17	3.9	74.52	18.59	44.06	

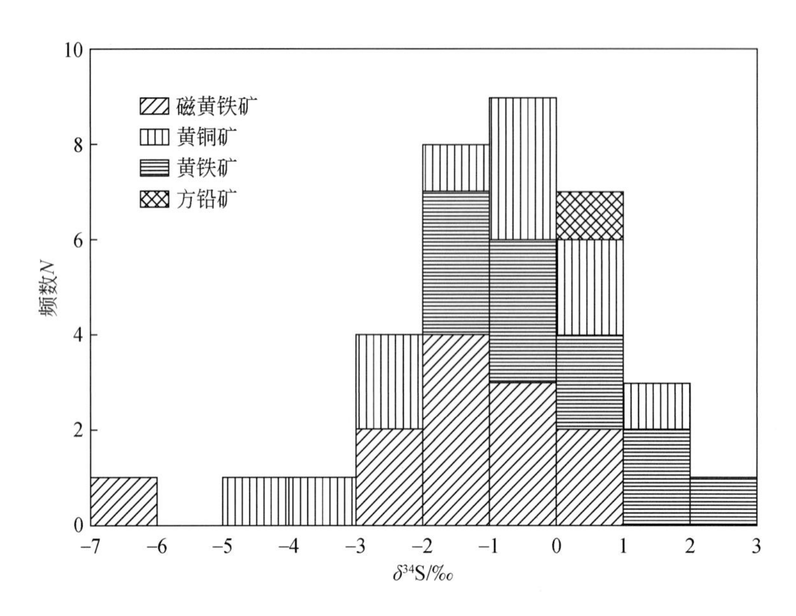

图 8.31　羊拉矿床里农矿段矿石硫化物硫同位素组成直方图

$^{208}Pb/^{204}Pb$ 为 38.652 ~ 38.889，平均 38.751，极差 0.237。可以看出，无论是矿石铅还是长石铅，它们的铅同位素组成都较为均一，变化较小，而且矿石铅与长石铅组成非常接近，暗示了它们具有相似的源区。将矿石铅同位素组成投入卡农提出的铅同位素演化图（图 8.32）中（Cannon *et al.*，1961），样品基本落入正常铅的范围，表明矿床里农矿段的矿石铅基本属于正常铅。

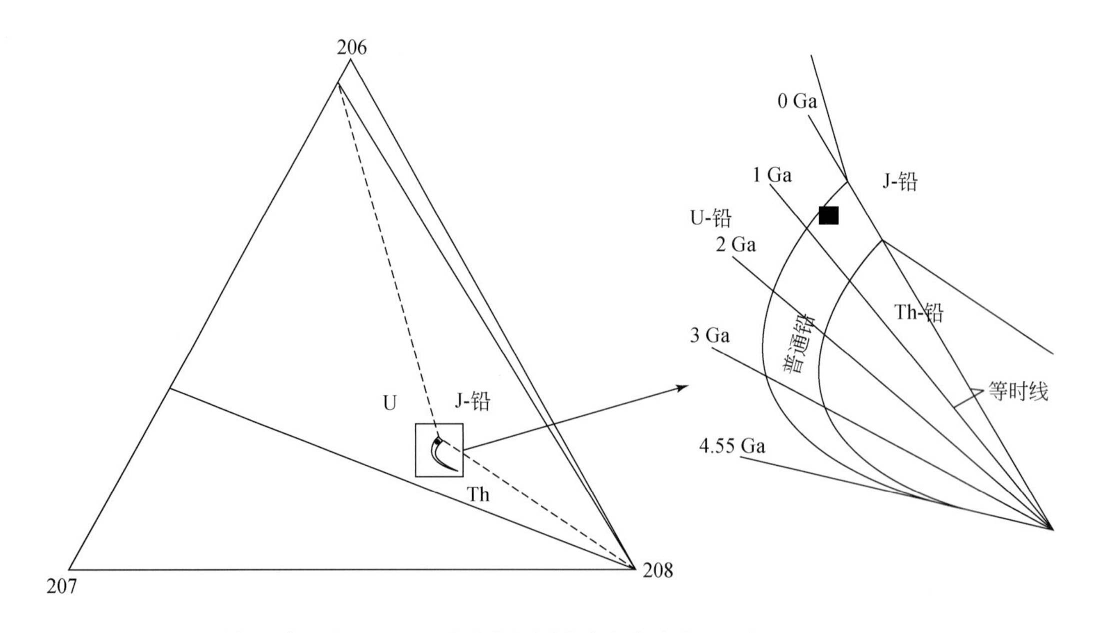

图 8.32　羊拉矿床里农矿段矿石硫化物铅同位素卡农演化图（据 Cannon *et al.*，1961）

通常认为，铅同位素源区特征值，特别是μ值变化能很好地反映铅的来源。羊拉矿床μ值的变化范围为9.18~9.71，平均9.49。μ值变化范围较小，且介于地幔（8.92）和上地壳（>9.58）之间（Doe and Stacey，1974；Zartman and Doe，1981），显示出混合铅的特征。为了讨论矿床矿石铅的来源，将其铅同位素组成投入反映铅源区构造环境的$^{207}Pb/^{204}Pb$-$^{206}Pb/^{204}Pb$和$^{208}Pb/^{204}Pb$-$^{206}Pb/^{204}Pb$图（Zartman and Doe，1981）中（图8.33），从图中可以看出，里农矿段矿石铅同位素分布范围较广，从地幔到上地壳均有分布，且基本呈线性分布，其高斜率特征与Andrew等（1984）提出的混合线一致，因此推测矿床的铅应为壳幔混合铅。

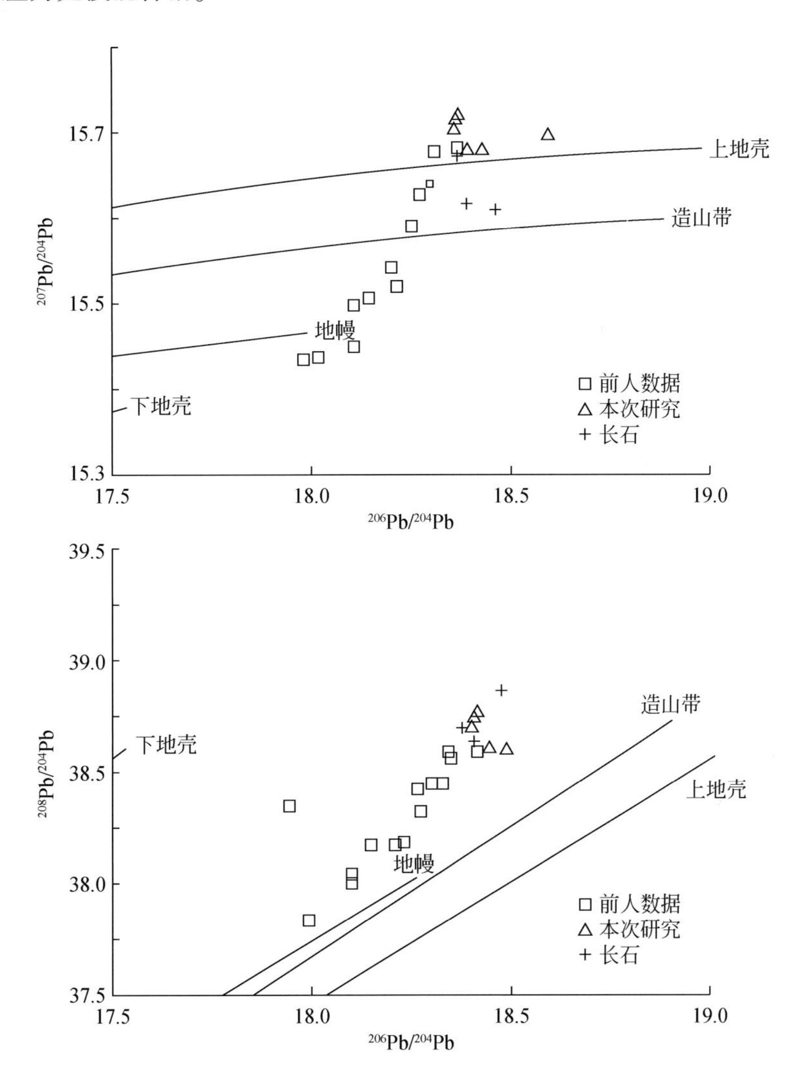

图8.33　羊拉矿床里农矿段铅同位素构造模式图（底图据Zartman and Doe，1981）

8.2.5　矿床成因与模型

1. 成矿时代

1）喷流-沉积成矿时代

由于羊拉矿床中用于测年的矿物难以获取，至今尚没有准确的成矿年代学数据。从已有的资料来看，路远发等（2000）在原定嘎金雪山群上部-中部岩组，亦即矿区划为江边组（D_1j）火山岩（玄武岩）中获得1个样品的锆石U-Pb下交点年龄为296±7Ma，另1个样品的上交点年龄为326±8Ma，时代为晚石炭世—早二叠世；陈开旭和杨振强（1998）在里农矿段北部，亦即矿区划为贝吾组（C_1b）玄武岩中获得锆石U-Pb年龄为361.6±8.5Ma，其时代为晚泥盆世—早石炭世；杨喜安等（2011）获得火山岩锆石U-Pb年龄为230.9±3.2～235.6±1.2Ma；王立全等（1999）和李定谋等（2002）在里农矿段KT2矿体赋矿岩系玄武安山岩中，获得角闪石K-Ar年龄为257～268Ma，时代为中-晚二叠世；潘家永等（2001）在里农矿段矿体附近的硅质岩中，获得硅质岩Rb-Sr等时线年龄为272±6Ma。从同位素数据来看，贝吾地区的早石炭世（361.6±8.5Ma）玄武岩年龄代表了金沙江洋盆扩张时期的洋脊型玄武岩，贝吾矿段夕卡岩型矿体是后期晚三叠世岩浆热液交代作用的结果。而江边矿段赋矿岩系的玄武岩年龄（296±7Ma）、里农矿段赋矿岩系的火山岩年龄（257～268Ma）和硅质岩年龄（272±6Ma），代表了厚大的里农矿段层状矿体的早期形成年龄。由此，推断矿床以里农矿段KT2为主的层状矿体，其喷流-沉积的成矿时代为二叠纪，成矿构造环境为洋内俯冲形成的洋内弧，VMS成矿作用是伴随洋内弧的发育过程而形成。

2）岩浆热液叠加成矿时代

矿床辉钼矿的Re-Os同位素测试如表8.13所示。10件辉钼矿样品的Re-Os模式年龄十分一致，变化于229.7±3.3～234.8±3.4Ma，加权平均值为231.9±1.4Ma［图8.34（a）］，10件辉钼矿样品测试结果构成的等时线年龄为232.6±2.9Ma（MSWD=2.1）［图8.34（b）］。等时线年龄和模式年龄在误差范围内高度一致，等时线与Y轴的截距为-0.23±0.94，处于零值附近，表明辉钼矿中基本不存在普通锇，^{187}Os是^{187}Re的衰变产物，符合计算模式年龄的条件，从而表明所获得的模式年龄有效，矿床岩浆热液叠加成矿年龄为232.6±2.9Ma，其年龄与5件辉钼矿等时线年龄229.5±1.2Ma在误差范围内一致，岩浆热液叠加成矿的时代为晚三叠世。

表8.13　羊拉矿床里农矿段硫化物石英脉中辉钼矿Re-Os同位素年龄表

样品号	重量/g	$Re/10^{-9}$		$^{187}Re/10^{-9}$		$^{187}Os/10^{-9}$		模式年龄/Ma	
		测量值	2σ	测量值	2σ	测量值	2σ	测量值	2σ
YL-8	0.01028	55440	440	34850	280	134.3	1.1	230.9	3.2
YL-71	0.02198	67806	617	42617	388	165.7	1.3	233	3.4

续表

样品号	重量/g	Re/10^{-9}		^{187}Re/10^{-9}		^{187}Os/10^{-9}		模式年龄/Ma	
		测量值	2σ	测量值	2σ	测量值	2σ	测量值	2σ
YL-72	0.03071	22627	183	14222	115	54.53	0.49	229.7	3.3
YL-73	0.03099	20423	177	12836	111	49.22	0.4	229.7	3.3
YL-74	0.03056	31928	291	20068	183	77.25	0.64	230.6	3.4
YL-75	0.0301	117548	1245	73881	782	287.7	2.7	233.3	3.8
YL-76	0.03043	32769	276	20596	174	80.3	0.76	233.6	3.5
YL-77	0.02201	31347	269	19703	169	77.02	0.75	234.2	3.6
YL-78	0.0308	27516	206	17294	130	66.61	0.55	230.7	3.2
YL-79	0.03017	14862	128	9341	80	36.61	0.3	234.8	3.4

注：模式年龄 t 按 $t=1/\lambda \ln(1+^{187}Os/^{187}Re)$ 计算，其中 $\lambda(^{187}Re)=1.666\times10^{-11}a^{-1}$（Smoliar *et al.*，1996）。

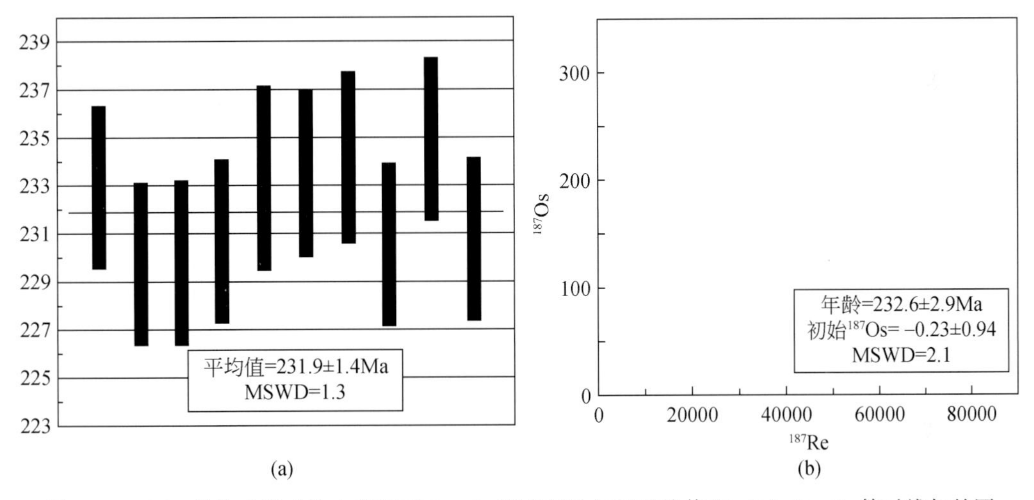

图8.34 （a）羊拉矿床矿体中辉钼矿 Re-Os 模式年龄加权平均值和（b）Re-Os 等时线年龄图

2. 流体性质与演化

由于羊拉矿床经历了后期岩浆热液成矿作用的强烈叠加改造，早期喷流-沉积成矿的流体特征难以识别。印支期成矿流体具有如下特征：Ⅰ阶段石榴子石与Ⅱ阶段绿帘石中含 NaCl 子晶包裹体在加热过程中均为 NaCl 子晶先熔化，之后由气相均一至液相从而达到均一，表明当时成矿流体是一种相对于 NaCl 不饱和的高盐度溶液，根据子晶熔化温度计算出的流体盐度 $\omega(NaCl_{eq})$ 分别为 37.4% ~49.7% NaCl 和 53.3% NaCl。石榴子石、绿帘石中气液水两相包裹体均一温度分别为 413 ~593℃（平均 468℃）与 336 ~498℃（平均 415℃），显示出夕卡岩成矿期的成矿流体具有高温、高盐度特征。Ⅲ阶段石英中气液水两相包裹体的均一温度变化为 148 ~398℃（平均 269℃），盐度 $\omega(NaCl_{eq})$ 为 2.1% ~9.6% NaCl（平均 6.2% NaCl）。含 NaCl 子晶包裹体的盐度 $\omega(NaCl_{eq})$ 为 35.5% ~65.3% NaCl（平均 51.1% NaCl），显示出此阶段成矿流体是一种具高盐度（平均 51.1% NaCl）与低盐度（平均 6.2% NaCl）共存特征的中-高温溶液。Ⅳ阶段方解石中气液水两相包裹体的均一温度为132～179℃（平均155℃），盐度ω（$NaCl_{eq}$）范围为3.4%～10.4%NaCl（平均7.4%NaCl），显示出此阶段成矿流体具低温、低盐度特征。各阶段气液水包裹体的密度平均值分别为0.72g/cm³（Ⅰ）、0.83g/cm³（Ⅱ）、0.88g/cm³（Ⅲ）和0.96g/cm³（Ⅳ），成矿压力分别为55.37～73.19MPa（Ⅰ）、40.82MPa（Ⅱ）、12.65～30.60MPa（Ⅲ）和11.37～18.50MPa（Ⅳ）。

里农矿段成矿作用从早期干夕卡岩阶段至晚期方解石-硫化物阶段，其成矿流体均一温度与盐度明显降低（图8.25），并且各相邻阶段的均一温度与盐度均有重合的区间，显示出成矿流体演化的连续性。

3. 成矿作用和矿床模型

1）成矿作用

羊拉铜矿床位于金沙江缝合带中部，经历了晚古生代泥盆纪—石炭纪裂陷盆地→洋盆扩张、二叠纪俯冲消减、三叠纪弧-陆碰撞等一系列构造演化，以及侏罗纪—白垩纪后碰撞陆内造山与新生代受印度大陆与亚洲大陆碰撞作用的陆内汇聚与大规模走滑剪切-逆冲推覆构造与成矿作用（李文昌、莫宣学，2001；王立全等，2002；侯增谦等，2006a、b），造就矿床多期成矿特征。

在晚古生代泥盆纪—石炭纪裂陷盆地→洋盆扩张的基础上，二叠纪金沙江洋壳发生了洋内俯冲作用，发育了洋内弧火山活动及其火山机构、火山洼地，形成了玄武岩-玄武安山岩-安山岩系列火山岩和次深海-深海相硅灰泥复理石组合的火山-沉积岩系；从区域上看，从矿床发育的洋内弧向南延伸，经格亚顶、茂顶、关用、雪压央口至贡卡一带断续分布，在金沙江缝合带中形成了一条洋内弧火山岩带（莫宣学等，1993；王立全等，1999；潘桂棠等，2003；李文昌等，2010）。火山活动导致海水对流循环形成海底喷流热液成矿系统，形成了以里农矿段为主体的硫化物型矿体具有上层下脉的双层结构，厚大的层状、似层状硫化物块状矿体主体赋存于层夕卡岩，其次是绿泥砂板岩、硅质岩和硅质板岩中；层夕卡岩具有热水沉积的特征，类似于瑞典Grythyttan地区的含Mn层夕卡岩（Oen *et al.*，1986）和澳大利亚东部地区的含Zn层夕卡岩（Stanton，1987），矿体中可见蚀变的中基性火山岩夹层，矿体底部发育层状的矿化条带状绿泥板岩、纹层状硅质板岩（董涛等，2009）可视为海底热液流体沉积-矿化-蚀变的标志。在盆地相块状矿体之下，可见近于垂直的角砾状、脉状、网脉状、浸染状硫化物组成通道相的脉状-网脉状硫化物带（李定谋等，2002；董涛等，2009；李文昌等，2010），赋矿岩性为绿泥砂板岩、硅质岩、硅质板岩和中基性火山碎屑岩，发育较强烈的绿泥石化-硅化蚀变作用。

晚三叠世时期，在江达-德钦-维西陆缘弧与中咱-香格里拉地块的强烈晚碰撞造山与盆-山转换过程中，由于持续汇聚和东西向挤压背景之下，弧-陆（晚期）强烈碰撞导致下地壳缩短加厚与地壳深熔作用，形成了壳源型的花岗闪长岩类侵入体（锆石U-Pb年龄为239～214Ma）和花岗斑岩体，一方面在岩体与围岩接触带中形成以夕卡岩型铁铜钼矿化为主的矿体（陈开旭等，1999；王彦斌等，2010；杨喜安等，2011），并同期形成斑岩型铜钼铅锌矿化（陈开旭等，1999），另一方面叠加于先成的VMS型矿体之上，使其进一步富集并相伴发生广泛钼矿化（矿物 Re-Os 年龄 228～232Ma）（王彦斌等，2010；杨喜安等，2011），显示晚三叠世羊拉矿床存在重要的夕卡岩-斑岩型叠加成矿作用。

印度大陆与欧亚大陆大约 65Ma 前后发生的强烈碰撞和随后的高原隆升作用过程中，三江特提斯造山带成为调节碰撞应变和高原隆升的构造转换应变域，发育大规模的逆冲推覆和走滑剪切构造作用。导致矿区的先成矿体、赋矿岩系、花岗闪长岩体中形成系列以北东向为主的构造破碎带、裂隙和节理密集带，普遍充填以地下水热液为主的构造-热液脉型叠加矿化，矿化元素以 CU-Pb-Zn-Ag 为主，其次是 Sb-Bi-Au 等元素，矿体呈角砾状、脉状、细（网）脉状产出，叠加成矿时代依据区域地质资料分析为古近纪。

2）成矿模式

综上所述，羊拉矿床成矿作用复杂，经历了二叠纪火山喷流-沉积型成矿、晚三叠世夕卡岩-斑岩型叠加赋矿和新生代构造-热液脉型改造成矿的复杂成矿过程，成矿作用具有多期、多阶段特征，矿床成矿模式如图 8.35 所示。

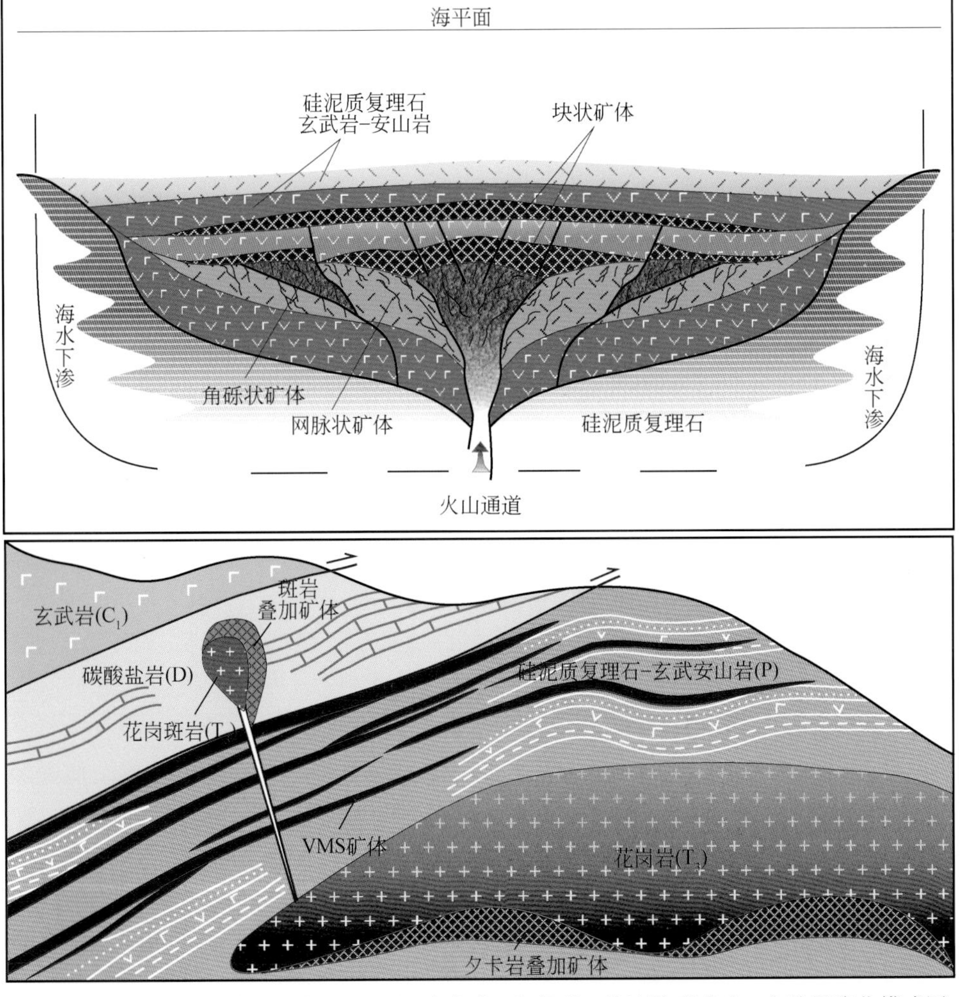

图 8.35　羊拉矿床形成过程的 VMS 型→夕卡岩-斑岩型→热液脉型成矿 3 个阶段演化模式图

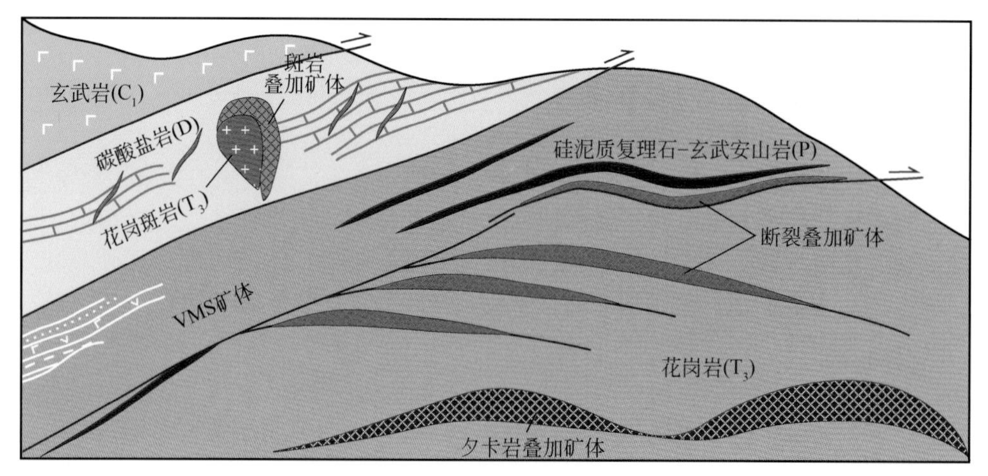

图 8.35　羊拉矿床形成过程的 VMS 型→夕卡岩-斑岩型→热液脉型成矿 3 个阶段演化模式图（续）

8.3　鲁春复合叠加矿床

8.3.1　成矿地质背景

1. 区域构造

鲁春铜矿床位于江达-维西陆缘弧带中南部，大地构造位置处于西侧昌都-兰坪-思茅地块与东侧金沙江缝合带之间（图 8.36）。江达-维西陆缘火山弧东以西金乌兰-金沙江缝合带的西界断裂为界，西以车所-热涌-字嘎寺-德钦-维西-乔后逆冲断裂为界，向南延与哀牢山缝合带西侧的墨江-绿春陆缘火山弧相接。火山弧内岩浆岩极为发育，类型多样，并具有复杂的空间配制。弧-盆的空间配置和火成岩成分的穿弧极性，表明火山弧是由于金沙江-哀牢山洋盆向昌都-思茅地块之下俯冲形成。晚三叠世以前的岩层构造变形较强，表现为一系列向西倒转的褶皱和冲断，并发育一系列走滑剪切带。前寒武系变质程度达角闪岩相，古生界为低绿片岩相，中生代基本未变质。

江达-维西陆缘火山弧作为金沙江弧盆系的组成部分，昌都-兰坪陆块的东部边缘，空间上分布于昌都芒康县宗拉山口东侧、德钦县南仁-捕村-南佐至维西县巴迪-叶枝一带，称谓江达-德钦-维西二叠纪陆缘弧，包括吉龙东组上部和上覆的沙木组。最早的弧火山活动见于早二叠世晚期，在德钦县南仁-飞来寺一带，吉东龙组上部薄层含䗴生物碎屑灰岩中产有 *Neomisellina* aff. *douvillei*（Gubber）、*N.* aff. *sichuanesis* Yang、*Kahlerina* sp. 和 *Reichelina* sp.，表明为早二叠世茅口晚期（李定谋，1998）弧火山活动一直持续到晚二叠世。弧火山岩从早到晚发育拉斑玄武岩系列→钙碱性系列→钾玄武岩系列火山岩，岩石类型为石英拉斑玄武岩、中钾安山岩、英安岩、流纹岩和火山碎屑岩，火山岩性质标志着岛弧产生、发展、成熟的完整过程（莫宣学等，1993）。

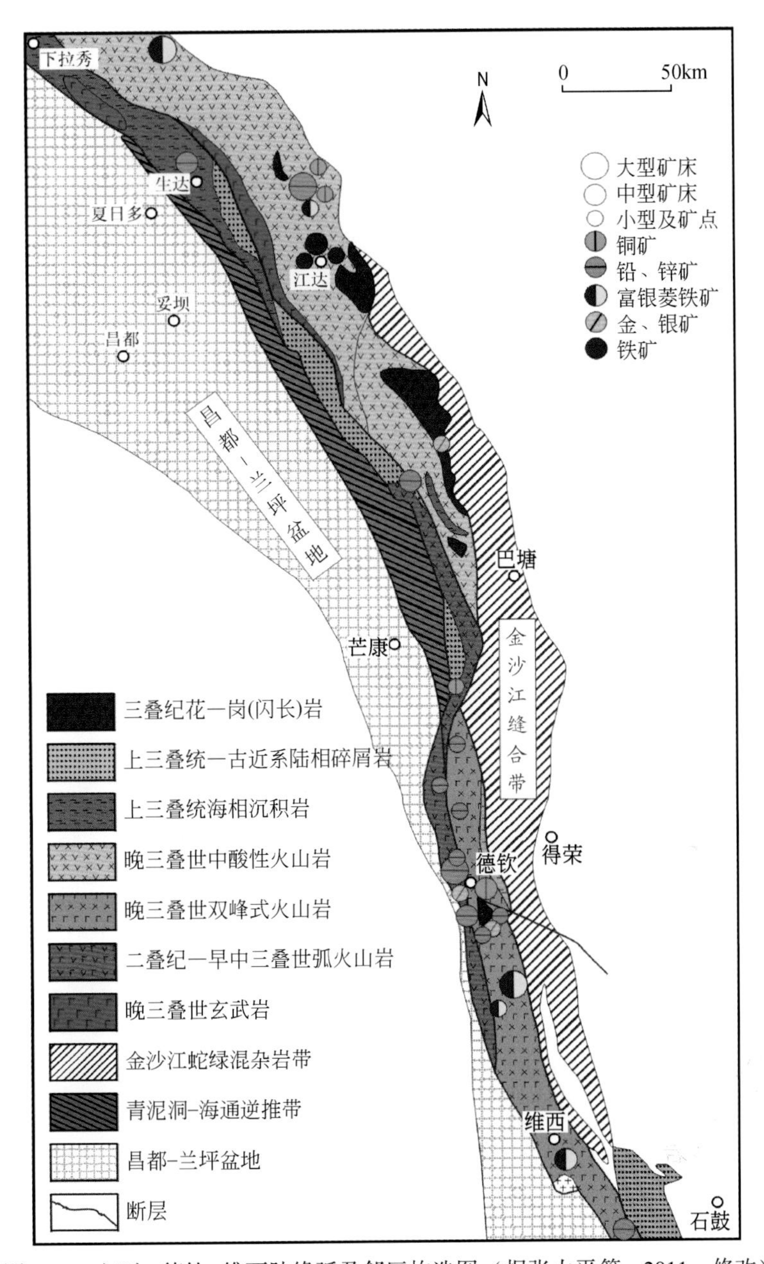

图8.36 江达-德钦-维西陆缘弧及邻区构造图（据张力平等，2011，修改）

昌都芒康县宗拉山口东侧发育二叠纪玄武安山岩柱状节理，属陆相喷发；德钦阿登各火山岩夹粉砂岩和碳酸盐岩，为中深-浅海环境；德钦飞来寺西侧发育的玄武安山岩柱状节理，属陆相喷发；南佐-捕村一带火山岩-碳酸盐岩组合，火山岩中发育枕状构造，为中深-浅海环境；沙木一带火山岩与含植物化石和腕足类碎片的砂页岩共生，反映海陆交互相环境；燕门乡一带发育海底扇相火山浊积岩和火山源浊积岩；维西县巴迪-叶技一带在维西康普、吉岔西大沟见有一套复理石砂板岩、变基性火山岩和砾岩、中酸性火山角砾岩、滑塌角砾岩、泥灰岩和具不完全鲍马序列的沉积砂板岩，显示弧火山岩已进入边缘斜坡-盆地相的较深水环境。由此反映出弧火山活动在空间上的展布环境差异非常大，弧火山岩在空间上岩相多变，沉积类型多样，岛弧地势起伏很大，有出露水面发育陆生植物和柱状节理的陆地，也有潜伏于水下的碳酸盐台地及深水谷地，可以出现从陆相、海陆过渡相、浅海相、台地斜坡、深水盆地各种不同沉积相和类型的沉积物，为一岛链体分布的构造古地理格局。

江达-德钦-维西陆缘弧火山岩带中从北向南已发现赵卡隆大型铁银多金属矿床、足那中型铅锌矿床、加多岭-洞卡中型铁-铜矿床、丁钦弄大型铜银多金属矿床、啊中小型金矿床、里仁卡大型铅、锌（铜、银）矿床、鲁春中型铜多金属矿床、南佐中型铅、锌（铜、银）矿床、红坡牛场小型铜金多金属矿床、楚格扎大型铁银多金属矿床、老君山中型铅锌多金属矿床和一系列的矿点及金异常等，矿床类型多种多样。尤其是赵卡隆、足那、丁钦弄、鲁春、红坡牛场、楚格扎、老君山等众多矿床被认为是江达-德钦-维西陆缘火山弧形成演化过程中的 VMS 型矿床（王立全等，2001，2002；李定谋等，2002；潘桂棠等，2003；Hou *et al.*，2003；侯增谦等，2003；李文昌等，2010）。

2. 矿区地质

以鲁春矿床为代表的喷流-沉积型块状硫化物矿床，产于中三叠世早期（可能下延至早三叠世晚期）鲁春-红坡双峰式火山岩带中，因而对其地层沉积物的空间叠置关系、产出的火山岩特征和构造环境判别分析，是进行鲁春-红坡火山沉积盆地性质分析和鲁春喷流-沉积型块状硫化物矿床成因研究的前提。

1）地层沉积物空间叠置关系

呈南北向展布，长约 10km，东西向宽约 5km，分布面积约 $50km^2$，呈现为东陡西缓的单斜构造（图 8.37，表 8.14）。

中三叠统上兰组下段。矿区西北部分布于德钦河以西的贡卡海-牧房一带，东界与矿区上兰组上段断层接触，西界与上三叠统红坡组断层接触。地层产状倾向西，地层层序和岩性组合为：下部为中-厚层状石英砂岩夹薄-中层状粉砂岩，底部为中-厚层状灰岩；中部为薄-中层状粉砂岩-粉砂质泥岩夹中层状砂岩、基性火山岩；上部薄层状砂泥质复理石夹硅质岩。其地层层序、岩性组合反映出从下至上水体逐渐变深的沉积组合序列。

中三叠统上兰组上段。根据地层的岩性组合、岩石类型和蚀变矿化强度，将上兰组上段分为上部、下部岩性层。下部岩性层由一套灰色薄层钙质绢云板岩-绿泥绢云板岩-绢云绿泥板岩（砂泥质复理石）、薄层泥质灰岩-灰质泥岩（灰泥建造）夹玄武岩、流纹岩和中-厚层状灰岩透镜体构成，其中见多层状矿化体分布；下部岩性层向北延伸经蔡松茸牛场至更北部的普弄沟，出露宽度因断层作用变化大，从几十米至 1000 余米不等；在矿区的东部各几农一带出露，地层产状倾向西。上部岩性层由下部灰绿色-墨绿色片理化绿泥板岩（原岩为火山凝灰岩）夹泥质条带灰岩透镜体和上部灰色薄层钙质绢云板岩、碳质板岩、砂质板岩、泥质灰岩-灰质泥岩构成，其中夹有多层流纹岩；上部岩性层为矿床赋矿

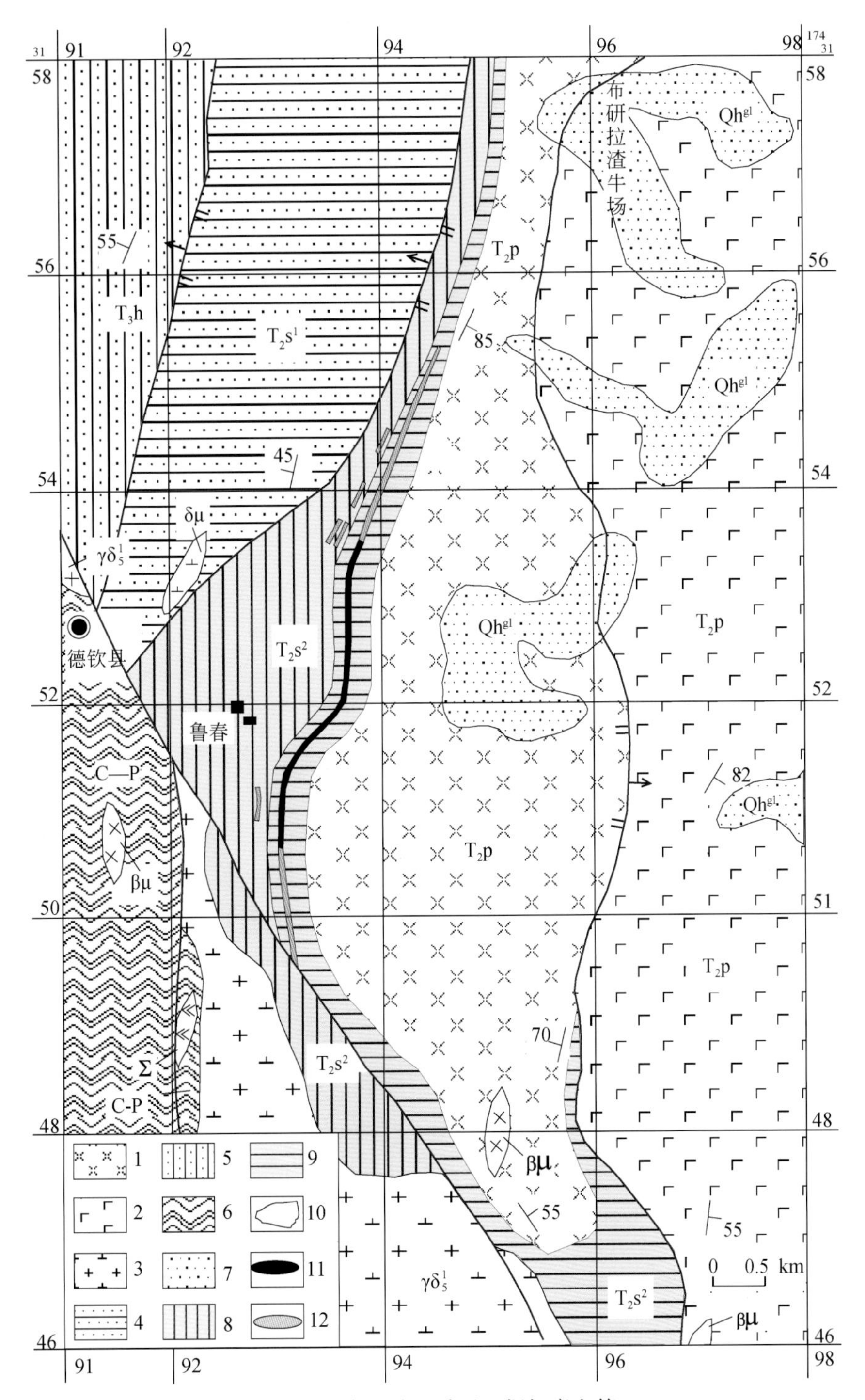

图 8.37　鲁春矿床区域地质图（据杨喜安等，2013）

1. 攀天阁组流纹岩；2. 攀天阁组玄武岩；3. 花岗闪长岩；4. 中三叠统上兰组下段；5. 上三叠统红坡组；6. 石炭纪—二叠纪浅变质岩；7. 第四系；8. 中三叠统上兰组上段（下含矿层）；9. 中三叠统上兰组上段（上含矿层）；10. 元素化探异常；11. 矿体；12. 矿化体

表 8.14　鲁春矿床地层空间分布表

时代	组	段	岩石类型及沉积建造
三叠系	红坡组（T_3h）		安山岩、英安岩、流纹岩、火山角砾熔岩、闪长玢岩、煌斑岩、砂岩、粉砂岩、砂质泥岩、泥质条带石膏层夹生物碎屑灰岩，底部见砾岩。滨-浅海相火山-沉积岩系、膏盐层和紫红色碎屑岩堆积
	攀天阁组（T_2p）		下部玄武岩、火山凝灰岩、硅质岩、砂岩、粉砂岩、碳质泥岩及泥灰岩，浅海相碎屑岩、火山岩建造。 上部流纹岩、火山凝灰岩、砂岩、粉砂岩、碳质泥岩及泥灰岩，浅海相碎屑岩、火山岩建造
	上兰组（T_2s）	上段	上部绿泥板岩、绢云绿泥板岩、钙质绢云板岩、碳质板岩、砂质板岩夹泥质条带灰岩透镜体、硅质岩和流纹岩，见多层矿体，次深海相碎屑岩、火山岩建造。 下部玄武岩、玄武质凝灰岩、凝灰质硅质岩、砂岩、粉砂岩、泥岩及泥灰岩，浅海相-次深海相碎屑岩、火山岩建造
		下段	石英砂岩、粉砂岩、砂质泥岩夹硅质岩、灰岩和基性火山岩，浅海相-次深海相碎屑岩建造

的主体，矿体呈多层状赋存于中下部的绿泥石岩中；含矿层以具强片理化、绿泥石化和硫化物的大量富集为显著特征；上部岩性层向北延伸经蔡松茸牛场至更北部的普弄沟，出露宽度变化较大，由南向北逐渐变薄，从 300 余米至几十米不等。攀天阁组在矿区东部大面积分布，下部分布于 165 道班-几家顶一带，地层产状倾向东，为一套基性火山岩（玄武岩）、火山碎屑岩、碎屑岩夹碳酸盐岩和凝灰质硅质岩组合；在矿区北部普弄沟，见下部玄武岩向西逆冲推覆于上部流纹岩和上兰组上段之上。上部由一套浅灰白色流纹岩为主夹薄层钙质绢云板岩、砂质板岩、碳质板岩构成，在矿区大面积分布，出露宽度 200 余米至 2000m 不等，地层产状倾向东。

上三叠统红坡组。通过地层剖面的测制和区域路线地质调查，红坡组地层岩性变化大。德钦县里仁卡村西南方向平距约 700m 处识别出 20 余米宽的沉积底砾岩，砾岩之上为基性-酸性的火山岩、火山角砾熔岩和大量分布的闪长玢岩，火山岩之上为泥质条带石膏层夹生物碎屑灰岩。德钦县城北部层李拉附近，红坡组为紫红色中-厚层砂岩夹砂质泥岩。矿区南部的红坡组为紫红色砂岩-砂质泥岩夹中-酸性火山岩。

2）火山岩类型与组合特征

鲁春-红坡三叠纪双峰式火山岩带中的火山岩系由基性端元的玄武岩及其脉岩和酸性端元的流纹岩，以及相应的火山碎屑岩和凝灰岩组成。玄武岩按 CIPW 标准矿物分子分类，以橄榄拉斑玄武岩为主，石英拉斑玄武岩次之。蚀变杏仁橄榄拉斑玄武岩-斑状构造，基质为粗玄结构或隐晶结构，局部嵌晶含长结构，由蚀变斜长石、普通辉石、钛铁矿、显微片状绿泥石组成，杏仁被葡萄石、石英、钠长石、绿泥石所充填。蚀变拉斑玄武岩-嵌晶含长结构，基质间片结构，由普通辉石和钠化斜长石及少量钛铁矿、绿泥石、黝帘石、白铁矿等组成。脉岩为辉长辉绿岩和辉长辉绿玢岩，呈辉长辉绿结构和嵌晶含长结构，块状构造，由含钛普通辉石和钠化斜长石组成，含有微量的磷灰石、磁铁矿和钛铁矿。

流纹岩或流纹斑岩为斑状结构，斑晶的含量和大小不一，后者斑晶含量为 10% ~ 15%，且粒度较流纹岩相对较大者称流纹斑岩。基质为霏细结构或显微花岗结构，流纹构造，斑晶以石英和条纹长石为主，少数斜长石和钾长石组成。流纹岩基质的由微晶-隐晶质长英质矿物和绢云母、绿泥石、绿帘石、少量磁铁矿（褐铁矿）、磷灰石、榍石和锆石组成。

8.3.2　含矿岩系

1. 含矿岩石组合

矿床主体产于中三叠统上兰组上段中（T_2s^2），南、中、北矿段的含矿岩系基本一致，下部为一套钙质绢云板岩、绿泥绢云板岩夹硅质板岩、薄层流纹岩，中部为一套由火山凝灰岩蚀变形成的绿泥板岩夹层纹状硅质岩、泥质条带灰岩透镜体，是矿区的赋矿地层；上部为硅质板岩、碳质板岩、钙质板岩和泥质硅质岩。

1）火山碎屑岩类

为晶屑流纹凝灰质绢云片岩和板岩，岩石具变余晶屑凝灰结构，粒状鳞片变晶-隐晶质结构；扁豆状-条带状构造，片状构造发育。由石英集合体或隐晶硅质及少量绿泥石、金属硫化物组成。流纹质晶屑凝灰岩具变余晶屑凝灰结构，胶结物具火山灰结构。晶屑形态多种多样，由石英、酸性斜长石、少量钾长石组成，含量 50% ~55%。胶结物由绢云母（含白云母）、石英、绿泥石及少量金属硫化物、磁铁矿组成，其中硫化物在岩石中呈稀疏浸染和条带状散布。

2）熔岩类

变流纹岩具变余斑状、聚斑状结构，基质具微晶-隐晶质结构，少数霏细结构。片状构造，似流动构造；变斑晶：单晶或聚斑状由石英、酸性斜长石和钾长石组成，斑晶颗粒常因变形、移位多具碎粒结构为特征；基质由微晶-隐晶长英质矿物、绢云母和少量金属硫化物、磁铁矿组成，偶见副矿物锆石。变流纹英安岩具有变余斑状结构，基质具鳞片粒状变晶结构，片状构造；变斑晶：变形后常呈扁豆状、脉状和透镜状，部分已绢云母化，为酸性斜长石和石英，少量钾长石和白云母，其中长石含量大于石英，以此区别于流纹岩；基质由微晶-隐晶长英质矿物、绢云母和少量金属硫化物组成。

3）绿泥石岩

绿色、深绿色和墨绿色，绿泥石成分占 99%，镜下见变余凝灰质结构，少见石英和斜长石，片理化强，既是赋矿岩石，同时也是含矿岩石。岩石中有大量磁铁矿、赤铁矿、黄铁矿、黄铜矿、方铅矿、闪铅矿等金属硫化物和氧化物。

4）热水沉积岩

层纹状硅质岩分布于含矿岩系的上部，即层状矿体的上部，与凝灰质板岩、硅质板岩组成韵律层；呈层状、似层状产出，岩石为浅灰白色、白色，具条带状、纹层状构造，镜下为微晶粒状、隐晶粒状、隐晶质结构；矿物均由细、微粒石英、隐晶硅质、少量绢云母、金属硫化物等组成；石英粒度极细<0.01～0.03mm，呈等轴粒状镶嵌结构，金属硫化物有黄铁矿、黄铜矿、方铅矿和闪锌矿，呈稀散浸染状、细层纹状分布，可见由金属硫化物（特别是黄铁矿）构成的粒序结构，显示其沉积作用形成的结构、构造特征。泥质条带灰岩分布于层状矿体中，走向上延伸有限，呈透镜状分布，泥质条带灰岩与含铜铅锌硫化物的磁铁矿-黄铁矿矿体呈整合接触，产状完全一致，并与之同步变形。镜下具微、细晶粒状变晶结构、不等粒结构，条纹、条带状构造，条纹、条带由绿泥石集合体组成。矿物为方解石（>97%），少量白云石、绿泥石、绢云母和金属硫化物；泥质条带灰岩中具较强的铜铅锌硫化物矿化，局部富集即形成矿体，磁铁矿、赤铁矿、黄铁矿、黄铜矿、方铅矿和闪铅矿等金属硫化物和氧化物在岩石中呈稀散浸染状、细层纹状和层带状分布，特别以细层纹状、层带状分布为特征，可见由金属硫化物（特别是黄铁矿）构成的粒序结构，显示其沉积作用形成的组构特征。

5）硅质岩成因

通过对硅质岩、绿泥石岩和灰岩的地球化学特征研究（王立全等，2001；李定谋等，2002），其中矿床的层纹状硅质岩位于层状矿体的上部，以呈层状、似层状多层产出为特征，呈层状与火山岩-火山碎屑岩相伴产出为特征。硅质岩化学成分列于表8.15，从表中可以看出，矿床中5件层纹状硅质岩 SiO_2 含量为68.69%～96.02%，平均77.33%；Al_2O_3 含量为1.44%～14.95%，平均10.72%；K_2O+Na_2O 含量为0.60%～11.94%，平均6.89%，且 $K_2O>Na_2O$。几家顶-鲁春地质剖面上2件凝灰质硅质岩 SiO_2 含量为63.30%～78.03%，平均70.66%；Al_2O_3 含量为10.42%～14.11%，平均12.27%；K_2O+Na_2O 含量为4.74%～9.20%，平均6.97%。从矿床中层纹状硅质岩与几家顶—鲁春地质剖面上凝灰质硅质岩的主要成分对比来看，两者基本一致，表明矿床中层纹状硅质岩具有火山气液活动的组分特征，与含矿层中夹有火山岩（流纹岩）的薄层或透镜体的地质事实相吻合，也与加拿大 Agnic-Eayle、Cobertt 块状硫化物矿床中硅质岩的成分基本一致。

表8.15　鲁春矿床硅质岩的化学成分表（%）

样品编号	采样位置	岩石	SiO_2	TiO_2	Al_2O_3	Fe_2O_3	FeO	MnO	MgO	CaO	Na_2O	K_2O	P_2O_5	LOI	总量
LS0011-1	南矿段	层纹状硅质岩	75.08	0.31	11.86	1.64	0.82	0.03	0.48	0.11	0.29	7.15	0.04	1.73	99.54
LS0011-2	南矿段	层纹状硅质岩	74.62	0.31	11.91	0.37	0.80	0.00	0.25	0.83	0.74	8.27	0.05	1.45	99.60

续表

样品编号	采样位置	岩石	SiO_2	TiO_2	Al_2O_3	Fe_2O_3	FeO	MnO	MgO	CaO	Na_2O	K_2O	P_2O_5	LOI	总量
LS0018	南矿段	层纹状硅质岩	68.69	0.40	14.95	0.51	1.13	0.00	0.20	0.11	0.29	11.65	0.03	1.37	99.33
LS0020	南矿段	层纹状硅质岩	72.25	0.43	13.46	0.55	2.47	0.02	1.20	0.11	0.68	4.79	0.04	3.34	99.34
97HL32	南矿段	层纹状硅质岩	96.02	0.05	1.44	0.61	0.43	0.02	0	0.05	0.05	0.55	0.02	0.64	99.88
平均值			77.33	0.30	10.72	0.74	1.13	0.01	0.53	0.24	0.41	6.48	0.04	1.71	99.54
97BH3	几家顶	凝灰质硅质岩	78.03	0.26	10.42	0.42	2.06	0.07	1.20	0.96	3.76	0.98	0.12	1.77	100.05
97L27	几家顶	凝灰质硅质岩	63.30	0.32	14.11	1.26	4.13	0.36	1.80	1.78	1.28	7.92	0.09	3.17	99.52
平均值			70.67	0.29	12.27	0.84	3.10	0.22	1.50	1.37	2.52	4.45	0.11	2.47	99.79

将矿床中硅质岩Al_2O_3、TiO_2含量投于$\omega(TiO_2)$-$\omega(Al_2O_3)$关系图中（图8.38），除矿区1件层纹状硅质岩投于生物成因硅质岩区外，其余层纹状硅质岩与凝灰质硅质岩均投于火山-热泉成因硅质岩区，并在与块状硫化物有关的硅质岩区，与加拿大Agnic-Eayle、Cobertt块状硫化物矿床的硅质岩在同一区域。从图中可以看出，层纹状硅质岩和凝灰质硅质岩投点构成一条良好的线性趋势线，其相关系数为0.9154，表明层纹状硅质岩与凝灰质硅质岩的成因具相关性，物质来源具有统一源区。硅质岩、绿泥石岩、矿石和泥质条带灰岩的稀土元素组成投点共同构成一个区，表明它们之间有着密切成生联系，这与矿体的空间产出位置及其矿体的寄主岩为绿泥石岩和泥质条带灰岩的地质事实相吻合；层纹状硅质

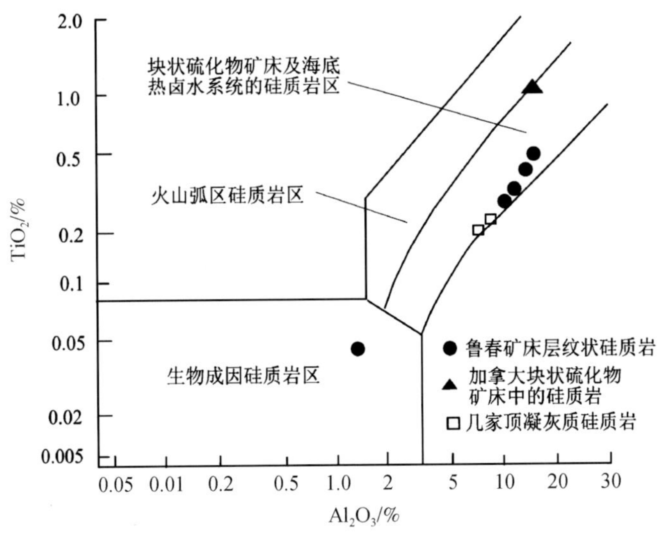

图8.38　不同成因硅质岩$\omega(TiO_2)$-$\omega(Al_2O_3)$图

岩的稀土元素组成投点相对独立构成另一个区，表明层纹状硅质岩（热水沉积岩）形成于喷流热液沉积成矿作用的晚期，空间上位于主要层状矿体的上部。从稀土元素特征来看，层纹状硅质岩、凝灰质硅质岩、绿泥石岩和泥质条带灰岩有着同一物质来源区，同处于一个深水盆地的还原环境中，这与其常量、微量元素特征得出的结论一致。凝灰质硅质岩、绿泥石岩为火山-沉积作用的产物，层纹状硅质岩、泥质条带灰岩则为热水（喷流热液）沉积作用的结果。

2. 岩石地球化学

对矿区火山岩样品进行了系统采样和分析测试，样品采自矿床北矿段，容矿板岩、铜矿石样品采自矿床南矿段。对采集到的样品选择相对新鲜者进行主量元素、微量元素和稀土元素分析。样品分析在中国地质科学院地球物理地球化学勘查研究所完成。其中主量元素均采用 XRF 法完成，微量元素和稀土元素分析方法为 ICP-MS，具体方法见朱赖民等（2009）文献。

玄武岩主量、微量元素含量见表 8.16，SiO_2 含量为 45.39% ~ 51.00%，平均 48.09%；Al_2O_3含量为 14.31% ~16.65%，平均 15.70%；MgO 含量为 6.27% ~7.75%，平均 7.34%；Na_2O 含量为 2.78% ~4.95%，平均 3.87%；K_2O 含量为 0.35% ~0.94%，平均 0.62%，且 $Na_2O>K_2O$，Na_2O+K_2O 总量为 3.43% ~5.40%，平均 4.49%；TiO_2含量为 0.25% ~1.85%，平均 1.12%；CaO 含量为 4.12% ~7.37%，平均 5.55%；玄武岩显示出富钠、贫钾和低钛的特征。

表 8.16　鲁春矿床玄武岩主量元素组成表

资料来源	本书			王立全等，2001		
样品号	LC-33	LC-34	LC-35	97LN30	97B7	Yvi-31
SiO_2	49.85	49.32	46.66	51.00	45.39	46.34
TiO_2	1.14	1.13	1.06	0.25	1.29	1.85
Al_2O_3	15.73	15.67	15.83	14.31	16.65	16.00
FeO	6.35	6.55	6.45	9.89	11.35	9.57
Fe_2O_3	2.49	2.73	2.33	1.47	1.89	3.09
MgO	7.62	7.75	6.27	7.34	7.50	7.55
MnO	0.13	0.13	0.14	0.20	0.17	0.19
CaO	4.34	4.12	7.37	7.34	5.59	4.52
K_2O	0.45	0.50	0.94	0.35	0.55	0.90
Na_2O	4.95	4.89	4.44	3.08	3.09	2.78
P_2O_5	0.18	0.19	0.13	0.17	0.39	0.31
LOI	6.71	6.97	8.39	3.93	5.54	7.10
总量	99.94	99.95	100.10	99.33	99.40	100.20
AI	46.49	47.80	37.91	42.46	48.12	53.65
Na_2O+K_2O	5.4	5.39	5.38	3.43	3.64	3.68
K_2O/Na_2O	0.09	0.10	0.21	0.11	0.18	0.32

流纹岩主量、微量元素含量见表 8.17，SiO_2 含量为 70.76% ~81.78%，平均 75.65%；Al_2O_3 含量为 10.26% ~13.81%，平均 12.53%；MgO 含量为 0.14% ~0.80%，平均 0.28%；Na_2O 含量为 0.30 ~3.38%，平均 1.63%；K_2O 含量为 3.77% ~5.66%，平均 4.84%，且 $Na_2O<K_2O$，Na_2O+K_2O 总量为 4.23% ~8.44%，平均 6.47%；TiO_2 含量为 0.11% ~0.49%，平均 0.23%；CaO 含量为 0.18% ~1.46%，平均 0.45%。流纹岩具有高硅、富钾和低钛的特征。

表 8.17　鲁春矿床流纹岩主量元素组成表

资料来源	本书				王立全等，2001			
样品号	LC-32-1	LC-32-2	LC-32-3	97HL38	97HL30	97HL46	97B24	Yvi-66
SiO_2	76.21	75.53	75.51	70.76	81.78	78.05	76.6	70.75
TiO_2	0.12	0.12	0.12	0.49	0.21	0.29	0.11	0.38
Al_2O_3	12.63	12.96	12.94	13.61	10.26	12.20	11.85	13.81
FeO	0.85	1.05	1.35	2.75	0.60	1.03	1.23	0.90
Fe_2O_3	0.62	0.48	0.18	0.94	0.64	0.80	0.29	2.57
MgO	0.15	0.14	0.15	0.80	0.20	0.36	0.20	0.21
MnO	0.02	0.02	0.02	0.05	0.02	0.03	0.03	0.07
CaO	0.22	0.23	0.22	1.46	0.18	0.18	0.78	0.29
K_2O	5.07	5.11	5.08	4.62	3.77	4.33	5.66	5.06
Na_2O	1.76	1.82	1.87	1.80	0.46	0.30	1.68	3.38
P_2O_5	0.01	0.02	0.02	0.15	0.05	0.08	0.02	0.10
LOI	0.83	0.83	0.88	2.48	1.49	2.20	1.16	1.76
总量	98.48	98.30	98.32	99.91	99.66	99.85	99.61	99.28
AI	72.50	71.92	71.45	62.44	86.12	90.72	70.43	58.95
Na_2O+K_2O	6.83	6.93	6.95	6.42	4.23	4.63	7.34	8.44
K_2O/Na_2O	2.88	2.81	2.72	2.57	8.20	14.43	3.37	1.50

将 SiO_2 和 Na_2O+K_2O 的组分含量投点到火山岩全碱-硅 TAS 分类图中 [图 8.39 (a) ~ (c)]，可见火山岩分布在粗面玄武岩、玄武岩和流纹岩的区域，且样品投点存在明显的间断。这样两种在空间上紧密伴生的基性与酸性岩构成了矿床重要的双峰式火山岩组合。

运用火山岩岩石化学参数对了解火山岩的基本岩石性质和岩石形成环境提供重要的参考，岩石化学参数见表 8.18 和表 8.19，从中选取常用的火山岩岩石化学参数固结指数 (SI) 和分异指数 (DI) 并另行计算了火山岩的里特曼指数 (δ)、氧化指数进行讨论。里特曼在皮科克提出钙碱指数 (CA) 的基础上经过大量研究，提出用来判别岩石碱性程度大小和变化、并且与钙碱指数有良好对应关系的里特曼指数 (δ)。计算获得铜矿床的玄武岩里特曼指数 (δ) 集中于 1.47 ~5.54，呈现弱碱性-钙性特征。使用氧化指数 F、K 和 N 或 K+F 用以判断玄武岩的形成环境，计算获得玄武岩的形成环境全部严格限定于海相环

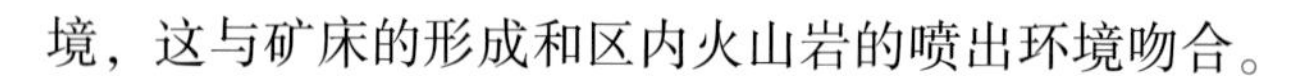
境，这与矿床的形成和区内火山岩的喷出环境吻合。

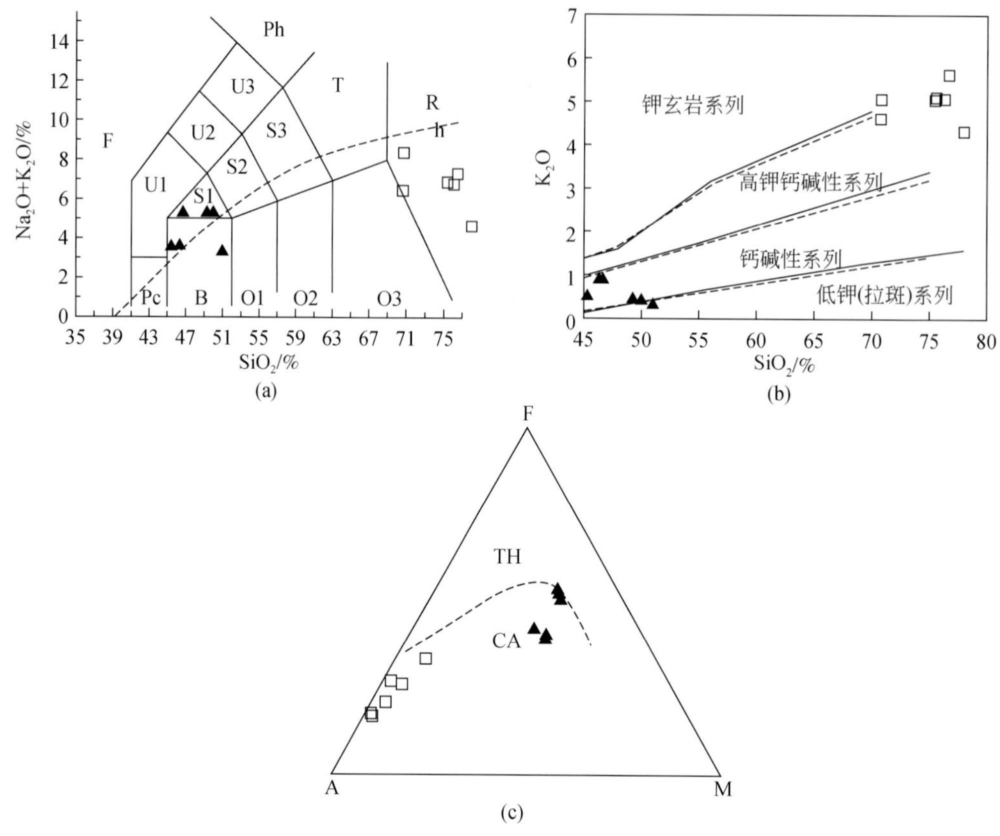

图 8.39　鲁春矿床火山岩性质判别图

▲为玄武岩；□为流纹岩；

（a）双峰式火山岩 $K_2O+Na_2O-SiO_2$ 图，Ir-Irvine 分界线的上方为碱性，下方为亚碱性；B. 玄武岩；R. 流纹岩；SI. 粗面玄武岩；Ph. 响岩；（b）双峰式火山岩 K_2O-SiO_2 图；（c）双峰式火山岩 AFM 图，TH. 拉斑系列；CA. 钙碱性系列

表 8.18　鲁春矿床玄武岩 CIPW 标准矿物计算表

资料来源	本书			王立全等，2001		
样品号	LC-33	LC-34	LC-35	97LN30	97B7	Yvi-31
石英（Q）				0.27		1.13
钙长石（An）	20.78	20.65	22.36	25.35	26.83	21.91
钠长石（Ab）	44.93	44.5	33.53	27.32	27.86	25.27
正长石（Or）	2.85	3.18	6.06	2.17	3.46	5.71
霞石（Ne）			4.05			
刚玉（C）		0.05			1.86	3.2
透辉石（Di）	0.85		13.48	9.62		
紫苏辉石（Hy）	12.18	11.76		32.13	19.59	33.43

续表

资料来源	本书			王立全等，2001		
样品号	LC-33	LC-34	LC-35	97LN30	97B7	Yvi-31
橄榄石（Ol）	11.78	12.83	14.3		13.92	
钛铁矿（Il）	2.32	2.31	2.2	0.5	2.61	3.77
磁铁矿（Mt）	3.87	4.26	3.69	2.23	2.92	4.81
磷灰石（Ap）	0.45	0.47	0.33	0.41	0.96	0.77
合计	100.01	100.01	100	100	100.01	100
分异指数（DI）	47.78	47.68	43.64	29.76	31.32	32.11
密度/(g/cm^3)	2.91	2.92	2.92	3.01	3.04	3.06
固结指数（SI）	34.86	34.57	30.69	33.17	30.76	31.6
里特曼指数（δ）	4.26	4.60	7.91	1.47	5.54	4.05
Na/(Na+K)	0.92	0.91	0.83	0.90	0.85	0.76
$Fe_2O_3/(Fe_2O_3+FeO)$	0.28	0.29	0.27	0.13	0.14	0.24
$(K+Fe_2O_3)/(K+Na+Fe_2O_3+FeO)$	0.21	0.22	0.23	0.12	0.14	0.24

表8.19 鲁春矿床流纹岩CIPW标准矿物计算表

资料来源	本书			王立全等，2001				
样品号	LC-32-1	LC-32-2	LC-32-3	97HL38	97HL30	97HL46	97B24	Yvi-66
石英（Q）	46.59	45.26	44.7	38.07	65.19	60.08	43.06	31.54
钙长石（An）	1.05	1.04	0.99	6.43	0.58	0.38	3.8	0.81
钠长石（Ab）	15.25	15.8	16.24	15.63	3.96	2.6	14.44	29.35
正长石（Or）	30.68	30.98	30.8	28.02	22.69	26.2	33.98	30.68
霞石（Ne）								
刚玉（C）	3.96	4.17	4.12	3.44	5.31	7.05	1.61	2.55
透辉石（Di）								
紫苏辉石（Hy）	1.29	1.76	2.61	5.7	0.81	1.75	2.43	1.3
橄榄石（Ol）								
钛铁矿（Il）	0.23	0.23	0.23	0.96	0.41	0.56	0.21	0.74
磁铁矿（Mt）	0.92	0.71	0.27	1.4	0.93	1.19	0.43	2.8
磷灰石（Ap）	0.02	0.05	0.05	0.36	0.12	0.19	0.05	0.24
合计	99.99	99.99	100	100.01	100	100	100.01	100
分异指数（DI）	92.52	92.04	91.74	81.72	91.84	88.88	91.48	91.57
固结指数（SI）	1.78	1.63	1.74	7.33	3.53	5.28	2.21	1.74

通常情况下，玄武岩和流纹岩的固结指数（SI）在其分异演化过程中与SiO_2的演化相反，MnO在研究分离结晶过程中是朝着减少的方向演化，且变化相当显著（胡永斌，2011），大多数原生玄武岩浆，即上地幔形成的没有发生分异作用或分异作用较弱的玄武岩浆，其固结指数在40附近或者大于40，随着岩浆的上侵并发生分异结晶作用后，其固结指数会快速减小。当岩浆分异程度高即形成酸性岩时其固结指数相对小，而当岩浆分异程度低即形成基性岩时，其固结指数则相对大。由此可知，岩石估计指数是能在一定程度

上指示岩浆结晶分异程度的重要地球化学参数，鲁春矿床的玄武岩和流纹岩的固结指数（SI）变化范围为：玄武岩的SI分布于30.76～34.86，表明玄武岩为原始地幔岩浆但经历了一定程度的分异；流纹岩的SI分布于1.63～7.33，其值明显低于玄武岩的分异指数，表明流纹岩经历了较强的分异作用，分异程度高。

火山岩的固结指数显示出玄武岩和流纹岩不同的分异程度，从计算岩浆分异指数的角度对岩浆的分异结晶作用做更为直观的反映。岩浆分异作用遵循的规律是原始岩浆中的镁、钙、铁和铝的硅酸盐结晶较早，在岩浆演化过程中逐渐被分离出来，残余的岩浆则变为富含碱的铝硅酸盐，即复杂成分的硅酸盐岩浆，经过岩浆分离结晶作用后向着形成SiO_2、$NaAlSiO_2$和$KAlSiO_2$残余岩浆系统演化。Thornton和Tuttle将上述六种标准矿物组分的总和称为分异指数（DI）。但问题是这六种矿物不是同时出现在一种岩浆中，一般而言可能是其中的2～3种矿物之和。针对由地幔原始岩浆经过分异结晶形成的火山岩，其分异指数越大则反映岩浆的分异程度越高，岩石酸性也随之越高；而分异指数越小，则反映岩浆的分异演化程度越低，一般形成基性岩。矿区火山岩分异指数变化范围为29.76～92.52，其中玄武岩的分异指数（DI）为29.76～47.78，平均38.71；流纹岩的分异指数（DI）为81.72～92.52，平均90.22。由此可以看出，玄武岩和流纹岩一样经历了分异作用，但其分异程度较低，而流纹岩则表现出较高的分异程度，显示出与固结指数相同的演化趋势。

从玄武岩和流纹岩的成分含量可以看出，镁铁质岩SiO_2含量分布在45.39%～51.00%，长英质岩的SiO_2含量分布于70.76%～81.78%，而含量为50%～70%的样品类型很少，表明镁铁质岩和长英质岩之间有明显的成分间隙［图8.40（a）］。

镁铁质和长英质端元SiO_2与MgO、CaO、Al_2O_3的含量比较中，均显示出来负相关性，暗示岩浆分离结晶趋势是随着CaO含量的降低，CaO/Al_2O_3值有降低的趋势［图8.40（b）］，反映在岩浆演化过程中有单斜辉石的分离结晶。但是，仅从火山岩主量元素含量变化方面描述矿床火山岩分离结晶显然不够，因此，有必要从微量元素的角度探讨火山岩的演化特征和趋势，以便为讨论矿床地质地球化学特征提供依据。

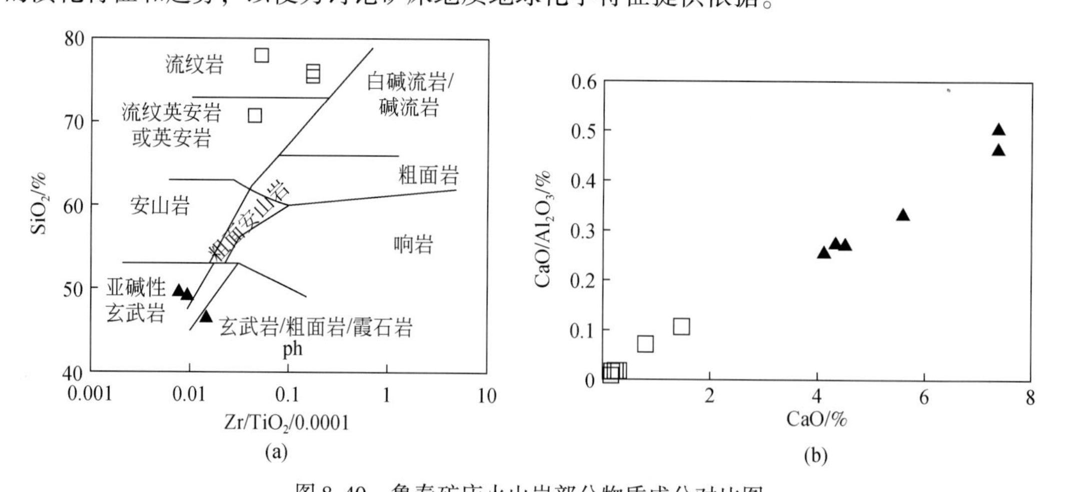

图8.40　鲁春矿床火山岩部分物质成分对比图

（a）鲁春矿床火山岩$Zr/TiO_2*0.0001-SiO_2$图；（b）鲁春铜矿床火山岩$CaO-CaO/Al_2O_3$图；黑三角形代表玄武岩，正方形代表流纹岩对玄武岩和流纹岩的稀土含量进行测定，并收集王立全等（2001）的相关测试数据，将分析结果进行球粒陨石标准化处理，结果见表8.18和图8.41。流纹岩稀土元素总量为$75.32\times10^{-6}\sim385.53\times10^{-6}$，有较高的轻稀土/重稀土元素值，LREE/HREE为3.89～9.55，模式斜率$(La/Yb)_N$为2.51～13.08。$(La/Sm)_N$为2.50～5.45，$(Tb/Yb)_N$为0.65～1.32，表明轻稀土元素的分馏程度强于重稀土元素的分馏程度。δEu为0.07～0.45，Eu为强的负异常；δCe为0.63～1.12，则为中等到弱的异常。流纹岩样品Eu的负异常是由岩浆较高的分异程度造成，从玄武岩到流纹岩演化过程中，斜长石的逐渐分离结晶和稀土元素分异逐渐增强，造成轻稀土元素富集，Eu的负异常也随之增强。6件玄武岩的稀土元素总量较低，为$84.80\times10^{-6}\sim170.22\times10^{-6}$，有较高的轻稀土元素/重稀土元素值，LREE/HREE为2.27～4.71，模式斜率$(La/Yb)_N$为1.56～4.31。$(La/Sm)_N$为1.52～2.53，$(Tb/Yb)_N$为1.00～1.38，表明轻稀土的分馏程度强于重稀土元素的分馏程度。δEu为0.65～0.94，Eu为中等到弱的负异常；δCe为0.84～0.99，Ce则为弱的异常。

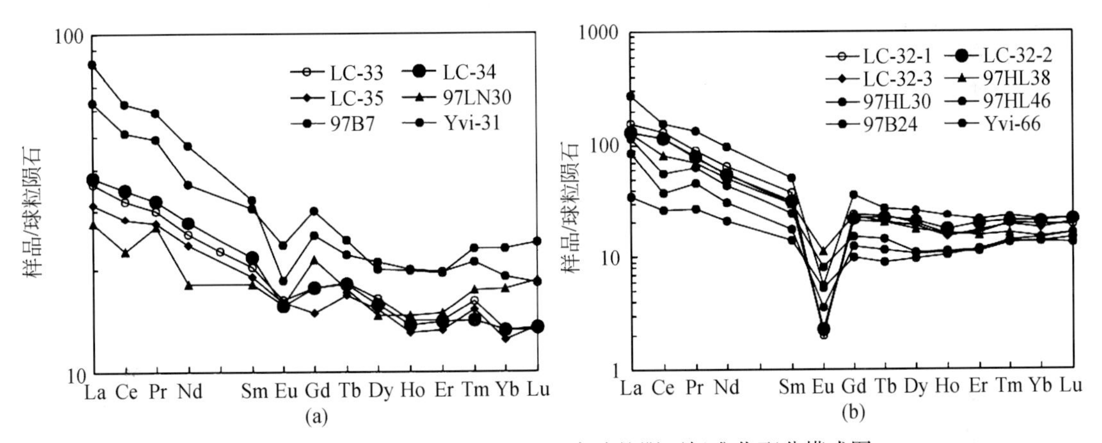

图8.41　鲁春矿床火山岩稀土元素球粒陨石标准化配分模式图

（a）玄武岩；（b）流纹岩

在火山岩微量元素原始地幔标准化蛛网图中（图8.42），可以看出火山岩出现明显的LILE（Ba、K）亏损，HFSE（Nb、Ta）富集不明显，样品均具有显著的P、Ti和Sr负异常。长英质岩石的Zr/Y值偏低，为5.31～5.69，平均5.55，表现出从拉斑系列向钙碱性系列过渡的趋势。而镁铁质岩和长英质岩在微量元素蛛网图中表现出元素波动的一致性，暗示着二者属于同源岩浆，只是在后期演化过程中由于分异演化程度的不同而在同一地区形成两个火山岩端元。

3. 含矿岩石时代

火山岩样品采自矿床南矿段。火山岩样品首先经过破碎，经浮选和电磁等方法挑选出单颗粒锆石，然后在双目镜下手工挑出晶形完好、透明度和色泽度好的锆石，粘于环氧树脂表面。精抛光后进行透射光和反射光照相，据此选择晶体特征良好的锆石阴极发光（CL）分析，最后根据阴极发光照射结果选择典型的岩浆锆石进行LA-ICP-MS测年分析。锆石的CL图像在中国地质科学院矿产资源研究所电子探针分析室完成，锆石的U-Pb年龄

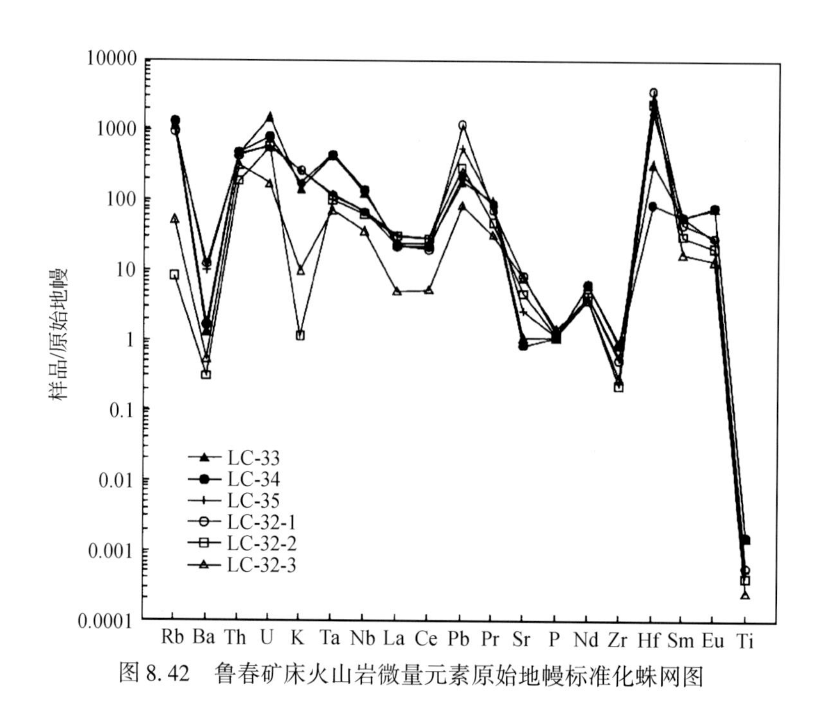

图 8.42　鲁春矿床火山岩微量元素原始地幔标准化蛛网图

测定在中国地质大学地质过程与矿产资源国家重点实验室 LA-ICP-MS 室完成。分析仪器为美国 Agilent 科技有限公司 7500a 型 ICP-MS 与美国 New Wave 贸易有限公司 UP193SS 型激光剥蚀系统。

锆石 U-Pb 年龄分析采用的光斑直径为 36μm，并用国际标准锆石 91500 作为外标标准物质，外标校正方法为每隔 4 ~ 5 个样品分析点测一次标准，保证标准和样品的仪器条件完全一致。样品的同位素数据处理采用 Glitter（4.4.1 版）软件进行，普通铅校正采用 Andersen 的方法（Andersen，2002），年龄计算和谐和图的绘制采用 Isoplot（3.23 版）进行（Ludwig，2003），测试中的误差标准为 1σ，实验详细的流程参见 Black 等（2004）。

用于定年的样品采自矿区南矿段，为了获得矿区含矿岩系的形成年龄，分别对矿体的直接赋矿岩石绿泥石（板）岩（编号 LCTK01-1）、赋矿岩系上覆的流纹岩岩被和岩盖（编号 LCTK01-7、LCTK01-12、LCTK01-12-1）进行采样和对比分析，样品具体采样位置见图（图 8.43）。

样品 LCTK01-1 为矿区南矿段的直接赋矿岩石绿泥石（板）岩，原岩经镜下岩矿鉴定和岩石地球化学分析，确定为流纹质双屑（晶屑和玻屑）凝灰岩。样品 LCTK01-7、LCTK01-12 和 LCTK01-12-1 采自赋矿岩系上覆的厚层新鲜流纹熔岩，具斑状结构，基质具微晶、隐晶质结构。4 个样品 CL 图像分析显示样品锆石颗粒晶形良好，外形特征呈长柱状或短柱状，无色、透明，锆石具有较典型的岩浆生长环带结构，为典型的岩浆锆石。

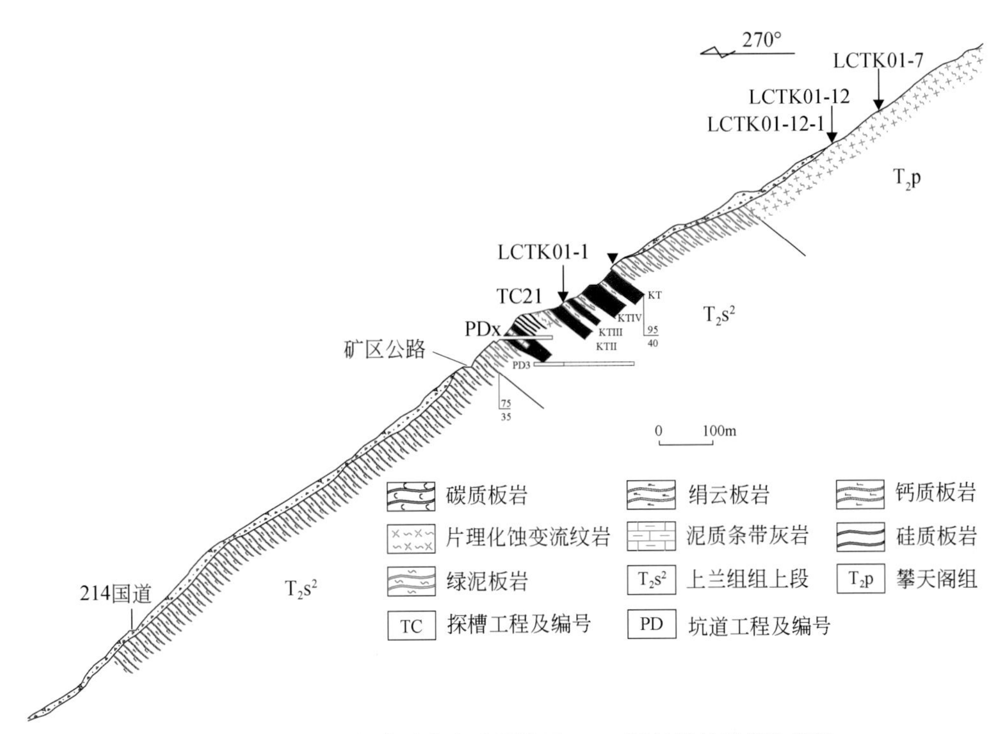

图8.43 鲁春矿床南矿段锆石U-Pb测年样品采集位置图

样品LCTK01-1锆石U、Th含量分别为$167\times10^{-6}\sim693\times10^{-6}$和$64\times10^{-6}\sim338\times10^{-6}$，含量变化较大（表8.20），具有典型岩浆锆石的Th/U值（0.31～0.66），其锆石15个分析点的$^{206}Pb/^{238}U$年龄为238～253Ma，在一致曲线图中数据点成群分布，其$^{206}Pb/^{238}U$加权平均年龄为245.6±2.4Ma（MSWD=0.98）［图8.44（a）］，代表火山岩锆石结晶时代。样品LCTK01-12的25颗锆石U、Th含量分别为$162\times10^{-6}\sim2153\times10^{-6}$和$76.8\times10^{-6}\sim1111\times10^{-6}$，Th/U值均较高，为0.27～0.70（表8.21），且Th与U存在正相关，显示锆石为岩浆成因，其锆石22个分析点的$^{206}Pb/^{238}U$年龄为243～251Ma，在一致曲线图中数据点成群分布［图8.44（b）］，$^{206}Pb/^{238}U$年龄的加权平均值为249.3±0.9Ma（MSWD=4.2）。

表8.20 鲁春矿床火山岩锆石U-Pb年龄表

测点	Pb	Th	U	Th/U	$^{207}Pb/^{206}Pb$		$^{207}Pb/^{235}U$		$^{206}Pb/^{238}U$		$^{207}Pb/^{206}Pb$		$^{207}Pb/^{235}U$		$^{206}Pb/^{238}U$	
	/10^{-6}				比值	±1σ	比值	±1σ	比值	±1σ	年龄/Ma	±1σ	年龄/Ma	±1σ	年龄/Ma	±1σ
LCTK01-1																
1	19.8	612	238	0.40	0.0501	2.4	0.2602	3.0	0.03768	1.8	238	4	198	55	235	7
2	8.96	269	103	0.39	0.0391	14.0	0.2050	14.0	0.03807	2.0	241	5	-412	360	172	27
3	9.21	273	138	0.52	0.0466	7.5	0.2500	7.7	0.03888	1.9	246	5	29	180	230	14

续表

测点	Pb	Th	U	Th/U	$^{207}Pb/^{206}Pb$		$^{207}Pb/^{235}U$		$^{206}Pb/^{238}U$		$^{207}Pb/^{206}Pb$		$^{207}Pb/^{235}U$		$^{206}Pb/^{238}U$	
	/10^{-6}				比值	±1σ	比值	±1σ	比值	±1σ	年龄/Ma	±1σ	年龄/Ma	±1σ	年龄/Ma	±1σ
4	8.49	247	101	0.42	0.0484	7.3	0.2660	7.5	0.03986	1.9	252	5	117	170	237	14
5	6.27	187	86	0.47	0.0496	4.5	0.2660	5.0	0.03895	2.3	246	6	174	100	234	10
6	12.5	366	126	0.35	0.0473	4.8	0.2570	5.2	0.03936	1.9	249	5	63	120	222	13
7	13.2	394	182	0.48	0.0515	2.8	0.2767	3.3	0.03896	1.8	246	5	264	64	248	7
8	19.0	568	210	0.38	0.0482	2.4	0.2592	3.0	0.03896	1.8	246	4	111	57	238	7
9	19.6	586	250	0.44	0.0511	3.7	0.2730	4.1	0.03878	1.8	245	4	244	84	240	9
10	23.4	693	208	0.31	0.0484	2.2	0.2616	3.0	0.03919	2.0	248	5	120	52	250	8
11	8.97	261	140	0.56	0.0515	3.3	0.2840	3.8	0.03991	1.9	252	5	264	76	256	8
12	5.80	167	64	0.39	0.0449	13.0	0.2480	14.0	0.04004	2.1	253	5	-63	330	204	31
13	17.2	527	338	0.66	0.0472	4.9	0.2450	5.2	0.03773	1.8	239	4	57	120	225	8
14	20.6	614	284	0.48	0.0506	2.4	0.2718	3.0	0.03893	1.8	246	4	224	56	250	7
15	18.1	550	267	0.50	0.0495	2.4	0.2606	3.2	0.03819	2.1	242	5	171	56	234	7
LCTK01-12																
1	10.75	160	250	0.64	0.0520	0.0025	0.2876	0.0137	0.0399	0.0005	287	111	257	11	252	3
2	21.20	236	519	0.45	0.0493	0.0018	0.2721	0.0096	0.0399	0.0004	165	88	244	8	252	3
3	87.0	1111	2124	0.52	0.0503	0.0012	0.2742	0.0066	0.0392	0.0003	209	57	246	5	248	2
4	87.4	958	2153	0.45	0.0503	0.0013	0.2792	0.0071	0.0399	0.0004	209	92	250	6	252	2
5	16.58	150	397	0.38	0.0493	0.0023	0.2804	0.0130	0.0411	0.0005	165	142	251	10	260	3
6	12.51	195	305	0.64	0.0470	0.0023	0.2471	0.0121	0.0377	0.0005	55.7	109.3	224	10	239	3
7	17.06	284	408	0.70	0.0540	0.0022	0.2822	0.0113	0.0380	0.0005	372	93	252	9	240	3
8	19.70	215	447	0.48	0.0608	0.0025	0.3496	0.0148	0.0415	0.0005	635	89	304	11	262	3
9	37.31	375	933	0.40	0.0517	0.0016	0.2811	0.0087	0.0392	0.0004	272	72	252	7	248	2
10	6.71	76.8	162	0.47	0.0590	0.0035	0.3176	0.0179	0.0393	0.0006	569	131	280	14	249	4
11	19.51	192	498	0.39	0.0546	0.0022	0.2947	0.0119	0.0389	0.0004	394	91	262	9	246	3
12	41.57	327	997	0.33	0.0688	0.0024	0.3797	0.0135	0.0397	0.0004	892	73	327	10	251	3
13	9.55	110	238	0.46	0.0542	0.0028	0.2879	0.0143	0.0390	0.0006	376	115	257	11	246	4
14	77.9	952	1939	0.49	0.0542	0.0015	0.2926	0.0079	0.0389	0.0003	389	61	261	6	246	2
15	37.68	316	958	0.33	0.0503	0.0018	0.2842	0.0102	0.0407	0.0004	209	88	254	8	257	3
16	39.1	510	960	0.53	0.0496	0.0016	0.2682	0.0084	0.0390	0.0004	176	79	241	7	247	2
17	13.54	141	343	0.41	0.0560	0.0028	0.2964	0.0143	0.0388	0.0005	454	111	264	11	245	3
18	13.16	150	333	0.45	0.0501	0.0024	0.2706	0.0127	0.0393	0.0005	198	111	243	10	248	3
19	90.7	1055	2128	0.50	0.0507	0.0014	0.2883	0.0077	0.0409	0.0003	228	68	257	6	259	2
20	62.7	601	1569	0.38	0.0504	0.0015	0.2809	0.0086	0.0401	0.0004	213	70	251	7	253	2
21	11.65	83.9	309	0.27	0.0507	0.0029	0.2701	0.0152	0.0386	0.0006	228	133	243	12	244	4
22	48.4	536	1241	0.43	0.0502	0.0015	0.2685	0.0075	0.0387	0.0004	211	101	242	6	245	2
23	39.3	412	872	0.47	0.0525	0.0018	0.3140	0.0104	0.0433	0.0004	309	76	277	8	273	3
24	19.79	261	481	0.54	0.0528	0.0018	0.2871	0.0098	0.0394	0.0004	317	80	256	8	249	2
25	57.6	551	1485	0.37	0.0508	0.0015	0.2748	0.0080	0.0390	0.0003	232	69	247	6	247	2

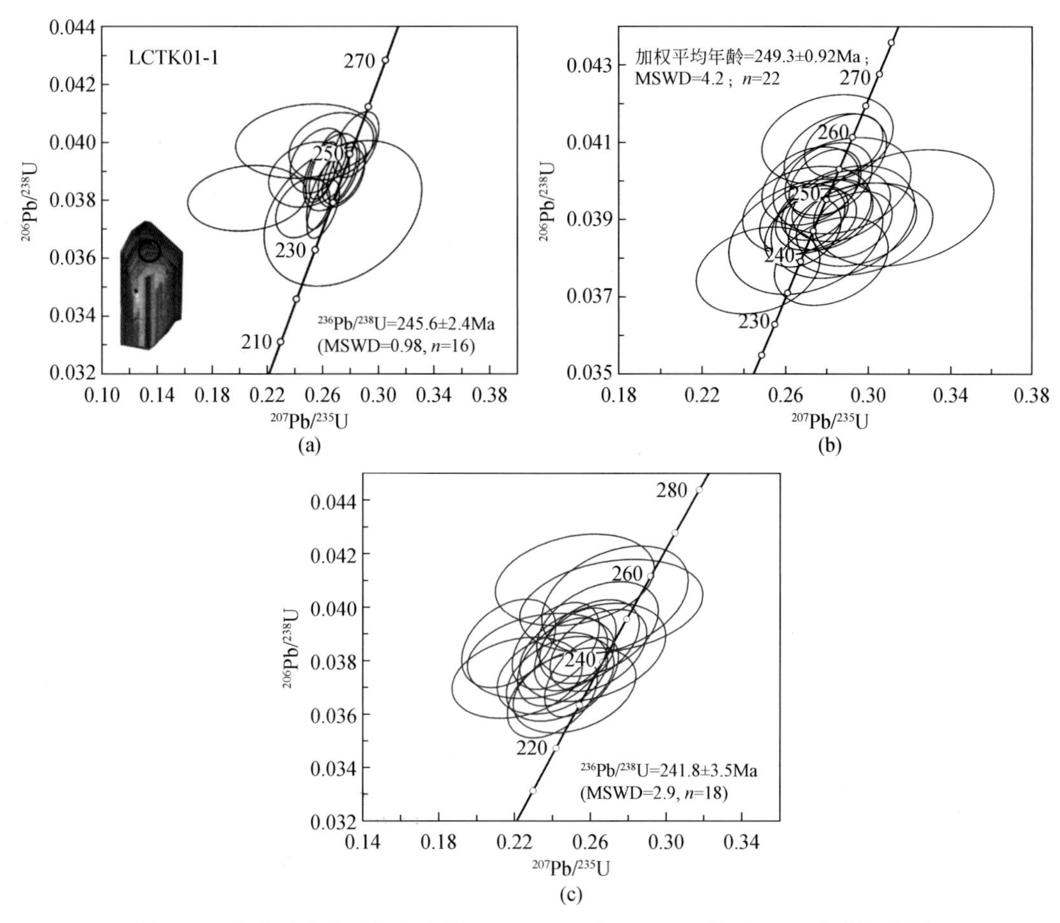

图8.44　鲁春矿床南矿段火山岩LA-ICP-MS和SHRIMP锆石U-Pb年龄谐和图

为了证实同位素年龄的准确性，采取SHRIMP分析方法，对采自矿床南矿段的LCTK01-12样品重新采样（编号LCTK01-12-1）进行了复核（表8.21），所有分析的18点在一致曲线图中数据点成群分布，其^{206}Pb/^{238}U加权平均年龄为241.8±3.5Ma（MSWD=2.9）［图8.44（c）］，代表火山岩的岩浆结晶时代。其年龄值比LA-ICP-MS锆石年龄249.3±0.9Ma略小，这种差值是否具有普遍性有待进一步研究，但在误差范围内的总体时间一致。

由此可见，南矿段的火山岩年龄分为245.6Ma、249.3Ma和241.8Ma，结合南矿段赋矿岩系上覆流纹岩的同位素年龄为248.3Ma，认为矿区火山岩的形成时代为早三叠世晚期—中三叠世早期，与在几家顶、德钦、叶枝乡地区获得江达-德钦-维西陆缘弧同碰撞伸展期形成的火山岩时代（245～249Ma）一致，表明它们是于同一构造背景下同一时期内喷发形成。

表 8.21　鲁春矿床赋矿岩石（LCTK01-12-1）SHRIMP 锆石 U-Pb 年龄表

测点	^{206}Pb	U	Th	Th/U	$^{206}Pb^*$	$^{207}Pb^*/^{206}Pb^*$		$^{207}Pb^*/^{235}U$		$^{206}Pb^*/^{238}U^*$		$^{206}Pb/^{238}U^*$		$^{207}Pb^*/^{206}Pb^*$		$^{208}Pb^*/^{232}Th$	
	/%	$/10^{-6}$	$/10^{-6}$		$/10^{-6}$	比值	%	比值	%	比值	%	年龄/Ma	1σ	年龄/Ma	1σ	年龄/Ma	1σ
1	0.66	437	159	0.38	14.4	0.0446	6.5	0.234	6.7	0.03813	1.7	241.2	±4.0	−78	±160	220	±15
2	0.40	1160	394	0.35	36.7	0.0476	3.6	0.2405	4.0	0.03663	1.7	231.9	±4.0	80	± 86	213.9	± 9.8
3	0.89	659	265	0.41	21.3	0.0431	6.1	0.222	6.3	0.03731	1.7	236.2	±3.9	−159	±150	208	±12
4	0.57	571	324	0.59	18.5	0.0465	4.6	0.241	4.9	0.03748	1.7	237.2	±3.9	26	±110	221.1	± 8.1
5	0.43	541	197	0.38	17.9	0.0477	3.0	0.2524	3.5	0.03838	1.7	242.8	±4.0	84	± 72	234.9	± 8.7
6	0.26	853	373	0.45	27.4	0.0497	2.7	0.2557	3.1	0.03734	1.6	236.3	±3.8	180	± 62	227.3	± 6.5
7	0.25	365	171	0.48	11.6	0.0496	4.9	0.252	5.2	0.03685	1.8	233.3	±4.0	178	±110	228.0	± 8.9
8	0.84	294	175	0.61	9.75	0.0496	5.6	0.262	6.0	0.03827	2.0	242.1	±4.7	175	±130	222.8	± 9.5
9	0.48	418	188	0.46	13.9	0.0456	3.5	0.2421	3.9	0.03852	1.7	243.7	±4.1	−24	± 84	236.8	± 7.7
10	0.35	578	217	0.39	19.3	0.0487	3.8	0.260	4.1	0.03868	1.7	244.6	±4.0	133	± 89	237.2	± 9.8
11	0.69	236	98	0.43	8.23	0.0492	5.4	0.273	5.8	0.04024	2.0	254.3	±5.1	160	±130	237	±14
12	0.58	311	183	0.61	10.5	0.0489	4.6	0.264	4.9	0.03915	1.9	247.5	±4.5	143	±110	243	±11
13	0.67	244	98	0.42	8.44	0.0492	7.0	0.271	7.3	0.04000	1.8	252.8	±4.5	157	±160	243	±13
14	0.90	429	131	0.32	15.2	0.0446	6.5	0.252	6.8	0.04097	1.7	258.9	±4.3	−75	±160	202	±19
15	0.47	742	331	0.46	24.3	0.0470	3.5	0.2457	3.9	0.03791	1.8	239.8	±4.2	50	± 84	222.3	± 8.2
16	0.47	614	304	0.51	19.8	0.0476	4.4	0.245	4.7	0.03728	1.7	235.9	±4.0	79	±100	216.4	± 8.6
17	0.44	661	296	0.46	21.9	0.0500	3.6	0.265	3.9	0.03835	1.6	242.6	±3.9	196	± 83	235.1	± 9.3
18	1.50	280	116	0.43	9.44	0.0409	4.3	0.218	4.6	0.03861	1.8	244.2	±4.2	−295	±110	203.7	± 8.6

* 为 Pb 校正值，校正方法参考 Andersen，2002。

4. 构造环境分析

矿区分布的火山岩系由基性端元的玄武岩和酸性端元的流纹岩以及相应的火山碎屑岩和凝灰岩组成。玄武岩和辉长-辉绿岩墙（脉）分布于中三叠统上兰组的上段（T_2s^2），流纹岩大量分布于中三叠统攀天阁组上部（T_2p），在中三叠统上兰组的上段（T_2s^2）（即赋矿层位）中分布较少，以玄武岩、流纹岩夹层出现（王立全等，2001）。

德钦地区双峰组合之玄武岩属于低钾拉斑-钙碱性玄武岩系列，岩石以中 TiO_2（平均 1.12%）、低 K_2O（平均 0.62%）、高 Na_2O（平均 3.87%）和低 FeO^*/MgO 值（1.49 ~ 1.67）区别于洋内弧和陆缘弧玄武岩。在 TiO_2-$FeO*/MgO$ 图中显示出洋中脊玄武岩的地球化学特征（图 8.45），Nb-Zr-Y 三角图中位于 P 型洋中脊玄武岩和火山弧玄武岩的叠接区（图 8.46），Th/Yb-Nb/Yb 判别图（图 8.47）中总体位于弧前-岛弧玄武岩区附近。玄武岩 $^{87}Sr/^{86}Sr$ 初始比值（0.7077 ~ 0.7099）、$\varepsilon_{Sr}(t)$（48.6 ~ 81.2）和 $\varepsilon_{Nd}(t)$（−2.56 ~ −4.49）表明，岩浆源区接近于富集型地幔 EM Ⅱ（魏启荣，1999），LILE 相对富集揭示了岩浆形成演化过程中地壳物质的贡献。

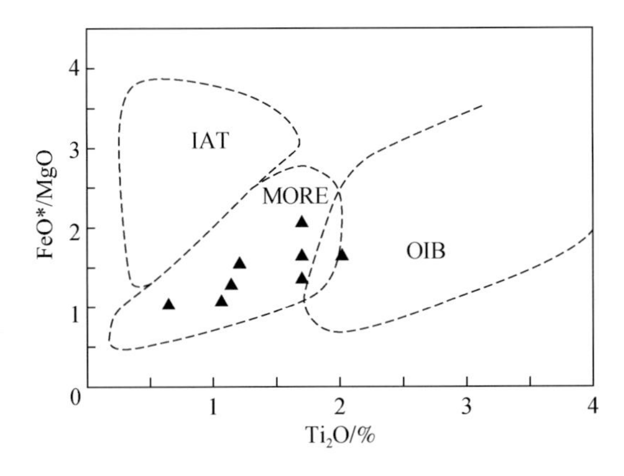

图8.45　鲁春矿床 TiO_2-FeO^*/MgO 图
（据王立全等，2002）

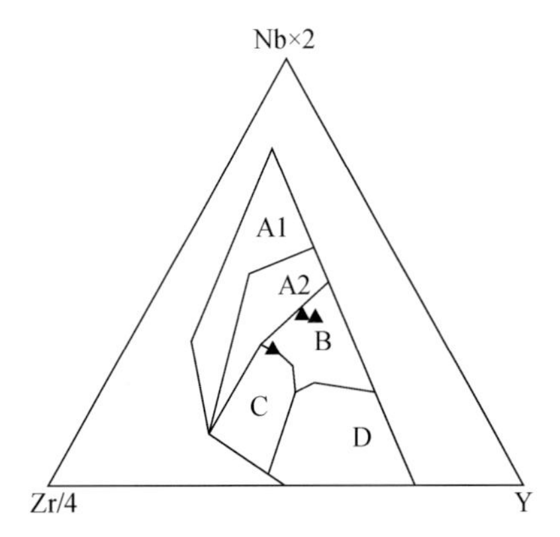

图8.46　鲁春矿床玄武岩 Nb-Zr-Y 判别图

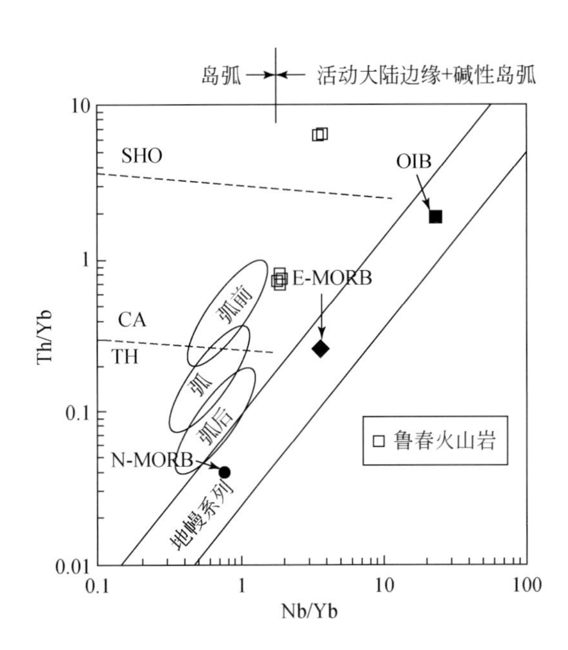

图8.47　鲁春矿床 Th/Yb-Nb/Yb 构造图（据 Pearce，2008；Kerrich and Said，2011）
N-MORB. N 型洋中脊玄武岩；E-MORB. E 型洋中脊玄武岩；OIB. 岛弧玄武岩；TH. 拉斑玄武岩；
CA. 钙碱性玄武岩；SHO. 橄榄玄粗岩

双峰火山岩组合之流纹岩属于高钾钙碱性火山岩系列，流纹岩虽然亦具高 K_2O（平均4.84%）和高 Al_2O_3（平均12.53%）特征，但其以相对较高的 FeO^*（6.3%）、FeO^*/MgO 值（6.76）和较低的 Na_2O（平均1.63%）区别于火山弧流纹岩。双峰组合之流纹岩的 REE 配分型式呈燕式，并以强烈的 MREE 亏损和负 Eu 异常（$\delta Eu = 0.07 \sim 0.45$）有别于弧火山岩系。这种 REE 配分型式到底是由于强烈的热液蚀变所致，还是由于富含 MREE 的角闪石强烈分离结晶所为，目前尚不清楚，但其 $^{87}Sr/^{86}Sr$ 初始值（0.7099）和 $\varepsilon_{Sr}(t)$ 值

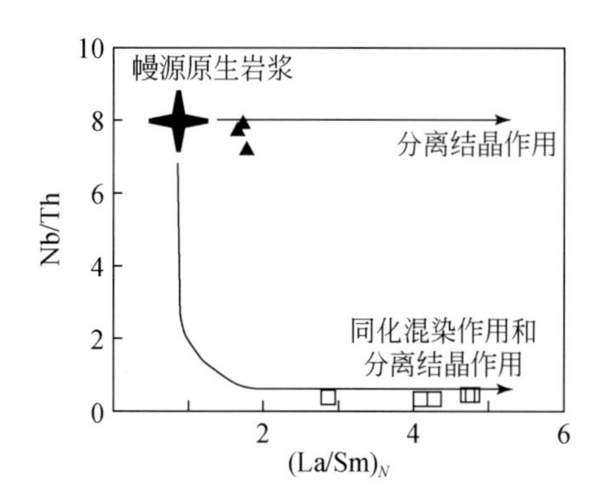

图 8.48　鲁春矿床火山岩岩浆演化判别图
（据 Langevin，2007）
▲为玄武岩；□为流纹岩

(80.15) 及 $\varepsilon_{Nd}(t)$ 值（-9.93）与共生的低钾拉斑-钙碱性玄武岩类似，反映构成双峰组合的流纹岩与玄武岩具有相似的岩浆起源和极其密切的成因关系（魏启荣，1999；王立全等，2000，2001，2002；侯增谦等，2008）。在 Nb/Th-$(La/Sm)_N$图中（图 8.48），可以看出矿床火山岩（玄武岩和流纹岩）的演化趋势总体沿 AFC 线分布，亦反映出长英质火山岩主体是由幔源岩浆分异形成的，但其在形成过程中亦有少量壳源物质的混入。

8.3.3　矿化与蚀变

1. 矿体特征与矿化结构

1）矿（化）体空间展布

矿床锌、铜、铅（银）多金属矿化和有关的矿化蚀变具有明显的喷流-沉积层控性，赋矿层产于中三叠统上兰组上段（T_2s^2）的长英质火山-沉积岩系中，赋矿层和矿体产状与上、下地层产状一致。由于地表剥蚀和第四系覆盖，矿化层近南北向断续出露。矿床的矿化层位可划分为上含矿层和下含矿层两个层位（图 8.49）。上含矿层为中三叠统上兰组上段（T_2s^2）上部，亦即矿床的主体（图 8.49）。下含矿层为中三叠统上兰组上段（T_2s^2）下部，因而没有任何工程控制，见有多层矿化体，经对两层矿化体采样分析分别为 Cu 0.78%、Pb 9.65%、Zn 0.06%、Ag 93.75g/t、Au 0.02g/t 和 Cu 0.05%、Pb 2.46%、Zn 0.26%、Ag 13.25g/t 和 Au 0.06g/t。

2）矿体地质

矿床上含矿层中的矿体产于上兰组上段（T_2s^2）一套强绿泥石化、绢云母化、硅化的蚀变火山-沉积岩系中，呈层状、层带状、透镜状产出，矿体产状与地层一致。矿体在该层位中呈多层状产出，磁铁矿、铜铅锌硫化物大量富集形成块状矿体，磁铁矿、铜铅锌硫化物中等富集形成层纹、层带状矿体，磁铁矿、铜铅锌硫化物弱富集形成浸染状、层纹状矿体。上含矿层中的矿体从下至上具有块状矿体→层纹、层带状矿体→浸染状、层纹状矿体的空间韵律结构。以矿床的南矿段为例（图 8.50），已有工程揭露有 4 层矿体（KTⅠ、KTⅡ、KT Ⅲ和 KT Ⅳ）（杨喜安等，2012）。

KTⅠ矿体。矿体呈近南北走向、向东倾的层状-层带状稳定延伸，工程控制斜深约 80m，赋矿岩石为绢云绿泥石岩、磁铁石英岩间夹纹层状灰岩、硅质岩透镜体等。矿体厚度可达 10.75m，Cu 平均品位 0.66%，Pb+Zn>6%。矿体中以块状硫化物矿石为主，其次为条带状、条纹状硫化物矿石。致密块状构造，由磁铁矿、赤铁矿、黄铁矿、黄铜矿、闪锌矿、方铅矿等金属矿物组成，矿石中金属矿物的含量>50%。按矿物组合又可分为：块状磁铁矿矿石-磁铁矿+赤铁矿+闪锌矿+方铅矿矿物组合，块状黄铁矿矿石-磁铁矿+赤铁

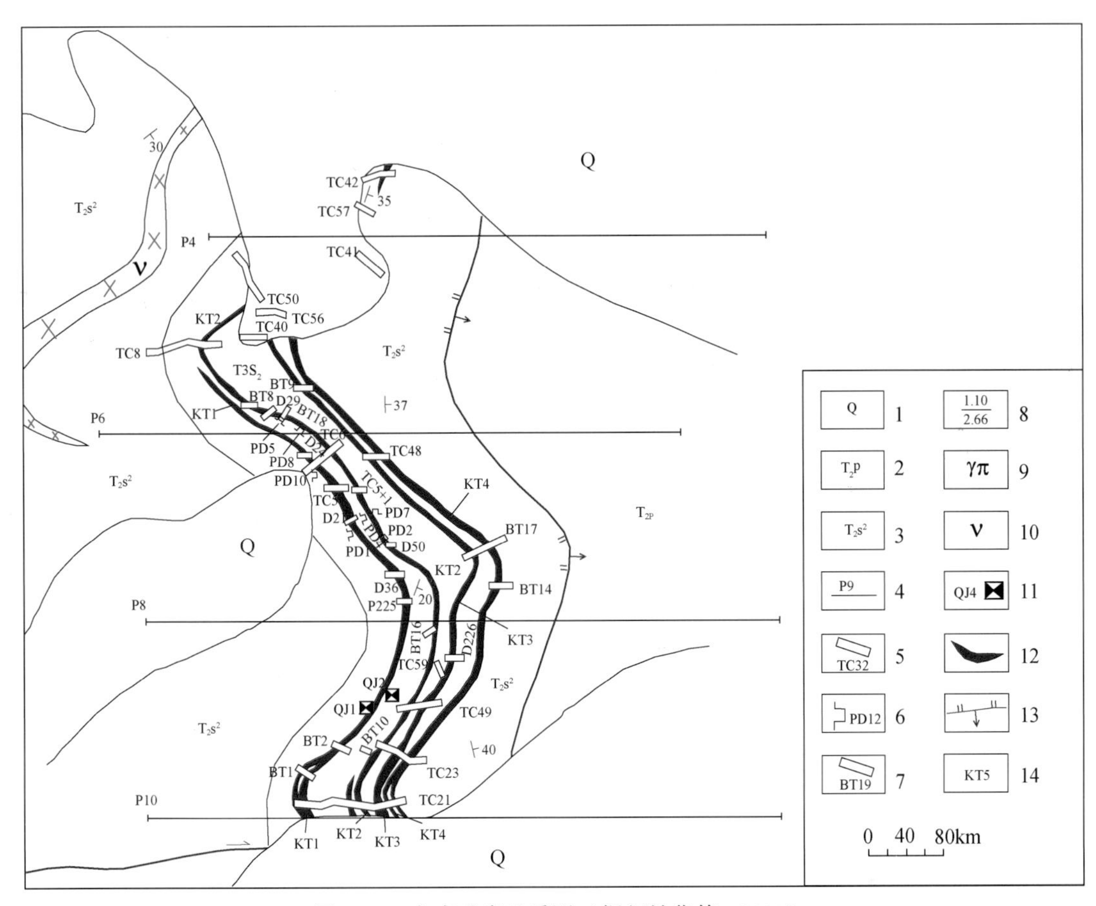

图 8.49　鲁春矿床地质图（据赵灿华等，2011）

1. 第四系沉积物覆盖区；2. 中三叠统攀天阁组；3. 中三叠统上兰组上段；4. 勘探线及编号；5. 探槽及编号；6. 坑道及编号；7. 剥土工程及编号；8. 矿体厚度及平均品位；9. 花岗斑岩岩脉；10. 辉长岩脉；11. 浅井及编号；12. 铜矿体；13. 逆断层；14. 矿体及编号

矿+黄铁矿+黄铜矿矿物组合；块状磁铁矿矿石与块状黄铁矿矿石常呈不等厚的韵律交替出现。矿石中以 Pb+Zn 元素为主，伴生 Cu、Ag 等元素，尤其以磁铁矿大量出现为显著标志。

KTⅡ矿体。距 KTⅠ矿体平距约 15～40m，近南北向东倾的层状、层带状稳定延伸，工程控制斜深约 100m，赋矿岩石为绢云绿泥石岩和板岩、磁铁石英岩间夹纹层状灰岩、硅质岩透镜体。矿体厚度可达 10.51m，Cu 平均品位 1.39%，Pb+Zn>4%～5%。矿体中以条带状硫化物矿石为主，其次为块状硫化物矿石。条带状硫化物矿石由黄铁矿-黄铜矿（+磁铁矿+赤铁矿）条带与闪锌矿-方铅矿（+磁铁矿+赤铁矿）条带的厘米级韵律相间排列组成，硫化物条带完全沿岩石的层理方向分布构成条带状构造，矿石中金属矿物的含量为 30%～50%。按矿物组合又可分为：条带状闪锌矿-方铅矿矿石，闪锌矿-方铅矿（+磁

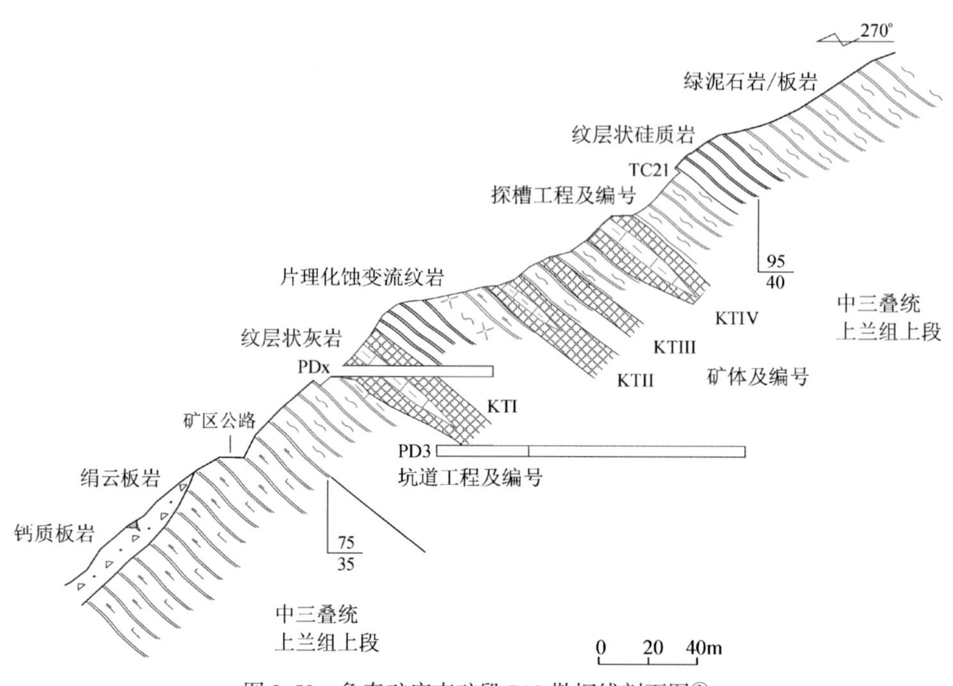

图 8.50　鲁春矿床南矿段 P10 勘探线剖面图①

铁矿+赤铁矿）矿物组合，条带状黄铁矿-黄铜矿矿石，黄铁矿-黄铜矿（+磁铁矿+赤铁矿）矿物组合。矿石中以 Cu 为主，伴生有 Pb、Zn 和 Ag，尤其以黄铁矿大量出现为显著标志。

KT Ⅲ矿体。距 KTⅡ矿体平距约 15 ~ 40m，近南北向东倾的层状、层带状稳定延伸，工程控制斜深约 100m，赋矿岩石为绢云绿泥石岩和板岩、磁铁石英岩间夹纹层状灰岩、硅质岩透镜体。矿体厚度可达 6.83m，Cu 平均品位 0.74%，Pb+Zn>3% ~4%。矿体中以条纹、条带状的硫化物矿石为主，其次是条纹、浸染状硫化物矿石。条纹状硫化物矿石由黄铁矿-黄铜矿（+磁铁矿+赤铁矿）与闪锌矿-方铅矿（+磁铁矿+赤铁矿）的毫米级条纹韵律相间排列组成，硫化物条纹完全沿岩石的层理方向分布构成条纹或纹层状构造，矿石中金属矿物的含量<25%。按矿物组合又可分为：条纹状闪锌矿-方铅矿矿石，闪锌矿-方铅矿（+磁铁矿+赤铁矿）矿物组合（“黑矿”）和条纹状黄铁矿-黄铜矿矿石，黄铁矿-黄铜矿（+磁铁矿+赤铁矿）矿物组合（“黄矿”）。矿石以 Cu、Pb 和 Zn 为主，伴生 Ag，尤其以黄铁矿大量出现为显著标志。

KT Ⅳ矿体。距 KT Ⅲ矿体平距约 15 ~ 30m，近南北向东倾的层状、层带状稳定延伸，工程控制斜深约 100m，赋矿岩石为绢云绿泥石岩和板岩、磁铁石英岩间夹纹层状灰岩、硅质岩透镜体。矿体厚度可达 10.98m，Cu 平均品位 0.83%，Pb+Zn>2%。矿体中以浸染、条纹状硫化物矿石为主，其次为条纹、条带状硫化物矿石。浸染状硫化物矿石由黄铁矿、黄铜矿、闪锌矿、方铅矿、磁铁矿、赤铁矿等金属矿物无方向性分布形成浸染状构

① 云南省地质调查院 . 2003. 云南德钦羊拉-鲁春铜多金属矿化集中区评价地质报告

造，按矿物的含量多少又可分为：稠密浸染状矿石（金属矿物含量大于25%），稀疏浸染状矿石（金属矿物含量5%~25%），星散浸染状矿石（金属矿物含量小于5%）。按矿物组合又可分为：浸染状闪锌矿-方铅矿矿石，闪锌矿-方铅矿（+磁铁矿+赤铁矿）矿物组合，浸染状黄铁矿-黄铜矿矿石，黄铁矿-黄铜矿（+磁铁矿+赤铁矿）矿物组合（“黄矿”）。矿石以Cu为主，伴生Pb、Zn和Ag。

矿床中除主要有用组分Zn、Cu和Pb分别能圈出矿体形成矿床规模外，矿体中伴生有相当高的Ag。分析显示，单工程取样的矿石中含Ag 2.7~990.2g/t（平均Ag 64.6g/t），矿石组合分析含Ag 24.0~157.0g/t，选矿样中含Ag 47.0g/t，矿石平均含Ag 47.75g/t。亦即矿石中伴生Ag品位均大于20.0g/t，高于铜铅锌矿床中伴生Ag的最低工业品位2.0g/t。同时，对矿化绿泥板岩、硅质岩和矿石中的含Au性进行了分析，伴生Au为0.02~0.06g/t，亦达到铜铅锌矿床中伴生Au的最低工业品位0.02g/t。矿床中的伴生Au、Ag均可回收利用，从而提高矿床中有用组分的综合利用价值。

3）热水沉积岩与矿化结构

纹层状硅质岩。矿区纹层状硅质岩分布于层状矿体的顶部，呈层状产出为特征。岩石为浅灰白色、白色，具条带状、纹层状构造，微晶粒状、隐晶粒状、隐晶质结构，金属硫化物有黄铁矿、黄铜矿、方铅矿和闪锌矿，呈稀散浸染状和细层纹状分布，局部可见由金属硫化物（特别是黄铁矿）构成的粒序结构，显示其热水沉积作用形成的结构、构造特征。从纹层状硅质岩的地球化学特征分析，热水沉积硅质岩的Al_2O_3、TiO_2含量明显高于生物成因硅质岩，SiO_2/Al_2O_3、Fe_2O_3/FeO、MnO/TiO_2、SiO_2/MgO、$SiO_2/(K_2O+Na_2O)$值、高Ba背景值（平均2090.5×10^{-6}）和$\delta^{30}Si$（平均0.00‰）值明显具有海底火山-热泉成因硅质岩的地球化学特征，而与加拿大Agnic-Eayle、Cobertt块状硫化物矿床中硅质岩一致。

纹层状灰岩。纹层状灰岩呈透镜体状分布矿（化）体中，岩性为浅灰白色-白色泥质条带灰岩，泥质条带已绿泥石化，肉眼未见生物化石。泥质条带灰岩与锌、铜、铅多金属矿化关系密切，在泥质条带灰岩中铜铅锌硫化物矿化富集达工业品位即形成矿体（图8.51），是矿床的矿化和找矿标志，仅次于绿泥石岩的重要含矿岩系。灰岩中Sr/Ba值为24.34和V/Ni值为16.70，显示纹层状灰岩形成于深水盆地环境中的热水沉积。纹层状灰岩具微、细晶粒状变晶结构和不等粒结构，条纹和条带状构造，条纹和条带由绿泥石集合体组成。泥质条带灰岩中具较强铜铅锌硫化物矿化，磁铁矿、黄铁矿、黄铜矿、方铅矿和闪铅矿在岩石中呈稀散浸染状、细层纹状和层带状分布，特别以细层纹状和层带状分布为特征，可见由金属硫化物构成的粒序结构，显示其沉积作用形成的组构特征。

黄铁矿碳质页岩。分布于含矿岩系的顶部，呈层状产出为特征。岩石为灰黑色、黑色，具纹层状构造，金属硫化物以大量出现黄铁矿为显著特征，呈稠密浸染状、细层纹状分布，显示其热水-化学沉积作用形成的结构、构造特征。

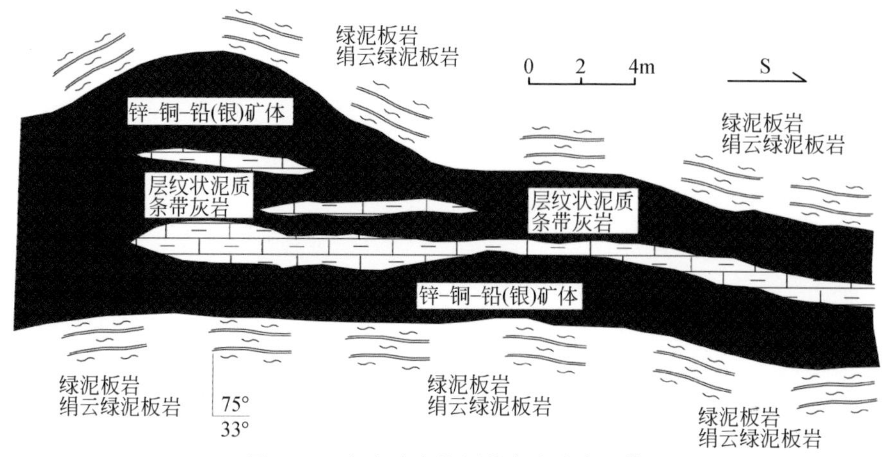

图 8.51　鲁春矿床纹层状灰岩分布图①

2. 围岩蚀变分带

矿床与喷流-沉积成矿作用有关的热液蚀变作用明显，表现为含矿岩系的蚀变作用范围广，蚀变作用强度大，在含矿岩系中呈面型分布。热液蚀变以绿泥石化、绢云母化和硅化为主，表现为块状矿体及下部岩系的蚀变作用强烈，块状矿体上部蚀变相对较弱。含矿岩系下部和上部以绢云母化为主，次为绿泥石化和硅化，矿体中以绿泥石化、硅化为主，次为绢云母化，空间上从下往上构成绢云母化（+绿泥石化+硅化）→绿泥石化+硅化（+绢云母化）→绢云母化（+绿泥石化+硅化）的对称蚀变分带。VMS 成矿作用之后，由于后期新生代构造-热液叠加改造，发育石英-硫化物脉、石英-碳酸盐硫化物脉等线型蚀变脉体穿切块状矿体。

1）绿泥石化

矿床块状硫化物矿体中强烈发育（图 8.51）绿泥石化形成绿泥石岩，是其重要的赋矿岩石，矿体的上部和下部绿泥石化相对较弱。绿泥石化发育于块状硫化物矿体中，空间上常与绢云母化和硅化紧密套合，是明显和重要的找矿标志。热液蚀变绿泥石在赋矿岩石中呈层状、似层状面型分布，形成热液蚀变绿泥石岩、板岩、石英斜长绿泥石岩、板岩和绿泥石条带，空间上与绿泥-绢云岩、板岩、含绢云绿帘-绿泥石石英岩和石英-绿泥石碳酸盐岩紧密共生。热液蚀变绿泥石多呈片状集合体，浅绿-深绿色，粒度细小，矿物共生组合为石英-绢云母-绿泥石，共生产出金属硫化物矿物组合为磁铁矿-黄铁矿-闪锌矿-黄铜矿-方铅矿等，地球化学特征分析为火山喷气-热液成因的富铁绿泥石，明显有别于后期构造-热液叠加改造作用形成的富镁绿泥石。

2）绢云母化

矿床含矿岩系中广泛发育，强烈绢云母化形成绿泥-绢云岩，是主要的赋矿岩石，矿

① 云南省地质调查院 . 2003. 云南德钦羊拉-鲁春铜多金属矿化集中区评价地质报告

体的上部和下部绢云母化相对较弱。绢云母化在含矿岩系中广泛发育，空间上常与绿泥石化、硅化紧密套合，是重要的找矿标志。热液蚀变绢云母在块状硫化物矿体及下伏含矿岩系中呈层状、似层状面型分布，形成绿泥-绢云岩、板岩、绢云条带，空间上与绢云-绿泥石岩、板岩、石英斜长绿泥石岩、板岩、含绢云绿帘-绿泥石石英岩、石英-绿泥石碳酸盐岩紧密共生。热液蚀变绢云母呈淡黄、淡绿色，粒度细小，单晶呈竹叶状、针条状和鳞片状，少数为放射状和针状，矿物共生组合为石英-绿泥石-绢云母，共生产出金属矿物组合为磁铁矿、黄铁矿、闪锌矿、黄铜矿和方铅矿。

3）硅化

矿床块状硫化物矿体中非常发育（图 8.52），强烈硅化形成磁铁石英岩，是重要的赋矿岩石，矿体的上部和下部硅化相对较弱。硅化在含矿岩系中广泛发育，空间上常与绿泥石化、绢云母化紧密套合，是重要的找矿标志。硅化在块状硫化物矿体中呈层状及似层状面型分布，形成磁铁石英岩和含绢云绿帘-绿泥石石英岩，空间上与绢云、绿泥石岩或板

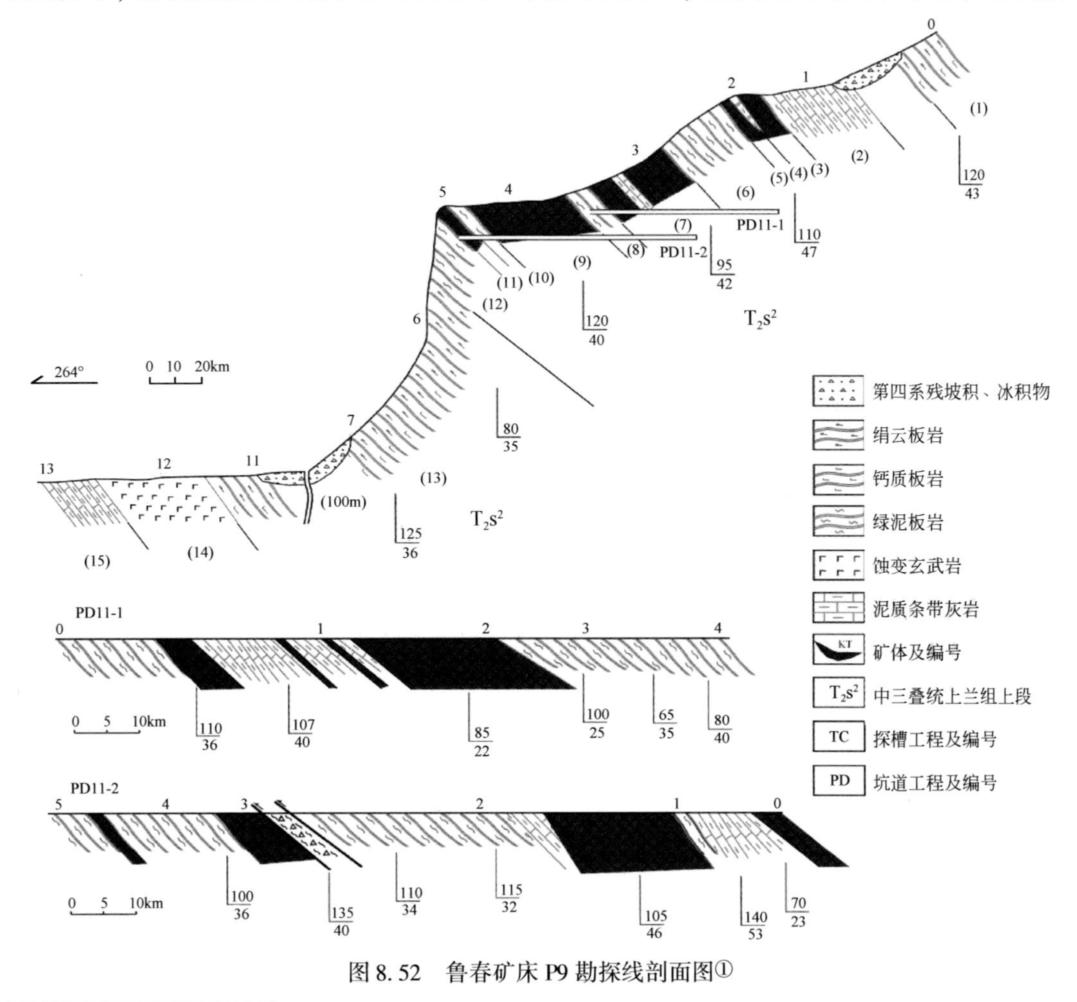

图 8.52　鲁春矿床 P9 勘探线剖面图①

① 云南省地质调查院 . 2003. 云南德钦羊拉-鲁春铜多金属矿化集中区评价地质报告

岩、石英斜长绿泥石岩、板岩、石英、绿泥石碳酸盐岩紧密共生。热液蚀变石英在蚀变岩石中呈烟灰色、白色，微细粒晶质结构，矿物共生组合为绿泥石、绢云母和石英，共生产出金属矿物组合为磁铁矿、黄铁矿、闪锌矿、黄铜矿和方铅矿，尤其以大量的磁铁矿+黄铁矿分布为特征。

3. 矿化蚀变岩石地球化学

矿床的围岩蚀变以大规模的面型蚀变为主，可分为绢云母化带和绿泥石化带。绢云母化带分布在含矿层中及下侧，绢云母呈淡黄和淡绿色，靠近矿体逐渐过渡为绿泥石化；绿泥石化在矿床中呈层状、似层状分布，灰绿色和墨绿色，是与矿体联系最紧密的蚀变围岩，为重要的找矿标志，王立全等（2001）对其地球化学特征进行研究后指出，绿泥石的形成是由酸性火山凝灰岩经强绿泥石化作用（喷流热液的自变质作用）后的产物，它的出现是喷流沉积型成矿作用的直接表现形式。

矿石微量元素分析（表 8.22）可知，矿石富集 Rb、Th、U 和 Pb 元素，而相对亏损 Sr 和 Nb，Th、U 和 Pb 元素富集于地壳中。同时，矿石的 Nb/Ta 值为 8.53 ~ 15.07；Zr/Hf 值为 24.15 ~ 32.89，二者均接近地壳值（Nb/Ta 为 11，Zr/Hf 为 33），指示矿床成矿物质来源可能和地壳存在密切联系。同时，将矿石微量元素配分曲线与火山岩、蚀变围岩微量元素配分曲线进行对比，发现两者具有良好的相似性（图 8.53），表明火山岩可能为矿床的形成提供了物质来源。从表 8.23 可以看出，矿床矿石中 Cu、Pb、Zn 和 Co 元素的含量很高，预示着元素与矿化的关系密切，部分样品中 Ba 的含量也较高，可能代表了样品中含有与 Ba 元素有关的重晶石等矿物的存在。从矿石矿物的组成可知，矿石矿物主要为硫化物，包括大量黄铁矿、黄铁矿、方铅矿和闪锌矿。

表 8.22　鲁春矿床矿石微量元素组成表（$w_B/10^{-6}$）

矿石	LC-3	LC-8	LC-10	LC-7	LC-11	LC-12	LC-21	LC-23	LC-26-1	LC-26-2
Ba	324	64	55	9.26	50.5	43.2	84.3	10	57	922
Be	1.13	1.70	10.06	1.93	1.47	0.818	0.871	0.447	0.405	4.77
Co	25	45	36	62.6	19.9	28.8	15.9	88.4	43.8	14.6
Cr	15.1	15.1	16.1	6.97	10.2	14	11.8	14.1	19.7	63.7
Cs	1.0	14.4	11.4	0.649	14.4	3.74	11.7	0.572	31.4	13.7
Cu	7052	4832	32012	4488	43249	600	784	3547	1647	578
Ga	17	5	8	6.82	4.93	15.5	8.64	13.8	18.9	26.5
Hf	1.71	1.55	1.58	0.402	0.798	0.627	0.874	0.825	1.9	7.84
In	0.24	0.68	0.43	1.24	0.823	0.203	0.113	0.15	0.497	0.152
Li	20.0	14.6	15.1	3.94	15.6	29.7	22.7	25.5	73.4	29.4
Mo	9.3	4.4	21.3	1.3	14.1	15.3	8.91	1.29	1.4	0.609
Nb	5.69	2.06	2.51	1.19	1.49	5.23	3.98	0.99	5.03	12.9
Ni	3.5	3.7	5.1	14.9	20.6	11.9	7.02	14.4	31	37.1
Pb	115	17898	9004	85873	2394	1299	2382	2659	68877	383

续表

矿石	LC-3	LC-8	LC-10	LC-7	LC-11	LC-12	LC-21	LC-23	LC-26-1	LC-26-2
Rb	21	74	46	1.4	42.1	11.1	38.2	1.6	133	353
Sc	4.8	3.2	4.5	2.67	1.78	5.03	6.45	1.89	7.72	19.7
Sr	26	54	35	46	26.3	5.57	5.84	16.9	3.29	11.2
Ta	0.47	0.14	0.21	0.145	0.264	0.483	0.39	0.116	0.424	1.23
Th	13.65	2.16	2.74	3.55	4.96	5.67	5.85	2.05	5.69	16.2
U	3.97	0.97	0.97	1.12	0.736	1.71	2.09	0.979	1.42	3.26
V	13.2	11.8	15.3	11.3	5.79	34.1	36.8	14.9	56	121
Zn	427	160772	24886	229173	20754	4290	1672	4946	46060	1214
Zr	56	49	46	9.71	25.1	16.4	21.1	23.5	62.5	250

蚀变围岩	LC-1	LC-2	LC-5	LC-5-2	LC-22	LC-25
Ba	231	431	1199	1921	86	875
Be	3.63	5.08	2.25	2.04	0.492	4.48
Co	1.5	14.1	7.3	21.7	21.6	23
Cr	2.9	8.5	42.0	2.04	0.492	4.48
Cs	8.6	10.5	8.1	10.2	1.26	11.4
Cu	15	39	148	429	308	2640
Ga	17	22	22	28.4	18.6	23.5
Hf	5.4	8.0	4.6	8.83	2.72	6.3
In	0.087	0.113	0.110	0.148	0.038	0.223
Li	15	20	22	23.6	35.7	26.5
Mo	1.68	3.27	1.07	10.7	5.71	20.2
Nb	14.8	23.1	13.9	20.9	5.63	11.2
Ni	1.5	3.5	19.3	25.5	18.5	41.8
Pb	8	10	24	28.6	31.2	235
Rb	218	280	211	320	26.3	267
Sc	5.7	6.7	14.7	18	8.87	17.9
Sr	15	15	16	8.69	1.63	12
Ta	1.47	2.23	1.31	1.91	0.445	1.04
Th	6.9	6.0	30.2	22.8	7.84	13.5
U	4.19	6.68	3.64	5.01	1.64	2.09
V	14	21	68	105	70	108
Zn	22	26	276	465	829	2004
Zr	159	240	160	279	94.7	214

注：样品分析是在核工业北京地质研究院分析测试中心完成。

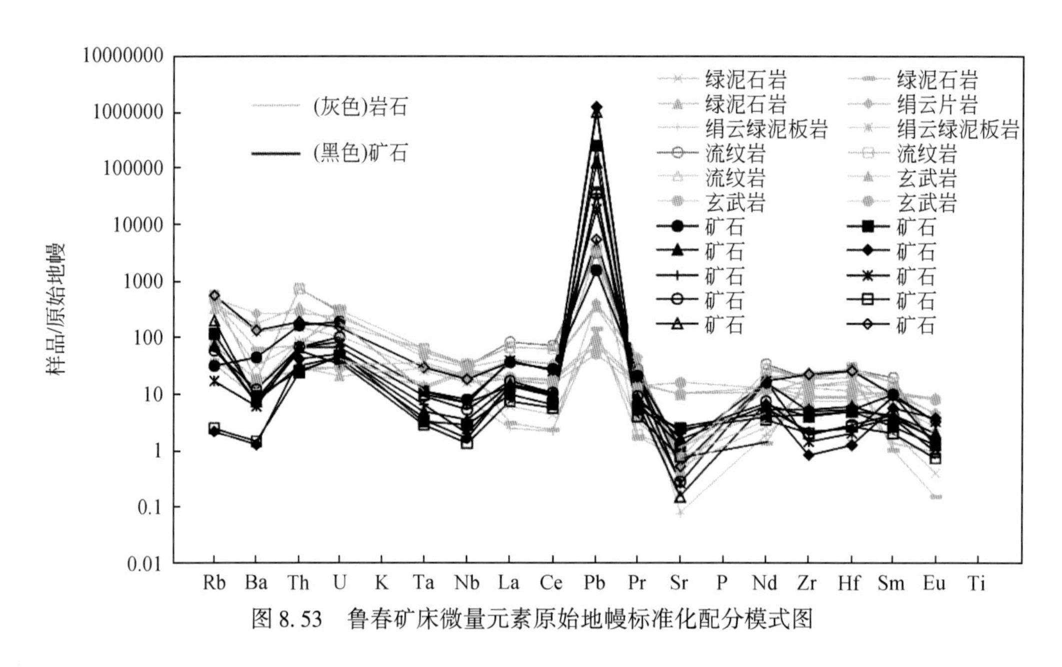

图 8.53　鲁春矿床微量元素原始地幔标准化配分模式图

矿石的稀土元素配分特征见表 8.23 和图 8.54（a），矿石的稀土元素总量变化范围为 $25.48\times10^{-6}\sim124.18\times10^{-6}$，有较高的轻稀土/重稀土元素值，LREE/HREE 为 2.74～10.52，模式斜率 $(La/Yb)_N$ 为 3.99～15.01，轻稀土元素的分馏程度 $(La/Sm)_N$ 为 2.33～4.02，强于重稀土元素 $(Tb/Yb)_N$ 为 0.80～3.86，Eu 负异常明显，δEu 为 0.29～0.65，Ce 为弱或不明显的负异常，δCe 为 0.85～0.98。对比矿床矿石稀土元素配分模式图和火山岩稀土元素配分模式图可以看出，二者具有良好的相似性，均表现出轻稀土分馏程度强于重稀土的右倾型配分模式，δEu 为不同程度负异常，Ce 呈现出不明显异常，其中流纹岩与矿石的配分模式具有良好的相似性，具明显的 δEu 负异常，表明火山岩和矿石间具有良好的继承性。图 8.54（a）可知，矿石的轻稀土元素较火山岩更加富集，其原因可能是轻稀土元素比重稀土元素在热液系统中表现出更强的迁移活动能力，在热液交代改造过程中更容易被活化而随热液迁移或淋滤。矿石微弱的 δCe 负异常则可能源自混入海水的影响。

表 8.23　鲁春矿床矿石稀土元素组成表

矿石样品		$w_B/10^{-6}$										$w_B/10^{-6}$				
		La	Ce	Pr	Nd	Sm	Eu	Gd	Tb	Dy	HO	Er	Tm	Yb	Lu	ΣREE
LC-3	条带状	25.2	51	5.9	21.3	4.3	0.22	3.3	0.52	2.9	0.53	1.5	0.24	1.52	0.25	118.68
LC-8	条带状	6.8	12	1.5	5.7	1.2	0.21	1.2	0.18	1.1	0.2	0.6	0.09	0.57	0.1	31.15
LC-10	条带状	10.4	19	2.4	9.1	2	0.35	1.9	0.35	2.1	0.39	1.2	0.18	1.04	0.16	50.3
LC-7	条带状	9.35	17.7	2.13	8.88	2.59	0.63	3.41	0.77	5	0.96	2.66	0.37	1.68	0.24	56.36
LC-11	条带状	9.58	16.7	2.02	7.89	1.68	0.28	1.88	0.31	2.56	0.6	2.13	0.3	1.78	0.27	47.98
LC-12	条带状	26.7	46.1	5.65	22.7	4.29	0.55	3.65	0.45	2.14	0.27	0.6	0.08	0.53	0.07	113.78
LC-21	条带状	11.7	19.6	2.5	10	1.98	0.27	1.67	0.23	1.07	0.16	0.51	0.1	0.56	0.08	50.43

续表

矿石样品		$w_B/10^{-6}$										$w_B/10^{-6}$				
		La	Ce	Pr	Nd	Sm	Eu	Gd	Tb	Dy	HO	Er	Tm	Yb	Lu	∑REE
LC-23	条带状	5.16	10.1	1.12	4.78	0.93	0.12	1.01	0.17	1	0.18	0.45	0.06	0.35	0.06	25.48
LC-26-1	层纹状	9.96	17.6	2	7.5	1.65	0.17	1.9	0.36	2.24	0.41	1.19	0.19	1.27	0.2	46.65
LC-26-2	块状	24.4	48.8	5.98	24	4.39	0.56	3.71	0.64	3.99	0.83	2.6	0.47	3.21	0.6	124.18

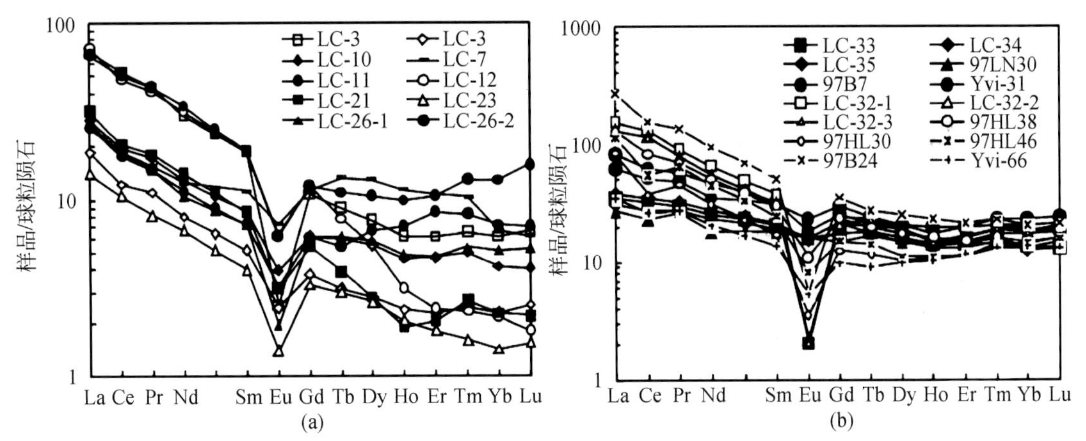

图8.54　鲁春矿床矿石和火山岩稀土元素配分模式图

(a) 矿石；(b) 火山岩；实心为玄武岩，空心为流纹岩

8.3.4　成矿地球化学

1. 流体地球化学特征

样品取自于鲁春北矿段矿床上部层状、条带状矿体和围岩中的石英-碳酸盐岩脉，岩相学观察采用日本尼康 Nikon E600POL 透反两用偏光显微镜。显微测温在中国地质大学（北京）流体包裹体实验室完成，MDSG600 冷/热台与德国 ZEISS 公司的偏光显微镜匹配，温度控制范围为-196～600℃，可控的冷冻/加热速率范围为0.01～130℃/min。色谱分析中的气相成分分析和液相成分分析均在中国地质科学院矿产资源研究所完成，气相成分分析采用澳大利亚 SGE 公司热爆裂炉，日本岛津公司 GC2010 气相色谱仪，液相采用日本岛津公司 Shimadzu HIC-SP Super 离子色谱仪。激光拉曼测试在核工业北京地质研究所激光拉曼实验室完成，采用 LABHR-VIS LabRAM HR800 研究级显微激光拉曼光谱仪，100～4200cm^{-1}全波段一次取峰。

1）岩相学

矿床流体包裹体的寄主矿物来自石英-方解石脉和围岩中的石英，其次为方解石；石英常与其他矿物伴生，成分较洁净，包裹体十分发育；方解石常含杂质，包裹体数目相对较少。常见的包裹体形状有椭圆形、浑圆形等，此外还有少量呈蠕虫状、长方形、多边形等。包裹体的大小从 2μm 至 25μm 不等，大多数介于 3～10μm。包裹体液相颜色一般为无色，气相部分整体呈黑色，中心部分有亮点。气相包裹体呈棕褐色或灰黑色。流体包裹体的岩相学见图 8.55。

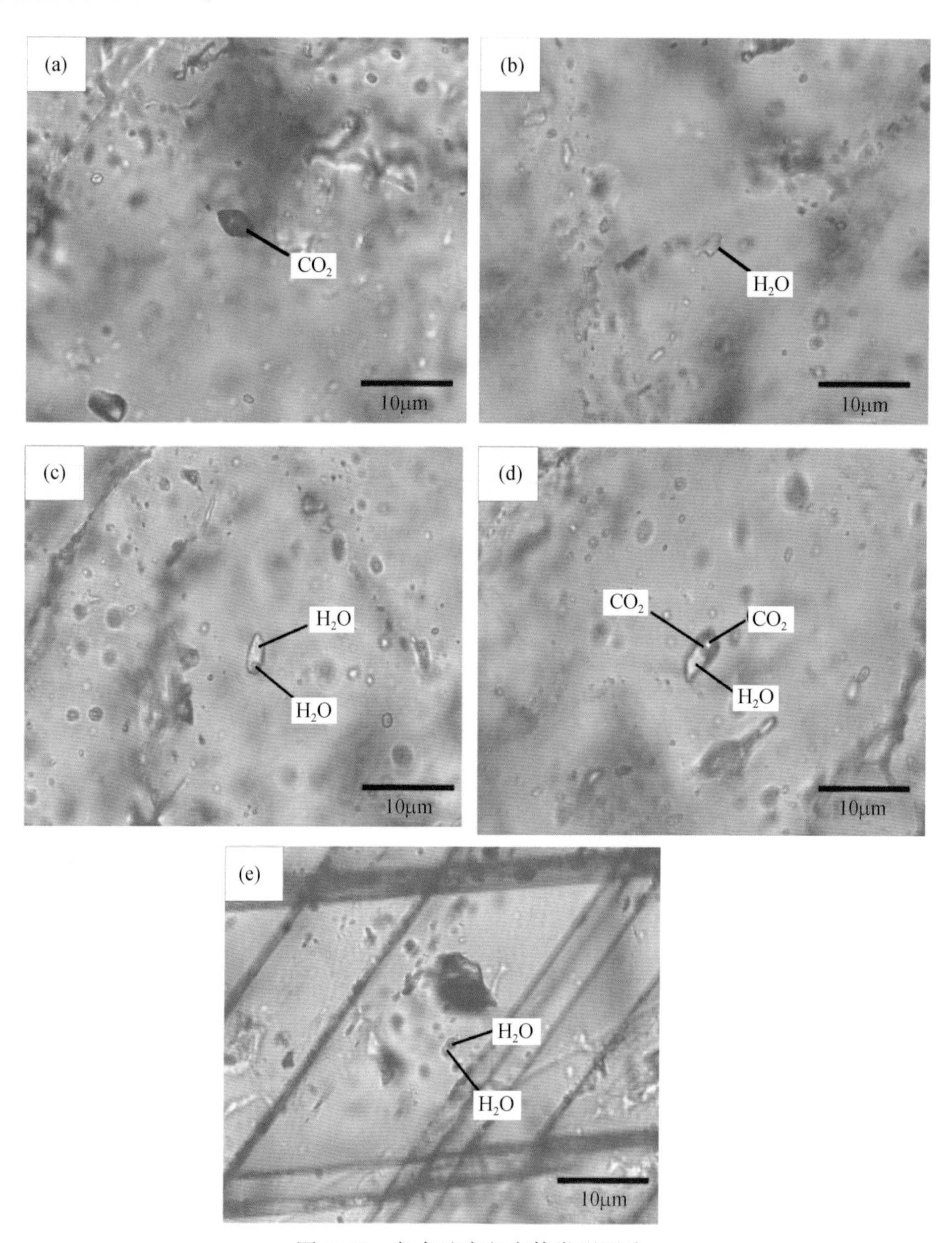

图 8.55　鲁春矿床包裹体类型照片

(a) 样品 LC-4-1；(b) 样品 LC-4-2；(c) 样品 LC-4-3；(d) 样品 LC-4-3 (2)；(e) LC-13-1 (方解石)

矿床包裹体的分布形式主要有 3 种：一种是成群随机分布，包裹体无定向性，杂乱成群出现；第二种是环带状、平行条带状分布，包裹体沿晶面排列，呈现出清晰的主矿物晶形轮廓；第三种是呈线状和串珠状沿裂隙面分布。矿体、石英脉中的包裹体丰度一般较大，方解石中的流体包裹体丰度较小。两相包裹体的充填度（VL/VL+VV）从60%～95%不等，绝大部分为70%～90%。区内包裹体类型简单，以原生成因类型为主，其中也含一些次生包裹体。较为发育的原生包裹体随机分布，形状多呈椭圆形、浑圆形和蠕虫状形态，个体一般较小，没有经历变形的迹象。次生包裹体常出现在矿物颗粒边缘或受破碎变形的矿物颗粒内部，沿裂隙面分布，形状多为不规则，充填度和大小变化较大。假次生包裹体是呈次生假象的一种原生包裹体，含量相对较少，形状和充填度变化较大，常沿愈合裂隙分布，但不切穿寄主矿物颗粒。

镜下包裹体类型多样，室温下（20～25℃）包裹体相态可分为四种类型：第一种是纯液相包裹体，在室温下呈单一液相，无色，2～10μm，一般为椭圆形、圆形、浑圆形和不规则状，成群随机分布，不定向排列。占包裹体总数的10%～20%，多为原生成因；第二种是纯气相包裹体，在室温下呈单一气相，大部分呈棕褐色或灰黑色，2～8μm，一般为浑圆状，部分呈椭圆形，随机分布，石英颗粒中常见。单相气体包裹体占总数的5%～10%，以原生成因为主；第三种是气液两相包裹体，在室温下可见该种类型的包裹体呈现明显的气体和液体分离，包裹体大小约为2～25μm，此种类型的包裹体占总数的20%～80%。有气相成分超过总体积50%的气体包裹体和液相成分超过总体积50%的液体包裹体两种，以液体包裹体为主，充填度60%～95%；第四种是含CO_2的三相包裹体，在室温下由CO_2（气相）+CO_2（液相）+（H_2O+NaCl）（液相）组成。样品中含量较少，只在个别包裹体片子的石英颗粒中可见，10μm左右，充填度60%～80%，形状为椭圆形或不规则状。

2）显微测温

对7个样品进行了均一温度和冰点温度测试，共测得110个均一温度数据和93个冰点温度数据，结果详见表8.24。

均一温度。石英流体包裹体测温表明（表8.24），包裹体均一温度变化范围为103.5～245.2℃，变化范围较窄，温度集中于160～220℃（图8.56），属中-低温热液。与均一温度相比，包裹体冰点温度的测试难度相对较大，因要观察最后一块冰融化的现象，有时候为气泡突然出现或第一次跳动，所以包裹体的选取要求较高，一般选取较大、清晰、形态规则的包裹体进行测试。测得冰点温度变化范围为-15.0～-1.1℃。

表8.24　鲁春矿床流体包裹体均一温度和冰点温度表

样品号	寄主矿物	成因	大小/μm	充填度/%	T_h/℃	T_m/℃
LC-4-1	石英	原生	3～21	70～85	163.0～208.8 (176.9，n=15)	-3.5～-12.5 (-7.26，n=15)
LC-4-2	石英	原生	3～13	65～85	116.0～205.8 (178.7，n=10)	-5.0～-7.8 (-6.43，n=10)
LC-13	石英	原生	2～14	60～85	115.0～245.2 (193，n=20)	-1.1～-12.3 (-6.61，n=20)

续表

样品号	寄主矿物	成因	大小/μm	充填度/%	T_h/℃	T_m/℃
LC-21	石英	原生	4～15	75～85	163.5～205.0 (180.7, n=15)	-3.5～-10.1 (-6.12, n=15)
LC-22	石英	原生	3～12	75～90	103.5～140.1 (125.2, n=10)	-8.8～-13.5 (-10.12, n=10)
LC-24	石英	原生	1～12	70～90	135.8～225.0 (181.5, n=13)	-5.3～-15.0 (-10.20, n=13)
LC-13-1	方解石	原生	5～14	80～90	113.5～177.5 (157.5, n=11)	-4.2～-13.0 (-8.16, n=11)

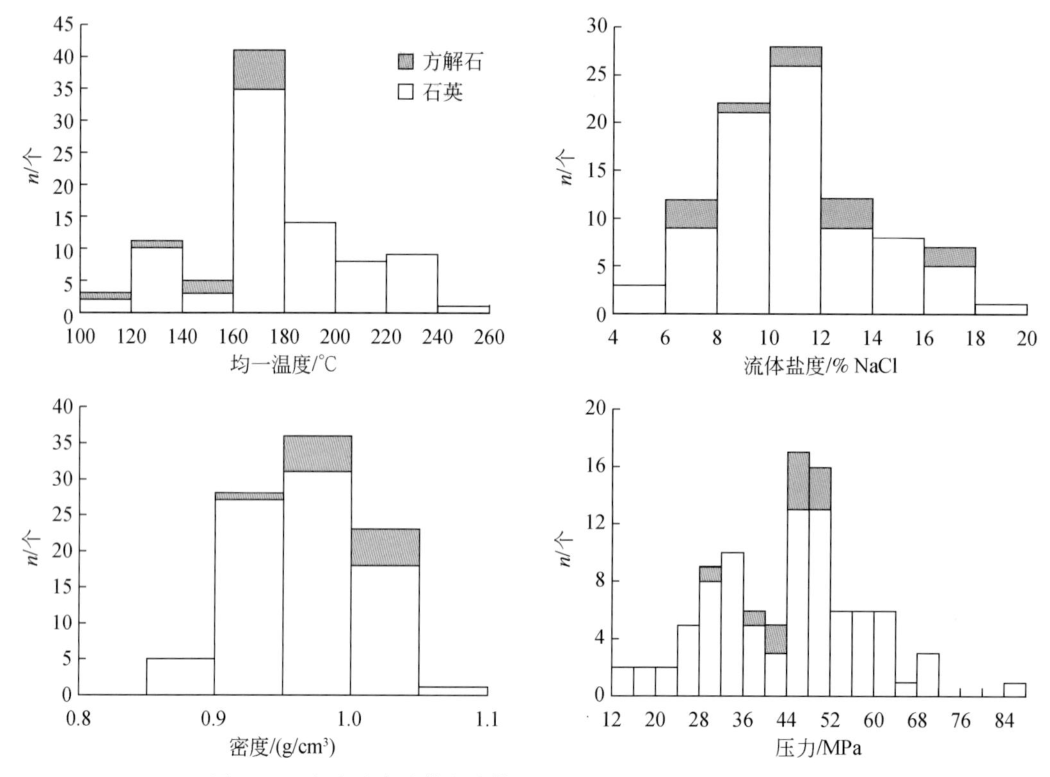

图 8.56　鲁春矿床流体包裹体温度、盐度、密度和压力直方图

流体盐度、密度和压力。对大多数样品中的Ⅲ型包裹体利用盐度计算公式（卢焕章等，2004）$S=0.00+1.78T-0.0442T^2+0.000557T^3$（0～23.3%的 NaCl 溶液），式中 S 为盐度（% NaCl），T 为冰点降低温度（℃），计算获得包裹体的盐度见表 8.25。流体盐度介为 3.39%～17.33% NaCl，平均 11.29% NaCl（图 8.56）；从盐度计算结果可知，矿床成矿流体总体表现为中-低盐度特征。利用盐水溶液包裹体的密度公式：$\rho=A+BT+CT^2$，式中 ρ 为盐水溶液密度（g/cm³），T 为均一温度（℃）。A、B、C 为盐度的函数；$A=0.993531+8.72147\times10^{-3}\times S-2.43975\times10^{-5}\times S^2$，$B=7.11652\times10^{-5}-5.2208\times10^{-5}\times S+1.26656\times10^{-6}\times S^2$，$C=$

$-3.4997\times10^{-6}+2.12124\times10^{-7}\times S-4.52318\times10^{-9}\times S^2$，$S$ 为流体的盐度，公式应用条件为流体盐度的变化范围为1%～30% NaCl（刘斌、段光贤，1987）；计算表明，成矿流体密度变化范围为0.86～1.04g/cm³（表8.25），平均0.97g/cm³，密度比较低，总体上表现为低密度流体。根据均一温度和流体盐度，利用流体压力经验公式 $P=P_0T_h/T_0$，式中 $P_0=219+2620w$，$T_0=374+920w$，w 为流体盐度，T_h 为均一温度。计算矿床石英流体包裹体的流体压力为28.83～68.47MPa，平均49.61MPa，集中于40～70MPa，见图8.56。

表8.25　鲁春矿床流体包裹体盐度、密度和压力表

样品号	$w(NaCl_{eq})$/% NaCl	ρ/(g/cm³)	P/MPa
LC-4-1	3.39～13.71 (9.52，n=15)	0.86～1.02 (0.94，n=20)	31.65～68.47 (52.6，n=15)
LC-4-2	5.71～15.94 (9.74，n=10)	0.90～1.02 (0.96，n=10)	44.99～56.80 (49.6，n=10)
LC-13	7.86～11.45 (9.52，n=20)	0.89～1.01 (0.94，n=20)	31.65～64.60 (52.6，n=20)
LC-21	5.71～11.45 (9.27，n=15)	0.92～1.00 (0.95，n=15)	45.25～56.27 (49.7，n=15)
LC-22	12.61～17.33 (14.02，n=10)	1.02～1.04 (1.03，n=10)	28.83～39.03 (34.9，n=10)
LC-24	8.27～17.24 (13.88，n=13)	0.93～1.03 (0.99，n=13)	37.93～64.49 (44.3，n=13)
LC-13-1	6.74～16.88 (11.62，n=11)	0.95～1.03 (0.99，n=11)	31.29～48.93 (43.4，n=11)

2. 流体成分

气、液相色谱分析。根据日本岛津公司Shimadzu HIC-SP Super离子色谱仪对矿床流体包裹体液相成分的分析见表8.26。包裹体液相组分中的金属阳离子以 Ca^{2+} 和 Na^+ 为主，含量远高于其他阳离子，K^+ 次之，同时含有少量的 Mg^{2+}；阴离子有 Cl^-、F^-、Br^-、SO_4^{2-} 和 NO_3^-，其中 Cl^- 离子含量远高于其他阴离子，SO_4^{2-} 含量次之，流体体系为 $Ca^{2+}-Na^+-Cl^--SO_4^{2-}$。对于包裹体气体成分分析，先利用澳大利亚SGE公司热爆裂炉将包裹体打开，然后采用日本岛津公司GC2010气相色谱仪进行气相色谱分析，气体取样温度为100～500℃，结果见表8.26和图8.57。气体成分以 H_2O 和 CO_2 为主，其次为 N_2，另含有少量的 CH_4、C_2H_2、C_2H_4 和微量 C_2H_6 等烃类有机物。

激光拉曼光谱分析。对矿床5件样品的石英矿物流体包裹体进行激光拉曼光谱分析，结果显示除 H_2O 外，含量相对较高的为 CO_2 和 N_2。部分纯气相和两相包裹体含有一定量的 CH_4，这与流体包裹群成分分析结果吻合。

表 8.26　鲁春矿床石英矿物中流体包裹体液相和气相成分表

样品号	Li^{+}	Na^{+}	K^{+}	Mg^{2+}	Ca^{2+}	F^{-}	Cl^{-}	NO^{2-}	Br^{-}	NO_3^{-}	SO_4^{2-}	CH_4 /(μg/g)	C_2H_2+C_2H_4 /(μg/g)	C_2H_6 /(μg/g)	CO_2 /(μg/g)	H_2O /(μg/g)	O_2 /(μg/g)	N_2/(μg/g)	CO /(μg/g)
LC-4-1	0	2. 971	2. 15	1. 252	20. 05	0. 165	14. 918	0	0. 142	0. 313	2. 534	0. 173	0. 082	微量	126. 564	112. 5	8. 082	41. 009	0
LC-4-2	0	22. 518	5. 445	1. 345	18. 716	0. 155	48. 673	0	0. 318	0. 732	3. 934	0. 127	0. 039	微量	92. 794	136. 892	6. 696	33. 431	0
LC-13	0	9. 504	3. 174	0. 609	19. 168	1. 946	28. 809	0	0. 142	0. 16	1. 224	0. 37	0. 06	微量	108. 382	156. 643	7. 992	38. 831	0
LC-21	0	0	13. 166	3. 271	0. 803	13. 077	0. 12	30. 885	0	0. 168	0. 311	0. 282	0. 056	微量	110. 686	131. 485	6. 335	33. 064	0

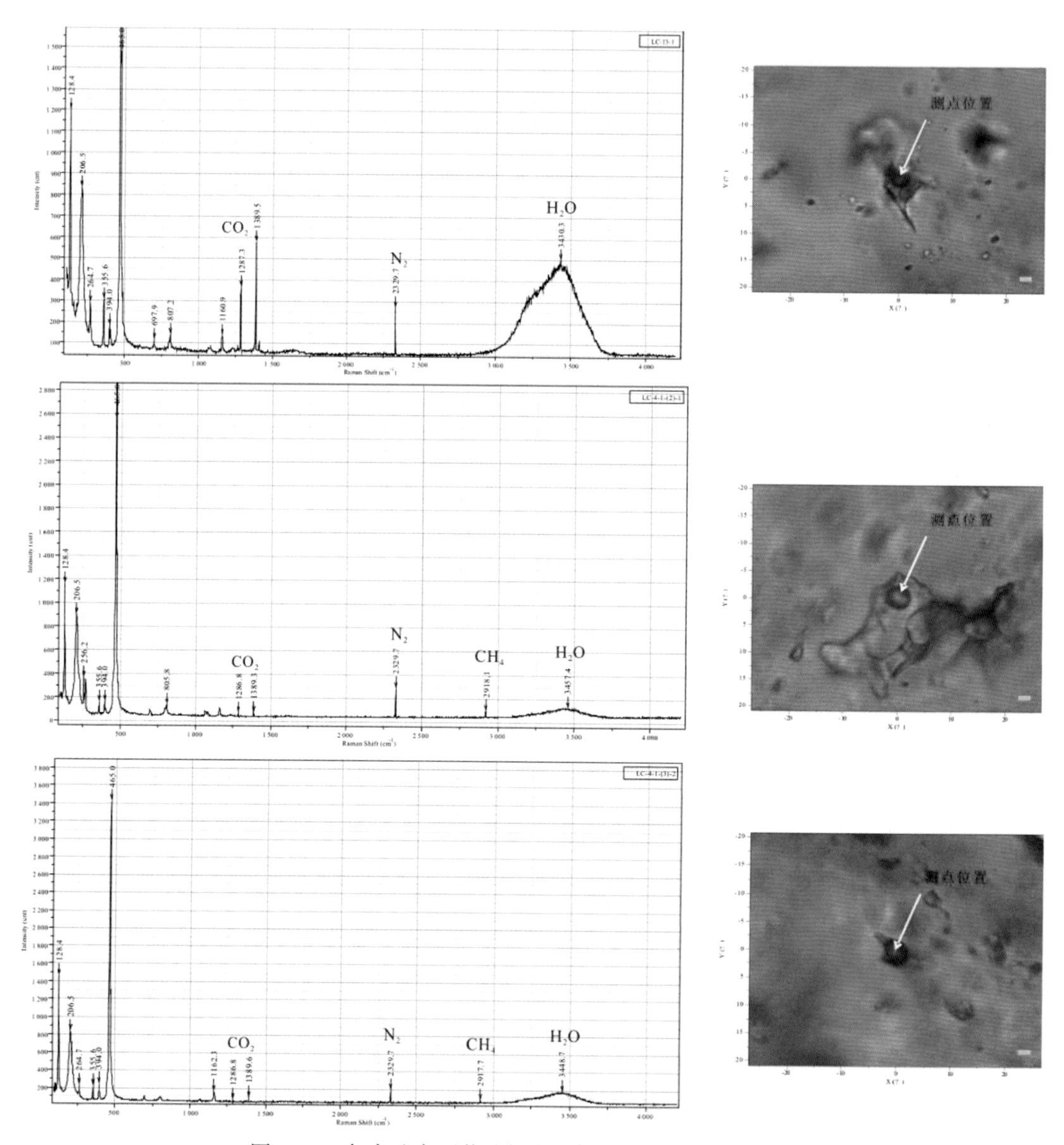

图 8.57　鲁春矿床石英矿物中流体包裹体激光拉曼谱图

8.3.5　同位素地球化学

1. 硫同位素

金属硫化物硫同位素组成见表 8.27，可以看出金属硫化物的 $\delta^{34}S$ 值均为正值，以富集重硫为特征（图 8.58）。由于在成矿阶段中未见金属硫化物与石膏紧密共生的现象，形成时其溶液中以某一种硫原子团（H_2S 或 SO_4^{2-}）占绝对优势，因此矿物的硫同位素组成基本上能反映热液总硫的同位素组成，故热液矿物的 $\delta^{34}S$ 值的变换区间代表了热液流体总硫特征（刘家军等，2010）。对矿床 5 件条带状、层纹状和块状样品黄铁矿的硫同位素进行分析，并结合王立全等（2001）的测试结果表明，该类型样品的硫同位素值变化范围较窄，$\delta^{34}S$ 值为 11.5‰～17.8‰，其中，黄铁矿的 $\delta^{34}S$ 值为 11.5‰～17.8‰（极差 6.3‰，平均 14.6‰，$n=8$），黄铜矿的 $\delta^{34}S$ 值为 13.8‰～14.7‰（极差 0.9‰，平均 14.1‰，$n=2$），方铅矿的 $\delta^{34}S$ 值为 12.6‰。通常认为，在硫同位素分馏达到平衡的条件下，共生硫化物的 $\delta^{34}S$ 值按硫酸盐—辉钼矿—黄铁矿—闪锌矿—黄铜矿—方铅矿的顺序递减，矿床中条带状和块状矿石矿物组合的 $\delta^{34}S$ 值大致表现出 $\delta^{34}S$ 黄铁矿 > $\delta^{34}S$ 黄铜矿 > $\delta^{34}S$ 方铅矿的趋势，表明矿石中共生的硫化物硫同位素分馏基本达到了平衡。

表 8.27　鲁春矿床矿石硫同位素组成表

样品号	产状	测定对象	$\delta^{34}S_{V\text{-}CDT}$/‰	数据来源
LC-23-1	条带状	黄铁矿	15.7	本书
LC-23-2	条带状	黄铁矿	17.8	
LC-24	块状	黄铁矿	15.6	
LC-26	层纹状	黄铁矿	14.1	
LC-31	块状	黄铁矿	11.5	
S-3	条带状-块状	黄铁矿	14.5	王立全等，2001
S-4		黄铁矿	13.8	
S-5		黄铁矿	14.7	
S-1		黄铜矿	14.3	
N-7		黄铜矿	13.8	
M-7		方铅矿	12.6	

从表 8.27 中可以看出，矿床中 3 种金属硫化物（黄铁矿、黄铜矿和方铅矿）$\delta^{34}S$ 值变化范围为 11.5‰～17.8‰，多数集中于 13‰～16‰。热液矿床中硫的来源有三种，分别是地幔流、生物还原硫和硫酸盐热化学还原硫。矿石硫同位素组成明显偏重，既与地幔来源的硫其 $\delta^{34}S$ 值在 0 附近集中不一致，也与生物成因硫的细菌还原模式（$\delta^{34}S$ 值多为偏离 0 值较远的负值）

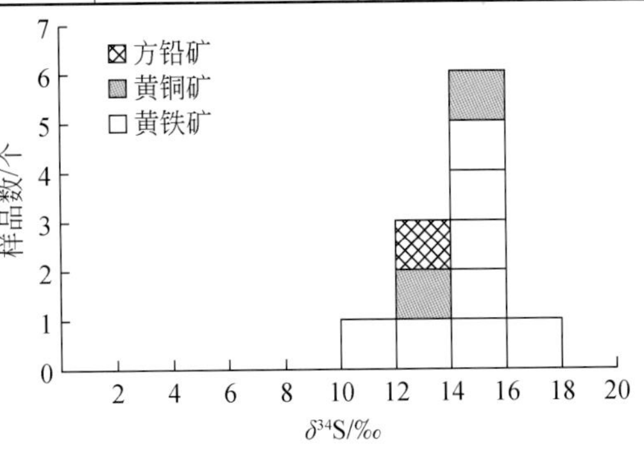

图 8.58　鲁春矿床矿物硫同位素组成直方图

不相符；矿石的硫同位素组成 $\delta^{34}S$ 值变化范围为 11.5‰～17.8‰，又略低于三叠纪海水硫酸盐的 $\delta^{34}S$ 值约为 20‰（侯增谦等，1995）。因此，可能的解释是矿床的硫源并非单一来源，可能是下部的岩浆与海水硫酸盐中的硫不同程度混合的结果，可以推测海水硫酸盐占了较大的比例。Ohmoto（1995）在研究 Kuroko 矿床时指出，当热液温度达到200℃时，富 Fe^{2+} 矿物将会造成硫酸盐的还原，同时不产生同位素分馏（Shanks *et al.*，1981；Ohmoto and Lasaga，1982；Shanks and Seyfried，1987），适宜的温度和大量含铁矿物的存在使该地区成为进行海水硫酸盐还原作用有利的地方，导致相对多的硫酸盐发生快速还原作用，经过硫酸盐还原作用而产生的大量硫与岩浆来源的硫混合之后，造成矿床硫化物的硫同位素组成偏重。目前，还很难找到一种准确的模式来估算硫化物中海水硫酸盐来源硫与岩浆来源硫所占的比例（曾志刚等，2000）；Styrt 等（1981）的研究表明，如果流体中的 H_2S 有 10%～20% 来源海水硫酸盐还原，另外 80%～90% 来自岩浆岩，则会产生 2‰～4‰的 $\delta^{34}S$（Styrt *et al.*，1981）。据此可以推测，矿床硫化物中可能有 70%～80% 来自海水硫酸盐中的硫，而剩下 20%～30% 来自岩浆。矿床中至今未见通道相的角砾状、网脉状硫化物富集带，最为发育以层带状、层纹状结构构造为主的层状矿体，可能就是偏离火山活动中心、（喷流）沉积于卤水池中的具体表现，致使卤水池中的热液流体硫大多来源于海水。

2. 铅同位素

铅同位素组成见表 8.28，可以看出矿床金属硫化物的铅同位素组成相当稳定，其中 $^{206}Pb/^{204}Pb$ 的变化范围为 18.498～18.626，平均 18.561，极差 0.128；$^{207}Pb/^{204}Pb$ 的变化范围为 15.588～15.760，平均 15.676，极差 0.172；$^{208}Pb/^{204}Pb$ 的变化范围为 38.430～38.974，平均 38.707，极差 0.544。它们的变化率分别为 0.61%、1.1% 和 1.4%。利用 H-H单阶段铅演化模式，计算得到矿石硫化物铅同位素的相关参数。其中 μ 值变化范围为 9.46～9.76，平均为 9.60；w 值变化范围为 35.90～39.03，平均 37.51；$w(Th)/w(U)$ 值变化范围为 3.68～3.87，平均 3.78。已有研究表明具有较高 μ 值（大于 9.58）的铅（吴开兴等，2002）或者位于零等时线右侧的放射成因铅通常被认为是来自 U、Th 相对富集的上部地壳物质（Barnes，1997）；矿床铅同位素 μ 值相对集中，均值 9.60，高于 9.58，显示铅源具有上地壳物质特征。

表 8.28　鲁春矿床矿石铅同位素组成表

样品号	矿物	$^{206}Pb/^{204}Pb$	$^{207}Pb/^{204}Pb$	$^{208}Pb/^{204}Pb$	资料来源
LC-23-1	黄铁矿	18.626	15.76	38.974	本书
LC-23-2	黄铁矿	18.605	15.732	38.881	
LC-24	黄铁矿	18.615	15.748	38.93	
LC-26	黄铁矿	18.605	15.735	38.89	
LC-31	黄铁矿	18.589	15.724	38.871	

续表

样品号	矿物	$^{206}Pb/^{204}Pb$	$^{207}Pb/^{204}Pb$	$^{208}Pb/^{204}Pb$	资料来源
S-3	黄铁矿	18.498	15.588	38.430	王立全等，2001
S-4	黄铁矿	18.544	15.627	38.573	
S-5	黄铁矿	18.542	15.657	38.648	
S-1	黄铜矿	18.501	15.601	38.471	
N-7	黄铜矿	18.508	15.619	38.504	
	方铅矿	18.537	15.646	38.612	
	玄武岩	16.96～17.77	15.34～15.52	36.73～37.81	
M-7	流纹岩	17.98～18.62	15.46～15.65	37.97～38.86	
	绿泥石板岩	17.49～18.66	15.44～15.83	37.44～39.15	

样品号	μ	w	Th/U	$V1$	$V2$	$\Delta\alpha$	$\Delta\beta$	$\Delta\gamma$
LC-23-1	9.76	39.03	3.87	80.04	62.41	85.57	28.46	47.16
LC-23-2	9.70	38.50	3.84	77.26	61.78	84.35	26.63	44.66
LC-24	9.73	38.80	3.86	78.70	62.09	84.93	27.67	45.98
LC-26	9.71	38.57	3.84	77.48	61.75	84.35	26.82	44.91
LC-31	9.69	38.47	3.84	76.61	60.93	83.42	26.11	44.40
S-3	9.43	35.90	3.68	63.64	58.29	78.12	17.22	32.54
S-4	9.50	36.60	3.73	68.26	59.80	80.76	19.76	36.40
S-5	9.56	37.19	3.76	70.02	59.58	80.67	21.74	38.40
S-1	9.46	36.17	3.70	64.71	58.26	78.29	18.06	33.66
N-7	9.49	36.44	3.72	65.68	58.66	78.70	19.25	34.54

将所测铅同位素数据投影到 Doe 和 Zartman 铅同位素构造环境演化图中（图 8.59），可以看出样品铅同位素的投点均位于地壳与造山带之间的增长线区域内，有向深部地幔铅漂移的趋势，并呈现良好的线性关系，其中$^{207}Pb/^{204}Pb$ 与$^{206}Pb/^{204}Pb$ 的相关系数 r 为 0.987，$^{208}Pb/^{204}Pb$ 与$^{206}Pb/^{204}Pb$ 的相关系数 r 为 0.991，样品的线性关系可能暗示矿石铅同位素具有不同来源铅混合的趋势，一种来自上地壳和造山带，一种可能来自在矿区广泛发

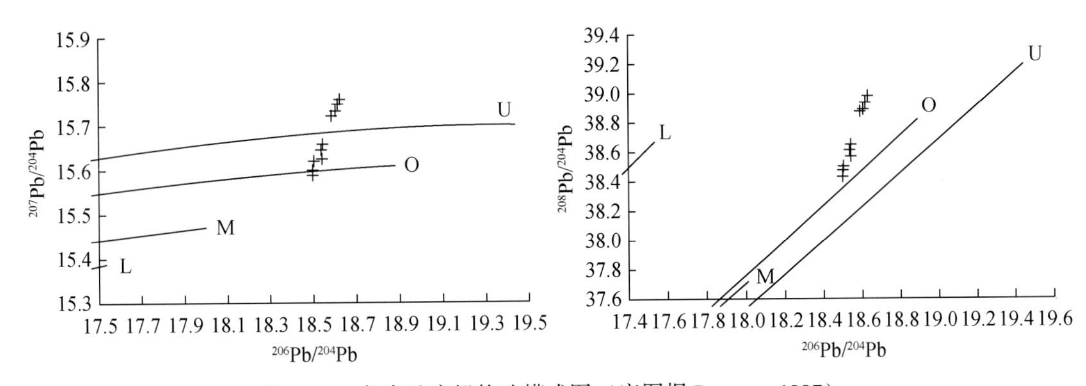

图 8.59　鲁春矿床铅构造模式图（底图据 Barnes，1997）

U. 上地壳铅；O. 造山带铅；L. 下地壳铅；M. 上地幔铅

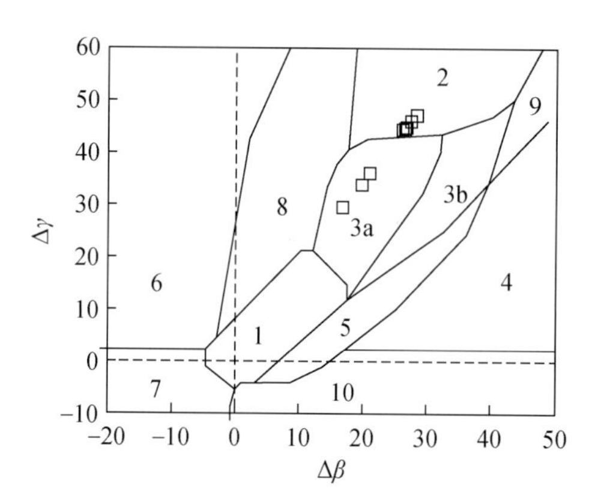

图 8.60　鲁春矿床矿石铅同位素 Δγ-Δβ 成因分离图

1. 地幔源铅；2. 上地壳铅；3. 上地壳与地幔混合的俯冲带铅；3a. 岩浆作用；3b. 沉积作用；4. 化学沉积型铅；5. 海底热水作用铅；6. 中深变质作用铅；7. 深变质下地壳铅；8. 造山带铅；9. 古老页岩上地壳铅；10. 退变质铅

育的双峰式火山岩。计算得到矿床矿石铅与同时代地幔的相对偏差 Δα、Δβ 和 Δγ（表 8.29），并投影到矿石铅同位素的 Δγ-Δβ 成因分类图（图 8.60）上，所有样品落在上地壳来源铅和有岩浆作用的壳幔混合铅区域，具有良好的线性关系，这一特征与 Zartman 的铅构造模式图中样品的分布特征相似，暗示矿床矿石铅来自地壳和造山带，并受到岩浆物质的混染。

将矿床的硫化物矿石、玄武岩、流纹岩和绿泥石板岩铅同位素数据投图（图 8.61），从图中可以看出，组成矿床重要的双峰式火山岩——玄武岩和流纹岩的铅同位素分布特征逐渐漂离上地幔区域，显示出向上地壳方向移动的趋势，并整体分布特征沿两坐标轴同时增长的方向排列。表明了火山岩的幔源铅和壳源铅不是等比例混合，至少有一部分玄武岩铅同位素组成保持着上地幔的特点（张乾等，2002）。在铅同位素组成投图（图 8.62）中，矿石与火山岩、围岩的同位素组成呈现良好的线性关系，暗示三者之间具有同源关系，玄武岩和流纹岩之间密切的线性相关关系亦表明二者是同一岩浆源在不同阶段的演化产物（王立全等，2001）；而构成与火山作用有关的热液喷流成矿系统的绿泥石板岩和矿石，其铅同位素组成的线性相关性则表明围岩与矿石可能是热液作用的结果；同时，火山岩特别是流纹岩的铅同位素组成与矿石更为接近甚至部分重合，暗示了矿石形成是与双峰式火山岩浆活动有关的热液作用产物。

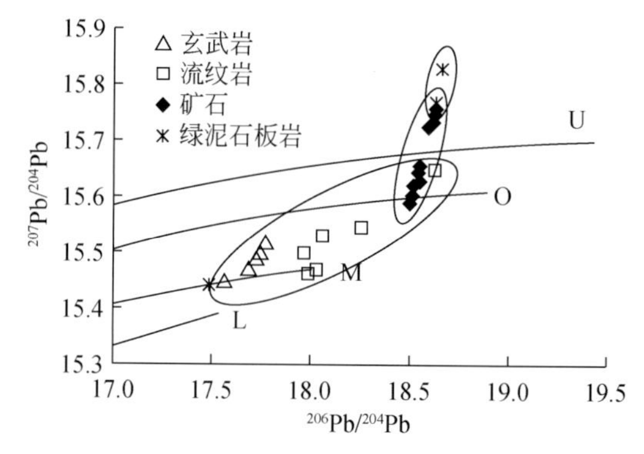

图 8.61　鲁春矿床全岩铅同位素组成构造模式图

U. 上地壳铅；O. 造山带铅；L. 下地壳铅；M. 上地幔铅

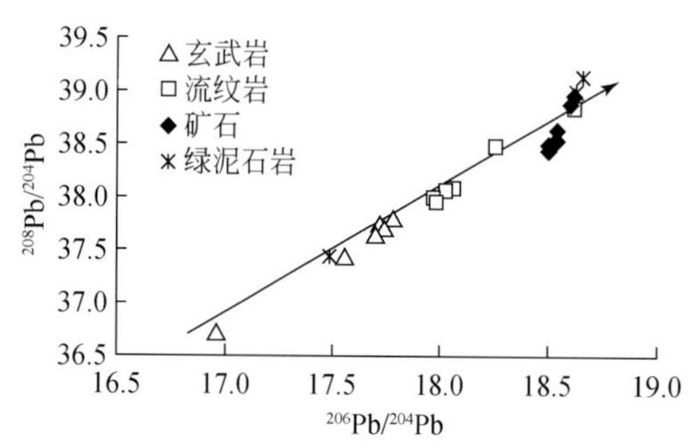

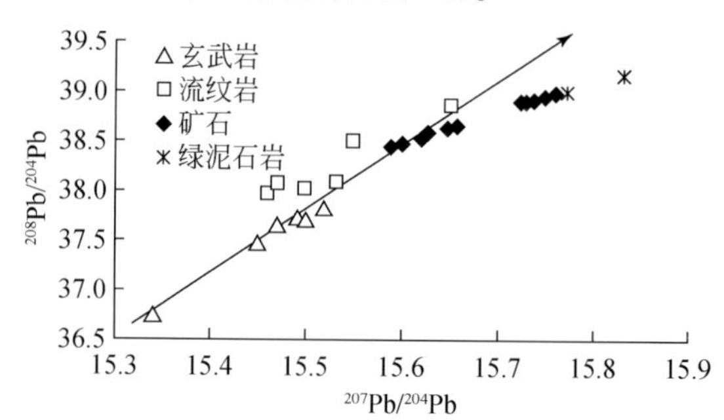

图 8.62　鲁春矿床全岩铅同位素组成图

8.3.6 矿床成因与模型

1. 成矿时代

1）Pb-Pb 同位素模式年龄

矿床5件硫化物样品铅同位素成分比较均一（表8.29），$^{208}Pb/^{204}Pb$ 为 38.801～39.009，$^{207}Pb/^{204}Pb$ 为 15.662～15.752，$^{206}Pb/^{204}Pb$ 为 18.554～18.656。矿石铅的模式年龄均为正值，为 140.8～209Ma。

表8.29 鲁春矿床 Pb 同位素组成表

样品号	矿物	$^{208}Pb/^{204}Pb$	$^{207}Pb/^{204}Pb$	$^{206}Pb/^{204}Pb$	模式年龄/Ma
LC-3	黄铁矿	39.0090	15.7520	18.6560	177.60
LC-9	黄铁矿	38.9025	15.7419	18.6078	199.60
LC-10	磁黄铁矿	38.9072	15.7437	18.6119	198.80
LC-11	磁黄铁矿	38.9148	15.7448	18.6162	197.10
LC-23-1	黄铁矿	38.974	15.76	18.626	208.50
LC-23-2	黄铁矿	38.881	15.732	18.605	189.50
LC-24	黄铁矿	38.93	15.748	18.615	201.80
LC-26	黄铁矿	38.89	15.735	18.605	193.20
LC-31	黄铁矿	38.871	15.724	18.589	191.20

2）喷流-沉积成矿时代

依据矿床南矿段赋矿岩系直接赋矿岩石绿泥石（板）岩的锆石 U-Pb 同位素年龄为 245.6Ma、矿体上覆流纹岩锆石 U-Pb 同位素年龄为 241.8～249.3Ma，认为矿床火山岩喷发形成和喷流-沉积成矿时代为早三叠世晚期—中三叠世早期，与在几家顶、德钦、叶枝乡地区获得江达-德钦-维西陆缘弧同碰撞伸展期形成的火山岩时代（245～249Ma）相一致，表明它们是于同一构造背景下同一时期内喷发形成。

3）构造-热液脉型叠加成矿时代

矿区发育系列构造破碎带、裂隙和节理密集带，普遍充填以地下水热液为主的构造-热液脉型叠加矿化，对早期 VMS 矿体具有一定程度的叠加改造，依据赵灿华等（2011）对矿床硫化物脉中石英进行核磁共振分析，获得石英年龄为 54.1Ma，其时代主体为古近纪。

2. 成矿流体性质与演化

矿床石英流体包裹体的均一温度集中在 160～220℃，计算获得成矿流体盐度平均值为

11.29%，密度为0.9～1.1g/cm^3，压力为40～70MPa，显示成矿流体总体特征表现为中-低盐度、低密度的性质。成矿流体体系为Ca^{2+}-Na^{+}-Cl^{-}-SO_4^{2-}，而气体成分以H_2O和CO_2为主，其次为N_2，另含有少量的CH_4、C_2H_2、C_2H_4和微量C_2H_6等烃类有机物。

在250℃以下Cu的溶解度降低，导致Cu沉淀（Li *et al.*，1995）。石英包裹体均一温度峰值为140～260℃，表明温度降低是导致铜沉淀的原因之一。由于温度和压力的逐渐下降，富含成矿元素的成矿流体缓慢卸载使成矿元素Cu沉淀，并形成捕获温度和盐度连续变化的包裹体。减压过程中流体包裹体的沸腾导致了流体包裹体的CO_2高含量（96～126μg/g），减小了HCO_3^-和CO_3^{2-}含量，增加了H_2O/CO_2值，引起Eh值降低（pH升高、离子浓度增加），导致了Cu的沉淀。流体包裹体气相成分含有CH_4、磁黄铁矿和其他硫化物，意味着矿床的成矿流体环境为相对还原的物理化学条件。

包裹体液相组分中金属阳离子以Ca^{2+}和Na^{+}为主，阴离子Cl^{-}离子含量远高于其他阴离子，SO_4^{2-}含量次之。流体通过Cl^{-}离子与Cu等成矿元素的配合作用而搬运、萃取和富集了成矿物质，并通过沸腾使流体浓缩和还原，快速而大量沉淀成矿物质，形成了Cu矿床。流体包裹体中高Ca^{2+}含量表明在流体上升过程中与容矿围岩发生了反应，萃取了围岩中的Ca^{2+}。流体包裹体中高SO_4^{2-}含量代表了在分析过程中被氧化的总的硫含量。

3. 成矿作用与矿床模型

1）鲁春矿床VMS成矿作用

海底流体-矿化环境：通过成矿构造背景、双峰式火山岩组合特征的研究，结合矿区地质和矿化特征分析，较清楚地反映了与裂谷盆地火山活动有关的海底-矿化环境。江达-德钦-维西陆缘弧早三叠世晚期—中三叠世早期，同碰撞过程中以金沙江已俯冲的洋壳板片发生断离为动力引起的（陆缘弧）地壳伸展构造背景，导致了鲁春-红坡岛弧上叠裂谷盆地的形成，盆地内的双峰式火山岩尤其是含矿流纹质火山碎屑岩系为矿床的形成提供了成矿物质和成矿流体（王立全等，2000，2001，2002；侯增谦等，2003，2008）；盆地基地及其边缘断裂、裂隙系统为成矿热水流体活动提供了重要的成矿物质-流体迁移通道，盆地的深水凹陷部位为成矿物质-流体的聚集、沉淀提供了空间。

矿床位于鲁春-红坡上叠裂谷盆地中部的深水凹陷部位，盆地裂谷期火山作用形成的火山碎屑岩是其含矿岩系的主体。盆地东西两侧近南北向的伸展断裂是其海底火山岩喷发和成矿物质-流体喷溢通道，火山活动的通道可能位于盆地东侧南北向断裂，并处于正地形位置，发育大面积的双峰式火山岩；盆地西侧的南北向断裂处于负地形位置，形成深水凹陷，为成矿物质-流体的聚集和沉淀提供局限空间。

尚未发现喷流口附近的角砾状和脉状、网脉状矿体及矿石，推测可能沿盆地东侧NS向断裂正地形位置喷发的成矿流体，顺火山斜坡向盆地西侧的深水凹陷部位流动并汇聚，形成较大规模的卤水池，从而沉积形成顺层分布的块状硫化物矿体、层带-层纹状矿体和层纹、浸染状矿体，显示其典型的层控特征（王立全等，2001，2002；李定谋等，2002）。地球物理资料显示，在凹陷盆地中具有两个次级卤水沉积中心，一个位于北矿段P7-P5勘探线之间及附近，另一个位于南矿段P8-P10勘探线之间及附近。

与大多数VHMS矿床的铜、锌向铅、银递变金属元素分带不同，鲁春矿床的矿体结构从下至上具有块状硫化物矿体→层纹、层带状矿体→浸染状、层纹状矿体的空间韵律结构，金属分带表现为Pb-Zn为主（+Cu）→Cu为主（+Pb-Zn）→CU-Pb-Zn，矿体中出现大量的磁铁矿，并伴生有较高的Ag等组分，以及矿石硫化物较大硫同位素正值（$\delta^{34}S$值为11.5‰~17.8‰）。矿体结构和金属分带及硫同位素特点表明，聚集于凹陷部位的成矿流体不是喷流通道所在的位置，而是卤水池中喷流-沉积成矿不同阶段的富Fe-Cu流体、富Pb-Zn-Ag流体的脉动式叠加活动的地质记录。

裂谷盆地-火山-成矿体系：矿床地质和地球化学特征表明，裂谷盆地-火山活动-成矿作用构成三位一体式统一动力学体系；伸展构造背景下的裂谷盆地制约了双峰式火山活动，火山-裂谷盆地又为矿床的形成提供了物质-流体来源、成矿空间和矿床系统与周围环境的物质交换和能量交换条件。因此，火山-盆地系统和喷流-热液系统是其VMS矿床形成的两个基本要素；前者包括火山构造背景和火山岩相岩性特征、火山岩浆演化以及不同级别的盆地系统等诸因素，后者包括热源（火山-岩浆）、物源（火山-沉积岩系）、水源（岩浆水和海水）及流体活动通道和淀积空间等因素，前者是后者的基础，后者是前者的结果，两者的相互作用导致矿床的形成。

裂谷型双峰式火山活动和喷流-沉积成矿作用：鲁春-红坡岛弧上叠裂谷盆地发育于同碰撞伸展构造背景，虽然其构造背景和产出的构造位置与现代弧后或弧间扩张环境不同，但作为伸展裂谷盆地则与现代海底裂谷带的扩张环境有着相似之处。鲁春-红坡上叠裂谷盆地中双峰式岩浆强烈喷发和辉长辉绿岩-辉长辉绿玢岩的侵位，形成含矿酸性火山-沉积岩系和作为热机驱动热液对流循环的流纹斑岩和熔岩穹丘，矿体产于酸性火山凝灰岩中。因此，由火山岩浆活动、潜岩浆作用造成的地热异常是矿质迁移富集、热液对流循环的重要营力。

火山岩系与矿质来源：越来越多的事实表明，火山喷流-沉积型矿床的成矿作用形成于海底裂谷盆地中，鲁春与玄武岩-流纹岩双峰式岩石组合密切共生，矿体产于酸性火山凝灰岩中。矿床与双峰式岩石组合的密切时空关系实际上是两者间的直接成因关系的具体体现，即构成双峰式组合的酸性火山岩和岩浆体系为矿床提供了成矿物质，同时亦为成矿提供地热异常场和深海盆地中热液对流循环的驱动热源。火山喷流-沉积型块状硫化物矿床的金属类型与其赋存的岩系直接相关，如赋矿层及其下伏岩系为酸性火山岩系，具有高Pb-Zn背景值，其矿床金属类型为铅锌铜型；赋矿层及下伏岩系为基性火山岩系，具有高Cu丰度，其矿床金属类型为铜锌型。矿床的赋矿层及下伏岩系为酸性火山-沉积岩系为主夹基性火山岩，对应VMS型矿床为铅锌铜型，暗示着成矿物质来源于赋矿层及下伏岩系。

火山活动与成矿作用：层位优选性是喷流-沉积型矿床的特征之一，矿床在区域地层中具有固定层位，产于中三叠统上兰组的上段火山-沉积岩系中，矿体下伏为流纹岩夹玄武岩和辉长辉绿岩-辉长辉绿玢岩，矿体之上被厚大的中三叠统攀天阁组上部流纹岩岩被所覆盖，构成良好的成矿-流体地球化学障蔽，蚀变带发育于流纹岩岩盖之下的赋矿层及下伏火山-沉积岩系中，尤以赋矿层的蚀变作用最为强烈，蚀变带为喷流热液自变质作用的产物。表明成矿作用发生于火山活动的间歇期，两者相继发生。成矿作用过程常伴随有小规模的火山爆发活动，一方面，在赋矿层中形成火山岩（流纹岩）薄层或透镜体；另一方面，引起先成的沉积物在重力作用下发生滑塌堆积，形成透镜状灰岩块体和碎屑状硫化物层。因此，成矿作用是火山作用过程中的特殊事件，包含于火山活动之中，两者构成密不可分的统一体系。矿床与热水沉积岩密切共生，火山岩（及次火山岩）-矿体（矿化蚀变岩）-热水沉积岩三位一体是 VMS 型矿床的另一重要特征，这种组合的出现代表了岩浆活动→热液蚀变成矿作用→热水沉积作用连续演化的自然过程和产物。火山活动与成矿作用构成连续的统一的成岩-成矿体系，前者是后者的先导，后者是前者的继续。

沉积盆地演化与硫化物堆积：矿床位于晚三叠世鲁春-红坡裂谷盆地中，盆地早期拉张裂陷作用，形成以陆源碎屑岩和玄武岩喷发组合为特征的浅海相碎屑岩-次深海相浊积岩、砂泥质复理石和基性火山岩建造；裂谷盆地中期拉张裂陷作用加强，形成由玄武岩-流纹岩组合构成的双峰式火山岩和次深海相浊积岩及砂泥质复理石的碎屑岩建造，以及扩张背景下侵位的辉长辉绿岩-辉长辉绿岩玢岩脉；双峰式火山岩的发育反映裂谷盆地中期剧烈扩张成谷作用。矿床则是裂谷盆地扩张成谷过程中海底喷流-热水沉积作用的产物，产于双峰式火山岩系中部的长英质火山凝灰岩中。鲁春-红坡裂谷盆地中，尚发育次一级的局限性凹陷盆地，严格地控制着矿体的分布，局限性盆地由火山或熔岩丘和古海底地形围限而成，含矿岩系中黑色碳质板岩的出现是其明显标志。喷流-热液被围限于局限性洼地中形成相对封闭的还原条件下的卤水池，从而以沉积作用为主的方式堆积硫化物矿体，表现出黄矿（黄铁矿-黄铜矿-磁铁矿）纹层或条带与黑矿（磁铁矿-闪锌矿-方铅矿）纹层或条带的毫米-厘米级韵律互层；矿石中大量条纹状、条带状构造、草莓状结构以及粒序结构和小型斜层理的发育，是其喷流-沉积成矿作用方式的标志性组构。

2）成矿过程与矿床模型

综合区域成矿地质背景、矿床地质特征和裂谷盆地-火山-成矿体系的分析研究，矿床为岛弧上叠裂谷盆地中的海底火山喷流-沉积型 VMS 矿床，与日本和义敦岛弧黑矿型（VMS）相比较，既有其火山活动和矿床特征的相似性，又有其成矿方式和构造背景的特殊性。基于对鲁春-红坡矿带中典型矿床的剖析及其与日本和义敦岛弧 VMS 矿床的对比研究，可拟就鲁春矿床的成矿模型，即裂谷岩浆作用模型和矿床成因模型。

裂谷盆地岩浆作用模型。晚二叠世末—早三叠世早期（±255～250Ma）弧-陆早碰撞聚合阶段之后，至早三叠世晚期—中三叠世早期（±249～237Ma），江达-德钦-维西陆缘火山弧由挤压转为拉张，其力学性质的可能转换机制为同碰撞过程中，以金沙江已俯冲的洋壳板片断离与软流圈上涌作用为动力（Davies *et al.*，1995；Duretz *et al.*，2011），导致（陆缘弧）陆壳减薄发生张性塌陷作用的短暂伸展背景，在原火山弧及其边缘带中重新拉张、裂陷形成岛弧上叠裂谷盆地，构筑了以鲁春矿床为代表的 VMS 成矿构造环境。

鲁春-红坡裂谷盆地为扩张断陷盆地，沿扩张断陷中心形成地热异常带，其内发育大量双峰式海相火山岩系和岩浆房，作为热源和物源驱动热液流体运移、对流循环；在热液活动中心，裂谷带的裂隙系统和火山机构系统为热液流体提供活动通道，形成热液补给带，而裂谷带内不同级别的盆地系统及其深水还原环境为喷流-沉积型块状硫化物矿床的形成提供了必要的构造地质条件、物理化学条件和沉积堆积场所。含矿岩系上覆流纹岩“岩被”的障蔽，避免了成矿-流体流失。裂谷盆地岩浆作用模型见图 8.63。

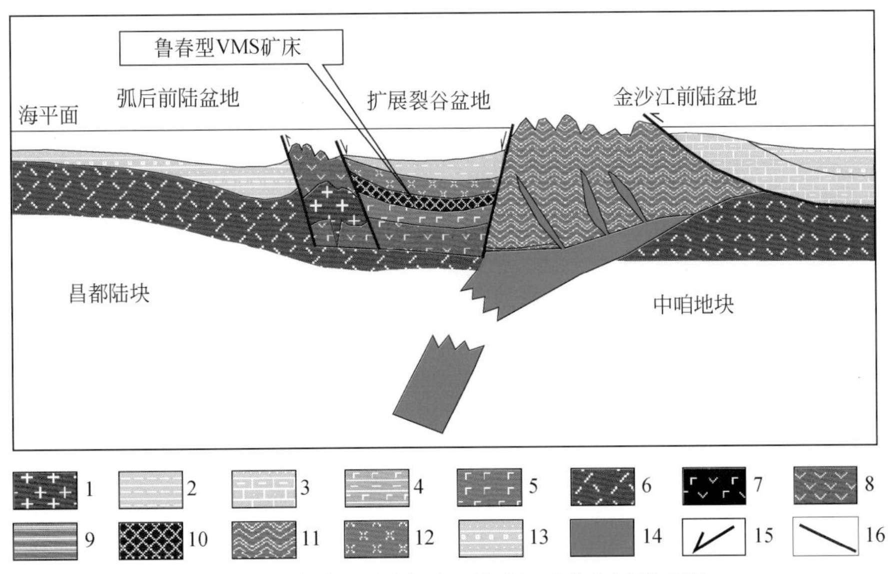

图8.63　鲁春-红坡岛弧上叠裂谷岩浆作用模型图

1. 酸性侵入岩；2. 边缘相碎屑岩；3. 台地相碳酸盐岩；4. 盆地相火山岩；5. 玄武岩；6. 陆壳基底；7. 中基性弧火山岩；8. 中酸性弧火山岩；9. 深海复理石；10. 典型矿床；11. 构造混杂岩；12. 流纹岩；13. 台地相碎屑岩；14. 洋壳；15. 俯冲方向；16. 断层

鲁春矿床成矿模型。根据地质特征将矿床成矿模型可以归纳为图8.64。鲁春-红坡裂谷盆地双峰式火山岩带中，火山岩受裂谷作用形成的基地边界断裂控制，双峰式火山岩组合序列中部的酸性火山-沉积岩是其含矿岩系，往往相伴有局限性盆地中的深水浊积岩和砂泥质复理石沉积，反映成矿作用发生于盆地拉张、裂陷的成谷时期，矿床形成于深水的火山环境。盆地-火山-成矿构成三位一体式统一动力学体系。

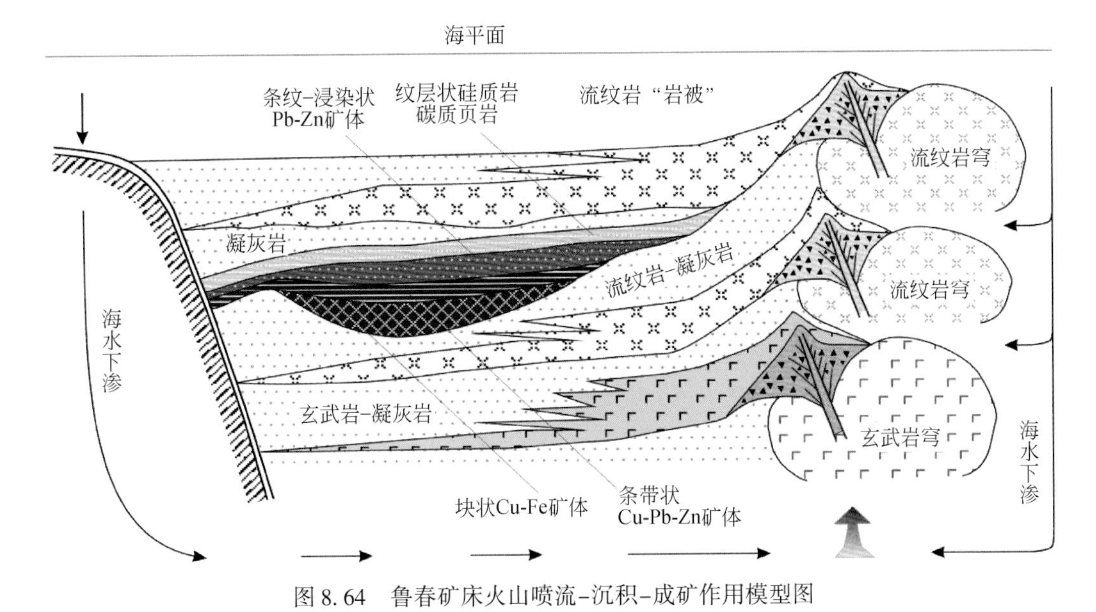

图8.64　鲁春矿床火山喷流-沉积-成矿作用模型图

矿床成矿热液活动系统中成矿流体来源于海水，并在其运移和对流循环过程中萃取火山岩中的成矿物质形成喷流-热液流体，沿火山斜坡流动储集于海底局限洼地中形成还原条件下的卤水池，从而以沉积作用为主的方式堆积硫化物矿体。矿石中黄矿（黄铁矿—黄铜矿—磁铁矿）纹层或条带与黑矿（磁铁矿-闪锌矿-方铅矿）纹层或条带的毫米-厘米级韵律互层，硫化物构成的粒序结构和小型斜层理是其沉积成矿作用的直接标志。

矿床成矿热液活动系统在其对流循环和沉积成矿过程，含矿热流体的 pH 较低，氧逸度（fo_2）相对较高，其水岩反应结果导致含矿岩系发生强烈的绿泥石化、硅化和绢云母化，形成含矿绿泥石岩、板岩、绿泥绢云岩、板岩和磁铁石英岩，并相伴形成热水沉积层纹状硅质岩和层纹状灰岩。火山岩（及次火山岩）-矿体（赋矿蚀变岩）-热水沉积岩三位一体是 VMS 型矿床的另一重要特征，这种组合的出现代表了岩浆活动→自变质热液蚀变成矿作用→热水沉积作用的连续演化过程。

喷流-沉积成矿作用是其矿床形成的主体（喷流-沉积成矿期），矿床的矿体结构从下至上具有块状硫化物矿体→层纹、层带状矿体→浸染状、层纹状矿体的空间韵律结构，金属分带表现为 Pb-Zn 为主（+Cu）→Cu 为主（+Pb-Zn）→CU-Pb-Zn，记录了卤水池中喷流-沉积成矿不同阶段的富 Fe-Cu 流体、富 Pb-Zn-Ag 流体的脉动式叠加活动。在每次成矿流体的脉动期，以磁铁矿、黄铁矿、黄铜矿的沉积-成矿开始，磁铁矿、黄铁矿、闪锌矿、黄铜矿、方铅矿的沉积-成矿结束。在矿体中表现为黄矿（黄铁矿-黄铜矿-磁铁矿）与黑矿（磁铁矿-闪锌矿-方铅矿）的韵律互层；在块状矿石中，稍晚的闪锌矿-方铅矿充填在早先形成的磁铁矿（其次是黄铁矿）粒间，形成类似基底式胶结的块状构造，显示喷流-沉积-成矿作用的典型特征。

由于新生代构造-热液作用（热液叠加改造成矿期）沿近南北向的构造裂隙、劈理和层间破碎带活动，叠加和改造 VMS 层状矿体，表现为硫化物（含黄铜矿、黄铁矿、闪锌矿和方铅矿）的石英-碳酸盐脉体、网脉体穿切层状矿体，并形成脉状-网脉状构造。第四纪，矿体出露地表，受表生条件下的物理和化学风化，氧化淋滤（表生氧化淋滤成矿期）作用形成蓝铜矿、孔雀石、水锌矿、铅矾和褐铁矿的地表找矿标志。

第 9 章　复合造山成矿理论体系

三江地区成矿系统多样，独具特色矿床类型，构造转换成矿与叠加成矿作用显著，矿床保存条件良好，具有成矿大器晚成、超大型矿床多、矿床集约度高的特点。本章通过对矿床成因类型的划分、构造体制转换成矿作用、复合叠加成矿作用、复合造山成矿系统演化以及矿床成矿后变化与保存等研究，构建复合造山成矿理论体系。

9.1　矿床类型划分厘定

四类 VMS 型多金属矿床包括洋岛型、弧后盆地型、上叠裂谷型和陆内裂谷型；两类斑岩型铜钼金矿床包括俯冲型和碰撞型；三类盆地容矿铜铅锌矿床包括金顶式、脉状铜矿和脉状铅锌矿；三类岩浆热液型锡钨矿床包括云英岩型、夕卡岩型和热液脉型；两类中低温热液型金矿床包括造山型和类卡林型。

系统研究和对比产出典型的俯冲消减与造山碰撞环境的斑岩铜钼金矿床和成矿斑岩，总结出俯冲消减背景的俯冲型斑岩矿床与造山碰撞背景的碰撞型斑岩矿床的异同，发现俯冲型与碰撞型斑岩矿床的成矿斑岩的微量元素比值和含量的显著差异（图 9.1），同时两者的岩石组合、成矿元素组合、构造背景和成矿特征也有所不同，分析了导致两类斑岩型矿床产生差异的可能原因，对寻找不同类型的斑岩矿床具有重要的理论指导意义。

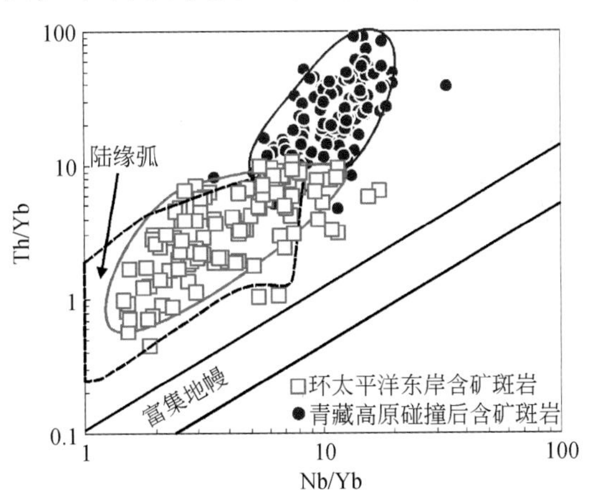

图 9.1　三江及邻区含矿斑岩 Th/Yb-Nb/Yb 图

环太平洋东岸俯冲型含矿斑岩数据来源：Gustafson and Hunt，1975；Baldwin and Pearch，1982；Lang and Titley，1998；González-Partida *et al.*，2003；Stavast *et al.*，2006；Müller and Forrestal，1998；Muntean and Einaudi，2000；Cannell *et al.*，2005；Vry *et al.*，2010；Reich *et al.*，2003；Chiaradia，2004；Schütte *et al.*，2010。青藏高原碰撞型含矿斑岩数据来源：Gao *et al.*，2007；Li *et al.*，2011；Qin *et al.*，2011；Wang Y. J. *et al.*，2010；Wang R. *et al.*，2006

俯冲型和碰撞型成矿斑岩由 La-La/Sm 和 La-La/Yb 相关图可知，成矿斑岩岩浆由部分熔融所控制，可以利用微量元素比值来探讨成矿岩浆形成的深度。斑岩型矿床成矿环境有着较厚的地壳，但与新近纪环太平洋俯冲型成矿斑岩相比，青藏高原南部碰撞型成矿斑岩无明显的 Eu 负异常，同时具有明显高的 La/Yb、Dy/Yb 和 Sm/Yb 值，表明后者含矿岩浆相对于前者形成于更深的部位；环太平洋东岸的晚白垩世—古近纪成矿斑岩部分为钾玄岩，它们有着高的 La/Yb、Dy/Yb 和 Sm/Yb 值，Müller 和 Forrestal（1998）认为它们形成于成熟的岛弧环境。俯冲型和碰撞型成矿斑岩有着明显不同的富集机制，即俯冲型成矿斑岩的富集受流体控制，而碰撞型成矿斑岩受熔体控制。环太平洋东岸成矿斑岩不仅与大陆边缘弧岩浆作用有着紧密的联系，而且具有明显的与大洋俯冲相联系的地球化学特征（如富集 LILE、亏损 HFSE 和 HREE），以及低的 Th/Yb、Nb/Yb 和 Th/La 值，指示大陆弧斑岩型矿床与俯冲流体有着紧密的联系。青藏高原南部的中新世成矿斑岩具有类似正常大陆弧岩浆的地球化学特征（如富集 LILE、LREE 和亏损 HFSE），却明显形成于陆-陆碰撞区域。研究认为青藏高原中新世成矿斑岩岩浆为底侵于下地壳玄武质物质部分熔融的产物，表明含矿岩浆缺乏直接源于俯冲大洋板片的流体。Hou 等（2009）认为碰撞型富钾成矿斑岩很可能由源于岩石圈地幔或软流圈地幔并底侵于下地壳的玄武质熔体（熔体和 Cu，Au）、源于富集地幔的钾质或超钾质熔体以及二者相互作用的成分所决定。而青藏高原南部的中新世成矿斑岩与富集的超钾质岩在时空上紧密共生，二者均有着高的 Th/Yb、Nb/Yb 和 Th/La 值，暗示成矿斑岩很可能受到超钾质岩浆的影响；俯冲型斑岩矿床以铜金成矿元素组合为主，而碰撞型斑岩矿床则多以铜钼成矿元素组合为特征；碰撞型斑岩具有典型埃达克质的地球化学组成特征，而俯冲型斑岩多具有正常岛弧火山岩的地球化学组成；碰撞型斑岩系统多与陆-陆碰撞环境的火成岩（超钾质岩、埃达克质岩、钾玄岩、碱性岩等）共生，而俯冲型斑岩系统多与正常的岛弧火山岩（安山岩-英安岩-流纹岩）共存。

铜钼金成矿斑岩不仅可以形成于与洋壳俯冲相联系的弧环境，而且也产于碰撞造山带内。通过对比俯冲型和碰撞型成矿斑岩的地球化学特征，发现它们在微量元素上具有显著差别，暗示它们有着不同的物源区组成或形成机制。同冈底斯带碰撞型成矿斑岩相比，环太平洋东岸俯冲型成矿斑岩有着明显高的 HREE 和 Y 含量，低 Sr/Y、$(La/Yb)_N$和 $(Dy/Yb)_N$值，表明其物质源区不含或含有少量的石榴子石并可能以角闪石组成为主。研究发现俯冲型成矿斑岩部分样品具有埃达克岩地球化学特征，但大部分样品却显示出具有与正常岛弧系列火山岩相似的特征，它们很可能是板片释放流体交代地幔楔形成的熔体并在后期经历 MASH 过程的产物。冈底斯带碰撞型成矿斑岩具有典型埃达克岩地球化学特征，指示其形成条件达到了石榴子石相变，形成于增厚的下地壳，其物质源区与前期的洋壳俯冲有着密切的联系。普朗-雪鸡坪成矿斑岩具有与俯冲型成矿斑岩相似的地球化学特征，它们可能是西向俯冲的甘孜-理塘洋发生撕裂或断离，进而诱发前期俯冲流体交代的富集地幔楔发生部分熔融的产物，而并非是俯冲洋壳直接发生部分熔融的产物。

三江喜马拉雅期盆地容矿铜铅锌成矿带发育三种成矿类型，分别是以兰坪盆地西侧金满-连城为代表的与岩浆流体有关的脉状铜多金属矿床、以兰坪盆地中部白秧坪矿集区李子坪-富隆厂、河西-三山及金顶矿床为代表的金顶式铅锌矿床和以昌都地区拉诺玛、沱沱河地区那日尼亚矿床为代表的与岩浆流体有关的脉状铅锌多金属矿床。三类矿床在成矿特征上既有共性又有差异，共性表现为沉积岩容矿、构造控矿、脉状产出等，差异表现为：脉状铜多金属系列矿床为砂岩容矿，褶皱和层间滑脱控矿，成矿时代较老，集中在60～46Ma，成矿流体为变质流体与盆地流体的混合；脉状Pb-Zn多金属矿床为断裂控矿，赋矿围岩为碳酸盐岩，部分赋存于砂岩中，成矿时代集中在30～29Ma，成矿元素呈现铅锌铜银等组合；金顶式铅锌矿床赋矿为灰岩，由断裂、张性空间、角砾岩、古溶洞和岩性界面等共同控矿，成矿时代集中于37～0Ma，其中金顶部分矿体形成于56Ma。

相比于国内外典型的增生造山型金矿，青藏高原发育的碰撞造山型金矿具有如下特点：①矿石矿物组合复杂，为自然金+贱金属硫化物+菱铁矿等，常见白钨矿，大量出现方铅矿，相应的矿化元素组合较复杂，出现Au+Ni组合和Au+W+Cu+Pb+Zn组合；②成矿时代为喜马拉雅期，主碰撞后30Ma以内成矿；③成矿流体盐度和组成：盐度较高，出现较多幔源组分，CO_2含量高，甚至出现大量纯CO_2流体包裹体，含金石英和白钨矿流体包裹体中CO_2的$\delta^{13}C$组成绝大多数为$-2‰～-6‰$，显示其中CO_2来自幔源；④围岩中出现较多的同时代基性和碱性脉岩；⑤垂直方向物质交换较强，壳幔相互作用明显；⑥金矿体形成于喜马拉雅造山期，但具有多期多阶段成矿的特点。推测其原因：①碰撞造山环境下壳幔相互作用强烈，垂直方向物质交换明显，较多地幔流体加入；②控矿断裂为活动断裂，多期改造和矿化叠加；③成矿时代较新，保留原始成矿信息；④成矿流体盐度较高，CO_2和Cl^-较高。成矿流体为近临界高CO_2（$CO_2 \geqslant H_2O$）的中低盐度的$CO_2-H_2O-NaCl$体系流体，在成矿过程中基本不存在流体混合，减压沸腾导致了金的快速沉淀。通过对哀牢山等金矿带的研究，证明碰撞造山带可以产出大型造山型金矿床，并提出碰撞造山型金矿成矿模型。研究表明，哀牢山金矿带不是产于造山带的增生楔内，而是产于碰撞带的大规模走滑剪切带——红河剪切带，即扬子地块构造边界的超岩石圈断裂带上。剪切带早期左行走滑，晚期右行走滑。沿走滑断裂分布的富碱侵入岩和煌斑岩年龄表明左行走滑起始于40Ma前后，金矿带多数矿床的热液蚀变年龄证明，成矿作用伴随碰撞造山晚期的大规模走滑活动而发生。哀牢山金矿带多数矿床就位于红河剪切带的二级或次级构造中，后者多为高角度反转断裂系统和逆冲推覆剪切带，脆性与韧性变形的转换部位常控制矿体的空间定位。金矿体为含金石英脉和含金构造蚀变岩，赋矿岩石多数为古生代蛇绿混杂岩系，显示绿片岩相和角闪岩相变质，产于上地壳中深环境。

9.2 构造体制转换成矿作用

三江地区经历了增生造山和碰撞造山两大构造事件，不同构造体制转换控制了区域成矿作用的类型和时空分布：①古特提斯大洋俯冲→大洋闭合（260～230Ma）：成矿类型由上叠式VMS型、俯冲斑岩型矿床为主过渡为与板内过铝质岩浆有关的锡钨矿、陆内裂谷VMS型为主。如德钦夕卡岩铜多金属成矿带（羊拉铜矿床，～235Ma；鲁春铜矿床，～245Ma）系金沙江缝合带后碰撞岩浆活动产物；临沧锡成矿带（松山、布朗山和勐宋锡矿床，～220Ma）与临沧岩基晚期高分异岩浆活动有关，系昌宁-孟连缝合带后碰撞伸展作用产物。②挤压褶皱→拆沉伸展（～44Ma）：区域从热液型锡钨矿为主过渡到与钾质斑岩有关的铜钼金巨型成矿带以及盆地内部与岩浆热液有关的脉状铜矿的形成。③拆沉伸展→

挤压走滑（~30Ma）：由于大型构造走滑作用形成断裂，促进流体循环并沟通深浅矿源层，形成了哀牢山造山型金矿床、盆地内金顶式铅锌矿床和脉状铅锌矿床。

9.3　复合叠加成矿作用类型

三江地区在不同构造体制下成矿作用于同一空间先后发生，导致不同时代与成因矿体同位叠加，乃是矿床规模提升、共伴生矿种增多和资源潜力扩大的重要因素。成矿集中在大洋生长与俯冲造山阶段以及碰撞造山主碰撞向晚碰撞的转换阶段，控制了区域喜马拉雅期斑岩型铜金矿带、沉积岩容矿型铅锌多金属矿带与造山型金矿带。不同时期构造环境作用下，在矿田与矿床范围内形成了复杂多样的叠加成矿作用。叠加成矿作用可划分为3种类型和9种方式：①VMS-岩浆热液叠加型。包括喜马拉雅期岩浆热液型矿体叠加海西期—燕山期VMS型矿矿床（老厂式铅锌钼矿床和鲁春式铜铅锌矿床），印支—燕山期岩浆热液型矿床叠加海西期VMS型矿体的羊拉式铜钼铅锌矿床。②沉积-热液叠加型。包括喜马拉雅期岩浆热液型矿床叠加燕山期沉积矿源层的白秧坪式铜铅锌矿床，喜马拉雅期建造热液型锗矿床叠加沉积煤层的大寨和中寨式锗矿床，燕山期岩浆热液叠加加里东期分水岭式铁铜矿床。③多期热液叠加型。喜马拉雅期与印支期两期叠加成矿作用的老王寨式金矿床，燕山期叠加印支期普朗-红山式铜矿床，喜马拉雅期多期次叠加的金满铜矿床。叠加成矿在三江地区表现突出，叠加成矿作用增加矿床的资源储量，丰富了矿种类型。叠加成矿系统的建立为研究复合造山成矿理论体系奠定了基础，为矿产勘查提供了理论依据。

9.4　复合造山成矿系统演化

三江特提斯构造带作为全球特提斯构造在中国大陆最典型的发育地区，经历了复杂而完整的演化历史：从晚前寒武纪—早古生代泛大陆解体与原特提斯洋形成，经古特提斯多岛弧盆系发育与古生代—中生代增生造山或盆山转换，至新生代印度-亚洲大陆碰撞与叠加改造，完好地记录了超级大陆裂解→增生→碰撞的完整演化历史和大陆动力学过程。三江特提斯构造带在增生造山与碰撞造山过程中，特别是增生造山向碰撞造山的转换和碰撞造山挤压时期向伸展时期的转换过程中，巨量金属成矿物质在一定的地质时期内于特定空间部位发生集聚，形成了多样化的复杂金属成矿系统。

研究编制了三江地区矿床（点）分布和时代-矿种-成因图，分析了成矿系统的演化（图9.2、图9.3）。三江复合造山成矿的主体特征可概述为：同一构造过程中的成矿多段性，伸展体系内的热液活动长期性，构造转换与剪切下成矿突发性，同一构造背景下的成矿多样性，矿带-矿田多尺度矿化复杂性，复杂构造带内多期成矿叠加性。增生造山和碰撞造山两大构造成矿体系中，古特提斯旋回和碰撞造山期生成了区域重要的矿带（床），展示了成矿作用和成矿强度在时间演化上的差异性与不均匀性。增生造山作用的不同时期（洋盆发育期、洋陆俯冲期、造山后地壳重熔期与后造山走滑及伸展期）以及陆陆斜向碰撞作用的挤压褶皱、拆沉伸展、挤压走滑与伸展旋扭期均有不同特色成矿系统的形成。

原特提斯成矿系统：①VMS型铜成矿系统。发育于思茅地块西侧之云县-景谷岩浆

成矿时代	增生造山成矿系统									碰撞造山成矿系统			
	原特提斯		古特提斯				中特提斯		新特提斯	挤压褶皱期	折沉伸展期	挤压走滑期	伸展旋扭期
	>400Ma		400~200Ma				120~100Ma		120~55Ma	55~45Ma	45~32Ma	32~10Ma	<10Ma
	洋壳型	陆壳型	洋壳型	陆壳型			陆壳型		陆壳型				
		俯冲型		裂谷型	俯冲型	碰撞型	俯冲型	碰撞型	俯冲型	碰撞型			
华南板块			沉积型Mn矿床，如小天井	岩浆型Pt-Pb/Cu-Ni矿床							斑岩型Cu Au-Mo矿床，如北衙		岩浆热液型W-Be矿床，如麻花坪
甘孜-理塘缝合带				岩浆型Cr矿床，如俄夏贡			类卡林型Au矿床，如嘎拉						
义敦岛弧					斑岩型Cu-Au-Mo矿床，如普朗				斑岩型W-Mo矿床，Ag多金属矿床			斑岩型Au-Cu矿床，如甭哥	
中咱地块	SEDEX型Pb-Zn矿床		沉积型Mn矿床，如嘎若				岩浆热液型Pb-Zn-Ag多金属矿床，			盆地热卤水型PB-Zn矿床			
金沙江缝合带			VMS型Cu矿床，岩浆型Cr矿床			斑岩/夕卡岩型Cu-Mo矿床							
哀牢山缝合带													红土型Co-Ni矿床，如金厂和安定
江达-维西岩浆带						VMS型Cu-Pb-Zn矿床，如鲁春	夕卡岩型Ag多金属矿床						
东羌塘地块											斑岩型Cu-Mo矿床，如玉龙	盆地热卤水型PB-Zn-Sb-As矿床	
开心岭-竹卡岩浆带												盆地热卤水型Ag多金属矿床	
雅仙桥岩浆带										剪切带Ni矿床，如墨江			
思茅地块 兰坪成矿带										盆地热卤水型Cu矿床，Ag多金属矿床		盆地热卤水型Pb-Zn/Ag多金属矿床	
思茅地块 巍山-永平成矿带										岩浆热液型Cu-Co矿床，如水泄		盆地热卤水型Au-Sb-Hg矿床	
思茅地块 思茅东成矿带		VMS型Cu-Pb-Zn矿床								盆地热卤水型Cu-Pb-Zn矿床			
思茅地块 思茅西成矿带	BIF型Fe矿床，沉积Mn矿床					夕卡岩/云英岩型Sn矿床，如松山	夕卡岩型Pb-Zn矿床，如邦挖河					盆地热卤水型Au矿床，如西定	盆地热卤水型Ge矿床,热泉型Au矿床
云县-景谷岩浆带					VMS型Cu矿床，如三达山					岩浆热液型Cu-Pb-Zn矿床			
昌宁-孟连缝合带			VMS型Pb-Zn-Cu矿床，如老厂									岩浆热液型Sn-W矿床Au多金属矿床	
西羌塘地块												绢英岩型Sn矿床，盆地卤水型Pb-Zn矿床	
保山地块							岩浆热液型Pb-Zn/Sn-W/Au矿床	岩浆热液型Cu-Ni矿床，如大雪山	云英岩型Sn矿床，如薅坝地			云英岩型Sn-W矿床，如铁厂	
潞西裂谷							类卡林型Au矿床，如上芒岗			红土型Au矿床，如芒岗			
腾冲地块							夕卡岩/岩浆热液Fe-P-Zn矿床		夕卡岩/岩浆热液型Sn-W/REE矿床				热泉型Au矿床，如两河
怒江-碧土缝合带										盆地热卤水型Pb-Zn-Ag矿床			
拉萨地块												盆地热卤水型Hg矿床，俄龙呷	

图 9.2　三江地区成矿系统演化图

红色字体部分代表该大地构造分区内重要的成矿作用类型

带，如大平掌铜矿床，与俯冲上盘地块裂谷作用相关；②BIF 型铁成矿系统。发育于云县-景谷岩浆带，如惠民铁矿床。

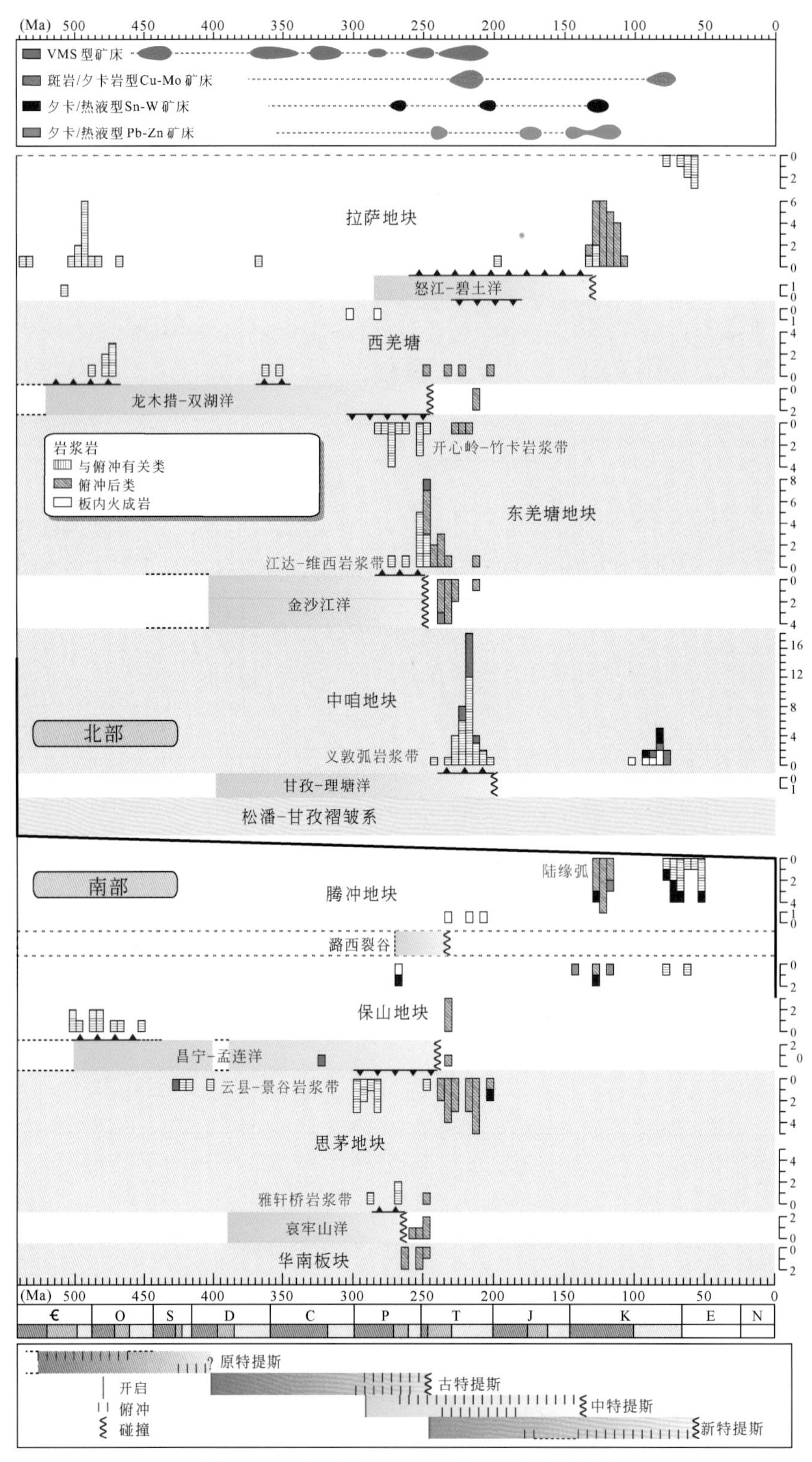

图 9.3　三江地区特提斯洋时间演化分布图

古特提斯成矿系统：①VMS型铜铅锌银多金属成矿系统。发育于古缝合带与相应的火山岩浆弧内，如昌宁-孟连缝合带、金沙江缝合带、江达-维西火山-岩浆弧和德格-乡城火山-岩浆弧，主要与洋中脊玄武岩（如铜厂街铜矿床和羊拉铅锌矿床）、洋岛火山岩（如老厂铅锌矿床）和弧间裂谷作用相关（如嘎村、嘎衣穷银多金属矿床和鲁春铜铅锌矿床）；②斑岩型铜钼金成矿系统，发育于德格-乡城火山-岩浆弧内，与甘孜-理塘洋壳西向俯冲作用导致的岛弧岩浆活动相关，如普朗和雪鸡坪铜钼金矿床；③锡多金属成矿系统，发育于临沧-景谷复合弧的边部，与后造山地壳重熔作用形成的花岗岩基侵位作用相关，如松山和布朗山锡矿床；④夕卡岩型铜多金属成矿系统，发育于金沙江缝合带内的羊拉晚期铜多金属矿化，与金沙江缝合带闭合后的伸展作用相关；⑤岩浆熔离型铜镍成矿系统，发育于保山地块内部，如大雪山铜镍矿床。

中-新特提斯成矿系统：①夕卡岩型-云英岩型锡多金属成矿系统，发育于冈底斯-腾冲火山-岩浆弧和保山地块北部，与造山后地壳重熔作用形成的花岗质岩浆活动相关，如大松坡-小龙河锡矿床；②夕卡岩型-岩浆热液型铅锌铜银汞多金属成矿系统，发育于保山地块内部，与后造山地壳伸展作用而导致的中酸性-中基性岩浆活动相关，如核桃坪和鲁子铅锌矿床、杨梅田铜矿床、小干沟金矿床和水银厂汞矿床；③岩浆热液型-斑岩型-夕卡岩型钨钼银铅锌多金属成矿系统，发育于德格-乡城火山-岩浆弧和江达-维西火山-岩浆弧，与加厚地壳重熔作用形成的花岗质岩浆活动相关，如休瓦促钨钼矿床、夏塞银多金属矿床和丁钦弄银多金属矿床。燕山期被认为是三江特提斯增生造山作用向陆-陆碰撞造山作用的转换时期，燕山期本身也具有复杂的成矿多样性，除部分矿床形成于晚印支期后造山伸展背景外，不少晚燕山期矿床表现出与地壳挤压增厚作用导致的岩浆活动相关，如形成于80～70Ma的腾冲火山-岩浆弧内部分锡多金属矿床和德格-乡城火山-岩浆弧内的钨钼银多金属矿床等；④造山型金成矿系统，甘孜-理塘缝合带剪切带型金成矿系统，如阿加隆洼金矿床和雄龙西金矿床。

挤压褶皱期成矿系统：①夕卡岩型或云英岩型锡多金属-REE成矿系统，发育于冈底斯-腾冲火山-岩浆弧和保山地块北东边缘，与碰撞挤压作用过程中地壳活化导致的花岗岩侵位活动相关，如来利山和薅坝地锡钨矿床以及百花脑REE矿床；②盆地热卤水型/岩浆热液型铜多金属成矿系统，发育于兰坪-思茅地块西侧和南部及云县-景谷火山-岩浆弧北部，与地壳活化导致的中酸性岩体侵位活动相关，如官房和文玉铜多金属矿床，与隐伏岩浆活动相关，如金满-连城铜矿床和白龙厂铜铅锌矿床。

拆沉伸展期成矿系统：钾质斑岩型铜钼金成矿系统。沿金沙江-红河深大断裂发育，与大断裂走滑运动中壳幔相互作用导致的钾质斑岩活动相关，如北段的玉龙铜矿床、马拉松多铜矿床，中段的北衙金铜矿床和马厂箐铜钼金矿床、南段的哈播铜矿床和铜厂铜金矿床。

挤压走滑期成矿系统：①盆地热卤水型铅锌铜银金锑多金属成矿系统，发育于昌都-兰坪-思茅地块，与构造-热驱动造成的盆地热卤水的活动相关，如金顶、赵发涌和拉诺玛铅锌矿床、区吾银矿床、扎村金矿床和笔架山锑矿床；②造山型金成矿系统，发育于哀牢山缝合带，与哀牢山断裂大规模走滑作用导致的壳幔相互作用相关，如镇沅、墨江金厂和长安金矿床。

伸展旋扭期成矿系统：①热泉型金成矿系统，发育于腾冲地块和思茅地块西侧临沧地区，如两河金矿床和勐满金矿床；②盆地热卤水型稀有金属成矿系统，发育于思茅地块西侧临沧地区，如大寨和中寨锗矿床；③红土型钴镍（金）成矿系统，发育于哀牢山缝合带和临沧地区等，如墨江金镍矿床和勐满红土型金矿床。

此外，各大地构造分区由于在形成机制、基底与盖层物质成分、构造演化与成矿作用方式等方面的不同，具有明显的成矿系统空间差异性。例如，VMS 型 CU-Pb-Zn-Ag-Au 成矿系统分布在古缝合带和相应的火山–岩浆弧中；沉积岩容矿围岩型 Pb-Zn-Cu-Ag-Sb-Hg 矿床分布在稳定地块内部；斑岩型 Cu-Au-Mo 多金属成矿系统分布在德格–乡城火山–岩浆弧、扬子地台西缘和哀牢山缝合带南缘；剪切带型金成矿系统产于哀牢山缝合带和甘孜理塘缝合带内部；夕卡岩型或绢英岩型 Sn 多金属矿床分布在冈底斯–腾冲火山–岩浆弧和保山地块北部；热泉型金成矿系统发育于临沧景谷复合弧南缘与冈底斯–腾冲火山–岩浆弧内部。

三江地区经历了增生造山和碰撞造山两大重要构造事件，不同时间尺度和空间尺度的构造体制转换对成岩成矿起着关键控制作用。区域存在三期重要构造体制转换事件：第一期为洋陆俯冲造山至造山后伸展的转换；第二期为碰撞造山中从主碰撞阶段向晚碰撞阶段之间的转换。两期构造体制转换对区域燕山期—喜马拉雅期斑岩铜矿带、沉积岩容矿多金属成矿带、造山型金矿带有重要控制作用；第三期为碰撞造山中从晚碰撞阶段向后碰撞阶段之间的转换，控制了沱沱河盆地中的铅锌矿床。燕山期成岩成矿事件的厘定对确定增生造山向碰撞造山的转换提供了重要线索，为精细刻画三江地区构造体制转换指明了方向。

9.5　矿床成矿后变化与保存

矿床形成后的变化与保存受到各种地质作用的控制和影响，区域隆升和剥蚀是控制矿床变化与保存的关键因素之一。在造山带的研究中，岩体隆升幅度的确定和剥蚀量的计算至关重要，它不仅影响地质地貌形态与海拔的变化，气候和植被等环境因素的变化也影响矿床变化与保存的定量评价。对隆升幅度、隆升速率和剥蚀量的研究方法主要有：古生物–古气候法、古地理方法、矿物压力计方法、裂变径迹热年代学方法和变质作用 $P\text{-}T\text{-}t$ 轨迹法。利用磷灰石（锆石）裂变径迹（AFT、ZFT）热年代学方法恢复花岗质杂岩体的隆升演化历史，求取岩体剥蚀程度和剥蚀速率的定量数据，为成矿形成、保存和变化提供了依据。

9.5.1　典型矿床形成保存

格咱岛弧地壳隆升和剥蚀程度以地壳演化为背景，通过野外地质调查工作系统采集样品，利用黑云母矿物地质压力计和磷灰石裂变径迹（AFT）法恢复格咱岛弧花岗质杂岩体的隆升演化历史。岩石样品采自格咱岛弧成矿带包括普朗岩体、松诺岩体、雪鸡坪岩体、红山岩体和春都岩体，其中红山岩体样品采自 HZK0901 钻孔 707m 处，春都样品采自 ZK0703 钻孔 1246m 处。采样位置和高程使用 GPS 标定，岩石岩性包括石英闪长玢岩和石英二长斑岩。

通过在地表和不同深度取样分析，计算了带内部分斑岩体的剥蚀深度（图 9.4），其中普朗岩体剥蚀深度平均为 2.08km，剥蚀速率为 0.0039 ~ 0.0179mm/a；松诺岩体为 5.59km，剥蚀速率为0.0241～0.0283mm/a；雪鸡坪岩体为4.92km，剥蚀速率为0.0204～0.0299mm/a；红山岩体为2.1km，剥蚀速率为0.0055～0.0189mm/a；春都岩体为3.83km，剥蚀速率为0.0159～0.0189mm/a，该区平均剥蚀速率达0.018mm/a。从格咱岛弧地区印支期各成矿斑岩体的剥蚀深度来看，位于西斑岩亚带的雪鸡坪岩体和春都岩体比中斑岩亚带的普朗和红山斑岩体剥蚀深度要大。从现今的地形变化情况看，格咱岛弧地区为高海拔深切割地貌区，海拔高程为3500～4300m。岩体的高程与剥蚀量有一定的关系，普朗、红山、雪鸡坪、春都岩体表现出剥蚀量随海拔的增加而减小，但是松诺岩体由于其自身海拔较高，岩体裸露地表，物理风化作用强烈，剥蚀量最大。总体而言，成矿斑岩体的剥蚀量较小，不同岩性之间剥蚀情况有明显差异。

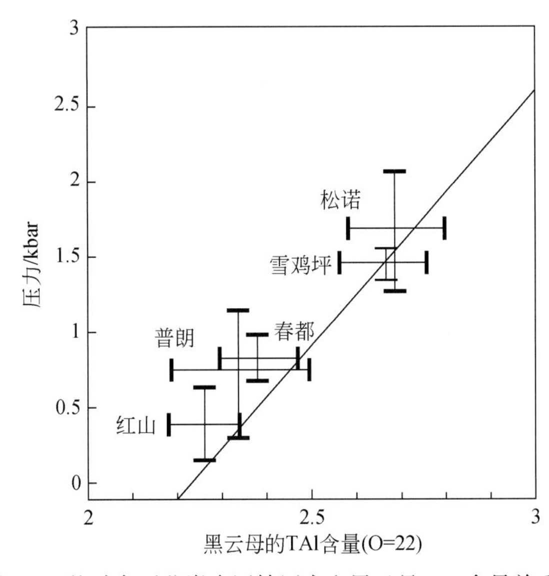

图9.4　格咱岛弧花岗岩固结压力和黑云母TAl含量关系图

9.5.2　岩体隆升演化过程

磷灰石裂变径迹研究所需的岩石样品采自格咱岛弧成矿带典型的成矿斑岩体。按照每间隔100～200m的不同海拔系统采集新鲜的岩石地表露头，或钻孔开孔处及钻孔岩心的新鲜岩（矿）石中，单样品重大于2kg，磷灰石单矿物100～500颗。样品采集涵盖了格咱岛弧岩性包括石英闪长玢岩、石英二长斑岩、花岗闪长斑岩、英安斑岩等32件。样品的池年龄和中值年龄基本一致，磷灰石裂变径迹年龄远远小于成岩-变质年龄，且所有样品的成岩或变质温度远大于磷灰石裂变径迹的重置温度（110℃），表明在成岩成矿和变质作用过程中裂变径迹被重置（林秀斌等，2010）。在获得裂变径迹年龄的32件样品中，大部分样品的$P(\chi_2)$都远大于5%，表明均属于同组年龄，其年龄值有确切的地质意义，在磷灰石单颗粒年龄直方图中表现为单峰式的分布形式，表明受单一的构造热事件控制；有9件样品没有通过$P(\chi_2)$的检验值小于5%，但是从磷灰石单颗粒年龄直方图上看，年龄的分布较为集中，且中值年龄与池年龄的误差范围也基本一致。所以，样品不存在退火不完全存在早期裂变径迹影响的问题，样品的磷灰石裂变径迹结果反映的是成岩-变质之后的构造热事件。磷灰石封闭径迹的长度变化范围为 12. 2 ~ 14. 0μm，均小于磷灰石的标准径迹长度（16. 3μm），表明与之对应的裂变径迹年龄相对较大，在经历一次较高温的构造热事件后，磷灰石在部分退火带温度范围（60 ~ 90℃）经历时间较长，使得径迹缩短（袁万明等，2000）；表明样品中既有较新生成的径迹，也存在较老的径迹。裂变径迹长度分布多峰形式不明显，表明样品在径迹重置之后并没有经历多次构造热事件。

格咱岛弧成矿带内成矿岩体的磷灰石裂变径迹年龄分布于 12 ~ 68Ma，其中，普朗岩体的裂变径迹年龄为 30±3 ~ 68±5Ma，亚杂岩体为 17±2 ~ 39±4Ma，卓玛岩体为 45±4Ma，浪都岩体为 12±1 ~ 56±5Ma，地苏嘎岩体为 16±2 ~ 67±6Ma，松诺岩体为 33±3Ma，高赤平岩体为 35±3Ma，烂泥塘岩体为 29±4Ma，春都岩体为 60±4Ma 和雪鸡坪岩体为 27±8 ~ 41±6Ma。从不同岩体的裂变径迹年龄分布来看，其裂变径迹年龄明显要小于其岩体的形成时代，同样也小于区内铜多金属矿床的成矿时代。

1. 普朗矿床

普朗矿床产出于普朗复式斑岩体内，为格咱岛弧地区印支期斑岩型铜矿的典型代表，矿床地质特征见前述。采集磷灰石裂变径迹样品 12 件，样品中矿物组合为磷灰石–磁铁矿–榍石–黄铜矿–磁黄铁矿–黄铁矿。磷灰石裂变径迹年龄为 31±3 ~ 68±5Ma，均小于成岩成矿时代。获得磷灰石开始冷却的年龄为 77 ~ 127Ma，由于成岩成矿作用结束后，成矿岩体开始进入迅速降温阶段，因此，两个年龄均反映了磷灰石形成后的热史信息。磷灰石裂变径迹的长度分布呈单峰模式，裂变径迹的长度分布范围为 12. 2±2. 1 ~ 14. 0±1. 5 μm，热史模拟选取 $P(\chi_2)$ 值较大的 PL-002、PL-035、PL-041、PL-053 样品进行，其中样品 PL-041 由于获得的裂变径迹长度数据较少，因而模拟结果仅供参考。应用 HeFty 软件并根据成岩成矿年龄和封闭温度对所测样品进行热史模拟，模拟结束的条件为 Good Paths = 200，4 件样品均获得了较好的模拟结果（图 9. 5）。

模拟结果显示具有 3 个阶段的热史演化模式：① 220Ma→80Ma，温度较高，总体上处于磷灰石裂变径迹退火带的底部，温度总体上高于 100℃；② 80→30Ma，表现为缓慢冷却降温过程，温度由 80℃→60℃；③ 30Ma 至现今，温度由 60℃ 至现今的地表温度 15℃，为快速冷却降温阶段。第一阶段，自 220Ma 普朗复式岩体开始形成以来至燕山晚期 80Ma 期间，共计降温幅度为 130℃，为岩体形成以来的主体降温阶段，冷却速率为 0. 93℃/Ma；第二阶段时间跨度为 50Ma，降温幅度为 15℃，冷却速率为 0. 3℃/Ma；第三阶段时间跨度为 30Ma，温度变化幅度为 50℃，冷却速率达 1. 67℃/Ma。

依据公式 C_r（℃/Ma） = （T_m-T_{surf}）/t_m，T_m为矿物裂变径迹的封闭温度，T_{surf}为现今地表的温度，t_m为样品的年龄值（袁万明等，2011）。磷灰石裂变径迹的平均封闭温度为 100℃，现今地表的平均温度为 15℃，由此获得普朗复式斑岩体的冷却速率分别为：1. 77℃/Ma、2. 07℃/Ma、1. 37℃/Ma、1. 42℃/Ma、1. 60℃/Ma、1. 25℃/Ma、1. 37℃/Ma、1. 37℃/Ma、1. 57℃/Ma、1. 73℃/Ma、2. 83℃/Ma、2. 74℃/Ma。从最小年龄 30Ma 的样品 PL-41 来看，冷却降温速率最大，为 2. 83℃/Ma，年龄最大的样品 PL-016 从 68Ma 以来的平均冷却速率为 1. 25℃/Ma，根据模拟结果在 68Ma 平均冷却速率为 0. 3℃/Ma，至 30Ma 开始进入 1. 67℃/Ma 冷却阶段。冷却速率与 1. 25℃/Ma 基本一致。

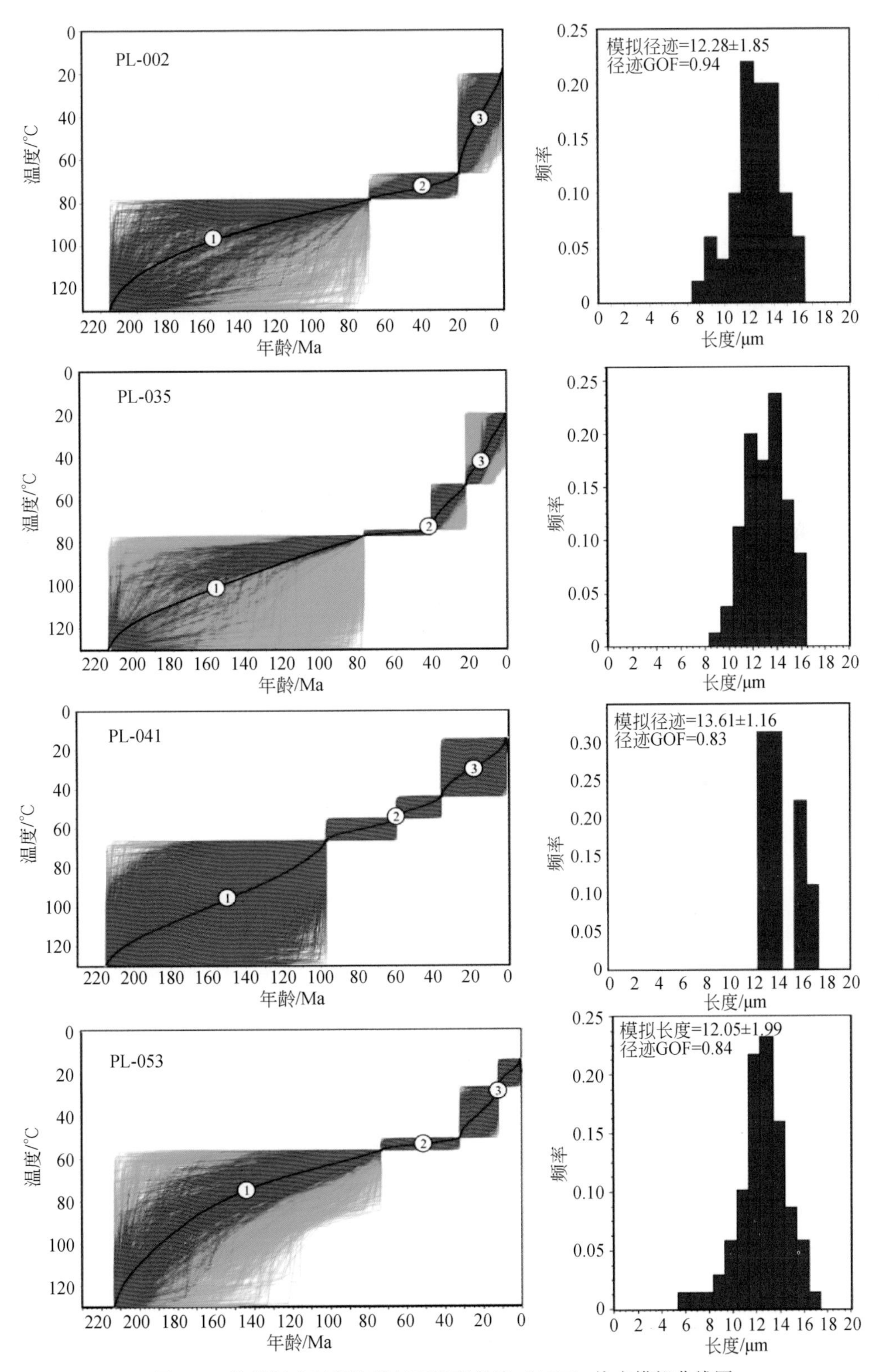

图 9.5　普朗复式斑岩体磷灰石裂变径迹（AFT）热史模拟曲线图

岩体隆升速率的推导需要结合地壳地温梯度和磷灰石裂变径迹冷却速率。大陆地壳的地温梯度的变化为10～40℃/km，花岗岩的热导率要明显高于沉积岩地区，地温梯度要低于地壳的平均值。由于三江地区为高地热流地区，剑川-丽江地区的地温梯度为23.8～24.3℃/km，格咱岛弧地区又地处岛弧造山带，地壳的地温梯度大于20℃/km，即使在100～1000km的超级大陆裂谷环境地温梯度也不会大于40℃/km（Gleadow *et al.*，2002），因此认为该区的地温梯度值取30℃/km较为合理。

以本区的地温梯度30℃/km计算，根据磷灰石裂变径迹的热史模拟结果，可以计算出普朗复式岩体不同阶段的隆升速率和隆升幅度。第一阶段的时间跨度为140Ma，共计降温为130℃，计算得到其隆升速率和隆升幅度为0.03mm/a和4.3km；第二阶段的时间差和温度差分别为50Ma和15℃，计算得到其隆升速率和隆升幅度为0.01mm/a和0.5km；第三阶段的时间差和温度差为30Ma和50℃，计算得到其隆升速率和隆升幅度为0.06mm/a和1.7km。由此，获得普朗复式斑岩体3个阶段总的视平均隆升量为6.5km。

2. 雪鸡坪矿床

雪鸡坪岩体为浅成、超浅成斑（玢）岩，斑（玢）岩体构造裂隙发育，岩石蚀变强烈，进而测试样品未能获得有效的裂变径迹长度，不能进行热史的模拟。而采用年龄、封闭温度法：剥露速率×年龄值=(封闭温度-现今地表温度)/地温梯度，计算可以获得岩体的平均视剥露速率。本次分析获得的磷灰石裂变径迹年龄为样品经历封闭温度至今的时间。取磷灰石平均封闭温度100℃，现今地表温度15℃，格咱岛弧地区地温梯度30℃/km，计算得到XJP-01的剥蚀速率为0.069mm/a，XJP-02、XJP-06裂变径迹年龄相同，剥蚀速率0.105mm/a。

综上所述，本区成矿斑岩体（矿床）形成于晚三叠世的中酸性岩浆侵入事件，而磷灰石裂变径迹（AFT）年龄（12±1～68±5Ma）代表铜多金属矿床的剥露年龄。根据格咱岛弧岩浆岩带成矿斑岩体的磷灰石裂变径迹热年代学年龄数据和成岩成矿的同位素年龄约束，给出了区内斑岩型铜矿床含矿岩体的岩浆侵入作用与冷却过程的时限（图9.6），从而限定了斑岩型铜矿成矿作用的时代与剥露历史。

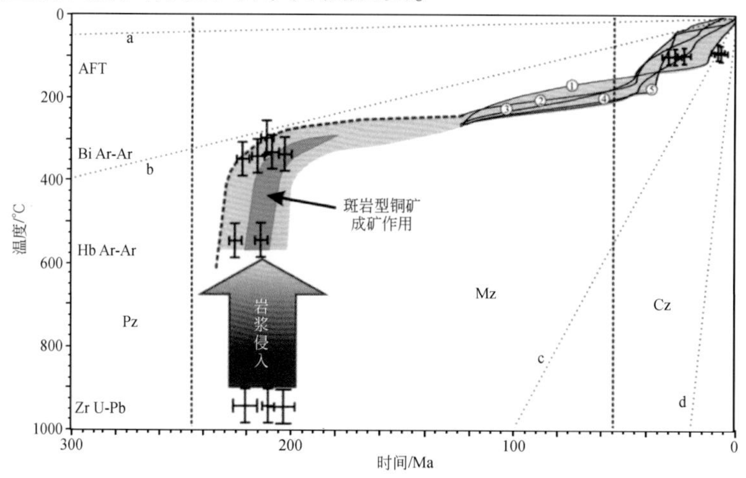

图9.6　格咱岛弧斑岩型铜矿床成矿作用和矿床剥蚀过程温度-时间图

9.5.3　典型矿床变化过程

1. 格咱矿床

区内中酸性斑岩体与矿床的形成密切相关，岩体的剥蚀程度代表了矿床的剥蚀情况，可以通过岩体的剥蚀与成矿岩体的形成深度来分析斑岩矿床形成后的变化保存情况。本书对格咱岛弧成矿带内成矿斑岩体的岩浆侵位深度和剥蚀程度进行了计算和对比分析，其结果见表9.1，各成矿岩体的剥蚀深度都小于侵位深度，这对矿床形成后的保存较为有利。

研究表明印支期（228～199Ma）以来格咱岛弧地区总体的剥蚀幅度小于岩浆发生侵位的深度，从图9.7中可以看出格咱岛弧成矿带中分布的大型、超大型矿床如普朗铜矿床、春都铜矿床、红山铜矿床等矿床剥蚀深度差异不大，处于同一剥蚀水平；位于东斑岩带的亚杂多金属矿床、卓玛铜矿床、浪都铜矿床受到高海拔和断层活动的控制影响，总体的剥蚀深度处于一个较高的水平；松诺铜矿床和地苏嘎铜多金属矿床的剥蚀深度在区内最大，主要是受海拔的影响和控制；雪鸡坪铜矿床由于海拔较低加之矿区内无大的断裂活动，构造活动相对较为稳定，地表径流不发育，其剥蚀深度较小。

表9.1　格咱岛弧斑岩矿床岩浆侵位深度和剥蚀深度对比表

矿床	侵位深度/km	平均侵位深度/km	剥蚀深度/km	平均剥蚀深度/km
普朗铜矿床	0.84～3.85	2.56	1.91～2.48	2.19
松诺铜矿床	4.50～6.72	5.16	2.53	2.53
雪鸡坪铜矿床	4.36～6.41	4.82	1.50～1.81	1.62
春都铜矿床	2.18～2.82	2.59	2.04	2.04
红山铜矿床	2.97～4.62	3.60	1.91～2.72	2.10

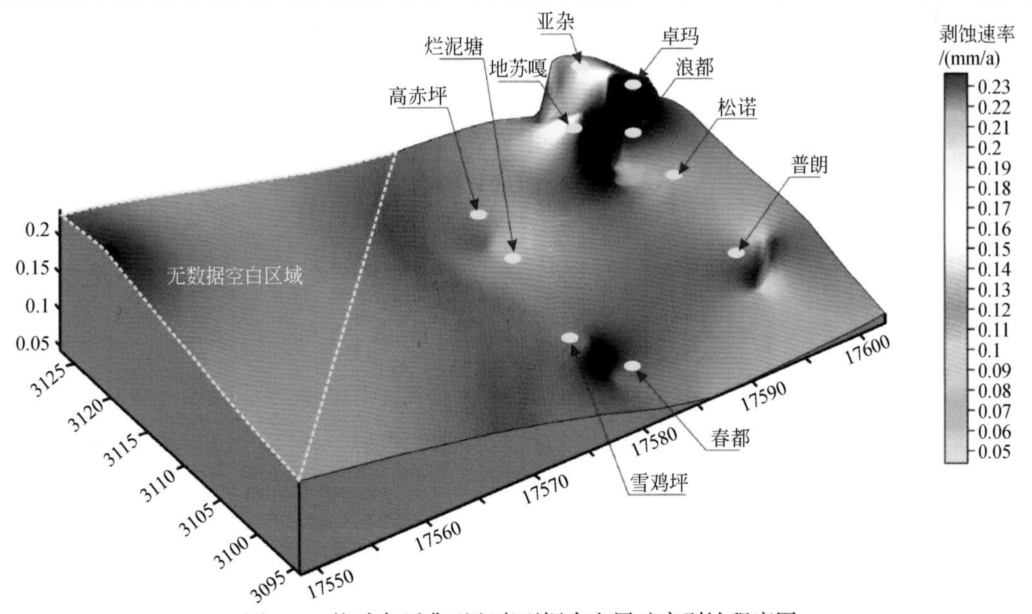

图9.7　格咱岛弧典型斑岩型铜多金属矿床剥蚀程度图

格咱岛弧的成矿斑（玢）岩体自晚三叠世洋壳俯冲，壳幔混熔形成安山岩的火山喷发至闪长玢岩、石英二长斑岩的侵入，晚白垩世开始与岩体主体同步缓慢冷却。晚三叠世地表火山沉积建造的大面积出露，表明对侵入岩体的剥蚀程度不高。由于剥蚀条件差异，各岩体的剥蚀情况不同，岩体在地表大面积裸露的如地苏嘎、亚杂和卓玛斑岩体，剥蚀程度较高，有的岩体大部分被火山沉积盖层所覆盖，仅部分岩体出露地表如普朗、雪鸡坪、春都岩体等，斑岩顶部已有剥蚀，岩体呈隐伏岩体，斑岩体尚未遭到剥蚀。

矿床变化与保存的研究既包括矿床中含矿岩系和矿体原有形态和产状的变化，也包括含矿体和围岩物质组成上发生的显著变化。矿床类型的变化还包括一些特殊的情况，原有矿床被后来的另一类矿床叠加，原来的矿床类型转变为多种类型共存的多成因矿床，即叠加成矿作用。一般出露地表的矿床或多或少地都受到了破坏改造，矿体的完整性已不再存在，因此研究已被剥蚀的资源储量对于地质找矿和资源评价具有重要的现实意义。对格咱岛弧斑岩型铜多金属矿床剥蚀资源量的计算参照王功文（2007）剥蚀资源量的计算方法：剥蚀资源量=总储量×剥蚀速率×矿体地表的出露率（%）×矿体倾角/矿体的平均厚度。

典型矿床剥蚀资源量的计算见表9.2所示。普朗矿床剥蚀资源量的计算表明，矿床形成以来的剥蚀量较小，未对矿床的保存造成较大破坏。可能的原因是晚白垩世以来，普朗矿区构造变形强烈，各级结构面发育，地层富水性较复杂，既有层状裂隙水，也有构造裂隙水，有利于化学溶蚀作用的发育，从而造成成矿金属元素的剥蚀。另外，含矿斑岩体在地壳隆升作用的影响之下，发生抬升，局部出露地表接受由外动力地质作用主导的风化剥蚀作用，造成了一定金属有用物质组分的流失。红山矿床的剥蚀量很小，得益于红山岩体在地表的出露面积很小，多呈隐伏岩体产出。春都矿床剥蚀资源量为0.4万~1.06万t，占资源总储量的比例<10%，矿体的大部分应该得以保存。

表9.2　格咱岛弧典型铜多金属矿床剥蚀量特征表

矿床	储量	剥蚀速率/(mm/a)	矿体地表的出露率/%	矿体倾角/(°)	矿体平均厚度/m	剥蚀资源量
普朗铜矿床	Cu：436.5万t	0.059	60	57	162.7J	Cu：5.41万t
	Au：213.1t					Au：2.62t
	Ag：1503.5t					Ag：61.63t
红山铜矿床	Cu：46万t	0.0097	30	60	7.3	Cu：1.10万t
雪鸡坪铜矿床	Cu：28.73万t	0.093	65	60~70	3.97~26.38	Cu：7.52万t

雪鸡坪矿床的铜资源剥蚀量为7.52万t，剥蚀量占资源储量的10%，虽然雪鸡坪岩体的剥蚀深度较小，但是岩体出露面积大（0.98m^2），岩体的倾角较陡，再加之矿体的厚度变化不稳定，因而造成了矿体的剥蚀。亚杂矿床和浪都矿床由于剥蚀水平大致相当，计算得出的剥蚀资源量所占总储量的比例接近50%，一方面是受到剥蚀速率大的控制；另一方面两个矿床都分布在断裂带及附近，因此造成了矿床的剥蚀。

综上所述，格咱岛弧岩浆成矿带斑岩型铜多金属矿床形成后的保存情况，根据资源量的剥蚀情况可划分为三个数量级：Ⅰ级为矿床轻度剥蚀，剥蚀的资源储量占资源储量的比较很小，一般小于10%，如普朗矿床、红山矿床和春都矿床；Ⅱ级为矿床中等剥蚀，剥蚀的资源储量占资源储量的 50% 左右，如亚杂银铅锌多金属矿床和浪都铜矿床；Ⅲ级为矿床严重剥蚀，剥蚀的资源储量占资源储量的比例大于 60%，如地苏嘎矿床和卓玛矿床。

2. 羊拉矿床

矿床由里农、路农、江边 3 个矿段组成。含矿岩系为下泥盆统江边组中段–中上泥盆统里农组，产有层状和似层状火山–喷流沉积矿体；印支–燕山早期岛弧中酸性岩浆侵入形成夕卡岩型和改造叠加矿体。燕山早期末形成于斑岩和断裂中脉状矿体是一个既受层控、又绕岩体、从岩体穿插至围岩之中的沉积–斑岩–夕卡岩–脉状的复合型铜矿床（图 9.8）。仅对里农矿段的 1 ~ 5 号层状矿体进行研究，其他 6 ~ 17 号矿体为脉状矿体，控矿因素较复杂，且 2、5 号矿体为主矿体。从矿区特征可知，矿段中 1 号矿体为岩体晚期形成的爆发角砾岩筒型矿体；2 ~ 5 号矿体出露高程为 3000 ~ 3710m，而里农大沟从海拔 4100m，直到南东向横穿和剥蚀至金沙江海拔 2250m，高差达 1800m 左右。从 3300 ~ 3600m 海拔段将 2 ~ 5 号层状矿体的北东延部分剥蚀，里农大沟宽 1200m，推断剥蚀矿体部分宽达 500m。从 2 ~ 5 号北东向层状矿体平均长 1000m，矿段北西向长 2000m，大致估算剥蚀 1/2 矿体以上。矿体隆升 1850m（4100 ~ 2250m）以上。

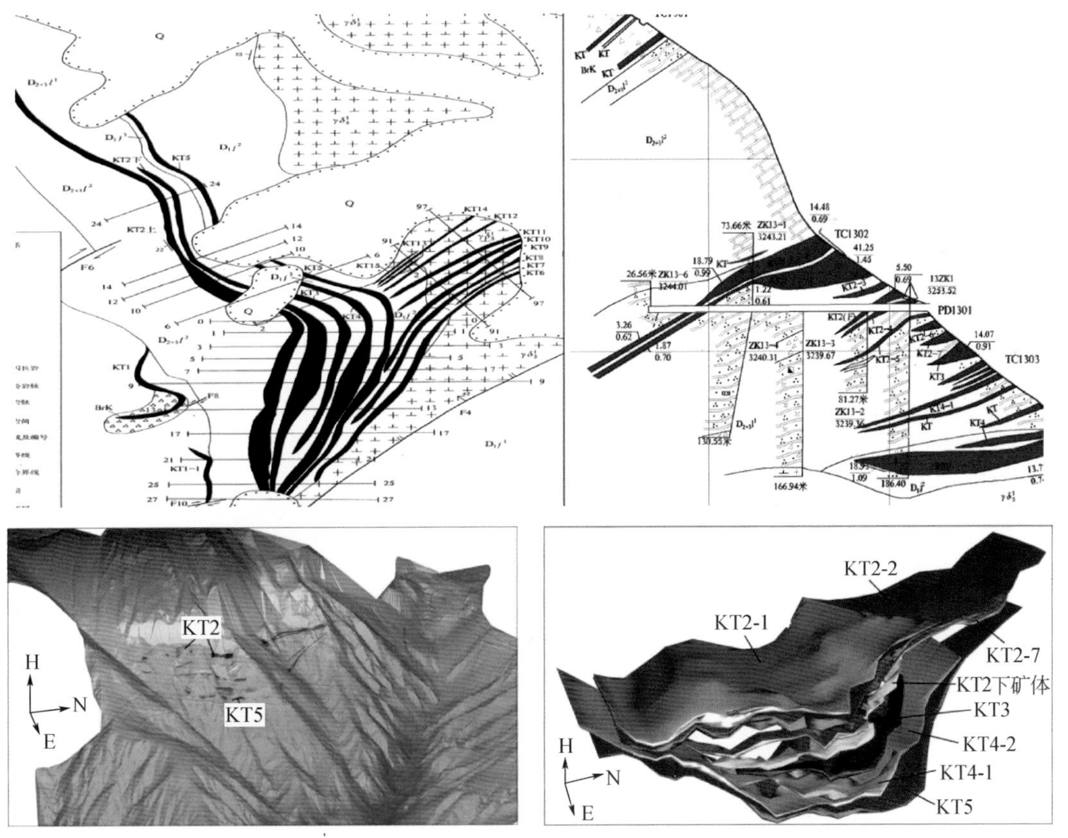

图 9.8　羊拉矿床三维透视、平面和剖面示意图

此外，地球化学剖析显示低温元素 Au、Ag、As 在矿段不存在，矿段处于中温元素 Cu、Pb 异常边缘，有高温元素 Bi、Mo、W、Sn 异常出现，与花岗岩有关的 U、Th 元素也出现，剥蚀到里农花岗岩表明矿体保存较差。

根据磷灰石裂变径迹年龄、径迹长度和部分样品的实测 Dpar 数据，结合磷灰石裂变径迹开始冷却年龄、成岩成矿的锆石 U-Pb 年龄和样品位置的实测高程等约束条件，确定热史模拟的初始条件。模拟的温度从高于裂变径迹退火带的 130℃ 至现今的地表温度（平均为 15℃），时间从三叠纪晚期（240Ma）至今（0Ma）。热史模拟的质量根据磷灰石裂变径迹年龄和径迹长度的 GOF 检验值来判断。每件样品所分析的磷灰石单颗粒数为 35 ~ 40 颗，磷灰石裂变径迹年龄为 7±1 ~ 12±1Ma，年龄属新生代，年龄均小于成岩成矿时代。磷灰石裂变径迹的长度分布呈单峰模式，裂变径迹的长度分布范围为 12.6±2.0 ~ 12.3±1.9μm。

热史模拟选取 YZ-02、YZ-03、YZ-04 样品进行。热史演化的模拟条件选择与普朗岩体相同，选取 $P(\chi2)$ 检验值较大的 YZ-02 进行模拟，应用 HeFty 软件并根据成岩成矿年龄和封闭温度对所测样品进行热史模拟，模拟结束的条件为 Good Paths = 200，模拟结果获得了高质量的热史演化曲线（图 9.9）。图中左上角为样品编号，浅灰色曲线部分为可接受的热史演化曲线（GOF 大于 5%）；深灰色曲线部分为高质量的热史演化曲线（GOF 大于 50%）。

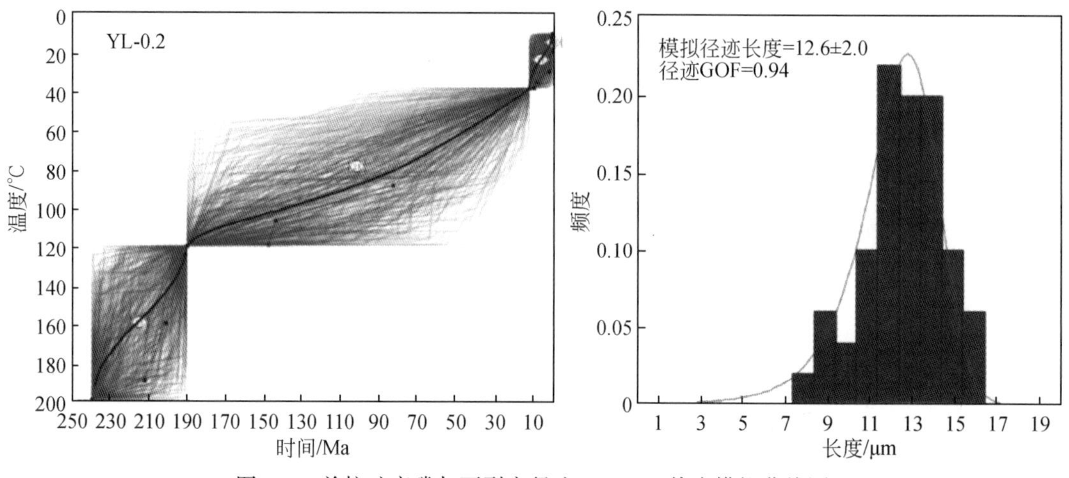

图 9.9　羊拉矿床磷灰石裂变径迹（AFT）热史模拟曲线图

模拟结果显示具有 3 个阶段的热史演化模式：① 240 ~ 190Ma，温度较高，总体上处于磷灰石裂变径迹退火带的底部，温度高于 100℃；②190 ~ 12Ma，表现为缓慢冷却降温过程，温度由 120℃→45℃；③ 12Ma 至今，温度由 45℃ 至现今的地表温度 15℃，为快速冷却降温阶段。第一阶段，自 220Ma 普朗复式岩体开始形成以来至早燕山期间，共计降温幅度为 35℃，为岩体形成以来的主体降温阶段，冷却速率为 0.70℃/Ma；第二阶段时间跨度为 182Ma，降温幅度为 75℃，冷却速率为 0.41℃/Ma；第三阶段时间跨度为 12Ma，温度变化幅度为 30℃，冷却速率达 2.5℃/Ma。

对于磷灰石裂变径迹年龄较大的古近系样品（<35Ma），取古海拔为 750m。对于磷灰石裂变径迹，$D+\Delta$s. l. 就等于磷灰石裂变径迹封闭温度对应的埋藏深度。取磷灰石的裂变径迹平均封闭温度 100℃，地温梯度为 30℃/km，得到埋深为 3330m，得到 $D+\Delta$s. l. = 3330m，由此岩石的隆升可表述为 $U=\Delta H+3330$。

由于样品取自不同的海拔，由此计算获得矿区岩石的隆升幅度（表 9.3）。隆升幅度变化范围为 6830～7080m，隆升速率的计算由各样品点的隆升幅度与裂变径迹年龄求出，隆升速率大致可分为两个数量级：0.54mm/a 和 0.87～0.98mm/a，显示出差异隆升的特征。不同样品的隆升速率与年龄值呈现负相关性，表明随着时间的推移，隆升越来越强烈的变化趋势，与热史模拟结果一致。

表 9.3　格咱岛弧成矿斑岩体隆升剥蚀作用特征表

样品号	矿床	海拔/m	隆升速率/(mm/a)	隆升幅度/m	剥蚀速率/(mm/a)	剥蚀程度/m
YZ-02	羊拉矿床	3750	0.54	7080	0.022	850
YZ-03	羊拉矿床	3650	0.87	6980	0.035	950
YZ-04	羊拉矿床	3700	0.98	6830	0.040	1100

研究取得的磷灰石裂变径迹年龄为样品经历封闭温度至今的时间，取磷灰石的封闭温度 100℃，现今地表的温度 15℃，羊拉矿床的地温梯度 30℃/km，计算得到剥蚀速率和剥蚀量，计算结果见表 9.3。羊拉矿区的剥蚀速率变化于 0.022～0.04mm/a，剥蚀量为 850～1100m，计算结果表明，剥蚀速率与剥蚀量呈正相关性，剥蚀量的变化随着海拔的增加而减小，表明自 240Ma 以来没有经历较为复杂的冷却演化历史，矿床的剥蚀作用受区域整体抬升的影响和控制。

下篇：资源评价篇

地球物理方法是获得研究区深边部地质结构信息的有效方法（滕吉文等，2007；吕庆田等，2007；董树文等，2009），而研发航空探测高新技术、地面大探测深度电磁系统以及其他高新技术已成为先进国家矿产勘查的重要组成部分，通过技术进步实现对成矿过程的深入理解和增强寻找大型矿床的能力已成为必然趋势。世界上最先进的航空矿产勘查系统（TEMPEST）已由澳大利亚合作研究中心矿产勘查技术部研制成功，系统将地面探测深度推达300m。目前最先进的超导航空重力梯度测量系统已由英国ARKeX公司研制成功，测量精度比现有技术提高10倍，已用于资源和能源勘查。国际先进的地面电法、电磁法仪器呈现出多功能、多通道、分布式、现场大容量存储、图示和处理等特点，体现出电磁法向更大深度、更高分辨率发展的趋势。

地球化学勘查是重要的勘查评价技术（王学求，2003）。近年来相继开发出干旱区、半干旱区、湿润区、高寒湖沼区、森林沼泽区、热带雨林区等景观区的区域化探和不同比例尺的矿产勘查技术。目前，矿产资源战略靶区筛选呈现出三个方向：①GIS技术用于战略靶区优选使得靶区信息更加丰富；②地球化学块体资源量预测方法可以加深理解超大型矿床和大型矿集区形成的地球化学制约因素；③成矿系列资源量模拟预测方法更加客观地对成矿带、矿集区和矿田（床）资源量进行定量预测。

遥感技术在矿产勘查领域得到广泛应用，利用高光谱、成像光谱开展岩石矿物蚀变信息提取和矿物填图已经成为实用的技术（熊盛青，2002；甘甫平等，2003；王润生等，2011）。澳大利亚推出了利用成像光谱进行靶区优选-验证的整套方法技术。美国在内华达州依据成像光谱资料成功地检测出肉眼不能识别的含铵矿物，并进行了定量填图。中国在西部地区开展了以遥感蚀变信息提取、地面异常检查的找矿工作程序试验，并取得了较好的找矿效果。可以预见，高光谱遥感技术在中国西部沙漠戈壁区的矿产资源勘查评价中将会发挥越来越大的作用。

然而，由于地质环境和地貌景观的复杂性以及矿床产出环境和赋存形式的多样性，任何单一技术都不是万能的。实践表明：一个矿床的成功发现和高效勘查，通常需要合理的技术方法组合以及针对不同目的的有序使用。因此，针对不同矿床类型集成技术系列和方法组合，建立最佳勘查模式，是勘查技术领域的重要发展方向。

随着计算机和数字技术的进步，地球物理、地球化学数据处理技术、反演技术和三维可视化技术得到迅速发展，突出表现在野外数据采集和数据处理集成平台开发上。集成数据库、数据处理和三维可视化等新技术于一体，涉及多种数据的集成软件系统，如Geosoft和Encom已经实现商品化，其强大的数据管理、数据处理和图形图像功能极大提高了示矿信息挖掘能力，提高了测量数据地质解释水平。矿产资源评价方法从以矿床模型为基础的三步式评价方法向更精确、更有效的新一代评价方法发展。美国资源评价专家麦卡门和哈里斯提出了新的矿产资源评价方法体系，体系中GIS已是资源评价的基本工具，同时也发展引进了诸如数字矿床专家系统、神经网络模型、分形等非线性科学进行定位预测（Cheng *et al.*，1994；Cheng，1999；Deng *et al.*，2009；Wang Q. F. *et al.*，2010，2011）。开发了以矿床模型研究为基础的预测矿产地数量、经济评价产出率模型和经济成本滤波器模型。中国开发了具有一定水平的综合信息成矿预测系统，如固体矿产GIS评价系统、金属矿产资源快速评价分析系统等，大幅度提高了矿产资源评价的高效、动态和可视化水平。三维地质建模、三维空间分析、三维立体地质填图等研究工作的开展，为从三维的角度更为深入地进行隐伏矿体定位定量预测研究提供了坚实的研究基础和技术支持。目前，国内外针对隐伏矿体的三维成矿预测研究已取得了一些较好的找矿成果（Caumon *et al.*，2006；Sprague *et al.*，2006；陈建平等，2007；袁峰等，2014；Yuan *et al.*，2014）。

然而，没有地质成矿理论指导的综合信息处理解释，将使预测评价走向数字游戏的歧途，同样，缺乏强大处理解释技术支撑的成矿预测评价，将只能在低层次徘徊。因此，基于理论认识建立完善的评价方法体系，基于预测指标体系和成矿勘查模型驱动资源评价预测系统，将是资源评价与成矿预测的重要努力方向。

本篇在对三江地区已有地、物、化、遥资料进行系统分析基础上，跟踪成矿区带研究成果，开展成矿模型研究与矿区多元信息融合分析，建立不同类型重要矿床的勘查模型；基于成矿模型和勘查模型，建立成矿预测指标体系，完善GIS成矿预测智能系统，进行成矿远景区预测和靶区筛选，提出成矿预测的战略新区；在所优选的靶区和战略新区，开展必要的地球物理和地球化学探测示范，获取成矿信息，研究针对三江地区不同矿床类型、适应高山峡谷深切割复杂地貌景观区的不同勘查技术，集成行之有效的勘查技术和方法组合；采用先进技术方法，开展成矿信息转换与信息提取，进行成矿模型支持的多源信息集成研究，发展和完善成矿预测理论，为三江地区的找矿勘查提供了技术支撑。本篇第10章研究勘查模式与技术集成；第11章研究成矿预测与找矿突破。

第10章　勘查模式与技术集成

依据不同规模、矿种、类型矿床的成矿模式和勘查过程，对适用的勘查技术手段与类型（组合）的实施效果进行对比、判别和排序，建立了适合三江高山深切割地貌、植被掩盖区的5套勘查技术集成。在建立三江特提斯复合造山与成矿作用理论体系基础上，与地方生产单位密切合作，理论指导找矿，并取得重大突破。

10.1　勘查模式

10.1.1　VMS型铜矿床

三江地区块状硫化物矿床是其重要矿床类型之一，主要形成于洋盆发育阶段、岛弧造山及弧后盆地形成阶段和碰撞后伸展及上叠盆地形成阶段。矿床产于双峰式火山岩组合的酸性火山-沉积岩系中，含矿岩系的典型层序为火山岩（次火山岩）、矿体（矿化蚀变岩）和热水沉积岩三位一体的组合结构；含矿岩系中灰黑色、黑色碳质岩石、浊积岩和砂泥质复理石的出现，是其局限性深水盆地和还原条件下的岩石学标志。

块状硫化物矿床的矿石矿物为磁铁矿、黄铁矿、闪锌矿、方铅矿、黄铜矿、磁黄铁矿、斑铜矿等共、伴生组合而成的硫化物系列矿物，其物性条件显现出地球物理勘探方法、手段使用多样性。低电阻、高极化、强磁性、强负自然电位、明显的TEM异常等相互叠合的异常体的存在，是块状硫化物矿床的地球物理标志，其中幅频激发极化法、大功率瞬变电磁法（TEM）、可控源音频大地电磁法（CSAMT）、高精度磁法的集成使用，是深部找矿目标定位预测的高效、快速、直观的地球物理勘探方法和手段的有效组合。

根据对块状硫化物矿床成矿元素、伴生元素、指示元素分带等方面的综合研究，块状硫化物矿床的成矿元素为Cu、Pb、Zn、Ba、Sr和Ag，伴生元素为（Ag）、Au、Cd、Hg、As和Sb，指示元素为Mo、Zr和Ti；Sb、Hg和（As）为矿上晕，Ag、Pb、Zn、（As）、Cd、Au和Cu为矿体晕，Mo、Zr、Ti和Y为矿下晕。

10.1.2　斑岩型铜钼矿床

三江地区斑岩型铜钼金多金属矿床形成于岛弧造山和弧后盆地形成阶段（如义敦弧带中的雪鸡坪、春都矿床）和喜马拉雅期陆内汇聚作用阶段（如昌都陆块东缘玉龙斑岩型铜、金矿带，以及扬子陆块西缘的宁蒗-鹤庆斑岩型铜、金矿带）。

爆发角砾岩是构成体-带-脉（层）空间组合结构中接触带内的重要部分，同时亦是斑岩型铜钼金多金属矿床的直接标志，矿床矿化特征由内到外表现为Cu、Mo→Au、Ag、Pt族→Pb、Zn、Ag的空间分带性，方铅矿和闪锌矿的出现是斑岩型Cu-Mo矿体边界的标志。

矿体或矿化体出露地表，表生条件下氧化淋滤作用形成的蓝铜矿、孔雀石、水锌矿、铅矾、褐铁矿的矿物组合，特别是黄铁矿氧化后形成的红色铁染，是地表最为直接的找矿标志。

低电阻、高极化、中-强磁性等相互叠合异常体的存在是斑岩型铜钼金多金属矿床的地球物理标志，其中激发极化法、高精度磁法、被动源电磁法和井中激电的集成使用，是深部找矿目标定位预测的高效、快速和直观的地球物理勘探技术方法组合，特别是井中物探方法是直接寻找矿体的有效手段。从岩体中心→岩体中上部→接触带→外接触带，斑岩型矿床中元素组合的分布规律为 Mo（Cu、Re）→Cu（Mo、Re）→Cu、Au、Ag（Fe、S、Mo）→Pb、Zn（Au、Ag、Cu、Mn、Sb、Hg、As）。元素 Sb、Hg、As、Pb 和 Zn 为矿上晕，Cu、Mo、Au、Ag 和（Pb、Zn）为矿体晕，Mo、Re、Pt、Zr 和 Ti 为矿下晕。以普朗铜矿床为代表，建立了地质-地球物理-地球化学找矿勘查模式（表 10.1）。

表 10.1　格咱弧斑岩铜矿床找矿勘查模式表

找矿勘查途径		内容和参数
成矿关键控制要素		上三叠统含碳酸盐火山-沉积建造：变质砂岩和板岩、基-中性-中酸性火山岩、碳酸盐岩
		印支—燕山早期斑（玢）岩体及其中心部位、顶部、上盘一侧晚期岩体
		北东向格咱大断裂等断裂构造、330°及 250°的两组断裂交叉部位，控岩构造、背斜及穹窿构造、岩体中裂隙及节理等
地质标志		岩浆岩标志：印支-燕山早期中酸性斑岩，斑岩体群出露，矿体产于岩体内部破碎带或裂隙带等。尤其是岩体中心相石英二长斑岩的矿化，岩石 SiO_2 为 66.35% ~70.58%，平均 68.78%；K_2O+Na_2O 为 7.73% ~8.69%，平均为 8.14%；K_2O/Na_2O 为 4.56%左右
		地层层位及岩性标志：矿体、含矿斑岩体产于上三叠统曲嘎寺组、图姆沟组之中，是一套含有安山岩、安山玄武岩的碎屑-碳酸盐岩类。产生广泛接触变质岩，矿体产于岩体内、蚀变夕卡岩、角岩之中，与碳酸盐岩及含火山岩的变质砂岩较为密切
		构造标志：北东向次级断裂构造是岩浆、热液、矿质的运移通道。次级同向、派生断裂、次级褶皱轴部、转折端，裂隙带、层间破碎带等，构造交汇和转换部位，是储岩和容矿与储矿场所
		蚀变分带：钾硅化→绢英岩化→青磐岩化→角岩的“中心式”面型蚀变分带，寻找最有利成矿是钾硅化、绢英岩化带以及夕卡岩化带
遥感信息	数据性质	TM、ETM+影像数据。陆地卫星 Landsat-5、Landsat-7（TM、ETM+）因其具有两个短波红外波段：TM5（1.55 ~1.75μm）和 TM7（2.08 ~2.35μm）的设置，使从遥感数据中直接提取具找矿标志意义的热液蚀变岩石信息成为可能
	数据处理方法	采用 TM 主成分分析方法，与 OH^-相关的特征谱段 ETM5（高反射率）与 ETM7（强吸收率）参与运算，可提取与羟基蚀变遥感异常信息；采用与 Fe^{2+}、Fe^{3+}相关的特征谱段 ETM3（高反射率）、ETM1（强吸收率）参与运算，可以反映铁染蚀变遥感异常信息。且蚀变强度越大，对蚀变信息的提取越为有利
	异常类型和参数	异常类型包括羟基（OH^-）蚀变遥感异常、铁染（Fe^{2+}、Fe^{3+}）蚀变遥感异常。 采用 ETM1、ETM4、ETM5、ETM7 主成分分析提取羟基蚀变遥感异常，采用 ETM1、ETM3、ETM4、ETM5 主成分分析提取铁染蚀变遥感异常；用 ETM1、ETM4、ETM5、ETM7 波段做掩模主分量分析，以±4σ（标准离差）作为主分量输出的动态范围，获得羟基蚀变遥感异常主分量。然后以±2σ、±3σ 作为分级阈值，将羟基蚀变异常分为一、二两级；用 ETM1、ETM3、ETM4、ETM5 波段做掩模主分量分析，同样以±4σ 作为主分量输出的动态范围，获得铁染蚀变遥感异常主分量。然后以±2.5σ、±3.5σ 作为分级阈值，将铁染蚀变异常分为一、二两级
	异常特征	解译中酸性隐伏岩体、岩浆环，线性构造交叉部位或附近是中酸性斑岩，含矿斑岩遥感找矿模型；但是，蚀变异常密集分布，异常信息找矿不明确

续表

找矿勘查途径		内容和参数
化探信息	化探方法	1∶5 万 ~ 1∶1 万土壤地球化学测量
	异常元素和组合	Cu、Mo、W、Pb、Zn、Ag、Au 等元素组合异常，分带清晰，Mo、Cu、W 异常位于内带，强度大于 200（10^{-6}）的 Cu 异常并叠置 Mo 异常范围与矿体吻合。Pb、Zn、Ag、Au 异常处于外带，对应于外接触带
	异常特点和参数	Cu 异常强度（10^{-6}，后同）一般为 100 ~ 400，最高达 2355，Mo 异常为 5 ~ 40，Pb、Zn 为 100 ~ 800；异常下限 Cu 为 2×10^{-6} ~ 5.9×10^{-6}，Mo 为 0.9×10^{-6} ~ 3.7×10^{-6}，Pb、Zn 为 7×10^{-6} ~ 10×10^{-6}；Cu/Mo = 21.23、Zn/Mo = 70、Cu/W = 3.09
物探信息	磁发勘探方法仪器和参数	①地面高精度磁测，观测参量采用地磁场总量 T；总精度 ±5nT，各项均方误差（nT）：仪器噪声 ±2；仪器一致性 ±2；测点观测 ±2.65，各项改正 ±2.45；仪器 CZM-2 等，测量参数为磁场总量值 T，灵敏度为 1nT/字，定点重复测量误差小于 2nT，测量均方误差小于 1.5nT。磁性参数测定使用 MSM-3 数字磁化率仪。 ②夕卡岩 κ = 47784（$10^{-6}4\pi$SI，后同）、夕卡岩型铜矿体 κ = 1669，斑岩 κ = 53.0 ~ 925.1，矿化斑岩 κ = 2356.6 ~ 6234，板岩 κ = 4419，围岩砂板岩、大理岩均为无磁性-弱磁性。 ③强度 100 ~ 500nT，最大 1000nT，与矿化体基本对应
	电法勘探方法仪器和参数	① M_s(%) 和 ρ_s(Ω · m) 分别为夕卡岩 4.7 ~ 16.5 和 817 ~ 9993，夕卡岩型铜矿体 7.9 ~ 37.5 和 135 ~ 209，斑岩 0.7 ~ 27.4 和 27 ~ 624，矿化斑岩 8.2 ~ 13.6 和 47 ~ 562，角岩 2.4 ~ 4.7 和 131 ~ 561，板岩 8.0 ~ 18.5 和 118 ~ 3201，大理岩 1.1 ~ 4.9 和 1395 ~ 6384。 ② 激电中梯充电率异常下限 10%，铜矿（化）体 M_s 变化较大，平均值最高，18.7% ~ 24.0%，视电阻率 ρ_s 相对稳定，平均值 79 ~ 116Ω · m
	重力特征	布格相对重力低一侧，场值为 $-390\times10^{-5}m/s^2$，梯度变化较缓，位于剩余重力异常零值线附近负异常内，场值在 $-1\times10^{-5}m/s^2$ 内，变化率不大
找矿勘探技术方法	描述	经历了从斑岩型→夕卡岩-斑岩型→热液脉型成矿模式。"斑岩成矿系统+模型+高光谱+PIMA+高精度磁测+多种电法"集成技术
勘查找矿标志和方法技术路线图		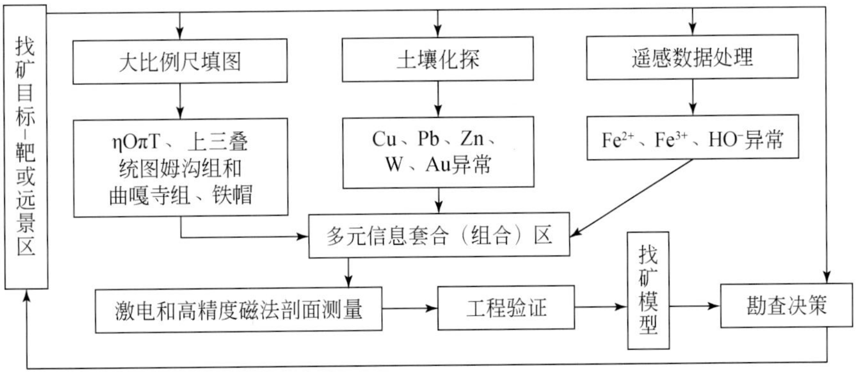 找矿目标-靶或远景区 大比例尺填图 土壤化探 遥感数据处理 ηOπT、上三叠统图姆沟组和曲嘎寺组、铁帽 Cu、Pb、Zn、W、Au异常 Fe^{2+}、Fe^{3+}、HO^-异常 多元信息套合（组合）区 激电和高精度磁法剖面测量 工程验证 找矿模型 勘查决策

10.1.3　夕卡岩型铁铜铅锌矿床

三江地区夕卡岩矿床广泛发育，成矿元素复杂多样，形成的矿床种类包含 Fe、Cu、

Sn、W、Bi、Mo、Au、Ag、Pb、Zn 等。如义敦弧带中的连龙锡银多金属矿床、措莫隆锡钨金银多金属矿床、硐中达锡铁矿床和红山铁铜矿床；江达-德钦-维西陆缘火山-岩浆弧带中的仁达铁铜矿床和达普铁铜矿床；南澜沧江弧火山岩带中的厂洞河、松山锡铜铅锌矿床；羊拉洋内弧中羊拉铜矿床等；腾冲滇滩铁矿床、铁窑山铁铜锡钨矿床、老厂坪子铜铅锌多金属矿床等。

接触交代型铁铜铅锌多金属矿床的成矿作用与中、深成相的中酸性侵入岩紧密相关，矿床类型组合复杂，不同岩体类型具有不同的成矿专属性和矿床组合。Fe、Cu、Mo 组合为主的矿床与中酸性的石英闪长岩、花岗闪长岩类岩体、斑岩体关系密切；Sn、W、Au、Ag、Pb、Zn 组合为主的多金属矿床与酸性花岗岩类岩体、斑岩体的关系密切。

矿床的矿化特征由内到外表现为 Fe、Cu、Mo、（W、Sn、Bi）→Au、Ag、Pt 族→Pb、Zn、Ag 的空间分带性，方铅矿和闪锌矿的出现是夕卡岩型矿床矿体边界的标志。矿体或矿化体出露地表，表生条件下氧化淋滤作用形成的蓝铜矿、孔雀石、水锌矿、铅矾、褐铁矿的矿物组合是地表最为直接的找矿标志。低电阻、高重力和强磁性等相互叠合的异常体是接触交代（夕卡岩）多金属矿床的地球物理标志，其中激发极化法、高精度磁法、被动源电磁法的集成使用是深部找矿目标定位预测有效的地球物理勘探方法组合。

夕卡岩型铁铜铅锌多金属矿床的地球化学具有明显的元素分带特征，内带 Cu、Mo、W、Sn 异常高，Pb、Zn 异常低，分布范围小，Cu、Mo、W、Sn 异常出现在夕卡岩化接触带上；外带 Pb、Zn 异常高，Cu、Mo 异常低，分布范围大，常常伴有 Au、Ag 等多种有用金属元素的异常，异常形态复杂，主要出现接触带外侧及其角岩化和大理岩化围岩中。

针对羊拉块状硫化物、夕卡岩、热液脉状复合型铜矿床特征，建立了矿床的找矿勘查模式如表 10.2 所示。

表 10.2　羊拉铜矿床找矿勘查模式表

<table>
<tr><th colspan="2">找矿勘查途径</th><th>内容和参数</th></tr>
<tr><td rowspan="2">成矿关键控制要素</td><td colspan="2">泥盆系—石炭系含碳酸盐岩火山沉积建造：变质钙质胶结砂岩、中-基性火山岩、碳酸盐岩</td></tr>
<tr><td colspan="2">印支—燕山早期花岗闪长（斑）岩体及其倾伏端或相当部位、北南与北东向断裂构造</td></tr>
<tr><td rowspan="4">找矿标志</td><td colspan="2">岩浆岩标志：印支—燕山早期中酸性岩，尤其是岩体边缘二长、斜长花岗岩</td></tr>
<tr><td colspan="2">地层及岩性标志：泥盆系江边组、里农组；碳酸盐岩及含火山岩的变质石英砂岩、杂砂岩</td></tr>
<tr><td colspan="2">构造标志：近北南、北东向断裂构造是岩浆上侵和热液、矿质的运移通道，派生同向断裂、褶皱轴部、转折端，裂隙带、层间破碎带，构造交汇和转换部位等，是容矿和储矿场所</td></tr>
<tr><td colspan="2">蚀变标志：夕卡岩带及角岩带对成矿和找矿最有利</td></tr>
<tr><td rowspan="3">遥感信息</td><td>数据性质</td><td>ETM+影像数据。陆地卫星 Landsat-5、Landsat-7（TM、ETM+）两个短红外波段数据基础，提取热液蚀变岩石信息</td></tr>
<tr><td>数据处理方法</td><td>采用 TM 主成分分析方法，分别用 ETM1、ETM4、ETM5、ETM7 与 ETM1、ETM3、ETM4、ETM5 特征谱段参与计算，提取相应羟基、铁染蚀变遥感异常信息</td></tr>
<tr><td>异常类型和参数</td><td>蚀变异常掩模主分量输出动态范围$\pm 4\sigma$（标准离差），一、二两级分级阈值（门限值）羟基：$\pm 2\sigma$、$\pm 3\sigma$；铁染：$\pm 2.5\sigma$、$\pm 3.5\sigma$</td></tr>
</table>

续表

找矿勘查途径		内容和参数
化探信息	化探方法	1∶5万～1∶1万土壤地球化学测量
	元素组合	Cu、Pb、Zn、Ag、Sn、W、Au；Cu、Pb、Zn、Ag；Pb、Zn、Ag；Au、As、Sb、H组合
	异常特点和参数	内、中带Cu、Pb、Zn、Ag组合，中、外带Pb、Zn、Ag或Au、As、Sb、Hg组合；平均含量 $Cu=884\times10^{-6}$、$Pb=810\times10^{-6}$、$Zn=515\times10^{-6}$、$Ag=2.7\times10^{-6}$；Cu/Mo=21.23、Zn/Mo=70、Cu/W=3.09
物探信息	磁法仪器和参数	地面高精度磁测CZM-2磁力仪，MSM-3磁化率仪；夕卡岩 $\kappa=47784$、夕卡岩型铜矿体 $\kappa=1669$、板岩 $\kappa=4419$（$10^{-6}4\pi SI$），岩体及砂板岩、大理岩无-弱磁性，300～500nT强度与主矿体基本对应
	电法仪器和参数	激发激化法DJF-6大功率激电发送机，DWJ-1A、DWJ-2微机激电仪；铜矿体 $\rho_s=169\Omega\cdot m$、$\eta_s=5.3\%$，夕卡岩 $\rho_s=402\Omega\cdot m$、$\eta_s=3.0\%$，岩体及围岩 $\rho_s=1000\Omega\cdot m$ 左右、$\eta_s=1\%$ 上下，M_s 强度3%～5%
	重力特征	正负重力异常转换带之正异常一侧
找矿勘查技术组合		从夕卡岩型→喷流沉积型→夕卡岩+斑岩型→喷流沉积+夕卡岩叠加改造→复合成矿认识过程，明确既“顺层位”、又“绕岩体”成矿模式，以及“岩体+层位（岩性）+接触带+磁+多种电法”集成技术
决策系统框架图		找矿目标靶-远景区 大比例尺填图 土壤测量 遥感数据处理 岩体、泥盆系里农组和江边组、铁帽 Cu、Pb、Zn、Ag异常 Fe^{2+}、Fe^{3+}、HO^-异常 多元信息套合（组合）区 激电和高精度磁法剖面测量 工程验证 找矿模型 勘查决策

10.1.4 热液脉型铜铅锌矿床

三江地区发育热液脉型矿床组合类型多种多样：形成于蛇绿构造混杂岩带中的热液脉型金矿床，如镇沅、库独木、错啊和嘎拉矿床；形成于火山弧中的热液脉型铅锌银金多金属矿床，如里仁卡、谷松、夏塞和农都柯等铅锌银多金属矿床，阿中、赞达和官房金矿床；形成于微板块边缘结合带的热液脉型铅锌银金多金属矿床，如白秧坪、富隆厂、都日等铅锌银多金属矿床，扎村和耳泽金矿床；形成于被动边缘褶冲带中的热液脉型铜铅锌银多金属矿床，如拖顶和格兰铜矿床，纳交系和三家村铅锌银多金属矿床。

矿床的矿床组合类型、地层时代、赋矿岩性等多种多样，但其矿床地质特征、成矿作用控制条件大体相似，表现为成矿作用与岩浆岩没有明显的时空关系，而与断裂构造作用的关系密切；矿床成矿温度低、热液蚀变强度弱、平行脉状产出等都是其共有特征。矿体或矿化体出露地表，表生条件下氧化淋滤作用形成的蓝铜矿、孔雀石、水锌矿、铅矾、褐铁矿的矿物组合是地表直接的找矿标志。低电阻、高极化、明显的 TEM 异常等相互叠合异常体是热液脉型多金属矿床的地球物理标志，其中激发极化法、大功率瞬变电磁法（TEM）、可控源音频大地电磁法（CSAMT）的集成使用，是深部找矿目标定位预测有效的地球物理勘探方法组合。热液脉型 Au 矿床中，Hg、Sb、As、Au、Ag 等元素与金矿化的形成密切相关，元素原生晕异常和次生晕异常在矿床内和矿体上均有清晰反映，且具有异常强度高、连续性和重叠性好等特征，是找矿的可靠地球化学标志。

10.2　勘查技术

10.2.1　斑岩型铜钼矿床

斑岩型铜（金、钼）矿床的最佳勘查技术集成为：斑岩矿床模型+高光谱法+PIMA+高精度磁测法+IP。斑岩铜矿的矿床模型已较为成熟，斑岩体内的围岩蚀变从中心向外，一般为硅化（核）→钾化硅化带（黑云母钾长石化带）→绢英岩化带（石英绢云母化带）→泥化带→青磐岩化带→（夕卡岩）角岩化带，矿化类型也相应从无矿核→稀疏（星点状）浸染→稠密（细脉）浸染到接触交代到围岩中的充填交代（大脉型），分布规律清楚，因此，斑岩铜（钼、金）矿的寻找应以斑岩铜（钼、金）矿的成矿模型为指导。

采用遥感高光谱来识别岩浆岩带和蚀变类型，推断隐伏岩体，圈定出露岩体。对高光谱信息进行处理，采用光谱角度制图法对高赤坪-烂泥塘地区、阿热-普朗地区进行了蚀变矿物识别，多数蚀变区与已知斑岩体展布一致（图 10.1）。蚀变矿物填图技术可以在复式岩体内快速地圈定含矿斑岩体和蚀变分带。利用该技术观测含水或含 OH 的矿物以及某些硫酸盐和碳酸盐类矿物，建立了蚀变矿物分带模型，与实际测得的蚀变分带一致。

10.2.2　VMS 型铜矿床

火山成因块状硫化物型矿床（VMS 型）勘查技术集成为：成矿模式+层位+瞬变电磁法+激发极化法。以大平掌铜多金属矿床为例，采用了多种物化探方法，探索其找矿集成技术。首先在地质勘探线 7 线和 16 线开展综合物探（激电测深、自然电场、高精度磁测和充电测量）试验，后又在 1 线、10 线、16 线和 57 线做了瞬变电磁法试验，在试验的基础上，进行了面积性的激电中梯和自电测量，激电、瞬变电磁法异常与矿体吻合较好（图 10.2）。通过剖面上 5 种物探方法综合试验，激电、自电和瞬变电磁法效果较佳，肯定了 3 种物探方法的有效性，先选定了激电方法展开扫面工作。通过工程验证，在异常内施工的工程均见到工业矿体和矿化体，区内物性资料和见矿工程表明，矿体上剩余异常值均大于 10%，因此，只要具有一定规模的异常，剩余值一般大于 10%，都是矿致异常，表明激电中梯对寻找大平掌的浸染状矿石、圈定矿化体的分布范围、指导工程布置具有一定的效果。

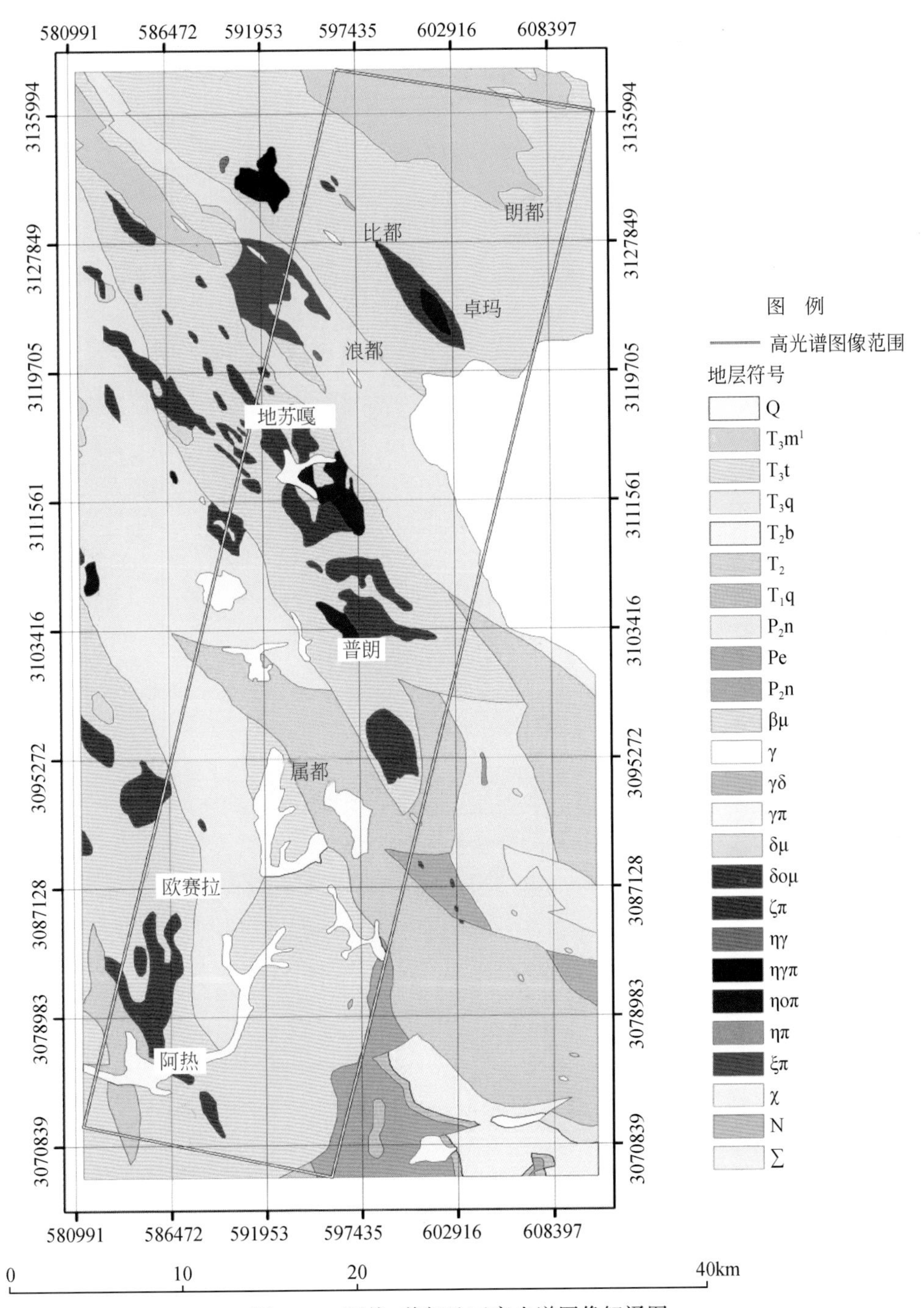

图 10.1　阿热-普朗地区高光谱图像解译图

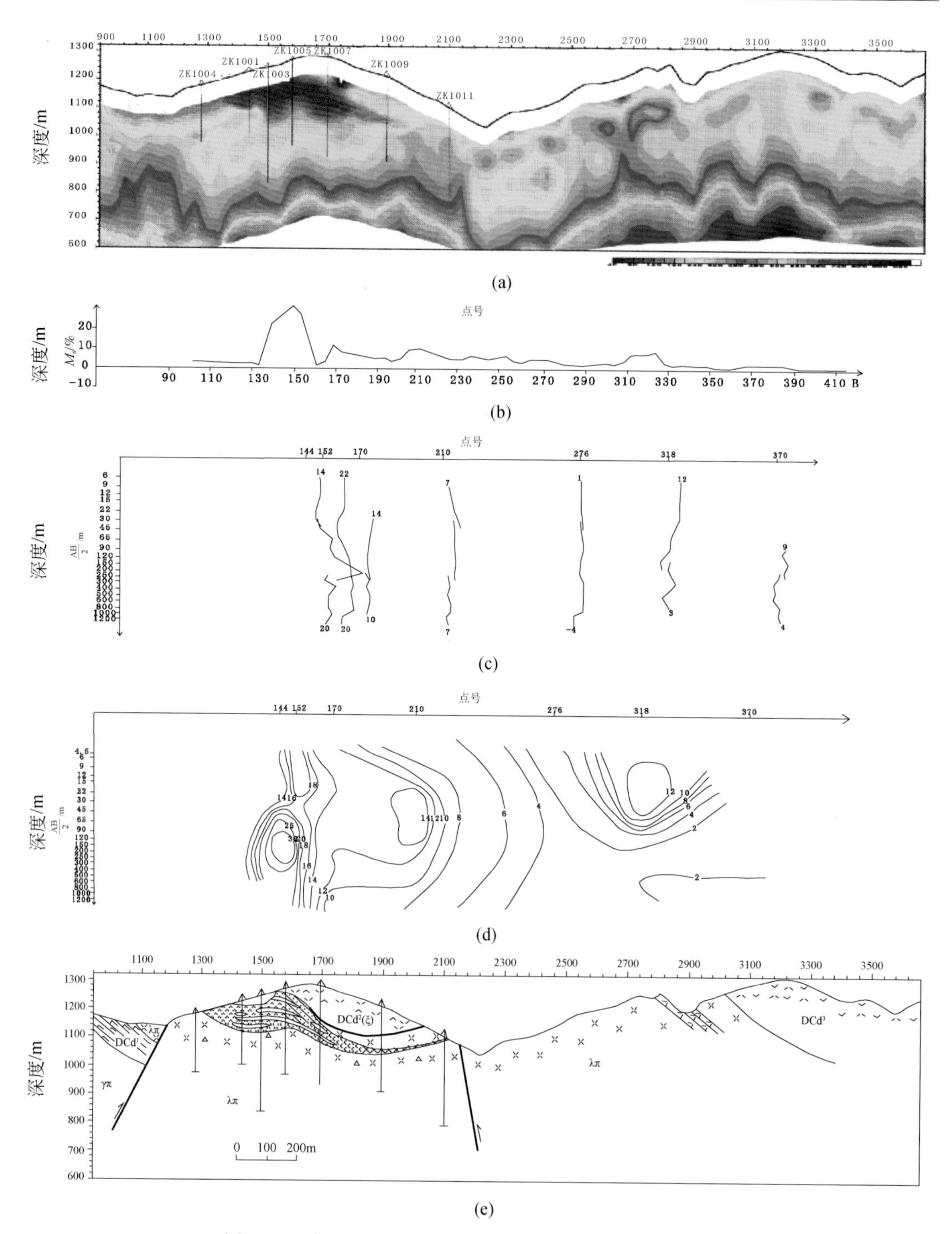

图 10.2 大平掌矿床 10 线勘探地质地球物理找矿模型图

（a）TEM 电阻率等值线断面图；（b）电测深曲线类型图；（c）激电测深 M_s 断面图

针对鲁春铜铅锌银多金属矿床的矿体地质特征、矿床成因、矿物共生组合、Zn-CU-Pb 组分的矿物存在形式以及岩、矿石的物性条件，采用高精度磁法、瞬变电磁法、幅频激发极化法多种物探方法技术进行矿床矿体定位预测，取得了较好的效果。

10.2.3 造山型金矿床

造山型金矿床勘查技术集成为：成矿模式+韧性剪切带+化探异常。以镇沅金矿床为例，在矿区及外围相继开展了1∶1万、1∶2.5万土壤化探详查，圈定了67个金异常，发现异常构成北西–南东向的串珠状展布，并与断裂构造重合。经查证在金异常浓集中心与构造吻合地段均发现有金矿化。进一步研究发现矿体总体受哀牢山韧性剪切带控制的同时，矿体也受脆韧性剪切构造控制，剪切带与Au、As、Sb等元素地球化学异常吻合较好。按照找矿模式与思路重新部署了勘查评价工作。应用区域遥感技术，辅以地表识别和追索控制，圈定了大量脆韧性剪切构造，控制了长达几千米的金矿体，并发现金矿处在浅部脆性剪切和深部韧性剪切的过渡部位，金矿床应向深部韧性剪切带延伸，由此深化和完善了找矿模式，经生产部门工程验证，并在老王寨、冬瓜林、浪泥塘、搭桥箐、库独木和比蝠山6个矿段取得找矿突破。

10.2.4 热液脉型铜铅锌矿床

盆地容矿热液脉型多金属矿床的勘查技术集成为：构造圈闭+热液循环中心+多种电法技术。对白秧坪地区1∶20万地球化学测量成果进行多方法处理，特别是用SA分形法处理表明，铅锌地球化学异常具有等距性特征。等距性异常的出现与区域性走滑构造的形成作用有关，是成矿热液循环中心。根据白秧坪地区多中心、等间距热液循环成矿新认识，突破了认为兰坪盆地多年来只存在陆内热水喷流沉积、沉积–热卤水改造的传统认识，扩大了找矿思路，对区域找矿具有重要意义，实现了找矿突破。

10.2.5 夕卡岩–斑岩型矿床

夕卡岩–斑岩型矿床勘查技术集成为：成矿系统+重+磁+多种电法。保山核桃坪是集铜铅锌银金铁于一体的多金属矿田，是应用多元信息成矿预测并通过重、磁、电结合进行隐伏矿找矿的成功范例。通过对地、物、化、遥资料二次开发和综合分析，发现核桃坪矿田内分布的多个矿床存在成因联系，它们构成了一个可能与隐伏岩体有关的、受断裂构造和裂隙系统控制的夕卡岩–斑岩型多金属成矿系统，而隐伏岩体的顶部有重要成矿远景，特别是1∶50万重磁显示的低重高磁异常特征，证实深部可能存在隐伏花岗岩岩体。镇康和核桃坪的深部可能存在隐伏岩体。

为确定矿（化）体的空间形态，在金厂河对电磁异常体做了向下延拓和水平导数处理，向下延拓分别用100m、150m、250m、500m进行延拓转化，至–500m时异常出现振荡，表明磁性体在500m以内。采用特征点法、切线法解释多种方法推断结果，认为磁性体平面形态如图10.3，顶界面埋深250～270m，走向长650m，厚130m，倾向北西的厚板状体。经施工成功定位了金厂河矿体。

核桃坪矿床的理论认识和金厂河矿体定位的成功经验，带动了全区矿产勘查工作的系列突破，先后在核桃坪、打厂凹、金厂河、陡崖、黄草地、茅竹棚、新厂、草山、上厂等

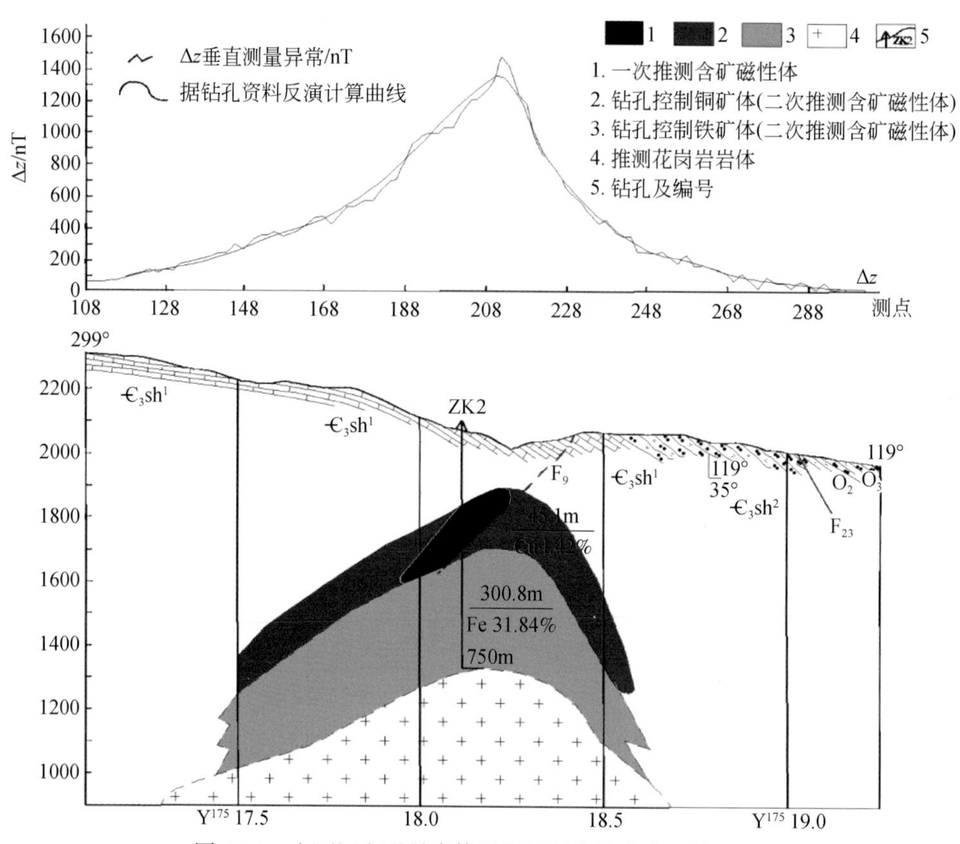

图 10.3　金厂河电磁异常体埋深推断和钻孔验证剖面图

生产部门发现了新矿体，展现了大型多金属资源基地的前景。

澜沧铅锌银矿床勘查技术集成为：成矿系统+重+磁+多种电法。矿床系统为四位一体成矿系统，包括了斑岩钼铜矿床、夕卡岩型铜铅锌矿床、火山成因块状硫化物矿床和热液脉状铅锌银矿床和金矿床。由于岩石密度的差异，重力测量可以较为有效地推断隐伏花岗岩类岩体的存在和分布。澜沧地区布格重力异常变化明显，方向性强，澜沧铅锌银矿分布在布格重力异常梯度带上。根据重力测量，推断两个隐伏岩突下面为岩体。斑岩铜矿区磁异常往往沿岩体边界呈环带状分布，据此，可以推断岩体的边界；高频大地电磁法是较为理想的探测手段。

第 11 章　成矿预测与找矿突破

在精细解剖三江特提斯成矿域的地质构造、矿产、物探、化探和遥感等信息基础上，依据复合造山带构造体制转换成矿与叠加复合成矿等特征（邓军等，2010a，2010b，2011，2012，2013；李文昌等，2010），利用模糊证据权模型对三江地区进行成矿远景区的划分，并选取义敦岛弧、昌宁–孟连缝合带、保山地块、兰坪–思茅盆地、金沙江–哀牢山金铜成矿带等为重要远景区，开展了不同成因类型矿床勘查集成模式和隐伏矿体预测研究。

11.1　成矿远景区划分与优选

11.1.1　致矿信息提取

根据对三江地区各控矿因素的分析，区内控矿因素取决于几个方面：①有利地层岩性组合；②中酸性岩浆岩发育；③导矿构造和容矿构造；④有利的地球化学异常；⑤有利地球物理场；⑥深部构造–岩浆体系控制有利源区等。三江地区模糊证据权图层的制作围绕致矿因素分别开展。

1. 地质异常提取

在对地层异常的提取中，使用地层组合熵（H 值）法。熵用于对统计学中各种随机变量不确定程度的度量。熵值同时也用来衡量信息的无规则程度，即信息乱度，它反映事物发生的不确定度。通常情况下，系统越复杂不确定度越高。根据各单元网格地层组合熵计算结果，赋予相应单元文件组合熵值，最后依据单元文件的相应属性绘制地层组合熵图［图 11.1（a）］。将地层组合熵单元文件与矿点做相交处理，提出属性值赋给矿点，再提取矿点的组合熵属性值进行统计，发现地层组合熵显著高或者显著低的区域并不是含矿概率较高的区域，而地层组合熵处于中等值稍偏高的地段产矿几率较大，这种现象印证了成矿理论，有利成矿区带往往分布在强烈构造活动带旁侧区。因此，提取地层组合熵等值面图中含矿高的中值区域作为地质异常证据图层。

控矿构造异常的提取使用构造等密度法。构造等密度值越大表示单位面积线性构造越密集，预示断裂或褶皱的发育部位，也是矿化或储水的有利部位［图 11.1（b）］。三江地区经历了多期次的大规模俯冲、碰撞运动，发育系列大规模的断裂系统。区域内占矿产资源主导地位的热液矿床、岩浆矿床、火山矿床等都与断裂发育度密切相关。断裂不但作为导矿构造控制了大型成矿区带的分布，也作为容矿构造为岩浆热液矿床提供了赋存空间。断裂与成矿概率有着良好的正相关对应性，断裂密度高的地区成矿几率较大，因此提取断裂密度等值面作为模糊证据图层。

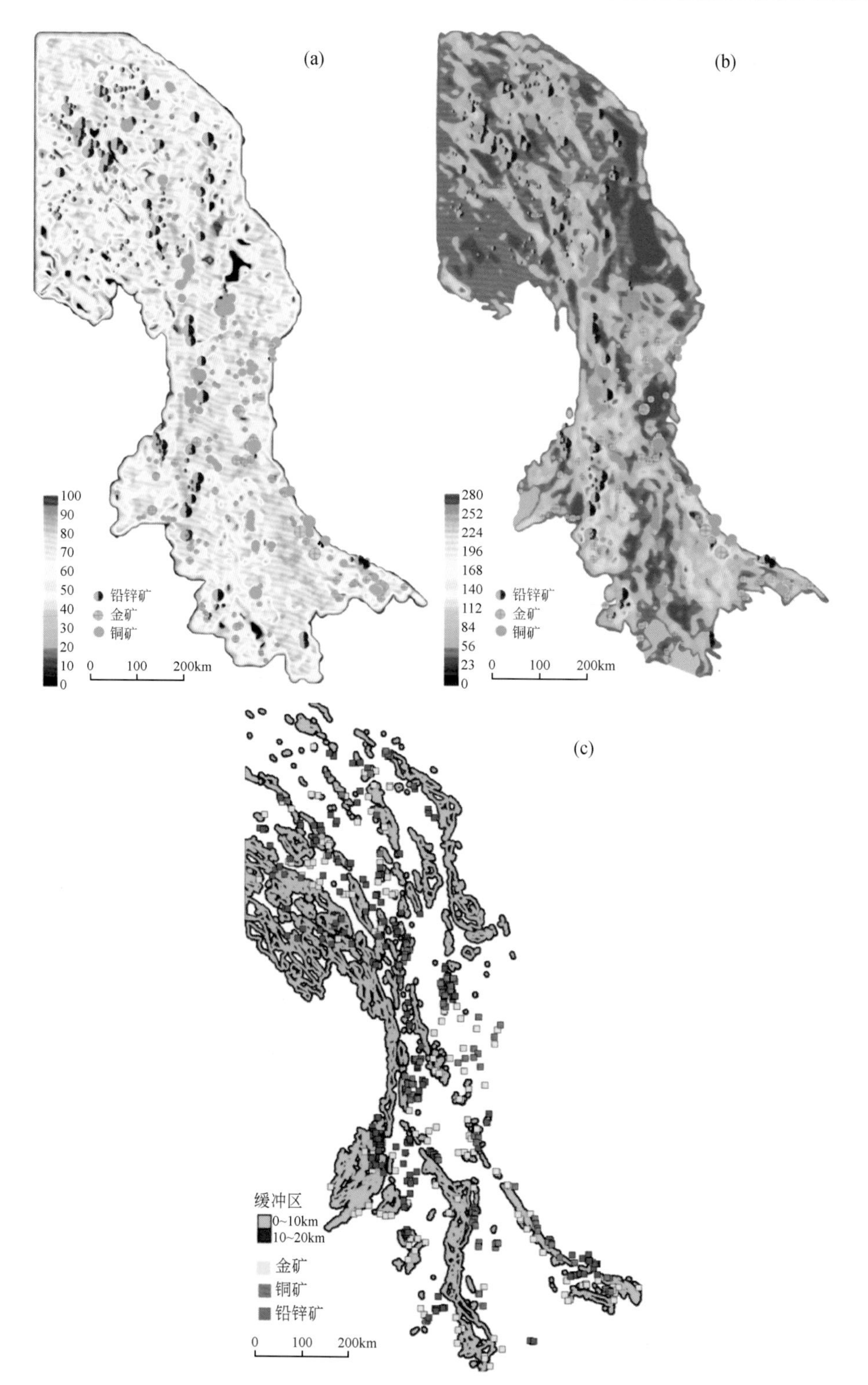

图 11.1　三江地区地质异常图（据周道卿，2013）

（a）地层组合熵；（b）断裂等密度；（c）中酸性岩体边界缓冲区

岩浆岩异常的提取使用边界缓冲区法。岩浆岩对矿体的影响和岩体的边界密切相关，热源梯度带的高值起始区一般位于岩体边界，是物质交换、水岩反应的主要空间。考虑到成岩成矿作用过程中的外晕分带和岩体在地表下的产状问题，将岩体边界带向外和向内延拓，分别设置两个缓冲区［图 11.1（c）］。如岩体较小则缓冲区消失融入岩体自身，反之则为环状；相邻较近岩体的外延缓冲区作融合处理，并叠加矿点成图。中酸性岩体多期次大范围构造运动导致了岩浆岩的广泛出露，岩浆不仅为热液矿床和岩浆矿床提供成矿热源和动力，更直接提供了大量的成矿物质来源。区域内的大型成矿带基本都是岩体出露区域或岩浆岩带，而主要矿床种类金、铜、铅锌都与中酸性岩体密切相关。因此，从区域地质图中提取中酸性岩体的边界，向外、向内分别延伸二级缓冲区（通常取 11～20km）作为岩浆岩证据图层。

2. 化探异常信息提取

矿床是高度浓集的地球化学峰值场，往往是多期次地质作用综合叠加的结果。随着对地球化学背景认识的加深，确定地球化学异常的方法也在不断发展，从采用简单的统计方法求平均值和标准偏差，到用直方图法确定的众值、中位数作为地球化学背景值，又发展到用概率格纸求背景值和异常下限，以及 C-A 法、S-A 法分形理论等。由于成矿作用是地壳局域范围内发生的一种物质和结构上的非均一化过程，其产物（矿床）是典型的具有各向异性的地质体，表现为地球物理场和地球化学异常在时空尺度上的高度变化。很难用传统的地质统计学去准确刻画这种背景和异常的复杂关系。这是因为传统的地质统计学方法只能描述或模拟其变化性在一个数量级、至多不超过两个数量级的变化范围（Lovejoy，2005）。借助幂率谱-面积分形滤波技术（简称 S-A 法）从多重地球化学背景中提取单元素异常取得了较好的效果［图 11.2（a）～（d）］。S-A 是空间分析和频谱分析的集成，其基本原理是利用频域中明显的广义自相似性将异常从背景中分离出来。该方法的特点是从复杂的地质矿化异常中提取致矿异常时既考虑矿化地质体幂率谱各向异性尺度不变性特征，又考虑其奇异性特征。

矿床的形成是地球化学元素高度浓集的过程，该过程必然会在周围的地质体中留下迁移的痕迹；或矿床形成后由于风化淋滤作用，其中的成矿元素在矿体周围的岩石、土壤、水系沉积物乃至植物中再分配；或矿床中的挥发性和放射性气体通过构造裂隙上升被土壤所吸附，并形成各种类型的元素或化合物的富集模式。化探正异常的存在即表示了元素的迁移富集作用，预示着可能存在的成矿作用。本次预测采用 S-A 技术从多重地球化学背景中提取单元素异常作为化探异常图层。

3. 地球物理异常提取

地球物理资料虽然不能作为预测 Au、Cu、Pb、Zn 等金属矿产的直接证据，但是一定类型的成矿带和地球化学异常带往往与特定的构造带和岩浆带紧密相关，据此可参考构造岩浆带的物探异常来确定成矿远景区的可能范围［图 11.3（a）、（b）］。以 Au 矿为例，耿马一带的金地球化学异常与花岗岩关系密切，而指示耿马富 As、Ag 类花岗岩的重力低值带一直向东北延伸至羊头岩附近，可将耿马金矿成矿远景区按地球物理异常向东北延伸，并结合重砂异常将其东北端卡在大雪山一带。又如川南的贡岭金成矿带和甘孜-理塘金成矿带，金的成矿作用与中酸-中基性火山活动关系密切，而此地槽沉降带以负异常的

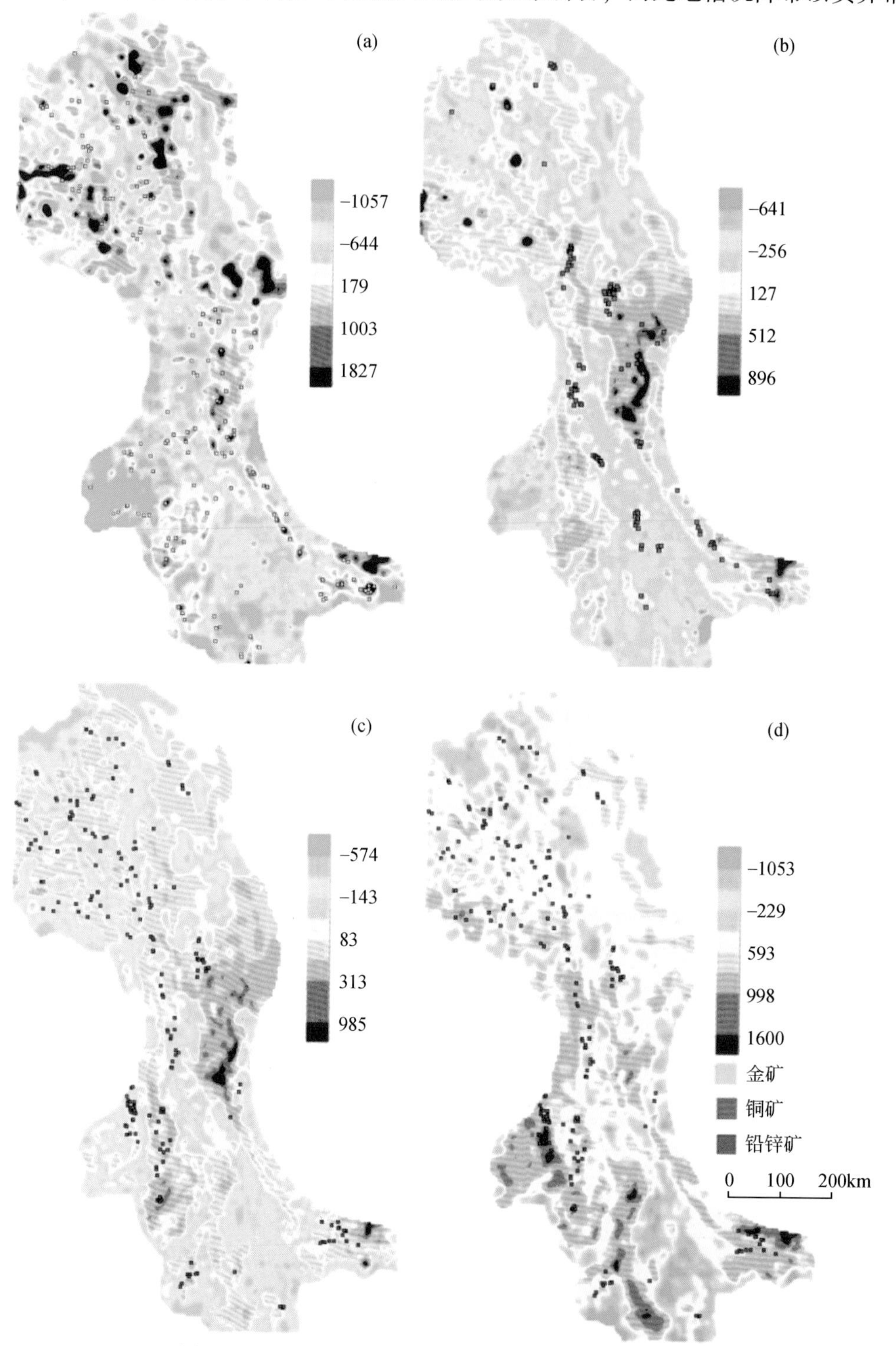

图 11.2　三江地区化探异常信息图（据周道卿，2013）

（a）Au 元素；（b）Cu 元素；（c）Pb 元素；（d）Zn 元素

重力场为特征，火山岩则表现出变化升高航磁异常，故重力负异常带与共存的变化升高航磁异常带可以作为这一金矿远景区的重要标志。

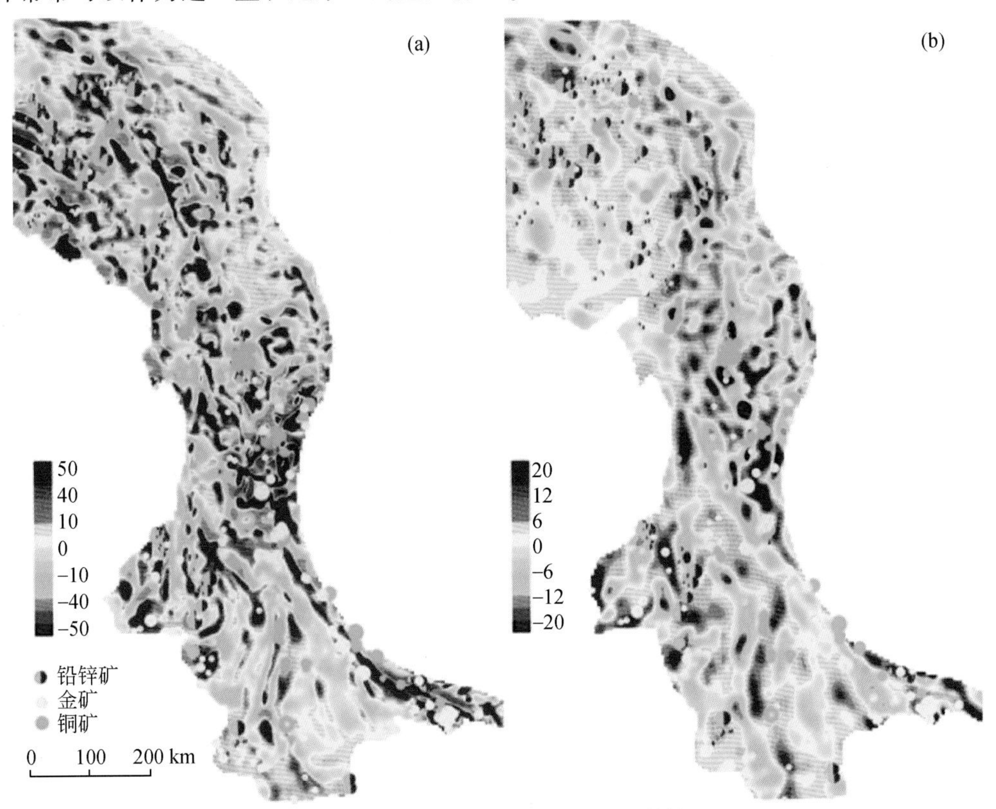

图 11.3　三江地区地球物理异常图（据周道卿，2013）
（a）剩余航磁异常；（b）剩余重力异常

地球物理场是地壳和上地幔物质在地表圈层的综合反映，剩余重力异常则反映地壳一定深度范围内岩石的密度和厚度变化。剩余重力高代表了中基性与超基性岩浆岩、太古宙—元宙老变质岩类或稳定地块沉积区，剩余重力低代表中酸性岩体或隆升造山区；剩余磁力高代表中基性与超基性岩浆岩、太古宙—元古宙老变质岩类分布，剩余磁力低代表中酸性岩浆岩、稳定沉积区，剧烈变化磁场区代表了典型火山岩发育区；重力高与重力低之间过渡带代表了不同构造区间的缝合带或边界。区域不同成矿作用与不同重磁场特征表现出不同程度的相关性，为成矿预测提供了丰富信息和重要佐证。

4. 深部异常信息提取

地壳深部物质形态和构造格架往往控制着大型矿集区和成矿远景区的分布与展布形态，区域地球物理资料以及由其推断的深部构造、隐伏岩浆体系、居里面和莫霍面起伏形态等为深部物质形态与成矿规律研究提供了重要信息和依据。

深部异常信息提取包括重磁推断深大断裂识别、隐伏岩浆岩体圈定、居里面、莫霍面隆起与拗陷区的划分等。异常信息提取方法根据其表现形式不同而略有差异，深大断裂、隐伏岩浆岩体异常提取采用边界缓冲区法，居里面、莫霍面形态判别则根据其局部变化特征采用数学统计方法完成［图 11.4（a）～（d）］。

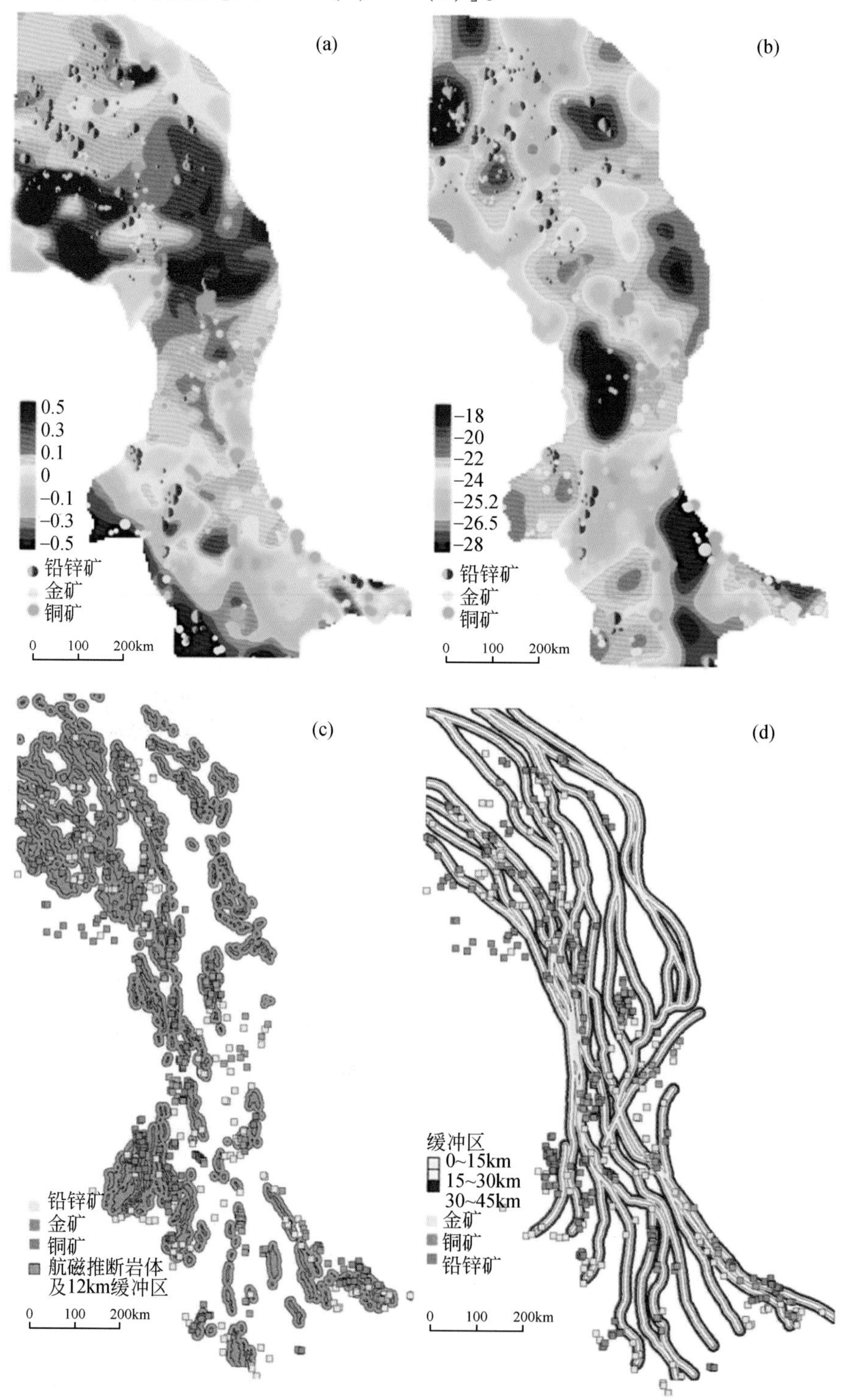

图 11.4　三江地区深部异常信息图（据周道卿，2013）

（a）居里面异常信息图；（b）莫霍面异常信息图；（c）重磁推断隐伏岩体异常信息图；（d）重磁推断深大断裂异常信息图

深部构造体系为区域大规模成矿作用提供了物质基础和能量保障，制约着深部幔源物质上涌、壳幔作用和金属成矿作用过程，对于区域成矿作用有着重要的控制作用。居里面的起伏变化表征了地温梯度的高低变化，反映出地壳深部热应力场的分布特征。居里面隆起区深部岩浆活动强烈，地温梯度较高，是成矿作用发生的重要区域。莫霍面起伏变化与区域构造良好呼应，造山带整体位于幔坳区，盆地和稳定地块基本上处于幔隆区，深大断裂系统多发育于地幔内隆坳结合带，其内分布了众多大中型矿床。深部构造-岩浆体系不仅控制了成矿作用的强度与定位，也为成矿预测提供了重要的约束信息。

11.1.2　成矿远景区划分

模型是对自然现象和规律的抽象概括。基于地质概念的数学模型能够定量分析地质单元和结构，以方程和参数的形式为认识地球科学现象和过程提供了新的视野。表达矿床如何形成的模型称为矿床成因模型，描述矿化特征和找矿标志的模型称为矿床找矿模型或勘查模型。矿床的成因模型和找矿模型是致矿信息集成的地质基础，它们集中体现了成因相同一类矿床形成和分布及其控制因素和矿化标志。在矿产资源评价中，模型可被视为特殊矿床类地质特征空间分布的理想表达，并能够用于指导矿产资源预测和制定矿产勘查战略。

随着矿产勘查手段和地质成矿理论的不断进步，以地质蚀变矿化信息为基础的成因模型和找矿模型已不能满足矿产资源预测的要求。因为上述模型仅含有直接找矿信息，缺乏地球化学、地球物理等间接找矿线索。通常来讲，矿产预测区的地质工作程度相对较低，尤其是隐伏矿体预测，更缺乏直接找矿信息，需要借助不同尺度的重、磁、遥感等间接找矿线索。由于任何单一信息都具有多解性（王世称等，2000），地、物、化、遥信息仅能从不同的侧面反映地质体或地质异常体（包括矿体）的特征。因此，基于致矿地质异常概念由地质、地球化学、地球物理、遥感等多学科信息构成的综合地质概念模型，成为减少矿床形成过程和分布规律认识的不确定性、避免单一信息多解性和找矿不确定性的重要手段。

综合地质概念模型像其他的矿床模型一样，尽可能包含了控制矿床形成和分布的各种地质和物理化学因素。综合地质概念模型是建立致矿信息和集成定量模型的基础，它能被用于选择和组织控矿地质变量（致矿信息），建立基于综合致矿地质异常的，集直接找矿信息和间接找矿信息于一体的综合找矿模型。致矿信息的提取与集成是通过空间数据分析来实现，空间分析目的是集成揭示蕴涵在海量数据中的空间地质体本质特征、内在联系和组合规律的综合信息，按照一定的度量值和阈值提取控矿地质变量，并通过直接找矿信息与间接找矿信息之间的信息关联与转换，建立与预测区信息对等的资源定量评价模型（矿产预测模型），实现综合成矿预测。

根据建立的三江地区模糊证据权预测模型，分别以 Au、Cu、Pb、Zn 4 个矿种为预测对象，统计各栅格单元的证据权值（表 11.1），进而对不同预测矿种成矿概率进行计算，形成单矿种成矿概率成果图［图 11.5（a）～（c）］。由于多数矿床为多金属伴（共）生矿，为了更全面评价预测结果，对不同矿种预测成果进行汇总，形成多金属成矿概率成果图［图 11.5（d）］。

表 11.1　三江地区证据因子模糊证据权值表

证据元	对象	Au、Cu、Pb-Zn				Au				Cu				Pb-Zn			
		W+	W-	C	权值	W+	W-	C	权值	W+	W-	C	权值	W+	W-	C	权值
航磁	1	-0.64	0.06	-0.71	-0.64	-0.97	0.08	-1.05	-0.97	-3.23	0.12	-3.35	-3.23	-0.29	0.03	-0.33	-0.2
	2	2.09	0	2.09	0.11	2.7	-0.01	2.71	-0.7	/	/	/	-3.23	2.8	-0.01	2.81	-0.2
	3	0.3	-0.04	0.34	0.11	0.52	-0.08	0.6	0.17	0.23	-0.03	0.26	-0.16	0.23	-0.03	0.26	0
	4	0	0	0	-0.36	-0.09	0.14	-0.22	-0.29	0.07	-0.13	0.2	-0.16	-0.01	0.03	-0.04	0.13
	5	0.51	-0.05	0.56	0.51	0.67	-0.08	0.75	0.64	0.47	-0.05	0.52	0.66	0.47	-0.05	0.52	0.44
	6	0.52	-0.01	0.53	0.51	0.52	-0.01	0.53	0.64	1.29	-0.04	1.33	0.66	0.3	-0.01	0.3	0.44
重力	1	-0.91	0	-0.91	0.41	/	/	/	-0.08	0.13	0	0.13	-0.3	-0.8	0	-0.8	0.17
	2	0.47	-0.02	0.49	0.41	-0.04	0	-0.04	-0.08	0.91	-0.04	0.96	-0.27	-0.05	0	-0.05	0.17
	3	0.06	-0.01	0.07	0.41	0.2	-0.05	0.25	0.38	0.13	-0.03	0.16	-0.27	0.22	-0.05	0.27	0.17
	4	0.12	-0.09	0.21	0.41	0.07	-0.05	0.12	0.51	-0.3	0.16	-0.46	-0.3	0.18	-0.13	0.31	0.18
	5	-0.1	0.03	-0.13	0.41	-0.43	0.12	-0.55	0.38	0.26	-0.11	0.38	-0.19	-0.12	0.04	-0.16	0.17
	6	0.19	-0.01	0.2	0.41	0.86	-0.08	0.95	0.9	0.3	-0.02	0.33	-0.19	-0.27	0.01	-0.28	0.17
	7	0.44	0	0.45	0.41	1.14	-0.02	1.15	0.9	0.65	-0.01	0.66	0.65	-1.65	0.01	-1.65	0.17
	8	-0.94	0	-0.94	0.41	0.13	0	0.13	0.51	/	/	/	-0.19	/	/	/	-4.07
深部岩体	1	0.75	-0.09	0.83	0.45	0.74	-0.09	0.83	0.44	0.22	-0.02	0.24	0.26	0.68	-0.08	0.76	0.51
	2	0.35	-0.17	0.52	0.45	0.22	-0.1	0.32	0.32	0.27	-0.12	0.4	0.26	0.46	-0.24	0.69	0.51
深大断裂	1	-0.05	0.01	-0.06	0.09	-0.05	0.01	-0.06	0.12	0.09	-0.02	0.1	0.35	-0.29	0.05	-0.34	0.14
	2	0.1	-0.02	0.12	0.09	0.05	-0.01	0.06	0.12	0.24	-0.06	0.3	0.35	-0.03	0.01	-0.03	0.14
	3	0.18	-0.05	0.23	0.09	0.19	-0.05	0.23	0.12	0.35	-0.1	0.46	0.35	0.14	-0.03	0.17	0.14
zn	1	-2.79	0.05	-2.85	-2.3	-3.16	0.05	-3.21	-1.12	/	/	/	-0.56	-3.91	0.05	-3.96	-4.08
	2	-1.18	0.01	-1.19	-2.3	-0.46	0	-0.46	-1.12	/	/	/	-0.56	/	/	/	-4.08
	3	-0.13	0.01	-0.14	-1.02	-0.62	0.03	-0.65	-1.12	-3.28	0.06	-3.34	-0.56	-0.59	0.03	-0.62	-0.15
	4	0.03	-0.01	0.04	-0.32	-0.09	0.02	-0.11	-0.2	-0.15	0.04	-0.19	-0.56	-0.17	0.04	-0.21	-0.02
	5	0.11	-0.09	0.21	0.19	0.06	-0.05	0.1	0.2	0.28	-0.28	0.55	0.07	0.11	-0.1	0.21	0.2
	6	0.28	-0.06	0.34	0.28	0.52	-0.14	0.65	0.52	0.3	-0.07	0.37	0.3	0.4	-0.1	0.5	0.2

续表

证据元	对象	Au、Cu、Pb-Zn				Au				Cu				Pb-Zn			
		W+	W-	C	权值	W+	W-	C	权值	W+	W-	C	权值	W+	W-	C	权值
pb	1	-2.77	0.05	-2.82	-2.77	-3.14	0.05	-3.19	-3.14	/	/	/	-0.79	-3.88	0.05	-3.94	-0.41
	2	-0.13	0.05	-0.18	-0.66	-0.31	0.1	-0.41	-1	-0.62	0.17	-0.79	-0.79	-0.25	0.08	-0.34	-0.41
	3	0.18	-0.24	0.42	-0.15	0.19	-0.27	0.46	-0.12	0.21	-0.3	0.51	-0.35	0.25	-0.39	0.64	-0.24
	4	-0.1	0	-0.1	0.18	-0.24	0.01	-0.24	-0.62	0.26	-0.01	0.28	0.17	0.38	-0.02	0.4	0.12
	5	0.37	-0.02	0.39	0.18	0.62	-0.04	0.66	0.62	0.94	-0.08	1.02	0.94	-0.17	0.01	-0.17	0.12
cu	1	-2.8	0.05	-2.86	-1.6	-3.17	0.05	-3.22	-3.17	/	/	/	-4.13	-3.92	0.05	-3.97	-2.86
	2	-0.66	0.01	-0.67	-1.6	-0.5	0.01	-0.51	-1.8	-2.98	0.02	-3	-4.13	-1.98	0.02	-2	-2.86
	3	-0.36	0.12	-0.47	-0.02	-0.16	0.06	-0.22	-1.18	-1.22	0.26	-1.47	-0.52	-0.47	0.14	-0.61	-0.14
	4	0.13	-0.06	0.19	0.35	0.18	-0.09	0.27	0.69	-0.06	0.02	-0.08	-0.02	0.01	-0.01	0.02	0.36
	5	0.36	-0.16	0.51	0.41	0.1	-0.04	0.14	0.69	0.59	-0.33	0.92	0.72	0.62	-0.35	0.96	0.62
	6	0.98	-0.03	1.01	0.41	1.24	-0.05	1.28	1.24	1.72	-0.09	1.8	0.72	0.36	-0.01	0.37	0.54
au	1	-0.82	0.03	-0.85	-0.82	-1.02	0.03	-1.05	-0.69	-2.17	0.05	-2.22	-2.17	-0.25	0.01	-0.27	-0.1
	2	-0.31	0.1	-0.41	-0.11	-0.64	0.17	-0.81	-0.69	-0.05	0.02	-0.07	-0.82	-0.08	0.03	-0.11	-0.1
	3	0.02	-0.01	0.03	0.43	-0.25	0.08	-0.33	-0.59	-0.07	0.03	-0.1	-0.26	0.15	-0.06	0.21	0.12
	4	0.27	-0.06	0.33	0.67	0.31	-0.07	0.38	-0.36	0.05	-0.01	0.06	0.58	0.07	-0.01	0.08	0.01
	5	0.45	-0.06	0.51	0.76	0.85	-0.15	0.99	0.08	0.38	-0.05	0.43	1.04	0.12	-0.01	0.13	0.06
	6	0.94	-0.06	1	0.93	1.04	-0.08	1.12	1.16	1.31	-0.12	1.43	1.27	0.8	-0.05	0.85	0.75
	7	1.12	-0.02	1.15	0.93	1.68	-0.05	1.73	1.16	1.09	-0.02	1.11	1.27	0.11	0	0.11	0.06
	8	0.7	-0.01	0.71	0.93	0.91	-0.02	0.93	1.16	-0.88	0.01	-0.89	0.58	0.58	-0.01	0.59	0.75
岩体缓冲区	1	0.06	-0.02	0.08	0.17	0.17	-0.05	0.22	0.3	0.1	-0.03	0.12	0.12	0.11	-0.03	0.14	0.2
	2	0.26	-0.09	0.34	0.17	0.4	-0.15	0.55	0.3	0.12	-0.04	0.16	0.12	0.2	-0.06	0.26	0.2
断裂密度	1	-1.07	0.12	-1.19	-1.07	0.17	-0.05	0.22	0.3	-1.69	0.15	-1.83	-0.75	-0.95	0.11	-1.06	-0.4
	2	-0.2	0.08	-0.28	-0.33	0.4	-0.15	0.55	0.3	-0.49	0.17	-0.66	-0.75	-0.21	0.09	-0.3	-0.4
	3	0.25	-0.1	0.35	0.25	0.11	-0.04	0.15	1.15	0.32	-0.14	0.46	-0.13	0.24	-0.1	0.34	0.28
	4	0.26	-0.05	0.32	0.2	0.4	-0.09	0.49	1.15	0.57	-0.14	0.71	0.57	-0.08	0.01	-0.09	-0.33
	5	0.14	-0.01	0.15	0.14	0.05	0	0.05	1.15	0.48	-0.04	0.52	0.35	0.1	-0.01	0.11	-0.14
	6	0.47	-0.02	0.48	0.14	-0.15	0	-0.15	1.15	0.36	-0.01	0.37	0.17	0.98	-0.04	1.02	1.24
	7	1	-0.02	1.02	-0.09	0.73	-0.01	0.74	1.15	0.09	0	0.09	-0.13	1.5	-0.03	1.53	1.24
	8	1.4	-0.01	1.41	-0.09	1.9	-0.02	1.92	1.15	/	/	/	-0.47	1.9	-0.02	1.91	1.24

续表

证据元	对象	Au、Cu、Pb-Zn				Au				Cu				Pb-Zn			
		W+	W-	C	权值	W+	W-	C	权值	W+	W-	C	权值	W+	W-	C	权值
地层组合熵	1	-1.07	0.12	-1.19	0.32	-1.15	0.12	-1.27	-0.31	-1.69	0.15	-1.83	-0.75	-0.95	0.11	-1.06	-0.95
	2	-0.2	0.08	-0.28	0.32	-0.07	0.03	-0.1	-0.31	-0.49	0.17	-0.66	-0.75	-0.21	0.09	-0.3	-0.59
	3	0.25	-0.1	0.35	0.32	0.11	-0.04	0.15	-0.28	0.32	-0.14	0.46	0.01	0.24	-0.1	0.34	0.16
	4	0.26	-0.05	0.32	0.32	0.4	-0.09	0.49	-0.13	0.57	-0.14	0.71	0.57	-0.08	0.01	-0.09	-0.23
	5	0.14	-0.01	0.15	0.32	0.05	0	0.05	-0.2	0.48	-0.04	0.52	0.35	0.1	-0.01	0.11	-0.41
	6	0.47	-0.02	0.48	0.32	-0.15	0	-0.15	-0.26	0.36	-0.01	0.37	0.17	0.98	-0.04	1.02	1.24
	7	1	-0.02	1.02	0.32	0.73	-0.01	0.74	0.05	0.09	0	0.09	-0.26	1.5	-0.03	1.53	1.24
	8	1.4	-0.01	1.41	0.32	1.9	-0.02	1.92	1.9	/	/	/	-0.75	1.9	-0.02	1.91	1.24
居里面	1	0.25	0	0.26	0.21	1.16	-0.04	1.2	1.1	-1.55	0.01	-1.56	0.76	-1.07	0.01	-1.08	-0.51
	2	0.55	-0.02	0.56	0.32	1.06	-0.04	1.1	1.1	-0.53	0.01	-0.54	0.58	0.46	-0.01	0.48	-0.01
	3	0.56	-0.03	0.59	0.32	0.13	-0.01	0.14	-0.15	-0.69	0.02	-0.71	0.43	0.96	-0.06	1.02	0.96
	4	-0.07	0	-0.08	-0.09	-0.22	0.01	-0.24	-0.26	-0.29	0.01	-0.3	0.31	-0.29	0.02	-0.31	-0.51
	5	0.02	0	0.02	0.13	-0.03	0	-0.03	-0.26	0.33	-0.03	0.36	0.11	-0.67	0.04	-0.71	-0.51
	6	0.3	-0.05	0.35	0.32	0.45	-0.09	0.54	0.33	-0.16	0.02	-0.19	-0.24	0.15	-0.02	0.17	-0.32
	7	0.08	-0.01	0.09	0.25	-0.28	0.02	-0.3	-0.26	0.5	-0.05	0.55	0.31	0.09	-0.01	0.1	-0.39
	8	-0.09	0.03	-0.13	-0.09	0.18	-0.07	0.26	-0.15	-0.28	0.08	-0.36	-0.24	0.14	-0.05	0.2	-0.32
	9	0.04	0	0.05	0.17	-0.15	0.01	-0.16	-0.26	0.49	-0.05	0.55	0.31	-0.45	0.03	-0.48	-0.51
	11	0.21	-0.03	0.24	0.32	-0.56	0.05	-0.62	-0.26	0.88	-0.19	1.08	0.76	0.2	-0.03	0.23	-0.32
莫霍面	1	0.11	-0.08	0.19	-0.06	-0.26	0.15	-0.41	-0.28	-0.78	0.33	-1.11	-0.56	0.07	-0.06	0.13	-0.33
	2	-0.07	0.01	-0.08	-0.19	-0.68	0.04	-0.72	-0.28	0.84	-0.12	0.95	0.38	0.41	-0.04	0.45	0.41
	3	0.36	-0.03	0.39	0.36	-0.08	0.01	-0.09	-0.28	1.3	-0.19	1.49	1.3	0	0	0	-0.47
	4	0.19	-0.02	0.21	0.09	0.71	-0.1	0.81	0.72	0.06	-0.01	0.07	-0.56	0.18	-0.02	0.19	-0.26
	5	0.12	-0.01	0.13	-0.02	0.31	-0.02	0.33	-0.06	0.46	-0.04	0.5	-0.16	0.32	-0.02	0.34	0.08
	6	0.07	-0.01	0.08	-0.1	0.1	-0.01	0.1	0.02	0.65	-0.08	0.73	0.15	0.24	-0.02	0.27	-0.1
	7	-0.13	0.01	-0.14	-0.19	0.72	-0.07	0.79	0.72	-0.25	0.02	-0.27	-0.56	-0.66	0.03	-0.69	-0.47
	8	-0.66	0.02	-0.67	-0.19	0.29	-0.01	0.3	0.02	-1.24	0.03	-1.27	-0.56	-1.85	0.03	-1.88	-0.47

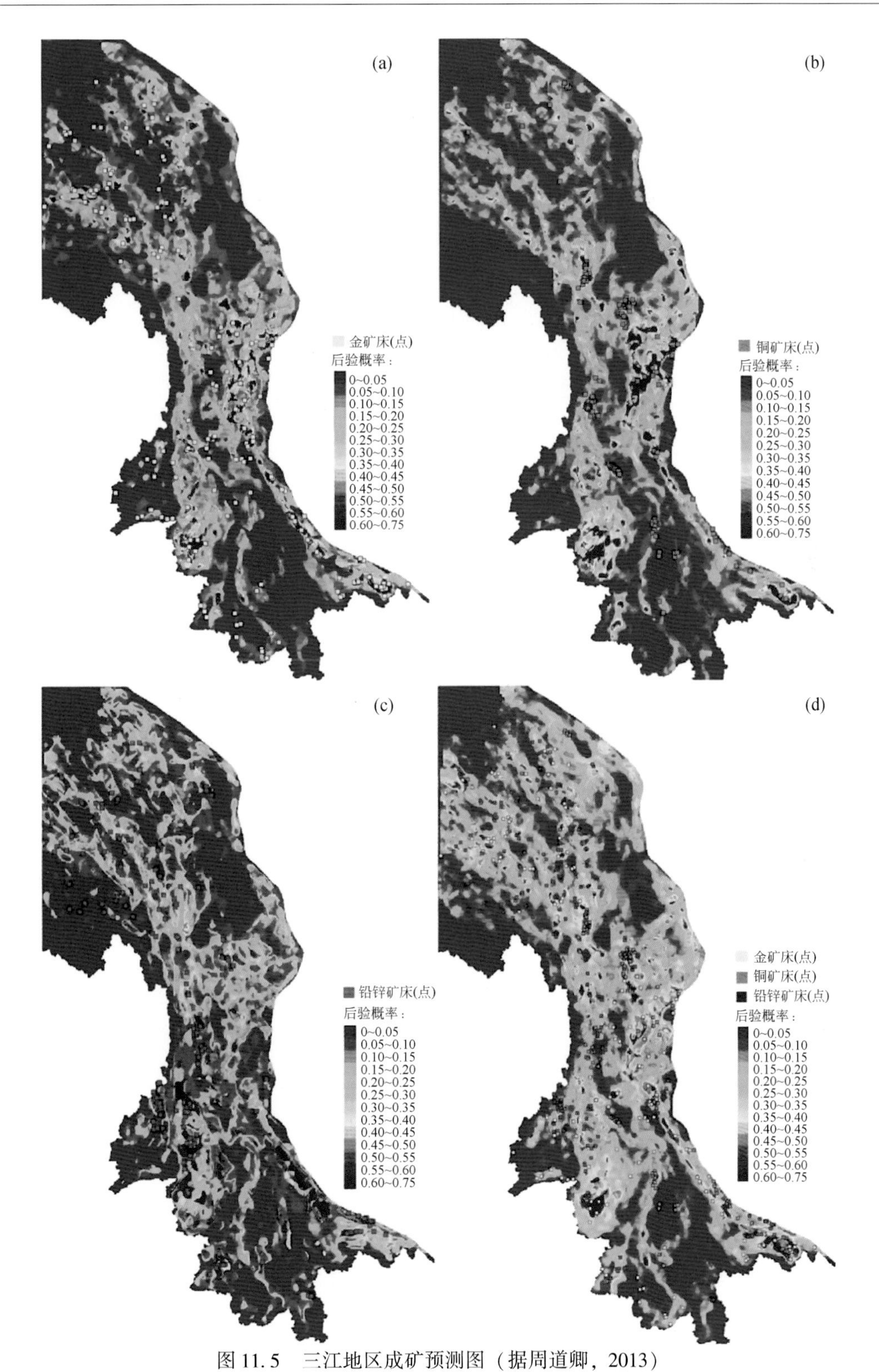

图 11.5　三江地区成矿预测图（据周道卿，2013）

（a）Au 成矿概率与矿床（点）叠合图；（b）Cu 成矿概率与矿床（点）叠合图；（c）Pb-Zn 成矿概率与矿床（点）叠合图；（d）多金属成矿概率与矿床（点）叠合图

对矿产资源预测效果的评估，本次研究根据 Carter 验证标准：矿产资源预测评价图与已知矿床分布的印证情况较好，即可表明模型的建立是正确的。据此，预测成果图中各矿种矿床密集分布区均落于成矿概率高值区域，表明通过模糊证据权法开展三江地区成矿立体预测的可信性。

成矿远景区的划分是建立在模糊证据权预测结果的基础上，根据区内直接和间接找矿信息显示强度，综合考虑矿床分布、区域地质、地球物理、地球化学特征而进行。根据控矿信息显示的有利程度和成矿概率预测结果，将远景区分为三级，具体划分的原则如下：

最佳远景区（A）：预测成矿概率高值区集中分布。直接找矿信息强，已有大中型工业矿床，间接找矿信息强、资源潜力大，埋藏在可采深度内成矿地质条件十分有利的地区。最佳远景区具有发现新矿体和形成新勘探基地的潜力。

重要远景区（B）：预测成矿概率中高值区分布。直接找矿信息加间接找矿信息，已有中小型工业矿床，资源埋藏在可采深度内，成矿地质条件比较有利的地区。重要远景区具有发现新矿床的可能。

有利远景区（C）：预测成矿概率中低值区分布。直接找矿信息不明显，间接找矿标志显著，有较好成矿地质条件的地区。有利远景区具有一定的找矿潜力。

根据以上原则，全区划分出最佳远景区 11 块，重要远景区 12 块和有利远景区 16 块（表 11.2，图 11.6）。

表 11.2　三江地区成矿远景区表

级别	序号	远景区名称	序号	远景区名称	序号	远景区名称
最佳远景区	A-1	西羌塘地块金-铅锌多金属远景区	A-5	兰坪金顶地区铅锌远景区	A-9	潞西上芒岗地区金远景区
	A-2	义敦岛弧北段呷村式铅锌远景区	A-6	鹤庆北衙金多金属远景区	A-11	哀牢山镇远-墨江金远景区
	A-3	德钦羊拉-加仁铜多金属远景区	A-7	祥云金-铜多金属远景区	A-11	元阳大坪-长安金-铜多金属远景区
	A-4	香格里拉普朗-红山铜多金属远景区	A-8	保山铅锌-金远景区		
重要远景区	B-1	东羌塘地块铅锌远景区	B-5	维西洛扎地区铅锌远景区	B-9	巍山扎村金远景区
	B-2	玉龙铜-铅锌多金属远景区	B-6	兰坪白秧坪铜-铅锌多金属远景区	B-11	镇康-耿马铅锌-金多金属远景区
	B-3	江达-贡觉铜-金-铅锌多金属远景区	B-7	丽江-永胜铜-金多金属远景区	B-11	澜沧-孟连铅锌-金多金属远景区
	B-4	左贡-盐井铅锌-金多金属远景区	B-8	腾冲铅锌-金多金属远景区	B-12	思茅大平掌金远景区
有利远景区	C-1	波密纳波铅锌远景区	C-7	巴塘铅锌远景区	C-12	云县-景谷铜多金属远景区
	C-2	洛隆优果铅锌多金属远景区	C-8	稻城东铜-金多金属远景区	C-13	景谷登海山铜多金属远景区
	C-3	八宿金多金属远景区	C-9	木里铜-金多金属远景区	C-14	澜沧-勐海金远景区
	C-4	德格铜昌达沟铜远景区	C-11	兰坪金满铜多金属远景区	C-15	勐腊易武铅锌多金属远景区
	C-5	甘孜-理塘铜-金多金属远景区	C-11	永平厂街铜多金属远景区	C-16	绿春牛波-新寨金远景区
	C-6	翁君-芒康铜-金-铅锌多金属远景区				

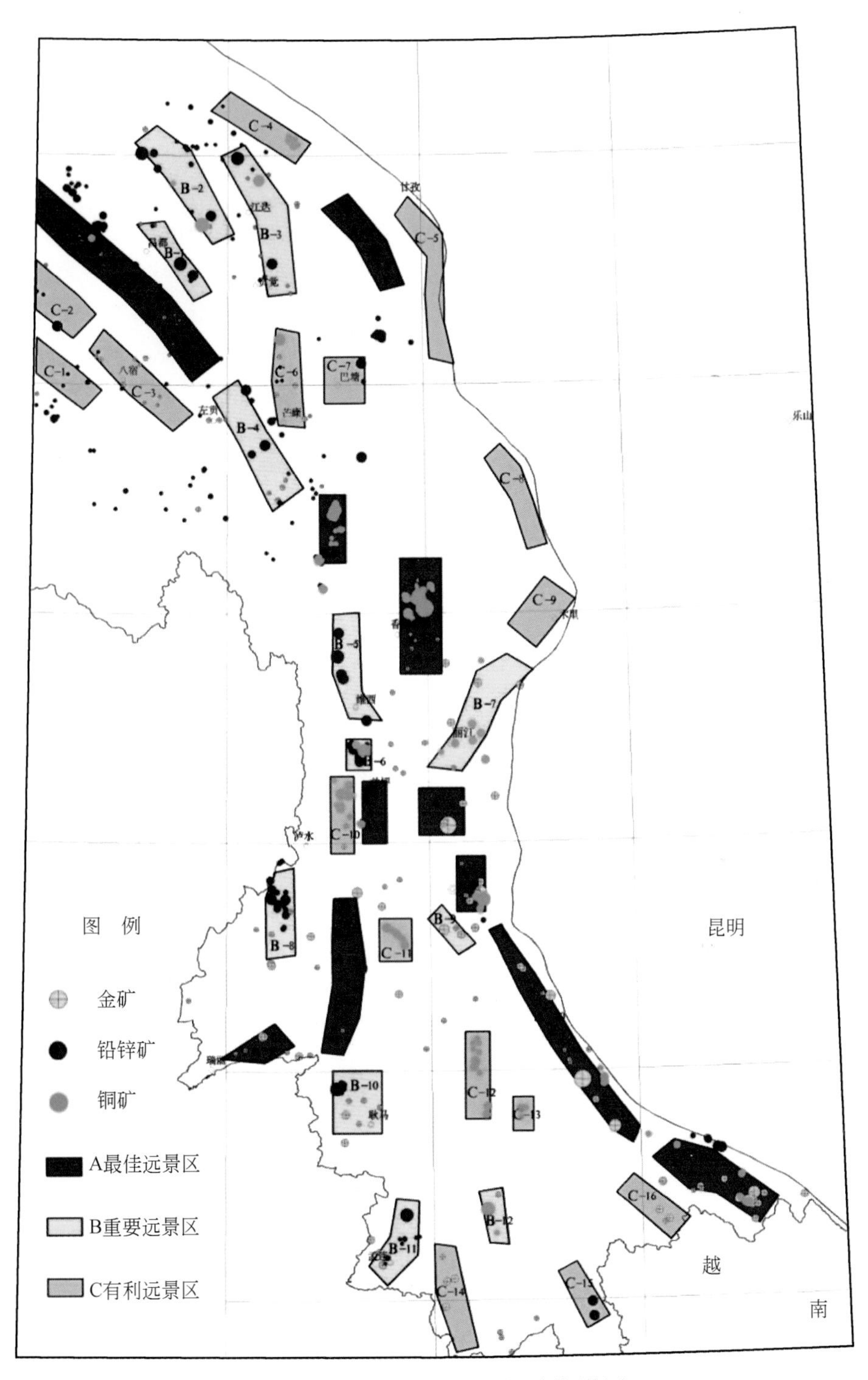

图 11.6　三江地区成矿远景区划评价图

11.2 重要区带与靶区圈定

11.2.1 技术路线与方法

遵循由已知预测未知和就矿找矿的原则，根据成矿系统理论把成矿作用视为地质作用的重要组成部分，通过研究矿区成矿特征和控制成矿的地质要素，探讨其与成矿的关系和演化过程及规律，总结矿产的时间、空间、物质组分分布规律和形成规律，划分不同类型的成矿地质构造环境，精细研究地质构造、矿产、物探、化探、遥感、自然重砂等信息。根据成矿地质条件，划分矿产预测区（带)，运用 GIS 技术和数学方法确定找矿靶区。

11.2.2 重要区带与靶区圈定

在格咱岛弧铜多金属成矿带、金沙江中段铜多金属成矿区、兰坪盆地铅锌多金属成矿带、保山地块铜铅锌多金属成矿带等开展了靶区圈定，对三江南段与邻区金矿的成矿潜力进行了评价。

1. 格咱岛弧铜多金属成矿带

1）成矿地质条件

该带位于义敦岛弧带的南段。出露石鼓群，为一套复理石沉积，夹有少量碳酸盐岩，变质程度达绿片岩相至低角闪岩相。下古生界较多缺失，以稳定型至过渡型碳酸盐岩和浅海相碎屑岩为主。上古生界，东部总体属稳定型碳酸盐岩建造，与扬子地台基本一致；西部沿金沙江断裂显示较强的活动性，基性火山岩发育于自下泥盆统—上二叠统各个层位。古生界普遍具轻微变质现象，可达低绿片岩相变质程度。二叠系与上覆下三叠统呈平行不整合或角度不整合关系。三叠系由稳定型滨海-浅海沉积逐渐发展为活动型次深水盆地相沉积，再逐渐转化为稳定型湖相沉积。下三叠统称茨岗组，紫红色夹灰绿色砂、板岩夹灰岩；中三叠统尼汝组为陆源碎屑岩、灰岩夹基性火山岩；上三叠统曲嘎寺组、图姆沟组以砂板岩为主夹灰岩及大量基性-中酸性火山岩；上三叠统喇嘛垭组则为滨海三角洲-湖相砂页岩。晚三叠世后，整个侏罗纪-白垩纪无沉积。新生代时期，古近纪为巨厚的山间盆地型红色磨拉石堆积，新近纪为湖沼相含煤盆地。

地球物理表现为南北向重力低，重力低北起布斯以北四川与云南交界处（低值中心)，经翁水东、格咱东、下格咱、香格里拉东而止于瓦嘎，长约 110km，宽约 40km；四川与云南交界处和下格咱-中甸东出现两个圈闭低值中心，交界处低值中心强度大，但显示不完整，中甸东低值中心仅以一条等值线圈闭。剩余重力异常以负异常与之对应，主要有两个负异常，强度均在$-20\times10^{-5}m/s^2$ 以上。对应的航磁异常则表现为串珠状磁异常带，但范围、方向、形状并不一致，局部异常有圆形和椭圆形，南北向或东西向；中甸东局部异常强度大，范围大，南北向强度可达 150nT 以上。重力低范围内出露上三叠统，以图姆沟组和曲嘎寺组中、基性岩为主，它们应具较高密度、不是重力低的场源体，但因基性岩具磁性，应是串珠状磁异常带的场源体，由于其磁性的不均匀，故而形成局部异常串珠状分布。同时在上三叠统中有印支期二长花岗岩和石英闪长岩出露，其中四川与云南交界的二长花岗岩体规模最大，且与重力低中心对应，故剩余重力负异常应是花岗岩体所引起。

地球化学异常元素组合为 Cu、Pb、Zn、W、Mo 和 Au。组合异常在带内中部较集中且密集，规模较大，南北两端相对较稀疏，规模较小。大致可分为浪都-雪鸡坪、集区中甸-龙蟠组和崩堆 3 个组合异常区。

遥感影像解译显示区内线环构造发育，中小型环形构造、岩浆岩环、火山环交叠相错，大小相嵌呈近南北向串珠状排布，区内已知铜多金属矿床均位于磁、重、遥感综合容矿异常中。

格咱岛弧成矿与花岗岩浆侵入活动有关。花岗岩浆侵入活动，可划分为岛弧期（印支晚期俯冲造山）、后岛弧期（燕山晚期碰撞造山）和陆内汇聚期（喜马拉雅期陆内造山）三期。成矿作用时代为：印支期为斑岩型铜钼矿-夕卡岩型铜、铅锌、银多金属成矿，燕山晚期为蚀变花岗岩-石英脉型钨钼、铜、铅锌成矿，喜马拉雅期为铜金成矿；成矿亚带为：西亚带分为印支和喜马拉雅两期成矿作用，有斑岩型、夕卡岩型、热液脉型 3 种成矿类型，东亚带以印支期成矿为主，有斑岩型、夕卡岩型、热液脉型 3 种成矿类型。叠加燕山晚期花岗岩钼成矿亚带，有蚀变花岗（斑）岩型、石英脉型和角岩型 3 种成矿类型。

2）成矿预测

根据中甸格咱岛弧成矿地质背景与成矿规律分析，结合格咱预测区的区域地质和自然条件情况，选择普朗斑岩铜矿床和红山斑岩-夕卡岩复合型矿床进行铜多金属矿的区域预测，获得 A 类预测区 11 个、B 类预测区 2 个和 C 类预测区 3 个，共 16 个最小预测区，结合资源潜力、自然经济和遥感地质情况，圈定找矿预测区 13 个：其中 A 类 11 个和 B 类 3 个。在 13 个找矿远景预测区内进一步圈定了 21 个靶区。根据物化探异常区，如休瓦促-热林燕山期二长花岗岩有关的 W、Mo 地球化学区，热林-亚杂-卓玛 W、Mo、Pb、Zn、Cu、Ag 地球化学区，欠虽、霍迭喀、普朗 Cu、Pb、Zn、Ag、Au、Mo 地球化学区，盖吉夏、红山、热绒 Cu、Pb、Zn、Ag、Au、W、Mo 地球化学亚区，烂泥塘-雪鸡坪-春都 Cu、Pb、Zn、Ag、Mo 地球化学区，对其进行合并、删除和添加、升降类别等综合评价，最终全区圈定了 12 个找矿靶区。其中，A 类靶区 9 个、B 类靶区 2 个和 C 类靶区 1 个（图 11.7），圈定的各个靶区预测铜资源量展现良好找矿前景。

2. 金沙江中段铜多金属成矿带

1）成矿地质条件

位于中咱地块、金沙江缝合带和维西-绿春火山弧交接部位北段，西以德钦-维西-乔后断裂为界，南至德钦奔子栏断裂。由二叠纪和三叠纪两个不同时期和性质的火山弧和弧后盆地拼接叠置而成。以羊拉断裂为界，分东、西两带：东带由关用-奔子栏洋内弧及其西侧的西渠-东竹林弧后盆地组成。沉积建造由早二叠世吉东龙期基性、中基性火山熔岩、含放射虫硅质岩复理石砂板岩的旋回层组成。泥盆—二叠系具有强度不一的喷流沉积型

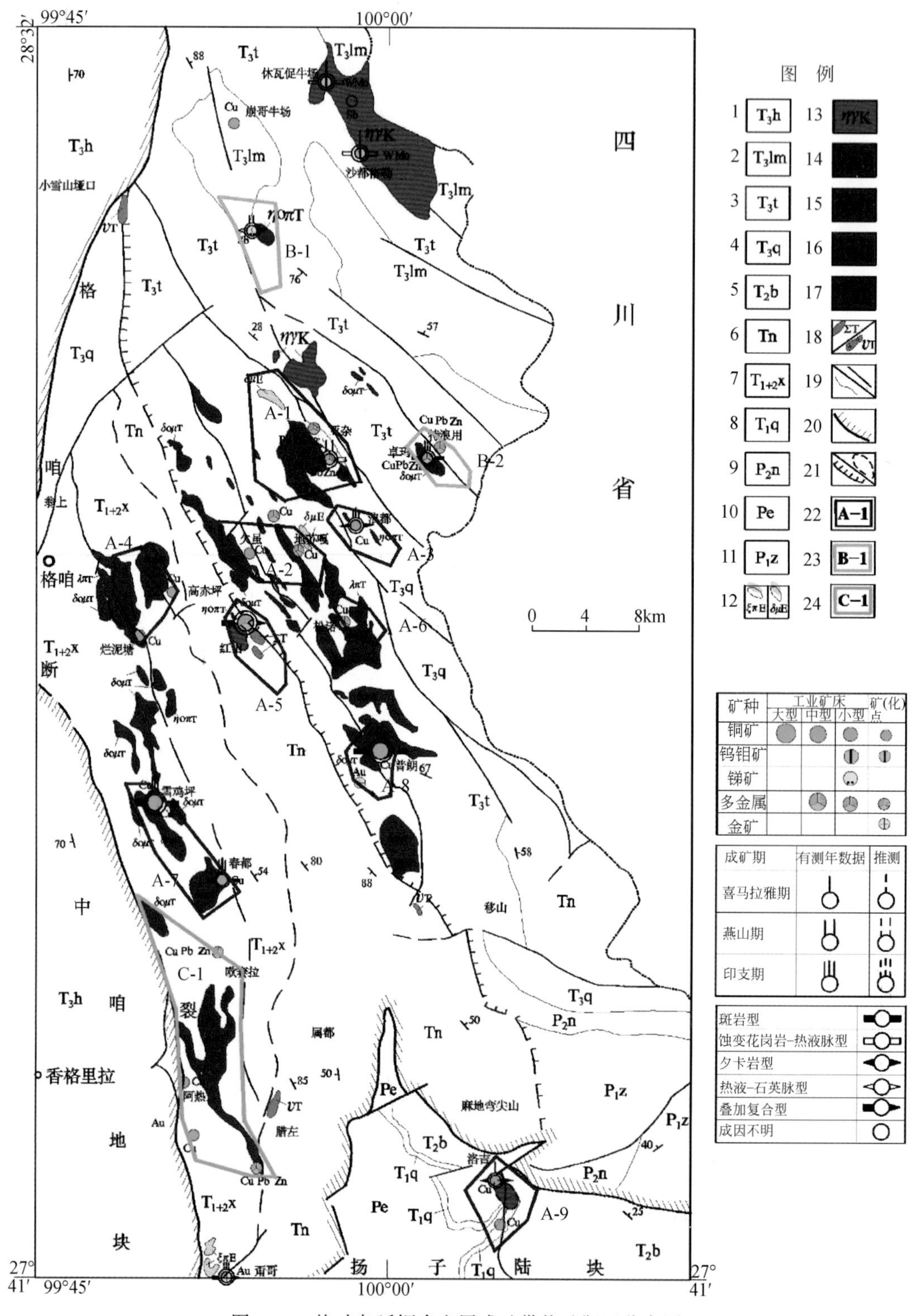

图 11.7　格咱岛弧铜多金属成矿带找矿靶区分布图

铜、铅锌、金银矿化，是羊拉铜矿主要赋矿层位，赋存有层控型层状、似层状矿体；西带由维西-绿春陆缘弧及其西侧车所乡-白茫雪山滞后型弧后盆地组成。晚三叠世的碰撞阶段，伴随滞后型火山活动，在陆缘弧西侧的白茫雪山一带形成扩张盆地，产出鲁春式铜多金属矿床。岩浆活动时期从晋宁期至喜马拉雅期。侵入岩主要沿区域性深大断裂带旁侧分布，从超基-中酸性岩均有出露；火山岩则主要分布于羊拉断裂与金沙江断裂之间的奔子栏-羊拉一带，构成南北向的岩浆岩带，控制了铜多金属矿的形成和分布。其中与成矿密切相关者有奔子栏-羊拉石炭-二叠纪火山岩带和印支—燕山期加仁-贝吾花岗岩带。由一系列近南北向线性褶皱和同向断裂组成，是控制沉积建造、变质作用、岩浆活动及有关矿产的主要构造。

地球物理特征显示拖顶-德荣南北向重力高带西侧，南佐为一重力低、重力异常场值 $-435\times10^{-5}\sim-395\times10^{-5}m/s^2$ 的近南北向重力高低转换带，反映金沙江断裂两侧地块具不同的布格重力异常特征，断裂带沿重力异常转换带展布。航磁化极上延异常平面图显示规模不一的串珠状正异常近南北向分布。1∶100 万航磁羊拉向北西至贡觉一线，其东侧表现为北西向正磁异常带，即得荣、纳交系、拉妥等磁力正异常，串珠状展布，与绒得贡-拖顶重力高相一致。羊拉矿区表现中等强度磁异常和激电异常，由于矿体与夕卡岩关系密切，磁、电异常有时位于矿体倾斜上方。物探异常以里农矿段最发育。贝吾花岗闪长岩体北西侧圈定一个强度 500nT 子异常，尼吕花岗岩体北东侧圈定一个-700nT 较大的负异常。围岩含碳质层则出现强度较高的激电异常，与含磁铁矿地质体形成磁异常等，是区分矿异常的干扰因素。

地球化学特征表现为 Cu、Pb、Zn、Ag、Au、Sb 等元素组合异常，形成近南北向展布。由北而南依次为绒得贡多元素异常、甲功 Au、Sb、Hg 异常、羊拉多元素异常、格亚顶 Cu、Pb、Zn 异常和曲隆多元素异常。羊拉矿床、格亚顶矿床位于异常内，绒得贡、曲隆异常内也新发现铜多金属矿床。羊拉矿区及其南延的加仁岩体，圈定羊拉 Cu 多元素异常，包括里农、路农矿段，北端有尼吕、贝吾 Cu、Zn、Ag、Sn 异常，南部有通吉格 Cu、Pb、Zn、Ag、Mo 异常，位于加仁岩体内。加仁岩体南端曲隆一带 Cu、Pb、Zn、Ag、Au 等元素异常发育，集中了 4 处综合异常，分布在花岗闪长岩及其与上二叠统砂板岩、火山岩接触带。曲隆往南以 Au 异常为主，伴生 As、Hg 元素，依次为吾牙普牙、东水、龙龙保、关用异常，Au 异常多为三级浓度分带，分布于下二叠统灰岩、砂板岩和火山岩地层中。

遥感影像特征显示本区处于羊拉菱形条块内。线性构造总体可归纳为北北西、北西、北东和东西向 4 个方向。北北西向线性构造为束带状，延伸长而规模大，常纵贯全区，是主体构造影像，与金沙江和羊拉断裂、甲午雪山断裂相吻合。北东和北西向构造形成时间较晚，表现为断续相连，时隐时现，时疏时密。东西向断裂状线性体群叠置于上述方向断裂之上。环状构造基本与分布的岩基和岩株状中酸性岩体相符合，有里农、通吉格、曲隆等环状构造，呈同心多层环和卫星式套叠环。蚀变遥感异常表现为以金沙江断裂为界，西区为羟基和铁染蚀变异常组合；东区以铁染蚀变遥感异常为主。据蚀变遥感异常推测，金沙江断裂以西的矿化蚀变以与岩体内部构造蚀变带有关的绢英岩化带、青磐岩化带及与岩体边缘接触交代型有关的铁染蚀变为主，应以寻找与岩体有关的矿化蚀变和矿化为主；金沙江断裂以东则以寻找与热液活动有关的蚀变和矿化为主。

该带铜多金属矿床为泥盆纪—石炭纪海底火山喷流成矿元素预富集，或形成喷流沉积层状矿床；印支—燕山期中酸性（斑）岩体侵入叠加围绕岩体产出内外接触带夕卡岩型铜矿，其中晚期斑岩侵入形成斑岩型矿床；在后期热液阶段形成主矿体夕卡岩型铜矿床之后又经多次的中、低温热液叠加成矿作用形成热液脉状矿床。矿床成因类型有喷流沉积预富集的斑岩-夕卡岩型、热液脉型复合铜矿床。矿床围绕印支—燕山期中酸性（斑）岩体产出，既产于外接触带围岩之中，也见于岩体内部破碎、裂隙带和内接触带。产于围岩之中的主矿体以顺层产出为主，呈似层状和层状；产于接触带矿体呈似层状和透镜状；脉状矿体从岩体内的破碎带一直插入角岩化的围岩之中。围岩和岩体蚀变分带明显，同时伴有铜多金属矿化。硫同位素测量结果证明矿区硫源属幔源硫，矿石铅同位素组成均一，说明成矿物质来源单一，成矿时处于岛弧环境。根据夕卡岩矿石中石榴子石、透辉石、石英和方解石均一法包体测温结果，矿床成矿温度为中-高温。勘查区由南至北为：①德钦县曲隆地区，寻找斑岩型铜矿床；②德钦县宗亚地区，寻找铜斑岩型、热液脉型铜铅多金属矿床；③德钦县扎热隆地区，以寻找叠加改造喷流沉积型羊拉式块状硫化物铜铅矿床为主，兼顾夕卡岩型、热液脉型矿床。

2）成矿预测

选择羊拉式岩浆热液-夕卡岩型铜矿床和鲁春式火山岩型铜铅锌多金属矿床展开矿产预测。在羊拉式矿床矿产预测中，采用矿产资源 GIS 评价系统，在圈定的最小预测单元中优选 11 个预测靶区进行资源量估算，其中 A 类最小预测区 5 个，B 类最小预测区 1 个，C 类最小预测区 4 个。在鲁春式矿床矿产预测中，经过矿产资源评价系统，鲁春-南佐地区圈定的 12 个预测单元中优选 11 个找矿靶区。其中，A 类 4 个，成矿概率均大于 0.8；B 类 3 个，概率 0.5 ~ 0.6；C 类 4 个，概率小于 0.3。结合资源潜力和自然经济状况条件，确定了里农（Cu-A-1）等 A 类预测区 6 个、曲隆北（Cu-B-1）B 类预测区 3 个和意大同（Cu-C-1）C 类预测区 4 个（图 11.8）。

3. 兰坪盆地铅锌多金属成矿带

1）成矿地质条件

该带位于兰坪盆地北部收敛地带，出露地层以侏罗系—白垩系红色碎屑岩为主，中部和东部有上三叠统滨海相碎屑岩和碳酸盐岩产出。断裂构造发育，总体为略呈反 S 形的南北向展布，南北向主干断裂带常成为区内的重要控矿构造，次级北东向、东西向断裂发育于主干断裂的挟持地段，沿断裂构造带常形成一系列的构造推覆体。兰坪-云龙走滑拉分盆地形成金顶式喷溢沉积型铅锌矿床，沿南北向主干断裂带控制白秧坪式构造-热液型银多金属矿床出。区内含火山岩层位分布于盆地东西两侧维西-绿春、澜沧江陆缘火山弧中段，主要有晚二叠世、中-上三叠统攀天阁组—崔依比组和忙怀组—小定西组。

地球物理特征河西-金顶-白羊厂磁异常位于巨大的重力梯度带，为南北分布的背斜构造，推测背斜核部有三叠系至上古生界火山岩分布。

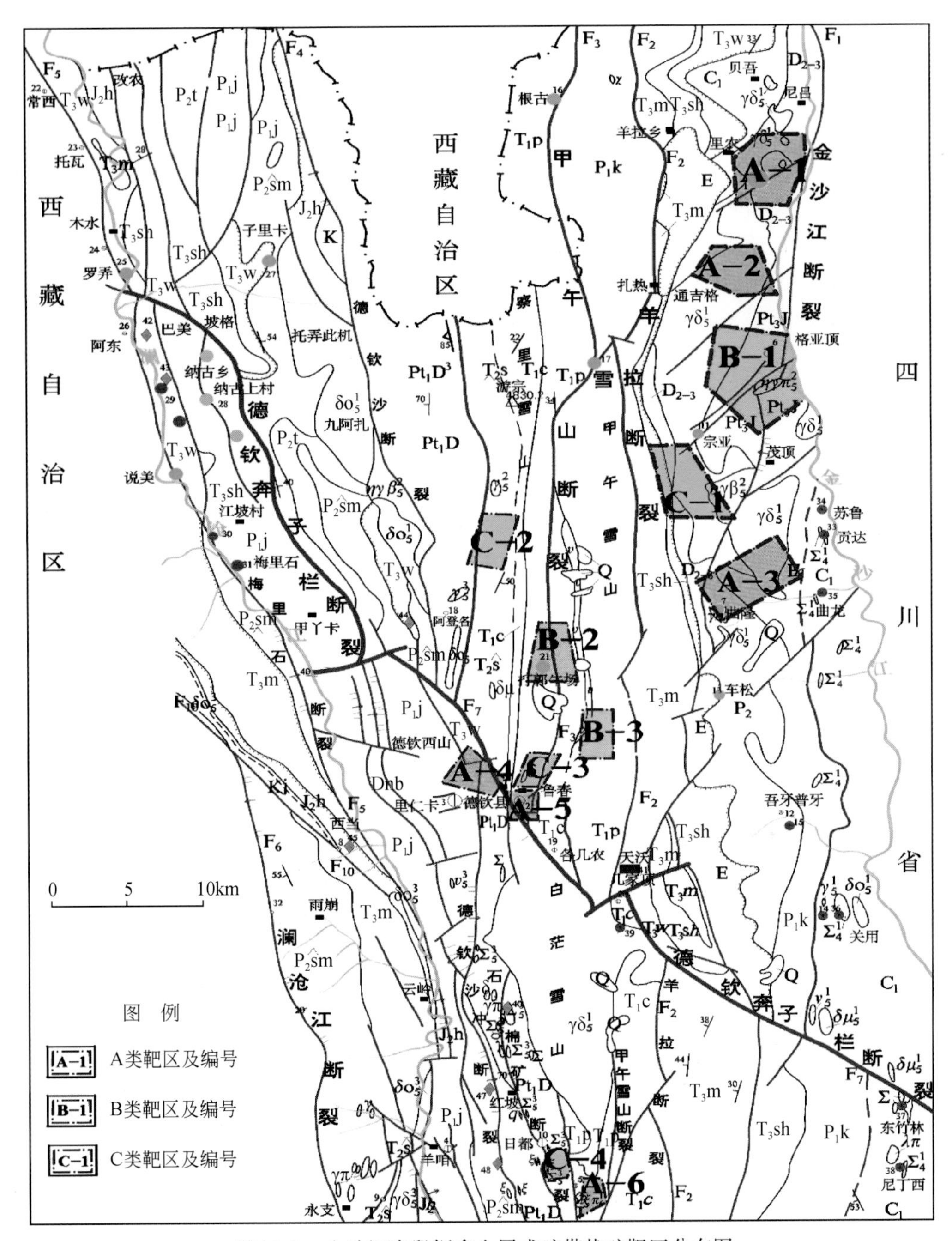

图 11.8　金沙江中段铜多金属成矿带找矿靶区分布图

地球化学特征显示东带沿沘江断裂浓集 Pb、Zn、Ag 等元素；中带沿中轴断裂带有 Ni、Cr、Co、V、Ti、Mn 等元素表现为低缓的连续分布的异常，是裂陷带内基性岩浆活动的反映；西带沿澜沧江分布，以 Cu、Ag 元素为主。中带沿华昌山断裂分布的异常，在空间上与白秧坪银铜多金属矿集区东矿带（热卤水沉积改造型）吻合；沿富隆厂断裂分布的异常在空间上与白秧坪矿集区西矿带（热液脉型）吻合。

遥感特征显示该带处于兰坪菱形条块内，块体边缘翘折状，中间为堆积状，与周围地貌具明显差异，枝状影纹较细密，显碎屑岩为主。线性构造以南北向为主，东西隐伏断裂与之交叠形成深源物质运移成矿的主要原因。主干断裂派生次级线性构造，具蚀变元素浓集特征的环结结构套叠，使预测区多金属矿床（体）出现在略具等距性的线环交叠复杂地段，是较好的远景预测区。

典型矿床有兰坪盆地中部白秧坪脉状铅锌多金属矿床和兰坪盆地金顶 MVT 型铅锌矿床等，表现为沉积岩容矿，构造控矿，脉状产出。有利的含矿层位是上三叠统三合洞组、中侏罗统花开佐组、下白垩统景星组等碎屑岩和灰岩硅化、碳酸盐化、黄铁矿化、绢云母化是重要矿化蚀变标志。物化探异常对寻找本类矿床有重要的作用，规模大、三级浓度分带明显的 Cu、Pb、Zn、Ag 元素地球化学异常和视充电率高地带、密集的遥感线环构造是矿床存在的重要标志。

2）成矿预测

圈定了 14 个预测区并进行了统一编号和矿产评价（图 11.9）。在兰坪地块铜、铅、锌、银、铁、锑、金、盐类矿带，即兰坪盆地内的兰坪–云龙地区，进行金顶式铅锌矿预测，优选确定预测靶区 11 个；以白秧坪式铅锌银铜钴多金属矿为预测对象，在兰坪盆地内的兰坪–白秧坪预测区进行靶区预测，优选预测靶区 11 个；以金满式热液脉型铜矿为对象，在兰坪盆地中新生代上叠内陆盆地的西部圈定 9 个靶区。

4. 保山地块铜、铅锌多金属成矿带

1）成矿地质条件

位于澜沧江断裂以西，西临腾冲岩浆弧。属保山–镇康古生代沉积盆地。基底地层有澜沧群和西部的公养河群。澜沧群为一套复理石和基性火山岩建造，公养河群属类复理石砂、页岩，夹硅质岩及少量灰岩透镜体，变质轻微。古生代—三叠纪，保山–镇康地区自上寒武统至上三叠统发育齐全，层序完整，除上–下石炭统间、石炭系—二叠系间和中–上三叠统间存在明显间断外，其余基本连续。中侏罗世—早白垩世以陆相盆地为主。新生代始新世—渐新世为磨拉石堆积，新近纪断陷盆地广布。

地球物理特征显示镇康–永德之间重力低，长轴为北北东向，周边被重力高所围限，西侧为南伞–南汀河重力高，东南为石佛山–明朗–芹菜塘条带状重力高，北部为近等轴状勐波萝河重力高，推断永德–镇康地区赋存规模较大的中酸性隐伏岩体，岩体周边根据重力异常推断存在区域性断裂，即：镇康近南北向断裂、安定–孟定北西向基底断裂和明朗–甘塘北东向断裂。此外，镇康河外重力负异常，结合化探资料分析，可能有隐伏中酸性岩

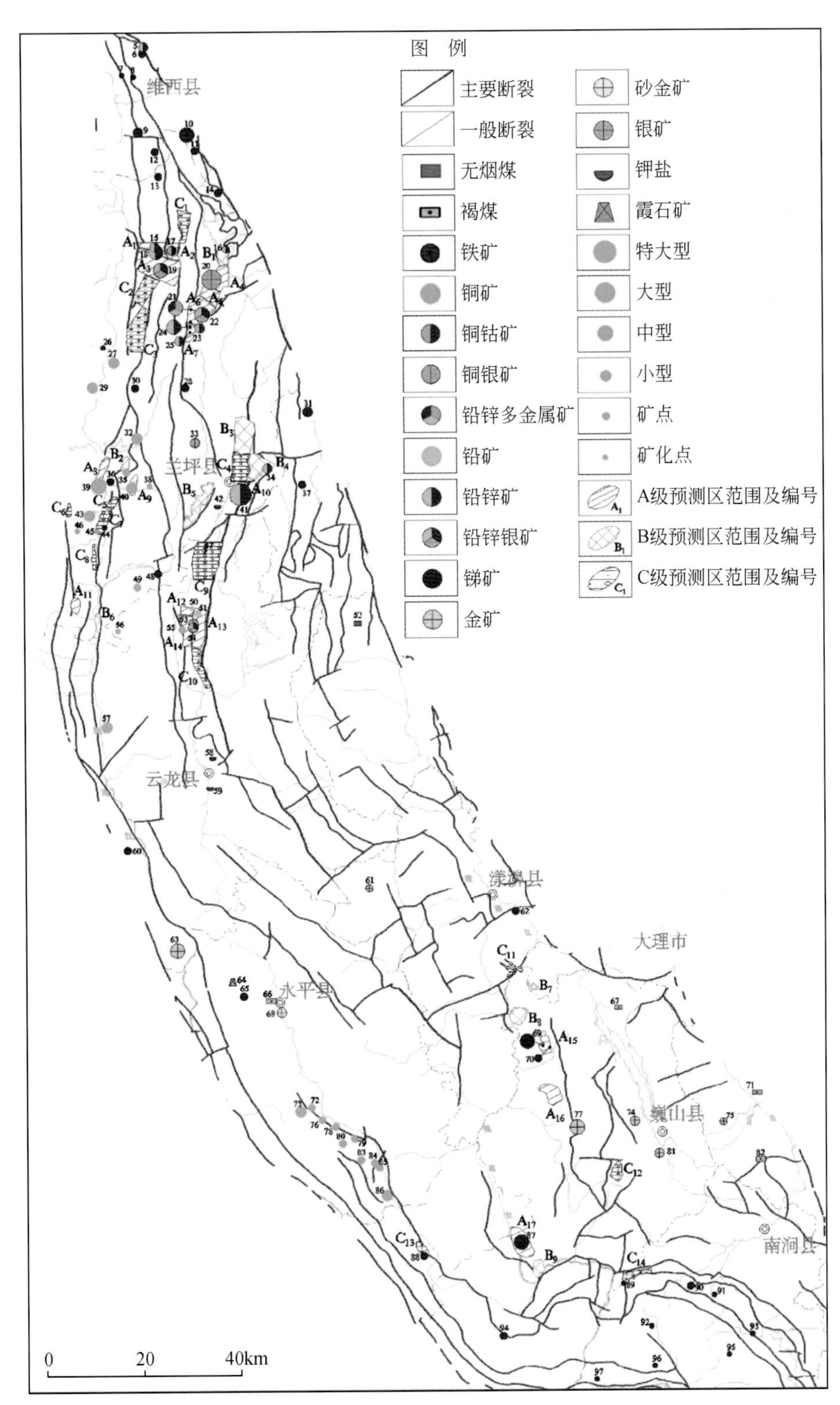

图 11.9　兰坪盆地铅锌铜多金属成矿带预测靶区分布图

体。航磁表明孟定-崇岗圈定了一个正负伴生的强磁异常，正值+160nT，负值-200nT，北东向展布，与南汀河流有一个交角，长 60km，正负异常宽 50km，这一带分布大量三叠系、石炭系火山岩，推断主要由火山岩引起，是火山岩浆巨大喷溢中心。

水系沉积物测量异常以 Pb、Zn、Ag、Cd 等元素为主，异常呈北东向排列，含量由北东向南西逐渐增强，异常依次为：鸭塘 Ag、Pb、Zn 异常，大垭口 Pb、Zn、Ag 异常，永康 Ag、Pb、Zn 异常，忙丙 Pb、Zn、Ag、Cu 异常，芦子园 Pb、Zn、Ag、Cu 异常，乌木兰 Pb、Zn、Ag 异常，忙喜 Pb、Zn、Ag、Cu 异常和河外 Cu、Pb、Zn、Ag 异常，除上述元素外，伴有 Cu、Au 零星小异常。多元素异常沿重力推断的隐伏中酸性岩体分布。

区域遥感影像属福贡-勐海梳状断块条带状成矿影像区，处于保山-镇康菱形透镜状断块成矿影像带，与昌宁-澜沧弧形断块成矿影像带的结合地带。北西区表现为镇康菱环块带，南东区为耿马-沧源影像带。

该带主要矿床有芦子园超大型铅锌矿床，其次有铜厂铜铅锌矿床、大营盘铅锌矿床、小干沟金矿床、水头山银铅矿床、小河边铁矿等矿床（点）。除芦子园铅锌矿床局部地段达普查程度，其余矿床（点）均为预查阶段程度。根据矿床（点）和异常分布特征可划分出铜厂、芦子园和色树坝 3 个成矿远景区。

2）成矿预测

区内主要有保山核桃坪铅锌多金属矿床和芦子园铅锌矿床。总结了芦子园铅锌矿床成矿地质背景，开展了典型矿床特征与区域成矿规律研究，梳理了镇康芦子园地区地质矿产特征，地球化学、地球物理和遥感地质特征，编制了矿产预测图，按预测区成矿地质条件、含矿建造和预测依据的充分性、资源潜力的大小等，圈定出 7 个预测靶区，其中 A 级预测区 2 个（芦子园和放羊山）、B 级预测区 2 个（阿而更和水头山）和 C 级预测区 3 个（大宋山、旧蕊和罗家寨）。

5. 三江地区金矿成矿带

1）成矿地质条件

三江地区包括造山型、钾质斑岩、热泉型等多种类型金矿床，以哀牢山成矿带最为典型。该带位于哀牢山断裂与九甲-墨江断裂挟持的浅变质岩系，北起景东文棚，经镇沅老王寨、墨江金厂，南至元阳大坪。区内地层由三大部分组成：北东侧哀牢山区，以下元古界哀牢山群片麻岩夹变粒岩和斜长角闪岩为主；中部元阳马鹿塘-金平牛拦冲，为古生界奥陶系碎屑岩，志留系—石炭系灰岩、白云岩、板岩、硅质岩、二叠系灰岩、板岩、玄武岩；西南侧元阳哈播-金平勐拉，由志留系砂岩、粉砂岩和中生界上三叠统砂岩、页岩和流纹岩及少量侏罗系—白垩系砂岩和泥岩组成，沿腾条河谷尚有少量古近系和新近系分布。各地层之间多为断层接触。构造复杂，尤其断裂十分发育。北东侧是红河与哀牢山两条大断裂夹持区，其间有阿得博、大平、金平等多条次级断裂与其平行分布，哀牢山群变质岩总体为北东倾斜的单斜构造。中部为麻栗寨-松林坡背斜，周边被断层包围，呈梭子形，轴线北西西向。核部为奥陶系，其北东翼除少量志留系，主要是中泥盆统和二叠系，南西翼古生界地层出露较全，志留系—二叠系地层均有分布。背斜两侧被北西走向、倾向北东的逆冲断裂所切；背斜南推覆端不同方向的断层较发育。南西侧即腾条江断裂以西地区，由下志留统和中—上三叠统构成波状向斜构造。在哈播附近发育有多条北西和北东向断裂。岩浆岩在区内分布广泛。侵入岩以花岗岩类为主，次为基性、超基性岩和正长（斑）岩等；喷发岩以玄武岩居多，流纹岩次之。

地球物理特征显示重力场起伏变化很大，高、低异常带北西向相间分布，有向南撒开、向北收拢之势。哈播重力负异常带有正长斑岩侵入于三叠系，推断深部有隐伏岩体。谷地新寨重力负异常，近等轴状，出露下古生界，有基性岩小岩体分布，推测有隐伏中酸性岩体。甸塘东重力负异常西侧有闪长岩岩体，向南东延伸至异常区的志留系、泥盆系之下，推测异常由隐伏中酸性岩体引起。1∶20万航磁显示中部金平-新安里一带为正负交替缓变磁场，两侧为条带状异常区，北东为哀牢山正负伴生磁异常带，强度中等50～100nT；西侧为正负伴生的强磁异常带，150～200nT。金多金属矿区与超基性有关的铜镍矿床可产生中等至较强的磁异常；激电异常强度高，矿体异常清晰；与此类岩浆岩有关的磁铁矿床，磁异常强度大，对矿体指示性强，激电产生中等强度的异常。产于中酸性岩体接触带的铜多金属矿床，磁异常中偏弱，激电产生中等强度异常，对矿体的指示作用强，但存在干扰因素。

地球化学特征显示综合异常大致划分为三类。一是以Au、As、Sb元素为主，夹持于干河、三家河两条北西向断裂间，含量高，面积大，浓集中心清晰，伴生Pb、Zn、Ag、Cu等异常。长安Au、Pb、Zn、Cu异常和铜厂、老卡寨Au、Pb、Zn、Ag、Cu异常内有已知铜矿床（点），并发现金矿床。二是以Cu元素为主，分布于藤条河断裂二叠系玄武岩地层内，北西向串珠状排列，伴生低弱的Pb和Ag等异常，由南向北有勐拉、小铜厂、小米坪和新寨等异常，异常内及周边均有铜矿床（点）分布。三是Pt、Pd异常，在基性岩、超基性岩集中分布区分析了Pt和Pd元素，圈定小河沟Pt、Pd、Cu综合异常。

遥感影像特征显示黄草岭-营盘-铜厂环结链异常处于透镜状菱环块中，除黄草岭外，中甸营盘环结、铜厂岩浆环结叠加于隐伏岩体环之上。环结链异常带受北西向构造控制明显，环结出现在东西向与南北向线性构造相交复合部位。

喜马拉雅期斑岩金多金属成矿，根据区内石英二长斑岩在大平和金平以东地段分布较广，正长（斑）岩分布于金平南东冷家坪、铜厂-长安冲和元阳哈播等地。勐拉脉状铜矿床分布于二叠纪玄武岩断裂破碎带中，并可能存在隐伏花岗斑岩，以及存在脉型和斑岩型金铜矿床等。造山型金矿床受哀牢山韧性剪切带和九甲-墨江韧脆性断裂带控制。

2）成矿预测

综合地球物理、地球化学及地质构造等资料，采用证据权分析法，对三江地区金矿进行了预测。认为三级断裂对金矿分布有重要的作用（图11.10），三级断裂可以作为一个证据层。对水系沉积物与重砂异常进行异常提取。选择三级断裂、重砂异常、水系沉积物Au-Ag-As-CU-Pb-Zn-Fe_2O_3-Co-Ni-Cd异常等作为图层，建立了区域成矿最大概率图（图11.11）。结果显示三江哀牢山构造带南部的长安、北段北衙、思茅地块西缘勐满和义敦弧普朗地区有良好的成矿远景。

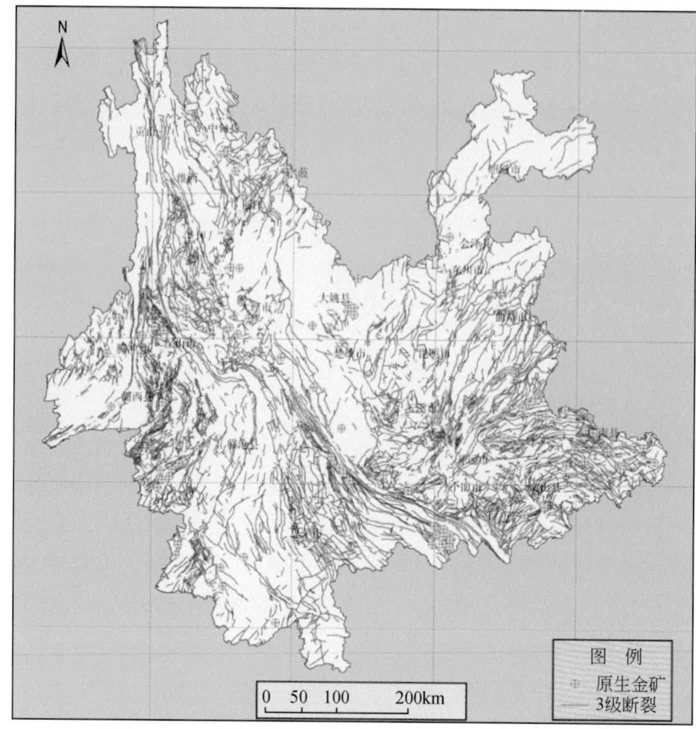

图 11.10　三江南段及邻区三级断裂和金矿分布图

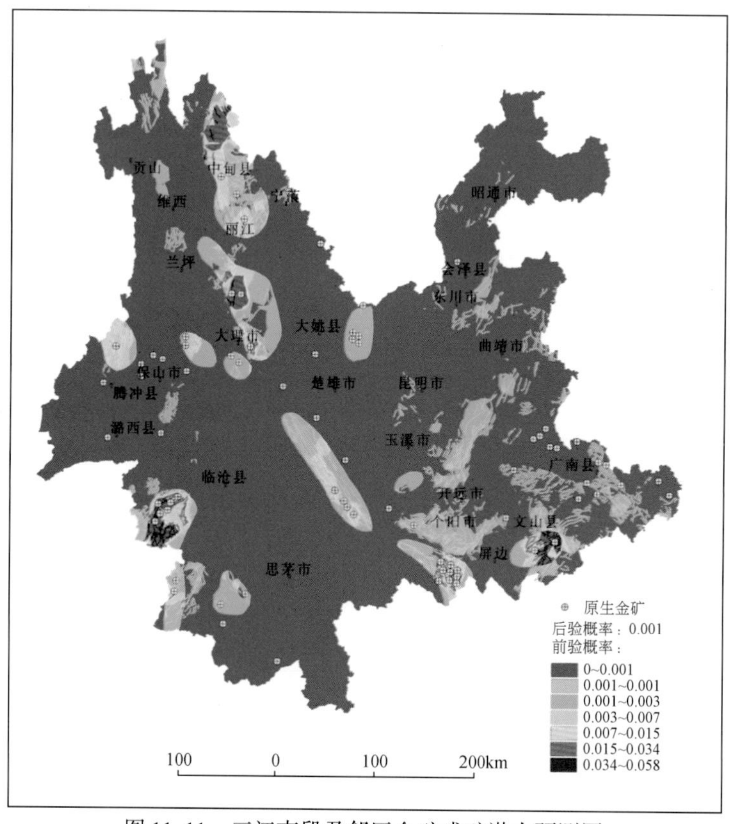

图 11.11　三江南段及邻区金矿成矿潜力预测图

11.3　工程验证与找矿实践

区域资源潜力评价以及找矿勘查技术创新成果在 VMS 和夕卡岩叠加型、俯冲型斑岩矿床、碰撞型斑岩矿床和造山型金矿床等不同构造背景、多个构造单元、多种矿床类型勘查中起到了重要作用（李文昌等，2010；邓军等，2013）。在三江特提斯复合造山与成矿作用理论指导下，与企业和生产单位紧密协作，依据三江地区不同规模、矿种、类型矿床的勘查模式与技术集成，实践找矿取得重大突破，具体见表 11.3。

表 11.3　三江地区重要类型矿产找矿验证表

矿床类型	矿床	矿种	施工见矿情况
复合叠加型	羊拉	铜多金属	9 个钻孔中有 6 个钻孔见 2 ~ 3 层矿体，矿层厚 1 ~ 3.5m，品位 0.6% ~ 1.2%；矿体长由原来的 2890m 延长为约 4000m，达中型规模
	老厂	铜钼矿	深部斑岩体已有 6 个深孔控制了厚大的钼铜矿体，如 ZK14827，孔深 1417m，以 Mo≥0.3% 圈定，钼矿体总见矿长度达 696.25m，平均品位 0.068%，其中有 477.5m 品位为 0.082%；隐伏斑岩钼铜矿找矿潜力巨大
	红山外围	铜钼矿	施工的 ZK17-7 见厚大铜、钼矿体（孔深 558m），其中 330 ~ 370m 见铜矿体，厚度 56m、铜品位平均 0.60%；矿区内已查明钼矿体 1 个，平均含钼 0.047%。圈定的 6 个工业矿体，平均品位 1.75%，达中型规模
碰撞造山钾质斑岩型	北衙	金矿	钻探 131000m/250 个孔，新增铅锌资源量达超大型规模，平均品位 2.43g/t，同时，指导北衙外围找矿
	小水井	金矿	钻探 11594m/91 个孔，浅井 177m，探槽 9300m^3，累计查明金金属量达小型规模，平均品位 1.18g/t
碰撞造山造山型	长安	金矿	对 6 个矿体进行了勘查验证，投入主要为钻探 21340m/75 个孔，坑深 1030m，探明新增金金属量达中型规模，平均品位 4.21g/t
碰撞造山热泉型	勐满	金矿	钻探 23340m/171 个孔，探槽 2864m^3，累计查明新增金金属量达小型规模，平均品位 0.54g/t
增生造山斑岩型	普朗	铜钼矿	KT1 矿体共施工钻孔 138 个，控制矿体长 1920m，垂深 17 ~ 801m。ZK2401、ZK1203 控制钼矿体厚度分别为 51.50m、54.85m，品位分别为 0.06%、0.04%。KT2 矿体由 4 个钻孔控制，矿体长 800m，厚 2 ~ 51m，平均 28.33m，铜品位 0.23% ~ 0.67%，平均 0.38%。新增铜金属量达超大型规模
	铜厂沟	钼矿	KT1 矿体由 31 个坑探、3 个钻探及 8 个槽探工程控制，工程间距 50 ~ 110m，工程控制矿体长 680m，控制斜深 640m。KT2 矿体由 2652m 和 2554m 中段共 11 个坑探工程控制，工程控制长 460m，斜深 113m。平均厚度 7.18m，钼品位 0.04% ~ 0.59%，平均 0.17%，品位变化系数 94.00%，品位变化属较均匀型
夕卡岩型	芦子园	铅锌铁矿	深部钻孔探控制了厚大的铅锌、铁、铜矿体，铅锌矿体累计厚 20.38 ~ 82.40m，品位 0.89% ~ 24.36%。新增铅锌金属量达大型规模，铁达超大型规模

11.3.1　羊拉铜矿床

羊拉矿床是多期、多成矿阶段叠加而形成的复合叠加成因矿床。基于复合叠加模式进行了矿床的定位预测，实现了找矿突破。羊拉矿床里农、路农两矿段间约800m，通过叠加成矿的认识，认为两者之间存在层状矿体。布置了9个钻孔，其中有6个钻孔见厚1～3.5m，品位0.6%～1.2%的2～3层矿体。使里农、路农两矿段的Ⅱ号矿相连，矿体长由原来的2890m延长为约4000m（图11.12），新增铜储量达中型铜矿床规模。

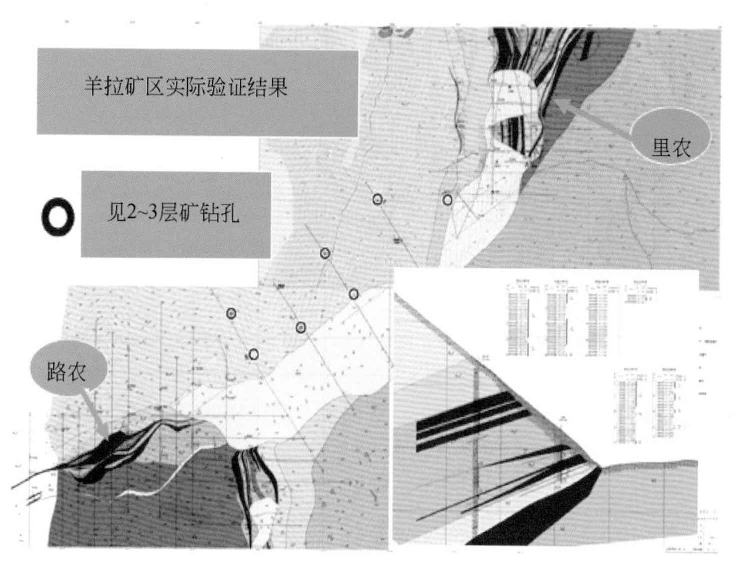

图11.12　羊拉矿床里农与路农两矿段之间层状矿体定位预测图

11.3.2　老厂铜钼矿床

根据成矿系统+重+磁+电的技术集成和复合叠加成矿模式，澜沧老厂铜钼矿区隐伏找矿获得重大突破。除对原已知的脉状、层状矿体进一步控制、增加了资源量外，深部斑岩体已有6个深孔控制了厚大的钼铜矿体，如ZK14827孔深1417m，以Mo≥0.3%圈定，钼矿体总见矿长度达696.25m，平均品位0.068%，其中有477.5m品位为0.082%。隐伏斑岩铜钼矿找矿潜力巨大。

11.3.3　红山铜钼矿床

红山是义敦弧典型的叠加型矿床，印支期和燕山期两期斑岩成矿作用复合。在红山外围重点寻找隐伏斑岩型铜钼矿，施工的ZK17-7见厚大铜、钼矿体（孔深558m），其中330～370m见铜矿体，厚度56m，铜品位平均0.60%；矿区内已查明钼矿体1个，平均含钼0.047%。圈定的6个工业矿体共探获铜资源量达中型铜矿床规模，平均品位1.75%。

11.3.4　北衙金矿床

北衙矿床重点围绕万硐山矿段兼顾红泥塘和笔架山矿段进行勘查。参照有关规范将矿床勘探类型确定为岩金矿床Ⅱ类勘查类型，按 80m×80m 和 160m×160m 分别探求控制的矿产资源储量（122b）和推断的矿产资源储量（333），并对共生或伴生铁、铜、银、铅、锌、硫等进行了综合评价。通过与云南企业和生产单位紧密协作，勘查投入的工作量为 1：2.5万重力测量 $42km^2$，施工 250 个孔钻探，共 13.1 万 m，样品分析 13 万件。探明新增金金属量达超大型矿床规模，铅锌达大型矿床规模。

11.3.5　小水井金矿床

小水井矿床重点对山尾巴–大田岭矿段、大坎子矿段进行勘查。小水井矿区勘查类型确定为Ⅲ类型，控制的工程间距 40m×40m 探求控制的矿产资源储量（122b），推断的工程间距 80m×80m 探求推断资源储量（333）。达小型金矿床规模，平均品位 1.18g/t。

11.3.6　长安金矿床

长安矿床对两个矿段的共 6 个矿体进行了勘查验证。重点开展了长安金矿床深部找矿，发现了厚大矿体，实现了找矿突破。长安矿床按 100m（走向）×60m（倾向）探求控制的矿产资源储量（122b），勘查手段以钻探为主。新增金金属量达中型金矿床规模，平均品位 4.21g/t。

11.3.7　勐满金矿床

勐海矿床采用系统钻探工程的勘查方法对矿体进行系统揭露，V1 主矿体用Ⅰ类勘查类型，按 100m×100m 基本网度布置工程，探求控制的矿产资源储量（122b）；V2 次要矿体用Ⅱ类勘查类型，按 50m×50m 基本网度布置工程，探求控制的矿产资源储量（122b）。新增金金属量达小型金矿床规模，平均品位 0.54g/t。

11.3.8　普朗铜钼矿床

义敦弧南段存在与古特提斯洋片俯冲有关的斑岩矿床。在义敦弧南段圈定的靶区进行找矿实践验证过程中，在卓玛–查拉牛场、帕纳牛场、亚杂、霍迭喀–地苏嘎、松诺、欠虽、普上、春都等地发现了新的矿体，评价铜资源量 2155 万 t、铅锌 20 万 t、金 20t、银 500t、钼 10 万 t。通过与云南企业和生产单位紧密协作，普朗铜钼矿 KT1 矿体共施工钻孔 138 个，控制矿体长 1920m，垂深 17～801m；KT2 矿体由 4 个钻孔控制，矿体长 800m，厚 2～51m，平均 28.33m，铜品位 0.23%～0.67%，平均 0.38%，新增铜金属量达超大型规模。

11.3.9　铜厂沟铜钼矿床

铜厂矿床是与义敦弧与新特提斯洋俯冲有关的斑岩矿床。新发现为斑岩蚀变钼矿床，为义敦岛弧斑岩成矿系统的组成部分，属于远离岩体的远程夕卡岩-热液脉型矿体。根据研究和预测，在铜厂沟地区布置了钻孔，推测矿床远景为超大型规模。

11.3.10 芦子园铅锌矿床

芦子园矿床是与中特提斯洋片俯冲有关的矿床。根据成矿模式、物探异常和变化保存分析，预测深部有隐伏矿体。矿区深部钻探控制了厚大的铅锌、铁、铜矿体，铅锌矿体累计厚 20.38 ~82.40m，品位 0.89% ~24.36%，深部找矿取得了重大突破。探获铅锌资源量达超大型规模。

参考文献

白嘉芬，王长怀，纳荣仙. 1985. 云南金顶铅锌矿床地质特征及成因初探. 矿床地质，(1)：1 ~ 10

毕诗健，李建威，赵新福. 2008. 热液锆石 U-Pb 定年与石英脉型金矿成矿时代：评述与展望. 地质科技情报，27（1）：69 ~ 76

毕先梅，莫宣学. 2004. 成岩–极低级变质–低级变质及有关矿产. 地学前缘，11（1）：287 ~ 294

毕献武，胡瑞忠. 1999. 云南大坪金矿床矿化剂来源及其对金成矿的制约. 矿物学报，19（1）：28 ~ 33

蔡劲宏，周卫宁，张锦章. 1996. 江西银山铜铅锌多金属矿床闪锌矿的标型特征. 桂林工学院学报，16（4）：370 ~ 375

曹殿华，王安建，黄玉凤，张维，侯可军，李瑞萍，李以科. 2009. 中甸弧雪鸡坪斑岩铜矿含矿斑岩锆石 SHRIMP U-Pb 年代学及 Hf 同位素组成. 地质学报，83（10）：1430 ~ 1435

常华进，储雪蕾，黄晶，冯连君，张启锐. 2007. 沉积环境细菌作用下的硫同位素分馏. 地质论评，(6)：807 ~ 813

陈百友，王增润，彭省临，张映旭，陈伟. 2000. 澜沧老厂银铅锌铜多金属矿床成因探讨. 云南地质，21（2）：134 ~ 144

陈国达. 2004. 云南铜–多金属壳体大地构造成矿学. 南京：中南大学出版社. 1 ~ 423

陈珲，李峰，坚润堂，罗思亮，姚巍. 2010. 云南澜沧老厂花岗斑岩锆石 SHRIMP 定年及其地质意义. 地质学报，84（4）：485 ~ 491

陈吉琛. 1987. 滇西花岗岩时代划分及同位素年龄值选用讨论. 云南地质，6（2）：101 ~ 113

陈吉琛，林文信，陈良忠. 1991. 腾冲–梁河地区含锡花岗岩序列——单元研究. 云南地质，10（3）：241 ~ 289

陈建平，吕鹏，吴文，赵洁，胡青. 2007. 基于三维可视化技术的隐伏矿体预测. 地学前缘，14（5）：54 ~ 62

陈建平，唐菊兴，陈勇，李葆华，尚北川. 2008. 西南三江北段纳日贡玛铜钼矿床地质特征与成矿模式. 现代地质，(1)：9 ~ 18

陈建平，严琼，李伟，尚北川，丁成武. 2013. 地质单元法区域成矿预测. 吉林大学学报（地球科学版），43（2）：1083 ~ 1091

陈开旭. 2006. 云南兰坪前陆盆地北部铜、银多金属矿集区形成机制. 中国地质大学（武汉）. 博士论文

陈开旭，杨振强. 1998. 粤北泥盆系喷流沉积型硫化物矿床的稀土元素组成及其意义. 华南地质与矿产，(1)：26 ~ 31

陈开旭，何龙清，魏君奇，杨爱平，杨伟光，黄惠兰. 2004a. 云南白秧坪矿化集中区矿石矿物特征及银、钴赋存状态的初步研究. 矿物学报，(1)：61 ~ 67

陈开旭，路远发，魏君奇，董芳浏，范玉华. 2002. 滇西北半拉铜矿区成矿地质背景及多期成矿作用. 矿术地质，21（增）：361 ~ 364

陈开旭，姚书振，何龙清，魏君奇，杨爱平，黄惠兰. 2004b. 云南兰坪白秧坪银多金属矿集区成矿流体研究. 地质科技情报，(2)：45 ~ 50

陈莉，王立全，王保弟，刘函. 2013. 滇西云县–景谷火山弧带官房铜矿床成因：流体包裹体及年代学证据. 岩石学报，29（4）：1279 ~ 1289

陈觅. 2010. 云南澜沧老厂银铅锌多金属矿床玄武岩年代学和地球化学. 中国科学院地球化学研究所博士学位论文

陈觅，黄智龙，罗泰义，严再飞，龙汉生. 2010. 滇西澜沧老厂大型银铅锌多金属矿床火山岩锆石 SHRIMP 定年及其地质意义. 矿物学报，30（4）：456 ~ 462

陈衍景 . 1996. 陆内碰撞造山体制的流体作用模式与成矿的关系——理论推导和东秦岭金矿床的研究成果. 地学前缘，3：282～289
陈衍景 . 2006. 造山型矿床、成矿模式及找矿潜力 . 中国地质，33（6）：1181～1196
陈衍景，倪培，范宏瑞，Pirajno F，赖勇，苏文超，张辉 . 2007. 不同类型热液金矿系统的流体包裹体特征 . 岩石学报，(9)：2085～2108
陈毓川 . 1994. 矿床的成矿系列 . 地学前缘，1（3）：90～99
陈毓川 . 1998. 中国矿床成矿系列初论 . 北京：地质出版社 . 1～75.
陈毓川，梅燕雄，毛景文 . 2007. 中国成矿体系与区域成矿评价 . 北京：地质出版社 . 1～1005.
陈毓川，裴荣富，王登红 . 2006. 三论矿床的成矿系列问题 . 地质学报，80（10）：1501～1508
陈元琰 . 1995. 云南老厂火山岩型银铅锌铜矿床地质特征及成因 . 桂林工学院学报，15（2）：124～130
迟效国，董春艳，刘建峰，金巍，李才，刘森，黎广荣 . 2006. 青藏高原高 Mg#和低 Mg#两类钾质–超钾质火山岩及其源区性质 . 岩石学报，22（3）：595～602
从柏林，吴根耀 . 1993. 中国滇西古特提斯构造带岩石大地构造演化 . 中国科学（B 辑），23（11）：1201～1207
崔子良，聂飞，董国臣，郜周全，张翔，董美玲 . 2012. 云南保山西邑 Sedex 型铅锌矿矿床成因 . 云南地质，(4)：419～425
戴宝章，赵葵东，蒋少涌 . 2004. 现代海底热液活动与块状硫化物矿床成因研究进展 . 矿物岩石地球化学通报，23（3）：246～254
邓晋福，杨建军，赵海玲，赖绍聪，刘厚祥，罗照华，狄永军 . 1996. 格尔木–额济纳旗断走廊域火成岩–构造组合与大地构造演化 . 现代地质，10（3）：330～343
邓军，葛良胜，杨立强 . 2013. 构造动力体制与复合造山作用：兼论三江复合造山带时空演化 . 岩石学报，29（4）：1099～1114
邓军，侯增谦，莫宣学，杨立强，王庆飞，王长明 . 2010. 三江特提斯复合造山与成矿作用 . 矿床地质，29（1）：37～42
邓军，李文昌，符德贵，杨立强 . 和中华，周云满，张静，葛良胜，郭远生，龚庆杰，杨伟光，邢学文，王庆飞，万丽，高帮飞，金波 . 2012a. 西南三江南段新生代金成矿系统 . 北京：地质出版社 . 1～371.
邓军，王长明，李龚健 . 2012b. 三江特提斯叠加成矿作用样式及过程 . 岩石学报，28（5）：1349～1361
邓军，王长明，李文昌，杨立强，王庆飞 . 2014. 三江特提斯复合造山与成矿作用研究态势及启示 . 地学前缘，21（1）：52～64
邓军，杨立强，王长明 . 2011. 三江特提斯复合造山与成矿作用研究进展 . 岩石学报，27（9）：2501～2509
邓万明，钟大赉 . 1997. 壳–幔过渡带及其在岩石圈构造演化中的地质意义 . 科学通报，42（23）：2474～2482
邓万明，黄萱，钟大赉 . 1998. 滇西新生代富碱斑岩的岩石特征与成因 . 地质科学，33（4）：412～425
董方浏，侯增谦，高永丰，曾普胜，蒋成兴 . 2006. 滇西腾冲新生代花岗岩：成因类型及构造意义 . 岩石学报，22（4）：927～937
董美玲，董国臣，莫宣学，朱弟成，聂飞，谢许峰，王霞，胡兆初 . 2012. 滇西保山地块早古生代花岗岩类的年代学、地球化学及意义 . 岩石学报，28（5）：1453～1464
董美玲，董国臣，莫宣学，朱弟成，聂飞，于峻川，王鹏，罗微 . 2013. 滇西保山地块中–新生代岩浆作用及其构造意义 . 岩石学报，29（11）：3901～3913
董庆吉 . 2009. 西南“三江”北段区域成矿定量预测与评价 . 北京：中国地质大学（北京），1～100
董树文，高锐，吕庆田，张季生，张荣华，薛怀民，吴才来，卢占武，马立成 . 2009. 庐江–枞阳矿集区

深部结构与成矿．地球学报，30（3）：279～284
董涛，李文昌，曾普胜，尹光侯．2009. 羊拉铜矿床同生沉积叠加岩浆作用的地质特征．甘肃冶金，31（6）：52～55
杜乐天．1998. 地球科学走向一统化的时代已经到来．地学前缘，（3）：75～76
段虎荣，张永志，刘锋，康荣华．2010. 利用卫星重力数据研究中国及邻域地壳厚度．地球物理学进展，25（2）：494～499
范蔚茗，彭头平，王岳军．2009. 滇西古特提斯俯冲-碰撞过程的岩浆作用记录．地学前缘，16（6）：291～302
范玉华，李文昌．2006. 云南普朗斑岩铜矿床地质特征．中国地质，33（2）：352～362
冯庆来，张振芳，刘本培，沈上越，张伟明，张世涛．2000. 思茅地块西缘龙洞河组放射虫动物群及其地质意义．地层学杂志，24（2）：126～128
冯增昭，鲍志东．1994. 滇黔桂地区中下三叠统油气储集岩研究．矿物岩石地球化学通报，（4）：199～200
甘甫平，王润生，马蔼乃，张宗贵，李梦霞．2003. 遥感地质信息提取集成与矿物遥感地质分析模型．遥感学报，7（4）：207～213
高炳宇，薛春纪，池国祥，李超，屈文俊，杜安道，李足晓，顾浩．2012. 云南金顶超大型铅锌矿床沥青Re-Os法测年及地质意义．岩石学报，28（5）：1561～1567
高睿，肖龙，何琦，袁静，倪平泽，杜景霞．2010. 滇西维西-德钦一带花岗岩年代学、地球化学和岩石成因．地球科学，35（2）：186～200
高伟．2011. 滇西澜沧老厂铅锌多金属矿床地球化学研究．中国科学院地球化学研究所硕士学位论文
葛良胜，邓军，郭晓东，邹依林，刘荫春．2009. 哀牢山多金属矿集区深部构造与成矿动力学．中国科学（D辑）：地球科学，39（3）：271～284
葛良胜，邓军，杨立强，邢俊兵，袁士松．2007. 云南大坪超大型金多金属矿床地质地球化学特征．地质与勘探，43（3）：17～24
葛良胜，邹依林，邢俊兵，李振华，郭晓东，张学军．2002. 滇西北地区富碱岩体（脉）地质学及岩石化学特征．矿产与地质，（3）：147～153
巩满福．1990. 保山地区晚石炭世火山岩及其构造环境．成都地质学院学报，17（2）：26～36
顾雪祥，刘丽，董树义，章永梅，李科，李葆华．2010. 山东沂南金铜铁矿床中的液态不混溶作用与成矿：流体包裹体和氢氧同位素证据．矿床地质，29（1）：43～57
管烨，王安建，李朋武，曹殿华，刘俊来．2006. 云南兰坪-思茅盆地中轴构造带的特征及其研究意义．中国地质，33（4）：832～841
韩发，李振清．2005. 两阶段铅演化体系μ_1值的计算．矿床地质．24（5）：561～566
韩润生，金世昌．1994. 云南元阳金矿床成因及找矿标志．有色金属矿产与勘查，3（4）：218～222
韩润生，金世昌，雷丽．1997. 云南元阳大坪改造型金矿床的成矿热液系统地球化学．矿物学报，17（3）：337～344
韩吟文，马振东．2003. 地球化学．北京：地震出版社．1～370
韩照信．1994. 秦岭泥盆系铅锌成矿带中闪锌矿的标型特征．西安地质学院学报，16（1）：12～17
郝金华，陈建平，董庆吉，李玉龙，王涛，马继义．2011. 青海“三江”北段斑岩钼铜矿带含矿斑岩地球化学、Sr-Nd-Pb同位素特征及地质意义．岩石矿物学杂志，30（3）：427～437
郝金华，陈建平，董庆吉，田永革，李玉龙，陈冬．2012. 青海省纳日贡玛斑岩钼铜矿床成矿花岗斑岩锆石LA-ICP-MSU-Pb定年及地质意义．地球科学，26：45～53
郝金华，陈建平，董庆吉，王涛，罗志忠．2010. 青海三江北段陆日格含矿斑岩地球化学特征及其地质意义．矿物岩石地球化学通报，（3）：367～376

郝艳丽，张招崇，王福生，Mahoney J J. 2004. 峨眉山大火成岩省“高钛玄武岩”和“低钛玄武岩”成因探讨. 地质论评，50（6）：587～592
何明勤，杨世瑜，刘家军，李朝阳. 2004. 云南祥云金厂箐金（铜）矿床的成矿流体特征及流体来源. 矿物岩石，24（2）：35～40
和文言，莫宣学，喻学惠，和中华，董国臣，刘晓波，苏纲生，黄雄飞. 2013. 滇西北衙金多金属矿床锆石 U-Pb 和辉钼矿 Re-Os 年龄及其地质意义. 岩石学报，29（4）：1301～1310
侯增谦，李红阳. 1998. 试论幔柱构造与成矿系统——以三江特提斯成矿域为例. 矿床地质，17（2）：97～113
侯增谦，韩发，夏林圻，张绮玲，曲晓明，李振清，别风雷，王立全，余金杰，唐绍华. 2003. 现代与古代海底热水成矿作用——以若干火山成因块状硫化物矿床为例. 北京：地质出版社. 1～423.
侯增谦，侯立纬，叶庆同，刘福禄，唐国光. 1995. 三江地区义敦岛弧构造-岩浆演化与火山成因块状硫化物矿床. 北京：地震出版社. 1～227.
侯增谦，卢记仁，李红阳，王登红，吕庆田. 1996. 中国西南特提斯构造演化——幔柱构造控制. 地球学报，17（4）：439～453
侯增谦，潘桂棠，王安建，莫宣学，田世洪，孙晓明，丁林，王二七，高永丰，谢玉玲，曾普胜，秦克章，许继峰，曲晓明，杨志明，杨竹森，费红彩，孟祥金，李振清. 2006a. 青藏高原碰撞造山带：II. 晚碰撞转换成矿作用. 矿床地质，25（5）：521～545
侯增谦，曲晓明，杨竹森，孟祥金，孟祥金，李振清，杨志明，郑绵平，郑有业，聂凤军，高永丰，江思宏，李光明. 2006b. 青藏高原碰撞造山带：III. 后碰撞伸展成矿作用. 矿床地质，25（6）：629～651
侯增谦，曲晓明，周继荣，杨岳清，黄典豪，吕庆田，唐邵华，余今杰，王海平，赵金花. 2001. 三江地区义敦岛弧碰撞造山过程：花岗岩记录. 地质学报，75（4）：484～497
侯增谦，赵志丹，高永丰，杨志明，江万. 2006c. 印度大陆板片前缘撕裂与分段俯冲：来自冈底斯新生代火山-岩浆作用证据. 岩石学报，22（4）：761～774
侯增谦，王二七，莫宣学，丁林，潘桂棠，张中杰. 2008. 青藏高原碰撞造山与成矿作用. 北京：地质出版社. 1～980.
侯增谦，郑远川，杨志明，杨竹森. 2012. 大陆碰撞成矿作用：I. 冈底斯新生代斑岩成矿系统. 矿床地质，31：647～670
侯增谦，钟大赉，邓万明. 2004. 青藏高原东缘斑岩铜钼金成矿带的构造模式. 中国地质，31（1）：1～14
胡瑞忠，毕献武，何明友，刘秉光，Turner G，Burnard P G. 1998. 哀牢山金矿带矿化剂对金成矿的制约. 中国科学（D 辑）：地球科学，28（S2）：24～30
胡瑞忠，毕献武，彭建堂，刘燊，钟宏，赵军红，蒋国豪. 2007. 华南地区中生代以来岩石圈伸展及其与铀成矿关系研究的若干问题. 矿床地质，26：139～152
胡瑞忠，毕献武，苏文超，彭建堂，李朝阳. 2004. 华南白垩-第三纪地壳拉张与铀成矿的关系. 地学前缘，11：153～160
胡永斌. 2011. 云南德钦县鲁春铜多金属矿床地质地球化学特征与成因研究. 云南大学硕士学位论文
胡云中，唐尚鹑，王海平，杨岳清，邓坚. 1995. 哀牢山金矿地质. 北京：地质出版社. 194～260
华仁民. 1994. 成矿过程中由流体混合而导致金属沉淀的研究. 地球科学进展，9（4）：15～22
黄行凯，莫宣学，喻学惠，李勇，和文言. 2013. 滇东南马关和屏边地区新生代玄武岩地球化学特征及深部动力学意义. 岩石学报，4：1325～1337
黄汲清，陈炳蔚. 1987. 中国及邻区特提斯海的演化. 北京：地质出版社. 1～197
黄汲清，陈国铭，陈炳蔚. 1984. 特提斯-喜马拉雅构造域初步分析. 地质学报，58：1～17

黄肖潇，徐继峰，陈建林，任江波.2012. 中甸岛弧红山地区两期中酸性侵入岩的年代学、地球化学特征及其成因. 岩石学报，28（5）：1493～1506
季宏兵，李朝阳.1998. 滇西金满铜矿床成矿流体地球化学特征及来源. 矿物学报，(1)：28～37
贾进华.1995. 滇西南澜沧江带龙洞河组沉积特征及其构造古地理意义. 矿物岩石，(2)：35～40
简平，汪啸风，何龙清，王传尚.1999. 金沙江蛇绿岩中斜长岩和斜长花岗岩的U-Pb年龄及地质意义. 岩石学报，15（4）：590～593
江彪，龚庆杰，张静，马楠.2012. 滇西腾冲大松坡锡矿区晚白垩世铝质A型花岗岩的发现及其地质意义. 岩石学报，5：1477～1492
姜朝松.1998. 腾冲新生代火山分布特征. 地震研究，4：19～29
金明霞，王洁民，高锦曦.1999. 残浆沸腾与锡钨成矿作用. 地球学报，3：265～271
金世昌，韩润生.1994. 改造型矿床的成矿热液系统的地球化学特征——以元阳金矿床为例. 云南地质，13（1）：17～22
金世昌，庄凤良.1988. 龙陵-潞西地区花岗岩矿物中熔融包裹体研究. 昆明工学院学报，(5)：1～15
孔会磊，董国臣，莫宣学，赵志丹，朱弟成，王硕，李荣，王乔林.2012. 滇西三江地区临沧花岗岩的岩石成因：地球化学、锆石U-Pb年代学及Hf同位素约束. 岩石学报，28（5）：1438～1452
寇彩化，张招崇，侯通，廖宝丽，李洪博.2011. 滇西剑川OIB型苦橄玢岩：俯冲板块断离的产物？岩石学报，27：2679～2793
寇林林，钟康惠，唐菊兴，刘肇昌，董树义，解波.2009. 昌都-思茅构造带晚三叠世构造环境的火山岩地球化学判别. 西北地质，42（1）：79～87
冷成彪，张兴春，王守旭，秦朝建，苟体忠.2007. 云南中甸地区两个斑岩铜矿容矿斑岩的地球化学特征——以雪鸡坪和普朗斑岩铜矿床为例. 矿物学报，27（3）：414～422
冷成彪，张兴春，王守旭，秦朝建，苟体忠，王外全.2008. 滇西北中甸松诺含矿斑岩的锆石SHRIMP U-Pb年龄及地质意义. 大地构造与成矿学，32（1）：124～130
李定谋.1998. 哀牢山蛇绿混杂岩带金矿成因类型简析. 第六届全国矿床会议. 矿床地质（第17卷增刊）
李定谋，李保华.2000. 云南哀牢山金矿床的成矿条件. 沉积与特提斯地质，(1)：60～77
李定谋，王立全，须同瑞.2002. 金沙江构造带铜金矿成矿与找矿. 北京：地质出版社.1～238.
李峰，范柱国，李保珠.2003. 滇西思茅大平掌矿区火山岩特征及其构造环境. 大地构造与成矿学，27（1）：48～55
李峰，鲁文举，杨映忠，陈珲，罗思亮，石增龙.2009. 云南澜沧老厂斑岩钼矿成岩成矿时代研究. 现代地质，23（6）：1049～1055
李峰，鲁文举，杨映忠.2010. 危机矿山成矿规律与找矿研究：以云南澜沧老厂矿床为例. 昆明：云南科技出版社.1～206.
李峰，庄凤良，杨海林.2000. 滇西大平掌铜多金属矿床流体包裹体研究. 岩石学报，16（4）：581～586
李钢柱，苏尚国，段向东.2012. 三江地区澜沧江带南段半坡杂岩体锆石U-Pb年龄岩石地球化学特征及板块构造环境. 地学前缘，19：96～109
李钢柱，苏尚国，雷玮琰，段向东.2011. 段向东三江地区澜沧江带南段南林山基性岩体锆石U-Pb年龄及岩石地球化学特征. 地学前缘，18：206～212
李宏博，张招崇，吕林素.2010. 峨眉山大火成岩省基性墙群几何学研究及对地幔柱中心的指示意义. 岩石学报，26（10）：3143～3152
李宏博，张招崇，吕林素，汪云峰，寇彩化，李永生，廖宝丽.2011. 栖霞组和茅口组等厚图：对峨眉山地幔柱成因模式的指示意义. 岩石学报，27（10）：2963～2974

李虎杰，田煦，易发成. 1995. 云南澜沧铅锌银铜矿床稳定同位素地球化学研究. 有色金属矿产与勘查，4（5）：278～282
李建康，李文昌，王登红，卢映祥，尹光侯，薛顺荣. 2007. 中甸弧燕山晚期成矿事件的Re-Os定年及成矿规律研究. 岩石学报，23（10）：2415～2422
李雷，段嘉瑞，李峰，马远，黄敦义. 1996. 澜沧老厂铜多金属矿床地质特征及多期同位成矿. 云南地质，15（3）：246～256
李明武，高锐，崔军文，管烨. 2003. 滇西藏东三江地区主要地块碰撞拼合的古地磁分析. 沉积与特提斯地质. 23（2）：28～34
李青. 2009. 普朗斑岩铜矿床斑岩特征及其成矿意义. 北京：中国地质大学（北京）硕士论文.
李石磊，苏昌学，燕永锋，燕永锋，宁选凤. 2008. 羊拉铜矿矿床地质特征与成矿规律的研究. 矿业快报，24（12）：27～30
李文博，黄智龙，许德如，陈进，许成，管涛. 2002. 铅锌矿床Rb-Sr定年研究综. 大地构造与成矿学，4：436～441
李文昌. 2007. 义敦岛弧构造演化与普朗超大型斑岩铜矿成矿模型. 中国地质大学（北京）博士学位论文
李文昌，莫宣学. 2001. 西南“三江”地区新生代构造及其成矿作用. 云南地质，20（4）：333～346
李文昌，刘学龙，曾普胜，尹光侯. 2011a. 云南普朗斑岩型铜矿成矿岩体的基本特征. 中国地质，（2）：403～414
李文昌，潘桂堂，侯增谦，莫宣学等. 2010a. 西南“三江”多岛弧盆-碰撞造山成矿理论与勘探技术. 北京：地质出版社. 1～476
李文昌，尹光候，卢映祥，刘学龙，许东，张世权，张娜. 2009. 中甸普朗复式斑岩体演化及^{40}Ar-^{39}Ar同位素依据. 地质学报，83（10）：1421～1429
李文昌，尹光候，卢映祥，王彦斌，余海军，曹晓民，张世权. 2010b. 西南“三江”格咱火山-岩浆弧中红山-属都蛇绿混杂岩带的厘定及其意义. 岩石学报，26（6）：1661～1671
李文昌，尹光侯，余海军，卢映祥. 2011b. 刘学龙滇西北格咱火山-岩浆弧斑岩成矿作用. 岩石学报，27（9）：2541～2552
李文昌，余海军，尹光侯，曹晓民，黄定柱，董涛. 2012. 滇西北铜厂沟钼多金属矿床辉钼矿Re-Os同位素年龄及其成矿环境. 矿床地质，31（2）：282～292
李小明，龚文君，谭凯旋，龚革联. 2001. 兰坪盆地小格拉铜矿床地质特征及成矿时代初探. 华东地质学院学报，72（1）：17～18
李兴振，杜德勋，王义昭. 1993. 盆山转换及其成矿作用——以昌都-思茅盆地和金沙江-哀牢山带为例. 特提斯地质，5～20
李兴振，刘文均，王义昭，朱勤文. 1999. 西南三江地区特提斯构造演化与成矿（总论）. 北京：地质出版社. 1～276.
李亚林，王成善，伊海生，刘志飞，李勇. 2006. 西藏北部新生代大型逆冲推覆构造与唐古拉山的隆起. 地质学报，（8）：1118～1130
李勇，莫宣学，喻学惠，黄行凯，和文言. 2011. 滇西“三江”地区高镁钾质火山岩地球化学特征及其地质意义. 岩石学报，27（9）：2510～2518
李勇，王成善，伊海生，石和，林金辉，朱利东，李祥辉. 2001. 青藏高原中侏罗世—早白垩世羌塘复合型前陆盆地充填模式. 沉积学报，（1）：20～27
李勇，王成善，伊海生. 2002. 中生代羌塘前陆盆地充填序列及演化过程. 地层学杂志，79（1）：62～67
李余华. 2000. 临沧锗矿床地质特征. 云南地质，（3）：263～269
李志明，刘家军，秦建中，廖宗廷，何明勤，刘玉平. 2005. 兰坪盆地白秧坪铜钴银多金属矿床成矿物质

来源研究．地质与勘探，28（1）：1～6

林舸，范蔚茗，尹汉辉．1991．兰坪–勐腊幔–壳穿透构造的控盆控矿作用．科学通报，（14）：1092～1094

林清茶，夏斌，张玉泉．2006．云南中甸地区雪鸡坪同碰撞石英闪长玢岩锆石 SHRIMP U-Pb 定年及其意义．地质通报，25：133～137

林秀斌，陈汉林，杨树锋，厉子龙，余星，程晓敢．2010．阿尔泰造山带富蕴基性麻粒岩折返过程：来自裂变径迹热年代学的限定．岩石学报，26（2）：413～420

刘本培，冯庆来，方念乔，贾进华，何馥香．1993．滇西南昌宁–孟连带和澜沧江带古特提斯多岛洋构造演化．地球科学，18（5）：529～538

刘斌，段光贤．1987．NaCl-H_2O 溶液包裹体的密度式和等容式及其应用．矿物学报，7（4）：345～352

刘德利，刘继顺，张彩华，周余国．2008．滇西南澜沧江结合第北段云县花岗岩的地质特征及形成环境．岩石矿物学杂志，27（1）：80～88

刘福田，刘建华，何建坤，游庆瑜．2000．滇西特提斯造山带下扬子地块的俯冲板片．科学通报，45（1）：79～84

刘欢．2013．西南三江南段成矿地质背景与地球化学分形解析．中国地质大学（北京）博士学位论文，1～167

刘家军，何明勤，李志明，刘玉平，李朝阳，张乾，杨伟光，杨爱平．2004．云南白秧坪银铜多金属矿集区碳氧同位素组成及其意义．矿床地质，（1）：1～10

刘家军，李朝阳，张乾，潘家永，刘玉平，刘显凡，刘世荣，杨伟光．2001．滇西金满铜矿床中木质结构及其成因意义．中国科学（D 辑）：地球科学，（2）：89～95

刘家军，毛光剑，吴胜华，王建平，马星华，李立兴，刘光智，廖延福，郑卫军．2010．甘肃寨上金矿床成矿特征与形成机理．矿床地质，29（1）：85～100

刘嘉麒，郭正府，刘强．1999．火山灾害与监测．第四纪研究，（5）：414～422

刘建明，刘家军．1997．滇黔桂金三角区微细浸染型金矿床的盆地流体成因模式．矿物学报，17（4）：448～456

刘建明，沈洁．1998．中国科学院矿物资源探查研究中心．有色金属矿产与勘查，7（2）：107～113

刘建明，叶杰，徐九华，孙景贵，沈昆．2003．胶东金矿床碳酸盐矿物的碳–氧和锶–钕同位素地球化学研究．矿物学报，19（4）：775～784

刘江涛，杨立强，吕亮．2013．中甸普朗还原性斑岩型铜矿床：矿物组合与流体组成约束．岩石学报，29（11）：3914～3924

刘铁庚，张乾，叶霖，邵树勋．2004．自然界中 ZnS-CdS 完全类质同象系列的发现和初步研究．中国地质，（1）：40～45

刘显凡，刘家铎，张成江，阳正熙，吴德超，李佑国．2004．滇西富碱斑岩型矿床岩体和矿脉同位素地球化学研究．矿物岩石地球化学通报，（1）：32～39

刘学龙，李文昌，尹光侯，张娜．2013．云南格咱岛弧普朗斑岩型铜矿年代学、岩石矿物学及地球化学研究．岩石学报，29（9）：3049～3064

刘艳宾，弓小平，薛迎喜．2011．ArcGIS 在东昆仑西段铁矿资源预测中的应用：以夕卡岩型铁矿为例．地质与勘探，47（6）：943～956

刘友梅，杨蔚华．2001．澜沧老厂银多金属矿床火山岩地球化学特征及环境识别．矿物学报，21（4）：699～704

刘英超，侯增谦，杨竹森，田世洪，宋玉财，杨志明，王召林，李政．2008．密西西比河谷型（MVT）铅锌矿床：认识与进展．矿床地质，（2）：253～264

刘英超，侯增谦，杨竹森，田世洪，宋玉财，薛万文，王富春，张玉宝．2010．青海玉树东莫扎抓铅锌矿

床流体包裹体研究．岩石学报，26（6）：1805～1819
刘英超，杨竹森，侯增谦，田世洪，王召林，宋玉财，薛万文，鲁海峰，王富春，张玉宝，朱田，俞长捷，苏嫒娜，李真真，于玉帅．2009. 青海玉树东莫扎抓铅锌矿床地质特征及碳氢氧同位素地球化学研究．矿床地质，(6)：770～784
刘英超，杨竹森，侯增谦，田世洪，宋玉财，张洪瑞，于玉帅，薛万文，王富春，张玉宝，康继祖. 2011. 青海玉树东莫扎抓铅锌矿床围岩蚀变和黄铁矿-闪锌矿矿物学特征及意义．岩石矿物学杂志，(3)：490～506
刘英俊，曹励明，李兆麟，王鹤年，储同庆，张景荣．1984. 元素地球化学．北京：地质出版社．1～372.
刘玉平，李正祥，李惠民，郭利果，徐伟，叶霖，李朝阳，皮道会．2007. 都龙锡锌矿床锡石和锆石 U-Pb 年代学；滇东南白垩纪大规模花岗岩成岩-成矿事件．岩石学报，23（5）：967～976
刘增乾，李兴振，叶庆同．1993. 三江地区构造岩浆带的划分与矿产分布规律．北京：地质出版社．1～246
龙汉生．2009. 云南澜沧老厂大型银多金属矿床成矿年代及地球化学．贵阳：中国科学院地球化学研究所博士学位论文
卢焕章，范宏瑞，倪培，欧光习，沈昆，张文淮．2004. 流体包裹体．北京：科学出版社．1～496.
卢家烂，庄汉平，傅家谟，刘金钟．2000. 临沧超大型锗矿床的沉积环境、成岩过程和热液作用与锗的富集．地球化学，(1)：36～42
卢映祥，刘洪光．黄静宁，张宏远，陈永清．2009. 东南亚中南半岛成矿带初步划分与区域成矿特征．地质通报，(Z1)：314～325
鲁海峰，薛万文，王贵仁．2006. 纳日贡玛铜钼矿床地质特征及成因类型探讨．青海国土经略，(3)：37～40
路远发，战明国，陈开旭．2000. 金沙江构造带嘎金雪山群玄武岩铀-铅同位素年龄．中国区域地质，19（2）：155～158
罗君烈．1991. 滇西特提斯的演化及主要金属矿床成矿作用．云南地质，10（1）：1～10
吕伯西，王增，张能德，段建中，高子英，沈敢富，潘长云，嫣鹏．1993. 三江地区花岗岩类及其成矿专属性．北京：地质出版社．1～330
吕庆田，杨竹森，严加永，徐文艺．2007. 长江中下游成矿带深部成矿潜力、找矿思路与初步尝试——以铜陵矿集区为实例．地质学报，87（7）：865～881
毛光周，华仁民，高剑峰，赵葵东，龙光明，陆慧娟，姚军明．2006. 江西金山金矿床含金黄铁矿的稀土元素和微量元素特征．矿床地质，25（4）：412～426
马比阿伟，本合塔尔·扎目，文登奎，张明春．2015. 三江造山带义敦岛弧中段格聂（南）花岗岩体地球化学特征及地质意义．地质学报，89（2）：305～318
马楠．2014. 腾冲锡多金属矿带成岩与成矿作用研究．北京：中国地质大学（北京）博士学位论文
毛景文，段超，刘佳林，张成．2012. 陆相火山-侵入岩有关的铁多金属矿成矿作用及矿床模型——以长江中下游为例．岩石学报，(1)：1～14
毛景文，赫英，丁悌平．2002. 胶东金矿形成期间地幔流体参与成矿过程的碳氧氢同位素证据．矿床地质，(2)：121～128
毛景文，谢桂青，李晓峰，张长青，梅燕雄．2004. 华南地区中生代大规模成矿作用与岩石圈多阶段伸展．地学前缘，11：45～55
毛晓长，王立全，李冰，王保弟，王冬兵，尹福光，孙志明．2012. 云县-景谷火山弧带大中河晚志留世火山岩的发现及其地质意义．岩石学报，28：1517～1528
孟健寅，杨立强，吕亮，高雪，李建新，罗跃中．2013. 滇西北红山铜钼矿床辉钼矿 Re-Os 同位素测年及

其成矿意义. 岩石学报, 29: 1214 ~ 1244
莫宣学, 邓晋福, 董方浏, 喻学惠, 王勇, 周肃, 杨伟光. 2001. 西南三江造山带火山岩-构造组合及其意义. 高校地质学报, 7 (2): 121 ~ 138
莫宣学, 路凤香, 沈上越, 朱勤文, 侯增谦, 杨开辉. 1993. 三江特提斯火山作用与成矿. 北京: 地质出版社. 1 ~ 267
莫宣学, 赵志丹, 周肃, 董国臣, 廖忠礼. 2007. 印度-亚洲大陆碰撞的时限. 地质通报, 26 (10): 1240 ~ 1244
莫宣学, 赵志丹, 朱弟成, 喻学惠, 董国臣, 周肃. 2009. 西藏南部印度-亚洲碰撞带岩石圈: 岩石学-地球化学约束. 中国地质大学学报, 34 (1): 17 ~ 27
牟传龙, 王剑, 余谦, 张立生. 1999. 兰坪中新生代沉积盆地演化. 矿物岩石, (3): 30 ~ 36
倪善芹, 侯泉林, 王安建, 琚宜文. 2010. 碳酸盐岩中锶元素地球化学特征及其指示意义——以北京下古生界碳酸盐岩为例. 地质学报, 84 (10): 1510 ~ 1516
欧阳成甫, 徐楚明. 1993. 云南澜沧老厂银铅矿区隐伏花岗岩体预测及其意义. 大地构造与成矿学, 17 (2):119 ~ 126
潘桂棠, 王立全, 尹福光, 朱弟成, 耿全如, 廖忠礼. 2004. 从多岛弧盆系研究实践看板块构造登陆的魅力. 地质通报, 23 (10): 933 ~ 939
潘桂棠, 王立全, 张万平. 2013. 青藏高原及邻区大地构造图及表明书 (1 : 150 万). 北京: 地质出版社
潘桂棠, 徐强, 侯增谦, 王立全, 杜德勋, 莫宣学, 李定谋, 汪名杰, 李兴振, 江新胜, 胡云中. 2003. 西南“三江”多岛弧造山过程、成矿系统与资源评价. 北京: 地质出版社. 1 ~ 420
潘家永, 张乾, 马东升, 李朝阳. 2001. 滇西羊拉铜矿区硅质岩特征及与成矿的关系. 中国科学 (D 辑): 地球科学, 31 (1): 10 ~ 16
庞振山, 杜杨松, 王功文, 郭欣, 曹毅, 李青. 2009. 云南普朗复式岩体锆石 U-Pb 年龄和地球化学特征及其地质意义. 岩石学报, 25 (01): 159 ~ 165
彭寿增. 1984. 试论澜沧含银铅锌矿带的成矿地质条件. 云南地质, 3 (2): 124 ~ 130
彭头平, 王岳军, 范蔚茗, 刘敦一, 石玉若, 苗来成. 2006. 澜沧江南段早中生代酸性火成岩 SHRIMP 锆石 U-Pb 定年及构造意义. 中国科学 (D 辑): 地球科学, 36 (2): 123 ~ 132
戚学祥, 朱路华, 胡兆初, 李志群. 2011. 青藏高原东南缘腾冲早白垩世岩浆岩锆石 SHRIMP U-Pb 定年和 Lu-Hf 同位素组成及其构造意义. 岩石学报, 27 (11): 3409 ~ 3421
秦德先, 陈健文, 田毓龙. 1998. 广西大厂长坡锡矿床地质及成因. 有色金属矿产与勘查, 7 (3): 146 ~ 152
屈文俊, 杜安道, 李超. 2009. 黄铁矿 Re-Os 同位素定年技术方法及应用初探. 矿物岩石地球化学通报, 111
瞿泓滢, 裴荣富, 王浩琳, 李进文, 王永磊, 梅燕雄. 2011. 安徽铜陵凤凰山铜矿床成矿流体特征研究. 地质评论, 57 (1): 50 ~ 62
曲晓明, 杨岳清, 李佑国. 2004. 从赋矿岩系岩石类型的多样性论羊拉铜矿的成因. 矿床地质, 23 (4): 431 ~ 442
任江波, 许继峰, 陈建林. 2011. 中甸岛弧成矿斑岩的锆石年代学及其意义. 岩石学报, 27 (9): 2591 ~ 2599
任耀武. 1991. 某些矿物标型特征的研究现状. 矿产与地质, (2): 127 ~ 131
汝珊珊, 李峰, 吴静, 李进宝, 汪德文, 黄应才. 2012. 云南大平掌铜多金属矿区花岗闪长斑岩地球化学特征及年代学研究. 岩石矿物学杂志, 31: 531 ~ 540
汝珊珊, 李峰, 吴静. 2014. 云南普洱大平掌铜多金属矿床成矿特征与成矿模式. 地质与勘探, 50 (1):

48 ~ 57

芮宗瑶，李荫清，王龙生，王义天 . 2003a. 从流体包裹体研究探讨金属矿床成矿条件 . 矿床地质，22（1）：13 ~ 23

芮宗瑶，赵一鸣，王龙生，王义天 . 2003b. 挥发份在夕卡岩型和斑岩型矿床形成中的作用 . 矿床地质，22（1）：141 ~ 148

邵洁涟，梅建明 . 1984. 河北平泉某次火山型金矿床的黄铁矿研究 . 黄金，（5）：1 ~ 6

邵洁涟，邱朝霞 . 1988. 宁夏金场子渗流热卤水-表生改造型金矿床的找矿矿物学 . 黄金地质科技，（4）：24 ~ 26

沈冰，金明霞 . 2003. 花岗岩中沸腾包裹体的找矿意义 . 四川地质学报，23（2）：103 ~ 105

沈敢富，陆琦，徐金沙 . 2000. 氟铁云母——“姑苏城外”发现的新矿物 . 岩石矿物学杂志，19（4）：355 ~ 362

沈战武，金灿海，张海，张玛，蒋小芳，高建华 . 2013. 云南滇滩无极山铁矿二长花岗岩锆石 LA-ICP-MS U-Pb 年代学及地球化学 . 矿物岩石，33（1）：53 ~ 59

石贵勇，孙晓明，张燕，熊德信，胡北铭，潘伟坚 . 2010. 云南哀牢山大坪碰撞造山型金矿成矿流体 H-O-C-S 同位素组成及其成矿意义。岩石学报，26（6）：1751 ~ 1759

施琳 . 1989. Ni-金刚石复合电镀工艺的研究，武汉水运工程学院硕士学位论文

施琳，陈吉琛，呈上龙，彭兴阶，唐尚鹑 . 1989. 滇西锡的带成矿规律 . 北京：地质出版社

施小斌，丘学林，刘海龄，储著银，夏斌 . 2006. 滇西临沧花岗岩基冷却的热年代学分析 . 岩石学报，22（2）：465 ~ 479

宋叔和，韩发，葛朝华等 . 1994. 火山岩型铜多金属硫化物矿床 VCPSD 知识模型 . 北京：地质出版社 . 23 ~ 24.

宋谢炎，张成江，胡瑞忠，钟宏 . 2005. 峨眉火成岩省岩浆矿床成矿作用与地幔柱动力学过程的耦合关系. 矿物岩石，25：35 ~ 44

宋玉财，侯增谦，李政等 . 2009. 沱沱河茶曲帕查 Pb（-Zn）矿：大陆碰撞背景下盆地流体活动的产物 . 矿物学报，（S1）：186 ~ 187

宋忠宝，贾群子，陈向阳，陈博，张雨莲，张晓飞，全守村，栗亚芝 . 2011. 三江北段纳日贡玛花岗闪长斑岩成岩时代的确定及地质意义 . 地球学报，32：154 ~ 162

孙宏娟 . 2000. 藏东及滇东南新生代钾质岩浆作用及其深部制约 . 中国科学院地质与地球物理研究所博士学位论文，1 ~ 65

孙景贵，胡受奚，沈昆，姚凤良 . 2001. 胶东金矿区矿田体系中基性-中酸性脉岩的碳、氧同位素地球化学研究 . 岩石矿物学杂志，20（1）：47 ~ 56

孙晓明，熊德信，石贵勇，王生伟，翟伟 . 2006a. 云南哀牢山金矿带大坪剪切带型金矿成矿 $^{40}Ar/^{39}Ar$ 定年 . 地质学报，81（1）：88 ~ 92

孙晓明，熊德信，王生伟，石贵勇，翟伟 . 2006b. 云南大坪金矿白钨矿惰性气体同位素组成特征及其成矿意义 . 岩石学报，22（3）：725 ~ 732

覃功炯，朱上庆 . 1991. 金顶铅锌矿床成因模式及找矿预测 . 云南地质，20（2）：145 ~ 189

谭富文，许效松，尹福光，李兴振 . 1999. 云南思茅地区上石炭统沉积特征及其构造背景 . 岩相古地理，（4）：26 ~ 34

唐菊兴，钟康惠，刘肇昌，李志军，董树义，张丽 . 2006. 藏东缘昌都大型复合盆地喜马拉雅期陆内造山与成矿作用 . 地质学报，（9）：1364 ~ 1376

唐永永，毕献武，和利平，武丽艳，冯彩霞，邹志超，陶琰，胡瑞忠 . 2011. 兰坪金顶铅锌矿方解石微量元素、流体包裹体和碳-氧同位素地球化学特征研究 . 岩石学报，27（9）：2635 ~ 2645

陶晓风，朱利东，刘登忠，王国芝，李佑国．2002. 滇西兰坪盆地的形成及演化．成都理工学院学报，(5)：521～525
陶琰，胡瑞忠，朱飞霖，马言胜，叶霖，程增涛．2010. 云南保山核桃坪铅锌矿成矿年龄及动力学背景分析．岩石学报，26（6)：1760～1772
滕吉文，杨立强，姚敬全，刘宏臣，刘财，韩立国，张雪梅．2007. 金属矿产资源的深部找矿，勘探与成矿的深层动力过程．地球物理学进展，22（2)：317～334
田洪亮．1997. 兰坪白秧坪铜银多金属矿床地质特征．云南地质，(1)：105～108
田洪亮．1998. 兰坪三山多金属矿床地质特征．云南地质，(2)：83～86，88
田丽艳．2003. 马里亚纳海槽热液活动区玄武岩岩石地球化学研究．青岛：中国海洋大学博士学位论文
田世洪，侯增谦，杨竹森等．2007. 安徽铜陵马山金硫矿床稀土元素和稳定同位素地球化学研究．地质学报，81（7)：929～938
田世洪，杨竹森，侯增谦，丁悌平，蒙义峰，曾普胜，王彦斌，王训诚．2009. 玉树地区东莫扎抓和莫海拉亨铅锌矿床 Rb-Sr 和 Sm-Nd 等时线年龄及其地质意义．矿床地质，(6)：747～758
涂光炽，高振敏，胡瑞忠，张乾，李朝阳，赵振华，张宝贵．2003. 分散元素地球化学及成矿机制．北京：地质出版社．1～424
汪云亮，侯增谦，修淑芝，宋谢炎．1999. 峨眉火成岩省地幔热柱热异常初探．地质论评，45（S1)：876～879
汪云亮，李巨初，韩文喜，王旺章．1993. 幔源岩浆岩源区成分判别原理及峨眉山玄武岩地幔源区性质．地质学报，67（1)：52～62
汪云亮，张成江，修淑芝．2001. 玄武岩类形成的大地构造环境的 Th/Hf-Ta/Hf 图解判别．岩石学报，17（3)：413～421
王保弟，王立全，潘桂棠，尹福光，王冬兵，唐渊．2012. 昌宁－孟连结合带南汀河早古生代辉长岩锆石年代学及地质意义．科学通报，58（4)：344～354
王保弟，王立全，强巴扎西，曾庆高，张万平，王冬兵，程万华．2011. 早三叠世北澜沧江结合带碰撞作用：类乌齐花岗质片麻岩年代学、地球化学及 Hf 同位素证据．岩石学报，27（9)：2752～2762
王登戎，杨建民，闫开好，徐珏，陈毓川，薛春纪，骆耀南，应汉龙．2002. 西南三江新生代矿集区的分布格局及找矿前景．地球学报，23（2)：135～140
王峰，何明友．2003. 兰坪白秧坪铜银多金属矿床成矿物质来源的铅和硫同位素示踪．沉积与特提斯地质，(2)：82～85
王功文．2006. 基于遥感与 GIS 的区域矿床保存条件研究——以青海三江北段重点铜矿床为例．中国地质大学（北京）博士学位论文，1～202
王功文，郭远生，杜杨松，范玉华，郭欣，庞振山，陈建平．2007. 基于 GIS 的云南普朗斑岩铜矿床三维成矿预测．矿床地质，26（6)：651～658
王光辉，宋玉财，侯增谦，王晓虎，杨竹森，杨天南，刘燕学，江迎飞，潘小菲，张洪瑞，刘英超，李政，薛传东．2009. 兰坪盆地连城脉状铜矿床辉钼矿 Re-Os 定年及其地质意义．矿床地质，(4)：413～424
王京彬，徐新．2006. 新疆北部后碰撞构造演化与成矿．地质学报，80：23～31
王立全，侯增谦，莫宣学，汪明杰，徐强．2002. 金沙江造山带碰撞后地壳伸展背景：火山成因块状硫化物矿床的重要成矿环境．地质学报，76（4)：541～556
王立全，李定谋，管士平，须同瑞．2001. 云南德钦鲁春－红坡牛场上叠裂谷盆地演化．矿物岩石，12（3)：81～89
王立全，潘桂棠，李定谋，徐强，林仕良．1999. 金沙江弧－盆系时空结构及地史演化．地质学报，73（3)：206～218

王立全，潘桂棠，李定谋，须同瑞 . 2000. 江达–维西陆缘火山弧的形成演化及成矿作用 . 沉积与特提斯地质，20（2）：1 ~ 17
王鹏，董国臣，代友旭，景国庆，董美玲 . 2013. 云南中甸红山铜多金属矿同位素特征及其意义 . 中国矿物岩石地球化学学会第 14 届学术年会论文摘要专辑
王瑞雪 . 2007. 云南澜沧老厂铅锌矿影像线–环结构矿床定位模式研究 . 昆明理工大学博士学位论文 . 1 ~ 170
王润生，熊盛青，聂洪峰，梁树能，齐泽荣，杨金中，闫柏琨，赵福岳，范景辉，童立强，林键，甘甫平，陈微，杨苏明，张瑞江，葛大庆，张晓坤，张振华，王品清，郭小方，李丽 . 2011. 遥感地质勘查技术与应用研究 . 地质学报，85（11）：1699 ~ 1745
王世称 . 2010. 综合信息矿产预测理论与方法体系新进展 . 地质通报，29（10）：1399 ~ 1403
王世称，陈永良，夏立显 . 2000. 综合信息矿产预测理论与方法 . 北京：科学出版社 . 1 ~ 335
王世锋，伊海生，王成善 . 2002. 青藏高原东部囊谦第三纪盆地沉积构造特征 . 北京大学学报（自然科学版），（1）：109 ~ 114
王守旭，张兴春，冷成彪，秦朝建，马德云，王外全 . 2008a. 滇西北普朗斑岩铜矿锆石离子探针 U-Pb 年龄：成矿时限及地质意义 . 岩石学报，24（10）：2313 ~ 2321
王守旭，张兴春，冷成彪，秦朝建，王外全，赵茂春 . 2008b. 中甸红山夕卡岩铜矿稳定同位素特征及对成矿过程的指示 . 岩石学报，24（3）：480 ~ 488
王硕，董国臣，莫宣学，赵志丹，朱弟成，孔会磊，王霞，聂飞 . 2012. 澜沧江南带三叠纪火山岩岩石学、地球化学特征、Ar-Ar 年代学研究及其构造意义 . 岩石学报，28（2）：1148 ~ 1162
王晓虎，侯增谦，宋玉财，杨天南，张洪瑞 . 2011. 兰坪盆地白秧坪铅锌铜银多金属矿床：成矿年代及区域成矿作用 . 岩石学报，27（9）：2625 ~ 2634
王晓虎，侯增谦，宋玉财，王光辉，张洪瑞，张翀，庄天明，王哲，张天福 . 2012. 兰坪盆地白秧坪铅锌铜银多金属矿床成矿流体及成矿物质来源 . 地球科学（D 辑），（5）：1015 ~ 1028
王新松，毕献武，冷成彪，唐永永，兰江波，齐有强，沈能平 . 2011. 滇西北中甸红山 Cu 多金属矿床花岗斑岩锆石 LA-ICP-MS U-Pb 定年及其地质意义 . 矿物学报，31（03）：315 ~ 321
王学求 . 2003. 矿产勘查地球化学：过去的成就与未来的挑战 . 地学前缘，10（1）：239 ~ 248
王彦斌，陈文，曾普胜 . 2005. 滇西北兰坪盆地金满脉状铜矿床绢云母（40）Ar-（39）Ar 年龄对成矿时代的约束 . 地质通报，（2）：181 ~ 184
王彦斌，韩娟，曾普胜，王登红，侯可军，尹光侯，李文昌 . 2010. 云南德钦羊拉大型铜矿区花岗闪长岩的锆石 U-Pb 年龄、Hf 同位素特征及其地质意义 . 岩石学报，26（6）：1833 ~ 1844
王毅智，祁生胜，安守文，许长青 . 2007. 青海南部杂多地区超镁铁质–镁铁质岩石的特征及 Ar-Ar 定年. 地质通报，26（6）：668 ~ 674
王增润，黄震，彭省临，陈松岭，胡祥昭 . 1997. 澜沧“老厂型”银多金属块状硫化物矿床成因和成矿模式 . 中国有色金属学报，7（4）：1 ~ 6
王召林，杨志明，杨竹森，田世洪，刘英超，马彦青，王贵仁，屈文俊 . 2008. 纳日贡玛斑岩钼铜矿床：玉龙铜矿带的北延——来自辉钼矿 Re-Os 同位素年龄的证据 . 岩石学报，24（3）：503 ~ 510
王中刚，于元学，赵振华 . 1989. 稀土元素地球化学 . 北京：科学出版社 . 1 ~ 535
魏君奇 . 2001. 云南河西铜多金属矿 S，Pb 同位素地球化学 . 华南地质与矿产，（3）：36 ~ 39
魏君奇，陈开旭，何龙清 . 1999. 德钦羊拉地区火山岩形成的构造环境讨论 . 云南地质，18（1）：53 ~ 62
魏君奇，战明国，路远发，陈开旭，何龙清 . 1997. 滇西德钦羊拉矿区花岗岩类地球化学 . 华南地质与矿产，13（4）：50 ~ 56
魏启荣，沈上越，禹华珍 . 1999. 哀牢山蛇绿岩带两种玄武岩的成因探讨 . 沉积与特提斯地质，43 ~ 49

吴福元，李献华，郑永飞，高山．2007. Lu-Hf 同位素体系及其岩石学应用．岩石学报，23（2）：185～220
吴根耀，王晓鹏，钟大赉．2000. 川滇藏交界区二叠纪—早三叠世的两套弧火山岩．地质科学，35（3）：350～362
吴开兴，胡瑞忠，毕献武．2002. 矿石铅同位素示踪成矿物质来源综述．地质地球化，30（3）：73～81
吴开兴，胡瑞忠，毕献武，彭建堂，苏文超，陈龙．2005. 滇西北衙金矿蚀变斑岩中的流体包裹体研究．矿物岩石，25（2）：20～26
吴南平，蒋少涌，廖启林，潘家永，戴宝章．2003. 云南兰坪-思茅盆地脉状铜矿床铅、硫同位素地球化学与成矿物质来源研究．岩石学报，19（4）：799～807
吴元保，郑永飞．2004. 锆石成因矿物学研究及其对 U-Pb 年龄解释的制约．科学通报，49（16）：1589～1604
吴元保，郑永飞，龚冰，赵子福．2005. 北淮阳新开岭地区花岗岩锆石 U-Pb 年龄和氧同位素组成．地球科学，30（6）：659～672
吴昀昭，田庆久，陈骏，季峻峰，张敏．2004. 新疆哈密黄山地区多金属矿床遥感地质信息提取与找矿模式研究．高校地质学报，10（1）：114～120
夏萍，徐义刚．2004. 滇西岩石圈地幔域分区和富集机制：新生代两类超钾质火山岩的对比研究．中国科学，34（12）：1118～1128
夏志亮．2003. 腾冲大松坡云英岩型锡矿矿床地质．云南地质，22（3）：313～320
肖昌浩，王庆飞，周兴志，杨立强，张静．2010. 腾冲地热区高温热泉水中稀土元素特征．岩石学报，26（6）：1938～1944
肖建新，顾连兴，倪培．2002. 安徽铜陵狮子山铜-金矿床流体多次沸腾及其与成矿的关系．中国科学（D 辑）：地球科学，32（3）：199～205
肖静珊，李峰，杨帆．2011. 云南澜沧老厂斑岩钼（铜）矿体中 Re-Mo 关系研究．地质科技情报，30（2）：97～101
肖龙，徐义刚，梅厚钧，何斌．2003. 云南金平晚二叠纪玄武岩特征及其与峨眉地幔柱关系——地球化学证据．岩石学报，19（1）：38～48
肖荣阁．1989. 云南中新生代盆地沉积建造、含矿建造及其构造演化．中国地质大学（北京）博士学位论文
肖晓牛，喻学惠，莫宣学，李勇，黄行凯．2011. 滇西北衙金多金属矿床成矿地球化学特征．地质与勘探，（2）：170～179
肖晓牛，喻学惠，莫宣学，杨贵来，李勇，黄行凯．2009. 滇西洱海北部北衙地区富碱斑岩的地球化学、锆石 SHRIMP U-Pb 定年及成因．地质通报，28（12）：1786～1803
谢锦程，李炜恺，董国臣，莫宣学，赵志丹，于峻川，王天赐．2013. 西藏八宿花岗岩岩石学、地球化学特征及其构造意义．岩石学报，29（11）：3779～3791
谢求富．2004. 腾冲老厂坪子地区铜多金属矿·云南地质，23（3）：351～361
熊德信，孙晓明，石贵勇，王生伟，高剑锋，薛婷．2006a. 云南大坪金矿白钨矿微量元素、稀土元素和 Sr-Nd 同位素组成特征及其意义．岩石学报，22（3）：733～741
熊德信，孙晓明，石贵勇．2007b. 云南哀牢山喜马拉雅期造山型金矿带矿床地球化学及成矿模式．北京：地质出版社．1～144
熊德信，孙晓明，翟伟，石贵勇，王生伟．2006b. 云南大坪金矿含金石英脉中高结晶度石墨包裹体：下地壳麻粒岩相变质流体参与成矿的证据．地质学报，80（9）：1448～1456
熊德信，孙晓明，翟伟，石贵勇，王生伟．2007a. 云南大坪韧性剪切带型金矿富 CO_2 流体包裹体及其成

矿意义．地质学报，81（4）：640～653
熊盛青．2002．国土资源遥感技术应用现状与发展趋势．国土资源遥感，（1）：1～5
熊盛青，范正国，张洪瑞．2013．中国陆域航磁系列图（1：500 万）．北京：地质出版社
修群业，王安建，高兰，刘俊来，于春林，曹殿华，范世家，翟云峰．2006．金顶超大型矿床容矿围岩时代探讨及地质意义．地质调查与研究，29（4）：294～302
徐楚明，欧阳成甫．1991．云南澜沧老厂银铅锌矿床成因研究．桂林冶金地质学院学报，11（3）：245～252
徐九华，谢玉玲，丁汝福，阴元军，单立华，张国瑞．2007．CO_2-CH_4 流体与金成矿作用：以阿尔泰山南缘和穆龙套金矿为例．岩石学报，23（8）：2026～2032
徐启东，周炼．2004．云南兰坪北部铜多金属矿化区成矿流体流动与矿化分带——矿石铅同位素和特征元素组成依据．矿床地质，（4）：452～463
徐受民．2007．滇西北衙金矿床的成矿模式及与新生代富碱斑岩的关系．中国地质大学（北京）博士学位论文，1～115
徐晓春，岳书仓．1999．粤东锡（钨、铜）多金属矿床的成矿物质来源和成矿作用．地质科学，（1）：81～92
徐晓春，黄震，谢巧勤，岳书仓，刘因．2004．云南金满、水泄铜多金属矿床的 Ar-Ar 同位素年代学及其地质意义．高校地质学报，10（2）：157～164
徐兴旺，蔡新平，宋宝昌，张宝林，应汉龙，肖骑彬，王杰．2006．滇西北衙金矿区碱性斑岩岩石学、年代学和地球化学特征及成因机制．岩石学报，22（3）：631～642
薛步高．1998．论澜沧老厂银铅多金属矿床成矿特征．矿产与地质，12（1）：26～32
薛春纪，陈毓川，王登红，杨建民，杨伟光，曾荣．2003．滇西北金顶和白秧坪矿床：地质和 He，Ne，Xe 同位素组成及成矿时代．中国科学（D 辑）：地球科学，33（4）：315～322
薛春纪，陈毓川，杨建民，王登红，杨伟光，杨清标．2002．滇西兰坪盆地构造体制和成矿背景分析．矿床地质，21（1）：36～44
薛春纪，陈毓川，曾荣，高永宝．2007．西南三江兰坪盆地大规模成矿的流体动力学过程——流体包裹体和盆地流体模拟证据．地学前缘，14（5）：147～157
薛春纪，高永宝，David L L. 2009．滇西北兰坪金顶可能的古油气藏及对铅锌大规模成矿的作用．地球科学与环境学报，（3）：221～229
薛顺荣，肖克炎，丁建华．2008．基于 GIS 技术下思茅-景洪地区铜多金属矿综合信息成矿预测．地质学报，82（5）：648～654
薛伟，薛春纪，池国祥，石海岗，高炳宇，杨寿发．2010．滇西北兰坪盆地白秧坪多金属矿床流体包裹体研究．岩石学报，26（6）：1773～1784
鄢明才，迟清华，顾铁新，王春书．1997．中国东部地壳元素丰度与岩石平均化学组成研究．物探与化探，21（6）：451～459
严加永，滕吉文，吕庆田．2008．深部金属矿产资源地球物理勘查与应用．地球物理学进展，23（3）：871～891
杨贵来，胡光道．2001．思茅大平掌铜多金属矿床地质特征及成矿机制．云南地质，20（4）：347～360
杨合群，汤中立，苏犁，李文渊，宋述光，杨杰东．1997．金川硫化铜镍矿床成矿岩浆性质和源区特征讨论．甘肃地质学报，6（1）：44～52
杨嘉文．1982．对云县铜厂街蛇绿岩的探讨．云南地质，1（1）：59～71
杨开辉，莫宣学．1993．滇西南晚古生代火山岩与裂谷作用及区域构造演化．岩石矿物学杂志，12（4）：297～311

杨开辉，侯增谦，莫宣学. 1992. “三江”地区火山成因块状硫化物矿床的基本特征与主要类型. 矿床地质，11（1）：35～44

杨立强，邓军，赵凯，刘江涛. 2011. 哀牢山造山型金矿的成矿时序及其动力学背景探讨. 岩石学报，27（9）：2519～2532

杨立强，刘江涛，张闯，王庆飞，葛良胜，王中亮，张静，龚庆杰. 2010. 哀牢山造山型金成矿系统：复合造山构造演化与成矿作用初探. 岩石学报，26（6）：1723～1739

杨启军，徐义刚，黄小龙，罗震宇，石玉若. 2009. 滇西腾冲-梁河地区花岗岩的年代学、地球化学及其构造意义. 岩石学报，25（5）：1092～1104

杨文强，冯庆来，沈上越，Malila K，Chonglakmani C. 2009. 泰国北部难河构造带二叠纪放射虫、硅质岩和玄武岩. 地球科学，34（5）：743～751

杨喜安，刘家军，韩思宇，张红雨，罗诚，汪欢，陈思尧. 2011. 云南羊拉铜矿床里农花岗闪长岩体锆石U-Pb年龄、矿体辉钼矿Re-Os年龄及其地质意义. 岩石学报，27（9）：2567～2576

杨喜安，刘家军，韩思宇，刘月东，罗诚，汪欢，翟德高. 2012. 滇西羊拉铜矿床，鲁春铜铅锌矿床构造控矿特征. 大地构造与成矿学，36（2）：248～258

杨喜安，刘家军，韩思宇，陈思尧，张红雨，李娇，翟德高. 2013. 云南鲁春铜锌矿床鲁春火山岩锆石U-Pb年龄、地球化学及其地质意义. 岩石学报，29（4）：1236～1246

杨向荣，彭建堂，胡瑞忠. 2009. 闪锌矿铷-锶同位素等时线讨论. 地质论评，（3）：370～374

杨岳清，侯增谦，黄典豪，曲晓明. 2002. 中甸弧碰撞造山作用和岩浆成矿系统. 地球学报，23（1）：17～24

杨岳清，杨建民，徐德才，杨建华. 2006. 云南澜沧江南段火山岩演化及其铜多金属矿床的成矿特点. 矿床地质，25（4）：447～462

杨岳清，杨建民，徐德才，杨建华. 2008. 云南大平掌铜多金属矿床成矿作用. 矿床地质，27（2）：230～242

杨志明，侯增谦，杨竹森，王淑贤，王贵仁，田世洪，温德银，王召林，刘英超. 2008. 青海纳日贡玛斑岩钼（铜）矿床：岩石成因及构造控制. 岩石学报，24（3）：489～502

叶霖，高伟，杨玉龙，刘铁庚，彭绍松. 2012. 云南澜沧老厂铅锌多金属矿床闪锌矿微量元素组成. 岩石学报，28（5）：1362～1372

叶庆同，胡云中，杨岳清. 1992. 三江地区区域地球化学背景和金银铅锌成矿作用. 北京：地质出版社. 1～279

叶松，莫宣学. 1998. 江西德兴银山火山岩-次火山岩带状岩浆房初步研究. 地球科学，23（3）：257～261

尹光候，李文晶，蒋成兴，许东，李建康，杨舒然. 2009. 中甸火山-岩浆弧燕山期热林复式岩体演化与Ar-Ar定年及铜钼矿化. 地质与勘探，45（4）：385～394

尹汉辉，范蔚茗. 1990. 云南兰坪-思茅地洼盆地演化地的深部因素及幔-壳复合成矿作用. 大地构造与成矿学，14（2）：113～114

应汉龙. 1998. 云南大坪金矿床围岩蚀变和同位素地球化学特征. 黄金科学技术，16（4）：14～23

于峻川，莫宣学，喻学惠，朱弟成，李逸川，黄雄飞. 2014. “三江”北段昌都陆块晚三叠世钾质-超钾质火山岩成因及地质意义. 岩石学报，30（11）：3334～3344

喻学惠，肖晓牛，杨贵来，莫宣学，曾普胜，王晋璐. 2008. 滇西三江南段几个花岗岩的锆石SHIRMP U-Pb定年及其地质意义. 岩石学报，24（2）：377～383

云南省地质调查局. 2003. 云南德钦县羊拉-鲁春铜多金属矿化集中区评价报告，昆明：云南省地质调查避袁峰，李晓晖，张明明，周涛发，高道明，洪东良，刘晓明，汪启年，朱将波.2014. 隐伏矿体三维综合信息成矿预测方法．地质学报，88（4）：630～643

袁顺达，李惠民，郝爽，耿建珍，张东亮.2010. 湘南芙蓉超大型锡矿锡石原位 LA-MC-ICP-MS U-Pb 测年及其意义．矿床地质，29（S1）：543～544

袁万明，王世成，王兰芬.2000. 东昆仑五龙沟金矿床成矿热历史的裂变径迹热年代学证据．地球学报，21（4）：389～395

曾普胜，李文昌，王海平，李红.2006. 云南普朗印支期超大型斑岩铜矿床：岩石学及年代学特征．岩石学报，22（4）：989～1000

曾普胜，莫宣学，喻学惠，侯增谦，徐启东，王海平，李红，杨朝志.2003. 滇西北中甸斑岩及斑岩铜矿．矿床地质，22：393～400

曾普胜，王海平，莫宣学，喻学惠，李文昌，李体刚，李红，杨朝志.2004. 中甸岛弧带构造格架及斑岩铜矿前景．地球学报，25（5）：535～540

曾荣，刘淑文，薛春纪，龚建新.2007. 南秦岭古生代盆地演化中幕式流体过程及成岩成矿效应．地球科学与环境学报，29（3）：234～239

曾志刚，蒋富清，秦蕴珊，翟世奎，侯增谦.2001. 冲绳海槽中部 Jade 热液活动区中块状硫化物的稀土元素地球化学特征．地质学报，75（2）：244～249

曾志刚，秦蕴珊，赵一阳.2000. 大西洋中脊 TAG 热液活动区海底热源沉积物的硫同位素组成及其地质意义．海洋与湖沼，31（5）：518～528

翟丽娜，蔡锦辉，刘慎波.2009. 广东凡口铅锌矿床成矿地质特征及资源预测．华南地质与矿产，（2）：37～41

翟伟，李兆麟，孙晓明，黄栋林，梁金龙，苗来成.2006. 粤西河台金矿锆石 SHRIMP 年龄及其地质意义．地质论评，52（5）：690～699

翟裕生，彭润民，向运川，王建平，邓军.2004. 区域成矿研究法．北京：大地出版社.1～183

翟裕生，邓军，李晓波.1999. 区域成矿学．北京：地质出版社.1～287

翟裕生，邓军，汤中立.2002. 古陆边缘成矿系统．北京：地质出版社.1～416

翟裕生，姚书振，崔彬.1996. 成矿系列研究．北京：地质出版社.1～198.

战明国，路远发，陈式房.1998. 滇西北羊拉大型铜矿床形成条件及其成因类型．矿床地质，17：183～186

张保民，沈上越，莫宣学，张志斌，张虎，张启跃，田应贵.2004. 云南景谷岔河、茂密河火山岩及其构造环境．矿物岩石，24（2）：19～25

张成江，倪师军，滕彦国，彭秀红，刘家铎.2000. 兰坪盆地喜马拉雅期构造-岩浆活动与流体成矿的关系．矿物岩石，20（2）：35～39

张德会.1997. 流体的沸腾和混合在热液成矿中的意义．地球科学进展，12（6）：546～552

张东亮，彭建堂，胡瑞忠，袁顺达，郑德顺.2011. 锡石 U-Pb 同位素体系的封闭性及其测年的可靠性分析．地质论评.57（4）：549～554

张恩会，楼海，嘉世旭，李永华.2013. 云南西部地壳深部结构特征．地球物理学报，56（6）：1915～1927

张国伟，董云鹏，姚安平.2002. 关于中国大陆动力学与造山带研究的几点思考．中国地质，29：7～13

张欢，高振敏，马德云，陶琰，党立春，刘鸿.2004. 个旧锡多金属硫化物矿床铅同位素组成特征及其成因意义．矿物学报，24（2）：149～152

张君郎，何平，孔繁志，宋承文.2003. 葡北油田及周边滚动勘探开发研究及效果．吐哈油气，8（2）：112～113

张理刚. 1985. 稳定同位素在地质科学中的应用. 西安：陕西科学技术出版社
张培震，沈正康，王敏，2004. 青藏高原及周边现今构造变形的运动学. 地震地质，26（3）：367～377
张旗，金惟俊，王元龙，李承东，王焰，贾秀勤. 2006. 大洋岩石圈拆沉与大陆下地壳拆沉：不同的机制及意义——兼评“下地壳+岩石圈地幔拆沉模式”. 岩石学报，22（11）：2631～2638
张旗，李达周，张魁武. 1985. 云南省云县铜厂街蛇绿混杂岩的初步研究. 岩石学报，1（3）：1～14
张旗，钱青，王二七，王焰，赵太平，郝杰，郭光军. 2001. 燕山中晚期的中国东部高原：埃达克岩的启示. 地质科学，36（2）：248～255
张旗，张魁武，李达周. 1992. 横断山区镁铁-超镁铁岩. 北京：科学出版社. 1～216
张旗，赵大升，周德进，黄忠祥，韩松. 1993. 三江地区蛇绿岩——它们的特征及形成的构造环境. 地学研究. 北京：地质出版社. 41～50
张乾. 1993. 云南金顶超大型铅锌矿床的铅同位素组成及铅来源探讨. 地质与勘探，（5）：21～28
张乾，潘家永，刘家军. 2002. 滇西地区上地幔铅同位素组成的确定及其应用. 地质地球化学，30（3）：1～6
张淑苓，王淑英，尹金双. 1987. 云南临沧地区帮卖盆地含铀煤中锗矿的研究. 铀矿地质，26（5）：267～275
张万平，王立全，王保弟，王冬兵，戴婕，刘伟. 2011. 江达-维西火山岩浆弧中段德钦岩体年代学、地球化学及岩石成因. 岩石学报，27（9）：2577～2590
张文淮，张志坚，伍刚. 1996. 成矿流体及成矿机制. 地学前缘，3（3～4）：245～252
张兴春，冷成彪，杨朝志，王外全，秦朝建. 2009. 滇西北中甸春都斑岩铜矿含矿斑岩的锆石 SIMS U-Pb 年龄及地质意义. 矿物学报，（增刊）：359～360
张燕，孙晓明，石贵勇. 2009. 云南大坪喜马拉雅期碰撞造山型金矿流体包裹体特征及其 H-O 同位素组成. 矿床地质，28（S1）：13～27
张燕，孙晓明，石贵勇，熊德信，翟伟，胡北铭，潘伟坚. 2011. 云南大坪喜马拉雅期造山型金矿赋矿闪长岩锆石 SHRIMP U-Pb 定年及其成矿意义. 岩石学报，27（9）：2600～2608
张耀辉. 1998. 自然资源与自然环境. 农业环境保护，17（1）：44～46
张玉泉，谢应雯，成忠礼. 1990. 三江地区含锡花岗岩 Rb-Sr 等时线年龄. 岩石学报，（1）：75～81
张招崇，骆文娟. 2011. 中国新生代火山岩岩石学、地球化学与年代学研究进展. 矿物岩石地球化学通报，30（4）：353～360
张招崇，董书云，黄河，马乐天，张东阳，张舒，薛春纪. 2009. 西南天山二叠纪中酸性侵入岩的地质学和地球化学：岩石成因和构造背景. 地质通报，28（12）：1827～1839
张招崇，王福生，范蔚茗，邓海琳，徐义刚，许继峰，王岳军. 2001. 峨眉山玄武岩研究中的一些问题的讨论. 岩石矿物学杂志，20（3）：239～246
张志斌，刘发刚，包佳凤. 2005. 哀牢山造山带构造演化. 云南地质，24（2）：137～141
张中杰，白志明，王椿镛，吕庆田，滕吉文，李继亮，孙善学，王新征. 2005. 冈瓦纳型和扬子型地块地壳结构：以滇西孟连-马龙宽角反射剖面为例. 中国科学（D 辑）：地球科学，35（5）：387～392
赵灿华，范玉华，孟青. 2011. 云南德钦鲁春铜铅锌多金属矿同位素及矿床成因. 云南地质，30（1）：32～37
赵成峰. 1999. 云南腾冲北部华力西期印支期花岗岩. 中国区域地质，18（3）：260～263
赵海滨. 2006. 滇西兰坪盆地中北部铜多金属矿床成矿特征及地质条件. 博士论文
赵江南. 2012. 滇西羊拉铜矿矿体地质地球化学特征及深部找矿预测. 中国地质大学（武汉）博士学位论文
赵鹏大. 2002. “三联式”资源定量预测与评价：数字找矿理论与实践探讨. 地球科学，27（5）：

482 ~ 490

赵光元 . 1989. 云南金项铅锌矿床稳定同位素地球化学研究，地球科学——中国地质大学学报，14 (5)：495 ~ 502

赵文武，李昭平 . 1985. 云南滇滩大平地铁矿床某些地球化学特征的初步研究 . 地球化学，(1)：27 ~ 36

赵志丹，莫宣学，Sebastien N，Paul R，周肃，董国臣，王亮亮，朱弟成，廖忠礼 . 2006. 青藏高原拉萨地块碰撞后超钾质岩石的时空分布及其意义 . 岩石学报，22 (4)：787 ~ 794

郑永飞，陈江峰 . 2000. 稳定同位素地球化学 . 北京：科学出版社

钟大赉 . 1998. 滇川西部古特提斯造山带 . 北京：科学出版社，1 ~ 231

钟大赉，丁林，刘福田，刘建华，张进江，季建清，陈辉 . 2000. 造山带岩石层多向层架构造及其对新生代岩浆活动制约——以三江及邻区为例 . 中国科学，30：1 ~ 8

钟宏 . 1998. 云南大平掌矿区火山岩及铜多金属矿床成矿机制研究 . 贵阳：中国科学院地球化学研究所博士学位论文

钟宏，胡瑞忠，叶造军，涂光炽 . 1999. 云南大平掌细碧-角斑岩建造的同位素年代学及其地质意义 . 中国科学 (D 辑)：地球科学，29 (5)：407 ~ 412

钟宏，胡瑞忠，叶造军 . 2000. 云南大平掌铜多金属矿床硫、铅、氢、氧同位素地球化学 . 地球化学，29 (2)：136 ~ 142

钟宏，胡瑞忠，周新华，叶造军 . 2004. 云南思茅大平掌矿区火山岩的地球化学特征及构造意义 . 岩石学报，20 (3)：567 ~ 574

钟康惠，唐菊兴，刘肇昌，寇林林，董树义，李志军，周慧文 . 2006. 青藏东缘昌都-思茅构造带中新生代陆内裂谷作用 . 地质学报，80 (9)：1295 ~ 1311

周道卿 . 2013. 三江特提斯复合造山带深部构造-岩浆体系与成矿作用研究 . 中国地质大学 (北京) 博士学位论文，1 ~ 141

周江羽，王江海，Horton B K，Purlin M S. 2011. 青藏高原中东部古近纪盆地封闭的构造-沉积-岩浆活动和古气候响应 . 地质学报，85 (2)：172 ~ 178

周维全，周全立 . 1992. 兰坪铅锌矿床铅和硫同位素组成研究 . 地球化学，(2)：141 ~ 148

朱炳泉，常向阳，邱华宁，王江海，邓尚贤 . 2001. 云南前寒武纪基底形成与变质时代及其成矿作用年代学研究 . 前寒武纪研究进展，24 (2)：75 ~ 82

朱创业，夏文杰，伊海生，蔚远江 . 1997. 兰坪-思茅中生代盆地性质及构造演化 . 成都理工学院学报，24 (4)：25 ~ 32

朱弟成，莫宣学，赵志丹，牛耀龄，潘桂棠，王立全，廖忠礼 . 2009. 西藏南部二叠纪和早白垩世构造岩浆作用与特提斯演化：新观点 . 地学前缘，16 (2)：1 ~ 20

朱经经，胡瑞忠，毕献武，钟宏，陈恒，叶雷，龙斐 . 2011. 滇西北羊拉铜矿矿区花岗岩成因及其构造意义 . 岩石学报，27 (9)：2553 ~ 2566

朱俊 . 2011. 云南省德轮县羊拉铜矿地质地球化学特征与成因研究 . 昆明理工大学 . 博士论文 .

朱俊，李文昌，曾普胜，尹光候，王彦斌，王勇，余海军，董涛，胡永斌 . 2011. 滇西羊拉矿区层状铜矿床复合成因的地质地球化学证据 . 地质评论，57 (3)：337 ~ 349

朱赖民，张国伟，李犇，郭波，弓虎军，康磊，吕拾零 . 2009. 马鞍桥金矿床中香沟岩体锆石 U-Pb 定年、地球化学及其与成矿关系研究 . 中国科学 (D 辑)：地球科学，(6)：700 ~ 720

朱同兴 . 1999. 从弧后盆地到前陆盆地的沉积演化——以西藏北部羌塘中生代盆地分析为例 . 特提斯地质，(00)：5 ~ 19

朱维光，钟宏，王立全，何德锋，任涛，范宏鹏，柏中杰 . 2011. 云南民乐铜矿床中玄武岩和流纹斑岩的成因：年代学和地球化学制约 . 岩石学报，27 (9)：2694 ~ 2708

朱迎堂，郭通珍，张雪亭，杨延兴，彭琛，彭伟. 2003. 青海西部可可西里湖地区晚三叠世诺利期地层的厘定及其意义. 地质通报，22（7）：474 ~ 479

朱迎堂，伊海生，王强，杨延兴，郭通珍，彭伟. 2004. 青海西金乌兰还东河中二叠世埃达克岩的发现及其意义. 沉积与特提斯地质，24（2）：30 ~ 34

朱志文，郝天珧，赵惠生. 1988. 攀西及邻区印支-燕山期地块构造运动的古地磁考证. 地球物理学报，（4）：420 ~ 432

祝新友，汪东波，卫治国，邱小平，王瑞廷. 2005. 西成地区碳酸盐岩 REE 特征及厂坝矿床白云岩成因. 矿床地质，24（6）：613 ~ 620

Agterberg F P, Bonham-Carter G F, Cheng Q, Wright D F. 1993. Weights of evidence modeling and weighted logistic regression for mineral potentialMapping. Computers in Geology, 25: 13 ~ 32

Aitchison J C, Zhu B D, Davis A M, Liu J, Luo H, Malpas J G, McDermid I R C, Wu H, Ziabrev S V, Zhou M F. 2000. Remnants of a Cretaceous intra-oceanic subduction system within the Yarlung-Zangbo suture (southern Tibet). Earth and Planetary Science Letters, 183: 231 ~ 244

Andersen T. 2002. Correction of common lead in U-Pb analyses that do not report ^{204}Pb. Chemical Geology, 192: 59 ~ 79

Andrew A, Godwin G I, Sinclair A J. 1984. Mixing line isochrons: A new interpretation of galena lead isotope data from southeastern British Columbia. Economic Geology, 79: 919 ~ 932

Atherton M P, Petford N. 1993. Generation of sodium-rich Magmas from newly underplated basaltic crust. Nature, 362: 144 ~ 146

Bai D H, Unsworth M J, Meju M A, Ma X, Teng J, Kong X, Sun Y, Sun J, Wang L F, Jiang C S, Zhao C P, Xiao P F, Liu M. 2010. Crustal deformation of the eastern Tibetan plateau revealed by Magnetotelluric imaging. Nature Geoscience, 3 (5): 358 ~ 362

Baker T. 2002. Emplacement depth and carbon dioxide-rich fluid inclusions in intrusion-related gold deposits. Economic Geology, 97 (5): 1111 ~ 1117

Baldwin J A, Pearce J A, 1982. Discrimination of productive and nonproductive porphyritic intrusions in the Chilean Andes. Economic Geology, 77 (3): 664 ~ 674

Barbarin B. 1999. A review of the relationships between granitoid types, their origins and their geodynamic environments. Lithos, 46 (3); 605 ~ 626

Barley M E, Groves D I. 1992. Supercontinental cycle and the distribution of metal deposits through time. Geology, 20: 291 ~ 294

Barnes H. 1997. Geochemistry of Hydrothermal Ore Deposits. New York: Wiley. 22 ~ 66

Barton M D. 1990. CretaceousMagmatism, metamorphism, and metallogeny in the east-central Great Basin. In: Anderson J L (ed). The Nature and Origin of Cordilleran Magmatism. Geological Society of America Memoir, 174. 283 ~ 302

Batchelor R A, Bowden P. 1985. Petrogenetic interpretation of granitoid rock series using multicationic parameters. Chemical Geology, 48 (1): 43 ~ 55

Bau M, Dulski P. 1999. Comparing yttrium and rare earths in hydrothermal fluids from the Mid-Atlantic Ridge: Implications for Y and REE behavior during near-vent mixing and for the Y/Ho ratio of Proterozoic seswater. Chemical Geology, 155 (1): 77 ~ 90

Bau M, Möller P. 1992. Rare earth element fractionation in metamorphogenic hydrothermal calcite, Magnesite and siderite. Mineralogy and Petrology, 45 (3 ~ 4): 231 ~ 246

Bau M, Möller P, Dulski P. 1997. Yttrium and lanthanides in eastern Mediterranean seawater and their fractionation during redox-cycling. Marine Chemistry, 56 (1): 123 ~ 131

Beaudoin G. 2000. Acicular sphalerite enriched in Ag, Sb, and Cu embedded within colour banded sphalerite from the Kokanee Range, BC. Canadian Mineralogist, 38: 1387 ~ 1398

Belousova E A, Griffin W L, Reilly S Y. 2002. Igneous zircon: Trace element composition as an indicator of source rock type. Contributions to Mineralogy and Petrology, 143 (5): 602 ~ 622

Berzina A P, Berzina A N, Gimon V O, Krymskii R Sh, Larionov A N, Nikolaeva I V, Serov P A. 2013. The Shakhtama porphyry Mo ore-magmatic system (eastern Transbaikalia): age, sources, and genetic features. Russian Geology and Geophysics, 54: 587 ~ 605

Bierlein F P, Crowe D E. 2000. Phanerozoic orogenic lode gold deposits. In Gold, 103 ~ 139

Bierlein F P, Murphy F C, Weinberg R F, Lees T. 2006. Distribution of orogenic gold deposits in relation to fault zones and gravity gradients: targeting tools applied to the Eastern Goldfields, Yilgarn Craton, Western Australia. Mineralium Deposita, 41 (2): 107 ~ 126

Black L P, Kamo S L, Allen C M. 2004. Improved 206Pb/238U microprobe geochronology by the monitoring of a trace-element relatedMatrix effect; SHRIMP, ID-TIMS, LA-ICP-MS and oxygen isotope documentation for a series of zircon standards. Chemical Geology, 205: 115 ~ 140

Black L P, Kamos L, Allen C M, Aleinikoff J N, Davis D W, Korsch R J, Foudoulis C. 2003. TEMORA 1: a new zircon standard for Phanerozoic U-Pb geochronology. Chemical Geology 200: 155 ~ 170

Blevin P L, Consultants P. 2003. Paleozoic granite metallogenesis of eastern Australia. Magmas to Mineralisation: The Ishihara Symposium, 5 ~ 8

Bodnar R J. 1983. A method of calculating fluid inclusion volumes based on vapor bubble diameters and PVTX properties of inclusion fluids. Economic Geology, 78 (3): 535 ~ 542

Booth A L, Zeitler P K, Kidd W S F, Wooden J, Liu Y P, Idleman B, Hren M, Chamberlain C P. 2004. U-Pb zircon constraints on the tectonic evolution of Southeastern Tibet, Namche Barwa Area. American Journal of Science, 304 (10): 889 ~ 929

Botcharnikov R E, Linnen R L, Wilke M. 2011. High gold concentrations in sulphide-bearing magma under oxidizing conditions. Nature Geoscience, 4 (2), 112 ~ 115

Bottinga Y. 1968. Calculation of fractionation factsrs for carbon and oxygen exchange in the system Calcite dioxide-water. Journal of physical chemistry, 72: 800 ~ 808

Boynton W V. 1984. Geochemistry of the rare earth elements: meteorite studies. In: Henderson P (ed) . Rare Earth Element Geochemistry. Elservier. 63 ~ 114

Bradley D C, Leach D L. 2003. Tectonic controls of Mississippi Valley-type lead-zinc mineralization in orogenic forelands. Mineralium Deposita, 38 (6): 652 ~ 667

Bralia A, Sabatini G, Troja F. 1979. A revaluation of the Co/Ni ratio in pyrite as geochemical tool in ore genesis problems. Mineralium Deposita, 14 (3): 353 ~ 374

Burnard P G, Hu R Z, Turner G, Bi X W. 1999. Mantle crustal and atmospheric noble gases in Ailaoshan gold deposits, Yunnan Province, China. Geochimica et Cosmochimica Acta, 63: 1595 ~ 1604

Cabanis B, Lecolle M. 1989. Le diagramme La/10 ~ Y/15 ~ Nb/8: un outil pour la discrimination des series volcaniques et la mise en evidence des procesus de melange et/ou de contamination crutale. CR Acad Sci Ser II, 309: 2023 ~ 2029

Campbell I H, Griffiths R W. 1990. Implications of Mantle plume structure for the evolution of flood basalts. Earth and Planetary Science Letters, 99 (1): 79 ~ 93

Candela P A, Holland H D. 1986. AMass transfer model for copper and molybdenum in Magmatic hydrothermal systems: the origin of porphyry-type ore deposits. Economic Geolgoy, 81: 1 ~ 19

Cannell J, Cooke D R, Walshe J L, Stein H. 2005. Geology, mineralization, alteration, and structural evolution of the El Teniente porphyry Cu-Mo deposit. Economic Geology, 100 (5): 979 ~ 1003

Cannon R S, Pierce A P, Antweiler J C, Buck K L. 1961. The data of lead isotope geology related to problems of ore genesis. Economic Geology, 56 (1): 1 ~ 38

Cao S Y, Liu J L, Leiss B, Neubauer F, Genser J, Zhao C Q. 2011. Oligo-Miocene shearing along the Ailao Shan-Red River shear zone: Constraints from structural analysis and zircon U-Pb geochronology of Magmatic rocks in the Diancang Shan Massif, SE Tibet, China. Gondwana Research, 19: 975 ~ 993

Castillo P R, Janney P E, Solidum R U. 1999. Petrology and geochemistry of Camiguin Island, southern Philippines: insights to the source of adakites and other lavas in a complex arc setting. Contributions to Mineralogy and Petrology, 134 (1): 33 ~ 51

Caumon G, Ortiz J M, Rabeau O. 2006. A Comparative Study of Three Data-Driven Mineral Potential Mapping Techniques. IAMG'2006, Belgium, S13 ~ 05. 4

Chandrasekharam D, Mahoney J J, Sheth H C, Duncan R A. 1999. Elemental and Nd-Sr-Pb isotope geochemistry of flows and dikes from the Tapi rift, Deccan flood basalt province, India. Journal of Volcanology and Geothermal Research, 93(1-2): 111 ~ 123

Chang Z, Large R R, Maslennikov V. 2008. Sulfur isotopes in sediment-hosted orogenic gold deposits: Evidence for an early timing and a seawater sulfur source. Geology, 36 (12): 971 ~ 974

Chappell B W. 1999. Aluminium saturation in I- and S- type granites and the characterization of fractionated haplogranites. Lithos, 46: 535 ~ 551

Chappell B W, White A J R. 1992. I- and S- type granites in the Lachlan Fold Belt. Transactions of the Royal Soctiety of Edinburgh: Earth Sciences, 83: 1 ~ 26

Chaussidon M, Lorand J P. 1990. Sulphur isotope composition of orogenic spinel lherzolite Massifs from Ariege (North- Eastern Pyrenees, France): An ion microprobe study. Geochimica et Cosmochimica Acta, 54: 2835 ~ 2846

Chen F K, Li X H, Wang X L, Li Q L, Siebel W. 2007. Zircon age and Nd-Hf isotopic composition of the Yunnan Tethyan belt, southwestern China. International Journal of Earth Sciences, 96 (6): 1179 ~ 1194

Chen Y J, Pirajno F, Sui Y H. 2004. Isotope geochemistry of the Tieluping silver-lead deposit, Henan, China: A case study of orogenic silver-dominated deposits and related tectonic setting. Mineralium Deposita, 39 (5 ~ 6): 560 ~ 575

Cheng Q M. 1999. The box-gliding method for multifractal modeling. Computers and Geosciences, 25: 1073 ~ 1079

Cheng Q M, Agterberg F P, Ballantyne S B. 1994. The separation of geochemical anomalies from background by fractal methods. Journal of Geochemical Exploration, 51 (2): 109 ~ 130

Chiaradia M. 2014. Copper enrichment in arc magmas controlled by overriding plate thickness. Nature Geoscience, 7 (1): 43 ~ 46

Chiaradia M, Fontbote L, Beate B. 2004. Cenozoic continental arc Magmatism and associated mineralization in Ecuador. Mineralium Deposita, 39 (2): 204 ~ 222

Chiu H Y, Chung S L, Wu F Y, Liu D Y, Liang Y H, Lin I J, Iizuka Y, Xie L W, Wang Y B, Chu M F. 2009. Zircon U-Pb and Hf isotopic constraints from eastern Transhimalayan batholiths on the precollisional Magmatic and tectonic evolution in southern Tibet. Tectonophysics, 477: 3 ~ 19

Christensen J N, Halliday A N, Leigh K E, Randell R N, Kesler S E. 1995a. Direct dating of sulfides by Rb-Sr: A critical test using the Polaris Mississippi Valley-type Zn-Pb deposit. Geochimica et Cosmochimica Acta,

59 (24): 5191 ~ 5197

Christensen J N, Halliday A N, Vearncombe J R, Kesler S E. 1995b. Testing models of large-scale crustal fluid flow using direct dating of sulfides; Rb-Sr evidence for early dewatering and formation of Mississippi valley-type deposits, Canning Basin, Australia. Economic Geology, 90 (4): 877 ~ 884

Christensen N I, Mooney W D. 1995. Seismic velocity structure and composition of the continental crust: A global view. Journal of Geophysical Research: Solid Earth, 100 (B6): 9761 ~ 9788

Chung S L, Chu M F, Zhang Y Q, Xie Y W, Lo C H, Lee T, Lan C Y, Li X H, Zhang Q, Wang Y Z. 2005. Tibetan tectonic evolution inferred from spatial and temporal variations in post-collisionalMagmatism. Earth-Science Reviews, 68: 173 ~ 196

Chung S L, Lee T Y, Lo C H, Wang P L, Chen C Y, Ye N T, Hoa T T, Wu G Y. 1997. Intraplate extension prior to continental extrusion along the Ailao Shan-Red River shear zone. Geology, 25: 311 ~ 314

Chung S L, Lo C H, Lee T Y, Zhang Y, Xie Y, Li X, Wang K L, Wang P L. 1998. Diachronous uplift of the Tibetan plateau starting 40 Myr ago. Nature, 394: 769 ~ 773

Cobbing E J, Mallick D I J, Pitfield P E J, Teoh L H. 1986. The granites of the Southeast Asian Tin Belt. Journal of the Society, London, 143 (3): 537 ~ 550

Cong F, Lin S L, Zou G F, Li Z H, Xie T, Peng Z M, Liang T. 2011a. Magma mixing of granites at Lianghe: In-situ zircon analysis for trace elements, U-Pb ages and Hf isotopes. Science China-Earth Sciences, 54 (9): 1346 ~ 1359

Cong F, Lin S L, Zou G F, Li Z H, Xie T, Li Z H, Tang F W, Peng Z M. 2011b. Geochronology and Petrogenesis for the Protolith of Biotite Plagioclase Gneiss at Lianghe, Western Yunnan. Acta Geologica Sinica (English Edition), 85 (4): 870 ~ 880

Cook N J, Ciobanu C L, Pring A, Skinner W, Shimizu M, Danyushevsky L, Melcher F. 2009. Trace and minor elements in sphalerite: a LA-ICP-MS study. Geochimica et Cosmochimica Acta, 73 (16): 4761 ~ 4791

Cook N J, Spry P G, Vokes F M. 1998. Mineralogy, paragenesis and metamorphism of ores in the Bleikvassli Pb-Zn-(Cu) deposit, Nordland, Norway. Mineralium Deposita, 34: 35 ~ 56

Cooke D R, Bull S W, Large R R, McGoldrick P J. 2000. The importance of oxidized brines for the formation of Australian Proterozoic stratiform sediment-hosted Pb-Zn (Sedex) deposits. Economic Geology, 95 (1): 1 ~ 18

Corbella M, Ayora C, Cardellach E. 2004. Hydrothermal mixing, carbonate dissolution and sulfide precipitation in Mississippi Valley-type deposits. Mineralium Deposita, 39 (3): 344 ~ 357

Courtillot V, Jaupart C, Manighetti I, Tapponnier P, Besse J. 1999. On causal links between flood basalts and continental breakup. Earth and Planetary Science Letters, 166 (3): 177 ~ 195

Danyushevsky L V, Robinson P, Gilbert S, Norman M, Large R, McGoldrick P, Shelley M. 2011. Routine quantitative multi-element analysis of sulphide minerals by laser ablation ICP-MS: Standard development and consideration of matrix effects. Geochemistry: Exploration, Environment, Analysis, 11: 51 ~ 60

Davies J H, Von Blanckenburg F. 1995. Slab breakoff: a model of lithosphere detachment and its test in theMagmatism and deformation of collisional orogens. Earth and Planetary Science Letters, 129: 85 ~ 102

De Baar H J W, Brewer P G, Bacon M P. 1985. Anomalies in rare earth distributions in seawater: Gd and Tb. Geochimica et Cosmochimica Acta, 49 (9): 1961 ~ 1969

De Ronde C E J, Spooner E T C, de Wit M J, Bray C J. 1992. Shear zone-related, Au quartz vein deposits in the Barberton greenstone belt, South Africa; field and petrographic characteristics, fluid properties, and light stable isotope geochemistry. Economic Geology, 87 (2): 366 ~ 402

Defant M J, Drummond M S. 1990. Derivation of some modern arc Magmas by melting of young subducted

lithosphere. Nature, 347 (6294): 662 ~ 665
Defant M J, Drummond M S. 1993. Initiation of subduction and the generation of slob melts in western and eastern mindano, philippines. Gelogy, 21 (11): 1007 ~ 1010
Deng J, Wang Q F, Li G J, Zhao Y. 2015a. Structural control and genesis of the Oligocene Zhenguan orogenic gold deposit, SW China. Ore Geology Reviews, 65: 42 ~ 54.
Deng J, Wang Q F, Li G J, Hou Z Q, Jiang C Z, Danyvshevsky L, 2015b. Geology and genesis of the giant Beiya porphyry- skarn gold deposit, Northwestern Yangtze Block, China. Ore Geology Reviews, 70: 457 ~ 485.
Deng J, Wang C M, Leon B, Carranza E J M, Lu Y J. 2015c. Cretaceous-cenozoic tectonic history of the Jiaojia Fault and gold mineralization in the Jiaodong peninsla, China: constraints from zircon U-Pb, iuit K-Ar, and apatite tission track thermochronometry. mineralium Deposita, 50: 987 ~ 1006.
Deng J, Wang Q F. 2015d. Gold mineralization in China: Metallogenic Provinces, deposit types and tectonic framework. Gondwana Research, doi: 10. 1016/j. gr. 2015. 10. 003.
Deng J, Wang Q F, Wei Y G. 2004. Metallogenic effect of transition of tectonic dynamic system. Journal of China University of Geosciences, 15 (1): 23 ~ 28
Deng J, Wang Q F, Huang D H. 2006. Transport network and flow mechanism of shallow ore- bearingMagma in Tongling ore cluster area. Science in China (Series D), 49: 397 ~ 407
Deng J, Wang Q F, Wan L. 2009a. Self- similar fractal analysis of gold mineralization of Dayingezhuang disseminated ~ veinlet deposit in Jiaodong gold province, China. Journal of Geochemical Exploration, 102 (2): 95 ~ 102
Deng J, Yang L Q, Gao B F, Sun Z S, Guo C Y, Wang Q F, Wang J P. 2009b. Fluid evolution and metallogenic dynamics during tectonic regime transition: example from the Jiapigou Gold Belt in Northeast China. Resource Geology, 59 (2): 140 ~ 152
Deng J, Wang Q F, Li G J, Li C S, Wang C M. 2014a. Tethys tectonic evolution and its bearing on the distribution of important mineral deposits in the Sanjiang region, SW China. Gondwana Research, 26 (2): 419 ~ 437
Deng J, Wang Q F, Li G J, Santosh M. 2014b. Cenozoic tectono- magmatic and metallogenic processes in the Sanjiang region, south western China. Earth Science Reviews, 138: 268 ~ 299
Deniel C. 1998. Geochemical and isotopic (Sr, Nd, Pb) evidence for plume- lithosphere interactions in the genesis of Grande ComoreMagmas (Indian Ocean) . Chemical Geology, 144 (3): 281 ~ 303
Dergatchev A L, Eremin N I, Sergeeva N E. 2011. Volcanic associated Besshi- type copper sulfide deposits. Moscow University Geology Bulletin, 66 (4): 274 ~ 281
Detmers J, Brüchert V, Habicht K S, Kuever J. 2001. Diversity of sulfur isotope fractionations by sulfate-reducing prokaryotes. Applied and Environmental Microbiology, 67 (2): 888 ~ 894
Di Benedetto F, Bernardini G P, Vaughan D J. 2005. Compositional zoning in sphalerite crystals. American Mineralogist, 90: 1384 ~ 1392
Diamond L W. 2001. Review of the systematics of CO_2-H_2O fluid inclusions. Lithos, 55 (1): 69 ~ 99
Ding L. 2003. Paleocene deep-water sediment and radiolarian faunas: Implications for evolution of Yarlung-Zangbo foreland basin, southern Tibet. Science in China (Series D), 46 (1): 84 ~ 96
Doe B R, Stacey J S. 1974. The application of lead isotopes to the problems of ore genesis and ore prospect evaluation: A review. Economic Geology, 69: 757 ~ 776
Doe B R, Zartman R E. 1979. Plumbotectonics, the phanerozoic. Geochemistry of Hydrothermal Ore Deposits, 2:

22 ~ 70

Dong G C, Mo X X, Zhao Z D, Zhu D C, Goodman R, Kong H L, Wang S. 2013. Zircon U-Pb dating and the petrological and geochemical constraints on Lincang granite in Western Yunnan, China: Implications for the closure of the Paleo-Tethys Ocean. Journal of Asian Earth Sciences, 62: 282 ~ 294

Donnelly J P, Cleary P, Newby P, Ettinger R. 2004. Coupling instrumental and geological records of sea-level change: Evidence from southern New England of an increase in the rate of sea-level rise in the late 19th century. Geophysical Research Letters, 31 (5): 179 ~ 211

Douville E, Bienvenu P, Charlou J I. 1999. Yttrium and rare earth elements in fluids from various deep-sea hydrothermal systerns. Geochim Cosmochim Acta, 63: 627 ~ 643

Drummond S E, Ohmoto H. 1985. Chemical evolution and mineral deposition in boiling hydrothermal systems. Economic Geology, 80: 126 ~ 147

Drummond M S, Defamt M J, Kepezhinskas P K. 1996. Petrogenesis of slab-clerired trondhjemite-tonalite-dacite/adakite magmas. Transactions of the Royal society of Edinburgh-Earth Sciences, 87: 205 ~ 215

Dubessy J, Derome D, Sausse J. 2003. Numerical modelling of fluid mixings in the H_2O-NaCl system application to the North Caramal Uprospect (Australia). Chemical Geology, 194 (1): 25 ~ 39

Duretz T, Gerya T V, May D A. 2011. Numerical modelling of spontaneous slab breakoff and subsequent topographic response. Tectonophysics, 502: 244 ~ 256

Elderfield H, Greaves M J. 1982. The rare earth elements in seawater. Nature, 296 (18): 214 ~ 219

Feng Q L. 2002. Stratigraphy of volcanic rocks in the Changning- Menglian Belt in southwestern Yunnan, China. Journal of Asian Earth Sciences, 20: 657 ~ 664

Field C W, Fifarek R H. 1985. Light stable- isotopes systematics in the epithermal environment. Reviews in Economic Geology, 2: 99 ~ 128

Flower M F J, Hoang N, Lo C H, Chi C T, Cuong N Q, Liu F T, Deng J F, Mo X X. 2013. Potassic Magma Genesis and the Ailao Shan-Red River Fault. Journal of Geodynamics, 69: 84 ~ 105

Foster J G, Lambert D D, Frick L R. 1996. Re-Os isotopic evidence for genesis of Archaean nickel ores from uncontaminated komatiites. Nature, 382: 703 ~ 706

Frey F A, Chappell B W, Roy S D. 1978. Fractionation of rare-earth elements in the Tuolumne Intrusive Series, Sierra Nevada batholith, California. Geology, 6 (4): 239 ~ 242

Furman T, Graham D. 1999. Erosion of lithosphericMantle beneath the East African Rift system: geochemical evidence from the Kivu volcanic province. Developments in Geotectonics, 24: 237 ~ 262

Gao Y, Hou Z, Kamber B S, Wei R, Meng X, Zhao R. 2007. Adakite-like porphyries from the southern Tibetan continental collision zones: evidence for slab melt metasomatism. Contributions to Mineralogy and Petrology, 153: 105 ~ 120

Garven G, Sverjensky D A, Nesbitt B E, Muehlenbachs K. 1994. Paleohydrogeology of the Canadian Rockies and origins of brines, Pb-Zn deposits and dolomitization in the Western Canada Sedimentary Basin: Comment and Reply. Geology, 22 (12): 1149 ~ 1151

German C R, Hergt J, Palmer M R, Edmond J M. 1999. Geochemistry of a hydrothermal sediment core from the OBS vent-field, 21°N East Pacific Rise. Chemical Geology, 155 (1): 65 ~ 75

Gleadow A J W, Kohn B P, Brown R W, O'Sullivan P B, Raza A. 2002. Fission track thermotectonic imaging of the Australian continent. Tectonophysics, 349 (1): 5 ~ 21

Goldfarb R J, Ayuso R, Miller M L, Ebert S W, Marsh E E, Petsel S A, McClelland W. 2004. The Late Cretaceous Donlin Creek gold deposit, southwestern Alaska: Controls on epizonal ore formation. Economic

Geology, 99 (4): 643 ~ 671

Goldfarb R J, Baker T, Dube B, Groves D I, Hart C J, Gosselin P. 2005. Distribution, character, and genesis of gold deposits in metamorphic terranes. Economic Geology 100th Anniversary Volume, 407 ~ 450

Goldfarb R J, Groves D I, Gardoll S. 2001. Orogenic gold and geologic time: a global synthesis. Ore Geology Reviews, 18 (1): 1 ~ 75

Goldfarb R J, Phillips G N, Nokleberg W J. 1998. Tectonic setting of synorogenic gold deposits of the Pacific Rim. Ore Geology Reviews, 13 (1): 185 ~ 218

González-Partida E, Levresse G, Carrillo-Chávez A, Cheilletz A, Gasquet D, Jones D. 2003. Paleocene adakite Au-Fe bearing rocks, Mezcala, Mexico: evidence from geochemical characteristics. Journal of Geochemical Exploration, 80 (1): 25 ~ 40

Gorton M P, Schandl E S, 2000. From continents to island arcs: a geochemical index of tectonic setting for arc-related and within-plate felsic to intermediate volcanic rocks. Canadian Mineralogist, 38: 1065 ~ 1073

Gottesmann W, Kampe A. 2007. Zn/Cd ratios in calcsilicate- hosted sphalerite ores at Tumurtijn- ovoo, Mongolia. Chemie der Erde, 67: 323 ~ 328

Govett G J S, Goodfellow W D, Chapman A. 1975. Exploration geochemistry distribution of elements and recognition of anomalies. Mathematical Geology, 7: 415 ~ 446

Griffin, W L, Begg G C, O'Reilly S Y. 2013. Continental- root control on the genesis of magmatic ore deposits. Nature Geoscience, 6 (11), 905 ~ 910

Grunsky E C, Agterberg F P. 1988. Spatial and multivariate analysis of geochemical data from metavolcanic rocks in the Ben Nevis Area, Ontario. Mathematical Geology, 7: 415 ~ 446

Gulson B L, Jones M T. 1992. Cassiterite: Potential for direct dating of mineral deposits and a precise age for the Bushveld Complex granites. Geology, 20 (4): 355 ~ 358

Guo Z F, Hertogen J, Liu J Q, Pasteels P, Boven A, Punzalan L, He H Y, Luo X J, Zhang W H, 2005. PotassicMagmatism in Western Sichuan and Yunnan Provinces, SE Tibet, China: Petrological and Geochemical Constraints on Petrogenesis. Journal of Petrology, 46: 33 ~ 78

Gustafson L B, Hunt J P. 1975. The porphyry copper deposit at El Salvador, Chile. Economic Geology, 70 (5): 857 ~ 912

Hall R. 1998. The plate tectonics of Cenozoic SE Asia and the distribution of land and sea. Biogeography and Geological Evolution of SE Asia, 99 ~ 131

Harris P G. 1957. Zone refining and the origin of potassic basalts. Geochimica et Cosmochimica Acta, 12 (3): 195 ~ 208

He B, Xu Y G, Chung S L. 2003. Sedimentary evidence for a rapid crustal doming prior to the eruption of the Emeishan flood basalts, Earth and Planetary Science Letters, 213: 389 ~ 405

He L, Song Y, Chen, Hou Z, Yu F, Yang Z, Liu Y. 2009. Thrust- controlled, sediment- hosted, Himalayan Zn- Pb- Cu- Ag deposits in the Lanping foreland fold belt, easternMargin of Tibetan Plateau. Ore Geology Reviews, 36 (1): 106 ~ 132

Heijlen W, Muchez P, Banks D A. 2001. Origin and evolution of high- salinity, Zn- Pb mineralising fluids in the Variscides of Belgium. Mineralium Deposita, 36 (2): 165 ~ 176

Hennig D, Lehmann B, Frei D, Belyatsky B, Zhao X F, Cabral A R, Zeng P S, Zhou M F, Schmidt K. 2009. Early Permian seafloor to continental arc Magmatism in the eastern Paleo-Tethys: U-Pb age and Nd-Sr isotope data from the southern Lancangjiang Zone, Yunnan, China. Lithos, 113: 408 ~ 422

Hezarkhani A, Williams- Jones A E, Gammons C H. 1999. Factors controlling copper solubility and chalcopyrite deposition in the Sungun porphyry copper deposit, Iran. Mineralium Deposita, 34: 770 ~ 783

Hoefs J. 1997. Stable Isotope Geochemistry (4th Edition). Berlin: Springer-Verlag. 65 ~ 168

Hoefs J. 2004. Stable Isotope Geochemistry (5th Edition). Berlin: Springer-Verlag. 1 ~ 244

Hofmann. 1988. Chemical differentiation of the Earth: the relationship betweenMantle, continental crust and oceanic crust. Earth and Planetary Science Letters, 90 (3): 297 ~ 314

Hofstra A H, Cline J S. 2000. Characteristics and models for Carlin-type gold deposits. Reviews in Economic Geology, 13: 163 ~ 220

Horton B K, Yin A, Spurlin M S, Zhou J, Wang J. 2002. Paleocene-Eocene syncontractional sedimentation in narrow, lacustrine-dominated basins of east-central Tibet. Geological Society of America Bulletin, 114 (7): 771 ~ 786

Hou T, Zhang Z C, Encarnacion J, Santosh M, Sun Y L. 2013. The role of recycled oceanic crust in magmatism and metallogeny: Os-Sr-Nd isotopes, U-Pb geochronology and geochemistry of picritic dykes in the Panzhihua giant Fe-Ti oxide deposit, central Emeishan large igneous province, SW China. Contrib Mineral Petrol, 165: 805 ~ 822

Hou T, Zhang Z C, Kusky T, Du Y S, Liu J L, Zhao Z D. 2011. A reappraisal of the high-Ti and low-Ti classification of basalts and petrogenetic linkage between basalts and mafic-ultramafic intrusions in the Emeishan Large Igneous Province, SW China. Ore Geology Reviews, 41: 133 ~ 143

Hou Z Q. 1993. Tectono-magmatic evolution of the Yidun island-arc and geodynamic setting of kuroko-type sulfide deposits in Sanjiang region. China: Resource Geology, 17: 336 ~ 350

Hou Z Q, Ma H W, Khin Z, 2003. The Himalayan Yulong Porphyry copper belt: produced by large-scale strikeslip Faulting at Eastern Tibet. Economic Ceology, 98: 125 ~ 145

Hou Z Q, Ma H W, Zaw K, Zhang Y Q, Wang M J, Wang Z, Pan G T, Tang R L. 2003. The Himalayan Yulong porphyry copper belt: Product of large-scale strike-slip faulting in eastern Tibet. Economic Geology, 98 (1): 125 ~ 145

Hou Z Q, Zaw K, Pan G, Mo X, Xu, Q, Hu Y, Li X. 2007. Sanjiang Tethyan metallogenesis in S. W. China: Tectonic setting, metallogenic epochs and deposit types. Ore Geology Reviews, 31 (1): 48 ~ 87

Hou Z Q, Yang Z M, Qu X M, Meng X J, Li Z Q, Beaudoin G, Rui Z Y, Gao Y F, Khin Z. 2009. The Miocene Gangdese porphyry copper belt generated during post-collisional extension in the Tibetan orogen. Ore Geology Reviews, 36: 25 ~ 51

Hsü K J, Bernoulli D. 1978. Genesis of the Tethys and the Mediterranean, In: Hsu K J *et al* (eds). Initial Reports of the Deep Sea Drilling Project, 42: 943 ~ 949

Hu Y Z, Tang S C, Wang H P, Yang Y Q, Deng J. 1995. Geology of Gold Deposits in Ailaoshan. Beijing: Geological Publishing House, 194 ~ 206

Huang J L, Zhao D P, Zheng S H. 2002. Lithospheric structure and its relationship to seismic and volcanic activity in southwest China. Journal of Geophysical Research, Part B: Solid Earth, 107 (B10): 2255

Huang Z, Liu C, Xiao H, Han R, Xu C, Li W, Zhong K. 2002. Study on the carbonate ocelli-bearing lamprophyre dykes in the Ailaoshan gold deposit zone, Yunnan Province. Science in China Series D: Earth Sciences, 45 (6): 494 ~ 502

Hugh R R. 1993. Using Geochemical Data: Evaluation, Presentation, interpretation (Longman Geochemistry Series). New York, Longan Scientific and Technical

Huston D L. 2006. Australian Zn-Pb-Ag ore-forming systems: review and analysis. Economic Geology, 101: 1117 ~ 1157

Huston D L, Sie S H, Suter G F, Cooke D R, Both R A. 1995. Trace elements in sulfide minerals from eastern

Australian volcanic-hostedMassive sulfide deposits; Part I, Proton microprobe analyses of pyrite, chalcopyrite, and sphalerite, and Part II, Selenium levels in pyrite; comparison with $\delta^{34}S$ values and implications for the source of sulfur in volcanogenic hydrothermal systems. Economic Geology, 90 (5): 1167 ~ 1196

Ishihara S, Endo Y. 2007. Indium and other trace elements in volcanogenic Massive sulphide ores from the Kuroko, Besshi and other types in Japan. Bulletin, Geological Survey of Japan, 58: 7 ~ 22

Ishihara S, Hoshino K, Murakami H, Endo Y. 2006. Resource evaluation and some genetic aspects of indium in the Japanese ore deposits. Resource Geology, 56: 347 ~ 364

Jian P, Liu D Y, Kröner A, Zhang Q, Wang Y Z, Sun X M, Zhang W. 2009a. Devonian to Permian plate tectonic cycle of the Paleo-Tethys Orogen in southwest China (I): Geochemistry of ophiolites, arc/back-arc assemblages and within-plate igneous rocks. Lithos, 113: 748 ~ 766

Jian P, Liu D, Kröner A, Zhang Q, Wang Y Z, Sun X M, Zhang W. 2009b. Devonian to Permian plate tectonic cycle of the Paleo-Tethys Orogen in southwest China (II): Insights from zircon ages of ophiolites, arc/back-arc assemblages and within-plate igneous rocks and generation of the Emeishan CFB province. Lithos, 113 (3): 767 ~ 784

Jiang Y H, Jiang S Y, Ling H F, Dai B Z. 2006. Low-degree melting of a metasomatized lithosphericMantle for the origin of Cenozoic Yulong monzogranite-porphyry, east Tibet: geochemical and Sr-Nd-Pb-Hf isotopic constraints. Earth and Planetary Science Letters, 241: 617 ~ 633

Joly A, Porwal A, McCuaig T C. 2012. Exploration targeting for orogenic gold deposits in the Granites-Tanami Orogen: Mineral system analysis, targeting model and prospectivity analysis. Ore Geology Reviews, 48: 349 ~ 383

Kajiwara Y, Krouse HR. 1971. Sulfur isotope partitioning in metallic sulfide systems. Canadian Journal of Earth Science, 8: 1397 ~ 1408

Kapp P, Murphy M A, Yin A, Harrison T M, Ding L, Guo J. 2003. Mesozoic and Cenozoic tectonic evolution of the Shiquanhe area of western Tibet. Tectonics, 22 (4): 1 ~ 23

Kay R W, Gast P W. 1973. The rare earth content and origin of Alkali-Rich Basalts. The Journal of Geology, 81 (6): 653 ~ 682

Kay S M, Coira B, Viramonte J. 1994. YoungMafic back arc volcanic rocks as indicators of continental lithospheric delamination beneath the Argentine Puna plateau, central Andes. Journal of Geophysical Research: Solid Earth, 99 (B12): 24323 ~ 24339

Kepezhinskas P, Defant M J. 2001. Nonchondritic Pt/pd ratios in arc mantle xenoliths: Evidence for platinum enrichment in depleted is land-arc mantle sources. Geology, 29 (9): 851 ~ 854.

Kerrich R, Fyfe W S. 1981. The gold-carbonate association: Source of CO_2, and CO_2 fixation reactions in Archaean lode deposits. Chemical Geology, 33 (1): 265 ~ 294

Kerrich R, Said N. 2011. Extreme positive Ce-anomalies in a 3.0 Ga submarine volcanic sequence, Murchison Province: Oxygenated Marine bottom waters. Chemical Geology, 280 (1): 232 ~ 241

Kerrich R, Goldfarb R, Groves D. 2000. The characteristics, origins and geodynamic settings of supergiant gold metallogenic provinces. Science in China, 43: 1 ~ 68

Kesler S E, Martini A M, Appold M S, Walter L M. 1996. Na-Cl-Br systematics of fluid inclusions from Mississippi Valley-type deposits, Appalachian Basin: Constraints on solute origin and migration paths. Geochimica et Cosmochimica Acta, 60 (2): 225 ~ 233

King P L, White A J R, Chappell B W, Allen C M. 1997. Characterization and origin of aluminous A-type granites from the Lachlan Fold Belt, Southeastern Australia. Journal of Petrology, 38 (3): 371 ~ 391

Kudrin A V. 1989. Behavior of Mo in aqueous NaCl and KCl solutions at 300 ~ 450°C. Geochemistry International

26, 87 ~ 99

Landtwing M R, Pettke T, Halter W E, Heinrich C A, Redmond P B, Einaudi M T, Kunze K. 2005. Copper deposition during quartz dissolution by coolingMagmatic-hydrothermal fluids: The Bingham porphyry. Earth and Planetary Science Letters, 235: 229 ~ 243

Lang J R, Titley S R. 1998. Isotopic and geochemical characteristics of LaramideMagmatic systems in Arizona and implications for the genesis of porphyry copper deposits. Economic Geology, 93 (2): 138 ~ 170

Langevin P M, Dub B, Hannington M D. 2007. The LaRonde Penan Au- rich volcanogenic Massive sulfide deposit, Abitibi Greenstone Belt, Quebec Part Ⅱ. Lithogeochemistry and paleotectonic setting. Economic Geology, 102: 611 ~ 631

Large R R. 1992. Australian volcanic-hostedMassive sulfide deposits: Features, styles, and genetic models. Economic Geology, 87 (3): 471 ~ 510

Large R R, Bull S W, McGoldrick P J. 2000. Lithogeochemical halos and geochemical vectors to stratiform sediment hosted Zn-Pb-Ag deposits: Part 2. HYC deposit, McArthur River, Northern Territory. Journal of Geochemical Exploration, 68 (1 ~ 2): 105 ~ 126

Li G J, Wang Q F, Yu L, Huang Y H, Gao L, Li Y. 2015. Petrogenesis of middle Ordovician peraluminous granites in the Baoshan block: Implications for the early Palcozoic tectonic evolution along East Gondwana. Lithos, doi: http: //dr. hoi. org/10. 1016/j. lithos. 2015. 10. 012

Le Bas M J, Lemaitre R W, Streckeisen A, Zanettin B. 1986. A Chemical classification of volcanic rocks based on the total alkali-siloca diagram. Journal of petrology, 27: 745 ~ 750

Leach D, Sangster D, Kelley K, Large R R, Garven G, Allen C, Walters S G. 2005. Sediment-hosted lead-zinc deposits: A global perspective. Economic Geology, 100: 561 ~ 607

Lee C T A, Luffi P, Chin E J, *et al.* 2012. Copper systematics in arc magmas and implications for crust-mantle differentiation. Science, 336 (6077): 64 ~ 68

Lehmann B, Zhao X, Zhou M, Du A, Mao J, Zeng P, Heppe K. 2013. Mid-Silurian back-arc spreading at the northeasternMargin of Gondwana: The Dapingzhang dacite-hostedMassive sulfide deposit, Lancangjiang zone, southwestern Yunnan, China. Gondwana Research, 24 (2): 648 ~ 663

Leloup P H, Lacassin R, Tapponnier P, Scharer U, Zhong D L, Liu X H, Zhang L S, Ji S C, Trinh P T. 1995. The Ailao Shan- Red River shear zone (Yunnan, China), Tertiary transform boundary of Indochina. Tectonophysics, 251: 3 ~ 84

Leng C B, Zhang X C, Hu R Z, Wang S X, Zhong H, Wang W Q, Bi X W. 2012. Zircon U- Pb and molybdenite Re-Os Geochronology and Sr-Nd-Pb-Hf isotopic constraints on the genesis of the Xuejiping porphyry copper deposit in Zhongdian, Northwest Yunnan, China. Journal of Asian Earth Sciences, 60: 31 ~ 48

Li C, Zheng A. 1993. Paleozoic stratigraphy in the Qiangtang region of Tibet: relations of the Gondwana and Yangtze continents and ocean closure near the end of the Carboniferous. International Geology Review, 35: 797 ~ 804

Li C Y. 1982. Explnatary Notes to the Tectonic Map of Asia. Cartographic Publishing House: Beijing

Li G J, Deng J, Wang Q F, Liang K. 2015. Metallogenic model for the Laochang Pb-Zn-Ag-Cu Vol canogenic massire sulfide deposit related to a paleo-Tethys OIB-like volcanic Center, SW China. Ore Geology Reviews 70: 578 ~ 594

Li G Z, Li C S, Ripley E M, Kamo S, Su S G. 2012. Geochronology, petrology and geochemistry of the Nanlinshan and BanpoMafic-ultramafic intrusions: implications for subduction initiation in the eastern Paleo-Tethys. Contributions to Mineralogy and Petrology, 164: 773 ~ 788

Li J, Qin K, Li G, Cao M, Xiao B, Chen L, Zhao J, Evans N J, McInnes B I A. 2012. Petrogenesis and thermal history of the Yulong porphyry copper deposit, Eastern Tibet: insights from U-Pb and U-Th/He dating, and zircon Hf isotope and trace element analysis. Mineralogy and Petrology, 105: 1 ~21

Li W C, Zeng P S, Hou Z Q, White N C. 2011. The Pulang porphyry copper deposit and associated felsic intrusions in Yunnan Province, Southwest China. Economic Geology, 106 (1): 79 ~92

Li X H. 2000. Cretaceous magmatism and lithospheric extension in Southeast China. Journal of Asian Earth Sciences, 18: 293 ~305

Li X H, Li Z X, Li W X, Liu Y, Yuan C, Wei G, Qi C. 2007. U-Pb zircon, geochemical and Sr-Nd-Hf isotopic constraints on age and origin of Jurassic I- and A-type granites from central Guangdong, SE China: AMajor igneous event in response to foundering of a subducted flat-slab? Lithos, 96 (1): 186 ~204

Li X H, Li Z X, Li W X, Wang Y. 2006. Initiation of the Indosinian Orogeny in South China: evidence for a PermianMagmatic arc in the Hainan Island. The Journal of Geology, 114 (3): 341 ~353

Li Z X, Zhang L, Powell, C. M. 1995. South China in Rodinia: part of the missing link between Australia-East Antarctica and Laurentia? Geology, 23 (5): 407 ~410

Liang H Y, Campbell I H, Allen C, Sun W D, Liu C Q, Yu H X, Xie Y W, Zhang Y Q. 2006. Zircon Ce4+/Ce3+ratios and ages for Yulong ore-bearing porphyries in eastern Tibet. Miner Deposita, 41: 152 ~159

Liang H Y, Chung S L, Liu D Y, Xu Y G, Wu F Y, Yang J H, Wang Y B, Lo C H. 2008. Detrital zircon evidence from Burma for reorganization of the eastern Himalayan river system. American Journal of Science, 308 (4): 618 ~638

Liu F T, Liu J H, Zhong D L, He J K, You Q Y. 2000. The subclucted slab of Yangtze Continental block beneath the Tethyan Orogen in westem Yunnan. Chinese Science Bulletin, 45: 466-472

Liu S, Hu R Z, Gao S, Feng C X, Huang Z L, Lai S C, Yuan H L, Liu X M, Coulson I M, Feng G Y, Wang T. 2009. U-Pb zircon, geochemical and Sr-Nd-Hf isotopic constraints on the age and origin of Early Palaeozoic I-type granite from the Tengchong-Baoshan block, western Yunnan province, SW China. Journal of Asian Earth Sciences, 36: 168 ~182

Liu Y, Zhao Y, Wang R, Cui Y, Song L, Yang C. 2010. Facieology and mineragraphy characteristics of Lawu zinc-copper polymetallic ore deposit in Tibet and their significance. Mineral Deposits, 29 (6): 1054 ~1078

Livaccari R F. 1991. Role of crustal thickening and extensional collapse on the tectonic evolution of the Sevier-Laramide orogeny, western United States. Geology, 19: 1104 ~1107

Lovejoy S, Schertzer D, Gagnon J S. 2005. Multifractal simulations of the Earth's surface and interior: anisotropic singularities and morphology. GIS and Spatial Analysis, Proc of Inter Assoc Math Geology, 37 ~54

Lu Y J, Kerrich R, Cawood P A, McCuaig T C, Hart C J R, Li Z X, Hou Z Q, Bagas L. 2012. Zircon SHRIMP U-Pb geochronology of potassic felsic intrusions in western Yunnan, SW China: Constraints on the relationship of Magmatism to the Jinsha suture. Gondwana Research, 22: 737 ~747

Lu Y J, Kerrich R, McCuaig T C, Li Z X, Hart C J R, Cawood P A, Hou Z Q, Bagas L, Cliff J, Belousova E A, Tang S H. 2013. Geochemical, Sr-Nd-Pb, and zircon Hf-O isotopic cmpositions of Eocene-Oligocene shoshonitic and potassic adakite-like felsic intrusions in Western Yunnan, SW China: Petrogenesis and tectonic implications. Journal of Petrology 54, 1 ~40

Ludwig K R. 2001. Isoplot/Ex (rev. 2. 49), a geochronological toolkit for Microsoft Excel. Berkeley Geochronology Center Special Publication No. 1a, University of California, Berkeley, 1 ~55

Machel H G, Krouse H R, Sassen R. 1995. Products and distinguishing criteria of bacterial and thermochemical sulfate reduction. Applied Geochemistry, 10 (4): 373 ~389

Mahoney J J, Coffin F. 1997. Large igneous provinces: continental, oceanic, and planetary flood

volcanism. Geophysical Monograph Series, 100: 1 ~ 438
Mahoney J J, Sheth H C, Chandrasekharam D, Peng Z X. 2000. Geochemistry of flood basalts of the Toranmal section, northern Deccan Traps, India: implications for regional Deccan stratigraphy. Journal of Petrology, 41 (7): 1099 ~ 1120
Maniar P D, Piccoli P M. 1989. Tectonic discriminations of granitoids. Geological Society of America Bulletin, 101: 635 ~ 643
Mao J W. 1989. The igneous rock series and tin polymetallic minerogenetic series in the Tengchong area, Yunnan. Acta Geologica Sinica-English Edition, 2 (2): 175 ~ 187
Martin H. 1999. Adakitic magmas: modern analogues of Archaean granitoids. Lithos, 46 (3): 411 ~ 429
Martin H, Smithies R H, Rapp R, Moyen J F, Champion D. 2005. An overview of adakite, tonalite-trondhjemite- granodiorite (TTG), and sanukitoid: relationships and some implications for crustal evolution. Lithos, 79 (1): 1 ~ 24
Matsuhisa Y, Goldsmith J R, Clayton R N. 1979. Oxygen isotopic fractionation in the system quartz- albite-anorthite- water. Geochimica et Cosmochimica Acta, 43 (7): 1131 ~ 1140
McCuaig T C, Hronsky J. 2014. The Mineral System Concept: The Key to Exploration Targeting. Inc. Special Publication 18. 153 ~ 175
McCuaig T C, Kerrich R. 1998. PTt- deformation- fluid characteristics of lode gold deposits: evidence from alteration systematics. Ore Geology Reviews, 12 (6): 381 ~ 453
McCuaig T C, Beresford S, Hronsky J. 2010. Translating the mineral systems approach into an effective exploration targeting system. Ore Geology Reviews, 38: 128 ~ 138
McNaughton N J. 1993. Cassiterite: Potential for direct dating of mineral deposits and a precise age for the bushveld complex granites: comment and reply. Geology, 24 (3): 285 ~ 286
Melluso L, Mahoney J J, Dallai L. 2006. Mantle sources and crustal input as recorded in high- Mg Deccan Traps basalts of Gujarat (India). Lithos, 89 (3): 259 ~ 274
Meschede M. 1986. A method of discriminating between different types of mid- ocean ridge basalts and continental tholeiites with the Nb 1bZr 1bY diagram. Chemical Geology, 56 (3): 207 ~ 218
Metcalfe I. 2006. Palaeozoic and Mesozoic tectonic evolution and palaeogeography of East Asian crustal fragments: the Korean Peninsula in context. Gondwana Research, 9 (1 ~ 2): 24 ~ 46
Metcalfe I. 2011. Tectonic framework and Phanerozoic evolution of Sundaland. Gondwana Research, 19 (1): 3 ~ 21
Michard A. 1989. Rare earth element systematics in hydrothermal fluids. Geochimica et Cosmochimica Acta, 53 (3): 745 ~ 750
Middlemost E A. 1994. NamingMaterials in theMagma/igneous rock system. Earth- Science Reviews, 37 (3): 215 ~ 224
Miesch A T. 1981. Estimation of the geochemical threshold and its statistical significance. Journal of Geochemical Exploration, 16: 49 ~ 76
Miller C F, Mittlefehldt D W. 1982. Depletion of light rare- earth elements in felsicMagmas. Geology, 10 (3): 129 ~ 133
Miller C F, McDowell S M, Mapes R W. 2003. Hot and cold granites? Implications of zircon saturation temperatures and preservation of inheritance. Geology, 31 (6): 529 ~ 532
Miller C F, Schuster R, Klötzli U, Frank W, Purtscheller, F. 1999. Post- collisional potassic and ultrapotassic Magmatism in SW Tibet: geochemical and Sr- Nd- Pb- O isotopic constraints forMantle source characteristics and

petrogenesis. Journal of Petrology, 40 (9): 1399 ~ 1424

Mills R A, Elderfield H. 1995. Rare earth element geochemistry of hydrothermal deposits from the active TAG Mound, 26°N Mid-Atlantic Ridge. Geochimica et Cosmochimica Acta, 59 (17): 3511 ~ 3524

Misra K C. 2000. Mississippi Valley- Type (MVT) Zinc- Lead Deposits. InUnderstanding Mineral Deposits, Netherlands: Springer. 573 ~ 612

Mitchell A H G, Garson M S. 1981. Mineral Deposits and Tectonic Settings. London Academic Press

Mitchell R H, Bergman S C. 1991. Petrology of Lamproites. Springer. 1 ~ 443

Mo X X, Hou Z Q, Niu Y L, Dong G C, Qu X M, Zhao Z D, Yang Z M. 2007. Mantle contributions to crustal thickening during continental collision: Evidence from Cenozoic igneous rocks in southern Tibet. Lithos, 96: 225 ~ 242

Möller A, O' Brien P J, Kennedy A, Kröner A. 2003. Linking growth episodes of zircon and metamorphic textures to zircon chemistry: an example from the ultrahigh-temperature granulites of Rogaland (SW Norway). Geological Society, London, Special Publications, 220 (1): 65 ~ 81

Monteiro L V S, Bettencourt J S, Juliani C, de Oliveira T F. 2006. Geology, petrography, and mineral chemistry of the Vazante non- sulfide and Ambro′ sia and Fagundes sulfide- rich carbonate- hosted Zn- (Pb) deposits, Minas Gerais, Brazil. Ore Geology Reviews, 28 (2): 201 ~ 234

Müller D G D, Forrestal P. 1998. The shoshonite porphyry Cu-Au association at Bajo de la Alumbrera, Catamarca province, Argentina. Mineralogy and Petrology, 64 (1-4): 47 ~ 64

Müller D G D, Rock N M S, Groves D I. 1992. Geochemical discrimination between shoshonitic and potassic volcanic rocks in different tectonic settings: a pilot study. Mineralogy and Petrology, 46 (4): 259 ~ 289

Muntean J L, Einaudi M T. 2000. Porphyry gold deposits of the Refugio district, Maricunga belt, northern Chile. Economic Geology, 95 (7): 1445 ~ 1472

Muntean J L, Cline J S, Simon A C. 2011. Magmatic- hydrothermal origin of Nevada/′s Carlin- type gold deposits. Nature Geoscience, 4 (2): 122 ~ 127

Murphy J B, Nance R D. 1992. Mountain belts and the supercontinental cycle. Scientific American, 266: 84 ~ 91

Möllen P. 1987. Correlation of homogenization temperatures of accessory minerals from sphalerite- bearing deposits and Ga/Ge model temperatures. Chemical Geology, 61: 153 ~ 159

Najman Y, Appel E, Boudagher- Fadel M, Bown P, Carter A, Garzanti E, Godin L, Han J T, Liebke U, Oliver G, Parrish R, Vezzoli G. 2010. Timing of India-Asia collision: Geological, biostratigraphic, and palaeomagnetic constraints. Journal of Geophysical Research, 115 (B12): 416 ~ 418

Nakai S I, Halliday A N. 1990. Rb- Sr dating of sphalerites from Tennessee and the genesis of Mississippi Valley type. Nature, 346

Nelson D R, McCulloch M T, Sun S S. 1986. The origins of ultrapotassic rocks as inferred from Sr, Nd and Pb isotopes. Geochimica et Cosmochimica Acta, 50 (2): 231 ~ 245

Niu Y L, Ken D C. 1999. Origin of enriched- type mid- ocean ridge basalt at ridges far fromMantle plumes; The East Pacific Rise at 11°20′N. Journal of Geophysical Research, 104 (B4): 7067 ~ 7087

O'Hara M J, Yoder H S. 1967. Formation and fractionation of basicMagmas at high pressures. Scottish Journal of Geology, 3 (1): 67 ~ 117

Oen I S, deMaesschalck A A, Lustenhouwer W J. 1986. Mid- Proterozoic exhalative- sedimentary Mn skarns containing possible microbial fossils, Grythyttan, Bergslagen, Sweden. Economic Geology, 81 (6): 1533 ~ 1543

Ohmoto H. 1972. Systematics of sulfur and carbon isotopes in hydrothermal ore deposits. Economic Geology, 67: 551 ~ 578

Ohmoto H. 1995. Formation of volcanogenicMassive sulfide deposits: The Kuroko perspective. Ore Geology Reviews, 10: 135 ~ 177

Ohmoto H, Goldhaber M B. 1997. Sulfur and carbon isotopes. Geochemistry of Hydrothermal Ore Deposits, 3: 517 ~ 612

Ohmoto H, Lasaga A C. 1982. Kinetics of reactions between aqueous sulfates and sulfides in hydrothermal systems. Geochimica et Cosmochimica Acta, 46 (10): 1727 ~ 1745

Ohmoto H, Rye R O. 1979. Isotopes of sulfur and carbon. Geochemistry of Hydrothermal Ore Deposits, 509 ~ 567

Orr S R, Faure G, Botoman G. 1982. Isotopic Study of Siderite Concretion. Tuscarawas County, Ohio Journal of Science, 82: 52 ~ 54

Pan G, Chen Z, Li X, Yan Y, Xu X, Xu Q, Jiang X, Wu Y, Luo J, Zhu T, Peng Y. 1997. Geological-Tectonic Evolution in the Eastern Tethys. Beijing: Geological Publishing House. 191 (in Chinese with English abstract)

Pearce J A. 1983. Role of the sub-continental lithosphere in Magma genesis at active continental Margins. 230 ~ 249

Pearce J A. 2008. Geochemical fingerprinting of oceanic basalts with applications to ophiolite classification and the search for Archean oceanic crust. Lithos, 100: 14 ~ 48

Pearce J A, Cann J R. 1973. Tectonic setting of basic volcanic rocks determined using trace element analysis. Earth and Planetary Science Letters, 19 (2): 290 ~ 300

Pearce J A, Norry M J. 1979. Petrogenetic implication of Ti, Zr, Y, and Nb variations in volcanic rocks. Contributions to Mineralogy and Petrology, 69: 33 ~ 47

Pearce J A, Harriis N B W, Tindle A G. 1984. Trace element discrimination diagrams for the tectonic interpretation of granitic rocks. Journal of Petrology, 25: 956 ~ 983

Peate I U, Bryan S E. 2008. Re-evaluating plume-induced uplift in the Emeishan large igneous province. Nature Geoscience, 1 (9): 625 ~ 629

Peate I U, Bryan S E. 2009. Pre-eruptive uplift in the Emeishan. Nature Geoscience, 2 (8): 531 ~ 532

Peng T P, Wang Y J, Fan W M, Liu D Y, Shi Y R, Miao L C. 2006. SHRIMP ziron U-Pb geochronology of Early Mesozoic felsic igneous rocks from the southern Lancangjiang and its tectonic implications. Science in China (Series D), 49: 1032 ~ 1042

Peng T P, Wang Y J, Zhao G C, Fan W M, Peng B X. 2008. Arc-like volcanic rocks from the southern Lancangjiang zone, SW China: Geochronological and geochemical constraints on their petrogenesis and tectonic implications. Lithos, 102: 358 ~ 373

Peng T P, Zhao G C, Fan W M, Peng B X, Mao Y S. 2014. Zircon geochronology and Hfisotopes of Mesozoic intrusive rocks from the ridun terrane, Eastern Tibetan Plateau: Petrogenesis and their bearings with Cu mineralization. Journal of Asian Earth Sciences, 80: 18 ~ 33.

Phillips G N, Powell R. 1993. Link between gold provinces. Economic Geology, 88 (5): 1084 ~ 1098

Pirajno F, Santosh M. 2014. Rifting, intraplate magmatism, mineral systems and mantle dynamics in central-east Eurasia: An overview. Ore Geology Reviews 63: 265 ~ 295

Pitcher W S. 1997. The Nature and Origin of Granite. Springer

Potter R W, Clynne M A, Brown D L. 1978. Freezing point depression of aqueous sodium chloride solutions. Economic Geology, 73: 284 ~ 285

Qi L, Hu J, Gregoire D C. 2000. Determination of trace elements in granites by inductively coupled plasmaMass spectrometry. Talanta, 51 (3): 507 ~ 513

Qin K Z, Su B X, Sakyi P A, Tang D M, Li X H, Sun H, Liu P P. 2011. SIMS zircon U-Pb geochronology and

Sr-Nd isotopes of Ni-Cu-BearingMafic-Ultramafic Intrusions in Eastern Tianshan and Beishan in correlation with flood basalts in Tarim Basin (NW China): Constraints on a ca. 280MaMantle plume. American Journal of Science, 311 (3): 237 ~ 260

Qu X M, Hou Z Q, Zhou S H. 2002. Geochemical and Nd, Sr Isotopic Study of the Post-Orogenic Granites in the Yidun Arc Belt of Northern Sanjiang Region, Southwestern China. Resource Geology, 52; 163 ~ 172

Redmond P B, Einaudi M T, Inan E E, Landtwing M R, Heinrich C A. 2004. Copper deposition by fluid cooling in intrusion-centered systems: New insights from the Bingham porphyry ore deposit, Utah. Geology, 32: 217 ~ 220

Rees C E, Jenkins W J, Monster J. 1978. The sulphur isotopic composition of ocean water sulphate. Geochimica et Cosmochimica Acta, 42 (4): 377 ~ 381

Reich M, Parada M A, Palacios C, Dietrich A, Schultz F, Lehmann B. 2003. Adakite-like signature of Late Miocene intrusions at the Los Pelambres giant porphyry copper deposit in the Andes of central Chile: metallogenic implications. Mineralium Deposita, 38 (7): 876 ~ 885

Rey P F, Coltice N, Flament N. 2014. Spreading continents kick-started plate tectonics. Nature, 513: 405 ~ 408

Reynolds T J, Beane R E. 1985. Evolution of hydrothermal fluid characteristics at the Santa Rita, New Mexico, porphyry copper deposit. Economic Geology, 80: 1328 ~ 1347

Richards J P. 2003. Tectono-magmatic precursors for porphyry Cu-(Mo-Au) deposit formation. Economic Geology, 98 (8): 1515 ~ 1533

Richards J P. 2009. Postsubduction porphyry Cu Au and epithermal Au deposits: Products of remelting of subduction-modified lithosphere. Geology, 37: 247 ~ 250

Richards J P. 2011. High Sr/Y arc magmas and porphyry Cu±Mo±Au deposits: Just add water. Economic Geology, 106 (7): 1075 ~ 1081

Richards J P. 2013. Giant ore deposits formed by optimal alignments and combinations of geological processes. Nature Geoscience, 6, 911 ~ 916

Richards J P, Kerrich R. 2007. Special paper: adakite-like rocks: their diverse origins and questionable role in metallogenesis. Economic Geology, 102 (4): 537 ~ 576

Robb L. 2005. Introduction to Ore-forming Processes. Wiley-Blackwell Publishing. 373

Roedder, E. 1984. Fluid inclusions. Reviews in Mineralogy, Mineralogical Society of America, 12: 1 ~ 646

Rollinson H R. 1993. Using geochemical data: evaluation, presentation, interpretation. Longman Sci Technol, 48 ~ 51

Rooney T O, Franceschi P, Hall C M. 2011. Water-saturatedMagmas in the Panama Canal region: a precursor to adakite-likeMagma generation? Contributions to Mineralogy and Petrology, 161 (3): 373 ~ 388

Rowell W F, Edgar A D. 1983. Cenozoic potassium-rich Mafic volcanism in the western U S A, it' s relationship to deep subduction. The Journal of Geology, 91 (3): 338 ~ 341

Rubatto D, Gebauer D. 2000. Use of cathodoluminescence for U-Pb zircon dating by IOM Microprobe: Some examples from the western Alps. Cathodoluminescence in Geoscience. Berlin: Springer-Verlag. 373 ~ 400

Rudnick R L, Gao S. 2003. Composition of the continental crust. Geochemistry, 3: 1 ~ 64

Sacks P E, Secor D T J. 1990. Delamination in Collisional orogens. Geology, 18: 999 ~ 1002

Sadeghi B, Moarefvand P, Afzal P. 2012. Application of fractal models to outline mineralized zones in the Zaghia iron ore deposit, Central Iran. Journal of Geochemical Exploration, 122: 9 ~ 19

Sajona F G, Maury R C, Bellon H, Cotten J, Defant M J, Pubellier M. 1993. Initiation of Subduction and the generation of slab melts in western and Eastern Mindando, Philippines. Gelogy, 21 (11): 1007 ~ 1010

Salters V J, Stracke A. 2004. Composition of the depletedMantle. Geochemistry, Geophysics, Geosystems,

5 (5)

Sawkins F G. 1984. Metal Deposits in Relation to Plate Tectonic. Springer Verlag

Schütte P, Chiaradia M, Beate B. 2010. Geodynamic controls on Tertiary arc Magmatism in Ecuador: Constraints from U- Pb zircon geochronology of Oligocene- Miocene intrusions and regional age distribution trends. Tectonophysics, 489 (1): 159 ~ 176

Searle M P, Yeh M W, Lin T H, Chung S L. 2010. Structural constraints on the timing of left-lateral shear along the Red River shear zone in the Ailao Shan and Diancang Shan Ranges, Yunnan, SW China. Geosphere, 6: 316 ~ 318

Seghedi I, Downes H, Pécskay Z, Thirlwall M F, Szakács A, Prychodko, M., Mattey D. 2001. Magmagenesis in a subduction-related post-collisional volcanic arc segment: the Ukrainian Carpathians. Lithos, 57 (4): 237 ~ 262

Seltman R, Faragher A E. 1994. Collisional orogens and their related metallogeny- A preface. In: Seltmann R, Kampf H, Möller P (eds). Metallogeney of Collisional Orogens. Prague: Czech Geological Survey. 7 ~ 20

Sengör A M C, Hsu K J. 1984. The Cimmerides of eastern Asia history of the eastern end of Paleo-Tethys. Mem Soc Geol Fr N S, 147: 139 ~ 167

Shanks III W C, Bischoff J L, Rosenbauer R J. 1981. Seawater sulfate reduction and sulfur isotope fractionation in basaltic systems: Interaction of seawater with fayalite and Magnetite at 200 ~ 350℃. Geochimica et Cosmochimica Acta, 45 (11): 1977 ~ 1995

Shanks W C, Seyfried W E. 1987. Stable isotope studies of vent fluids and chimney minerals, southern Juan de Fuca Ridge: sodium metasomatism and seawater sulfate reduction. Geophys Res, 92: 11387 ~ 11399

Shannon R D. 1976. Revised effective ionic radii and systematic studies of interatomic distances in halides and chalcogenides. Acta Crystallographica Section A: Crystal Physics, Diffraction, Theoretical and General Crystallography, 32 (5): 751 ~ 767

Shepherd T J, Rankin A H, Alderton D H. 1985. A Practical Guide to Fluid Inclusion Studies (Vol. 239). Glasgow: Blackie

Sheppard S M F. 1986. Characterization and isotopic variations in natural waters. Reviews in Mineralogy, 16: 165 ~ 183

Sillitoe R H. 1997. Characteristics and controls of the largest porphyry copper-gold and epithermal gold deposits in the circum-Pacific region. Australian Journal of Earth Sciences, 44 (3): 373 ~ 388

Sillitoe R H. 1979. Some thoughts on gold-rich porphyry copper deposits. Mineralium Deposita, 14: 161 ~ 174

Sillitoe R H. 1988. Gold and silver deposits in porphyry systems. In: Schafer R W, Cooper J J, Vikre P G (eds). bulk Mine-. Able Precious Metal Deposits of the Western United States. 233 ~ 257

Sillitoe R H, Hedenquist J W. 2003. Linkages between volcanotectonic settings, ore- fluid compositions, and epithermal precious-metal deposits. In: Simmons S F (ed). Understanding Crustal Fluids: Roles and Witnesses of Processes Deep within the Earth, Giggenbach Memorial Volume. Society of Economic Geologists and Geochemical Society, Special Publication

Sinclair A J. 1974. Select ion of thresholds in geochemical data using probability graphs. Journal of Geochemical Exploration, 3: 129 ~ 149

Sinclair A J. 1976. Application of probability graphs in mineral exploration. Assoc-Explor Geochem Spec, 4: 95

Sinclair A J. 1991. A fundamental approach to threshold estimation in exploration geochemistry: Probability plots revisited. Journal of Geochemical Explorat ion, 41: 1 ~ 22

Sinclair W D. 2007. Porphyry deposits. Mineral Deposits of Canada: A Synthesis of Major Deposit-Types, District Metallogeny, the Evolution of Geological Provinces, and Exploration Methods. Geological Association of

Canada, Mineral Deposits Division, Special Publication, 5. 223 ~ 243

Skjerlie K P, Patino Douce A E. 2002. The fluid-absent partial melting of a zoisite-bearing quartz eclogite from 1. 0 to 3. 2 GPa; Implications for melting in thickened continental crust and for subduction-zone processes. Journal of Petrology, 43: 291 ~ 314

Smoliar M I, Walker R J, Morgan J W. 1996. Re-Os ages of group IIA, IIIA, IVA and VIB iron meteorites. Science, 271 (5252): 1099 ~ 1102

Sone M, Metcalfe I. 2008. Parallel tethyan sutures in mainland SE Asia: new insights for Palaeo- Tethys closure. Compte Rendus Geoscience, 340: 166 ~ 179

Song S, Niu Y, Wei C, Ji J, Su L. 2010. Metamorphism, anatexis, zircon ages and tectonic evolution of the Gongshan block in the northern Indochina continent- an eastern extension of the Lhasa Block. Lithos, 120: 327 ~ 346

Sprague K, de Kemp E, Wong W, McGaughey J, Perron G, Barrie T, 2006. Spatial targeting using queries in a 3-D GIS environment with application to mineral exploration. Computer and Geosciences 32, 396 ~ 418

Spurlin M S, Yin A, Horton B K, Zhou J Y, Wang J H. 2005. Structural evolution of the Yushu-Nangqian region and its relationship to syncollisional igneous activity, east- central Tibet. Geological Society of America, 117: 1293 ~ 1317

Stanley C R. 1988. Comparison of Data Classification Procedures in Applied Geochemistry Using Monte Carlo Simulation. [Ph. D. Thesis] . Vancouver: University of British Columbia. 1 ~ 112

Stanley C R, Sinclair A J. 1989. Comparison of probability plots and gapstatistics in the selection of threshold for exploration geochemistry data. Journal of Geochemical Exploration, 32: 355 ~ 357

Stanton R L. 1987. Constitutional features and some exploration implications of three zinc- bearing stratiform skarns of eastern Australia. Institution of Mining and Metallurgy Transactions. Section B. Applied Earth Science, 96: 37 ~ 57

Stavast W J, Keith J D, Christiansen E H, Dorais M J, Tingey D, Larocque A, Evans N. 2006. The fate ofMagmatic sulfides during intrusion or eruption, Bingham and Tintic districts, Utah. Economic Geology, 101 (2): 329 ~ 345

Stein H J, Morgan J W, Schersten A. 2000. Re-Os dating of Low-level highly radiogenic (LLHR) sulfides: The Harnas golds deposit, southwest Sweden, records continental- scale tectonic events. Economic Geology, 95: 1657 ~ 1671

Stein H J, Sundblad K, Markey R J, Morgan J W, Motuza G. 1998. Re- Os ages for Archean molybdenite and pyrite, Kuittila- Kivisuo, Finland and Proterozoic molybdenite, Kabeliai, Lithuania: testing the chronometer in a metamorphic and metasomatic setting. Mineralium Deposita, 33 (4): 329 ~ 345

Stern R J, Johnson P. 2010. Continental lithosphere of the Arabian Plate: a geologic, petrologic, and geophysical synthesis. Earth-Science Reviews, 101 (1): 29 ~ 67

Styrt M M. , Brackmann A J, Holand H D. 1981. The mineralogy and the isotopic composition of sulfur in hydrothermal sulfide/sulfate deposits on the East Pacific Rise, 21°N Latitude. Earth and Planetary Science Letters, 53: 382 ~ 390

Sun S S, McDonough W. 1989. Chemical and isotopic systematics of oceanic basalts: implications forMantle composition and processes. Geological Society, London, Special Publications, 42 (1): 313 ~ 345

Sun X M, Zhang Y, Xiong D X, Sun W, Shi G, Zhai W, Wang S. 2009. Crust andMantle contributions to gold-forming process at the Daping deposit, Ailaoshan gold belt, Yunnan, China. Ore Geology Reviews, 36 (1): 235 ~ 249

Suzuki K, Shimizu H, Masuda A. 1996. Re- Os dating of molybdenite from ore deposits in Japan; Implication for the closure temperature of the Re- Os system for molybdenite and cooling history of molybdenite ore deposit. Geochimica et Cosmochimica Acta, 60: 3151 ~ 3159

Tatsumi Y, Hamilton D L, Nesbitt R W. 1986. Chemical characteristics of fluid phase released from a subducted lithosphere and origin of arcMagmas: evidence from high-pressure experiments and natural rocks. Journal of Volcanology and Geothermal Research, 29 (1): 293 ~ 309

Taylor B E. 1986. Magmatic volatiles: isotope variation of C, H and S. Reviews in Mineralogy. In: Stable Isotopes in High Temperature Geological Process. Mineralogical Society of America, 16: 185 ~ 226

Taylor H P Jr. 1974. The application of oxygen and hydrogen isotope studies to problems of hydrothermal alteration and ore deposition. Economic Geology, 69 (6): 843 ~ 883

Taylor S R, McLennan S M. 1985. The Continental Crust: Its Composition and Evolution. London: Oxford. 1-312

Thode H G, Monster J, Dunford H B. 1961. Sulphur isotope geochemistry. Geochimica et Cosmochimica Acta, 25 (3): 159 ~ 174

Turner S, Arnaud N, LIU J, Rogers N, Hawkesworth C, Harris N, Deng W. 1996. Post-collision, shoshonitic volcanism on the Tibetan Plateau: implications for convective thinning of the lithosphere and the source of ocean island basalts. Journal of Petrology, 37 (1): 45 ~ 71

Ulrich T, Mavrogenes J. 2008. An experimental study of the solubility of molybdenum in H_2O and KCl-H_2O solutions from 500℃ to 800℃, and 150 to 300 MPa. Geochimica et Cosmochimica Acta, 72: 2316 ~ 2330

Ulrich T, Günther D, Heinrich C A. 2001. The evolution of a porphyry Cu-Au deposit, based on LA-ICP-MS analysis of fluid inclusions: Bajo de la Alumbrera, Argentina. Economic Geology, 96 (8): 1743 ~ 1774

Vannay J C, Grasemann B. 1998. Inverted metamorphism in the High Himalaya of Himachal Pradesh (NW India): phase equilibria versus thermobarometry. Schweizerische Mineralogische und Petrographische Mitteilungen, 78 (1): 107 ~ 132

Veizer J, Hoefs J. 1976. The nature of $^{18}O/^{16}O$ and $^{13}C/^{12}C$ secular trends in sedimentary carbonate rocks. Geochimica et Cosmochimica Acta, 40 (11): 1387 ~ 1395

Veizer J, Holser W T, Wilgus C K. 1980. Correlation of $^{13}C/^{12}C$ and $^{34}S/^{32}S$ secular variations. Geochimica et Cosmochimica Acta, 44 (4): 579 ~ 587

Vry J, Powell R, Golden K M, Petersen K. 2010. The role of exhumation in metamorphic dehydration and fluid production. Nature Geoscience, 3 (1): 31 ~ 35

Wang C M, Deng J, Santosh M, Mc Cuaig T C, Lu Y J, Carranza EJM, Wang Q F. 2015a. Age and origin of the Bulangshan and Meng song granitoids and their significance for post-couisional tectonics in the Changning-menglian Paleo-Tethys Orogen. Journal of Asian Earth sciences, 113: 656 ~ 676

Wang C M, Deng J, Lu Y J, Bagus L, Kemp AIS, Mc Cuaig T C. 2015b. Age, nature, and origin of Ordovician Zhibenshan granite from the Baoshan terrane in the Sanjiang region and its significance for understanding Proto-Tethys evolution. International Gelogy Reviews, 57: 922 ~ 1939

Wang B Q, Zhou M F, Li J W, Yan D P. 2011. Late Triassic porphyritic instruions and associated volcanic rocks from the Shangri-La region, Yidun terrane, Eastern Tibetan Plateau; Adakitic Magmatism and porphyry copper mineralization. Thos, 7: 79 ~ 92

Wang C M, Deng J, Carranza E J M, Santosh M, 2014. Tin metallogenesis associated with granitoids in the southwest Sanjiang Tethyan Domain: Nature, types, and tectonic setting. Gondwana Research, 26 (2): 576 ~ 593

Wang C M, Deng J, Zhang S T, Xue C J, Yang L Q, Wang Q F, Sun X. 2010a. Sediment-hosted Pb-Zn deposits in Southwest Sanjiang Tethys and Kangdian area on the western Margin of Yangtze Craton. Acta Geologica Sinica-English Edition, 84 (6): 1428 ~ 1438

Wang C M, Deng J, Zhang S T, Yang L Q. 2010b. Metallogenic province and large scale mineralization of VMS deposits in China. Resource Geology, 60 (4): 404 ~ 413

Wang F Y, Ling M X, Ding X, Hu Y H, Zhou X Y, Liang H Y, Fan W M, Sun W D. 2010. Mesozoic largeMagmatic events and mineralization in SE China: oblique subduction of the Pacific plate. International Geology Review, 53 (5 ~ 6): 704 ~ 726

Wang J H, Qi L, Yin A, Xie G H. 2001b. Emplacement age and PGE geochemistry of lamprophyres in the Laowangzhai gold deposit, Yunnan, SW China. Science in China Series D: Earth Sciences, 44 (1): 146 ~ 154

Wang J H, Yin A, Harrison T M, Grove M, Zhang Y Q, Xie G H. 2001a. A tectonic model for Cenozoic igneous activities in the eastern Indo-Asian collision zone. Earth and Planetary Science Letters, 188: 123 ~ 133

Wang Q F, Deng J, Li C S, Li G J, Yu L, Qiao L. 2014. The boundary between the Simao and Yangtze blocks and their locations in Gondwana and Rodinia: Constraints from detrital and inherited zircons. Gondwana Research, 26 (2): 438 ~ 448

Wang Q F, Deng J, Liu H. 2010. Fractal models for ore reserve estimation. Ore Geology Reviews, 37 (1): 2 ~ 14

Wang Q F, Deng J, Liu H. 2011. Fractal analysis of the ore-forming process in a skarn deposit: a case study in the Shizishan area, China. In: Sial A N, Bettencourt J S, De Campos C P, Ferreira V P (eds). Granite-Related Ore Deposits. Geological Society, London, Special Publications. 350: 89 ~ 104

Wang Q, Wyman D A, Xu J F, Dong Y, Vasconcelos P M, Pearson N, Wan Y, Dong H, Li C, Yu Y. 2008. Eocene melting of subducting continental crust and early uplifting of central Tibet: Evidence from central-western Qiangtang high-K calc-alkaline andesites, dacites and rhyolites. Earth and Planetary Science Letters, 272 (1): 158 ~ 171

Wang R, Xia B, Zhou G Q, Zhang Y Q, Yang Z Q, Li W Q, Wei D L, Zhong L F, Xu L F. 2006. SHRIMP zircon U-Pb dating for gabbro from the Tiding ophiolite in Tibet. Chinese Science Bulletin, 51: 1776 ~ 1779

Wang X D, Ueno K, Mizuno Y, Sugiyama T. 2001. Late Paleozoic faunal, climatic, and geographic changes in the Baoshan block as a Gondwana-derived continental fragment in Southwest China. Palaeogeography, Palaeoclimatology, Palaeoecology, 170: 197 ~ 218

Wang X F, Metcalfe I, Jian P, He L Q, Wang C S. 2000. The Jinshajiang-Ailaoshan Suture zone, China: tectonostratigraphy, age and evolution. Journal of Asian Earth Sciences, 18: 675 ~ 690

Wang Y J, Zhang A M, Fan W M, Peng T P, Zhang F F, Zhang Y H, Bi X W. 2010. Petrogenesis of late Triassic post-collisional basaltic rocks of the Lancangjiang tectonic zone, southwest China, and tectonic implications for the evolution of the eastern Paleo Tethys: Geochronological and geochemical constraints. Lithos, 120: 529 ~ 546

Wang B D, Wang L Q, Pan G T, Yin FG, Wang D B, Tang Y. 2013. U-Pb zircon dating of Early Paleozoic gabbro from the Nantinghe ophiolite in the Changning-Menglian suture zone and its geological implication. Chinese Sci Bull 58: 920 ~ 930

Wei H, Sparks R S J, Liu R, Fan Q, Wang Y, Hong H, Zhang H, Chen H, Jiang C, Dong J, Zheng Y, Pan Y. 2003. Three active volcanoes in China and their hazards. Journal of Asian Earth Sciences, 21 (5): 515 ~ 526

White R S. 1988. The Earth's crust and lithosphere. In: Mezies M A, Cox K G (eds). Oceanic and Continental Lithosheres: Similarities and Differences. Journal of Petrology. 1 ~ 10

Whitney P R, Olmsted J F. 1998. Rare earth element metasomatism in hydrothermal systems: the Willsboro-Lewis wollastonite ores, New York, USA. Geochimica et Cosmochimica Acta, 62 (17): 2965 ~ 2977

Wilkinson J J. 2001. Fluid inclusions in hydrothermal ore deposits. Lithos, 55 (1): 229 ~ 272

Wilkinson J J. 2013. Triggers for the formation of porphyry ore deposits in magmatic arcs. Nature Geoscience, 6（11）, 917～925

Winter J D. 2001. An Introduction to Lgneous and Metamorphic Petrology. New Jersey：Prentice Hall. 1～697

Wolf M B, Wyllie P J. 1991. Dehydration-melting of solid amphibolite at 10 kbar：textural development, liquid interconnectivity and applications to the segregation of Magmas. Mineralogy and Petrology, 44：151～179

Wood D A, Joron J L, Treuil M A. 1980. Reappraisal of the use of trace elements to classify and discriminate between Magma series erupted in different tectonic setting. Earth and Planetary Science Letters, 45：326～336

Wood S A. 1990. The aqueous geochemistry of the rare-earth elements and yttrium：1. Review of available low-temperature data for inorganic complexes and the inorganic REE speciation of natural waters. Chemical Geology, 82：159～186

Woodhead J D, Hergt J M, Davidson J P, Eggins S M. 2001. Hafnium isotope evidence for 'conservative' element mobility during subduction zone processes. Earth and Planetary Science Letters, 192（3）：331～346

Wu F Y, Jahn B M, Wilder S A, Lo C H, Yui T F, Lin Q, Sun D Y. 2003. Highly fractionated I-type granites in NE China（I）：geochronology and petrogenesis. Lithos, 66（3）：241～273

Wu F Y, Yang Y H, Xie L W, Yang J H, Xu P. 2006. Hf isotopic compositions of the standard zircons and baddeleyites used in U-Pb geochronology. Chemical Geology, 234（1）；105～126

Wyllie P J. 1977. Crustal anatexis：An experimental review. Tectonophysics, 43（1-2）：41～71

Xiong D X, Sun X M, Shi G Y. 2007. Geochemistry and Metallogenic Model of Ailaoshan Cenozoic Orogenic Gold Belt in Yunnan Province, China. Beijing：Geological Publishing House. 1～144

Xu X W, Cai X P, Xiao Q B, Peters S G. 2007. Porphyry Cu-Au and associated polymetallic Fe-Cu-Au deposits in the Beiya Area, western Yunnan Province, and south China. Ore Geology Reviews, 31：224～246

Xu Y C, Yang Z Y, Tong Y B, Wang H, Gao L, An C Z. 2015. Further paleomagnetic results for lower Permian basalts of hte Baoshan Terrane, southwestern China and paleogeographic implications

Xu Y G, Lan J B, Yang Q J, Huang X L, Qiu H N. 2008. Eocene break-off of the Neo-Tethyan slab as inferred from intraplate-typeMafic dykes in the Gaoligong orogenic belt, eastern Tibet. Chemical Geology, 255：439～453

Xu Y G, Yang Q J, Lan J B, Luo Z Y, Huang X L, Shi Y R, Xie L W. 2012. Temporal-spatial distribution and tectonic implications of the batholiths in the Gaoligong-Tengliang-Yingjiang area, western Yunnan：Constraints from zircon U-Pb ages and Hf isotopes. Journal of Asian Earth Sciences, 53：151～175

Xu Y, Cheng Q M. 2001. Multifractal filter technique for geochemical data analysis from Nova Scotia, Canada. Geochemistry：Exploration, Analysis and Environment, 1（2）：1～12

Xue C, Chi G, Chen Y, Wang D, Qing H. 2006. Two fluid systems in the Lanping basin, Yunnan, China-Their interaction and implications for mineralization. Journal of Geochemical Exploration, 89（1）：436～439

Xue C, Zeng R, Liu S, Chi G, Qing H, Chen Y, Wang D. 2007. Geologic, fluid inclusion and isotopic characteristics of the Jinding Zn-Pb deposit, western Yunnan, South China：a review. Ore Geology Reviews, 31（1）：337～359

Yang L Q, Deng J, Dile K Y, Meng J Y, Gao X, Santosh M, Wang D, Yan H, 2015. Melt source and evolution of i-type graniloids in the SE Tibetan Plateau：Late Cretuceous magmatism and mineralization driven by collision-induced transtensional tectonics. Lithos, http://dx. cloi. org/10. 1016/j. lithos. 2015. 10. 005

Yan Q R, Wang Z Q, Liu S W, Li Q G, Zhang H Y, Wang T, Liu D Y, Shi Y R, Jian P, Wang J G, Zhang D H, Zhao J. 2005. Opening of the Tethys in southwest China and its significance to the breakup of East Gondwanaland in late Paleozoic：Evidence from SHRIMP U-Pb zircon analyses for the Garzê ophiolite block. Chinese Science Bulletin, 50：256～264

Yang L Q, Deng J, Wang J G, Wei Y G, Wang J P, Wang Q F, Lu P. 2004. Control of deep tectonics on the superlarge deposits in China. Acta Geologica Sinica (English Edition), 78 (2): 358 ~ 367

Yang T N, Hou Z Q, Wang Y, Zhang H R, Wang Z L. 2012. Late Paleozoic to Early Mesozoic tectonic evolution of northeast Tibet: Evidence from the Triassic composite western Jinsha-Garzê-Litang suture. Tectonics, 31 (4)

Yang T N, Zhang H R, Liu Y X, Wang Z L, Song Y C, Yang Z S, Tian S H, Xie H Q, Hou K J. 2011. Permo-Triassic arcMagmatism in central Tibet: Evidence from zircon U-Pb geochronology, Hf isotopes, rare earth elements, and bulk geochemistry. Chemical Geology, 284: 270 ~ 282

Yang T N, Ding Y, Zhang H R, Fan J W, Liang M J, Wang X H. 2014. Two-phase subduction and subsequent collision olefines the paleo tethyan tectonics of the southeastern Tibetan Plateau: Evidence from zircon U-Pb clating, geochemistry, and structaral geology of the Sanjiang orogenic belt. southwest China. Geological Society of America Bulletin, 126: 1654 ~ 1682

Yang X A, Liu J J, Cao Y, Han S Y, Gao B Y, Wang H, Liu Y D. 2012. Geochemistry and S, Pb isotope of the Yangla copper deposit, western Yunnan, China: Implication for ore genesis. Lithos, 144: 231 ~ 240

Yang Z, Hou Z, Xu J, Bian X, Wang G, Yang Z, Wang Z. 2013. Geology and origin of the post- collisional Narigongma porphyry Cu- Mo deposit, southern Qinghai, Tibet. Gondwana Research

Yang Z M, Hou Z Q, Xu J, Bian X F, Wang G, Yang Z, Wang Z L. 2014. Geology and origin of the post-collisional Narigongma porphyry Cu- Mo deposit, southern Qinghai, Tibet. Gondwana Research, 26 (2): 536 ~ 556

Ye L, Cook N J, Ciobanu C L, Yuping L, Qian Z, Tiegeng L, Danyushevskiy L. 2011. Trace and minor elements in sphalerite from base metal deposits in South China: a LA- ICPMS study. Ore Geology Review, 39 (4): 188 ~ 217

Yin A, Harrison T M. 2000. Geologic evolution of the Himalayan- Tibetan orogen. Annual Review of Earth and Planetary Sciences, 28: 211 ~ 280

Yokart B, Barr S M, Williams- Jones A E, Macdonald A S. 2003. Late- stage alteration and tin- tungsten mineralization in the Khuntan Batholith, northern Tailand. Journal of Asian Earth Sciences, 21: 999 ~ 1018

Yuan F, Li X H, Zhang M M, Jowitt S M, Jia C, Zheng T, Zhou T F. 2014. Three- dimensional weights of evidence-based prospectivity modeling: A case study of the Baixiangshanmining area, Ningwu Basin, Middle and Lower Yangtze Metallogenic Belt, China. Journal of Geochemical Exploration, 145: 82 ~ 97

Yuan S D, Peng J T, Hao S, Li H M, Geng J Z, Zhang D L. 2011. In situ LA-MC-ICP-MS and ID-TIMS U-Pb geochronology of cassiterite in the giant Furong tin deposit, Hunan Province, South China: New constraints on the timing of tin-polymetallic mineralization. Ore Geology Reviews, 43: 235 ~ 242

Zartman R E, Doe B R. 1981. Plumbotectonics the model. Tectonophysics, 75: 135 ~ 162

Zhang B, Zhang J J, Zhong D L, Yang L K, Yue Y H, Yan S Y. 2012. Polystage deformation of the Gaoligong metamorphic zone: Structures, $^{40}Ar/^{39}Ar$ mica ages, and tectonic implications. Journal of Structural Geology, 37: 1 ~ 18

Zhang B, Zhang J J, Zhong D L. 2010. Structure, kinematics and ages of transpression during strain- partitioning in the Chongshan shear zone, western Yunnan, China. Journal of Structural Geology, 32: 445 ~ 463

Zhang J R, Wen H J, Qiu Y Z, Zhang Y X, Li C. 2013. Age of Sediment-hosted Himalayan Pb-Zn-Cu-Ag polymetailic deposits in the Lanping basion, China: Ra-Os geochronology of molybdenite and Sm-Nd dating of calcite. Journal of Asian Earth Sciences, 73: 284 ~ 295

Zhang K J, Cai J X, Zhang Y X, Zhao T P. 2006. Eclogites from central Qiangtang, northern Tibet (China) and tectonic implication. Earth and Planetary Science Letters, 245: 722 ~ 729

Zhang Q. 1987. Trace elements in galena and sphalerite and their geochemical significance in distinguishing the genetic types of Pb-Zn ore deposits. Chinese Journal of Geochemistry, 6: 177 ~ 190

Zhang Y, Sun X M, Shi G Y. 2010. SHRIMP U- Pb dating of zircons from diorite batholith hosting Daping Cenozoic orogenic gold deposit in Ailaoshan gold belt, Yunan Province, China. Acta Petrologica Sinica (in press)

Zhao Y, Wang Q F, Sun X, Li G J. 2013. Characteristics of ore- forming fluid in the Zhenyuan gold ore field, Yunnan Province, China. Journal of Earth Science, 24 (2): 203 ~ 211

Zhou Z H, Mao J W, Lyckberg P. 2012. Geochronlolgy and isotopic geochemistry of the A- type granites from the Huang gang Sn- Fedeposit, southern Great Hinggan Range, NE China: Implication for their origin and tectonic setting. Journal of Asian Earth Sciences, 49: 272 ~ 286

Zhu D C, Mo X X, Pan G T, Zhao Z D, Dong G C, Skli Y R, Liao Z L, Wang L Q, Zhou C Y. 2008. Petrogenesis of the earliest Early Cretaceous mafic rocks from the Cona area of the eastern Tethyan Himalaya in the south Tibet: interaction between the in cubating kerguelcn plume and the eastern Greater India lithosphere Lithos, 100: 147 ~ 173

Zhu D C, Zhao Z D, Niu Y L, Dilek Y, Hou Z Q, Mo X X. 2013. The Origin and pre- Cenozoic evolution of the Tibetan plateau. Gondwana Research 23: 1429 ~ 1454

Zhu D C, Mo X X, Wang L Q, Zhao Z D, Niu Y L, Zhou C Y, Yang YH. 2009. Petrogenesis of highly fractionated I- type granites in the Chayu area of eastern Gangdese, Tibet: Constraints from zircon U- Pb Geochronology, Geochemistry and Sr- Nd- Hf isotopes. Science in Chin: Series D, 39 (7): 833 ~ 848

Zhu J J, Hu R Z, Bi X W, Zhong H, Chen H. 2011. Zircon U- Pb ages, Hf- O isotopes and whole- rock Sr- Nd- Pb isotopic geochemistry of granitoids in the Jinshajiang suture zone, SW China: Constraints on petrogenesis and tectonic evolution of the Paleo- Tethys Ocean. Lithos, 126: 248 ~ 264

Zhu T X, Zhang Q Y, Dong H, Wang Y J, Yu Y S, Feng X T. 2006. Discovery of the Late Devonian and Late Permian radiolarian cherts in tectonic mélanges in the Cêdo Caka area, Shuanghu, northern Tibet, China. Geological Bulletin of China, 25: 1413 ~ 1418 (in Chinese with English abstract)